城市建设标准专题汇编系列

建筑施工现场管理标准汇编

本社 编

中国建筑工业出版社

图书在版编目（CIP）数据

建筑施工现场管理标准汇编/中国建筑工业出版社编. —北京：中国建筑工业出版社，2016.12
（城市建设标准专题汇编系列）
ISBN 978-7-112-19832-0

Ⅰ.①建… Ⅱ.①中… Ⅲ.①建筑工程-施工现场-施工管理-标准-汇编-中国 Ⅳ.①TU721-65

中国版本图书馆 CIP 数据核字(2016)第 217181 号

责任编辑：丁洪良　何玮珂　孙玉珍

城市建设标准专题汇编系列
建筑施工现场管理标准汇编
本社　编
*
中国建筑工业出版社出版、发行（北京西郊百万庄）
各地新华书店、建筑书店经销
北京红光制版公司制版
廊坊市海涛印刷有限公司印刷
*
开本：787×1092 毫米　1/16　印张：42　字数：1548 千字
2016 年 10 月第一版　　2016 年 10 月第一次印刷
定价：**98.00** 元
ISBN 978-7-112-19832-0
(29361)

出 版 说 明

工程建设标准是建设领域实行科学管理，强化政府宏观调控的基础和手段。它对规范建设市场各方主体行为，确保建设工程质量和安全，促进建设工程技术进步，提高经济效益和社会效益具有重要的作用。

时隔37年，党中央于2015年底召开了“中央城市工作会议”。会议明确了新时期做好城市工作的指导思想、总体思路、重点任务，提出了做好城市工作的具体部署，为今后一段时期的城市工作指明了方向、绘制了蓝图、提供了依据。为深入贯彻中央城市工作会议精神，做好城市建设工作，我们根据中央城市工作会议的精神和住房城乡建设部近年来的重点工作，推出了《城市建设标准专题汇编系列》，为广大管理和工程技术人员提供技术支持。《城市建设标准专题汇编系列》共13分册，分别为：

1.《城市地下综合管廊标准汇编》

2.《海绵城市标准汇编》

3.《智慧城市标准汇编》

4.《装配式建筑标准汇编》

5.《城市垃圾标准汇编》

6.《养老及无障碍标准汇编》

7.《绿色建筑标准汇编》

8.《建筑节能标准汇编》

9.《高性能混凝土标准汇编》

10.《建筑结构检测维修加固标准汇编》

11.《建筑施工与质量验收标准汇编》

12.《建筑施工现场管理标准汇编》

13.《建筑施工安全标准汇编》

本次汇编根据“科学合理，内容准确，突出专题”的原则，参考住房和城乡建设部发布的“工程建设标准体系”，对工程建设中影响面大、使用面广的标准规范进行筛选整合，汇编成上述《城市建设标准专题汇编系列》。各分册中的标准规范均以“条文＋说明”的形式提供，便于读者对照查阅。

需要指出的是，标准规范处于一个不断更新的动态过程，为使广大读者放心地使用以上规范汇编本，我们将在中国建筑工业出版社网站上及时提供标准规范的制订、修订等信息。详情请点击 www.cabp.com.cn 的“规范大全园地”。我们诚恳地希望广大读者对标准规范的出版发行提供宝贵意见，以便于改进我们的工作。

目　录

中华人民共和国国家标准

建设工程监理规范

Code of construction project management

GB/T 50319—2013

主编部门：中华人民共和国住房和城乡建设部
批准部门：中华人民共和国住房和城乡建设部
施行日期：2 0 1 4 年 3 月 1 日

中华人民共和国住房和城乡建设部
公　　告

第 35 号

住房城乡建设部关于发布国家标准《建设工程监理规范》的公告

现批准《建设工程监理规范》为国家标准，编号为 GB/T 50319－2013，自 2014 年 3 月 1 日起实施。原国家标准《建设工程监理规范》GB 50319－2000 同时废止。

本规范由我部标准定额研究所组织中国建筑工业出版社出版发行。

中华人民共和国住房和城乡建设部

2013 年 5 月 13 日

前　　言

本规范是根据原建设部《关于印发〈二OO四年工程建设国家标准制订、修订计划〉的通知》（建标[2004] 67 号）的要求，由中国建设监理协会会同有关单位对原国家标准《建设工程监理规范》GB 50319－2000 进行修订而成的。

本规范在修订过程中，修订组进行了广泛的调查研究，征求了建设单位、施工单位、高等院校、行业主管部门及工程监理单位的意见，吸收总结了二十年来建设工程监理的研究成果和实践经验，并贯彻落实了 2000 年以来出台的有关建设工程监理的法律法规和政策，最后经审查定稿。

本规范共分 9 章和 3 个附录，主要技术内容包括：总则，术语，项目监理机构及其设施，监理规划及监理实施细则，工程质量、造价、进度控制及安全生产管理的监理工作，工程变更、索赔及施工合同争议处理，监理文件资料管理，设备采购与设备监造，相关服务等。

本规范本次修订的主要内容有：

1. 增加了相关服务和安全生产管理的内容；
2. 调整了部分章节的名称；
3. 删除了部分不协调或与法律法规、政策、标准不一致的内容；
4. 强化了可操作性。

本规范由住房和城乡建设部负责管理，中国建设监理协会负责具体技术内容的解释。在执行过程中，请各单位结合工程实践，认真总结经验，如有意见或建议请寄送中国建设监理协会（地址：北京市海淀区西四环北路 158 号慧科大厦 10 层 B 区；邮编：100142），以便今后修订时参考。

本规范主编单位：中国建设监理协会

本规范参编单位：北京交通大学
华北电力大学
深圳大学
哈尔滨工业大学
北京建筑工程学院
北京方圆工程监理有限公司
北京建工京精大房工程建设监理公司
上海市建设工程咨询行业协会
上海同济工程咨询有限公司
上海市建设工程监理有限公司
广东省建设监理协会
深圳市建艺国际工程顾问有限公司
广东创成建设监理咨询有限公司
四川兴旺建设工程项目管理有限公司
四川省建设工程质量安全监督总站
上海市建筑科学研究院
京兴国际工程管理公司

本规范主要起草人员：刘伊生　杨卫东　龚花强
孙占国　李　伟　田成钢
黄文杰　李清立　林之毅
温　健　朱本祥　高来先
付晓明　张守健　杨效中
王家远　周　密　刘　潞
周力成　李明安　李维平
姜树青

本规范主要审查人员：刘长滨　刘洪兵　张元勃
周崇浩　商　科　陆　霖
丁维克　何红锋　安玉杰
邓铁军　董晓辉　黄　慧
何锡兴　周文杰

目　次

Contents

理合同约定，在建设工程勘察、设计、保修等阶段提供的服务活动。

1 总　　则

1.0.1 为规范建设工程监理与相关服务行为，提高建设工程监理与相关服务水平，制定本规范。

1.0.2 本规范适用于新建、扩建、改建建设工程监理与相关服务活动。

1.0.3 实施建设工程监理前，建设单位应委托具有相应资质的工程监理单位，并以书面形式与工程监理单位订立建设工程监理合同，合同中应包括监理工作的范围、内容、服务期限和酬金，以及双方的义务、违约责任等相关条款。

在订立建设工程监理合同时，建设单位将勘察、设计、保修阶段等相关服务一并委托的，应在合同中明确相关服务的工作范围、内容、服务期限和酬金等相关条款。

1.0.4 工程开工前，建设单位应将工程监理单位的名称，监理的范围、内容和权限及总监理工程师的姓名书面通知施工单位。

1.0.5 在建设工程监理工作范围内，建设单位与施工单位之间涉及施工合同的联系活动，应通过工程监理单位进行。

1.0.6 实施建设工程监理应遵循下列主要依据：

1 法律法规及工程建设标准；

2 建设工程勘察设计文件；

3 建设工程监理合同及其他合同文件。

1.0.7 建设工程监理应实行总监理工程师负责制。

1.0.8 建设工程监理宜实施信息化管理。

1.0.9 工程监理单位应公平、独立、诚信、科学地开展建设工程监理与相关服务活动。

1.0.10 建设工程监理与相关服务活动，除应符合本规范外，尚应符合国家现行有关标准的规定。

2 术　　语

2.0.1 工程监理单位　construction project management enterprise

依法成立并取得建设主管部门颁发的工程监理企业资质证书，从事建设工程监理与相关服务活动的服务机构。

2.0.2 建设工程监理　construction project management

工程监理单位受建设单位委托，根据法律法规、工程建设标准、勘察设计文件及合同，在施工阶段对建设工程质量、造价、进度进行控制，对合同、信息进行管理，对工程建设相关方的关系进行协调，并履行建设工程安全生产管理法定职责的服务活动。

2.0.3 相关服务　related services

工程监理单位受建设单位委托，按照建设工程监

2.0.4 项目监理机构　project management department

工程监理单位派驻工程负责履行建设工程监理合同的组织机构。

2.0.5 注册监理工程师　registered project management engineer

取得国务院建设主管部门颁发的《中华人民共和国注册监理工程师注册执业证书》和执业印章，从事建设工程监理与相关服务等活动的人员。

2.0.6 总监理工程师　chief project management engineer

由工程监理单位法定代表人书面任命，负责履行建设工程监理合同、主持项目监理机构工作的注册监理工程师。

2.0.7 总监理工程师代表　representative of chief project management engineer

经工程监理单位法定代表人同意，由总监理工程师书面授权，代表总监理工程师行使其部分职责和权力，具有工程类注册执业资格或具有中级及以上专业技术职称、3年及以上工程实践经验并经监理业务培训的人员。

2.0.8 专业监理工程师　specialty project management engineer

由总监理工程师授权，负责实施某一专业或某一岗位的监理工作，有相应监理文件签发权，具有工程类注册执业资格或具有中级及以上专业技术职称、2年及以上工程实践经验并经监理业务培训的人员。

2.0.9 监理员　site supervisor

从事具体监理工作，具有中专及以上学历并经过监理业务培训的人员。

2.0.10 监理规划　project management planning

项目监理机构全面开展建设工程监理工作的指导性文件。

2.0.11 监理实施细则　detailed rules for project manage-ment

针对某一专业或某一方面建设工程监理工作的操作性文件。

2.0.12 工程计量　engineering measuring

根据工程设计文件及施工合同约定，项目监理机构对施工单位申报的合格工程的工程量进行的核验。

2.0.13 旁站　key works supervising

项目监理机构对工程的关键部位或关键工序的施工质量进行的监督活动。

2.0.14 巡视　patrol inspecting

项目监理机构对施工现场进行的定期或不定期的检查活动。

2.0.15 平行检验　parallel testing

项目监理机构在施工单位自检的同时，按有关规定、建设工程监理合同约定对同一检验项目进行的检测试验活动。

2.0.16 见证取样 sampling witness

项目监理机构对施工单位进行的涉及结构安全的试块、试件及工程材料现场取样、封样、送检工作的监督活动。

2.0.17 工程延期 construction duration extension

由于非施工单位原因造成合同工期延长的时间。

2.0.18 工期延误 delay of construction period

由于施工单位自身原因造成施工期延长的时间。

2.0.19 工程临时延期批准 approval of construction duration temporary extension

发生非施工单位原因造成的持续性影响工期事件时所作出的临时延长合同工期的批准。

2.0.20 工程最终延期批准 approval of construction duration final extension

发生非施工单位原因造成的持续性影响工期事件时所作出的最终延长合同工期的批准。

2.0.21 监理日志 daily record of project management

项目监理机构每日对建设工程监理工作及施工进展情况所做的记录。

2.0.22 监理月报 monthly report of project management

项目监理机构每月向建设单位提交的建设工程监理工作及建设工程实施情况等分析总结报告。

2.0.23 设备监造 supervision of equipment manufacturing

项目监理机构按照建设工程监理合同和设备采购合同约定，对设备制造过程进行的监督检查活动。

2.0.24 监理文件资料 project document & data

工程监理单位在履行建设工程监理合同过程中形成或获取的，以一定形式记录、保存的文件资料。

3 项目监理机构及其设施

3.1 一 般 规 定

3.1.1 工程监理单位实施监理时，应在施工现场派驻项目监理机构。项目监理机构的组织形式和规模，可根据建设工程监理合同约定的服务内容、服务期限，以及工程特点、规模、技术复杂程度、环境等因素确定。

3.1.2 项目监理机构的监理人员应由总监理工程师、专业监理工程师和监理员组成，且专业配套、数量应满足建设工程监理工作需要，必要时可设总监理工程师代表。

3.1.3 工程监理单位在建设工程监理合同签订后，应及时将项目监理机构的组织形式、人员构成及对总监理工程师的任命书面通知建设单位。

总监理工程师任命书应按本规范表A.0.1的要求填写。

3.1.4 工程监理单位调换总监理工程师时，应征得建设单位书面同意；调换专业监理工程师时，总监理工程师应书面通知建设单位。

3.1.5 一名注册监理工程师可担任一项建设工程监理合同的总监理工程师。当需要同时担任多项建设工程监理合同的总监理工程师时，应经建设单位书面同意，且最多不得超过三项。

3.1.6 施工现场监理工作全部完成或建设工程监理合同终止时，项目监理机构可撤离施工现场。

3.2 监理人员职责

3.2.1 总监理工程师应履行下列职责：

1 确定项目监理机构人员及其岗位职责。

2 组织编制监理规划，审批监理实施细则。

3 根据工程进展及监理工作情况调配监理人员，检查监理人员工作。

4 组织召开监理例会。

5 组织审核分包单位资格。

6 组织审查施工组织设计、(专项)施工方案。

7 审查工程开复工报审表，签发工程开工令、暂停令和复工令。

8 组织检查施工单位现场质量、安全生产管理体系的建立及运行情况。

9 组织审核施工单位的付款申请，签发工程款支付证书，组织审核竣工结算。

10 组织审查和处理工程变更。

11 调解建设单位与施工单位的合同争议，处理工程索赔。

12 组织验收分部工程，组织审查单位工程质量检验资料。

13 审查施工单位的竣工申请，组织工程竣工预验收，组织编写工程质量评估报告，参与工程竣工验收。

14 参与或配合工程质量安全事故的调查和处理。

15 组织编写监理月报、监理工作总结，组织整理监理文件资料。

3.2.2 总监理工程师不得将下列工作委托给总监理工程师代表：

1 组织编制监理规划，审批监理实施细则。

2 根据工程进展及监理工作情况调配监理人员。

3 组织审查施工组织设计、(专项)施工方案。

4 签发工程开工令、暂停令和复工令。

5 签发工程款支付证书，组织审核竣工结算。

6 调解建设单位与施工单位的合同争议，处理工程索赔。

7 审查施工单位的竣工申请，组织工程竣工预验收，组织编写工程质量评估报告，参与工程竣工验收。

8 参与或配合工程质量安全事故的调查和处理。

3.2.3 专业监理工程师应履行下列职责：

1 参与编制监理规划，负责编制监理实施细则。

2 审查施工单位提交的涉及本专业的报审文件，并向总监理工程师报告。

3 参与审核分包单位资格。

4 指导、检查监理员工作，定期向总监理工程师报告本专业监理工作实施情况。

5 检查进场的工程材料、构配件、设备的质量。

6 验收检验批、隐蔽工程、分项工程，参与验收分部工程。

7 处置发现的质量问题和安全事故隐患。

8 进行工程计量。

9 参与工程变更的审查和处理。

10 组织编写监理日志，参与编写监理月报。

11 收集、汇总、参与整理监理文件资料。

12 参与工程竣工预验收和竣工验收。

3.2.4 监理员应履行下列职责：

1 检查施工单位投入工程的人力、主要设备的使用及运行状况。

2 进行见证取样。

3 复核工程计量有关数据。

4 检查工序施工结果。

5 发现施工作业中的问题，及时指出并向专业监理工程师报告。

3.3 监理设施

3.3.1 建设单位应按建设工程监理合同约定，提供监理工作需要的办公、交通、通信、生活等设施。

项目监理机构宜妥善使用和保管建设单位提供的设施，并应按建设工程监理合同约定的时间移交建设单位。

3.3.2 工程监理单位宜按建设工程监理合同约定，配备满足监理工作需要的检测设备和工器具。

4 监理规划及监理实施细则

4.1 一般规定

4.1.1 监理规划应结合工程实际情况，明确项目监理机构的工作目标，确定具体的监理工作制度、内容、程序、方法和措施。

4.1.2 监理实施细则应符合监理规划的要求，并应具有可操作性。

4.2 监理规划

4.2.1 监理规划可在签订建设工程监理合同及收到工程设计文件后由总监理工程师组织编制，并应在召开第一次工地会议前报送建设单位。

4.2.2 监理规划编审应遵循下列程序：

1 总监理工程师组织专业监理工程师编制。

2 总监理工程师签字后由工程监理单位技术负责人审批。

4.2.3 监理规划应包括下列主要内容：

1 工程概况。

2 监理工作的范围、内容、目标。

3 监理工作依据。

4 监理组织形式、人员配备及进退场计划、监理人员岗位职责。

5 监理工作制度。

6 工程质量控制。

7 工程造价控制。

8 工程进度控制。

9 安全生产管理的监理工作。

10 合同与信息管理。

11 组织协调。

12 监理工作设施。

4.2.4 在实施建设工程监理过程中，实际情况或条件发生变化而需要调整监理规划时，应由总监理工程师组织专业监理工程师修改，并应经工程监理单位技术负责人批准后报建设单位。

4.3 监理实施细则

4.3.1 对专业性较强、危险性较大的分部分项工程，项目监理机构应编制监理实施细则。

4.3.2 监理实施细则应在相应工程施工开始前由专业监理工程师编制，并应报总监理工程师审批。

4.3.3 监理实施细则的编制应依据下列资料：

1 监理规划。

2 工程建设标准、工程设计文件。

3 施工组织设计、（专项）施工方案。

4.3.4 监理实施细则应包括下列主要内容：

1 专业工程特点。

2 监理工作流程。

3 监理工作要点。

4 监理工作方法及措施。

4.3.5 在实施建设工程监理过程中，监理实施细则可根据实际情况进行补充、修改，并应经总监理工程师批准后实施。

5　工程质量、造价、进度控制及安全生产管理的监理工作

5.1　一 般 规 定

5.1.1　项目监理机构应根据建设工程监理合同约定，遵循动态控制原理，坚持预防为主的原则，制定和实施相应的监理措施，采用旁站、巡视和平行检验等方式对建设工程实施监理。

5.1.2　监理人员应熟悉工程设计文件，并应参加建设单位主持的图纸会审和设计交底会议，会议纪要应由总监理工程师签认。

5.1.3　工程开工前，监理人员应参加由建设单位主持召开的第一次工地会议，会议纪要应由项目监理机构负责整理，与会各方代表应会签。

5.1.4　项目监理机构应定期召开监理例会，并组织有关单位研究解决与监理相关的问题。项目监理机构可根据工程需要，主持或参加专题会议，解决监理工作范围内工程专项问题。

监理例会以及由项目监理机构主持召开的专题会议的会议纪要，应由项目监理机构负责整理，与会各方代表应会签。

5.1.5　项目监理机构应协调工程建设相关方的关系。项目监理机构与工程建设相关方之间的工作联系，除另有规定外宜采用工作联系单形式进行。

工作联系单应按本规范表 C.0.1 的要求填写。

5.1.6　项目监理机构应审查施工单位报审的施工组织设计，符合要求时，应由总监理工程师签认后报建设单位。项目监理机构应要求施工单位按已批准的施工组织设计组织施工。施工组织设计需要调整时，项目监理机构应按程序重新审查。

施工组织设计审查应包括下列基本内容：

1　编审程序应符合相关规定。

2　施工进度、施工方案及工程质量保证措施应符合施工合同要求。

3　资金、劳动力、材料、设备等资源供应计划应满足工程施工需要。

4　安全技术措施应符合工程建设强制性标准。

5　施工总平面布置应科学合理。

5.1.7　施工组织设计或（专项）施工方案报审表，应按本规范表 B.0.1 的要求填写。

5.1.8　总监理工程师应组织专业监理工程师审查施工单位报送的工程开工报审表及相关资料；同时具备下列条件时，应由总监理工程师签署审核意见，并应报建设单位批准后，总监理工程师签发工程开工令：

1　设计交底和图纸会审已完成。

2　施工组织设计已由总监理工程师签认。

3　施工单位现场质量、安全生产管理体系已建立，管理及施工人员已到位，施工机械具备使用条件，主要工程材料已落实。

4　进场道路及水、电、通信等已满足开工要求。

5.1.9　工程开工报审表应按本规范表 B.0.2 的要求填写。工程开工令应按本规范表 A.0.2 的要求填写。

5.1.10　分包工程开工前，项目监理机构应审核施工单位报送的分包单位资格报审表，专业监理工程师提出审查意见后，应由总监理工程师审核签认。

分包单位资格审核应包括下列基本内容：

1　营业执照、企业资质等级证书。

2　安全生产许可文件。

3　类似工程业绩。

4　专职管理人员和特种作业人员的资格。

5.1.11　分包单位资格报审表应按本规范表 B.0.4 的要求填写。

5.1.12　项目监理机构宜根据工程特点、施工合同、工程设计文件及经过批准的施工组织设计对工程风险进行分析，并宜提出工程质量、造价、进度目标控制及安全生产管理的防范性对策。

5.2　工程质量控制

5.2.1　工程开工前，项目监理机构应审查施工单位现场的质量管理组织机构、管理制度及专职管理人员和特种作业人员的资格。

5.2.2　总监理工程师应组织专业监理工程师审查施工单位报审的施工方案，符合要求后应予以签认。

施工方案审查应包括下列基本内容：

1　编审程序应符合相关规定。

2　工程质量保证措施应符合有关标准。

5.2.3　施工方案报审表应按本规范表 B.0.1 的要求填写。

5.2.4　专业监理工程师应审查施工单位报送的新材料、新工艺、新技术、新设备的质量认证材料和相关验收标准的适用性，必要时，应要求施工单位组织专题论证，审查合格后报总监理工程师签认。

5.2.5　专业监理工程师应检查、复核施工单位报送的施工控制测量成果及保护措施，签署意见。专业监理工程师应对施工单位在施工过程中报送的施工测量放线成果进行查验。

施工控制测量成果及保护措施的检查、复核，应包括下列内容：

1　施工单位测量人员的资格证书及测量设备检定证书。

2　施工平面控制网、高程控制网和临时水准点的测量成果及控制桩的保护措施。

5.2.6　施工控制测量成果报验表应按本规范表 B.0.5 的要求填写。

5.2.7　专业监理工程师应检查施工单位为工程提供服务的试验室。

试验室的检查应包括下列内容：

1 试验室的资质等级及试验范围。

2 法定计量部门对试验设备出具的计量检定证明。

3 试验室管理制度。

4 试验人员资格证书。

5.2.8 施工单位的试验室报审表应按本规范表B.0.7的要求填写。

5.2.9 项目监理机构应审查施工单位报送的用于工程的材料、构配件、设备的质量证明文件，并应按有关规定、建设工程监理合同约定，对用于工程的材料进行见证取样、平行检验。

项目监理机构对已进场经检验不合格的工程材料、构配件、设备，应要求施工单位限期将其撤出施工现场。

工程材料、构配件、设备报审表应按本规范表B.0.6的要求填写。

5.2.10 专业监理工程师应审查施工单位定期提交影响工程质量的计量设备的检查和检定报告。

5.2.11 项目监理机构应根据工程特点和施工单位报送的施工组织设计，确定旁站的关键部位、关键工序，安排监理人员进行旁站，并应及时记录旁站情况。

旁站记录应按本规范表A.0.6的要求填写。

5.2.12 项目监理机构应安排监理人员对工程施工质量进行巡视。巡视应包括下列主要内容：

1 施工单位是否按工程设计文件、工程建设标准和批准的施工组织设计、(专项）施工方案施工。

2 使用的工程材料、构配件和设备是否合格。

3 施工现场管理人员，特别是施工质量管理人员是否到位。

4 特种作业人员是否持证上岗。

5.2.13 项目监理机构应根据工程特点、专业要求，以及建设工程监理合同约定，对施工质量进行平行检验。

5.2.14 项目监理机构应对施工单位报验的隐蔽工程、检验批、分项工程和分部工程进行验收，对验收合格的应给予签认；对验收不合格的应拒绝签认，同时应要求施工单位在指定的时间内整改并重新报验。

对已同意覆盖的工程隐蔽部位质量有疑问的，或发现施工单位私自覆盖工程隐蔽部位的，项目监理机构应要求施工单位对该隐蔽部位进行钻孔探测、剥离或其他方法进行重新检验。

隐蔽工程、检验批、分项工程报验表应按本规范表B.0.7的要求填写。分部工程报验表应按本规范表B.0.8的要求填写。

5.2.15 项目监理机构发现施工存在质量问题的，或施工单位采用不适当的施工工艺，或施工不当，造成工程质量不合格的，应及时签发监理通知单，要求施工单位整改。整改完毕后，项目监理机构应根据施工单位报送的监理通知回复单对整改情况进行复查，提出复查意见。

监理通知单应按本规范表A.0.3的要求填写，监理通知回复单应按本规范表B.0.9的要求填写。

5.2.16 对需要返工处理或加固补强的质量缺陷，项目监理机构应要求施工单位报送经设计等相关单位认可的处理方案，并应对质量缺陷的处理过程进行跟踪检查，同时应对处理结果进行验收。

5.2.17 对需要返工处理或加固补强的质量事故，项目监理机构应要求施工单位报送质量事故调查报告和经设计等相关单位认可的处理方案，并应对质量事故的处理过程进行跟踪检查，同时应对处理结果进行验收。

项目监理机构应及时向建设单位提交质量事故书面报告，并应将完整的质量事故处理记录整理归档。

5.2.18 项目监理机构应审查施工单位提交的单位工程竣工验收报审表及竣工资料，组织工程竣工预验收。存在问题的，应要求施工单位及时整改；合格的，总监理工程师应签认单位工程竣工验收报审表。

单位工程竣工验收报审表应按本规范表B.0.10的要求填写。

5.2.19 工程竣工预验收合格后，项目监理机构应编写工程质量评估报告，并应经总监理工程师和工程监理单位技术负责人审核签字后报建设单位。

5.2.20 项目监理机构应参加由建设单位组织的竣工验收，对验收中提出的整改问题，应督促施工单位及时整改。工程质量符合要求的，总监理工程师应在工程竣工验收报告中签署意见。

5.3 工程造价控制

5.3.1 项目监理机构应按下列程序进行工程计量和付款签证：

1 专业监理工程师对施工单位在工程款支付报审表中提交的工程量和支付金额进行复核，确定实际完成的工程量，提出到期应支付给施工单位的金额，并提出相应的支持性材料。

2 总监理工程师对专业监理工程师的审查意见进行审核，签认后报建设单位审批。

3 总监理工程师根据建设单位的审批意见，向施工单位签发工程款支付证书。

5.3.2 工程款支付报审表应按本规范表B.0.11的要求填写，工程款支付证书应按本规范表A.0.8的要求填写。

5.3.3 项目监理机构应编制月完成工程量统计表，对实际完成量与计划完成量进行比较分析，发现偏差的，应提出调整建议，并应在监理月报中向建设单位报告。

5.3.4 项目监理机构应按下列程序进行竣工结算款

审核：

1　专业监理工程师审查施工单位提交的竣工结算款支付申请，提出审查意见。

2　总监理工程师对专业监理工程师的审查意见进行审核，签认后报建设单位审批，同时抄送施工单位，并就工程竣工结算事宜与建设单位、施工单位协商；达成一致意见的，根据建设单位审批意见向施工单位签发竣工结算款支付证书；不能达成一致意见的，应按施工合同约定处理。

5.3.5　工程竣工结算款支付报审表应按本规范表B.0.11的要求填写，竣工结算款支付证书应按本规范表A.0.8的要求填写。

5.4　工程进度控制

5.4.1　项目监理机构应审查施工单位报审的施工总进度计划和阶段性施工进度计划，提出审查意见，并应由总监理工程师审核后报建设单位。

施工进度计划审查应包括下列基本内容：

1　施工进度计划应符合施工合同中工期的约定。

2　施工进度计划中主要工程项目无遗漏，应满足分批投入试运、分批动用的需要，阶段性施工进度计划应满足总进度控制目标的要求。

3　施工顺序的安排应符合施工工艺要求。

4　施工人员、工程材料、施工机械等资源供应计划应满足施工进度计划的需要。

5　施工进度计划应符合建设单位提供的资金、施工图纸、施工场地、物资等施工条件。

5.4.2　施工进度计划报审表应按本规范表B.0.12的要求填写。

5.4.3　项目监理机构应检查施工进度计划的实施情况，发现实际进度严重滞后于计划进度且影响合同工期时，应签发监理通知单，要求施工单位采取调整措施加快施工进度。总监理工程师应向建设单位报告工期延误风险。

5.4.4　项目监理机构应比较分析工程施工实际进度与计划进度，预测实际进度对工程总工期的影响，并应在监理月报中向建设单位报告工程实际进展情况。

5.5　安全生产管理的监理工作

5.5.1　项目监理机构应根据法律法规、工程建设强制性标准，履行建设工程安全生产管理的监理职责，并应将安全生产管理的监理工作内容、方法和措施纳入监理规划及监理实施细则。

5.5.2　项目监理机构应审查施工单位现场安全生产规章制度的建立和实施情况，并应审查施工单位安全生产许可证及施工单位项目经理、专职安全生产管理人员和特种作业人员的资格，同时应核查施工机械和设施的安全许可验收手续。

5.5.3　项目监理机构应审查施工单位报审的专项施工方案，符合要求的，应由总监理工程师签认后报建设单位。超过一定规模的危险性较大的分部分项工程的专项施工方案，应检查施工单位组织专家进行论证、审查的情况，以及是否附具安全验算结果。项目监理机构应要求施工单位按已批准的专项施工方案组织施工。专项施工方案需要调整时，施工单位应按程序重新提交项目监理机构审查。

专项施工方案审查应包括下列基本内容：

1　编审程序应符合相关规定。

2　安全技术措施应符合工程建设强制性标准。

5.5.4　专项施工方案报审表应按本规范表B.0.1的要求填写。

5.5.5　项目监理机构应巡视检查危险性较大的分部分项工程专项施工方案实施情况。发现未按专项施工方案实施时，应签发监理通知单，要求施工单位按专项施工方案实施。

5.5.6　项目监理机构在实施监理过程中，发现工程存在安全事故隐患时，应签发监理通知单，要求施工单位整改；情况严重时，应签发工程暂停令，并应及时报告建设单位。施工单位拒不整改或不停止施工时，项目监理机构应及时向有关主管部门报送监理报告。

监理报告应按本规范表A.0.4的要求填写。

6　工程变更、索赔及施工合同争议处理

6.1　一 般 规 定

6.1.1　项目监理机构应依据建设工程监理合同约定进行施工合同管理，处理工程暂停及复工、工程变更、索赔及施工合同争议、解除等事宜。

6.1.2　施工合同终止时，项目监理机构应协助建设单位按施工合同约定处理施工合同终止的有关事宜。

6.2　工程暂停及复工

6.2.1　总监理工程师在签发工程暂停令时，可根据停工原因的影响范围和影响程度，确定停工范围，并应按施工合同和建设工程监理合同的约定签发工程暂停令。

6.2.2　项目监理机构发现下列情况之一时，总监理工程师应及时签发工程暂停令：

1　建设单位要求暂停施工且工程需要暂停施工的。

2　施工单位未经批准擅自施工或拒绝项目监理机构管理的。

3　施工单位未按审查通过的工程设计文件施工的。

4　施工单位违反工程建设强制性标准的。

5　施工存在重大质量、安全事故隐患或发生质

量、安全事故的。

6.2.3 总监理工程师签发工程暂停令应事先征得建设单位同意，在紧急情况下未能事先报告时，应在事后及时向建设单位作出书面报告。

工程暂停令应按本规范表 A.0.5 的要求填写。

6.2.4 暂停施工事件发生时，项目监理机构应如实记录所发生的情况。

6.2.5 总监理工程师应会同有关各方按施工合同约定，处理因工程暂停引起的与工期、费用有关的问题。

6.2.6 因施工单位原因暂停施工时，项目监理机构应检查、验收施工单位的停工整改过程、结果。

6.2.7 当暂停施工原因消失、具备复工条件时，施工单位提出复工申请的，项目监理机构应审查施工单位报送的工程复工报审表及有关材料，符合要求后，总监理工程师应及时签署审查意见，并应报建设单位批准后签发工程复工令；施工单位未提出复工申请的，总监理工程师应根据工程实际情况指令施工单位恢复施工。

工程复工报审表应按本规范表 B.0.3 的要求填写，工程复工令应按本规范表 A.0.7 的要求填写。

6.3 工程变更

6.3.1 项目监理机构可按下列程序处理施工单位提出的工程变更：

1 总监理工程师组织专业监理工程师审查施工单位提出的工程变更申请，提出审查意见。对涉及工程设计文件修改的工程变更，应由建设单位转交原设计单位修改工程设计文件。必要时，项目监理机构应建议建设单位组织设计、施工等单位召开论证工程设计文件的修改方案的专题会议。

2 总监理工程师组织专业监理工程师对工程变更费用及工期影响作出评估。

3 总监理工程师组织建设单位、施工单位等共同协商确定工程变更费用及工期变化，会签工程变更单。

4 项目监理机构根据批准的工程变更文件监督施工单位实施工程变更。

6.3.2 工程变更单应按本规范表 C.0.2 的要求填写。

6.3.3 项目监理机构可在工程变更实施前与建设单位、施工单位等协商确定工程变更的计价原则、计价方法或价款。

6.3.4 建设单位与施工单位未能就工程变更费用达成协议时，项目监理机构可提出一个暂定价格并经建设单位同意，作为临时支付工程款的依据。工程变更款项最终结算时，应以建设单位与施工单位达成的协议为依据。

6.3.5 项目监理机构可对建设单位要求的工程变更提出评估意见，并应督促施工单位按会签后的工程变更单组织施工。

6.4 费用索赔

6.4.1 项目监理机构应及时收集、整理有关工程费用的原始资料，为处理费用索赔提供证据。

6.4.2 项目监理机构处理费用索赔的主要依据应包括下列内容：

1 法律法规。

2 勘察设计文件、施工合同文件。

3 工程建设标准。

4 索赔事件的证据。

6.4.3 项目监理机构可按下列程序处理施工单位提出的费用索赔：

1 受理施工单位在施工合同约定的期限内提交的费用索赔意向通知书。

2 收集与索赔有关的资料。

3 受理施工单位在施工合同约定的期限内提交的费用索赔报审表。

4 审查费用索赔报审表。需要施工单位进一步提交详细资料时，应在施工合同约定的期限内发出通知。

5 与建设单位和施工单位协商一致后，在施工合同约定的期限内签发费用索赔报审表，并报建设单位。

6.4.4 费用索赔意向通知书应按本规范表 C.0.3 的要求填写；费用索赔报审表应按本规范表 B.0.13 的要求填写。

6.4.5 项目监理机构批准施工单位费用索赔应同时满足下列条件：

1 施工单位在施工合同约定的期限内提出费用索赔。

2 索赔事件是因非施工单位原因造成，且符合施工合同约定。

3 索赔事件造成施工单位直接经济损失。

6.4.6 当施工单位的费用索赔要求与工程延期要求相关联时，项目监理机构可提出费用索赔和工程延期的综合处理意见，并应与建设单位和施工单位协商。

6.4.7 因施工单位原因造成建设单位损失，建设单位提出索赔时，项目监理机构应与建设单位和施工单位协商处理。

6.5 工程延期及工期延误

6.5.1 施工单位提出工程延期要求符合施工合同约定时，项目监理机构应予以受理。

6.5.2 当影响工期事件具有持续性时，项目监理机构应对施工单位提交的阶段性工程临时延期报审表进行审查，并应签署工程临时延期审核意见后报建设单位。

当影响工期事件结束后，项目监理机构应对施工单位提交的工程最终延期报审表进行审查，并应签署工程最终延期审核意见后报建设单位。

工程临时延期报审表和工程最终延期报审表应按本规范表B.0.14的要求填写。

6.5.3 项目监理机构在批准工程临时延期、工程最终延期前，均应与建设单位和施工单位协商。

6.5.4 项目监理机构批准工程延期应同时满足下列条件：

1 施工单位在施工合同约定的期限内提出工程延期。

2 因非施工单位原因造成施工进度滞后。

3 施工进度滞后影响到施工合同约定的工期。

6.5.5 施工单位因工程延期提出费用索赔时，项目监理机构可按施工合同约定进行处理。

6.5.6 发生工期延误时，项目监理机构应按施工合同约定进行处理。

6.6 施工合同争议

6.6.1 项目监理机构处理施工合同争议时应进行下列工作：

1 了解合同争议情况。

2 及时与合同争议双方进行磋商。

3 提出处理方案后，由总监理工程师进行协调。

4 当双方未能达成一致时，总监理工程师应提出处理合同争议的意见。

6.6.2 项目监理机构在施工合同争议处理过程中，对未达到施工合同约定的暂停履行合同条件的，应要求施工合同双方继续履行合同。

6.6.3 在施工合同争议的仲裁或诉讼过程中，项目监理机构应按仲裁机关或法院要求提供与争议有关的证据。

6.7 施工合同解除

6.7.1 因建设单位原因导致施工合同解除时，项目监理机构应按施工合同约定与建设单位和施工单位按下列款项协商确定施工单位应得款项，并应签发工程款支付证书：

1 施工单位按施工合同约定已完成的工作应得款项。

2 施工单位按批准的采购计划订购工程材料、构配件、设备的款项。

3 施工单位撤离施工设备至原基地或其他目的地的合理费用。

4 施工单位人员的合理遣返费用。

5 施工单位合理的利润补偿。

6 施工合同约定的建设单位应支付的违约金。

6.7.2 因施工单位原因导致施工合同解除时，项目监理机构应按施工合同约定，从下列款项中确定施工单位应得款项或偿还建设单位的款项，并应与建设单位和施工单位协商后，书面提交施工单位应得款项或偿还建设单位款项的证明：

1 施工单位已按施工合同约定实际完成的工作应得款项和已给付的款项。

2 施工单位已提供的材料、构配件、设备和临时工程等的价值。

3 对已完工程进行检查和验收、移交工程资料、修复已完工程质量缺陷等所需的费用。

4 施工合同约定的施工单位应支付的违约金。

6.7.3 因非建设单位、施工单位原因导致施工合同解除时，项目监理机构应按施工合同约定处理合同解除后的有关事宜。

7 监理文件资料管理

7.1 一 般 规 定

7.1.1 项目监理机构应建立完善监理文件资料管理制度，宜设专人管理监理文件资料。

7.1.2 项目监理机构应及时、准确、完整地收集、整理、编制、传递监理文件资料。

7.1.3 项目监理机构宜采用信息技术进行监理文件资料管理。

7.2 监理文件资料内容

7.2.1 监理文件资料应包括下列主要内容：

1 勘察设计文件、建设工程监理合同及其他合同文件。

2 监理规划、监理实施细则。

3 设计交底和图纸会审会议纪要。

4 施工组织设计、（专项）施工方案、施工进度计划报审文件资料。

5 分包单位资格报审文件资料。

6 施工控制测量成果报验文件资料。

7 总监理工程师任命书，工程开工令、暂停令、复工令，工程开工或复工报审文件资料。

8 工程材料、构配件、设备报验文件资料。

9 见证取样和平行检验文件资料。

10 工程质量检查报验资料及工程有关验收资料。

11 工程变更、费用索赔及工程延期文件资料。

12 工程计量、工程款支付文件资料。

13 监理通知单、工作联系单与监理报告。

14 第一次工地会议、监理例会、专题会议等会议纪要。

15 监理月报、监理日志、旁站记录。

16 工程质量或生产安全事故处理文件资料。

17 工程质量评估报告及竣工验收监理文件资料。

18　监理工作总结。

7.2.2　监理日志应包括下列主要内容：

1　天气和施工环境情况。

2　当日施工进展情况。

3　当日监理工作情况，包括旁站、巡视、见证取样、平行检验等情况。

4　当日存在的问题及处理情况。

5　其他有关事项。

7.2.3　监理月报应包括下列主要内容：

1　本月工程实施情况。

2　本月监理工作情况。

3　本月施工中存在的问题及处理情况。

4　下月监理工作重点。

7.2.4　监理工作总结应包括下列主要内容：

1　工程概况。

2　项目监理机构。

3　建设工程监理合同履行情况。

4　监理工作成效。

5　监理工作中发现的问题及其处理情况。

6　说明和建议。

7.3　监理文件资料归档

7.3.1　项目监理机构应及时整理、分类汇总监理文件资料，并应按规定组卷，形成监理档案。

7.3.2　工程监理单位应根据工程特点和有关规定，保存监理档案，并应向有关单位、部门移交需要存档的监理文件资料。

8　设备采购与设备监造

8.1　一 般 规 定

8.1.1　项目监理机构应根据建设工程监理合同约定的设备采购与设备监造工作内容配备监理人员，并明确岗位职责。

8.1.2　项目监理机构应编制设备采购与设备监造工作计划，并应协助建设单位编制设备采购与设备监造方案。

8.2　设 备 采 购

8.2.1　采用招标方式进行设备采购时，项目监理机构应协助建设单位按有关规定组织设备采购招标。采用其他方式进行设备采购时，项目监理机构应协助建设单位进行询价。

8.2.2　项目监理机构应协助建设单位进行设备采购合同谈判，并应协助签订设备采购合同。

8.2.3　设备采购文件资料应包括下列主要内容：

1　建设工程监理合同及设备采购合同。

2　设备采购招投标文件。

3　工程设计文件和图纸。

4　市场调查、考察报告。

5　设备采购方案。

6　设备采购工作总结。

8.3　设 备 监 造

8.3.1　项目监理机构应检查设备制造单位的质量管理体系，并应审查设备制造单位报送的设备制造生产计划和工艺方案。

8.3.2　项目监理机构应审查设备制造的检验计划和检验要求，并应确认各阶段的检验时间、内容、方法、标准，以及检测手段、检测设备和仪器。

8.3.3　专业监理工程师应审查设备制造的原材料、外购配套件、元器件、标准件，以及坯料的质量证明文件及检验报告，并应审查设备制造单位提交的报验资料，符合规定时应予以签认。

8.3.4　项目监理机构应对设备制造过程进行监督和检查，对主要及关键零部件的制造工序应进行抽检。

8.3.5　项目监理机构应要求设备制造单位按批准的检验计划和检验要求进行设备制造过程的检验工作，并应做好检验记录。项目监理机构应对检验结果进行审核，认为不符合质量要求时，应要求设备制造单位进行整改、返修或返工。当发生质量失控或重大质量事故时，应由总监理工程师签发暂停令，提出处理意见，并应及时报告建设单位。

8.3.6　项目监理机构应检查和监督设备的装配过程。

8.3.7　在设备制造过程中如需要对设备的原设计进行变更时，项目监理机构应审查设计变更，并应协调处理因变更引起的费用和工期调整，同时应报建设单位批准。

8.3.8　项目监理机构应参加设备整机性能检测、调试和出厂验收，符合要求后应予以签认。

8.3.9　在设备运往现场前，项目监理机构应检查设备制造单位对待运设备采取的防护和包装措施，并应检查是否符合运输、装卸、储存、安装的要求，以及随机文件、装箱单和附件是否齐全。

8.3.10　设备运到现场后，项目监理机构应参加设备制造单位按合同约定与接收单位的交接工作。

8.3.11　专业监理工程师应按设备制造合同的约定审查设备制造单位提交的付款申请，提出审查意见，并应由总监理工程师审核后签发支付证书。

8.3.12　专业监理工程师应审查设备制造单位提出的索赔文件，提出意见后报总监理工程师，并应由总监理工程师与建设单位、设备制造单位协商一致后签署意见。

8.3.13　专业监理工程师应审查设备制造单位报送的设备制造结算文件，提出审查意见，并应由总监理工程师签署意见后报建设单位。

8.3.14　设备监造文件资料应包括下列主要内容：

1 建设工程监理合同及设备采购合同。
2 设备监造工作计划。
3 设备制造工艺方案报审资料。
4 设备制造的检验计划和检验要求。
5 分包单位资格报审资料。
6 原材料、零配件的检验报告。
7 工程暂停令、开工或复工报审资料。
8 检验记录及试验报告。
9 变更资料。
10 会议纪要。
11 来往函件。
12 监理通知单与工作联系单。
13 监理日志。
14 监理月报。
15 质量事故处理文件。
16 索赔文件。
17 设备验收文件。
18 设备交接文件。
19 支付证书和设备制造结算审核文件。
20 设备监造工作总结。

9 相关服务

9.1 一般规定

9.1.1 工程监理单位应根据建设工程监理合同约定的相关服务范围，开展相关服务工作，编制相关服务工作计划。

9.1.2 工程监理单位应按规定汇总整理、分类归档相关服务工作的文件资料。

9.2 工程勘察设计阶段服务

9.2.1 工程监理单位应协助建设单位编制工程勘察设计任务书和选择工程勘察设计单位，并应协助签订工程勘察设计合同。

9.2.2 工程监理单位应审查勘察单位提交的勘察方案，提出审查意见，并应报建设单位。变更勘察方案时，应按原程序重新审查。

勘察方案报审表可按本规范表 B.0.1 的要求填写。

9.2.3 工程监理单位应检查勘察现场及室内试验主要岗位操作人员的资格，及所使用设备、仪器计量的检定情况。

9.2.4 工程监理单位应检查勘察进度计划执行情况、督促勘察单位完成勘察合同约定的工作内容、审核勘察单位提交的勘察费用支付申请表，以及签发勘察费用支付证书，并应报建设单位。

工程勘察阶段的监理通知单可按本规范表 A.0.3 的要求填写；监理通知回复单可按本规范表 B.0.9 的要求填写；勘察费用支付申请表可按本规范表 B.0.11 的要求填写；勘察费用支付证书可按本规范表 A.0.8 的要求填写。

9.2.5 工程监理单位应检查勘察单位执行勘察方案的情况，对重要点位的勘探与测试应进行现场检查。

9.2.6 工程监理单位应审查勘察单位提交的勘察成果报告，并应向建设单位提交勘察成果评估报告，同时应参与勘察成果验收。

勘察成果评估报告应包括下列内容：
1 勘察工作概况。
2 勘察报告编制深度、与勘察标准的符合情况。
3 勘察任务书的完成情况。
4 存在问题及建议。
5 评估结论。

9.2.7 勘察成果报审表可按本规范表 B.0.7 的要求填写。

9.2.8 工程监理单位应依据设计合同及项目总体计划要求审查各专业、各阶段设计进度计划。

9.2.9 工程监理单位应检查设计进度计划执行情况、督促设计单位完成设计合同约定的工作内容、审核设计单位提交的设计费用支付申请表，以及签认设计费用支付证书，并应报建设单位。

工程设计阶段的监理通知单可按本规范表 A.0.3 的要求填写；监理通知回复单可按本规范表 B.0.9 的要求填写；设计费用支付申请表可按本规范表 B.0.11 的要求填写；设计费用支付证书可按本规范表 A.0.8 的要求填写。

9.2.10 工程监理单位应审查设计单位提交的设计成果，并应提出评估报告。评估报告应包括下列主要内容：
1 设计工作概况。
2 设计深度、与设计标准的符合情况。
3 设计任务书的完成情况。
4 有关部门审查意见的落实情况。
5 存在的问题及建议。

9.2.11 设计阶段成果报审表可按本规范表 B.0.7 的要求填写。

9.2.12 工程监理单位应审查设计单位提出的新材料、新工艺、新技术、新设备在相关部门的备案情况。必要时应协助建设单位组织专家评审。

9.2.13 工程监理单位应审查设计单位提出的设计概算、施工图预算，提出审查意见，并应报建设单位。

9.2.14 工程监理单位应分析可能发生索赔的原因，并应制定防范对策。

9.2.15 工程监理单位应协助建设单位组织专家对设计成果进行评审。

9.2.16 工程监理单位可协助建设单位向政府有关部门报审有关工程设计文件，并应根据审批意见，督促设计单位予以完善。

9.2.17 工程监理单位应根据勘察设计合同，协调处理勘察设计延期、费用索赔等事宜。

勘察设计延期报审表可按本规范表 B.0.14 的要求填写；勘察设计费用索赔报审表可按本规范表 B.0.13 的要求填写。

9.3 工程保修阶段服务

9.3.1 承担工程保修阶段的服务工作时，工程监理单位应定期回访。

9.3.2 对建设单位或使用单位提出的工程质量缺陷，工程监理单位应安排监理人员进行检查和记录，并应要求施工单位予以修复，同时应监督实施，合格后应予以签认。

9.3.3 工程监理单位应对工程质量缺陷原因进行调查，并应与建设单位、施工单位协商确定责任归属。对非施工单位原因造成的工程质量缺陷，应核实施工单位申报的修复工程费用，并应签认工程款支付证书，同时应报建设单位。

附录 A 工程监理单位用表

A.0.1 总监理工程师任命书应按本规范表 A.0.1 的要求填写。

表 A.0.1 总监理工程师任命书

工程名称：　　　　　　　　　　　　编号：

致：________（建设单位） 　兹任命______（注册监理工程师注册号：______）为我单位________________________项目总监理工程师。负责履行建设工程监理合同、主持项目监理机构工作。   工程监理单位（盖章） 法定代表人（签字） 年　月　日

注：本表一式三份，项目监理机构、建设单位、施工单位各一份。

A.0.2 工程开工令应按本规范表 A.0.2 的要求填写。

表 A.0.2 工程开工令

工程名称：　　　　　　　　　　　　编号：

致：________（施工单位） 　经审查，本工程已具备施工合同约定的开工条件，现同意你方开始施工，开工日期为：____年____月____日。 　附件：工程开工报审表   项目监理机构（盖章） 总监理工程师（签字、加盖执业印章） 年　月　日

注：本表一式三份，项目监理机构、建设单位、施工单位各一份。

A.0.3 监理通知单应按本规范表 A.0.3 的要求填写。

表 A.0.3 监理通知单

工程名称：　　　　　　　　　　　　　　　　编号：

致：________________（施工项目经理部） 事由：________________________ ____________________________ ____________________________ ____________________________ 内容：________________________ ____________________________ ____________________________ ____________________________ 项目监理机构（盖章） 总/专业监理工程师（签字） 年　　月　　日

注：本表一式三份，项目监理机构、建设单位、施工单位各一份。

A.0.4 监理报告应按本规范表 A.0.4 的要求填写。

表 A.0.4 监 理 报 告

工程名称：　　　　　　　　　　　　　　　　编号：

致：________________（主管部门） 由________________（施工单位）施工的____________（工程部位），存在安全事故隐患。我方已于____年____月____日发出编号为______的《监理通知单》/《工程暂停令》，但施工单位未整改/停工。 特此报告。 附件：□ 监理通知单 □工程暂停令 □其他 项目监理机构（盖章） 总监理工程师（签字） 年　　月　　日

注：本表一式四份，主管部门、建设单位、工程监理单位、项目监理机构各一份。

A.0.5 工程暂停令应按本规范表 A.0.5 的要求填写。

表 A.0.5 工程暂停令

工程名称：　　　　　　　　　　　　　　　　编号：

致：＿＿＿＿＿＿＿＿＿＿＿＿＿（施工项目经理部） 由于＿＿＿原因，现通知你方于＿＿＿年＿＿月＿＿日＿＿时起，暂停＿＿部位（工序）施工，并按下述要求做好后续工作。 要求： 项目监理机构（盖章） 总监理工程师（签字、加盖执业印章） 年　月　日

注：本表一式三份，项目监理机构、建设单位、施工单位各一份。

A.0.6 旁站记录应按本规范表 A.0.6 的要求填写。

表 A.0.6 旁 站 记 录

工程名称：　　　　　　　　　　　　　　　　编号：

旁站的关键部位、关键工序		施工单位	
旁站开始时间	年　月　日　时　分	旁站结束时间	年　月　日　时　分
旁站的关键部位、关键工序施工情况：			
发现的问题及处理情况： 旁站监理人员（签字） 年　月　日			

注：本表一式一份，项目监理机构留存。

A.0.7 工程复工令应按本规范表 A.0.7 的要求填写。

表 A.0.7 工程复工令

工程名称：　　　　　　　　　　　　　　　　编号：

致：＿＿＿＿＿＿＿＿＿＿＿＿＿（施工项目经理部） 我方发出的编号为＿＿＿＿＿＿＿＿＿《工程暂停令》，要求暂停施工的＿＿＿＿部位（工序），经查已具备复工条件。经建设单位同意，现通知你方于＿＿＿年＿＿月＿＿日＿＿时起恢复施工。 附件：工程复工报审表 项目监理机构（盖章） 总监理工程师（签字、加盖执业印章） 年　月　日

注：本表一式三份，项目监理机构、建设单位、施工单位各一份。

A.0.8 工程款或竣工结算款支付证书应按本规范表 A.0.8 的要求填写。

表 A.0.8 工程款支付证书

工程名称：　　　　　　　　　　　　　　　　编号：

致：＿＿＿＿＿＿＿＿＿＿＿＿＿（施工单位） 根据施工合同约定，经审核编号为＿＿工程款支付报审表，扣除有关款项后，同意支付工程款共计（大写）＿＿＿＿＿＿＿＿＿＿＿＿＿＿（小写：＿＿＿＿＿＿＿＿＿＿＿＿＿）。 其中： 1. 施工单位申报款为： 2. 经审核施工单位应得款为： 3. 本期应扣款为： 4. 本期应付款为： 附件：工程款支付报审表及附件 项目监理机构（盖章） 总监理工程师（签字、加盖执业印章） 年　月　日

注：本表一式三份，项目监理机构、建设单位、施工单位各一份。

附录B　施工单位报审、报验用表

B.0.1　施工组织设计、（专项）施工方案报审表应按本规范表B.0.1的要求填写。

表B.0.1　施工组织设计/（专项）施工方案报审表

工程名称：　　　　　　　　　　　　　编号：

致：__________________（项目监理机构） 我方已完成______工程施工组织设计/（专项）施工方案的编制和审批，请予以审查。 附件：□施工组织设计 □专项施工方案 □施工方案 施工项目经理部（盖章） 项目经理（签字） 年　月　日
审查意见： 专业监理工程师（签字） 年　月　日
审核意见： 项目监理机构（盖章） 总监理工程师（签字、加盖执业印章） 年　月　日
审批意见（仅对超过一定规模的危险性较大的分部分项工程专项施工方案）： 建设单位（盖章） 建设单位代表（签字） 年　月　日

注：本表一式三份，项目监理机构、建设单位、施工单位各一份。

B.0.2　工程开工报审表应按本规范表B.0.2的要求填写。

表B.0.2　工程开工报审表

工程名称：　　　　　　　　　　　　　编号：

致：__________________（建设单位） __________________（项目监理机构） 我方承担的________工程，已完成相关准备工作，具备开工条件，申请于____年___月___日开工，请予以审批。 附件：证明文件资料 施工单位（盖章） 项目经理（签字） 年　月　日
审核意见： 项目监理机构（盖章） 总监理工程师（签字、加盖执业印章） 年　月　日
审批意见： 建设单位（盖章） 建设单位代表（签字） 年　月　日

注：本表一式三份，项目监理机构、建设单位、施工单位各一份。

B.0.3　工程复工报审表应按本规范表B.0.3的要求填写。

表 B.0.3 工程复工报审表

工程名称：　　　　　　　　　　　　编号：

<table>
<tr><td>致：________________（项目监理机构）
编号为________《工程暂停令》所停工的________部位（工序）已满足复工条件，我方申请于____年____月____日复工，请予以审批。

附件：证明文件资料

施工项目经理部（盖章）
项目经理（签字）
年　月　日</td></tr>
<tr><td>审核意见：

项目监理机构（盖章）
总监理工程师（签字）
年　月　日</td></tr>
<tr><td>审批意见：

建设单位（盖章）
建设单位代表（签字）
年　月　日</td></tr>
</table>

注：本表一式三份，项目监理机构、建设单位、施工单位各一份。

B.0.4 分包单位资格报审表应按本规范表 B.0.4 的要求填写。

表 B.0.4 分包单位资格报审表

工程名称：　　　　　　　　　　　　编号：

<table>
<tr><td colspan="3">致：________________（项目监理机构）
经考察，我方认为拟选择的________________（分包单位）具有承担下列工程的施工或安装资质和能力，可以保证本工程按施工合同第______条款的约定进行施工或安装。请予以审查。</td></tr>
<tr><td>分包工程名称（部位）</td><td>分包工程量</td><td>分包工程合同额</td></tr>
<tr><td></td><td></td><td></td></tr>
<tr><td></td><td></td><td></td></tr>
<tr><td></td><td></td><td></td></tr>
<tr><td></td><td></td><td></td></tr>
<tr><td colspan="2">合计</td><td></td></tr>
<tr><td colspan="3">附件：1. 分包单位资质材料
2. 分包单位业绩材料
3. 分包单位专职管理人员和特种作业人员的资格证书
4. 施工单位对分包单位的管理制度

施工项目经理部（盖章）
项目经理（签字）
年　月　日</td></tr>
<tr><td colspan="3">审查意见：

专业监理工程师（签字）
年　月　日</td></tr>
<tr><td colspan="3">审核意见：

项目监理机构（盖章）
总监理工程师（签字）
年　月　日</td></tr>
</table>

注：本表一式三份，项目监理机构、建设单位、施工单位各一份。

B.0.5 施工控制测量成果报验表应按本规范表B.0.5的要求填写。

表B.0.5 施工控制测量成果报验表

工程名称：　　　　　　　　　　　　　　　编号：

致：__________________________（项目监理机构） 我方已完成__________________的施工控制测量，经自检合格，请予以查验。 附件：1. 施工控制测量依据资料 2. 施工控制测量成果表 施工项目经理部（盖章） 项目技术负责人（签字） 年　　月　　日
审查意见： 项目监理机构（盖章） 专业监理工程师（签字） 年　　月　　日

注：本表一式三份，项目监理机构、建设单位、施工单位各一份。

B.0.6 工程材料、构配件、设备报审表应按本规范表B.0.6的要求填写。

表B.0.6 工程材料、构配件、设备报审表

工程名称：　　　　　　　　　　　　　　　编号：

致：__________________________（项目监理机构） 于_______年_______月_______日进场的拟用于工程______________部位的______________，经我方检验合格，现将相关资料报上，请予以审查。 附件：1. 工程材料、构配件或设备清单 2. 质量证明文件 3. 自检结果 施工项目经理部（盖章） 项目经理（签字） 年　　月　　日
审查意见： 项目监理机构（盖章） 专业监理工程师（签字） 年　　月　　日

注：本表一式二份，项目监理机构、施工单位各一份。

B.0.7 隐蔽工程、检验批、分项工程报验表及施工试验室报审表应按本规范表B.0.7的要求填写。

表 B.0.7 ______报审、报验表

工程名称：　　　　　　　　　　编号：

致：______________（项目监理机构） 我方已完成______________工作，经自检合格，请予以审查或验收。 附件：□隐蔽工程质量检验资料 □检验批质量检验资料 □分项工程质量检验资料 □施工试验室证明资料 □其他 施工项目经理部（盖章） 项目经理或项目技术负责人（签字） 年　月　日
审查或验收意见： 项目监理机构（盖章） 专业监理工程师（签字） 年　月　日

注：本表一式二份，项目监理机构、施工单位各一份。

B.0.8 分部工程报验表应按本规范表 B.0.8 的要求填写。

表 B.0.8 分部工程报验表

工程名称：　　　　　　　　　　编号：

致：______________（项目监理机构） 我方已完成______________（分部工程），经自检合格，请予以验收。 附件：分部工程质量资料 施工项目经理部（盖章） 项目技术负责人（签字） 年　月　日
验收意见： 专业监理工程师（签字） 年　月　日
验收意见： 项目监理机构（盖章） 总监理工程师（签字） 年　月　日

注：本表一式三份，项目监理机构、建设单位、施工单位各一份。

B.0.9 监理通知回复单应按本规范表 B.0.9 的要求填写。

表 B.0.9 监理通知回复单

工程名称：　　　　　　　　　　　　　　　编号：

<table>
<tr><td>致：________________（项目监理机构）
我方接到编号为____________的监理通知单后，已按要求完成相关工作，请予以复查。
附件：需要说明的情况

施工项目经理部（盖章）
项目经理（签字）
年　月　日</td></tr>
<tr><td>复查意见：

项目监理机构（盖章）
总监理工程师/专业监理工程师（签字）
年　月　日</td></tr>
</table>

注：本表一式三份，项目监理机构、建设单位、施工单位各一份。

B.0.10 单位工程竣工验收报审表应按本规范表B.0.10的要求填写。

表 B.0.10 单位工程竣工验收报审表

工程名称：　　　　　　　　　　　　　　　编号：

<table>
<tr><td>致：________________（项目监理机构）
我方已按施工合同要求完成____________工程，经自检合格，现将有关资料报上，请予以验收。
附件：1. 工程质量验收报告
　　　2. 工程功能检验资料

施工单位（盖章）
项目经理（签字）
年　月　日</td></tr>
<tr><td>预验收意见：
经预验收，该工程合格/不合格，可以/不可以组织正式验收。

项目监理机构（盖章）
总监理工程师（签字、加盖执业印章）
年　月　日</td></tr>
</table>

注：本表一式三份，项目监理机构、建设单位、施工单位各一份。

B.0.11 工程款和竣工结算款支付报审表应按本规范表B.0.11的要求填写。

表 B.0.11 工程款支付报审表

工程名称： 编号：

致：________________（项目监理机构） 根据施工合同约定，我方已完成______工作，建设单位应在____年____月____日前支付工程款共计（大写）________（小写：________），请予以审核。 附件： □ 已完成工程量报表 □ 工程竣工结算证明材料 □ 相应支持性证明文件 施工项目经理部（盖章） 项目经理（签字） 年 月 日
审查意见： 1. 施工单位应得款为： 2. 本期应扣款为： 3. 本期应付款为： 附件：相应支持性材料 专业监理工程师（签字） 年 月 日
审核意见： 项目监理机构（盖章） 总监理工程师（签字、加盖执业印章） 年 月 日
审批意见： 建设单位（盖章） 建设单位代表（签字） 年 月 日

注：本表一式三份，项目监理机构、建设单位、施工单位各一份；工程竣工结算报审时本表一式四份，项目监理机构、建设单位各一份、施工单位二份。

B.0.12 施工进度计划报审表应按本规范表 B.0.12 的要求填写。

表 B.0.12 施工进度计划报审表

工程名称： 编号：

致：________________（项目监理机构） 根据施工合同约定，我方已完成________________工程施工进度计划的编制和批准，请予以审查。 附件：□施工总进度计划 □阶段性进度计划 施工项目经理部（盖章） 项目经理（签字） 年 月 日
审查意见： 专业监理工程师（签字） 年 月 日
审核意见： 项目监理机构（盖章） 总监理工程师（签字） 年 月 日

注：本表一式三份，项目监理机构、建设单位、施工单位各一份。

B.0.13 费用索赔报审表应按本规范表 B.0.13 的要

求填写。

表 B.0.13 费用索赔报审表

工程名称： 编号：

致：__________________（项目监理机构） 根据施工合同________条款，由于________的原因，我方申请索赔金额（大写）________，请予批准。 索赔理由：________________ 附件：□ 索赔金额计算 □ 证明材料 施工项目经理部（盖章） 项目经理（签字） 年 月 日
审核意见： □ 不同意此项索赔。 □ 同意此项索赔，索赔金额为（大写）________。 同意/不同意索赔的理由：________________ 附件：□ 索赔审查报告 项目监理机构（盖章） 总监理工程师（签字、加盖执业印章） 年 月 日
审批意见： 建设单位（盖章） 建设单位代表（签字） 年 月 日

注：本表一式三份，项目监理机构、建设单位、施工单位各一份。

B.0.14 工程临时延期报审表和工程最终延期报审表应按本规范表 B.0.14 的要求填写。

表 B.0.14 工程临时/最终延期报审表

工程名称： 编号：

致：__________________（项目监理机构） 根据施工合同____________（条款），由于________________原因，我方申请工程临时/最终延期______（日历天），请予批准。 附件：1. 工程延期依据及工期计算 2. 证明材料 施工项目经理部（盖章） 项目经理（签字） 年 月 日
审核意见： □ 同意工程临时/最终延期________（日历天）。工程竣工日期从施工合同约定的____年____月____日延迟到____年____月____日。 □ 不同意延期，请按约定竣工日期组织施工。 项目监理机构（盖章） 总监理工程师（签字、加盖执业印章） 年 月 日
审批意见： 建设单位（盖章） 建设单位代表（签字） 年 月 日

注：本表一式三份，项目监理机构、建设单位、施工单位各一份。

附录C 通 用 表

C.0.1 工作联系单应按本规范表 C.0.1 的要求填写。

表 C.0.1 工作联系单

工程名称：　　　　　　　　　　　　　　　编号：

致：______________________________   发文单位 负责人（签字） 年　月　日

C.0.2 工程变更单应按本规范表 C.0.2 的要求填写。

表 C.0.2 工程变更单

工程名称：　　　　　　　　　　　　　　　编号：

<table>
<tr><td colspan="2">致：______________________________
由于______________________________原因，
兹提出____________________工程变更，请予以审批。
附件：
□ 变更内容
□ 变更设计图
□ 相关会议纪要
□ 其他

变更提出单位：
负责人：
年　月　日</td></tr>
<tr><td>工程量增/减</td><td></td></tr>
<tr><td>费用增/减</td><td></td></tr>
<tr><td>工期变化</td><td></td></tr>
<tr><td>施工项目经理部（盖章）
项目经理（签字）</td><td>设计单位（盖章）
设计负责人（签字）</td></tr>
<tr><td>项目监理机构（盖章）
总监理工程师（签字）</td><td>建设单位（盖章）
负责人（签字）</td></tr>
</table>

注：本表一式四份，建设单位、项目监理机构、设计单位、施工单位各一份。

C.0.3 索赔意向通知书应按本规范表 C.0.3 的要求填写。

表 C.0.3 索赔意向通知书

工程名称：　　　　　　　　　　　　　　　编号：

致：____________________ 根据施工合同______________________________（条款）约定，由于发生了____________________事件，且该事件的发生非我方原因所致。为此，我方向____________________（单位）提出索赔要求。 附件：索赔事件资料   提出单位（盖章） 负责人（签字） 年　月　日

本规范用词说明

1 为了便于在执行本规范条文时区别对待，对要求严格程度不同的用词说明如下：

1）表示很严格，非这样做不可的用词：
正面词采用"必须"，反面词采用"严禁"；

2）表示严格，在正常情况均应这样做的用词：
正面词采用"应"，反面词采用"不应"或"不得"；

3）表示允许稍有选择，在条件许可时首先应这样做的用词：
正面词采用"宜"，反面词采用"不宜"；

4）表示有选择，在一定条件下可以这样做的用词，采用"可"。

2 条文中指明应按其他有关标准执行的写法为："应符合……的规定"或"应按……执行"。

中华人民共和国国家标准

建设工程监理规范

GB/T 50319—2013

条文说明

修订说明

《建设工程监理规范》GB/T 50319－2013，经住房和城乡建设部2013年5月13日以第35号公告批准、发布。

本规范是对2000年建设部和国家质量技术监督局联合发布的原《建设工程监理规范》GB 50319－2000进行的修订。修订工作启动后，修订组先后在北京、深圳、上海等地召开专题会议，广泛听取并采纳了政府主管部门、建设单位、施工单位和工程监理单位的意见和建议，先后收集意见三百余条，经充分研究讨论形成本规范。本规范力求反映2000年以后颁布实施的《建设工程安全生产管理条例》、《建设工程监理与相关服务收费管理规定》（发改价格［2007］670号）、《建设工程监理合同（示范文本）》GF－2012－0202及九部委联合颁布的《标准施工招标文件》（第56号令）等法规和政策，科学确定建设工程监理的定位、建设工程监理与相关服务的内涵和范围等内容。本《规范》调整了章节结构和名称，增加了安全生产管理工作内容、相关服务内容和术语数量，调整了监理人员资格，强化了可操作性，修改了不够协调一致的内容等。本《规范》适用于各类建设工程。

为便于大家在使用本规范时能正确理解和执行条文的规定，编制组按照章、节、条的顺序，编制了《建设工程监理规范》条文说明，对条文规定的目的、依据以及执行中需注意的有关事项进行了说明。本条文说明不具备与本规范正文同等的法律效力，仅供使用者作为理解和把握规范规定的参考。规范执行中如发现条文说明有欠妥之处，请将意见或建议反馈给中国建设监理协会。

原《建设工程监理规范》GB 50319－2000主编单位、参编单位和主要起草人分别是：

主 编 单 位：中国建设监理协会

参 编 单 位：铁道部科学研究院监理公司
北京帕克国际工程咨询有限公司
南京工苑建设监理公司
同济大学工程建设监理公司
重庆建筑大学
上海市建筑科学研究院
上海华设工程咨询监理公司
江苏华宁交通工程咨询监理公司
广东重工业设计院监理公司
国务院三峡移民局

主要起草人：田世宇 何健安 雷艺君
刘建亮 胡耀辉 杨效中
杨卫东 任 宏 周力成
程超然 沈文德 朱本祥
林之毅

目　次

1 总 则

1.0.1 建设工程监理制度自1988年开始实施以来，对于实现建设工程质量、进度、投资目标控制和加强建设工程安全生产管理发挥了重要作用。随着我国建设工程投资管理体制改革的不断深化和工程监理单位服务范围的不断拓展，在工程勘察、设计、保修等阶段为建设单位提供的相关服务也越来越多，为进一步规范建设工程监理与相关服务行为，提高服务水平，在《建设工程监理规范》GB 50319－2000基础上修订形成本规范。

1.0.2 本规范适用于新建、扩建、改建的土木工程、建筑工程、线路管道工程、设备安装工程和装饰装修工程等的建设工程监理与相关服务活动。

1.0.3 建设工程监理合同是工程监理单位实施建设工程监理与相关服务的主要依据之一，建设单位与工程监理单位应以书面形式订立建设工程监理合同。

1.0.5 在监理工作范围内，为保证工程监理单位独立、公平地实施监理工作，避免出现不必要的合同纠纷，建设单位与施工单位之间涉及施工合同的联系活动，均应通过工程监理单位进行。

1.0.6 工程监理单位实施建设工程监理的主要依据包括三部分，即：①法律法规及工程建设标准，如：《中华人民共和国建筑法》、《建设工程质量管理条例》、《建设工程安全生产管理条例》等法律法规及相应的工程技术和管理标准，包括工程建设强制性标准，本规范也是实施建设工程监理的重要依据；②建设工程勘察设计文件，既是工程施工的重要依据，也是工程监理的主要依据；③建设工程监理合同是实施建设工程监理的直接依据，建设单位与其他相关单位签订的合同（如与施工单位签订的施工合同、与材料设备供应单位签订的材料设备采购合同等）也是实施建设工程监理的重要依据。

1.0.7 总监理工程师负责制是指由总监理工程师全面负责建设工程监理实施工作。总监理工程师是工程监理单位法定代表人书面任命的项目监理机构负责人，是工程监理单位履行建设工程监理合同的全权代表。

1.0.8 工程监理单位不仅自身需实施信息化管理，还可根据建设工程监理合同的约定协助建设单位建立信息管理平台，促进建设工程各参与方基于信息平台协同工作。

1.0.9 工程监理单位在实施建设工程监理与相关服务时，要公平地处理工作中出现的问题，独立地进行判断和行使职权，科学地为建设单位提供专业化服务，既要维护建设单位的合法权益，也不能损害其他有关单位的合法权益。

2 术 语

2.0.1 工程监理单位是受建设单位委托为其提供管理和技术服务的独立法人或经济组织。工程监理单位不同于生产经营单位，既不直接进行工程设计和施工生产，也不参与施工单位的利润分成。

2.0.2 建设工程监理是一项具有中国特色的工程建设管理制度。工程监理单位要依据法律法规、工程建设标准、勘察设计文件、建设工程监理合同及其他合同文件，代表建设单位在施工阶段对建设工程质量、进度、造价进行控制，对合同、信息进行管理，对工程建设相关方的关系进行协调，即"三控两管一协调"，同时还要依据《建设工程安全生产管理条例》等法规、政策，履行建设工程安全生产管理的法定职责。

2.0.3 工程监理单位根据建设工程监理合同约定，在工程勘察、设计、保修等阶段为建设单位提供的专业化服务均属于相关服务。

2.0.5 从事建设工程监理与相关服务等工程管理活动的人员取得注册监理工程师执业资格，应参加国务院人事和建设主管部门组织的全国统一考试或考核认定，获得《中华人民共和国监理工程师执业资格证书》，并经国务院建设主管部门注册，获得《中华人民共和国注册监理工程师注册执业证书》和执业印章。

2.0.6 总监理工程师应由工程监理单位法定代表人书面任命。总监理工程师是项目监理机构的负责人，应由注册监理工程师担任。

2.0.7 总监理工程师应在总监理工程师代表的书面授权中，列明代为行使总监理工程师的具体职责和权力。总监理工程师代表可以由具有工程类执业资格的人员（如：注册监理工程师、注册造价工程师、注册建造师、注册建筑师、注册工程师等）担任，也可由具有中级及以上专业技术职称、3年及以上工程实践经验并经监理业务培训的人员担任。

2.0.8 专业监理工程师是项目监理机构中按专业或岗位设置的专业监理人员。当工程规模较大时，在某一专业或岗位宜设置若干名专业监理工程师。专业监理工程师具有相应监理文件的签发权，该岗位可以由具有工程类注册执业资格的人员（如：注册监理工程师、注册造价工程师、注册建造师、注册建筑师、注册工程师等）担任，也可由具有中级及以上专业技术职称、2年及以上工程实践经验的监理人员担任。建设工程涉及特殊行业（如爆破工程）的，从事此类工程的专业监理工程师还应符合国家对有关专业人员资格的规定。

2.0.9 监理员是从事具体监理工作的人员，不同于项目监理机构中其他行政辅助人员。监理员应具有中专及以上学历，并经过监理业务培训。

2.0.10 监理规划应针对建设工程实际情况编制。

2.0.11 监理实施细则是根据有关规定、监理工作实际需要而编制的操作性文件，如深基坑工程监理实施细则。

2.0.12 项目监理机构应依据建设单位提供的施工图纸、工程量清单、施工图预算或其他文件，核对施工单位实际完成的合格工程量，符合工程设计文件及施工合同约定的，予以计量。

2.0.13 旁站是项目监理机构对关键部位和关键工序的施工质量实施建设工程监理的方式之一。

2.0.14 巡视是项目监理机构对工程实施建设工程监理的方式之一，是监理人员针对施工现场进行的检查。

2.0.15 工程类别不同，平行检验的范围和内容不同。项目监理机构应依据有关规定和建设工程监理合同约定进行平行检验。

2.0.16 施工单位需要在项目监理机构监督下，对涉及结构安全的试块、试件及工程材料，按规定进行现场取样、封样，并送至具备相应资质的检测单位进行检测。

2.0.17、2.0.18 工程延期、工期延误的责任承担者不同，工程延期是由于非施工单位原因造成的，如建设单位原因、不可抗力等，施工单位不承担责任；而工期延误是由于施工单位自身原因造成的，需要施工单位采取赶工措施加快施工进度，如果不能按合同工期完成工程施工，施工单位还需根据施工合同约定承担误期责任。

2.0.19、2.0.20 工程临时延期批准是施工过程中的临时性决定，工程最终延期批准是关于工程延期事件的最终决定，总监理工程师、建设单位批准的工程最终延期时间与原合同工期之和将成为新的合同工期。

2.0.21 监理日志是项目监理机构在实施建设工程监理过程中每日形成的文件，由总监理工程师根据工程实际情况指定专业监理工程师负责记录。监理日志不等同于监理日记。监理日记是每个监理人员的工作日记。

2.0.22 监理月报是记录、分析总结项目监理机构监理工作及工程实施情况的文档资料，既能反映建设工程监理工作及建设工程实施情况，也能确保建设工程监理工作可追溯。

2.0.23 建设工程中所需设备需要按设备采购合同单独制造的，项目监理机构应依据建设工程监理合同和设备采购合同对设备制造过程进行监督管理活动。

2.0.24 监理文件资料从形式上可分为文字、图表、数据、声像、电子文档等文件资料，从来源上可分为监理工作依据性、记录性、编审性等文件资料，需要归档的监理文件资料，按照国家有关规定执行。

3 项目监理机构及其设施

3.1 一般规定

3.1.1 项目监理机构的建立应遵循适应、精简、高效的原则，要有利于建设工程监理目标控制和合同管理，要有利于建设工程监理职责的划分和监理人员的分工协作，要有利于建设工程监理的科学决策和信息沟通。

3.1.2 项目监理机构的监理人员宜由一名总监理工程师、若干名专业监理工程师和监理员组成，且专业配套、数量应满足监理工作和建设工程监理合同对监理工作深度及建设工程监理目标控制的要求。

下列情形项目监理机构可设总监理工程师代表：

1 工程规模较大、专业较复杂，总监理工程师难以处理多个专业工程时，可按专业设总监理工程师代表。

2 一个建设工程监理合同中包含多个相对独立的施工合同，可按施工合同段设总监理工程师代表。

3 工程规模较大、地域比较分散，可按工程地域设总监理工程师代表。

除总监理工程师、专业监理工程师和监理员外，项目监理机构还可根据监理工作需要，配备文秘、翻译、司机和其他行政辅助人员。

项目监理机构应根据建设工程不同阶段的需要配备数量和专业满足要求的监理人员，有序安排相关监理人员进退场。

3.1.4 工程监理单位更换、调整项目监理机构监理人员，应做好交接工作，保持建设工程监理工作的连续性。

3.1.5 考虑到工程规模及复杂程度，一名注册监理工程师可以同时担任多个项目的总监理工程师，同时担任总监理工程师工作的项目不得超过三项。

3.1.6 项目监理机构撤离施工现场前，应由工程监理单位书面通知建设单位，并办理相关移交手续。

3.2 监理人员职责

3.2.2 总监理工程师作为项目监理机构负责人，监理工作中的重要职责不得委托给总监理工程师代表。

3.2.3 专业监理工程师职责为其基本职责，在建设工程监理实施过程中，项目监理机构还应针对建设工程实际情况，明确各岗位专业监理工程师的职责分工，制定具体监理工作计划，并根据实施情况进行必要的调整。

3.2.4 监理员职责为其基本职责，在建设工程监理实施过程中，项目监理机构还应针对建设工程实际情况，明确各岗位监理员的职责分工。

3.3 监理设施

3.3.1 对于建设单位提供的设施，项目监理机构应登记造册，建设工程监理工作结束或建设工程监理合同终止后归还建设单位。

4 监理规划及监理实施细则

4.1 一般规定

4.1.1 监理规划是在项目监理机构详细调查和充分研究建设工程的目标、技术、管理、环境以及工程参建各方等情况后制定的指导建设工程监理工作的实施方案，监理规划应起到指导项目监理机构实施建设工程监理工作的作用，因此，监理规划中应有明确、具体、切合工程实际的监理工作内容、程序、方法和措施，并制定完善的监理工作制度。

监理规划作为工程监理单位的技术文件，应经过工程监理单位技术负责人的审核批准，并在工程监理单位存档。

4.1.2 监理实施细则是指导项目监理机构具体开展专项监理工作的操作性文件，应体现项目监理机构对于建设工程在专业技术、目标控制方面的工作要点、方法和措施，做到详细、具体、明确。

4.2 监理规划

4.2.1 监理规划应针对建设工程实际情况进行编制，应在签订建设工程监理合同及收到工程设计文件后开始编制。此外，还应结合施工组织设计、施工图审查意见等文件资料进行编制。一个监理项目应编制一个监理规划。

监理规划应在第一次工地会议召开之前完成工程监理单位内部审核后报送建设单位。

4.2.3 建设单位在委托建设工程监理时一并委托相关服务的，可将相关服务工作计划纳入监理规划。

4.2.4 在监理工作实施过程中，建设工程的实施可能会发生较大变化，如设计方案重大修改、施工方式发生变化、工期和质量要求发生重大变化，或者当原监理规划所确定的程序、方法、措施和制度等需要做重大调整时，总监理工程师应及时组织专业监理工程师修改监理规划，并按原报审程序审核批准后报建设单位。

4.3 监理实施细则

4.3.1 项目监理机构应结合工程特点、施工环境、施工工艺等编制监理实施细则，明确监理工作要点、监理工作流程和监理工作方法及措施，达到规范和指导监理工作的目的。

对工程规模较小、技术较简单且有成熟管理经验和措施的，可不必编制监理实施细则。

4.3.2 监理实施细则可随工程进展编制，但应在相应工程开始施工前完成，并经总监理工程师审批后实施。

4.3.4 监理实施细则可根据建设工程实际情况及项目监理机构工作需要增加其他内容。

4.3.5 当工程发生变化导致原监理实施细则所确定的工作流程、方法和措施需要调整时，专业监理工程师应对监理实施细则进行补充、修改。

5 工程质量、造价、进度控制及安全生产管理的监理工作

5.1 一般规定

5.1.1 项目监理机构应根据建设工程监理合同约定，分析影响工程质量、造价、进度控制和安全生产管理的因素及影响程度，有针对性地制定和实施相应的组织技术措施。

5.1.2 总监理工程师组织监理人员熟悉工程设计文件是项目监理机构实施事前控制的一项重要工作，其目的是通过熟悉工程设计文件，了解工程设计特点、工程关键部位的质量要求，便于项目监理机构按工程设计文件的要求实施监理。有关监理人员应参加图纸会审和设计交底会议，熟悉如下内容：

1 设计主导思想、设计构思、采用的设计规范、各专业设计说明等。

2 工程设计文件对主要工程材料、构配件和设备的要求，对所采用的新材料、新工艺、新技术、新设备的要求，对施工技术的要求以及涉及工程质量、施工安全应特别注意的事项等。

3 设计单位对建设单位、施工单位和工程监理单位提出的意见和建议的答复。

项目监理机构如发现工程设计文件中存在不符合建设工程质量标准或施工合同约定的质量要求时，应通过建设单位向设计单位提出书面意见或建议。

图纸会审和设计交底会议纪要应由建设单位、设计单位、施工单位的代表和总监理工程师共同签认。

5.1.3 由建设单位主持召开的第一次工地会议是建设单位、工程监理单位和施工单位对各自人员及分工、开工准备、监理例会的要求等情况进行沟通和协调的会议。总监理工程师应介绍监理工作的目标、范围和内容、项目监理机构及人员职责分工、监理工作程序、方法和措施等。

第一次工地会议应包括以下主要内容：

1 建设单位、施工单位和工程监理单位分别介绍各自驻现场的组织机构、人员及分工。

2 建设单位介绍工程开工准备情况。

3 施工单位介绍施工准备情况。

4 建设单位代表和总监理工程师对施工准备情

况提出意见和要求。

5 总监理工程师介绍监理规划的主要内容。

6 研究确定各方在施工过程中参加监理例会的主要人员，召开监理例会的周期、地点及主要议题。

7 其他有关事项。

5.1.4 监理例会由总监理工程师或其授权的专业监理工程师主持。专题会议是由总监理工程师或其授权的专业监理工程师主持或参加的，为解决监理过程中的工程专项问题而不定期召开的会议。专题会议纪要的内容包括会议主要议题、会议内容、与会单位、参加人员及召开时间等。

监理例会应包括以下主要内容：

1 检查上次例会议定事项的落实情况，分析未完事项原因。

2 检查分析工程项目进度计划完成情况，提出下一阶段进度目标及其落实措施。

3 检查分析工程项目质量、施工安全管理状况，针对存在的问题提出改进措施。

4 检查工程量核定及工程款支付情况。

5 解决需要协调的有关事项。

6 其他有关事宜。

5.1.6 施工组织设计的报审应遵循下列程序及要求：

1 施工单位编制的施工组织设计经施工单位技术负责人审核签认后，与施工组织设计报审表一并报送项目监理机构。

2 总监理工程师应及时组织专业监理工程师进行审查，需要修改的，由总监理工程师签发书面意见，退回修改；符合要求的，由总监理工程师签认。

3 已签认的施工组织设计由项目监理机构报送建设单位。

项目监理机构还应审查施工组织设计中的生产安全事故应急预案，重点审查应急组织体系、相关人员职责、预警预防制度、应急救援措施。

5.1.8 总监理工程师应在开工日期7天前向施工单位发出工程开工令。工期自总监理工程师发出的工程开工令中载明的开工日期起计算。施工单位应在开工日期后尽快施工。

5.1.12 项目监理机构进行风险分析时，主要是找出工程目标控制和安全生产管理的重点、难点以及最易发生事故、索赔事件的原因和部位，加强对施工合同的管理，制定防范性对策。

5.2 工程质量控制

5.2.4 新材料、新工艺、新技术、新设备的应用应符合国家相关规定。专业监理工程师审查时，可根据具体情况要求施工单位提供相应的检验、检测、试验、鉴定或评估报告及相应的验收标准。项目监理机构认为有必要进行专题论证时，施工单位应组织专题论证会。

5.2.5 专业监理工程师应审核施工单位的测量依据、测量人员资格和测量成果是否符合规范及标准要求，符合要求的，由专业监理工程师予以签认。

5.2.7 施工单位为工程提供服务的试验室是指施工单位自有试验室或委托的试验室。

5.2.9 用于工程的材料、构配件、设备的质量证明文件包括出厂合格证、质量检验报告、性能检测报告以及施工单位的质量抽检报告等。工程监理单位与建设单位应在建设工程监理合同中事先约定平行检验的项目、数量、频率、费用等内容。

5.2.10 计量设备是指施工中使用的衡器、量具、计量装置等设备。施工单位应按有关规定定期对计量设备进行检查、检定，确保计量设备的精确性和可靠性。

5.2.11 项目监理机构应将影响工程主体结构安全的、完工后无法检测其质量的或返工会造成较大损失的部位及其施工过程作为旁站的关键部位、关键工序。

5.2.13 项目监理机构对施工质量进行的平行检验，应符合工程特点、专业要求及行业主管部门的有关规定，并符合建设工程监理合同的约定。

5.2.14 项目监理机构应按规定对施工单位自检合格后报验的隐蔽工程、检验批、分项工程和分部工程及相关文件和资料进行审查和验收，符合要求的，签署验收意见。检验批的报验按有关专业工程施工验收标准规定的程序执行。

项目监理机构可要求施工单位对已覆盖的工程隐蔽部位进行钻孔探测、剥离或其他方法重新检验，经检验证明工程质量符合合同要求的，建设单位应承担由此增加的费用和（或）工期延期，并支付施工单位合理利润；经检验证明工程质量不符合合同要求的，施工单位应承担由此增加的费用和（或）工期延误。

5.2.17 项目监理机构向建设单位提交的质量事故书面报告应包括下列主要内容：

1 工程及各参建单位名称。

2 质量事故发生的时间、地点、工程部位。

3 事故发生的简要经过、造成工程损伤状况、伤亡人数和直接经济损失的初步估计。

4 事故发生原因的初步判断。

5 事故发生后采取的措施及处理方案。

6 事故处理的过程及结果。

5.2.18 项目监理机构收到工程竣工验收报审表后，总监理工程师应组织专业监理工程师对工程实体质量情况及竣工资料进行全面检查，需要进行功能试验（包括单机试车和无负荷试车）的，项目监理机构应审查试验报告单。

项目监理机构应督促施工单位做好成品保护和现

场清理。

5.2.19 工程质量评估报告应包括以下主要内容：

1 工程概况。

2 工程各参建单位。

3 工程质量验收情况。

4 工程质量事故及其处理情况。

5 竣工资料审查情况。

6 工程质量评估结论。

5.3 工程造价控制

5.3.1 项目监理机构应及时审查施工单位提交的工程款支付申请，进行工程计量，并与建设单位、施工单位沟通协商一致后，由总监理工程师签发工程款支付证书。其中，项目监理机构对施工单位提交的进度付款申请应审核以下内容：

1 截至本次付款周期末已实施工程的合同价款。

2 增加和扣减的变更金额。

3 增加和扣减的索赔金额。

4 支付的预付款和扣减的返还预付款。

5 扣减的质量保证金。

6 根据合同应增加和扣减的其他金额。

项目监理机构应从第一个付款周期开始，在施工单位的进度付款中，按专用合同条款的约定扣留质量保证金，直至扣留的质量保证金总额达到专用合同条款约定的金额或比例为止。质量保证金的计算额度不包括预付款的支付、扣回以及价格调整的金额。

5.3.4 项目监理机构应按有关工程结算规定及施工合同约定对竣工结算进行审核。

5.4 工程进度控制

5.4.1 项目监理机构审查阶段性施工进度计划时，应注重阶段性施工进度计划与总进度计划目标的一致性。

5.4.3 在施工进度计划实施过程中，项目监理机构应检查和记录实际进度情况，发生施工进度计划调整的，应报项目监理机构审查，并经建设单位同意后实施。发现实际进度严重滞后于计划进度且影响合同工期时，项目监理机构应签发监理通知单、召开专题会议，督促施工单位按批准的施工进度计划实施。

5.5 安全生产管理的监理工作

5.5.2 项目监理机构应重点审查施工单位安全生产许可证及施工单位项目经理资格证、专职安全生产管理人员上岗证和特种作业人员操作证年检合格与否，核查施工机械和设施的安全许可验收手续。

5.5.6 紧急情况下，项目监理机构通过电话、传真或者电子邮件向有关主管部门报告的，事后应形成监理报告。

6 工程变更、索赔及施工合同争议处理

6.2 工程暂停及复工

6.2.2 总监理工程师签发工程暂停令，应事先征得建设单位同意。在紧急情况下，未能事先征得建设单位同意的，应在事后及时向建设单位书面报告。施工单位未按要求停工或复工的，项目监理机构应及时报告建设单位。

发生情况 1 时，建设单位要求停工，总监理工程师经过独立判断，认为有必要暂停施工的，可签发工程暂停令；认为没有必要暂停施工的，不应签发工程暂停令。

发生情况 2 时，施工单位擅自施工的，总监理工程师应及时签发工程暂停令；施工单位拒绝执行项目监理机构的要求和指令时，总监理工程师应视情况签发工程暂停令。

发生情况 3、4、5 时，总监理工程师均应及时签发工程暂停令。

6.2.7 总监理工程师签发工程复工令，应事先征得建设单位同意。

6.3 工 程 变 更

6.3.1 发生工程变更，应经过建设单位、设计单位、施工单位和工程监理单位的签认，并通过总监理工程师下达变更指令后，施工单位方可进行施工。

工程变更需要修改工程设计文件，涉及消防、人防、环保、节能、结构等内容的，应按规定经有关部门重新审查。

6.3.3 工程变更价款确定的原则如下：

1 合同中已有适用于变更工程的价格，按合同已有的价格计算、变更合同价款。

2 合同中有类似于变更工程的价格，可参照类似价格变更合同价款。

3 合同中没有适用或类似于变更工程的价格，总监理工程师应与建设单位、施工单位就工程变更价款进行充分协商达成一致；如双方达不成一致，由总监理工程师按照成本加利润的原则确定工程变更的合理单价或价款，如有异议，按施工合同约定的争议程序处理。

6.3.5 项目监理机构评估后确实需要变更的，建设单位应要求原设计单位编制工程变更文件。

6.4 费 用 索 赔

6.4.1 涉及工程费用索赔的有关施工和监理文件资料包括：施工合同、采购合同、工程变更单、施工组织设计、专项施工方案、施工进度计划、建设单位和施工单位的有关文件、会议纪要、监理记录、监理工

作联系单、监理通知单、监理月报及相关监理文件资料等。

6.4.2 处理索赔时，应遵循“谁索赔，谁举证”原则，并注意证据的有效性。

6.4.3 总监理工程师在签发索赔报审表时，可附一份索赔审查报告。索赔审查报告内容包括受理索赔的日期，索赔要求，索赔过程，确认的索赔理由及合同依据，批准的索赔额及其计算方法等。

6.5 工程延期及工期延误

6.5.1 项目监理机构在受理施工单位提出的工程延期要求后应收集相关资料，并及时处理。

6.5.3 当建设单位与施工单位就工程延期事宜协商达不成一致意见时，项目监理机构应提出评估意见。

6.6 施工合同争议

6.6.1 项目监理机构可要求争议双方出具相关证据。总监理工程师应遵守客观、公平的原则，提出合同争议的处理意见。

7 监理文件资料管理

7.1 一 般 规 定

7.1.1 监理文件资料是实施监理过程的真实反映，既是监理工作成效的根本体现，也是工程质量、生产安全事故责任划分的重要依据，项目监理机构应做到“明确责任，专人负责”。

7.1.2 监理人员应及时分类整理自己负责的文件资料，并移交由总监理工程师指定的专人进行管理，监理文件资料应准确、完整。

7.2 监理文件资料内容

7.2.1 合同文件、勘察设计文件是建设单位提供的监理工作依据。

项目监理机构收集归档的监理文件资料应为原件，若为复印件，应加盖报送单位印章，并由经手人签字、注明日期。

监理文件资料涉及的有关表格应采用本规范统一表式，签字盖章手续完备。

7.2.2 总监理工程师应定期审阅监理日志，全面了解监理工作情况。

7.2.3 监理月报是项目监理机构定期编制并向建设单位和工程监理单位提交的重要文件。

监理月报应包括以下具体内容：

1 本月工程实施情况：

1）工程进展情况，实际进度与计划进度的比较，施工单位人、机、料进场及使用情况，本期在施部位的工程照片。

2）工程质量情况，分项分部工程验收情况，工程材料、设备、构配件进场检验情况，主要施工试验情况，本月工程质量分析。

3）施工单位安全生产管理工作评述。

4）已完工程量与已付工程款的统计及说明。

2 本月监理工作情况：

1）工程进度控制方面的工作情况。

2）工程质量控制方面的工作情况。

3）安全生产管理方面的工作情况。

4）工程计量与工程款支付方面的工作情况。

5）合同其他事项的管理工作情况。

6）监理工作统计及工作照片。

3 本月施工中存在的问题及处理情况：

1）工程进度控制方面的主要问题分析及处理情况。

2）工程质量控制方面的主要问题分析及处理情况。

3）施工单位安全生产管理方面的主要问题分析及处理情况。

4）工程计量与工程款支付方面的主要问题分析及处理情况。

5）合同其他事项管理方面的主要问题分析及处理情况。

4 下月监理工作重点：

1）在工程管理方面的监理工作重点。

2）在项目监理机构内部管理方面的工作重点。

7.2.4 监理工作总结经总监理工程师签字后报工程监理单位。

7.3 监理文件资料归档

7.3.1 监理文件资料的组卷及归档应符合相关规定。

7.3.2 工程监理单位应按合同约定向建设单位移交监理档案。工程监理单位自行保存的监理档案保存期可分为永久、长期、短期三种。

8 设备采购与设备监造

8.2 设 备 采 购

8.2.1、8.2.2 建设单位委托设备采购服务的，项目监理机构的主要工作内容是协助建设单位编制设备采购方案、择优选择设备供应单位和签订设备采购合同。

总监理工程师应组织设备专业监理人员，依据建设工程监理合同制订设备采购工作的程序和措施。

8.2.3 设备采购工作完成后，由总监理工程师按要求负责整理汇总设备采购文件资料，并提交建设单位和本单位归档。

8.3 设备监造

8.3.1 专业监理工程师应对设备制造单位的质量管理体系建立和运行情况进行检查，审查设备制造生产计划和工艺方案。审查合格并经总监理工程师批准后方可实施。

8.3.3 专业监理工程师在审查质量证明文件及检验报告时，应审查文件及报告的质量证明内容、日期和检验结果是否符合设计要求和合同约定，审查原材料进货、制造加工、组装、中间产品试验、强度试验、严密性试验、整机性能试验、包装直至完成出厂并具备装运条件的检验计划与检验要求，此外，应对检验的时间、内容、方法、标准以及检测手段、检测设备和仪器等进行审查。

8.3.4 项目监理机构对设备制造过程监督检查应包括以下主要内容：零件制造是否按工艺规程的规定进行，零件制造是否经检验合格后才转入下一道工序，主要及关键零件的材质和加工工序是否符合图纸、工艺的规定，零件制造的进度是否符合生产计划的要求。

8.3.5 总监理工程师签发暂停制造指令时，应同时提出如下处理意见：

1 要求设备制造单位进行原因分析。

2 要求设备制造单位提出整改措施并进行整改。

3 确定复工条件。

8.3.6 在设备装配过程中，专业监理工程师应检查配合面的配合质量、零部件的定位质量及连接质量、运动件的运动精度等装配质量是否符合设计及标准要求。

8.3.7 在对原设计进行变更时，专业监理工程应进行审核，并督促办理相应的设计变更手续和移交修改函件或技术文件等。对可能引起的费用增减和制造工期的变化按设备制造合同约定协商确定。

8.3.8 项目监理机构签认时，应要求设备制造单位提供相应的设备整机性能检测报告、调试报告和出厂验收书面证明资料。

8.3.9 检查防护和包装措施应考虑：运输、装卸、储存、安装的要求，主要应包括：防潮湿、防雨淋、防日晒、防振动、防高温、防低温、防泄漏、防锈蚀、须屏蔽及放置形式等内容。

8.3.10 设备交接工作一般包括开箱清点、设备和资料检查与验收、移交等内容。

8.3.11 专业监理工程师可在制造单位备料阶段、加工阶段、完工交付阶段控制费用支出，或按设备制造合同的约定审核进度付款，由总监理工程师审核后签发支付证书。

8.3.13 结算工作应依据设备制造合同的约定进行。

8.3.14 设备监造工作完成后，由总监理工程师按要求负责整理汇总设备监造资料，并提交建设单位和本单位归档。

9 相关服务

9.1 一般规定

9.1.1 相关服务范围可包括工程勘察、设计和保修阶段的工程管理服务工作。建设单位可委托其中一项、多项或全部服务，并支付相应的服务费用。

相关服务工作计划应包括相关服务工作的内容、程序、措施、制度等。

9.2 工程勘察设计阶段服务

9.2.1 工程监理单位协助建设单位选择工程勘察设计单位时，应审查工程勘察设计单位的资质等级、勘察设计人员的资格以及工程勘察设计质量保证体系。

9.2.3 现场及室内试验主要岗位操作人员是指钻探设备操作人员、记录人员和室内实验的数据签字和审核人员。

9.2.5 重要点位是指勘察方案中工程勘察所需要的控制点、作为持力层的关键层和一些重要层的变化处。对重要点位的勘探与测试可实施旁站。

9.2.10 审查设计成果主要审查方案设计是否符合规划设计要点，初步设计是否符合方案设计要求，施工图设计是否符合初步设计要求。

根据工程规模和复杂程度，在取得建设单位同意后，对设计工作成果的评估可不区分方案设计、初步设计和施工图设计，只出具一份报告即可。

9.2.12 审查工作主要针对目前尚未经过国家、地方、行业组织评审、鉴定的新材料、新工艺、新技术、新设备。

9.3 工程保修阶段服务

9.3.1 由于工作的可延续性，工程保修阶段服务工作一般委托工程监理单位承担。工程保修期限按国家有关法律法规确定。工程保修阶段服务工作期限，应在建设工程监理合同中明确。

9.3.2 工程监理单位宜在施工阶段监理人员中保留必要的专业监理工程师，对施工单位修复的工程进行验收和签认。

9.3.3 对非施工单位原因造成的工程质量缺陷，修复费用的核实及支付证明签发，宜由总监理工程师或其授权人签认。

附录 A 工程监理单位用表

A.0.1 工程监理单位法定代表人应根据建设工程监

理合同约定，任命有类似工程管理经验的注册监理工程师担任项目总监理工程师，并在表 A.0.1 中明确总监理工程师的授权范围。

A.0.2 建设单位对《工程开工报审表》签署同意意见后，总监理工程师可签发《工程开工令》。《工程开工令》中的开工日期作为施工单位计算工期的起始日期。

A.0.3 施工单位收到《监理通知单》并整改合格后，应使用《监理通知回复单》回复，并附相关资料。

A.0.4 项目监理机构发现工程存在安全事故隐患，发出《监理通知单》或《工程暂停令》后，施工单位拒不整改或者不停工的，应当采用表 A.0.4 及时向政府有关主管部门报告，同时应附相应《监理通知单》或《工程暂停令》等证明监理人员所履行安全生产管理职责的相关文件资料。

A.0.5 总监理工程师应根据暂停工程的影响范围和程度，按合同约定签发暂停令。签发工程暂停令时，应注明停工部位及范围。

A.0.6 施工情况包括施工单位质检人员到岗情况、特殊工种人员持证情况以及施工机械、材料准备及关键部位、关键工序的施工是否按（专项）施工方案及工程建设强制性标准执行等情况。

附录 B　施工单位报审、报验用表

B.0.1 施工单位编制的施工组织设计应由施工单位技术负责人审核签字并加盖施工单位公章。有分包单位的，分包单位编制的施工组织设计或（专项）施工方案均应由施工单位按规定完成相关审批手续后，报项目监理机构审核。

B.0.2 施工合同中同时开工的单位工程可填报一次。

总监理工程师审核开工条件并经建设单位同意后签发工程开工令。

B.0.3 工程复工报审时，应附有能够证明已具备复工条件的相关文件资料，包括相关检查记录、有针对性的整改措施及其落实情况、会议纪要、影像资料等。

B.0.4 分包单位的名称应按《企业法人营业执照》全称填写；分包单位资质材料包括：营业执照、企业资质等级证书、安全生产许可文件、专职管理人员和特种作业人员的资格证书等；分包单位业绩材料是指分包单位近三年完成的与分包工程内容类似的工程业绩材料。

B.0.5 测量放线的专业测量人员资格（测量人员的资格证书）及测量设备资料（施工测量放线使用测量仪器的名称、型号、编号、校验资料等）应经项目监理机构确认。

测量依据资料及测量成果包括下列内容：

1 平面、高程控制测量：需报送控制测量依据资料、控制测量成果表（包含平差计算表）及附图。

2 定位放样：报送放样依据、放样成果表及附图。

B.0.6 质量证明文件是指：生产单位提供的合格证、质量证明书、性能检测报告等证明资料。进口材料、构配件、设备应有商检的证明文件；新产品、新材料、新设备应有相应资质机构的鉴定文件。如无证明文件原件，需提供复印件，并应在复印件上加盖证明文件提供单位的公章。

自检结果是指：施工单位核对所购工程材料、构配件、设备的清单和质量证明资料后，对工程材料、构配件、设备实物及外部观感质量进行验收核实的结果。

由建设单位采购的主要设备则由建设单位、施工单位、项目监理机构进行开箱检查，并由三方在开箱检查记录上签字。

进口材料、构配件和设备应按照合同约定，由建设单位、施工单位、供货单位、项目监理机构及其他有关单位进行联合检查，检查情况及结果应形成记录，并由各方代表签字认可。

B.0.7 主要用于隐蔽工程、检验批、分项工程的报验，也可用于施工单位试验室等的报审。

有分包单位的，分包单位的报验资料应由施工单位验收合格后向项目监理机构报验。

隐蔽工程、检验批、分项工程需经施工单位自检合格后并附有相应工序和部位的工程质量检查记录，报送项目监理机构验收。

B.0.8 分部工程质量资料包括：《分部（子分部）工程质量验收记录表》及工程质量验收规范要求的质量资料、安全及功能检验（检测）报告等。

B.0.9 回复意见应根据《监理通知单》的要求，简要说明落实整改的过程、结果及自检情况，必要时应附整改相关证明资料，包括检查记录、对应部位的影像资料等。

B.0.10 每个单位工程应单独填报。质量验收资料是指：能够证明工程按合同约定完成并符合竣工验收要求的全部资料，包括单位工程质量资料，有关安全和使用功能的检测资料，主要使用功能项目的抽查结果等。对需要进行功能试验的工程（包括单机试车、无负荷试车和联动调试），应包括试验报告。

B.0.11 附件是指与付款申请有关的资料，如已完成合格工程的工程量清单、价款计算及其他与付款有关的证明文件和资料。

B.0.13 证明材料应包括：索赔意向书、索赔事项的相关证明材料。

附录C 通 用 表

C.0.1 工程建设有关方相互之间的日常书面工作联系，包括：告知、督促、建议等事项。

中华人民共和国国家标准

城市建设档案著录规范

Code for urban construction archives description

GB/T 50323—2001

主编部门：中 华 人 民 共 和 国 建 设 部
批准部门：中 华 人 民 共 和 国 建 设 部
施行日期：2 0 0 1 年 7 月 1 日

关于发布国家标准《城市建设档案著录规范》的通知

建标［2001］67号

根据建设部建标标［2000］25号的要求，由建设部会同有关部门共同制订的《城市建设档案著录规范》，经有关部门会审，批准为国家标准，编号为GB/T 50323—2001，自2001年7月1日起施行。

本标准由建设部负责管理，建设部城建档案工作办公室负责具体解释工作，建设部标准定额研究所组织中国建筑工业出版社出版发行。

中华人民共和国建设部

2001年3月5日

前　言

本标准是根据建设部建标标［2000］25号文的要求，由建设部城建档案工作办公室会同有关城建档案馆共同编制而成的。

在编制过程中，规范编制组开展了专题研究，进行了比较广泛的调查研究，总结了多年来城建档案著录工作的经验，参考中华人民共和国档案行业标准DA/T 18—1999《档案著录规则》，并以多种方式广泛征求了全国有关单位的意见，对主要问题进行了反复修改，最后经审定定稿。

本标准主要规定的内容有：城建档案著录的项目、符号、文字、信息来源，以及著录的格式要求。

本标准将来可能需要进行局部修订，有关局部修订的信息和条文内容将刊登在《工程建设标准化》杂志上。

为了提高规范质量，请各单位在执行本标准的过程中，注意总结经验，积累资料，随时将有关的意见和建议寄给建设部城建档案工作办公室，以供今后修订时参考。

本标准主编单位：建设部城建档案工作办公室。

本标准参编单位：南京市城建档案馆、北京市城建档案馆、广州市城建档案馆。

本标准主要起草人：王淑珍、姜中桥、周健民、郑向阳、欧阳志宏、杨晓明、胡士刚。

目 次

1 总 则

1.0.1 为建立健全全国统一的城建档案检索体系，提高全国城建档案的管理水平，充分发挥城建档案在城市建设中的作用，制定本规范。

1.0.2 本规范适用于各类城建档案的著录工作，不适宜用作城建档案目录的组织方法。

1.0.3 城建档案著录除执行本规范外，尚应执行有关标准规范的规定。

2 术语、符号

2.1 术 语

2.1.1 城建档案（urban construction archive）

在城市规划、建设及其管理活动中直接形成的有价值的各种形式的历史记录。

2.1.2 建设工程项目（construction project）

具有计划任务书和总体设计，经济上实行独立核算，行政上具有独立组织形式的基本建设项目。一个建设项目可以有多个单项工程，也可以只有一个单项工程。

2.1.3 单项工程（single project）

在建设工程项目中，具有独立的设计文件，竣工后可以独立发挥生产能力或工程效益的工程。

2.1.4 工程档案（project archive）

工程档案是在整个工程建设过程中，包括从立项、审批到竣工验收备案等一系列活动中直接形成的文字、图表、声像等各种形式的有价值的历史记录。

2.1.5 案卷（file）

由互有联系的若干文件组成的档案保管单位。

2.1.6 城建档案著录（description of urban construction archive）

编制城建档案目录时，为提取城建档案信息，对城建档案的内容和形式特征进行分析、选择和记录的过程。

2.1.7 城建档案著录项目（item of description for urban construction archive）

揭示城建档案内容和形式特征的记录事项，分大项、小项和单元。大项主要包括题名与责任者、稿本与文种、密级与保管期限、时间、载体与数量、专业记载、附注与提要、排检与编号等八项。各大项下又分若干小项，小项下又分若干单元。

2.1.8 条目（entry）

档案著录的结果，是反映工程（项目）、案卷、文件内容和形式特征的著录项目的组合。

2.1.9 著录格式（description form and format）

著录项目在条目中的排列顺序及其表达方式。

2.1.10 档案目录（catalogue for archives）

按照一定的次序编排而成的条目汇集，是档案管理、检索和报道的工具。

2.2 符 号

2.2.1 著录用符号

为了区分、识别各著录大项、小项或表达著录内容，著录时，必须使用一些特定的符号，这些特定的符号就是著录用符号。著录用各种符号及用途详见下表：

表 2.2.1 著录用符号及用途

符号	用 途
.—	置于下列六大项之前：稿本与文种项、密级与保管期限项、时间项、载体与数量项、专业记载项、附注与提要项，用于区分各大项
=	置于并列题名之前
:	置于下列著录小项之前：文件编号、工程地址、文种、保管期限、数量及单位、规格，以及各专业记载项之间，用于区分各著录小项
/	置于第一责任者之前
;	置于其他责任者之前，多个文件编号之间，用于区分同一著录小项的各著录单元
+	置于每一个附件之前
[]	置于下列著录内容的两端：自拟著录内容、文件编号中的年度、责任者省略时的“等”字
()	置于有关责任者的说明文字的两端，如责任者所属机构名称、责任者真实姓名、责任者职务或身份、外国责任者国别及姓名原文等
?	置于不能确定的著录内容之前，一般与［］号配合使用
—	用于下列内容之间：日期起止，档号、电子文档号、缩微号、存放地址号的各层次之间
…	用于节略内容
□	用于每一个残缺文字和未考证出时间的每一数字。未考证出的责任者及难以计数的残缺文字用三个“□”表示

2.2.2 著录用符号使用说明

1.“.—”符号占两格，在回行时不应拆开。“[]”和“()”左右两半各占一格，其他符号均占一格，前后不再空格。

2. 如某个著录大项缺少第一个著录小项时，应将现在位于首位的小项原规定的著录符号改为“.—”。

3. 不著录的大项、小项或单元，其著录符号应连同该项目一并省略。

3 基 本 规 定

3.1 著录级别与著录详简级次

3.1.1 依据著录对象的不同，可将档案著录划分为工程（项目）级、案卷级、文件级三级。

1. 工程（项目）级著录是对一个工程（项目）的所有档案的内容及形式特征进行分析、记录。

2. 案卷级著录是对一个案卷的档案内容和形式特征进行分析、记录。

3. 文件级著录是对一份文件的内容和形式特征进行分析、记录。

3.1.2 著录详简级次指著录的详简程度，分为简要级次和详细级次。

1. 条目仅著录必要项目的称简要级次。

必要项目包括：正题名、文件编号、工程（项目）地址、第一责任者、时间、专业记载、档号、缩微号、存放地址号、主题词。

2. 条目除著录必要项目外，还著录部分或全部选择项目的称详细级次。

选择项目包括：并列题名、副题名及说明题名文字、其他责任者、附件、稿本与文种、密级、保管期限、载体与数量、附注、提要、档案馆代号、电子文档号。

3.2 著录文字要求

3.2.1 著录用文字必须规范化。

3.2.2 文件编号、时间项、载体与数量项、专业记载项、排检与编号项中的数字一律用阿拉伯数字。

3.2.3 其他语种文字档案著录时必须依照其语种文字书写规则。

3.3 著 录 信 息 源

3.3.1 著录信息来源于被著录的档案。

3.3.2 单份文件著录时，主要依据文头、文尾。

3.3.3 一个案卷著录时，主要依据案卷封面、卷内文件目录、备考表等。

3.3.4 被著录的档案信息不足时，参考其他有关的档案、资料。

4 著 录 项 目

4.1 著录项目划分

4.1.1 城建档案著录项目共分题名与责任者项、稿本项、密级与保管期限项、时间项、载体与数量项、专业记载项、附注与提要项、排检与编号项等八大项，每大项又分若干小项。详见下表：

表 4.1.1 城建档案著录项目划分

序号	著录项目名称	
	大 项	小 项
1	题名与责任者	题名
		文件编号
		工程（项目）地址
		责任者
		附件
2	稿本与文种	稿本
		文种
3	密级与保管期限	密级
		保管期限
4	时间	
5	载体与数量	载体类型
		数量及单位
		规格
6	专业记载	
7	附注与提要	附注
		提要
8	排检与编号	档号
		档案馆代号
		缩微号
		存放地址号
		电子文档号
		主题词

4.1.2 著录小项下又可分为若干著录单元。如著录小项“题名”下，又可分为“正题名”与“并列题名”两个著录单元。

4.2 著录项目细则

4.2.1 题名与责任者项

1. 题名

题名又称标题、题目，是直接表达档案中心内容、形式特征的名称。

1）正题名

正题名是档案的主要题名，一般指单份文件文首的题目名称和案卷封面上的题目名称，工程（项目）级的题名指工程或项目的名称。正题名照原文著录。

2）并列题名

以第二种语言文字书写的与正题名对照并列的题名。必要时并列题名与正题名一并著录。其前加

"＝"号。

3）副题名及说明题名文字

副题名是解释或从属于正题名的另一题名。副题名照原文著录，正题名能够反映档案内容时，副题名不必著录。

说明题名文字是指在题名前后对档案内容、范围、用途等的文字说明。

副题名及说明题名文字前加"；"号。

2. 文件编号

文件编号是文件制发机关、团体或个人编写的顺序号，包括发文字号、图号等，按照原文字和符号著录，其前加"："号。对于一个工程来讲，其文件编号大致有以下几种：

1）建设工程项目立项批准文件号

建设工程项目立项批准文件号著录计划部门或主管部门批准该工程项目正式立项的文件编号。

2）建设工程规划许可证号

建设工程规划许可证号著录城市规划主管部门对该建设工程项目核发的建设工程规划许可证的编号。

3）建设工程用地规划许可证号

建设工程用地规划许可证号著录城市规划主管部门对该建设工程项目核发的建设工程用地规划许可证的编号。

4）建设工程用地许可证号

建设工程用地许可证号著录城市土地主管部门对建设工程项目核发的土地使用证编号。

5）工程设计（勘察）编号

工程设计（勘察）编号著录建筑设计（勘察）部门对该建设工程项目进行设计（勘察）的编号。

6）建设工程施工许可证号

建设工程施工许可证号著录建设行政主管部门对该建设工程项目核发的施工许可证编号。

7）建设工程竣工验收备案登记号

建设工程竣工验收备案登记号是指建设工程竣工验收后，建设单位向建设行政主管部门报送备案材料时，建设行政主管部门赋予该工程的备案登记编号。

8）工程所在地形图号

指工程所在的1∶500地形图的分幅号。

3. 工程（项目）地址

工程（项目）地址指工程项目的建设地点或征地地址。本市工程著录区（县）、街道（乡、路）、门牌号（村、队）；外地工程著录省、市（县）、街道（路）名。其前加"："号。案卷级和文件级著录，不必著录此项。

4. 责任者

责任者指文件材料的形成单位或个人。

1）第一责任者

第一责任者是指列于首位的责任者。著录时其前加"/"号。

2）其他责任者

其他责任者是指除第一责任者以外的责任者，其前加"；"号。

3）工程（项目）级责任者著录顺序一般为：建设单位（立卷单位）、建设项目（或事由）批准单位、项目（或事由）申请或实施单位。如建设工程（项目）责任者著录顺序为：建设单位、立项批准单位、设计单位、施工单位、监理单位；建设工程（用地）规划管理档案项目级责任者著录顺序为：立卷单位、申请（用地）单位、批准单位（项目批准单位和用地批准单位）、设计单位（或被征地单位）。

4）案卷级责任者一般只著编制单位。

5. 附件

是指文件正文后的附加材料，各附件题名前均冠以"＋"号。

4.2.2 稿本与文种项

1. 稿本是指档案的文稿、文本和版本，依实际情况著录为正本、副本、草稿、定稿、手稿、草图、原图、底图、蓝图、试行本、修订本、复印件等，其前加".—"号。

2. 文种是指文件种类的名称，依实际情况著录为命令、决议、指示、通知、报告、批复、函、会议纪要、协议书、任务书、施工图、竣工图、鉴定书等。文种前加"："号。

4.2.3 密级与保管期限项

1. 密级

1）密级是指文件保密程度的等级，一般按文件形成时所定密级著录，对已升、降、解密的。应著录新密级。密级前加".—"号。

2）密级按GB/T 7156—1987第四章文献保管等级代码表划分为六个级别。名称与代码如下表：

表 4.2.3　文献保密登记代码

名　称	数字代码	汉语拼音代码	汉字代码
公开级	0	GK	公开
国内级	1	GN	国内
内部级	2	NB	内部
秘密级	3	MM	秘密
机密级	4	JM	机密
绝密级	5	UM	绝密

3）密级为"公开级"、"国内级"、"内部级"时，一般不必著录。

2. 保管期限

1）保管期限是指根据档案价值确定的档案应该保存的时间，一般分为永久、长期、短期三种。保管期限前加“：”。

2）保管期限一般按案卷组成时所定保管期限著录，对已更改的。应著录新的保管期限。

4.2.4 时间项

1. 对文件级著录，时间项著录文件形成时间。

一般文书（通知、报告、批复）的形成时间为发文时间；决议、决定、规定为通过时间或发布时间；合同、协议书为签署时间；报表计划为编制时间；工程设计图纸为设计时间；工程竣工图为编制完成时间，如图上没有签注编制完成时间，则以工程竣工时间代替。

2. 对案卷级著录，时间项著录案卷内文件起止时间。

一般案卷起止时间为卷内文件形成最早、最晚时间。起止时间著录中间用“—”相连，如：“1987.07.03—1988.12.14”。

3. 对工程级著录，时间项著录工程开、竣工时间或建设工程规划许可证及建设用地规划许可证的批准时间。

4. 著录时间时，年、月、日之间用“.”号相隔，如“1985年12月10日”著录为“1985.12.10”。时间项前加“.—”。

4.2.5 载体与数量项

1. 载体类型

1）载体类型项著录档案载体的物质形态特征。其前加“.—”。

2）载体类型分为底图、缩微片、照片、底片、录音带、录像带、光盘、计算机磁盘、计算机磁带、电影胶片、唱片等。根据档案实际载体类型著录，除底图外，以纸为载体的档案一律不著录本项。

2. 数量及单位

数量用阿拉伯数字，单位用档案物质形态的统计单位，如“页”、“张”、“卷”、“袋”、“册”、“盒”等。著录时其前加“:”号。

3. 规格

规格指档案载体的尺寸及型号，著录时其前加“:”号，如“.—5页：16开”，“.—2张：A0”。

4.2.6 专业记载项

本项作为城建档案的专业特征记载项，著录于附注项前。根据著录对象不同分为房屋建筑工程专业记载项（含房屋建筑工程规划管理档案）、市政基础设施工程专业记载项（含市政基础设施规划管理档案）、城市管线工程专业记载项、建设工程用地规划管理专业记载项。本项对工程（项目）级档案是必要著录项目，案卷、文件级档案可不著录。各专业记载项之间加“:”。

1. 房屋建筑工程专业记载项著录下列内容：

1）建筑面积，2）高度，3）层数，4）结构类型，5）开工时间，6）竣工时间，7）总用地面积，8）总建筑面积，9）幢数，10）工程预算，11）工程决算。

2. 市政基础设施工程专业记载项著录下列内容：

1）长度，2）宽度，3）高度，4）跨径，5）结构类型，6）孔数，7）级别，8）荷载，9）净空，10）开工时间，11）竣工时间，12）总用地面积，13）总建筑面积，14）总长度，15）工程预算，16）工程决算。

3. 城市管线工程专业记载项著录下列内容：

1）长度，2）规格，3）材质，4）荷载，5）起点，6）止点，7）总长度，8）开工时间，9）竣工时间，10）工程预算，11）工程决算。

4. 建设工程规划管理档案专业记载项著录下列内容：

1）建筑面积，2）幢数，3）层数，4）长度，5）宽度，6）高度，7）跨度，8）荷载，9）规格，10）级别，11）净空，12）结构类型，13）工程造价。

5. 建设工程用地规划管理档案专业记载项著录下列内容：

1）征拨分类，2）用地分类，3）原土地分类，4）用地面积。

4.2.7 附注与提要项

1. 附注

1）附注项著录各个项目中需要解释和补充的事项，依各项目的顺序著录，项目以外需要解释和补充的列在最后。

2）每一条附注均以“.—”分隔。如每一条附注都分段著录时，可省略该著录符号。

2. 提要

1）提要项是对档案内容的简介和评述，应力求反映其主题内容、重要数据（包括技术参数）。

2）提要项在附注项之后另起一段空两个汉字位置著录，一般不超过200字。

4.2.8 排检与编号项

排检与编号项是目录排检和档案馆（室）业务注记项。

1. 档号

档号是档案馆（室）在档案整理过程中对档案的编号。档号包括分类号、项目号、案卷号、件号或页号。档号置于条目左上角第一行。档号中各号之间用“—”号，占一个字节。

1）工程（项目）级的档号由分类号、项目号组成。

2）案卷级的档号由分类号、项目号、案卷号组成。即工程（项目）档号＋案卷号。

3）文件级的档号由分类号、项目号、案卷号、件号或页号组成。即案卷档号＋件号或页号。件号或页号是指案卷内每一文件的顺序号或首页的编号。

2. 档案馆代号

档案馆（室）代号按照国家统一规定填写。置于条目右上角第一行。尚无代号的，暂时不填，但应留出位置，以备将来填写。

3. 缩微号

缩微号是档案馆（室）赋予档案缩微品的编号，著录于条目左上角第二行，与档案馆代码齐头。

4. 电子文档号

电子文档号是档案馆、室管理电子文件的一组符号代码，著录于条目第二行的中间位置。

5. 存放地址号

存放地址号著录档案存放处的编号。一般包括库号、列（排）号、节（柜）号、层号，著录于条目右上角第二行。

6. 主题词

主题词是揭示档案内容的规范化的词或词组。

1）主题词按照 DA/T 19—1999《档案主题标引规则》、《中国档案主题词表》、《城建档案主题词表》等进行标引。

2）主题词著录于附注与提要项之后，另起一段齐头著录。

3）各级著录，一般著录 4 至 6 个主题词。各词之间空一个汉字位置，一个词或词组不得分两行书写。

5 著 录 格 式

5.0.1 著录格式按照其表现形式可分为表格式和段落符号式。

5.0.2 表格著录格式

1. 工程（项目）级条目表格著录格式

按照不同著录对象，工程（项目）级档案表格著录格式分为房屋建筑工程、市政基础设施工程、城市管线工程、建设工程规划管理项目、建设用地规划管理项目、通用工程项目六种。

1）房屋建筑工程项目级表格著录格式（示例见附录 A）；

2）市政基础设施工程项目级表格著录格式(示例见附录 B)；

3）城市管线工程项目级表格著录格式（示例见附录 C）；

4）建设工程规划管理档案项目级表格著录格式（示例见附录 D）；

5）建设用地规划管理档案项目级表格著录格式（示例见附录 E）；

6）工程（项目）级通用表格著录格式（示例见附录 F）。

2. 案卷级条目表格著录格式（示例见附录 G）。

3. 文件级条目表格著录格式（示例见附录 H）。

5.0.3 段落符号式著录格式

段落符号式著录格式将著录项目划分为四个段落。第一段落中档号、缩微号分别置于条目左上角的第一、二行，档案馆代号、存放地址号分别置于右上角第一、二行，电子文档号置于第二行的中间位置。第二段落从第三行与档号齐头处依次著录题名与责任者项、稿本与文种项、密级与保管期限项、时间项、载体与数量项、专业记载项、附注项，回行时，齐头著录。第三段落另起一行空两格著录提要，回行时与一、二段落齐头。第四段落另起一行齐头著录主题词，各词之间空一格。

1. 工程（项目）级段落符号式条目著录格式

档号　　　　　　　　　　　　　　档案馆代号

缩微号　　　　　电子文档号　　　存放地址号

题名=并列题名；副题名及说明题名文字：立项批准文号；工程规划许可证号；工程用地规划许可证号；工程用地许可证号；工程设计（勘察）编号；工程施工许可证号；竣工验收备案登记号；地形图号：工程地址/第一责任者；其它责任者．—密级；保管期限．—工程开竣工日期．—载体类型：数量及单位：规格．—专业记载．—附注

　提要

主题词

2. 案卷级段落符号式条目著录格式

档号　　　　　　　　　　　　　　档案馆代号

缩微号　　　　　电子文档号　　　存放地址号

正题名=并列题名；副题名及题名说明文字：工程（项目）地址/编制单位．—密级：保管期限．—案卷内文件起止时间．—载体类型：数量及单位：规格．—附注

　提要

主题词

3. 文件级段落符号式条目著录格式

档号　　　　　　　　　　　　　　档案馆代号

缩微号　　　　　电子文档号　　　存放地址号

正题名=并列题名；副题名及题名说明文字：文件编号/第一责任者；其它责任者．—稿本：文种．—密级：保管期限．—文件形成时间．—载体类型：数量及单位：规格．—附注

　提要

主题词

5.0.4 段落符号式著录条目的形式为卡片式时，卡片尺寸一般为 12.5cm×7.5cm，著录时卡片四周均应留 1cm 空隙，如卡片正面著录不完，可接背面连续著录。

附录A　房屋建筑工程（项目）级著录单

工程名称				
工程地点				
责任者	建设单位		文号项	立项批准文号	
	立项批准单位			规划许可证号	
	设计单位			用地规划许可证号	
	勘察单位			用地许可证号	
	监理单位			施工许可证号	

专　业　记　载

单项工程名称	施工单位	建筑面积（m^2）	高度（m）	层数 地下	层数 地上	结构类型	开工时间	竣工时间

总用地面积		总建筑面积		幢数	
工程造价		工程结算			

档　案　状　况

总卷数		文字（卷）		图纸 卷		图纸 张		底图（张）		照片（张）		底片（张）	
录音带（盒）		录像带（盒）		光盘（盘）		计算机 磁带（盘）		计算机 磁盘（盘）		缩微片 盘		缩微片 张		其它	
保管期限		密级		进馆日期	
移交单位					

排　检　与　编　号

档　号		缩微号	
存放位置起始号			
附　注			

附录B　市政基础设施工程（项目）级著录单

工程名称				
工程地点				
责任者	建设单位		文号项	立项批准文号	
	立项批准单位			规划许可证号	
	设计单位			用地规划许可证号	
	勘察单位			用地许可证号	
	监理单位			施工许可证号	

专　业　记　载

单项工程名称	施工单位	结构类型	长度（m）	宽度（m）	高度（m）	跨径（m）	孔数	级别	荷载	净空

总用地面积		总建筑面积		总长度(m)			
开工时间		竣工时间		工程造价		工程结算	

档　案　状　况

总卷数		文字（卷）		图纸 卷		图纸 张		底图（张）		照片（张）		底片（张）	
录音带（盒）		录像带（盒）		光盘（盘）		计算机 磁带（盘）		计算机 磁盘（盘）		缩微片 盘		缩微片 张		其它	
保管期限		密级		进馆日期	
移交单位					

排　检　与　编　号

档　号		缩微号	
存放位置起始号			
附　注			

附录C　城市管线工程(项目)级著录单

工程名称					
工程地点					
责任者	建设单位		文号项	立项批准文号	
	立项批准单位			规划许可证号	
	设计单位			用地规划许可证号	
	监理单位			用地许可证号	
	竣工测量单位			施工许可证号	

专　业　记　载

单项工程名称	施工单位	地形图号	长度(m)	规格	材质	荷载

起　点		止　点		总长度(m)			
开工时间		竣工时间		工程造价		工程结算	

档　案　状　况

总卷数		文字(卷)		图纸	卷		底图(张)		照片(张)		底片(张)		
					张								
录音带(盒)		录像带(盒)		光盘(盘)		计算机	磁带(盘)		缩微片	盘		其它	
							磁盘(盘)			张			

保管期限		密级		进馆日期	
移交单位					

排　检　与　编　号

档　号		缩微号	
存放位置起始号			
附　注			

附录D　建设工程规划管理档案项目级著录单

工程名称					
工程地点					
责任者	建设单位		文号项	立项批准文号	
	立项批准单位			规划许可证号	
	设计单位			用地规划许可证号	
	施工单位			用地许可证号	
				地形图号	

专　业　记　载

建筑面积		幢　数		长　度		规　格	
高　度		层　数		宽　度		级　别	
跨　度		净　空		荷　载			
申请时间				工程造价			
批准时间				结构类型			

档　案　状　况

文字(页)		图纸(张)		光　盘		磁　盘	
保管期限		密　级		进馆日期			
移交单位							

排　检　与　编　号

档　号		缩微号	
存放位置起始号			
附　注			

附录E 建设用地规划管理档案项目级著录单

用地项目名称					
征地位置					
责任者	用地单位		文号项	立项批准文号	
	立项批准单位			规划许可证号	
	被征单位			用地规划许可证号	
	规划批准单位			用地许可证号	
				地形图号	

专业记载							
用地分类		征拨分类					
原土地分类		批准时间		用地面积			
档案状况							
文字(页)		图纸(张)		光盘		磁盘	
保管期限		密级		进馆日期			
移交单位							
排检与编号							
档号		缩微号					
存放位置起始号							
附注							

附录F 工程(项目)级通用著录单

工程名称				
工程地点				
责任者			文号项	

专业记载															
档案状况															
总卷数		文字(卷)		图纸	卷		底图(张)		照片(张)		底片(张)				
					张										
录音带(盒)		录像带(盒)		光盘(盘)		计算机	磁带(盘)		缩微片	盘		其它			
							磁盘(盘)			张					
保管期限		密级		进馆日期											
移交单位															
排检与编号															
档号		缩微号													
存放位置起始号															
附注															

附录G 工程(项目)案卷级通用著录单

档号		缩微号			
存放地址	库 列 节(柜) 层				
案卷题名					
编制单位					
载体类型		数量/单位		规格	
卷内文件起始时间		卷内文件终止时间			
保管期限		密级			
主题词					
附注					

附录H 文件级通用著录单

档号		缩微号	
存放处	库 列 节(柜) 层		
文件题名			
责任者			
文(图)号		文本	
保管期限		密级	
形成时间		载体类型	
数量/单位		规格	
提要			
主题词			
附注			

附录J 本规范用词说明

1. 为便于在执行本规范条文时区别对待，对要求严格程度不同的用词，说明如下：

1）表示很严格，非这样做不可的用词：

正面词采用“必须”；

反面词采用“严禁”。

2）表示严格，在正常情况下均应这样做的用词：

正面词采用“应”；

反面词采用“不应”或“不得”。

3）表示允许稍有选择，在条件许可时，首先应这样作的用词：

正面词采用“宜”；

反面词采用“不宜”。

表示有选择，在一定条件下可以这样做的，采用“可”。

2. 条文中指定按其他有关标准、规范执行时，写法为：

“应符合……的规定”或“应按……执行”。

中华人民共和国国家标准

城市建设档案著录规范

GB/T 50323—2001

条 文 说 明

制 定 说 明

本标准是根据建设部建标标［2000］25号文的要求，由建设部城建档案工作办公室会同有关城建档案馆共同编制而成，2001年3月5日经建设部建标［2001］67号文批准实施。

在编制过程中，规范编制组开展了专题研究，进行了比较广泛的调查研究，总结了多年来城建档案著录工作的经验，参考中华人民共和国档案行业标准DA/T 18—1999《档案著录规则》，并以多种方式广泛征求了全国有关单位的意见，对主要问题进行了反复修改，最后经审定定稿。

任何单位或个人在使用本标准时，如遇到不确切或含混不清之处，请立即通知建设部城建档案工作办公室（地址：北京市海淀区三里河路9号，邮政编码：100835，电话：010—68393431，传真：010—68394444），以便进行调查或采取适当的措施。

建设部城建档案工作办公室

2001年2月

目　次

1 总　　则

1.0.1 城建档案是城市建设的历史记录。城建档案管理是城市建设管理工作的重要组成部分。随着我国社会主义现代化建设事业的蓬勃发展和城市化水平的不断提高，城建档案的数量日益增加，其种类和载体形态日益丰富。对这些不断产生和纷繁复杂的档案资料的科学管理和有效利用，既是广大城建档案工作者的迫切愿望，也是社会主义现代化建设事业的迫切需要。近年来，各地城建档案部门在探索城建档案现代化管理方面作了大量努力，但由于缺乏全国统一的标准和规范，造成了大量低水平重复开发，严重影响了城建档案管理水平的提高。为了尽快规范城建档案管理工作，指导城建档案著录标引工作，提高城建档案现代化管理水平，建立健全全国统一的城建档案检索利用体系，真正实现资源共享，充分发挥城建档案在城市建设中的作用，特制定本规范。

1.0.2 本规范适用于各级各类城建档案管理部门对各个时期、各种载体的城建档案著录工作。本规范只规定了城建档案著录工作的内容、深度、范围等，不包含城建档案著录工作的组织方法，也不涉及城建档案的整理与分类要求。

1.0.3 城建档案著录除执行本规范外，尚应执行《档案主题标引规则》(DA/T 19—1999)、《中国档案主题词表》、《城建档案主题词表》、《城建档案分类大纲》、《城建档案密级与保管期限表》等规范或文件的规定。

2 术语、符号

2.1.4 工程档案

按照工程的建设过程，一个工程所形成的档案大致可分为四个方面：

1）工程准备阶段所形成的档案，包括工程开工前，在立项、审批、征地、勘察、设计、招投标等阶段形成的档案；

2）施工档案，指在工程施工过程中形成的文件；

3）竣工图，是真实反映建设工程施工结果的图样；

4）竣工验收档案，指在工程项目竣工验收活动中形成的档案。

2.1.5 案卷

案卷是档案的基本保管单位，它是立卷工作的成果，形式上可以分为卷、册、袋、盒等。

3 基 本 规 定

3.1.1 城建档案著录可以分为工程（项目）级、案卷级、文件级三级。其中，工程（项目）级著录是一个比较广泛的概念，它不仅指对一个建设工程档案的著录，还包括对围绕一个建设工程形成的规划管理档案、土地管理档案、建筑工程管理档案、工程勘测档案、工程设计档案等的著录，也包括对一个项目如：城建科研项目、环境保护项目档案的著录。总之，工程（项目）级著录是对一个工程或一个项目所形成的档案的著录，不管这个工程、项目所形成的档案是一份、一卷，还是若干案卷。

4 著 录 项 目

4.2.1 题名与责任者项

1. 题名

工程档案一般只著录正题名。工程（项目）级著录中题名一般由建设单位＋工程名称（或责任者＋事由）构成；工程地质、水文地质、市政、公用工程名称（题名）一般由地址＋工程（项目）名称构成，或由建设单位＋工程（项目）名称构成，必要时增加时间项；测绘项目名称一般由年代＋地址＋等级＋测量类型，或年代＋地名＋比例尺＋测量类型构成。建设单位必须写全称或标准简称。一个工程、项目的案卷的题名，其共性部分须保持统一性。同一工程项目的不同单项工程的题名，其共性部分也应统一。

原题名含意不清或无题名的，应重新拟写题名后再著录。并加“[]”号。

单份文件的题名不能确切反映文件内容时，原题名照录，并根据文件内容另拟题名附后，加“[]”号。无题名的单份文件，依据内容拟写题名，并加“[]”号。

2. 文件编号

案卷级著录不必著录文件编号。

4. 责任者

团体责任者必须著录全称，并且应著其对外公开名称，如“南京新联机械厂”，而非此厂代号“九二四厂”。

历代政权机关团体责任者，著录时其前应冠以朝代或政权名称，并加“（）”号。如“（民国）总理陵园管理委员会”。

个人责任者一般只著录姓名，必要时在姓名后著录职务，并加“（）”号。

文件所署个人责任者为别名、笔名等时，均照原文著录，但应将其真实姓名附后，并加“（）”号。

外国责任者，应著录各历史时期易于识别的国别简称、统一的中文姓氏译名、姓氏原文和名的缩写，一般采用名在前，姓在后的顺序。国别、姓氏的原文和名的缩写均加“（）”号。

未署责任者的文件，应著录根据其内容、形式特征考证出的责任者，并加“[]”号。经考证仍无结果时，以三个“□”代之。著录为“□□□”。

文件的责任者有误，仍照原文著录，但应考证出真实责任者附后，并加“[]”号。经考证仍无结果时，以三个“□”代之。著录为“□□□”。

5. 附件

文件正文后有多个附件时，应逐一著录各附件题名，各附件题名前均冠以“+”号。

4.2.4 时间项

著录时，年号应著录完整，如“1999年”，不应著录成“99”。个位数月、日前应加“0”，如“1999年1月1日”应著录为“1999.01.01”。

历史档案应著录原纪年，将换算好的相应公元纪年附后，并加“( )”号。例如：清乾隆十年九月二十六日著录为“清乾隆10.09.26 (1745.10.21)”，又如：“民国二十七年九月十八日”著录为“民国27.9.18. (1938.09.18)”。

没有形成时间或形成时间不清的文件，应根据其内容、形式、载体特征等考证出形成时间著录，并加“[]”号；或著录文件上的其他时间（收文时间、审核时间、印发时间等），并在附注项中说明。如考证无结果，且无其他时间，则以三个“□”代之，著录为“□□□”。

4.2.6 专业记载项

各专业记载项的含义如下：

1. 工程预算：由施工单位对该工程所作的预计造价。以万元为单位，保留小数点后二位。

2. 工程决算：经有关方面审核后的工程造价决算。以万元为单位，保留小数点后二位。

3. 建筑面积：指各层建筑面积的总和，各层面积按水平横截外墙周边计算。建设工程规划管理档案著录每个案件（项目）内核准的房屋建筑或市政设施总建筑面积。著录时以平方米为单位，取小数两位。

4. 幢数：按一个建设项目实有建筑物的幢数著录，或按一项建设工程规划管理档案中核准的建筑物幢数著录。

5. 层数：按建筑物的实际层数著录，以0.00为界，著录地上、地下层数。例：地上12层，地下1层著录为“：地上12地下1”。同一建筑物（项目）按最高层次著录。同一项目中包括层次不同的多幢建筑物时，按层数最低和最高的著录，其间加“—”号，例如：“：3—8层”。

6. 结构类型：建筑物的结构类型，指砖混结构、内框架结构、钢筋混凝土结构、钢筋混凝土剪力墙结构、简体结构、剪力墙结构、部分框支剪力墙结构、砌块结构等。构筑物的结构类型，指桥涵的结构形式，如横断面型式、河道护砌型式等。

7. 长度、宽度、高度均以米为单位，著录到小数点后二位。地下建筑的高度按地下设施最低层地板的顶标高著录（负值）。

9. 跨径：指桥梁主跨的长度，以米为单位，著录到小数点后二位。

10. 荷载：指设计荷载，是桥梁、涵洞、管线等的承载能力。

11. 规格：指桥梁、涵洞的孔洞数或指管线的直径和孔数等。直径以毫米为单位。多种规格可依次著录，规格之间用“;”号。

12. 级别：指道路的设计等级。

13. 净空：指常年水位或地面至桥底部的空间距离或梁底的标高。以米为单位，著录到小数点后二位。

14. 起点：著录管线工程的起始位置或地址。

15. 止点：著录管线工程的终止位置或地址。

16. 材质：著录管线材料类型。多种材质可依次著录。材质之间用“;”号。

17. 工程造价：指进行某项工程建设预期花费的各种费用，它由设备、工器具购置费、建筑安装工程费用和工程建设其它费用构成。

18. 征拨分类：分征用和拨用、拍卖、转让，按实际情况著录。

19. 用地分类：指征地用途分类。根据《城市用地分类与规划建设用地标准》(GBJ 137—90) 的规定，分居住、公共设施、工业、仓储、对外交通、道路广场、市政公用、绿地、特殊用地。

20. 原土地分类：指所征用土地原分类，根据《城市用地分类与规划建设用地标准》(GBJ 137—90) 分菜地、水田、耕地、山林、非耕地、水面、城镇、其他。

21. 用地面积：按批准用地面积，并以用地分类分别计。以平方米为单位，取两位小数。

4.2.8 排检与编号项

6. 主题词

主题词对工程（项目）级著录为选择项。

案卷级的主题词除沿用工程（项目）级的主题词外，应着重反映案卷的基本内容，增加反映案卷内容部分的主题词。

同样，文件级的主题词除沿用案卷级的主题词外，应增加反映文件内容部分的主题词。

5 著 录 格 式

5.0.2 表格式著录格式为机读目录的首选格式。

1. 工程（项目）级条目表格著录格式

1) 房屋建筑工程档案工程（项目）级表格式著录单，适用于各类房屋建筑工程档案的工程（项目）级著录。

2) 市政基础设施工程档案工程（项目）级表格式著录单，适用于道路、桥涵、堤坝、烟囱等构筑物工程档案的工程（项目）级著录。

3）城市管线工程档案工程（项目）级表格式著录单，适用于地下给水、排水、供气、供电、供热、电信、工业管线等的工程（项目）级著录。著录单"专业记载"项中，"地形图号"按4.2.1题名与责任者项中"文件编号"的规定著录。

4）建设工程规划管理档案项目级表格适用于工程规划管理档案的项目级著录。

5）建设用地规划管理档案项目级表格适用于建设用地规划管理档案的项目级著录。

6）工程（项目）级通用表格适用于城市规划、园林绿化、科学研究、环境保护等类，无法以建筑物工程、构筑物工程、城市管线工程、建设工程规划管理、建设用地规划管理的专业特征来著录的其他城建档案的著录。可根据各类专业档案的实际情况，确定不同的专业记载项。

2. 案卷级表格适用于各类案卷的著录，为通用格式。

3. 文件级表格，以单份文件为著录对象，为通用格式。

中华人民共和国国家标准

建设工程项目管理规范

The code of construction project management

GB/T 50326—2006

主编部门：中华人民共和国建设部
批准部门：中华人民共和国建设部
施行日期：2 0 0 6 年 1 2 月 1 日

中华人民共和国建设部
公　　告

第449号

建设部关于发布国家标准《建设工程项目管理规范》的公告

现批准《建设工程项目管理规范》为国家标准，编号为GB/T 50326－2006，自2006年12月1日起实施。原《建设工程项目管理规范》GB/T 50326－2001同时废止。

本规范由建设部标准定额研究所组织中国建筑工业出版社出版发行。

中华人民共和国建设部

2006年6月21日

前　　言

本规范根据中华人民共和国建设部“关于印发《二〇〇四年工程建设国家标准制订、修订计划》的通知”（建标［2004］67号）的要求修编。

修编本规范的目的是贯彻国家和政府主管部门有关法规政策，总结我国二十年来学习借鉴国际先进管理方法，推进建设工程管理体制改革的主要经验，进一步深化和规范工程项目管理的基本做法，促进工程项目管理科学化、规范化和法制化，不断提高建设工程项目管理水平。

本规范分为18章，包括：总则，术语，项目范围管理，项目管理规划，项目管理组织，项目经理责任制，项目合同管理，项目采购管理，项目进度管理，项目质量管理，项目职业健康安全管理，项目环境管理，项目成本管理，项目资源管理，项目信息管理，项目风险管理，项目沟通管理，项目收尾管理。

本规范由建设部负责管理，中国建筑业协会工程项目管理专业委员会负责具体技术内容的解释。如有需要修改和补充之处，请将意见和有关资料寄送中国建筑业协会工程项目管理专业委员会（地址：北京市海淀区中关村南大街48号A座601室，邮编：100081，E-mail：xmglyf@263.net）。

本规范主编单位、参编单位和主要起草人：

主 编 单 位：中国建筑业协会工程项目管理专业委员会

主要参编单位：泛华建设集团

参 编 单 位：北京市建委
天津市建委
清华大学
天津大学
中国人民大学
同济大学
东南大学
北京交通大学
北京建筑工程学院
山东科技大学
哈尔滨工业大学
中国建筑科学研究院
北京城建设计研究总院
中国铁道工程建设协会
中国建筑工程总公司
天津建工集团总公司
北京建工集团总公司
中铁十六局集团有限公司
四川华西集团有限公司
中国化学工程总公司
中国五环化学工程公司
北京震环房地产开发有限公司

主要起草人：张青林　吴　涛　丛培经
贾宏俊　成　虎　朱　嫣
张守健　林知炎　马小良
劳纪钢　童福文　王新杰
皮承杰　叶浩文　吴之昕
李　君　杨天举　杨生荣
华文全　赵　丽

参　编　人：张婀娜　王瑞芝　杨春宁
陈立军　敖　军　罗大林
王铭三　孙佐平　李启明
陆惠民　黄如福　金铁英
黄健鹰　初明祥　李万江
隋伟旭

目　次

1 总 则

1.0.1 为提高建设工程项目管理水平，促进建设工程项目管理的科学化、规范化、制度化和国际化，制定本规范。

1.0.2 本规范适用于新建、扩建、改建等建设工程有关各方的项目管理。

1.0.3 本规范是建立项目管理组织、明确企业各层次和人员的职责与工作关系，规范项目管理行为，考核和评价项目管理成果的基础依据。

1.0.4 建设工程项目管理应坚持自主创新，采用先进的管理技术和现代化管理手段。

1.0.5 建设工程项目管理应坚持以人为本和科学发展观，全面实行项目经理责任制，不断改进和提高项目管理水平，实现可持续发展。

1.0.6 建设工程项目管理除遵循本规范外，还应符合国家法律、法规及有关技术标准的规定。

2 术 语

2.0.1 建设工程项目 construction project

为完成依法立项的新建、扩建、改建等各类工程而进行的、有起止日期的、达到规定要求的一组相互关联的受控活动组成的特定过程，包括策划、勘察、设计、采购、施工、试运行、竣工验收和考核评价等。简称为项目。

2.0.2 建设工程项目管理 construction project management

运用系统的理论和方法，对建设工程项目进行的计划、组织、指挥、协调和控制等专业化活动。简称为项目管理。

2.0.3 项目发包人 project employer

按招标文件或合同中约定、具有项目发包主体资格和支付合同价款能力的当事人以及取得该当事人资格的合法继承人。简称为发包人。

2.0.4 项目承包人 project contractor

按合同中约定、被发包人接受的具有项目承包主体资格的当事人，以及取得该当事人资格的合法继承人。简称为承包人。

2.0.5 项目承包 project contracting

受发包人的委托，按照合同约定，对工程项目的策划、勘察、设计、采购、施工、试运行等实行全过程或分阶段承包的活动。简称为承包。

2.0.6 项目分包 project subcontracting

承包人将其承包合同中所约定工作的一部分发包给具有相应资质的企业承担。简称为分包。

2.0.7 项目范围管理 project scope management

对合同中约定的项目工作范围进行的定义、计划、控制和变更等活动。

2.0.8 项目管理目标责任书 document of project management responsibility

企业的管理层与项目经理部签订的明确项目经理部应达到的成本、质量、工期、安全和环境等管理目标及其承担的责任，并作为项目完成后考核评价依据的文件。

2.0.9 项目管理组织 organization of project management

实施或参与项目管理工作，且有明确的职责、权限和相互关系的人员及设施的集合。包括发包人、承包人、分包人和其他有关单位为完成项目管理目标而建立的管理组织。简称为组织。

2.0.10 项目经理 project manager

企业法定代表人在建设工程项目上的授权委托代理人。

2.0.11 项目经理部（或项目部） project management team

由项目经理在企业法定代表人授权和职能部门的支持下按照企业的相关规定组建的、进行项目管理的一次性的组织机构。

2.0.12 项目经理责任制 responsibility system of project manager

企业制定的、以项目经理为责任主体，确保项目管理目标实现的责任制度。

2.0.13 项目进度管理 project progress management

为实现预定的进度目标而进行的计划、组织、指挥、协调和控制等活动。

2.0.14 项目质量管理 project quality management

为确保工程项目的质量特性满足要求而进行的计划、组织、指挥、协调和控制等活动。

2.0.15 项目职业健康安全管理 project occupational health and safety management

为使项目实施人员和相关人员规避伤害或影响健康风险而进行的计划、组织、指挥、协调和控制等活动。

2.0.16 项目环境管理 project environment management

为合理使用和有效保护现场及周边环境而进行的计划、组织、指挥、协调和控制等活动。

2.0.17 项目成本管理 project cost management

为实现项目成本目标所进行的预测、计划、控制、核算、分析和考核等活动。

2.0.18 项目采购管理 project procurement management

对项目的勘察、设计、施工、资源供应、咨询服务等采购工作进行的计划、组织、指挥、协调和控制等活动。

2.0.19 项目合同管理 project contract administration

对项目合同的编制、签订、实施、变更、索赔和终止等的管理活动。

2.0.20 项目资源管理 project resources management

对项目所需人力、材料、机具、设备、技术和资金所进行的计划、组织、指挥、协调和控制等活动。

2.0.21 项目信息管理 project information management

对项目信息进行的收集、整理、分析、处置、储存和使用等活动。

2.0.22 项目风险管理 project risk management

对项目的风险所进行的识别、评估、响应和控制等活动。

2.0.23 项目沟通管理 project communication management

对项目内、外部关系的协调及信息交流所进行的策划、组织和控制等活动。

2.0.24 项目收尾管理 project closing stage management

对项目的收尾、试运行、竣工验收、竣工结算、竣工决算、考核评价、回访保修等进行的计划、组织、协调和控制等活动。

3 项目范围管理

3.1 一 般 规 定

3.1.1 项目范围管理应以确定并完成项目目标为根本目的，通过明确项目有关各方的职责界限，以保证项目管理工作的充分性和有效性。

3.1.2 项目范围管理的对象应包括为完成项目所必需的专业工作和管理工作。

3.1.3 项目范围管理的过程应包括项目范围的确定、项目结构分析、项目范围控制等。

3.1.4 项目范围管理应作为项目管理的基础工作，并贯穿于项目的全过程。组织应确定项目范围管理的工作职责和程序，并对范围的变更进行检查、分析和处置。

3.2 项目范围确定

3.2.1 项目实施前，组织应明确界定项目的范围，提出项目范围说明文件，作为进行项目设计、计划、实施和评价的依据。

3.2.2 确定项目范围应主要依据下列资料：

1 项目目标的定义或范围说明文件。

2 环境条件调查资料。

3 项目的限制条件和制约因素。

4 同类项目的相关资料。

3.2.3 在项目的计划文件、设计文件、招标文件和投标文件中应包括对工程项目范围的说明。

3.3 项目结构分析

3.3.1 组织应根据项目范围说明文件进行项目的结构分析。项目结构分析应包括下列内容：

1 项目分解。

2 工作单元定义。

3 工作界面分析。

3.3.2 项目应逐层分解至工作单元，形成树形结构图或项目工作任务表，进行编码。

3.3.3 项目分解应符合下列要求：

1 内容完整，不重复，不遗漏。

2 一个工作单元只能从属于一个上层单元。

3 每个工作单元应有明确的工作内容和责任者，工作单元之间的界面应清晰。

4 项目分解应有利于项目实施和管理，便于考核评价。

3.3.4 工作单元应是分解结果的最小单位，便于落实职责、实施、核算和信息收集等工作。

3.3.5 工作界面分析应达到下列要求：

1 工作单元之间的接口合理，必要时应对工作界面进行书面说明。

2 在项目的设计、计划和实施中，注意界面之间的联系和制约。

3 在项目的实施中，应注意变更对界面的影响。

3.4 项目范围控制

3.4.1 组织应严格按照项目的范围和项目分解结构文件进行项目的范围控制。

3.4.2 组织在项目范围控制中，应跟踪检查，记录检查结果，建立文档。

3.4.3 组织在进行项目范围控制中，应判断工作范围有无变化，对范围的变更和影响进行分析与处理。

3.4.4 项目范围变更管理应符合下列要求：

1 项目范围变更要有严格的审批程序和手续。

2 范围变更后应调整相关的计划。

3 组织对重大的项目范围变更，应提出影响报告。

3.4.5 在项目的结束阶段，应验证项目范围，检查项目范围规定的工作是否完成和交付成果是否完备。

3.4.6 项目结束后，组织应对项目范围管理的经验进行总结。

4 项目管理规划

4.1 一 般 规 定

4.1.1 项目管理规划作为指导项目管理工作的纲领

性文件，应对项目管理的目标、依据、内容、组织、资源、方法、程序和控制措施进行确定。

4.1.2 项目管理规划应包括项目管理规划大纲和项目管理实施规划两类文件。

4.1.3 项目管理规划大纲应由组织的管理层或组织委托的项目管理单位编制。

4.1.4 项目管理实施规划应由项目经理组织编制。

4.1.5 大中型项目应单独编制项目管理实施规划；承包人的项目管理实施规划可以用施工组织设计或质量计划代替，但应能够满足项目管理实施规划的要求。

4.2 项目管理规划大纲

4.2.1 项目管理规划大纲是项目管理工作中具有战略性、全局性和宏观性的指导文件。

4.2.2 编制项目管理规划大纲应遵循下列程序：

1 明确项目目标。

2 分析项目环境和条件。

3 收集项目的有关资料和信息。

4 确定项目管理组织模式、结构和职责。

5 明确项目管理内容。

6 编制项目目标计划和资源计划。

7 汇总整理，报送审批。

4.2.3 项目管理规划大纲可依据下列资料编制：

1 可行性研究报告。

2 设计文件、标准、规范与有关规定。

3 招标文件及有关合同文件。

4 相关市场信息与环境信息。

4.2.4 项目管理规划大纲可包括下列内容，组织应根据需要选定：

1 项目概况。

2 项目范围管理规划。

3 项目管理目标规划。

4 项目管理组织规划。

5 项目成本管理规划。

6 项目进度管理规划。

7 项目质量管理规划。

8 项目职业健康安全与环境管理规划。

9 项目采购与资源管理规划。

10 项目信息管理规划。

11 项目沟通管理规划。

12 项目风险管理规划。

13 项目收尾管理规划。

4.3 项目管理实施规划

4.3.1 项目管理实施规划应对项目管理规划大纲进行细化，使其具有可操作性。

4.3.2 编制项目管理实施规划应遵循下列程序：

1 了解项目相关各方的要求。

2 分析项目条件和环境。

3 熟悉相关的法规和文件。

4 组织编制。

5 履行报批手续。

4.3.3 项目管理实施规划可依据下列资料编制：

1 项目管理规划大纲。

2 项目条件和环境分析资料。

3 工程合同及相关文件。

4 同类项目的相关资料。

4.3.4 项目管理实施规划应包括下列内容：

1 项目概况。

2 总体工作计划。

3 组织方案。

4 技术方案。

5 进度计划。

6 质量计划。

7 职业健康安全与环境管理计划。

8 成本计划。

9 资源需求计划。

10 风险管理计划。

11 信息管理计划。

12 项目沟通管理计划。

13 项目收尾管理计划。

14 项目现场平面布置图。

15 项目目标控制措施。

16 技术经济指标。

4.3.5 项目管理实施规划应符合下列要求：

1 项目经理签字后报组织管理层审批。

2 与各相关组织的工作协调一致。

3 进行跟踪检查和必要的调整。

4 项目结束后，形成总结文件。

5 项目管理组织

5.1 一 般 规 定

5.1.1 项目管理组织的建立应遵循下列原则：

1 组织结构科学合理。

2 有明确的管理目标和责任制度。

3 组织成员具备相应的职业资格。

4 保持相对稳定，并根据实际需要进行调整。

5.1.2 组织应确定各相关项目管理组织的职责、权限、利益和应承担的风险。

5.1.3 组织管理层应按项目管理目标对项目进行协调和综合管理。

5.1.4 组织管理层的项目管理活动应符合下列规定：

1 制定项目管理制度。

2 实施计划管理，保证资源的合理配置和有序流动。

3　对项目管理层的工作进行指导、监督、检查、考核和服务。

5.2　项目经理部

5.2.1　项目经理部是组织设置的项目管理机构，承担项目实施的管理任务和目标实现的全面责任。

5.2.2　项目经理部由项目经理领导，接受组织职能部门的指导、监督、检查、服务和考核，并负责对项目资源进行合理使用和动态管理。

5.2.3　项目经理部应在项目启动前建立，并在项目竣工验收、审计完成后或按合同约定解体。

5.2.4　建立项目经理部应遵循下列步骤：

1　根据项目管理规划大纲确定项目经理部的管理任务和组织结构。

2　根据项目管理目标责任书进行目标分解与责任划分。

3　确定项目经理部的组织设置。

4　确定人员的职责、分工和权限。

5　制定工作制度、考核制度与奖惩制度。

5.2.5　项目经理部的组织结构应根据项目的规模、结构、复杂程度、专业特点、人员素质和地域范围确定。

5.2.6　项目经理部所制订的规章制度，应报上一级组织管理层批准。

5.3　项目团队建设

5.3.1　项目组织应树立项目团队意识，并满足下列要求：

1　围绕项目目标而形成和谐一致、高效运行的项目团队。

2　建立协同工作的管理机制和工作模式。

3　建立畅通的信息沟通渠道和各方共享的信息工作平台，保证信息准确、及时和有效地传递。

5.3.2　项目团队应有明确的目标、合理的运行程序和完善的工作制度。

5.3.3　项目经理应对项目团队建设负责，培育团队精神，定期评估团队运作绩效，有效发挥和调动各成员的工作积极性和责任感。

5.3.4　项目经理应通过表彰奖励、学习交流等多种方式和谐团队氛围，统一团队思想，营造集体观念，处理管理冲突，提高项目运作效率。

5.3.5　项目团队建设应注重管理绩效，有效发挥个体成员的积极性，并充分利用成员集体的协作成果。

6　项目经理责任制

6.1　一般规定

6.1.1　项目经理责任制应作为项目管理的基本制度，是评价项目经理绩效的依据。

6.1.2　项目经理责任制的核心是项目经理承担实现项目管理目标责任书确定的责任。

6.1.3　项目经理与项目经理部在工程建设中应严格遵守和实行项目管理责任制度，确保项目目标全面实现。

6.2　项目经理

6.2.1　项目经理应由法定代表人任命，并根据法定代表人授权的范围、期限和内容，履行管理职责，并对项目实施全过程、全面管理。

6.2.2　大中型项目的项目经理必须取得工程建设类相应专业注册执业资格证书。

6.2.3　项目经理应具备下列素质：

1　符合项目管理要求的能力，善于进行组织协调与沟通。

2　相应的项目管理经验和业绩。

3　项目管理需要的专业技术、管理、经济、法律和法规知识。

4　良好的职业道德和团结协作精神，遵纪守法、爱岗敬业、诚信尽责。

5　身体健康。

6.2.4　项目经理不应同时承担两个或两个以上未完项目领导岗位的工作。

6.2.5　在项目运行正常的情况下，组织不应随意撤换项目经理。特殊原因需要撤换项目经理时，应进行审计并按有关合同规定报告相关方。

6.3　项目管理目标责任书

6.3.1　项目管理目标责任书应在项目实施之前，由法定代表人或其授权人与项目经理协商制定。

6.3.2　编制项目管理目标责任书应依据下列资料：

1　项目合同文件。

2　组织的管理制度。

3　项目管理规划大纲。

4　组织的经营方针和目标。

6.3.3　项目管理目标责任书可包括下列内容：

1　项目管理实施目标。

2　组织与项目经理部之间的责任、权限和利益分配。

3　项目设计、采购、施工、试运行等管理的内容和要求。

4　项目需用资源的提供方式和核算办法。

5　法定代表人向项目经理委托的特殊事项。

6　项目经理部应承担的风险。

7　项目管理目标评价的原则、内容和方法。

8　对项目经理部进行奖惩的依据、标准和办法。

9　项目经理解职和项目经理部解体的条件及办法。

6.3.4 确定项目管理目标应遵循下列原则：

1 满足组织管理目标的要求。

2 满足合同的要求。

3 预测相关的风险。

4 具体且操作性强。

5 便于考核。

6.3.5 组织应对项目管理目标责任书的完成情况进行考核，根据考核结果和项目管理目标责任书的奖惩规定，提出奖惩意见，对项目经理部进行奖励或处罚。

6.4 项目经理的责、权、利

6.4.1 项目经理应履行下列职责：

1 项目管理目标责任书规定的职责。

2 主持编制项目管理实施规划，并对项目目标进行系统管理。

3 对资源进行动态管理。

4 建立各种专业管理体系并组织实施。

5 进行授权范围内的利益分配。

6 收集工程资料，准备结算资料，参与工程竣工验收。

7 接受审计，处理项目经理部解体的善后工作。

8 协助组织进行项目的检查、鉴定和评奖申报工作。

6.4.2 项目经理应具有下列权限：

1 参与项目招标、投标和合同签订。

2 参与组建项目经理部。

3 主持项目经理部工作。

4 决定授权范围内的项目资金的投入和使用。

5 制定内部计酬办法。

6 参与选择并使用具有相应资质的分包人。

7 参与选择物资供应单位。

8 在授权范围内协调与项目有关的内、外部关系。

9 法定代表人授予的其他权力。

6.4.3 项目经理的利益与奖罚：

1 获得工资和奖励。

2 项目完成后，按照项目管理目标责任书规定，经审计后给予奖励或处罚。

3 获得评优表彰、记功等奖励。

7 项目合同管理

7.1 一 般 规 定

7.1.1 组织应建立合同管理制度，应设立专门机构或人员负责合同管理工作。

7.1.2 合同管理应包括合同的订立、实施、控制和综合评价等工作。

7.1.3 承包人的合同管理应遵循下列程序：

1 合同评审。

2 合同订立。

3 合同实施计划。

4 合同实施控制。

5 合同综合评价。

6 有关知识产权的合法使用。

7.2 项目合同评审

7.2.1 合同评审应在合同签订之前进行，主要是对招标文件和合同条件进行的审查、认定和评价。

7.2.2 合同评审应包括下列内容：

1 招标内容和合同的合法性审查。

2 招标文件和合同条款的合法性和完备性审查。

3 合同双方责任、权益和项目范围认定。

4 与产品或过程有关要求的评审。

5 合同风险评估。

7.2.3 承包人应研究合同文件和发包人所提供的信息，确保合同要求得以实现；发现问题应与发包人及时澄清，并以书面方式确定；承包人应有能力完成合同要求。

7.3 项目合同实施计划

7.3.1 合同实施计划应包括合同实施总体安排，分包策划以及合同实施保证体系的建立等内容。

7.3.2 合同实施保证体系应与其他管理体系协调一致，须建立合同文件沟通方式，编码系统和文档系统。承包人应对其同时承接的合同作总体协调安排。承包人所签订的各分包合同及自行完成工作责任的分配，应能涵盖主合同的总体责任，在价格、进度、组织等方面符合主合同的要求。

7.3.3 合同实施计划应规定必要的合同实施工作程序。

7.4 项目合同实施控制

7.4.1 合同实施控制包括合同交底、合同跟踪与诊断、合同变更管理和索赔管理等工作。

7.4.2 在合同实施前，合同谈判人员应进行合同交底。合同交底应包括合同的主要内容、合同实施的主要风险、合同签订过程中的特殊问题、合同实施计划和合同实施责任分配等内容。

7.4.3 组织管理层应监督项目经理部的合同执行行为，并协调各分包人的合同实施工作。

7.4.4 进行合同跟踪和诊断应符合下列要求：

1 全面收集并分析合同实施的信息，将合同实施情况与合同实施计划进行对比分析，找出其中的偏差。

2 定期诊断合同履行情况，诊断内容应包括合同执行差异的原因分析、责任分析以及实施趋向预测。应及时通报实施情况及存在问题，提出有关意见和建议，并采取相应措施。

7.4.5 合同变更管理应包括变更协商、变更处理程序、制定并落实变更措施、修改与变更相关的资料以及结果检查等工作。

7.4.6 承包人对发包人、分包人、供应单位之间的索赔管理工作应包括下列内容：

1 预测、寻找和发现索赔机会。

2 收集索赔的证据和理由，调查和分析干扰事件的影响，计算索赔值。

3 提出索赔意向和报告。

7.4.7 承包人对发包人、分包人、供应单位之间的反索赔管理工作应包括下列内容：

1 对收到的索赔报告进行审查分析，收集反驳理由和证据，复核索赔值，起草并提出反索赔报告。

2 通过合同管理，防止反索赔事件的发生。

7.5 项目合同终止和评价

7.5.1 合同履行结束即合同终止。组织应及时进行合同评价，总结合同签订和执行过程中的经验教训，提出总结报告。

7.5.2 合同总结报告应包括下列内容：

1 合同签订情况评价。

2 合同执行情况评价。

3 合同管理工作评价。

4 对本项目有重大影响的合同条款的评价。

5 其他经验和教训。

8 项目采购管理

8.1 一 般 规 定

8.1.1 组织应设置采购部门，制定采购管理制度、工作程序和采购计划。

8.1.2 项目采购工作应符合有关合同、设计文件所规定的数量、技术要求和质量标准，符合进度、安全、环境和成本管理等要求。

8.1.3 产品供应和服务单位应通过合格评定。采购过程中应按规定对产品或服务进行检验，对不符合或不合格品应按规定处置。

8.1.4 采购资料应真实、有效、完整，具有可追溯性。

8.1.5 采购管理应遵循下列程序：

1 明确采购产品或服务的基本要求、采购分工及有关责任。

2 进行采购策划，编制采购计划。

3 进行市场调查、选择合格的产品供应或服务单位，建立名录。

4 采用招标或协商等方式实施评审工作，确定供应或服务单位。

5 签订采购合同。

6 运输、验证、移交采购产品或服务。

7 处置不合格产品或不符合要求的服务。

8 采购资料归档。

8.2 项目采购计划

8.2.1 组织应依据项目合同、设计文件、项目管理实施规划和有关采购管理制度编制采购计划。

8.2.2 采购计划应包括下列内容：

1 采购工作范围、内容及管理要求。

2 采购信息，包括产品或服务的数量、技术标准和质量要求。

3 检验方式和标准。

4 供应方资质审查要求。

5 采购控制目标及措施。

8.3 项目采购控制

8.3.1 采购工作应采用招标、询价或其他方式。

8.3.2 组织应对采购报价进行有关技术和商务的综合评审，并应制定选择、评审和重新评审的准则。评审记录应保存。

8.3.3 组织应对特殊产品（特种设备、材料、制造周期长的大型设备、有毒有害产品）的供应单位进行实地考察，并采取有效措施进行重点监控。

8.3.4 承压产品、有毒有害产品、重要机械设备等特殊产品的采购，应要求供应单位提供有效的安全资质、生产许可证及其他相关要求的资格证书。

8.3.5 项目采用的设备、材料应经检验合格，并符合设计及相应现行标准要求。检验产品使用的计量器具，产品的取样、抽验应符合规范要求。

8.3.6 进口产品应按国家政策和相关法规办理报关和商检等手续。

8.3.7 采购产品在检验、运输、移交和保管等过程中，应按照职业健康安全和环境管理要求，避免对职业健康安全、环境造成影响。

9 项目进度管理

9.1 一 般 规 定

9.1.1 组织应建立项目进度管理制度，制订进度管理目标。

9.1.2 项目进度管理目标应按项目实施过程、专业、阶段或实施周期进行分解。

9.1.3 项目经理部应按下列程序进行进度管理：

1 制定进度计划。

2 进度计划交底，落实责任。

3 实施进度计划，跟踪检查，对存在的问题分析原因并纠正偏差，必要时对进度计划进行调整。

4　编制进度报告，报送组织管理部门。

9.2　项目进度计划编制

9.2.1　组织应依据合同文件、项目管理规划文件、资源条件与内外部约束条件编制项目进度计划。

9.2.2　组织应提出项目控制性进度计划。控制性进度计划可包括下列种类：

1　整个项目的总进度计划。

2　分阶段进度计划。

3　子项目进度计划和单体进度计划。

4　年（季）度计划。

9.2.3　项目经理部应编制项目作业性进度计划。作业性进度计划可包括下列内容：

1　分部分项工程进度计划。

2　月（旬）作业计划。

9.2.4　各类进度计划应包括下列内容：

1　编制说明。

2　进度计划表。

3　资源需要量及供应平衡表。

9.2.5　编制进度计划的步骤应按下列程序：

1　确定进度计划的目标、性质和任务。

2　进行工作分解。

3　收集编制依据。

4　确定工作的起止时间及里程碑。

5　处理各工作之间的逻辑关系。

6　编制进度表。

7　编制进度说明书。

8　编制资源需要量及供应平衡表。

9　报有关部门批准。

9.2.6　编制进度计划可使用文字说明、里程碑表、工作量表、横道计划、网络计划等方法。作业性进度计划必须采用网络计划方法或横道计划方法。

9.3　项目进度计划实施

9.3.1　经批准的进度计划，应向执行者进行交底并落实责任。

9.3.2　进度计划执行者应制定实施计划措施。

9.3.3　在实施进度计划的过程中应进行下列工作：

1　跟踪检查，收集实际进度数据。

2　将实际数据与进度计划进行对比。

3　分析计划执行的情况。

4　对产生的进度变化，采取措施予以纠正或调整计划。

5　检查措施的落实情况。

6　进度计划的变更必须与有关单位和部门及时沟通。

9.4　项目进度计划的检查与调整

9.4.1　对进度计划进行的检查与调整应依据其实施结果。

9.4.2　进度计划检查应按统计周期的规定进行定期检查，并应根据需要进行不定期检查。

9.4.3　进度计划的检查应包括下列内容：

1　工程量的完成情况。

2　工作时间的执行情况。

3　资源使用及与进度的匹配情况。

4　上次检查提出问题的整改情况。

9.4.4　进度计划检查后应按下列内容编制进度报告：

1　进度执行情况的综合描述。

2　实际进度与计划进度的对比资料。

3　进度计划的实施问题及原因分析。

4　进度执行情况对质量、安全和成本等的影响情况。

5　采取的措施和对未来计划进度的预测。

9.4.5　进度计划的调整应包括下列内容：

1　工程量。

2　起止时间。

3　工作关系。

4　资源提供。

5　必要的目标调整。

9.4.6　进度计划调整后应编制新的进度计划，并及时与相关单位和部门沟通。

10　项目质量管理

10.1　一 般 规 定

10.1.1　组织应遵照《建设工程质量管理条例》和《质量管理体系 GB/T 19000》族标准的要求，建立持续改进质量管理体系，设立专职管理部门或专职人员。

10.1.2　质量管理应坚持预防为主的原则，按照策划、实施、检查、处置的循环方式进行系统运作。

10.1.3　质量管理应满足发包人及其他相关方的要求以及建设工程技术标准和产品的质量要求。

10.1.4　组织应通过对人员、机具、设备、材料、方法、环境等要素的过程管理，实现过程、产品和服务的质量目标。

10.1.5　项目质量管理应按下列程序实施：

1　进行质量策划，确定质量目标。

2　编制质量计划。

3　实施质量计划。

4　总结项目质量管理工作，提出持续改进的要求。

10.2　项目质量策划

10.2.1　组织应进行质量策划，制定质量目标，规定实施项目质量管理体系的过程和资源，编制针对项目质量管理的文件。该文件可称为质量计划。质量计划也可以作为项目管理实施规划的组成部分。

10.2.2 质量计划的编制应依据下列资料：

1 合同中有关产品（或过程）的质量要求。

2 与产品（或过程）有关的其他要求。

3 质量管理体系文件。

4 组织针对项目的其他要求。

10.2.3 质量计划应确定下列内容：

1 质量目标和要求。

2 质量管理组织和职责。

3 所需的过程、文件和资源。

4 产品（或过程）所要求的评审、验证、确认、监视、检验和试验活动，以及接收准则。

5 记录的要求。

6 所采取的措施。

10.2.4 质量计划应由项目经理部编制后，报组织管理层批准。

10.3 项目质量控制与处置

10.3.1 项目经理部应依据质量计划的要求，运用动态控制原理进行质量控制。

10.3.2 质量控制主要控制过程的输入、过程中的控制点以及输出，同时也应包括各个过程之间接口的质量。

10.3.3 项目经理部应在质量控制的过程中，跟踪收集实际数据并进行整理，并应将项目的实际数据与质量标准和目标进行比较，分析偏差，并采取措施予以纠正和处置，必要时对处置效果和影响进行复查。

10.3.4 质量计划需修改时，应按原批准程序报批。

10.3.5 设计的质量控制应包括下列过程：

1 设计策划。

2 设计输入。

3 设计活动。

4 设计输出。

5 设计评审。

6 设计验证。

7 设计确认。

8 设计变更控制。

10.3.6 采购的质量控制应包括确定采购程序、确定采购要求、选择合格供应单位以及采购合同的控制和进货检验。

10.3.7 对施工过程的质量控制应包括：

1 施工目标实现策划。

2 施工过程管理。

3 施工改进。

4 产品（或过程）的验证和防护。

10.3.8 检验和监测装置的控制应包括：确定装置的型号、数量，明确工作过程，制定质量保证措施等内容。

10.3.9 组织应建立有关纠正和预防措施的程序，对质量不合格的情况进行控制。

10.4 项目质量改进

10.4.1 项目经理部应定期对项目质量状况进行检查、分析，向组织提出质量报告，提出目前质量状况、发包人及其他相关方满意程度、产品要求的符合性以及项目经理部的质量改进措施。

10.4.2 组织应对项目经理部进行检查、考核，定期进行内部审核，并将审核结果作为管理评审的输入，促进项目经理部的质量改进。

10.4.3 组织应了解发包人及其他相关方对质量的意见，对质量管理体系进行审核，确定改进目标，提出相应措施并检查落实。

11 项目职业健康安全管理

11.1 一般规定

11.1.1 组织应遵照《建设工程安全生产管理条例》和《职业健康安全管理体系》GB/T 28000标准，坚持安全第一、预防为主和防治结合的方针，建立并持续改进职业健康安全管理体系。项目经理应负责项目职业健康安全的全面管理工作。项目负责人、专职安全生产管理人员应持证上岗。

11.1.2 组织应根据风险预防要求和项目的特点，制定职业健康安全生产技术措施计划，确定职业健康及安全生产事故应急救援预案，完善应急准备措施，建立相关组织。发生事故，应按照国家有关规定，向有关部门报告。在处理事故时，应防止二次伤害。

11.1.3 在项目设计阶段应注重施工安全操作和防护的需要，采用新结构、新材料、新工艺的建设工程应提出有关安全生产的措施和建议。在施工阶段进行施工平面图设计和安排施工计划时，应充分考虑安全、防火、防爆和职业健康等因素。

11.1.4 组织应按有关规定必须为从事危险作业的人员在现场工作期间办理意外伤害保险。

11.1.5 项目职业健康安全管理应遵循下列程序：

1 识别并评价危险源及风险。

2 确定职业健康安全目标。

3 编制并实施项目职业健康安全技术措施计划。

4 职业健康安全技术措施计划实施结果验证。

5 持续改进相关措施和绩效。

11.1.6 现场应将生产区与生活、办公区分离，配备紧急处理医疗设施，使现场的生活设施符合卫生防疫要求，采取防暑、降温、保暖、消毒、防毒等措施。

11.2 项目职业健康安全技术措施计划

11.2.1 项目职业健康安全技术措施计划应在项目管

理实施规划中编制。

11.2.2 编制项目职业健康安全技术措施计划应遵循下列步骤：

1 工作分类。

2 识别危险源。

3 确定风险。

4 评价风险。

5 制定风险对策。

6 评审风险对策的充分性。

11.2.3 项目职业健康安全技术措施计划应包括工程概况，控制目标，控制程序，组织结构，职责权限，规章制度，资源配置，安全措施，检查评价和奖惩制度以及对分包的安全管理等内容。策划过程应充分考虑有关措施与项目人员能力相适宜的要求。

11.2.4 对结构复杂、实施难度大、专业性强的项目，应制定项目总体、单位工程或分部、分项工程的安全措施。

11.2.5 对高空作业等非常规性的作业，应制定单项职业健康安全技术措施和预防措施，并对管理人员、操作人员的安全作业资格和身体状况进行合格审查。对危险性较大的工程作业，应编制专项施工方案，并进行安全验证。

11.2.6 临街脚手架、临近高压电缆以及起重机臂杆的回转半径达到项目现场范围以外的，均应按要求设置安全隔离设施。

11.2.7 项目职业健康安全技术措施计划应由项目经理主持编制，经有关部门批准后，由专职安全管理人员进行现场监督实施。

11.3 项目职业健康安全技术措施计划的实施

11.3.1 组织应建立分级职业健康安全生产教育制度，实施公司、项目经理部和作业队三级教育，未经教育的人员不得上岗作业。

11.3.2 项目经理部应建立职业健康安全生产责任制，并把责任目标分解落实到人。

11.3.3 职业健康安全技术交底应符合下列规定：

1 工程开工前，项目经理部的技术负责人应向有关人员进行安全技术交底。

2 结构复杂的分部分项工程实施前，项目经理部的技术负责人应进行安全技术交底。

3 项目经理部应保存安全技术交底记录。

11.3.4 组织应定期对项目进行职业健康安全管理检查，分析影响职业健康或不安全行为与隐患存在的部位和危险程度。

11.3.5 职业健康的安全检查应采取随机抽样、现场观察、实地检测相结合的方法，记录检测结果，及时纠正发现的违章指挥和作业行为。检查人员应在每次检查结束后及时提交安全检查报告。

11.3.6 组织应及时识别和评价其他承包人或供应单位的危险源，与其进行交流和协商，并制定控制措施，以降低相关的风险。

11.4 项目职业健康安全隐患和事故处理

11.4.1 职业健康安全隐患处理应符合下列规定：

1 区别不同的职业健康安全隐患类型，制定相应整改措施并在实施前进行风险评价。

2 对检查出的隐患及时发出职业健康安全隐患整改通知单，限期纠正违章指挥和作业行为。

3 跟踪检查纠正预防措施的实施过程和实施效果，保存验证记录。

11.4.2 项目经理部进行职业健康安全事故处理应坚持事故原因不清楚不放过，事故责任者和人员没有受到教育不放过，事故责任者没有处理不放过，没有制定纠正和预防措施不放过的原则。

11.4.3 处理职业健康安全事故应遵循下列程序：

1 报告安全事故。

2 事故处理。

3 事故调查。

4 处理事故责任者。

5 提交调查报告。

11.5 项目消防保安

11.5.1 组织应建立消防保安管理体系，制定消防保安管理制度。

11.5.2 项目现场应设有消防车出入口和行驶通道。消防保安设施应保持完好的备用状态。储存、使用易燃、易爆和保安器材时，应采取特殊的消防保安措施。

11.5.3 项目现场的通道、消防出入口、紧急疏散通道等应符合消防要求，设置明显标志。有通行高度限制的地点应设限高标志。

11.5.4 项目现场应有用火管理制度，使用明火时应配备监管人员和相应的安全设施，并制定安全防火措施。

11.5.5 需要进行爆破作业的，应向所在地有关部门办理批准手续，由具备爆破资质的专业机构进行实施。

11.5.6 项目现场应设立门卫，根据需要设置警卫，负责项目现场安全保卫工作。主要管理人员应在施工现场佩带证明其身份的标识。严格现场人员的进出管理。

12 项目环境管理

12.1 一 般 规 定

12.1.1 组织应遵照《环境管理体系 要求及使用指

南》GB/T 24000 的要求，建立并持续改进环境管理体系。

12.1.2 组织应根据批准的建设项目环境影响报告，通过对环境因素的识别和评估，确定管理目标及主要指标，并在各个阶段贯彻实施。

12.1.3 项目的环境管理应遵循下列程序：

1 确定项目环境管理目标。

2 进行项目环境管理策划。

3 实施项目环境管理策划。

4 验证并持续改进。

12.1.4 项目经理负责现场环境管理工作的总体策划和部署，建立项目环境管理组织机构，制定相应制度和措施，组织培训，使各级人员明确环境保护的意义和责任。

12.1.5 项目经理部应按照分区划块原则，搞好项目的环境管理，进行定期检查，加强协调，及时解决发现的问题，实施纠正和预防措施，保持现场良好的作业环境、卫生条件和工作秩序，做到污染预防。

12.1.6 项目经理部应对环境因素进行控制，制定应急准备和响应措施，并保证信息通畅，预防可能出现非预期的损害。在出现环境事故时，应消除污染，并应制定相应措施，防止环境二次污染。

12.1.7 项目经理部应保存有关环境管理的工作记录。

12.1.8 项目经理部应进行现场节能管理，有条件时应规定能源使用指标。

12.2 项目文明施工

12.2.1 文明施工应包括下列工作：

1 进行现场文化建设。

2 规范场容，保持作业环境整洁卫生。

3 创造有序生产的条件。

4 减少对居民和环境的不利影响。

12.2.2 项目经理部应对现场人员进行培训教育，提高其文明意识和素质，树立良好的形象。

12.2.3 项目经理部应按照文明施工标准，定期进行评定、考核和总结。

12.3 项目现场管理

12.3.1 项目经理部应在施工前了解经过施工现场的地下管线，标出位置，加以保护。施工时发现文物、古迹、爆炸物、电缆等，应当停止施工，保护现场，及时向有关部门报告，并按照规定处理。

12.3.2 施工中需要停水、停电、封路而影响环境时，应经有关部门批准，事先告示。在行人、车辆通过的地方施工，应当设置沟、井、坎、洞覆盖物和标志。

12.3.3 项目经理部应对施工现场的环境因素进行分析，对于可能产生的污水、废气、噪声、固体废弃物等污染源采取措施，进行控制。

12.3.4 建筑垃圾和渣土应堆放在指定地点，定期进行清理。装载建筑材料、垃圾或渣土的运输机械，应采取防止尘土飞扬、洒落或流溢的有效措施。施工现场应根据需要设置机动车辆冲洗设施，冲洗污水应进行处理。

12.3.5 除有符合规定的装置外，不得在施工现场熔化沥青和焚烧油毡、油漆，亦不得焚烧其他可产生有毒有害烟尘和恶臭气味的废弃物。项目经理部应按规定有效地处理有毒有害物质。禁止将有毒有害废弃物现场回填。

12.3.6 施工现场的场容管理应符合施工平面图设计的合理安排和物料器具定位管理标准化的要求。

12.3.7 项目经理部应依据施工条件，按照施工总平面图、施工方案和施工进度计划的要求，认真进行所负责区域的施工平面图的规划、设计、布置、使用和管理。

12.3.8 现场的主要机械设备、脚手架、密封式安全网与围挡、模具、施工临时道路、各种管线、施工材料制品堆场及仓库、土方及建筑垃圾堆放区、变配电间、消火栓、警卫室、现场的办公、生产和生活临时设施等的布置，均应符合施工平面图的要求。

12.3.9 现场入口处的醒目位置，应公示下列内容：

1 工程概况。

2 安全纪律。

3 防火须知。

4 安全生产与文明施工规定。

5 施工平面图。

6 项目经理部组织机构图及主要管理人员名单。

12.3.10 施工现场周边应按当地有关要求设置围挡和相关的安全预防设施。危险品仓库附近应有明显标志及围挡设施。

12.3.11 施工现场应设置畅通的排水沟渠系统，保持场地道路的干燥坚实。施工现场的泥浆和污水未经处理不得直接排放。地面宜做硬化处理。有条件时，可对施工现场进行绿化布置。

13 项目成本管理

13.1 一般规定

13.1.1 组织应建立、健全项目全面成本管理责任体系，明确业务分工和职责关系，把管理目标分解到各项技术工作和管理工作中。项目全面成本管理责任体系应包括两个层次：

1 组织管理层。负责项目全面成本管理的决策，确定项目的合同价格和成本计划，确定项目管理层的成本目标。

2 项目经理部。负责项目成本的管理，实施成本控制，实现项目管理目标责任书中的成本目标。

13.1.2 项目经理部的成本管理应包括成本计划、成本控制、成本核算、成本分析和成本考核。

13.1.3 项目成本管理应遵循下列程序：

1 掌握生产要素的市场价格和变动状态。

2 确定项目合同价。

3 编制成本计划，确定成本实施目标。

4 进行成本动态控制，实现成本实施目标。

5 进行项目成本核算和工程价款结算，及时收回工程款。

6 进行项目成本分析。

7 进行项目成本考核，编制成本报告。

8 积累项目成本资料。

13.2 项目成本计划

13.2.1 项目经理部应依据下列文件编制项目成本计划：

1 合同文件。

2 项目管理实施规划。

3 可研报告和相关设计文件。

4 市场价格信息。

5 相关定额。

6 类似项目的成本资料。

13.2.2 编制成本计划应满足下列要求：

1 由项目经理部负责编制，报组织管理层批准。

2 自下而上分级编制并逐层汇总。

3 反映各成本项目指标和降低成本指标。

13.3 项目成本控制

13.3.1 项目经理部应依据下列资料进行成本控制：

1 合同文件。

2 成本计划。

3 进度报告。

4 工程变更与索赔资料。

13.3.2 成本控制应遵循下列程序：

1 收集实际成本数据。

2 实际成本数据与成本计划目标进行比较。

3 分析成本偏差及原因。

4 采取措施纠正偏差。

5 必要时修改成本计划。

6 按照规定的时间间隔编制成本报告。

13.3.3 成本控制宜运用价值工程和赢得值法。

13.4 项目成本核算

13.4.1 项目经理部应根据财务制度和会计制度的有关规定，建立项目成本核算制，明确项目成本核算的原则、范围、程序、方法、内容、责任及要求，并设置核算台账，记录原始数据。

13.4.2 项目经理部应按照规定的时间间隔进行项目成本核算。

13.4.3 项目成本核算应坚持形象进度、产值统计、成本归集三同步的原则。

13.4.4 项目经理部应编制定期成本报告。

13.5 项目成本分析与考核

13.5.1 组织应建立和健全项目成本考核制度，对考核的目的、时间、范围、对象、方式、依据、指标、组织领导、评价与奖惩原则等作出规定。

13.5.2 成本分析应依据会计核算、统计核算和业务核算的资料进行。

13.5.3 成本分析应采用比较法、因素分析法、差额分析法和比率法等基本方法；也可采用分部分项成本分析、年季月（或周、旬等）度成本分析、竣工成本分析等综合成本分析方法。

13.5.4 组织应以项目成本降低额和项目成本降低率作为成本考核主要指标。项目经理部应设置成本降低额和成本降低率等考核指标。发现偏离目标时，应及时采取改进措施。

13.5.5 组织应对项目经理部的成本和效益进行全面审核、审计、评价、考核与奖惩。

14 项目资源管理

14.1 一 般 规 定

14.1.1 组织应建立并持续改进项目资源管理体系，完善管理制度、明确管理责任、规范管理程序。

14.1.2 资源管理包括人力资源管理、材料管理、机械设备管理、技术管理和资金管理。

14.1.3 项目资源管理的全过程应包括项目资源的计划、配置、控制和处置。

14.1.4 资源管理应遵循下列程序：

1 按合同要求，编制资源配置计划，确定投入资源的数量与时间。

2 根据资源配置计划，做好各种资源的供应工作。

3 根据各种资源的特性，采取科学的措施，进行有效组合，合理投入，动态调控。

4 对资源投入和使用情况定期分析，找出问题，总结经验并持续改进。

14.2 项目资源管理计划

14.2.1 资源管理计划应包括建立资源管理制度，编制资源使用计划、供应计划和处置计划，规定控制程序和责任体系。

14.2.2 资源管理计划应依据资源供应条件、现场条件和项目管理实施规划编制。

14.2.3 人力资源管理计划应包括人力资源需求计划、人力资源配置计划和人力资源培训计划。

14.2.4 材料管理计划应包括材料需求计划、材料使用计划和分阶段材料计划。

14.2.5 机械管理计划应包括机械需求计划、机械使用计划和机械保养计划。

14.2.6 技术管理计划应包括技术开发计划、设计技术计划和工艺技术计划。

14.2.7 资金管理计划应包括项目资金流动计划和财务用款计划，具体可编制年、季、月度资金管理计划。

14.3 项目资源管理控制

14.3.1 资源管理控制应包括按资源管理计划进行资源的选择、资源的组织和进场后的管理等内容。

14.3.2 人力资源管理控制应包括人力资源的选择、订立劳务分包合同、教育培训和考核等。

14.3.3 材料管理控制应包括供应单位的选择、订立采购供应合同、出厂或进场验收、储存管理、使用管理及不合格品处置等。

14.3.4 机械设备管理控制应包括机械设备购置与租赁管理、使用管理、操作人员管理、报废和出场管理等。

14.3.5 技术管理控制应包括技术开发管理，新产品、新材料、新工艺的应用管理，项目管理实施规划和技术方案的管理，技术档案管理，测试仪器管理等。

14.3.6 资金管理控制应包括资金收入与支出管理、资金使用成本管理、资金风险管理等。

14.4 项目资源管理考核

14.4.1 资源管理考核应通过对资源投入、使用、调整以及计划与实际的对比分析，找出管理中存在的问题，并对其进行评价的管理活动。通过考核能及时反馈信息，提高资金使用价值，持续改进。

14.4.2 人力资源管理考核应以有关管理目标或约定为依据，对人力资源管理方法、组织规划、制度建设、团队建设、使用效率和成本管理等进行分析和评价。

14.4.3 材料管理考核工作应对材料计划、使用、回收以及相关制度进行效果评价。材料管理考核应坚持计划管理、跟踪检查、总量控制、节奖超罚的原则。

14.4.4 机械设备管理考核应对项目机械设备的配置、使用、维护以及技术安全措施、设备使用效率和使用成本等进行分析和评价。

14.4.5 项目技术管理考核应包括对技术管理工作计划的执行，技术方案的实施，技术措施的实施，技术问题的处置，技术资料收集、整理和归档以及技术开发，新技术和新工艺应用等情况进行分析和评价。

14.4.6 资金管理考核应通过对资金分析工作，计划收支与实际收支对比，找出差异，分析原因，改进资金管理。在项目竣工后，应结合成本核算与分析工作进行资金收支情况和经济效益分析，并上报组织财务主管部门备案。组织应根据资金管理效果对有关部门或项目经理部进行奖惩。

15 项目信息管理

15.1 一 般 规 定

15.1.1 组织应建立信息管理体系，及时、准确地获得和快捷、安全、可靠地使用所需的信息。

15.1.2 信息管理应满足下列要求：

1 有时效性和针对性。

2 有必要的精度。

3 综合考虑信息成本及信息收益，实现信息效益最大化。

15.1.3 项目信息管理的对象应包括各类工程资料和工程实际进展信息。工程资料的档案管理应符合有关规定，宜采用计算机辅助管理。

15.1.4 项目信息管理应遵循下列程序：

1 确定项目信息管理目标。

2 进行项目信息管理策划。

3 项目信息收集。

4 项目信息处理。

5 项目信息运用。

6 项目信息管理评价。

15.1.5 项目经理部应根据实际需要，配备熟悉工程管理业务、经过培训的人员担任信息管理工作。

15.2 项目信息管理计划与实施

15.2.1 项目信息管理计划的制定应以项目管理实施规划中的有关内容为依据。在项目执行过程中，应定期检查其实施效果并根据需要进行计划调整。

15.2.2 信息管理计划应包括信息需求分析，信息编码系统，信息流程，信息管理制度以及信息的来源、内容、标准、时间要求、传递途径、反馈的范围、人员以及职责和工作程序等内容。

15.2.3 信息需求分析应明确实施项目所必需的信息，包括信息的类型、格式、传递要求及复杂性等，并应进行信息价值分析。

15.2.4 项目信息编码系统应有助于提高信息的结构化程度，方便使用，并且应与企业信息编码保持一致。

15.2.5 信息流程应反映组织内部信息流和有关的外部信息流及各有关单位、部门和人员之间的关系，并有利于保持信息畅通。

15.2.6 信息过程管理应包括信息的收集、加工、传输、存储、检索、输出和反馈等内容，宜使用计算机进行信息过程管理。

15.2.7 在信息计划的实施中，应定期检查信息的有效性和信息成本，不断改进信息管理工作。

15.3 项目信息安全

15.3.1 项目信息管理工作应严格遵循国家的有关法律、法规和地方主管部门的有关管理规定。

15.3.2 项目信息管理工作应采取必要的安全保密措施，包括：信息的分级、分类管理方式。确保项目信息的安全、合理、有效使用。

15.3.3 组织应建立完善的信息管理制度和安全责任制度，坚持全过程管理的原则，并做到信息传递、利用和控制的不断改进。

16 项目风险管理

16.1 一 般 规 定

16.1.1 组织应建立风险管理体系，明确各层次管理人员的风险管理责任，减少项目实施过程中的不确定因素对项目的影响。

16.1.2 项目风险管理过程应包括项目实施全过程的风险识别、风险评估、风险响应和风险控制。

16.2 项目风险识别

16.2.1 组织应识别项目实施过程中的各种风险。

16.2.2 组织识别项目风险应遵循下列程序：

1 收集与项目风险有关的信息。

2 确定风险因素。

3 编制项目风险识别报告。

16.3 项目风险评估

16.3.1 组织应按下列内容进行风险评估：

1 风险因素发生的概率。

2 风险损失量的估计。

3 风险等级评估。

16.3.2 组织应利用已有数据资料和相关专业方法进行风险因素发生概率估计。

16.3.3 风险损失量的估计应包括下列内容：

1 工期损失的估计。

2 费用损失的估计。

3 对工程的质量、功能、使用效果等方面的影响。

16.3.4 组织应根据风险因素发生的概率和损失量，确定风险量，并进行分级。

16.3.5 风险评估后应提出风险评估报告。

16.4 项目风险响应

16.4.1 组织应确定针对项目风险的对策进行风险响应。

16.4.2 常用的风险对策应包括风险规避、减轻、自留、转移及其组合等策略。

16.4.3 项目风险对策应形成风险管理计划，其内容有：

1 风险管理目标。

2 风险管理范围。

3 可使用的风险管理方法、工具以及数据来源。

4 风险分类和风险排序要求。

5 风险管理的职责与权限。

6 风险跟踪的要求。

7 相应的资源预算。

16.5 项目风险控制

16.5.1 在整个项目进程中，组织应收集和分析与项目风险相关的各种信息，获取风险信号，预测未来的风险并提出预警，纳入项目进展报告。

16.5.2 组织应对可能出现的风险因素进行监控，根据需要制定应急计划。

17 项目沟通管理

17.1 一 般 规 定

17.1.1 组织应建立项目沟通管理体系，健全管理制度，采用适当的方法和手段与相关各方进行有效沟通与协调。

17.1.2 项目沟通与协调的对象应是项目所涉及的内部和外部有关组织及个人，包括建设单位和勘察设计、施工、监理、咨询服务等单位以及其他相关组织。

17.2 项目沟通程序和内容

17.2.1 组织应根据项目的实际需要，预见可能出现的矛盾和问题，制定沟通与协调计划，明确原则、内容、对象、方式、途径、手段和所要达到的目标。

17.2.2 组织应针对不同阶段出现的矛盾和问题，调整沟通计划。

17.2.3 组织应运用计算机信息处理技术，进行项目信息收集、汇总、处理、传输与应用，进行信息沟通与协调，形成档案资料。

17.2.4 沟通与协调的内容应涉及与项目实施有关的信息，包括项目各相关方共享的核心信息、项目内部和项目相关组织产生的有关信息。

17.3 项目沟通计划

17.3.1 项目沟通计划应由项目经理组织编制。

17.3.2 编制项目沟通计划应依据下列资料：

1 合同文件。

2 项目各相关组织的信息需求。

3 项目的实际情况。

4 项目的组织结构。

5 沟通方案的约束条件、假设，以及适用的沟通技术。

17.3.3 项目沟通计划应与项目管理的其他各类计划相协调。

17.3.4 项目沟通计划应包括信息沟通方式和途径，信息收集归档格式，信息的发布与使用权限，沟通管理计划的调整以及约束条件和假设等内容。

17.3.5 组织应定期对项目沟通计划进行检查、评价和调整。

17.4 项目沟通依据与方式

17.4.1 项目内部沟通应包括项目经理部与组织管理层、项目经理部内部的各部门和相关成员之间的沟通与协调。内部沟通应依据项目沟通计划、规章制度、项目管理目标责任书、控制目标等进行。

17.4.2 内部沟通可采用授权、会议、文件、培训、检查、项目进展报告、思想教育、考核与激励及电子媒体等方式。

17.4.3 项目外部沟通应由组织与项目相关方进行沟通。外部沟通应依据项目沟通计划、有关合同和合同变更资料、相关法律法规、伦理道德、社会责任和项目具体情况等进行。

17.4.4 外部沟通可采用电话、传真、召开会议、联合检查、宣传媒体和项目进展报告等方式。

17.4.5 各种内外部沟通形式和内容的变更，应按照项目沟通计划的要求进行管理，并协调相关事宜。

17.4.6 项目经理部应编写项目进展报告。项目进展报告应包括项目的进展情况，项目实施过程中存在的主要问题、重要风险以及解决情况，计划采取的措施，项目的变更以及项目进展预期目标等内容。

17.5 项目沟通障碍与冲突管理

17.5.1 项目沟通应减少干扰，消除障碍、解决冲突、保持沟通与协调途径畅通、信息真实。

17.5.2 消除沟通障碍可采用下列方法：

1 选择适宜的沟通与协调途径。

2 充分利用反馈。

3 组织沟通检查。

4 灵活运用各种沟通与协调方式。

17.5.3 组织应做好冲突的预测工作，了解冲突的性质，寻找解决冲突的途径并保存相关记录。

17.5.4 解决冲突可采用下列方法：

1 协商、让步、缓和、强制和退出。

2 使项目的相关方了解项目计划，明确项目目标。

3 搞好变更管理。

18 项目收尾管理

18.1 一 般 规 定

18.1.1 项目收尾阶段应是项目管理全过程的最后阶段，包括竣工收尾、验收、结算、决算、回访保修、管理考核评价等方面的管理。

18.1.2 项目收尾阶段应制定工作计划，提出各项管理要求。

18.2 项目竣工收尾

18.2.1 项目经理部应全面负责项目竣工收尾工作，组织编制项目竣工计划，报上级主管部门批准后按期完成。

18.2.2 竣工计划应包括下列内容：

1 竣工项目名称。

2 竣工项目收尾具体内容。

3 竣工项目质量要求。

4 竣工项目进度计划安排。

5 竣工项目文件档案资料整理要求。

18.2.3 项目经理应及时组织项目竣工收尾工作，并与项目相关方联系，按有关规定协助验收。

18.3 项目竣工验收

18.3.1 项目完成后，承包人应自行组织有关人员进行检查评定，合格后向发包人提交工程竣工报告。

18.3.2 规模较小且比较简单的项目，可进行一次性项目竣工验收。规模较大且比较复杂的项目，可以分阶段验收。

18.3.3 项目竣工验收应依据有关法规，必须符合国家规定的竣工条件和竣工验收要求。

18.3.4 文件的归档整理应符合国家有关标准、法规的规定，移交工程档案应符合有关规定。

18.4 项目竣工结算

18.4.1 项目竣工结算应由承包人编制，发包人审查，双方最终确定。

18.4.2 编制项目竣工结算可依据下列资料：

1 合同文件。

2 竣工图纸和工程变更文件。

3 有关技术核准资料和材料代用核准资料。

4 工程计价文件、工程量清单、取费标准及有关调价规定。

5 双方确认的有关签证和工程索赔资料。

18.4.3 项目竣工验收后，承包人应在约定的期限内向发包人递交项目竣工结算报告及完整的结算资料，经双方确认并按规定进行竣工结算。

18.4.4 承包人应按照项目竣工验收程序办理项目竣

工结算并在合同约定的期限内进行项目移交。

18.5 项目竣工决算

18.5.1 组织进行项目竣工决算编制的主要依据：

1 项目计划任务书和有关文件。

2 项目总概算和单项工程综合概算书。

3 项目设计图纸及说明书。

4 设计交底、图纸会审资料。

5 合同文件。

6 项目竣工结算书。

7 各种设计变更、经济签证。

8 设备、材料调价文件及记录。

9 竣工档案资料。

10 相关的项目资料、财务决算及批复文件。

18.5.2 项目竣工决算应包括下列内容：

1 项目竣工财务决算说明书。

2 项目竣工财务决算报表。

3 项目造价分析资料表等。

18.5.3 编制项目竣工决算应遵循下列程序：

1 收集、整理有关项目竣工决算依据。

2 清理项目账务、债务和结算物资。

3 填写项目竣工决算报告。

4 编写项目竣工决算说明书。

5 报上级审查。

18.6 项目回访保修

18.6.1 承包人应制定项目回访和保修制度并纳入质量管理体系。

18.6.2 承包人应根据合同和有关规定编制回访保修工作计划，回访保修工作计划应包括下列内容：

1 主管回访保修的部门。

2 执行回访保修工作的单位。

3 回访时间及主要内容和方式。

18.6.3 回访可采取电话询问、登门座谈、例行回访等方式。回访应以业主对竣工项目质量的反馈及特殊工程采用的新技术、新材料、新设备、新工艺等的应用情况为重点，并根据需要及时采取改进措施。

18.6.4 签发工程质量保修书应确定质量保修范围、期限、责任和费用的承担等内容。

18.7 项目管理考核评价

18.7.1 组织应在项目结束后对项目的总体和各专业进行考核评价。

18.7.2 项目考核评价的定量指标可包括工期、质量、成本、职业健康安全、环境保护等。

18.7.3 项目考核评价的定性指标可包括经营管理理念，项目管理策划，管理制度及方法，新工艺、新技术推广，社会效益及其社会评价等。

18.7.4 项目考核评价应按下列程序进行：

1 制定考核评价办法。

2 建立考核评价组织。

3 确定考核评价方案。

4 实施考核评价工作。

5 提出考核评价报告。

18.7.5 项目管理结束后，组织应按照下列内容编制项目管理总结。

1 项目概况。

2 组织机构、管理体系、管理控制程序。

3 各项经济技术指标完成情况及考核评价。

4 主要经验及问题处理。

5 其他需要提供的资料。

18.7.6 项目管理总结和相关资料应及时归档和保存。

规范用词说明

1 为规范和区别对待本规范条文用词用语的程度，对于要求严格程度不同的用词用语说明如下：

1）表示很严格，非这样不可的用词：
正面词采用“必须”，反面词采用“严禁”。

2）表示严格，在正常情况下均应这样做的用词：
正面词采用“应”，反面词采用“不应”或“不得”。

3）表示允许稍有选择，在条件许可时首先应这样做的用词：
正面词采用“宜”，反面词采用“不宜”。
表示有选择，在一定条件下可以这样做的采用“可”。

2 本规范中指定按其他有关标准、规范执行时，写法为：“应符合……的规定”或“应按……执行”。非必须按所指定的标准和规范执行的，写法为“可参照……”。

中华人民共和国国家标准

建设工程项目管理规范

GB/T 50326—2006

条 文 说 明

目　次

1 总 则

1.0.1 提高建设工程项目管理水平，促进建设工程项目管理工作科学化、规范化、制度化和国际化，是制定本规范的基本指导思想和目的。本规范借鉴和吸收了国际上较为成熟和普遍接受的项目管理理论和惯例，使得整个内容既适应国内工程建设的国际化需求，也适用于我国进行国际建设工程项目管理的需求。

科学化指本规范遵循建设工程项目管理规律，把工程项目管理作为一门学科和一个知识体系。

规范化及标准化，其实质是统一全国的建设工程项目管理行为规则。

制度化指制定本规范执行国家法律、法规，依法进行建设工程项目管理。

国际化是指项目管理内容、管理程序、管理方法及模式要适用国际工程承包并与国际惯例接轨。

1.0.2 本规范适用于新建、扩建、改建等建设工程的项目管理。

工程建设相关组织包括建设单位、总承包企业、设计企业、监理企业、施工企业、工程咨询企业、招标代理企业等。

1.0.3 本规范的目的是规范项目管理组织行为，激励项目管理人员，调动积极性，总结经验教训，提高建设工程项目管理水平。

1.0.4 先进的项目管理技术和现代化手段应包括网络计划技术、IT技术等，现代化管理手段是指要运用先进、适用的计算机软件进行项目管理全过程控制。

1.0.5 建设工程项目管理必须实行项目经理责任制。项目经理责任制是我国建设工程项目管理体制改革的一项重要成果，对于加强施工管理，提高工程质量，保证安全生产，起到了很好的作用。所以实施和深化项目经理责任制其目的就是要进一步建立和健全项目管理组织机制，用制度明确项目经理应承担的责任、权限和利益，有利于项目经理在项目管理中发挥核心和主导作用。

1.0.6 建设工程项目管理除应遵循本规范外，还应符合国家法律、法规及有关强制性条文的规定。建设工程项目管理应遵循的国家法律主要有《建筑法》、《合同法》和《招标投标法》；建设工程项目管理应遵循的国家行政法规主要有《建设工程质量管理条例》、《建设工程安全生产管理条例》和国家建设行政主管部门颁布的有关部门规章；强制性条文是指直接涉及建设工程质量、安全、卫生及职业健康和环境保护等工程建设标准的强制性条文。

2 术 语

2.0.3 项目发包人是工程项目合同的当事人之一，是以协议或其他完备手续取得项目发包主体资格，承认全部合同条件，能够而且愿意履行合同义务（主要是工程款支付能力）的合同当事人。可以是具备法人资格的国家机关、事业单位、国有企业、集体企业、私营企业、经济联合体和社会团体，也可以是依法登记的合伙人或个体经营者。

与发包人合并的单位、兼并发包人的单位、购买发包人合同和接受发包人出让的单位和人员，或其他取得发包人资格的合法继承人均可成为发包人。发包人可以是建设单位，也可以是取得建设单位通过合法手续委托的总承包单位或项目管理单位，也可是取得承包权利后的承包人。发包人可以将项目以不同的发包方式，分不同阶段发包给具有合法资质的承包人。

2.0.4 项目承包人是工程项目合同的当事人之一，是具有法人资格和满足相应资质要求的单位。承包人根据发包人的要求，可以对工程项目的勘察、设计、采购、施工、试运行全过程承包，也可以是对其中部分阶段承包。

与承包人合并的单位、兼并承包人的单位、合法购买承包人合同和接受承包人出让的单位，或其他取得承包人资格的合法继承人均可成为承包人。

当项目承包人将其合同中的部分责任依法发包给具有相应资质的企业时，该企业也成为项目承包人之一，简称为分包人。

2.0.5 建设工程项目承包是指对工程项目的全过程或部分过程进行承包并承担经济责任的活动。对于工程项目的全过程或若干阶段的承包称为工程总承包。如设计采购施工总承包和设计施工总承包等。

2.0.6 建设工程项目分包是总承包将其部分工作委托给具有相应资质的单位完成的过程，项目分包人应具备相应的承包主体资格，即承包法人资格和相应的资质要求资格，且不得将分包合同的工作进行整体转包。

2.0.7 项目范围管理是项目管理初始阶段应首先进行的基础工作，并贯穿管理全过程。项目范围管理的主要工作包括对项目范围进行归类，并逐级分解至可管理的子项目，对子项目加以定义、编码，明确责任人，同时对各级子项目之间的逻辑关系进行系统界面分析，形成用树状图或其他方式组成的文件。项目范围是指为完成工程项目建设目标所需的全部工作，包括最终交付工程的范围，合同条件约定的承包人的工作和活动以及因环境和法律法规制约而需要完成的工作和活动。

范围管理应对项目实施全过程中范围的变更所引起的成本、进度及资源计划的变化进行检查、跟踪、控制和调整。

2.0.8 项目管理目标责任书一般指企业管理层与项目经理部所签订的文件。但其他组织也可采用项目管理目标责任书的方式对现场管理组织进行任务的分配、目标的确定和项目完成后的考核。对一个具体项目而言，其项目管理目标责任书是根据企业的项目管理制度、工程合同及项目经营管理目标要求制定的。由项目承包人法定代表人与其任命的项目经理签署，并作为项目完成后考核评价及奖罚的依据。

2.0.9 项目管理组织是参与项目管理工作，并在职责、权限分工和（或）相互关系得到安排的一组人员及设施。包括发包人、承包人、分包人和其他参与项目管理的单位针对项目管理工作而建立的管理组织。

项目管理组织的构成应适应自身承包范围需要，并在人数、专业、岗位资格上满足相应的要求。

2.0.10 项目经理是企业法定代表人在承包的建设工程项目上的授权委托代理人，从事项目管理工作的各个组织均可设置项目经理。项目经理是一种工作岗位，既不是技术职称，也不是执业资格。

2.0.11 项目经理部是由项目经理组建并经组织管理层批准的，由项目经理领导的工程项目管理组织机构，负责发包人或上级组织通过合同约定或其他方式规定的全过程管理工作，也是承包人履行工程合同的主体机构。项目经理部作为项目管理组织，应具有计划、组织、指挥、协调和控制等职能，且应是一次性的组织，随着项目的开始实施而组建，随着项目的完成而解体。按照不同组织的管理特性，项目经理部也可以叫项目部。

2.0.12 项目经理责任制是建设工程项目的重要管理制度，其构成应包括项目经理部在企业中的管理定位，项目经理应具备的条件，项目经理部的管理运作机制，项目经理的责任、权限和利益及项目管理目标责任书的内容构成等内容。企业应在有关项目管理制度中对以上内容予以明确。

2.0.13 对于不同的组织，其进度管理的范围和要求是不同的。应当根据所承担的工作任务，分阶段安排各种进度计划，并进行组织、指挥、协调和控制。

2.0.14 项目质量管理是使建设工程项目的固有特性达到满足顾客和其他相关方要求的程度而进行的管理工作。由于GB/T 19000族的质量管理体系已普遍应用，因此本规范对项目质量管理只作一般性的要求。

2.0.15 项目职业健康安全管理是指对工作场所内的工作人员和其他人员进行的免除不可接受的职业健康和损害风险状态的管理工作。其中人员应包括组织的员工、合同方人员、访问者和其他人员，工作场所应包括施工现场和现场外的临时工作场所。

2.0.16 项目环境管理包括项目运行活动时对于现场和外部环境存在影响的管理。组织必须建立、实施、保持和持续改进环境管理体系。识别其活动、产品或服务中可能与环境发生相互作用的要素，并进行有效管理。由于GB/T 24000系列的环境管理体系已普遍应用，因此本规范对项目环境管理只作一般性的要求。

2.0.17 项目成本管理应从两个方面进行：一方面是根据有关信息，进行成本预测，制定成本计划。另一方面是进行成本控制、成本核算、成本分析和成本考核。

2.0.18 项目采购管理是要求通过采购过程，确保采购的产品和服务符合规定的要求。项目的各个参与方均应按供方提供产品或服务的能力进行评价和选择。采购管理的范围应包含合同管理，但由于合同在建设工程实施中的重要地位，本规范将合同管理单列。

2.0.19 项目合同管理是针对项目各参与方之间设立、变更、终止双方所协定的有关权利义务关系的协议的管理工作。合同管理是项目管理中各参与方之间活动的规范和保障。

2.0.20 项目资源包括人员、材料、机械、设备、技术、资金等。它们都是投入生产过程，并最终形成产品的要素。资源管理的目的是通过优化配置和动态管理，实现以最少的资源及其组合，取得项目产品的最佳效果。

2.0.21 项目信息应由信息管理人员依靠现代信息技术，在项目的实施过程中，通过收集、整理、处置、储存、传递和应用等方式进行管理。

2.0.22 项目风险管理是项目管理的一项重要管理过程，它包括对风险的预测、辨识、分析、判断、评估及采取相应的对策，如风险规避、控制、分隔、分散、转移、自留及利用等活动。这些活动对项目的目标至关重要，甚至会决定项目的成败。风险管理水平是衡量组织素质的重要标准，风险控制能力则是判定项目管理者管理能力的重要依据。因此，项目管理者必须建立风险管理制度和方法体系。

风险管理的任务一般包括确定和评估风险，识别潜在损失因素及估算损失大小，制定风险的财务对策，采取应对措施，制定保护方案，落实安全措施以及管理索赔等。

项目中各个组织所承担的风险是不相同的。发包人应采用合同或其他方式，将风险分配给最可能避免风险发生的组织承担。

2.0.23 项目沟通管理包括两方面，即外部沟通和内部沟通。各个项目直接参与组织之间的沟通称为外部沟通，各个项目直接参与组织内部之间的沟通称为内部沟通。外部沟通也包括对项目直接参与组织以外的相关组织的沟通。

2.0.24 项目中不同的组织根据所承担工作的不同而有不同的收尾管理内容。本规范针对总承包或施工承包单位的较多，其他组织可进行增补或删减。

3 项目范围管理

3.1 一 般 规 定

3.1.1 项目范围是指为了成功达到项目的目标，完成最终可交付工程的所有工作总和，它们构成项目的实施过程。最终可交付工程是实现项目目标的物质条件，它是确定项目范围的核心。

3.1.2 项目范围管理对象中的专业工作是指专业设计、施工和供应等工作；管理工作是指为实现项目目标所必需的预测、决策、计划和控制工作，另外还可以分为各种职能管理工作，如进度管理、质量管理、合同管理、资源管理和信息管理等。

3.1.3 项目范围确定是明确项目的目标和可交付成果的内容，确定项目的总体系统范围并形成文件，以作为项目设计、计划、实施和评价项目成果的依据。

项目结构分析是对项目系统范围进行结构分解（工作结构分解），用可测量的指标定义项目的工作任务，并形成文件，以此作为分解项目目标、落实组织责任、安排工作计划和实施控制的依据。

项目范围控制是指保证在预定的项目范围内进行项目的实施（包括设计、施工、采购等），对项目范围的变更进行有效控制，保证项目系统的完备性和合理性。

3.1.4 项目范围管理应是一个动态的过程，项目范围的变更是经常的。

3.2 项目范围确定

3.2.1 项目范围的确定是项目实施和管理的基础性工作。项目范围必须有相应的文件描述。在规划文件、设计文件、招标投标文件、计划文件中应有明确的项目范围说明内容。在项目的设计、计划、实施和后评价中，必须充分利用项目范围说明文件。范围说明文件是项目进度管理、合同管理、成本管理、资源管理和质量管理等的依据。

3.2.2 要正确确定项目范围，必须准确理解项目目标，进行详细的环境调查，对项目的制约条件和同类工程项目的资料进行了解和分析。对承包人而言，还应准确地分析和理解合同条件。

3.2.3 在项目任务书、设计文件、计划文件、招标文件和投标文件中应有明确的项目范围界定。同时在项目进一步的设计、计划、招标和投标以及在实施过程中，应该充分利用项目范围的说明。

在工程实施过程中，项目范围会随项目目标的调整、环境的改变、计划的调整而变更，项目范围应是动态的。项目范围的变更会导致工期、成本、质量、安全和资源供应的调整。

在进行计划、报价风险分析时，应预测项目范围变更的可能性、程度和影响，并制定相应的对策。

3.3 项目结构分析

3.3.1 项目结构分析是在项目范围确定的基础上进行的，是对项目范围的系统分析。将项目范围分解到工作单元，即分解到可管理（计划、控制和考核）的活动，如分部工程或分项工程。

工作单元的定义通常包括工作范围、质量要求、费用预算、时间安排、资源要求和组织责任等内容。

工作界面指工作单元之间的结合部，或叫接口部位，即工作单元之间的相互作用、相互联系、相互影响的复杂关系。工作界面分析指对界面中的复杂关系进行分析。

3.3.2 项目结构分解的结果是工作分解结构（Work Breakdown Structure），简称为 WBS，它是项目管理的重要工具。分解的终端应是工作单元。

项目工作任务表通常包括工作编码、工作名称、工作任务说明、工作范围、质量要求、费用预算、时间安排、资源要求和组织责任等内容。

3.3.3 在项目计划和实施过程中，应充分利用项目结构分解的结果，将其作为合同策划、成本管理、进度管理、质量、安全管理和信息管理的对象。

3.3.5 在项目管理中，大量的矛盾、争执、损失都发生在界面上。界面的类型很多，有目标系统的界面、技术系统的界面、行为系统的界面、组织系统的界面以及环境系统的界面等。对于大型复杂的项目，界面必须经过精心组织和设计。

3.4 项目范围控制

3.4.1 组织要保证严格按照项目范围文件实施（包括设计、施工和采购等），对项目范围的变更进行有效的控制，保证项目系统的完备性。

3.4.2 在项目实施过程中应经常检查和记录项目实施状况，对项目任务的范围（如数量）、标准（如质量）和工作内容等的变化情况进行控制。

3.4.3 项目范围变更涉及目标变更、设计变更、实施过程变更等。范围变更会导致费用、工期和组织责任的变化以及实施计划的调整、索赔和合同争执等问题发生。

3.4.4 范围管理应有一定的审查和批准程序以及授权。特别要注重项目范围变更责任的落实和影响的处理程序。

3.4.5 在工程项目的结束阶段，或整个工程竣工时，在将项目最终交付成果（竣工工程）移交之前，应对项目的可交付成果进行审查，核实项目范围内规定的各项工作或活动是否已经完成，可交付成果是否完备或令人满意。范围确认需要进行必要的测量、考察和试验等活动。通常也是工程项目决算的依据。

3.4.6 通过对项目范围管理经验的总结以便于工程项目的范围管理工作持续改进。通常需要总结下列内容：

1 项目范围管理程序和方法方面的经验。特别是在项目设计、计划和实施控制工作中利用项目范围文件方面的经验。

2 本项目在范围确定、项目结构分解和范围控制等方面的准确性和科学性。

3 项目范围确定、界面划分、项目变更管理以及项目范围控制方面的经验和教训。

4 项目管理规划

4.1 一般规定

4.1.2 根据项目管理的需要，项目管理规划文件可分为项目管理规划大纲和项目管理实施规划两类。项目管理规划大纲的作用是作为投标人的项目管理总体构想或项目管理宏观方案，指导项目投标和签订施工合同；项目管理实施规划是项目管理规划大纲的具体化和深化，作为项目经理部实施项目管理的依据。

4.1.5 施工组织设计是传统的指导施工准备和施工的全面性技术经济文件；质量计划是进行全面质量管理和贯彻质量管理体系标准中提倡使用的计划性文件；施工项目管理实施规划是项目经理部实施项目的管理文件。由于三者在内容和作用上具有一定的共性，故在本规范中提出承包人的项目管理实施规划可以用施工组织设计代替，但由于施工组织设计中管理内容的不足，质量计划又是主要为质量管理服务，因此本条指出，两者应补充项目管理的内容，使之能满足项目管理实施规划的要求。但是，大型项目则应单独编制项目实施规划，以便于管理工作的规范。

4.2 项目管理规划大纲

4.2.1 项目管理规划大纲具有战略性、全局性和宏观性，显示投标人的技术和管理方案的可行性与先进性，利于投标竞争，因此需要依靠组织管理层的智慧与经验，取得充分依据，发挥综合优势进行编制。

4.2.2 编制项目管理规划大纲从明确项目目标到形成文件并上报审批全过程，反映了其形成过程的客观规律性。

4.2.3 项目管理规划大纲应与招标文件的要求相一致，为编制投标文件提供资料，为签订合同提供依据。

4.2.4 项目管理规划大纲的内容应包括下列方面：

1 项目概况应包括项目的功能、投资、设计、环境、建设要求、实施条件（合同条件、现场条件、法规条件、资源条件）等，不同的项目管理者可根据各自管理的要求确定内容。

2 项目范围管理规划应对项目的过程范围和最终可交付工程的范围进行描述。

3 项目管理目标规划应明确质量、成本、进度和职业健康安全的总目标并进行可能的目标分解。

4 项目管理组织规划应包括组织结构形式、组织构架、确定项目经理和职能部门、主要成员人选及拟建立的规章制度等。

5 项目成本管理规划、项目进度管理规划、项目质量管理规划、项目职业健康安全与环境管理规划、项目采购与资源管理规划的内容应包括管理依据、程序、计划、实施、控制和协调等方面。

10 项目信息管理规划主要指信息管理体系的总体思路、内容框架和信息流设计等规划。

11 项目沟通管理规划主要指项目管理组织就项目所涉及的各有关组织及个人相互之间的信息沟通、关系协调等工作的规划。

12 项目风险管理规划主要是对重大风险因素进行预测、估计风险量、进行风险控制、转移或自留的规划。

13 项目收尾管理规划包括工程收尾、管理收尾、行政收尾等方面的规划。

4.3 项目管理实施规划

4.3.1 项目管理实施规划应以项目管理规划大纲的总体构想和决策意图为指导，具体规定各项管理业务的目标要求、职责分工和管理方法，把履行合同和落实项目管理目标责任书的任务，贯彻在实施规划中，是项目管理人员的行为指南。

4.3.2 项目管理实施规划编制的主要内容是组织编制。在具体编制时，各项内容仍存在先后顺序关系，需要统一协调和全面审查，以保证各项内容的关联性。

4.3.3 编制项目管理实施规划的依据中，最主要的是项目管理规划大纲，应保持二者的一致性和连贯性，其次是同类项目的相关资料。

4.3.4 项目管理实施规划应包括的内容有：

1 项目概况应在项目管理规划大纲的基础上根据项目实施的需要进一步细化。

2 总体工作计划应将项目管理目标、项目实施的总时间和阶段划分具体明确，对各种资源的总投入做出安排，提出技术路线、组织路线和管理路线。

3 组织方案应编制出项目的项目结构图、组织结构图、合同结构图、编码结构图、重点工作流程图、任务分工表、职能分工表并进行必要的说明。

4 技术方案主要是技术性或专业性的实施方案，应辅以构造图、流程图和各种表格。

5 进度计划应编制出能反映工艺关系和组织关系的计划、可反映时间计划、反映相应进程的资源（人力、材料、机械设备和大型工具等）需用量计划以及相应的说明。

6～13 质量计划、职业健康安全与环境管理计划、成本计划、资源需求计划、风险管理计划、信息管理计划、项目沟通管理计划和项目收尾管理计划，均应按相应章节的条文及说明编制。为了满足项目实施的需求，应尽量细化，尽可能利用图表表示。

各种管理计划（规划）应保存编制的依据和基础数据，以备查询和满足持续改进的需要。在资源需求计划编制前应与供应单位协商，编制后应将计划提交供应单位。

14 项目现场平面布置图按施工总平面图和单位工程施工平面图设计和布置的常规要求进行编制，须符合国家有关标准。

15 项目目标控制措施应针对目标需要进行制定，具体包括技术措施、经济措施、组织措施及合同措施等。

16 技术经济指标应根据项目的特点选定有代表性的指标，且应突出实施难点和对策，以满足分析评价和持续改进的需要。

4.3.5 每个项目的项目管理实施规划执行完成以后，都应当按照管理的策划、实施、检查、处置（PDCA）循环原理进行认真总结，形成文字资料，并同其他档案资料一并归档保存，为项目管理规划的持续改进积累管理资源。

5 项目管理组织

5.1 一般规定

5.1.1 项目管理组织泛指参与工程项目建设各方的项目管理组织，包括建设单位、设计单位、施工单位的项目管理组织，也包括工程总承包单位、代建单位、项目管理（PM）单位等参建方的项目管理组织。由于建设单位是工程项目建设的投资者与组织者，建设单位所确定的项目实施模式必然对参建各方的项目管理组织产生重大影响。

项目管理组织构架科学合理指的是组织构架与其履行的职责相适应、能顺畅的运行集约化的工作流程。具体包含两层含义：一是参建各方项目管理组织自身内部构架应科学合理；二是指同一工程项目参建各方所形成的项目团队的整体构架也应科学合理。

组织的目标和责任明确是高效工作的前提。项目管理组织管理工作人员的职业素质是高效工作的基础，而工作人员具备相应的从业、执业资格则是其职业素质的基本保证。

在项目实施全过程的各个不同阶段将有不相同的管理需求，因此项目管理组织可根据实际需要作适当调整，但这种调整应以不影响组织机构的稳定为前提。

5.1.2 项目管理组织的高效运行和工程项目的成功实施，有赖于参建各方围绕工程建设的共同目标相互和谐配合及顺畅流通。这里所指的参建单位包括建设单位、咨询单位、设计单位、监理单位、总承包单位、分包单位以及设备材料供应单位等。为此，各相关单位之间应在公正、公平的原则下通过有效的合同关系合理分解项目目标、分担项目责任、分享项目利益，并承担相应风险。作为工程项目的发起者、投资者和组织者——建设单位的项目组织应在参建各方的项目管理组织中发挥其核心作用。

5.1.3 组织管理层应分别站在组织和项目管理全局的角度对项目管理活动进行指导、监督、服务和管理。一方面履行组织职能、表达组织意图、规范项目管理行为；另一方面为项目经理部的正常运行提供技术、资源、政策、外协等的保障。

5.1.4 组织管理层的项目管理活动主要应从建立项目管理规章制度、严格制定计划、有效实施计划、为项目管理提供技术服务和管理服务的角度进行综合性的项目管理活动。

5.2 项目经理部

5.2.1 建设工程实施项目管理，均应在其组织结构中设置项目经理部，尤其是大、中型项目。

5.2.2 项目经理部由项目经理在组织职能部门的支持下组建，直属项目经理领导，主要承担和负责现场项目管理的日常工作，在项目实施过程中其管理行为应接受企业职能部门的监督和管理。

5.2.3 项目经理部应为一次性组织机构，其设立应严格按照组织管理制度和项目特点，随项目的开始而产生，随项目的完成而解体，在项目竣工验收后，即应对其职能进行弱化，并经经济审计后予以解体。

5.2.5 项目经理部的组织结构可繁可简，可大可小，其复杂程度和职能范围完全决定于组织管理体制、项目规模和人员素质。

5.3 项目团队建设

5.3.1 项目团队指项目经理及其领导下的项目经理部和各职能管理部门。项目团队建设的主体是加强组织成员的团队意识，树立团队精神，统一思想，步调一致，沟通顺畅，运作高效。

5.3.3 项目经理应是项目团队的核心，应起到示范和表率作用，通过自身的言行、素质调动广大成员的工作积极性和向心力，善于用人和激励进取。

5.3.4 项目团队建设的主要工作是进行沟通、加强教育，通过各种方式营造集体观念，激发个人潜能，形成积极向上、凝聚力强的项目管理组织。

6 项目经理责任制

6.1 一般规定

6.1.1 项目管理工作成功的关键是推行和实施项目经理责任制。项目完成后，对项目经理和项目管理工作评价的主要内容是依据项目管理目标责任书，因为它是确定项目经理和其领导成员职责、义务和项目管理目标的制度性文件。这就是项目管理区别于其他管理模式的显著特点。

6.1.2 项目管理目标责任书由法定代表或其授权人与项目经理签订。具体明确项目经理及其管理成员在项目实施过程中的职责、权限、利益与奖罚。是规范和约束组织与项目经理部各自行为，考核项目管理目标完成情况的重要依据，属内部合同。

6.1.3 组织要以项目经理责任制为核心，建立健全适应项目管理活动的各项制度。主要包括岗位责任制度、计划管理制度、质量安全保证制度、财务核算制度、效绩考核奖惩制度及内业管理制度等内容。

6.2 项 目 经 理

6.2.1 项目经理的责任和权力范围应依据法定代表人的委托和授权确定，但其管理工作应对项目全面负责，实施项目正常运行的全过程、全面管理。

6.2.4 为了确保项目的目标实现，应严格项目经理的管理投入，原则上一个项目经理在同一时期只承担一个项目的管理工作，即在一个项目主体没有完成之前不得参与其他项目的建设管理，更不能同时兼任其他项目的项目经理，只有在项目进入收尾阶段的后期，经组织法定代表人同意方可介入其他项目的管理工作。

6.2.5 为了确保项目实施的可持续性和项目经理责任、权力和利益的连贯性和可追溯性，应尽量保持项目经理工作的稳定，不得随意撤换，但在项目发生重大安全、质量事故或项目经理违法、违纪时，组织可撤换项目经理，而且必须进行效绩审计，并按合同规定报告有关合作单位。

6.3 项目管理目标责任书

6.3.1 项目管理目标责任书是法定代表人依据项目的合同、项目管理制度、项目管理规划大纲及组织的经营方针和目标要求明确规定项目经理部应达到的成本、质量、进度和安全等管理目标的文件，是非法律意义上的合同。因此，双方之间的关系是组织内部的上、下级关系，而不是平等的双方之间的合同法律主体关系。

6.3.3 项目管理目标责任书重点是明确项目经理工作内容，其核心是为了完成项目管理目标，是组织考核项目经理和项目经理部成员业绩的标准和依据。

6.4 项目经理的责、权、利

6.4.2 组织对项目经理授权应根据项目管理的需要、项目的地域与环境以及项目经理的综合素质与管理能力，实行有限授权。

6.4.3 组织应确立和维护项目经理的地位及正当权益，应采取各种形式对项目经理予以表彰、奖励。对未完成责任书要求或有违规、违纪行为应给予严格的处罚，做到赏罚分明，以最大限度调动项目经理积极性为原则，确保其各项利益。

7 项目合同管理

7.1 一 般 规 定

7.1.1 组织应建立合同管理制度，并设立专门机构，对于工程量较小的项目组织也应设立专职人员，才能保证合同管理的正常开展。

7.1.2 合同管理包括合同订立、履行、变更、索赔、解除、终止、争议解决以及控制和综合评价等内容，并应遵守《中华人民共和国合同法》和《中华人民共和国建筑法》的有关规定。《中华人民共和国合同法》是民法的重要组成部分，是市场经济的基本法律制度。《中华人民共和国建筑法》是我国工程建设的专用法律，其颁布实施，对加强建筑活动的监督管理、维护建筑市场秩序和合同当事人的合法权益、保证建设工程质量和安全，提供了明确的目标和法律保障。

7.1.3 承包人应在对发包人提出承诺前进行合同评审。合同评审是一个从与发包人开始接触后就发生的过程。

7.2 项目合同评审

7.2.1 承包人的合同评审主要是对合同的条款是否表达明确，发包人与承包人之间的有关合同的不同意见是否已解决，承包人是否有能力按合同条件完成全部工程内容等问题进行评审。

7.2.2 合同评审既包括合同的合法性与条款的完备性等审查，又包括对于产品（或过程）的要求的审查。在质量管理体系中要求对合同规定的产品要求进行审查，因此在本条款中加入了与产品（或过程）有关要求的评审。

7.2.3 强调承包人应以书面的方式确定双方达成的协议，承包人应有能力完成合同的全部要求。

7.3 项目合同实施计划

7.3.1 编制合同实施计划是保证合同得以实施的重要手段。合同实施计划应由有关部门和人员编制，并经管理层批准。实施计划的内容应包括对分包的合同管理。

7.3.2 合同实施保证体系是全部管理体系的一部分。由于合同管理体系与其他管理体系存在着密切联系，协调合同管理体系与其他体系的关系是一个重要的问题。应当建立合同文件的沟通方式以及有关统一编码和有关合同的档案系统管理。合同的实施管理还包括所签订的分包合同以及自行完成的工程内容应能涵盖所有主合同的全部内容，既不遗漏，也不重复。

7.3.3 由于合同实施计划的复杂性，组织应根据自身条件和项目实际情况制定必要的合同实施工作程序并规定其内容。

7.4 项目合同实施控制

7.4.1 合同的实施控制包括自合同签订后至合同终止的全部合同管理内容。

7.4.2 合同交底应由合同谈判人员负责进行。目前也有项目经理与合同管理人员共同参加合同谈判的方式，但由于项目经理与合同谈判人员的工作性质不同，项目经理参加谈判，也不能代替合同谈判人员的合同交底步骤。合同交底应以书面和口头方式进行。

7.4.3 强调了在合同实施控制时管理层和有关部门的作用，管理层和其他部门应进行监督、指导和协调，并协助项目经理部做好合同实施工作。

7.4.4 合同实施阶段的首要工作是跟踪和诊断。跟踪和诊断必须以实际情况为依据，要建立合同实施的信息体系。确保有关合同的实施信息及时反馈，并且真实可靠。项目经理部和组织的管理层及有关部门均须对合同实施情况进行定期分析，发现问题应在相应的职权范围内采取措施解决，并需检查措施的有效性。

7.4.5 合同变更是指合同成立以后至履行完毕之前由双方当事人依法对原合同内容所进行的修改和补充。合同变更应严格按合同规定的程序进行，并及时与有关部门或单位沟通。

7.4.6 索赔是国际工程承包中经常发生的正常经营现象，是订立合同的双方各自享有的正当权利。各方都应对合同进行分析，将有关索赔的职责和工作分解落实到部门。特别是有关索赔的证据和有时间要求的报告工作，要加强管理。

7.4.7 反索赔工作也应在合同订立后，对合同进行分析，并在合同实施期间收集资料、证据，并采取积极、稳妥的措施，加强合同实施管理，防止反索赔的发生。

7.5 项目合同终止和评价

7.5.1 由于合同的重要性和复杂性，对于合同履行过程中的经验教训的总结就更为重要，组织管理层应抓好合同的综合评价工作，将项目个体的经验教训变成组织财富。

7.5.2 由于项目的惟一性，合同的总结报告应根据实际情况编写。组织管理层应针对项目的总结报告提出要求。

8 项目采购管理

8.1 一 般 规 定

8.1.1 组织设置采购部门的关键是采购要求的管理职责应得到有效实施。部门设置的具体形式可以灵活安排。

8.1.2 编制采购文件应明确：采购产品的品种、规格、等级和数量；有部件编号及标识；采购的技术标准和专业标准；有毒有害产品说明；有特殊采购要求的图纸、检验规程的名称及版本；技术协议、检验原则和质量要求；代码、标准要求的文件。

8.1.3 应加强合格供应单位的选择与管理，按照采购产品的要求，组织对产品供应单位的评价、选择和管理。对供应单位的调查应包括：营业执照、管理体系认证、产品认证、产品加工制造能力、检验能力、技术力量、履约能力、售后服务、经营业绩等。企业的安全、质量、技术和财务管理等部门应参与调查与评价工作。

采购的产品必须按规定进行验证，禁止不合格产品使用到工程项目中。应按采购合同、采购文件及有关标准规范进行验收、移交，并办理完备的交验手续。应根据采购合同检查交付的产品和质量证明资料，填写产品交验记录。

应严格采购不合格品的控制工作。采购不合格品是指采购产品在验收、施工、试车和保质期内发现的不合格品。发现不合格品时，必须对其进行记录和标识。并按合同和相关技术标准区分不同情况，采用返工、返修、让步接收、降级使用、拒收等方式进行处置。

8.1.4 应加强项目采购管理资料和产品质量见证资料的管理。产品质量见证资料应包括装箱清单、说明书、合格证、质量检验证明、检验试验报告、试车记录等。产品质量证明资料必须真实、有效、完整且具有可追溯性。经验证合格后方可作为产品入库验收和使用的依据，并妥善登记保管。剩余的产品退库时，应附有原产品的合格证或质保资料。完成采购过程，应分析、总结项目采购管理工作，编制项目采购报告，并将采购产品的资料归档保存。

8.1.5 应加强采购合同的管理工作，采购合同的签订应符合合同的有关规定。双方的权利、义务以及合同执行过程中的补充、修改、索赔和终止等事宜的规定应明确具体。产品采购合同应规定采购产品的具体内容和要求、质量保证和验证方法。对产品涉及的知识产权和保密信息，应严格执行双方签订的合同或协议。采购谈判会议纪要及双方书面确认的事项应作为采购合同附件或直接纳入采购合同。

8.2 项目采购计划

8.2.1 采购计划应依据项目合同、项目管理实施规划、采购管理制度、设计文件和备料计划组织编制。产品的采购应按计划实施，在品种、规格、数量、交货时间和地点等方面均应与项目计划相一致，以满足项目需要。

8.3 项目采购控制

8.3.1 为实现项目采购目标，全面满足项目需求，应对项目采购过程进行有效控制。可依据项目合同和项目设计文件，采用公开招标、邀请招标、询价、协商等方式进行产品采购，满足采购质量和进度要求，降低项目采购成本。

8.3.2 采购询价文件应包括技术文件和商务文件。技术文件包括供货范围、技术要求和说明、工程标准、图纸、数据表、检验要求以及供货厂家提供文件的要求等。商务文件包括报价须知、采购合同基本条款和询价书等。

应对采购报价进行技术和商务评审，并做出明确的结论。技术报价主要评审设备和材料的规格、性能是否满足规定的技术要求，报价技术文件是否齐全并满足要求。商务报价主要评审价格、交货期、交货地点和方式、保质期、货款支付方式和条件、检验、包装运输是否满足规定的要求等。

8.3.3 特种设备、材料、制造周期长的大型设备等可采取直接到供应单位验证的方式。有特殊要求的设备和材料可委托具有检验资格的机构进行第三方检验。

8.3.5 产品检验时使用的检验器具应满足检验精度和检验项目的要求，并在有效期内，涉及的标准规范应齐全有效。检验抽验频次、代表批量和检验项目必须符合规定要求。产品的取样必须有代表性，且按规定的部位、数量及采选的操作要求进行。

8.3.6 进口产品其性能必须不低于国家强制执行的技术标准。应按国家规定和国际惯例办理报关、商检及保险等手续。并按照国家建设项目进口设备材料检验大纲相关规定编制检验细则，做好运输、保管和检验工作。

现场开箱验收应根据采购合同和装箱单，开箱检查采购产品的外观质量、型号、数量、随机资料和质量证明等，并填写检验记录表。符合条件的采购产品，应办理入库手续后妥善保管。

8.3.7 应加强产品采购过程的安全环境管理。优先选择已获得质量、安全、环境管理体系认证的合格供应人。采购产品验证、运输、移交、保管的过程中，应按照职业健康安全和环境管理要求，避免和消除产品对安全、环境造成影响。

产品应按规定安全、及时、准确地运至仓库或项目现场。危险品按国家有关规定办理运输手续，并有可靠的安全防范措施。精密仪器运输应按产品说明采取防压防振措施。大件产品运输应对预定通过的路线和可能出现的问题进行实地调查，选定安全经济的运输方式和运输路线。

应控制有毒、有害产品的一次进货数量，防止有毒、有害产品的散落。

保管产品的仓库应设在安全、干燥、通风、易排水、便于车辆通行的地方，并配有足够的消防设施。产品的保管应有明确的标识，并按其特性采取相应措施，贮存化学、易燃、易爆、有毒有害等特殊产品时应采取必要的安全防护措施。

9 项目进度管理

9.1 一 般 规 定

9.1.1 项目进度管理制度是企业管理体系的一部分，以工程管理部门为主管部门，物资管理部门、人力资源管理部门及其他相应业务部门为相关部门，通过任务分工表和职能分工表明确各自的职责。

9.1.2 进度管理目标的制定应在项目分解的基础上确定。包括项目进度总目标、分阶段目标，也可根据需要确定年、季、月、旬（周）目标，里程碑事件目标等。里程碑事件目标指关键工作的开始时刻或完成时刻。

9.2 项目进度计划编制

9.2.2 各种控制性进度计划依次细化且被上层计划所控制，控制性进度计划的作用是对进度目标进行论证、分解，确定里程碑事件进度目标，作为编制实施性进度计划和其他各种计划以及动态控制的依据。

9.2.3 作业性进度计划是作业实施的依据，其作用是确定具体的作业安排和相应对象或时段的资源需求。

9.2.4 各类进度计划以进度计划表为中心内容。

9.2.5 编制进度计划应严格程序，确保进度计划的总体质量。

9.2.6 编制进度计划应选择适用的方法。作业性进度计划必须采用网络计划或横道计划等方法，以便于合理利用时间、空间并可有效节约时间。为了提高管理效率，需利用计算机进行数据处理和管理。

9.3 项目进度计划实施

9.3.1 进度计划交底是指向执行者说明计划确定的执行责任、时间要求、配合要求、资源条件、环境条件、检查要求和考核要求等。

9.3.2 进度计划执行者包括组织和个人。执行者应制定实施措施并落实。

9.3.3 实施进度计划的核心是进度计划的动态跟踪控制。

9.4 项目进度计划的检查与调整

9.4.1 进度计划的实施结果包括：实际进度图、表、情况说明与统计数据等相关证据。

9.4.2 进度计划的定期检查包括规定的年、季、月、旬、周、日检查；不定期检查指根据需要由检查人（或组织）确定的专题（项）检查。

9.4.3 进度计划的检查内容除规范规定以外，还可以根据需要由检查者确定其他检查内容。

9.4.4 进度报告可以单独编制，也可以根据需要与质量、成本、安全和其他报告合并编制，提出综合进展报告。

9.4.5 进度计划的调整是在原进度计划目标已经失去作用或难以实现时方才进行的。其内容应根据项目的实际情况具体确定。

10 项目质量管理

10.1 一般规定

10.1.1 建立质量管理体系应与目前国际质量管理标准趋势相一致，但并不排斥规范所指以外的其他优秀模式或质量管理方式。施工组织设计与质量计划是互为补充、相辅相成的。实施时也可以二者合二为一。

10.1.2 质量管理应按照PDCA的循环过程原理，持续改进，并需要从增值的角度考虑过程。

10.1.3 质量管理应满足明示的、通常隐含的或必须履行的需求或期望。包括达到发包人及其他相关方满意以及技术标准和产品的质量要求。其他相关方可能是用户、业主等。

10.1.4 质量控制是指致力于满足质量要求的活动，是质量管理的一部分。

10.2 项目质量策划

10.2.1 质量策划是指制定质量目标并规定必要的过程和相关资源，以实现质量目标。对于项目所规定的质量管理体系的过程和资源文件，即为质量计划。质量计划应充分考虑与施工组织设计、施工方案等项文件的协调与匹配要求。质量计划可以作为项目实施规划的一部分，或单独成文。

10.2.2 组织应策划实施项目所需的过程，实施项目所需的过程应与组织的质量管理体系中其他过程的要求相一致。

10.2.3 质量策划应根据发包人、组织及其他相关方的要求进行，也应与组织的质量管理体系文件相一致。本条款所指的必要的记录包括为实现过程及其产品满足要求提供证据所需的记录。

10.3 项目质量控制与处置

10.3.1 质量控制是一个动态的过程，应根据实际情况的变化，采取适当的措施。

10.3.2 质量控制应注意有关过程的接口，例如设计与施工的接口、施工总承包与分包的接口及施工与试运行的接口等。

10.3.3 质量控制必须建立在真实可靠的数据基础上，包括采用适当的统计技术。数据信息也包括发包人及其他相关方对是否满足其要求的感受信息。为了及时获得信息，应当确定获得和利用数据信息的方法。

组织应比较和分析所获取的数据，比较、分析既包括对产品要求的比较分析，也包括对质量管理体系适宜性和有效性的证实。

分析的结果应提出有关发包人及其他相关方满意以及与产品要求是否符合的评价、项目实施过程的特性和趋势、采取预防措施的机会以及有关供方（分包、供货方等）的信息。并基于以上分析结果，提出对不合格的处置和有关的预防措施。

10.3.8 质量保证是指致力于提供质量要求会得到满足的信任活动，是质量管理的一部分。质量保证措施是实现这种信任的手段。

10.3.9 组织应规定处置不合格的有关职责和权限，处置不合格应根据国家的有关规定进行，并保持纪录，在得到纠正后还需再次进行验证，以证明符合要求。当在交付后发现不合格，组织应采取消除影响的适当措施。

10.4 项目质量改进

10.4.1 项目经理部是质量控制的主要实施者，项目经理部按组织的定期编写质量报告，提出持续改进的措施，将有助于管理层了解项目经理部的质量工作，也能促进项目经理部的质量管理工作。组织可采取质量方针、目标、审核结果、数据分析、纠正预防措施以及管理评审等持续改进质量管理的有效性。质量报告的方式可由组织自行确定。

10.4.2 管理评审是组织的管理层进行质量管理的重要手段。管理评审应以有关方面的信息为输入，进行对质量管理体系的评审，提出有关质量管理体系、产品和资源需求改进的决定和措施。

11 项目职业健康安全管理

11.1 一般规定

11.1.1 组织应建立职业健康安全体系，并遵循《建设工程安全生产管理条例》和《GB/T 28000 职业健康安全管理体系》等标准体系，建立职业健康安全方针、策划实施和运行、检查和纠正措施、管理评审以及持续改进等模式。项目经理是现场职业健康安全的管理负责人。由于安全工作的专业性，各级安全管理人员应通过相应的资格考试，持证上岗。

组织应考虑有关社会责任的要求，以确保员工的基本权利得到保障。

11.1.2 组织的职业健康安全风险是职业健康安全管理的核心。应围绕风险预防的要求建立相应的管理体系和专门措施。职业健康安全技术措施计划应根据项目特点制定，包括项目的职业健康安全目标、管理机构、培训、实施和运行控制、应急准备和响应、检查和纠正措施、事故处理等达到持续改进的目的。项目经理部可根据需要建立适应项目职业健康安全管理的有关制度，并报管理层批准。

在紧急情况的响应过程中，要注意防止因处理不当而导致的二次伤害。

11.1.4 当现场所在地政府或有关部门对意外伤害保险的作业人员有其他要求时，应按当地的要求执行。

11.1.5 项目的职业健康安全管理也应实施PDCA的循环原则。

11.2 项目职业健康安全技术措施计划

11.2.1 职业健康安全技术措施计划的输出形式应符合组织的实际情况。

11.2.2 进行工作分类是为了确定职业健康安全管理体系的实施范围，组织不宜把总体运行所需要的或可能影响员工和其他相关方的职业健康安全的某一运行活动遗漏或排除在外。

应建立有关程序并保持其持续运行，根据工作范围和特点进行危险源辨识、风险评价和实施必要的控制措施。

11.2.3 项目职业健康安全措施计划的内容可根据项目运行实际情况增减，本条款所列仅是基本的要求。职业健康安全措施计划的策划应考虑与项目人员能力相适宜的要求，包括人体功效学的要求，以便从根本上降低安全风险。

11.3 项目职业健康安全技术措施计划的实施

11.3.1 三级教育的内容应有分工。公司主要针对国家和地方有关安全生产的方针、政策、法规、标准、规范、规程和组织的安全规章制度等进行教育；项目经理部主要针对现场的安全制度、现场环境、工程的施工特点及可能存在的不安全因素等进行教育；施工作业队主要针对本工种的安全操作规程、岗位工作特点、事故案例剖析、劳动纪律和岗位讲评等进行教育。教育应考核效果，要求达到提高员工职业健康安全意识、增强自我保护能力的作用。

11.3.3 职业健康安全技术交底应包括项目的施工特点和危险点、针对性预防措施、应注意的安全事项、相应的操作规程和作业标准以及发生事故采取的避难和应急措施等内容。

11.3.4 组织管理层和项目经理部都应有计划、有组织地对项目进行定期的职业健康安全检查。安全检查应包括安全生产责任制、安全组织机构、安全保证措施、安全技术交底、安全教育、持证上岗、安全设施、安全标识、操作行为、应急准备和响应、违章管理和安全记录等内容。检查的目的是根据现场情况分析不安全行为与隐患存在的部位和危险程度，验证计划的实施效果。

11.3.5 职业健康安全检查采用的各种方法其目的是为了达到全面、详尽的检查，防止死角。职业健康安全检查的结果应作为组织管理评审的依据。

11.3.6 组织应根据现场风险情况，识别有关其他承包人或供应人的危险源，制定控制措施并及时通报有关的相关方。

11.4 项目职业健康安全隐患和事故处理

11.4.1 检查中所发现的违章指挥和作业行为以及隐患均应及时处理，对于所有拟定的纠正预防措施，在实施前必须先通过风险评价进行评审。并要确认所采取的纠正和预防措施的有效性。

11.4.2 职业健康安全事故的处理应符合国家和地方的有关法律法规以及有关规章制度的要求。在调查职业健康安全事故时，应充分分析各种原因及其影响。要注意安排员工代表参加，充分了解员工及其他相关方的意见。应根据调查的结果确定措施，使其与问题的严重性和风险相一致。

11.4.3 在处理职业健康安全事故时，应及时抢救伤员，详细排查险情，有效地防止事故蔓延扩大，防止二次事故，并做好现场的标识和保护工作。

11.5 项目消防保安

11.5.1 建立消防保安管理体系是现场的重要工作，消防保安管理制度应当根据国家和当地的法律法规以及项目的实际情况制定。施工现场必须有适合现场情况的应急准备和响应程序，主要包括处理紧急情况的最适当方法、对实施应急响应人员的培训和应急组织及外部联系方法等。

11.5.2 各种消防设施的配备和应急准备措施应符合国家和当地执法部门的规定。

11.5.6 可采用磁卡严格现场人员的进出管理。要求现场人员以磁卡记录姓名、单位等数据，人员进退场时通过计算机刷卡能准确掌握现场的人员，对于安全管理有较大的作用。

12 项目环境管理

12.1 一 般 规 定

12.1.3 确定环境管理目标应进行环境因素识别，确定重要环境因素。根据法律法规和组织自行确定的要求设立目标和指标以实现环境方针的承诺，并达到组织的其他目的。目标和指标应当进行分解，落实到现场的各个参与单位，一般采用分区划块负责的方法。

项目经理部应定期组织检查，及时解决发现的问题，做到环境绩效的持续改进。

12.1.4 项目的环境管理要与组织的环境管理体系一致，应制定适当的方案。该方案要与环境的影响程度相适应。当现场环境管理体系中的过程、活动、产品发生变化时，应当对目标、指标和相关的方案进行必要的调整。

12.1.6 应识别紧急情况，制定环境事故的应急准备和响应预案，并预防可能的二次和多次污染。

12.1.8 项目经理部应进行节约能源的宣传、教育和检查。有条件时对现场使用节能设施，对使用能源的单位规定指标，对水、电或其他能源以及原材料消耗进行定量的监测。

12.2 项目文明施工

12.2.1 文明施工是环境管理的一部分，鉴于施工现场的特殊性和国家有关部门以及各地对建筑业文明施工的重视，另行列出有关的要求。由于各地对施工现场文明施工的要求不尽一致，项目经理部在进行文明施工管理时应按照当地的要求进行。文明施工管理应与当地的社区文化、民族特点及风土人情有机结合，树立项目管理良好的社会影响。

12.3 项目现场管理

12.3.7 项目经理部进行所负责区域的施工平面图的规划、设计、布置、使用和管理时，应与项目管理实施规划的结果相一致，并将实施与作业活动有机的协调运作，确保现场管理的目标得以实现。

13 项目成本管理

13.1 一 般 规 定

13.1.1 根据建筑产品成本运行规律，成本管理责任体系应包括组织管理层和项目经理部。组织管理层的成本管理除生产成本以外，还包括经营管理费用；项目管理层应对生产成本进行管理。组织管理层贯穿于项目投标、实施和结算过程，体现效益中心的管理职能；项目管理层则着眼于执行组织确定的项目成本管理目标，发挥现场生产成本控制中心的管理职能。

13.1.2 项目成本管理应按照成本管理的理论与方法，应用成本计划、控制、核算、分析和考核等科学管理的方法和手段，开展项目全过程的成本管理活动。

13.1.3 项目成本管理应从工程投标报价开始，直至项目竣工结算完成为止，贯穿于项目实施的全过程。成本作为项目管理的一个关键性目标，包括责任成本目标和计划成本目标，它们的性质和作用不同。前者反映组织对项目成本目标的要求，后者是前者的具体化，把项目成本在组织管理层和项目经理部的运行有机地连接起来。

13.2 项目成本计划

13.2.1 对项目成本计划的编制依据提出具体要求，目的在于强调项目成本计划必须反映以下要求：

1 合同规定的项目质量和工期要求。

2 组织对项目成本管理目标的要求。

3 以经济合理的项目实施方案为基础的要求。

4 有关定额及市场价格的要求。

5 类似项目提供的启示。

13.2.2 成本计划的具体内容如下：

1 编制说明。指对工程的范围、投标竞争过程及合同条件、承包人对项目经理提出的责任成本目标、项目成本计划编制的指导思想和依据等的具体说明。

2 项目成本计划的指标。

项目成本计划的指标应经过科学的分析预测确定，可以采用对比法，因素分析法等进行测定。

3 按工程量清单列出的单位工程计划成本汇总表，见表1。

表 1 单位工程计划成本汇总表

	清单项目编码	清单项目名称	合同价格	计划成本
1				
2				
……				

4 按成本性质划分的单位工程成本汇总表，根据清单项目的造价分析，分别对人工费、材料费、机械费、措施费、企业管理费和税费进行汇总，形成单位工程成本计划表。

5 项目计划成本应在项目实施方案确定和不断优化的前提下进行编制，因为不同的实施方案将导致直接工程费、措施费和企业管理费的差异。成本计划的编制是项目成本预控的重要手段。因此，应在工程开工前编制完成，以便将计划成本目标分解落实，为各项成本的执行提供明确的目标、控制手段和管理措施。

13.3 项目成本控制

13.3.1 合同文件和成本计划是成本控制的目标，进度报告和工程变更与索赔资料是成本控制过程中的动态资料。

13.3.2 成本控制的程序体现了动态跟踪控制的原理。成本控制报告可单独编制，也可以根据需要与进度、质量、安全和其他进展报告结合，提出综合进展报告。

13.3.3 成本控制的方法很多，其中价值工程和赢得值法是较为有效的方法。用价值工程控制成本的核心目的是合理处理成本与功能的关系，应保证在确保功能的前提下的成本降低。成本控制应满足下列要求：

1 要按照计划成本目标值来控制生产要素的采购价格，并认真做好材料、设备进场数量和质量的检查、验收与保管。

2 要控制生产要素的利用效率和消耗定额，如任务单管理、限额领料、验工报告审核等。同时要做好不可预见成本风险的分析和预控，包括编制相应的应急措施等。

3 控制影响效率和消耗量的其他因素（如工程变更等）所引起的成本增加。

4 把项目成本管理责任制度与对项目管理者的激励机制结合起来，以增强管理人员的成本意识和控制能力。

5 承包人必须有一套健全的项目财务管理制度，按规定的权限和程序对项目资金的使用和费用的结算支付进行审核、审批，使其成为项目成本控制的一个重要手段。

13.4 项目成本核算

13.4.1 项目成本核算制是明确项目成本核算的原则、范围、程序、方法、内容、责任及要求的制度。项目管理必须实行项目成本核算制，和项目经理责任制等共同构成了项目管理的运行机制。组织管理层与项目管理层的经济关系、管理责任关系、管理权限关系，以及项目管理组织所承担的责任成本核算的范围、核算业务流程和要求等，都应以制度的形式作出明确的规定。

13.4.2 项目经理部要建立一系列项目业务核算台账和施工成本会计账户，实施全过程的成本核算，具体可分为定期的成本核算和竣工工程成本核算，如：每天、每周、每月的成本核算。定期的成本核算是竣工工程全面成本核算的基础。

13.4.3 形象进度、产值统计、实际成本归集三同步，即三者的取值范围应是一致的。形象进度表达的工程量、统计施工产值的工程量和实际成本归集所依据的工程量均应是相同的数值。

13.4.4 建立以单位工程为对象的项目生产成本核算体系，是因为单位工程是施工企业的最终产品（成品），可独立考核。

对竣工工程的成本核算，应区分为竣工工程现场成本和竣工工程完全成本，分别由项目经理部和企业财务部门进行核算分析，其目的在于分别考核项目管理绩效和企业经营效益。

13.5 项目成本分析与考核

13.5.1 成本考核制度包括考核的目的、时间、范围、对象、方式、依据、指标、组织领导、评价与奖惩原则等内容。

13.5.2 成本分析必须依据各种核算资料，它实际是成本核算的继续。

13.5.3 成本分析的方法可以单独使用，也可结合使用。尤其是在进行成本综合分析时，必须使用基本方法。为了更好地说明成本升降的具体原因，必须依据定量分析的结果进行定性分析。

成本偏差分为局部成本偏差和累计成本偏差。局部成本偏差包括项目的月度（或周、天等）核算成本偏差、专业核算成本偏差以及分部分项作业成本偏差等；累计成本偏差是指已完工程在某一时间点上实际总成本与相应的计划总成本的差异。对成本偏差的原因分析，应采取定量和定性相结合的方法。

13.5.4 以项目成本降低额和项目成本降低率作为成本考核的主要指标，要加强组织管理层对项目管理部的指导，并充分依靠技术人员、管理人员和作业人员的经验和智慧，防止项目管理在企业内部异化为靠少数人承担风险的以包代管模式。成本考核也可分别考核组织管理层和项目经理部。

13.5.5 项目管理组织对项目经理部进行考核与奖惩时，既要防止虚赢实亏，也要避免实际成本归集差错等的影响，使项目成本考核真正做到公平、公正、公开，在此基础上兑现项目成本管理责任制的奖惩或激励措施。

14 项目资源管理

14.1 一 般 规 定

14.1.1 建立和完善项目资源管理体系的目的就是节约资源。通过项目资源管理体系的建立和运行可以实现：

1 对资源进行适时、适量的优化配置，按比例配置资源并投入到施工生产中，以满足需要；

2 进行资源的优化组合，即投入项目的各种资源搭配适当、协调，使之更有效地形成生产力；

3 在项目运行过程中，对资源进行动态管理；

4 在岗人力资源的个体意识，包括：他们对工作活动中实际的或潜在的重大影响以及个人工作的改进所带来的综合效益的认知程度。

5 在项目运行中，合理地节约使用资源。

14.1.3 项目的资源配置包括资源的合理选择、供应和使用。项目的资源配置既包括市场资源，也包括内部资源。无论什么性质的资源，都应遵循资源配置的自身经济规律和价值规律，以便于更好地发挥资源的效能，降低工程成本。因此，组织要建立适应市场经济要求的资源配置制度和管理机制，其中最重要的就是做好资源的计划工作，并对其进行经济核算和责任考核。

14.1.4 项目资源管理应按程序实现资源的优化配置和动态控制，其目的都是为了降低项目成本。前者是资源管理目标的计划预控，通过项目管理实施规划和施工组织设计予以实现；后者是资源管理目标的过程控制，包括对资源利用率和使用效率的监督、闲置资源的清退、资源随项目实施任务的增减变化及时调度等，通过管理活动予以实现。

14.2 项目资源管理计划

14.2.2 资源管理计划应按照施工预算、现场条件和项目管理实施规划编制，其主要依据是：

1 项目目标分析。通过对项目目标的分析，把项目的总体目标分解为各个具体的子目标，以便于了解项目所需资源的总体情况。

2 工作分解结构。工作分解结构确定了完成项目目标所必须进行的各项具体活动，根据工作分解结构的结果可以估算出完成各项活动所需的资源的数量、质量和具体要求等信息。

3 项目进度计划。项目进度计划提供了项目的各项活动何时需要相应的资源以及占用这些资源的时间，据此，可以合理地配置项目所需的资源。

4 制约因素。在进行资源计划时，应充分考虑各类制约因素，如项目的组织结构、资源供应条件等。

5 历史资料。资源计划可以借鉴类似项目的成功经验，以便于项目资源计划的顺利完成，既可节约时间又可降低风险。

14.2.3 项目经理部应根据项目进度计划和作业特点优化配置人力资源，制定人力需求计划，报企业人力资源管理部门批准，企业人力资源管理部门与劳务分包公司签订劳务分包合同。远离企业本部的项目经理部，可在企业法定代表人授权下与劳务分包公司签订劳务分包合同。

项目人力资源的高效率使用，关键在于制定合理的人力资源使用计划。管理部门应审核项目经理部的进度计划和人力资源需求计划，并做好以下工作：

1 在人力资源需求计划的基础上编制工种需求计划，防止漏配。必要时根据实际情况对人力资源计划进行调整。

2 人力资源配置应贯彻节约原则，尽量使用自有资源。

3 人力资源配置应有弹性，让班组有超额完成指标的可能，激发工人的劳动积极性。

4 尽量使项目使用的人力资源在组织上保持稳定，防止频繁变动。

5 为保证作业需要，工种组合、能力搭配应适当。

6 应使人力资源均衡配置以便于管理，达到节约的目的。

项目所使用的人力资源无论是来自企业内部，还是企业外部，均应通过劳务分包合同进行管理。

14.2.4 项目材料管理的目的是贯彻节约原则，降低项目成本。由于材料费用所占比重较大，因此，加强材料管理是提高企业经济效益的最主要途径。材料管理的关键环节在于材料管理计划的制定。

项目经理部材料管理的主要任务应集中于提出需用量，控制材料使用，加强现场管理，完善材料节约措施，组织材料的结算和回收。

14.2.5 项目经理部应编制机械设备使用计划并报企业审批。对进场的机械设备必须进行安装验收，并做到资料齐全准确。在使用中应做好维护和管理。项目所需机械设备可采用调配、租赁和购买等供应方式。

14.2.6 项目经理部应在技术管理部门的指导和参与下建立技术管理体系，具体工作包括：技术管理岗位与职责的明确、技术管理制度的制定、技术组织措施的制定和实施、施工组织设计编制及实施、技术资料和技术信息管理。

14.3 项目资源管理控制

14.3.2 人力资源管理控制应包括下列内容：

1 根据项目需求确定人力资源性质、数量、标准。

2 与人力资源供应单位（或部门）订立不同层次的劳务分包合同。

3 对拟使用的人力资源进行岗前教育和业务培训。

4 根据项目实施进度及时对人力资源的使用情况进行考核评价。

14.3.3 材料管理控制应包括下列内容：

1 按计划保质、保量、及时供应材料的效果评价。

2 应加强材料需要量计划的管理，包括材料需要量总计划、年计划、季计划、月计划、日计划等的制定和实施。

3 材料仓库的选址应有利于材料的进出和存放，符合防火、防雨、防盗、防风、防变质的要求。

4 进场的材料应进行数量验收和质量认证，做好相应的验收记录和标识。不合格的材料应根据实际情况更换、退货或让步接收（降级使用），严禁使用不合格的材料。

5 材料计量设备必须经具有资格的机构定期检验；确保计量所需要的精确度。检验不合格的设备不允许使用。

6 进入现场的材料应有生产厂家的材质证明（包括厂名、品种、出厂日期、出厂编号、试验数据）和出厂合格证。要求复检的材料要有取样送检证明报告。新材料未经试验鉴定，不得用于项目中。现场配制的材料应经试配，使用前应经认证。

7 材料储存应满足下列要求：

1）入库的材料应按型号、品种分区堆放，并分别编号、标识。

2）易燃易爆的材料应专门存放、专人负责保管，并有严格的防火、防爆措施。

3）有防湿、防潮要求的材料，应采取防湿、防潮措施，并做好标识。

4）有保质期的库存材料应定期检查，防止过期，并做好标识。

5）易损坏的材料应保护好外包装，防止损坏。

8 应建立材料使用限额领料制度。超限额的用料，用料前应办理手续，填写领料单，注明超耗原因，经项目经理部材料管理人员审批。

9 建立材料使用台账，记录使用和节超状况。

10 材料管理人员应对材料使用情况进行监督，做到工完、料净、场清；建立监督记录，对存在的问题应及时分析和处理。

11 应加强剩余材料的回收管理。设施用料、包装物及容器应回收，并建立回收台账。

12 制定周转材料保管、使用制度。

14.3.4 组织应采取技术、经济、组织、合同措施保证机械设备的合理使用，加强管理，提高机械设备的使用效率，做到用养结合，降低项目的机械使用成本。

14.3.5 组织的各项技术工作应严格按照组织技术管理制度执行。技术管理基础工作包括：实行技术责任制，执行技术标准与规程，制定技术管理制度，开展科学研究，强化技术文件管理，技术管理控制工作应加强技术计划地制定和过程验证管理。

施工过程的技术管理工作包括：施工工艺管理、材料试验与检验、计量工具与设备的技术核定、质量检查与验收、技术处理等。

技术开发管理工作包括：新技术、新工艺、新材料、新设备的采用，提出合理化建议，技术攻关等。

14.4 项目资源管理考核

14.4.2 人力资源管理工作主要加强人力资源的教育培训和思想管理；加强对人力资源业务质量和效率的检查。

14.4.4 机械设备操作人员应持证上岗、实行岗位责任制，严格按照操作规范作业，搞好班组核算，加强考核和激励。

15 项目信息管理

15.1 一 般 规 定

15.1.1 建立信息管理体系的目的是为了及时、准确、安全地获得项目所需要的信息。进行项目管理体系设计时，应同时考虑项目组织和项目启动的需要，包括信息的准备、收集、标识、分类、分发、编目、更新、归档和检索等。未经验证的口头信息不能作为项目管理中的有效信息。

15.1.2 为了使用前核查信息的有效性和针对性，信息应包括事件发生时的条件。信息的成本指收集、获得及使用信息的成本；信息的收益指使用信息带来的收益或减少的损失。

15.1.3 项目信息管理应随工程的进展，按照项目信息管理的要求，及时整理、录入项目信息。信息资料要真实、准确、快捷，所收到的项目信息应经项目经理部有关负责人审核签字后，方可录入计算机信息系统，以确保信息的真实性。

15.1.5 在项目经理部中，可以在各部门中设信息管理员或兼职信息管理员，也可以在项目部中单设信息管理员或信息管理部门。项目信息管理员必须经有资质的培训单位培训并考核合格。

15.2 项目信息管理计划与实施

15.2.1 项目信息管理计划是项目管理实施规划的内容之一。

15.2.2 信息编码是信息管理计划的重要内容。

信息编码的方法主要有：

1 顺序编码：是一种按对象出现顺序进行排列的编码方法。

2 分组编码：是在顺序编码的基础上发展起来的，先将信息进行分组，然后对每组内的信息进行顺序编码。

3 十进制编码法：是先把编码对象分成若干大类，编以若干位十进制代码，然后将每一大类再分成若干小类，编以若干位十进制码，一次下去，直至不再分类为止。

4 缩写编码法：是把人们惯用的缩写字母直接用作代码。

信息分类编目的原则：

1 惟一确定性，每一个代码仅表示惟一的实体属性或状态。

2 可扩充性与稳定性。

3 标准化与通用性。

4 逻辑性与直观性。

5 精练性。

15.2.3 项目信息管理的目的是为预测未来和正确决策提供科学依据，信息需求分析也应以此为依据。

对信息进行分类的目的是便于信息的管理，其分类可以从多个角度进行：

1 按信息来源划分：投资控制信息、进度控制信息、合同管理信息。

2 按信息稳定性划分：固定信息、流动信息。

3　按信息层次划分：战略性信息、管理性信息、业务性信息。

4　按信息性质划分：组织类信息、管理类信息、经济类信息、技术类信息。

5　按信息工作流程划分：计划信息、执行信息、检查信息、反馈信息。

15.2.4　项目信息编码系统可以作为组织信息编码系统的子系统，其编码结构应与组织信息编码一致，从而保证组织管理层和项目经理部信息共享。

15.2.6　项目经理部负责收集、整理、管理本项目范围的信息。为了更好地进行项目信息管理，应利用计算机技术，应设项目信息管理员，使用开发项目信息管理系统。

15.3　项目信息安全

15.3.2　组织应建立系统完善的信息安全管理制度和信息保密制度，严格信息管理程序。

信息可以分类、分级进行管理。保密要求高的信息应按高级别保密要求进行防泄密管理。一般性信息可以采用相应的适宜方式进行管理。

16　项目风险管理

16.1　一 般 规 定

16.1.1　组织建立风险管理体系应与安全管理体系及项目管理规划管理体系相配合，以安全管理部门为主管部门，以技术管理部门为强相关部门，其他部门均为相关部门，通过编制项目管理规划、项目安全技术措施计划及环境管理计划进行风险识别、风险评估、风险转移和风险控制分工，各部门按专业分工进行风险控制。

16.1.2　项目实施全过程的风险识别、风险评估、风险响应和风险控制。既是风险管理的内容，也是风险管理的程序和主要环节。

16.2　项目风险识别

16.2.1　各种风险是指影响项目目标实现的不利因素，可分为技术的、经济的、环境的及政治的、行政的、国际的和社会的等因素。

16.2.2　风险识别程序中，收集与项目风险有关的信息是指调查、收集与上述各类风险有关的信息。对工程、工程环境、其他各类微观和宏观环境、已建类似工程等，通过调查、研究、座谈、查阅资料等手段进行分析，列出风险因素一览表。确定风险因素是在风险因素一览表草表的基础上，通过甄别、选择、确认，把重要的风险因素筛选出来加以确认，列出正式风险清单。编制项目风险识别报告是在风险清单的基础上，补充文字说明，作为风险管理的基础。

16.3　项目风险评估

16.3.1　风险等级评估指通过对风险因素形成风险的概率的估计和对发生风险后可能造成的损失量的估计。

16.3.2　风险因素发生的概率应利用已有数据资料和相关专业方法进行估计。

风险因素发生的概率应利用已有数据资料（包括历史资料和类似工程的资料）。相关专业方法主要指概率论方法和数理统计方法。

16.3.3　风险损失量三方面的估计，主要通过分析已经得到的有关信息，结合管理人员的经验对损失量进行综合判断。通常采用专家预测方法、趋势外推法预测、敏感性分析和盈亏平衡分析、决策树等方法。

16.3.4　组织进行风险分级时可使用表2。

表2　风险等级评估表

风险等级（后果 / 可能性）	轻度损失	中度损失	重大损失
很　大	Ⅲ	Ⅳ	Ⅴ
中　等	Ⅱ	Ⅲ	Ⅳ
极　小	Ⅰ	Ⅱ	Ⅲ

表中：Ⅰ—可忽略风险；Ⅱ—可容许风险；Ⅲ—中度风险；Ⅳ—重大风险；Ⅴ—不容许风险。

在风险评估的基础上，自大到小排队形成风险评估一览表。

风险分类和风险排序的方法、标准等，企业在风险管理程序中进行了规定，但针对具体的项目策划时还应对其进行审查，提出要求，以适合该项目。

16.3.5　风险评估报告是在风险识别报告、风险概率分析、风险损失量分析和风险分级的基础上，加以系统整理和综合说明而形成的。

16.4　项目风险响应

16.4.1　确定针对项目风险的对策可利用表3的提示设计。

表3　风险控制对策表

风险等级	控　制　对　策
Ⅰ 可忽略的	不采取控制措施且不必保留文件记录
Ⅱ 可容许的	不需要另外的控制措施，但应考虑效果更佳的方案或不增加额外成本的改进措施，并监视该控制措施的兑现
Ⅲ 中度的	应努力降低风险，仔细测定并限定预防成本，在规定期限内实施降低风险的措施

续表 3

风险等级	控 制 对 策
Ⅳ 重大的	直至风险降低后才能开始工作。为降低风险，有时配给大量的资源。如果风险涉及正在进行的工作时，应采取应急措施
Ⅴ 不容许的	只有当风险已经降低时，才能开始或继续工作。如果无限的投入也不能降低风险，就必须禁止工作

16.4.2 风险规避即采取措施避开风险。方法有主动放弃或拒绝实施可能导致风险损失的方案、制定制度禁止可能导致风险的行为或事件发生等。

风险减轻可采用损失预防和损失抑制方法。

风险自留即承担风险，需要投入财力才能承担得起。

风险转移指采用合同的方法确定由对方承担风险；采用保险的方法把风险转移给保险组织；采用担保的方法把风险转移给担保组织等。

组合策略是同时采用以上两种或两种以上策略。

16.4.3 项目风险响应的结果应形成以项目风险管理计划为代表的书面文件，其中应详细说明风险管理目标、范围、职责、对策的措施、方法、定型和定量计算，可行性以及需要的条件和环境等。

16.5 项目风险控制

16.5.1 组织进行风险控制应做好的工作包括：收集和分析与项目风险相关的各种信息，获取风险信号；预测未来的风险并提出预警。这些工作的结果应反映在项目进展报告中，构成项目进展报告内容的一部分。

16.5.2 组织对可能出现的风险因素进行监控依靠风险管理体系，建立责任制和风险监控信息传输体系。

应急计划也可称为应急预案，其编制要求如下：

1 应依据政府有关文件制定：

1）中华人民共和国国务院第 373 号《特种设备安全监察条例》。

2）《职业健康安全管理体系　规范》GB/T 18001—2001。

3）环境管理体系系列标准 GB/T 24000。

4）《施工企业安全生产评价标准》JGJ/T 77—2003。

2 编制程序：

1）成立预案编制小组。

2）制定编制计划。

3）现场调查，收集资料。

4）环境因素或危险源的辨识和风险评价。

5）控制目标、能力与资源的评估。

6）编制应急预案文件。

7）应急预案评估。

8）应急预案发布。

3 应急预案的编写内容：

1）应急预案的目标。

2）参考文献。

3）适用范围。

4）组织情况说明。

5）风险定义及其控制目标。

6）组织职能（职责）。

7）应急工作流程及其控制。

8）培训。

9）演练计划。

10）演练总结报告。

17 项目沟通管理

17.1 一 般 规 定

17.1.1 项目沟通与协调管理体系分为沟通计划编制、信息分发与沟通计划的实施、检查评价与调整和沟通管理计划结果四大部分。在项目实施过程中，信息沟通包括人际沟通和组织沟通与协调。项目组织应根据建立的项目沟通管理体系，建立健全各项管理制度，应当从整体利益出发，运用系统分析的思想和方法，全过程、全方位地进行有效管理。项目沟通与协调管理应贯穿于建设工程项目实施的全过程。

17.1.2 项目沟通与协调的对象应是与项目有关的内、外部的组织和个人。

1 项目内部组织是指项目内部各部门、项目经理部、企业和班组。项目内部个人是指项目组织成员、企业管理人员、职能部门成员和班组人员。

2 项目外部组织和个人是指建设单位及有关人员、勘察设计单位及有关人员、监理单位及有关人员、咨询服务单位及有关人员、政府监督管理部门及有关人员等。

项目组织应通过与各相关方的有效沟通与协调，取得各方的认同、配合和支持，达到解决问题、排除障碍、形成合力、确保建设工程项目管理目标实现的目的。

17.2 项目沟通程序和内容

17.2.1 组织应根据项目具体情况，建立沟通管理系统，制定管理制度，并及时明确沟通与协调的内容、方式、渠道和所要达到的目标。

项目组织沟通的内容包括组织内部、外部的人际沟通和组织沟通。人际沟通就是个体人之间的信息传递，组织沟通是指组织之间的信息传递。

沟通方式分为正式沟通和非正式沟通；上行沟

通、下行沟通和平行沟通；单向沟通与双向沟通；书面沟通和口头沟通；言语沟通和体语沟通等方式。

沟通渠道是指项目成员为解决某个问题和协调某一方面的矛盾而在明确规定的系统内部进行沟通协调工作时，所选择和组建的信息沟通网络。沟通渠道分为正式沟通渠道和非正式沟通渠道两种。每一种沟通渠道都包含多种沟通模式。

17.2.2 组织为了做好项目每个阶段的工作，以达到预期的标准和效果，应在项目部门内、部门与部门之间，以及项目与外界之间建立沟通渠道，快速、准确地传递信息和沟通信息，以使项目内各部门达到协调一致，并且使项目成员明确自己的职责，了解自己的工作对组织目标的贡献，找出项目实施的不同阶段出现的矛盾和管理问题，调整和修正沟通计划，控制评价结果。

17.2.3 项目组织应运用各种手段，特别是计算机、互联网平台等信息技术，对项目全过程所产生的各种项目信息进行收集、汇总、处理、传输和应用，进行沟通与协调并形成完整的档案资料。

17.2.4 沟通与协调的内容涉及与项目实施有关的所有信息，包括项目各相关方共享的核心信息以及项目内部和相关组织产生的有关信息。

1 核心信息应包括单位工程施工图纸、设备的技术文件、施工规范、与项目有关的生产计划及统计资料、工程事故报告、法规和部门规章、材料价格和材料供应商、机械设备供应商和价格信息、新技术及自然条件等。

2 取得政府主管部门对该项建设任务的批准文件、取得地质勘探资料及施工许可证、取得施工用地范围及施工用地许可证、取得施工现场附近区域内的其他许可证等。

3 项目内部信息主要有工程概况信息、施工记录信息、施工技术资料信息、工程协调信息、工程进度及资源计划信息、成本信息、资源需要计划信息、商务信息、安全文明施工及行政管理信息、竣工验收信息等。

4 监理方信息主要有项目的监理规划、监理大纲、监理实施细则等。

5 相关方，包括社区居民、分承包方、媒体等提出的重要意见或观点等。

17.3 项目沟通计划

17.3.1 项目沟通计划是项目管理工作中各组织和人员之间关系能否顺利协调、管理目标能否顺利实现的关键，组织应重视计划和编制工作。编制项目沟通管理计划应由项目经理组织编制。

17.3.2 编制项目沟通管理计划包括确定项目关系人的信息和沟通需求。应主要依据下列资料进行：

1 根据建设、设计、监理单位等组织的沟通要求和规定编制。

2 根据已签订的合同文件编制。

3 根据项目管理企业的相关制度编制。

4 根据国家法律法规和当地政府的有关规定编制。

5 根据工程的具体情况编制。

6 根据项目采用的组织结构编制。

7 根据与沟通方案相适用的沟通技术约束条件和假设前提编制。

17.3.3 项目沟通管理计划应与项目管理的组织计划相协调。如应与施工进度、质量、安全、成本、资金、环保、设计变更、索赔、材料供应、设备使用、人力资源、文明工地建设、思想政治工作等组织计划相协调。

17.3.4 项目沟通计划主要指项目的沟通管理计划，应包括下列内容：

1 信息沟通方式和途径。主要说明在项目的不同实施阶段，针对不同的项目相关组织及不同的沟通要求，拟采用的信息沟通方式和沟通途径。即说明信息（包括状态报告、数据、进度计划、技术文件等）流向何人、将采用什么方法（包括书面报告、文件、会议等）分发不同类别的信息。

2 信息收集归档格式。用于详细说明收集和储存不同类别信息的方法。应包括对先前收集和分发材料、信息的更新和纠正。

3 信息的发布和使用权限。

4 发布信息说明。包括格式、内容、详细程度以及应采用的准则或定义。

5 信息发布时间。即用于说明每一类沟通将发生的时间，确定提供信息更新依据或修改程序，以及确定在每一类沟通之前应提供的现时信息。

6 更新和修改沟通管理计划的方法。

7 约束条件和假设。

17.3.5 组织应根据项目沟通管理计划规定沟通的具体内容、对象、方式、目标、责任人、完成时间、奖罚措施等，采用定期或不定期的形式对沟通管理计划的执行情况进行检查、考核和评价，并结合实施结果进行调整，确保沟通管理计划的落实和实施。

17.4 项目沟通依据与方式

17.4.1、**17.4.2** 项目内部沟通与协调可采用委派、授权、会议、文件、培训、检查、项目进展报告、思想工作、考核与激励及电子媒体等方式进行。

1 项目经理部与组织管理层之间的沟通与协调，主要依据《项目管理目标责任书》，由组织管理层下达责任目标、指标，并实施考核、奖惩。

2 项目经理部与内部作业层之间的沟通与协调，主要依据《劳务承包合同》和项目管理实施规划。

3 项目经理部各职能部门之间的沟通与协调，

重点解决业务环节之间的矛盾，应按照各自的职责和分工，顾全大局、统筹考虑、相互支持、协调工作。特别是对人力资源、技术、材料、设备、资金等重大问题，可通过工程例会的方式研究解决。

4 项目经理部人员之间的沟通与协调，通过做好思想政治工作，召开党小组会和职工大会，加强教育培训，提高整体素质来实现。

17.4.3、**17.4.4** 外部沟通可采用电话、传真、交底会、协商会、协调会、例会、联合检查、项目进展报告等方式进行。

1 施工准备阶段：项目经理部应要求建设单位按规定时间履行合同约定的责任，并配合做好征地拆迁等工作，为工程顺利开工创造条件；要求设计单位提供设计图纸、进行设计交底，并搞好图纸会审；引入竞争机制，采取招标的方式，选择施工分包和材料设备供应商，签订合同。

2 施工阶段：项目经理部应按时向建设、设计、监理等单位报送施工计划、统计报表和工程事故报告等资料，接受其检查、监督和管理；对拨付工程款、设计变更、隐蔽工程签证等关键问题，应取得相关方的认同，并完善相应手续和资料。对施工单位应按月下达施工计划，定期进行检查、评比。对材料供应单位严格按合同办事，根据施工进度协商调整材料供应数量。

3 竣工验收阶段：按照建设工程竣工验收的有关规范和要求，积极配合相关单位做好工程验收工作，及时提交有关资料，确保工程顺利移交。

17.4.6 项目经理部应编写项目进展报告。项目进展报告应包括下列内容：

1 项目的进展情况。应包括项目目前所处的位置、进度完成情况、投资完成情况等。

2 项目实施过程中存在的主要问题以及解决情况，计划采取的措施。

3 项目的变更。应包括项目变更申请、变更原因、变更范围及变更前后的情况、变更的批复等。

4 项目进展预期目标。预期项目未来的状况和进度。

17.5 项目沟通障碍与冲突管理

17.5.1 信息沟通过程中主要存在语义理解、知识经验水平的限制、知觉的选择性、心理因素的影响、组织结构的影响、沟通渠道的选择、信息量过大等障碍。造成项目组织内部之间、项目组织与外部组织、人与人之间沟通障碍的因素很多，在项目的沟通与协调管理中，应采取一切可能的方法消除这些障碍，使项目组织能够准确、迅速、及时地交流信息，同时保证其真实性。

17.5.2 消除沟通障碍可采用下列方法：

1 应重视双向沟通与协调方法，尽量保持多种沟通渠道的利用、正确运用文字语言等。

2 信息沟通后必须同时设法取得反馈，以弄清沟通方是否已经了解，是否愿意遵循并采取了相应的行动等。

3 项目经理部应自觉以法律、法规和社会公德约束自身行为，在出现矛盾和问题时，首先应取得政府部门的支持、社会各界的理解，按程序沟通解决；必要时借助社会中介组织的力量，调节矛盾、解决问题。

4 为了消除沟通障碍，应熟悉各种沟通方式的特点，确定统一的沟通语言或文字，以便在进行沟通时能够采用恰当的交流方式。常用的沟通方式有口头沟通、书面沟通和媒体沟通等。

17.5.3 对项目实施各阶段出现的冲突，项目经理部应根据沟通的进展情况和结果，按程序要求通过各种方式及时将信息反馈给相关各方，实现共享，提高沟通与协调效果，以便及早解决冲突。

18 项目收尾管理

18.1 一 般 规 定

18.1.1 项目结束阶段各项管理工作内涵的一般界定，含有项目管理结束阶段过程控制的连续性和系统性。

18.1.2 项目结束阶段的工作内容多，组织进入项目结束阶段，应制定涵盖各项工作的计划，提出要求将其纳入项目管理体系进行运行控制。

18.2 项目竣工收尾

18.2.1 项目竣工收尾是项目结束阶段管理工作的关键环节，项目经理部应编制详细的竣工收尾工作计划，采取有效措施逐项落实，保证按期完成任务。

18.2.2 项目竣工计划内容应表格化，编制、审批、执行、验证的程序应清楚。

18.2.3 项目经理应按计划要求，组织实施竣工收尾工作，及时沟通、及时协助验收，并符合下列条件：全部竣工计划项目已经完成，符合工程竣工报验条件；工程质量自检合格，各种检查记录齐全；设备安装经过试车、调试，具备单机试运行要求；建筑物四周规定距离以内的工地达到工完、料净、场清；工程技术经济文件收集、整理齐全等。

18.3 项目竣工验收

18.3.1 承包人应按工程质量验收标准，组织专业人员进行质量检查评定，实行监理的应约请相关监理机构进行初步验收。初步验收合格后，承包人应向发包人提交工程竣工报告，约定有关项目竣工验收移交事宜。

18.3.2 发包人应按项目竣工验收的法律、行政法规和部门规定，一次性或分阶段竣工验收。

18.3.3 组织项目竣工验收应依据批准的建设文件和工程实施文件，达到国家法律、行政法规、部门规章对竣工条件的规定和合同约定的竣工验收要求，提出《工程竣工验收报告》，有关承发包当事人和项目相关组织应签署验收意见，签名并盖单位公章。

18.3.4 工程文件的归档整理应按国家发布的现行标准、规定执行，《建设工程文件归档整理规范》GB/T 50328、《科学技术档案案卷构成的一般要求》GB/T 11822等。承包人向发包人移交工程文件档案应与编制的清单目录保持一致，须有交接签认手续，并符合移交规定。

18.4 项目竣工结算

18.4.1 项目竣工结算的编制、审查、确定，按建设部令第107号《建筑工程施工发包与承包计价管理办法》及有关规定执行。

18.4.2 编制项目竣工结算的一般基础资料。

18.4.3 项目竣工结算报告及完整的结算资料递交后，承发包双方应在规定的期限内进行竣工结算核实，若有修改意见，应及时协商沟通达成共识。对结算价款有争议的，应按约定方式处理。

18.4.4 符合本规范“18.3 项目竣工验收”规定，项目竣工结算价款已支付，承包人应按承包的工程项目名称和约定的交工方式，移交建设工程项目。

18.5 项目竣工决算

18.5.1 建设工程项目竣工，发包人应依据工程建设资料并按国家有关规定编制项目竣工决算，反映建设工程项目实际造价和投资效果。

18.5.2 项目竣工决算的内容应符合国家财政部的规定。前两款为竣工财务决算，是项目竣工决算的核心内容和重要组成部分。

18.6 项目回访保修

18.6.1 项目回访和质量保修应纳入承包人的质量管理体系。没有建立质量管理体系的承包人，也应进行项目回访，并按法律、法规的规定履行质量保修义务。

18.6.2 回访和保修工作计划应形成文件，每次回访结束应填写回访记录，并对质量保修进行验证。回访应关注发包人及其他相关方对竣工项目质量的反馈意见，并及时根据情况实施改进措施。

18.6.3 回访工作方式应根据回访计划的要求，由承包人自主灵活组织。

18.6.4 承包人签署工程质量保修书，其主要内容必须符合法律、行政法规和部门规章已有的规定。没有规定的，应由承包人与发包人约定，并在工程质量保修书中提示。

18.7 项目管理考核评价

18.7.1 根据项目范围管理和组织实施方式的不同，应分别采取不同的项目考核评价方式。

18.7.2 项目考核评价的定量指标，是指反映项目实施成果，可作量化比较分析的专业技术经济指标。定量指标的内容应按项目评价的要求确定。

18.7.3 项目考核评价的定性指标，是指综合评价或单项评价项目管理水平的非量化指标，且有可靠的论证依据和办法，对项目实施效果作出科学评价。

18.7.4 考核评价程序是指组织对项目考核评价应采取的步骤和方法。

18.7.5 项目管理总结应形成文件，实事求是、概括性强、条理清晰，全面系统地反映工程项目管理的实施效果。

18.7.6 对项目管理中形成的所有总结及相关资料应按有关规定及时予以妥善保存，以便必要时追溯。

中华人民共和国国家标准

建设工程文件归档规范

Code for putting construction project documents into records

GB/T 50328—2014

主编部门：中华人民共和国住房和城乡建设部
批准部门：中华人民共和国住房和城乡建设部
施行日期：2 0 1 5 年 5 月 1 日

中华人民共和国住房和城乡建设部
公　告

第491号

住房城乡建设部关于发布国家标准《建设工程文件归档规范》的公告

现批准《建设工程文件归档规范》为国家标准，编号为GB/T 50328－2014，自2015年5月1日起实施。原国家标准《建设工程文件归档整理规范》GB/T 50328－2001同时废止。

本规范由我部标准定额研究所组织中国建筑工业出版社出版发行。

中华人民共和国住房和城乡建设部

2014年7月13日

前　言

根据住房和城乡建设部《关于印发〈2012年工程建设标准规范制订修订计划〉的通知》（建标［2012］5号）的要求，编制组经广泛调查研究，认真总结实践经验，参考有关国际标准和国外先进标准，并在广泛征求意见基础上，修订本规范。

本规范主要内容是：建设工程归档文件范围及质量要求，工程文件的立卷，工程文件的归档，工程档案的验收与移交。

本规范修订的主要技术内容是：1. 增加了对归档电子文件的质量要求及其立卷方法；2. 对工程文件的归档范围进行了细分，将所有建设工程按照建筑工程、道路工程、桥梁工程、地下管线工程四个类别，分别对归档范围进行了规定；3. 对各类归档文件赋予了编号体系；4. 对各类工程文件，提出了不同单位“必须归档”和“选择性归档”的区分；5. 增加了关于立卷流程和编制案卷目录的要求。

本规范由住房和城乡建设部负责管理，由住房和城乡建设部城建档案工作办公室负责具体技术内容的解释。执行过程中如有意见或建议，请寄送住房和城乡建设部城建档案工作办公室（地址：北京市海淀区三里河路9号，邮政编码：100835）。

本规范主编单位：住房和城乡建设部城建档案工作办公室
住房和城乡建设部科技与产业化发展中心

本规范参编单位：南京市城建档案馆
芜湖市城建档案馆
江西省住房城乡建设厅城建档案办公室
抚顺市城建档案馆
中国建筑业协会建设工程质量监督与检测分会
南宁市城建档案馆
北京市城建档案馆
河北省城建档案馆
长春市城建档案馆
武汉市城建档案馆
北京建科研软件技术有限公司

本规范主要起草人员：姜中桥　张志新　欧阳志宏　周健民　黄　飞　王恩江　罗　敏　李向红　易智华　吴松勤　鹿　欣　许利峰　陈明琪　李新民　张海萍　夏开元　王玉恒　白　石

本规范主要审查人员：权进立　秦屹梅　尚春明　王燕民　姜延溪　王　健　楼建春　谭家发　王　瑛　李宗波

目　次

Contents

作为档案保存的电子文件及其元数据。

2.0.11 建设工程声像档案 project audio-visual archives

记录工程建设活动，具有保存价值的，用照片、影片、录音带、录像带、光盘、硬盘等记载的声音、图片和影像等历史记录。

2.0.12 整理 arrangement

按照一定的原则，对工程文件进行挑选、分类、组合、排列、编目，使之有序化的过程。

2.0.13 案卷 file

由互有联系的若干文件组成的档案保管单位。

2.0.14 立卷 filing

按照一定的原则和方法，将有保存价值的文件分门别类整理成案卷，亦称组卷。

2.0.15 归档 putting into record

文件形成部门或形成单位完成其工作任务后，将形成的文件整理立卷后，按规定向本单位档案室或向城建档案管理机构移交的过程。

2.0.16 城建档案管理机构 urban-rural development archives organization

管理本地区城建档案工作的专门机构，以及接收、收集、保管和提供利用城建档案的城建档案馆、城建档案室。

2.0.17 永久保管 permanent preservation

工程档案保管期限的一种，指工程档案无限期地、尽可能长远地保存下去。

2.0.18 长期保管 long-term preservation

工程档案保管期限的一种，指工程档案保存到该工程被彻底拆除。

2.0.19 短期保管 short-term preservation

工程档案保管期限的一种，指工程档案保存10年以下。

1 总 则

1.0.1 为加强建设工程文件归档工作，统一建设工程档案的验收标准，建立真实、完整、准确的工程档案，制定本规范。

1.0.2 本规范适用于建设工程文件的整理、归档，以及建设工程档案的验收与移交。

1.0.3 建设工程文件的整理、归档以及建设工程档案的验收与移交除应符合本规范外，尚应符合国家现行有关标准的规定。

2 术 语

2.0.1 建设工程 construction project

经批准按照一个总体设计进行施工，经济上实行统一核算，行政上具有独立组织形式，实行统一管理的建设工程基本单位。它由一个或若干个具有内在联系的单位工程所组成。

2.0.2 建设工程文件 construction project document

在工程建设过程中形成的各种形式的信息记录，包括工程准备阶段文件、监理文件、施工文件、竣工图和竣工验收文件，简称为工程文件。

2.0.3 工程准备阶段文件 pre-construction document

工程开工以前，在立项、审批、用地、勘察、设计、招投标等工程准备阶段形成的文件。

2.0.4 监理文件 project supervision document

监理单位在工程设计、施工等监理过程中形成的文件。

2.0.5 施工文件 constructing document

施工单位在施工过程中形成的文件。

2.0.6 竣工图 as-built drawing

工程竣工验收后，真实反映建设工程施工结果的图样。

2.0.7 竣工验收文件 handing over document

建设工程项目竣工验收活动中形成的文件。

2.0.8 建设工程档案 project archives

在工程建设活动中直接形成的具有归档保存价值的文字、图纸、图表、声像、电子文件等各种形式的历史记录，简称工程档案。

2.0.9 建设工程电子文件 project electronic records

在工程建设过程中通过数字设备及环境生成，以数码形式存储于磁带、磁盘或光盘等载体，依赖计算机等数字设备阅读、处理，并可在通信网络上传送的文件。

2.0.10 建设工程电子档案 project electronic archives

工程建设过程中形成的，具有参考和利用价值并

3 基本规定

3.0.1 工程文件的形成和积累应纳入工程建设管理的各个环节和有关人员的职责范围。

3.0.2 工程文件应随工程建设进度同步形成，不得事后补编。

3.0.3 每项建设工程应编制一套电子档案，随纸质档案一并移交城建档案管理机构。

3.0.4 建设单位应按下列流程开展工程文件的整理、归档、验收、移交等工作：

1 在工程招标及与勘察、设计、施工、监理等单位签订协议、合同时，应明确竣工图的编制单位、工程档案的编制套数、编制费用及承担单位、工程档案的质量要求和移交时间等内容；

2 收集和整理工程准备阶段形成的文件，并进行立卷归档；

3 组织、监督和检查勘察、设计、施工、监理等单位的工程文件的形成、积累和立卷归档工作；

4 收集和汇总勘察、设计、施工、监理等单位立卷归档的工程档案；

5 收集和整理竣工验收文件，并进行立卷归档；

6 在组织工程竣工验收前，提请当地的城建档案管理机构对工程档案进行预验收；未取得工程档案验收认可文件，不得组织工程竣工验收；

7 对列入城建档案管理机构接收范围的工程，工程竣工验收后3个月内，应向当地城建档案管理机构移交一套符合规定的工程档案。

3.0.5 勘察、设计、施工、监理等单位应将本单位形成的工程文件立卷后向建设单位移交。

3.0.6 建设工程项目实行总承包管理的，总包单位应负责收集、汇总各分包单位形成的工程档案，并应及时向建设单位移交；各分包单位应将本单位形成的工程文件整理、立卷后及时移交总包单位。建设工程项目由几个单位承包的，各承包单位应负责收集、整理立卷其承包项目的工程文件，并应及时向建设单位移交。

3.0.7 城建档案管理机构应对工程文件的立卷归档工作进行监督、检查、指导。在工程竣工验收前，应对工程档案进行预验收，验收合格后，必须出具工程档案认可文件。

3.0.8 工程资料管理人员应经过工程文件归档整理的专业培训。

4 归档文件及其质量要求

4.1 归档文件范围

4.1.1 对与工程建设有关的重要活动、记载工程建设主要过程和现状、具有保存价值的各种载体的文件，均应收集齐全、整理立卷后归档。

4.1.2 工程文件的具体归档范围应符合本规范附录A和附录B的要求。

4.1.3 声像资料的归档范围和质量要求应符合现行行业标准《城建档案业务管理规范》CJJ/T 158的要求。

4.1.4 不属于归档范围、没有保存价值的工程文件，文件形成单位可自行组织销毁。

4.2 归档文件质量要求

4.2.1 归档的纸质工程文件应为原件。

4.2.2 工程文件的内容及其深度应符合国家现行有关工程勘察、设计、施工、监理等标准的规定。

4.2.3 工程文件的内容必须真实、准确，应与工程实际相符合。

4.2.4 工程文件应采用碳素墨水、蓝黑墨水等耐久性强的书写材料，不得使用红色墨水、纯蓝墨水、圆珠笔、复写纸、铅笔等易褪色的书写材料。计算机输出文字和图件应使用激光打印机，不应使用色带式打印机、水性墨打印机和热敏打印机。

4.2.5 工程文件应字迹清楚，图样清晰，图表整洁，签字盖章手续应完备。

4.2.6 工程文件中文字材料幅面尺寸规格宜为A4幅面（297mm×210mm）。图纸宜采用国家标准图幅。

4.2.7 工程文件的纸张应采用能长期保存的韧力大、耐久性强的纸张。

4.2.8 所有竣工图均应加盖竣工图章（图4.2.8），并应符合下列规定：

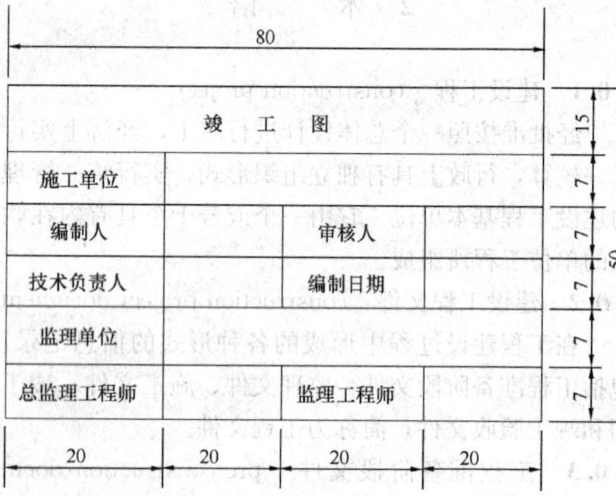

图4.2.8 竣工图章示例

1 竣工图章的基本内容应包括："竣工图"字样、施工单位、编制人、审核人、技术负责人、编制日期、监理单位、现场监理、总监。

2 竣工图章尺寸应为：50mm×80mm。

3 竣工图章应使用不易褪色的印泥，应盖在图标栏上方空白处。

4.2.9 竣工图的绘制与改绘应符合国家现行有关制图标准的规定。

4.2.10 归档的建设工程电子文件应采用表4.2.10所列开放式文件格式或通用格式进行存储。专用软件产生的非通用格式的电子文件应转换成通用格式。

表4.2.10 工程电子文件存储格式表

文件类别	格 式
文本（表格）文件	PDF、XML、TXT
图像文件	JPEG、TIFF
图形文件	DWG、PDF、SVG
影像文件	MPEG2、MPEG4、AVI
声音文件	MP3、WAV

4.2.11 归档的建设工程电子文件应包含元数据，保证文件的完整性和有效性。元数据应符合现行行业标准《建设电子档案元数据标准》CJJ/T 187的规定。

4.2.12 归档的建设工程电子文件应采用电子签名等手段，所载内容应真实和可靠。

4.2.13 归档的建设工程电子文件的内容必须与其纸质档案一致。

4.2.14 离线归档的建设工程电子档案载体，应采用一次性写入光盘，光盘不应有磨损、划伤。

4.2.15 存储移交电子档案的载体应经过检测，应无病毒、无数据读写故障，并应确保接收方能通过适当设备读出数据。

5 工程文件立卷

5.1 立卷流程、原则和方法

5.1.1 立卷应按下列流程进行：

1 对属于归档范围的工程文件进行分类，确定归入案卷的文件材料；

2 对卷内文件材料进行排列、编目、装订（或装盒）；

3 排列所有案卷，形成案卷目录。

5.1.2 立卷应遵循下列原则：

1 立卷应遵循工程文件的自然形成规律和工程专业的特点，保持卷内文件的有机联系，便于档案的保管和利用；

2 工程文件应按不同的形成、整理单位及建设程序，按工程准备阶段文件、监理文件、施工文件、竣工图、竣工验收文件分别进行立卷，并可根据数量多少组成一卷或多卷；

3 一项建设工程由多个单位工程组成时，工程文件应按单位工程立卷；

4 不同载体的文件应分别立卷。

5.1.3 立卷应采用下列方法：

1 工程准备阶段文件应按建设程序、形成单位等进行立卷；

2 监理文件应按单位工程、分部工程或专业、阶段等进行立卷；

3 施工文件应按单位工程、分部（分项）工程进行立卷；

4 竣工图应按单位工程分专业进行立卷；

5 竣工验收文件应按单位工程分专业进行立卷；

6 电子文件立卷时，每个工程（项目）应建立多级文件夹，应与纸质文件在案卷设置上一致，并应建立相应的标识关系；

7 声像资料应按建设工程各阶段立卷，重大事件及重要活动的声像资料应按专题立卷，声像档案与纸质档案应建立相应的标识关系。

5.1.4 施工文件的立卷应符合下列要求：

1 专业承（分）包施工的分部、子分部（分项）工程应分别单独立卷；

2 室外工程应按室外建筑环境和室外安装工程单独立卷；

3 当施工文件中部分内容不能按一个单位工程分类立卷时，可按建设工程立卷。

5.1.5 不同幅面的工程图纸，应统一折叠成A4幅面（297mm×210mm）。应图面朝内，首先沿标题栏的短边方向以W形折叠，然后再沿标题栏的长边方向以W形折叠，并使标题栏露在外面。

5.1.6 案卷不宜过厚，文字材料卷厚度不宜超过20mm，图纸卷厚度不宜超过50mm。

5.1.7 案卷内不应有重份文件。印刷成册的工程文件宜保持原状。

5.1.8 建设工程电子文件的组织和排序可按纸质文件进行。

5.2 卷内文件排列

5.2.1 卷内文件应按本规范附录A和附录B的类别和顺序排列。

5.2.2 文字材料应按事项、专业顺序排列。同一事项的请示与批复、同一文件的印本与定稿、主体与附件不应分开，并应按批复在前、请示在后，印本在前、定稿在后，主体在前、附件在后的顺序排列。

5.2.3 图纸应按专业排列，同专业图纸应按图号顺序排列。

5.2.4 当案卷内既有文字材料又有图纸时，文字材料应排在前面，图纸应排在后面。

5.3 案 卷 编 目

5.3.1 编制卷内文件页号应符合下列规定：

1 卷内文件均应按有书写内容的页面编号。每卷单独编号，页号从“1”开始。

2 页号编写位置：单面书写的文件在右下角；双面书写的文件，正面在右下角，背面在左下角。折叠后的图纸一律在右下角。

3 成套图纸或印刷成册的文件材料，自成一卷的，原目录可代替卷内目录，不必重新编写页码。

4 案卷封面、卷内目录、卷内备考表不编写页号。

5.3.2 卷内目录的编制应符合下列规定：

1 卷内目录排列在卷内文件首页之前，式样宜符合本规范附录C的要求。

2 序号应以一份文件为单位编写，用阿拉伯数字从1依次标注。

3 责任者应填写文件的直接形成单位或个人。有多个责任者时，应选择两个主要责任者，其余用“等”代替。

4 文件编号应填写文件形成单位的发文号或图纸的图号，或设备、项目代号。

5 文件题名应填写文件标题的全称。当文件无标题时，应根据内容拟写标题，拟写标题外应加“[ ]”符号。

6 日期应填写文件的形成日期或文件的起止日期，竣工图应填写编制日期。日期中“年”应用四位数字表示，“月”和“日”应分别用两位数字表示。

7 页次应填写文件在卷内所排的起始页号，最后一份文件应填写起止页号。

8 备注应填写需要说明的问题。

5.3.3 卷内备考表的编制应符合下列规定：

1 卷内备考表应排列在卷内文件的尾页之后，式样宜符合本规范附录D的要求；

2 卷内备考表应标明卷内文件的总页数、各类文件页数或照片张数及立卷单位对案卷情况的说明；

3 立卷单位的立卷人和审核人应在卷内备考表上签名；年、月、日应按立卷、审核时间填写。

5.3.4 案卷封面的编制应符合下列规定：

1 案卷封面应印刷在卷盒、卷夹的正表面，也可采用内封面形式。案卷封面的式样宜符合本规范附录E的要求。

2 案卷封面的内容应包括档号、案卷题名、编制单位、起止日期、密级、保管期限、本案卷所属工程的案卷总量、本案卷在该工程案卷总量中的排序。

3 档号应由分类号、项目号和案卷号组成。档号由档案保管单位填写。

4 案卷题名应简明、准确地揭示卷内文件的内容。

5 编制单位应填写案卷内文件的形成单位或主要责任者。

6 起止日期应填写案卷内全部文件形成的起止日期。

7 保管期限应根据卷内文件的保存价值在永久保管、长期保管、短期保管三种保管期限中选择划定。当同一案卷内有不同保管期限的文件时，该案卷保管期限应从长。

8 密级应在绝密、机密、秘密三个级别中选择划定。当同一案卷内有不同密级的文件时，应以高密级为本卷密级。

5.3.5 编写案卷题名，应符合下列规定：

1 建筑工程案卷题名应包括工程名称（含单位工程名称）、分部工程或专业名称及卷内文件概要等内容；当房屋建筑有地名管理机构批准的名称或正式名称时，应以正式名称为工程名称，建设单位名称可省略；必要时可增加工程地址内容；

2 道路、桥梁工程案卷题名应包括工程名称（含单位工程名称）、分部工程或专业名称及卷内文件概要等内容；必要时可增加工程地址内容；

3 地下管线工程案卷题名应包括工程名称（含单位工程名称）、专业管线名称和卷内文件概要等内容；必要时可增加工程地址内容；

4 卷内文件概要应符合本规范附录A中所列案卷内容（标题）的要求；

5 外文资料的题名及主要内容应译成中文。

5.3.6 案卷脊背应由档号、案卷题名构成，由档案保管单位填写；式样宜符合本规范附录F的规定。

5.3.7 卷内目录、卷内备考表、案卷内封面宜采用70g以上白色书写纸制作，幅面应统一采用A4幅面。

5.4 案卷装订与装具

5.4.1 案卷可采用装订与不装订两种形式。文字材料必须装订。装订时不应破坏文件的内容，并应保持整齐、牢固，便于保管和利用。

5.4.2 案卷装具可采用卷盒、卷夹两种形式，并应符合下列规定：

1 卷盒的外表尺寸应为310mm×220mm，厚度可为20、30、40、50mm。

2 卷夹的外表尺寸应为310mm×220mm，厚度宜为20mm～30mm。

3 卷盒、卷夹应采用无酸纸制作。

5.5 案卷目录编制

5.5.1 案卷应按本规范附录A和附录B的类别和顺序排列。

5.5.2 案卷目录的编制应符合下列规定：

1 案卷目录式样宜符合本规范附录G的要求；

2 编制单位应填写负责立卷的法人组织或主要责任者；

3 编制日期应填写完成立卷工作的日期。

6 工程文件归档

6.0.1 归档应符合下列规定：

1 归档文件范围和质量应符合本规范第4章的规定；

2 归档的文件必须经过分类整理，并应符合本规范第5章的规定。

6.0.2 电子文件归档应包括在线式归档和离线式归档两种方式。可根据实际情况选择其中一种或两种方式进行归档。

6.0.3 归档时间应符合下列规定：

1 根据建设程序和工程特点，归档可分阶段分期进行，也可在单位或分部工程通过竣工验收后进行。

2 勘察、设计单位应在任务完成后，施工、监理单位应在工程竣工验收前，将各自形成的有关工程档案向建设单位归档。

6.0.4 勘察、设计、施工单位在收齐工程文件并整理立卷后，建设单位、监理单位应根据城建档案管理机构的要求，对归档文件完整、准确、系统情况和案卷质量进行审查。审查合格后方可向建设单位移交。

6.0.5 工程档案的编制不得少于两套，一套应由建设单位保管，一套（原件）应移交当地城建档案管理机构保存。

6.0.6 勘察、设计、施工、监理等单位向建设单位移交档案时，应编制移交清单，双方签字、盖章后方可交接。

6.0.7 设计、施工及监理单位需向本单位归档的文件，应按国家有关规定和本规范附录A、附录B的要求立卷归档。

7 工程档案验收与移交

7.0.1 列入城建档案管理机构档案接收范围的工程，竣工验收前，城建档案管理机构应对工程档案进行预验收。

7.0.2 城建档案管理机构在进行工程档案预验收时，应查验下列主要内容：

1 工程档案齐全、系统、完整，全面反映工程建设活动和工程实际状况；

2 工程档案已整理立卷，立卷符合本规范的规定；

3 竣工图的绘制方法、图式及规格等符合专业技术要求，图面整洁，盖有竣工图章；

4 文件的形成、来源符合实际，要求单位或个人签章的文件，其签章手续完备；

5 文件的材质、幅面、书写、绘图、用墨、托裱等符合要求；

6 电子档案格式、载体等符合要求；

7 声像档案内容、质量、格式符合要求。

7.0.3 列入城建档案管理机构接收范围的工程，建设单位在工程竣工验收后3个月内，必须向城建档案管理机构移交一套符合规定的工程档案。

7.0.4 停建、缓建建设工程的档案，可暂由建设单位保管。

7.0.5 对改建、扩建和维修工程，建设单位应组织设计、施工单位对改变部位据实编制新的工程档案，并应在工程竣工验收后3个月内向城建档案管理机构移交。

7.0.6 当建设单位向城建档案管理机构移交工程档案时，应提交移交案卷目录，办理移交手续，双方签字、盖章后方可交接。

附录A 建筑工程文件归档范围

A.0.1 建筑工程文件的归档范围应符合表A.0.1的规定。

表A.0.1 建筑工程文件归档范围

类别	归档文件	保存单位				
		建设单位	设计单位	施工单位	监理单位	城建档案馆
	工程准备阶段文件（A类）					
A1	**立项文件**					
1	项目建议书批复文件及项目建议书	▲				▲
2	可行性研究报告批复文件及可行性研究报告	▲				▲
3	专家论证意见、项目评估文件	▲				▲
4	有关立项的会议纪要、领导批示	▲				▲
A2	**建设用地、拆迁文件**					
1	选址申请及选址规划意见通知书	▲				▲
2	建设用地批准书	▲				▲
3	拆迁安置意见、协议、方案等	▲				△
4	建设用地规划许可证及其附件	▲				▲
5	土地使用证明文件及其附件	▲				▲
6	建设用地钉桩通知单	▲				▲
A3	**勘察、设计文件**					
1	工程地质勘察报告	▲	▲			▲

续表 A.0.1

类别	归档文件	保存单位				
		建设单位	设计单位	施工单位	监理单位	城建档案馆
2	水文地质勘察报告	▲	▲			▲
3	初步设计文件（说明书）	▲	▲			
4	设计方案审查意见	▲	▲			▲
5	人防、环保、消防等有关主管部门（对设计方案）审查意见	▲	▲			▲
6	设计计算书	▲	▲			△
7	施工图设计文件审查意见	▲	▲			▲
8	节能设计备案文件	▲				▲
A4	**招投标文件**					
1	勘察、设计招投标文件	▲	▲			
2	勘察、设计合同	▲	▲			▲
3	施工招投标文件	▲		▲	△	
4	施工合同	▲		▲	△	▲
5	工程监理招投标文件	▲			▲	
6	监理合同	▲			▲	▲
A5	**开工审批文件**					
1	建设工程规划许可证及其附件	▲		△	△	▲
2	建设工程施工许可证	▲		▲	▲	▲
A6	**工程造价文件**					
1	工程投资估算材料	▲				
2	工程设计概算材料	▲				
3	招标控制价格文件	▲				
4	合同价格文件	▲		▲		△
5	结算价格文件	▲		▲		△
A7	**工程建设基本信息**					
1	工程概况信息表	▲		△		▲
2	建设单位工程项目负责人及现场管理人员名册	▲				▲
3	监理单位工程项目总监及监理人员名册	▲			▲	▲
4	施工单位工程项目经理及质量管理人员名册	▲		▲		▲
	监理文件（B类）					
B1	**监理管理文件**					
1	监理规划	▲			▲	▲
2	监理实施细则	▲		△	▲	▲
3	监理月报	△			▲	
4	监理会议纪要	▲		△	▲	
5	监理工作日志				▲	
6	监理工作总结				▲	▲
7	工作联系单	▲		△	△	

续表 A.0.1

类别	归档文件	保存单位				
		建设单位	设计单位	施工单位	监理单位	城建档案馆
8	监理工程师通知	▲		△	△	△
9	监理工程师通知回复单	▲		△	△	△
10	工程暂停令	▲		△	△	▲
11	工程复工报审表	▲		▲	▲	▲
B2	**进度控制文件**					
1	工程开工报审表	▲		▲	▲	▲
2	施工进度计划报审表	▲		△	△	
B3	**质量控制文件**					
1	质量事故报告及处理资料	▲		▲	▲	▲
2	旁站监理记录	△		△	▲	
3	见证取样和送检人员备案表	▲		▲	▲	
4	见证记录	▲		▲	▲	
5	工程技术文件报审表			△		
B4	**造价控制文件**					
1	工程款支付	▲		△	△	
2	工程款支付证书	▲		△	△	
3	工程变更费用报审表	▲		△	△	
4	费用索赔申请表	▲		△	△	
5	费用索赔审批表	▲		△	△	
B5	**工期管理文件**					
1	工程延期申请表	▲		▲	▲	▲
2	工程延期审批表	▲			▲	▲
B6	**监理验收文件**					
1	竣工移交证书	▲		▲	▲	▲
2	监理资料移交书	▲			▲	
	施工文件（C类）					
C1	**施工管理文件**					
1	工程概况表	▲		▲	▲	△
2	施工现场质量管理检查记录			△	△	
3	企业资质证书及相关专业人员岗位证书	△		△	△	△
4	分包单位资质报审表	▲		▲	▲	
5	建设单位质量事故勘查记录	▲		▲	▲	▲
6	建设工程质量事故报告书	▲		▲	▲	▲
7	施工检测计划	△		△	△	
8	见证试验检测汇总表	▲		▲	▲	▲
9	施工日志			▲		

续表 A.0.1

类别	归 档 文 件	保 存 单 位				
		建设单位	设计单位	施工单位	监理单位	城建档案馆
C2	**施工技术文件**					
1	工程技术文件报审表	△		△	△	
2	施工组织设计及施工方案	△		△	△	△
3	危险性较大分部分项工程施工方案	△		△	△	△
4	技术交底记录	△		△		
5	图纸会审记录	▲	▲	▲	▲	▲
6	设计变更通知单	▲	▲	▲	▲	▲
7	工程洽商记录（技术核定单）	▲	▲	▲	▲	▲
C3	**进度造价文件**					
1	工程开工报审表	▲	▲	▲	▲	▲
2	工程复工报审表	▲	▲	▲	▲	▲
3	施工进度计划报审表			△	△	
4	施工进度计划			△	△	
5	人、机、料动态表			△	△	
6	工程延期申请表	▲		▲	▲	▲
7	工程款支付申请表	▲		△	△	
8	工程变更费用报审表	▲		△	△	
9	费用索赔申请表	▲		△	△	
C4	**施工物资出厂质量证明及进场检测文件**					
	出厂质量证明文件及检测报告					
1	砂、石、砖、水泥、钢筋、隔热保温、防腐材料、轻骨料出厂证明文件	▲		▲	▲	△
2	其他物资出厂合格证、质量保证书、检测报告和报关单或商检证等	△		▲	△	
3	材料、设备的相关检验报告、型式检测报告、3C强制认证合格证书或3C标志	△		▲	△	
4	主要设备、器具的安装使用说明书	▲		▲	△	
5	进口的主要材料设备的商检证明文件	△		▲		
6	涉及消防、安全、卫生、环保、节能的材料、设备的检测报告或法定机构出具的有效证明文件	▲		▲	▲	△
7	其他施工物资产品合格证、出厂检验报告					
	进场检验通用表格					
1	材料、构配件进场检验记录			△	△	
2	设备开箱检验记录			△	△	
3	设备及管道附件试验记录	▲		▲	△	
	进场复试报告					
1	钢材试验报告	▲		▲	▲	▲
2	水泥试验报告	▲		▲	▲	▲
3	砂试验报告	▲		▲	▲	▲

续表 A.0.1

类别	归 档 文 件	保存单位				
		建设单位	设计单位	施工单位	监理单位	城建档案馆
4	碎（卵）石试验报告	▲		▲	▲	▲
5	外加剂试验报告	△		▲	▲	▲
6	防水涂料试验报告	▲		▲	△	
7	防水卷材试验报告	▲		▲	△	
8	砖（砌块）试验报告	▲		▲	▲	▲
9	预应力筋复试报告	▲		▲	▲	▲
10	预应力锚具、夹具和连接器复试报告	▲		▲	▲	▲
11	装饰装修用门窗复试报告	▲		▲	△	
12	装饰装修用人造木板复试报告	▲		▲	△	
13	装饰装修用花岗石复试报告	▲		▲	△	
14	装饰装修用安全玻璃复试报告	▲		▲	△	
15	装饰装修用外墙面砖复试报告	▲		▲	△	
16	钢结构用钢材复试报告	▲		▲	▲	▲
17	钢结构用防火涂料复试报告	▲		▲	▲	▲
18	钢结构用焊接材料复试报告	▲		▲	▲	▲
19	钢结构用高强度大六角头螺栓连接副复试报告	▲		▲	▲	▲
20	钢结构用扭剪型高强螺栓连接副复试报告	▲		▲	▲	▲
21	幕墙用铝塑板、石材、玻璃、结构胶复试报告	▲		▲	▲	▲
22	散热器、供暖系统保温材料、通风与空调工程绝热材料、风机盘管机组、低压配电系统电缆的见证取样复试报告	▲		▲	▲	▲
23	节能工程材料复试报告	▲		▲	▲	▲
24	其他物资进场复试报告					
C5	**施工记录文件**					
1	隐蔽工程验收记录	▲		▲	▲	▲
2	施工检查记录			△		
3	交接检查记录			△		
4	工程定位测量记录	▲		▲	▲	▲
5	基槽验线记录	▲		▲	▲	▲
6	楼层平面放线记录			△	△	△
7	楼层标高抄测记录			△	△	△
8	建筑物垂直度、标高观测记录	▲		▲	△	△
9	沉降观测记录	▲		▲	△	▲
10	基坑支护水平位移监测记录			△	△	
11	桩基、支护测量放线记录			△	△	
12	地基验槽记录	▲	▲	▲	▲	▲
13	地基钎探记录	▲		△	△	▲
14	混凝土浇灌申请书			△	△	

续表 A.0.1

类别	归 档 文 件	保存单位：建设单位	保存单位：设计单位	保存单位：施工单位	保存单位：监理单位	保存单位：城建档案馆
15	预拌混凝土运输单			△		
16	混凝土开盘鉴定			△	△	
17	混凝土拆模申请单			△	△	
18	混凝土预拌测温记录			△		
19	混凝土养护测温记录			△		
20	大体积混凝土养护测温记录			△		
21	大型构件吊装记录	▲		△	△	▲
22	焊接材料烘焙记录			△		
23	地下工程防水效果检查记录	▲		△	△	
24	防水工程试水检查记录	▲		△	△	
25	通风（烟）道、垃圾道检查记录	▲		△	△	
26	预应力筋张拉记录	▲		▲	△	▲
27	有粘结预应力结构灌浆记录	▲		▲	△	▲
28	钢结构施工记录	▲		▲	△	
29	网架（索膜）施工记录	▲		▲	△	▲
30	木结构施工记录	▲		▲	△	
31	幕墙注胶检查记录	▲		▲	△	
32	自动扶梯、自动人行道的相邻区域检查记录	▲		▲	△	
33	电梯电气装置安装检查记录	▲		▲	△	
34	自动扶梯、自动人行道电气装置检查记录	▲		▲	△	
35	自动扶梯、自动人行道整机安装质量检查记录	▲		▲	△	
36	其他施工记录文件					
C6	**施工试验记录及检测文件**					
	通用表格					
1	设备单机试运转记录	▲		▲	△	△
2	系统试运转调试记录	▲		▲	△	△
3	接地电阻测试记录	▲		▲	△	△
4	绝缘电阻测试记录	▲		▲	△	△
	建筑与结构工程					
1	锚杆试验报告	▲		▲	△	△
2	地基承载力检验报告	▲		▲	△	▲
3	桩基检测报告	▲		▲	△	▲
4	土工击实试验报告	▲		▲	△	▲
5	回填土试验报告（应附图）	▲		▲	△	▲
6	钢筋机械连接试验报告	▲		▲	△	△
7	钢筋焊接连接试验报告	▲		▲	△	△
8	砂浆配合比申请书、通知单			△	△	△

续表 A.0.1

类别	归　档　文　件	保　存　单　位				
		建设单位	设计单位	施工单位	监理单位	城建档案馆
9	砂浆抗压强度试验报告	▲		▲	△	▲
10	砌筑砂浆试块强度统计、评定记录	▲		▲	△	△
11	混凝土配合比申请书、通知单	▲		△	△	△
12	混凝土抗压强度试验报告	▲		▲	△	▲
13	混凝土试块强度统计、评定记录	▲		▲	△	△
14	混凝土抗渗试验报告	▲		▲	△	△
15	砂、石、水泥放射性指标报告	▲		▲	△	△
16	混凝土碱总量计算书	▲		▲	△	△
17	外墙饰面砖样板粘结强度试验报告	▲		▲	△	△
18	后置埋件抗拔试验报告	▲		▲	△	△
19	超声波探伤报告、探伤记录	▲		▲	△	△
20	钢构件射线探伤报告	▲		▲	△	△
21	磁粉探伤报告	▲		▲	△	△
22	高强度螺栓抗滑移系数检测报告	▲		▲	△	△
23	钢结构焊接工艺评定			△	△	△
24	网架节点承载力试验报告	▲		▲	△	△
25	钢结构防腐、防火涂料厚度检测报告	▲		▲	△	△
26	木结构胶缝试验报告	▲		▲	△	
27	木结构构件力学性能试验报告	▲		▲	△	△
28	木结构防护剂试验报告	▲		▲	△	△
29	幕墙双组分硅酮结构胶混匀性及拉断试验报告	▲		▲	△	△
30	幕墙的抗风压性能、空气渗透性能、雨水渗透性能及平面内变形性能检测报告	▲		▲	△	△
31	外门窗的抗风压性能、空气渗透性能和雨水渗透性能检测报告	▲		▲	△	△
32	墙体节能工程保温板材与基层粘结强度现场拉拔试验	▲		▲	△	△
33	外墙保温浆料同条件养护试件试验报告	▲		▲	△	△
34	结构实体混凝土强度验收记录	▲		▲	△	△
35	结构实体钢筋保护层厚度验收记录	▲		▲	△	△
36	围护结构现场实体检验	▲		▲	△	△
37	室内环境检测报告	▲		▲	△	△
38	节能性能检测报告	▲		▲	△	▲
39	其他建筑与结构施工试验记录与检测文件					
	给水排水及供暖工程					
1	灌（满）水试验记录	▲		△	△	
2	强度严密性试验记录	▲		▲	△	△
3	通水试验记录	▲		△	△	
4	冲（吹）洗试验记录	▲		▲	△	

续表 A.0.1

类别	归档文件	保存单位				
		建设单位	设计单位	施工单位	监理单位	城建档案馆
5	通球试验记录	▲		△	△	
6	补偿器安装记录			△	△	
7	消火栓试射记录	▲		▲	△	
8	安全附件安装检查记录			▲	△	
9	锅炉烘炉试验记录			▲	△	
10	锅炉煮炉试验记录			▲	△	
11	锅炉试运行记录	▲		▲	△	
12	安全阀定压合格证书	▲		▲	△	
13	自动喷水灭火系统联动试验记录	▲		▲	△	△
14	其他给水排水及供暖施工试验记录与检测文件					
	建筑电气工程					
1	电气接地装置平面示意图表	▲		▲	△	△
2	电气器具通电安全检查记录	▲		△	△	
3	电气设备空载试运行记录	▲		▲	△	△
4	建筑物照明通电试运行记录	▲		▲	△	△
5	大型照明灯具承载试验记录	▲		▲	△	
6	漏电开关模拟试验记录	▲		▲	△	
7	大容量电气线路结点测温记录	▲		▲	△	
8	低压配电电源质量测试记录	▲		▲	△	
9	建筑物照明系统照度测试记录	▲		△	△	
10	其他建筑电气施工试验记录与检测文件					
	智能建筑工程					
1	综合布线测试记录	▲		▲	△	△
2	光纤损耗测试记录	▲		▲	△	△
3	视频系统末端测试记录	▲		▲	△	△
4	子系统检测记录	▲		▲	△	△
5	系统试运行记录	▲		▲	△	△
6	其他智能建筑施工试验记录与检测文件					
	通风与空调工程					
1	风管漏光检测记录	▲		△	△	
2	风管漏风检测记录	▲		▲	△	
3	现场组装除尘器、空调机漏风检测记录			△	△	
4	各房间室内风量测量记录	▲		△	△	
5	管网风量平衡记录	▲		△	△	
6	空调系统试运转调试记录	▲		▲	△	△
7	空调水系统试运转调试记录	▲		▲	△	△

续表 A.0.1

类别	归　档　文　件	保　存　单　位				
		建设单位	设计单位	施工单位	监理单位	城建档案馆
8	制冷系统气密性试验记录	▲		▲	△	△
9	净化空调系统检测记录	▲		▲	△	△
10	防排烟系统联合试运行记录	▲		▲	△	△
11	其他通风与空调施工试验记录与检测文件					
	电梯工程					
1	轿厢平层准确度测量记录	▲		△	△	
2	电梯层门安全装置检测记录	▲		▲	△	
3	电梯电气安全装置检测记录	▲		▲	△	
4	电梯整机功能检测记录	▲		▲	△	
5	电梯主要功能检测记录	▲		▲	△	
6	电梯负荷运行试验记录	▲		▲	△	△
7	电梯负荷运行试验曲线图表	▲		▲	△	
8	电梯噪声测试记录	△		△	△	
9	自动扶梯、自动人行道安全装置检测记录	▲		▲	△	
10	自动扶梯、自动人行道整机性能、运行试验记录	▲		▲	△	△
11	其他电梯施工试验记录与检测文件					
C7	**施工质量验收文件**					
1	检验批质量验收记录	▲		△	△	
2	分项工程质量验收记录	▲		▲	▲	
3	分部（子分部）工程质量验收记录	▲		▲	▲	▲
4	建筑节能分部工程质量验收记录	▲		▲	▲	▲
5	自动喷水系统验收缺陷项目划分记录	▲		△	△	
6	程控电话交换系统分项工程质量验收记录	▲		▲	△	
7	会议电视系统分项工程质量验收记录	▲		▲	△	
8	卫星数字电视系统分项工程质量验收记录	▲		▲	△	
9	有线电视系统分项工程质量验收记录	▲		▲	△	
10	公共广播与紧急广播系统分项工程质量验收记录	▲		▲	△	
11	计算机网络系统分项工程质量验收记录	▲		▲	△	
12	应用软件系统分项工程质量验收记录	▲		▲	△	
13	网络安全系统分项工程质量验收记录	▲		▲	△	
14	空调与通风系统分项工程质量验收记录	▲		▲	△	
15	变配电系统分项工程质量验收记录	▲		▲	△	
16	公共照明系统分项工程质量验收记录	▲		▲	△	
17	给水排水系统分项工程质量验收记录	▲		▲	△	
18	热源和热交换系统分项工程质量验收记录	▲		▲	△	
19	冷冻和冷却水系统分项工程质量验收记录	▲		▲	△	
20	电梯和自动扶梯系统分项工程质量验收记录	▲		▲	△	

续表 A.0.1

类别	归档文件	保存单位				
		建设单位	设计单位	施工单位	监理单位	城建档案馆
21	数据通信接口分项工程质量验收记录	▲		▲	△	
22	中央管理工作站及操作分站分项工程质量验收记录	▲		▲	△	
23	系统实时性、可维护性、可靠性分项工程质量验收记录	▲		▲	△	
24	现场设备安装及检测分项工程质量验收记录	▲		▲	△	
25	火灾自动报警及消防联动系统分项工程质量验收记录	▲		▲	△	
26	综合防范功能分项工程质量验收记录	▲		▲	△	
27	视频安防监控系统分项工程质量验收记录	▲		▲	△	
28	入侵报警系统分项工程质量验收记录	▲		▲	△	
29	出入口控制（门禁）系统分项工程质量验收记录	▲		▲	△	
30	巡更管理系统分项工程质量验收记录	▲		▲	△	
31	停车场（库）管理系统分项工程质量验收记录	▲		▲	△	
32	安全防范综合管理系统分项工程质量验收记录	▲		▲	△	
33	综合布线系统安装分项工程质量验收记录	▲		▲	△	
34	综合布线系统性能检测分项工程质量验收记录	▲		▲	△	
35	系统集成网络连接分项工程质量验收记录	▲		▲	△	
36	系统数据集成分项工程质量验收记录	▲		▲	△	
37	系统集成整体协调分项工程质量验收记录	▲		▲	△	
38	系统集成综合管理及冗余功能分项工程质量验收记录	▲		▲	△	
39	系统集成可维护性和安全性分项工程质量验收记录	▲		▲	△	
40	电源系统分项工程质量验收记录	▲		▲	△	
41	其他施工质量验收文件					
C8	**施工验收文件**					
1	单位（子单位）工程竣工预验收报验表	▲		▲		▲
2	单位（子单位）工程质量竣工验收记录	▲	△	▲		▲
3	单位（子单位）工程质量控制资料核查记录	▲		▲		▲
4	单位（子单位）工程安全和功能检验资料核查及主要功能抽查记录	▲		▲		▲
5	单位（子单位）工程观感质量检查记录	▲		▲		▲
6	施工资料移交书	▲		▲		
7	其他施工验收文件					
	竣工图（D类）					
1	建筑竣工图	▲		▲		▲
2	结构竣工图	▲		▲		▲
3	钢结构竣工图	▲		▲		▲
4	幕墙竣工图	▲		▲		▲
5	室内装饰竣工图	▲		▲		
6	建筑给水排水及供暖竣工图	▲		▲		▲
7	建筑电气竣工图	▲		▲		▲
8	智能建筑竣工图	▲		▲		▲
9	通风与空调竣工图	▲		▲		▲

续表 A.0.1

类别	归档文件	保存单位				
		建设单位	设计单位	施工单位	监理单位	城建档案馆
10	室外工程竣工图	▲		▲		▲
11	规划红线内的室外给水、排水、供热、供电、照明管线等竣工图	▲		▲		▲
12	规划红线内的道路、园林绿化、喷灌设施等竣工图	▲		▲		▲
	工程竣工验收文件（E 类）					
E1	**竣工验收与备案文件**					
1	勘察单位工程质量检查报告	▲		△	△	▲
2	设计单位工程质量检查报告	▲	▲	△	△	▲
3	施工单位工程竣工报告	▲		▲	△	▲
4	监理单位工程质量评估报告	▲		△	▲	▲
5	工程竣工验收报告	▲	▲	▲	▲	▲
6	工程竣工验收会议纪要	▲	▲	▲	▲	▲
7	专家组竣工验收意见	▲	▲	▲	▲	▲
8	工程竣工验收证书	▲	▲	▲	▲	▲
9	规划、消防、环保、民防、防雷等部门出具的认可文件或准许使用文件	▲	▲	▲	▲	▲
10	房屋建筑工程质量保修书	▲				▲
11	住宅质量保证书、住宅使用说明书	▲		▲		▲
12	建设工程竣工验收备案表	▲	▲	▲	▲	▲
13	建设工程档案预验收意见	▲		△		▲
14	城市建设档案移交书	▲				▲
E2	**竣工决算文件**					
1	施工决算文件	▲		▲		△
2	监理决算文件	▲			▲	△
E3	**工程声像资料等**					
1	开工前原貌、施工阶段、竣工新貌照片	▲		△	△	▲
2	工程建设过程的录音、录像资料（重大工程）	▲		△	△	▲
E4	**其他工程文件**					

注：表中符号“▲”表示必须归档保存；“△”表示选择性归档保存。

附录 B　市政工程文件归档范围

B.0.1　道路工程文件的归档范围应符合表 B.0.1 的规定。

表 B.0.1　道路工程文件归档范围

类别	归档文件	保存单位				
		建设单位	设计单位	施工单位	监理单位	城建档案馆
	工程准备阶段文件（A 类）					
A1	**立项文件**					
1	项目建议书批复文件及项目建议书	▲				▲
2	可行性研究报告批复文件及可行性研究报告	▲				▲

续表 B.0.1

类别	归档文件	保存单位				
		建设单位	设计单位	施工单位	监理单位	城建档案馆
3	专家论证意见、项目评估文件	▲				▲
4	有关立项的会议纪要、领导批示	▲				▲
A2	**建设用地、拆迁文件**					
1	选址申请及选址规划意见通知书	▲				▲
2	建设用地批准书	▲				▲
3	拆迁安置意见、协议、方案等	▲				△
4	建设用地规划许可证及其附件	▲				▲
5	土地使用证明文件及其附件	▲				▲
6	建设用地钉桩通知单	▲				▲
A3	**勘察、设计文件**					
1	工程地质勘察报告	▲	▲			▲
2	水文地质勘察报告	▲	▲			▲
3	初步设计文件（说明书）	▲	▲			
4	设计方案审查意见	▲	▲			▲
5	人防、环保、消防等有关主管部门（对设计方案）审查意见	▲	▲			▲
6	设计计算书	▲	▲			△
7	施工图设计文件审查意见	▲	▲			▲
8	节能设计备案文件	▲				▲
A4	**招投标文件**					
1	勘察、设计招投标文件	▲	▲			
2	勘察、设计合同	▲	▲			▲
3	施工招投标文件	▲		▲	△	
4	施工合同	▲		▲	△	▲
5	工程监理招投标文件	▲			▲	
6	监理合同	▲			▲	▲
A5	**开工审批文件**					
1	建设工程规划许可证及其附件	▲		△	△	▲
2	建设工程施工许可证	▲		▲	▲	▲
A6	**工程造价文件**					
1	工程投资估算材料	▲				
2	工程设计概算材料	▲				
3	招标控制价格文件	▲				
4	合同价格文件	▲		▲		△
5	结算价格文件	▲		▲		△
A7	**工程建设基本信息**					
1	工程概况信息表	▲		△		▲
2	建设单位工程项目负责人及现场管理人员名册	▲				▲

续表 B.0.1

类别	归档文件	保存单位				
		建设单位	设计单位	施工单位	监理单位	城建档案馆
3	监理单位工程项目总监及监理人员名册	▲			▲	▲
4	施工单位工程项目经理及质量管理人员名册	▲		▲		▲
	监理文件（B类）					
B1	**监理管理文件**					
1	监理规划	▲			▲	▲
2	监理实施细则	▲		△	▲	▲
3	监理月报	△			▲	
4	监理会议纪要	▲		△	▲	
5	监理工作日志				▲	
6	监理工作总结				▲	▲
7	工作联系单	▲		△	△	
8	监理工程师通知	▲		△	△	△
9	监理工程师通知回复单	▲		△	△	△
10	工程暂停令	▲		△	△	▲
11	工程复工报审表	▲		▲	▲	▲
B2	**进度控制文件**					
1	工程开工报审表	▲		▲	▲	▲
2	施工进度计划报审表	▲		△	△	
B3	**质量控制文件**					
1	质量事故报告及处理资料	▲		▲	▲	▲
2	旁站监理记录	△		△	▲	
3	见证取样和送检人员备案表	▲		▲	▲	
4	见证记录	▲		▲	▲	
5	工程技术文件报审表			△		
B4	**造价控制文件**					
1	工程款支付	▲		△	△	
2	工程款支付证书	▲		△	△	
3	工程变更费用报审表	▲		△	△	
4	费用索赔申请表	▲		△	△	
5	费用索赔审批表	▲		△	△	
B5	**工期管理文件**					
1	工程延期申请表	▲		▲	▲	▲
2	工程延期审批表	▲			▲	▲
B6	**监理验收文件**					
1	工程竣工移交书	▲		▲	▲	▲
2	监理资料移交书	▲			▲	

续表 B.0.1

类别	归档文件	保存单位				
		建设单位	设计单位	施工单位	监理单位	城建档案馆
	施工文件（C类）					
C1	**施工管理文件**					
1	工程概况表	▲		▲	▲	△
2	施工现场质量管理检查记录			△	△	
3	企业资质证书及相关专业人员岗位证书	△		△	△	△
4	分包单位资质报审表	▲		▲	▲	
5	建设单位质量事故勘查记录	▲		▲	▲	▲
6	建设工程质量事故报告书	▲		▲	▲	▲
7	施工检测计划	△		△	△	
8	见证试验检测汇总表	▲		▲	▲	▲
9	施工日志			▲		
C2	**施工技术文件**					
1	工程技术文件报审表	△		△	△	
2	施工组织设计及施工方案	△		△	△	△
3	危险性较大分部分项工程施工方案	△		△	△	
4	技术交底记录	△		△		
5	图纸会审记录	▲	▲	▲	▲	▲
6	设计变更通知单	▲	▲	▲	▲	▲
7	工程洽商记录（技术核定单）	▲	▲	▲	▲	▲
C3	**进度造价文件**					
1	工程开工报审表	▲	▲	▲	▲	△
2	工程复工报审表	▲	▲	▲	▲	△
3	施工进度计划报审表			△	△	
4	施工进度计划			△	△	
5	人、机、料动态表			△	△	
6	工程延期申请表	▲		▲	▲	△
7	工程款支付申请表	▲		△	△	
8	工程变更费用报审表	▲		△	△	
9	费用索赔申请表	▲		△	△	
C4	**施工物资文件**					
	出厂质量证明文件及检测报告					
1	水泥产品合格证、出厂检验报告	△		▲	▲	△
2	各类砌块、砖块合格证、出厂检验报告			▲	▲	

续表 B.0.1

类别	归 档 文 件	保存单位				
		建设单位	设计单位	施工单位	监理单位	城建档案馆
3	砂、石料产品合格证、出厂检验报告	△		▲	▲	
4	钢材产品合格证、出厂检验报告	△		▲	▲	△
5	粉煤灰产品合格证、出厂检验报告	△		▲	▲	
6	混凝土外加剂产品合格证、出厂检验报告	△		▲	△	
7	商品混凝土产品合格证	▲		▲	△	△
8	商品混凝土出厂检验报告	△		▲	△	
9	预制构件产品合格证、出厂检验报告	△		▲	△	
10	道路石油沥青产品合格证、出厂检验报告	△		▲	△	
11	沥青混合料（用粗集料、用细集料、用矿粉）产品合格证、出厂检验报告	△		▲	△	
12	沥青胶结料（用粗集料、用细集料、用矿粉）产品合格证、出厂检验报告	△		▲	△	
13	石灰产品合格证、出厂检验报告	△		▲	△	
14	土体试验检验报告	▲		▲	△	△
15	土的有机质含量检验报告	▲		▲	△	△
16	集料检验报告	▲		▲	△	△
17	石材检验报告	▲		▲	△	△
18	土工合成材料力学性能检验报告	▲		▲	△	△
19	其他施工物资产品合格证、出厂检验报告					
	进场检验通用表格					
1	材料、构配件进场验收记录			△	△	
2	见证取样送检汇总表			△	△	
	进场复试报告					
1	主要材料、半成品、构配件、设备进场复检汇总表	▲		▲	▲	△
2	见证取样送检检验成果汇总表			△	▲	
3	钢材进场复试报告	▲		▲	▲	△
4	水泥进场复试报告	▲		▲	▲	△
5	各类砌块、砖块进场复试报告	▲		▲	▲	△
6	砂、石进场复试报告	▲		▲	▲	△
7	粉煤灰进场复试报告	▲		▲	▲	△
8	混凝土外加剂进场复试报告	△		▲	▲	△
9	道路石油沥青进场复试报告	▲		▲	△	▲
10	沥青混合料（用粗集料、用细集料、用矿粉）进场复试报告	▲		▲	△	▲
11	沥青胶结材料进场复试报告	▲		▲	△	▲
12	石灰进场复试报告	▲		▲	△	
13	预制小型构件复检报告	▲		▲	△	

续表 B.0.1

类别	归 档 文 件	保存单位				
		建设单位	设计单位	施工单位	监理单位	城建档案馆
14	其他物资进场复试报告					
C5	**施工记录文件**					
1	测量交接桩记录	▲		▲	△	▲
2	工程定位测量记录	▲		▲	△	▲
3	水准点复测记录	▲		▲	△	▲
4	导线点复测记录	▲		▲	△	▲
5	测量复核记录	▲		▲	△	▲
6	沉降观测记录	▲		▲	△	▲
7	道路高程测量成果记录（路床、基层、面层）	▲		▲	△	▲
8	隐蔽工程检查验收记录	▲		▲	△	△
9	工程预检记录	▲		△	△	
10	中间检查交接记录	▲		△	△	△
11	水泥混凝土浇筑施工记录	▲		▲	△	△
12	同条件养护混凝土试件测温记录			△	△	
13	混凝土开盘鉴定			△	△	
14	沥青混合料到场及摊铺、碾压测温记录			▲	△	
15	桩施工成果汇总表	▲		▲	△	▲
16	桩施工记录	▲		▲	△	▲
17	其他施工记录文件					
C6	**施工试验记录及检测文件**					
1	土工击实试验报告	▲		▲	△	▲
2	沥青混合料马歇尔试验报告	▲		▲	△	▲
3	地基钎探试验报告	▲		▲	△	▲
4	路基压实度检验汇总表	▲		▲	△	△
5	基层/沥青面层压实度检验汇总表	▲		▲	△	△
6	压实度检验报告	▲		▲	△	△
7	压实度检验记录	▲		▲		
8	沥青混合料压实度检验报告	▲		▲	△	△
9	填土含水率检测记录	▲		▲	△	△
10	石灰（水泥）剂量检验报告（钙电击法）	▲		▲	△	△
11	石灰、水泥稳定土中含灰量检测记录（EDTA 法）	▲		▲	△	△
12	基层混合料无侧限饱水抗压强度检验汇总表	▲		▲	△	△
13	无侧限饱水抗压强度检验报告	▲		▲	△	△
14	沥青混合料（矿料级配及沥青用量）检验报告	▲		▲	△	△
15	水泥混凝土强度检验汇总表	▲		▲	△	△
16	水泥混凝土抗压强度统计评定表	▲		▲	△	△
17	水泥混凝土配合比申请单、通知单			△	△	

续表 B.0.1

类别	归 档 文 件	保存单位				
		建设单位	设计单位	施工单位	监理单位	城建档案馆
18	水泥混凝土抗压强度试验报告	▲		▲	△	△
19	水泥混凝土抗折强度统计评定表	▲		▲	△	▲
20	水泥混凝土抗折强度检验报告	▲		▲	△	▲
21	水泥混凝土配合比设计试验报告	▲		▲	△	
22	道路基层、面层厚度检测报告	▲		▲	△	△
23	砂浆试块强度检验汇总表	▲		▲	△	△
24	砂浆抗压强度统计评定表	▲		▲	△	△
25	砂浆抗压强度检验报告	▲		▲	△	△
26	砂浆配合比申请单、通知单			△	△	
27	砂浆配合比设计试验报告	▲		▲	△	
28	承载比（CBR）试验报告	▲		▲	△	△
29	平整度检测报告（3m直尺、测平仪检查）	▲		▲	△	△
30	道路弯沉值测试成果汇总表	▲		▲	△	▲
31	道路（沥青面层）弯沉值检验报告	▲		▲	△	▲
32	道路（路床、基层）弯沉值检验报告	▲		▲	△	▲
33	道路弯沉值检验记录	▲		▲	△	
34	路面抗滑性能检验报告	▲		▲	△	△
35	相对密度试验报告	▲		▲	△	△
36	其他施工试验及检验文件					
C7	**施工质量验收文件**					
1	路基分部（子分部）工程质量验收记录	▲		▲	▲	▲
2	路基检验批质量验收记录	▲		△	△	
3	基层分部（子分部）工程质量验收记录	▲		▲	▲	▲
4	基层检验批质量验收记录	▲		△	△	
5	面层分部（子分部）工程质量验收记录	▲		▲	▲	▲
6	面层工程检验批质量验收记录	▲		△	△	
7	广场与停车场分部（子分部）工程质量验收记录	▲		▲	▲	▲
8	广场与停车场工程检验批质量验收记录	▲		△	△	
9	人行道分部（子分部）工程质量验收记录	▲		▲	▲	▲
10	人行道工程检验批质量验收记录	▲		△	△	
11	人行地道结构分部（子分部）工程质量验收记录	▲		▲	▲	▲
12	人行地道结构工程检验批质量验收记录	▲		△	△	
13	挡土墙分部（子分部）工程质量验收记录	▲		▲	▲	▲
14	挡土墙工程检验批质量验收记录表	▲		△	△	
15	附属构筑物分部、分项工程质量验收记录	▲		▲	▲	▲
16	附属构筑物工程检验批质量验收记录	▲		△	△	
17	道路工程各分部分项工程质量验收记录	▲		▲	△	

续表 B.0.1

类别	归 档 文 件	保存单位				
		建设单位	设计单位	施工单位	监理单位	城建档案馆
18	其他施工质量验收文件					
C8	**施工验收文件**					
1	单位（子单位）工程竣工预验收报验表	▲		▲	▲	
2	单位（子单位）工程质量竣工验收记录	▲	▲	▲	▲	▲
3	单位（子单位）工程质量控制资料核查记录	▲		▲	▲	▲
4	单位（子单位）工程安全和功能检验资料核查及主要功能抽查记录	▲		▲	▲	▲
5	单位（子单位）工程外观质量检查记录	▲		▲	▲	▲
6	施工资料移交书	▲		▲		
7	其他施工验收文件					
	竣工图（D类）					
1	道路竣工图	▲		▲		▲
	工程竣工文件（E类）					
E1	**竣工验收与备案文件**					
1	勘察单位工程评价意见报告	▲		△	△	▲
2	设计单位工程评价意见报告	▲	▲	△	△	▲
3	施工单位工程竣工报告	▲		▲	△	▲
4	监理单位工程质量评估报告	▲		△	▲	▲
5	建设单位工程竣工报告	▲		▲	△	▲
6	工程竣工验收会议纪要	▲	▲	▲	▲	▲
7	专家组竣工验收意见	▲	▲	▲	▲	▲
8	工程竣工验收证书	▲	▲	▲	▲	▲
9	规划、消防、环保、人防等部门出具的认可或准许使用文件	▲	▲	▲	▲	▲
10	市政工程质量保修单	▲	▲			▲
11	市政基础设施工程竣工验收与备案表	▲	▲	▲	▲	▲
12	道路工程档案预验收意见	▲		△		▲
13	城建档案移交书	▲				▲
14	其他工程竣工验收与备案文件					
E2	**竣工决算文件**					
1	施工决算文件	▲		△		△
2	监理决算文件	▲			▲	△
E3	**工程声像文件**					
1	开工前原貌、施工阶段、竣工新貌照片	▲		△	△	▲
2	工程建设过程的录音、录像文件（重大工程）	▲		△	△	▲
E4	**其他工程文件**					

注：表中符号“▲”表示必须归档保存；“△”表示选择性归档保存。

B.0.2 桥梁工程文件的归档范围应符合表B.0.2的规定。

表B.0.2 桥梁工程文件归档范围

类别	归档文件	保存单位				
		建设单位	设计单位	施工单位	监理单位	城建档案馆
	工程准备阶段文件（A类）					
A1	**立项文件**					
1	项目建议书批复文件及项目建议书	▲				▲
2	可行性研究报告批复文件及可行性研究报告	▲				▲
3	专家论证意见、项目评估文件	▲				▲
4	有关立项的会议纪要、领导批示	▲				▲
A2	**建设用地、拆迁文件**					
1	选址申请及选址规划意见通知书	▲				▲
2	建设用地批准书	▲				▲
3	拆迁安置意见、协议、方案等	▲				△
4	建设用地规划许可证及其附件	▲				▲
5	土地使用证明文件及其附件	▲				▲
6	建设用地钉桩通知单	▲				▲
A3	**勘察、设计文件**					
1	工程地质勘察报告	▲	▲			▲
2	水文地质勘察报告	▲	▲			▲
3	初步设计文件（说明书）	▲	▲			
4	设计方案审查意见	▲	▲			▲
5	人防、环保、消防等有关主管部门（对设计方案）审查意见	▲	▲			▲
6	设计计算书	▲	▲			△
7	施工图设计文件审查意见	▲	▲			▲
8	节能设计备案文件	▲				▲
A4	**招投标文件**					
1	勘察、设计招投标文件	▲	▲			
2	勘察、设计合同	▲	▲			▲
3	施工招投标文件	▲		▲	△	
4	施工合同	▲		▲	△	▲
5	工程监理招投标文件	▲			▲	
6	监理合同	▲			▲	▲
A5	**开工审批文件**					
1	建设工程规划许可证及其附件	▲		△	△	▲
2	建设工程施工许可证	▲		▲	▲	▲
A6	**工程造价文件**					
1	工程投资估算材料	▲				
2	工程设计概算材料	▲				

续表 B.0.2

类别	归档文件	保存单位				
		建设单位	设计单位	施工单位	监理单位	城建档案馆
3	招标控制价格文件	▲				
4	合同价格文件	▲		▲		△
5	结算价格文件	▲		▲		△
A7	**工程建设基本信息**					
1	工程概况信息表	▲		△		▲
2	建设单位工程项目负责人及现场管理人员名册	▲				▲
3	监理单位工程项目总监及监理人员名册	▲			▲	▲
4	施工单位工程项目经理及质量管理人员名册	▲		▲		▲
	监理文件（B类）					
B1	**监理管理文件**					
1	监理规划	▲			▲	▲
2	监理实施细则	▲		△	▲	▲
3	监理月报	△			▲	
4	监理会议纪要	▲		△	▲	
5	监理工作日志				▲	
6	监理工作总结				▲	▲
7	工作联系单	▲		△	△	
8	监理工程师通知	▲		△	△	△
9	监理工程师通知回复单	▲		△	△	△
10	工程暂停令	▲		△	△	▲
11	工程复工报审表	▲		▲	▲	▲
B2	**进度控制文件**					
1	工程开工报审表	▲		▲	▲	▲
2	施工进度计划报审表	▲		△	△	
B3	**质量控制文件**					
1	质量事故报告及处理资料	▲		▲	▲	▲
2	旁站监理记录	△		△	▲	
3	见证取样和送检人员备案表	▲		▲	▲	
4	见证记录	▲		▲	▲	
B4	**造价控制文件**					
1	工程款支付	▲		△	△	
2	工程款支付证书	▲		△	△	
3	工程变更费用报审表	▲		△	△	
4	费用索赔申请表	▲		△	△	
5	费用索赔审批表	▲		△	△	
B5	**工期管理文件**					
1	工程延期申请表	▲		▲	▲	△

续表 B.0.2

类别	归 档 文 件	保存单位				
		建设单位	设计单位	施工单位	监理单位	城建档案馆
2	工程延期审批表	▲			▲	△
B6	**监理验收文件**					
1	工程质量评估报告	▲		▲	▲	▲
2	监理资料移交书	▲			▲	
	施工文件（C类）					
C1	**施工管理文件**					
1	工程概况表	▲		▲	▲	△
2	施工现场质量管理检查记录			△	△	
3	企业资质证书及相关专业人员岗位证书	△		△	△	△
4	分包单位资质报审表	▲		▲	▲	
5	建设单位质量事故勘查记录	▲		▲	▲	▲
6	建设工程质量事故报告书	▲		▲	▲	▲
7	施工检测计划	△		△	△	
8	见证试验检测汇总表	▲		▲	▲	▲
9	施工日志			▲		
C2	**施工技术文件**					
1	工程技术文件报审表	△		△	△	
2	施工组织设计及施工方案	△		△	△	△
3	危险性较大分部分项工程施工方案	△		△	△	△
4	技术交底记录	△		△		
5	图纸会审记录	▲	▲	▲	▲	▲
6	设计变更通知单	▲	▲	▲	▲	▲
7	工程洽商记录（技术核定单）	▲	▲	▲	▲	▲
C3	**进度造价文件**					
1	工程开工报审表	▲	▲	▲	▲	▲
2	工程复工报审表	▲	▲	▲	▲	▲
3	施工进度计划报审表			△	△	
4	施工进度计划			△	△	
5	人、机、料动态表			△	△	
6	工程延期申请表	▲		▲	▲	▲
7	工程款支付申请表	▲		△	△	
8	工程变更费用报审表	▲		△	△	
9	费用索赔申请表	▲		△	△	
C4	**施工物资文件**					
	出厂质量证明文件及检测报告					
1	水泥产品合格证、出厂检验报告	△		▲	▲	△
2	各类砌块、砖块合格证、出厂检验报告			▲	▲	△

续表 B.0.2

类别	归档文件	保存单位				
		建设单位	设计单位	施工单位	监理单位	城建档案馆
3	砂、石料产品合格证、出厂检验报告	△		▲	▲	△
4	钢材产品合格证、出厂检验报告	△		▲	▲	△
5	粉煤灰产品合格证、出厂检验报告	△		▲	▲	△
6	混凝土外加剂产品合格证、出厂检验报告	△		▲	△	△
7	商品混凝土产品合格证	▲		▲	△	△
8	商品混凝土出厂检验报告	△		▲	△	△
9	预制构件产品合格证、出厂检验报告	△		▲	△	△
10	道路石油沥青产品合格证、出厂检验报告	△		▲	△	△
11	沥青混合料（用粗集料、用细集料、用矿粉）产品合格证、出厂检验报告	△		▲	△	△
12	沥青胶结料（用粗集料、用细集料、用矿粉）产品合格证、出厂检验报告	△		▲	△	△
13	石灰产品合格证、出厂检验报告	△		▲	△	△
14	土体试验检验报告	▲		▲	△	△
15	土的有机质含量检验报告	▲		▲	△	△
16	集料检验报告	▲		▲	△	△
17	石材检验报告	▲		▲	△	△
18	土工合成材料合格证、出厂检验报告	▲		▲	△	△
19	土工合成材料力学性能检验报告	▲		▲	△	△
20	预应力筋用锚具连接器、支座伸缩装置合格证	▲		▲	△	▲
21	钢铁构件合格证、出厂检验报告	△		▲	△	△
22	扭剪型高强度螺栓连接副紧固预接力检验报告	▲		▲	△	▲
23	高强度大六角头螺栓连接副扭矩系数检验报告	▲		▲	△	▲
24	高强度螺栓洛氏硬度检验报告	▲		▲	△	▲
25	钢绞线力学性能检验报告	▲		▲	△	▲
26	桥梁用结构钢力学性能检验报告	▲		▲	△	▲
27	桥梁用结构钢化学性能检验报告	▲		▲	△	▲
28	防腐（防火）涂料产品合格证、出厂检验报告	△		▲	△	▲
29	其他施工物资产品合格证、出厂检验报告					
	进场检验通用表格					
1	材料、构配件进场验收记录			△	△	△
2	见证取样送检汇总表			△	△	
	进场复试报告					
1	主要材料、半成品、构配件、设备进场复检汇总表	▲		▲	△	▲
2	见证取样送检检验成果汇总表			△	△	▲
3	钢材进场复试报告	▲		▲	△	▲
4	水泥进场复试报告	▲		▲	△	▲

续表 B.0.2

类别	归 档 文 件	保存单位				
		建设单位	设计单位	施工单位	监理单位	城建档案馆
5	各类砌块、砖块进场复试报告	▲		▲	△	▲
6	砂、石进场复试报告	▲		▲	△	▲
7	粉煤灰进场复试报告	▲		▲	△	▲
8	混凝土外加剂进场复试报告	△		▲	▲	▲
9	道路石油沥青进场复试报告	▲		▲	△	▲
10	沥青混合料（用粗集料、用细集料、用矿粉）进场复试报告	▲		▲	△	▲
11	沥青胶结材料进场复试报告	▲		▲	△	▲
12	石灰进场复试报告	▲		▲	△	
13	预制小型构件复检报告	▲		▲	△	
14	防腐（防火）涂料复试检验报告	▲		▲	△	▲
15	其他物资进场复试报告					
C5	**施工记录文件**					
1	测量交接桩记录	▲		▲	△	▲
2	工程定位测量记录	▲		▲	△	▲
3	水准点复测记录	▲		▲	△	▲
4	导线点复测记录	▲		▲	△	▲
5	测量复核记录	▲		▲	△	▲
6	沉降观测记录	▲		▲	△	▲
7	桥梁高程测量成果记录	▲		▲	△	▲
8	桥梁竣工测量记录汇总表	▲		▲	△	▲
9	隐蔽工程检查验收记录	▲		▲	△	▲
10	工程预检记录	▲		△	△	
11	中间检查交接记录	▲		△	△	△
12	水泥混凝土浇筑施工记录	▲		▲	△	△
13	同条件养护混凝土试件测温记录			△	△	
14	混凝土开盘鉴定			△	△	
15	沥青混合料到场及摊铺、碾压测温记录			▲	△	
16	灌注桩水下混凝土检验汇总表	▲		▲	△	△
17	灌注桩水下混凝土施工记录	▲		▲	△	△
18	桩施工成果汇总表	▲		▲	△	▲
19	桩施工记录	▲		▲	△	▲
20	沉井下沉施工记录	▲		▲	△	▲
21	大体积混凝土养护测温记录			△	△	
22	冬期施工混凝土养护测温记录			△	△	
23	预应力张拉记录	▲		▲	△	△
24	预应力孔道压浆记录	▲		▲	△	△
25	预应力构件封锚施工记录	▲		▲	△	△

续表 B.0.2

类别	归 档 文 件	保存单位				
		建设单位	设计单位	施工单位	监理单位	城建档案馆
26	构件吊装施工记录	▲		▲	△	△
27	伸缩缝安装施工记录	▲		▲	△	△
28	支座安装施工记录	▲		▲	△	△
29	钢梁预拼装记录	▲		▲	△	△
30	涂装前钢材表面除锈等级检查记录	▲		▲	△	△
31	涂装前钢材表面粗糙度等级检查记录	▲		▲	△	△
32	钢结构防腐（防火）涂料施工记录	▲		▲	△	△
33	高强度螺栓连接施工记录	▲		▲	△	▲
34	箱涵顶进施工记录	▲		▲	△	▲
35	斜拉索安装张拉记录	▲		▲	△	▲
36	斜拉索张拉调整记录	▲		▲	△	▲
37	其他施工记录文件					
C6	**施工试验记录及检测文件**					
1	土工击实试验报告	▲		▲	△	▲
2	沥青混合料马歇尔试验报告	▲		▲	△	▲
3	地基钎探试验报告	▲		▲	△	▲
4	路基压实度检验汇总表	▲		▲	△	△
5	基层/沥青面层压实度检验汇总表	▲		▲	△	△
6	压实度检验报告	▲		▲	△	△
7	压实度检验记录	▲		▲		
8	沥青混合料压实度检验报告	▲		▲	△	△
9	填土含水率检测记录	▲		▲	△	△
10	石灰（水泥）剂量检验报告（钙电击法）	▲		▲	△	△
11	石灰、水泥稳定土中含灰量检测记录（EDTA 法）	▲		▲	△	△
12	（桥涵）回填土压实度检验汇总表	▲		▲	△	▲
13	（桥涵）回填土压实度检验报告	▲		▲	△	▲
14	（桥涵）回填土压实度检验记录	▲		▲		
15	水泥混凝土强度检验汇总表	▲		▲	△	△
16	水泥混凝土抗压强度统计评定表	▲		▲	△	△
17	水泥混凝土配合比申请单、通知单			△	△	
18	水泥混凝土抗压强度试验报告	▲		▲	△	△
19	水泥混凝土抗折强度统计评定表	▲		▲	△	▲
20	水泥混凝土抗折强度检验报告	▲		▲	△	▲
21	水泥混凝土配合比设计试验报告	▲		▲	△	
22	道路基层、面层厚度检测报告	▲		▲	△	△
23	砂浆试块强度检验汇总表	▲		▲	△	△
24	砂浆抗压强度统计评定表	▲		▲	△	△

续表 B.0.2

类别	归　档　文　件	保存单位				
		建设单位	设计单位	施工单位	监理单位	城建档案馆
25	砂浆抗压强度检验报告	▲		▲	△	△
26	砂浆配合比申请单、通知单			△	△	
27	砂浆配合比设计试验报告	▲		▲	△	
28	水泥混凝土总碱含量、氯离子含量、氯离子扩散系数核算单	▲		▲	△	△
29	桩身完整性检测报告	▲		▲	△	▲
30	桩承载力测试报告	▲		▲	△	▲
31	钢筋焊接连接试验报告汇总表	▲		▲	△	△
32	钢筋焊接接头试验报告	▲		▲	△	△
33	钢筋机械连接性能检验报告汇总表	▲		▲	△	△
34	钢筋机械连接接头检验报告	▲		▲	△	△
35	焊缝质量综合评价汇总表	▲		▲	△	△
36	焊缝超声波探伤报告	▲		▲	△	△
37	焊缝超声波探伤记录	▲		▲	△	
38	构件射线探伤报告	▲		▲	△	▲
39	高强度螺栓摩擦面抗滑移系数检验报告	▲		▲	△	▲
40	混凝土钢筋保护层厚度检验报告	▲		▲	△	▲
41	钢梁涂装前粗糙度评定测试报告	▲		▲	△	▲
42	钢结构涂层厚度检验报告	▲		▲	△	▲
43	钢梁焊接工艺评定及焊接工艺	▲		▲	△	△
44	水泥混凝土轴心抗压强度检验报告	▲		▲	△	△
45	水泥混凝土静力受压弹性模量检验报告	▲		▲	△	△
46	沥青混合料马歇尔试验报告	▲		▲	△	△
47	沥青混合料矿料级配及沥青用量检验报告	▲		▲	△	△
48	沥青面层压实度检验汇总评定表	▲		▲	△	△
49	沥青面层压实度报告	▲		▲	△	△
50	沥青面层压实度记录			▲	△	
51	饰面砖粘结强度检验报告	▲		▲	△	▲
52	预制混凝土构件结构性能检验报告	▲		▲	△	▲
53	桥梁锚具、夹具静载锚固性试验报告	▲		▲	△	▲
54	桥梁拉索超张拉检验报告	▲		▲	△	▲
55	桥梁拉索张拉力振动频率检验报告	▲		▲	△	▲
56	桥梁静、动载试验报告	▲		▲	△	▲
57	其他施工试验及检验文件					
C7	**施工质量验收文件**					
1	地基与基础分部（子分部）工程质量验收记录	▲		▲	▲	▲
2	地基与基础工程检验批质量验收记录	▲		△	△	
3	墩台分部（子分部）工程质量验收记录	▲		▲	▲	▲

续表 B.0.2

类别	归 档 文 件	保存单位				
		建设单位	设计单位	施工单位	监理单位	城建档案馆
4	墩台工程检验批质量验收记录	▲		△	△	
5	盖梁分部（子分部）工程质量验收记录	▲		▲	▲	▲
6	盖梁工程检验批质量验收记录	▲		△	△	
7	支座分部（子分部）工程质量验收记录	▲		▲	▲	▲
8	支座工程检验批质量验收记录	▲		△	△	
9	索塔分部（子分部）工程质量验收记录	▲		▲	▲	▲
10	索塔工程检验批质量验收记录	▲		△	△	
11	锚锭分部（子分部）工程质量验收记录	▲		▲	▲	▲
12	锚锭工程检验批质量验收记录	▲		△	△	
13	桥跨承重结构分部（子分部）工程质量验收记录	▲		▲	▲	▲
14	桥跨承重结构工程检验批质量验收记录	▲		△	△	
15	顶进箱涵分部（子分部）工程质量验收记录	▲		▲	▲	▲
16	顶进箱涵工程检验批质量验收记录	▲		△	△	
17	桥面系分部（子分部）工程质量验收记录	▲		▲	▲	▲
18	桥面系工程检验批质量验收记录	▲		△	△	
19	附属结构分部（子分部）工程质量验收记录	▲		▲	▲	▲
20	附属结构工程检验批质量验收记录	▲		△	△	
21	装修与装饰分部（子分部）工程质量验收记录	▲		▲	▲	▲
22	装修与装饰工程检验批质量验收记录	▲		△	△	
23	引道分部（子分部）工程质量验收记录	▲		▲	▲	▲
24	引道工程检验批质量验收记录	▲		△	△	
25	桥梁工程各分部分项工程质量验收记录	▲		▲	△	
26	其他施工质量验收文件					
C8	**施工验收文件**					
1	单位（子单位）工程竣工预验收报验表	▲		▲	▲	
2	单位（子单位）工程质量竣工验收记录	▲	▲	▲	▲	▲
3	单位（子单位）工程质量控制资料核查记录	▲		▲	▲	▲
4	单位（子单位）工程安全和功能检验资料核查及主要功能抽查记录	▲		▲	▲	▲
5	单位（子单位）工程外观质量检查记录	▲		▲	▲	▲
6	施工资料移交书	▲		▲		
7	其他施工验收文件					
	竣工图（D 类）					
1	桥梁竣工图	▲		▲		▲
	工程竣工文件（E 类）					
E1	**竣工验收与备案文件**					
1	勘察单位工程评价意见报告	▲		△	△	▲
2	设计单位工程评价意见报告	▲	▲	△	△	▲

续表 B.0.2

类别	归　档　文　件	保存单位				
		建设单位	设计单位	施工单位	监理单位	城建档案馆
3	施工单位工程竣工报告	▲		▲	△	▲
4	监理单位工程质量评估报告	▲		△	▲	▲
5	建设单位工程竣工报告	▲		▲	△	▲
6	工程竣工验收会议纪要	▲	▲	▲	▲	▲
7	专家组竣工验收意见	▲	▲	▲	▲	▲
8	工程竣工验收证书	▲	▲	▲	▲	▲
9	规划、消防、环保、人防、防雷等部门出具的认可或准许使用文件	▲	▲	▲	▲	▲
10	市政工程质量保修单	▲	▲	▲		▲
11	市政基础设施工程竣工验收备案表	▲	▲	▲	▲	▲
12	桥梁工程档案预验收意见	▲				▲
13	城建档案移交书	▲				▲
14	其他工程竣工验收与备案文件					
E2	**竣工决算文件**					
1	施工决算文件	▲		△	△	
2	监理决算文件	▲			△	
E3	**工程声像文件**					
1	开工前原貌、施工阶段、竣工新貌照片	▲		△	△	▲
2	工程建设过程的录音、录像文件（重大工程）	▲		△	△	▲
E4	**其他工程文件**					

注：表中符号“▲”表示必须归档保存；“△”表示选择性归档保存。

B.0.3　地下管线工程文件的归档范围应符合表 B.0.3 的规定。

表 B.0.3　地下管线工程文件归档范围

类别	归　档　文　件	保存单位				
		建设单位	设计单位	施工单位	监理单位	城建档案馆
工程准备阶段文件（A类）						
A1	**立项文件**					
1	项目建议书批复文件及项目建议书	▲				▲
2	可行性研究报告批复文件及可行性研究报告	▲				▲
3	专家论证意见、项目评估文件	▲				▲
4	有关立项的会议纪要、领导批示	▲				▲
A2	**建设用地、拆迁文件**					
1	选址申请及选址规划意见通知书	▲				▲
2	建设用地批准书	▲				▲
3	拆迁安置意见、协议、方案等	▲				△

续表 B.0.3

类别	归档文件	保存单位				
		建设单位	设计单位	施工单位	监理单位	城建档案馆
4	建设用地规划许可证及其附件	▲				▲
5	土地使用证明文件及其附件	▲				▲
6	建设用地钉桩通知单	▲				▲
A3	**勘察、设计文件**					
1	工程地质勘察报告	▲	▲			▲
2	水文地质勘察报告	▲	▲			▲
3	初步设计文件（说明书）	▲	▲			▲
4	设计方案审查意见	▲	▲			▲
5	人防、环保、消防等有关主管部门（对设计方案）审查意见	▲	▲			▲
6	设计计算书	▲	▲			△
7	施工图设计文件审查意见	▲	▲			▲
8	节能设计备案文件	▲				▲
A4	**招投标文件**					
1	勘察、设计招投标文件	▲	▲			
2	勘察、设计合同	▲	▲			▲
3	施工招投标文件	▲		▲	△	
4	施工合同	▲		▲	△	▲
5	工程监理招投标文件	▲			▲	
6	监理合同	▲			▲	▲
A5	**开工审批文件**					
1	建设工程规划许可证及其附件	▲		△	△	▲
2	建设工程施工许可证	▲		▲	▲	▲
A6	**工程造价文件**					
1	工程投资估算材料	▲				
2	工程设计概算材料	▲				
3	招标控制价格文件	▲				
4	合同价格文件	▲		▲		△
5	结算价格文件	▲		▲		△
A7	**工程建设基本信息**					
1	工程概况信息表	▲		△		▲
2	建设单位工程项目负责人及现场管理人员名册	▲				▲
3	监理单位工程项目总监及监理人员名册	▲			▲	▲
4	施工单位工程项目经理及质量管理人员名册	▲		▲		▲
	监理文件（B类）					
B1	**监理管理文件**					
1	监理规划	▲			▲	▲

续表 B.0.3

类别	归 档 文 件	保存单位				
		建设单位	设计单位	施工单位	监理单位	城建档案馆
2	监理实施细则	▲		△	▲	▲
3	监理月报	△			▲	
4	监理会议纪要	▲		△	▲	
5	监理工作日志				▲	
6	监理工作总结				▲	▲
7	工作联系单	▲		△	△	
8	监理工程师通知	▲		△	△	△
9	监理工程师通知回复单	▲		△	△	△
10	工程暂停令	▲		△	△	▲
11	工程复工报审表	▲		▲	▲	▲
B2	**进度控制文件**					
1	工程开工报审表	▲		▲	▲	▲
2	施工进度计划报审表	▲		△	△	
B3	**质量控制文件**					
1	质量事故报告及处理资料	▲		▲	▲	▲
2	旁站监理记录	△		△	▲	
3	见证取样和送检人员备案表	▲		▲	▲	
4	见证记录	▲		▲	▲	
B4	**造价控制文件**					
1	工程款支付	▲		△	△	
2	工程款支付证书	▲		△	△	
3	工程变更费用报审表	▲		△	△	
4	费用索赔申请表	▲		△	△	
5	费用索赔审批表	▲		△	△	
B5	**工期管理文件**					
1	工程延期申请表	▲		▲	▲	▲
2	工程延期审批表	▲			▲	▲
B6	**监理验收文件**					
1	工程竣工移交书	▲		▲	▲	▲
2	监理资料移交书	▲			▲	
	施工文件（C类）					
C1	**施工管理文件**					
1	工程概况表	▲		▲	▲	△
2	施工现场质量管理检查记录			△	△	
3	企业资质证书及相关专业人员岗位证书	△		△	△	△
4	分包单位资质报审表	▲		▲	▲	
5	建设单位质量事故勘查记录	▲		▲	▲	▲

续表 B.0.3

类别	归 档 文 件	保存单位				
		建设单位	设计单位	施工单位	监理单位	城建档案馆
6	建设工程质量事故报告书	▲		▲	▲	▲
7	施工检测计划	△		△	△	
8	见证试验检测汇总表	▲		▲	▲	▲
9	施工日志			▲		
C2	**施工技术文件**					
1	工程技术文件报审表	△		△	△	
2	施工组织设计及施工方案	△		△	△	△
3	危险性较大分部分项工程施工方案	△		△	△	
4	技术交底记录	△		△		
5	图纸会审记录	▲	▲	▲	▲	▲
6	设计变更通知单	▲	▲	▲	▲	▲
7	工程洽商记录（技术核定单）	▲	▲	▲	▲	▲
C3	**进度造价文件**					
1	工程开工报审表	▲	▲	▲	▲	▲
2	工程复工报审表	▲	▲	▲	▲	▲
3	施工进度计划报审表			△	△	
4	施工进度计划			△	△	
5	人、机、料动态表			△	△	
6	工程延期申请表	▲		▲	▲	▲
7	工程款支付申请表	▲		△	△	
8	工程变更费用报审表	▲		△	△	
9	费用索赔申请表	▲		△	△	
C4	**施工物资文件**					
	出厂质量证明文件及检测报告					
1	水泥产品合格证、出厂检验报告	△		▲	▲	△
2	各类砌块、砖块合格证、出厂检验报告			▲	▲	
3	砂、石料产品合格证、出厂检验报告	△		▲	▲	
4	钢材产品合格证、出厂检验报告	△		▲	▲	△
5	粉煤灰产品合格证、出厂检验报告	△		▲	▲	
6	混凝土外加剂产品合格证、出厂检验报告	△		▲	△	
7	商品混凝土产品合格证	▲		▲	△	△
8	商品混凝土出厂检验报告	△		▲	△	
9	预制构件产品合格证、出厂检验报告	△		▲	△	
10	管道构件产品合格证、出厂检验报告	▲		▲	△	▲
11	检查井盖、井框出厂检验报告	△		▲	△	
12	其他施工物资产品合格证、出厂检验报告					
	进场检验通用表格					
1	材料、构配件进场验收记录	▲		▲	△	

续表 B.0.3

类别	归档文件	保存单位				
		建设单位	设计单位	施工单位	监理单位	城建档案馆
2	设备开箱检验记录			△	△	
3	设备及管道附件试验记录	▲		▲	△	
	进场复试报告					
1	主要材料、半成品、构配件、设备进场复检汇总表	▲		▲	▲	△
2	见证取样送检检验成果汇总表			△	▲	
3	钢材进场复试报告	▲		▲	▲	△
4	水泥进场复试报告	▲		▲	▲	△
5	各类砌块、砖块进场复试报告	▲		▲	▲	△
6	砂、石进场复试报告	▲		▲	▲	△
7	粉煤灰进场复试报告	▲		▲	▲	△
8	混凝土外加剂进场复试报告	△		▲	▲	△
9	混凝土构件复检报告	▲		▲	△	▲
10	其他物资进场复试报告					
C5	**施工记录文件**					
1	测量交接桩记录	▲		▲	▲	▲
2	工程定位测量记录	▲		▲	▲	▲
3	水准点复测记录	▲		▲	▲	▲
4	导线点复测记录	▲		▲	▲	▲
5	测量复核记录	▲		▲	▲	▲
6	沉降观测记录	▲		▲	△	▲
7	隐蔽工程检查验收记录	▲		▲	▲	▲
8	工程预检记录	▲		△	△	
9	中间检查交接记录	▲		▲	△	▲
10	水泥混凝土浇筑施工记录	▲		▲	△	▲
11	预应力筋张拉记录	▲		▲	△	△
12	给水管道冲洗消毒记录	▲		▲	△	△
13	设备、钢构件、管道防腐层质量检查记录	▲		▲	△	
14	箱涵、管道顶进施工记录	▲		▲	△	▲
15	构件吊装施工记录	▲		▲	△	
16	补偿器安装记录	▲		▲	△	
17	其他施工记录文件					
C6	**施工试验记录及检测文件**					
1	击实试验报告	▲		▲	△	▲
2	地基钎探报告	▲		▲	△	▲
3	管道沟槽回填土压实度检验汇总表	▲		▲	△	▲
4	管道沟槽回填土压实度检验报告	▲		▲	△	▲
5	管道沟槽回填土压实度检验记录	▲		▲		

续表 B.0.3

类别	归 档 文 件	保存单位				
		建设单位	设计单位	施工单位	监理单位	城建档案馆
6	填土含水率检验记录	▲		▲	△	△
7	石灰（水泥）剂量检验报告	▲		▲	△	△
8	水泥混凝土强度检验汇总表	▲		▲	△	△
9	水泥混凝土抗压强度统计评定表	▲		▲	△	△
10	混凝土抗压强度检验报告	▲		▲	△	△
11	混凝土抗渗性能检验报告	▲		▲	△	△
12	混凝土配合比设计报告	▲		▲	△	
13	砂浆试块强度检验汇总表	▲		▲	△	△
14	砌体砂浆抗压强度统计评定表	▲		▲	△	△
15	砂浆抗压强度检验报告	▲		▲	△	△
16	砂浆配合比设计报告	▲		▲	△	△
17	焊缝质量综合评价汇总表	▲		▲	△	▲
18	焊缝质量检测报告	▲		▲	△	▲
19	钢筋焊接连接接头检验报告	▲		▲	△	▲
20	钢筋机械连接接头检验报告	▲		▲	△	▲
21	无压管道闭水试验记录	▲		▲	△	△
22	压力管道水压试验记录表	▲		▲	△	▲
23	压力管道强度及严密性试验记录	▲		▲	△	▲
24	阀门安装强度及严密性试验记录	▲		▲	△	
25	管道通球试验记录	▲		▲	△	▲
26	设备试运行记录	▲		▲	△	△
27	设备调试记录	▲		▲	△	△
28	其他施工试验记录与检测文件					
C7	**施工质量验收文件**					
1	土方工程分部（子分部）工程质量验收记录	▲		▲	▲	▲
2	土方工程检验批质量验收记录	▲		△	△	
3	管道主体工程分部（子分部）分项工程质量验收记录	▲		▲	▲	▲
4	管道工程检验批质量验收记录	▲		△	△	
5	附属构筑物工程分部（子分部）分项工程质量验收记录	▲		▲	▲	▲
6	附属构筑物工程检验批质量验收记录	▲		△	△	
7	管道工程各分部分项工程质量验收记录	▲		▲	△	

续表 B.0.3

类别	归档文件	保存单位				
		建设单位	设计单位	施工单位	监理单位	城建档案馆
8	其他施工质量验收文件					
C8	**施工验收文件**					
1	单位（子单位）工程竣工预验收报验表	▲		▲	▲	△
2	单位（子单位）工程质量竣工验收记录	▲	▲	▲	▲	▲
3	单位（子单位）工程质量控制资料核查记录	▲		▲	▲	▲
4	单位（子单位）工程安全和功能检验资料核查及主要功能抽查记录	▲		▲	▲	▲
5	单位（子单位）工程外观质量检查记录	▲		▲	▲	▲
6	施工资料移交书	▲		▲		△
7	其他施工验收文件					
	竣工图（D类）					
1	地下管线竣工图	▲		▲		▲
2	地下管线工程竣工测量成果文件	▲		▲	△	▲
	工程竣工文件（E类）					
E1	**竣工验收与备案文件**					
1	勘察单位工程评价意见报告	▲		△	△	▲
2	设计单位工程评价意见报告	▲	▲	△	△	▲
3	施工单位工程竣工报告	▲		▲	△	▲
4	监理单位工程质量评估报告	▲		△	▲	▲
5	建设单位工程竣工报告	▲		▲	△	▲
6	工程竣工验收会议纪要	▲	▲	▲	▲	▲
7	专家组竣工验收意见	▲	▲	▲	▲	▲
8	工程竣工验收证书	▲	▲	▲	▲	▲
9	规划、消防、环保等部门出具的认可或准许使用文件	▲	▲	▲	▲	▲
10	市政工程质量保修单	▲	▲	▲	△	▲
11	市政基础设施工程竣工验收与备案表	▲	▲	▲	▲	▲
12	地下管线工程档案预验收意见	▲				▲
13	城建档案移交书	▲				▲
14	其他竣工验收与备案文件					
E2	**竣工决算文件**					
1	施工决算文件	▲		▲		△
2	监理决算文件	▲			▲	△
E3	**工程声像文件**					
1	开工前原貌、施工阶段、竣工新貌照片	▲		△	△	▲
2	工程建设过程的录音、录像文件（重大工程）	▲		△	△	▲
E4	**其他工程文件**					

注：表中符号“▲”表示必须归档保存；“△”表示选择性归档保存。

附录C 卷内目录式样

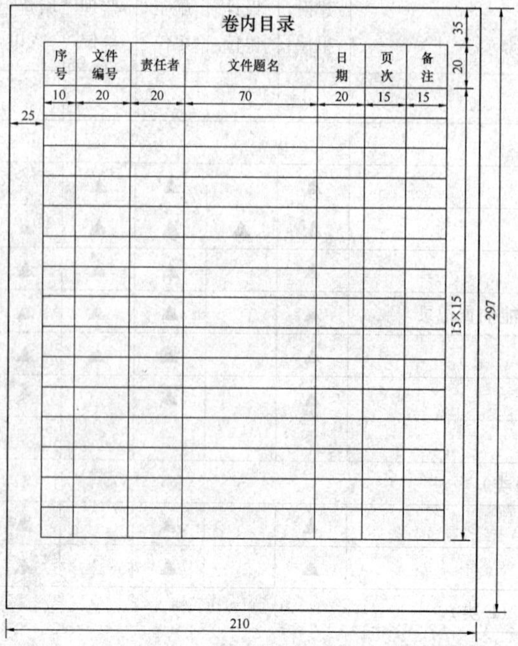

图C 卷内目录式样

注：1. 尺寸单位统一为：mm；

2. 比例1∶2。

附录D 卷内备考表式样

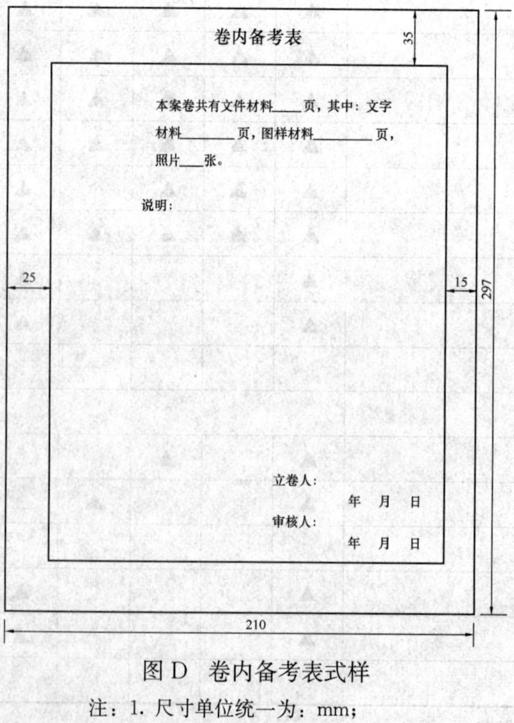

图D 卷内备考表式样

注：1. 尺寸单位统一为：mm；

2. 比例1∶2。

附录E 案卷封面式样

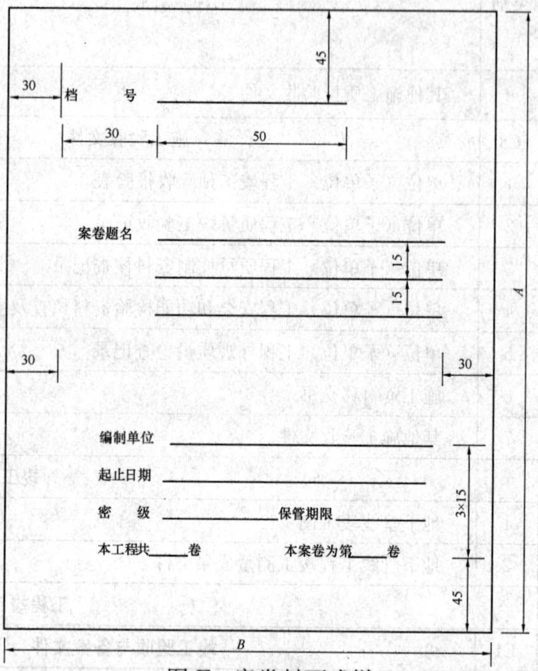

图E 案卷封面式样

注：1. 卷盒、卷夹封面 $A \times B = 310 \times 220$；

2. 案卷封面 $A \times B = 297 \times 210$；

3. 尺寸单位统一为：mm，比例1∶2。

附录F 案卷脊背式样

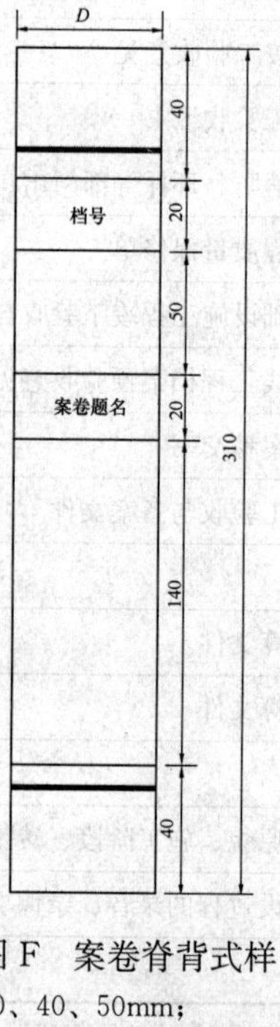

图F 案卷脊背式样

注：1. D＝20、30、40、50mm；

2. 尺寸单位统一为：mm，比例1∶2。

附录G　案卷目录式样

案卷号	案卷题名	卷内数量			编制单位	编制日期	保管期限	密级	备注
		文字（页）	图纸（张）	其他					

本规范用词说明

1　为便于在执行本规范条文时区别对待，对要求严格程度不同的用词说明如下：

1） 表示很严格，非这样做不可的：
正面词采用“必须”，反面词采用“严禁”；

2） 表示严格，在正常情况下均应这样做的：
正面词采用“应”，反面词采用“不应”或“不得”；

3） 表示允许稍有选择，在条件许可时首先应这样做的：
正面词采用“宜”，反面词采用“不宜”；

4） 表示有选择，在一定条件下可以这样做的，采用“可”。

2　条文中指明应按其他有关标准执行的写法为：“应按……执行”或“应符合……的规定”。

引用标准名录

1　《城建档案业务管理规范》CJJ/T 158

2　《建设电子档案元数据标准》CJJ/T 187

中华人民共和国国家标准

建设工程文件归档规范

GB/T 50328—2014

条 文 说 明

修 订 说 明

《建设工程文件归档规范》GB/T 50328－2014经住房和城乡建设部2014年7月13日以第491号公告批准、发布。

本规范是在《建设工程文件归档整理规范》GB/T 50328－2001的基础上修订而成，上一版的主编单位是建设部城建档案工作办公室，参编单位是北京市城建档案馆、南京市城建档案馆、重庆市城建档案馆、广州市城建档案馆，主要起草人员是王淑珍、姜中桥、苏文、周健民、周汉羽、蔡艳红。本次修订的主要技术内容是：1. 增加了对归档电子文件的质量要求及其立卷方法；2. 对工程文件的归档范围进行了细分，将所有建设工程按照建筑工程、道路工程、桥梁工程、地下管线工程四个类别，分别对归档范围进行了规定；3. 对各类归档文件赋予了编号体系；4. 对各类工程文件，提出了不同单位"必须归档"和"选择性归档"的区分；5. 增加了关于立卷流程和编制案卷目录的要求。

本规范修订过程中，编制组对各地建设工程文件归档整理工作进行了深入的调查研究，总结了我国工程文件归档工作的实践经验，同时参考了国外先进技术法规、技术标准，并以多种方式广泛征求了各有关单位的意见，对主要问题进行了反复修改，最后经有关专家审查定稿。

为便于广大设计、施工、科研、学校等单位有关人员在使用本规范时能正确理解和执行条文规定，《建设工程文件归档规范》编制组按章、节、条顺序编制了本规范的条文说明，对条文规定的目的、依据以及执行中需注意的有关事项进行了说明。但是，本条文说明不具备与标准正文同等的法律效力，仅供使用者作为理解和把握标准规定的参考。

目　次

1 总 则

1.0.3 建设工程文件归档除执行本规范外，尚应执行《科学技术档案案卷构成的一般要求》GB/T 11822、《技术制图 复制图的折叠方法》GB/10609.3、《建设电子文件与电子档案管理规范》CJJ/T 117、《城建档案业务管理规范》CJJ/T 158、《建设电子档案元数据标准》CJJ/T 187 等规范的规定。

2 术 语

2.0.15 对一个建设工程而言，归档有两方面含义：一是建设、勘察、设计、施工、监理等单位将本单位在工程建设过程中形成的文件向本单位档案管理机构移交；二是勘察、设计、施工、监理等单位将本单位在工程建设过程中形成的文件向建设单位档案管理机构移交。

3 基本规定

3.0.3 建设工程电子文件的归档，应按本规范第 4 章、第 5 章、第 6 章的有关规定执行。城建档案管理机构应加快信息化建设进度，做好建设工程电子文件的接收、保管和利用工作。

4 归档文件及其质量要求

4.1 归档文件范围

4.1.1 此条款为确定归档范围的基本原则。

4.1.2 对本规范附录 A 建筑工程文件归档范围表和附录 B 市政工程文件归档范围表中所列城建档案管理机构接收范围，各城市可根据本地情况适当拓宽和缩减。

隧道、涵洞等工程文件的归档范围可参照本规范附录 B 执行。

在确定归档范围时，如果纸质档案的归档范围有所缩减，那么，电子档案的归档范围应保证不小于本规范附录 A 和附录 B 的范围。

4.2 归档文件质量要求

4.2.1 归档的纸质工程文件应该为原件。建设单位须向城建档案管理机构报送的立项文件、建设用地文件、开工审批文件可以为复制件，但应加盖建设单位印章。

4.2.2 监理文件按现行国家标准《建设工程监理规范》GB/T 50319 编制；建筑工程文件按现行行业标准《建筑工程资料管理规范》JGJ/T 185 的要求编制；市政工程施工技术文件及其竣工验收文件按照原建设部印发的《市政工程施工技术资料管理规定》（建城［2002］221 号）编制。竣工图的编制应按原国家建委 1982 年［建发施字 50 号］《关于编制基本建设竣工图的几项暂行规定》执行。地下管线工程竣工图的编制，应按现行行业标准《城市地下管线探测技术规程》CJJ 61 中的有关规定执行。

4.2.12 电子签名是保证电子文件真实、准确、可靠的重要手段。为确保电子签名的法律效力，各单位应采用获得国家工业和信息化部、国家密码管理局等部门许可的电子认证机构发放的电子签章。为使各单位申办的电子签章在住房和城乡建设领域能够通行通用，避免重复购置，各单位可采用由住房城乡建设部科技发展促进中心主办的“全国建设行业电子认证平台”发放的电子签章。

4.2.14 适用于脱机存储电子档案的载体，按照保存寿命的长短和可靠程度的强弱，依次为：一次写光盘、磁带、可擦写光盘、硬磁盘。由于存储技术发展非常快，难以对存储载体进行严格要求，但对于需要长期保存的电子文档，应该保证存储载体的长久性和载体上记载内容的不可更改性。

4.2.15 除了防范病毒传播外，该条主要是保证电子文件数据能被接收方进行接收和阅读。

5 工程文件立卷

5.1 立卷流程、原则和方法

5.1.2 建设工程项目中由多个单位工程组成时，公共部分的文件可以单独组卷；当单位工程档案出现重复时，原件可归入其中一个单位工程，其他单位工程不需要归档，但应说明清楚。

5.3 案 卷 编 目

5.3.2 卷内目录中，日期应按下列方式编写：“年”用四位数字表示，“月”和“日”分别用两位数字表示，如：2013 年 4 月 1 日应填写为“20130401”。

5.3.3 卷内备考表的说明，主要说明卷内文件复印件情况、页码错误情况、文件的更换情况等。没有需要说明的事项可不必填写说明。

5.3.4 城建档案馆的分类号依据原建设部《城市建设档案分类大纲》（建办档［1993］103 号）编写，一般为大类号加属类号。档号按现行国家标准《城市建设档案著录规范》GB/T 50323 编写。

案卷题名中“工程名称”一般包括工程项目名称、单位工程名称。

编制单位：工程准备阶段文件和竣工验收文件的编制单位一般为建设单位；勘察、设计文件的编制单位一般为工程的勘察、设计单位；监理文件的编制单位一般为监理单位；施工文件的编制单位一般为施工单位。

5.3.5 案卷题名编写过程中应注意以下几点：

1 建设单位名称应编写其对外公开名称、全称或通用简称。

2 工程名称部分应编写其工程的正式名称，并根据工程项目实际情况增加时间特征、工程地址特征、工程性质等特征，进行必要的补充说明，以完善题名构成。如“南京大学浦口校区22幢学生宿舍工程”中“浦口校区”是工程地址特征，以区别南京大学原主城校区。

一些住宅小区、公用建筑、商业建筑等可以省略工程建设单位，直接以地名机构批准的名称作为工程项目名称。

3 案卷题名的拟写应做到唯一性，不应该出现案卷名称相同的现象。对于同类文件或图纸，需要立若干个案卷时，可以加入卷册序号、图号等以示区别。如：

南京大学邵逸夫馆隐蔽工程验收记录之一

南京大学邵逸夫馆隐蔽工程验收记录之二

南京大学邵逸夫馆建筑竣工图（建竣1～建竣20）

南京大学邵逸夫馆建筑竣工图（建竣21～建竣40）

6 工程文件归档

6.0.2 对涉密的有关工程电子文件，在线归档时应做好保密工作。

6.0.5 工程档案编制套数不少于两套是最低要求。许多情况下为满足日后利用需求，需要再增加一至两套，如：为物业管理单位保留一套。

中华人民共和国国家标准

建设项目工程总承包管理规范

Code for management of engineering contracting projects

GB/T 50358—2005

主编部门：中华人民共和国建设部
批准部门：中华人民共和国建设部
施行日期：2 0 0 5 年 8 月 1 日

中华人民共和国建设部
公　　告

第 325 号

建设部关于发布国家标准《建设项目工程总承包管理规范》的公告

现批准《建设项目工程总承包管理规范》为国家标准，编号为GB/T 50358－2005，自 2005 年 8 月 1 日起实施。

本规范由建设部标准定额研究所组织中国建筑工业出版社出版发行。

中华人民共和国建设部

2005 年 5 月 9 日

前　　言

本规范根据中华人民共和国建设部建标［2003］102 号文件的要求编制。

编写本规范的目的是总结我国近 20 年来开展建设项目工程总承包和推行建设项目管理体制改革的主要经验，促进建设项目工程总承包管理的科学化、规范化和法制化，提高建设项目工程总承包的管理水平，推进建设项目工程总承包管理与国际接轨，以适应社会主义市场经济发展的需要。

本规范的内容有 16 章，包括：总则，术语，工程总承包管理的内容与程序，工程总承包管理的组织，项目策划，项目设计管理，项目采购管理，项目施工管理，项目试运行管理，项目进度管理，项目质量管理，项目费用管理，项目安全、职业健康与环境管理，项目资源管理，项目沟通与信息管理，项目合同管理等。

本规范由建设部负责管理，中国勘察设计协会建设项目管理和工程总承包分会负责具体技术内容的解释。本规范在执行过程中如发现需要修改和补充之处，请将意见和有关资料寄送中国勘察设计协会建设项目管理和工程总承包分会（地址：北京朝阳区安立路 60 号润枫德尚 A 座十三层　邮编：100101　E-mail：zcb@ccesda.com），以供今后修订时参考。

本规范主编单位、参编单位、主要起草人和参编人：

主 编 单 位：中国勘察设计协会建设项目管理和工程总承包分会

参 编 单 位：中国成达工程公司
中国石化工程建设公司
北京国电华北电力工程有限公司
中冶京诚工程技术有限公司
中国寰球工程公司
上海建工集团总公司
中国电子工程设计院
中冶赛迪工程技术股份有限公司
中国纺织工业设计院
天津大学管理学院
同济大学经济管理学院
北京中寰工程项目管理公司
中国机械装备（集团）公司
中国石油天然气管道工程有限公司
铁道第四勘察设计院
五洲工程设计研究院
中国海诚工程科技股份有限公司
中国建筑工程总公司
中建国际建设公司
北京城建集团有限责任公司
中国有色矿业建设集团有限公司
中国冶金建设集团公司
水利部黄河水利委员会勘测规划设计研究院

主要起草人：万柏春　何国瑞　胡德银　蔡强华　张秀东　蔡　云　曹　钢　范庆国　冯绍鋐　张名革　张宝丰　伍忆冰　王雪青　王　亮　李培彬　林知炎　曹建勇

参　编　人：徐　建　李　君　李　健　张世祜　李宝丹　杨明德　何一民　翁全龙　徐和麟　黄树标　牛富敏

目　　次

1 总 则

1.0.1 为了提高建设项目工程总承包的管理水平，促进建设项目工程总承包管理的科学化、规范化和法制化，推进建设项目工程总承包管理与国际接轨，制定本规范。

1.0.2 本规范适用于建设项目总承包合同签订后，工程总承包企业项目组织对项目的管理。

1.0.3 本规范是规范建设项目工程总承包管理行为的基本依据。

1.0.4 工程总承包企业应建立覆盖设计、采购、施工、试运行全过程的质量管理体系，职业健康安全管理体系和环境管理体系，保证项目产品和服务的质量、功能和特性，满足合同及相关方的要求。

1.0.5 工程总承包企业应建立覆盖设计、采购、施工、试运行全过程的项目管理体系，提高项目实施的效率和效益。

1.0.6 建设项目工程总承包应实行项目经理负责制和项目成本核算制。

1.0.7 建设项目工程总承包应采用先进的项目管理技术和项目管理方法。

1.0.8 建设项目工程总承包管理，除应遵循本规范外，还应符合国家有关法律、法规及强制性标准的规定。

2 术 语

2.0.1 建设项目 engineering project

建设项目是指需要一定量的投资，经过决策和实施（设计、施工等）的一系列程序，在一定的约束条件下以形成固定资产为明确目标的一次性事业。

2.0.2 工程总承包 engineering procurement construction(EPC)contracting

工程总承包企业受业主委托，按照合同约定对工程建设项目的设计、采购、施工、试运行等实行全过程或若干阶段的承包。

2.0.3 项目发包人 employer

在合同协议书中约定，具有项目发包主体资格和支付工程价款能力的当事人或取得该当事人资格的合法继承人。本规范中项目发包人即指项目业主。

2.0.4 项目承包人 contractor

在合同协议书中约定，被项目发包人接受的具有工程总承包主体资格的当事人或取得该当事人资格的合法继承人。本规范中项目承包人即指总承包商。

2.0.5 项目分包人 subcontractor

项目承包人根据工程总承包合同的约定，将总承包项目中的部分工程或服务发包给具有相应资格的当事人。本规范中项目分包人即指分包商。

2.0.6 项目经理 project manager

工程总承包企业法定代表人在总承包项目上的委托代理人。

2.0.7 项目部 project management team

在工程总承包企业法定代表人授权、支持下，由项目经理组建并领导的项目管理组织。

2.0.8 项目经理负责制 responsibility system of project manager

以项目经理为责任主体的工程总承包项目管理目标责任制度。

2.0.9 项目管理目标责任书 responsibility documents of project management

由工程总承包企业法定代表人根据项目合同和企业经营目标，规定项目经理和项目部应达到的质量、安全、费用和进度等控制目标的文件。

2.0.10 项目干系人 project stakeholders

项目干系人是指参与项目，或其利益与项目有直接或间接关系的人或组织。

2.0.11 项目管理 project management

在项目连续过程中对项目的各方面进行策划、组织、监测和控制，并把项目管理知识、技能、工具和技术应用于项目活动中，以达到项目目标的全部活动。

2.0.12 项目管理体系 project management system

项目管理体系是为实现项目目标，保证项目管理质量而建立的，由项目管理各要素组成的有机整体。通常包括组织机构、职责、资源、程序和方法。项目管理体系应形成文件。

2.0.13 项目启动过程 project initiating processes

正式批准一个项目成立并委托实施的过程。在总承包合同条件下任命项目经理，组建项目部的过程即为项目启动过程。

2.0.14 项目策划过程 project planning processes

根据项目目标，从各种备选的行动方案中选择最好方案，以实现项目目标。项目策划过程的输出是项目计划。

2.0.15 项目管理计划 project management plan

项目管理计划是一份由项目经理提出，经工程总承包企业管理者批准，获得企业支持和指导，用于项目组织工作的内部文件。

2.0.16 项目实施计划 project execution plan

项目实施计划根据合同和经批准的项目管理计划进行编制，用于对项目实施的管理和控制。

2.0.17 赢得值 earned value

已完工作的预算费用（ budgeted cost for work performed)，用以度量项目进展完成状态的尺度。赢得值具有反映进度和费用的双重特性。

2.0.18 项目实施过程 project executing processes

执行项目计划的过程。项目预算的绝大部分将在执行本过程中消耗，并逐渐形成项目产品。

2.0.19 项目控制过程 project controlling processes

通过定期测量和监控项目进展情况，确定实际值与计划基准值的偏差，必要时采取纠正措施，确保项目目标的实现。

2.0.20 项目收尾过程 project closing processes

项目的正式接收并达到有序的结束。项目收尾过程包括合同收尾和项目管理收尾。

2.0.21 设计 engineering; design

将业主要求转化为项目产品描述的过程。即根据合同要求编制建设项目设计文件的过程。

2.0.22 采购 procurement

为完成项目而从执行组织外部获取货物和服务的过程，包括设备材料采购和设计、施工、劳务等采购。本规范中的采购特指设备材料的采购。

2.0.23 采买 purchasing

从接受请购文件到签发采买订单的过程。其工作内容包括：选择询价厂商，编制询价文件，获得报价书，评标，合同谈判，签订采购合同等。

2.0.24 催交 expediting

协调、督促供货厂商按采购合同约定的进度交付文件和货物。

2.0.25 检验 inspection

通过观察和判断，适当时结合测量、试验所进行的符合性评价。

2.0.26 运输 transport

将采购货物及时、安全运抵合同约定地点的活动。

2.0.27 施工 construction

把设计文件转化为项目产品的过程，包括建筑、安装和竣工试验等作业。

2.0.28 竣工 completion

工程已按合同约定和设计要求完成建筑、安装，并通过竣工试验。工程竣工后应由业主确认并签发接收证书。

2.0.29 竣工试验 tests on completion

工程建筑、安装完工后，被业主接收前，按合同约定应由承包商负责进行的试验。

2.0.30 竣工后试验 tests after completion

工程被业主接收后，按合同约定应由业主负责组织进行的试验。

2.0.31 试运行 commissioning

根据合同约定，在工程完成竣工试验后，由业主或总承包企业组织进行的包括合同目标考核验收在内的全部试验。

2.0.32 项目范围管理 project scope management

保证项目包含且仅包含项目所需的全部工作的过程。它主要涉及范围计划编制、范围定义、范围验证和范围变更控制的管理。

2.0.33 项目进度管理 project schedule management

项目进度管理是确保项目按合同约定的时间完成所需的过程。它主要涉及活动定义、活动排序、活动历时估算、进度计划编制、进度控制等。

2.0.34 项目进度控制 project schedule control

根据进度计划，对进度及其偏差进行测量、分析和预测，必要时采取纠正措施或进行进度计划变更的管理。

2.0.35 项目费用管理 project cost management

项目费用管理是保证项目在批准的预算内完成所需的过程。它主要涉及资源计划、费用估算、费用预算、费用控制等。

2.0.36 估算 estimating

估算是估计为完成项目所需的资源及其所需费用的过程。在项目实施过程中，通常应编制初期控制估算、批准的控制估算、首次核定估算、二次核定估算。

2.0.37 预算 budgeting

预算是指把批准的控制估算分配到记账码及单元活动或工作包上去，并按进度计划进行叠加，得出费用预算（基准）计划。

2.0.38 项目费用控制 project cost control

以费用预算计划为基准，对费用及其偏差进行测量、分析和预测，必要时采取纠正措施或进行费用预算（基准）计划变更管理，把项目费用控制在可接受的范围内。

2.0.39 项目质量计划 project quality plan

是质量策划的结果之一。它规定与项目相关的质量标准，如何满足这些标准，由谁及何时应使用哪些程序和相关资源。

2.0.40 项目质量控制 project quality control

是质量管理的组成部分。致力于满足质量要求，监控具体项目结果，以确定其是否符合规定的质量要求，并采取相应措施来消除或防止导致绩效不令人满意的原因。

2.0.41 项目人力资源管理 project human resource management

项目人力资源管理包括保证参加项目的人员能够被最有效使用所需要的过程。它包括：组织策划、人员获得、团队开发等过程。

2.0.42 项目沟通管理 project communications management

保证项目信息能够被及时适当地生成、收集、分析、分发、储存和最终处理所需要的过程。其目的是协调项目内外部关系，互通信息，排除误解、障碍，解决矛盾，保证项目目标的实现。

2.0.43 项目信息管理 project information management

是项目沟通管理的组成部分。它包括对项目信息的收集、分析、整理、处理、储存、传递与应用等进行管理。

2.0.44 项目风险管理 project risk management

是对项目风险进行识别、分析、应对和监控的过程。它包括把正面事件的影响概率扩展到最大，把负面事件的影响概率减少到最小。

2.0.45 项目安全管理 project safety management

对项目实施全过程的安全因素进行管理。它包括：制定安全方针和安全目标，对项目实施过程中与人、物、环境安全有关的因素进行策划和控制。

2.0.46 项目职业健康管理 project occupational health management

对项目实施全过程的职业健康因素进行管理。它包括：制定职业健康方针和目标，对项目的职业健康进行策划、管理和控制。

2.0.47 项目环境管理 project environmental management

在项目实施过程中，对可能造成环境影响的因素进行分析、预测和评价，提出预防或减轻不良环境影响的对策和措施，并进行跟踪和监测。

2.0.48 项目合同管理 project contract administration

对项目合同的订立、履行、变更、终止、违约、索赔、争议处理等进行的管理。

2.0.49 工程总承包合同 EPC contract

工程总承包企业与业主签订的对工程项目的设计、采购、施工、试运行等实行全过程或若干阶段承包的合同。

2.0.50 采购合同 procurement contract

工程总承包企业与供货厂商签订的供货合同。采购合同又可称为采买订单。

2.0.51 分包合同 subcontract

工程总承包商与分包商签订的合同。

2.0.52 竣工时间 time for completion

指合同中约定的，自开工日期算起，至工程竣工（连同按合同约定批准的任何延长期）的全部时间。

2.0.53 缺陷通知期限 defects notification period

自工程竣工日期算起，至按合同约定业主有权通知工程存在缺陷的期限（包括按合同约定批准的任何延长期）。

2.0.54 考核验收 examination and certification

按合同约定进行的合同目标的考核，经考核合格，应由业主确认并签发考核合格证书。合同约定的缺陷通知期限满后，由业主签发履约证书。

3 工程总承包管理的内容与程序

3.1 工程总承包管理的内容

3.1.1 工程总承包管理应包括项目部的项目管理活动和工程总承包企业职能部门参与的项目管理活动。

3.1.2 工程总承包项目管理的范围应由合同约定。根据合同变更程序提出并经批准的变更范围，也应列入项目管理的范围。

3.1.3 工程总承包项目管理的主要内容应包括：任命项目经理，组建项目部，进行项目策划并编制项目计划；实施设计管理，采购管理，施工管理，试运行管理；进行项目范围管理，进度管理，费用管理，设备材料管理，资金管理，质量管理，安全、职业健康和环境管理，人力资源管理，风险管理，沟通与信息管理，合同管理，现场管理，项目收尾等。

3.1.4 当业主聘请项目管理机构或监理机构时，项目部应按合同约定接受管理并配合工作。

3.2 工程总承包管理的程序

3.2.1 项目部应根据合同的约定、项目特点和企业项目管理体系的要求，制定所承担项目的管理程序。

3.2.2 项目部应严格执行项目管理程序，并使每一管理过程都体现计划、实施、检查、处理（PDCA）的持续改进过程。

3.2.3 工程总承包项目管理的基本程序应体现工程总承包项目生命周期发展的规律。其基本程序如下：

1 项目启动：在工程总承包合同条件下，任命项目经理，组建项目部。

2 项目初始阶段：进行项目策划，编制项目计划，召开开工会议；发表项目协调程序，发表设计基础数据；编制设计计划、采购计划、施工计划、试运行计划、质量计划、财务计划和安全管理计划，确定项目控制基准等。

3 设计阶段：编制初步设计或基础工程设计文件，进行设计审查；编制施工图设计或详细工程设计文件。

4 采购阶段：采买，催交，检验，运输，与施工办理交接手续。

5 施工阶段：施工开工前的准备工作，现场施工，竣工试验，移交工程资料，办理管理权移交，进行竣工结算。

6 试运行阶段：对试运行进行指导与服务。

7 合同收尾：取得合同目标考核合格证书，办理决算手续，清理各种债权债务；缺陷通知期限满后取得履约证书。

8 项目管理收尾：办理项目资料归档，进行项目总结，对项目部人员进行考核评价，解散项目部。

3.2.4 项目部应组织设计、采购、施工、试运行各阶段的合理交叉和相互协调。

4 工程总承包管理的组织

4.1 一般规定

4.1.1 工程总承包企业应建立与工程总承包项目相

适应的项目组织，行使项目管理职能。

4.1.2 建设项目工程总承包应实行项目经理负责制。工程总承包企业宜采用“项目管理目标责任书”的形式，明确项目目标和项目经理的职责、权限和利益。

4.1.3 项目经理应根据工程总承包企业法定代表人授权的范围、时间和“项目管理目标责任书”中规定的内容，对工程总承包项目，自项目启动至项目收尾，实行全过程、全面管理。

4.1.4 工程总承包企业承担建设项目工程总承包，宜采用矩阵式管理。项目部由项目经理领导，并接受企业职能部门指导、监督、检查和考核。

4.1.5 工程总承包企业在组建项目部时，应依据项目合同确定的内容和要求，对其进行整体能力的评价。

4.1.6 项目部在项目收尾完成后由工程总承包企业批准解散。

4.2 任命项目经理和组建项目部

4.2.1 工程总承包企业应在工程总承包合同生效后，立即任命项目经理。

4.2.2 项目部的设立应包括下列主要内容：

1 根据工程总承包企业规定程序确定组织形式，组建项目部。

2 根据工程总承包合同和企业有关管理规定，确定项目部的管理范围和任务。

3 确定项目部的职能和岗位设置。

4 确定项目部的组成人员、职责、权限。

5 企业与项目经理签订“项目管理目标责任书”。

6 组织编制项目部的管理规定和考核、奖惩办法。

4.2.3 项目部的组织形式应根据工程总承包项目的规模、组成、专业特点与复杂程度、人员状况和地域条件等确定。

4.2.4 项目部的人员配置和管理规定应满足工程总承包项目管理的需要。

4.2.5 项目部制定的管理规定与工程总承包企业现行的规章制度不一致时，应报送企业或其授权的职能部门批准。

4.3 项目部的职能

4.3.1 项目部应具有对工程总承包项目进行组织实施和控制的职能。

4.3.2 项目部应对项目的质量、安全、费用和进度目标的实现全面负责。

4.3.3 在工程总承包合同范围内，项目部应具有与业主、工程总承包企业各职能部门以及各其他相关方沟通与协调的职能。

4.4 项目部岗位设置及管理

4.4.1 项目部对其设立的岗位应明确岗位职责。

4.4.2 根据工程总承包合同范围和工程总承包企业的有关规定，项目部可在项目经理以下设置控制经理、设计经理、采购经理、施工经理、试运行经理、财务经理、进度控制工程师、质量工程师、合同管理工程师、费用估算师、费用控制工程师、设备材料控制工程师、安全工程师、信息管理工程师等管理岗位。

4.4.3 项目部主要岗位的职责范围应符合下列要求：

1 项目经理

项目经理是工程总承包项目的负责人，经授权代表工程总承包企业负责执行项目合同，负责项目实施的计划、组织、领导和控制，对项目的质量、安全、费用和进度全面负责。

2 控制经理

协助项目经理，对项目的进度、费用以及设备材料进行综合管理和控制，并指导和管理项目控制专业人员的工作，审查他们的输出文件。

3 设计经理

负责组织、指导、协调项目的设计工作，确保设计工作按合同要求组织实施，对设计进度、质量和费用进行有效的管理与控制。

4 采购经理

负责组织、指导、协调项目的采购（包括采买、催交、检验和运输等）工作。处理项目实施过程中与采购有关的事宜及与供货厂商的关系。全面完成项目合同对采购要求的进度、质量以及工程总承包企业对采购费用控制的目标与任务。

5 施工经理

负责项目的施工管理，对施工进度、施工质量、施工费用和施工安全进行全面监控。当具体施工任务由施工分包人进行时，负责对分包人的协调、监督和管理工作。

6 试运行经理

负责项目试运行服务的管理工作。包括：编制试运行管理计划和培训计划，协助业主确定生产组织机构、岗位职责；参加业主组织的试运行方案的讨论，指导业主编制试运行总体方案，组织编制“操作指导手册”；指导试运行的准备工作，协助处理试运行中发生的问题；参加考核、验收等工作。

7 财务经理

负责项目的财务管理和会计核算工作。

8 质量工程师

根据工程总承包企业的质量管理体系，负责项目的质量管理工作。

4.4.4 项目经理应对项目部各岗位人员进行管理、评价、考核和奖惩。

4.5 项目经理的任职条件

4.5.1 工程总承包企业应明确项目经理的任职条件，确认项目经理任职资格，并对其进行管理。

4.5.2 工程总承包的项目经理应具备以下条件：

1 具有注册工程师、注册建造师、注册建筑师等一项或多项执业资格。

2 具备决策、组织、领导和沟通能力，能正确处理和协调与业主、相关方之间及企业内部各专业、各部门之间的关系。

3 具有工程总承包项目管理的专业技术和相关的经济和法律、法规知识。

4 具有类似项目的管理经验。

5 具有良好的职业道德。

4.6 项目经理的职责和权限

4.6.1 项目经理应履行下列职责：

1 贯彻执行国家有关法律、法规、方针、政策和强制性标准，执行工程总承包企业的管理制度，维护企业的合法权益。

2 代表企业组织实施工程总承包项目管理，对实现合同约定的项目目标负责。

3 完成“项目管理目标责任书”规定的任务。

4 在授权范围内负责与业主、分包人及其他项目干系人的协调，解决项目实施中出现的问题。

5 对项目实施全过程进行策划、组织、协调和控制。

6 负责组织处理项目的管理收尾和合同收尾工作。

4.6.2 项目经理应具有下列权限：

1 经授权组建项目部，提出项目部的组织机构，选用项目部成员，确定项目部人员的职责。

2 在授权范围内，按4.6.1规定的职责，行使相应的管理权。

3 在合同范围内，有权按规定程序使用工程总承包企业的相关资源，并取得有关部门的支持。

4 主持项目部的工作，组织制定项目的各项管理规定。

5 根据企业法定代表人授权，协调和处理与项目有关的内、外部事项。

4.6.3 对项目经理的奖惩宜包括以下内容：

1 经过考核和审计，工程总承包项目绩效显著，按“项目管理目标责任书”的规定进行表彰和奖励。

2 经考核和审计，由于项目经理失职导致未完成合同目标或给企业造成损失，按“项目管理目标责任书”的规定给予相应处罚。

4.7 项目管理目标责任书

4.7.1 项目管理目标责任书是考核项目经理和项目部的主要依据。

4.7.2 项目管理目标责任书应包括以下主要内容：

1 规定应达到的项目安全目标、质量目标、费用目标和进度目标等。

2 明确工程总承包企业各职能部门与项目部之间的关系。

3 明确项目经理的责任、权限和利益。

4 明确项目所需资源及计算方法，企业为项目提供的资源和条件。

5 企业对项目部人员进行奖惩的依据、标准和办法。

6 项目经理解职和项目部解散的条件及方式。

7 在企业制度规定以外的、由企业法定代表人向项目经理委托的事项。

5 项 目 策 划

5.1 一 般 规 定

5.1.1 工程总承包项目策划属项目初始阶段的工作，项目策划的输出文件是项目计划，包括项目管理计划和项目实施计划。

5.1.2 项目策划应针对项目的实际情况，依据合同和总承包企业管理的要求，明确项目目标、范围，分析项目的风险以及采取的应对措施，确定项目管理的各项原则要求、措施和进程。

5.1.3 根据项目的规模和特点，可将项目管理计划和项目实施计划合并编制为项目计划。

5.2 策 划 内 容

5.2.1 项目策划应综合考虑技术、质量、安全、费用、进度、职业健康、环境保护等方面的要求，并应满足合同的要求。

5.2.2 项目策划应包括下列内容：

1 明确项目目标，包括技术、质量、安全、费用、进度、职业健康、环境保护等目标。

2 确定项目的管理模式、组织机构和职责分工。

3 制订技术、质量、安全、费用、进度、职业健康、环境保护等方面的管理程序和控制指标。

4 制订资源（人、财、物、技术和信息等）的配置计划。

5 制定项目沟通的程序和规定。

6 制订风险管理计划。

7 制订分包计划。

5.3 项 目 管 理 计 划

5.3.1 项目管理计划应由项目经理负责编制，由工程总承包企业主管领导人审批。

5.3.2 项目管理计划编制的主要依据应包括：

1 项目合同。

2 业主和其他项目干系人的要求与期望。

3 项目情况和实施条件。

4 业主提供的信息和资料。

5 相关市场信息。

6 工程总承包企业管理层的决策意见。

5.3.3 项目管理计划应包括下列内容：

1 项目概况。

2 项目范围。

3 项目管理目标。

4 项目实施条件分析。

5 项目的管理模式、组织机构和职责分工。

6 项目实施的基本原则。

7 项目沟通与协调程序。

8 项目的资源配置计划。

9 项目风险分析与对策。

5.4 项目实施计划

5.4.1 项目实施计划应由项目经理组织编制。

5.4.2 项目实施计划的编制依据应包括：

1 批准后的项目管理计划。

2 项目管理目标责任书。

3 工程总承包企业管理层的决策意见。

4 项目的基础资料。

5.4.3 编制项目实施计划应遵循下列程序：

1 研究和分析项目合同、项目管理计划和项目实施条件等。

2 拟订编制大纲。

3 确定编写人员并进行分工编写。

4 汇总协调与修改完善。

5 按规定审批。

5.4.4 项目实施计划应包括：概述、总体实施方案、项目实施要点、项目初步进度计划等内容。

5.4.5 概述应包括下列内容：

1 项目简要介绍。

2 项目范围。

3 合同类型。

4 项目特点。

5 特殊要求。

注：当有特殊性时，应包括特殊要求。

5.4.6 总体实施方案应包括下列内容：

1 项目目标。

2 项目实施的组织形式。

3 项目阶段的划分。

4 项目工作分解结构。

5 项目实施要求。

6 项目沟通与协调程序。

7 对项目各阶段的工作及其文件的要求。

8 项目分包计划。

5.4.7 项目实施要点应包含下列内容：

1 设计实施要点。

2 采购实施要点。

3 施工实施要点。

4 试运行实施要点。

5 合同管理要点。

6 资源管理要点。

7 质量控制要点。

8 进度控制要点。

9 费用估算及控制要点。

10 安全管理要点。

11 职业健康管理要点。

12 环境管理要点。

13 沟通和协调管理要点。

14 财务管理要点。

15 风险管理要点。

16 文件及信息管理要点。

17 报告制度。

5.4.8 项目初步进度计划应确定下列活动的进度控制点：

1 收集相关的原始数据和基础资料。

2 发表项目管理规定。

3 发表项目计划。

4 发表项目进度计划。

5 发表项目设计计划。

6 发表项目采购计划。

7 发表项目施工计划。

8 发表项目试运行计划。

9 发表项目费用计划。

10 签订分包合同。

11 发表项目各阶段的设计文件。

12 完成项目费用估算和预算。

13 关键设备材料采购。

14 取得项目施工许可证。

15 开始施工。

16 竣工。

17 开始试运行。

18 开始考核。

19 交付使用。

5.4.9 项目实施计划的管理应符合下列要求：

1 项目实施计划应由项目经理签署，报工程总承包企业主管领导人审批，必要时应经业主认可。

2 当业主对项目实施计划有异议时，经协商后可由项目经理主持修改。

3 在项目实施过程中，应对项目实施计划的执行情况进行动态监控，必要时可进行调整。

4 项目结束后，项目部应对项目实施计划的编制、执行中的经验和问题进行总结分析，并归档。

6 项目设计管理

6.1 一般规定

6.1.1 工程总承包项目的设计必须由具备相应设计资质和能力的企业承担。

6.1.2 设计应遵循国家有关的法律法规和强制性标准，并满足合同约定的技术性能、质量标准和工程的可施工性、可操作性及可维修性的要求。

6.1.3 设计管理由设计经理负责，并适时组建项目设计组。在项目实施过程中，设计经理应接受项目经理和企业设计管理部门负责人的双重领导。

6.1.4 工程总承包项目应将采购纳入设计程序。设计组应负责请购文件的编制、报价技术评审和技术谈判、供货厂商图纸资料的审查和确认等工作。

6.2 设计计划

6.2.1 设计计划应在项目初始阶段由设计经理负责组织编制，经工程总承包企业有关职能部门评审后，由项目经理批准实施。

6.2.2 设计计划编制的依据应包括：

1 合同文件。

2 本项目的有关批准文件。

3 项目计划。

4 项目的具体特性。

5 国家或行业的有关规定和要求。

6 企业管理体系的有关要求。

6.2.3 设计计划宜包括如下内容：

1 设计依据。

2 设计范围。

3 设计的原则和要求。

4 组织机构及职责分工。

5 标准规范。

6 质量保证程序和要求。

7 进度计划和主要控制点。

8 技术经济要求。

9 安全、职业健康和环境保护要求。

10 与采购、施工和试运行的接口关系及要求。

6.2.4 设计计划应满足合同约定的质量目标与要求、相关的质量规定和标准，同时应满足企业的质量方针与质量管理体系以及相关管理体系的要求。

6.2.5 设计计划应明确项目费用控制指标、设计人工时指标和限额设计指标，并宜建立项目设计执行效果测量基准。

6.2.6 设计进度计划应符合项目总进度计划的要求，充分考虑设计工作的内部逻辑关系及资源分配、外部约束等条件，并应与工程勘察、采购、施工、试运行等的进度协调。

6.3 设计实施

6.3.1 设计组应严格执行已批准的设计计划，满足计划控制目标的要求。

6.3.2 设计经理应组织对全部设计基础数据和资料进行检查和验证，经业主确认后，由项目经理批准发表。

6.3.3 设计组应建立设计协调程序，并按工程总承包企业有关专业之间互提条件的规定，协调和控制各专业之间的接口关系。

6.3.4 工程总承包企业应建立设计评审程序，并按计划进行设计评审，保持评审记录。

6.3.5 设计工作应按设计计划与采购、施工等进行有序的衔接并处理好接口关系。必要时，参与质量检验；进行可施工性分析并满足其要求。

6.3.6 编制初步设计或基础工程设计文件时，应当满足编制施工招标文件、主要设备材料订货和编制施工图设计或详细工程设计文件的需要。编制施工图设计或详细工程设计文件，应当满足设备材料采购、非标准设备制作和施工以及试运行的需要。

6.3.7 设计选用的设备材料，应在设计文件中注明其规格、型号、性能、数量等，其质量要求必须符合现行标准的有关规定。

6.3.8 在施工前，设计组应进行设计交底，说明设计意图，解释设计文件，明确设计要求。

6.3.9 根据合同约定，设计组应提供试运行阶段的技术支持和服务。

6.4 设计控制

6.4.1 设计经理应组织检查设计计划的执行情况，分析进度偏差，制定有效措施。设计进度的主要控制点应包括：

1 设计各专业间的条件关系及其进度。

2 初步设计或基础工程设计完成和提交时间。

3 关键设备和材料请购文件的提交时间。

4 进度关键线路上的设计文件提交时间。

5 施工图设计或详细工程设计完成和提交时间。

6 设计工作结束时间。

6.4.2 设计质量应按工程总承包企业的质量管理体系要求进行控制，制定纠正和预防措施。设计经理及各专业负责人应及时填写规定的质量记录，并向企业职能部门及时反馈项目设计质量信息。设计质量控制点主要包括：

1 设计人员资格的管理。

2 设计输入的控制。

3 设计策划的控制（包括组织、技术、条件接口）。

4 设计技术方案的评审。

5 设计文件的校审与会签。

6 设计输出的控制。

7 设计变更的控制。

6.4.3 项目部宜建立限额设计控制程序，明确各阶段及整个项目的限额设计目标，通过优化设计方案实现对项目费用的有效控制。

6.4.4 项目部应建立设计变更管理程序和规定，严格控制设计变更，并评价其对费用和进度的影响。

6.4.5 设计组应按设备材料控制程序，准确统计设备材料数量，及时提出请购文件。请购文件应包括以下内容：

1 请购单。

2 设备材料规格书和数据表。

3 设计图纸。

4 采购说明书。

5 适用的标准、规范。

6 其他有关的资料、文件。

6.4.6 设计经理及各专业负责人应配合控制人员进行设计费用进度综合检测和趋势预测，分析偏差原因，提出纠正措施，进行有效控制。

6.5 设计收尾

6.5.1 设计经理及各专业负责人应根据设计计划的要求，除应按时完成并提交全部设计文件外，还应根据合同约定准备或配合完成为关闭合同所需要的相关设计文件。

6.5.2 设计经理及各专业负责人应根据规定，收集、整理设计图纸、资料和有关记录，在全部设计文件完成后，组织编制项目设计文件总目录并存档。

6.5.3 设计完成后，应编制设计完工报告。在项目总结中，进行设计工作总结，将项目设计的经验与教训反馈给工程总承包企业有关职能部门，进行持续改进。

7 项目采购管理

7.1 一般规定

7.1.1 工程总承包项目采购管理由采购经理负责，并适时组建项目采购组。在项目实施过程中，采购经理应接受项目经理和企业采购管理部门负责人的双重领导。

7.1.2 采购工作应遵循公平、公开、公正的原则，选定供货厂商。保证按项目的质量、数量和时间要求，以合理的价格和可靠的供货来源，获得所需的设备材料及有关服务。

7.1.3 工程总承包企业应对供货厂商进行资格预审，建立企业认可的合格供货厂商名单。

7.2 采购工作程序

7.2.1 采购工作应按下列程序实施：

1 编制项目采购计划和项目采购进度计划。

2 采买：

1）进行供货厂商资格预审，确认合格供货厂商，编制项目询价供货厂商名单。

2）编制询价文件。

3）实施询价，接受报价。

4）组织报价评审。

5）必要时，召开供货厂商协调会。

6）签订采购合同或订单。

3 催交：包括在办公室和现场对所订购的设备材料及其图纸、资料进行催交。

4 检验：包括合同约定的检验以及其他特殊检验。

5 运输与交付：包括合同约定的包装、运输和交付。

6 现场服务管理：包括采购技术服务、供货质量问题的处理、供货厂商专家服务的联络和协调等。

7 仓库管理：包括开箱检验、仓储管理、出入库管理等。

8 采购结束：包括订单关闭、文件归档、剩余材料处理、供货厂商评定、采购完工报告编制以及项目采购工作总结等。

7.2.2 项目采购组可根据采购工作的需要对采购工作程序及其内容进行适当调整，但应符合项目合同要求。

7.3 采购计划

7.3.1 采购计划由采购经理组织编制，经项目经理批准后实施。

7.3.2 采购计划编制的依据应包括：

1 项目合同。

2 项目管理计划和项目实施计划。

3 项目进度计划。

4 工程总承包企业有关采购管理程序和制度。

7.3.3 采购计划应包括以下内容：

1 编制依据。

2 项目概况。

3 采购原则，包括分包策略及分包管理原则，安全、质量、进度、费用、控制原则，设备材料分交原则等。

4 采购工作范围和内容。

5 采购的职能岗位设置及其主要职责。

6 采购进度的主要控制目标和要求，长周期设备和特殊材料采购的计划安排。

7 采购费用控制的主要目标、要求和措施。

8 采购质量控制的主要目标、要求和措施。

9 采购协调程序。

10 特殊采购事项的处理原则。

11 现场采购管理要求。

7.3.4 项目采购组应严格按采购计划开展工作。采购经理应对采购计划的实施进行管理和监控。

7.4 采　买

7.4.1 采买工作应包括接收请购文件、确定合格供货厂商、编制询价文件、询价、报价评审、定标、签订采购合同或订单等内容。

7.4.2 采购组应按照批准的请购文件组织采购。

7.4.3 采购组应在工程总承包企业的合格供货厂商名单中选择确定项目的合格供货厂商。项目合格供货厂商应符合如下基本条件：

1 有能力满足产品质量要求。

2 有完整并已付诸实施的质量管理体系。

3 有良好的信誉和财务状况。

4 有能力保证按合同要求准时交货，有良好的售后服务。

5 具有类似产品成功的供货及使用业绩。

7.4.4 询价文件应由采买工程师负责编制，采购经理批准。

7.4.5 采购组宜在项目合格供货厂商中选择 3～5 家询价供货厂商，发出询价文件。

7.4.6 报价人应在报价截止日期前，将密封的报价文件送达指定地点。采购组应组织对供货厂商的报价进行评审，包括技术评审、商务评审和综合评审。必要时可与报价人进行商务及技术谈判并根据综合评审意见确定供货厂商。

7.4.7 根据工程总承包企业授权，可由项目经理或采购经理按规定与供货厂商签订采购合同。采购合同文件应完整、准确、严密、合法，包括下列内容：

1 采购合同。

2 询价文件及其修订补充文件。

3 满足询价文件的全部报价文件。

4 供货厂商协调会会议纪要。

5 任何涉及询价、报价内容变更所形成的其他书面形式文件。

7.5 催交与检验

7.5.1 采购经理应根据设备材料的重要性和一旦延期交付对项目总进度产生影响的程度，划分催交等级，确定催交方式和频度，制订催交计划并监督实施。

7.5.2 催交方式可包括三种：驻厂催交、办公室催交和会议催交。对关键设备材料应进行驻厂催交。

7.5.3 催交工作应包括以下内容：

1 熟悉采购合同及附件。

2 确定设备材料的催交等级，制订催交计划，明确主要检查内容和控制点。

3 要求供货厂商按时提供制造进度计划。

4 检查供货厂商、设备材料制造、供货及提交的图纸、资料是否符合采购合同要求。

5 督促供货厂商按计划提交有效的图纸、资料，供设计审查和确认，并确保经确认的图纸、资料按时返回供货厂商。

6 检查运输计划和货运文件的准备情况，催交合同约定的最终资料。

7 按规定编制催交状态报告。

7.5.4 采购组应根据采购合同的规定制订检验计划，组织具备相应资格的检验人员根据设计文件和标准规范的要求进行设备材料制造过程中的检验以及出厂前的检验。重要、关键设备应驻厂监造。

7.5.5 对于有特殊要求的设备材料，应委托有相应资格和能力的单位进行第三方检验并签订检验合同。采购组检验人员有权依据合同对第三方的检验工作实施监督和控制。当总承包合同有约定时，应安排业主参加相关的检验。

7.5.6 采购组应根据设备材料的具体情况确定其检验方式并在采购合同中规定。

7.5.7 检验人员应按规定编制检验报告。检验报告宜包括以下内容：

1 合同号、受检设备材料的名称、规格、数量。

2 供货厂商的名称、检验场所、起止时间。

3 各方参加人员。

4 供货厂商使用的检验、测量和试验设备的控制状态并附有关记录。

5 检验记录。

6 检验结论。

7.6 运输与交付

7.6.1 采购组应根据采购合同约定的交货条件制订设备材料运输计划并实施。计划内容宜包括运输前的准备工作、运输时间、运输方式、运输路线、人员安排和费用计划等。

7.6.2 采购组应督促供货厂商按照采购合同约定进行包装和运输。

7.6.3 对超限和有特殊要求的设备的运输，采购组应制定专项的运输方案，并委托专门的运输机构承担。

7.6.4 对国际运输，应按采购合同约定和国际惯例进行，做好办理报关、商检及保险等手续。

7.6.5 采购组应落实接货条件，制定卸货方案，做好现场接货工作。

7.6.6 设备材料运至指定地点后，应由接收人员对照送货单进行逐项清点，签收时应注明到货状态及其完整性，及时填写接收报告并归档。

7.7 采购变更管理

7.7.1 项目部应建立采购变更管理程序和规定。

7.7.2 采购组接到项目经理批准的变更单后，应了解变更的范围和对采购的要求，预测相关费用和时间，制订变更实施计划并按计划实施。

7.7.3 变更单应填写以下主要内容：

1 变更的内容。

2 变更的理由及处理措施。

3 变更的性质和责任承担方。

4 对项目进度和费用的影响。

7.8 仓库管理

7.8.1 项目部应在施工现场设置仓库管理人员，负责仓库作业活动和仓库管理工作。

7.8.2 设备材料正式入库前，应根据采购合同要求组织专门的开箱检验组进行开箱检验。开箱检验应有规定的相关责任方代表在场，填写检验记录，并经有关参检人员签字。进口设备材料的开箱检验必须严格执行国家有关法律、法规及其采购合同的约定。

7.8.3 经开箱检验合格的设备材料，在资料、证明文件、检验记录齐全，具备规定的入库条件时，应提出入库申请，经仓库管理人员验收后，办理入库手续。

7.8.4 仓库管理工作应包括物资保管，技术档案、单据、账目管理和仓库安全管理等。仓库管理应建立“物资动态明细台账”，所有物资应注明货位、档案编号、标识码以便查找。仓库管理员要及时登账，经常核对，保证账物相符。

7.8.5 采购组应制定并执行物资发放制度，根据批准的领料申请单发放设备材料，办理物资出库交接手续，准确、及时地发放合格的物资。

8 项目施工管理

8.1 一般规定

8.1.1 工程总承包项目的施工必须由具备相应施工资质和能力的企业承担。

8.1.2 施工管理由施工经理负责，并适时组建施工组。在项目实施过程中，施工经理应接受项目经理和工程总承包企业施工管理部门负责人的双重领导。

8.1.3 工程总承包项目的施工管理除执行本规范外，还应执行《建设工程项目管理规范》GB/T 50326。

8.2 施工计划

8.2.1 施工计划应依据合同约定和项目计划的要求，在项目初始阶段由施工经理组织编制，经项目经理批准后组织实施，必要时报业主确认。

8.2.2 施工计划应包括以下内容：

1 工程概况。

2 施工组织原则，包括施工组织设计要求。

3 施工质量计划。

4 施工安全、职业健康和环境保护计划。

5 施工进度计划。

6 施工费用计划。

7 施工技术管理计划，包括施工技术方案要求。

8 资源供应计划。

9 施工准备工作要求。

8.2.3 当施工采用分包时，应在施工计划中明确分包范围、分包人的责任和义务。分包人在组织施工过程中应执行并满足施工计划的要求。

8.2.4 施工组应对施工计划实行目标跟踪和监督管理，对施工过程中发生的工程设计和施工方案重大变更，应严格控制并履行审批程序。

8.3 施工进度控制

8.3.1 施工组应依据施工计划组织编制施工进度计划，并组织实施和控制。

8.3.2 施工进度计划应包括施工总进度计划、单项工程进度计划和单位工程进度计划。施工总进度计划应报业主确认。

8.3.3 编制施工进度计划的依据应包括下列内容：

1 项目合同。

2 施工计划。

3 施工进度目标。

4 设计文件。

5 施工现场条件。

6 供货进度计划。

7 有关技术经济资料。

8.3.4 编制施工进度计划应遵循下列程序：

1 收集编制依据资料。

2 确定进度控制目标。

3 计算工程量。

4 确定各单项、单位工程的施工期限和开工、竣工日期。

5 确定施工流程。

6 编制施工进度计划。

7 编写施工进度计划说明书。

8.3.5 施工组应建立跟踪、监督、检查、报告的施工进度管理机制；当采用施工分包时，应监督分包人严格执行分包合同约定的施工进度计划，并应与项目进度计划协调一致。

8.3.6 施工组应对施工进度计划中的关键路线、资源配置等执行情况进行检查，并提出施工进展报告。施工组宜采用赢得值等先进的管理技术，进行施工进度测量，分析进度偏差，进行趋势预测，及时采取有效的纠正和预防措施。

8.3.7 当施工进度计划需要调整时，项目部应按规定程序进行协调和确认，并保留相关记录。

8.4 施工费用控制

8.4.1 施工组应根据项目施工计划，进行施工费用估算，确定施工费用控制基准并保持其稳定性。当需要变更计划费用基准时，应严格履行规定的审批程序。

8.4.2 施工组宜采用赢得值等先进的管理技术，进行施工费用测量，分析费用偏差，进行趋势预测，及时采取有效的纠正和预防措施。

8.4.3 当采用施工分包时，施工组应根据施工分包合同和施工进度计划制订施工费用支付计划和管理办法。

8.5 施工质量控制

8.5.1 项目部在施工前应组织设计交底，理解设计意图和设计文件对施工的技术、质量和标准要求。

8.5.2 施工组应对施工过程的质量进行监督，并加强对特殊过程和关键工序的识别与质量控制，并应保持质量记录。

8.5.3 施工组应对供货质量进行监督管理，按规定进行复验并保持记录。

8.5.4 施工组应监督施工质量不合格品的处置，并对其实施效果进行验证。

8.5.5 施工组应对所需的施工机械、装备、设施、工具和器具的配置以及使用状态进行有效性检查，必要时进行试验。

8.5.6 施工组应对施工过程的质量控制绩效进行分析和评价，明确改进目标，制定纠正和预防措施，进行持续改进。

8.5.7 施工组应根据项目质量计划，明确施工质量标准和控制目标。通过施工分包合同，明确分包人应承担的质量职责，审查分包人的质量计划应与项目质量计划保持一致性。

8.5.8 当采用施工分包时，施工组应对施工准备工作和实施方案进行审查，确认其符合性。

8.5.9 当采用施工分包时，项目部应按分包合同约定，组织施工分包人完成并提交质量记录和竣工文件，并对其质量进行评审。

8.5.10 当施工过程中发生质量事故时，应按《建设工程质量管理条例》等有关规定进行处理。

8.6 施工安全管理

8.6.1 施工组应根据项目安全管理实施计划进行施工阶段安全策划，编制施工安全计划，建立施工安全管理制度，明确安全职责，落实施工安全管理目标。

8.6.2 施工组应按安全检查制度组织对现场安全状况进行巡检，掌握安全信息，召开安全例会，及时发现和消除不安全隐患，防止事故发生。

8.6.3 施工经理和安全工程师应对施工安全管理工作负责，并实行统一的协调、监督和控制。

8.6.4 施工组应对施工各阶段、部位和场所的危险源进行识别和风险分析，制定应对措施，并对其实施管理和控制。

8.6.5 项目部应按国家有关规定和合同约定办理人身意外伤害保险。制定应急预案，落实救护措施，在事故发生时及时组织实施。

8.6.6 施工组应建立并保存完整的施工安全记录和报告。

8.6.7 当采用施工分包时，项目部应按分包合同的约定，明确分包人应承担的安全责任和义务，检查、落实其安全防范措施的可靠性和有效性。

8.6.8 施工组应督促、指导分包人制定施工安全防范措施，保证施工过程的安全。

8.6.9 当发生安全事故时，项目部应按合同约定和相关法规规定，及时报告，并组织或参与事故的处理、调查和分析。

8.6.10 项目部应适时组织业主及相关方对整个项目的施工安全工作作出评价。

8.7 施工现场管理

8.7.1 施工组应按施工计划的要求，制定施工现场的规划，做好施工开工前的各项准备工作，并在施工过程中进行协调管理。

8.7.2 项目部应根据《中华人民共和国环境保护法》和《环境管理体系　规范及使用指南》GB/T 24001建立项目环境管理制度，掌握监控环境信息，采取应对措施，保证施工现场及周边环境得到有效控制。

8.7.3 项目部及安全管理人员必须严格按照《中华人民共和国安全生产法》、《中华人民共和国消防法》和《建设工程安全生产管理条例》等法律法规，建立和执行安全防范及治安管理制度，落实防范范围和责任，检查报警和救护系统的适应性和有效性。

8.7.4 项目部应建立施工现场卫生防疫管理网络和责任系统，落实专人负责管理并检查职业健康服务和急救设施的有效性。

8.7.5 当现场发生事故时，施工组应按规定程序积极组织或参与救护管理，防止事故的扩大。

8.8 施工变更管理

8.8.1 项目部应建立施工变更管理程序和规定，对施工变更进行管理。

8.8.2 对施工变更，应按合同约定，对费用和工期影响进行评估，按规定的程序实施。

8.8.3 施工组应加强施工变更的文档管理。所有的施工变更都必须有书面文件和记录，并有相关方代表签字。

9 项目试运行管理

9.1 一 般 规 定

9.1.1 项目部应按合同约定向业主提供项目试运行的指导和服务。

9.1.2 项目试运行管理由试运行经理负责，在试运行服务过程中，接受项目经理和企业试运行管理部门负责人的双重领导。

9.1.3 根据合同约定或业主委托，试运行管理内容可包括试运行管理计划的编制、试运行准备、人员培训、试运行过程指导和服务等。

9.2 试运行管理计划

9.2.1 在项目初始阶段，试运行经理应根据合同和项目计划，组织编制试运行管理计划。试运行管理计划经项目经理批准、业主确认后实施。

9.2.2 试运行管理计划的主要内容应包括试运行的总说明、组织及人员、进度计划、费用计划、试运行文件编制要求、试运行准备工作要求、培训计划和业主及相关方的责任分工等内容。

9.2.3 试运行管理计划应按项目特点，合理安排试运行程序和周期，并与施工及辅助配套设施试运行相协调。

9.2.4 培训计划应根据合同约定和项目特点进行编制。培训计划宜包括：培训目标、培训的岗位和人员、时间安排、培训与考核方式、培训地点、培训设备、培训费用以及培训教材等内容。培训计划应经业主批准后实施。

9.3 试 运 行 实 施

9.3.1 试运行经理应按合同约定，负责组织或协助业主编制试运行方案。试运行方案应包括以下主要内容：

1 工程概况。

2 编制依据和原则。

3 目标与采用标准。

4 试运行应具备的条件。

5 组织指挥系统。

6 试运行进度安排。

7 试运行资源配置。

8 环境保护设施投运安排。

9 安全及职业健康要求。

10 试运行预计的技术难点和采取的应对措施等。

9.3.2 项目部应检查试运行前的准备工作，确保已按设计文件及相关标准完成生产系统、配套系统和辅助系统的施工安装及调试工作，并达到竣工验收标准。

9.3.3 试运行经理应按试运行计划和方案的要求协助业主落实相关的技术、人员和物资。

9.3.4 试运行经理应组织检查影响合同目标考核达标存在的问题，并对其解决措施进行落实。

9.3.5 试运行经理及试运行人员参加合同目标考核工作，并进行技术指导和服务。

9.3.6 合同目标考核的时间和周期应按合同约定或商定执行。在考核期内当全部保证值达标时，合同双方及相关方代表应按规定签署合同目标考核合格证书。

9.3.7 培训服务的内容应依据合同约定或业主委托确定，宜包括：编制培训计划，推荐培训方式和场所，对生产管理和操作人员进行模拟培训和实际操作培训，对其培训考核结果进行检查，防止不合格人员上岗给项目带来潜在风险等。

10 项目进度管理

10.1 一 般 规 定

10.1.1 项目部应对项目总进度和各阶段的进度进行管理，体现设计、采购、施工、试运行之间的合理交叉、相互协调的原则。

10.1.2 项目部应建立以项目经理为责任主体，由项目控制经理、设计经理、采购经理、施工经理、试运行经理及各层次的项目进度控制人员参加的项目进度管理系统。

10.1.3 项目经理应将进度控制、费用控制和质量控制相互协调、统一决策，实现项目的总体目标。

10.1.4 项目进度管理应按项目工作分解结构逐级管理，用控制基本活动的进度来达到控制整个项目的进度。项目基本活动的进度控制宜采用赢得值管理技术和工程网络计划技术。

10.2 进 度 计 划

10.2.1 项目的进度计划应按合同规定的进度目标和工作分解结构层次，按照上一级计划控制下一级计划的进度，下一级计划深化分解上一级计划的原则制订各级进度计划。

10.2.2 项目的进度计划文件应由下列两部分组成：

1 进度计划图表。可选择采用单代号网络图、双代号网络图、时标网络计划和隐含有活动逻辑关系的横道图。进度计划图表中宜有资源分配。

2 进度计划编制说明。主要内容有进度计划编制依据、计划目标、关键线路说明、资源要求、外部约束条件、风险分析和控制措施。

10.2.3 运用工程网络计划技术编制进度计划应符合国家现行标准及行业标准的规定，并宜采用相应的项目管理软件。

10.2.4 项目总进度计划应根据合同和项目计划编制。项目分进度计划是在总进度计划的约束条件下，根据活动内容、活动的依赖关系、外部依赖关系和资源条件进行编制。

10.2.5 项目总进度计划应包括下列内容：

1 表示各单项工程的周期，以及最早开始时间，最早完成时间，最迟开始时间和最迟完成时间，并表示各单项工程之间的衔接。

2 表示主要单项工程设计进度的最早开始时间和最早完成时间，以及初步设计或基础工程设计完成时间。

3 表示关键设备和材料的采购进度计划，以及关键设备和材料运抵现场时间。

4 表示各单项工程施工的最早开始时间和最早完成时间，以及主要单项施工分包工程的计划招标时间。

5 表示各单项工程试运行时间，以及供电、供水、供汽、供气时间。

10.2.6 项目总进度计划和单项工程进度计划应由进度控制工程师组织编制，经控制经理、设计经理、采购经理、施工经理、试运行经理审核，由项目经理审查批准。项目经理审查的主要内容如下：

1 合同中规定的目标和主要控制点是否明确。

2 项目工作分解结构是否完整并符合项目范围要求。

3 设计、采购、施工和试运行之间交叉作业是否合理。

4 进度计划与外部条件是否衔接。

5 对风险因素的影响是否有防范对策和应变措施。

6 进度计划提出的资源要求是否能满足。

7 进度计划与质量、费用计划是否协调等。

10.3 进度控制

10.3.1 在进度计划实施过程中应由项目进度控制人员跟踪监督，督查进度数据的采集；及时发现进度偏差；分析产生偏差原因。当活动拖延影响计划工期时，应及时向项目控制经理做出书面报告，并进行监控。

10.3.2 进度偏差分析可按下列程序进行：

1 首先用赢得值管理技术，通过时间偏差分析进度偏差。

2 当进度发生偏差时，应运用网络计划技术分析对进度的影响，并控制进度。

10.3.3 项目部应定期发布项目进度计划执行报告，分析当前进度和产生偏差的原因，并提出纠正措施。

10.3.4 当项目活动进度拖延时，项目计划工期的变更应按下列程序进行：

1 该项活动负责人提出活动推迟的时间和推迟原因的报告。

2 项目进度管理人员系统分析该活动进度的推迟是否影响计划工期。

3 项目进度管理人员向项目经理报告处理意见，并转发给费用管理人员和质量管理人员。

4 项目经理综合各方面意见后做出是否修改计划工期的决定。

5 当修改后的计划工期大于合同工期时，应报业主确认并按合同变更处理。

10.3.5 在设计与采购的接口关系中，应对下列内容的接口进度实施重点控制：

1 设计向采购提交请购文件。

2 设计对报价的技术评审。

3 采购向设计提交订货的关键设备资料。

4 设计对制造厂图纸的审查、确认、返回。

5 设计变更对采购进度的影响。

10.3.6 在设计与施工的接口关系中，应对下列内容的接口进度实施重点控制：

1 施工对设计的可施工性分析。

2 设计文件交付。

3 设计交底或图纸会审。

4 设计变更对施工进度的影响。

10.3.7 在设计与试运行的接口关系中，应对下列内容的接口进度实施重点控制：

1 试运行对设计提出试运行要求。

2 设计提交试运行操作原则和要求。

3 设计对试运行的指导与服务，以及在试运行过程中发现有关设计问题的处理对试运行进度的影响。

10.3.8 在采购与施工的接口关系中，应对下列内容的接口进度实施重点控制：

1 所有设备材料运抵现场。

2 现场的开箱检验。

3 施工过程中发现与设备材料质量有关问题的处理对施工进度的影响。

4 采购变更对施工进度的影响。

10.3.9 在采购与试运行的接口关系中，应对下列内容的接口进度实施重点控制：

1 试运行所需材料及备件的确认。

2 试运行过程中发现的与设备材料质量有关问题的处理对试运行进度影响。

10.3.10 在施工与试运行的接口关系中，应对下列内容的接口进度实施重点控制：

1 施工计划与试运行计划不协调时对进度的影响。

2 试运行过程中发现的施工问题的处理对进度的影响。

10.3.11 项目部应将分包工程进度纳入项目进度控

制中，分包人应按合同约定，定时向项目部报告分包工程的进度。

10.3.12 在项目收尾阶段，项目经理应组织对项目进度管理进行总结。项目进度管理总结应包括下列内容：

1 合同工期及计划工期目标完成情况。

2 项目进度管理经验。

3 项目进度管理中存在的问题及分析。

4 项目进度管理方法的应用情况。

5 项目进度管理的改进意见。

11 项目质量管理

11.1 一般规定

11.1.1 工程总承包企业应按照《质量管理体系 要求》GB/T 19001 建立涵盖工程总承包项目全过程的质量管理体系，规范工程总承包项目的质量管理。

11.1.2 项目质量管理应贯穿项目管理的全部过程，坚持“计划、实施、检查、处理”（PDCA）循环工作方法，持续改进过程的质量控制。

11.1.3 项目部应设置质量管理人员，在项目经理领导下，负责项目的质量管理工作。

11.1.4 项目质量管理应遵循下列程序：

1 明确项目质量目标。

2 编制项目质量计划。

3 实施项目质量计划。

4 监督检查项目质量计划的执行情况。

5 收集、分析、反馈质量信息并制定预防和改进措施。

11.2 质量计划

11.2.1 项目部应在项目策划过程中编制质量计划，经审批后作为对外质量保证和对内质量控制的依据。

11.2.2 项目质量计划应体现从资源投入到完成工程质量最终检验和试验的全过程质量管理与控制要求。

11.2.3 项目质量计划的编制依据应包括：

1 合同中规定的产品质量特性，产品应达到的各项指标及其验收标准。

2 项目实施计划。

3 相关的法律、法规及技术标准、规范。

4 工程总承包企业质量管理体系文件及其要求。

11.2.4 项目质量计划应由质量管理人员负责编制，经项目经理批准发布。

11.2.5 项目质量计划应包括下列主要内容：

1 项目的质量目标、质量指标、质量要求。

2 项目的质量管理组织与职责。

3 项目的质量保证与协调程序。

4 项目应执行的标准、规范、规程。

5 实施项目质量目标和质量要求应采取的措施。

11.3 质量控制

11.3.1 项目的质量控制应对项目所有输入的信息、要求和资源的有效性进行控制，确保项目质量输入正确和有效。

11.3.2 在设计与采购的接口关系中，应对下列内容的质量实施重点控制：

1 请购文件的质量。

2 报价技术评审的结论。

3 供货厂商图纸的审查、确认。

11.3.3 在设计与施工的接口关系中，应对下列内容的质量实施重点控制：

1 施工向设计提出要求与可施工性分析的协调一致性。

2 设计交底或图纸会审的组织与成效。

3 现场提出的有关设计问题的处理对施工质量的影响。

4 设计变更对施工质量的影响。

11.3.4 在设计与试运行的接口关系中，应对下列内容的质量实施重点控制：

1 设计应满足试运行的要求。

2 试运行操作原则与要求的质量。

3 设计对试运行的指导与服务的质量。

11.3.5 在采购与施工的接口关系中，应对下列内容的质量实施重点控制：

1 所有设备材料运抵现场的进度与状况对施工质量的影响。

2 现场开箱检验的组织与成效。

3 与设备材料质量有关问题的处理对施工质量的影响。

11.3.6 在采购与试运行的接口关系中，应对下列内容的质量实施重点控制：

1 试运行所需材料及备件的确认。

2 试运行过程中出现的与设备材料质量有关问题的处理对试运行结果的影响。

11.3.7 在施工与试运行的接口关系中，应对下列内容的质量实施重点控制：

1 施工计划与试运行计划的协调一致性。

2 机械设备的试运转及缺陷修复的质量。

3 试运行过程中出现的施工问题的处理对试运行结果的影响。

11.3.8 项目质量管理人员（质量工程师）负责检查、监督、考核、评价项目质量计划的执行情况，验证实施效果并形成报告。对出现的问题、缺陷或不合格，应及时召开质量分析会，并制定整改措施。

11.3.9 项目部应按规定对项目实施过程中形成的质量记录进行标识、收集、保存、归档。

11.3.10 不合格品的控制应符合下列规定：

1 对验证中发现的不合格品，应按不合格品控制程序规定进行标识、记录、评价、隔离和处置，防止非预期的使用或交付。

2 不合格品的记录或报告，应传递到有关部门，其责任部门应进行不合格原因的分析，制定纠正措施，防止今后发生同样或同类的不合格品。

3 采取的纠正措施，当经验证效果不佳或未完全达到预期的效果时，应重新分析原因，进行下一轮PDCA循环。

11.3.11 项目部应将分包工程的质量纳入项目质量控制范围，分包人应按合同约定，定期向项目部提交分包工程的质量报告。

11.4 质量改进

11.4.1 项目部所有人员均应收集和反馈项目的各种质量信息。

11.4.2 对收集的质量信息宜采用统计技术进行数据分析。数据分析结果应包括以下主要内容：

1 顾客满意程度。

2 与工程总承包项目要求的符合性。

3 工程总承包项目实施过程质量控制的有效性。

4 工程总承包项目产品的特性及其质量趋势。

5 项目相关方提供的产品和服务业绩的信息。

11.4.3 项目部应定期召开质量分析会，寻找改进机会，对影响工程质量的潜在原因，采取预防措施，并定期评价其有效性。

11.4.4 工程总承包企业应建立工程保修制度。企业应按合同约定或国家有关规定，对保修期（缺陷通知期限）内发生的质量问题提供保修服务。

11.4.5 工程总承包企业应建立售后服务联系网络，收集并接受业主意见，及时获得项目运行信息，做好回访工作，并把回访纳入企业的质量改进活动中。

12 项目费用管理

12.1 一般规定

12.1.1 工程总承包企业应建立项目费用管理系统以满足工程总承包管理的需要。

12.1.2 项目部应设置费用估算和费用控制人员，负责编制工程总承包项目费用估算，制订费用计划和实施费用控制。

12.1.3 项目经理应及时协调费用控制、进度控制和质量控制的相互关系，实现项目的总体目标。

12.1.4 项目部宜采用赢得值管理技术及相应的项目管理软件进行费用管理。

12.2 费用估算

12.2.1 项目部应根据项目的进展编制不同深度的项目费用估算。

12.2.2 编制项目费用估算的主要依据应包括以下内容：

1 项目合同。

2 工程设计文件。

3 工程总承包企业决策。

4 有关的估算基础资料。

5 有关法律文件和规定。

12.2.3 根据不同阶段的设计文件和技术资料，应采用相应的估算方法编制项目费用估算。

12.3 费用计划

12.3.1 费用控制工程师应负责编制项目费用计划，经项目经理批准后实施。

12.3.2 费用计划编制的主要依据为项目费用估算、工作分解结构和项目进度计划。

12.3.3 费用计划编制可采用以下方式：

1 按项目费用构成分解。

2 按工作结构分解。

3 按项目进度分解。

12.3.4 项目部应将批准的项目费用估算按项目进度计划分配到各个工作单元，形成项目费用预算，作为项目费用的控制基准和执行依据。

12.4 费用控制

12.4.1 项目部应采用目标管理方法对项目实施期间的费用发生过程进行控制。费用控制的主要依据为费用计划、进度报告及工程变更。

12.4.2 费用控制应满足合同的技术、商务要求和费用计划，采用检查、比较、分析、纠正等方法和措施，将费用控制在项目预算以内。

12.4.3 项目部应根据项目进度计划和费用计划，优化配置各类资源，采用动态管理方法对实施费用进行控制。

12.4.4 费用控制宜按以下步骤进行：

1 检查：对工程进展进行跟踪和检测，采集相关数据。

2 比较：已完成工作的预算费用与实际费用进行比较，发现费用偏差。

3 分析：对比较的结果进行分析，确定偏差幅度及偏差产生的原因。

4 纠偏：根据工程的具体情况和偏差分析结果，采取适当的措施，使费用偏差控制在允许的范围内。

12.4.5 费用控制宜采用赢得值管理技术测定工程总承包项目的进度偏差和费用偏差，进行费用、进度综合控制，并根据项目实施情况对整个项目竣工时的费用进行预测。

12.4.6 项目费用管理应建立并执行费用变更控制程序，包括变更申请、变更批准、变更实施和变更费用控制。只有经过规定程序批准后，变更才能在项目中实施。

13 项目安全、职业健康与环境管理

13.1 一般规定

13.1.1 工程总承包企业应按照《职业健康安全管理体系 规范》GB/T 28001 和《环境管理体系 规范及使用指南》GB/T 24001 建立有效的职业健康安全管理和环境管理体系。

13.1.2 项目干系人应对项目的安全、职业健康与环境管理共同承担责任。项目部应设置专职管理人员，在项目经理领导下，具体负责项目安全、职业健康与环境管理的组织与协调工作。

13.1.3 项目安全管理必须坚持“安全第一，预防为主”的方针。通过系统的危险源辨识和风险分析，制订安全管理计划，并进行有效控制。

13.1.4 项目职业健康管理应坚持“以人为本”的方针。通过系统的污染源辨识和评估，制订职业健康管理计划，并进行有效控制。

13.1.5 项目环境保护应贯彻执行环境保护设施工程与主体工程同时设计、同时施工、同时投入使用的“三同时”原则。应根据建设项目环境影响报告和总体环保规划，制订环境保护计划，并进行有效控制。

13.1.6 项目的安全、职业健康和环境管理，应接受政府主管部门、业主及相关监督机构的检查、监督、协调与评估确认。

13.2 安全管理

13.2.1 项目经理应依法对项目安全生产全面负责，根据企业职业健康安全管理体系，组织制定项目安全生产规章制度、操作规程和教育培训制度或规定，保证项目安全生产条件所需资源的投入。

13.2.2 项目部应在系统辨识危险源并对其进行风险分析的基础上，编制危险源初步辨识清单。根据项目的安全管理目标，制订项目安全管理计划，并按规定程序批准后实施。项目安全管理计划内容包括：

1 项目安全管理目标。

2 项目安全管理组织机构和职责。

3 项目安全危险源的辨识与控制技术，以及管理措施。

4 对从事危险环境下作业人员的培训教育计划。

5 对危险源及其风险规避的宣传与警示方式。

6 项目安全管理的主要措施与要求。

13.2.3 项目部应对项目安全管理计划的实施进行管理。主要内容包括：

1 项目部应在工程总承包企业的支持下，为实施、控制和改进项目安全管理实施计划提供必要的资源，包括人力、技术、物资、专项技能和财力等资源。

2 项目部应通过项目安全管理组织网络，逐级进行安全管理实施计划的交底或培训，保证项目部人员和分包人等人员，正确理解安全管理实施计划的内容和要求。

3 项目部应建立并保持安全管理实施计划执行状况的沟通与监控程序，随时识别潜在的危险因素和紧急情况，采取有效措施，预防和减少因计划考虑不周或执行偏差而可能引发的危险。

4 项目部应建立并保持对相关方在提供物资和劳动力等方面所带来的风险进行识别和控制的程序，有效控制来自外部的危险因素。

13.2.4 项目安全管理必须贯穿于工程设计、采购、施工、试运行各阶段。

1 设计必须严格执行有关安全的法律、法规和工程建设强制性标准，防止因设计不当导致建设和生产安全事故的发生。

1）设计应充分考虑不安全因素，安全措施（防火、防爆、防污染等）应严格按照有关法律、法规、标准、规范进行，并配合业主报请当地安全、消防等机构的专项审查，确保项目实施及运行使用过程中的安全。

2）设计应考虑施工安全操作和防护的需要，对涉及施工安全的重点部位和环节在设计文件中注明，并对防范安全事故提出指导意见。

3）采用新结构、新材料、新工艺的建设工程和特殊结构、特种设备的项目，应在设计中提出保障施工作业人员安全和预防安全事故的措施建议。

2 项目采购应对自行采购和分包采购的设备材料和防护用品进行安全控制。采购合同应包括相关的安全要求的条款，并对供货、检验和运输的安全作出明确的规定。

3 施工阶段的安全管理应按《建设工程项目管理规范》GB/T 50326 执行，并结合行业及项目的特点，对施工过程中可能影响安全的因素进行管理。

4 项目试运行前，必须按照有关安全法规、规范对各单项工程组织安全验收。制定试运行安全技术措施，确保试运行过程的安全。

13.2.5 项目部应配合业主按规定向工程所在地的县级以上地方人民政府建设行政主管部门申报项目安全施工措施的有关文件。

13.2.6 在分包合同中应明确各自的安全建设和生产方面的责任。分包人应服从项目部安全生产的统一管理，并对其安全保障承担主要责任。项目部对分包工程的安全承担管理责任。

13.2.7 项目部应制定并执行项目安全日常巡视检查和定期检查的制度，记录并保存检查的结果，对不符合状况进行处理。

13.2.8 如果发生安全事故，项目部应按规定及时报告并处置。

13.3 职业健康管理

13.3.1 项目部应贯彻工程总承包企业的职业健康方针，制订项目职业健康管理计划，按规定程序经批准后实施。项目职业健康管理计划内容包括：

1 项目职业健康管理目标。

2 项目职业健康管理组织机构和职责。

3 项目职业健康管理的主要措施。

13.3.2 项目部应对项目职业健康管理计划的实施进行管理。主要内容包括：

1 项目部应在工程总承包企业的支持下，为实施、控制和改进项目职业健康管理计划提供必要的资源，包括人力、技术、物资、专项技能和财力等资源。

2 项目部应通过项目职业健康管理组织网络，进行职业健康的培训，保证项目部人员和分包人等人员，正确理解项目职业健康管理计划的内容和要求。

3 项目部应建立并保持项目职业健康管理计划执行状况的沟通与监控程序，保证随时识别潜在的危害健康因素，采取有效措施，预防和减少可能引发的伤害。

4 项目部应建立并保持对相关方在提供物资和劳动力等所带来的伤害进行识别和控制的程序，有效控制来自外部的影响健康因素。

13.3.3 项目部应制定并执行项目职业健康的检查制度，记录并保存检查的结果。对影响职业健康的因素应采取措施。

13.4 环境管理

13.4.1 项目部应根据批准的建设项目环境影响报告，编制用于指导项目实施过程的项目环境保护计划，其主要内容应包括：

1 项目环境保护的目标及主要指标。

2 项目环境保护的实施方案。

3 项目环境保护所需的人力、物力、财力和技术等资源的专项计划。

4 项目环境保护所需的技术研发、技术攻关等工作。

5 落实防治环境污染和生态破坏的措施，以及环境保护设施的投资估算。

13.4.2 项目环境保护计划应按规定程序经批准后实施。

13.4.3 项目部应对项目环境保护计划的实施进行管理。主要内容包括：

1 明确各岗位的环境保护职责和权限。

2 落实项目环境保护计划必需的各种资源。

3 对项目参与人员应进行环境保护的教育和培训，提高环境保护意识和工作能力。

4 对与环境因素和环境管理体系的有关信息进行管理，保证内部与外部信息沟通的有效性，保证随时识别到潜在的影响环境的因素或紧急情况，并预防或减少可能伴随的环境影响。

5 负责落实环保部门对施工阶段的环保要求，以及施工过程中的环保措施；对施工现场的环境进行有效控制，防止职业危害，建立良好的作业环境。施工阶段的环境保护应按《建设工程项目管理规范》GB/T 50326 执行。

6 项目配套建设的环境保护设施必须与主体工程同时投入试运行。项目部应对环境保护设施运行情况和建设项目对环境的影响进行检查或监测。

7 建设项目竣工后，应当向审批该建设项目环境影响报告书（表）的环境保护行政主管部门，申请对该建设项目需要配套建设的环境保护设施进行竣工验收。环境保护设施竣工验收，应当与主体工程竣工验收同期进行。

13.4.4 项目部应制定并执行项目环境巡视检查和定期检查的制度，记录并保存检查的结果。

13.4.5 项目部应建立并保持对环境管理不符合状况的处理和调查程序，明确有关职责和权限，实施纠正和预防措施，减少产生环境影响并防止问题的再次发生。

14 项目资源管理

14.1 一般规定

14.1.1 工程总承包企业应建立和完善项目资源管理机制，促进项目人力、设备、材料、机具、技术、资金等资源的合理投入，适应工程总承包项目管理需要。

14.1.2 项目资源管理应在满足工程总承包项目的质量、安全、费用、进度以及其他目标的基础上，实现项目资源的优化配置和动态平衡。

14.1.3 项目资源管理的全过程应包括项目资源的计划、配置、优化、控制和调整。

14.2 人力资源管理

14.2.1 项目部应充分协调和发挥所有项目干系人的作用，通过组织规划、人员招募、团队开发，建立高效率的项目团队，以达到项目预定的范围、质量、进度、费用等目标。

14.2.2 项目部应根据项目特点和项目实施计划的要求，编制人力资源需求和使用计划，经工程总承包企业批准后，配置合格的项目人力资源。

14.2.3 项目部应对项目人力资源进行人力动态平衡与成本管理，实现项目人力资源的精干高效，并对项目人员的从业资格进行管理。

14.2.4 项目部应根据项目特点将项目的各项任务落实到人，确定项目团队沟通、决策、解决冲突、报告和协调人际关系的管理程序，并建立一套面向工程总承包企业和业主的报告及协调制度或规定。

14.2.5 项目部应根据工程总承包企业人才激励机制，通过绩效考核和奖励措施，提高项目绩效。

14.3 设备材料管理

14.3.1 项目部应设置设备材料管理人员，对设备材料进行管理和控制。

14.3.2 项目的设备材料，宜采取项目部自行采购和分包人采购两种方式。对于项目部自行采购的设备材料应遵守本规范第7章“项目采购管理”的要求。对于分包人采购的设备材料项目部应按合同约定进行控制。

14.3.3 项目部应对拟进场的工程设备材料进行检验，进场的设备材料必须做到质量合格，资料齐全、准确。

14.3.4 项目部应编制设备材料控制计划，建立项目设备材料控制程序和现场管理规定，确保供应及时、领发有序、责任到位，满足项目实施的需要。

14.4 机具管理

14.4.1 项目实施过程中所需各种机具可以采取工程总承包企业调配以及租赁、购买、分包人自带等多种方式。

14.4.2 项目部应编制项目机具需求和使用计划报企业审批。对于进入施工现场的机具应进行安装验收，保持性能、状态完好，并做到资料齐全、准确。

14.4.3 项目部应做好进入施工现场机具的使用与统一管理工作，切实履行工程机具报验程序。进入现场的机具应由专门的操作人员持证上岗，实行岗位责任制，严格按照操作规程作业，并在使用中做好维护和保养，保持机具处于良好状态。

14.5 技术管理

14.5.1 项目部应执行工程总承包企业相关技术管理制度，对项目的技术资源与技术活动进行计划、组织、控制、协调等综合管理，发挥技术资源在项目中的使用价值。

14.5.2 项目部应对项目涉及的工艺技术、工程设计技术、项目管理技术进行全面管理，对项目设计、采购、施工、试运行等过程中涉及的技术资源与技术活动进行全过程、全方位的管理，并最终实现合同约定的各项技术指标。

14.5.3 项目部应明确技术管理的职责。在项目矩阵式管理中，专业部室对所采用的技术的正确性、有效性负责；项目部对所采用的技术与合同的符合性负责。

14.5.4 项目部应充分运用工程总承包企业的各种知识产权，同时遵照企业有关规定，完善项目所涉及知识产权的保护和管理。

14.5.5 工程总承包企业应鼓励项目部在项目中采用新技术，发挥技术价值。

14.6 资金管理

14.6.1 项目部应对项目实施过程中的资金流进行管理，制定资金管理目标和资金管理计划，制定保证收入、控制支出、降低成本、防范资金风险等措施。

14.6.2 项目部应根据总承包企业的资金管理规章制度，制定项目资金管理规定，并接受企业财务部门的监督、检查和控制。

14.6.3 项目部应严格对项目资金计划的管理。项目财务管理人员应根据项目进度计划、费用计划、合同价款及支付条件，编制项目资金流动计划和项目财务用款计划，按规定程序审批后实施，对项目资金的运作实行严格的监控。

14.6.4 项目部应根据合同的约定向业主申报工程款结算报告和相关资料，及时收取工程价款。

14.6.5 项目部应重视资金风险的防范，坚持做好项目的资金收入和支出分析，进行计划收支与实际收支对比，找出差异，分析原因，提高资金预测水平，提高资金使用价值，降低资金使用成本和提高资金风险防范水平。

14.6.6 项目部应根据工程总承包企业财务制度，定期将各项财务收支的实际数额与计划数额进行比较和分析，提出改进措施，向企业财务部门提出项目财务有关报表和收支报告。

14.6.7 项目竣工后，项目部应进行项目的成本和经济效益分析，上报工程总承包企业主管部门。

15 项目沟通与信息管理

15.1 一般规定

15.1.1 工程总承包企业应建立项目沟通与信息管理系统，制定沟通与信息管理程序和制度。

15.1.2 工程总承包企业应充分利用现代信息及通信技术，以计算机、网络通信、数据库作为技术支撑，对项目全过程所产生的各种信息，及时、准确、高效地进行管理。

15.1.3 项目部应充分利用各种沟通工具及方法，采取相应的组织协调措施，与项目干系人以及在项目团队内部进行充分、准确、及时的信息沟通。

15.1.4 项目部应根据项目规模与特点设置项目信息

管理人员。

15.1.5 项目信息可以数据、表格、文字、图纸、音像、电子文件等载体方式表示，保证项目信息能及时地收集、整理、共享，并具有可追溯性。

15.2 沟通管理

15.2.1 项目沟通管理应贯穿建设工程项目的全过程。沟通的主要内容包括与项目建设有关的所有信息，特别需要在所有项目干系人之间共享的核心信息。

15.2.2 项目部应制定项目的沟通管理计划，明确沟通的内容、方式、渠道、协调程序。沟通管理计划在工程总承包项目实施过程中应经常被复检，并根据项目运行中出现的情况做相应调整。

15.2.3 项目部应根据工程总承包项目的特点，以及项目相关方不同的需求和目标，采取有效的协调措施。

15.3 信息管理

15.3.1 项目部应建立项目信息管理系统，实现数据的共享和流转，对信息进行分析和评估，确保信息的真实、准确、完整和安全。

15.3.2 项目信息管理应包括以下主要内容：

1 确定项目信息管理目标。

2 制订项目信息管理计划。

3 收集项目信息。

4 处理项目信息。

5 分发项目信息。

6 根据项目信息分析，评价项目管理成效，必要时调整相关计划。

15.3.3 项目信息管理系统应满足下列要求：

1 信息管理技术应与信息管理系统相匹配。

2 项目信息管理系统应与工程总承包企业的信息管理系统兼容。

3 信息管理技术与所使用的相关工程设计、项目管理等应用软件有良好的适应性。

4 信息管理系统应便于信息的输入、处理和存储。

5 信息管理系统应便于信息发布、传递及检索。

6 信息管理系统应有必要的数据安全保护措施。

15.3.4 项目部应制定收集、处理、分析、反馈、传递项目信息的规定，并监督执行。

15.3.5 项目的信息分类和编码应遵循工程总承包企业的信息结构、分类和编码规则。

15.3.6 项目部宜采用计算机软件和网络系统进行信息管理。

15.4 文件管理

15.4.1 工程总承包项目文件资料应随项目进度及时收集、处理，并按项目的统一规定进行标识。

15.4.2 项目部应按照有关档案管理标准和规定，将项目设计、采购、施工、试运行等项目管理过程中形成的所有文件、资料进行归档。

15.4.3 项目部应确保项目档案资料的真实、有效和完整，不得对项目档案资料进行伪造、篡改和抽撤。

15.4.4 项目部应设置专职或兼职的文件资料管理人员。

15.5 信息安全及保密

15.5.1 项目部在项目实施的过程中，应遵守国家、地方有关知识产权和信息技术的法律、法规和规定。

15.5.2 项目部应根据工程总承包企业关于信息安全和保密的方针及相关规定，制定信息安全与保密措施，防止和处理在信息传递与处理过程中的失误与失密，保证信息管理系统安全、可靠地为项目服务。

15.5.3 项目部应根据工程总承包企业的信息备份、存档程序，以及系统瘫痪后的系统恢复程序，进行项目信息的备份与存档，确保项目信息管理系统的安全性及可靠性。

16 项目合同管理

16.1 一般规定

16.1.1 工程总承包企业的合同管理部门应依据《中华人民共和国合同法》及相关法规负责项目合同的订立和对履行的监督，并负责合同的补充、修改和（或）更改、终止或结束等有关事宜的协调与处理。

16.1.2 工程总承包项目合同管理应包括总承包合同管理和分包合同管理。

16.1.3 项目部应依据企业相关制度制定合同管理规定，明确合同管理的岗位职责，负责组织对总承包合同的履行，并对分包合同实施监督和控制，确保合同约定目标和任务的实现。

16.1.4 项目部应在合同管理过程中遵守依法履约、诚实信用、全面履行、协调合作、维护权益和动态管理的原则，严格执行合同。

16.1.5 总承包合同和分包合同，必须以书面形式订立。实施过程中的合同变更应按程序规定进行书面签认，并成为合同的组成部分。

16.2 总承包合同管理

16.2.1 项目部应依据工程总承包企业相关规定建立总承包合同管理程序。

16.2.2 总承包合同管理的主要内容宜包括：

1 接收合同文本并检查、确认其完整性和有效性。

2 熟悉和研究合同文本，全面了解和明确业主的要求。

3 确定项目合同控制目标，制订实施计划和保证措施。

4 对项目合同变更进行管理。

5 对合同履行中发生的违约、争议、索赔等事宜进行处理。

6 对合同文件进行管理。

7 进行合同收尾。

16.2.3 项目部合同管理人员应全过程跟踪检查合同执行情况，收集、整理合同信息和管理绩效，并按规定报告项目经理。

16.2.4 项目部应建立合同变更管理程序。合同变更宜按下列程序进行：

1 提出合同变更申请。

2 报项目经理审查、批准。必要时，经企业合同管理部门负责人签认，重大的合同变更须报企业负责人签认。

3 经业主签认，形成书面文件。

4 组织实施。

16.2.5 项目部应按以下程序进行合同争议处理：

1 准备并提供合同争议事件的证据和详细报告。

2 通过“和解”或“调解”达成协议，解决争议。

3 当“和解”或“调解”无效时，可按合同约定提交仲裁或诉讼处理。

4 当事人应接受并执行最终裁定或判决的结果。

16.2.6 项目部应按下列规定对合同的违约责任进行处理：

1 当事人应承担合同约定的责任和义务，并对合同执行效果承担应负的责任。

2 当发包人或第三方违约并造成当事人损失时，合同管理人员应按规定追究违约方的责任，并获得损失的补偿。

3 项目部应加强对连带责任引起的风险预测和控制。

16.2.7 项目部应按下列规定进行索赔处理：

1 应执行合同约定的索赔程序和规定。

2 在规定时限内向对方发出索赔通知，并提出书面索赔报告和索赔证据。

3 对索赔费用和时间的真实性、合理性及正确性进行核定。

4 按最终商定或裁定的索赔结果进行处理。索赔金额可作为合同总价的增补款或扣减款。

16.2.8 项目部合同文件管理应符合下列要求：

1 明确合同管理人员在合同文件管理中的职责，并按合同约定的程序和规定进行合同文件管理。

2 合同管理人员应对合同文件定义范围内的信息、记录、函件、证据、报告、图纸资料、标准规范及相关法规等及时进行收集、整理和归档。

3 制定并执行合同文件的管理规定，保证合同文件不丢失、不损坏、不失密，并方便使用。

4 合同管理人员应做好合同文件的整理、分类、收尾、保管或移交工作，满足合同相关方的要求，避免或减少风险损失。

16.2.9 项目部进行合同收尾工作应符合下列要求：

1 合同收尾工作应按合同约定的程序、方法和要求进行。

2 合同管理人员应对包括合同产品和服务的所有文件进行整理及核实，完成并提交一套完整、系统、方便查询的索引目录。

3 合同管理人员确认合同约定的“缺限通知期限”已满并完成了缺陷修补工作时，按规定审批后，及时向业主发出书面通知，要求业主组织核定工程最终结算及签发合同项目履约证书或验收证书，使合同达到关闭状态。

4 试运行结束后，项目部应会同工程总承包企业合同管理部门按规定进行总结评价。其内容包括：对合同的订立及实施效果的评价，对合同履行过程及情况的评价以及对合同管理过程的评价。

16.3 分包合同管理

16.3.1 分包合同管理应符合下列要求：

1 项目部及合同管理人员，应按总承包合同的约定，将需要订立的分包合同纳入整体合同管理范围，并要求分包合同管理与总承包合同管理保持协调一致。

2 项目部在工程总承包企业的授权下，可根据总承包合同约定和需要，订立设计、采购、施工、试运行或其他咨询服务分包合同，但不得将整个工程转包。

3 对分包合同的管理，应包括对分包合同的订立，以及对分包合同生效后的履行、变更、违约索赔、争议处理、终止或收尾结束的全部活动实施监督和控制。

16.3.2 项目部应建立并执行分包合同管理程序。分包合同管理程序的主要内容包括：

1 明确分包合同的管理职责。

2 分包招标的准备和实施。

3 分包合同订立。

4 对分包合同实施监控。

5 分包合同变更处理。

6 分包合同争议处理。

7 分包合同索赔处理。

8 分包合同文件管理。

9 分包合同收尾。

16.3.3 项目部应明确各类分包合同管理的职责。各类分包合同管理的主要职责如下：

1 设计：应根据总承包合同的规定和要求，明确设计分包的职责范围，订立设计分包合同。协调和监督合同履行，确保设计目标和任务的实现。

2 采购：根据总承包合同的规定和要求，明确采购和服务的范围，订立采购分包合同。监督合同的履行，完成项目采购的目标和任务。

3 施工：根据总承包合同的规定和要求，在明确施工和服务的职责范围的基础上，订立施工分包合同。监督和协调合同的履行，完成施工的目标和任务。

4 其他咨询服务：根据总承包合同的需要，明确服务的职责范围，签订分包合同或协议。监督和协调分包合同或协议的履行，完成规定的目标和任务。

5 项目部对所有分包合同的管理职责，均应与总承包合同管理职责协调一致。同时还应履行分包合同约定的由项目承包人承担的责任和义务，并做好与分包人的配合与协调，提供必要的方便条件。

16.3.4 项目部可根据工程总承包项目的范围、内容、要求和资源状况等进行分包，分包方式根据项目实际情况确定。如果采用招标方式，其主要内容和程序应符合下列要求：

1 项目部应做好分包工程招标的准备工作，内容包括：

1）按总承包合同约定和项目计划要求，制定分包招标计划，落实需要的资源配置。
2）确定招标方式。
3）组织编制招标文件。
4）组建评标、谈判组织。
5）其他有关招标准备工作。

2 按计划组织实施招标活动。主要活动包括：

1）按规定的招标方式发布通告或邀请函。
2）对投标人进行资格预审或审查，确定合格投标人，发售招标文件。
3）组织招标文件的澄清。
4）接受合格投标人的投标书，并组织开标。
5）组织评标、决标。
6）发出中标通知书。

16.3.5 分包合同的订立应满足以下原则和要求：

1 订立分包合同应遵循下列原则：

1）合同当事人的法律地位平等。一方不得将自己的意志强加给另一方。
2）当事人依法享有自愿订立合同的权利，任何单位和个人不得非法干预。
3）当事人确定各方的权利和义务应当遵守公平原则。
4）当事人行使权利，履行义务应当遵循诚实信用原则。
5）当事人应当遵守法律、行政法规和社会公德，不得扰乱社会经济秩序，不得损害社会公共利益。
6）分包人不得将分包的全部工程再行转包。

2 项目部应按下列要求组织分包合同谈判：

1）明确谈判方针和策略，制订谈判工作计划。
2）按计划要求做好谈判准备工作。
3）明确谈判的主要内容，并按计划组织实施。

3 项目部应组织分包合同的评审，确定最终的合同文本，经授权订立分包合同。

4 分包合同文件组成及其优先次序应符合下列要求：

1）协议书。
2）中标通知书（或中标函）。
3）专用条件。
4）通用条件。
5）投标书和构成合同组成部分的其他文件（包括附件）。

16.3.6 分包合同履行的管理应满足以下要求：

1 项目部及合同管理人员，应根据合同约定和《中华人民共和国合同法》的要求，对分包人的合同履行进行监督和管理，并履行自身应尽的责任和义务。

2 合同管理人员应对分包合同确定的目标实行跟踪监督和动态管理。在管理过程中进行分析和预测，及早提出和协调解决影响合同履行的问题，避免或减少风险。

3 在分包合同履行过程中，分包人就分包工程向项目承包人负责。由于分包人的过失给发包人造成损失，项目承包人承担连带责任。

16.3.7 分包合同变更管理应满足以下要求：

1 项目部及合同管理人员，应严格按合同变更程序对分包合同的变更实施控制。应对变更范围、内容及影响程度进行评审和确认并形成书面文件，变更经批准后实施。

2 由分包人实施分包合同约定范围内的变化和更改均不构成分包合同变更。

3 经确认和批准的变更应成为分包合同的组成部分。对于重大变更应按规定向工程总承包企业合同管理部门报告。

16.3.8 分包合同争议处理应按以下规定进行：

1 项目部应按分包合同约定程序和方法处理争议事件。

2 当事人应努力采用“和解”或“调解”方式解决合同争议。

3 当事人应按商定或最终裁定的结果执行。

16.3.9 分包合同索赔处理应按以下规定进行：

1 当事人应执行合同约定的索赔程序和方法，进行真实、合法及合理的索赔。

2 索赔通知、证据、报告及裁定结果均应形成书面文件，并纳入合同管理范围。

16.3.10 分包合同文件管理应满足以下要求：

1 项目部应明确合同管理人员对分包合同文件的管理职责。

2 分包合同管理人员，应对分包合同履行过程中所产生的信息、文件和资料，进行分析、整理、传送、反馈、保管和归档。

3 项目部应对分包人提交的所有文件、图纸和资料进行妥善保存和管理。

16.3.11 分包合同收尾应满足以下要求：

1 项目部应按分包合同约定程序和要求进行分包合同的收尾。

2 合同管理人员应对分包合同约定目标进行核查和验证，当确认已完成缺陷修补并达标时，及时进行分包合同的最终结算和结束分包合同的工作。

3 当分包合同结束后应进行总结评价工作，包括对分包合同订立、履行及其相关效果的评价。

规范用词用语说明

1 为规范和区别对待本规范条文用词用语的程度，对于要求严格管理程度不同的用词用语说明如下：

1）表示很严格，非这样不可的用词：

正面词采用“必须”，反面词采用“严禁”。

2）表示严格，在正常情况下均应这样做的用词：

正面词采用“应”，反面词采用“不应”或“不得”。

3）表示允许稍有选择，在条件许可时首先应这样做的用词：

正面词采用“宜”，反面词采用“不宜”。

表示有选择，在一定条件下可以这样做的采用“可”。

2 本规范中指定按其他有关标准、规范执行时，写法为：“应符合……的规定”或“应按……执行”。非必须按所指定的标准和规范执行的，写法为“可参照……”。

中华人民共和国国家标准

建设项目工程总承包管理规范

GB/T 50358—2005

条 文 说 明

目　次

1 总　　则

1.0.1 本条款既是制定本规范的目的，也是制定本规范的指导思想。

"科学化"是指把工程总承包管理作为一门学科。以系统工程学、控制论和信息论为理论基础，采用赢得值管理技术，对工程总承包项目实施全过程的动态、连续与合理交叉相结合的管理和控制。

"规范化"即标准化。统一工程总承包项目管理行为和全部活动。

"法制化"即根据国家法律、法规，依法实施工程总承包。

"与国际接轨"是指采用发达国家先进的项目管理模式、程序、技术和方法。

1.0.2 本规范的适用范围是在中国境内的建设项目，包括新建、扩建、改建的项目。项目管理主体是在中国注册的工程总承包企业项目管理组织。境外工程总承包企业在承包我国境内建设项目时，也应执行本规范。

1.0.3 从20世纪80年代起我国开始推行工程总承包，至今已积累不少经验，但运作仍不够规范。编制本规范的目的在于规范工程总承包项目管理行为，提高工程总承包管理水平。当前我国工程总承包企业行业之间发展尚不够平衡，管理尚不够规范，本规范提出的工程总承包企业的项目组织机构、职能职责，是对工程总承包企业的基本要求。

1.0.5 工程总承包企业应建立工程项目管理体系，以保证工程项目管理质量，提高项目实施的效率和效益。项目管理体系应覆盖产品实现过程（设计、采购、施工、试运行全过程）和项目管理过程（项目启动、项目策划、项目实施、项目控制、项目收尾全过程）；项目管理的内容应包括项目综合管理、项目范围管理、项目进度管理、项目费用管理、项目质量管理、项目人力资源管理、项目信息沟通管理、项目风险管理、项目采购管理等。工程项目管理体系应形成文件，包括组织、职责、资源、程序文件、作业指导文件、基础工作和《工作手册》等。

1.0.7 先进的项目管理技术和项目管理方法包括赢得值管理技术、网络计划技术、IT技术等。赢得值管理技术（Earned Value Management，EVM）作为一项先进的项目管理技术，最初是美国国防部于1967年首次确立的。到目前为止国际上先进的工程公司已普遍采用赢得值管理技术进行工程项目的费用、进度综合控制。

1.0.8 建设项目工程总承包管理应遵守的国家法律主要有《建筑法》、《合同法》和《招标投标法》等。建设项目工程总承包管理应遵守的法规主要有《建设工程质量管理条例》、《建设工程安全生产管理条例》、《建设工程勘察设计管理条例》等。

"强制性标准"是指直接涉及工程质量、安全、职业健康及环境保护等方面的工程建设标准强制性条文。

由于我国建设项目组织实施方式正处于改革过程中，一方面要遵守现行工程建设国家标准，另一方面要实现与国际惯例接轨。本规范编制的原则是在遵守现行工程建设国家标准的基础上，推荐国际上已普遍采用的先进经验。

2 术　　语

2.0.1 "建设项目"是广义项目中的一类，一般是指工业、建筑或其他类工程的项目。建设项目除具有广义项目的一般特征外，还具有下列自身的特征：

1 项目的产品或服务对象是工程。

2 在一个总体设计或初步设计范围内，由一个或多个单项工程所组成，实行统一核算和管理。

3 在一定的约束条件下，以形成固定资产为特定目标。约束条件：一是时间约束，即合理的工期目标；二是资源约束，即投资总量等约束；三是质量约束，即特性、功能和标准的约束。

4 需要遵循必要的建设程序和经过特定的建设过程。即通常要经过项目建议书、可行性研究、评估、决策、勘察、设计、采购、施工、试运行、接收使用等合理有序的过程。

2.0.2 根据建设部建市［2003］30号文，"工程总承包"可以是全过程的承包，也可以是分阶段的承包。工程总承包的范围、承包方式、责权利等由工程总承包合同约定。工程总承包主要有如下方式：

1 设计采购施工（EPC）/交钥匙工程总承包，即工程总承包企业按照合同约定，承担工程项目的设计、采购、施工、试运行服务等工作，并对承包工程的质量、安全、工期、造价全面负责。交钥匙工程总承包是设计采购施工总承包业务和责任的延伸，最终向业主提交一个满足使用功能、具备使用条件的工程项目。

2 设计—施工总承包（D—B），即工程总承包企业按照合同约定，承担工程项目的设计和施工，并对承包工程的质量、安全、工期、造价全面负责。

3 根据工程项目的不同规模、类型和业主要求，工程总承包还可采用，设计—采购总承包（E—P）、采购—施工总承包（P—C）等方式。

工程总承包企业按照与业主签订的工程总承包合同，对承包工程的质量、安全、工期、造价全面负责。工程总承包企业可依法将所承包工程中的部分工作发包给具有相应资质的分包企业；分包企业按照分包合同的约定对总承包企业负责。

2.0.3 "项目发包人"是以完备手续取得项目发包主

体资格，承认全部合同条件，能够并承诺履行合同义务（主要是支付工程款能力）的合同当事人一方。可以是有独立经费的各级国家机关和依法取得法人资格的企事业单位及社会团体，也可以是依法登记的合伙人。与发包人合并的单位、兼并发包人的单位、购买发包人合同和接受发包人转让的单位以及发包人的合法继承人，均可成为发包人。

2.0.4 “项目承包人”是指工程总承包的合同当事人一方。项目承包人必须具备工程总承包主体资格，即具有工程总承包能力的法人资格，相应的资质等级资格，同时必须被发包人接受。

2.0.5 “项目分包人”是项目分包合同的当事人一方。工程总承包企业可以把工程总承包范围内的部分工作分包给“项目分包人”完成，包括设计、成套设备供应、施工及其他服务等。“项目分包人”必须具备相应的承包主体资格，即具有承包法人资格，相应的资质等级资格。“项目分包人”不得将分包合同的工作再进行整体转包。

2.0.6 “项目经理”是工程总承包企业内部设置的岗位职务，他是工程总承包企业法人代表在合同项目上的授权委托代理人。“项目经理”不是工程总承包企业法人代表，也不是一种执业资格。“项目经理”经过授权代表工程总承包企业履行项目合同，工程总承包企业实行项目经理负责制。“项目经理”在项目合同签订之后由工程总承包企业任命；必要时“项目经理”人选需经项目发包人认可。

2.0.7 “项目部”是工程总承包企业为履行项目合同而临时组建的项目管理组织机构，在工程总承包企业有关部门的支持下，由项目经理负责组建。“项目部”在项目经理领导下负责工程总承包项目的计划、组织实施、控制及收尾工作。“项目部”是一次性组织，随着项目的启动而建立，随着项目结束而解散。“项目部”从履行项目合同的角度对工程总承包项目实行全过程的管理；工程总承包企业的职能部门按企业职能分工规定，对项目实施全过程负责支持，构成项目实施的矩阵式管理。“项目部”的主要成员，如设计经理、采购经理、施工经理、试运行经理、财务经理等，分别接受项目经理和职能部门负责人的双重领导，分别向项目经理和职能部门负责人报告工作。应注意“项目部”与工程总承包企业“项目管理部”的区别，“项目管理部”是工程总承包企业常设性的职能部门，其职能是指导和管理项目经理，协调工程总承包企业的全部项目，但不直接管理具体的合同项目。

小型项目的项目管理组织亦可称“项目组”。

2.0.8 “项目经理负责制”是以项目经理为责任主体的工程总承包项目管理目标责任制度，该制度包括：项目经理和项目部在企业中的定位；项目经理在项目管理中的地位和作用；项目经理应具备的条件；项目部的管理运作机制；项目经理的责任、权限和利益；项目管理目标责任书内容的构成等。工程总承包企业应对“项目经理负责制”的上述内容作出明确规定。项目经理负责制又称项目经理责任制。

2.0.9 “项目管理目标责任书”根据企业的经营管理目标、项目管理制度、工程总承包合同要求制定。“项目管理目标责任书”的主要内容见第4章4.7.2条。

2.0.11 “项目管理”一词在不同的应用领域有各种不同的解释。广义的“项目管理”解释，如美国项目管理学会（Project Management Institute-PMI）标准《项目管理知识体系指南》（A Guide to the Project Management Body of Knowledge-PMBOK）定义：“项目管理是把项目管理知识、技能、工具和技术用于项目活动中，以达到项目目标”。ISO 10006《项目管理质量指南》（Guidelines to Quality in Project Management）定义：“项目管理包括在项目连续过程中对项目的各方面进行策划、组织、监测和控制等活动，以达到项目目标”。本规范所指“项目管理”系指工程总承包企业对工程总承包项目进行的项目管理，包括设计、采购、施工、试运行全过程的质量、安全、费用、进度全方位的策划、组织实施、控制和收尾。本规范所指“项目管理”适用于工程总承包项目管理应用领域。

2.0.12 “项目管理体系”应与企业的其他管理体系如“质量管理体系”、“环境管理体系”、“职业健康安全管理体系”等相容或互为补充。

2.0.13 对于工程总承包，“项目启动过程”指工程总承包合同签订后任命项目经理，组建项目部。应注意工程总承包“项目启动过程”与业主“项目启动过程”的区别，通常业主的“项目启动过程”包括项目建议书、可行性研究报告、评估、批准立项，而工程总承包“项目启动过程”主要指工程总承包合同签订后任命项目经理，组建项目部。

2.0.14 “项目策划过程”。策划包括多个项目实施方案的比较和选择。工程总承包项目管理应把项目策划纳入管理程序，作为一个过程来管理，经过策划编制项目计划。

2.0.15 “项目管理计划”由项目经理负责编制，向工程总承包企业管理层阐明管理合同项目的方针、原则、对策、建议。“项目管理计划”是企业内部文件，可以包含企业内部信息，例如风险、利润等，不向业主提交。“项目管理计划”批准之后，由项目经理组织编制“项目实施计划”。

2.0.16 “项目实施计划”是项目实施的指导性文件，“项目实施计划”应报业主确认，并作为项目实施的依据。工程总承包“项目实施计划”应指导和协调各方面的单项计划，例如设计计划、采购计划、施工计划、试运行计划、质量计划、进度计划、财务计划等，以保证项目协调、连贯地顺利进行。

2.0.17 用赢得值管理技术进行费用、进度综合控制，基本参数有三项：

1）计划工作的预算费用（Budgeted Cost for Work Scheduled-BCWS）；

2）已完工作的预算费用（Budgeted Cost for Work Performed-BCWP）；

3）已完工作的实际费用（Actual Cost for Work Performed-ACWP）。

其中BCWP即所谓赢得值。

在项目的费用、进度综合控制中引入赢得值管理技术，可以克服过去进度、费用分开控制的缺点，即当我们发现费用超支时，很难立即知道是由于费用超出预算，还是由于进度提前。相反，当我们发现费用消耗低于预算时，也很难立即知道是由于费用节省，还是由于进度拖延。而引入赢得值管理技术即可定量地判断进度、费用的执行效果。

在项目实施过程中，以上三个参数可以形成三条曲线，即BCWS、BCWP、ACWP曲线，如图2-1所示。

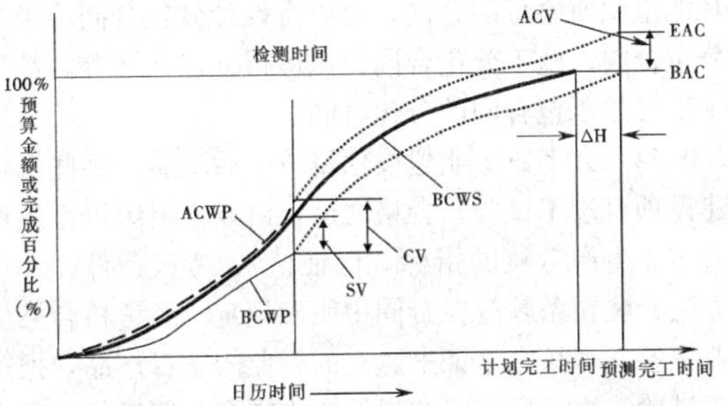

图2-1 赢得值曲线图

图2-1中：CV＝BCWP－ACWP，由于两项参数均以已完工作为计算基准，所以两项参数之差，反映项目进展的费用偏差。

CV＝0，表示实际消耗费用与预算费用相符（on budget）；

CV＞0，表示实际消耗费用低于预算费用（under budget）；

CV＜0，表示实际消耗费用高于预算费用，即超预算（over budget）。

SV＝BCWP－BCWS，由于两项参数均以预算值作为计算基准，所以两者之差，反映项目进展的进度偏差。

SV＝0，表示实际进度符合计划进度（on schedule）；

SV＞0，表示实际进度比计划进度提前（ahead）；

SV＜0，表示实际进度比计划进度拖后（behind）。

采用赢得值管理技术进行费用、进度综合控制，还可以根据当前的进度、费用偏差情况，通过原因分析，对趋势进行预测，预测项目结束时的进度、费用情况。图2-1中：

BAC（budget at completion）为项目完工预算；

EAC（estimate at completion）为预测的项目完工估算；

ACV（at completion variance）为预测项目完工时的费用偏差；

ACV＝BAC－EAC。

2.0.18 “项目实施过程”是执行项目计划并形成项目产品的过程。在这个过程中项目部的大量工作是组织和协调。项目实施过程应特别注意按项目计划开展工作的原则，切忌颠倒程序和盲目指挥。

2.0.19 “项目控制过程”是预防和发现与既定计划之间的偏差，必要时采取纠正措施。通常在项目计划中规定控制基准，例如赢得值管理技术中进度、费用控制基准（计划工作的预算费用BCWS）。通常只有在项目范围变更的情况下才允许变更控制基准。工程总承包项目主要的控制过程有综合变更控制、范围变更控制、进度控制、费用控制、质量控制和风险控制等。

2.0.20 “项目收尾过程”包括两个方面的内容：一是合同收尾，完成合同规定的全部工作和决算，解决所有未了事项；二是管理收尾，收集、整理、归档项目文件，总结、评价经验、教训，为以后的项目提供参考。

2.0.22 广义的“采购”包括设备、材料的采购和设计、施工及劳务采购。本规范的采购是指设备、材料的采购，而把设计、施工及劳务采购称为分包。就买卖关系而言，对工程总承包项目合同，工程总承包企业是卖方；对设备、材料采购及设计、施工、劳务分包，工程总承包企业是买方。

2.0.23 “采买”是采购工作的一个专业岗位，其工作范围是从接受请购单起到签订采购合同止。其中经过选择供货厂商，编制询价文件，询价，获得报价书，评标，合同谈判，最终签订采购合同。采购合同签订之后，催交、检验、运输等工作交由相关专业负责完成；但在某种情况下，采购工作也可不按采买、催交、检验、运输等专业来分工，而是按设备、电气、仪表等产品来分工。

2.0.24 “催交”是采购工作的一个专业岗位，其工作范围是从采购合同签订之后，负责协调、督促供货厂商按合同规定的进度交货。催交工作还包括催办供货厂商提交设计依据资料和供设计审查的制造图纸。

2.0.25 “检验”是采购工作的一个专业岗位，其工作范围是制订检验计划，协调、督促和落实检验计划的实施；采购检验的性质属于验证性质。检验人员的任何认可、同意、接收，均不能解除供货厂商对设备、材料的质量责任。对于某些特殊设备、材料，必要时，可以委托第三方检验机构承担检验任务。

2.0.26 “运输”是采购工作的一个专业岗位，其工作范围是负责设备、材料出厂之后，督办所采购的货物及时、安全运抵合同约定地点。督办包括选择运输方式和运输公司，签订运输合同，办理运输保险，报关、清关，储存、转运，沿途道路、桥梁的加固（若有），以及运抵合同约定地点后的交接手续等。

2.0.28 按照国际惯例，工程按合同约定和设计要求完成建筑、安装，并通过竣工试验，即达到“竣工”。这时即可进行工程管理权的移交，工程的管理权从工程总承包企业移交给业主。移交给业主之后，由业主签发接收证书。

2.0.31 在不同的应用领域，“试运行”有其他一些提法，例如试车、开车、调试、联动试车、竣工试验、竣工后试验等。竣工试验完成并合格后，业主应接收工程。竣工后试验是指业主接收工程后，按合同规定应进行的试验；大多数工业项目的生产考核试验，属于竣工后试验。

2.0.32 传统的项目管理没有把“项目范围管理”作为一个独立的管理内容提出，因而对“项目范围管理”没有清晰的概念，也没有一套科学的管理方法。现代工程总承包项目管理已经引入项目范围管理的概念，使项目管理更加科学化和规范化。发达国家工程总承包项目管理广泛采用工作分解结构（WBS）技术进行项目的范围管理，用WBS定义全部项目范围，未列入WBS的工作被排除在项目范围之外，项目WBS即成为项目范围管理的基准。项目范围的变更主要会导致进度变更、费用变更，因此项目范围变更应予控制。

2.0.33 “项目进度管理”对于工程总承包项目，项目进度计划的编制应考虑设计、采购、施工的合理交叉，交叉深度取决于可接受的风险。

2.0.34 “项目进度控制”是以项目进度计划为控制基准，通过定期对进度绩效的测量，计算进度偏差，并对偏差原因进行分析，采取相应的纠正措施。当项目范围发生较大变化，或出现重大进度偏差时，经过批准可调整进度计划。

2.0.35 “项目费用管理”包括资源估算、费用估算、费用预算、费用控制等过程，保证项目在批准的预算内完成。本规范所指项目费用是指工程总承包项目的费用，其范围仅包括合同约定的范围，不包括合同范围以外应由业主承担的费用。项目费用控制是以项目费用预算为控制基准，通过定期对费用绩效的测量，计算费用偏差，对偏差原因进行分析，采取相应的纠正措施。当项目范围发生较大变化，或出现重大费用偏差时，经过批准可调整项目费用预算。

2.0.36 关于“估算”这个术语的含义，国际惯例的理解与国内所使用的含义不同。国内通常在项目可行性研究报告中使用“估算”，初步设计中使用“概算”，施工图设计中使用“预算”。而且上述“估算”、“概算”“预算”通常指整个项目的投资总额，包括业主负担的其他费用，例如建设单位管理费、试运行费等。国际惯例项目实施各阶段的费用估算都使用“估算”，在“估算”前加定义词以资区别，例如“报价估算”、“初期控制估算”、“批准的控制估算”、“核定估算”等。本规范所指的“估算”和“预算”，仅指合同项目范围内的费用，不包括业主负担的其他费用。

2.0.37 关于“预算”这个术语的含义，国际惯例的理解与国内所使用的含义亦不相同。国内在施工图设计中使用“预算”，而国际惯例通常是将经过批准的控制估算称为“预算”。而且“预算”通常是指按WBS进行分解和按进度进行分配了的控制估算。

2.0.49 “工程总承包合同”的订立由工程总承包企业负责，未包含在本规范的项目合同管理范围之内。

工程总承包合同根据业主要求可以有多种方式，包括设计采购施工（EPC）/交钥匙总承包合同，设计—施工（D—B）总承包合同，设计—采购（E—P）总承包合同，采购—施工（P—C）总承包合同等。

2.0.51 广义上说，“分包合同”是指工程总承包企业为完成工程总承包合同，把部分工程或服务分包给其他组织所签订的合同。可以有设计分包合同、采购分包合同、施工分包合同、试运行分包合同等，都属于工程总承包合同的分包合同。

2.0.54 大多数工业建设项目竣工后试验（某些工业建设项目竣工试验）合格之后，由业主组织进行生产考核。生产考核的指标（保证值）、考核条件、计算方法、奖罚条款等在合同中明确规定。经考核合格由业主签发考核合格证书。有的行业的项目产品，把竣工试验、竣工后试验和考核验收结合一起进行，应在合同中约定。

3 工程总承包管理的内容与程序

3.1 工程总承包管理的内容

3.1.1 工程总承包管理应包括项目部对合同项目的管理和工程总承包企业有关职能部门对合同项目的管理。项目部与有关职能部门实行矩阵式管理。项目部主要负责组织、协调和控制，保证合同项目目标的实现；职能部门主要负责支持和保证。

3.1.3 工程总承包项目管理的内容，应包括产品实现过程的管理和项目管理过程的管理两个方面。产品实现过程的管理，包括设计、采购、施工、试运行的管理，如果其中部分工程或服务分包给分包人完成，则包括对分包人的管理。项目管理过程的管理，包括项目启动、项目策划（计划）、项目实施、项目控制和项目收尾的管理。上述两个方面的管理都应纳入项目管理范围，采用项目定义的方法，编制项目工作分解结构。

3.1.4 业主有权依法聘请项目管理企业或工程监理

机构进行项目管理或监理，工程总承包企业的项目部应接受并配合项目管理企业或工程监理机构的工作。

3.2 工程总承包管理的程序

3.2.3 工程总承包项目管理的基本程序应反映工程总承包项目生命周期的基本规律。

1 项目启动。工程总承包合同是项目实施的依据，工程总承包企业应坚持在合同条件下启动项目。项目启动包括选择和任命项目经理，并在企业的支持下组建项目部。

2 项目初始阶段的工作。项目初始阶段的工作包括研究合同文件，编制项目计划，编制项目协调程序，确定设计数据，确定工作分解结构，召开项目开工会议，开展工艺设计，编制设计计划、采购计划、施工计划、试运行计划、质量计划、财务计划等。项目初始阶段的工作实际上是工程总承包项目的策划工作，工程总承包管理应十分重视项目的策划工作，编制项目计划；项目实施阶段按项目计划组织实施。

3 关于设计阶段的划分，根据我国基本建设程序，一般分为初步设计和施工图设计两个阶段。对于技术复杂而又缺乏设计经验的项目，经主管部门指定按初步设计、技术设计和施工图设计三个阶段进行。为了实现设计程序和方法与国际接轨，有些工程项目已经采用发达国家的设计程序和方法，设计阶段划分为工艺（方案、概念）设计、基础工程设计、详细工程设计三个阶段。其深度和设计成品与国内初步设计和施工图设计有所不同。通常国内工程项目应按初步设计和施工图设计的深度规定进行设计，涉外项目当业主有要求时可按国际惯例进行设计。

3.2.4 设计、采购、施工、试运行各阶段应合理交叉和相互协调，是体现工程总承包项目管理的优越性之一，可以大大缩短建设周期，降低工程造价，为业主和总承包企业创造最佳的经济效益。进行交叉时应注意风险因素，应分析深度交叉带来的机会和威胁的程度，把握机会大于威胁的原则，交叉深度应根据机会大于威胁的程度来确定。工程总承包企业通常应积累和掌握这方面的经验。

4 工程总承包管理的组织

4.1 一般规定

4.1.5 工程总承包企业对项目部进行整体能力评价，是保证项目成功的重要措施。项目部整体能力评价在项目部成立时进行，依据项目合同确定的内容和要求，对项目部主要管理人员（项目经理、控制经理、设计经理、采购经理、施工经理、试运行经理等）的构成和整体能力进行评价。必要时，在项目实施过程中也可对项目部进行整体能力评价。

4.2 任命项目经理和组建项目部

4.2.3 典型的工程总承包项目部组织机构见图 4-1。

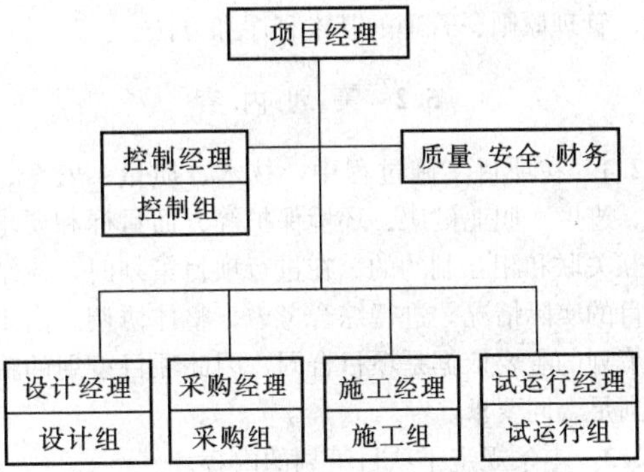

图 4-1 典型的项目部组织机构图

4.4 项目部岗位设置及管理

项目部的岗位设置，应满足项目的需要，并明确各岗位的职责和权限及考核标准。其中安全工程师的职责包括了安全、职业健康管理和环境管理。也可根据项目情况设置 HSE 工程师或分别设置。另外，对于大型复杂项目可设置质量经理、合同管理经理、安全经理等。

4.6 项目经理的职责和权限

4.6.1 项目经理的职责应在工程总承包企业管理制度中明确规定，具体项目中项目经理的职责，应在“项目管理目标责任书”中具体规定。

5 项 目 策 划

5.1 一 般 规 定

5.1.1 通过工程总承包项目的策划活动，形成项目的管理计划和实施计划。

项目管理计划是工程总承包企业对总承包项目实施管理的重要内部文件，是编制项目实施计划的基础和重要依据。项目实施计划是对实现项目目标的具体和深化。对项目的资源配置、费用进度、内外接口、风险管理等制定工作要点和进度控制点。通常项目实施计划需经过业主的审查和确认，以便业主了解项目实施的计划安排，使业主有计划有准备地配合总承包企业实施项目。根据项目的实际情况，也可将项目管理计划的内容并入项目实施计划中。

在我国工程建设项目中，各行各业差别较大，工程的类型也是多种多样，管理的模式、方法和习惯也各不相同，因此，在编制项目策划的输出文件时应在满足本规范要求的基础上体现行业特点。

5.1.2 工程总承包项目一般是工程总承包企业的主

要业务，所以项目策划内容中应体现企业发展的战略要求，明确本项目在实现企业战略中的地位，应通过对项目各类风险的分析和研究，明确项目部的工作目标、管理原则、管理的基本程序和方法。

5.2 策划内容

5.2.1 在项目实施过程中，技术、质量、安全、费用、进度、职业健康、环境保护等方面目标和要求是相互关联和相互制约的。在进行项目策划时，应结合项目的实际情况，进行综合考虑、整体协调。由于项目策划的主要依据是项目合同，因此项目策划的输出应满足合同要求。

5.2.2 本条规定了项目策划的内容。

4 资源的配置计划是确定完成项目活动所需要的资源（人力、设备、材料、技术、资金等）的种类和需求量。资源配置计划根据项目工作分解结构编制。资源的配置对总承包项目的实施起着关键的作用，工程总承包企业应依据项目的目标，为项目配备合格的人员、足够的设施和财力等资源，以保证项目按合同要求顺利实施。

5 制定项目沟通的程序和规定，是项目策划工作中的一项重要内容，企业与项目部之间、企业与业主之间、项目部与所有项目干系人之间以及项目部内部的沟通，应在项目策划阶段予以确定，以保证项目实施过程中信息沟通及时和准确。

6 项目的风险管理一般有以下步骤：

1）风险管理计划的编制；

2）风险识别；

3）风险的定性分析；

4）风险的定量分析；

5）风险应对计划的编制；

6）风险的监控。

工程总承包项目的风险管理是项目管理的重要方面。特别是在项目的策划阶段，企业和项目部都应该给予高度的重视。

5.3 项目管理计划

5.3.1 项目经理应根据合同和工程总承包企业决策的要求负责编制项目管理计划。管理计划应体现企业对项目实施的要求和项目经理对项目的总体规划和实施纲领，该计划属企业内部文件不对外发放。

5.3.2 本条规定了项目管理计划编制的依据。“项目合同”是项目实施的基本依据；“项目情况和实施条件”是项目的特定要求，如合同、地域、法规等条件；“业主提供的信息和资料”、“相关市场信息”是项目实施过程中的重要条件，应及时收集并落实；“企业管理层的决策意见”是工程总承包企业发展战略在项目上的体现，是制定项目的目标、组建项目机构、配备人员和物资及财力等原则的基础。

5.3.3 本条所列的项目管理计划内容为项目管理计划的基本内容，各行业可以依据本行业的特点和项目的规模进行调整。

5.4 项目实施计划

5.4.1 项目实施计划是实现项目合同目标、项目策划目标和企业目标的具体措施和手段，也是反映项目经理和项目部落实工程总承包企业对项目管理的要求。项目实施计划应在项目管理计划获得批准后，由项目经理组织项目部人员进行编制。项目实施计划应具有可操作性。

5.4.2 “项目管理目标责任书”的内容可按照各个行业和企业的特点制定。原则上实行项目经理负责制的项目都应签订“项目管理目标责任书”。“企业管理层的决策意见”是工程总承包企业管理层对项目实施目标的具体要求，要将这些要求纳入到项目实施计划中。

5.4.3 编制项目实施计划的目的是确定项目的范围、进度、费用等具体要求，将成为项目实施行动的准则，所以至少要包括所列的程序。

6 项目设计管理

6.1 一般规定

6.1.1 为了保证建设工程设计质量，国家对从事建设工程设计活动的企业实行资质管理制度。建设工程勘察、设计单位应当在其资质等级许可的范围内承揽建设工程勘察、设计业务。《建设工程勘察设计管理条例》明确规定：禁止建设工程设计单位超越其资质等级许可的范围或者以其他建设工程设计单位的名义承揽建设工程设计业务。禁止建设工程设计单位允许其他单位或者个人以本单位的名义承揽建设工程设计业务。

6.1.3 工程总承包企业在项目设计工作中，一般采用矩阵式组织结构。设计经理应接受项目经理的领导，同时还要接受设计管理部门的指导，必要时可向专业部门要求人力和技术支持。

6.1.4 将采购纳入设计程序是总承包项目设计的重要特点之一。设计在设备材料采购过程中一般要做以下工作：

1 提出设备材料采购的请购单及询价技术文件。

2 负责对制造厂商的报价提出技术评价意见，供采购确定供货厂商。

3 参加厂商协调会，参与技术澄清和协商。

4 审查确认制造厂商返回的先期确认图纸及最终确认图纸。

5 在设备制造过程中，协助采购处理有关设计、技术问题。

6　必要时参与关键设备和材料的检验工作。

6.2　设 计 计 划

6.2.1　设计计划是项目设计策划的成果，是重要的管理文件。工程总承包企业应建立设计计划的编制和评审程序。

6.2.3　设计计划包含的内容可随项目的具体情况进行调整。

6.3　设 计 实 施

6.3.1　设计计划控制目标是指设计计划中设置的有关合同项目进度管理、费用管理、技术管理、质量管理、资源管理等方面的主要控制指标和要求。

6.3.2　项目设计基础数据和资料是在项目基础资料的基础上整理汇总而成的项目设计基础数据和资料，是项目设计和建设的重要基础。不同的合同项目需要的设计基础数据和资料也不同。一般包括：

1　现场数据（包括气象、水文、工程地质数据及其他现场数据）。

2　原料特性分析和产品标准与要求。

3　界区接点设计条件。

4　公用系统及辅助系统设计条件。

5　危险品、三废处理原则与要求。

6　指定使用的标准、规范、规程或规定。

7　可以利用的工程设施及现场施工条件等。

6.3.3　设计协调程序是项目协调程序中的一个组成部分，是指在合同约定的基础上进一步明确工程总承包企业与业主之间在设计工作方面的关系、联络方式、报告审批制度。设计协调程序一般包含下列内容：

1　设计管理联络方式和双方对口负责人。

2　业主提供设计所需的项目基础资料和项目设计数据的内容，并明确提供的时间和方式。

3　设计中采用非常规做法的内容。

4　设计中业主需要审查、认可或批准的内容。

5　向业主和施工现场发送设计图纸和文件的要求，列出图纸和文件发送的内容、时间、份数和发送方式，以及图纸和文件的包装形式、标志、收件人姓名和地址等。

6　推荐备品备件的内容和数量。

7　设备、材料请购单的审查范围和审批程序。

8　采用的项目设计变更程序，包括变更的类型（用户变更或项目变更）、变更申请（变更的内容、原因、影响范围）以及审批规定等。

6.3.4　设计评审主要是对设计技术方案进行评审，有多种方式，一般分为三级：

第一级：项目中重大设计技术方案由企业组织评审。

第二级：项目中综合设计技术方案由项目部组织评审。

第三级：专业设计技术方案由本专业所在部门组织评审。

6.3.5　设计与采购和施工的接口关系如下：

1　设计与采购的接口关系一般是：

1）设计向采购提出设备材料请购单及询价技术文件，由采购加上商务文件后，汇集成完整的询价文件，由采购发出询价。

2）设计负责对制造厂商的报价提出技术评价意见，供采购确定供货厂商。

3）设计应派员参加厂商协调会，参与技术澄清和协商。

4）由采购负责催交制造厂商返回的先期确认图纸及最终确认图纸，转交设计审查，设计应将审查意见及时返回采购。

5）在设备制造过程中，设计应协助采购处理有关设计、技术问题。

6）设备材料的检验工作由采购负责组织，必要时设计参与关键设备材料的检验。

2　设计与施工的接口关系一般是：

1）施工应参与设计可施工性分析，参加重大设计方案及关键设备吊装方案的研究。

2）项目设计文件完成后，设计向施工提供项目设计图纸、文件及技术资料，并派人向施工人员及监理人员进行设计交底。

3）根据施工需要提出派遣设计代表的计划，按计划组织设计人员到施工现场，解决施工中的设计问题。

4）在施工过程中由于非设计原因产生的设计变更，应征得设计的同意，由设计人员签认变更通知，按变更程序，经批准后实施。

6.3.6　为了使设计文件满足规定的深度要求，应对下列设计输入进行评审。

1　初步设计或基础工程设计：

1）项目前期工作的批准文件。

2）项目合同。

3）拟采用的标准规范。

4）业主及相关方的其他意见和要求。

5）项目实施计划和设计计划。

6）工程设计统一规定。

7）工程总承包企业内部相关规定和成功的技术积累。

2　施工图设计或详细工程设计：

1）批准的初步设计文件。

2）项目合同。

3）拟采用的标准规范。

4）业主及相关方的其他意见和要求。

5）内部评审意见。

6）项目实施计划和设计计划。

7）供货商图纸和资料。

8）工程设计统一规定。

9）工程总承包企业内部相关规定和成功的技术积累。

6.4 设计控制

6.4.3 限额设计是控制工程投资的一种重要手段。它是按批准的费用限额控制设计，而且在设计中以控制工程量为主要内容。

限额设计的基本程序是：

1 将项目控制估算按照项目工作分解结构，对各专业的设计工程量和工程费用进行分解，编制“限额设计投资及工程量表”，确定控制基准。

2 设计专业负责人根据各专业特点编制“各设计专业投资核算点表”，确定各设计专业投资控制点的计划完成时间。

3 设计人员根据控制基准开展限额设计。在设计过程中，费用控制工程师应对各专业投资核算点进行跟踪核算，比较实际设计工程量与限额设计工程量、实际设计费用与限额设计费用的偏差，并分析偏差原因。如实际设计工程量超过限额设计的工程量，应尽量通过优化设计加以解决；如确实需要超过，设计专业负责人需编制详细的限额设计工程量变更报告，说明原因，费用控制工程师估算发生的费用并由控制经理审核确认。

4 编写限额设计费用分析报告

6.4.4 设计变更管理程序一般如下：

1 根据项目要求或业主指示，提出设计变更的处理方案。

2 对业主指令的设计变更在技术上的可行性、安全性及适用性问题进行评估。

3 设计变更提出后，对费用和进度的影响进行评价，经设计经理审核后报项目经理批准。

4 评估设计变更在技术上的可行性、安全性及适用性。

5 说明执行变更对履约产生的有利和（或）不利影响。

6 执行经确认的设计变更。

6.4.5 请购文件应由设计人员提出，经专业负责人和设计经理确认后提交控制人员组织审核，审核通过后提交采购，作为采购的依据。

6.5 设计收尾

6.5.1 关闭合同所需要的相关文件一般包括：

1 竣工图。

2 设计变更文件。

3 操作指导手册（必要时）。

4 修正后的核定估算。

5 其他设计资料、说明文件等。

7 项目采购管理

7.1 一般规定

7.1.3 建立企业认可的合格供货厂商名单是为了向名单中的供货厂商采购设备材料能确保符合设计所确定的标准规范和技术要求。合格供货厂商的产品质量是可靠的，价格是合理的，交货期是及时的。

7.3 采购计划

7.3.1 在项目的初始阶段，编制项目采购计划。项目采购计划是项目采购工作的大纲。项目采购计划是在项目经理和采购部门的指导下，由采购经理组织编制完成并经项目经理批准后实施。

7.3.2 本条规定了采购计划编制的依据。

4 工程总承包企业应制定采购管理程序和制度，包括采购管理手册，供货商评审管理规定，采买、催交、检验、运输管理规定，采购作业标准和程序规定等。

项目采购作业标准和程序规定，应根据企业的有关规定并结合项目的实际情况进行编制。

7.3.3 本条规定了采购计划的内容。

5 采购一般具有采买、催交、检验、运输管理、仓库管理、综合管理等职能。可设立采购经理、采买工程师、催交工程师、检验工程师、运输工程师、仓库管理员等岗位。

7.4 采买

7.4.3 选择合格的供货商是保证项目采购成功的前提，建立完善、公开、严格的供货商选择程序是工程总承包企业质量管理体系中最基本的质量控制要求。

7.4.4 采买工程师应按照工程总承包企业制定的标准化格式，根据项目对设备材料的要求编制询价文件。除技术、质量和商务要求外，询价文件可根据需要增加有关管理要求，使供货商的供货行为能满足项目管理的需要。

询价文件分为询价技术文件和询价商务文件两部分。

询价技术文件根据设计提交的请购文件编制，包括：设备材料规格书或数据表，设计图纸，采购说明书，适用的标准、规范，要求供货厂商提交供确认的图纸、资料清单和时间，其他有关的资料和文件。

询价商务文件包括：询价函，报价须知，项目采购基本条件，对检验、包装、运输、交付和服务的要求，报价回函，商务报价表及其他。

7.4.5 项目采购应尽量避免“独家供货”。如因业主、技术和市场等原因确需“独家供货”时，采购组要提出充分理由，并按程序获得批准。

7.4.6 报价技术评审工作由设计经理组织有关专业设计人员进行，写出书面评审意见，供采购组进行报价比选。商务评审一般由项目采购经理负责组织进行。一般仅对技术评审合格的报价进行商务评审。在技术评审和商务评审的基础上，进行综合评审，确定中标供货商。

7.4.7 采购合同（或订单）的内容和格式由工程总承包企业制定。必要时，项目部可适当调整。

7.5 催交与检验

7.5.1、7.5.2 催交是指从订立采购合同（或订单）至货物交付期间为促使供货商切实履行合同义务，按时提交供货商文件、图纸资料和最终产品而采取的一系列督促活动。

催交工作的要点就是要及时地发现供货进度已出现的或潜在的问题，及时报告，督促供货商采取必要的补救措施，或采取有效的财务控制和其他控制措施，努力防止进度拖延和费用超支。一旦某一订单出现供货进度拖延，通过必要的协调手段和控制措施，将由此引起的对项目进度的影响控制在最小的范围内。

催交等级一般划分为A、B、C三级，每一等级要求相应的催交方式和频度。催交等级为A级的设备材料一般每6周进行一次驻厂催交，并且每2周进行一次办公室催交。催交等级为B级的设备材料一般每10周进行一次驻厂催交，并且每4周进行一次办公室催交。催交等级为C级的设备材料一般可不进行驻厂催交，但应定期进行办公室催交，其催交频度视具体情况决定。会议催交视供货状态定期或不定期进行。

7.5.4 检验工作是设备材料质量控制的关键环节。为了确保设备材料的质量符合采购合同的规定和要求，避免由于质量问题而影响工程进度和费用控制，项目采购组应做好设备材料制造过程中的检验或监造以及出厂前的检验。

检验工作应从原材料进货开始，包括材料检验、工序检验、中间控制点检验和中间产品试验、强度试验、致密性试验、整机试验、表面处理检验直至运输包装检验以及商检等全过程或其中的部分环节。

7.5.6 检验方式可分为放弃检验（免检）、资料审阅、中间检验、车间检验和最终检验。国家标准中规定的压力容器和压力管道等重要设备材料应在供方工厂进行中间检验和最终检验。必要时，实施车间检验。

7.5.7 “检验记录”包括检验会议记录、检验过程和目标记录、文件审查记录，以及未能目睹或未能得以证明的主要事项的记录。必要时应附有实况照片和简图。“检验结论”中，对不符合质量要求的问题，应明确其影响程度和范围，明确提出结论或挂牌标识，说明可以验收、有条件地验收、保留待定事项或拒收等。

7.6 运输与交付

7.6.1 运输业务是指供货厂商提供的设备材料制造完工并验收完毕后，从采购合同（或订单）规定的发货地点到合同约定的施工现场或指定仓库这一过程中的包装、运输、保险及货物交付等工作。

7.6.2 设备材料的包装和运输应满足合同约定。对包装和运输一般要满足标识标准的要求、多次装卸和搬运的要求及运输安全、防护的要求。

7.6.3 超限设备是指包装后的总重量、总长度、总宽度或总高度超过国家、行业有关规定的设备。

做好超限设备的运输工作要注意以下几点：

1 从供货厂商获取准确的超限设备运输包装图、装载图、运输要求等资料。对所经过的道路（铁路、公路）桥梁和涵洞进行调查研究，制定超限设备专项的运输方案或委托制定运输方案。

2 编制完整准确的委托运输询价文件。

3 严格执行对承运人的选择和评审程序，必要时进行实地考察。

4 对运输报价进行严格的技术评审，包括方案和保证措施，签订运输合同。

5 审查承运人提交的“运输实施计划”。

6 检验设备的运输包装、加固、防护等情况。

7 进行监装、监卸和（或）监运（必要时）。

8 检查沿途的桥涵、道路的加固情况，落实港口起重能力和作业方案（必要时）。

9 检查货运文件的完整、有效性。

7.6.4 国际运输是指按照与国外分包人（供货厂商或承运方）签订的进口合同所使用的贸易术语。采用各种运输工具，进行与贸易术语相应的，自装运口岸到目的口岸的国际间货物运输，并按照所用贸易术语中明确的责任范围办理相应手续，如：进口报关、商检及保险等。在国际采购和国际运输业务中，主要采用我国对外贸易中常用的装运港船上交货（FOB）、成本加运费（CFR）、成本加保险和运费（CIF）、货交承运人（FCA）、运费付至（CPT）、运费和保险费付至（CIP）等六种贸易术语。

凡列入《商检机构实施检验的进出口商品种类表》的进口商品必须在商检机构的监督下实施开箱检验。

7.6.6 根据设备材料的不同类型，接收工作内容应包括（但不限于）下述工作内容：

1 核查货运文件。

2 数量（件数）验收。

3 外包装及裸装设备、材料的外观质量和标识检查。

4 对照清单逐项核查随货图纸、资料，并加以记录。

7.7 采购变更管理

采购变更是指在项目实施过程中，由于业主变更和项目变更而引起的需由采购实施的变更。

业主变更是指业主要求（或同意）修改项目任务范围或内容等而导致批准的项目总费用和（或）进度发生变化而形成的采购变更。

项目变更是指项目内部变更而形成的采购变更。

7.8 仓库管理

7.8.1 仓库管理可由采购组负责管理，也可由施工组负责管理。必要时，可设立相应的管理机构和岗位。

7.8.2 开箱检验应以采购合同为依据进行，按实际情况决定开箱检验工作范围和检验内容。

8 项目施工管理

8.1 一般规定

8.1.2 由工程总承包企业负责施工管理的部门向项目部派出施工经理及施工管理人员，在项目执行过程中接受派遣部门和项目经理的双重领导，在满足项目矩阵式管理要求的形式下，实现项目施工的目标管理。

8.2 施工计划

8.2.3 施工计划的相关内容与要求，应通过施工分包合同或专项协议或管理交底等形式，向分包人进行传达和沟通，并监督分包人在组织施工过程中执行并满足承包人施工计划的要求。

8.2.4 项目部应严格控制施工过程中有关工程设计和施工方案的重大变更。这些变更对施工计划将产生较大影响，应及时对影响范围和影响程度进行评审，以确定是否调整项目施工计划。当需要调整施工计划时，应按规定重新履行审批程序。

8.3 施工进度控制

8.3.5 施工组应对施工进度计划采取定期（按周或月）检查方式，掌握进度偏差情况和对影响因素进行分析，并按规定提供月度施工进展报告，报告应包括以下主要内容：

1 施工进度执行情况综述；

2 实际施工进度（图表）；

3 已发生的变更、索赔及工程款支付情况；

4 进度偏差情况及原因分析；

5 解决偏差和问题的措施。

8.4 施工费用控制

8.4.1 项目部应进行（或审查施工分包人提出的）施工范围规划和相应的工作分解结构，进而作出资源配置规划，确定施工范围内各类（项）活动所需资源的种类、数量、规格、品质等级和投入时间（周期）等。以上作为进行施工费用估算和确定施工费用控制（支付）的基准。

8.4.3 项目部应根据施工分包合同约定和施工进度计划，制订施工费用支付计划并予以控制。通常应按下列程序进行：

1 进行施工费用估算确定计划费用控制基准。估算时，要考虑经济环境（如通货膨胀、税率和汇率等）的影响。当估算涉及重大不确定因素时，应采取措施减小风险，并预留风险应急备用金。初步确定计划费用控制基准。

2 制订施工费用控制（支付）计划。在进行资源配置和费用估算的基础上，按照规定的费用核算和审核程序，明确相关的执行条件和约束条件（如许用限额、应急备用金等）并形成书面文件。

3 评估费用执行情况。对照计划的费用控制基准，确认实际发生与基准费用的偏差，做好分析和评价工作。采取措施对产生偏差的基本因素施加影响和纠正，使施工费用得到控制。

4 对影响施工费用的内、外部因素进行监控，预测预报费用变化情况，必要时按规定程序做出合理调整，以保证工程项目正常进展。

8.5 施工质量控制

8.5.1 设计文件和图纸是施工管理对质量控制的重要依据。为了能在施工前最大限度地加深对设计意图的认识，发现并消除图纸中的质量隐患，在施工前，应组织设计交底。对于存在的问题，应及时协商解决，并保持相应的记录。

8.5.2 有些施工过程所形成的质量特性不能在过程结束时进行测量、检验来验证是否达到了要求，问题可能在后续施工过程乃至产品使用时才显露出来。对这些特殊过程，应采用过程确认手段，以证实这些过程的质量性能满足要求。对特殊过程质量管理一般应符合下列规定并保持需要的记录：

1 在质量计划中识别、界定特殊过程，或者要求分包人进行识别，项目部加以确认。

2 按有关程序编制或审核特殊过程作业指导书。

3 设置质量控制点对特殊过程进行监控，或对分包人控制的情况进行监督。

4 对施工条件变化而必须进行再确认的实施情况进行监督。

8.5.3 应对设备材料质量进行监督，确保合格的设备材料应用于工程。对设备材料质量的控制一般应符合下列规定并保持需要的记录：

1 对进场的设备材料按有关标准和见证取样规定进行检验和标识，对未经检验或检验不合格的设备材料按规定进行隔离、标识和处置。

2 对分包人采购的设备材料的质量进行控制，必须保证合格的设备材料用于工程。

3 对业主方提供的设备材料应按合同约定进行质量控制，必须保证合格的设备材料用于工程。

8.5.6 持续改进可以不断提高工程管理的质量，要求与工程总承包企业质量方针、项目质量目标相结合。根据对施工过程质量进行测量监视所得到的数据，运用适宜的方法进行统计、分析和对比，识别质量持续改进的机会，确定改进目标，评审纠正措施和预防措施的适宜性。应采取合适的方式保证这一过程持续有效进行，并对施工分包人实现持续改进进行监督。

8.5.9 工程质量记录是反映施工过程质量结果的直接证据，是判定工程质量性能的重要依据。因此，保持质量记录的完整性和真实性是工程质量管理的重要内容。应组织或监督分包人做好工程竣工资料的收集、整理、归档工作。同时，对分包人提供的竣工图纸和文件的质量进行评审。

8.6 施工安全管理

8.6.1 项目部进行施工安全管理策划的目的，是确定针对性的安全技术和管理措施计划，以控制和减少施工不安全因素，实现施工安全目标。策划过程包括对施工危险源的识别、风险评价和风险应对措施的制定。

1 根据工程施工的特点和条件，充分识别需控制的施工危险源，它们涉及：

1）正常的、周期性和临时性、紧急情况下的活动；

2）进入施工现场所有人员的活动；

3）施工现场内所有的物料、设施、设备。

2 采用适当的方法，根据对可预见的危险情况发生的可能性和后果的严重程度，评价已识别的全部施工危险源，根据风险评价结果，确定重大施工危险源。

3 风险应对措施应根据风险程度确定：

1）对一般风险应通过现行运行程序和规定予以控制；

2）对重大风险，除执行现行运行程序和规定予以控制外，还应编制专项施工方案或专项安全措施予以控制。

8.6.2 建立施工安全检查制度，应规定实施部门或人员职责权限、检查对象、标准、方法和频次。施工安全检查的内容应包括：施工安全目标的实现程度，施工安全职责的落实情况；适用法律法规、标准规范的遵守情况；风险控制措施计划的实施情况；与重大施工危险源有关的活动、设施、设备的状态与人员的行为。对施工安全检查中发现的不符合状况，应开具整改通知单，对责任单位、部门或人员要求限期整改，对整改结果进行跟踪验证并保存验证记录。

8.6.5 制定应急预案，在安全事故发生时组织实施，防止事故扩大，减少与之有关的伤害和损失。应急预案的内容应包括：应急救援的组织和人员安排；应急救援器材、设备与物资的配备及维护；作业场所发生安全事故时，对保护现场、组织抢救的安排；内部与外部联系的方法和渠道；预案演练计划（必要时）；预案评审与修改的安排。

8.6.8 本条规定了分包人应制定施工安全防范措施保证施工过程的安全。施工安全防范措施一般包括：制定或确认必要的专项施工方案、制订安全防范计划、安全程序和制度以及安全作业指导书；对施工人员进行安全培训，并提供必需的劳动防护用品；对安全物资进行验收、标识、检查和防护；对临时用电、施工设施、设备及安全防护设施的配置、使用、维护、拆除按规定进行检查和管理；确定重点防火部位，配置消防器材，实行动火分级审批；对可能存在重大危险的部位、过程和活动，组织专人监控；对重大施工危险源及安全生产的信息及时进行交流和沟通。

8.7 施工现场管理

8.7.1 本条规定了现场管理规划和施工开工前的准备工作。

1 现场管理规划包括下列内容：

1）确定现场管理范围和管理目标。

2）确定管理对象、管理方式和方法。

3）对现场施工总平面布置图的使用功能进行规划、合理的定位。

4）对管理对象（不同的分包人）划定责任区和公共区。

5）对现场人流、物流、安全、保卫、遵纪守法等提出公告或公示要求。

6）明确现场管理难点及其应对策略或原则。

2 准备工作一般包括下列内容：

1）现场管理组织及人员。

2）现场工作及生活条件。

3）施工所需的文件、资料以及管理程序、规章、制度。

4）设备、材料、物资供应及施工设施、工器具准备。

5）落实工程施工费用。

6）检查施工人员进入现场并按计划开展工作的条件。

7）需要社会资源支持条件的落实情况。

通常，应将重要的准备工作和管理规划的结果纳入施工计划，作为施工管理的依据。

8.7.2 项目部应严格执行《中华人民共和国环境保护法》和相关的标准规范，建立项目施工管理的检查、监督和责任约束机制。对施工中可能要产生的污水、烟尘、噪声、强光、有毒有害气体、固体废弃物、火灾、爆炸和其他灾害等有害于环境的因素，实行信息跟踪、预防预报、明确责任、制定措施和严格控制的方针，以消除或降低对施工现场及周边环境（包括人员、建筑、管线、道路、文物、古迹、江河、空气、动植物等）的影响或损害。

8.7.3 项目部及安全管理人员必须严格执行《中华人民共和国消防法》和《中华人民共和国安全生产法》的相关规定，对施工过程中可能产生火灾的危险源进行分析和识别，针对危险源制定防范预案并配备必要的防火、救护设施。同时，还应建立和执行适用的责任和约束机制，以保证安全管理的适应性和可操作性。

8.7.4 项目部应在施工现场建立卫生防疫责任系统，落实专人负责管理现场的职业健康服务系统和社会支持的救护系统。制定卫生防疫工作的应急预案，当发生传染病、食物中毒等突发事件时，可按预案启动救护系统并进行妥善处理。积极做好灾害性天气、冬季和夏季的流行疾病的防治工作，以及防暑降温、防寒保暖工作。

8.7.5 救护管理的原则如下：

1 积极组织或参与救护与救助，排除险情、防止事故蔓延扩大。

2 需要时，按规定组织或参与确认事故责任的相关活动。

3 按照相关法律、法规保护现场，进行事故处理并保持文件和记录。

4 认真分析事故原因，总结经验和教训，制定预防措施，防止类似事故再发生；按事故的性质、责任、处理意见及建议，经调查各方人员签认后形成专题报告，上报安全主管部门。

8.8 施工变更管理

8.8.1 施工变更的管理应遵守以下原则：

1 施工变更应按合同约定的程序进行处置。

2 施工变更应以书面形式签认，并成为相关合同的补充内容。

3 任何未经审批的施工变更均无效。

4 对已批准或确认的施工变更，项目部应监督其按时实施并在规定时限内完成。

5 项目部对影响范围较大或工程复杂的施工变更，应对相关方做好监督和协调管理工作。

8.8.3 施工变更文档的管理工作宜按如下要求进行：

1 所有的施工变更文件、资料，都应以书面形式并经相关方代表签字确认后存档。

2 施工变更文件应按规定分类存档以方便查找。

3 施工变更文件、资料涉及到合同的索赔及结清工作，应妥善保管，防止丢失或损坏。

4 文档应有专人保管，借阅应严格履行签批手续，管理人员应按期收回借阅的文档，并检查其完好性和真实性。

9 项目试运行管理

9.1 一 般 规 定

9.1.1 项目进入试运行阶段，标志已完成竣工验收并将工程的管理权移交给业主方。项目部在该阶段中的责任和义务，是按合同约定的范围与目标向业主提供试运行过程的指导和服务。对交钥匙工程，承包商应按合同约定对试运行负责。

9.1.3 本条规定了试运行管理的一般内容。试运行的准备工作包括：人力、机具、物资、能源、组织系统、许可证、安全、职业健康及环境保护，以及文件资料等的准备。试运行需要的各类手册包括：操作手册、维修手册、安全手册等；业主委托事项及存在问题说明。

9.2 试运行管理计划

9.2.2 试运行管理计划的主要内容，一般包括：

1 总说明：项目概况、编制依据、原则、试运行的目标、进度、试运行步骤，对可能影响试运行计划的问题提出解决方案。

2 试运行组织及人员：提出参加试运行的相关单位，明确各单位的职责范围。提出试运行组织指挥系统和人员配备计划，明确各岗位的职责及分工。

3 试运行进度计划：试运行进度表。

4 试运行费用计划：试运行费用计划的编制和使用原则，应按计划中确定的试运行期限，试运行负荷，试运行产量，原材料、能源和人工消耗等计算试运行费用。

5 试运行文件及试运行准备工作要求：试运行需要的原料、燃料、物料和材料的落实计划，试运行及生产中必需的技术规定、安全规程和岗位责任制等规章制度的编制计划。

6 培训计划：培训范围、方式、程序、时间以及所需费用等。

7 业主及相关方的责任分工：通常应由业主领导，组建统一指挥体系，明确各相关方的责任和义务。

9.2.3 为确保试运行管理计划正常实施和目标任务的实现，项目部及试运行经理应明确试运行的输入要求（包括对施工安装达到竣工标准和要求，并认真检查其实施绩效）和满足输出要求（为满足稳定生产或满足使用提供合格的生产考核指标记录和现场证据），使试运行成为正式投入生产或投入使用的前提和可靠基础。

9.3 试运行实施

9.3.1 本条规定了试运行方案的主要内容。

2 试运行方案的编制原则如下：

1）编制试运行总体方案，包括生产主体、配套和辅助系统以及阶段性试运行安排。

2）按实际情况进行综合协调，合理安排配套和辅助系统先行或同步投运，以保证主体试运行的连续性和稳定性。

3）按实际情况统筹安排，为保证计划目标的实现，及时提出解决问题的措施和办法。

4）对采用第三方技术和（或）邀请示范操作团队时，事先征求专利商和（或）示范操作团队的意见并形成书面文件，指导试运行工作正常进展。

9.3.2 本条规定了对试运行前准备工作的检查。检查包括生产系统、配套系统和辅助系统的全部安装和调试（或试验）工作是否已全部完成并达到规定指标，以此检查试运行的输入条件是否已经具备达到竣工验收标准，获得业主签发的“竣工验收证书”（或“接收证书”），作为准予启动试运行阶段工作的证据。

10 项目进度管理

10.1 一般规定

10.1.2 本条规定了项目进度管理系统的构成。

项目经理在进度管理中通过项目计划、项目的内外部协调、项目的变更管理等方法，应用经济和管理手段充分发挥责任主体的作用。

10.1.4 赢得值管理技术在项目进度管理中的运用，主要是控制进度偏差和时间偏差。工程网络计划技术在进度管理中的运用主要是关键线路法 CPM。用控制关键活动，分析总时差和自由时差来控制进度。

10.2 进度计划

10.2.1 工作分解结构（WBS）是一种层次化的树状结构，是将项目划分为可以管理的项目工作任务单元。项目的工作分解结构一般分为以下层次：项目、单项工程、单位工程、组码、记账码、单元活动。通常按各层次制订进度计划。

10.2.2 进度计划不仅是单纯的进度安排，还载有资源。根据执行计划所消耗的各类资源预算值，按每项具体任务的工作周期展开并进行资源分配。“进度计划编制说明”中“风险分析”应包括经济风险、技术风险、环境风险和社会风险。控制措施包括组织措施、经济措施和技术措施。

10.2.3 相应标准如国家标准《网络计划技术》GB/T 13400.1～3，行业标准《工程网络计划技术规程》JGJ/T 121。

10.2.4 项目的分进度计划是指项目总进度下的各级进度计划。

10.2.5 本条规定了项目总进度计划应包括的内容：

3 关键设备材料主要是指供货周期长和贵重材质的设备材料。

5 供电、供水、供汽、供气时间包括外部供给时间和内部单项（公用）工程向其他单项工程供给时间。

10.3 进度控制

10.3.2 进度偏差运用赢得值管理技术分析直观性强，简单明了，但它不能确定进度计划中的关键线路，因此不能用赢得值管理技术取代网络计划分析。当活动滞后时间预测可能影响进度时，应运用网络计划中的关键活动、自由时差和总时差分析对进度的影响。

进度计划工期的控制原则如下：

1）当计划工期等于合同工期时，进度计划的控制应符合下列规定：

- 当关键线路上的活动出现拖延时，应调整相关活动的持续时间或相关活动之间的逻辑关系，使调整后的计划工期为原计划工期。
- 当活动拖延时间小于或等于自由时差时可不作调整。
- 当活动拖延时间大于自由时差，但不影响计划工期时，应根据后续工作的特性进行处理。

2）当计划工期小于合同工期时，若需要延长计划工期，不得超过合同工期。

3）当活动超前完成影响后续工作的设备材料、资金、人力等资源的合理安排时，应消除影响或放慢进度。

这里说的后续工作的特性是指后续工作的最早开始时间是否受到外部条件约束，若没有外部条件约束可不调整。自由时差是指在不影响紧后活动最早开始的条件下，活动所具有的机动时间。

10.3.12 编制项目进度管理总结应依据下列资料：项目合同，项目计划，项目各级进度计划，项目进度计划月报，项目进度计划调整记录等。

11 项目质量管理

11.1 一般规定

11.1.3 质量管理人员（质量经理、质量工程师）在项目经理领导下，负责质量计划的制订和监督检查质量计划的实施。项目部应建立质量责任制和考核办法，明确所有人员的质量职责。

11.2 质量计划

11.2.1 小型项目质量计划可并入项目计划之中。

11.2.4 项目质量计划编制、审批及修订的程序应在工程总承包企业质量体系文件中明确规定。

11.2.5 项目质量计划的某些内容，可引用工程总承包企业质量体系文件的有关规定或在规定的基础上加以补充，但对本项目所特有的要求和过程的质量管理必须加以明确。

11.3 质量控制

11.3.1 项目部应确定项目输入的控制程序或有关规定，并应规定对输入的有效性评审的职责和要求，以及在项目部内部传递、使用和转换的程序。

11.3.2 设计与采购接口质量控制的职责和程序如下：

1 请购文件由设计向采购提交，按设计文件的校审程序进行校审，并经设计经理确认。

2 报价技术评审工作由项目设计经理组织有关专业设计负责人进行，评审结论应明确提出评审意见。

3 供货厂商的图纸（包括先期确认图及最终确认图等）由采购人员负责催交，设计人员负责审查、确认；对主要的关键设备必要时召开制造厂协调会议，设计人员负责落实技术问题，采购人员负责落实商务问题。

11.3.3 设计与施工质量控制接口的职责和程序如下：

1 在设计阶段，设计应满足施工提出的要求，以确保工程质量和施工的顺利进行。施工经理在对现场进行调查的基础上，进行设计的可施工性分析，向设计经理提出重大施工方案设想，保证设计与施工的协调一致。

2 设计人员负责设计交底，必要时由施工经理组织图纸会审。交底或会审的组织与成效，对工程的质量和施工的顺利进行有很大影响。

3 无论是否在现场派驻设计代表，设计人员均应负责及时处理现场提出的有关设计问题及参加施工过程中的质量事故处理。

4 所有设计变更，均应按设计变更管理程序办理，设计经理和施工经理应对设计变更的有关文件、资料分别归档。

11.3.4 设计与试运行质量控制接口的职责和程序如下：

1 在设计阶段，工艺系统设计应考虑试运行提出的要求，以确保工程质量和试运行的顺利进行。

2 设计提供的试运行操作原则与要求的质量对编制试运行操作手册有重要影响。

3 试运行工作由业主组织、指挥并负责及时提供试运行所需资源。设计经理协助试运行经理负责试运行的技术指导和服务，指导与服务的质量在很大程度上影响试运行的结果。

11.3.5 采购与施工质量控制接口的职责和程序如下：

1 按项目进度和质量要求，采购经理对所有设备材料运抵现场的进度与质量进行跟踪与控制，以满足施工的要求；

2 施工需参加由采购组织的设备材料现场开箱检验及交接；

3 施工过程中出现的与设备材料质量有关的问题，采购人员应及时与供货商联系，找出原因，采取措施。

11.3.6 采购与试运行质量控制接口的职责和程序如下：

1 采购过程中，试运行经理应会同采购经理对试运行所需设备材料及备品备件的规格、数量进行确认，以保证试运行的顺利进行；

2 试运行过程中出现的与设备材料质量有关的问题，采购人员应及时与供货商联系，找出原因，采取措施。

11.3.7 施工与试运行质量控制接口的职责和程序如下：

1 试运行经理应向施工经理提交试运行计划，以使施工计划与试运行计划协调一致。

2 施工经理负责组织机械设备的试运转，试运转的成效对试运行产生重大影响。

3 施工经理按照试运行计划组织人力并配合试运行工作。及时对试运行中出现的施工问题进行处理，排除由于施工的质量问题而引起的对试运行不利的因素。

11.3.9 质量记录主要内容如下：

1 评审记录和报告。
2 验证记录。
3 审核报告。
4 检验报告。
5 测试数据。
6 鉴定（验收）报告。
7 确认报告。
8 校准报告。
9 培训记录。
10 质量成本报告。

12 项目费用管理

12.1 一般规定

12.1.3 费用控制应与进度控制、质量控制相互协调，防止对费用偏差采取不适当的应对措施可能会对质量和进度产生的影响，或引起项目在后期出现较大的风险。

12.2 费 用 估 算

12.2.1 目前国内项目费用估算分为投资估算、初步设计概算、施工图预算。

国际上通用项目费用估算有以下几种：

1 初期控制估算

初期控制估算是一种近似估算，是在工艺设计初期采用分析估算法进行编制的。在仅明确项目的规模、类型以及基本技术原则和要求等情况下，根据企业历年来按照统计学方法积累的工程数据、曲线、比值和图表等历史资料，对项目费用进行分析和估算，用作项目初期阶段费用控制的基准。

2 批准的控制估算

批准的控制估算的偏差幅度比初期控制估算的偏差幅度要小，是在基础工程设计初期，用设备估算法进行编制的。编制的主要依据是以工程项目所发表的工艺设计文件中得到已确定的设备表、工艺流程图和工艺数据；基础工程设计中有关的设计规格说明书（技术规定）和材料一览表等；以及根据企业积累的工程经验数据，结合项目的实际情况进行选取和确定各种费用系数。主要用作基础工程设计阶段的费用控制基准。

3 首次核定估算

此估算是在基础工程设计完成时用设备详细估算法进行编制的。首次核定估算偏差幅度比批准的控制估算的偏差幅度要小，用作详细工程设计阶段和施工阶段的费用控制基准。它依据的文件和资料是基础工程设计完成时发表的设计文件。由于文件深度原因，有的散装材料还需用系数估算有关费用。

首次核定估算编制的阶段与设计概算的编制阶段的设计条件比较接近，具体编制时可套用现行的定额（指标）和取费，或《建设工程工程量清单计价规范》GB 50500。

4 二次核定估算

此估算是在详细工程设计完成时用详细估算法进行编制的，主要用以分析和预测项目竣工时的最终费用，并可作为工程施工结算的基础。它与施工图预算的编制的设计条件比较接近。设备和材料的价格应采用定单上的价格。二次核定估算是偏差幅度最小的估算。主要编制依据为：

1）工程详细设计图纸。

2）设备、材料订货资料以及项目实施中各种实际费用和财务资料。

3）企业定额。

4）《建设工程工程量清单计价规范》GB 50500。

12.3 费 用 计 划

12.3.3 从易于进行项目费用管理（如从考虑便于支付和费用控制）和便于进行分包等方面考虑，提出费用计划编制可采用的三种方式。

12.4 费 用 控 制

12.4.1 费用控制是工程总承包项目费用管理的核心内容。工程总承包项目的费用控制不仅是对项目建设过程中发生的费用的监控和对大量费用数据的收集，更重要的是对各类费用数据进行正确分析并及时采取有效措施，从而达到将项目最终发生的费用控制在预算范围之内。

12.4.4 本条规定了费用控制的步骤。

在确定了项目费用控制目标后，必须定期地（宜以每月为控制周期）对已完工作的预算费用与实际费用进行比较，当实际值偏离预算值时，分析产生偏差的原因，采取适当的纠偏措施，以确保费用目标的实现。

13 项目安全、职业健康与环境管理

13.1 一 般 规 定

13.1.1 本条规定了项目安全、职业健康与环境管理应贯彻国家有关的法律法规、工程建设强制性标准。

国家有关项目安全、职业健康与环境管理的法律法规、工程建设强制性标准主要包括：《建筑法》、《安全生产法》、《环境保护法》、《职业病防治法》、《矿山安全法》、《建设工程安全生产管理条例》、《建设项目（工程）职业安全卫生预评价管理办法》、《建设项目环境保护管理办法》、《建筑施工安全检查标准》等。

13.1.2 我国实行建设项目法人责任制。项目的安全、职业健康与环境保护是项目法人责任制的重要内容。业主主要责任包括：全面综合规划、决策项目安全、职业健康管理与环境保护方针，编制环境影响报告，落实项目的环境保护及安全设施资金，向工程总承包企业提供相关资料。工程总承包企业对总承包合同范围内的安全、职业健康和环境保护负责，并由项目部具体履行企业对项目安全、职业健康与环境管理目标及其绩效改进的承诺。项目部应按企业安全、职业健康与环境管理体系的要求，进行全过程的管理，包括对分包方的指导与监督。

13.1.4 本条规定了项目的职业健康管理应贯彻“以人为本”的方针。如在项目设计过程中，要考虑采取有利于施工人员、生产操作人员和管理人员的职业健康的设计方案等，通过对影响项目参与人员身心健康的因素进行控制，减少职业病的发生。

13.2 安全管理

13.2.2 危险源及其带来的安全风险是项目安全管理的核心。工程总承包项目的危险源，具体可以从如下几个方面辨识：

1）项目的常规活动，如正常的施工活动。

2）项目的非常规活动，如加班加点，抢修活动等。

3）所有进入作业场所的人员的活动，包括项目部成员，分包商人员，监理及业主代表和访问者的活动。

4）作业场所内所有的设施，包括项目自有设施，分包商拥有的设施，租赁的设施等。

编制危险源清单有助于辨识危险源，及时采取预防措施，减少事故的发生。该清单应在项目初始阶段进行编制。清单的内容一般包括：危险源名称、性质、风险评价、可能的影响后果，应采取的对策或措施。

危险源辨识、风险评估和实施必要措施的程序如图13-1所示。

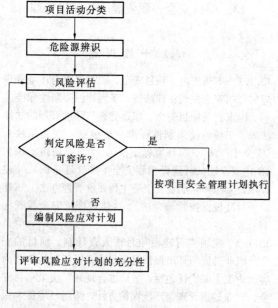

图13-1 危险源辨识、风险评估与实施程序

13.2.3 本条规定了项目部对项目安全管理计划的主要管理内容。

1 工程总承包企业最高管理者、企业各部门和项目部都应为实施、控制和改进项目安全管理计划提供必要的资源。企业管理层的支持更为重要。

2 项目部应建立健全项目安全管理组织网络。对项目部所有成员，特别是对项目的活动、设施和管理过程的安全风险有影响的、从事管理、执行和验证工作的人员，应明确其职责和权限，并形成文件，建立好安全生产责任制。项目安全管理计划应通过该组织网络进行交底和说明，传达到相关人员。

3 项目安全管理计划的执行，需要项目部全体人员参与及内部各个环节的成功协作，这种参与和协作要建立在顺畅沟通的基础上。为此，项目部应建立并保持项目安全管理计划执行状态的沟通与监控程序。

项目内部的协商与沟通主要是指员工的参与和协商，以及项目内部各部门、各层次之间的沟通。

项目外部的协商与沟通主要是指与相关方（政府、业主、监理、分包商、供应商等）的沟通。

4 相关方给项目带来的风险主要指来自供应商的设备材料、租赁的设备、分包人的劳动力安全意识和安全能力等方面。

13.2.7 本条规定了项目部应建立并保持的项目安全检查制度和对不符合状况进行处理。

1 项目安全管理的检查内容应包括：

1）项目安全管理计划的执行情况。

2）未按计划要求实施的原因，并提出改进措施。

3）可能造成伤害的危险及其风险状态。

4）物的不安全状态，人的不安全行为和环境的不安全因素。

5）管理上的缺陷。

2 对不符合状况的处理包括：

1）纠正措施：消除不符合状态。

2）预防措施：防止再发生的措施或完善标准。

3）确认措施的有效性。

13.3 职业健康管理

13.3.1 本条规定了项目职业健康管理计划的内容。

项目职业健康目标体现项目部对职业健康管理的指导思想和承诺。项目职业健康目标应满足以下要求：

1 阐明项目职业健康管理目标。

2 包含对持续改进和应遵守现行职业健康法规的承诺。

3 应经工程总承包企业最高管理者批准，传达到项目部全体员工，并可为相关方接受。

4 应定期评审，修改、补充和完善。

13.3.2 本条规定了项目职业健康管理的主要内容。

1 工程总承包企业最高管理者、企业各部门和项目部都应为实施、控制和改进职业健康管理计划提供必要的资源。企业管理层的支持更为重要。

2 项目部应建立健全职业健康管理组织网络。项目职业健康管理计划应通过该组织网络进行交底和说明，传达到相关人员。

3 项目职业健康管理计划的实施，需要项目全员参与及内部各个环节的成功协作，这种参与和协作要建立在顺畅的信息交流基础上，为此，项目部应建立并保持职业健康管理计划执行状态的沟通程序。

项目内部的协商与沟通主要是指员工的参与和协商，以及项目内部各层次之间的沟通。

项目外部的协商与沟通主要是指与相关方（政府、业主、监理、分包商、供应商等）之间的沟通。

13.3.3 项目部的日常检查内容包括：项目职业健康管理目标、法规遵循情况，以及事故和不符合状况的监控与调查处理等。

检查记录应具有可追溯性，是为了获得有益的经验信息，以便更好地开展职业健康管理工作。同时也是成为项目部职业健康管理过程的见证。记录用表的规范、统一，有利于记录、保存和分析比较。

13.4 环境管理

13.4.1 本条规定了项目环境保护计划的主要内容。

1 项目的环境保护目标应满足以下要求：

1）适合项目部自身及工程项目的特点。

2）承诺持续改进和污染预防，并遵守有关法律和其他要求。

3）环境保护目标应经过批准，形成文件并传达到项目人员。

4）项目部应对项目的环境保护目标定期评审、修改、补充和完善，以适应不断变化的内外部条件和要求。

4 某些项目的环境保护实施过程中需要组织技术开发、技术攻关以及咨询论证等工作，应在项目环境保护计划中具体落实，并留有适当的时间保证。

13.4.4 本条规定了对项目环境保护计划执行的检查内容。

1 项目环境保护计划的执行情况。

2 项目控制重大环境因素的有关结果和成效。

3 项目环境目标和指标的实现程度。

4 定期评价有关环境保护的法律、法规和标准的遵守情况。

5 监测和测量设备的定期校准和维护。

13.4.5 本条规定了对环境管理不符合状况的处理。

1 可按如下步骤采取纠正措施：

1）依据不符合状况进行原因分析。

2）针对原因采取相应的纠正措施。

3）实施纠正措施，对不符合事项进行纠正，并跟踪验证其有效性。

4）进一步分析和调查是否有类似的不符合项。

2 项目部应更多采用预防措施，做到预防为主，防治结合。

14 项目资源管理

14.1 一般规定

14.1.1 工程总承包项目的资源投入既有企业内部资源，也有通过采购或其他方式从市场中获取的资源。工程总承包企业应尽可能地直接掌握市场商情及稀缺资源情况，以增强企业自身的核心竞争力。而对于社会一般资源，应尽可能地从市场中购买或租赁，以降低资源的使用成本。企业应建立内部市场化资源运作机制和绩效考核制度，既要赋予项目部有偿使用各种资源的权力和责任，又要为项目部创造可用资源的条件，促使项目部按照价值规律进行资源配置，充分发挥资源的效能，达到工程总承包项目管理的各项目标，并尽可能地降低工程成本。

14.1.2 项目资源优化和动态平衡是有效实施项目资源管理的两个方面。项目部应通过对项目可用资源的计划和控制，在保证项目规定的范围和质量要求的前提下，实现资源投入与进度、费用三者的动态平衡。项目资源优化是项目资源管理目标的计划预控，是项目计划的重要组成部分，包括资源规划、资源分配、资源组合、资源平衡、资源投入的时间安排等。动态平衡是项目资源管理的过程控制，包括对资源投入的效果检测，资源退出，资源根据进度、费用变化进行的调整和调度等，随时保证资源投入与进度、费用三者的动态平衡。

14.2 人力资源管理

14.2.1 项目干系人：包括业主、供应商、分包商、项目经理、项目部成员以及其他与项目有利害关系的组织和个人。项目实施的目的应争取实现项目各方的共赢，当项目干系人的要求与期望目标出现分歧时，应优先满足业主的要求与期望。但这并不意味着可以忽略其他项目干系人的要求与期望。

14.2.3 项目人力资源的高效率使用，关键在于制订合理的人力资源需求与使用计划，在赋予人力资源以价值的基础上，充分发挥项目部对人力资源使用的积极性和主动性，通过高效率的团队合作，实现项目的低成本运作。

14.3 设备材料管理

14.3.1 设备材料是指项目部向业主提供的组成永久性工程的各种设备和材料，工程竣工验收后，项目部应向业主办理移交手续。

14.3.2 由于项目在施工、试运行过程中涉及大量设备材料的使用，设备材料费用所占比重较大，项目部应加强项目设备材料管理与控制，贯彻及时供应、保证质量、降低工程成本的原则。

14.3.4 设备材料现场管理规定应包括：

1 设备材料进场验收规定。项目部应组织进行验收准备、数量验收、质量验收，并提供完整资料申请报验。

2 库房管理规定。项目部应实现对库房的专人管理，选择合适的存放场地和库房，合理存放，确保储存安全。

3 设备材料发放和领用规定。必须明确领发责任，执行领发手续，实行限额领料。

14.4 机具管理

14.4.1 项目机具是指实施工程所需的各种施工机具、试运转工器具、检验与试验设备、办公用器具以及其他项目部需要直接使用的设备资源。不包括移交给业主的工程永久性设施。

在设计、采购、施工、试运行全过程中，项目部应加强机具使用的管理工作，在有偿使用、成本核算的基础上，实现项目机具资源使用的科学性和经济性。

14.5 技术管理

14.5.1 技术资源是工程总承包企业的重要资源，包括工艺技术、工程设计技术、采购技术、施工技术、试运行技术、管理技术以及其他为实现项目目标所需的各种技术，其中专有技术和专利技术是企业技术资源的核心。

技术活动包括项目技术的开发、引进，技术标准的采用，技术方案的确定等。

14.5.4 项目技术管理应高度重视对工程总承包企业有关著作权、专利权、专有技术权、商业秘密权、商标专用权等知识产权的保护和管理，同时尊重并合法利用他人的知识产权。

14.5.5 新技术：包括新的工艺技术、工程技术和管理技术。

14.6 资金管理

14.6.1 项目资金收入主要包括工程预付款收入、工程分期结算款收入、保留金收入、最终结算款收入等。"保证收入"是指项目部应依据合同约定，做好各类各期付款申报、分期结算、竣工结算等工作，积极催收，回收资金。

"控制支出"是指项目部应加强支出的计划管理，通过进度与费用综合的检测，适时地调整项目实施进度安排，在保证合同履行的前提下，尽量减少支出。

14.6.5 本条规定了有关项目资金的有效使用和风险防范的要求。

"资金风险的防范"是指项目部对项目资金的收入和支出进行合理预测，对各种影响因素进行及时的评估，及时调整项目管理行为，尽可能地避免资金风险。

15 项目沟通与信息管理

15.1 一般规定

15.1.1 项目沟通与信息管理系统为项目准确、及时、有效的沟通提供途径、方式、方法及工具，为预测未来、正确决策以及事后追溯提供依据。

15.1.2 采用基于计算机网络的现代信息沟通技术进行项目信息沟通，并不排除面对面的沟通及其他传统的沟通方式。

15.1.4 项目信息管理人员一般包括信息技术管理工程师（IT工程师）和文件资料管理员，后者有时可由项目秘书兼任。

15.2 沟通管理

15.2.1 本条规定了项目沟通的内容。

项目部应注意做好与政府相关主管部门的沟通协调工作，按照相关主管部门的管理要求，提供项目信息，及时办理与项目设计、采购、施工、试运行相关的法定手续，获得审批或许可。注意做好与项目设计、采购、施工、试运行有直接关系的社会公用性单位的沟通协调工作，及时获取和提交相关的资料，办理相关的手续及审批。

15.2.2 本条规定了项目沟通管理计划的要求。沟通可以利用以下的方式和渠道：

1 信息检索系统：包括档案系统、计算机数据库、项目管理软件，以及工程图纸等技术文件资料。

2 工作分解结构（WBS）。项目沟通与WBS有着重要联系，可利用WBS来编制沟通计划。

3 信息发送系统：包括会议纪要、文件、电子文档、共享的网络电子数据库、传真、电子邮件、网站、交谈及演讲。

15.3 信息管理

15.3.2 项目信息管理不仅仅是项目信息的收集、处理、分发，项目部还应加强对项目信息的分析，评估项目管理成效。

15.3.5 项目编码系统通常包括项目编码（PBS）、组织分解结构（OBS）编码、工作分解结构（WBS）编码、资源分解结构（RBS）编码、设备材料代码、费用代码、文件编码等。

项目信息分类应考虑分类的稳定性、兼容性、可扩展性、逻辑性和实用性。项目信息的编码应考虑编码的惟一性、合理性、包容性、可扩充性并简单适用。

15.4 文件管理

15.4.1 本条规定了对项目文件管理的要求。

项目的文件资料包括分包项目的文件资料，应在与分包商签订分包合同时明确分包工程文件资料的移交套数、移交时间、质量要求及验收标准等。分包工程完工后，分包商应及时将有关工程资料按合同约定移交。

15.4.4 项目文件资料管理是项目信息管理的一项重

要工作，项目部应配备专职或兼职文件资料管理人员，负责工程项目文件资料的管理工作。

15.5 信息安全及保密

15.5.2 工程总承包企业一般根据信息安全与保密方针，制定信息安全与保密管理程序、规定和措施，以保证文件、信息的安全，防止内部信息和领先技术的失密与流失，确保企业在市场中的竞争优势。

16 项目合同管理

16.1 一般规定

16.1.1 工程总承包企业的责任是订立总承包合同并为确保合同的正常履行提供必要条件。一般通过任命或指派项目经理并组建项目部来承担应负的责任和义务，以保证合同目标和任务的实现。

16.1.2 总承包合同管理是指对合同订立并生效后所进行的履行、变更、违约索赔、争议处理、终止或结束的全部活动的管理；分包合同管理是指对分包项目的招标、评标、谈判、合同订立，以及生效后的履行、变更、违约索赔、争议处理、终止或结束的全部活动的管理。

16.1.3 本条规定了对项目部合同管理的要求。

项目部必须履行合同，在整个合同管理过程中，应执行依法履约并达到合同目标的原则。既要按合同规定执行，又要符合《合同法》和相关法规的要求。项目部的所有活动和行为，均要受合同和相关法规的支持和约束。

16.1.4 本条规定了项目合同管理的原则。

项目部及合同管理人员，在合同管理过程中，应根据《合同法》和相关法规的要求，认真执行有关合同履行的原则，以确保合同履行的顺利进展和目标的实现。合同管理的原则应包括：

1 依法履行原则：遵守法律法规，尊重社会公德，不得扰乱社会经济秩序，不得损害社会公共利益。

2 诚实信用原则：当事人在履行合同义务时，应诚实、守信、善意、不滥用权利、不规避义务。

3 全面履行原则：包括实际履行和适当履行（按照合同约定的品种、数量、质量、价款或报酬等的履行）。

4 协调合作原则：要求当事人本着团结协作和互相帮助的精神去完成合同任务，履行各自应尽的责任和义务。

5 维护权益原则：合同当事人有权依法维护合同约定的自身所有的权利或风险利益。同时还应注意维护对方的合法权益不受侵害。

6 动态管理原则：在合同履行过程中，进行适时监控和跟踪管理。

16.2 总承包合同管理

16.2.2 本条规定了总承包合同管理的主要内容与程序。

1 完整性和有效性是指合同文本的构成是否完整，合同的签署是否符合要求。

2 组织“熟悉和研究合同文件”，是项目经理在项目初始阶段的一项重要工作，是依法履约的基础。其目的是澄清和明确合同的全面要求并将其纳入项目实施过程中，避免潜在未满足业主要求的风险。

3 合同管理的重点是对合同规定的目标实施控制并达到标准要求。“控制目标”主要有质量目标、安全目标、费用目标、进度目标、职业健康目标、环境保护目标等。为达标，需要制定计划和措施，以保证控制目标的实现。

16.2.4 本条规定了合同变更处理程序。

1 任何变更都可能不是一件小事，项目部及合同管理人员应高度重视变更的处理，通过合同变更审批制度、程序或规定的建立，规范合同变更活动和行为。

3 合同变更申请通知应形成书面文件，其内容应包括变更原因、变更方案以及变更对费用、进度、安全等方面的影响程度做出定量评估，并且应有相关部门或岗位负责人的签认，对于重大变更还应经工程总承包企业负责人签认。

16.2.5 本条规定了合同争议处理的程序。解决合同争议优先选择的办法是通过双方充分友好协商，达成共识，即“和解”。或者通过第三方从中协调，提出裁决意见，使双方取得共识，即“调解”。

16.2.6 本条规定了对合同的违约处理。

项目部及合同管理人员应根据合同约定及相关证据，对合同当事人及相关方应承担的违约责任和（或）连带责任进行澄清和界定，其结果应形成书面文件，以作为受损失方用于获取补偿的证据。

16.2.7 本条规定了索赔处理要求。

1 项目部及合同管理人员应了解和熟悉本合同规定的索赔处理程序和（或）办法并能正确使用。如果合同缺乏明确规定，一般依照相关法规并与相关方协商解决。一般的索赔程序及其要求如下：

1）承包人应把握时机，在规定的时间内发出书面通知；

2）说明理由，提出索赔证据；

3）真实、合理计算索赔数额，提交索赔报告；

4）执行商定或裁定的索赔结果。

16.2.8 本条规定了合同文件管理的要求。

4 合同管理人员在履约中断、合同终止和（或）收尾结束时，做好合同文件的清点、保管或移交工作，依法满足合同相关方的需求。通常，合同管理人员不应过早撤离现场，应做完上述管理和善后工作，经项目部确认和同意后，方可离开现场。返回企业后，应及时进行合同文件和资料的归档保存工作。

16.2.9 本条规定了对合同收尾工作的要求。

1 当合同中没有明确规定时，合同收尾工作一般应包括：收集并整理合同及所有相关的文件、资料、记录和信息，总结经验和教训，按要求归档，实施正式的验收。按合同约定获取正式书面验收文件。

16.3 分包合同管理

16.3.1 本条规定了分包合同管理的要求。

1 在总承包合同环境下，项目部及合同管理人员应将分包合同纳入整体合同管理范围之内，注意与总承包合同管理保持一致并协调运作。这项工作应从分包合同招标准备开始，直到分包合同结束。

2 分包范围与内容应按总承包合同约定或项目需要而定，可以是施工分包、设计分包、采购分包、试运行服务或其他咨询服务分包等。在分包合同管理中，应注意两个问题：一是当业主指定分包商时，承包商应对分包商的资质及能力进行预审（必要时考查落实）和确认，当认为不符合要求时，应尽快报告业主并提出建议，否则，不免除承包商应承担的责任；二是《合同法》规定禁止承包人将工程分包给不具备相应资质条件的单位。

3 项目部对分包合同管理的重点是对分包工作（招标准备、招标、评标、谈判、合同订立、履行、变更、违约索赔、解决争议直至合同终止或结束）进行协调和控制，监督分包人完成分包合同规定的目标和任务。

16.3.3 本条规定了各类分包合同管理的职责。

1 设计：在分包合同订立前根据分包的需要对设计分包合同的性质、分包范围、采用的技术、考核指标、采用的标准规范、安全、职业健康与环境保护要求等内容加以研究确定并成为订立设计分包合同以及实施履约监督的管理重点。

2 采购：在分包合同订立前，应特别关注选定合格的供货商、拟采用的标准规范以及交货和付款方式等内容，并成为订立采购分包合同以及实施履约监督的管理重点。

3 施工：在分包合同订立前，应关注对分包人的资格预审、分包范围、管理职责划分、竣工试验及移交方式等内容，并成为订立施工分包合同以及实施履约监控的重点。

16.3.7 本条规定了分包合同变更处理要求。

1 分包合同变更有下列两种情况：

1）项目部根据项目情况和需要，向分包商发出书面指令或通知，要求对分包范围和内容进行变更，经双方评审并确认后则构成分包合同变更，应按变更程序处理。

2）项目部接受分包商书面的“合理化建议”，对其在费用、进度、质量、技术性能、操作运行、安全维护等方面的作用及产生的影响进行澄清和评审，确认后，则构成分包合同变更，应按变更程序处理。

16.3.8 分包合同争议处理主要的原则是按照程序和法律规定办理并优先采用“和解”或“调解”的方式求得解决。具体处理程序可参照本章说明中16.2.5条的有关内容和说明。

16.3.9 分包合同的索赔处理应纳入总承包合同管理系统，具体要求可参照本章说明中16.2.7条的有关内容和说明。

16.3.10 分包合同文件管理应纳入总承包合同文件管理系统，具体要求可参照本章说明中16.2.8条的有关内容和说明。

16.3.11 分包合同收尾应纳入整个项目合同收尾范畴，具体要求可参照本章说明中16.2.9条的有关内容。

中华人民共和国国家标准

工程建设施工企业质量管理规范

Code for quality management of engineering construction enterprises

GB/T 50430—2007

主编部门：中华人民共和国建设部
批准部门：中华人民共和国建设部
施行日期：2 0 0 8 年 3 月 1 日

中华人民共和国建设部
公　　告

第725号

建设部关于发布国家标准《工程建设施工企业质量管理规范》的公告

现批准《工程建设施工企业质量管理规范》为国家标准，编号为GB/T 50430－2007，自2008年3月1日起实施。

本规范由建设部标准定额研究所组织中国建筑工业出版社出版发行。

中华人民共和国建设部

2007年10月23日

前　　言

本规范根据中华人民共和国建设部"关于印发《二〇〇二～二〇〇三年度工程建设国家标准制订、修订计划》的通知"（建标［2003］102号）的要求，由中国建筑业协会会同有关单位共同编制。

本规范以现行国际质量管理标准为原则，针对我国工程建设行业特点，提出施工企业的质量管理要求，促进施工企业质量管理的科学化、规范化和法制化，以适应经济全球化发展的需要。

在编制过程中，编制组对工程建设施工企业的质量管理现状进行了广泛的调查研究并认真总结了实践经验，为加强质量管理、健全质量管理体系、提高管理水平提供了依据。本规范在广泛征求意见的基础上，经过反复讨论、修改和完善，最终经审查定稿。

本规范的内容有13章，包括：总则，术语，质量管理基本要求，组织机构和职责，人力资源管理，施工机具管理，投标及合同管理，建筑材料、构配件和设备管理，分包管理，工程项目施工质量管理，施工质量检查与验收，质量管理自查与评价，质量信息和质量管理改进。

本规范由建设部负责管理，中国建筑业协会负责具体技术内容的解释。在执行过程中，请各单位结合工程实践，认真总结经验，如发现需要修改或补充之处，请将意见和建议寄中国建筑业协会《工程建设施工企业质量管理规范》编委会办公室（地址：北京中关村南大街48号九龙商务中心A座7层，邮政编码：100081），以供修订时参考。

本规范主编单位、参编单位和主要起草人：

主 编 单 位：中国建筑业协会

参 编 单 位：（排名不分先后）

同济大学经济与管理学院

北京市建设工程质量监督总站

上海市建设工程安全质量监督总站

辽宁省建筑工程质量监督总站

江苏省建筑工程管理局

广东省建设工程质量安全监督检测总站

中国建筑工程总公司

中国建筑第一工程局

中铁四局集团有限公司

上海市第七建筑有限公司

浙江宝业建设集团有限公司

北京艾斯欧管理研究中心

北京中建协质量体系认证中心

主要起草人：尤建新　邵长利　靳玉英　龚晓海　葛海斌　王燕民　李　君　张玉平　郑伟革　叶伯铭　潘延平　唐世海　刘　斌　田　浩　王荣富　刘宗孝　顾勇新　常　义　施　骞

目　次

1 总　　则

1.0.1 为加强工程建设施工企业（以下简称“施工企业”）的质量管理工作，规范施工企业质量管理行为，促进施工企业提高质量管理水平，制定本规范。

1.0.2 本规范适用于施工企业的质量管理活动。

1.0.3 本规范是施工企业质量管理的标准，也是对施工企业质量管理监督、检查和评价的依据。

1.0.4 施工企业的质量管理活动，除执行本规范外，还应执行国家现行有关标准规范的规定。

2 术　　语

2.0.1 质量管理活动　quality management action

为完成质量管理要求而实施的行动。

2.0.2 质量管理制度　quality management statute

按照某些质量管理要求建立的、适用于一定范围的质量管理活动要求。质量管理制度应规定质量管理活动的步骤、方法、职责。质量管理制度一般应形成文件。需要时，质量管理制度可由更加详细的文件要求加以支持。

2.0.3 质量信息　quality information

反映施工质量和质量活动过程的记录。

2.0.4 质量管理创新　quality management innovation

在原有质量管理基础上，为提高质量管理效率、降低质量管理成本而实施的质量管理制度、活动、方法的革新。

2.0.5 施工质量检查　quality inspection

施工企业对施工质量进行的检查、评定活动。

3 质量管理基本要求

3.1 一 般 规 定

3.1.1 施工企业应结合自身特点和质量管理需要，建立质量管理体系并形成文件。

3.1.2 施工企业应对质量管理体系中的各项活动进行策划。

3.1.3 施工企业应检查、分析、改进质量管理活动的过程和结果。

3.2 质量方针和质量目标

3.2.1 施工企业应制定质量方针。质量方针应与施工企业的经营管理方针相适应，体现施工企业的质量管理宗旨和方向，包括：

1 遵守国家法律、法规，满足合同约定的质量要求；

2 在工程施工过程中及交工后，认真服务于发包方和社会，增强其满意程度，树立施工企业在市场中的良好形象；

3 追求质量管理改进，提高质量管理水平。

3.2.2 施工企业的最高管理者应对质量方针进行定期评审并作必要的修订。

3.2.3 施工企业应根据质量方针制定质量目标，明确质量管理和工程质量应达到的水平。

3.2.4 施工企业应建立并实施质量目标管理制度。

3.3 质量管理体系的策划和建立

3.3.1 最高管理者应对质量管理体系进行策划。策划的内容应包括：

1 质量管理活动、相互关系及活动顺序；

2 质量管理组织机构；

3 质量管理制度；

4 质量管理所需的资源。

3.3.2 施工企业应根据质量管理体系的范围确定质量管理内容。施工企业质量管理内容一般包括：

1 质量方针和目标管理；

2 组织机构和职责；

3 人力资源管理；

4 施工机具管理；

5 投标及合同管理；

6 建筑材料、构配件和设备管理；

7 分包管理；

8 工程项目施工质量管理；

9 施工质量检查与验收；

10 工程项目竣工交付使用后的服务；

11 质量管理自查与评价；

12 质量信息管理和质量管理改进。

3.3.3 施工企业应建立文件化的质量管理体系。质量管理体系文件应包括：

1 质量方针和质量目标；

2 质量管理体系的说明；

3 质量管理制度；

4 质量管理制度的支持性文件；

5 质量管理的各项记录。

3.4 质量管理体系的实施和改进

3.4.1 施工企业应确定并配备质量管理体系运行所需的人员、技术、资金、设备等资源。

3.4.2 施工企业应建立内部质量管理监督检查和考核机制，确保质量管理制度有效执行。

3.4.3 施工企业应评审和改进质量管理体系的适宜性和有效性。

3.5 文 件 管 理

3.5.1 施工企业应建立并实施文件管理制度，明确文件管理的范围、职责、流程和方法。

3.5.2 施工企业的文件管理应符合下列规定：

1 文件在发布之前经过批准；

2 根据管理的需要对文件的适用性进行评审，必要时进行修改并重新批准发布；

3 明确并及时获得质量管理活动所需的法律、法规和标准规范；

4 及时获取所需文件的适用版本；

5 文件的内容清晰明确；

6 确保各岗位员工明确其活动所依据的文件；

7 及时将作废文件撤出使用场所或加以标识。

3.5.3 施工企业应建立并实施记录管理制度，明确记录的管理职责，规定记录填写、标识、收集、保管、检索、保存期限和处置等要求。对存档记录的管理应符合档案管理的有关规定。

4 组织机构和职责

4.1 一 般 规 定

4.1.1 施工企业应明确质量管理体系的组织机构，配备相应质量管理人员，规定相应的职责和权限并形成文件。

4.2 组 织 机 构

4.2.1 施工企业应根据质量管理的需要，明确管理层次，设置相应的部门和岗位。

4.2.2 施工企业应在各管理层次中明确质量管理的组织协调部门或岗位，并规定其职责和权限。

4.3 职 责 和 权 限

4.3.1 施工企业最高管理者在质量管理方面的职责和权限应包括：

1 组织制定质量方针和目标；

2 建立质量管理的组织机构；

3 培养和提高员工的质量意识；

4 建立施工企业质量管理体系并确保其有效实施；

5 确定和配备质量管理所需的资源；

6 评价并改进质量管理体系。

4.3.2 施工企业应规定各级专职质量管理部门和岗位的职责和权限，形成文件并传递到各管理层次。

4.3.3 施工企业应规定其他相关职能部门和岗位的质量管理职责和权限，形成文件并传递到各管理层次。

4.3.4 施工企业应以文件的形式公布组织机构的变化和职责的调整，并对相关的文件进行更改。

5 人力资源管理

5.1 一 般 规 定

5.1.1 施工企业应建立并实施人力资源管理制度。施工企业的人力资源管理应满足质量管理需要。

5.1.2 施工企业应根据质量管理长远目标制定人力资源发展规划。

5.2 人力资源配置

5.2.1 施工企业应以文件的形式确定与质量管理岗位相适应的任职条件，包括：

1 专业技能；

2 所接受的培训及所取得的岗位资格；

3 能力；

4 工作经历。

5.2.2 施工企业应按照岗位任职条件配置相应的人员。项目经理、施工质量检查人员、特种作业人员等应按照国家法律法规的要求持证上岗。

5.2.3 施工企业应建立员工绩效考核制度，规定考核的内容、标准、方式、频度，并将考核结果作为人力资源管理评价和改进的依据。

5.3 培 训

5.3.1 施工企业应识别培训需求，根据需要制定员工培训计划，对培训对象、内容、方式及时间作出安排。

5.3.2 施工企业对员工的培训应包括：

1 质量管理方针、目标、质量意识；

2 相关法律、法规和标准规范；

3 施工企业质量管理制度；

4 专业技能和继续教育。

5.3.3 施工企业应对培训效果进行评价，并保存相应的记录。评价结果应用于提高培训的有效性。

6 施工机具管理

6.1 一 般 规 定

6.1.1 施工企业应建立施工机具管理制度，对施工机具的配备、验收、安装调试、使用维护等作出规定，明确各管理层次及有关岗位在施工机具管理中的职责。

6.2 施工机具配备

6.2.1 施工企业应根据施工需要配备施工机具，配备计划应按规定经审批后实施。

6.2.2 施工企业应明确施工机具供应方的评价方法，

在采购或租赁前对其进行评价，并收集相应的证明资料和保存评价记录。评价的内容包括：

1 经营资格和信誉；

2 产品和服务的质量；

3 供货能力；

4 风险因素。

6.2.3 施工企业应依法与施工机具供应方订立合同，明确对施工机具质量及服务的要求。

6.2.4 施工企业应对施工机具进行验收，并保存验收记录。根据规定施工机具需确定安装或拆卸方案时，该方案应经批准后实施，安装后的施工机具经验收合格后方可使用。

6.3 施工机具使用

6.3.1 施工企业对施工机具的使用、技术和安全管理、维修保养等应符合相关规定的要求。

7 投标及合同管理

7.1 一 般 规 定

7.1.1 施工企业应建立并实施工程项目投标及工程承包合同管理制度。

7.1.2 施工企业应依法进行工程项目投标及签约活动，并对合同履行情况进行监控。

7.2 投 标 及 签 约

7.2.1 施工企业应在投标及签约前，明确工程项目的要求，包括：

1 发包方明示的要求；

2 发包方未明示、但应满足的要求；

3 与工程施工、验收和保修等有关的法律、法规和标准规范的要求；

4 其他要求。

7.2.2 施工企业应通过评审在确认具备满足工程项目要求的能力后，依法进行投标及签约，并保存评审、投标和签约的相关记录。

7.3 合 同 管 理

7.3.1 施工企业应使相关部门及人员掌握合同的要求，并保存相关记录。

7.3.2 施工企业对施工过程中发生的变更，应以书面形式签认，并作为合同的组成部分。施工企业对合同变更信息的接收、确认和处理的职责、流程、方法应符合相关规定，与合同变更有关的文件应及时进行调整并实施。

7.3.3 施工企业应及时对合同履约情况进行分析和记录，并用于质量改进。

7.3.4 在合同履行的各阶段，应与发包方或其代表进行有效沟通。

8 建筑材料、构配件和设备管理

8.1 一 般 规 定

8.1.1 施工企业应根据施工需要建立并实施建筑材料、构配件和设备管理制度。

8.2 建筑材料、构配件和设备的采购

8.2.1 施工企业应根据施工需要确定和配备项目所需的建筑材料、构配件和设备，并应按照管理制度的规定审批各类采购计划。计划未经批准不得用于采购。采购计划中应明确所采购产品的种类、规格、型号、数量、交付期、质量要求以及采购验证的具体安排。

8.2.2 施工企业应对供应方进行评价，合理选择建筑材料、构配件和设备的供应方。对供应方的评价内容应包括：

1 经营资格和信誉；

2 建筑材料、构配件和设备的质量；

3 供货能力；

4 建筑材料、构配件和设备的价格；

5 售后服务。

8.2.3 施工企业应在必要时对供应方进行再评价。

8.2.4 对供应方的评价、选择和再评价的标准、方法和职责应符合管理制度的规定，并保存相应的记录。

8.2.5 施工企业应根据采购计划订立采购合同。

8.3 建筑材料、构配件和设备的验收

8.3.1 施工企业应对建筑材料、构配件和设备进行验收。必要时，应到供应方的现场进行验证。验收的过程、记录和标识应符合有关规定。未经验收的建筑材料、构配件和设备不得用于工程施工。

8.3.2 施工企业应按照规定的职责、权限和方式对验收不合格的建筑材料、构配件和设备进行处理，并记录处理结果。

8.3.3 施工企业应确保所采购的建筑材料、构配件和设备符合有关职业健康、安全与环保的要求。

8.4 建筑材料、构配件和设备的现场管理

8.4.1 施工企业应在管理制度中明确建筑材料、构配件和设备的现场管理要求。

8.4.2 施工企业应对建筑材料、构配件和设备进行贮存、保管和标识，并按照规定进行检查，发现问题及时处理。

8.4.3 施工企业应明确对建筑材料、构配件和设备的搬运及防护要求。

8.4.4 施工企业应明确建筑材料、构配件和设备的发放要求，建立发放记录，并具有可追溯性。

8.5 发包方提供的建筑材料、构配件和设备

8.5.1 施工企业应按照有关规定和标准对发包方提供的建筑材料、构配件和设备进行验收。

8.5.2 施工企业对发包方提供的建筑材料、构配件和设备在验收、施工安装、使用过程中出现的问题，应做好记录并及时向发包方报告，按照规定处理。

9 分包管理

9.1 一般规定

9.1.1 施工企业应建立并实施分包管理制度，明确各管理层次和部门在分包管理活动中的职责和权限，对分包方实施管理。

9.1.2 施工企业应对分包工程承担相关责任。

9.2 分包方的选择和分包合同

9.2.1 施工企业应按照管理制度中规定的标准和评价办法，根据所需分包内容的要求，经评价依法选择合适的分包方，并保存评价和选择分包方的记录。对分包方的评价内容应包括：

1 经营许可和资质证明；

2 专业能力；

3 人员结构和素质；

4 机具装备；

5 技术、质量、安全、施工管理的保证能力；

6 工程业绩和信誉。

9.2.2 施工企业应按照总承包合同的约定，依法订立分包合同。

9.3 分包项目实施过程的控制

9.3.1 施工企业应在分包项目实施前对从事分包的有关人员进行分包工程施工或服务要求的交底，审核批准分包方编制的施工或服务方案，并据此对分包方的施工或服务条件进行确认和验证，包括：

1 确认分包方从业人员的资格与能力；

2 验证分包方的主要材料、设备和设施。

9.3.2 施工企业对项目分包管理活动的监督和指导应符合分包管理制度的规定和分包合同的约定。施工企业应对分包方的施工和服务过程进行控制，包括：

1 对分包方的施工和服务活动进行监督检查，发现问题及时提出整改要求并跟踪复查；

2 依据规定的步骤和标准对分包项目进行验收。

9.3.3 施工企业应对分包方的履约情况进行评价并保存记录，作为重新评价、选择分包方和改进分包管理工作的依据。

10 工程项目施工质量管理

10.1 一般规定

10.1.1 施工企业应建立并实施工程项目施工质量管理制度，对工程项目施工质量管理策划、施工设计、施工准备、施工质量和服务予以控制。

10.1.2 施工企业应对项目经理部的施工质量管理进行监督、指导、检查和考核。

10.2 策划

10.2.1 施工企业项目经理部应负责工程项目施工质量管理。项目经理部的机构设置和人员配备应满足质量管理的需要。

10.2.2 项目经理部应按规定接收设计文件，参加图纸会审和设计交底并对结果进行确认。

10.2.3 施工企业应按照规定的职责实施工程项目质量管理策划，包括：

1 质量目标和要求；

2 质量管理组织和职责；

3 施工管理依据的文件；

4 人员、技术、施工机具等资源的需求和配置；

5 场地、道路、水电、消防、临时设施规划；

6 影响施工质量的因素分析及其控制措施；

7 进度控制措施；

8 施工质量检查、验收及其相关标准；

9 突发事件的应急措施；

10 对违规事件的报告和处理；

11 应收集的信息及其传递要求；

12 与工程建设有关方的沟通方式；

13 施工管理应形成的记录；

14 质量管理和技术措施；

15 施工企业质量管理的其他要求。

10.2.4 施工企业应将工程项目质量管理策划的结果形成文件并在实施前批准。策划的结果应按规定得到发包方或监理方的认可。

10.2.5 施工企业应根据施工要求对工程项目质量管理策划的结果实行动态管理，及时调整相关文件并监督实施。

10.3 施工设计

10.3.1 施工企业进行施工设计时，应明确职责，策划并实施施工设计的管理。施工企业应对其委托的施工设计活动进行控制。

10.3.2 施工企业应确定施工设计所需的评审、验证和确认活动，明确其程序和要求。

施工企业应明确施工设计的依据，并对其内容进

行评审。设计结果应形成必要的文件，经审批后方可使用。

10.3.3 施工企业应明确设计变更及其批准方式和要求，规定变更所需的评审、验证和确认程序；对变更可能造成的施工质量影响进行评审，并保存相关记录。

10.4 施工准备

10.4.1 施工企业应依据工程项目质量管理策划的结果实施施工准备。

10.4.2 施工企业应按规定向监理方或发包方进行报审、报验。施工企业应确认项目施工已具备开工条件，按规定提出开工申请，经批准后方可开工。

10.4.3 施工企业应按规定将质量管理策划的结果向项目经理部进行交底，并保存记录。

施工企业应根据项目管理需要确定交底的层次和阶段以及相应的职责、内容、方式。

10.5 施工过程质量控制

10.5.1 项目经理部应对施工过程质量进行控制。包括：

1 正确使用施工图纸、设计文件、验收标准及适用的施工工艺标准、作业指导书。适用时，对施工过程实施样板引路；

2 调配符合规定的操作人员；

3 按规定配备、使用建筑材料、构配件和设备、施工机具、检测设备；

4 按规定施工并及时检查、监测；

5 根据现场管理有关规定对施工作业环境进行控制；

6 根据有关要求采用新材料、新工艺、新技术、新设备，并进行相应的策划和控制；

7 合理安排施工进度；

8 采取半成品、成品保护措施并监督实施；

9 对不稳定和能力不足的施工过程、突发事件实施监控；

10 对分包方的施工过程实施监控。

10.5.2 施工企业应根据需要，事先对施工过程进行确认，包括：

1 对工艺标准和技术文件进行评审，并对操作人员上岗资格进行鉴定；

2 对施工机具进行认可；

3 定期或在人员、材料、工艺参数、设备发生变化时，重新进行确认。

10.5.3 施工企业应对施工过程及进度进行标识，施工过程应具有可追溯性。

10.5.4 施工企业应保持与工程建设有关方的沟通，按规定的职责、方式对相关信息进行管理。

10.5.5 施工企业应建立施工过程中的质量管理记录。施工记录应符合相关规定的要求。施工过程中的质量管理记录应包括：

1 施工日记和专项施工记录；

2 交底记录；

3 上岗培训记录和岗位资格证明；

4 施工机具和检验、测量及试验设备的管理记录；

5 图纸的接收和发放、设计变更的有关记录；

6 监督检查和整改、复查记录；

7 质量管理相关文件；

8 工程项目质量管理策划结果中规定的其他记录。

10.6 服 务

10.6.1 施工企业应按规定进行工程移交和移交期间的防护。

10.6.2 施工企业应按规定的职责对工程项目的服务进行策划，并组织实施。服务应包括：

1 保修；

2 非保修范围内的维修；

3 合同约定的其他服务。

10.6.3 施工企业应在规定的期限内对服务的需求信息作出响应，对服务质量应按照相关规定进行控制、检查和验收。

10.6.4 施工企业应及时收集服务的有关信息，用于质量分析和改进。

11 施工质量检查与验收

11.1 一般规定

11.1.1 施工企业应建立并实施施工质量检查制度。施工企业应规定各管理层次对施工质量检查与验收活动进行监督管理的职责和权限。检查和验收活动应由具备相应资格的人员实施。施工企业应按规定做好对分包工程的质量检查和验收工作。

11.1.2 施工企业应配备和管理施工质量检查所需的各类检测设备。

11.2 施工质量检查

11.2.1 施工企业应对施工质量检查进行策划，包括质量检查的依据、内容、人员、时机、方法和记录。策划结果应按规定经批准后实施。

11.2.2 施工企业对质量检查记录的管理应符合相关制度的规定。

11.2.3 项目经理部应根据策划的安排和施工质量验收标准实施检查。

11.2.4 施工企业应对项目经理部的质量检查活动进行监控。

11.3 施工质量验收

11.3.1 施工企业应按规定策划并实施施工质量验收。施工企业应建立试验、检测管理制度。

11.3.2 施工企业应在竣工验收前，进行内部验收，并按规定参加工程竣工验收。

11.3.3 施工企业应对工程资料的管理进行策划，并按规定加以实施。工程资料的形成应与工程进度同步。施工企业应按规定及时向有关方移交相应资料。归档的工程资料应符合档案管理的规定。

11.4 施工质量问题的处理

11.4.1 施工企业应建立并实施质量问题处理制度，规定对发现质量问题进行有效控制的职责、权限和活动流程。

11.4.2 施工企业应对质量问题的分类、分级报告流程作出规定，按照要求分别报告工程建设有关方。

11.4.3 施工企业应对各类质量问题的处理制定相应措施，经批准后实施，并应对质量问题的处理结果进行检查验收。

11.4.4 施工企业应保存质量问题的处理和验收记录，建立质量事故责任追究制度。

11.5 检测设备管理

11.5.1 施工企业应按照要求配备检测设备。检测设备管理应符合下列规定：

1 根据需要采购或租赁检测设备，并对检测设备供应方进行评价；

2 使用前对检测设备进行验收；

3 按照规定的周期校准检测设备，标识其校准状态并保持清晰，确保其在有效检定周期内方可用于施工质量检测，校准记录应予以保存；

4 对国家或地方没有校准标准的检测设备制定相应的校准标准；

5 对设备进行必要的维护和保养，保持其完好状态。设备的使用、管理人员应经过培训；

6 在发现检测设备失准时评价已测结果的有效性，并采取相应的措施；

7 对检测设备所使用的软件在使用前的确认和再确认予以规定。

12 质量管理自查与评价

12.1 一 般 规 定

12.1.1 施工企业应建立质量管理自查与评价制度，对质量管理活动进行监督检查。施工企业应对监督检查的职责、权限、频度和方法作出明确规定。

12.2 质量管理活动的监督检查与评价

12.2.1 施工企业应对各管理层次的质量管理活动实施监督检查，明确监督检查的职责、频度和方法。对检查中发现的问题应及时提出书面整改要求，监督实施并验证整改效果。监督检查的内容包括：

1 法律、法规和标准规范的执行；

2 质量管理制度及其支持性文件的实施；

3 岗位职责的落实和目标的实现；

4 对整改要求的落实。

12.2.2 施工企业应对项目经理部的质量管理活动进行监督检查，内容包括：

1 项目质量管理策划结果的实施；

2 对本企业、发包方或监理方提出的意见和整改要求的落实；

3 合同的履行情况；

4 质量目标的实现。

12.2.3 施工企业应对质量管理体系实施年度审核和评价。施工企业应对审核中发现的问题及其原因提出书面整改要求，并跟踪其整改结果。质量管理审核人员的资格应符合相应的要求。

12.2.4 施工企业应策划质量管理活动监督检查和审核的实施。策划的依据包括：

1 各部门和岗位的职责；

2 质量管理中的薄弱环节；

3 有关的意见和建议；

4 以往检查的结果。

12.2.5 施工企业应建立和保存监督检查和审核的记录，并将所发现的问题及整改的结果作为质量管理改进的重要信息。

12.2.6 施工企业应收集工程建设有关方的满意情况的信息，并明确这些信息收集的职责、渠道、方式及利用这些信息的方法。

13 质量信息和质量管理改进

13.1 一 般 规 定

13.1.1 施工企业应采用信息管理技术，通过质量信息资源的开发和利用，提高质量管理水平。

13.1.2 施工企业应建立并实施质量信息管理和质量管理改进制度，通过对质量信息的收集和分析，确定改进的目标，制定并实施质量改进措施。

13.1.3 施工企业应明确各层次、各岗位的质量信息管理和质量管理改进职责。

13.1.4 施工企业的质量管理改进活动应包括：质量方针和目标的管理、信息分析、监督检查、质量管理体系评价、纠正与预防措施等。

13.2 质量信息的收集、传递、分析与利用

13.2.1 施工企业应明确为正确评价质量管理水平所需收集的信息及其来源、渠道、方法和职责。收集的信息应包括：

1 法律、法规、标准规范和规章制度等；

2 工程建设有关方对施工企业的工程质量和质量管理水平的评价；

3 各管理层次工程质量管理情况及工程质量的检查结果；

4 施工企业质量管理监督检查结果；

5 同行业其他施工企业的经验教训；

6 市场需求；

7 质量回访和服务信息。

13.2.2 施工企业应总结项目质量管理策划结果的实施情况，并将其作为质量分析和改进的信息予以保存和利用。

13.2.3 施工企业各管理层次应按规定对质量信息进行分析，判断质量管理状况和质量目标实现的程度，识别需要改进的领域和机会，并采取改进措施。施工企业在分析过程中，应使用有效的分析方法。分析结果应包括：

1 工程建设有关方对施工企业的工程质量、质量管理水平的满意程度；

2 施工和服务质量达到要求的程度；

3 工程质量水平、质量管理水平、发展趋势以及改进的机会；

4 与供应方、分包方合作的评价。

13.2.4 施工企业最高管理者应按照规定的周期，分析评价质量管理体系运行的状况，提出改进目标和要求。质量管理体系的评价包括：

1 质量管理体系的适宜性、充分性、有效性；

2 施工和服务质量满足要求的程度；

3 工程质量、质量管理活动状况及发展趋势；

4 潜在问题的预测；

5 工程质量、质量管理水平改进和提高的机会；

6 资源需求及满足要求的程度。

13.3 质量管理改进与创新

13.3.1 施工企业应根据对质量管理体系的分析和评价，提出改进目标，制定和实施改进措施，跟踪改进的效果；分析工程质量、质量管理活动中存在或潜在问题的原因，采取适当的措施，并验证措施的有效性。

13.3.2 施工企业可根据质量管理分析、评价的结果，确定质量管理创新的目标及措施，并跟踪、反馈实施结果。

13.3.3 施工企业应按规定保存质量管理改进与创新的记录。

本规范用词说明

1 为便于在执行本规范条文时区别对待，对于要求严格程度不同的用词说明如下：

1）表示很严格，非这样不可的：
正面词采用“必须”；
反面词采用“严禁”。

2）表示严格，在正常情况下均应这样做的：
正面词采用“应”；
反面词采用“不应”或“不得”。

3）表示允许稍有选择，在条件许可时首先应这样做的：
正面词采用“宜”；
反面词采用“不宜”。
表示有选择，在一定条件下可以这样做的，采用“可”。

2 条文中指定应按其他有关标准执行的写法为“应符合……规定（要求）”或“应按照……执行”。

中华人民共和国国家标准

工程建设施工企业质量管理规范

GB/T 50430—2007

条 文 说 明

目　次

1 总 则

1.0.1 本规范确定了施工企业各项质量管理活动的内容和要求，是施工企业质量管理的行为准则，是施工和服务质量符合法律、法规要求的基本保证。本规范所确定的是施工企业质量管理的一般内容。第10章中的第3节对没有施工设计的施工企业不予约束。

本规范在提出质量管理基本要求的基础上，鼓励施工企业实施质量管理创新。

1.0.2 本规范适用于各行业从事工程承包活动的施工企业，包括总承包企业和专业承包企业。

1.0.3 施工企业实施质量管理时，可以本规范为基础，根据需要增加其他要求实行自律。对施工企业质量管理的监督检查和动态管理均可依据本规范进行。

3 质量管理基本要求

3.1 一 般 规 定

3.1.1 质量管理的各项要求是通过质量管理体系实现的。质量管理体系是在质量方面指挥和控制组织建立质量方针和质量目标并实现这些目标的相互关联或相互作用的一组要素。

施工企业应按照本规范的要求完善原有的质量管理体系。

3.1.2 施工企业的质量管理活动应遵循持续改进的原则。通过质量管理活动的策划，明确其目的、职责、步骤和方法。各项质量管理活动的实施应保证资源的提供并按照策划的结果进行。

策划是指为达到一定目标，在调查、分析有关信息的基础上，遵循一定的程序，对未来某项工作进行全面的构思和安排，制定和选择合理可行的执行方案，并根据目标要求和环境变化对方案进行修改、调整的活动。

3.1.3 对质量管理活动的过程和结果应采取适宜的方式进行检查、监督和分析，以确定质量管理活动的有效性，明确改进的必要性和方向，通过改进活动的实施使质量管理水平不断提高。

3.2 质量方针和质量目标

3.2.1 质量方针是由施工企业的最高管理者制定的该企业总的质量宗旨和方向。最高管理者是在施工企业的最高层指挥和控制施工企业的一个人或一组人。建立质量方针有以下意义：

1 统一全体员工质量意识，规范其质量行为；

2 规定质量管理的方向和原则；

3 作为检验质量管理体系运行效果的标准。

质量方针必须经过最高管理者批准后生效。施工企业可自行确定质量方针发布的形式，可以单独发布或并入施工企业的其他管理文件中发布。

质量方针的内涵应清晰明确，便于员工对质量方针的理解、传递和实施。

3.2.2 对质量方针的评审和修订是施工企业质量管理改进的重要手段之一。施工企业应根据内外部条件的变化，保持质量方针的适宜性。

3.2.3 质量目标的建立应为施工企业及其员工确立质量活动的努力方向。质量目标应与其他管理目标相协调。质量目标可以以长期目标、阶段性目标、年度目标等形式确定，并应使各目标协调一致。

质量目标应是可测量的。施工企业应通过适当的方式明确质量目标中各项指标的内涵。

3.2.4 施工企业各管理层次应按照质量目标管理制度的要求监督检查质量目标的分解、落实情况，并对其实现情况进行考核。质量目标考核结果应作为质量管理改进依据的组成部分。

3.3 质量管理体系的策划和建立

3.3.1 质量管理体系策划应以有效实施质量方针和实现质量目标为目的，使质量管理体系的建立满足质量管理的需要。

质量管理体系的策划可以采取以下方法：

1 制定相关制度，确定质量管理活动的准则和方法；

2 制定质量管理活动的计划、方案或措施。

施工企业对质量管理体系策划时，应分析原有质量管理基础，对照本规范调整、补充和完善质量管理要求。

最高管理者也可委托管理层中的其他人，负责质量管理体系的建立、实施和改进活动，并通过适当的方式明确其责任和权利。

3.3.2 施工企业可根据需要将其他必要的管理内容纳入质量管理体系。

3.3.3 质量管理体系说明应表明质量管理体系的总体概况，用于对内管理或对外声明的需要。质量管理体系说明的内容应包括：质量管理体系的范围，各项质量管理制度（或引用），各项质量管理活动之间相互关系、相互影响的说明。质量管理说明可采取适宜的形式和结构，可单独形成文件，也可与其他文件合并。

质量管理制度的结构、层次、形式可根据需要确定。各项管理制度内容应侧重于对各项活动的操作性规定，并考虑管理活动的复杂程度、人员的素质等方面的因素。质量管理制度可以直接引用相关法律、法规和标准规范。

必要的支持性文件是指支持质量管理制度所需的操作规程、工法、管理办法等管理性及技术性要求等。

文件化质量管理制度及其支持性文件可根据需要合理采用不同的媒体形式。

3.4 质量管理体系的实施和改进

3.4.1 施工企业应根据质量管理的范围、深度及方法，确定和配备资源。

3.4.2 施工企业对所有质量管理活动应采取适当的方式进行监督检查，明确监督检查的职责、依据和方法，对其结果进行分析。根据分析结果明确改进目标，采取适当的改进措施，以提高质量管理活动的效率。

3.4.3 质量管理体系的适宜性是指质量管理体系能持续满足内外部环境变化需要的能力；有效性是指通过完成质量管理体系的活动而达到质量方针和质量目标的程度。

3.5 文件管理

3.5.1 文件管理的范围应包括与各项质量管理活动相关的法律、法规、标准、规范、合同、管理制度、支持性文件、其他各种形式的工作依据等。

3.5.2 施工企业应规定各类文件的审批职责。应按照确定的范围发放文件，保证所有岗位都能得到需使用的文件。当文件进行修改时应及时通知原文件持有人。

3.5.3 记录是特殊形式的文件，可以以多种媒体形式出现。应确定记录管理的范围和类别，凡在日常质量活动中形成的记载各类质量管理活动的文件均属于记录。

记录的形成应与质量活动同步进行。应在管理制度中明确规定各层次、部门和岗位在记录管理方面的职责和权限，明确各岗位的质量活动应形成的记录及其内容、形式、时机和传递方式，记录的形成和传递均应作为各岗位的职责内容之一。

应以适当的方式识别记录，记录应便于查找和检索，可以通过建立目录的形式达到要求。

应明确记录的归档范围并在适宜的环境条件下保存各类记录。

应根据工程建设需要和施工企业的特点设置档案管理部门和档案管理人员，建立档案管理的规章制度。

4 组织机构和职责

4.1 一般规定

4.1.1 最高管理者应确定适合施工企业自身特点的组织形式，合理划分管理层次和职能部门，确保各项管理活动高效、有序地运行。

4.2 组织机构

4.2.1 施工企业质量管理组织机构的设置应与质量管理制度要求相一致。确定组织机构时，管理层次、部门或岗位的设置均应与质量管理需要相适应。

4.2.2 施工企业可在各管理层次中设置专职或兼职的部门或岗位，负责质量管理的组织和协调工作。

4.3 职责和权限

4.3.1 施工企业最高管理者履行质量管理方面的职责和权限应以贯彻质量方针、实现质量目标，不断增强相关方、社会的满意程度为目的。

4.3.2～4.3.3 质量管理职责应与质量管理制度的规定一致并覆盖所有质量管理活动。

4.3.4 施工企业组织机构的变化或岗位设置调整时，需对有关制度作相应调整，并通知到相关岗位。

5 人力资源管理

5.1 一般规定

5.1.1 施工企业应建立人力资源的约束和激励机制，包括人力资源的配置、劳动纪律、培训、考核、奖惩等，明确人力资源管理活动的流程和方法。施工企业应建立和保存人力资源管理的适当记录。

5.1.2 施工企业最高管理者应根据企业发展的需要提出人力资源的发展规划。

5.2 人力资源配置

5.2.1 可以采用岗位说明、职位说明书等方式明确岗位任职条件。

5.2.2 施工企业可采取包括招聘、调岗、培训等措施配置人力资源，其结果都必须使人力资源满足质量管理要求。施工企业应明确招聘与录用的职责和权限，并确定录用的标准以及考核的方式。

质量方针或质量目标修订时，人力资源的需求也应作相应调整。

施工企业的项目经理以及质量检查、技术、计量、试验管理等人员的配置必须达到有关规定的要求，规定要求注册的必须经注册后方能执业。

5.2.3 对员工绩效考核的依据可包括以下方面：

1 质量管理制度；

2 各岗位的工作标准；

3 各岗位的工作目标。

施工企业宜根据实际情况确定绩效考核的时间、频度、方法和标准，按照规定的要求进行考核。绩效考核的标准应与质量管理目标的有关要求相协调。

5.3 培训

5.3.1 施工企业的培训计划应明确培训范围、培训层次、培训方式、培训内容、时间进度以及教师和教材等。

培训应达到增强质量意识、增加技术知识和提高技能的目的。识别培训需求应考虑以下几方面：

1 施工企业发展的需要；

2 外部的要求，如法律法规对人员的要求和标准；

3 人力资源状况；

4 员工职业生涯发展的要求。

5.3.2 培训应使员工能够明确各自岗位的职责和在质量管理体系中的作用和意义，促进员工提高其岗位技能。

应明确新员工常规培训的方式和内容。

与质量有关的继续教育的内容包括：质量管理发展趋势，新规范，新工艺，新技术、新材料、新设备等行业动态。

5.3.3 施工企业可以通过笔试、面试、实际操作等方式以及随后的业绩评价等方法检查培训效果是否达到了培训计划所确定的培训目标。

施工企业应建立培训记录，记载教育、培训、技能、经历和必要的鉴定情况。

6 施工机具管理

6.1 一 般 规 定

6.1.1 施工机具是指在施工过程中为了满足施工需要而使用的各类机械、设备、工具等，包括自有、租赁和分包方的设备。

施工企业应明确主管领导在施工机具管理中的具体责任，规定各管理层及项目经理部在施工机具管理中的管理职责及方法。

6.2 施工机具配备

6.2.1 施工机具配备计划也可根据施工企业发展的需要专门制订或根据工程项目的需要在项目管理策划时确定。

施工机具配备计划的审批权限应符合管理制度的规定。

施工机具的配备可采用购置和租赁的方式。

6.2.2 施工企业可根据施工机具的类别和对施工质量的影响程度，分别确定各类施工机具供应方的评价和选择标准。

供货能力一般包括：生产能力、运输能力、贮存能力、交货期的准确性等。

6.2.3 施工机具采购或租赁合同应符合经审批的配备计划。

6.2.4 施工企业应根据施工机具配备计划、采购或租赁合同、工程施工进度等对施工机具进行验收。

施工企业应明确参加验收人员的职责和验收方法。对于购置的施工机具，验收人员应根据合同及“装箱清单”或“设备附件明细表”等目录进行清点，包括设备、备件、工具、说明书、合格证等文件；大型施工机具的随机文件应作为施工机具档案按照相关制度的规定归档管理。

对于租赁的设备应按照合同的规定验证其施工机具型号、随行操作人员的资格证明等。

对于安装试运行出现问题或验收不合格的施工机具应按照合同的约定予以处理。

6.3 施工机具使用

6.3.1 施工机具在使用过程中应符合定机、定人、定岗、持证上岗、交接、维护保养等规定。施工企业应建立必要的施工机具档案，制定施工机具技术和安全管理规定。

7 投标及合同管理

7.1 一 般 规 定

7.1.1 施工企业应通过对工程项目投标及承包合同的管理，确保充分了解发包方及有关各方对工程项目施工和服务质量的要求，并有能力实现这些要求。

7.1.2 施工企业应在投标或签约前对工程项目立项、招标等行为的合法性进行验证。

7.2 投标及签约

7.2.1 “发包方明示的要求”是指发包方在招标文件及合同中明确提出的要求。

“发包方未明示，但应满足的要求”是指以行业的技术或管理要求为准，施工企业必须满足的要求。

“其他要求”包括：施工企业对项目部的要求；为使发包方满意而对其作出的承诺。

7.2.2 施工企业应在合同签订及履行过程中，确定与工程项目有关的要求，并通过适宜的方式对这些要求进行评审，以确认是否有能力满足这些要求。

投标及签约的有关记录应能为证实项目施工和服务质量符合要求提供必要的追溯和依据。需保存的记录一般有：对招标文件和施工承包合同的分析记录、投标文件和承包合同及其审核批准记录、工程合同台账、合同变更、施工过程中的各类有关会议纪要、函件等。

7.3 合 同 管 理

7.3.1 合同要求可根据需要采用合同文本发放、会议、书面交底等多种方式进行传递。

7.3.2 施工过程中产生的变更包括：来自设计单位或发包方的变更以及施工企业提出的、经认可的变更。

在履约过程中，施工企业应随时收集与工程项目有关的要求变更的信息，包括：法律法规要求、施工承包合同及本企业要求的变化，并在规定范围内传递。必要时，应修改相应的项目质量管理文件。

7.3.3 合同履行信息的传递应确保管理部门能够及时掌握合同履行情况并采取相应的措施。

7.3.4 施工企业对合同履行情况的分析可在合同履行过程中或完成后进行。施工企业宜根据项目的重要程度、工期长短及管理要求等对分析的时机作出规定。

8 建筑材料、构配件和设备管理

8.1 一 般 规 定

8.1.1 施工企业的建筑材料、构配件和设备管理制度中应明确各管理层次管理活动的内容、方法及相应的职责和权限。

8.2 建筑材料、构配件和设备的采购

8.2.1 项目所需的建筑材料、构配件和设备应作为项目管理策划内容的组成部分。

各类建筑材料、构配件和设备采购计划审批的权限和流程应在制度中明确规定。

施工企业可根据需要分别编制建筑材料、构配件和设备需求计划、供应计划、申请计划、采购计划等，应确定所需计划的类别，明确各类计划中应包含的内容。计划编制人员应明确各类计划编制的依据和要求，应确定各类计划编制和提供的时间要求。

8.2.2 施工企业应根据建筑材料、构配件和设备对施工质量的影响程度对供应方进行评价。

施工企业可根据所采购的建筑材料、构配件和设备的重要程度、金额等分别制定评价标准，并应规定评价的职责。应分别针对供货厂家、经销商制定不同的评价标准。

供应方的信誉可从其社会形象、其与本施工企业合作的历史情况等方面反映；供货能力包括储运能力、交货期的准确性等。

根据所提供产品的重要程度不同，对供货厂家评价时，一般应在如下范围内收集可以溯源的证明资料：

1 资质证明、产品生产许可证明；
2 产品鉴定证明；
3 产品质量证明；
4 质量管理体系情况；
5 产品生产能力证明；
6 与该厂家合作的证明。

对经销商进行评价时，一般应在如下范围内收集可以溯源的证明资料：

1 经营许可证明；
2 产品质量证明；
3 与该经销商合作的证明。

对发包方指定的供应方也应进行评价。当从发包方指定的供应方采购时，发包方在工程施工合同中提出的要求、直接或间接地在各种场合、以各种方式指定供应方的记录都应成为选择供应方的依据。

8.2.3 施工企业应对供应方的再评价作出明确规定。

8.2.4 评价、选择和再评价的相应记录可包括：对供应方的各种形式的调查、评价和选择记录，相应的证明资料，合格供应方名录、名单等；若以招标形式选择供应方，则应保存招标过程的各项记录。

8.2.5 采购合同的内容应包括：名称、品种、规格型号、数量、计量单位、明确的技术质量指标、包装等。

8.3 建筑材料、构配件和设备的验收

8.3.1 建筑材料、构配件和设备验收的目的是检查其数量和质量是否符合采购的要求。

建筑材料、构配件和设备进场验收的策划是项目质量管理策划的内容之一，可单独形成文件，作为物资进场验收的依据。

建筑材料、构配件和设备进场验收前应做好相应准备工作。验收时需准确核对各类凭证，确认其是否齐全、有效、相符，并按合同要求检查数量和质量。

对下列材料还应进行检验：国家和地方政府规定的必须复试的材料；质量证明文件缺项、数据不清、实物与质量证明资料不符的材料；超出保质期或规格型号混存不明的材料，应按照国家的取样标准取样复试。

8.3.2 不合格建筑材料、构配件和设备有如下几种情况：

1 不符合国家规定的验收标准；
2 不符合发包方的要求；
3 不符合计划规定的要求。

施工企业应安排相关人员负责对不合格建筑材料、构配件和设备进行记录标识、隔离，以防误用。

对不合格建筑材料、构配件和设备可采取以下处理措施：

1 拒收；
2 加工使其合格后直接使用；
3 经发包方及设计方同意改变用途使用；
4 降级使用；
5 限制使用范围；
6 报废。

8.4 建筑材料、构配件和设备的现场管理

8.4.2 建筑材料、构配件和设备保管应保证其数量、

质量，堆放场地和库房必须满足相应的贮存要求。

8.4.3 施工企业对易燃、易爆、易碎、超长、超高、超重建筑材料、构配件和设备，应明确搬运要求，并对其进行防护，防止损坏、变质、变形。当需要编制搬运方案时，应经审批后向操作人员进行交底并组织实施。

8.4.4 建筑材料、构配件和设备的可追溯性可以通过连续的记录实现，应确保进场验收记录、检验试验记录、保管记录和使用发放记录的连续性。

8.5 发包方提供的建筑材料、构配件和设备

8.5.1 发包方提供的建筑材料、构配件和设备是指与发包方订立的合同中所确定的由发包方提供的建筑材料、构配件和设备。

8.5.2 在对发包方提供的建筑材料、构配件和设备验证时发现问题应及时和发包方沟通，同时采取标识、隔离等措施，按照与发包方协商的结果进行处理，并做好记录。

9 分 包 管 理

9.1 一 般 规 定

9.1.1 施工企业应明确在本企业中存在的分包类别，如：劳务、专业工程承包、设施设备租赁、技术服务等，并根据所确定的分包类别制定相应的管理制度。

9.1.2 施工企业必须取得发包方的同意，才能将工程合法分包。以下情况视为已取得发包方的同意：

1 已在总承包合同中约定许可分包的；

2 履行承包合同过程中，发包方认可分包的；

3 总承包单位在投标文件中声明中标后准备分包，并经合法程序中标的。

9.2 分包方的选择和分包合同

9.2.1 施工企业对分包方进行评价和选择的方法包括：招标、组织相关职能部门实施评审，对分包方提供的资料进行评定，对分包方的施工能力进行现场调查等，必要时可对分包方进行质量管理体系审核。

对于设备租赁和技术服务分包方的选择可重点考查其资质、服务人员的资格、设备完好程度、提供技术资料的承诺等。

对分包方评价的记录可包括：

1 经营许可和资质证明文件；

2 质量管理体系审核记录；

3 评审的会议记录、传阅记录；

4 合格分包方名册；

5 招标过程的各项记录。

9.2.2 施工企业与分包方订立分包合同时，应以工程总承包合同为基础。分包合同应：

1 符合法律法规的规定；

2 符合建设工程总承包合同或专业施工合同的规定；

3 明确施工或服务范围，双方的权利和义务，质量职责和违约责任；

4 明确分包工程或服务的工艺标准和质量标准；

5 明确对分包方的施工或服务方案、过程、程序和设备的签认、审批要求；

6 明确分包方从业人员的资格能力要求。

与分包方订立的非标准文本合同至少应包括：所分包的内容、时间、质量、安全、文明施工等要求，结算方式与付款办法，交工后必须提供的服务，违约处理意见等。

9.3 分包项目实施过程的控制

9.3.1 对分包方的验证应在施工或服务开始前进行。

9.3.2 施工企业对分包方的控制要求是项目管理策划的重要内容。

分包项目结束时，施工企业应按照规定的质量标准进行验收。在验收合格前，不得接收分包项目。

9.3.3 施工企业对分包方履约情况的评价，可在分包施工和服务活动过程中或结束后进行，按照管理要求由项目经理部或相关部门实施。

分包管理工作的改进包括：发现并处理分包管理中的问题；重新确定、批准合格分包方；修订分包管理制度等。

10 工程项目施工质量管理

10.1 一 般 规 定

10.1.1 施工企业应通过建立并实施从工程项目管理策划至保修管理的制度，对工程项目施工的质量管理活动加以规范，有效控制工程施工质量和服务质量。

工程项目施工和服务质量管理中的建筑材料、构配件和设备管理活动、分包管理活动应符合本规范第8、9章中规定。

10.1.2 项目经理部的职责是实施项目施工管理，施工企业其他各管理层次应对项目经理部的工作进行指导、监督，确保项目施工和服务质量满足要求。施工企业应在相关制度中明确各管理层次在项目质量管理方面的职责和权限。施工企业对项目经理部质量管理的监督、检查和考核活动应符合本规范第12章的要求。

10.2 策　　划

10.2.1 项目经理部的机构设置应与工程项目的规模、施工复杂程度、专业特点、人员素质相适应，并根据项目管理需要设立质量管理部门或岗位。

10.2.2 施工企业应对设计文件的接收、审核及图纸会审、设计交底的程序、方法加以规定。有关人员应掌握工程特点、设计意图、相关的工程技术和质量要求，并可提出设计修改和优化意见。施工图纸等设计文件的接收、审核结果均应记录。设计交底、图纸会审纪要应经参加各方共同签认。

10.2.3 工程项目质量管理策划的内容是施工企业质量管理的各项要求在工程项目上的具体应用。策划结果所形成的文件是全面安排项目施工质量管理的文件，是指导施工的主要依据。施工企业应明确规定该文件编制的内容及相关职责、权限。在编制前，有关人员应充分了解项目质量管理的要求。

施工企业应在施工过程中确定关键工序并明确其质量控制点及控制措施。影响施工质量的因素包括与施工质量有关的人员、施工机具、建筑材料、构配件和设备、施工方法和环境因素。

施工企业在施工过程策划时，应确定施工过程中对施工质量影响较大的关键工序、工序质量不易或不能经济地加以验证的工序。

下列影响因素应列为工序的质量控制点：

1 对施工质量有重要影响的关键质量特性、关键部位或重要影响因素；

2 工艺上有严格要求，对下道工序的活动有重要影响的关键质量特性、部位；

3 严重影响项目质量的材料的质量和性能；

4 影响下道工序质量的技术间歇时间；

5 某些与施工质量密切相关的技术参数；

6 容易出现质量通病的部位；

7 紧缺建筑材料、构配件和设备或可能对生产安排有严重影响的关键项目。

工程项目质量管理策划可根据项目的规模、复杂程度分阶段实施。策划结果所形成的文件可是一个或一组文件，可采用包括施工组织设计、质量计划在内的多种文件形式，内容必须覆盖并符合企业的管理制度和本规范的要求，其繁简程度宜根据工程项目的规模和复杂程度而定。

“施工企业质量管理的其他要求”指：施工企业自身提出的顾客要求以外的质量管理要求。

10.2.4 施工企业应对工程项目质量管理策划结果所形成的文件是否符合合同、法律法规及管理制度进行审核。应按照建设工程监理及相关法规的要求将项目质量管理策划文件向发包方或监理方申报。

10.2.5 工程项目施工过程中，施工和服务质量的要求发生变化时，相应的质量管理要求应随之变化，工程项目质量管理策划的结果也应及时调整，确保施工和服务质量满足要求。

10.3 施 工 设 计

10.3.1 具有工程设计资质的施工企业，其设计的管理应符合工程设计的相关规定。施工设计的委托及监控应符合本规范第9章的规定。

10.3.2 施工设计依据的评审主要是指对设计依据的充分性和适宜性进行评审。

施工设计的评审、验证和确认应参照工程设计的相关规定执行，也可采用审查、批准等方式进行。

根据专业特点和所承接项目的规模、复杂程度，施工企业的施工设计活动及其管理可适当增减或合并进行。

10.4 施 工 准 备

10.4.1 施工企业应按照本规范第8、9章的要求选择供应方、分包方，组织材料、构配件、设备和分包方人员进场。

10.4.2 施工准备阶段报验的内容包括：工程项目质量管理策划的结果，项目质量管理组织机构、管理人员和关键工序人员及特种作业人员，测量成果、进场的材料设备、分包方等。报验的内容、职责应明确并符合报验规定。

施工企业应对所具备的开工条件与分包方或监理方共同进行确认，该工程项目应按照规定获得主管部门的许可。开工条件的内容及开工申请程序应符合国家及项目所在地的相关规定。

10.4.3 交底包括技术交底及其他相关要求的交底。施工企业在施工前，应通过交底确保被交底人了解本岗位的施工内容及相关要求。

交底可分层次、分阶段进行。交底的层次、阶段及形式应根据工程的规模和施工的复杂、难易程度及施工人员的素质确定。在单位工程、分部工程、分项工程、检验批施工前，应进行技术交底。

交底可根据需要采用口头、书面及培训等方式进行。

交底的依据应包括：项目质量管理策划结果、专项施工方案、施工图纸、施工工艺及质量标准等。

交底的内容一般应包括：质量要求和目标、施工部位、工艺流程及标准、验收标准、使用的材料、施工机具、环境要求及操作要点。

对于常规的施工作业，交底的形式和内容可适当简化。

10.5 施工过程质量控制

10.5.1 当采用样板引路时，样板需经验收合格。

对操作人员的规定包括：持证上岗的要求、特种作业要求及其他对施工质量有影响的人员要求。

对施工过程的检查、监测包括：对工序的检查、技术复核、施工过程参数的监测和必要的统计分析活动。

对施工作业环境的控制包括：安全文明施工措施、季节性施工措施、现场试验环境的控制措施、不同专业交叉作业的环境控制措施以及按照规定采取的其他相关措施。

成品和半成品防护的范围应包括供施工企业使用或构成工程产品一部分的发包方财产，这些财产不仅包括发包方提供的文件资料、建筑材料、构配件和设备，还包括：

1 施工企业作为分包单位时，发包方提供的未完工程。

2 施工企业作为总包单位时，发包方直接分包的工程。

这些防护活动应贯穿于施工的全过程直至工程移交为止。

施工企业应对分包方的施工过程进行控制并符合本规范第9章的规定。

10.5.3 施工企业可通过任务单、施工日志、施工记录、隐蔽工程记录、各种检验试验记录等表明施工工序所处的阶段或检查、验收的情况，确保施工工序按照策划的顺序实现。

10.5.4 信息的传递、接收和处理的方式应按照规定结合项目的规模、特点和专业类别确定。

10.5.5 施工日记的内容应包括：气象情况、施工内容、施工部位、使用材料、施工班组、取样及检验和试验、质量验收、质量问题及处理等情况。

记录应填写及时、完整、准确；字迹清晰、内容真实；按照规定编目并保存。记录的内容和记录人员应能够追溯。

质量管理相关文件包括来自外部的与质量管理有关的文件。

10.6 服　务

10.6.2 施工企业的保修活动应依据有关法规、保修书和相关标准进行，并符合相关规定。合同约定的其他服务指项目试生产或运行中的配合服务、培训等。

10.6.3 对服务质量应按照本章及本规范第11章的相关要求进行控制、检查和验收。

10.6.4 施工企业应收集的有关信息包括：使用过程中发现的工程质量问题、用户对工程质量、保修服务质量的满意程度及建议。

11 施工质量检查与验收

11.1 一 般 规 定

11.1.1 施工企业应通过质量检查与验收活动，确保施工质量符合规定。

建筑材料、构配件和设备的验收活动应符合本规范第8章的规定。施工企业对分包内容的质量检查与验收应符合本章的规定。

11.1.2 施工企业用于施工质量检验、检测的自购、租赁或借用的器具和设备，均应按规定进行管理。

11.2 施工质量检查

11.2.1 质量检查的依据有：施工质量验收标准、设计图纸及施工说明书等设计文件及施工企业内部标准等。

质量检查活动策划是项目质量管理策划的重要内容之一，可单独形成文件，经批准后，作为工程项目施工质量检查活动的指导文件。

质量检查的策划内容一般应包括：检查项目及检查部位、检查人员、检查方法、检查依据、判定标准、检查程序、应填写的质量记录和签发的检查报告等。

11.2.4 对项目经理部的监控方式应根据施工企业的规模、专业特点、管理模式及项目的分布情况确定。

11.3 施工质量验收

11.3.2 施工企业应对内部验收发现的问题整改后，进行复验。在复验合格后，按照竣工验收备案制度规定向监理方提交竣工验收报告。必要时，施工企业的工程项目施工质量管理部门应按照规定对完工项目进行全面的施工质量检查。

11.3.3 工程资料管理的策划包括：资料的内容、形式及收集、整理、传递的职责和方法。工程资料包括：

1 向发包方移交的竣工资料；

2 送交施工企业档案管理部门归档的竣工技术资料；

3 公司管理制度所规定的记录。

资料移交时，移交内容应得到确认，移交记录应予以保存。

11.4 施工质量问题的处理

11.4.1 质量问题是指施工质量不符合规定的要求，包括质量事故。

11.4.2 施工企业可将质量问题分类管理，并规定相应的职责权限。分类准则可以包括：处置的难易程度、质量问题对下道工序的影响程度、处置对工期或费用的影响程度、处置对工程安全性或使用性能影响程度等。

应分类、分级上报的质量问题包括在工程施工、检查、验收和使用过程中发现的各类施工质量问题。

11.4.3 对于施工质量未满足规定要求，但可满足使用要求而出现的让步、接收，应不影响工程结构安全与使用功能。

工程交工后出现的质量问题的处理应符合本规定的要求。

11.5 检测设备管理

11.5.1 施工质量的检测要求涉及检测设备的准确

度、稳定性、量程、分辨率等。检测设备的供应方应具有国家计量行政部门颁发的《制造计量器具许可证》，其生产或销售的设备应带有CMC标记。

检测设备的验收包括两方面：一是验证购进测量设备的合格证明及应配带的专用工具、附件；二是对采购的监测设备性能和外观的确认。

检测设备的管理包括：设备的搬运、保存要求，设备的停用、限用、封存、遗失、报废等。

需确认的计算机软件包括检测使用的软件和检测设备使用的软件。当软件修改、升级或检测设备、对象、条件、要求等发生变化时，应对软件进行再确认。

12 质量管理自查与评价

12.1 一般规定

12.1.1 质量管理的自查与评价是施工企业根据对自身质量管理活动的监督检查。自查与评价的内容包括：

1 质量管理制度与本规范的符合性；

2 各项活动与质量管理制度的符合性；

3 质量管理活动对实现质量方针和质量目标的有效性。

质量管理活动的监督检查是确定质量管理活动是否按照施工企业质量管理制度实施、能否达到质量目标的重要手段。实施监督检查的依据包括：

1 相关法律、法规和标准规范；

2 施工企业质量管理制度及支持性文件；

3 工程承包合同；

4 项目质量管理策划文件。

施工企业应在质量管理制度中明确监督检查的步骤、组织管理、记录、发现问题时的处理等要求。

12.2 质量管理活动的监督检查与评价

12.2.1 施工企业在确定对各管理层次的监督检查方式时，应以能识别质量管理活动的符合性、有效性为原则，可采取汇报、总结、报表、评审、对质量活动记录的检查、发包方及用户的意见调查等方式。

12.2.2 施工企业对项目经理部的监督检查可以结合企业对施工和服务质量的检查进行，正确全面地评价项目经理部质量管理水平。

12.2.3 年度审核可集中进行，也可根据所属机构、部门、项目部的分布情况，按照策划的结果分阶段进行。

年度审核应覆盖质量管理体系并按照如下流程实施：

1 制定审核计划、确定审核人员；

2 向接受审核的区域发放计划，并可根据其工作安排适当调整时间；

3 进行审核前的文件准备；

4 实施审核；

5 根据审核结果对质量管理进行全面评价；

6 根据审核结果对质量管理实施改进。

审核人员的专业资格、工作经历应符合相关要求，并经认可的机构培训合格。

审核人员不应检查自己的工作。

12.2.4 监督检查的程序可在相关制度中规定，也可制定监督检查的具体实施计划。

12.2.6 施工企业应对工程建设有关方满意情况信息的收集进行策划，关注施工准备、施工过程中、竣工及保修等不同阶段中，发包方或监理方、用户、主管部门等的满意情况，以便识别改进方向。信息的收集可采用口头或书面的方式进行，如：

1 对发包方或监理方进行走访、问卷调查；

2 收集发包方或监理方的反馈意见；

3 媒体、市场、用户组织或其他相关单位的评价。

13 质量信息和质量管理改进

13.1 一般规定

13.1.1 质量信息是指从各个渠道获得的与质量管理有关的信息。施工企业应明确质量信息的范围、来源及其媒体形式，确定质量信息的管理手段，规定施工企业各层次的部门岗位在质量信息管理中的职责和权限。

13.1.2 施工企业应将持续改进作为日常管理活动的内容。

施工企业质量管理改进应以工程质量、质量管理各项活动为对象，以提高质量管理活动的效率和有效性为目标。

最高管理者应创造持续改进的环境，各级管理者应指导和参与质量改进活动，确定质量改进的目标。

13.1.4 纠正措施是指为消除已发现的不合格或其他不期望情况的原因所采取的措施。

预防措施是指为消除潜在不合格或其他潜在不期望情况的原因所采取的措施。

施工企业应根据信息分析的结果，确定改进的内容和方向，包括：

1 对工程质量和质量管理活动中存在的各类问题及其影响的分析；

2 对发包方和社会满意程度的分析；

3 与其他施工企业的对比；

4 对质量目标实现情况的分析。

13.2 质量信息的收集、传递、分析与利用

13.2.1 质量信息的管理制度可单独形成文件，也可结合相应的管理过程形成文件。

质量信息管理制度应使所有质量管理部门和岗位明确应收集的信息和传递的方向，当需要对信息进行处理后再进行传递时，也应明确规定处理的要求。

质量信息来自于：

1 各种形式的工作检查，包括外部的检查、审核等；

2 各项工作报告及工作建议；

3 业绩考核结果；

4 各类专项报表等。

施工企业可根据自身条件和需要，采用计算机网络等信息传递的方法，并对其进行管理。

13.2.2 项目质量管理策划结果的实施情况是重要的质量管理信息，内容应包括：

1 施工和服务质量目标的实现情况；

2 关键工序和特殊工序的控制情况；

3 项目质量管理策划结果中各项内容的完成情况；

4 项目质量管理策划及实施结果的评价结论；

5 存在的问题及分析和改进意见。

项目总体评价的内容应与工程项目的大小、重要性相适应。

13.2.3 施工企业应规定质量信息分析的频度、时机和方法。

施工企业各层次应通过对质量管理评价，明确自身的管理状况和水平及改进的方向，制定改进措施。

施工企业应结合信息管理的职责和质量管理活动的职能，对所收集到的质量信息进行整理和分析，并根据分析结果对工程质量以及质量管理水平进行评价。

“施工和服务质量达到的要求”包括：法律法规及合同要求、施工企业自身的要求等。

13.2.4 最高管理者应确定对质量管理体系的全面评价的周期、方法和流程。评价可根据需要随时进行。施工企业各级管理者应根据需要组织质量管理分析与评价活动。

质量管理体系的充分性是指质量管理体系的各项活动得到充分确定和实施，并可以满足预期要求的能力。

13.3 质量管理改进与创新

13.3.1 施工企业各层次应根据质量管理分析、评价的结果，提出并实施相应的改进措施，包括：工程质量改进、质量管理活动改进创新措施以及相应资源保障措施，并应对这些措施的实施结果进行跟踪、反馈。

13.3.2 施工企业最高管理者应对质量管理创新作出安排，各管理层次、各职能部门应在有关活动计划中明确采取的创新措施。项目经理部应在项目质量管理策划中明确相应的创新措施。

施工企业应对创新的效果进行评估，确保在合理的成本、风险条件下实施创新的活动。

中华人民共和国国家标准

建筑施工组织设计规范

Code for construction organization plan of building engineering

GB/T 50502—2009

主编部门：中华人民共和国住房和城乡建设部
批准部门：中华人民共和国住房和城乡建设部
施行日期：2 0 0 9 年 1 0 月 1 日

中华人民共和国住房和城乡建设部
公　告

第 305 号

关于发布国家标准《建筑施工组织设计规范》的公告

现批准《建筑施工组织设计规范》为国家标准，编号为 GB/T 50502－2009，自 2009 年 10 月 1 日起实施。

本规范由我部标准定额研究所组织中国建筑工业出版社出版发行。

中华人民共和国住房和城乡建设部

2009 年 5 月 13 日

前　言

本规范根据原建设部《关于印发二〇〇四年工程建设国家标准制订、修订计划的通知》（建标［2004］67 号）的要求，由中国建筑技术集团有限公司、中国建筑工程总公司会同有关单位编制而成。本规范在编制过程中总结了近几十年来施工组织设计在我国建筑工程施工领域应用的主要经验，充分考虑了各地区、各企业的不同状况，在广泛征求意见的基础上，通过反复讨论、修改和完善，最后经审查定稿。

本规范的主要技术内容包括：1. 总则；2. 术语；3. 基本规定；4. 施工组织总设计；5. 单位工程施工组织设计；6. 施工方案；7. 主要施工管理计划。

本规范由住房和城乡建设部负责管理，中国建筑技术集团有限公司负责具体技术内容的解释。本规范在执行过程中如发现需要修改和补充之处，请将意见和有关资料寄送中国建筑技术集团有限公司（地址：北京市北三环东路 30 号，邮政编码：100013，E-mail：dengshuguang2007@163.com），以供今后修订时参考。

本规范主编单位：中国建筑技术集团有限公司

本规范参编单位：中国建筑工程总公司
上海建工（集团）总公司
中国建筑第八工程局有限公司
北京建工集团有限责任公司
中国建筑一局（集团）有限公司
深圳市科源建设集团有限公司
哈尔滨工业大学
北京建筑工程学院
武汉建工股份有限公司
广州市建筑集团有限公司
江苏金土木建设集团有限公司

本规范主要起草人：黄　强　刘锦章　邓曙光　肖绪文　范庆国　艾永祥　吴月华　罗　璇　刘长滨　张守健　王爱勋　王　健　赵　俭　许杰峰　毛志兵　李丛笑　欧亚明　赵　伟　江遐龄　陈国君　蔡国新

本规范主要审查人员：杨嗣信　高本礼　孙振声　杨　煜　张晋勋　陈　浩　蒋金生　李水欣　张金序

目 次

Contents

1 总 则

1.0.1 为规范建筑施工组织设计的编制与管理，提高建筑工程施工管理水平，制定本规范。

1.0.2 本规范适用于新建、扩建和改建等建筑工程的施工组织设计的编制与管理。

1.0.3 建筑施工组织设计应结合地区条件和工程特点进行编制。

1.0.4 建筑施工组织设计的编制与管理，除应符合本规范规定外，尚应符合国家现行有关标准的规定。

2 术 语

2.0.1 施工组织设计 construction organization plan

以施工项目为对象编制的，用以指导施工的技术、经济和管理的综合性文件。

2.0.2 施工组织总设计 general construction organization plan

以若干单位工程组成的群体工程或特大型项目为主要对象编制的施工组织设计，对整个项目的施工过程起统筹规划、重点控制的作用。

2.0.3 单位工程施工组织设计 construction organization plan for unit project

以单位（子单位）工程为主要对象编制的施工组织设计，对单位（子单位）工程的施工过程起指导和制约作用。

2.0.4 施工方案 construction scheme

以分部（分项）工程或专项工程为主要对象编制的施工技术与组织方案，用以具体指导其施工过程。

2.0.5 施工组织设计的动态管理 dynamic management of construction organization plan

在项目实施过程中，对施工组织设计的执行、检查和修改的适时管理活动。

2.0.6 施工部署 construction arrangement

对项目实施过程做出的统筹规划和全面安排，包括项目施工主要目标、施工顺序及空间组织、施工组织安排等。

2.0.7 项目管理组织机构 project management organization

施工单位为完成施工项目建立的项目施工管理机构。

2.0.8 施工进度计划 construction schedule

为实现项目设定的工期目标，对各项施工过程的施工顺序、起止时间和相互衔接关系所作的统筹策划和安排。

2.0.9 施工资源 construction resources

为完成施工项目所需要的人力、物资等生产要素。

2.0.10 施工现场平面布置 construction site layout plan

在施工用地范围内，对各项生产、生活设施及其他辅助设施等进行规划和布置。

2.0.11 进度管理计划 schedule management plan

保证实现项目施工进度目标的管理计划。包括对进度及其偏差进行测量、分析、采取的必要措施和计划变更等。

2.0.12 质量管理计划 quality management plan

保证实现项目施工质量目标的管理计划。包括制定、实施、评价所需的组织机构、职责、程序以及采取的措施和资源配置等。

2.0.13 安全管理计划 safety management plan

保证实现项目施工职业健康安全目标的管理计划。包括制定、实施所需的组织机构、职责、程序以及采取的措施和资源配置等。

2.0.14 环境管理计划 environment management plan

保证实现项目施工环境目标的管理计划。包括制定、实施所需的组织机构、职责、程序以及采取的措施和资源配置等。

2.0.15 成本管理计划 cost management plan

保证实现项目施工成本目标的管理计划。包括成本预测、实施、分析、采取的必要措施和计划变更等。

3 基本规定

3.0.1 施工组织设计按编制对象，可分为施工组织总设计、单位工程施工组织设计和施工方案。

3.0.2 施工组织设计的编制必须遵循工程建设程序，并应符合下列原则：

1 符合施工合同或招标文件中有关工程进度、质量、安全、环境保护、造价等方面的要求；

2 积极开发、使用新技术和新工艺，推广应用新材料和新设备；

3 坚持科学的施工程序和合理的施工顺序，采用流水施工和网络计划等方法，科学配置资源，合理布置现场，采取季节性施工措施，实现均衡施工，达到合理的经济技术指标；

4 采取技术和管理措施，推广建筑节能和绿色施工；

5 与质量、环境和职业健康安全三个管理体系有效结合。

3.0.3 施工组织设计应以下列内容作为编制依据：

1 与工程建设有关的法律、法规和文件；

2 国家现行有关标准和技术经济指标；

3 工程所在地区行政主管部门的批准文件，建设单位对施工的要求；

4 工程施工合同或招标投标文件；

5 工程设计文件；

6 工程施工范围内的现场条件，工程地质及水文地质、气象等自然条件；

7 与工程有关的资源供应情况；

8 施工企业的生产能力、机具设备状况、技术水平等。

3.0.4 施工组织设计应包括编制依据、工程概况、施工部署、施工进度计划、施工准备与资源配置计划、主要施工方法、施工现场平面布置及主要施工管理计划等基本内容。

3.0.5 施工组织设计的编制和审批应符合下列规定：

1 施工组织设计应由项目负责人主持编制，可根据需要分阶段编制和审批；

2 施工组织总设计应由总承包单位技术负责人审批；单位工程施工组织设计应由施工单位技术负责人或技术负责人授权的技术人员审批；施工方案应由项目技术负责人审批；重点、难点分部（分项）工程和专项工程施工方案应由施工单位技术部门组织相关专家评审，施工单位技术负责人批准；

3 由专业承包单位施工的分部（分项）工程或专项工程的施工方案，应由专业承包单位技术负责人或技术负责人授权的技术人员审批；有总承包单位时，应由总承包单位项目技术负责人核准备案；

4 规模较大的分部（分项）工程和专项工程的施工方案应按单位工程施工组织设计进行编制和审批。

3.0.6 施工组织设计应实行动态管理，并符合下列规定：

1 项目施工过程中，发生以下情况之一时，施工组织设计应及时进行修改或补充：

1）工程设计有重大修改；

2）有关法律、法规、规范和标准实施、修订和废止；

3）主要施工方法有重大调整；

4）主要施工资源配置有重大调整；

5）施工环境有重大改变。

2 经修改或补充的施工组织设计应重新审批后实施；

3 项目施工前，应进行施工组织设计逐级交底；项目施工过程中，应对施工组织设计的执行情况进行检查、分析并适时调整。

3.0.7 施工组织设计应在工程竣工验收后归档。

4 施工组织总设计

4.1 工 程 概 况

4.1.1 工程概况应包括项目主要情况和项目主要施工条件等。

4.1.2 项目主要情况应包括下列内容：

1 项目名称、性质、地理位置和建设规模；

2 项目的建设、勘察、设计和监理等相关单位的情况；

3 项目设计概况；

4 项目承包范围及主要分包工程范围；

5 施工合同或招标文件对项目施工的重点要求；

6 其他应说明的情况。

4.1.3 项目主要施工条件应包括下列内容：

1 项目建设地点气象状况；

2 项目施工区域地形和工程水文地质状况；

3 项目施工区域地上、地下管线及相邻的地上、地下建（构）筑物情况；

4 与项目施工有关的道路、河流等状况；

5 当地建筑材料、设备供应和交通运输等服务能力状况；

6 当地供电、供水、供热和通信能力状况；

7 其他与施工有关的主要因素。

4.2 总体施工部署

4.2.1 施工组织总设计应对项目总体施工做出下列宏观部署：

1 确定项目施工总目标，包括进度、质量、安全、环境和成本等目标；

2 根据项目施工总目标的要求，确定项目分阶段（期）交付的计划；

3 确定项目分阶段（期）施工的合理顺序及空间组织。

4.2.2 对于项目施工的重点和难点应进行简要分析。

4.2.3 总承包单位应明确项目管理组织机构形式，并宜采用框图的形式表示。

4.2.4 对于项目施工中开发和使用的新技术、新工艺应做出部署。

4.2.5 对主要分包项目施工单位的资质和能力应提出明确要求。

4.3 施工总进度计划

4.3.1 施工总进度计划应按照项目总体施工部署的安排进行编制。

4.3.2 施工总进度计划可采用网络图或横道图表示，并附必要说明。

4.4 总体施工准备与主要资源配置计划

4.4.1 总体施工准备应包括技术准备、现场准备和资金准备等。

4.4.2 技术准备、现场准备和资金准备应满足项目分阶段（期）施工的需要。

4.4.3 主要资源配置计划应包括劳动力配置计划和

物资配置计划等。

4.4.4 劳动力配置计划应包括下列内容：

1 确定各施工阶段（期）的总用工量；

2 根据施工总进度计划确定各施工阶段（期）的劳动力配置计划。

4.4.5 物资配置计划应包括下列内容：

1 根据施工总进度计划确定主要工程材料和设备的配置计划；

2 根据总体施工部署和施工总进度计划确定主要施工周转材料和施工机具的配置计划。

4.5 主要施工方法

4.5.1 施工组织总设计应对项目涉及的单位（子单位）工程和主要分部（分项）工程所采用的施工方法进行简要说明。

4.5.2 对脚手架工程、起重吊装工程、临时用水用电工程、季节性施工等专项工程所采用的施工方法应进行简要说明。

4.6 施工总平面布置

4.6.1 施工总平面布置应符合下列原则：

1 平面布置科学合理，施工场地占用面积少；

2 合理组织运输，减少二次搬运；

3 施工区域的划分和场地的临时占用应符合总体施工部署和施工流程的要求，减少相互干扰；

4 充分利用既有建（构）筑物和既有设施为项目施工服务，降低临时设施的建造费用；

5 临时设施应方便生产和生活，办公区、生活区和生产区宜分离设置；

6 符合节能、环保、安全和消防等要求；

7 遵守当地主管部门和建设单位关于施工现场安全文明施工的相关规定。

4.6.2 施工总平面布置图应符合下列要求：

1 根据项目总体施工部署，绘制现场不同施工阶段（期）的总平面布置图；

2 施工总平面布置图的绘制应符合国家相关标准要求并附必要说明。

4.6.3 施工总平面布置图应包括下列内容：

1 项目施工用地范围内的地形状况；

2 全部拟建的建（构）筑物和其他基础设施的位置；

3 项目施工用地范围内的加工设施、运输设施、存贮设施、供电设施、供水供热设施、排水排污设施、临时施工道路和办公、生活用房等；

4 施工现场必备的安全、消防、保卫和环境保护等设施；

5 相邻的地上、地下既有建（构）筑物及相关环境。

5 单位工程施工组织设计

5.1 工 程 概 况

5.1.1 工程概况应包括工程主要情况、各专业设计简介和工程施工条件等。

5.1.2 工程主要情况应包括下列内容：

1 工程名称、性质和地理位置；

2 工程的建设、勘察、设计、监理和总承包等相关单位的情况；

3 工程承包范围和分包工程范围；

4 施工合同、招标文件或总承包单位对工程施工的重点要求；

5 其他应说明的情况。

5.1.3 各专业设计简介应包括下列内容：

1 建筑设计简介应依据建设单位提供的建筑设计文件进行描述，包括建筑规模、建筑功能、建筑特点、建筑耐火、防水及节能要求等，并应简单描述工程的主要装修做法；

2 结构设计简介应依据建设单位提供的结构设计文件进行描述，包括结构形式、地基基础形式、结构安全等级、抗震设防类别、主要结构构件类型及要求等；

3 机电及设备安装专业设计简介应依据建设单位提供的各相关专业设计文件进行描述，包括给水、排水及采暖系统、通风与空调系统、电气系统、智能化系统、电梯等各个专业系统的做法要求。

5.1.4 工程施工条件应参照本规范第4.1.3条所列主要内容进行说明。

5.2 施 工 部 署

5.2.1 工程施工目标应根据施工合同、招标文件以及本单位对工程管理目标的要求确定，包括进度、质量、安全、环境和成本等目标。各项目标应满足施工组织总设计中确定的总体目标。

5.2.2 施工部署中的进度安排和空间组织应符合下列规定：

1 工程主要施工内容及其进度安排应明确说明，施工顺序应符合工序逻辑关系；

2 施工流水段应结合工程具体情况分阶段进行划分；单位工程施工阶段的划分一般包括地基基础、主体结构、装修装饰和机电设备安装三个阶段。

5.2.3 对于工程施工的重点和难点应进行分析，包括组织管理和施工技术两个方面。

5.2.4 工程管理的组织机构形式应按照本规范第4.2.3条的规定执行，并确定项目经理部的工作岗位设置及其职责划分。

5.2.5 对于工程施工中开发和使用的新技术、新工艺应做出部署，对新材料和新设备的使用应提出技术及管理要求。

5.2.6 对主要分包工程施工单位的选择要求及管理方式应进行简要说明。

5.3 施工进度计划

5.3.1 单位工程施工进度计划应按照施工部署的安排进行编制。

5.3.2 施工进度计划可采用网络图或横道图表示，并附必要说明；对于工程规模较大或较复杂的工程，宜采用网络图表示。

5.4 施工准备与资源配置计划

5.4.1 施工准备应包括技术准备、现场准备和资金准备等。

1 技术准备应包括施工所需技术资料的准备、施工方案编制计划、试验检验及设备调试工作计划、样板制作计划等；

1）主要分部（分项）工程和专项工程在施工前应单独编制施工方案，施工方案可根据工程进展情况，分阶段编制完成；对需要编制的主要施工方案应制定编制计划；

2）试验检验及设备调试工作计划应根据现行规范、标准中的有关要求及工程规模、进度等实际情况制定；

3）样板制作计划应根据施工合同或招标文件的要求并结合工程特点制定。

2 现场准备应根据现场施工条件和工程实际需要，准备现场生产、生活等临时设施。

3 资金准备应根据施工进度计划编制资金使用计划。

5.4.2 资源配置计划应包括劳动力配置计划和物资配置计划等。

1 劳动力配置计划应包括下列内容：

1）确定各施工阶段用工量；

2）根据施工进度计划确定各施工阶段劳动力配置计划。

2 物资配置计划应包括下列内容：

1）主要工程材料和设备的配置计划应根据施工进度计划确定，包括各施工阶段所需主要工程材料、设备的种类和数量；

2）工程施工主要周转材料和施工机具的配置计划应根据施工部署和施工进度计划确定，包括各施工阶段所需主要周转材料、施工机具的种类和数量。

5.5 主要施工方案

5.5.1 单位工程应按照《建筑工程施工质量验收统一标准》GB 50300中分部、分项工程的划分原则，对主要分部、分项工程制定施工方案。

5.5.2 对脚手架工程、起重吊装工程、临时用水用电工程、季节性施工等专项工程所采用的施工方案应进行必要的验算和说明。

5.6 施工现场平面布置

5.6.1 施工现场平面布置图应参照本规范第4.6.1条和第4.6.2条的规定并结合施工组织总设计，按不同施工阶段分别绘制。

5.6.2 施工现场平面布置图应包括下列内容：

1 工程施工场地状况；

2 拟建建（构）筑物的位置、轮廓尺寸、层数等；

3 工程施工现场的加工设施、存贮设施、办公和生活用房等的位置和面积；

4 布置在工程施工现场的垂直运输设施、供电设施、供水供热设施、排水排污设施和临时施工道路等；

5 施工现场必备的安全、消防、保卫和环境保护等设施；

6 相邻的地上、地下既有建（构）筑物及相关环境。

6 施工方案

6.1 工程概况

6.1.1 工程概况应包括工程主要情况、设计简介和工程施工条件等。

6.1.2 工程主要情况应包括：分部（分项）工程或专项工程名称，工程参建单位的相关情况，工程的施工范围，施工合同、招标文件或总承包单位对工程施工的重点要求等。

6.1.3 设计简介应主要介绍施工范围内的工程设计内容和相关要求。

6.1.4 工程施工条件应重点说明与分部（分项）工程或专项工程相关的内容。

6.2 施工安排

6.2.1 工程施工目标包括进度、质量、安全、环境和成本等目标，各项目标应满足施工合同、招标文件和总承包单位对工程施工的要求。

6.2.2 工程施工顺序及施工流水段应在施工安排中确定。

6.2.3 针对工程的重点和难点，进行施工安排并简述主要管理和技术措施。

6.2.4 工程管理的组织机构及岗位职责应在施工安排中确定，并应符合总承包单位的要求。

6.3 施工进度计划

6.3.1 分部（分项）工程或专项工程施工进度计划应按照施工安排，并结合总承包单位的施工进度计划进行编制。

6.3.2 施工进度计划可采用网络图或横道图表示，并附必要说明。

6.4 施工准备与资源配置计划

6.4.1 施工准备应包括下列内容：

1 技术准备：包括施工所需技术资料的准备、图纸深化和技术交底的要求、试验检验和测试工作计划、样板制作计划以及与相关单位的技术交接计划等；

2 现场准备：包括生产、生活等临时设施的准备以及与相关单位进行现场交接的计划等；

3 资金准备：编制资金使用计划等。

6.4.2 资源配置计划应包括下列内容：

1 劳动力配置计划：确定工程用工量并编制专业工种劳动力计划表；

2 物资配置计划：包括工程材料和设备配置计划、周转材料和施工机具配置计划以及计量、测量和检验仪器配置计划等。

6.5 施工方法及工艺要求

6.5.1 明确分部（分项）工程或专项工程施工方法并进行必要的技术核算，对主要分项工程（工序）明确施工工艺要求。

6.5.2 对易发生质量通病、易出现安全问题、施工难度大、技术含量高的分项工程（工序）等应做出重点说明。

6.5.3 对开发和使用的新技术、新工艺以及采用的新材料、新设备应通过必要的试验或论证并制定计划。

6.5.4 对季节性施工应提出具体要求。

7 主要施工管理计划

7.1 一 般 规 定

7.1.1 施工管理计划应包括进度管理计划、质量管理计划、安全管理计划、环境管理计划、成本管理计划以及其他管理计划等内容。

7.1.2 各项管理计划的制定，应根据项目的特点有所侧重。

7.2 进度管理计划

7.2.1 项目施工进度管理应按照项目施工的技术规律和合理的施工顺序，保证各工序在时间上和空间上顺利衔接。

7.2.2 进度管理计划应包括下列内容：

1 对项目施工进度计划进行逐级分解，通过阶段性目标的实现保证最终工期目标的完成；

2 建立施工进度管理的组织机构并明确职责，制定相应管理制度；

3 针对不同施工阶段的特点，制定进度管理的相应措施，包括施工组织措施、技术措施和合同措施等；

4 建立施工进度动态管理机制，及时纠正施工过程中的进度偏差，并制定特殊情况下的赶工措施；

5 根据项目周边环境特点，制定相应的协调措施，减少外部因素对施工进度的影响。

7.3 质量管理计划

7.3.1 质量管理计划可参照《质量管理体系　要求》GB/T 19001，在施工单位质量管理体系的框架内编制。

7.3.2 质量管理计划应包括下列内容：

1 按照项目具体要求确定质量目标并进行目标分解，质量指标应具有可测量性；

2 建立项目质量管理的组织机构并明确职责；

3 制定符合项目特点的技术保障和资源保障措施，通过可靠的预防控制措施，保证质量目标的实现；

4 建立质量过程检查制度，并对质量事故的处理做出相应规定。

7.4 安全管理计划

7.4.1 安全管理计划可参照《职业健康安全管理体系　规范》GB/T 28001，在施工单位安全管理体系的框架内编制。

7.4.2 安全管理计划应包括下列内容：

1 确定项目重要危险源，制定项目职业健康安全管理目标；

2 建立有管理层次的项目安全管理组织机构并明确职责；

3 根据项目特点，进行职业健康安全方面的资源配置；

4 建立具有针对性的安全生产管理制度和职工安全教育培训制度；

5 针对项目重要危险源，制定相应的安全技术措施；对达到一定规模的危险性较大的分部（分项）工程和特殊工种的作业应制定专项安全技术措施的编制计划；

6 根据季节、气候的变化，制定相应的季节性安全施工措施；

7 建立现场安全检查制度，并对安全事故的处理做出相应规定。

7.4.3 现场安全管理应符合国家和地方政府部门的要求。

7.5 环境管理计划

7.5.1 环境管理计划可参照《环境管理体系　要求及使用指南》GB/T 24001，在施工单位环境管理体系的框架内编制。

7.5.2 环境管理计划应包括下列内容：

1 确定项目重要环境因素，制定项目环境管理目标；

2 建立项目环境管理的组织机构并明确职责；

3 根据项目特点，进行环境保护方面的资源配置；

4 制定现场环境保护的控制措施；

5 建立现场环境检查制度，并对环境事故的处理做出相应规定。

7.5.3 现场环境管理应符合国家和地方政府部门的要求。

7.6 成本管理计划

7.6.1 成本管理计划应以项目施工预算和施工进度计划为依据编制。

7.6.2 成本管理计划应包括下列内容：

1 根据项目施工预算，制定项目施工成本目标；

2 根据施工进度计划，对项目施工成本目标进行阶段分解；

3 建立施工成本管理的组织机构并明确职责，制定相应管理制度；

4 采取合理的技术、组织和合同等措施，控制施工成本；

5 确定科学的成本分析方法，制定必要的纠偏措施和风险控制措施。

7.6.3 必须正确处理成本与进度、质量、安全和环境等之间的关系。

7.7 其他管理计划

7.7.1 其他管理计划宜包括绿色施工管理计划、防火保安管理计划、合同管理计划、组织协调管理计划、创优质工程管理计划、质量保修管理计划以及对施工现场人力资源、施工机具、材料设备等生产要素的管理计划等。

7.7.2 其他管理计划可根据项目的特点和复杂程度加以取舍。

7.7.3 各项管理计划的内容应有目标，有组织机构，有资源配置，有管理制度和技术、组织措施等。

本规范用词说明

1 为便于在执行本规范条文时区别对待，对于要求严格程度不同的用词说明如下：

1）表示很严格，非这样不可的用词：
正面词采用“必须”，反面词采用“严禁”；

2）表示严格，在正常情况下均应这样做的用词：
正面词采用“应”，反面词采用“不应”或“不得”；

3）表示允许稍有选择，在条件许可时首先应这样做的用词：
正面词采用“宜”，反面词采用“不宜”；

表示有选择，在一定条件下可以这样做的用词，采用“可”。

2 本规范中指明应按其他有关标准、规范执行的写法为：“应按……执行”或“应符合……的要求（规定）”。非必须按所指定的规范和标准执行的写法为：“可参照……”。

引用标准名录

1 《建筑工程施工质量验收统一标准》GB 50300

2 《质量管理体系　要求》GB/T 19001

3 《环境管理体系　要求及使用指南》GB/T 24001

4 《职业健康安全管理体系　规范》GB/T 28001

中华人民共和国国家标准

建筑施工组织设计规范

GB/T 50502—2009

条 文 说 明

制 订 说 明

《建筑施工组织设计规范》GB/T 50502—2009 经住房和城乡建设部 2009 年 5 月 13 日以第 305 号公告批准、发布。

为便于广大施工、设计、科研、学校等单位有关人员在使用本规范时能正确理解和执行条文的规定，《建筑施工组织设计规范》编制组按章、节、条顺序编制了本规范的条文说明，供使用者参考。在使用中如发现本条文说明有不妥之处，请将意见函寄中国建筑技术集团有限公司（地址：北京市北三环东路 30 号，邮政编码：100013，E-mail：dengshuguang2007@163.com）。

本规范以建筑工程作为对象，对施工组织设计的编制和管理加以规定，范围涉及施工组织总设计、单位工程施工组织设计及施工方案。

本规范全面兼顾各地区、各企业不同的施工管理水平，突出重点，体现先进性、科学性和可操作性的原则，对施工组织设计的主要内容提出要求，但对具体内容的编制及编排不加以限制。

本规范是在施工组织设计已在我国使用几十年这一背景下编制的，各地区、各企业对施工组织设计的编制和使用都有自己不同的习惯，有些地区还制定了地方标准。在本规范编制过程中各编制组成员充分表达了自己的观点，讨论稿也经过多次修改，最大限度地吸收了各编制组成员的意见。同时，本规范也经过了广泛的征求意见。

本规范在内容上不与现行标准相矛盾，在应用时可与地方现行标准或要求相结合。

目　次

1 总　　则

1.0.1 建筑施工组织设计在我国已有几十年的历史，虽然产生于计划经济管理体制下，但在实际的运行当中，对规范建筑工程施工管理确实起到了相当重要的作用，在目前的市场经济条件下，它已成为建筑工程施工招投标和组织施工必不可少的重要文件。但是，由于以前没有专门的规范加以约束，各地方、各企业对建筑施工组织设计的编制和管理要求各异，给施工企业跨地区经营和内部管理造成了一些混乱。同时，由于我国幅员辽阔，各地方施工企业的机具装备、管理能力和技术水平差异较大，也造成各企业编制的施工组织设计质量参差不齐。因此，有必要制定一部国家级的《建筑施工组织设计规范》，予以规范和指导。

1.0.3 由于各地区施工条件千差万别，造成建筑工程施工所面对的困难各不相同，施工组织设计首先应根据地区环境的特点，解决施工过程中可能遇到的各种难题。同时，不同类型的建筑，其施工的重点和难点也各不相同，施工组织设计应针对这些重点和难点进行重点阐述，对常规的施工方法应简明扼要。

2 术　　语

2.0.1 施工组织设计是我国在工程建设领域长期沿用下来的名称，西方国家一般称为施工计划或工程项目管理计划。在《建设项目工程总承包管理规范》GB/T 50358—2005 中，把施工单位这部分工作分成了两个阶段，即项目管理计划和项目实施计划。施工组织设计既不是这两个阶段的某一阶段内容，也不是两个阶段内容的简单合成，它是综合了施工组织设计在我国长期使用的惯例和各地方的实际使用效果而逐步积累的内容精华。

施工组织设计在投标阶段通常被称为技术标，但它不是仅包含技术方面的内容，同时也涵盖了施工管理和造价控制方面的内容，是一个综合性的文件。

2.0.2 在我国，大型房屋建筑工程标准一般指：

1 25 层及以上的房屋建筑工程；

2 高度 100m 及以上的构筑物或建筑物工程；

3 单体建筑面积 3 万 m^2 及以上的房屋建筑工程；

4 单跨跨度 30m 及以上的房屋建筑工程；

5 建筑面积 10 万 m^2 及以上的住宅小区或建筑群体工程；

6 单项建安合同额 1 亿元及以上的房屋建筑工程。

但在实际操作中，具备上述规模的建筑工程很多只需编制单位工程施工组织设计，需要编制施工组织总设计的建筑工程，其规模应当超过上述大型建筑工程的标准，通常需要分期分批建设，可称为特大型项目。

2.0.3 单位工程和子单位工程的划分原则，在《建筑工程施工质量验收统一标准》GB 50300—2001 中已经明确。需要说明的是，对于已经编制了施工组织总设计的项目，单位工程施工组织设计应是施工组织总设计的进一步具体化，直接指导单位工程的施工管理和技术经济活动。

2.0.4 施工方案在某些时候也被称为分部（分项）工程或专项工程施工组织设计，但考虑到通常情况下施工方案是施工组织设计的进一步细化，是施工组织设计的补充，施工组织设计的某些内容在施工方案中不需赘述，因而本规范将其定义为施工方案。

2.0.5 建筑工程具有产品的单一性，同时作为一种产品，又具有漫长的生产周期。施工组织设计是工程技术人员运用以往的知识和经验，对建筑工程的施工预先设计的一套运作程序和实施方法，但由于人们知识经验的差异以及客观条件的变化，施工组织设计在实际执行中，难免会遇到不适用的部分，这就需要针对新情况进行修改或补充。同时，作为施工指导书，又必须将其意图贯彻到具体操作人员，使操作人员按指导书进行作业，这是一个动态的管理过程。

2.0.6 施工部署是施工组织设计的纲领性内容，施工进度计划、施工准备与资源配置计划、施工方法、施工现场平面布置和主要施工管理计划等施工组织设计的组成内容都应该围绕施工部署的原则编制。

2.0.7 项目管理组织机构是施工单位内部的管理组织机构，是为某一具体施工项目而设立的，其岗位设置应和项目规模相匹配，人员组成应具备相应的上岗资格。

2.0.8 施工进度计划要保证拟建工程在规定的期限内完成，保证施工的连续性和均衡性，节约施工费用。编制施工进度计划需依据建筑工程施工的客观规律和施工条件，参考工期定额，综合考虑资金、材料、设备、劳动力等资源的投入。

2.0.9 施工资源是工程施工过程中所必须投入的各类资源，包括劳动力、建筑材料和设备、周转材料、施工机具等。施工资源具有有用性和可选择性等特征。

2.0.10 施工现场就是建筑产品的组装厂，由于建筑工程和施工场地的千差万别，使得施工现场平面布置因人、因地而异。合理布置施工现场，对保证工程施工顺利进行具有重要意义，施工现场平面布置应遵循方便、经济、高效、安全、环保、节能的原则。

2.0.11 施工进度计划的实现离不开管理上和技术上的具体措施。另外，在工程施工进度计划执行过程中，由于各方面条件的变化，经常使实际进度脱离原计划，这就需要施工管理者随时掌握工程施工进度，检查和分析进度计划的实施情况，及时进行必要的调整，保证施工进度总目标的完成。

2.0.12 工程质量目标的实现需要具体的管理和技术措施，根据工程质量形成的时间阶段，工程质量管理可分为事前管理、事中管理和事后管理，质量管理的重点应放在事前管理。

2.0.13 建筑工程施工安全管理应贯彻“安全第一、预防为主”的方针。施工现场的大部分伤亡事故是由于没有安全技术措施、缺乏安全技术知识、不做安全技术交底、安全生产责任制不落实、违章指挥、违章作业造成的。因此，必须建立完善的施工现场安全生产保证体系，才能确保职工的安全和健康。

2.0.14 建筑工程施工过程中不可避免地会产生施工垃圾、粉尘、污水以及噪声等环境污染，制定环境管理计划就是要通过可行的管理和技术措施，使环境污染降到最低。

2.0.15 由于建筑产品生产周期长，造成了施工成本控制的难度。成本管理的基本原理就是把计划成本作为施工成本的目标值，在施工过程中定期地进行实际值与目标值的比较，通过比较找出实际支出额与计划成本之间的差距，分析产生偏差的原因，并采取有效的措施加以控制，以保证目标值的实现或减小差距。

3 基本规定

3.0.1 建筑施工组织设计还可以按照编制阶段的不同，分为投标阶段施工组织设计和实施阶段施工组织设计。本规范在施工组织设计的编制与管理上，对这两个阶段的施工组织设计没有分别规定，但在实际操作中，编制投标阶段施工组织设计，强调的是符合招标文件要求，以中标为目的；编制实施阶段施工组织设计，强调的是可操作性，同时鼓励企业技术创新。

3.0.2 我国工程建设程序可归纳为以下四个阶段：投资决策阶段、勘察设计阶段、项目施工阶段、竣工验收和交付使用阶段。本条规定了编制施工组织设计应遵循的原则。

2 在目前市场经济条件下，企业应当积极利用工程特点，组织开发、创新施工技术和施工工艺；

5 为保证持续满足过程能力和质量保证的要求，国家鼓励企业进行质量、环境和职业健康安全管理体系的认证制度，且目前该三个管理体系的认证在我国建筑行业中已较普及，并且建立了企业内部管理体系文件，编制施工组织设计时，不应违背上述管理体系文件的要求。

3.0.3 本条规定了施工组织设计的编制依据，其中技术经济指标主要指各地方的建筑工程概预算定额和相关规定。虽然建筑行业目前使用了清单计价的方法，但各地方制定的概预算定额在造价控制、材料和劳动力消耗等方面仍起一定的指导作用。

3.0.4 本条仅对施工组织设计的基本内容加以规定，根据工程的具体情况，施工组织设计的内容可以添加或删减。本规范并不对施工组织设计的具体章节顺序加以规定。

3.0.5 本条对施工组织设计的编制和审批进行了规定。

1 有些分期分批建设的项目跨越时间很长，还有些项目地基基础、主体结构、装修装饰和机电设备安装并不是由一个总承包单位完成，此外还有一些特殊情况的项目，在征得建设单位同意的情况下，施工单位可分阶段编制施工组织设计。

2 在《建设工程安全生产管理条例》（国务院第393号令）中规定：对下列达到一定规模的危险性较大的分部（分项）工程编制专项施工方案，并附具安全验算结果，经施工单位技术负责人、总监理工程师签字后实施：

1）基坑支护与降水工程；

2）土方开挖工程；

3）模板工程；

4）起重吊装工程；

5）脚手架工程；

6）拆除、爆破工程；

7）国务院建设行政主管部门或者其他有关部门规定的其他危险性较大的工程。

对前款所列工程中涉及深基坑、地下暗挖工程、高大模板工程的专项施工方案，施工单位还应当组织专家进行论证、审查。

除上述《建设工程安全生产管理条例》中规定的分部（分项）工程外，施工单位还应根据项目特点和地方政府部门有关规定，对具有一定规模的重点、难点分部（分项）工程进行相关论证。

4 有些分部（分项）工程或专项工程，如主体结构为钢结构的大型建筑工程，其钢结构分部规模很大且在整个工程中占有重要的地位，需另行分包，遇有这种情况的分部（分项）工程或专项工程，其施工方案应按施工组织设计进行编制和审批。

3.0.6 本条规定了施工组织设计动态管理的内容。

1 施工组织设计动态管理的内容之一，就是对施工组织设计的修改或补充；

1）当工程设计图纸发生重大修改时，如地基基础或主体结构的形式发生变化、装修材料或做法发生重大变化、机电设备系统发生大的调整等，需要对施工组织设计进行修改；对工程设计图纸的一般性修改，视变化情况对施工组织设计进行补充；对工程设计图纸的细微修改或更正，施工组织设计则不需调整；

2）当有关法律、法规、规范和标准开始实施或发生变更，并涉及工程的实施、检查或验收时，施工组织设计需要进行修改或补充；

3）由于主客观条件的变化，施工方法有重大变更，原来的施工组织设计已不能正确地指导施工，需对施工组织设计进行修改或补充；

4）当施工资源的配置有重大变更，并且影响到施工方法的变化或对施工进度、质量、安全、环境、造价等造成潜在的重大影响，需对施工组织设计进行修改或补充；

5）当施工环境发生重大改变，如施工延期造成季节性施工方法变化，施工场地变化造成现场布置和施工方式改变等，致使原来的施工组织设计已不能正确地指导施工，需对施工组织设计进行修改或补充。

2 经过修改或补充的施工组织设计原则上需经原审批级别重新审批。

4 施工组织总设计

4.1 工 程 概 况

在编制工程概况时，为了清晰易读，宜采用图表说明。

4.1.2 本条规定了项目主要情况应包括的内容。

1 项目性质可分为工业和民用两大类，应简要介绍项目的使用功能；建设规模可包括项目的占地总面积、投资规模（产量）、分期分批建设范围等；

3 简要介绍项目的建筑面积、建筑高度、建筑层数、结构形式、建筑结构及装饰用料、建筑抗震设防烈度、安装工程和机电设备的配置等情况。

4.1.3 本条规定了项目主要施工条件应包括的内容。

1 简要介绍项目建设地点的气温、雨、雪、风和雷电等气象变化情况以及冬、雨期的期限和冬季土的冻结深度等情况；

2 简要介绍项目施工区域地形变化和绝对标高，地质构造、土的性质和类别、地基土的承载力，河流流量和水质、最高洪水和枯水期的水位，地下水位的高低变化、含水层的厚度、流向、流量和水质等情况；

5 简要介绍建设项目的主要材料、特殊材料和生产工艺设备供应条件及交通运输条件；

6 根据当地供电、供水、供热和通信情况，按照施工需求，描述相关资源提供能力及解决方案。

4.2 总体施工部署

4.2.1 施工组织总设计应对项目总体施工做出宏观部署。

2 建设项目通常是由若干个相对独立的投产或交付使用的子系统组成；如大型工业项目有主体生产系统、辅助生产系统和附属生产系统之分，住宅小区有居住建筑、服务性建筑和附属性建筑之分；可以根据项目施工总目标的要求，将建设项目划分为分期（分批）投产或交付使用的独立交工系统；在保证工期的前提下，实行分期分批建设，既可使各具体项目迅速建成，尽早投入使用，又可在全局上实现施工的连续性和均衡性，减少暂设工程数量，降低工程成本；

3 根据上款确定的项目分阶段（期）交付计划，合理地确定每个单位工程的开竣工时间，划分各参与施工单位的工作任务，明确各单位之间分工与协作的关系，确定综合的和专业化的施工组织，保证先后投产或交付使用的系统都能够正常运行。

4.2.3 项目管理组织机构形式应根据施工项目的规模、复杂程度、专业特点、人员素质和地域范围确定，大中型项目宜设置矩阵式项目管理组织，远离企业管理层的大中型项目宜设置事业部式项目管理组织，小型项目宜设置直线职能式项目管理组织。

4.2.4 根据现有的施工技术水平和管理水平，对项目施工中开发和使用的新技术、新工艺应做出规划，并采取可行的技术、管理措施来满足工期和质量等要求。

4.3 施工总进度计划

4.3.1 施工总进度计划应依据施工合同、施工进度目标、有关技术经济资料，并按照总体施工部署确定的施工顺序和空间组织等进行编制。

4.3.2 施工总进度计划的内容应包括：编制说明，施工总进度计划表(图)，分期(分批)实施工程的开、竣工日期、工期一览表等。

施工总进度计划宜优先采用网络计划，网络计划应按国家现行标准《网络计划技术》GB/T 13400.1～3及行业标准《工程网络计划技术规程》JGJ/T 121的要求编制。

4.4 总体施工准备与主要资源配置计划

4.4.1 应根据施工开展顺序和主要工程项目施工方法，编制总体施工准备工作计划。

4.4.2 技术准备包括施工过程所需技术资料的准备、施工方案编制计划、试验检验及设备调试工作计划等；现场准备包括现场生产、生活等临时设施，如临时生产、生活用房，临时道路、材料堆放场，临时用水、用电和供热、供气等的计划；资金准备应根据施工总进度计划编制资金使用计划。

4.4.4 劳动力配置计划应按照各工程项目工程量，并根据总进度计划，参照概（预）算定额或者有关资料确定。目前施工企业在管理体制上已普遍实行管理层和劳务作业层的两层分离，合理的劳动力配置计划可减少劳务作业人员不必要的进、退场或避免窝工状态，进而节约施工成本。

4.4.5 物资配置计划应根据总体施工部署和施工总进度计划确定主要物资的计划总量及进、退场时间。物资配置计划是组织建筑工程施工所需各种物资进、退场的依据，科学合理的物资配置计划既可保证工程建设的顺利进行，又可降低工程成本。

4.5 主要施工方法

施工组织总设计要制定一些单位（子单位）工程和主要分部（分项）工程所采用的施工方法，这些工程通常是建筑工程中工程量大、施工难度大、工期长，对整个项目的完成起关键作用的建（构）筑物以及影响全局的主要分部（分项）工程。

制定主要工程项目施工方法的目的是为了进行技术和资源的准备工作，同时也为了施工进程的顺利开展和现场的合理布置，对施工方法的确定要兼顾技术工艺的先进性和可操作性以及经济上的合理性。

4.6 施工总平面布置

4.6.2 施工总平面布置应按照项目分期（分批）施工计划进行布置，并绘制总平面布置图。一些特殊的内容，如现场临时用电、临时用水布置等，当总平面布置图不能清晰表示时，也可单独绘制平面布置图。

平面布置图绘制应有比例关系，各种临设应标注外围尺寸，并应有文字说明。

4.6.3 现场所有设施、用房应由总平面布置图表述，避免采用文字叙述的方式。

5 单位工程施工组织设计

5.1 工 程 概 况

工程概况的内容应尽量采用图表进行说明。

5.2 施 工 部 署

5.2.1 当单位工程施工组织设计作为施工组织总设计的补充时，其各项目标的确立应同时满足施工组织总设计中确立的施工目标。

5.2.2 施工部署中的进度安排和空间组织应符合下列规定：

1 施工部署应对本单位工程的主要分部（分项）工程和专项工程的施工做出统筹安排，对施工过程的里程碑节点进行说明；

2 施工流水段划分应根据工程特点及工程量进行合理划分，并应说明划分依据及流水方向，确保均衡流水施工。

5.2.3 工程的重点和难点对于不同工程和不同企业具有一定的相对性，某些重点、难点工程的施工方法可能已通过有关专家论证成为企业工法或企业施工工艺标准，此时企业可直接引用。重点、难点工程的施工方法选择应着重考虑影响整个单位工程的分部（分项）工程，如工程量大、施工技术复杂或对工程质量起关键作用的分部（分项）工程。

5.3 施工进度计划

5.3.1 施工进度计划是施工部署在时间上的体现，反映了施工顺序和各个阶段工程进展情况，应均衡协调、科学安排。

5.3.2 一般工程画横道图即可，对工程规模较大、工序比较复杂的工程宜采用网络图表示，通过对各类参数的计算，找出关键线路，选择最优方案。

5.4 施工准备与资源配置计划

5.4.2 与施工组织总设计相比较，单位工程施工组织设计的资源配置计划相对更具体，其劳动力配置计划宜细化到专业工种。

5.5 主要施工方案

应结合工程的具体情况和施工工艺、工法等按照施工顺序进行描述，施工方案的确定要遵循先进性、可行性和经济性兼顾的原则。

5.6 施工现场平面布置

5.6.1 单位工程施工现场平面布置图一般按地基基础、主体结构、装修装饰和机电设备安装三个阶段分别绘制。

6 施 工 方 案

6.1 工 程 概 况

施工方案包括下列两种情况：

1 专业承包公司独立承包项目中的分部（分项）工程或专项工程所编制的施工方案；

2 作为单位工程施工组织设计的补充，由总承包单位编制的分部（分项）工程或专项工程施工方案。

由总承包单位编制的分部（分项）工程或专项工程施工方案，其工程概况可参照本节执行，单位工程施工组织设计中已包含的内容可省略。

6.2 施 工 安 排

6.2.4 根据分部（分项）工程或专项工程的规模、特点、复杂程度、目标控制和总承包单位的要求设置项目管理机构，该机构各种专业人员配备齐全，完善项目管理网络，建立健全岗位责任制。

6.3 施工进度计划

6.3.1 施工进度计划的编制应内容全面、安排合理、科学实用，在进度计划中应反映出各施工区段或各工序之间的搭接关系、施工期限和开始、结束时间。同时，施工进度计划应能体现和落实总体进度计划的目标控制要求；通过编制分部（分项）工程或专项工程进度计划进而体现总进度计划的合理性。

6.4 施工准备与资源配置计划

6.4.1 施工方案针对的是分部（分项）工程或专项工程，在施工准备阶段，除了要完成本项工程的施工准备外，还需注重与前后工序的相互衔接。

6.5 施工方法及工艺要求

6.5.1 施工方法是工程施工期间所采用的技术方案、工艺流程、组织措施、检验手段等。它直接影响施工进度、质量、安全以及工程成本。本条所规定的内容应比施工组织总设计和单位工程施工组织设计的相关内容更细化。

6.5.3 对于工程中推广应用的新技术、新工艺、新材料和新设备，可以采用目前国家和地方推广的，也可以根据工程具体情况由企业创新；对于企业创新的技术和工艺，要制定理论和试验研究实施方案，并组织鉴定评价。

6.5.4 根据施工地点的实际气候特点，提出具有针对性的施工措施。在施工过程中，还应根据气象部门的预报资料，对具体措施进行细化。

7 主要施工管理计划

7.1 一 般 规 定

7.1.1 施工管理计划在目前多作为管理和技术措施编制在施工组织设计中，这是施工组织设计必不可少的内容。施工管理计划涵盖很多方面的内容，可根据工程的具体情况加以取舍。在编制施工组织设计时，各项管理计划可单独成章，也可穿插在施工组织设计的相应章节中。

7.2 进度管理计划

7.2.1 不同的工程项目其施工技术规律和施工顺序不同。即使是同一类工程项目，其施工顺序也难以做到完全相同。因此必须根据工程特点，按照施工的技术规律和合理的组织关系，解决各工序在时间和空间上的先后顺序和搭接问题，以达到保证质量、安全施工、充分利用空间、争取时间、实现经济合理安排进度的目的。

7.2.2 本条规定了进度管理计划的一般内容。

1 在施工活动中通常是通过对最基础的分部（分项）工程的施工进度控制来保证各个单项（单位）工程或阶段工程进度控制目标的完成，进而实现项目施工进度控制总体目标；因而需要将总体进度计划进行一系列从总体到细部、从高层次到基础层次的层层分解，一直分解到在施工现场可以直接调度控制的分部（分项）工程或施工作业过程为止；

2 施工进度管理的组织机构是实现进度计划的组织保证；它既是施工进度计划的实施组织；又是施工进度计划的控制组织；既要承担进度计划实施赋予的生产管理和施工任务，又要承担进度控制目标，对进度控制负责，因此需要严格落实有关管理制度和职责；

4 面对不断变化的客观条件，施工进度往往会产生偏差；当发生实际进度比计划进度超前或落后时，控制系统就要做出应有的反应：分析偏差产生的原因，采取相应的措施，调整原来的计划，使施工活动在新的起点上按调整后的计划继续运行，如此循环往复，直至预期计划目标的实现；

5 项目周边环境是影响施工进度的重要因素之一，其不可控性大，必须重视诸如环境扰民、交通组织和偶发意外等因素，采取相应的协调措施。

7.3 质量管理计划

7.3.1 施工单位应按照《质量管理体系　要求》GB/T 19001 建立本单位的质量管理体系文件。可以独立编制质量计划，也可以在施工组织设计中合并编制质量计划的内容。质量管理应按照 PDCA 循环模式，加强过程控制，通过持续改进提高工程质量。

7.3.2 本条规定了质量管理计划的一般内容。

1 应制定具体的项目质量目标，质量目标应不低于工程合同明示的要求；质量目标应尽可能地量化和层层分解到最基层，建立阶段性目标；

2 应明确质量管理组织机构中各重要岗位的职责，与质量有关的各岗位人员应具备与职责要求匹配的相应知识、能力和经验；

3 应采取各种有效措施，确保项目质量目标的实现；这些措施包含但不局限于：原材料、构配件、机具的要求和检验，主要的施工工艺、主要的质量标准和检验方法，夏期、冬期和雨期施工的技术措施，关键过程、特殊过程、重点工序的质量保证措施，成品、半成品的保护措施，工作场所环境以及劳动力和资金保障措施等；

4 按质量管理八项原则中的过程方法要求，将各项活动和相关资源作为过程进行管理，建立质量过程检查、验收以及质量责任制等相关制度，对质量检查和验收标准做出规定，采取有效的纠正和预防措施，保障各工序和过程的质量。

7.4 安全管理计划

7.4.1 目前大多数施工单位基于《职业健康安全管理体系 规范》GB/T 28001通过了职业健康安全管理体系的认证，建立了企业内部的安全管理体系。安全管理计划应在企业安全管理体系的框架内，针对项目的实际情况编制。

7.4.2 建筑施工安全事故（危害）通常分为七大类：高处坠落、机械伤害、物体打击、坍塌倒塌、火灾爆炸、触电、窒息中毒。安全管理计划应针对项目具体情况，建立安全管理组织，制定相应的管理目标、管理制度、管理控制措施和应急预案等。

7.5 环境管理计划

7.5.1 施工现场环境管理越来越受到建设单位和社会各界的重视，同时各地方政府也不断出台新的环境监管措施，环境管理计划已成为施工组织设计的重要组成部分。对于通过了环境管理体系认证的施工单位，环境管理计划应在企业环境管理体系的框架内，针对项目的实际情况编制。

7.5.2 一般来讲，建筑工程常见的环境因素包括如下内容：

1 大气污染；

2 垃圾污染；

3 建筑施工中建筑机械发出的噪声和强烈的振动；

4 光污染；

5 放射性污染；

6 生产、生活污水排放。

应根据建筑工程各阶段的特点，依据分部（分项）工程进行环境因素的识别和评价，并制定相应的管理目标、控制措施和应急预案等。

7.6 成本管理计划

7.6.2 成本管理和其他施工目标管理类似，开始于确定目标，继而进行目标分解，组织人员配备，落实相关管理制度和措施，并在实施过程中进行纠偏，以实现预定的目标。

7.6.3 成本管理是与进度管理、质量管理、安全管理和环境管理等同时进行的，是针对整体施工目标系统所实施的管理活动的一个组成部分。在成本管理中，要协调好与进度、质量、安全和环境等的关系，不能片面强调成本节约。

7.7 其他管理计划

特殊项目的管理可在本规范的基础上增加相应的其他管理计划，以保证建筑工程的实施处于全面的受控状态。

中华人民共和国国家标准

房屋建筑和市政基础设施工程质量检测技术管理规范

Testing technology management code for building and municipal infrastructure engineering quality

GB 50618—2011

主编部门：中华人民共和国住房和城乡建设部
批准部门：中华人民共和国住房和城乡建设部
施行日期：2 0 1 2 年 1 0 月 1 日

中华人民共和国住房和城乡建设部
公　告

第 973 号

关于发布国家标准《房屋建筑和市政基础设施工程质量检测技术管理规范》的公告

现批准《房屋建筑和市政基础设施工程质量检测技术管理规范》为国家标准，编号为 GB 50618－2011，自 2012 年 10 月 1 日起实施。其中，第 3.0.3、3.0.4、3.0.10、3.0.13、4.1.1、4.2.1、4.4.10、5.4.1 条为强制性条文，必须严格执行。

本规范由我部标准定额研究所组织中国建筑工业出版社出版发行。

中华人民共和国住房和城乡建设部

2011 年 4 月 2 日

前　言

本规范是根据住房和城乡建设部《关于印发〈2008 年工程建设标准制订、修订计划（第一批）〉的通知》（建标〔2008〕102 号）的要求，由中国建筑业协会工程建设质量监督分会和福建省九龙建设集团有限公司会同有关单位共同编制完成的。

本规范以工程建设的全过程和工程使用期间的工程质量检测工作为对象，编制组经过大量的调查研究，总结了近年来的实践经验，按照规范编制程序，对主要问题进行了充分讨论，在全国范围内广泛吸收了有关方面的建议，并与有关工程施工质量验收、工程结构检测、鉴定标准等相协调，最后经审查定稿。

本规范共分 6 章和 5 个附录，主要内容包括：总则、术语、基本规定、检测机构能力、检测程序、检测档案等。

本规范由住房和城乡建设部负责管理和对强制性条文的解释，由中国建筑业协会工程建设质量监督分会负责具体技术内容的解释。请各单位在执行本规范的过程中，随时将有关意见和建议寄中国建筑业协会工程建设质量监督分会（地址：北京市海淀区三里河路 9 号，邮编：100835，E-mail：jdfh@fyi.net.cn，传真：010-58934104），以供今后修订时参考。

本规范主编单位、参编单位、主要起草人员和主要审查人员：

主 编 单 位：中国建筑业协会工程建设质量监督分会
福建省九龙建设集团有限公司

参 编 单 位：上海市建设工程安全质量监督总站
北京市建设工程质量检测中心
江苏省建设工程质量监督总站
上海市建设工程检测行业协会
广东省建设工程质量安全监督检测总站
宁波三江检测有限公司
山东省建设工程质量监督总站
深圳市建设工程质量检测中心
浙江大东吴集团建设有限公司
北京中集信达建筑工程有限公司
海口市建筑工程质量安全监督站
广州粤建三和软件有限公司
昆山市建设工程质量检测中心

主要起草人员：吴松勤　林海洋　杨玉江　林爱花　潘延平　张大春　艾毅然　韩跃红　袁庆华　刘南渊　蒋屹军　张　爽　姚新良　张党生　乐嘉鲁　吴忠民　罗宗标　黄　俭　蒋荣夫　叶保群　沈舜民　梁世杰　金　元　姚建强　孙和生

主要审查人员：金德钧　张昌叙　姜　红　白玉渊　张元勃　徐天平　唐　民　陈明珠　陈　飚

目　次

Contents

1 总　　则

1.0.1 为加强建设工程质量检测管理，规范建设工程质量检测技术活动，保证检测工作质量，制定本规范。

1.0.2 本规范适用于房屋建筑工程和市政基础设施工程有关建筑材料、工程实体质量检测活动的技术管理。

1.0.3 建设工程质量检测技术管理除应符合本规范外，尚应符合国家现行有关标准的规定。

2 术　　语

2.0.1 工程质量检测　testing for quality of construction engineering

按照相关规定的要求，采用试验、测试等技术手段确定建设工程的建筑材料、工程实体质量特性的活动。

2.0.2 工程质量检测机构　testing services for quality of construction engineering

具有法人资格，并取得相应资质，对社会出具工程质量检测数据或检测结论的机构。

2.0.3 检测人员　testing personnel

经建设主管部门或其委托有关机构的考核，从事检测技术管理和检测操作人员的总称。

2.0.4 检测设备　testing equipment

在检测工作中使用的、影响对检测结果作出判断的计量器具、标准物质以及辅助仪器设备的总称。

2.0.5 见证人员　witnesses

具备相关检测专业知识，受建设单位或监理单位委派，对检测试件的取样、制作、送检及现场工程实体检测过程真实性、规范性见证的技术人员。

2.0.6 见证取样　witness sampling

在见证人员见证下，由取样单位的取样人员，对工程中涉及结构安全的试块、试件和建筑材料在现场取样、制作，并送至有资格的检测单位进行检测的活动。

2.0.7 见证检测　witness test

在见证人员见证下，检测机构现场测试的活动。

2.0.8 鉴定检测　appraisal test

为建设工程结构性能可靠性鉴定（包括安全性鉴定和正常使用性鉴定）提供技术评估依据进行测试的活动。

2.0.9 工程检测管理信息系统　information management system of testing for construction engineering

利用计算机技术、网络通信技术等信息化手段，对工程质量检测信息进行采集、处理、存储、传输的管理系统。

3 基本规定

3.0.1 建设工程质量检测应执行国家现行有关技术标准。

3.0.2 建设工程质量检测机构（以下简称检测机构）应取得建设主管部门颁发的相应资质证书。

3.0.3 检测机构必须在技术能力和资质规定范围内开展检测工作。

3.0.4 检测机构应对出具的检测报告的真实性、准确性负责。

3.0.5 对实行见证取样和见证检测的项目，不符合见证要求的，检测机构不得进行检测。

3.0.6 检测机构应建立完善的管理体系，并增强纠错能力和持续改进能力。

3.0.7 检测机构的技术能力（检测设备及技术人员配备）应符合本规范附录A中各相应专业检测项目的配备要求。

3.0.8 检测机构应采用工程检测管理信息系统，提高检测管理效果和检测工作水平。

3.0.9 检测机构应建立检测档案及日常检测资料管理制度。

3.0.10 检测应按有关标准的规定留置已检试件。有关标准留置时间无明确要求的，留置时间不应少于72h。

3.0.11 建设工程质量检测应委托具有相应资质的检测机构进行检测。

3.0.12 施工单位应根据工程施工质量验收规范和检测标准的要求编制检测计划，并应做好检测取样、试件制作、养护和送检等工作。

3.0.13 检测试件的提供方应对试件取样的规范性、真实性负责。

4 检测机构能力

4.1 检 测 人 员

4.1.1 检测机构应配备能满足所开展检测项目要求的检测人员。

4.1.2 检测机构检测项目的检测技术人员配备应符合本规范附录A的规定，并宜按附录B的要求设立相应的技术岗位。

4.1.3 检测机构的技术负责人、质量负责人、检测项目负责人应具有工程类专业中级及其以上技术职称，掌握相关领域知识，具有规定的工作经历和检测工作经验。检测报告批准人、检测报告审核人应经检测机构技术负责人授权，掌握相关领域知识，并具有规定的工作经历和检测工作经验。

4.1.4 检测机构室内检测项目持有岗位证书的操作

人员不得少于2人；现场检测项目持有岗位证书的操作人员不得少于3人。

4.1.5 检测操作人员应经技术培训、通过建设主管部门或委托有关机构的考核，方可从事检测工作。

4.1.6 检测人员应及时更新知识，按规定参加本岗位的继续教育。继续教育的学时应符合国家相关要求。

4.1.7 检测人员岗位能力应按规定定期进行确认。

4.2 检测设备

4.2.1 检测机构应配备能满足所开展检测项目要求的检测设备。

4.2.2 检测机构检测项目的检测设备配备应符合本规范附录A的规定，并宜分为A、B、C三类，分类管理。具体分类宜符合本规范附录C的要求。

4.2.3 A类检测设备的范围宜符合本规范附录C第C.0.1条的规定，并应符合下列规定：

1 本单位的标准物质（如果有时）；

2 精密度高或用途重要的检测设备；

3 使用频繁，稳定性差，使用环境恶劣的检测设备。

4.2.4 B类检测设备的范围宜符合本规范附录C第C.0.2条的规定，并应符合下列要求：

1 对测量准确度有一定的要求，但寿命较长、可靠性较好的检测设备；

2 使用不频繁，稳定性比较好，使用环境较好的检测设备。

4.2.5 C类检测设备的范围宜符合本规范附录C第C.0.3条的规定，并应符合下列要求：

1 只用作一般指标，不影响试验检测结果的检测设备；

2 准确度等级较低的工作测量器具。

4.2.6 A类、B类检测设备在启用前应进行首次校准或检测。

4.2.7 检测设备的校准或检测应送至具有校准或检测资格的实验室进行校准或检测。

4.2.8 A类检测设备的校准或检测周期应根据相关技术标准和规范的要求，检测设备出厂技术说明书等，并结合检测机构实际情况确定。

4.2.9 B类检测设备的校准或检测周期应根据检测设备使用频次、环境条件、所需的测量准确度，以及由于检测设备发生故障所造成的危害程度等因素确定。

4.2.10 检测机构应制定A类和B类检测设备的周期校准或检测计划，并按计划执行。

4.2.11 C类检测设备首次使用前应进行校准或检测，经技术负责人确认，可使用至报废。

4.2.12 检测设备的校准或检测结果应由检测项目负责人进行管理。

4.2.13 检测机构自行研制的检测设备应经过检测验收，并委托校准单位进行相关参数的校准，符合要求后方可使用。

4.2.14 检测机构的所有设备均应标有统一的标识，在用的检测设备均应标有校准或检测有效期的状态标识。

4.2.15 检测机构应建立检测设备校准或检测周期台账，并建立设备档案，记录检测设备技术条件及使用过程的相关信息。

4.2.16 检测机构对大型的、复杂的、精密的检测设备应编制使用操作规程。

4.2.17 检测机构应对主要检测设备作好使用记录，用于现场检测的设备还应记录领用、归还情况。

4.2.18 检测机构应建立检测设备的维护保养、日常检查制度，并作好相应记录。

4.2.19 当检测设备出现下列情况之一时，应进行校准或检测：

1 可能对检测结果有影响的改装、移动、修复和维修后；

2 停用超过校准或检测有效期后再次投入使用；

3 检测设备出现不正常工作情况；

4 使用频繁或经常携带运输到现场的，以及在恶劣环境下使用的检测设备。

4.2.20 当检测设备出现下列情况之一时，不得继续使用：

1 当设备指示装置损坏、刻度不清或其他影响测量精度时；

2 仪器设备的性能不稳定，漂移率偏大时；

3 当检测设备出现显示缺损或按键不灵敏等故障时；

4 其他影响检测结果的情况。

4.3 检测场所

4.3.1 检测机构应具备所开展检测项目相适应的场所。房屋建筑面积和工作场地均应满足检测工作需要，并应满足检测设备布局及检测流程合理的要求。

4.3.2 检测场所的环境条件等应符合国家现行有关标准的要求，并应满足检测工作及保证工作人员身心健康的要求。对有环境要求的场所应配备相应的监控设备，记录环境条件。

4.3.3 检测场所应合理存放有关材料、物质，确保化学危险品、有毒物品、易燃易爆等物品安全存放；对检测工作过程中产生的废弃物、影响环境条件及有毒物质等的处置，应符合环境保护和人身健康、安全等方面的相关规定，并应有相应的应急处理措施。

4.3.4 检测工作场所应有明显标识，与检测工作无关的人员和物品不得进入检测工作场所。

4.3.5 检测工作场所应有安全作业措施和安全预案，确保人员、设备及被检测试件的安全。

4.3.6 检测工作场所应配备必要的消防器材，存放于明显和便于取用的位置，并应有专人负责管理。

4.4 检 测 管 理

4.4.1 检测机构应执行国家现行有关管理制度和技术标准，建立检测技术管理体系，并按管理体系运行。

4.4.2 检测机构应建立内部审核制度，发现技术管理中的不足并进行改正。

4.4.3 检测机构的检测管理信息系统，应能对工程检测活动各阶段中产生的信息进行采集、加工、储存、维护和使用。

4.4.4 检测管理信息系统宜覆盖全部检测项目的检测业务流程，并宜在网络环境下运行。

4.4.5 检测机构管理信息系统的数据管理应采用数据库管理系统，应确保数据存储与传输安全、可靠；并应设置必要的数据接口，确保系统与检测设备或检测设备与有关信息网络系统的互联互通。

4.4.6 应用软件应符合软件工程的基本要求，应经过相关机构的评审鉴定，满足检测功能要求，具备相应的功能模块，并应定期进行论证。

4.4.7 检测机构应设专人负责信息化管理工作，管理信息系统软件功能应满足相关检测项目所涉及工程技术规范的要求，技术规范更新时，系统应及时升级更新。

4.4.8 检测机构宜按规定定期向建设主管部门报告以下主要技术工作：

1 按检测业务范围进行检测的情况；

2 遵守检测技术条件（包括实验室技术能力和检测程序等）的情况；

3 执行检测法规及技术标准的情况；

4 检测机构的检测活动，包括工作行为、人员资格、检测设备及其状态、设施及环境条件、检测程序、检测数据、检测报告等；

5 按规定报送统计报表和有关事项。

4.4.9 检测机构应定期作比对试验，当地管理部门有要求的，并应按要求参加本地区组织的能力验证。

4.4.10 检测机构严禁出具虚假检测报告。凡出现下列情况之一的应判定为虚假检测报告：

1 不按规定的检测程序及方法进行检测出具的检测报告；

2 检测报告中数据、结论等实质性内容被更改的检测报告；

3 未经检测就出具的检测报告；

4 超出技术能力和资质规定范围出具的检测报告。

5 检 测 程 序

5.1 检 测 委 托

5.1.1 建设工程质量检测应以工程项目施工进度或工程实际需要进行委托，并应选择具有相应检测资质的检测机构。

5.1.2 检测机构应与委托方签订检测书面合同，检测合同应注明检测项目及相关要求。需要见证的检测项目应确定见证人员。检测合同主要内容宜符合本规范附录D的规定。

5.1.3 检测项目需采用非标准方法检测时，检测机构应编制相应的检测作业指导书，并应在检测委托合同中说明。

5.1.4 检测机构对现场工程实体检测应事前编制检测方案，经技术负责人批准；对鉴定检测、危房检测，以及重大、重要检测项目和为有争议事项提供检测数据的检测方案应取得委托方的同意。

5.2 取 样 送 检

5.2.1 建筑材料的检测取样应由施工单位、见证单位和供应单位根据采购合同或有关技术标准的要求共同对样品的取样、制样过程、样品的留置、养护情况等进行确认，并应做好试件标识。

5.2.2 建筑材料本身带有标识的，抽取的试件应选择有标识的部分。

5.2.3 检测试件应有清晰的、不易脱落的唯一性标识。标识应包括制作日期、工程部位、设计要求和组号等信息。

5.2.4 施工过程有关建筑材料、工程实体检测的抽样方法、检测程序及要求等应符合国家现行有关工程质量验收规范的规定。

5.2.5 既有房屋、市政基础设施现场工程实体检测的抽样方法、检测程序及要求等应符合国家现行有关标准的规定。

5.2.6 现场工程实体检测的构件、部位、检测点确定后，应绘制测点图，并应经技术负责人批准。

5.2.7 实行见证取样的检测项目，建设单位或监理单位确定的见证人员每个工程项目不得少于2人，并应按规定通知检测机构。

5.2.8 见证人员应对取样的过程进行旁站见证，作好见证记录。见证记录应包括下列主要内容：

1 取样人员持证上岗情况；

2 取样用的方法及工具模具情况；

3 取样、试件制作操作的情况；

4 取样各方对样品的确认情况及送检情况；

5 施工单位养护室的建立和管理情况；

6 检测试件标识情况。

5.2.9 检测收样人员应对检测委托单的填写内容、试件的状况以及封样、标识等情况进行检查，确认无误后，在检测委托单上签收。

5.2.10 试件接受应按年度建立台账，试件流转单应采取盲样形式，有条件的可使用条形码技术等。

5.2.11 检测机构自行取样的检测项目应作好取样记录。

5.2.12 检测机构对接收的检测试件应有符合条件的存放设施，确保样品的正确存放、养护。

5.2.13 需要现场养护的试件，施工单位应建立相应的管理制度，配备取样、制样人员，及取样、制样设备及养护设施。

5.3 检测准备

5.3.1 检测机构的收样及检测试件管理人员不得同时从事检测工作，并不得将试件的信息泄露给检测人员。

5.3.2 检测人员应校对试件编号和任务流转单的一致性，保证与委托单编号、原始记录和检测报告相关联。

5.3.3 检测人员在检测前应对检测设备进行核查，确认其运作正常。数据显示器需要归零的应在归零状态。

5.3.4 试件对贮存条件有要求时，检测人员应检查试件在贮存期间的环境条件符合要求。

5.3.5 对首次使用的检测设备或新开展的检测项目以及检测标准变更的情况，检测机构应对人员技能、检测设备、环境条件等进行确认。

5.3.6 检测前应确认检测人员的岗位资格，检测操作人员应熟识相应的检测操作规程和检测设备使用、维护技术手册等。

5.3.7 检测前应确认检测依据、相关标准条文和检测环境要求，并将环境条件调整到操作要求的状况。

5.3.8 现场工程实体检测应有完善的安全措施。检测危险房屋时还应对检测对象先进行勘察，必要时应先进行加固。

5.3.9 检测人员应熟悉检测异常情况处理预案。

5.3.10 检测前应确认检测方法标准，确认原则应符合下列规定：

1 有多种检测方法标准可用时，应在合同中明确选用的检测方法标准；

2 对于一些没有明确的检测方法标准或有地区特点的检测项目，其检测方法标准应由委托双方协商确定。

5.3.11 检测委托方应配合检测机构做好检测准备，并提供必要的条件。按时提供检测试件，提供合理的检测时间，现场工程实体检测还应提供相应的配合等。

5.4 检测操作

5.4.1 检测应严格按照经确认的检测方法标准和现场工程实体检测方案进行。

5.4.2 检测操作应由不少于2名持证检测人员进行。

5.4.3 检测原始记录应在检测操作过程中及时真实记录，检测原始记录应采用统一的格式。原始记录的内容应符合下列规定：

1 试验室检测原始记录内容宜符合本规范附录E第E.0.1条的规定；

2 现场工程实体检测原始记录内容宜符合本规范附录E第E.0.2条的规定。

5.4.4 检测原始记录笔误需要更正时，应由原记录人进行杠改，并在杠改处由原记录人签名或加盖印章。

5.4.5 自动采集的原始数据当因检测设备故障导致原始数据异常时，应予以记录，并应由检测人员作出书面说明，由检测机构技术负责人批准，方可进行更改。

5.4.6 检测完成后应及时进行数据整理和出具检测报告，并应做好设备使用记录及环境、检测设备的清洁保养工作。对已检试件的留置处理除应符合本规范第3.0.10条的规定外尚应符合下列规定：

1 已检试件留置应与其他试件有明显的隔离和标识；

2 已检试件留置应有唯一性标识，其封存和保管应由专人负责；

3 已检试件留置应有完整的封存试件记录，并分类、分品种有序摆放，以便于查找。

5.4.7 见证人员对现场工程实体检测进行见证时，应对检测的关键环节进行旁站见证，现场工程实体检测见证记录内容应包括下列主要内容：

1 检测机构名称、检测内容、部位及数量；

2 检测日期、检测开始、结束时间及检测期间天气情况；

3 检测人员姓名及证书编号；

4 主要检测设备的种类、数量及编号；

5 检测中异常情况的描述记录；

6 现场工程检测的影像资料；

7 见证人员、检测人员签名。

5.4.8 现场工程实体检测活动应遵守现场的安全制度，必要时应采取相应的安全措施。

5.4.9 现场工程实体检测时应有环保措施，对环境有污染的试剂、试材等应有预防撒漏措施，检测完成后应及时清理现场并将有关用后的残剩试剂、试材、垃圾等带走。

5.5 检测报告

5.5.1 检测项目的检测周期应对外公示，检测工作完成后，应及时出具检测报告。

5.5.2 检测报告宜采用统一的格式；检测管理信息系统管理的检测项目，应通过系统出具检测报告。检测报告内容应符合检测委托的要求，并宜符合本规范附录E第E.0.3、第E.0.4条的规定。

5.5.3 检测报告编号应按年度编号，编号应连续，不得重复和空号。

5.5.4 检测报告至少应由检测操作人签字、检测报告审核人签字、检测报告批准人签发，并加盖检测专用章，多页检测报告还应加盖骑缝章。

5.5.5 检测报告应登记后发放。登记应记录报告编号、份数、领取日期及领取人等。

5.5.6 检测报告结论应符合下列规定：

1 材料的试验报告结论应按相关材料、质量标准给出明确的判定；

2 当仅有材料试验方法而无质量标准，材料的试验报告结论应按设计要求或委托方要求给出明确的判定；

3 现场工程实体的检测报告结论应根据设计及鉴定委托要求给出明确的判定。

5.5.7 检测机构应建立检测结果不合格项目台账，并应对涉及结构安全、重要使用功能的不合格项目按规定报送时间报告工程项目所在地建设主管部门。

5.6 检测数据的积累利用

5.6.1 检测机构应对日常检测取得的数据进行积累整理。

5.6.2 检测机构应定期对检测数据统计分析。

5.6.3 检测机构应按规定向工程建设主管部门提供有关检测数据。

6 检 测 档 案

6.0.1 检测机构应建立检测资料档案管理制度，并做好检测档案的收集、整理、归档、分类编目和利用工作。

6.0.2 检测机构应建立检测资料档案室，档案室的条件应能满足纸质文件和电子文件的长期存放。

6.0.3 检测资料档案应包含检测委托合同、委托单、检测原始记录、检测报告和检测台账、检测结果不合格项目台账、检测设备档案、检测方案、其他与检测相关的重要文件等。

6.0.4 检测机构检测档案管理应由技术负责人负责，并由专（兼）职档案员管理。

6.0.5 检测资料档案保管期限，检测机构自身的资料保管期限应分为5年和20年两种。涉及结构安全的试块、试件及结构建筑材料的检测资料汇总表和有关地基基础、主体结构、钢结构、市政基础设施主体结构的检测档案等宜为20年；其他检测资料档案保管期限宜为5年。

6.0.6 检测档案可是纸质文件或电子文件。电子文件应与相应的纸质文件材料一并归档保存。

6.0.7 保管期限到期的检测资料档案销毁应进行登记、造册后经技术负责人批准。销毁登记册保管期限不应少于5年。

附录A 检测项目、检测设备及技术人员配备表

表A 检测项目、检测设备及技术人员配备表

序号	专业	检测项目（参数）	主要设备	检测人员
1	建筑材料	①水泥、粉煤灰的物理力学性能和化学分析	①水泥检验设备。含胶砂搅拌机、净浆搅拌机、胶砂振实台、胶砂跳桌、稠度测定仪、安定性沸煮箱、雷氏夹测定仪、细度负压筛、抗折试验机、恒应力压力试验机和标准养护设备、凝结时间测定仪等	建筑材料专业或相关专业，大专及以上学历，达到规定的检测工作经历及检测工作经验的工程师及以上人员不少于1人；化学专业，大专及以上学历，达到规定的化学分析工作经验的工程师及以上人员不少于1人；经考核持有效上岗证的检测人员不少于8人；检测项目（参数）较少的，可适当降低检测人员的数量，但不应少于5人
		②建筑钢材、钢绞线锚夹具力学工艺性能和化学分析	②300kN、600kN、1000kN拉力试验机（或液压式万能试验机）、弯曲试验机、钢绞线专用夹具、洛氏硬度仪、钢材化学成分分析设备	
		③混凝土用骨料物理性能和有害物质检测	③砂、石试验用电热鼓风干燥箱、砂石筛、振筛机、压碎指标测定仪、针片状规准仪、天平、台秤、量瓶、量桶等	
		④砂浆、混凝土及外加剂的物理力学性能和耐久性检测	④混凝土搅拌机、振动台、坍落度筒、混凝土拌合物凝结时间测定仪、含气量测定仪、压力泌水率测定仪、混凝土收缩测长仪、砂浆搅拌机、混凝土抗渗仪、砂浆抗渗仪、混凝土标准养护室（湿度95%以上）、混凝土收缩养护室（湿度60±5%）、1000kN、2000kN、3000kN压力试验机、分析天平、可见光光度计、火焰光度计、酸度计、高温炉、碳硫联合分析仪、化学实验室用通风橱、洗眼器、常用玻璃器皿试剂、化学标准物质等	

续表 A

序号	专业	检测项目（参数）	主要设备	检测人员
1	建筑材料	⑤砖、砌块的物理力学性能检测	⑤材料试验机、低温冰箱、电热鼓风干燥箱、蒸煮箱、收缩定仪、碳化箱、手持应变仪、抗渗装置、砖用卡尺等。	建筑材料专业或相关专业，大专及以上学历，达到规定的检测工作经历及检测工作经验的工程师及以上人员不少于1人；化学专业，大专及以上学历，达到规定的化学分析工作经验的工程师及以上人员不少于1人；经考核持有效上岗证的检测人员不少于8人；检测项目（参数）较少的，可适当降低检测人员的数量，但不应少于5人
		⑥沥青及沥青混合料的物理力学性能及有害物含量检测；防水卷材、涂料物理力学性能检测	⑥带大变形检测的电子万能试验机、低温试验箱、低温弯折仪、抗穿孔仪、动态抗干不透水仪、邵氏硬度计、天平、大烘箱、实验室温湿度监控设备 沥青延度仪、针入度仪、软化点仪、旋转薄膜烘箱、闪点仪、蜡含量测定仪、马歇尔测定仪、马歇尔电动击实仪、沥青混合搅拌机、恒温水浴箱、天平、卡尺、离心抽提仪（四流抽提仪）或燃烧炉、车辙试样成型机、自动车辙试验仪、鼓风干燥箱、100kN压力机、游标卡尺、钢直尺等	
2	地基基础	①土工试验	电子秤、烘箱、环刀、标准击实仪、千斤顶、300kN压力机、密度测量器等	注册岩土工程师1人；达到规定检测工作经历及检测工作经验的工程师不少于2人；每个检测项目经考核持有效上岗证的人员不少于3人
		②土工布、土工膜、排水板（带）等土工合成材料的物理力学性能检测	分析天平、游标卡尺、土工布厚度仪、等效孔经试验仪、动态穿孔试验仪、电子万能试验机、CBR顶破装置、土工合成材料渗透仪、低温试验箱、空气热老化试验箱、排水板通水量仪等	
		③桩（完整性、承载力、强度）、地基、成孔、基础施工监测	静载反力系统（钢梁、千斤顶、配重等），加载能力均不低于10000kN；100t、200t、300t、500t千斤顶； 高应变动测仪、不低于8t的重锤和锤架、精密水准仪、拟合法软件；低应变动测仪、不同锤重的激振锤；具有波列储存功能的非金属超声仪、两种频率的换能器；高速液压钻机、测斜仪、标准贯入试验设备及地基承载力试验设备、复合地基检测设备；张拉千斤顶；精密水准仪、经纬仪、全站仪、测斜仪、钢弦频率仪、静态电阻应变仪、孔压计、水位计等	
3	混凝土结构	回弹法检测强度、钻芯法检测强度、超声法检测缺陷、钢筋保护层厚度检测、后锚固件拉拔试验、碳纤维片正拉粘结强度试验	回弹仪、钻芯机、钢筋位置测试仪、600kN拉力试验机、1000kN压力试验机、后锚固件拉拔仪、碳纤维片拉拔仪、结构构件变形测量仪等	达到规定检测工作经历及检测工作经验的工程师及以上技术人员不少于4人，其中1人应当具备一级注册结构工程师；每个检测项目经考核持有效上岗证的检测人员不少于3人； 报告审核人、批准人为工程类相关专业工程师及以上技术人员。经考核持有效钢结构无损探伤资质证书的检测人员不少于2人
4	砌体结构	回弹法检测砌筑砂浆强度、贯入法检测砌筑砂浆强度、回弹法检测烧结普通砖强度	砂浆回弹仪、砂浆贯入仪、砖回弹仪等	
5	钢结构	无损检测（超声、射线、磁粉）、防火和防腐涂层厚度检测、节点、螺栓等连接件力学性能检测、钢结构变形测量、化学成分分析	超声探伤仪、射线探伤仪、磁粉探伤仪、600kN、1000kN拉力试验机、涡流测厚仪、电磁测厚仪、结构变形测量仪器、钢材化学成分分析设备等	

续表 A

序号	专业	检测项目（参数）	主要设备	检测人员
6	室内环境	空气中氡、甲醛、苯、TVOC、氨的检测、装饰有害物质含量的检测、土壤中氡浓度检测	气相色谱仪（其中应有直接进样），空气采样器，空气流量计、气压计、土壤测氡仪、紫外可见分光光度计、粒料粉磨机、低本底能谱仪，具备化学实验室的设施环境，常用器皿，常用试剂等	化学专业、本科及以上学历，工程师及以上技术人员不少于1人，经考核持有效上岗证的检测人员不少于3人
7	结构鉴定	各种结构、地基基础检测项目、建筑物变形测量、结构荷载试验	各种结构、地基基础检测项目仪器、建筑变形测量仪器、位移计、万能试验机、结构计算软件等	检测人员经考核持有效上岗证每一检测项目不少于3人；报告编写人员具备工程师及以上技术职称； 报告审核、批准人均具备高级工程师，其中1人具备一级注册结构工程师
8	建筑节能	①保温材料导热系数、密度、抗压强度或压缩强度、燃烧性能（限有机保温材料），保温绝热材料的检测	量程不小于20kN电子万能试验机、导热分散测定仪、分析天平、砂浆搅拌机、分层度仪、收缩仪、标准养护箱、300kN压力试验机、低温试验箱、高温炉、漆膜冲击仪、吸水率检测用真空装置、电位滴定仪、围护结构稳态热传递检测系统、导热系数测定仪、钻芯机、电线电缆导体电阻测试仪、含（0～3300）mm全波段分光光度仪、（2500～25000）mm红外光谱仪、燃烧性能试验室等	工程师及以上技术人员1人； 经考核持有效上岗证的检测人员不少于3人
		②外墙外保温系统及其构造材料的物理力学性能检测；墙体砌块（砖）材料密度、抗压强度、构造的热阻或传热系数测定；墙体、屋面的浅色饰面材料的太阳辐射吸收系数，遮阳材料太阳光透射比、太阳光反射比检测		
		③围护结构实体构造的现场检测		
9	建筑幕墙、门窗及外墙面砖	①幕墙门窗的“三性”检测、现场抽样玻璃的遮阳系数、可见光透射比、传热系数、中空玻璃露点检测、门窗保温性能检测、隔热型材的抗拉强度、抗剪强度检测等	幕墙“三性”测试系统（箱体高度≥16m，宽度≥10m，压力≥12kPa）、门窗“三性”测试系统（压力≥5.0kPa）、型材镀（涂）测厚仪、焊角测试仪、幕墙门窗玻璃光学性能测试设备[含（0～3300）mm全波段分光光度计、红外分光光度计、中空玻璃露点测试仪]、电子万能试验机（附−60℃和300℃下的拉伸附件）、硅酮结构胶相容性试验箱等、饰面砖粘结强度检测仪等	工程师及以上技术人员1人； 经考核持有效上岗证的检测人员不少于3人
		②幕墙门窗用型材的镀（涂）层厚度检测		
		③塑料门窗的焊角（可焊性）检测		
		④硅酮结构胶的相容性试验		
		⑤饰面砖粘结强度检测		

续表 A

序号	专业	检测项目（参数）	主要设备	检测人员
10	建筑电气	①电线电缆的电性能、机械性能、结构尺寸和燃烧性能的检测、电线电缆截面、芯导体电阻值 ②变配电室的电源质量分析 ③典型功能区的平均照度、接地电阻值、防雷检测和功率密度检测	电子万能试验机、导体电阻测试仪、绝缘电阻测试仪、闪络击穿试验装置、燃烧试验装置、低倍投影仪、电能质量分析仪、照度计、接地电阻测量仪、防雷检测设备等	电气专业大专及以上学历，达到规定检测工作经历及检测工作经验的工程师及以上技术人员1人，经考核持有效上岗证的检测人员不少于3人
11	建筑给排水及采暖	管道、管件强度及严密性检测、管道保温、焊缝检测、水温、水压	水泵、各式压力表、温度仪、焊缝检测设备等	焊接专业工程师1人，经考核持有效上岗证的检测人员不少于3人
12	通风与空调	①风管和风管系统的漏风量、系统总风量和风口风量、空调机组水流量、系统冷热水、冷却水流量的检测；制冷机性能系数，水泵能效系数检测，室内空气温湿度检测、全空气空调系统送、排风风机的风量、风压及单位风量耗功率、风量平衡、空调机组冷冻水供回温差、冷冻水系统水力平衡、冷却塔效率、循环水泵流量、杨程、电机功率及输送能效(ER)，冷却塔热力性能、流量、电机功率、冷热源设备的制冷、制风量、输入功率性能系数（COP）现场检测 ②空调系统风机盘管机组的供冷量、供热量、风量、出口静压和噪声检测	风管漏风量测装置、风量罩、超声波流量计、电力质量分析仪、数字温湿度计，温湿度自动采集仪、压力传感器、数据采集仪、皮托管、温湿度传感器压计；风机盘管机组焓差试验装置、噪声测试系统等	暖通专业大专及以上学历，达到规定检测工作经历及检测工作经验的工程师及以上技术人员1人，经考核持有效上岗证的检测人员不少于3人
13	建筑电梯运行	各种电梯性能检测	电梯性能检测系统设备、电气检测设备及有关材料性能检测设备等	电气专业、机械专业工程师及以上技术人员各1人，经考核持有效上岗证的检测人员不少于3人
14	建筑智能	各系统性能测试	各系统性能的各种测试设备，能形成综合调试检测成果，电气检测设备等	计算机专业工程师及以上技术人员2人，经考核持有效上岗证的检测人员不少于3人
15	燃气管道工程	管道强度严密性等项目； 燃气器具检测	项目相应的设备、仪器等。同管道专业	同建筑给排水及采暖

续表 A

序号	专业	检测项目（参数）	主要设备	检测人员
16	市政道路	厚度、压实度、承载能力（弯沉试验）、抗滑性能	路面回弹弯沉值测定仪、多功能电动击实仪、标准土壤筛、标准振筛机、摩擦系数测定仪、含水率测定仪等	达到规定检测工作经历及检测工作经验的工程师及以上技术人员1人；经考核持有效上岗证的检测人员不少于3人
17	市政桥梁	桥梁动载试验、桥梁静载试验。桥体及基础结构性能	桥梁挠度检测仪1套、静态电阻应变测试系统1套、动态应变采集系统1套、钢弦频率仪2台、震动测试仪2套、激光测距仪2台。桥体及基础结构性能检测同结构鉴定	达到规定检测工作经历及检测工作经验的道桥专业高级工程师1人；达到规定检测工作经历及检测工作经验的工程师2人；经考核持有效上岗证的检测人员不少于3人
18	其他	①施工升降机及作业平台 ②建筑机械检测 ③安全器具及设备检测	建筑机械检测设备、建筑电梯检测设备、脚手架扣件测定仪、安全帽检测设备、安全带及安全网检测设备等	机械专业大专及以上学历，达到规定检测工作经历及检测工作经验的工程师及以上技术人员1人；经考核持有效上岗证的检测人员不少于3人

注：1 本表列出的各专业检测项目（参数）是检测机构应具备的最基本的检测项目（参数）。
2 为保证检测项目（参数）的结果正确，规定了检测项目应配备的设备、技术人员。
3 拥有建筑材料，施工过程的有关检测项目及其他专项检测中的五项及以上检测项目（参数）的检测机构，多项目综合检测机构的人员、设备配备可适当调整。

附录B 检测机构技术能力、基本岗位及职责

B.0.1 技术负责人。应具有相应专业的中级、高级技术职称，连续从事工程检测工作的年限符合相关规定，全面负责检测机构的技术工作，其岗位职责如下：

1 确定技术管理层的人员及其职责，确定各检测项目的负责人；

2 主持制定并签发检测人员培训计划，并监督培训计划的实施；

3 主持对检测质量有影响的产品供应方的评价，并签发合格供应方名单；

4 主持收集使用标准的最新有效版本，组织检测方法的确认及检测资源的配置；

5 主持检测结果不确定度的评定；

6 主持检测信息及检测档案管理工作；

7 按照技术管理层的分工批准或授权有相应资格的人批准和审核相应的检测报告；

8 主持合同评审，对检测合作单位进行能力确认；

9 检查和监督安全作业和环境保护工作；

10 批准作业指导书、检测方案等技术文件；

11 批准检测设备的分类，批准检测设备的周期校准或周期检测计划并监督执行；

12 批准实验比对计划和参加本地区组织的能力验证，并对其结果的有效性组织评价。

B.0.2 质量负责人。应具有相应专业的中级或高级技术职称，连续从事工程检测工作的年限符合相关规定，负责检测机构的质量体系管理，其岗位职责如下：

1 主持管理（质量）手册和程序文件的编写、修订，并组织实施；

2 对管理体系的运行进行全面监督，主持制定预防措施、纠正措施，对纠正措施执行情况组织跟踪验证，持续改进管理体系；

3 主持对检测的申诉和投诉的处理，代表检测机构参与检测争议的处理；

4 编制内部质量体系审核计划，主持内部审核工作的实施，签发内部审核报告；

5 编制管理评审计划，协助最高管理者做好管理评审工作，组织起草管理评审报告；

6 负责检测人员培训计划的落实工作；

7 主持检测质量事故的调查和处理，组织编写并签发事故调查报告。

B.0.3 检测项目负责人。应具有相应专业的中级技术职称，从事工程检测工作的年限符合相关规定，负责本检测项目的日常技术、质量管理工作，其岗位职责如下：

1 编制本项目作业指导书、检测方案等技术文件；

2 负责本项目检测工作的具体实施，组织、指导、检查和监督本项目检测人员的工作；

3 负责做好本项目环境设施、检测设备的维护、保养工作；

4 负责本项目检测设备的校准或检测工作，负责确定本项目检测设备的计量特性、分类、校准或检测周期，并对校准结果进行适用性判定；

5 组织编写本项目的检测报告，并对检测报告进行审核；

6 负责本项目检测资料的收集、汇总及整理。

B.0.4 设备管理员。应具有检测设备管理的基本知识和工程检测工作的基本知识，从事工程检测工作的年限符合相关规定，负责检测设备的日常管理工作，其职责如下：

1 协助检测项目负责人确定检测设备计量特性、规格型号，参与检测设备的采购安装；

2 协助检测项目负责人对检测设备进行分类；

3 建立和维护检测设备管理台账和档案；

4 对检测设备进行标识，对标识进行维护更新；

5 协助检测项目负责人确定检测设备的校准或检测周期，编制检测设备的周期校准或检测计划；

6 提出校准或检测单位，执行周期校准或检测计划；

7 对设备的状况进行定期、不定期的检查，督促检测人员按操作规程操作，并做好维护保养工作；

8 指导、检查法定计量单位的使用。

B.0.5 检测信息管理员。具有一级及以上计算机证书，负责本机构信息化工作、局域网及信息上传工作，其职责如下：

1 建立和维护计算机本系统、局域网，作好网络设备、计算机系统软、硬件的维护管理；

2 负责本系统、局域网与本地区信息管理系统控制中心连接的管理工作，确保网络正常连接，准确、及时地上传检测信息；

3 作好检测数据的积累整理；

4 作好检测信息统计及上报工作。

B.0.6 档案管理员。应具有相应的文秘基本知识，负责档案管理的具体工作，其职责如下：

1 指导、督促有关部门或人员作好检测资料的填写、收集、整理、保管，保质保量按期移交档案资料；

2 负责档案资料的收集、整理、立卷、编目、归档、借阅等工作；

3 负责有效文件的发放和登记，并及时回收失效文件；

4 负责档案的保管工作，维护档案的完整与安全；

5 负责电子文件档案的内容应与纸质文件一致，一起归档；

6 参与对已超过保管期限档案的鉴定，提出档案存毁建议，编制销毁清单。

B.0.7 检测操作人员岗位。应经过相应各种检测项目的技术培训，经考核合格，取得岗位证书，其职责如下：

1 掌握所用仪器设备性能、维护知识和正确保管使用；

2 掌握所在检测项目的检测规程和操作程序；

3 按规定的检测方法进行检测，坚持检测程序；

4 作好检测原始记录；

5 对检测结果在检测报告上签字确认；

6 负责所用仪器、设备的日常保管及维护清洁工作；

7 负责所用仪器、设备使用登记台账；

8 负责检测项目工作区的环境卫生工作等。

附录C 常用检测设备管理分类

C.0.1 A类检测设备主要设备宜符合表C.0.1的规定：

表C.0.1 A类检测设备主要设备表

设备名称 / 分类	主要检测设备名称
A类	*压力试验机、*拉力试验机、*抗折试验机、*万能材料试验机、*非金属超声波检测仪、台称、案称、混凝土含气量测定仪、混凝土凝结时间测定仪、砝码、游标卡尺、恒温恒湿箱（室）、干湿温度计、冷冻箱、试验筛（金属丝）、*全站仪、*测距仪、*经纬仪、*水准仪、天平、热变形仪、*测厚仪、千分表、百分表、*分光光度计、*原子吸收分光光度计、*气相色谱仪、酸度计（室内环境检测用）、低本底多道γ能谱仪、氡气测定仪、*各类冲击试验机、兆欧表、*塑料管材耐压测试仪、*声级校准器、火焰光度计、*耐压测试仪、声级计、光谱分析仪、引伸仪、力传感器、工作测力环、碳硫分析仪、*螺栓轴向力测试仪、扭矩校准仪、*X射线探伤仪、射线黑白密度计、基桩动测仪、基桩静载仪、*回弹仪、预应力张拉设备、钢筋保护层厚度测定仪、拉拔仪、贯入式砂浆强度检测仪、沥青针入度仪、沥青延度仪、沥青混合料马歇尔试验仪、粘结强度检测仪、贝克曼梁路面弯沉仪、平整度仪、摆式摩擦系数测定仪、沥青软化点测试仪、弹性模量测试仪、保护热平板导热仪、*单平板高温导热仪、*双平板导热仪、抗拉拔/抗剪试验装置、轴力试验装置、各类硬度计、测斜仪、频率计、应变计

注：带"*"的设备为应编制使用操作规程和做好使用记录的设备。

C.0.2 B类检测设备主要设备宜符合表C.0.2的规定：

表C.0.2 B类检测设备主要设备表

设备名称 / 分类	主要检测设备名称
B类	抗渗仪、振实台、雷氏夹、液塑限测定仪、环境测试舱、磁粉探伤仪、透气法比表面积仪、砝码、游标卡尺、高精密玻璃水银温度计、电导率仪、自动电位滴定仪、酸度计（非环境检测用）、旋转式黏度计、氧指数测定仪、白度仪、水平仪、角度仪、数显光泽度仪、巡回数字温度记录仪（包括传感器）、表面张力仪、漆膜附着力测定仪、漆膜冲击试验器、电位差计、数字式木材测湿仪、初期干燥抗裂性试验仪、刮板细度计、＊幕墙空气流量测试系统、＊门窗空气流量测试系统、拉力计、物镜测微尺、＊砂石碱活性快速测定仪、扭转试验机、比重计、测量显微镜、土壤密度计、钢直尺、泥浆比重计、分层沉降仪、水位计、盐雾试验箱、耐磨试验机、紫外老化箱、维勃稠度仪、低温试验箱。 水泥净浆标准稠度与凝结时间测定仪、水泥净浆搅拌机、水泥胶砂搅拌机、水泥流动度仪、砂浆稠度仪、混凝土标准振动台、水泥抗压夹具、胶砂试体成型、击实仪、干燥箱、试模、连续式钢筋标点机。 水泥细度负压筛析仪、压力泌水仪、贯入阻力仪、（穿孔板）试验筛、高温炉测温系统

注：带“＊”的设备为应编制使用操作规程和做好使用记录的设备。

C.0.3 C类检测设备主要设备宜符合表C.0.3的规定：

表C.0.3 C类检测设备主要设备表

设备名称 / 分类	主要检测设备名称
C类	钢卷尺、寒暑表、低准确度玻璃量器、普通水银温度计、水平尺、环刀、金属容量筒、雷氏夹膨胀值测定仪、沸煮箱、针片状规准仪、跌落试验架、憎水测定仪、折弯试验机、振筛机、砂浆搅拌机、混凝土搅拌机、压碎指标值测定仪、砂浆分层度仪、坍落度筒、弯芯、反复弯曲试验机、路面渗水试验仪、路面构造深度试验仪

附录D 检测合同的主要内容

D.0.1 检测合同可包括检测合同、检测委托单、检测协议书等委托文件。

D.0.2 检测合同应明确如下主要内容：

1 合同委托双方单位名称、地址、联系人及联系方式。

2 工程概况。

3 检测项目及检测结论。接受委托的工程检测项目应逐项填写，提出实验室检测、现场工程实体检测项目及要求，并附委托检测项目标准名称及收费一览表。

4 检测标准，并附标准名称表。

5 检测费用的核算与支付：

1）确定各检测项目单价清单，并附表；

2）明确结算付款方式；

3）规定检测项目费用有异议时的解决方式。

6 检测报告的交付：

1）乙方交付检测报告时间的约定，各项目应附表，检测报告份数；

2）双方约定检测报告交付方式。

7 检测样品的取样、制样、包装、运输：

1）双方约定检测试件的交付方式，双方的工作内容及责任。乙方按有关规定对检测后的试件进行留样及特殊要求。有特殊要求的应在合同中说明；

2）检测样品运输费用的承担。

8 甲方的权利义务。

9 乙方的权利义务。

10 对检测结论异议的处理。甲方对检测结论有异议的，可由双方共同认可的检测机构复检。复检结论与原检测结论相同，由甲方支付复检费用；反之，则由乙方承担复检费用。若对复检结论仍有异议的，可向建设主管部门申请专家论证解决。

11 违约责任。

12 其他约定事项。

13 争议的解决方式。

14 合同生效、双方签约及双方基本信息。

15 其他事项。

附录E 检测原始记录、检测报告的主要内容

E.0.1 试验室检测原始记录应包括下列内容：

1 试样名称、试样编号、委托合同编号；

2 检测日期、检测开始及结束的时间；

3 使用的主要检测设备名称和编号；

4 试样状态描述；

5 检测的依据；

6 检测环境记录数据（如有要求）；

7 检测数据或观察结果；

8 计算公式、图表、计算结果（如有要求）；

9 检测方法要求记录的其他内容；

10 检测人、复核人签名。

E. 0. 2 现场工程实体检测原始记录应包括下列内容：

1 委托单位名称、工程名称、工程地点；

2 检测工程概况，检测鉴定种类及检测要求；

3 委托合同编号；

4 检测地点、检测部位；

5 检测日期、检测开始及结束的时间；

6 使用的主要检测设备名称和编号；

7 检测的依据；

8 检测对象的状态描述；

9 检测环境数据（如有要求）；

10 检测数据或观察结果；

11 计算公式、图表、计算结果（如有要求）；

12 检测中异常情况的描述记录；

13 检测、复核人员签名，有见证要求的见证人员签名。

E. 0. 3 试验室检测报告应包括下列内容：

1 检测报告名称；

2 委托单位名称、工程名称、工程地点；

3 报告的编号和每页及总页数的标识；

4 试样接收日期、检测日期及报告日期；

5 试样名称、生产单位、规格型号、代表批量；

6 试样的说明和标识等；

7 试样的特性和状态描述；

8 检测依据及执行标准；

9 检测数据及结论；

10 必要的检测说明和声明等；

11 检测、审核、批准人（授权签字人）不少于三级人员的签名；

12 取样单位的名称和取样人员的姓名、证书编号；

13 对见证试验，见证单位和见证人员的姓名、证书编号；

14 检测机构的名称、地址及通信信息。

E. 0. 4 现场工程实体检测报告应包括下列内容：

1 委托单位名称；

2 委托单位委托检测的主要目的及要求；

3 工程概况，包括工程名称、结构类型、规模、施工日期、竣工日期及现状等；

4 工程的设计单位、施工单位及监理单位名称；

5 被检工程以往检测情况概述；

6 检测项目、检测方法及依据的标准；

7 抽样方案及数量（附测点图）；

8 检测日期，报告完成日期；

9 检测项目的主要分类检测数据和汇总结果；检测结果、检测结论；

10 主要检测人、审核和批准人的签名；

11 对见证检测项目，应有见证单位、见证人员姓名、证书编号；

12 检测机构的名称、地址和通信信息；

13 报告的编号和每页及总页数的标识。

本规范用词说明

1 为便于在执行本规范条文区别对待，对要求严格程度不同的用词说明如下：

1）表示很严格，非这样做不可的用词：

正面词采用“必须”，反面词采用“严禁”；

2）表示严格，在正常情况下均应这样做的用词：

正面词采用“应”，反面词采用“不应”或“不得”；

3）表示允许稍有选择，在条件许可时首先这样做的词：

正面词采用“宜”，反面词采用“不宜”；

4）表示有选择，在一定条件下可以这样做的，采用“可”。

2 本规范中指明应按其他有关标准、规范执行的，写法为“应符合……的规定”或“应按……执行”。

中华人民共和国国家标准

房屋建筑和市政基础设施工程质量检测技术管理规范

GB 50618—2011

条 文 说 明

制 定 说 明

《房屋建筑和市政基础设施工程质量检测技术管理规范》GB 50618－2011 经住房和城乡建设部 2011 年 4 月 2 日以第 973 号公告批准、发布。

本规范制定过程中，编制组对国内建筑工程和市政基础设施工程建设过程工程质量控制检测及其使用过程管理检测的情况进行了广泛的调查研究，总结了多年来的实践经验，为保证工程检测的客观性和科学性，将工程全过程质量检测的技术管理提出了要求。

为便于广大建设、监理、设计、施工、房屋业主和市政基础设计管理部门有关人员在使用本规范时，能正确理解和执行条文规定。《房屋建筑和市政基础设施工程质量检测技术管理规范》编制组按章、节、条顺序编制了本规范的条文说明，对条文规定的目的、依据以及执行中需注意的有关事项进行了说明。但是，本条文说明不具备与标准正文同等的效力，仅供使用者作为理解和把握规范规定的参考。

目　次

1 总　　则

1.0.1 本条是本规范编制的依据、宗旨、目的。本规范依据国家《建设工程质量管理条例》及有关国家现行的工程建设管理法规编制，编制目的是为了保证房屋建筑工程和市政基础设施工程的质量，突出检测工作的重要性，工程检测活动是工程建设过程质量控制、竣工验收和建成后房屋建筑工程、市政基础设施的使用过程管理的主要手段。

1.0.2 本规范适用于建设工程施工过程及使用过程的有关建筑材料、工程实体质量（功能质量、结构性能、结构构件）等检测。本规范是规范工程检测工作及检测成果、数据的依据，也可作为考核检测机构及其技术管理工作的依据。

1.0.3 工程检测技术管理除执行本规范外，还应遵守国家现行有关标准的规定。

2 术　　语

本章列出9个常用术语，以简化和规范本规范条文，使用更方便、精练、表达意思更一致。这些术语是针对本规范定义的，其他地方使用仅供参考。

3 基 本 规 定

3.0.1 本条对检测工作提出基本原则要求，应正确执行国家现行有关检测的技术标准。主要有工程质量验收规范、建筑材料标准、试验方法标准，以及工程结构检测鉴定、危险房屋检测鉴定等标准。

3.0.2 本条规定了检测机构应具备的资质。因为检测数据直接关系工程质量、安全。强调检测机构的资质应是建设主管部门考核认定发给相应的资质证书。

3.0.3 本条为强制性条文。因检测的数据和结论是判定工程质量的重要依据，为保证工程安全和人民生命安全，规定了检测机构应在其认定的技术能力和资质规定的工作范围内开展检测工作，是保证检测质量的重要措施。

3.0.4 本条为强制性条文。规定了检测机构对出具的检测报告负责，明确了检测机构的法律责任。强调了检测报告的重要性，必须达到真实、准确、科学、规范。

3.0.5 本条规定了检测机构应认真执行见证取样、送检和现场工程实体见证检测的规定，实行见证取样送检的试件，无见证人员或无见证封样措施的不得接受检测；对要求现场实体检测的见证检测项目，无见证人员到场不得进行检测。

3.0.6 本条规定检测机构应建立技术管理体系，在检测过程中，当检测工作出现不符合规范的问题时，能自行发现改正，这是一个单位管理制度完善的体现，也是及时纠正不足和持续改进完善技术管理的体现。

3.0.7 本条规定检测机构的检测技术能力应有一个基本的技术要求，开展检测项目应具备的基本仪器设备和人员配备等基本技术要素，即附录A中列出的项目，这样才能有利检测的技术管理。

3.0.8 本条要求检测机构应采用计算机、网络技术等手段，建立工程检测管理信息系统，实施检测数据自动采集、整理、分析、传输及信息共享等，提高检测工作科学性、规范性及工作效率。

3.0.9 本条要求检测机构建立检测档案管理制度及日常检测资料管理制度，包括检测原始资料台账，特别是检测不合格项目的处理记录等，以便不断改进检测管理水平。

3.0.10 本条是强制性条文，要求检测单位作好已检试件的留置和保管，这样做是便于做到检测数据有可追溯性，当检测报告发现问题时，便于检查和验证。经过多方征求意见，留置时间不宜过长，不然场地占用太多，太短又起不到追溯的作用，权衡之后定为72h。

3.0.11 本条规定了工程检测的委托，明确提出应委托有相应资质的检测单位。通常施工期间由建设单位或施工单位来委托；使用期间由既有房屋业主、市政基础设施管理单位来委托。由于检测报告、检测的数据、结论是工程质量责任主体范围，由其委托更有可靠性。

另外，见证检测、鉴定检测等宜委托主管部门指定或授权的检测机构。

3.0.12 本条规定了施工单位要按工程项目施工进度编制检测计划，配备相应的人员作好检测取样、试件制备、试件现场养护及现场检测的抽取检测部位及检测点的工作，而且应满足施工质量验收规范、有关规范和检测标准的规定。

3.0.13 本条为强制性条文。工程检测是确保工程质量和安全重要的环节，而检测试样的真实性又是检测的关键前提，任何弄虚作假的行为都会给工程质量和人民群众生命财产的安全留下巨大隐患，是不能容忍的。提供试样的相关机构和人员应为试样的真实性、规范性承担法律责任，包括送样及取样。

4 检测机构能力

4.1 检 测 人 员

4.1.1 本条是强制性条文。强调检测人员是检测工作的基本技术能力要素之一，没有符合要求的技术人员，就做不好相应的检测工作。所以要求检测机构按照所开展的检测项目配备相应数量、符合技术能力要求的检测人员。

4.1.2 本条规定了每个检测项目中检测人员具体配备的要求，其配备在本规范附录A中作了规定，可以参照执行；并提出检测机构应设置的技术岗位，可以参照本规范附录B执行，这是检测技术管理的一个重点。

4.1.3 本条对检测机构的技术负责人、质量负责人、检测报告批准人提出了要求。要具有工程技术专业类工程师及以上技术职称，包括一级注册结构工程师，有规定的检测工作经历及检测工作经验。检测报告批准人由检测机构最高管理者授权。同时，对检测报告审核人也作出了规定，应由检测机构技术负责人授权，掌握相关领域知识，有规定的检测工作经历及检测工作经验。这是因为他们是检测机构的技术力量、核心力量，技术把关人员，不然检测工作就很难做好。

4.1.4 本条规定检测机构持证检测操作人员的人数，室内检测项目每个项目持证操作人员不少于2人；现场检测项目每个项目持证操作人员不少于3人。同时，在附录A的说明中注明在综合检测机构检测项目多时，每个检测操作人员可以适当兼职，但兼职不宜过多。

4.1.5 本条规定了检测操作人员应经技术培训，通过省级住房和城乡建设主管部门或委托有关机构考核合格才能从事检测工作，给人员配备设置了门槛。本条是保证检测操作质量的重要措施。

4.1.6 本条要求检测机构的检测人员每年应进行脱产继续教育学习，以保证检测技术知识及时更新，每个检测人员每年学习时间应按当地及行业要求执行。有些地方及部门规定专业技术岗位的每年的继续教育时间不少于72学时，可参考。

4.1.7 本条规定了检测人员的岗位证书应定期进行确认，一般每3年审核一次，以保证检测工作跟上科技进步。

4.2 检测设备

4.2.1 本条是强制性条文。强调检测设备是检测工作的基本技术能力要素之一，没有符合要求的检测设备，就做不好检测工作。所以，规定检测机构应根据所开展检测项目范围，配备相应的、符合规范要求性能的、必要数量的、相应规格、品种及精度的检测设备，来满足检测工作的开展。同时，检测设备要经常保持其在有效期内及良好状态，检测的数据才有科学性、规范性和可比性，才能正确反映工程的质量状况。检测机构应有所开展检测项目需要的全部检测设备，并保持其精确度及有效性，才能发挥其应有作用。每项检测项目的检测设备配置本规范附录A作出了规定，可参照执行。这也是检测技术管理的一个重点方面。

4.2.2 本条为加强检测设备的配备及管理，检测设备配备应符合本规范附录A的规定；其管理宜分为A、B、C三类来分别管理，三类设备仪器的划分可根据检测机构的具体情况，参照本规范附录C的要求。这样分别管理可突出重点，提高效率。重要的严格管理，比较重要的一般管理，一般的能保证使用精度就可由技术负责人批准的办法管理就行了。

4.2.3 本条列出了A类检测设备的主要设备及条件。

4.2.4 本条列出了B类检测设备的主要设备及条件。

4.2.5 本条列出了C类检测设备的主要设备及条件。

4.2.6 本条规定A类、B类为重点管理的检测设备。按规定开展检测使用前应进行首次校准或检测。放置在规定的环境内，保持其精度。维修后使用，或搁置时间较长时间后使用，应重新进行校准或检测。

目前国家对检测设备有检定、校准、检测或测试的要求。检定主要是对精密计量器具。工程检测机构的检测设备绝大多数是校准、检测或测试级别的，所以没列出检定档次的，如有的检测机构有精密计量器具应按规定进行检定。

4.2.7 本条规定检测设备的校准或检测应到有资格的单位进行。

4.2.8 本条规定A类检测设备除首次校准或检测外，还应定期校准或检测，其校准或检测周期应按有关标准规定、检测设备出厂技术说明或校准单位建议周期来校准或检测。其检测设备范围见本规范附录C第C.0.1条的规定。

4.2.9 本条规定B类检测设备校准或检测周期，根据其设备的性能特点，结合实际使用情况，在能保证其检测量值准确可靠的原则下，来确定B类设备的校准或检测周期。其检测设备范围见本规范附录C第C.0.2条的规定。

4.2.10 本条规定A类、B类检测设备应有周期校准或检测计划，并按计划进行管理。

4.2.11 C类检测设备主要是一些常用的精度要求不高的检测设备，设备的校准或检测周期，通常是在设备首次使用前校准或检测一次，直到报废或可由技术负责人根据本单位及工程的实际情况来确定。

4.2.12 本条规定检测设备的校准或检测结果由检测项目负责人负责管理，确认校准或检测结果后才能投入使用；并进行动态管理。要求在每个项目检测前应核对设备的状态，符合检测项目要求才能正式开展检测工作，以便达到预期的检测效果。

4.2.13 本条对检测机构自制的、改装的检测设备提出要求，首先应经过检测验收符合研制目标，然后应委托校准单位对设备进行校准，精度达到要求才能投入检测工作。

4.2.14 本条规定放置在检测场所的所有检测设备都应有统一的编号管理。在用的检测设备还必须标出设备校准或检测的有效期，符合精度要求的状态标识，才能使用，这是设备管理基本内容之一。

4.2.15 本条要求检测机构应建立检测设备的校准或检测周期台账。建立设备台账，记录和保存检测设备的信息，包括设备进场登记、各次校准或检测记录，保养、维护记录，使用记录等。

4.2.16 本条要求检测机构对大型的、复杂的、精密的检测设备，主要是在本规范附录C中用＊号标出的设备，应逐项根据其技术条件和工作环境等编制操作规程，并按规程操作。

4.2.17 本条规定每次检测时使用的主要检测设备，主要是在本规范附录C中用＊号标出的设备，使用时应有使用记录，并记入检测设备档案。使用记录主要对使用频次、时间及检测结果等情况进行记录，以了解该设备的使用情况。对现场工程实体检测使用的主要设备还应记录领用、归还情况。使用记录主要应包括下列内容：

1 设备的名称、管理编号；

2 试样名称、编号、数量；每组试验开始和结束时间；

3 操作过程中设备的异常情况及处理措施；

4 现场工程实体检测设备应有领用日期、归还日期、领用人、检测项目及归还设备的检查情况等；

5 使用人签名。

4.2.18 本条规定了检测设备的日常维护、保养是设备保持良好技术状态的保证。检测机构应制订检测设备的维护保养制度，并按规定进行维护保养，并作好相应记录。

4.2.19 本条规定为保证检测数据的正确，当出现有可能影响检测数据正确的情况时，检测设备应及时进行校准或检测，并列出应及时进行校准或检测的四种情况。

4.2.20 本条规定当检测设备出现不正常情况时，为保证检测数据的正确，应停止使用，并列出了常见的四种不得继续使用的情况。

4.3 检测场所

4.3.1 本条规定检测场所也是保证检测工作正常开展的必要的基本技术能力之一，包括房屋、场地条件等；而且房屋、工作场地还要满足检测设备合理布局及检测流程的要求，才能保证检测数据的正确。

4.3.2 本条规定了检测场所的环境条件要求，要求保证满足检测工作正常开展和工作人员正常工作的条件，以免对检测结果造成影响；并在检测过程记录环境条件，以证明对检测结果的正确、规范。

4.3.3 本条列出了检测场所的环境条件，除客观条件还包括检测场所本身的环境条件，如检测使用的化学试剂等；检测场所在检测过程中产生的有害废弃物；各项目的互相影响、工作安全以及振动、温度、湿度、噪声、洁净度等环境因素。所有这些都应采取有效的防治措施，以证明检测环境符合有关规定，并有防止上述因素造成影响的应急处置措施。

4.3.4 本条规定为保证检测工作区域的环境，应设置标识。无关人员及物品不得进入检测区。

4.3.5 本条规定了检测区应建立安全工作制度，保证人员、设备及被检试件的安全；并应有安全预案，一旦出了情况，可以有准备的应对。

4.3.6 本条规定了消防的要求。检测场所应配备必要的消防器材，合理放置，以备使用，并应有专人管理。

4.4 检测管理

4.4.1 本条规定了检测机构具备了相应专业检测机构的检测技术能力的硬件条件，还应执行国家有关管理制度和技术标准，建立检测技术管理体系，并能有效运行，才能保证技术能力发挥作用。做到方法正确、操作规范、记录真实、数据结论准确，保证提供正确的检测结果。

4.4.2 本条规定检测机构要有自身的监督检查审核制度，保证制度的执行落实，凭自身能力能发现问题并及时纠正，不断改进完善管理制度和保证能力。

4.4.3 本条规定检测机构建立建设工程检测管理信息系统，是保证检测工作的科学管理的重要手段。检测机构建立有效的、完善的管理制度是保证检测工作有效正确开展的基本条件。包括检测全部过程中产生的信息采集、传递、储存、加工、维护等，以及人员、设备的管理制度、工作制度、岗位责任制度，工作程序、检测数据的管理，信息档案的管理等。这些工作使用管理信息系统管理就能提高管理水平和工作效率。

4.4.4 本条规定检测机构要充分利用检测管理信息系统的科学管理手段，有条件的检测机构要使系统覆盖到检测业务的全部流程及各检测项目上，在网络环境下运行。用管理程序来保证检测工作质量及检测数据的质量，提高检测工作的科学化管理。

4.4.5 本条规定管理信息系统应采用数据库管理系统，以保证系统管理的规范化，保证数据的传输安全、可靠，设置必要的数据接口，使系统与检测设备、设备与有关信息网络系统的互联互通。

4.4.6 本条规定信息系统软件的要求，应用软件要符合软件工程的基本要求，要通过相关部门的评审鉴定，满足功能要求，并定期进行论证。建设工程检测管理信息系统要尽可能包括检测管理的全部内容，如：合同管理、收样管理、试验管理、试验报告管理、检测数据分析管理及收费、人员、档案管理，以及系统维护管理等内容。

4.4.7 本条规定检测机构要有专人负责信息化管理工作，使管理信息系统随时符合有关技术规范要求。

当技术规范更新时，系统应及时更新应用软件。管理信息系统要达到三级安全保护能力要求，并保证正常有效运行，作好运行记录。

4.4.8 本条规定检测机构宜按规定定期报告主要技术工作。

4.4.9 本条规定检测机构为提高检测的规范性和科学性，应定期进行比对试验，并应积极参与当地组织的能力验证活动。

4.4.10 本条是强制性条文。规定检测机构出具的检测报告要科学、规范、真实，严禁出具虚假报告，这是保证检测报告有效的重要措施；并列出了虚假报告的主要情形。

5 检测程序

5.1 检测委托

5.1.1 本条规定检测委托的情况。施工过程的检测应以工程项目施工进度的情况来委托；工程实体检测应根据实际情况来委托；并委托有相应资质的检测机构，目的是保证检测数据和结果的客观、真实、规范等。

5.1.2 本条规定委托应签订书面检测合同。检测合同中要明确检测项目等要求，并注明见证检测项目。检测合同主要内容宜参照本规范附录D的规定。

5.1.3 本条规定检测项目的检测方法应遵守有关的检测方法标准。这些在材料、设备产品标准中和工程质量验收规范、设计文件中及专门的工程检测方法标准中都作了规定。检测机构应根据规定的方法进行检测。当检测项目无标准的检测方法或需要采用非标准检测方法时，委托合同中要给予说明。检测机构应事先编制检测作业指导书或非标准方法检测方案，并征得委托方的同意。

5.1.4 本条规定检测机构对现场工程实体检测的检测均要事前编制检测方案，经技术负责人批准。对鉴定检测、危房检测及重大、重要检测项目，以及为有争议事项提供检测数据的检测方案，还应取得委托方的同意。

5.2 取样送检

5.2.1 本条规定了建筑材料的检测取样，要建立取样人、见证人和供应商代表三方共同取样制度，这是为了保证取样的规范和真实，以防弄虚作假。取样要按有关标准规定选取。供应商参加见证的情况：一是采购合同中及有关标准中规定了的，供应商应参加。二是供应商要求参加的。否则供应商可以不参加，在采购合同中就要明确。取样人员按规定取样，做好试件标识，并记录有关情况，见证人、取样人及供应单位确认人签字，以示负责。

5.2.2 本条对取样作了规定。检测取样是正确检测的关键，先决条件，取样一定要正确规范，符合产品标准、施工质量验收规范以及相关标准规定的方法或设计要求的方法。建筑材料、制品本身带有标识的，应在有标识的部分取样，目的是为保证取样有代表性。如这些标准、规定都不适合取样时，可按照现行国家标准《随机数的产生及其在产品质量抽样检验中的应用程序》GB/T 10111的规定随机取样。

5.2.3 本条规定了取样试件的标识，要有唯一性。制备的试件除符合取样制备规定外，还应将试件的制作日期、代表工程部位、组的编号，以及设计要求等信息标在试件上，不得产生异议，并保证在养护、试验的流转过程中，不得脱落、变得模糊不清等。

5.2.4 本条规定施工过程中，建筑材料、工程实体等的抽样方法、检测程序等要依据有关建筑材料的产品标准，施工现场工程实体的检测要依据工程质量验收规范以及相应检测标准的规定。

5.2.5 本条规定了既有房屋、市政基础设施实体检测的抽样方法、检测程序及要求要按有关国家现行的规范、标准进行。包括桩基、现场工程实体检测、鉴定检测等。

建筑基桩承载力和桩身完整性检测的技术要求。基桩检测虽是施工过程工程实体检测，但其有很大的独立性，施工多数由专业队伍进行，故单独列出。其方法、程序、抽样方法及数量、评价方法等应符合建筑基桩检测的有关标准。检测结果应给出基桩检测报告，给出单桩承载力能否满足设计要求、桩身完整性类别。

现场工程实体检测的技术要求。主要包括结构可靠性鉴定检测、危险房屋鉴定检测以及为有质量争议提供判定依据的检测等。包括既有房屋、市政基础设施在设计寿命使用期内，以及超过设计寿命使用期的检测。使用过程中的检测，以保证既有房屋、市政基础设施使用过程安全管理，这是工程质量管理重要阶段。

现场工程实体检测，在《民用建筑可靠性鉴定标准》GB 50292、《建筑结构检测技术标准》GB/T 50344中，对检查、鉴定已作了规定。这些检查、鉴定的检测是工程检测必不可少的部分，而且越来越重要。这些包括安全鉴定（包括危险房屋鉴定及其他应急鉴定）、使用功能鉴定及日常维护检查、改变用途、改变使用条件和改造前的专门鉴定等；也可分为可靠性鉴定、安全性鉴定和正常使用鉴定。工程检测都是为其安全、合理使用提供可靠的技术管理。

现场工程实体检测进行鉴定取样选点时，通常应优先考虑下列部位为检测重点：

1 出现渗漏水部位的构件；

2 受到较大反复荷载或重力荷载作用的构件；

3 暴露在环境外的构件；

4 受到腐蚀的构件；

5 受到环境等污染的构件；

6 受到冻害的构件；

7 常年接触土壤、水的构件；

8 委托方提出的怀疑构件；

9 容易受到磨损、损伤的构件等。

危险房屋鉴定检测通常分三个层次进行，构件危险性鉴定、结构危险性鉴定和房屋、设施危险性鉴定。

5.2.6 本条规定现场工程实体检测的检测点选定后，应绘制检测点图，并经技术负责人批准。

5.2.7 本条规定了实行见证取样的检测项目，建设单位或监理单位应确定取样见证人员，每个工程项目应不少于2人，并事前通知检测机构。如果见证人员变动，应重新通知。

5.2.8 本条规定了对见证人员见证的要求，并列出了见证记录的主要内容。

5.2.9 本条规定了检测机构的收样员接受“送检”试件时，应对检测委托单位填写的内容进行详细检查外，还应对“取样试件”的状况详细检查，确认无误后，在检测委托单上签收。检测委托单应由送样单位填写好，检测机构接收试件检查情况应作出记录，并标明试件状态。

5.2.10 本条规定了试件接受时，要按年度建立收样台账、建立收样管理制度，并开具检测流转单。流转单上不得有委托方信息，以便保证检测的公正性。流转单可采用盲样、条形码技术等。

5.2.11 本条规定了检测机构自行取样时应做好试件抽取记录。取样记录主要内容：抽样方法、抽样人、环境条件、抽样位置，及样品的状态，包括正常规定条件下的偏离情况等。如有情况应告知相关人员，并在检测报告中说明。

5.2.12 本条规定了检测机构接受试件后，应将试件存放在符合条件的地点，确保试件正确存放、养护。

5.2.13 本条规定了对现场取样、制样需养护的试件，提出施工单位要建立现场试验管理制度。根据需要配备相应的取样、制样人员，制样设备及养护设施等，包括混凝土试件、砂浆试件、保温材料试件以及制样设备、标准养护室（箱）等。

5.3 检测准备

5.3.1 本条规定了检测机构在检测工作开始前的工作要求，首先是要落实试件的管理，除了制样、收样要按相关规定进行外，还应落实检测的保密工作。对作为质量证明的检测试件，检测收样人员、制样人员不得同时进行检测工作，并不得将委托方及试件的情况透露给检测人员，以防试件的数据等出现不公正。

5.3.2 本条规定检测前检测人员应核对试件编号与检测流转单一致，以保证与委托单、原始记录、检测报告相联系。

5.3.3 本条规定检测前应对所用设备的状态进行全面了解，以保证检测工作的正确进行。设备状态应符合使用规定，处于归零状态；自动采集数据的检测项目对设备及传感系统的配合进行检查，确认无误，再开始检测。

5.3.4 本条规定检测前要检查试件的贮存的环境条件、外观等情况，符合要求再进行检测。

5.3.5 本条规定首次使用的检测设备，首次开展检测项目及检测依据、环境条件发生变化时的检测项目，要对检测人员的资格、检测设备、环境条件等进行确认。

5.3.6 本条规定各项检测设备应由经考核取得上岗证书的专人使用。检查使用设备人员的上岗证书，检测操作人员应熟识有关设备的使用技术手册、操作规程和维护技术手册等。

5.3.7 本条规定检测工作开展前要列出检测依据的相关规范标准条文，进行熟识；并于检测前将检测环境按相关规范的要求，调整到其要求的状态。

5.3.8 本条规定现场工程实体检测前要制订有关安全措施；危险房屋检测还要先进行勘察，必要时按规定进行加固处理，以保证检测安全。

5.3.9 本条规定检测前要再次熟悉异常情况处理预案，以保证出现异常情况时，及时有针对性的采取措施。

5.3.10 本条规定检测前应核对各项检测所选用的检测方法、标准，能满足检测的要求。并列出了两项主要原则。

5.3.11 本条规定检测委托方应为检测工作正常进行提供必要的条件。如提供试件、试件正确；检测时间合理、充裕；现场工程实体检测还得提供相应条件进行配合等。

5.4 检测操作

5.4.1 本条为强制性条文。规定了检测采用的方法标准要是经双方确认的和检测方案中明确的。因为检测方法标准是检测结果的重要保证。

5.4.2 本条规定室内检测、现场工程实体检测都应由2名及其以上持证操作人员进行。目的是保证检测工作操作规范和防止出现差错。

5.4.3 本条规定检测原始记录应在检测过程中及时记录，试验室检测原始记录主要内容可参照本规范附录E第E.0.1条的规定。现场工程实体检测原始记录主要内容可参照本规范附录E第E.0.2条的规定。

5.4.4 本条规定原始记录更正用杠改，在原数据、文字处画杠，画杠后原数据等应清晰可见，并在杠改处旁边写上改后的数字、文字。应由原记录人签名或加盖原记录人印章，这样做便于追查。

5.4.5 本条规定对自动采集数据因检测设备故障引

起的更改，规定了更改程序。

5.4.6 本条规定了检测工作完成后的后续工作，包括检测报告自动生成的或手工生成的工作内容。有检测报告、检测数据的整理、检测设备的使用记录、检测环境记录，并作好检测设备清洁保养，检测环境的清洁工作。本条还规定了已检试件留置处理的补充要求。

5.4.7 本条规定了现场工程实体检测过程的见证工作要求，并列出了见证记录的主要内容。

5.4.8 本条规定了要做好工程现场检测安全工作，应遵守现场的安全制度，必要时应采取相应的安全措施。

5.4.9 本条规定工程实体检测场所检测后的环境保护工作。

5.5 检 测 报 告

5.5.1 本条规定检测机构应公示检测项目的检测周期，检测完成后应及时出具检测报告。

5.5.2 本条规定出具的检测报告应统一格式。A4纸打印，检测报告纸张不宜小于70g，页边距宜为上、下为25mm、左30mm、右20mm，多页的应有封面和封底。室内检测报告的内容可参照本规范附录E第E.0.3条的规定。现场工程实体检测报告的内容可参照本规范附录E第E.0.4条的规定。

5.5.3 本条规定检测报告应按规定编号，按年度、工程项目连续编号，每年中不得空号、重号，不得有改动等。

5.5.4 本条规定了检测报告出报告的程序。要有检测人签字、检测审核人签字、检测报告批准人签字，加盖检测专用章、“CMA”等标识章。多页报告还应加盖骑缝章，表示检测报告的严肃性和规范性。

5.5.5 本条规定了检测报告的发放登记、份数、领取人签名的事项，表示检测报告工作的严密性。

5.5.6 本条规定了检测报告结论的具体要求。

5.5.7 本条规定了检测不合格项的处理要求。

5.6 检测数据的积累利用

5.6.1 本条规定了检测机构应将日常检测得到的数据分别进行积累整理。

5.6.2 本条规定了检测机构定期分析已得到的检测数据，以改进自身检测管理工作等。

5.6.3 本条规定检测数据是宝贵的资源，检测机构应按规定向相关部门提供检测数据，以便充分利用。

检测数据的积累利用主要有两个方面。一是利用现有的检测数据，分析研究一些质量发展趋势和标准规范的执行情况，及了解工程质量，建筑材料等质量趋势；二是在此基础上再有计划地增测一些数据，进行分析比较，来验证和建立本地区的一些工程技术参数。

目前，在已有检测数据基础上的分析项目有：

1 工程质量合格率、优良率升降的对比分析；

2 有关材料、产品质量情况的对比分析，合格率及其分布情况；

3 施工控制有效性的对比分析；

4 有关工程质量、控制措施、效果等对比分析；

5 一些试件检测值的平均值、离散性、均方差的统计分析；

6 一些技术标准、规范执行情况的对比分析；

7 其他变化趋势、性能变化原因分析等。

目前检测项目再适当做些补充检测数据，完成一些本地方的工程技术参数修订值的项目有：

1 混凝土强度配合比试配的均方差值的调整值；包括地区、施工单位、混凝土生产单位的混凝土强度配合比试配均方差值等；

2 混凝土结构同条件养护试块判定参数，600度天及1.1系数的本地区调整值；

3 回弹法推定混凝土强度值参数本地区调整值；

4 其他。

6 检 测 档 案

6.0.1 本条规定检测机构应建立检测资料档案管理制度，做好检测档案的收集、整理。这是研究改进检测工作的重要依据，也是保证检测结果追溯的重要措施。本条还对资料管理提出了具体要求。

6.0.2 本条规定检测机构应建立档案室，并提出档案室的环境要求。

6.0.3 本条规定检测档案管理的主要内容。

6.0.4 本条规定检测机构档案管理的主要负责人，是与检测技术管理工作一致的，并应有专人具体管理。

6.0.5 本条规定资料档案保管期限，工程资料保管期限，工程完工后，由建设单位交城建档案馆的检测资料应按城建档案的要求备送。检测机构自身的检测资料保管期限分别为5年和20年。并作了具体划分。

6.0.6 本条规定检测资料可为纸质文档和电子文档，提倡电子文档，保管期限一致。

6.0.7 本条规定达到保管期限文件的销毁规定，销毁文件要登记造册，技术负责人批准后销毁。销毁登记册保留期限不应少于5年。

中华人民共和国国家标准

建筑工程绿色施工评价标准

Evaluation standard for green construction of building

GB/T 50640—2010

主编部门：中华人民共和国住房和城乡建设部
批准部门：中华人民共和国住房和城乡建设部
施行日期：2 0 1 1 年 1 0 月 1 日

中华人民共和国住房和城乡建设部
公　　告

第 813 号

关于发布国家标准《建筑工程绿色施工评价标准》的公告

现批准《建筑工程绿色施工评价标准》为国家标准，编号为GB/T 50640—2010，自 2011 年 10 月 1 日起实施。

本标准由我部标准定额研究所组织中国计划出版社出版发行。

中华人民共和国住房和城乡建设部
二〇一〇年十一月三日

前　　言

本标准是根据住房和城乡建设部《关于印发〈2008 年工程建设标准规范制订、修订计划（第一批）〉的通知》（建标［2008］102 号）的要求，由中国建筑股份有限公司和中国建筑第八工程局有限公司会同有关单位编制完成的。

本标准在编制过程中，编制组在对建筑工程绿色施工现状进行深入调研，并广泛征求意见的基础上，最后经审查定稿。

本标准共分为 11 章，主要技术内容包括：总则、术语、基本规定、评价框架体系、环境保护评价指标、节材与材料资源利用评价指标、节水与水资源利用评价指标、节能与能源利用评价指标、节地与土地资源保护评价指标、评价方法、评价组织和程序。

本标准由住房和城乡建设部负责管理，由中国建筑股份有限公司负责具体技术内容的解释。在执行过程中，请各单位结合工程实践，认真总结经验，如发现需要修改和补充之处，请将意见和建议寄至中国建筑股份有限公司（地址：北京三里河路 15 号中建大厦；邮政编码：100037），以供今后修订时参考。

本标准主编单位、参编单位、主要起草人及主要审查人：

主 编 单 位：中国建筑股份有限公司
中国建筑第八工程局有限公司

参 编 单 位：中国建筑一局（集团）有限公司
中国建筑第七工程局有限公司
住房和城乡建设部科技发展促进中心
上海建工（集团）总公司
广州市建筑集团有限公司
北京建工集团有限责任公司
中国建筑设计研究院
同济大学土木工程学院
北京远达国际工程管理有限公司
中国建筑科学研究院
湖南省建筑工程集团总公司
中天建设集团有限公司

主要起草人：易　军　官　庆　肖绪文　王玉岭
龚　剑　杨　榕　冯　跃　戴耀军
王桂玲　郝　军　苗冬梅　张晶波
杨晓毅　宋　波　焦安亮　苏建华
金瑞珺　赵　静　董晓辉　宋　凌
韩文秀　于震平　陈　浩　蒋金生
陈兴华

主要审查人：叶可明　金德钧　范庆国　徐　伟
潘延平　王存贵　陈跃熙　赵智缙
王　甦

目　次

Contents

1 总　则

1.0.1 为推进绿色施工，规范建筑工程绿色施工评价方法，制定本标准。

1.0.2 本标准适用于建筑工程绿色施工的评价。

1.0.3 建筑工程绿色施工的评价除符合本标准外，尚应符合国家现行有关标准的规定。

2 术　语

2.0.1 绿色施工　green construction

在保证质量、安全等基本要求的前提下，通过科学管理和技术进步，最大限度地节约资源，减少对环境负面影响，实现"四节一环保"（节能、节材、节水、节地和环境保护）的建筑工程施工活动。

2.0.2 控制项　prerequisite item

绿色施工过程中必须达到的基本要求条款。

2.0.3 一般项　general item

绿色施工过程中根据实施情况进行评价，难度和要求适中的条款。

2.0.4 优选项　extra item

绿色施工过程中实施难度较大、要求较高的条款。

2.0.5 建筑垃圾　construction trash

新建、改建、扩建、拆除、加固各类建筑物、构筑物、管网等以及居民装饰装修房屋过程中产生的废物料。

2.0.6 建筑废弃物　building waste

建筑垃圾分类后，丧失施工现场再利用价值的部分。

2.0.7 回收利用率　percentage of recovery and reuse

施工现场可再利用的建筑垃圾占施工现场所有建筑垃圾的比重。

2.0.8 施工禁令时间　prohibitive time of construction

国家和地方政府规定的禁止施工的时间段。

2.0.9 基坑封闭降水　obdurate ground water lowering

在基底和基坑侧壁采取截水措施，对基坑以外地下水位不产生影响的降水方法。

3 基本规定

3.0.1 绿色施工评价应以建筑工程施工过程为对象进行评价。

3.0.2 绿色施工项目应符合以下规定：

1 建立绿色施工管理体系和管理制度，实施目标管理。

2 根据绿色施工要求进行图纸会审和深化设计。

3 施工组织设计及施工方案应有专门的绿色施工章节，绿色施工目标明确，内容应涵盖"四节一环保"要求。

4 工程技术交底应包含绿色施工内容。

5 采用符合绿色施工要求的新材料、新技术、新工艺、新机具进行施工。

6 建立绿色施工培训制度，并有实施记录。

7 根据检查情况，制定持续改进措施。

8 采集和保存过程管理资料、见证资料和自检评价记录等绿色施工资料。

9 在评价过程中，应采集反映绿色施工水平的典型图片或影像资料。

3.0.3 发生下列事故之一，不得评为绿色施工合格项目：

1 发生安全生产死亡责任事故。

2 发生重大质量事故，并造成严重影响。

3 发生群体传染病、食物中毒等责任事故。

4 施工中因"四节一环保"问题被政府管理部门处罚。

5 违反国家有关"四节一环保"的法律法规，造成严重社会影响。

6 施工扰民造成严重社会影响。

4 评价框架体系

4.0.1 评价阶段宜按地基与基础工程、结构工程、装饰装修与机电安装工程进行。

4.0.2 建筑工程绿色施工应依据环境保护、节材与材料资源利用、节水与水资源利用、节能与能源利用和节地与土地资源保护五个要素进行评价。

4.0.3 评价要素应由控制项、一般项、优选项三类评价指标组成。

4.0.4 评价等级应分为不合格、合格和优良。

4.0.5 绿色施工评价框架体系应由评价阶段、评价要素、评价指标、评价等级构成。

5 环境保护评价指标

5.1 控　制　项

5.1.1 现场施工标牌应包括环境保护内容。

5.1.2 施工现场应在醒目位置设环境保护标识。

5.1.3 施工现场的文物古迹和古树名木应采取有效保护措施。

5.1.4 现场食堂应有卫生许可证，炊事员应持有效健康证明。

5.2 一　般　项

5.2.1 资源保护应符合下列规定：

1 应保护场地四周原有地下水形态，减少抽取地下水。

2 危险品、化学品存放处及污物排放应采取隔离措施。

5.2.2 人员健康应符合下列规定：

1 施工作业区和生活办公区应分开布置，生活设施应远离有毒有害物质。

2 生活区应有专人负责，应有消暑或保暖措施。

3 现场工人劳动强度和工作时间应符合现行国家标准《体力劳动强度分级》GB 3869 的有关规定。

4 从事有毒、有害、有刺激性气味和强光、强噪声施工的人员应佩戴与其相应的防护器具。

5 深井、密闭环境、防水和室内装修施工应有自然通风或临时通风设施。

6 现场危险设备、地段、有毒物品存放地应配置醒目安全标志，施工应采取有效防毒、防污、防尘、防潮、通风等措施，应加强人员健康管理。

7 厕所、卫生设施、排水沟及阴暗潮湿地带应定期消毒。

8 食堂各类器具应清洁，个人卫生、操作行为应规范。

5.2.3 扬尘控制应符合下列规定：

1 现场应建立洒水清扫制度，配备洒水设备，并应有专人负责。

2 对裸露地面、集中堆放的土方应采取抑尘措施。

3 运送土方、渣土等易产生扬尘的车辆应采取封闭或遮盖措施。

4　现场进出口应设冲洗池和吸湿垫，应保持进出现场车辆清洁。

5　易飞扬和细颗粒建筑材料应封闭存放，余料应及时回收。

6　易产生扬尘的施工作业应采取遮挡、抑尘等措施。

7　拆除爆破作业应有降尘措施。

8　高空垃圾清运应采用封闭式管道或垂直运输机械完成。

9　现场使用散装水泥、预拌砂浆应有密闭防尘措施。

5.2.4　废气排放控制应符合下列规定：

1　进出场车辆及机械设备废气排放应符合国家年检要求。

2　不应使用煤作为现场生活的燃料。

3　电焊烟气的排放应符合现行国家标准《大气污染物综合排放标准》GB 16297 的规定。

4　不应在现场燃烧废弃物。

5.2.5　建筑垃圾处置应符合下列规定：

1　建筑垃圾应分类收集、集中堆放。

2　废电池、废墨盒等有毒有害的废弃物应封闭回收，不应混放。

3　有毒有害废物分类率应达到 100％。

4　垃圾桶应分为可回收利用与不可回收利用两类，应定期清运。

5　建筑垃圾回收利用率应达到 30％。

6　碎石和土石方类等应用作地基和路基回填材料。

5.2.6　污水排放应符合下列规定：

1　现场道路和材料堆放场地周边应设排水沟。

2　工程污水和试验室养护用水应经处理达标后排入市政污水管道。

3　现场厕所应设置化粪池，化粪池应定期清理。

4　工地厨房应设隔油池，应定期清理。

5　雨水、污水应分流排放。

5.2.7　光污染应符合下列规定：

1　夜间焊接作业时，应采取挡光措施。

2　工地设置大型照明灯具时，应有防止强光线外泄的措施。

5.2.8　噪声控制应符合下列规定：

1　应采用先进机械、低噪声设备进行施工，机械、设备应定期保养维护。

2　产生噪声较大的机械设备，应尽量远离施工现场办公区、生活区和周边住宅区。

3　混凝土输送泵、电锯房等应设有吸声降噪屏或其他降噪措施。

4　夜间施工噪声声强值应符合国家有关规定。

5　吊装作业指挥应使用对讲机传达指令。

5.2.9　施工现场应设置连续、密闭能有效隔绝各类污染的围挡。

5.2.10　施工中，开挖土方应合理回填利用。

5.3　优　选　项

5.3.1　施工作业面应设置隔声设施。

5.3.2　现场应设置可移动环保厕所，并应定期清运、消毒。

5.3.3　现场应设噪声监测点，并应实施动态监测。

5.3.4　现场应有医务室，人员健康应急预案应完善。

5.3.5　施工应采取基坑封闭降水措施。

5.3.6　现场应采用喷雾设备降尘。

5.3.7　建筑垃圾回收利用率应达到 50％。

5.3.8　工程污水应采取去泥沙、除油污、分解有机物、沉淀过滤、酸碱中和等处理方式，实现达标排放。

6　节材与材料资源利用评价指标

6.1　控　制　项

6.1.1　应根据就地取材的原则进行材料选择并有实施记录。

6.1.2　应有健全的机械保养、限额领料、建筑垃圾再生利用等制度。

6.2　一　般　项

6.2.1　材料的选择应符合下列规定：

1　施工应选用绿色、环保材料。

2　临建设施应采用可拆迁、可回收材料。

3　应利用粉煤灰、矿渣、外加剂等新材料降低混凝土和砂浆中的水泥用量；粉煤灰、矿渣、外加剂等新材料掺量应按供货单位推荐掺量、使用要求、施工条件、原材料等因素通过试验确定。

6.2.2　材料节约应符合下列规定：

1　应采用管件合一的脚手架和支撑体系。

2　应采用工具式模板和新型模板材料，如铝合金、塑料、玻璃钢和其他可再生材质的大模板和钢框镶边模板。

3　材料运输方法应科学，应降低运输损耗率。

4　应优化线材下料方案。

5　面材、块材镶贴，应做到预先总体排版。

6　应因地制宜，采用新技术、新工艺、新设备、新材料。

7　应提高模板、脚手架体系的周转率。

6.2.3　资源再生利用应符合下列规定：

1　建筑余料应合理使用。

2　板材、块材等下脚料和撒落混凝土及砂浆应科学利用。

3　临建设施应充分利用既有建筑物、市政设施和周边道路。

4　现场办公用纸应分类摆放，纸张应两面使用，废纸应回收。

6.3　优　选　项

6.3.1　应编制材料计划，应合理使用材料。

6.3.2　应采用建筑配件整体化或建筑构件装配化安装的施工方法。

6.3.3　主体结构施工应选择自动提升、顶升模架或工作平台。

6.3.4　建筑材料包装物回收率应达到 100％。

6.3.5　现场应使用预拌砂浆。

6.3.6　水平承重模板应采用早拆支撑体系。

6.3.7　现场临建设施、安全防护设施应定型化、工具化、标准化。

7　节水与水资源利用评价指标

7.1　控　制　项

7.1.1　签订标段分包或劳务合同时，应将节水指标纳入合同条款。

7.1.2　应有计量考核记录。

7.2　一　般　项

7.2.1　节约用水应符合下列规定：

1　应根据工程特点，制定用水定额。

2　施工现场供、排水系统应合理适用。

3　施工现场办公区、生活区的生活用水应采用节水器具，节水器具配置率应达到 100％。

4　施工现场的生活用水与工程用水应分别计量。

5 施工中应采用先进的节水施工工艺。

6 混凝土养护和砂浆搅拌用水应合理，应有节水措施。

7 管网和用水器具不应有渗漏。

7.2.2 水资源的利用应符合下列规定：

1 基坑降水应储存使用。

2 冲洗现场机具、设备、车辆用水，应设立循环用水装置。

7.3 优选项

7.3.1 施工现场应建立基坑降水再利用的收集处理系统。

7.3.2 施工现场应有雨水收集利用的设施。

7.3.3 喷洒路面、绿化浇灌不应使用自来水。

7.3.4 生活、生产污水应处理并使用。

7.3.5 现场应使用经检验合格的非传统水源。

8 节能与能源利用评价指标

8.1 控制项

8.1.1 对施工现场的生产、生活、办公和主要耗能施工设备应设有节能的控制措施。

8.1.2 对主要耗能施工设备应定期进行耗能计量核算。

8.1.3 国家、行业、地方政府明令淘汰的施工设备、机具和产品不应使用。

8.2 一般项

8.2.1 临时用电设施应符合下列规定：

1 应采用节能型设施。

2 临时用电应设置合理，管理制度应齐全并应落实到位。

3 现场照明设计应符合国家现行标准《施工现场临时用电安全技术规范》JGJ 46 的规定。

8.2.2 机械设备应符合下列规定：

1 应采用能源利用效率高的施工机械设备。

2 施工机具资源应共享。

3 应定期监控重点耗能设备的能源利用情况，并有记录。

4 应建立设备技术档案，并应定期进行设备维护、保养。

8.2.3 临时设施应符合下列规定：

1 施工临时设施应结合日照和风向等自然条件，合理采用自然采光、通风和外窗遮阳设施。

2 临时施工用房应使用热工性能达标的复合墙体和屋面板，顶棚宜采用吊顶。

8.2.4 材料运输与施工应符合下列规定：

1 建筑材料的选用应缩短运输距离，减少能源消耗。

2 应采用能耗少的施工工艺。

3 应合理安排施工工序和施工进度。

4 应尽量减少夜间作业和冬期施工的时间。

8.3 优选项

8.3.1 根据当地气候和自然资源条件，应合理利用太阳能或其他可再生能源。

8.3.2 临时用电设备应采用自动控制装置。

8.3.3 使用的施工设备和机具应符合国家、行业有关节能、高效、环保的规定。

8.3.4 办公、生活和施工现场，采用节能照明灯具的数量应大于80%。

8.3.5 办公、生活和施工现场用电应分别计量。

9 节地与土地资源保护评价指标

9.1 控制项

9.1.1 施工场地布置应合理并应实施动态管理。

9.1.2 施工临时用地应有审批用地手续。

9.1.3 施工单位应充分了解施工现场及毗邻区域内人文景观保护要求、工程地质情况及基础设施管线分布情况，制订相应保护措施，并应报请相关方核准。

9.2 一般项

9.2.1 节约用地应符合下列规定：

1 施工总平面布置应紧凑，并应尽量减少占地。

2 应在经批准的临时用地范围内组织施工。

3 应根据现场条件，合理设计场内交通道路。

4 施工现场临时道路布置应与原有及永久道路兼顾考虑，并应充分利用拟建道路为施工服务。

5 应采用预拌混凝土。

9.2.2 保护用地应符合下列规定：

1 应采取防止水土流失的措施。

2 应充分利用山地、荒地作为取、弃土场的用地。

3 施工后应恢复植被。

4 应对深基坑施工方案进行优化，并应减少土方开挖和回填量，保护用地。

5 在生态脆弱的地区施工完成后，应进行地貌复原。

9.3 优选项

9.3.1 临时办公和生活用房应采用结构可靠的多层轻钢活动板房、钢骨架多层水泥活动板房等可重复使用的装配式结构。

9.3.2 对施工中发现的地下文物资源，应进行有效保护，处理措施恰当。

9.3.3 地下水位控制应对相邻地表和建筑物无有害影响。

9.3.4 钢筋加工应配送化，构件制作应工厂化。

9.3.5 施工总平面布置应能充分利用和保护原有建筑物、构筑物、道路和管线等，职工宿舍应满足 $2m^2$/人的使用面积要求。

10 评价方法

10.0.1 绿色施工项目自评价次数每月不应少于1次，且每阶段不应少于1次。

10.0.2 评价方法

1 控制项指标，必须全部满足；评价方法应符合表10.0.2-1的规定：

表 10.0.2-1 控制项评价方法

评分要求	结论	说明
措施到位，全部满足考评指标要求	符合要求	进入评分流程
措施不到位，不满足考评指标要求	不符合要求	一票否决，为非绿色施工项目

2 一般项指标，应根据实际发生项执行的情况计分，评价方法应符合表10.0.2-2的规定：

表 10.0.2-2 一般项计分标准

评分要求	评分
措施到位，满足考评指标要求	2
措施基本到位，部分满足考评指标要求	1
措施不到位，不满足考评指标要求	0

3 优选项指标，应根据实际发生项执行情况加分，评价方法应符合表10.0.2-3的规定：

表10.0.2-3 优选项加分标准

评分要求	评分
措施到位，满足考评指标要求	1
措施基本到位，部分满足考评指标要求	0.5
措施不到位，不满足考评指标要求	0

10.0.3 要素评价得分应符合下列规定：

1 一般项得分应按百分制折算，并按下式进行计算：

$$A=\frac{B}{C}\times 100 \qquad (10.0.3)$$

式中：A——折算分；

B——实际发生项条目实得分之和；

C——实际发生项条目应得分之和。

2 优选项加分应按优选项实际发生条目加分求和 D；

3 要素评价得分：要素评价得分 F=一般项折算分 A+优选项加分 D。

10.0.4 批次评价得分应符合下列规定：

1 批次评价应按表10.0.4的规定进行要素权重确定：

表10.0.4 批次评价要素权重系数表

评价要素	地基与基础、结构工程、装饰装修与机电安装
环境保护	0.3
节材与材料资源利用	0.2
节水与水资源利用	0.2
节能与能源利用	0.2
节地与施工用地保护	0.1

2 批次评价得分 $E=\sum$(要素评价得分 $F\times$ 权重系数)。

10.0.5 阶段评价得分 $G=\frac{\sum 批次评价得分E}{评价批次数}$

10.0.6 单位工程绿色评价得分应符合下列规定：

1 单位工程评价应按表10.0.6的规定进行要素权重确定：

表10.0.6 单位工程要素权重系数表

评价阶段	权重系数
地基与基础	0.3
结构工程	0.5
装饰装修与机电安装	0.2

2 单位工程评价得分 $W=\sum$阶段评价得分 $G\times$ 权重系数。

10.0.7 单位工程绿色施工等级应按下列规定进行判定：

1 有下列情况之一者为不合格：

1)控制项不满足要求；

2)单位工程总得分 $W<60$ 分；

3)结构工程阶段得分<60分。

2 满足以下条件者为合格：

1)控制项全部满足要求；

2)单位工程总得分 60分≤W<80分，结构工程得分≥60分；

3)至少每个评价要素各有一项优选项得分，优选项总分≥5。

3 满足以下条件者为优良：

1)控制项全部满足要求；

2)单位工程总得分 W≥80分，结构工程得分≥80分；

3)至少每个评价要素中有两项优选项得分。优选项总分≥10。

11 评价组织和程序

11.1 评价组织

11.1.1 单位工程绿色施工评价应由建设单位组织，项目施工单位和监理单位参加，评价结果应由建设、监理、施工单位三方签认。

11.1.2 单位工程施工阶段评价应由监理单位组织，项目建设单位和施工单位参加，评价结果应由建设、监理、施工单位三方签认。

11.1.3 单位工程施工批次评价应由施工单位组织，项目建设单位和监理单位参加，评价结果应由建设、监理、施工单位三方签认。

11.1.4 企业应进行绿色施工的随机检查，并对绿色施工目标的完成情况进行评估。

11.1.5 项目部会同建设和监理单位应根据绿色施工情况，制定改进措施，由项目部实施改进。

11.1.6 项目部应接受建设单位、政府主管部门及其委托单位的绿色施工检查。

11.2 评价程序

11.2.1 单位工程绿色施工评价应在批次评价和阶段评价的基础上进行。

11.2.2 单位工程绿色施工评价应由施工单位书面申请，在工程竣工验收前进行评价。

11.2.3 单位工程绿色施工评价应检查相关技术和管理资料，并应听取施工单位《绿色施工总体情况报告》，综合确定绿色施工评价等级。

11.2.4 单位工程绿色施工评价结果应在有关部门备案。

11.3 评价资料

11.3.1 单位工程绿色施工评价资料应包括：

1 绿色施工组织设计专门章节，施工方案的绿色要求、技术交底及实施记录。

2 绿色施工要素评价表应按表11.3.1-1的格式进行填写。

3 绿色施工批次评价汇总表应按表11.3.1-2的格式进行填写。

4 绿色施工阶段评价汇总表应按表11.3.1-3的格式进行填写。

5 反映绿色施工要求的图纸会审记录。

6 单位工程绿色施工评价汇总表应按表11.3.1-4的格式进行填写。

7 单位工程绿色施工总体情况总结。

8 单位工程绿色施工相关方验收及确认表。

9 反映评价要素水平的图片或影像资料。

11.3.2 绿色施工评价资料应按规定存档。

11.3.3 所有评价表编号均应按时间顺序的流水号排列。

表 11.3.1-1 绿色施工要素评价表

工程名称			编号	
			填表日期	
施工单位			施工阶段	
评价指标			施工部位	
控制项	标准编号及标准要求			评价结论
一般项	标准编号及标准要求	计分标准	应得分	实得分
优选项				
评价结果				
签字栏	建设单位	监理单位	施工单位	

表 11.3.1-2 绿色施工批次评价汇总表

工程名称		编号	
		填表日期	
评价阶段			
评价要素	评价得分	权重系数	实得分
环境保护		0.3	
节材与材料资源利用		0.2	
节水与水资源利用		0.2	
节能与能源利用		0.2	
节地与施工用地保护		0.1	
合计		1	
评价结论	1. 控制项： 2. 评价得分： 3. 优选项： 结论：		
签字栏	建设单位	监理单位	施工单位

表 11.3.1-3 绿色施工阶段评价汇总表

工程名称		编号	
		填表日期	
评价阶段			
评价批次	批次得分	评价批次	批次得分
1		9	
2		10	
3		11	
4		12	
5		13	
6		14	
7		15	
8		……	
小计			
签字栏	建设单位	监理单位	施工单位

注：阶段评价得分 $G=\frac{\sum 批次评价得分 E}{评价批次数}$。

表 11.3.1-4 单位工程绿色施工评价汇总表

工程名称		编号	
		填表日期	
评价阶段	阶段得分	权重系数	实得分
地基与基础		0.3	
结构工程		0.5	
装饰装修与机电安装		0.2	
合计		1	
评价结论			
签字盖章栏	建设单位(章)	监理单位(章)	施工单位(章)

本标准用词说明

1 为便于在执行本标准条文时区别对待，对要求严格程度不同的用词说明如下：

1）表示很严格，非这样做不可的：

正面词采用“必须”，反面词采用“严禁”；

2）表示严格，在正常情况下均应这样做的：

正面词采用“应”，反面词采用“不应”或“不得”；

3）表示允许稍有选择，在条件许可时首先应这样做的：

正面词采用“宜”，反面词采用“不宜”；

4）表示有选择，在一定条件下可以这样做的，采用“可”。

2 条文中指明应按其他有关标准执行的写法为“应符合……的规定”或“应按……执行”。

引用标准名录

《体力劳动强度分级》GB 3869

《大气污染物综合排放标准》GB 16297

《施工现场临时用电安全技术规范》JGJ 46

中华人民共和国国家标准

建筑工程绿色施工评价标准

GB/T 50640—2010

条 文 说 明

目　次

1 总　　则

1.0.1 本标准旨在贯彻中华人民共和国住房和城乡建设部推广绿色施工的指导思想，对工业与民用建筑、构筑物现场施工的绿色施工评价方法进行规范，促进施工企业实行绿色施工。

1.0.3 有关标准包括但不限于：

1 建筑工程施工质量验收规范：

《建筑工程施工质量验收统一标准》GB 50300、《建筑地基基础工程施工质量验收规范》GB 50202、《砌体工程施工质量验收规范》GB 50203、《混凝土结构工程施工质量验收规范》GB 50204、《钢结构工程施工质量验收规范》GB 50205、《建筑装饰装修工程质量验收规范》GB 50210、《屋面工程质量验收规范》GB 50207、《建筑给水排水及采暖工程施工质量验收规范》GB 50242、《通风与空调工程施工质量验收规范》GB 50243、《建筑电气工程施工质量验收规范》GB 50303、《智能建筑工程质量验收规范》GB 50339、《电梯工程施工质量验收规范》GB 50310。

2 环境保护相关国家标准：

《建筑施工场界噪声限值》GB 12523、《污水综合排放标准》GB 8978、《建筑材料放射性核素限量》GB 6566、《民用建筑工程室内环境污染控制规范》GB 50325、《建筑施工场界噪声测量方法》GB 12524、GB 18580～18588。

2 术　　语

2.0.5、2.0.6 施工现场建筑垃圾的回收利用包括两部分，一是将建筑垃圾进行收集或简单处理后，在满足质量、安全的条件下，直接用于工程施工的部分；二是将收集的建筑垃圾，交付相关回收企业实现再生利用，但不包括填埋的部分。

3 基本规定

3.0.1 绿色施工的评价贯穿整个施工过程，评价的对象可以是施工的任何阶段或分部分项工程。评价要素是环境保护、节材与材料资源利用、节水与水资源利用、节能与能源利用、节地与土地资源保护五个方面。

3.0.2 本条规定了推行绿色施工的项目，项目部根据预先设定的绿色施工总目标，进行目标分解、实施和考核活动。要求措施、进度和人员落实，实行过程控制，确保绿色施工目标实现。

3.0.3 本条规定了不得评为绿色施工项目的6个条件。

6 严重社会影响是指施工活动对附近居民的正常生活产生很大的影响的情况，如造成相邻房屋出现不可修复的损坏、交通道路破坏、光污染和噪声污染等，并引起群众性抵触的活动。

4 评价框架体系

4.0.1 为便于工程项目施工阶段定量考核，将单位工程按形象进度划分为三个施工阶段。

4.0.2 绿色施工依据《绿色施工导则》“四节一环保”五个要素进行绿色施工评价。

4.0.3 绿色施工评价要素均包含控制项、一般项、优选项三类评价指标。针对不同地区或工程应进行环境因素分析，对评价指标进行增减，并列入相应要素进行评价。

4.0.5 绿色施工评价框架体系如图1。

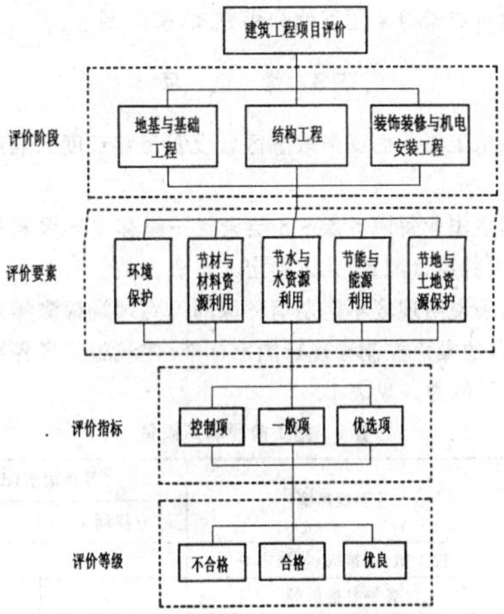

图1　绿色施工评价框架体系

5 环境保护评价指标

5.1 控　制　项

5.1.1 现场施工标牌是指工程概况牌、施工现场管理人员组织机构牌、入场须知牌、安全警示牌、安全生产牌、文明施工牌、消防保卫制度牌、施工现场总平面图、消防平面布置图等。其中应有保障绿色施工的相关内容。

5.1.2 施工现场醒目位置是指主入口、主要临街面、有毒有害物品堆放地等。

5.1.3 工程项目部应贯彻文物保护法律法规，制定施工现场文物保护措施，并有应急预案。

5.2 一　般　项

5.2.1 本条规定了环境保护中资源保护的两个方面：

1 为保护现场自然资源环境，降水施工避免过度抽取地下水。

2 化学品和重金属污染品存放采取隔断和硬化处理。

5.2.2 本条规定了环境保护中人员健康的八个方面：

1 临时办公和生活区距有毒有害存放地一般为50m，因场地限制不能满足要求时应采取隔离措施。

2 针对不同地区气温情况，分别采取符合当地要求的对应措施。

5.2.3 本条规定了环境保护中扬尘控制的九个方面：

2 现场直接裸露土体表面和集中堆放的土方采用临时绿化、喷浆和隔尘布遮盖等抑尘措施。

6 规定对于施工现场切割等易产生扬尘等作业所采取的扬尘控制措施要求。

8 说明高空垃圾清运采取的措施，而不采取自高空抛落的方式。

5.2.6 本条规定了环境保护中污水排放的五个方面：

2 工程污水采取去泥沙、除油污、分解有机物、沉淀过滤、酸碱中和等针对性的处理方式，达标排放。

3、4 现场设置的沉淀池、隔油池、化粪池等及时清理，不发生堵塞、渗漏、溢出等现象。

5.2.7 本条规定了环境保护中光污染的两个方面：

2 调整夜间施工灯光投射角度，避免影响周围居民正常生活。

5.2.9 现场围挡应连续设置，不得有缺口、残破、断裂，墙体材料可采用彩色金属板式围墙等可重复使用的材料，高度符合现行行业标准《建筑施工安全检查标准》JGJ 59的规定。

5.2.10 现场开挖的土方在满足回填质量要求的前提下，就地回填使用，也可造景等采用其他利用方式，避免倒运。

5.3 优 选 项

5.3.1 在施工作业面噪声敏感区域设置足够长度的隔声屏，满足隔声要求。

5.3.2 高空作业每隔5层～8层设置一座移动环保厕所，施工场地内环保厕所足量配置，并定岗定人负责保洁。

5.3.3 本条说明现场不定期请环保部门到现场检测噪声强度，所有施工阶段的噪声控制在现行国家标准《建筑施工场界噪声限值》GB 12523限值内。见表1。

表1 施工阶段噪声限值

施工阶段	主要噪声源	噪声限值(dB)	
		昼间	夜间
土石方	推土机、挖掘机、装载机等	75	55
打桩	各种打桩机等	85	禁止施工
结构	混凝土、振捣棒、电锯等	70	55
装修	吊车、升降机等	60	55

5.3.4 施工组织设计有保证现场人员健康的应急预案，预案内容应涉及火灾、爆炸、高空坠落、物体打击、触电、机械伤害、坍塌、SARS、疟疾、禽流感、霍乱、登革热、鼠疫疾病等，一旦发生上述事件，现场能果断处理，避免事态扩大和蔓延。

5.3.6 现场拆除作业、爆破作业、钻孔作业和干旱燥热条件土石方施工应采用喷雾降尘设备减少扬尘。

6 节材与材料资源利用评价指标

6.1 控 制 项

6.1.1 根据《绿色建筑评价标准》GB 50378中第4.4.3条的规定，就地取材的是指材料产地距施工现场500km范围内。

6.1.2 现场机械保养、限额领料、废弃物排放和再生利用等制度健全，做到有据可查，有责可究。

6.2 一 般 项

6.2.1 本条规定了材料选择的三个方面：

1 要求建立合格供应商档案库，材料采购做到质量优良、价格合理，所选材料应符合以下规定：

1)《民用建筑工程室内环境污染控制规范》GB 50325的要求。

2)GB 18580～18588的要求。

3)混凝土外加剂应符合《混凝土外加剂中释放氨的限量》GB 18588的要求。

6.2.2 本条规定了材料节约的七个方面：

7 强调从实际出发，采用适于当地情况，利于高效使用当地资源的四新技术。如："几字梁"、模板早拆体系、高效钢材、高强混凝土、自防水混凝土、自密实混凝土、竹材、木材和工业废渣废液利用等。

6.2.3 本条规定了资源再生利用的四个方面：

1 合理使用是指符合相关质量要求前提下的使用。

2 制定并实施施工场地废弃物管理计划；分类处理现场垃圾，分离可回收利用的施工废弃物，将其直接应用于工程。

6.3 优 选 项

6.3.4 现场材料包装用纸质或塑料、塑料泡沫质的盒、袋均要分类回收，集中堆放。

6.3.5 预拌砂浆可集中利用粉煤灰、人工砂、矿山及工业废料和废渣等。对资源节约、减少现场扬尘具有重要意义。

7 节水与水资源利用评价指标

7.1 控 制 项

7.1.1 施工前，应对工程项目的参建各方的节水指标，以合同的形式进行明确，便于节水的控制和水资源的充分利用。

7.2 一 般 项

7.2.1 本条规定了节约用水的七个方面：

1 针对各地区工程情况，制定用水定额指标，使施工过程节水考核取之有据。

2 供、排水系统指为现场生产、生活区食堂、澡堂，盥洗和车辆冲洗配置的给水排水处理系统。

3 节水器具指水龙头、花洒、恭桶水箱等单件器具。

4 对于用水集中的冲洗点、集中搅拌点等，要进行定量控制。

5 针对节水目标实现，优先选择利于节水的施工工艺，如混凝土养护、管道通水打压、各项防渗漏闭水及喷淋试验等，均采用先进的节水工艺。

6 施工现场尽量避免现场搅拌，优先采用商品混凝土和预拌砂浆。必须现场搅拌时，要设置水计量检测和循环水利用装置。混凝土养护采取薄膜包裹覆盖，喷涂养护液等技术手段，杜绝无措施浇水养护。

7 防止管网渗漏应有计量措施。

7.2.2 本条规定了水资源利用的两个方面：

1 尽量减少基坑外抽水。在一些地下水位高的地区，很多工程有较长的降水周期，这部分基坑降水应尽量合理使用。

2 尽量使用非传统水源进行车辆、机具和设备冲洗；使用城市管网自来水时，必须建立循环用水装置，不得直接排放。

7.3 优 选 项

7.3.1 施工现场应对地下降水、设备冲刷用水、人员洗漱用水进行收集处理，用于喷洒路面、冲厕、冲洗机具。

7.3.3 为减少扬尘，现场环境绿化、路面降尘使用非传统水源。

7.3.4 将生产生活污水收集、处理和利用。

7.3.5 现场开发使用自来水以外的非传统水源进行水质检测，并符合工程质量用水标准和生活卫生水质标准。

8 节能与能源利用评价指标

8.1 控 制 项

8.1.1 施工现场能耗大户主要是塔吊、施工电梯、电焊机及其他施工机具和现场照明，为便于计量，应对生产过程使用的施工设备、照明和生活办公区分别设定用电控制指标。

8.1.2 建设工程能源计量器具的配备和管理应执行现行国家标准《用能单位能源计量器具配备和管理通则》GB 17167。施工用电必须装设电表，生活区和施工区应分别计量；应及时收集用电资料，建立用电节电统计台账。针对不同的工程类型，如住宅建筑、公共建筑、工业厂房建筑、仓储建筑、设备安装工程等进行分析、对比，提高节电率。

8.1.3 《中华人民共和国节约能源法》第十七条：禁止生产、进口、销售国家明令淘汰或者不符合强制性能源效率标准的用能产品、设备；禁止使用国家明令淘汰的用能设备、生产工艺。

8.2 一 般 项

8.2.1 本条规定了选择临时用电设施的原则。

1 现场临电设备、中小型机具、照明灯具采用带有国家能源效率标识的产品。

8.2.2 本条规定了节能与能源利用中机械设备的四个方面：

1 选择功率与负载相匹配的施工机械设备，机电设备的配置可采用节电型机械设备，如逆变式电焊机和能耗低、效率高的手持电动工具等，以利节电；机械设备宜使用节能型油料添加剂，在可能的情况下，考虑回收利用，节约油量。

2 在施工组织设计中，合理安排施工顺序、工作面，以减少作业区域的机具数量，相邻作业区充分利用共有的机具资源。

3 避免施工现场施工机械空载运行的现象，如空压机等的空载运行，不仅产生大量的噪声污染，而且还会产生不必要的电能消耗。

4 为了更好地进行施工设备管理，应给每台设备建立技术档案，便于维修保养人员尽快准确地对设备的整机性能做出判断，以便出现故障及时修复；对于机型老、效率低、能耗高的陈旧设备要及时淘汰、代之以结构先进、技术完善、效率高、性能好及能耗低的设备，应建立设备管理制度，定期进行维护、保养，确保设备性能可靠、能源高效利用。

8.2.3 本条规定了节能与能源利用中临时设施的两个方面：

1 根据现行国家标准《建筑采光设计标准》GB/T 50033，在同样照度条件下，天然光的辨认能力优于人工光，自然通风可提高人的舒适感。南方采用外遮阳，可减少太阳辐射和温度传导，节约大量的空调、电扇等运行能耗，是一种节能的有效手段，值得提倡。

2 现行国家标准《公共建筑节能设计标准》GB 50189 规定，在保证相同的室内环境参数条件下，建筑节能设计与未采取节能措施前比，全年采暖通风、空气调节、照明的总耗能应减少 50%。这个目标通过改善围护结构热工性能，提高空调采暖设备和照明效率实现。施工现场临时设施的围护结构热工性能应参照执行，围护墙体、屋面、门窗等部位，要使用保温隔热性能指标达标的节能材料。

8.2.4 本条规定了节能与能源利用中材料运输与施工的四个方面：

1 工程施工使用的材料宜就地取材，距施工现场 500km 以内生产的建筑材料用量占工程施工使用的建筑材料总重量的 70%以上。

2 改进施工工艺，节能降耗。如逆作法施工能降低施工扬尘和噪声，减少材料消耗，避免了使用大型设备的能源。

3 绿色施工倡导在既定施工目标条件下，做到均衡施工、流水施工。特别要避免突击赶工期的无序施工、造成人力、物力和财力浪费等现象。

4 夜间作业不仅施工效率低，而且需要大量的人工照明，用电量大，应根据施工工艺特点，合理安排施工作业时间。如白天进行混凝土浇捣，晚上养护等。同样，冬季室外作业，需要采取冬季施工措施，如混凝土浇捣和养护时，采取电热丝加热或搭临时防护棚用煤炉供暖等，都将消耗大量的热能，是应该避免的。

8.3 优 选 项

8.3.1 可再生能源是指风能、太阳能、水能、生物质能、地热能、海洋能等非化石能源。国家鼓励单位和个人安装太阳能热水系统、太阳能供热采暖和制冷系统、太阳能光伏发电系统等。我国可再生能源在施工中的利用还刚刚起步，为加快施工现场对太阳能等可再生能源的应用步伐，予以鼓励。

8.3.3 节能、高效、环保的施工设备和机具综合能耗低，环境影响小，应积极引导施工企业，优先使用。如选用变频技术的节能施工设备等。

9 节地与土地资源保护评价指标

9.1 控 制 项

9.1.1 施工现场布置实施动态管理，应根据工程进度对平面进行调整。一般建筑工程至少应有地基基础、主体结构工程施工和装饰装修及设备安装三个阶段的施工平面布置图。

9.1.2 如因工程需要，临时用地超出审批范围，必须提前到相关部门办理批准手续后方可占用。

9.1.3 基于保护和利用的要求，施工单位在开工前做到充分了解和熟悉场地情况并制定相应对策。

9.2 一 般 项

9.2.1 本条规定了节约用地的五个方面：

1 临时设施要求平面布置合理，组织科学，占地面积小。单位建筑面积施工用地率是施工现场节地的重要指标，其计算方法为：单位建筑面积施工用地率＝(临时用地面积/单位工程总建筑面积)×100%。

临时设施各项指标是施工平面布置的重要依据，临时设施布置用地的参考指标参见表 2～表 4。

表 2 临时加工厂所需面积指标

加工厂名称	单位	工程所需总量	占地总面积(m^2)	长×宽(m)	设备配备情况
混凝土搅拌站	m^3	12500	150	10×15	350L 强制式搅拌机 2 台，灰机 2 台，配料机一套
临时性混凝土预制场厂	m^3	200			商混凝土
钢筋加工厂	t	2800	300	30×10	弯曲机 2 台，切断机 2 台，对焊机 1 台，拉丝机 1 台
金属结构加工厂	t	30	600	20×30	氧割 2 套、电焊机 3 台
临时道路占地宽度	3.5m～6m				

表 3 现场作业棚及堆场所需面积参考指标

名称		高峰期人数	占地总面积(m^2)	长×宽(m)	租用或业主提供原有旧房作临时用房情况说明
木作	木工作业棚	48	60	10×6	
	成品半成品堆场		200	20×10	
钢筋	钢筋加工棚	30	80	10×8	
	成品半成品堆场		210	21×10	
铁件	铁件加工棚	6	40	8×5	
	成品半成品堆场		30	6×5	
混凝土砂浆	搅拌棚	6	72	12×6	
	水泥仓库	2	35	10×3.5	
	砂石堆场	6	120	12×10	
施工用电	配电房	2	18	6×3	
	电工房	4	20	7×4	
白铁房		2	12	4×3	
油漆工房		12	20	5×4	
机、铅修理房		6	18	6×3	
石灰	存放棚	2	28	7×4	
	消化池	2	24	6×4	
门窗存放棚			30	6×5	
砌块堆场			200	10×10	
轻质墙板堆场		8	18	6×3	
金属结构半成品堆场			50	10×5	

续表 3

名　　称	高峰期人数	占地总面积(m^2)	长×宽(m)	租用或业主提供原有旧房作临时用房情况说明
仓库(五金、玻璃、卷材、沥青等)	2	40	8×5	
仓库(安装工程)	2	32	4×8	
临时道路占地宽度	3.5m～6m			

表 4　行政生活福利临时设施

临时房屋名称		占地面积(m^2)	建筑面积(m^2)	参考指标(m^2/人)	备注	人数	租用或使用原有旧房情况说明
办公室		80	80	4	管理人员数	20	
宿舍	双层床	210	600	2	按高峰年(季)平均职工人数(扣除不在工地住宿人数)	200	
食堂	120	120	0.5	按高峰期	240		
浴室	100	100	0.5	按高峰期	200		
活动室	45	45	0.23	按高峰期	200		

2　建设工程施工现场用地范围，以规划行政主管部门批准的建设工程用地和临时用地范围为准，必须在批准的范围内组织施工。

3　规定场内交通道路布置应满足各种车辆机具设备进出场、消防安全疏散要求，方便场内运输。场内交通道路双车道宽度不宜大于 6m，单车道不宜大于 3.5m，转弯半径不宜大于 15m，且尽量形成环形通道。

4　规定充分利用资源，提高资源利用效率。

5　基于减少现场临时占地，减少现场湿作业和扬尘的考虑。

9.2.2　本条规定了保护用地的五个方面：

1　结合建筑场地永久绿化，提高场内绿化面积，保护土地。

2　施工取土、弃土场应选择荒废地，不占用农田，工程完工后，按"用多少，垦多少"的原则，恢复原有地形、地貌。在可能的情况下，应利用弃土造田，增加耕地。

3　施工后应恢复施工活动破坏的植被（一般指临时占地内）与当地园林、环保部门合作，在施工占用区内种植合适的植物，尽量恢复原有地貌和植被。

4　深基坑施工是一项对用地布置、地下设施、周边环境等产生重大影响的施工过程，为减少深基坑施工过程对地下及周边环境的影响，在基坑开挖与支护方案的编制和论证时应考虑尽可能地减少土方开挖和回填量，最大限度地减少对土地的扰动，保护自然生态环境。

5　在生态环境脆弱和具有重要人文、历史价值的场地施工，要做好保护和修复工作。场地内有价值的树木、水塘、水系以及具有人文、历史价值的地形、地貌是传承场地所在区域历史文脉的重要载体，也是该区域重要的景观标志。因此，应根据《城市绿化条例》(1992 年国务院 100 号令)等国家相关规定予以保护。对于因施工造成场环境改变的情况，应采取恢复措施，并报请相关部门认可。

9.3　优　选　项

9.3.1　临时办公和生活用房采用多层轻刚活动板房或钢骨架水泥活动板房搭建，能够减少临时用地面积，不影响施工人员工作和生活环境，符合绿色施工技术标准要求。

9.3.2　施工发现具有重要人文、历史价值的文物资源时，要做好现场保护工作，并报请施工区域所在地政府相关部门处理。

9.3.3　对于深基坑降水，应对相邻的地表和建筑物进行监测，采取科学措施，以减少对地表和建筑的影响。

9.3.4　对于推进建筑工业化生产，提高施工质量、减少现场绑扎作业、节约临时用地具有重要作用。

9.3.5　高效利用现场既有资源是绿色施工的基本原则，施工现场生产生活临时设施尽量做到占地面积最小，并应满足使用功能的合理性、可行性和舒适性要求。

10　评 价 方 法

10.0.1　本条规定了绿色施工项目自评价的最少次数。采取双控的方式，当某一施工阶段的工期少于 1 个月时，自评价也应不少于 1 次。

10.0.2　本条规定了指标中的控制项判定合格的标准，一般项的打分标准，优选项的加分标准。

10.0.4　根据各评价要素对批次评价起的作用不同，评价时应考虑相应的权重系数。根据对大量施工现场的实地调查、相关施工人员的问卷调研，通过统计分析，得出批次评价时各评价要素的权重系数表(表 10.0.4)。

10.0.6　本条规定了单位工程评价中评价阶段的权重系数。考虑一般建筑工程结构施工时间较长、受外界因素影响大、涉及人员多、难度系数高等原因，在施工中尤其要保证"四节一环保"，这个阶段在单位绿色施工评价时地位重要，通过对大量工程的调研、统计、分析，规定其权重系数为 0.5；地基与基础施工阶段，对周围环境的影响及实施绿色施工的难度都较装饰装修与机电安装阶段大，所以，规定其权重系数分别为 0.3 和 0.2。

11　评价组织和程序

11.1　评 价 组 织

11.1.1～11.1.3　规定了建筑工程绿色施工评价的组织单位和参与单位。

11.2　评 价 程 序

11.2.1　本条规定了绿色施工评价的基本原则，先由施工单位自评价，再由建设单位、监理单位或其他评价机构验收评价。

11.2.2　本条规定了单位工程绿色施工评价的时间。

11.2.3　本条规定了单位工程绿色施工评价，证据的收集包括：审查施工记录；对照记录查验现场，必要时进一步追踪隐蔽工程情况；询问现场有关人员。

11.2.4　本条规定了单位工程绿色施工评价结果应在有关部门进行备案。

11.3　评 价 资 料

11.3.1、11.3.2　规定了单位工程绿色施工评价应提交的资料，资料应归档。

11.3.3　表 11.3.1-1 绿色施工要素评价表、表 11.3.1-2 绿色施工批次评价汇总表、表 11.3.1-3 绿色施工阶段评价汇总表、表 11.3.1-4单位工程绿色施工评价汇总表的编号均按评价时间顺序流水号排列，如 0001。

中华人民共和国国家标准

施工企业安全生产管理规范

Code for construction company safety manage criterion

GB 50656—2011

主编部门：中华人民共和国住房和城乡建设部
批准部门：中华人民共和国住房和城乡建设部
施行日期：2 0 1 2 年 4 月 1 日

中华人民共和国住房和城乡建设部
公　告

第1126号

关于发布国家标准《施工企业安全生产管理规范》的公告

现批准《施工企业安全生产管理规范》为国家标准，编号为GB 50656—2011，自2012年4月1日起实施。其中，第3.0.9、5.0.3、10.0.6、12.0.3（6）、15.0.4条（款）为强制性条文，必须严格执行。

本规范由我部标准定额研究所组织中国计划出版社出版发行。

中华人民共和国住房和城乡建设部

二〇一一年七月二十六日

前　言

本规范是根据原建设部《关于印发〈二〇〇二至二〇〇三年工程建设国家标准制订计划〉的通知》（建标〔2003〕102号）的要求，由上海市建设工程安全质量监督总站会同有关单位共同编制而成。

本规范共分16章，主要内容包括：总则，术语，基本规定，安全管理目标，安全生产组织与责任体系，安全生产管理制度，安全生产教育培训，安全生产费用管理，施工设施、设备和劳动防护用品安全管理，安全技术管理，分包方安全生产管理，施工现场安全管理，应急救援管理，生产安全事故管理，安全检查和改进，安全考核和奖惩等。

本规范中以黑体字标志的条文为强制性条文，必须严格执行。

本规范由住房和城乡建设部负责管理和对强制性条文的解释，由上海市建设工程安全质量监督总站负责具体技术内容的解释。各单位在执行本规范的过程中，如有意见和建议，请反馈给上海市建设工程安全质量监督总站（地址：上海市小木桥路683号，邮政编码：200032，电子信箱：an54614788@yahoo.com.cn），以供今后修订时参考。

本规范主编单位、参编单位、主要起草人和主要审查人：

主编单位： 上海市建设工程安全质量监督总站
上海城建建设实业（集团）有限公司

参编单位： 中国建筑一局（集团）有限公司
上海市施工行业协会工程建设质量安全专业委员会
上海市建设安全协会
山东省建筑工程管理局
江苏省建筑工程管理局
河北省建筑工程施工安全监督总站
杭州市建筑工程质量安全监督总站
北京建工集团
中国机械工业建设总公司
江苏省苏中建设集团股份有限公司
中天建设工程集团有限公司
同济大学土木工程学院
清华大学（清华-金门）建筑安全研究中心
北京中建协认证中心

主要起草人： 姜　敏　姜　华　陶为农　唐　伟　戴宝荣　叶伯铭　李　印　戚耀奇　徐福康　白俊英　高　原　黄剑箐　顾建生　陈晓峰　方东平　赵傲齐　张向洪　吴晓宇　周家辰　杜正义　吴　辉　王静宇　常　义　张双群

主要审查人： 秦春芳　魏吉祥　叶军献　任兆祥　乔　登　彭　锋　李庆伟　杨　杰

目　次

Contents

1 总 则

1.0.1 为规范施工企业安全生产管理，提高施工企业安全生产管理的水平，预防和减少建筑施工生产安全事故的发生，制定本规范。

1.0.2 本规范适用于施工企业安全生产管理的监督检查工作。

1.0.3 施工企业的安全生产管理体系应根据企业安全管理目标、施工生产特点和规模建立完善，并应有效运行。

1.0.4 施工企业安全生产管理，除应符合本规范外，尚应符合国家现行有关法规和标准的规定。

2 术 语

2.0.1 施工企业 construction company

指从事土木工程、建筑工程、线路管道和设备安装工程及装修工程的新建、扩建、改建和拆除等有关活动的企业。

2.0.2 施工企业主要负责人 principal of construction company

指对施工企业日常生产经营活动和安全生产工作全面负责、具有生产经营决策权的人员，包括施工企业法定代表人、正副职领导。

2.0.3 各管理层 all tiers of management

指施工企业组织管理体系中，包括总部、分支机构、工程项目部等在内的具有不同管理职责与权限的管理层面。

2.0.4 工作环境 working condition

施工作业场所内的场地、道路、工况、水文、地质、气候等客观条件。

2.0.5 危险源 hazard

可能导致职业伤害或疾病、财产损失、工作环境破坏或这些情况组合的根源或状态。

2.0.6 隐患 hidden peril

未被事先识别或未采取必要的风险控制措施，可能直接或间接导致事故的危险源。

2.0.7 风险 risk

某一特定危险情况发生的可能性和后果的组合。

2.0.8 危险性较大的分部分项工程 divisional work & sub-divisional work with higher risks

在施工过程中存在的、可能导致作业人员群死群伤、重大财产损失或造成重大不良社会影响的分部分项工程。

2.0.9 相关方 related parties

与施工企业安全生产管理有关或受其影响的个人或团体，包括政府管理部门、建设单位、勘察设计单位、中介机构、分(包)方、供应商，以及其从业人员等。

3 基本规定

3.0.1 施工企业必须依法取得安全生产许可证，并应在资质等级许可的范围内承揽工程。

3.0.2 施工企业应根据施工生产特点和规模，并以安全生产责任制为核心，建立健全安全生产管理制度。

3.0.3 施工企业主要负责人应依法对本单位的安全生产工作全面负责，其中法定代表人应为企业安全生产第一责任人，其他负责人应对分管范围内的安全生产负责。

施工企业其他人员应对岗位职责范围内的安全生产负责。

3.0.4 施工企业应设立独立的安全生产管理机构，并应按规定配备专职安全生产管理人员。

3.0.5 施工企业各管理层应对从业人员开展针对性的安全生产教育培训。

3.0.6 施工企业应依法确保安全生产所需资金的投入并有效使用。

3.0.7 施工企业必须配备满足安全生产需要的法律法规、各类安全技术标准和操作规程。

3.0.8 施工企业应依法为从业人员提供合格的劳动保护用品，办理相关保险，进行健康检查。

3.0.9 施工企业严禁使用国家明令淘汰的技术、工艺、设备、设施和材料。

3.0.10 施工企业宜通过信息化技术，辅助安全生产管理。

3.0.11 施工企业应按本规范要求，定期对安全生产管理状况进行分析评估，并实施改进。

4 安全管理目标

4.0.1 施工企业应依据企业的总体发展规划，制订企业年度及中长期安全管理目标。

4.0.2 安全管理目标应包括生产安全事故控制指标、安全生产及文明施工管理目标。

4.0.3 安全管理目标应分解到各管理层及相关职能部门和岗位，并应定期进行考核。

4.0.4 施工企业各管理层及相关职能部门和岗位应根据分解的安全管理目标，配置相应的资源，并应有效管理。

5 安全生产组织与责任体系

5.0.1 施工企业必须建立安全生产组织体系，明确企业安全生产的决策、管理、实施的机构或岗位。

5.0.2 施工企业安全生产组织体系应包括各管理层的主要负责人，各相关职能部门及专职安全生产管理机构，相关岗位及专兼职安全管理人员。

5.0.3 施工企业应建立和健全与企业安全生产组织相对应的安全生产责任体系，并应明确各管理层、职能部门、岗位的安全生产责任。

5.0.4 施工企业安全生产责任体系应符合下列要求：

1 企业主要负责人应领导企业安全管理工作，组织制订企业中长期安全管理目标和制度，审议、决策重大安全事项。

2 各管理层主要负责人应明确并组织落实本管理层各职能部门和岗位的安全生产职责，实现本管理层的安全管理目标。

3 各管理层的职能部门及岗位应承担职能范围内与安全生产相关的职责，互相配合，实现相关安全管理目标，应包括下列主要职责：

1)技术管理部门(或岗位)负责安全生产的技术保障和改进；

2)施工管理部门(或岗位)负责生产计划、布置、实施的安全管理；

3)材料管理部门(或岗位)负责安全生产物资及劳动防护用品的安全管理；

4)动力设备管理部门(或岗位)负责施工临时用电及机具设备的安全管理；

5)专职安全生产管理机构(或岗位)负责安全管理的检查、处理；

6)其他管理部门(或岗位)分别负责人员配备、资金、教育培训、卫生防疫、消防等安全管理。

5.0.5 施工企业应依据职责落实各管理层、职能部门、岗位的安全生产责任。

5.0.6 施工企业各管理层、职能部门、岗位的安全生产责任应形成责任书，并应经责任部门或责任人确认。责任书的内容应包括安全生产职责、目标、考核奖惩标准等。

6 安全生产管理制度

6.0.1 施工企业应依据法律法规，结合企业的安全管理目标、生产经营规模、管理体制建立安全生产管理制度。

6.0.2 施工企业安全生产管理制度应包括安全生产教育培训，安全费用管理，施工设施、设备及劳动防护用品的安全管理，安全生产技术管理，分包(供)方安全生产管理，施工现场安全管理，应急救援管理，生产安全事故管理，安全检查和改进，安全考核和奖惩等制度。

6.0.3 施工企业的各项安全生产管理制度应规定工作内容、职责与权限、工作程序及标准。

6.0.4 施工企业安全生产管理制度，应随有关法律法规以及企业生产经营、管理体制的变化，适时更新、修订完善。

6.0.5 施工企业各项安全生产管理活动必须依据企业安全生产管理制度开展。

7 安全生产教育培训

7.0.1 施工企业安全生产教育培训应贯穿于生产经营的全过程，教育培训应包括计划编制、组织实施和人员持证审核等工作内容。

7.0.2 施工企业安全生产教育培训计划应依据类型、对象、内容、时间安排、形式等需求进行编制。

7.0.3 安全教育和培训的类型应包括各类上岗证书的初审、复审培训，三级教育(企业、项目、班组)、岗前教育、日常教育、年度继续教育。

7.0.4 安全生产教育培训的对象应包括企业各管理层的负责人、管理人员、特殊工种以及新上岗、待岗复工、转岗、换岗的作业人员。

7.0.5 施工企业的从业人员上岗应符合下列要求：

1 企业主要负责人、项目负责人和专职安全生产管理人员必须经安全生产知识和管理能力考核合格，依法取得安全生产考核合格证书；

2 企业的各类管理人员必须具备与岗位相适应的安全生产知识和管理能力，依法取得必要的岗位资格证书；

3 特殊工种作业人员必须经安全技术理论和操作技能考核合格，依法取得建筑施工特种作业人员操作资格证书。

7.0.6 施工企业新上岗操作工人必须进行岗前教育培训，教育培训应包括下列内容：

1 安全生产法律法规和规章制度；

2 安全操作规程；

3 针对性的安全防范措施；

4 违章指挥、违章作业、违反劳动纪律产生的后果；

5 预防、减少安全风险以及紧急情况下应急救援的基本知识、方法和措施。

7.0.7 施工企业应结合季节施工要求及安全生产形势对从业人员进行日常安全生产教育培训。

7.0.8 施工企业每年应按规定对所有从业人员进行安全生产继续教育，教育培训应包括下列内容：

1 新颁布的安全生产法律法规、安全技术标准规范和规范性文件；

2 先进的安全生产技术和管理经验；

3 典型事故案例分析。

7.0.9 施工企业应定期对从业人员持证上岗情况进行审核、检查，并应及时统计、汇总从业人员的安全教育培训和资格认定等相关记录。

8 安全生产费用管理

8.0.1 安全生产费用管理应包括资金的提取、申请、审核审批、支付、使用、统计、分析、审计检查等工作内容。

8.0.2 施工企业应按规定提取安全生产所需的费用。安全生产费用应包括安全技术措施、安全教育培训、劳动保护、应急准备等，以及必要的安全评价、监测、检测、论证所需费用。

8.0.3 施工企业各管理层应根据安全生产管理需要，编制安全生产费用使用计划，明确费用使用的项目、类别、额度、实施单位及责任者、完成期限等内容，并应经审核批准后执行。

8.0.4 施工企业各管理层相关负责人必须在其管辖范围内，按专款专用、及时足额的要求，组织落实安全生产费用使用计划。

8.0.5 施工企业各管理层应建立安全生产费用分类使用台账，应定期统计，并报上一级管理层。

8.0.6 施工企业各管理层应定期对下一级管理层的安全生产费用使用计划的实施情况进行监督审查和考核。

8.0.7 施工企业各管理层应对安全生产费用管理情况进行年度汇总分析，并应及时调整安全生产费用的比例。

9 施工设施、设备和劳动防护用品安全管理

9.0.1 施工企业施工设施、设备和劳动防护用品的安全管理应包括购置、租赁、装拆、验收、检测、使用、保养、维修、改造和报废等内容。

9.0.2 施工企业应根据安全管理目标，生产经营特点、规模、环境等，配备符合安全生产要求的施工设施、设备、劳动防护用品及相关的安全检测器具。

9.0.3 生产经营活动内容可能包含机械设备的施工企业，应按规定设置相应的设备管理机构或者配备专职的人员进行设备管理。

9.0.4 施工企业应建立并保存施工设施、设备、劳动防护用品及相关的安全检测器具管理档案，并应记录下列内容：

1 来源、类型、数量、技术性能、使用年限等静态管理信息，以及目前使用地点、使用状态、使用责任人、检测、日常维修保养等动态管理信息；

2 采购、租赁、改造、报废计划及实施情况。

9.0.5 施工企业应定期分析施工设施、设备、劳动防护用品及相关的安全检测器具的安全状态采取必要的改进措施。

9.0.6 施工企业应自行设计或优先选用标准化、定型化、工具化的安全防护设施。

10 安全技术管理

10.0.1 施工企业安全技术管理应包括对安全生产技术措施的制订、实施、改进等管理。

10.0.2 施工企业各管理层的技术负责人应对管理范围的安全技术管理负责。

10.0.3 施工企业应定期进行技术分析，改造、淘汰落后的施工工艺、技术和设备，应推行先进、适用的工艺、技术和装备，并应完善安全生产作业条件。

10.0.4 施工企业应依据工程规模、类别、难易程度等明确施工组织设计、专项施工方案（措施）的编制、审核和审批的内容、权限、程序及时限。

10.0.5 施工企业应根据施工组织设计、专项施工方案（措施）的审核、审批权限，组织相关职能部门审核，技术负责人审批。审核、审批应有明确意见并签名盖章。编制、审批应在施工前完成。

10.0.6 施工企业应根据施工组织设计、专项安全施工方案（措施）编制和审批权限的设置，分级进行安全技术交底，编制人员应参与安全技术交底、验收和检查。

10.0.7 施工企业可结合生产实际制订企业内部安全技术标准和图集。

11 分包方安全生产管理

11.0.1 分包方安全生产管理应包括分包单位以及供应商的选择、施工过程管理、评价等工作内容。

11.0.2 施工企业应依据安全生产管理责任和目标，明确对分包（供）单位和人员的选择和清退标准、合同约定和履约控制等的管理要求。

11.0.3 施工企业对分包单位的安全生产管理应符合下列要求：

1 选择合法的分包（供）单位；

2 与分包（供）单位签订安全协议，明确安全责任和义务；

3 对分包单位施工过程的安全生产实施检查和考核；

4 及时清退不符合安全生产要求的分包（供）单位；

5 分包工程竣工后对分包（供）单位安全生产能力进行评价。

11.0.4 施工企业对分包（供）单位检查和考核，应包括下列内容：

1 分包单位安全生产管理机构的设置、人员配备及资格情况；

2 分包（供）单位违约、违章情况；

3 分包单位安全生产绩效。

11.0.5 施工企业可建立合格分包（供）方名录，并应定期审核、更新。

12 施工现场安全管理

12.0.1 施工企业应加强工程项目施工过程的日常安全管理，工程项目部应接受企业各管理层职能部门和岗位的安全生产管理。

12.0.2 施工企业的工程项目部应接受建设行政主管部门及其他相关部门的监督检查，对发现的问题应按要求落实整改。

12.0.3 施工企业的工程项目部应根据企业安全生产管理制度，实施施工现场安全生产管理，应包括下列内容：

1 制订项目安全管理目标，建立安全生产组织与责任体系，明确安全生产管理职责，实施责任考核；

2 配置满足安全生产、文明施工要求的费用、从业人员、设施、设备、劳动防护用品及相关的检测器具；

3 编制安全技术措施、方案、应急预案；

4 落实施工过程的安全生产措施，组织安全检查，整改安全隐患；

5 组织施工现场场容场貌、作业环境和生活设施安全文明达标；

6 确定消防安全责任人，制订用火、用电、使用易燃易爆材料等各项消防安全管理制度和操作规程，设置消防通道、消防水源，配备消防设施和灭火器材，并在施工现场入口处设置明显标志；

7 组织事故应急救援抢险；

8 对施工安全生产管理活动进行必要的记录，保存应有的资料。

12.0.4 工程项目部应建立健全安全生产责任体系，安全生产责任体系应符合下列要求：

1 项目经理应为工程项目安全生产第一责任人，应负责分解落实安全生产责任，实施考核奖惩，实现项目安全管理目标；

2 工程项目总承包单位、专业承包和劳务分包单位的项目经理、技术负责人和专职安全生产管理人员，应组成安全管理组织，并应协调、管理现场安全生产；项目经理应按规定到岗带班指挥生产；

3 总承包单位、专业承包和劳务分包单位应按规定配备项目专职安全生产管理人员，负责施工现场各自管理范围内的安全

生产日常管理；

4 工程项目部其他管理人员应承担本岗位管理范围内的安全生产职责；

5 分包单位应服从总承包单位管理，并应落实总承包项目部的安全生产要求；

6 施工作业班组应在作业过程中执行安全生产要求；

7 作业人员应严格遵守安全操作规程，并应做到不伤害自己、不伤害他人和不被他人伤害。

12.0.5 项目专职安全生产管理人员应按规定到岗，并应履行下列主要安全生产职责：

1 对项目安全生产管理情况应实施巡查，阻止和处理违章指挥、违章作业和违反劳动纪律等现象，并应作好记录；

2 对危险性较大的分部分项工程应依据方案实施监督并作好记录；

3 应建立项目安全生产管理档案，并应定期向企业报告项目安全生产情况。

12.0.6 工程项目施工前，应组织编制施工组织设计、专项施工方案(措施)，内容应包括工程概况、编制依据、施工计划、施工工艺、施工安全技术措施、检查验收内容及标准、计算书及附图等，并应按规定进行审批、论证、交底、验收、检查。

12.0.7 工程项目部应定期及时上报现场安全生产信息；施工企业应全面掌握企业所属工程项目的安全生产状况，并应作为隐患治理、考核奖惩的依据。

13 应急救援管理

13.0.1 施工企业的应急救援管理应包括建立组织机构，应急预案编制、审批、演练、评价、完善和应急救援响应工作程序及记录等内容。

13.0.2 施工企业应建立应急救援组织机构，并应组织救援队伍，同时应定期进行演练调整等日常管理。

13.0.3 施工企业应建立应急物资保障体系，应明确应急设备和器材配备、储存的场所和数量，并应定期对应急设备和器材进行检查、维护、保养。

13.0.4 施工企业应根据施工管理和环境特征，组织各管理层制订应急救援预案，应包括下列内容：

1 紧急情况、事故类型及特征分析；

2 应急救援组织机构与人员及职责分工、联系方式；

3 应急救援设备和器材的调用程序；

4 与企业内部相关职能部门和外部政府、消防、抢险、医疗等相关单位与部门的信息报告、联系方法；

5 抢险急救的组织、现场保护、人员撤离及疏散等活动的具体安排。

13.0.5 施工企业各管理层应对全体从业人员进行应急救援预案的培训和交底；接到相关报告后，应及时启动预案。

13.0.6 施工企业应根据应急救援预案，定期组织专项应急演练；应针对演练、实战的结果，对应急预案的适宜性和可操作性组织评价，必要时应进行修改和完善。

14 生产安全事故管理

14.0.1 施工企业生产安全事故管理应包括报告、调查、处理、记录、统计、分析改进等工作内容。

14.0.2 生产安全事故发生后，施工企业应按规定及时上报。实行施工总承包时，应由总承包企业负责上报。情况紧急时，可越级上报。

14.0.3 生产安全事故报告应包括下列内容：

1 事故的时间、地点和相关单位名称；

2 事故的简要经过；

3 事故已经造成或者可能造成的伤亡人数(包括失踪、下落不明的人数)和初步估计的直接经济损失；

4 事故的初步原因；

5 事故发生后采取的措施及事故控制情况；

6 事故报告单位或报告人员。

14.0.4 生产安全事故报告后出现新情况时，应及时补报。

14.0.5 生产安全事故调查和处理应做到事故原因不查清楚不放过、事故责任者和从业人员未受到教育不放过、事故责任者未受到处理不放过、没有采取防范事故再发生的措施不放过。

14.0.6 施工企业应建立生产安全事故档案，事故档案应包括下列资料：

1 依据生产安全事故报告要素形成的企业职工伤亡事故统计汇总表；

2 生产安全事故报告；

3 事故调查情况报告、对事故责任者的处理决定、伤残鉴定、政府的事故处理批复资料及相关影像资料；

4 其他有关的资料。

15 安全检查和改进

15.0.1 施工企业安全检查和改进管理应包括安全检查的内容、形式、类型、标准、方法、频次、整改、复查，以及安全生产管理评价与持续改进等工作内容。

15.0.2 施工企业安全检查应包括下列内容：

1 安全管理目标的实现程度；

2 安全生产职责的履行情况；

3 各项安全生产管理制度的执行情况；

4 施工现场管理行为和实物状况；

5 生产安全事故、未遂事故和其他违规违法事件的报告调查、处理情况；

6 安全生产法律法规、标准规范和其他要求的执行情况。

15.0.3 施工企业安全检查的形式应包括各管理层的自查、互查以及对下级管理层的抽查等；安全检查的类型应包括日常巡查、专项检查、季节性检查、定期检查、不定期抽查等，并应符合下列要求：

1 工程项目部每天应结合施工动态，实行安全巡查；

2 总承包工程项目部应组织各分包单位每周进行安全检查；

3 施工企业每月应对工程项目施工现场安全生产情况至少进行一次检查，并应针对检查中发现的倾向性问题、安全生产状况较差的工程项目，组织专项检查；

4 施工企业应针对承建工程所在地区的气候与环境特点，组织季节性的安全检查。

15.0.4 施工企业安全检查应配备必要的检查、测试器具，对存在的问题和隐患，应定人、定时间、定措施组织整改，并应跟踪复查直至整改完毕。

15.0.5 施工企业对安全检查中发现的问题，宜按隐患类别分类记录，定期统计，并应分析确定多发和重大隐患类别，制订实施治理措施。

15.0.6 施工企业应定期对安全生产管理的适宜性、符合性和有效性进行评估，应确定改进措施，并对其有效性进行跟踪验证和评价。发生下列情况时，企业应及时进行安全生产管理评估：

1 适用法律法规发生变化；

2 企业组织机构和体制发生重大变化；

3 发生生产安全事故；

4 其他影响安全生产管理的重大变化。

15.0.7 施工企业应建立并保存安全检查和改进活动的资料与记录。

16 安全考核和奖惩

16.0.1 施工企业安全考核和奖惩管理应包括确定对象、制订内容及标准、实施奖惩等内容。

16.0.2 安全考核的对象应包括施工企业各管理层的主要负责人、相关职能部门及岗位和工程项目的参建人员。

16.0.3 企业各管理层的主要负责人应组织对本管理层各职能部门、下级管理层的安全生产责任进行考核和奖惩。

16.0.4 安全考核应包括下列内容：

1 安全目标实现程度；

2 安全职责履行情况；

3 安全行为；

4 安全业绩。

16.0.5 施工企业应针对生产经营规模和管理状况，明确安全考核的周期，并应及时兑现奖惩。

本规范用词说明

1 为便于在执行本规范条文时区别对待，对要求严格程度不同的用词说明如下：

1)表示很严格，非这样做不可的：
正面词采用“必须”，反面词采用“严禁”；

2)表示严格，在正常情况下均应这样做的：
正面词采用“应”，反面词采用“不应”或“不得”；

3)表示允许稍有选择，在条件许可时首先应这样做的：
正面词采用“宜”，反面词采用“不宜”；

4)表示有选择，在一定条件下可以这样做的，采用“可”。

2 条文中指明应按其他有关标准执行的写法为：“应符合……的规定”或“应按……执行”。

中华人民共和国国家标准

施工企业安全生产管理规范

GB 50656—2011

条 文 说 明

制 定 说 明

《施工企业安全生产管理规范》GB 50656—2011，经住房和城乡建设部2011年7月26日以第1126号公告批准发布。

为便于广大建设、施工、监理以及相关政府监管部门等单位有关人员在使用本规范时能正确理解和执行条文规定，《施工企业安全生产管理规范》编制组按章、节、条顺序编制了本规范的条文说明，对条文规定的目的、依据以及执行中需注意的有关事项进行了说明，还着重对强制性条文的强制性理由做了解释。但是，本条文说明不具备与规范正文同等的法律效力，仅供使用者作为理解和把握规范规定的参考。

目　次

1 总 则

1.0.1 本规范制定的目的是促进施工企业安全生产管理的标准化、规范化和科学化。本规范是对施工企业安全生产管理行为提出的基本要求；是施工企业安全生产管理的行为规范；是使施工企业安全生产和文明施工符合法律、法规要求的基本保证。

本规范以强制和引导相结合的原则，在提出安全生产管理基本要求的基础上，鼓励企业实施安全生产管理创新。

1.0.2 建筑施工企业应贯彻本规范，建立、运行和不断完善安全管理体系。包括企业在内的各方可依据本规范对施工企业的安全生产管理进行监督检查、动态管理。

境外施工企业在我国境内承包工程时也应按本规范执行。

3 基 本 规 定

3.0.3 对于其他负责人，除负责各自管理范围内的生产经营管理职责外，还应负责其范围内的安全生产管理，确保管理范围内的安全生产管理体系正常运行和安全业绩的持续改进，坚持做到职责分明，有岗有责，上岗守责。安全生产责任体系由纵向与横向展开。

3.0.4 住房和城乡建设部《关于印发〈建筑施工企业安全生产管理机构设置及专职安全生产管理人员配备办法〉的通知》（建质〔2008〕91号）规定：建筑施工企业安全生产管理机构专职安全生产管理人员的配备要求如下：

1 总承包资质序列企业：特级资质不少于6人；一级资质不少于4人；二级和二级以下资质企业不少于3人；

2 专业承包资质序列企业：一级资质不少于3人；二级和二级以下资质企业不少于2人；

3 劳务分包资质序列企业：不少于2人；

4 企业的分公司、区域公司等较大的分支机构（以下简称分支机构）应依据实际生产情况配备不少于2人的专职安全生产管理人员。

3.0.5 不具备安全生产教育培训条件的企业，可委托具有相应资质的安全培训机构对从业人员进行安全培训。

3.0.6 财政部、国家安全生产监督管理总局《关于印发〈高危行业企业安全生产费用财务管理暂行办法〉的通知》（财企〔2006〕478号）规定，施工企业以建筑安装工程造价为计提依据，各工程类别安全费用提取标准如下：

1 房屋建筑工程、矿山工程为2.0%；

2 电力工程、水利水电工程、铁路工程为1.5%；

3 市政公用工程、冶炼工程、机电安装工程、化工石油工程、港口与航道工程、公路工程、通信工程为1.0%。

施工企业提取的安全费用列入工程造价，在竞标时，不得删减。国家对基本建设投资概算另有规定的，从其规定。

总包单位应当将安全费用按比例直接支付分包单位，分包单位不再重复提取。

3.0.8 《中华人民共和国建筑法》和《工伤保险条例》（国务院令第375号）规定，施工企业要及时为农民工办理参加工伤保险手续，为施工现场从事危险作业的农民工办理意外伤害保险，并按时足额缴纳保险费。

3.0.9 本条为强制性条文，必须严格执行。住房和城乡建设部和各级建设行政主管部门会根据实际情况，定期公布淘汰的技术、工艺、设备、设施和材料名录，国家明令淘汰的技术、工艺、设备、设施和材料，必定存在缺陷和隐患，容易引发生产安全事故，必须严禁使用。企业更应建立完善技术、工艺、设备、设施、材料的淘汰与改造、更新制度。

4 安全管理目标

4.0.1 安全管理目标应易于考核，制订时应综合考虑以下因素：

1 政府部门的相关要求。

2 企业的安全生产管理现状。

3 企业的生产经营规模及特点。

4 企业的技术、工艺、设施和设备。

4.0.2 生产安全事故控制目标应为事故负伤频率及各类生产安全事故发生率控制指标。

安全生产以及文明施工管理目标应为企业安全生产标准化管理及文明施工基础工作要求的组合。

5 安全生产组织与责任体系

5.0.1 由于安全生产在施工企业处于特殊的重要地位，安全与生产矛盾处理难度大，各管理层安全生产的第一责任人应为本管理层具有决策控制权的负责人，只有这样才能把安全与生产从组织领导上统一起来，使安全生产管理体系得以有效运行。

5.0.3 本条为强制性条文，必须严格执行。施工企业各管理层与职能部门、岗位的安全生产管理责任明确了，施工企业安全生产管理才能符合"纵向到底、横向到边、合理分工，互相衔接"的原则，方可实现安全生产体系化管理。

5.0.4 本条第3款除专职安全机构独立设置外，根据企业管理组织体系，一个职能部门（或岗位）可能承担单项或多项的职责，也可能一项职责由多个职能部门（或岗位）承担。职能部门（或岗位）的具体职责应与责任对应，例如：

1 企业安全生产工作的第一责任人（对本企业安全生产负全面领导责任）的安全生产职责：

1）贯彻执行国家和地方有关安全生产的方针政策和法规、规范；

2）掌握本企业安全生产动态，定期研究安全工作；

3）组织制订安全工作目标、规划实施计划；

4）组织制订和完善各项安全生产规章制度及奖惩办法；

5）建立、健全安全生产责任制，并领导、组织考核工作；

6）建立、健全安全生产管理体系，保证安全生产投入；

7）督促、检查安全生产工作，及时消除生产安全事故隐患；

8）组织制订并实施生产安全事故应急救援预案；

9）及时、如实报告生产安全事故；在事故调查组的指导下，领导、组织有关部门或人员，配合事故调查处理工作，监督防范措施的制订和落实，防止事故重复发生。

2 企业主管安全生产负责人的安全生产职责：

1)组织落实安全生产责任制和安全生产管理制度，对安全生产工作负直接领导责任；

2)组织实施安全工作规划及实施计划，实现安全目标；

3)领导、组织安全生产宣传教育工作；

4)确定安全生产考核指标；

5)领导、组织安全生产检查；

6)领导、组织对分包(供)方的安全生产主体资格考核与审查；

7)认真听取、采纳安全生产的合理化建议，保证安全生产管理体系的正常运转；

8)发生生产安全事故时，组织实施生产安全事故应急救援。

3 企业技术负责人的安全生产职责：

1)贯彻执行国家和上级的安全生产方针、政策，在本企业施工安全生产中负技术领导责任；

2)审批施工组织设计和专项施工方案(措施)时，审查其安全技术措施，并作出决定性意见；

3)领导开展安全技术攻关活动，并组织技术鉴定和验收；

4)新材料、新技术、新工艺、新设备使用前，组织审查其使用和实施过程中的安全性，组织编制或审定相应的操作规程；

5)参加生产安全事故的调查和分析，从技术上分析事故原因，制订整改防范措施。

4 企业总会计师的安全生产职责：

1)组织落实本企业财务工作的安全生产责任制，认真执行安全生产奖惩规定；

2)组织编制年度财务计划的同时，编制安全生产费用投入计划，保证经费到位和合理开支；

3)监督、检查安全生产费用的使用情况。

5 企业其他负责人应当按照分工抓好主管范围内的安全生产工作，对主管范围内的安全生产工作负领导责任。

6 工程管理部门的安全生产职责：

1)协调配置安全生产所需的各项资源；

2)科学组织均衡生产，保证生产任务与安全管理协调一致。

7 技术管理部门的安全生产职责：

1)贯彻执行国家和上级有关安全技术及安全操作规程规定；

2)组织编制、审查专项安全施工方案并抽查实施情况；

3)新技术、新材料、新工艺使用前，制订相应的安全技术措施和安全操作规程；

4)分析伤亡事故和重大事故、未遂事故中技术原因，从技术上提出防范措施。

8 机械动力管理部门的安全生产职责：

1)负责本企业机械动力设备的安全管理，监督检查；

2)对相关特种作业人员定期培训、考核；

3)参与组织编制机械设备施工组织设计，参与机械设备施工方案的会审；

4)分析生产安全事故涉及设备原因，提出防范措施。

9 劳务管理部门的安全生产职责：

1)审查劳务分包人员资格；

2)从用工方面分析生产安全事故原因，提出防范措施。

10 物资管理部门的安全生产职责：

确保购置(租赁)的各类安全物资、劳动保护用品符合国家或有关行业的技术标准、规范的要求。

11 人力资源部门的安全生产职责：

审查安全管理人员资格，足额配备安全管理人员，开发、培养安全管理力量。

12 财务管理部门的安全生产职责：

1)及时提取安全技术措施经费、劳动保护经费及其他安全生产所需经费，保证专款专用；

2)协助专职安全管理部门办理安全奖罚款手续。

13 保卫消防部门的安全生产职责：

1)贯彻执行有关消防保卫的法规、规定；

2)参与火灾事故的调查，提出处理意见。

14 行政卫生部门的安全生产职责：

监测有毒有害作业场所的尘毒浓度，做好职业病预防工作。

15 工会组织的安全生产职责：

1)依法组织职工参加本企业安全生产工作的民主管理和民主监督；

2)对侵害职工在安全生产方面的合法权益的问题进行调查，代表职工与企业进行交涉；

3)参加对生产安全事故的调查处理，向有关部门提出处理意见。

6 安全生产管理制度

6.0.1 《建设工程安全生产管理条例》(国务院令第393号)规定，施工企业应建立必要的安全生产管理制度。另外，依据企业的安全管理目标、生产经营规模和特征，企业可另行制订相关的安全生产管理制度来辅助管理，如：定期安全分析会制度，定期安全预警制度，安全信息公布制度等。

6.0.3 本条明确安全生产管理制度的内容：

1 本管理制度的具体工作内容。

2 本管理制度的主要责任人或部门以及配合的岗位或部门的职责与权限。

3 策划、实施、记录、改进的具体工作过程及工作质量要求。

7 安全生产教育培训

7.0.5 本条第3款从特殊工种作业人员的技术和责任方面体现其特殊性。预防高处坠落、机械伤害、脚手架和模板坍塌、触电、火灾、物体打击等类型多发性事故因素很重要。提倡培养和吸收职业学校或中专技校的相应专业、责任心强的毕业生加入特殊工种作业人员行列，特殊工种作业人员技术等级应同工程难易程度和技术复杂性相适应。

7.0.8 根据住房和城乡建设部相关文件规定，施工企业从业人员每年应接受一次安全培训，其中企业法定代表人、生产经营负责人、项目经理不少于30学时，专职安全管理人员不少于40学时，其他管理人员和技术人员不少于20学时，特殊工种作业人员不少于20学时；其他从业人员不少于15学时，待岗复工、转岗、换岗人员重新上岗前不少于20学时，新进场工人三级安全教育培训(公司、项目、班组)分别不少于15学时、15学时、20学时。

8 安全生产费用管理

8.0.2 依据财政部、国家安全生产监督管理总局《关于印发〈高危行业企业安全生产费用财务管理暂行办法〉的通知》(财企〔2006〕478号)，安全生产费用主要可用于：

1 完善、改造和维护安全防护设备、设施支出。

2 配备必要的应急救援器材、设备和现场作业人员安全防护物品支出。

3 安全生产检查与评价支出。

4 重大危险源、重大事故隐患的评估、整改、监控支出。

5 安全教育培训及进行应急救援演练支出。

6 其他与安全生产直接相关的支出。

原建设部《建筑工程安全防护、文明施工措施费用及使用管理规定》(建办〔2005〕89 号)也有相关规定。

8.0.3 安全生产资金使用计划，应经财务、安全部门等相关职能部门审核批准后执行。

8.0.5～8.0.7 施工企业可指定各管理层的财务、审计、安全部门和工会组织等机构，定期对安全生产资金使用计划的实施情况进行监督审查、汇总分析。

9 施工设施、设备和劳动防护用品安全管理

9.0.1 施工设施、设备是指用于施工现场生产所需的各类安全防护设施、临时构(建)筑物、临时用电、消防器材等物料及施工机械、检测设备等，包括用于力矩、厚度、尺度、接地电阻、绝缘电阻、噪声、性能等检测的工具和仪器；劳动防护用品包括安全帽、安全带、安全网、绝缘手套、绝缘鞋、防护面罩、救生衣、反光背心等。

9.0.5 对企业使用面广、频次高、问题多发或曾发生事故的设施、设备等制订相应的安全管理对策措施。

10 安全技术管理

10.0.4

1 根据住房和城乡建设部《危险性较大的分部分项工程安全管理办法》(建质〔2009〕87 号)的规定应编制专项施工方案的危险性较大工程包括：

1)基坑支护、降水工程：

开挖深度超过 3m(含 3m)或虽未超过 3m 但地质条件和周边环境复杂的基坑(槽)支护、降水工程。

2)土方开挖工程：

开挖深度超过 3m(含 3m)的基坑(槽)的土方开挖工程。

3)模板工程及支撑体系：

各类工具式模板工程：包括大模板、滑模、爬模、飞模等工程；

混凝土模板支撑工程：搭设高度 5m 及以上；搭设跨度 10m 及以上；施工总荷载 $10kN/m^2$ 及以上；集中线荷载 15kN/m 及以上；高度大于支撑水平投影宽度且相对独立无联系构件的混凝土模板支撑工程；

承重支撑体系：用于钢结构安装等满堂支撑体系。

4)起重吊装及安装拆卸工程：

采用非常规起重设备、方法，且单件起吊重量在 10kN 及以上的起重吊装工程；

采用起重机械进行安装的工程；

起重机械设备自身的安装、拆卸工程。

5)脚手架工程：

搭设高度 24m 及以上的落地式钢管脚手架工程；

附着式整体和分片提升脚手架工程；

悬挑式脚手架工程；

吊篮脚手架工程；

自制卸料平台、移动操作平台工程；

新型及异型脚手架工程。

6)拆除、爆破工程：

建筑物、构筑物拆除工程；

采用爆破拆除的工程。

7)其他：

建筑幕墙安装工程；

钢结构、网架和索膜结构安装工程；

人工挖扩孔桩工程；

地下暗挖、顶管及水下作业工程；

预应力工程；

采用新技术、新工艺、新材料、新设备及尚无相关技术标准的特殊工程。

2 根据建质〔2009〕87 号的规定，专项施工方案应组织专家论证的超过一定规模的危险性较大的分部分项工程包括：

1)深基坑工程：

开挖深度超过 5m(含)的基坑(槽)土方的开挖支护、降水工程；

开挖深度虽未超过 5m，但地质条件、周围环境和地下管线复杂，或影响毗邻建(构)筑物安全的基坑(槽)土方的开挖支护、降水工程。

2)模板工程及支撑体系：

工具式模板工程：包括滑模、爬模、飞模工程；

混凝土模板支撑工程：支撑高度 8m 及以上；搭设跨度 18m 及以上，施工总荷载 $15kN/m^2$ 及以上；集中线荷载 $20kN/m^2$ 及以上；

承重支撑体系：用于钢结构安装等满堂支撑体系，承受单点集中荷载 700kg 以上。

3)起重吊装及安装拆卸工程：

采用非常规起重设备、方法，且单件起吊重量在 100kN 及以上的起重吊装工程；

起重量 300kN 及以上的起重设备安装工程；高度 200m 及以上内爬起重设备的拆除工程。

4)脚手架工程：

搭设高度 50m 及以上落地式钢管脚手架工程；

提升高度 150m 及以上附着式整体和分片提升脚手架工程；

架体高度 20m 及以上悬挑脚手架工程。

5)拆除、爆破工程：

采用爆破拆除的工程。

码头、桥梁、高架、烟囱、水塔或拆除中容易引起有毒有害气(液)体或粉尘扩散、易燃易爆事故发生的特殊建(构)筑物的拆除工程；

可能影响行人、交通、电力设施、通信设施或其他建(构)筑物安全的拆除工程；

文物保护建筑、优秀历史建筑或历史文化风貌区控制范围的拆除工程。

6)其他：

施工高度 50m 及以上的建筑幕墙安装工程；

跨度大于 36m 及以上的钢结构安装工程；跨度大于 60m 及以上的网架和索膜结构安装工程；

开挖深度超过 16m 的人工挖孔桩工程；

地下暗挖工程、顶管工程、水下作业工程；

采用新技术、新工艺、新材料、新设备尚无相关技术标准的危险性工程。

3 专项施工方案编制内容应包括工程概况、编制依据、施工计划、施工工艺、安全技术措施、检查验收标准、计算书及附图等，并符合以下规定：

1)施工企业应根据工程规模、施工难度等要素，明确各管理层方案编制、审核、审批的权限。

2)专业分包工程，应先由专业承包单位编制，专业承包单位技术负责人审批后报总包单位审核备案。

3)经过审批或论证的方案，不准随意变更修改。确因客观原因需修改时，应按原审核、审批的分工与程序办理。

10.0.6 本条为强制性条文，必须严格执行。分级安全技术交底的形式有：

1 危险性较大的工程开工前，新工艺、新技术、新设备应用前，企业的技术负责人，向施工管理人员进行安全技术方案交底，安全管理机构参与。

2 分部分项工程、关键工序实施前，项目技术负责人、方案编制人应会同安全员、项目施工员向参加施工的施工管理人员进行方案实施安全交底。

3 各个管理岗位人员应对新进场的工人应实施作业人员工种交底，安全员参与督促。

4 作业班组应对作业人员进行班前安全操作规程交底。

11 分包方安全生产管理

11.0.1 通过分包来完成施工任务是施工企业经营管理的重要方式，分包过程是整个施工过程的重要组成部分，无论是劳务分包、专业工程分包，还是机械设备的租赁或安装拆除分包，为了防止资质低劣的分包单位和从业人员进入施工现场，对分包过程必须从源头抓起，进行全过程控制，即施工企业需要从分包单位的资格评价和选择、分包合同的条款约定和履约过程控制、结果再评价三个环节进行控制。

12 施工现场安全管理

12.0.3 本条第6款为强制性条款，必须严格执行。事故应急救援抢险是减少事故损失，阻止事故势态进一步扩大的必要措施，是安全生产的底线。因此其组织形式的针对性和可行性、有效性必须作为项目管理的一项重要内容。

12.0.4 本条第3款是参考住房和城乡建设部《关于印发〈建筑施工企业安全生产管理机构设置及专职安全生产管理人员配备办法〉的通知》(建质〔2008〕91号)规定，施工项目部配备专职安全管理人员的数量为：

1 总承包单位配备项目专职安全生产管理人员要求：

1)建筑工程、装修工程按照建筑面积配备：

1万m^2及以下的工程不少于1人；1万m^2～5万m^2的工程不少于2人；5万m^2以上的工程不少于3人，应当按专业配备专职安全生产管理人员。

2)土木工程、线路管道、设备安装工程按照工程合同价配备：

5000万元以下的工程不少于1人；5000万元～1亿元的工程不少于2人；1亿元以上的工程不少于3人，应当按专业配备专职安全生产管理人员。

2 分包单位配备项目专职安全生产管理人员要求：

1)专业承包单位应当配置至少1人，并根据所承担的分部分项工程的工程量和施工危险程度增配。

2)劳务分包单位施工人员在50人以下的，应当配备1名专职安全生产管理人员；50人～200人的，应当配备2名专职安全生产管理人员；200人以上的，应当配备3名以上专职安全生产管理人员，并根据所承担的分部分项工程施工危险实际情况增加，不得少于工程施工人员总人数的5‰。

3 采用新技术、新工艺、新材料或致害因素多、施工作业难度大的工程项目，项目专职安全生产管理人员的数量应当根据施工实际情况，再适当增加。

13 应急救援管理

13.0.4 应急救援预案是实施应急措施和行动的方案，应具体说明：

1 潜在的事故和紧急情况；

2 应急期间的负责人和起特定作用人员(如消防员、急救人员等)的职责、权限和义务；

3 必要应急设备、物资、器材的配置和使用方法，如装置布置图、危险原材料、工作指示和联络电话等；

4 应急期间应急设备、物资、器材的维护和定期检测的要求，以保持其持续的适用性；

5 有关人员(包括处在应急场所外部人员)在应急期间所采取的保护现场、组织抢救等措施的详细要求；

6 人员疏散方案；

7 企业与外部应急服务机构、社区和公众等沟通；

8 至关重要的记录和相应设备的保护。

13.0.5 管理能力、环境特征和风险程度(如气象的预警等级)不同，防范、应急的程度也不同，施工企业应根据不同的程度分级制订应急救援预案。接到报告后，启动相应等级的应急预案，这样更具操作性。

13.0.6 施工企业内部各管理层，项目部总承包单位和分包单位应按应急救援预案，各自建立应急救援组织，配备人员和应急设备、物资、器材。

14 生产安全事故管理

14.0.2 根据相关规定，事故发生后，事故现场有关人员应立即如实向本企业负责人报告；企业负责人按规定应在1h内如实向事故发生地县级以上人民政府建设主管部门和有关部门报告。

情况紧急时，事故现场有关人员可以直接向事故发生地县级以上人民政府建设主管部门和有关部门报告。

15 安全检查和改进

15.0.1 安全检查是指对安全生产管理活动和结果的符合性和有效性进行的常规监测活动，施工企业通过安全检查掌握安全生产管理活动运行的动态，发现并纠正安全生产管理活动或结果的偏差，并为确定和采取纠正措施或预防措施提供信息。

15.0.4 本条为强制性条文，必须严格执行。隐患的识别除了主观判断外，运用仪器能更客观、定量的识别隐患，为整改提供更直观的依据。整改有时涉及多个人，多个班组，所以应有组织地开展，及时整改，方可杜绝生产安全事故。

15.0.5 治理措施指技术和管理手段，即对事故、未遂事故和安全检查结果的综合、分类、统计和分析，确定今后需防止或减少潜在事故或不合格的发生，并针对可能导致其发生的原因所采取的措施，目的是防止同类问题的再发生。

16 安全考核和奖惩

16.0.1～16.0.5 落实安全生产责任制需要配套建立激励和约束相结合的保证机制，安全考核和奖惩就是一种行之有效的措施。安全考核和奖惩工作，特别是安全生产问责制，应贯穿到施工企业生产经营的全过程。安全奖励包括物质与精神两个方面，安全惩罚包括经济、行政等多种形式。

中华人民共和国国家标准

建设工程施工现场消防安全技术规范

Technical code for fire safety of construction site

GB 50720—2011

主编部门：中华人民共和国住房和城乡建设部
中　华　人　民　共　和　国　公　安　部
批准部门：中华人民共和国住房和城乡建设部
施行日期：2　0　1　1　年　8　月　1　日

中华人民共和国住房和城乡建设部
公　　告

第 1042 号

关于发布国家标准《建设工程施工现场消防安全技术规范》的公告

现批准《建设工程施工现场消防安全技术规范》为国家标准，编号为 GB 50720—2011，自 2011 年 8 月 1 日起实施。其中，第3.2.1、4.2.1（1）、4.2.2（1）、4.3.3、5.1.4、5.3.5、5.3.6、5.3.9、6.2.1、6.2.3、6.3.1（3、5、9）、6.3.3（1）条（款）为强制性条文，必须严格执行。

本规范由我部标准定额研究所组织中国计划出版社出版发行。

中华人民共和国住房和城乡建设部

二〇一一年六月六日

前　　言

本规范是根据住房和城乡建设部《关于印发〈2009 年工程建设标准规范制订、修订计划〉的通知》（建标〔2009〕88 号）的要求，由中国建筑第五工程局有限公司和中国建筑股份有限公司会同有关单位共同编制完成的。

本规范在编制过程中，编制组依据国家有关法律、法规和技术标准，认真总结我国建设工程施工现场消防工作经验和火灾事故教训，充分考虑建设工程施工现场消防工作的实际需要，广泛听取有关部门和专家意见，最后经审查定稿。

本规范共分 6 章，主要内容有：总则、术语、总平面布局、建筑防火、临时消防设施、防火管理。

本规范中以黑体字标志的条文为强制性条文，必须严格执行。

本规范由住房和城乡建设部负责管理和对强制性条文的解释，由中国建筑第五工程局有限公司负责具体技术内容的解释。本规范在执行过程中，希望各单位注意经验的总结和积累，如发现需要修改或补充之处，请将意见和建议寄至中国建筑第五工程局有限公司（地址：湖南省长沙市中意一路 158 号，邮政编码：410004，邮箱：xfbz@cscec5b.com.cn），以供今后修订时参考。

本规范主编单位、参编单位、主要起草人和主要审查人：

主编单位： 中国建筑第五工程局有限公司
中国建筑股份有限公司

参编单位： 公安部天津消防研究所
上海建工（集团）总公司
北京住总集团有限公司
中国建筑一局（集团）有限公司
中国建筑科学研究院建筑防火研究所
中铁建工集团有限公司
广东工程建设监理有限公司
重庆大学
陕西省公安消防总队
北京市公安消防总队
上海市公安消防总队
湖南省公安消防总队
甘肃省公安消防总队

主要起草人： 谭立新　肖绪文　倪照鹏　陈富仲
张　磊　杨建康　金光耀　刘激扬
卞建峰　申立新　马建民　朱　蕾
肖曙光　张　强　李宏文　孟庆彬
倪建国　谭　青　华建民　郭　伟

主要审查人： 许溶烈　郭树林　范庆国　王士川
陈火炎　曾　杰　丁余平　杨西伟
焦安亮　高俊岳

目　次

Contents

1 总 则

1.0.1 为预防建设工程施工现场火灾，减少火灾危害，保护人身和财产安全，制定本规范。

1.0.2 本规范适用于新建、改建和扩建等各类建设工程施工现场的防火。

1.0.3 建设工程施工现场的防火必须遵循国家有关方针、政策，针对不同施工现场的火灾特点，立足自防自救，采取可靠防火措施，做到安全可靠、经济合理、方便适用。

1.0.4 建设工程施工现场的防火除应符合本规范外，尚应符合国家现行有关标准的规定。

2 术 语

2.0.1 临时用房 temporary construction

在施工现场建造的，为建设工程施工服务的各种非永久性建筑物，包括办公用房、宿舍、厨房操作间、食堂、锅炉房、发电机房、变配电房、库房等。

2.0.2 临时设施 temporary facility

在施工现场建造的，为建设工程施工服务的各种非永久性设施，包括围墙、大门、临时道路、材料堆场及其加工场、固定动火作业场、作业棚、机具棚、贮水池及临时给排水、供电、供热管线等。

2.0.3 临时消防设施 temporary fire control facility

设置在建设工程施工现场，用于扑救施工现场火灾、引导施工人员安全疏散等的各类消防设施，包括灭火器、临时消防给水系统、消防应急照明、疏散指示标识、临时疏散通道等。

2.0.4 临时疏散通道 temporary evacuation route

施工现场发生火灾或意外事件时，供人员安全撤离危险区域并到达安全地点或安全地带所经的路径。

2.0.5 临时消防救援场地 temporary fire fighting and rescue site

施工现场中供人员和设备实施灭火救援作业的场地。

3 总平面布局

3.1 一般规定

3.1.1 临时用房、临时设施的布置应满足现场防火、灭火及人员安全疏散的要求。

3.1.2 下列临时用房和临时设施应纳入施工现场总平面布局：

1 施工现场的出入口、围墙、围挡。

2 场内临时道路。

3 给水管网或管路和配电线路敷设或架设的走向、高度。

4 施工现场办公用房、宿舍、发电机房、变配电房、可燃材料库房、易燃易爆危险品库房、可燃材料堆场及其加工场、固定动火作业场等。

5 临时消防车道、消防救援场地和消防水源。

3.1.3 施工现场出入口的设置应满足消防车通行的要求，并宜布置在不同方向，其数量不宜少于2个。当确有困难只能设置1个出入口时，应在施工现场内设置满足消防车通行的环形道路。

3.1.4 施工现场临时办公、生活、生产、物料存贮等功能区宜相对独立布置，防火间距应符合本规范第3.2.1条和第3.2.2条的规定。

3.1.5 固定动火作业场应布置在可燃材料堆场及其加工场、易燃易爆危险品库房等全年最小频率风向的上风侧，并宜布置在临时办公用房、宿舍、可燃材料库房、在建工程等全年最小频率风向的上风侧。

3.1.6 易燃易爆危险品库房应远离明火作业区、人员密集区和建筑物相对集中区。

3.1.7 可燃材料堆场及其加工场、易燃易爆危险品库房不应布置在架空电力线下。

3.2 防火间距

3.2.1 易燃易爆危险品库房与在建工程的防火间距不应小于15m，可燃材料堆场及其加工场、固定动火作业场与在建工程的防火间距不应小于10m，其他临时用房、临时设施与在建工程的防火间距不应小于6m。

3.2.2 施工现场主要临时用房、临时设施的防火间距不应小于表3.2.2的规定，当办公用房、宿舍成组布置时，其防火间距可适当减小，但应符合下列规定：

1 每组临时用房的栋数不应超过10栋，组与组之间的防火间距不应小于8m。

2 组内临时用房之间的防火间距不应小于3.5m，当建筑构件燃烧性能等级为A级时，其防火间距可减少到3m。

表3.2.2 施工现场主要临时用房、临时设施的防火间距(m)

名称 / 间距 / 名称	办公用房、宿舍	发电机房、变配电房	可燃材料库房	厨房操作间、锅炉房	可燃材料堆场及其加工场	固定动火作业场	易燃易爆危险品库房
办公用房、宿舍	4	4	5	5	7	7	10
发电机房、变配电房	4	4	5	5	7	7	10
可燃材料库房	5	5	5	5	7	7	10
厨房操作间、锅炉房	5	5	5	5	7	7	10
可燃材料堆场及其加工场	7	7	7	7	7	10	10
固定动火作业场	7	7	7	7	10	10	12
易燃易爆危险品库房	10	10	10	10	10	12	12

注：1 临时用房、临时设施的防火间距应按临时用房外墙外边线或堆场、作业场、作业棚边线间的最小距离计算，当临时用房外墙有突出可燃构件时，应从其突出可燃构件的外缘算起；

2 两栋临时用房相邻较高一面的外墙为防火墙时，防火间距不限；

3 本表未规定的，可按同等火灾危险性的临时用房、临时设施的防火间距确定。

3.3 消防车道

3.3.1 施工现场内应设置临时消防车道，临时消防车道与在建工程、临时用房、可燃材料堆场及其加工场的距离不宜小于5m，且不宜大于40m；施工现场周边道路满足消防车通行及灭火救援要求时，施工现场内可不设置临时消防车道。

3.3.2 临时消防车道的设置应符合下列规定：

1 临时消防车道宜为环形，设置环形车道确有困难时，应在消防车道尽端设置尺寸不小于12m×12m的回车场。

2 临时消防车道的净宽度和净空高度均不应小于4m。

3 临时消防车道的右侧应设置消防车行进路线指示标识。

4 临时消防车道路基、路面及其下部设施应能承受消防车通行压力及工作荷载。

3.3.3 下列建筑应设置环形临时消防车道，设置环形临时消防车道确有困难时，除应按本规范第3.3.2条的规定设置回车场外，尚应按本规范第3.3.4条的规定设置临时消防救援场地：

1 建筑高度大于24m的在建工程。

2 建筑工程单体占地面积大于3000m^{2}的在建工程。

3 超过10栋，且成组布置的临时用房。

3.3.4 临时消防救援场地的设置应符合下列规定：

1 临时消防救援场地应在在建工程装饰装修阶段设置。

2 临时消防救援场地应设置在成组布置的临时用房场地的

长边一侧及在建工程的长边一侧。

3 临时救援场地宽度应满足消防车正常操作要求，且不应小于6m，与在建工程外脚手架的净距不宜小于2m，且不宜超过6m。

4 建筑防火

4.1 一般规定

4.1.1 临时用房和在建工程应采取可靠的防火分隔和安全疏散等防火技术措施。

4.1.2 临时用房的防火设计应根据其使用性质及火灾危险性等情况进行确定。

4.1.3 在建工程防火设计应根据施工性质、建筑高度、建筑规模及结构特点等情况进行确定。

4.2 临时用房防火

4.2.1 宿舍、办公用房的防火设计应符合下列规定：

1 建筑构件的燃烧性能等级应为A级。当采用金属夹芯板材时，其芯材的燃烧性能等级应为A级。

2 建筑层数不应超过3层，每层建筑面积不应大于300m²。

3 层数为3层或每层建筑面积大于200m²时，应设置至少2部疏散楼梯，房间疏散门至疏散楼梯的最大距离不应大于25m。

4 单面布置用房时，疏散走道的净宽度不应小于1.0m；双面布置用房时，疏散走道的净宽度不应小于1.5m。

5 疏散楼梯的净宽度不应小于疏散走道的净宽度。

6 宿舍房间的建筑面积不应大于30m²，其他房间的建筑面积不宜大于100m²。

7 房间内任一点至最近疏散门的距离不应大于15m，房门的净宽度不应小于0.8m；房间建筑面积超过50m²时，房门的净宽度不应小于1.2m。

8 隔墙应从楼地面基层隔断至顶板基层底面。

4.2.2 发电机房、变配电房、厨房操作间、锅炉房、可燃材料库房及易燃易爆危险品库房的防火设计应符合下列规定：

1 建筑构件的燃烧性能等级应为A级。

2 层数应为1层，建筑面积不应大于200m²。

3 可燃材料库房单个房间的建筑面积不应超过30m²，易燃易爆危险品库房单个房间的建筑面积不应超过20m²。

4 房间内任一点至最近疏散门的距离不应大于10m，房门的净宽度不应小于0.8m。

4.2.3 其他防火设计应符合下列规定：

1 宿舍、办公用房不应与厨房操作间、锅炉房、变配电房等组合建造。

2 会议室、文化娱乐室等人员密集的房间应设置在临时用房的第一层，其疏散门应向疏散方向开启。

4.3 在建工程防火

4.3.1 在建工程作业场所的临时疏散通道应采用不燃、难燃材料建造，并应与在建工程结构施工同步设置，也可利用在建工程施工完毕的水平结构、楼梯。

4.3.2 在建工程作业场所临时疏散通道的设置应符合下列规定：

1 耐火极限不应低于0.5h。

2 设置在地面上的临时疏散通道，其净宽度不应小于1.5m；利用在建工程施工完毕的水平结构、楼梯作临时疏散通道时，其净宽度不宜小于1.0m；用于疏散的爬梯及设置在脚手架上的临时疏散通道，其净宽度不应小于0.6m。

3 临时疏散通道为坡道，且坡度大于25°时，应修建楼梯或台阶踏步或设置防滑条。

4 临时疏散通道不宜采用爬梯，确需采用时，应采取可靠固定措施。

5 临时疏散通道的侧面为临空面时，应沿临空面设置高度不小于1.2m的防护栏杆。

6 临时疏散通道设置在脚手架上时，脚手架应采用不燃材料搭设。

7 临时疏散通道应设置明显的疏散指示标识。

8 临时疏散通道应设置照明设施。

4.3.3 既有建筑进行扩建、改建施工时，必须明确划分施工区和非施工区。施工区不得营业、使用和居住；非施工区继续营业、使用和居住时，应符合下列规定：

1 施工区和非施工区之间应采用不开设门、窗、洞口的耐火极限不低于3.0h的不燃烧体隔墙进行防火分隔。

2 非施工区内的消防设施应完好和有效，疏散通道应保持畅通，并应落实日常值班及消防安全管理制度。

3 施工区的消防安全应配有专人值守，发生火情应能立即处置。

4 施工单位应向居住和使用者进行消防宣传教育，告知建筑消防设施、疏散通道的位置及使用方法，同时应组织疏散演练。

5 外脚手架搭设不应影响安全疏散、消防车正常通行及灭火救援操作，外脚手架搭设长度不应超过该建筑物外立面周长的1/2。

4.3.4 外脚手架、支模架的架体宜采用不燃或难燃材料搭设，下列工程的外脚手架、支模架的架体应采用不燃材料搭设：

1 高层建筑。

2 既有建筑改造工程。

4.3.5 下列安全防护网应采用阻燃型安全防护网：

1 高层建筑外脚手架的安全防护网。

2 既有建筑外墙改造时，其外脚手架的安全防护网。

3 临时疏散通道的安全防护网。

4.3.6 作业场所应设置明显的疏散指示标志，其指示方向应指向最近的临时疏散通道入口。

4.3.7 作业层的醒目位置应设置安全疏散示意图。

5 临时消防设施

5.1 一般规定

5.1.1 施工现场应设置灭火器、临时消防给水系统和应急照明等临时消防设施。

5.1.2 临时消防设施应与在建工程的施工同步设置。房屋建筑工程中，临时消防设施的设置与在建工程主体结构施工进度的差距不应超过3层。

5.1.3 在建工程可利用已具备使用条件的永久性消防设施作为临时消防设施。当永久性消防设施无法满足使用要求时，应增设临时消防设施，并应符合本规范第5.2～5.4节的有关规定。

5.1.4 施工现场的消火栓泵应采用专用消防配电线路。专用消防配电线路应自施工现场总配电箱的总断路器上端接入，且应保持不间断供电。

5.1.5 地下工程的施工作业场所宜配备防毒面具。

5.1.6 临时消防给水系统的贮水池、消火栓泵、室内消防竖管及水泵接合器等应设置醒目标识。

5.2 灭火器

5.2.1 在建工程及临时用房的下列场所应配置灭火器：

1 易燃易爆危险品存放及使用场所。

2 动火作业场所。

3 可燃材料存放、加工及使用场所。

4 厨房操作间、锅炉房、发电机房、变配电房、设备用房、办公用房、宿舍等临时用房。

5 其他具有火灾危险的场所。

5.2.2 施工现场灭火器配置应符合下列规定：

1 灭火器的类型应与配备场所可能发生的火灾类型相匹配。

2 灭火器的最低配置标准应符合表 5.2.2-1 的规定。

表 5.2.2-1 灭火器的最低配置标准

项目	固体物质火灾		液体或可熔化固体物质火灾、气体火灾	
	单具灭火器最小灭火级别	单位灭火级别最大保护面积（m^2/A）	单具灭火器最小灭火级别	单位灭火级别最大保护面积（m^2/B）
易燃易爆危险品存放及使用场所	3A	50	89B	0.5
固定动火作业场	3A	50	89B	0.5
临时动火作业点	2A	50	55B	0.5
可燃材料存放、加工及使用场所	2A	75	55B	1.0
厨房操作间、锅炉房	2A	75	55B	1.0
自备发电机房	2A	75	55B	1.0
变配电房	2A	75	55B	1.0
办公用房、宿舍	1A	100	—	—

3 灭火器的配置数量应按现行国家标准《建筑灭火器配置设计规范》GB 50140 的有关规定经计算确定，且每个场所的灭火器数量不应少于 2 具。

4 灭火器的最大保护距离应符合表 5.2.2-2 的规定。

表 5.2.2-2 灭火器的最大保护距离（m）

灭火器配置场所	固体物质火灾	液体或可熔化固体物质火灾、气体火灾
易燃易爆危险品存放及使用场所	15	9
固定动火作业场	15	9
临时动火作业点	10	6
可燃材料存放、加工及使用场所	20	12
厨房操作间、锅炉房	20	12
发电机房、变配电房	20	12
办公用房、宿舍等	25	—

5.3 临时消防给水系统

5.3.1 施工现场或其附近应设置稳定、可靠的水源，并应能满足施工现场临时消防用水的需要。

消防水源可采用市政给水管网或天然水源。当采用天然水源时，应采取确保冰冻季节、枯水期最低水位时顺利取水的措施，并应满足临时消防用水量的要求。

5.3.2 临时消防用水量应为临时室外消防用水量与临时室内消防用水量之和。

5.3.3 临时室外消防用水量应按临时用房和在建工程的临时室外消防用水量的较大者确定，施工现场火灾次数可按同时发生 1 次确定。

5.3.4 临时用房建筑面积之和大于 $1000m^2$ 或在建工程单体体积大于 $10000m^3$ 时，应设置临时室外消防给水系统。当施工现场处于市政消火栓 150m 保护范围内，且市政消火栓的数量满足室外消防用水量要求时，可不设置临时室外消防给水系统。

5.3.5 临时用房的临时室外消防用水量不应小于表 5.3.5 的规定。

表 5.3.5 临时用房的临时室外消防用水量

临时用房的建筑面积之和	火灾延续时间（h）	消火栓用水量（L/s）	每支水枪最小流量（L/s）
$1000m^2$＜面积≤$5000m^2$	1	10	5
面积＞$5000m^2$		15	5

5.3.6 在建工程的临时室外消防用水量不应小于表 5.3.6 的规定。

表 5.3.6 在建工程的临时室外消防用水量

在建工程（单体）体积	火灾延续时间（h）	消火栓用水量（L/s）	每支水枪最小流量（L/s）
$10000m^3$＜体积≤$30000m^3$	1	15	5
体积＞$30000m^3$	2	20	5

5.3.7 施工现场临时室外消防给水系统的设置应符合下列规定：

1 给水管网宜布置成环状。

2 临时室外消防给水干管的管径，应根据施工现场临时消防用水量和干管内水流计算速度计算确定，且不应小于 *DN*100。

3 室外消火栓应沿在建工程、临时用房和可燃材料堆场及其加工场均匀布置，与在建工程、临时用房和可燃材料堆场及其加工场的外边线的距离不应小于 5m。

4 消火栓的间距不应大于 120m。

5 消火栓的最大保护半径不应大于 150m。

5.3.8 建筑高度大于 24m 或单体体积超过 $30000m^3$ 的在建工程，应设置临时室内消防给水系统。

5.3.9 在建工程的临时室内消防用水量不应小于表 5.3.9 的规定。

表 5.3.9 在建工程的临时室内消防用水量

建筑高度、在建工程体积（单体）	火灾延续时间（h）	消火栓用水量（L/s）	每支水枪最小流量（L/s）
24m＜建筑高度≤50m 或 $30000m^3$＜体积≤$50000m^3$	1	10	5
建筑高度＞50m 或体积＞$50000m^3$	1	15	5

5.3.10 在建工程临时室内消防竖管的设置应符合下列规定：

1 消防竖管的设置位置应便于消防人员操作，其数量不应少于 2 根，当结构封顶时，应将消防竖管设置成环状。

2 消防竖管的管径应根据在建工程临时消防用水量、竖管内水流计算速度计算确定，且不应小于 *DN*100。

5.3.11 设置室内消防给水系统的在建工程，应设置消防水泵接合器。消防水泵接合器应设置在室外便于消防车取水的部位，与室外消火栓或消防水池取水口的距离宜为 15m～40m。

5.3.12 设置临时室内消防给水系统的在建工程，各结构层均应设置室内消火栓接口及消防软管接口，并应符合下列规定：

1 消火栓接口及软管接口应设置在位置明显且易于操作的部位。

2 消火栓接口的前端应设置截止阀。

3 消火栓接口或软管接口的间距，多层建筑不应大于 50m，高层建筑不应大于 30m。

5.3.13 在建工程结构施工完毕的每层楼梯处应设置消防水枪、水带及软管，且每个设置点不应少于 2 套。

5.3.14 高度超过 100m 的在建工程，应在适当楼层增设临时中转水池及加压水泵。中转水池的有效容积不应少于 $10m^3$，上、下两个中转水池的高差不宜超过 100m。

5.3.15 临时消防给水系统的给水压力应满足消防水枪充实水柱长度不小于 10m 的要求；给水压力不能满足要求时，应设置消火栓泵，消火栓泵不应少于 2 台，且应互为备用；消火栓泵宜设置自动启动装置。

5.3.16 当外部消防水源不能满足施工现场的临时消防用水量要求时，应在施工现场设置临时贮水池。临时贮水池宜设置在便于消防车取水的部位，其有效容积不应小于施工现场火灾延续时间内一次灭火的全部消防用水量。

5.3.17 施工现场临时消防给水系统应与施工现场生产、生活给水系统合并设置，但应设置将生产、生活用水转为消防用水的应急阀门。应急阀门不应超过 2 个，且应设置在易于操作的场所，并应设置明显标识。

5.3.18 严寒和寒冷地区的现场临时消防给水系统应采取防冻措施。

5.4 应急照明

5.4.1 施工现场的下列场所应配备临时应急照明：

1 自备发电机房及变配电房。

2 水泵房。

3 无天然采光的作业场所及疏散通道。

4 高度超过100m的在建工程的室内疏散通道。

5 发生火灾时仍需坚持工作的其他场所。

5.4.2 作业场所应急照明的照度不应低于正常工作所需照度的90%，疏散通道的照度值不应小于0.5 lx。

5.4.3 临时消防应急照明灯具宜选用自备电源的应急照明灯具，自备电源的连续供电时间不应小于60min。

6 防火管理

6.1 一般规定

6.1.1 施工现场的消防安全管理应由施工单位负责。

实行施工总承包时，应由总承包单位负责。分包单位应向总承包单位负责，并应服从总承包单位的管理，同时应承担国家法律、法规规定的消防责任和义务。

6.1.2 监理单位应对施工现场的消防安全管理实施监理。

6.1.3 施工单位应根据建设项目规模、现场消防安全管理的重点，在施工现场建立消防安全管理组织机构及义务消防组织，并应确定消防安全负责人和消防安全管理人员，同时应落实相关人员的消防安全管理责任。

6.1.4 施工单位应针对施工现场可能导致火灾发生的施工作业及其他活动，制订消防安全管理制度。消防安全管理制度应包括下列主要内容：

1 消防安全教育与培训制度。

2 可燃及易燃易爆危险品管理制度。

3 用火、用电、用气管理制度。

4 消防安全检查制度。

5 应急预案演练制度。

6.1.5 施工单位应编制施工现场防火技术方案，并应根据现场情况变化及时对其修改、完善。防火技术方案应包括下列主要内容：

1 施工现场重大火灾危险源辨识。

2 施工现场防火技术措施。

3 临时消防设施、临时疏散设施配备。

4 临时消防设施和消防警示标识布置图。

6.1.6 施工单位应编制施工现场灭火及应急疏散预案。灭火及应急疏散预案应包括下列主要内容：

1 应急灭火处置机构及各级人员应急处置职责。

2 报警、接警处置的程序和通讯联络的方式。

3 扑救初起火灾的程序和措施。

4 应急疏散及救援的程序和措施。

6.1.7 施工人员进场时，施工现场的消防安全管理人员应向施工人员进行消防安全教育和培训。消防安全教育和培训应包括下列内容：

1 施工现场消防安全管理制度、防火技术方案、灭火及应急疏散预案的主要内容。

2 施工现场临时消防设施的性能及使用、维护方法。

3 扑灭初起火灾及自救逃生的知识和技能。

4 报警、接警的程序和方法。

6.1.8 施工作业前，施工现场的施工管理人员应向作业人员进行消防安全技术交底。消防安全技术交底应包括下列主要内容：

1 施工过程中可能发生火灾的部位或环节。

2 施工过程应采取的防火措施及应配备的临时消防设施。

3 初起火灾的扑救方法及注意事项。

4 逃生方法及路线。

6.1.9 施工过程中，施工现场的消防安全负责人应定期组织消防安全管理人员对施工现场的消防安全进行检查。消防安全检查应包括下列主要内容：

1 可燃物及易燃易爆危险品的管理是否落实。

2 动火作业的防火措施是否落实。

3 用火、用电、用气是否存在违章操作，电、气焊及保温防水施工是否执行操作规程。

4 临时消防设施是否完好有效。

5 临时消防车道及临时疏散设施是否畅通。

6.1.10 施工单位应依据灭火及应急疏散预案，定期开展灭火及应急疏散的演练。

6.1.11 施工单位应做好并保存施工现场消防安全管理的相关文件和记录，并应建立现场消防安全管理档案。

6.2 可燃物及易燃易爆危险品管理

6.2.1 用于在建工程的保温、防水、装饰及防腐等材料的燃烧性能等级应符合设计要求。

6.2.2 可燃材料及易燃易爆危险品应按计划限量进场。进场后，可燃材料宜存放于库房内，露天存放时，应分类成垛堆放，垛高不应超过2m，单垛体积不应超过50m³，垛与垛之间的最小间距不应小于2m，且应采用不燃或难燃材料覆盖；易燃易爆危险品应分类专库储存，库房内应通风良好，并应设置严禁明火标志。

6.2.3 室内使用油漆及其有机溶剂、乙二胺、冷底子油等易挥发产生易燃气体的物资作业时，应保持良好通风，作业场所严禁明火，并应避免产生静电。

6.2.4 施工产生的可燃、易燃建筑垃圾或余料，应及时清理。

6.3 用火、用电、用气管理

6.3.1 施工现场用火应符合下列规定：

1 动火作业应办理动火许可证；动火许可证的签发人收到动火申请后，应前往现场查验并确认动火作业的防火措施落实后，再签发动火许可证。

2 动火操作人员应具有相应资格。

3 焊接、切割、烘烤或加热等动火作业前，应对作业现场的可燃物进行清理；作业现场及其附近无法移走的可燃物应采用不燃材料对其覆盖或隔离。

4 施工作业安排时，宜将动火作业安排在使用可燃建筑材料的施工作业前进行。确需在使用可燃建筑材料的施工作业之后进行动火作业时，应采取可靠的防火措施。

5 裸露的可燃材料上严禁直接进行动火作业。

6 焊接、切割、烘烤或加热等动火作业应配备灭火器材，并应设置动火监护人进行现场监护，每个动火作业点均应设置1个监护人。

7 五级(含五级)以上风力时，应停止焊接、切割等室外动火作业；确需动火作业时，应采取可靠的挡风措施。

8 动火作业后，应对现场进行检查，并应在确认无火灾危险后，动火操作人员再离开。

9 具有火灾、爆炸危险的场所严禁明火。

10 施工现场不应采用明火取暖。

11 厨房操作间炉灶使用完毕后，应将炉火熄灭，排油烟机及油烟管道应定期清理油垢。

6.3.2 施工现场用电应符合下列规定：

1 施工现场供用电设施的设计、施工、运行和维护应符合现行国家标准《建设工程施工现场供用电安全规范》GB 50194的有关规定。

2 电气线路应具有相应的绝缘强度和机械强度，严禁使用绝缘老化或失去绝缘性能的电气线路，严禁在电气线路上悬挂物品。破损、烧焦的插座、插头应及时更换。

3 电气设备与可燃、易燃易爆危险品和腐蚀性物品应保持一定的安全距离。

4 有爆炸和火灾危险的场所，应按危险场所等级选用相应的电气设备。

5 配电屏上每个电气回路应设置漏电保护器、过载保护器，距配电屏 2m 范围内不应堆放可燃物，5m 范围内不应设置可能产生较多易燃、易爆气体、粉尘的作业区。

6 可燃材料库房不应使用高热灯具，易燃易爆危险品库房内应使用防爆灯具。

7 普通灯具与易燃物的距离不宜小于 300mm，聚光灯、碘钨灯等高热灯具与易燃物的距离不宜小于 500mm。

8 电气设备不应超负荷运行或带故障使用。

9 严禁私自改装现场供用电设施。

10 应定期对电气设备和线路的运行及维护情况进行检查。

6.3.3 施工现场用气应符合下列规定：

1 储装气体的罐瓶及其附件应合格、完好和有效；严禁使用减压器及其他附件缺损的氧气瓶，严禁使用乙炔专用减压器、回火防止器及其他附件缺损的乙炔瓶。

2 气瓶运输、存放、使用时，应符合下列规定：

1)气瓶应保持直立状态，并采取防倾倒措施，乙炔瓶严禁横躺卧放。

2)严禁碰撞、敲打、抛掷、滚动气瓶。

3)气瓶应远离火源，与火源的距离不应小于 10m，并应采取避免高温和防止曝晒的措施。

4)燃气储装瓶罐应设置防静电装置。

3 气瓶应分类储存，库房内应通风良好；空瓶和实瓶同库存放时，应分开放置，空瓶和实瓶的间距不应小于 1.5m。

4 气瓶使用时，应符合下列规定：

1)使用前，应检查气瓶及气瓶附件的完好性，检查连接气路的气密性，并采取避免气体泄漏的措施，严禁使用已老化的橡皮气管。

2)氧气瓶与乙炔瓶的工作间距不应小于 5m，气瓶与明火作业点的距离不应小于 10m。

3)冬季使用气瓶，气瓶的瓶阀、减压器等发生冻结时，严禁用火烘烤或用铁器敲击瓶阀，严禁猛拧减压器的调节螺丝。

4)氧气瓶内剩余气体的压力不应小于 0.1MPa。

5)气瓶用后应及时归库。

6.4 其他防火管理

6.4.1 施工现场的重点防火部位或区域应设置防火警示标识。

6.4.2 施工单位应做好施工现场临时消防设施的日常维护工作，对已失效、损坏或丢失的消防设施应及时更换、修复或补充。

6.4.3 临时消防车道、临时疏散通道、安全出口应保持畅通，不得遮挡、挪动疏散指示标识，不得挪用消防设施。

6.4.4 施工期间，不应拆除临时消防设施及临时疏散设施。

6.4.5 施工现场严禁吸烟。

本规范用词说明

1 为便于在执行本规范条文时区别对待，对要求严格程度不同的用词说明如下：

1)表示很严格，非这样做不可的：
正面词采用“必须”，反面词采用“严禁”；

2)表示严格，在正常情况下均应这样做的：
正面词采用“应”，反面词采用“不应”或“不得”；

3)表示允许稍有选择，在条件许可时首先应这样做的：
正面词采用“宜”，反面词采用“不宜”；

4)表示有选择，在一定条件下可以这样做的，采用“可”。

2 条文中指明应按其他有关标准执行的写法为：“应符合……的规定”或“应按……执行”。

引用标准名录

《建筑灭火器配置设计规范》GB 50140
《建设工程施工现场供用电安全规范》GB 50194

中华人民共和国国家标准

建设工程施工现场消防安全技术规范

GB 50720—2011

条　文　说　明

制 定 说 明

《建设工程施工现场消防安全技术规范》GB 50720—2011，经住房和城乡建设部2011年6月6日以第1042号公告批准发布。

为便于广大设计、施工、科研、学校等单位有关人员在使用本规范时能正确理解和执行条文规定，《建设工程施工现场消防安全技术规范》编制组按章、节、条顺序编制了本规范的条文说明，对条文规定的目的、依据以及执行中需要注意的有关事项进行了说明，还着重对强制性条文的强制性理由作了解释。但是，本条文说明不具备与本规范正文同等的法律效力，仅供使用者作为理解和把握标准规定的参考。

目　次

1 总 则

1.0.1 随着我国城镇建设规模的扩大和城镇化进程的加速，建设工程施工现场的火灾数量呈增多趋势，火灾危害呈增大的趋势。因此，为预防建设工程施工现场火灾，减少火灾危害，保护人身和财产安全，制定本规范。

1.0.2 本规范适用于新建、改建和扩建等各类建设工程的施工现场防火，包括土木工程、建筑工程、设备安装工程、装饰装修工程和既有建筑改造等施工现场，但不适用于线路管道工程、拆除工程、布展工程、临时工程等施工现场。

1.0.3 《中华人民共和国消防法》规定了消防工作的方针是"预防为主，防消结合"。"防"和"消"是不可分割的整体，两者相辅相成，互为补充。

建设工程施工现场一般具有以下特点，因而火灾风险多，危害大：

1 施工临时员工多，流动性强，素质参差不齐。

2 施工现场临建设施多，防火标准低。

3 施工现场易燃、可燃材料多。

4 动火作业多、露天作业多、立体交叉作业多、违章作业多。

5 现场管理及施工过程受外部环境影响大。

调查发现，施工现场火灾主要因用火、用电、用气不慎和初起火灾扑灭不及时所导致。

针对建设工程施工现场的特点及发生火灾的主要原因，施工现场的防火应针对"用火、用电、用气和扑灭初起火灾"等关键环节，遵循"以人为本、因地制宜、立足自救"的原则，制订并采取"安全可靠、经济适用、方便有效"的防火措施。

施工现场发生火灾时，应以"扑灭初期火灾和保护人身安全"为主要任务。当人身和财产安全均受到威胁时，应以保护人身安全为首要任务。

2 术 语

2.0.1、2.0.2 施工现场的临时用房及临时设施常被合并简称为临建设施。有时，也将"在施工现场建造的，为建设工程施工服务的各类办公、生活、生产用非永久性建筑物、构筑物、设施"统称为临时设施，即临时设施包含临时用房。但为了本规范相关内容表述方便、所表达的意思明确，特将"临时用房、临时设施"分别定义。

2.0.3 施工现场的临时消防设施仅指设置在建设工程施工现场，用于扑救施工现场初起火灾的设施和设备。常见的有手提式及推车式灭火器、临时消防给水系统、消防应急照明、疏散指示标识等。

2.0.4 由于施工现场环境复杂、不安全因素多、疏散条件差，凡是能用于或满足人员安全撤离危险区域，到达安全地点或安全地带的路径、设施均可视为临时疏散通道。

3 总平面布局

3.1 一 般 规 定

3.1.1 防火、灭火及人员安全疏散是施工现场防火工作的主要内容，施工现场临时用房、临时设施的布置满足现场防火、灭火及人员安全疏散的要求是施工现场防火工作的基本条件。

施工现场临时用房、临时设施的布置常受现场客观条件[如气象，地形地貌及水文地质，地上、地下管线及周边建(构)筑物，场地大小及其"三通一平"，现场周边道路及消防设施等具体情况]的制约，而不同施工现场的客观条件又千差万别。因此，现场的总平面布局应综合考虑在建工程及现场情况，因地制宜，按照"临时用房及临时设施占地面积少、场内材料及构件二次运输少、施工生产及生活相互干扰少、临时用房及设施建造费用少，并满足施工、防火、节能、环保、安全、保卫、文明施工等需求"的基本原则进行。

燃烧应具备三个基本条件：可燃物、助燃物、火源。

施工现场存有大量的易燃、可燃材料，如竹(木)模板及架料，B2、B3 级装饰、保温、防水材料，树脂类防腐材料，油漆及其稀释剂，焊接或气割用的氢气、乙炔等。这些物质的存在，使施工现场具备了燃烧产生的一个必备条件——可燃物。

施工现场动火作业多，如焊接、气割、金属切割、生活用火等，使施工现场具备了燃烧产生的另一个必备条件——火源。

控制可燃物、隔绝助燃物以及消除着火源是防火工作的基本措施。

明确施工现场平面布局的主要内容，确定施工现场出入口的设置及现场办公、生活、生产、物料存贮区域的布置原则，规范可燃物、易燃易爆危险品存放场所及动火作业场所的布置要求，针对施工现场的火源和可燃物、易燃物实施重点管控，是落实现场防火工作基本措施的具体表现。

3.1.2 在建工程及现场办公用房、宿舍、发电机房、变配电房、可燃材料库房、易燃易爆危险品库房、可燃材料堆场及其加工场、固定动火作业场是施工现场防火的重点，给水及供配电线路和消防车道、临时消防救援场地、消防水源是现场灭火的基本条件，现场出入口和场内临时道路是人员安全疏散的基本设施。因此，施工现场总平面布局应明确与现场防火、灭火及人员疏散密切相关的临时用房及临时设施的具体位置，以满足现场防火、灭火及人员疏散的要求。

3.1.3 本条规定明确了施工现场设置出入口的基本原则和要求，当施工现场划分为不同的区域时，不同区域的出入口设置也要符合本条规定。

3.1.4 "施工现场临时办公、生活、生产、物料存贮等功能区宜相对独立布置"是对施工现场总平面布局的原则性要求。

宿舍、厨房操作间、锅炉房、变配电房、可燃材料堆场及其加工场、可燃材料及易燃易爆危险品库房等临时用房、临时设施不应设置于在建工程内。

3.1.5 本条对固定动火作业场的布置进行了规定。固定动火作业场属于散发火花的场所，布置时需要考虑风向以及火花对于可燃及易燃易爆危险品集中区域的影响。

3.1.7 本条对可燃材料堆场及其加工场、易燃易爆危险品存放库房的布置位置进行了规定。既要考虑架空电力线对可燃材料堆场及其加工场、易燃易爆危险品库房的影响，也要考虑可燃材料堆场及其加工场、易燃易爆危险品库房失火对架空电力线的影响。

3.2 防火间距

3.2.1 本条规定明确了不同临时用房、临时设施与在建工程的最小防火间距。临时用房、临时设施与在建工程的防火间距采用 6m，主要是考虑临时用房层数不高、面积不大，故采用了现行国家标准《建筑设计防火规范》GB 50016—2006 中多层民用建筑之间的防火间距的数值。同时，由于可燃材料堆场及其加工场、固定动火作业场、易燃易爆危险品库房的火灾危险性较高，故提高了要求。本条为强制性条文。

3.2.2 本条规定明确了不同临时用房、临时设施之间的最小防火间距。

各省、市发布实施了建设工程施工现场消防安全管理的相关规定或地方标准，但对施工现场主要临时用房、临时设施间最小防火间距的规定存在较大差异。

2010 年上半年，编制组对我国东北、华北、西北、华东、华中、华南、西南七个区域共 112 个施工现场主要临时用房、临时设施布置及其最小防火间距进行了调研，调研结果表明：

1 不同施工现场的主要临时用房、临时设施间的最小防火间距离散性较大。

2 受施工现场条件制约，施工现场主要临时用房、临时设施间的防火间距符合当地地方标准的仅为52.9%。

为此，编制组参照公安部《公安部关于建筑工地防火基本措施》，并综合考虑不同地区经济发展的不平衡及不同建设项目现场客观条件的差异，确定以不少于75%的调研对象能够达到或满足的防火间距作为本规范主要临时用房、临时设施间的最小防火间距。

相邻两栋临时用房成行布置时，其最小防火间距是指相邻两山墙外边线间的最小距离。相邻两栋临时用房成列布置时，其最小防火间距是指相邻两纵墙外边线间的最小距离。

按照本条规定，施工现场如需搭设多栋临时办公用房、宿舍时，办公用房之间、宿舍之间、办公用房与宿舍之间应保持不小于4m的防火间距。当办公用房或宿舍的栋数较多，可成组布置，此时，相邻两组临时用房彼此间应保持不小于8m的防火间距，组内临时用房相互间的防火间距可适当减小。

按照本条规定，如施工现场的发电机房和变配电房分开设置，发电机房与变配电房之间应保持不小于4m的防火间距。如发电机房与变配电房合建在同一临时用房内，两者之间应采用不燃材料进行防火分隔。如施工现场需设置两个或多个配电房（如同一建设项目，由多家施工总承包单位承包，各总承包单位均需设置一个配电房）时，相邻两个配电房之间应保持不小于4m的防火间距。

3.3 消防车道

3.3.1 本条规定了施工现场设置临时消防车道的基本要求。临时消防车道与在建工程、临时用房、可燃材料堆场及其加工场的距离不宜小于5m，且不宜大于40m，主要是考虑灭火救援的安全以及供水的可靠。

3.3.2 本条依据消防车顺利通行和正常工作的要求而制定。当无法设置环形临时消防车道的时候，应设置回车场。

3.3.3 本条基于建筑高度大于24m或单体工程占地面积大于3000m^{2}的在建工程及栋数超过10栋，且为成组布置的临时用房的火灾扑救需求而制定。

3.3.4 本条规定明确了临时消防救援场地的设置要求。

许多位于城区，特别是城区繁华地段的建设工程，体量大、施工场地十分狭小，尤其是在基础工程、地下工程及建筑裙楼的结构施工阶段，因受场地限制而无法设置临时消防车道，也难以设置临时消防救援场地。基于此类实际情况，施工现场的临时消防车道或临时消防救援场地最迟应在基础工程、地下结构工程的土方回填完毕后，在建工程装饰装修工程施工前形成。因为在建工程装饰装修阶段，现场存放的可燃建筑材料多、立体交叉作业多、动火作业多，火灾事故主要发生在此阶段，且危害较大。

4 建筑防火

4.1 一般规定

4.1.1 在临时用房内部，即相邻两房间之间设置防火分隔，有利于延迟火灾蔓延，为临时用房使用人员赢得宝贵的疏散时间。在施工现场的动火作业区（点）与可燃物、易燃易爆危险品存放及使用场所之间设置临时防火分隔，以减少火灾发生。

施工现场的临时用房、作业场所是施工现场人员密集的场所，应设置安全疏散通道。

4.1.2 本条规定确定了临时用房防火设计的基本原则和要求。

4.1.3 本条规定确定了在建工程防火设计的基本原则及要求。

4.2 临时用房防火

4.2.1 由于施工现场临时用房火灾频发，为保护人员生命安全，故要求施工现场宿舍和办公室的建筑构件燃烧性能等级应为A级。材料的燃烧性能等级应由具有相应资质的检测机构按照现行国家标准《建筑材料及制品燃烧性能分级》GB 8624检测确定。

近年来，施工工地临时用房采用金属夹芯板（俗称彩钢板）的情况比较普遍，此类材料在很多工地已发生火灾，造成了严重的人员伤亡。因此，要确保此类板材的芯材的燃烧性能等级达到A级。

依据相关文件规定，本规范提出的A级材料对应现行国家标准《建筑材料及制品燃烧性能分级》GB 8624中的A1、A2级。本条第1款为强制性条款。

4.2.2 发电机房、变配电房、厨房操作间、锅炉房、可燃材料和易燃易爆危险品库房是施工现场火灾危险性较大的临时用房，因而对其进行较为严格的规定。本条第1款为强制性条款。

可燃材料、易燃易爆物品存放库房应分别布置在不同的临时用房内，每栋临时用房的面积均不应超过200m^2，且应采用不燃材料将其分隔成若干间库房。

采用不燃材料将存放可燃材料或易燃易爆危险品的临时用房分隔成相对独立的房间，有利于火灾风险的控制。施工现场某种易燃易爆危险品（如油漆），如需用量大，可分别存放于多间库房内。

4.2.3 施工现场的临时用房较多，且其布置受现场条件制约多，不同使用功能的临时用房可按以下规定组合建造。组合建造时，两种不同使用功能的临时用房之间应采用不燃材料进行防火分隔，其防火设计等级应以防火设计等级要求较高的临时用房为准。

1 现场办公用房、宿舍不应组合建造。如现场办公用房与宿舍的规模不大，两者的建筑面积之和不超过300m^2，可组合建造。

2 发电机房、变配电房可组合建造。

3 厨房操作间、锅炉房可组合建造。

4 会议室与办公用房可组合建造。

5 文化娱乐室、培训室与办公用房或宿舍可组合建造。

6 餐厅与办公用房或宿舍可组合建造。

7 餐厅与厨房操作间可组合建造。

施工现场人员较为密集的房间包括会议室、文化娱乐室、培训室、餐厅等，其房间门应朝疏散方向开启，以便于人员紧急疏散。

4.3 在建工程防火

4.3.1 在建工程火灾常发生在作业场所，因此，在建工程疏散通道应与在建工程结构施工保持同步，并与作业场所相连通，以满足人员疏散需要。同时基于经济、安全的考虑，疏散通道应尽可能利用在建工程结构已完的水平结构、楼梯。

4.3.2 本条规定是为了满足人员迅速、有序、安全撤离火场及避免疏散过程中发生人员拥挤、踩踏、疏散通道垮塌等次生灾害的要求而制定的。

疏散通道应具备与疏散要求相匹配的通行能力、承载能力和耐火性能。疏散通道如搭设在脚手架上，脚手架作为疏散通道的支撑结构，其承载力和耐火性能应满足相关要求。进行脚手架刚度、强度、稳定性验算时，应考虑人员疏散荷载。脚手架的耐火性能不应低于疏散通道。

4.3.3 本条明确了建筑确需在居住、营业、使用期间进行改建、扩建及改造施工时，应采取的防火措施。条文的具体要求都是从火灾教训中总结得出的。

作出这些规定是考虑到施工现场引发火灾的危险因素较多，在居住、营业、使用期间进行改建、扩建及改造施工时则具有更大的火灾风险，一旦发生火灾，容易造成群死群伤。因此，必须采取多种防火技术和管理措施，严防火灾发生。施工中还应结合具体工程及施工情况，采取切实有效的防范措施。本条为强制性条文。

4.3.4 外脚手架既是在建工程的外防护架，也是施工人员的外操作架。支模架既是混凝土模板的支撑架体，也是施工人员操作平台的支撑架体，为保护施工人员免受火灾伤害，制定本条规定。

4.3.5 阻燃安全网是指续燃、阴燃时间均不大于4s的安全网，安全网质量应符合现行国家标准《安全网》GB 5725的要求，阻燃安全网的检测见现行国家标准《纺织品　燃烧性能试验　垂直法》GB/T 5455。

本条规定是基于以下原因而制定：

1　动火作业产生的火焰、火花、火星引燃可燃安全网，并导致火灾事故的情形时有发生。

2　外脚手架的安全防护立网将整个在建工程包裹或封闭其中，可燃安全网一旦燃烧，火势蔓延迅速，难以控制，并可能蔓延至室内，且高层建筑作业人员逃生路径长，逃生难度相对较大。

3　既有建筑外立面改造时，既有建筑一般难以停止使用，室内可燃物品多、人员多，并有一定比例逃生能力相对较弱的人群，外脚手架安全网的燃烧极可能蔓延至室内，危害特别大。

4　临时疏散通道是施工人员应急疏散的安全设施，临时疏散通道的安全防护网一旦燃烧，施工人员将会走投无路，安全设施成为不安全的设施。

4.3.6 本条规定是为了让作业人员在紧急、慌乱时刻迅速找到疏散通道，便于人员有序疏散而制定。

4.3.7 在建工程施工期间，一般通视条件较差，因此要求在作业层的醒目位置设置安全疏散示意图。

5　临时消防设施

5.1　一般规定

5.1.1 灭火器、临时消防给水系统和应急照明是施工现场常用且最为有效的临时消防设施。

5.1.2 施工现场临时消防设施的设置应与在建工程施工保持同步。

对于房屋建筑工程，新近施工的楼层，因混凝土强度等原因，模板及支模架不能及时拆除，临时消防设施的设置难以及时跟进，与主体结构工程施工进度应存在3层左右的差距。

5.1.3 基于经济和务实考虑，可合理利用已具备使用条件的在建工程永久性消防设施兼作施工现场的临时消防设施。

5.1.4 火灾发生时，为避免施工现场消火栓泵因电力中断而无法运行，导致消防用水难以保证，故作本条规定。本条为强制性条文。

5.2　灭火器

5.2.1 本条规定了施工现场应配置灭火器的区域或场所。

5.2.2 现行国家标准《建筑灭火器配置设计规范》GB 50140难以明确规范施工现场灭火器的配置，因此编制组根据施工现场不同场所发生火灾的几率及其危害的大小，并参照现行国家标准《建筑灭火器配置设计规范》GB 50140制定本条规定。

施工现场的某些场所既可能发生固体火灾，也可能发生液体或气体或电气火灾，在选配灭火器时，应选用能扑灭多类火灾的灭火器。

5.3　临时消防给水系统

5.3.1 消防水源是设置临时消防给水系统的基本条件，本条对消防水源作出了基本要求。

5.3.2 本条对施工现场的临时消防用水量进行了规定。临时消防用水量应为临时室外消防用水量和临时室内消防用水量的总和，消防水源应满足临时消防用水量的要求。

5.3.3 本条对施工现场临时室外消防用水量进行了规定。

5.3.4 本条规定明确了施工现场设置室外临时消防给水系统的条件。由于临时用房单体一般不大，室外消防给水系统可满足消防要求，一般不考虑设置室内消防给水系统。

5.3.5、5.3.6 这两条为强制性条文，分别确定了临时用房、在建工程临时室外消防用水量的计取标准。

临时用房及在建工程临时消防用水量的计取标准是在借鉴了建筑行业施工现场临时消防用水经验取值，并参考了现行国家标准《建筑设计防火规范》GB 50016相关规定的基础上确定的。

调查发现，临时用房火灾常发生在生活区。因此，施工现场未布置临时生活用房时，也可不考虑临时用房的消防用水量。

施工现场发生火灾，最根本的原因是初期火灾未及时扑灭。而初期火灾未及时扑灭主要是由于现场人员不作为或初期火灾发生地点的附近既无灭火器，又无水。事实上，初期火灾扑灭的需水量并不大，施工现场防火首先应保证有水，其次是保证水量。因此，在确定临时消防用水量的计取标准时，以借鉴建筑行业施工现场临时消防用水经验取值为主。

5.3.7 本条明确了室外消防给水系统设置的基本要求。

在建工程、临时用房、可燃材料堆场及其加工场是施工现场的重点防火区域，室外消火栓的布置应以现场重点防火区域位于其保护范围为基本原则。

5.3.8 本条明确了在建工程设置临时室内消防给水系统的条件。

5.3.9 本条确定了在建工程临时室内消防用水量计取标准。

5.3.10 本条明确了室内临时消防竖管设置的基本要求。

消防竖管是在建工程室内消防给水的干管，消防竖管在检修或接长时，应按先后顺序依次进行，确保有一根消防竖管正常工作。当建筑封顶时，应将两条消防竖管连接成环状。

当单层建筑面积较大时，水平管网也应设置成环状。

5.3.11 本条明确了消防水泵结合器设置的基本要求。

5.3.12 本条明确了室内消火栓快速接口及消防软管设置的基本要求。

结合施工现场特点，每个室内消火栓处只设接口，不设水带、水枪，是综合考虑初起火灾的扑救及管理性和经济性要求而给出的规定。

5.3.13 本条明确了消防水带、水枪及软管的配置要求。消防水带、水枪及软管设置在结构施工完毕的楼梯处，一方面可以满足初起火灾的扑救要求，另一方面可以减少消防水带和水枪的配置，便于维护和管理。

5.3.14 消防水源的给水压力一般不能满足在建高层建筑的灭火要求，需要二次或多次加压。为实现在建高层建筑的临时消防给水，可在其底层或首层设置贮水池并配备加压水泵。对于建筑高度超过100m的在建工程，还需在楼层上增设楼层中转水池和加压水泵，进行分段加压，分段给水。

楼层中转水池的有效容积不应少于10m³，在该水池无补水的最不利情况下，其水量可满足两支（进水口径50mm，喷嘴口径19mm）水枪同时工作不少于15min。

“上、下两个中转水池的高差不宜超过100m”的规定是综合以下两方面的考虑而确定的：

1　上、下两个中转水池的高差越大，对水泵扬程、给水管的材质及接头质量等方面的要求越高。

2　上、下两个中转水池的高差过小，则需增多楼层中转水池及加压水泵的数量，经济上不合理，且设施越多，系统风险也越多。

5.3.15 临时室外消防给水系统的给水压力满足消防水枪充实水柱长度不小于10m，可满足施工现场临时用房及在建工程外围10m以下部位或区域的火灾扑救。

临时室内消防给水系统的给水压力满足消防水枪充实水柱长度不小于10m，可基本满足在建工程上部3层（室内消防给水系统的设置一般较在建工程主体结构施工滞后3层，尚未安装临时室内消防给水系统）所发生火灾的扑救。

对于建筑高度超过10m，不足24m，且体积不足30000m³的在建工程，按本规范要求，可不设置临时室内消防给水系统。在此情况下，应通过加压水泵，增大临时室外给水系统的给水压力，以满足在建工程火灾扑救的要求。

5.3.16 本条明确了施工现场设置临时贮水池的前提和贮水池的最小容积。

5.3.17 本条明确了现场临时消防给水系统与现场生产、生活给水系统合并设置的具体做法及相关要求，在满足现场临时消防用水的基础上兼顾了施工成本控制的需求。

5.4 应急照明

5.4.1、5.4.2 这两条规定了施工现场配备临时应急照明的场所及应急照明设置的基本要求。

6 防火管理

6.1 一般规定

6.1.1、6.1.2 这两条依据《中华人民共和国建筑法》、《中华人民共和国消防法》、《建设工程安全生产管理条例》及公安部《机关、团体、企业、事业单位消防安全管理规定》（第61号令）制定，主要明确建设工程施工单位、监理单位的消防责任。

施工现场一般有多个参与施工的单位，总承包单位对施工现场防火实施统一管理，对施工现场总平面布局、现场防火、临时消防设施、防火管理等进行总体规划、统筹安排，避免各自为政、管理缺失、责任不明等情形发生，确保施工现场防火管理落到实处。

6.1.3 施工单位在施工现场建立消防安全管理组织机构及义务消防组织，确定消防安全负责人和消防安全管理人员，落实相关人员的消防安全管理责任，是施工单位做好施工现场消防安全工作的基础。

义务消防组织是施工单位在施工现场临时建立的业余性、群众性，以自防、自救为目的的消防组织，其人员应由现场施工管理人员和作业人员组成。

6.1.4、6.1.5 我国的消防工作方针是“预防为主、防消结合”。这两条规定是按照“预防为主”的要求而制定的。

消防安全管理制度重点从管理方面实现施工现场的“火灾预防”。本规范第6.1.4条明确了施工现场五项主要消防安全管理制度。此外，施工单位尚应根据现场实际情况和需要制订其他消防安全管理制度，如临时消防设施管理制度、消防安全工作考评及奖惩制度等。

防火技术方案重点从技术方面实现施工现场的“火灾预防”，即通过技术措施实现防火目的。施工现场防火技术方案是施工单位依据本规范的规定，结合施工现场和各分部分项工程施工的实际情况编制的，用以具体安排并指导施工人员消除或控制火灾危险源、扑灭初起火灾，避免或减少火灾发生和危害的技术文件。施工现场防火技术方案应作为施工组织设计的一部分，也可单独编制。

消防安全管理制度、防火技术方案应针对施工现场的重大火灾危险源、可能导致火灾发生的施工作业及其他活动进行编制，以便做到“有的放矢”。

施工现场防火技术措施是指施工人员在具有火灾危险的场所进行施工作业或实施具有火灾危险的工序时，在“人、机、料、环、法”等方面应采取的防火技术措施。

施工现场临时消防设施及疏散设施是施工现场“火灾预防”的弥补，是现场火灾扑救和人员安全疏散的主要依靠。因此，防火技术方案中“临时消防设施、临时疏散设施配备”应具体明确以下相关内容：

1 明确配置灭火器的场所、选配灭火器的类型和数量及最小灭火级别。

2 确定消防水源，临时消防给水管网的管径、敷设线路、给水工作压力及消防水池、水泵、消火栓等设施的位置、规格、数量等。

3 明确设置应急照明的场所，应急照明灯具的类型、数量、安装位置等。

4 在建工程永久性消防设施临时投入使用的安排及说明。

5 明确安全疏散的线路（位置）、疏散设施搭设的方法及要求等。

6.1.6 本条明确了施工现场灭火及应急疏散预案编制的主要内容。

6.1.7 消防安全教育与培训应侧重于普遍提高施工人员的消防安全意识和扑灭初起火灾、自我防护的能力。消防安全教育、培训的对象为全体施工人员。

6.1.8 消防安全技术交底的对象为在具有火灾危险场所作业的人员或实施具有火灾危险工序的人员。交底应针对具有火灾危险的具体作业场所或工序，向作业人员传授如何预防火灾、扑灭初起火灾、自救逃生等方面的知识、技能。

消防安全技术交底是安全技术交底的一部分，可与安全技术交底一并进行，也可单独进行。

6.1.9 本条明确了现场消防安全检查的责任人及主要内容。

在不同施工阶段或时段，现场消防安全检查应有所侧重，检查内容可依据当时当地的气候条件、社会环境和生产任务适当调整。如工程开工前，施工单位应对现场消防管理制度的制订，防火技术方案、现场灭火及应急疏散预案的编制，消防安全教育与培训，消防设施的设置与配备情况进行检查；施工过程中，施工单位按本条规定每月组织一次检查。此外，施工单位应在每年“五一”、“十一”、“春节”、冬季等节日或季节或风干物燥的特殊时段到来之际，根据实际情况组织相应的专项检查或季节性检查。

6.1.10 施工现场灭火及应急疏散预案演练，每半年应进行1次，每年不得少于1次。

6.1.11 施工现场消防安全管理档案包括以下文件和记录：

1 施工单位组建施工现场消防安全管理机构及聘任现场消防安全管理人员的文件。

2 施工现场消防安全管理制度及其审批记录。

3 施工现场防火技术方案及其审批记录。

4 施工现场灭火及应急疏散预案及其审批记录。

5 施工现场消防安全教育和培训记录。

6 施工现场消防安全技术交底记录。

7 施工现场消防设备、设施、器材验收记录。

8 施工现场消防设备、设施、器材台账及更换、增减记录。

9 施工现场灭火和应急疏散演练记录。

10 施工现场消防安全检查记录（含消防安全巡查记录、定期检查记录、专项检查记录、季节性检查记录、消防安全问题或隐患整改通知单、问题或隐患整改回复单、问题或隐患整改复查记录）。

11 施工现场火灾事故记录及火灾事故调查、处理报告。

12 施工现场消防工作考评和奖惩记录。

6.2 可燃物及易燃易爆危险品管理

6.2.1 在建工程所用保温、防水、装饰、防火、防腐材料的燃烧性能等级、耐火极限应符合设计要求，既是建设工程施工质量验收标准的要求，也是减少施工现场火灾风险的基本条件。本条为强制性条文。

6.2.2 控制并减少施工现场可燃材料、易燃易爆危险品的存量，规范可燃材料及易燃易爆危险品的存放管理，是预防火灾发生的主要措施。

6.2.3 油漆由油脂、树脂、颜料、催干剂、增塑剂和各种溶剂组成，除无机颜料外，绝大部分是可燃物。油漆的有机溶剂（又称稀料、稀释剂）由易燃液体如溶剂油、苯类、酮类、酯类、醇类等组成。油漆调配和喷刷过程中，会大量挥发出易燃气体，当易燃气体与空气混合达到5%的浓度时，会因动火作业火星、静电火花引起爆炸和火灾事故。乙二胺是一种挥发性很强的化学物质，常用作树脂类防腐蚀材料的固化剂，乙二胺挥发产生的易燃气体在空气中达到一定浓度时，遇明火有爆炸危险。冷底子油是由沥青和汽油或柴油配制而成的，挥发性强，闪点低，在配制、运输或施工时，遇明火即有起火或爆炸的危险。因此，室内使用油漆及其有机溶剂、乙二胺、冷底子油或其他可能产生可燃气体的物资，应保持室内良好通风，严禁动火作业、吸烟，并应避免其他可能产生静电的施工操作。本条为强制性条文。

6.3 用火、用电、用气管理

6.3.1 施工现场动火作业多，用（动）火管理缺失和动火作业不慎引燃可燃、易燃建筑材料是导致火灾事故发生的主要原因。为此，本条对施工现场动火审批、常见的动火作业、生活用火及用火各环节的防火管理作出相应规定。

动火作业是指在施工现场进行明火、爆破、焊接、气割或采用酒精炉、煤油炉、喷灯、砂轮、电钻等工具进行可能产生火焰、火花和赤热表面的临时性作业。

施工现场动火作业前，应由动火作业人提出动火作业申请。动火作业申请至少应包含动火作业的人员、内容、部位或场所、时间、作业环境及灭火救援措施等内容。

施工现场具有火灾、爆炸危险的场所是指存放和使用易燃易爆危险品的场所。

冬季风大物燥，施工现场采用明火取暖极易引起火灾，因此，予以禁止。

本条第3款、第5款、第9款为强制性条款。

6.3.2 本条针对施工现场发生供用电火灾的主要原因而制定。施工现场发生供用电火灾的主要原因有以下几类：

1 因电气线路短路、过载、接触电阻过大、漏电等原因，致使电气线路在极短时间内产生很大的热量或电火花、电弧，引燃导线绝缘层和周围的可燃物，造成火灾。

2 现场长时间使用高热灯具，且高热灯具距可燃、易燃物距离过小或室内散热条件太差，烤燃附近可燃、易燃物，造成火灾。

施工现场的供用电设施是指现场发电、变电、输电、配电、用电的设备、电器、线路及相应的保护装置。“施工现场供用电设施的设计、施工、运行、维护应符合现行国家标准《建设工程施工现场供用电安全规范》GB 50194的有关规定”是防止和减少施工现场供用电火灾的根本手段。

电气线路的绝缘强度和机械强度不符合要求、使用绝缘老化或失去绝缘性能的电气线路、电气线路长期处于腐蚀或高温环境、电气设备超负荷运行或带故障使用、私自改装现场供用电设施等是导致线路短路、过载、接触电阻过大、漏电的主要根源，应予以禁止。

选用节能型灯具，减少电能转化成热能的损耗，既可节约用电，又可减少火灾发生。施工现场常用照明灯具主要有白炽灯、荧光灯、碘钨灯、镝灯（聚光灯）。100W白炽灯，其灯泡表面温度可达170℃～216℃，1000W碘钨灯的石英玻璃管外表面温度可达500℃～800℃。碘钨灯不仅能在短时间内烤燃接触灯管外壁的可燃物，而且其高温热辐射还能将距灯管一定距离的可燃物烤燃。因此，本条对可燃、易燃易爆危险品存放库房所使用的照明灯具及照明灯具与可燃、易燃易爆物品的距离作出相应规定。

现场供用电设施的改装应经具有相应资质的电气工程师批准，并由具有相应资质的电工实施。

对现场电气设备运行及维护情况的检查，每月应进行一次。

6.3.3 本条规定主要针对施工现场用气常见的违规行为而制定。本条第1款为强制性条款。

施工现场常用气体有瓶装氧气、乙炔、液化气等，贮装气体的气瓶及其附件不合格和违规贮装、运输、存储、使用气体是导致火灾、爆炸的主要原因。

乙炔瓶严禁横躺卧放是为了防止丙酮流出而引起燃烧爆炸。

氧气瓶内剩余压力不应小于0.1MPa是为了防止乙炔倒灌引起爆炸。

6.4 其他防火管理

6.4.1 施工现场的重点防火部位主要指施工现场的临时发电机房、变配电房、易燃易爆危险品存放库房和使用场所、可燃材料堆场及其加工场、宿舍等场所。

6.4.2 施工现场的临时消防设施受外部环境、交叉作业影响，易失效或损坏或丢失，故作本条规定。

6.4.3 施工现场尤其是在建工程作业场所，人员相对较多、安全疏散条件差，逃生难度大，保持安全疏散通道、安全出口的畅通及疏散指示的正确至关重要。

中华人民共和国国家标准

工程建设标准实施评价规范

Evaluation code for implementation of engineering construction standard

GB/T 50844—2013

主编部门：中华人民共和国住房和城乡建设部

批准部门：中华人民共和国住房和城乡建设部

施行日期：2 0 1 3 年 5 月 1 日

中华人民共和国住房和城乡建设部
公　　告

第1583号

住房城乡建设部关于发布国家标准《工程建设标准实施评价规范》的公告

现批准《工程建设标准实施评价规范》为国家标准，编号为GB/T 50844－2013，自2013年5月1日起实施。

本规范由我部标准定额研究所组织中国建筑工业出版社出版发行。

中华人民共和国住房和城乡建设部

2012年12月25日

前　　言

根据原建设部《关于印发〈2006年工程建设标准规范制订、修订计划（第二批）〉的通知》（建标［2006］136号）的要求，本规范由住房和城乡建设部标准定额研究所会同有关单位经调查研究，认真总结实践经验，在广泛征求意见的基础上编制完成。

本规范编制过程中，编制组开展了多项专题研究，进行了广泛调查分析，总结了近年来推动工程建设标准实施的经验，并以多种形式广泛征求了有关部门、单位和专家的意见，最后经审查定稿。

本规范分为8章。主要内容包括：总则、术语、基本规定、分类与指标、标准实施状况评价、标准实施效果评价、标准科学性评价、综合分析。

本规范由住房和城乡建设部负责管理，由住房和城乡建设部标准定额研究所负责具体技术内容的解释。执行本规范过程中如有意见或建议，请寄送住房和城乡建设部标准定额研究所（地址：北京市三里河路九号，邮编：100835）。

本规范主编单位：住房和城乡建设部标准定额研究所

本规范参编单位：上海市城乡建设和交通委员会
浙江省住房和城乡建设厅
云南省住房和城乡建设厅
山东省工程建设标准定额站
河南省建筑工程标准定额站
中国建筑科学研究院
中国建筑标准设计研究院
广东省建筑科学研究院
河南省建筑科学研究院
清华大学经济管理学院
深圳市罗湖区建设工程质量检测中心

本规范主要起草人员：胡传海　王　超　李大伟　陈国义　王勤芬　徐一琪　杨仕超　王　芬　李　军　黄金屏　蔚林巍　王美林　顾泰昌　张树君　朱　军　李洪林　裴晓文　王洪涛　刘宏奎　毛　凯

本规范主要审查人员：陈建平　王树波　张学森　林建平　韩　迪　桑翠江　岳清瑞　张守健

目 次

Contents

1 总 则

1.0.1 为统一对工程建设标准的实施状况、实施效果和科学性的评价，推动和改进工程建设标准实施工作，制定本规范。

1.0.2 本规范适用于对工程建设国家标准、行业标准和地方标准的实施进行评价。

1.0.3 工程建设标准实施评价应遵循客观、全面、公正的原则。

1.0.4 工程建设标准实施评价除应符合本规范外，尚应符合国家现行有关标准的规定。

2 术 语

2.0.1 工程建设标准实施评价 engineering construction standard implementation evaluation

工程建设标准实施一段时间后，按标准化工作目的及工作要求，对推动工程建设标准实施各项工作以及实施效果和科学性等方面进行综合评估的过程。

2.0.2 评价类别 evaluation classification

按工程建设标准化工作目的和特点，将工程建设标准实施划分若干性质不同的组成部分，同时每一部分能单独进行评价。

2.0.3 基础类标准 basic standard

指术语、符号、计量单位或模数等标准。

2.0.4 综合类标准 comprehensive standard

标准的内容及适用范围涉及规划、勘察、设计、施工、质量验收、管理、检验、鉴定、评价和运营维护维修等工程建设活动中两个或两个以上环节的标准。

2.0.5 单项类标准 single standard

指标准的内容及适用范围仅涉及规划、勘察、设计、施工、质量验收、管理、检验、鉴定、评价和运营维护维修等工程建设活动中单一环节的标准。

2.0.6 标准的实施状况 standard implementation status

标准批准发布后，各级工程建设管理部门推广标准、组织出版发行以及工程建设规划、勘察、设计、施工图审查机构、施工、安装、监理、检测、评估、安全质量监督以及科研、高等院校等相关单位实施标准的情况。

2.0.7 推广标准状况 standard promotion status

标准批准发布后，标准化管理机构及有关部门和单位为保证标准有效实施，开展的标准宣传、培训等活动以及标准出版发行等情况。

2.0.8 执行标准状况 standard application status

标准批准发布后，工程建设各方应用标准、标准在工程中应用以及专业技术人员执行标准和专业技术人员对标准的掌握程度等方面的情况。

2.0.9 标准发布状况 standard release status

在相关媒体（包括网站及期刊）登出标准发布公告的情况。

2.0.10 标准发行状况 standard published status

在省、自治区、直辖市区域内，标准发行网络采用各种形式为标准使用者提供标准的情况。

2.0.11 标准宣贯培训状况 standard publicizing and training status

标准化管理机构及有关部门和单位为宣传标准开展的各种形式的活动，以及培训机构开展的以标准为培训主要内容的专业技术培训的情况。

2.0.12 管理制度要求 management system requirements

有关部门为加强管理，在制定的管理制度中对标准实施提出明确的要求。

2.0.13 标准衍生物状况 standard derivative status

有利于标准实施的教材（含讲义、培训资料）、指南、手册、软件、图集等出版物的发行情况。

2.0.14 单位应用状况 standard application status in unit

标准批准发布后，相关单位及时将标准纳入到质量管理体系中，并积极开展标准的宣传、培训工作，选派相关技术人员参加培训机构组织的培训。

2.0.15 工程应用状况 standard application status in engineering

按照标准的适用范围，标准在工程建设中有效贯彻执行的情况。

2.0.16 技术人员掌握标准状况 status of technical staff to master the standard

相关专业技术人员掌握标准的内容，并能有效应用的情况。

2.0.17 经济效果 economic effect

标准在工程建设中应用所产生的对节约材料消耗、提高生产效率、降低成本等方面的影响效果。

2.0.18 社会效果 social effect

标准在工程建设中应用所产生的对工程安全、工程质量、人身健康、公众利益和技术进步等方面的影响效果。

2.0.19 环境效果 environmental effect

标准在工程建设中应用所产生的对能源资源节约和合理利用、生态环境保护等方面的影响效果。

2.0.20 可操作性 practicality

标准中各项规定的合理程度，及在工程建设中应用方便、技术措施可行的程度。

2.0.21 协调性 coordination

反映标准与国家相关政策、相关标准协调一致的程度。

2.0.22 先进性 advancement

反映标准符合当前社会技术经济发展需求、技术成熟、条文科学、促进新技术推广应用。

3 基 本 规 定

3.0.1 工程建设标准实施评价应包括下列工作：

1 确定评价类别和评价指标；

2 确定调查方式，拟定调查问卷和调查大纲；

3 工程建设标准实施情况调查；

4 评价及综合分析，编制评价报告。

3.0.2 工程建设标准实施评价应包括实施状况、实施效果和科学性三类评价，评价类别和指标应符合表3.0.2的规定。

表3.0.2 评价类别和指标

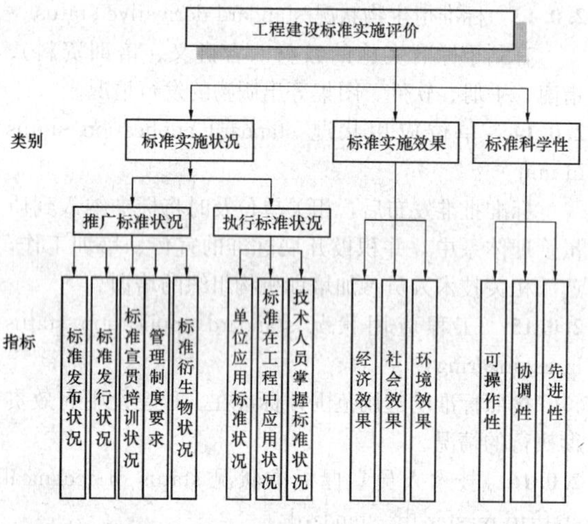

3.0.3 工程建设标准实施评价应根据被评价工程建设标准的特点，结合工程建设标准化工作需要，选择实施状况评价、实施效果评价和科学性评价中一类或多个类别进行。

3.0.4 工程建设标准实施状况评价宜在所评价标准实施满1年后进行；工程建设标准实施效果评价宜在所评价标准实施满3年后进行；工程建设标准科学性评价宜在所评价标准实施满2年后进行。

3.0.5 工程建设标准实施评价应组建评价工作组，由评价工作组开展评价工作。评价工作组的人员构成和数量应根据所评价标准的内容和评价工作量确定。

3.0.6 调查工程建设标准实施情况宜采用抽样调查方法，调查方式应由评价工作组根据评价指标选择抽样问卷调查、专家调查、实地调查等方式或其他方式。调查工作应按照下列规定进行：

1 采用抽样问卷调查，评价工作组应根据所评价内容编制调查问卷，根据评价类别，在使用所评价标准的全部单位、个人和工程项目中，确定调查目标群体，采用分板块抽样方法确定调查对象，发放问卷进行调查，问卷返回的数量应能够保证评价结论的准确性；

2 采用专家调查，评价工作组应根据所评价内容拟定调查提纲，选择专家进行调查。专家应有合理的规模，所选择的专家应熟悉所评价的工程建设标准，有丰富的工程实践经验；

3 进行实地调查，评价工作组应根据所评价内容拟定调查内容和目标，应选择典型的企业或工程项目进行调查。实地调查对象要有代表性，数量应能够满足评价的需要；

4 采用其他调查方式，评价工作组应根据评价内容进行充分论证，确定调查方式，并制定详细的调查大纲和调查方案。确定调查的范围和对象应能满足评价的需要。

3.0.7 各项指标的评价结果分为甲、乙、丙、丁，各类别的评价等级分为优、良、中、差。

3.0.8 指标评价应符合下列规定：

1 评价工作组应按本规范第5、6、7章的要求，依据通过调查取得的信息对指标进行评价，按评价标准确定评价结果。

2 当评价资料难以全面、客观反映所评价的工程建设标准的实施状况时，应进行补充调查。

3 对评价等级确定有争议时，评价工作组可组织专题论证，进行深入分析后确定等级。

4 评价等级应根据指标评价结果按本标准的要求确定。

3.0.9 类别评价应在指标评价完成后，将指标评价结果对应的分值进行加权计算，按计算分值确定类别评价结果。

3.0.10 在评价过程中，如所评价的标准进行了修订或局部修订，评价工作组应分析论证所评价标准修订的内容对已收集的评价资料和评价结果产生的影响，当影响评价结果时，应进行补充调查，重新确定评价结果，最终评价结果应能反映所评价标准修订后的实施状况。

3.0.11 完成评价工作后，评价工作组应进行专项分析和综合分析，并起草评价工作报告。

4 分类与指标

4.0.1 根据被评价标准的内容构成及其适用范围，工程建设标准可分为基础类、综合类和单项类。

4.0.2 对基础类标准，一般只进行标准的实施状况和科学性评价。

4.0.3 对综合类及单项类标准，应根据其适用范围所涉及的环节，按表4.0.3的规定确定其评价类别与指标。

表 4.0.3 工程建设标准涉及环节及对应评价类别与指标

评价类别与指标 / 环节	实施状况评价		效果评价			科学性评价		
	推广标准状况	执行标准状况	经济效果	社会效果	环境效果	可操作性	协调性	先进性
规划	√	√	√	√	√	√	√	√
勘察	√	√	√	√	√	√	√	√
设计	√	√	√	√	√	√	√	√
施工	√	√	√	√	√	√	√	√
质量验收	√	√	—	√	—	√	√	√
管理	√	√	√	√	—	√	√	√
检验、鉴定、评价	√	√	—	√	—	√	√	√
运营维护、维修	√	√	√	√	—	√	√	√

注："√"表示适用于本规范对相应指标进行评价；

"—"表示不适用本规范对相应指标进行评价。

5 标准实施状况评价

5.1 一 般 规 定

5.1.1 标准的实施状况评价应按本标准第 4.0.3 条的规定，分别评价推广标准状况和执行标准状况后，综合各项评价指标的结果得出实施状况的评价等级。

5.2 推广标准状况评价

5.2.1 对基础类标准，应采用评价标准发布状况、标准发行状况两项指标评价推广标准状况。对单项类和综合类，应采用标准发布状况、标准发行状况、标准宣贯培训状况、管理制度要求、标准衍生物状况等五项指标评价推广标准状况。

5.2.2 推广标准状况评价应按表 5.2.2 规定的评价内容进行。

表 5.2.2 推广标准状况评价内容

指　标	评 价 内 容
标准发布状况	1. 是否面向社会在相关媒体刊登了标准发布的信息； 2. 是否及时发布了相关信息
标准发行状况	标准发行量比率（实际销售量/理论销售量）*
标准宣贯培训状况	1. 工程建设标准化管理机构及相关部门、单位是否开展了标准宣贯活动； 2. 社会培训机构是否开展了以所评价的标准为主要内容的培训活动
管理制度要求	1. 所评价区域的政府是否制定了以标准为基础加强某方面管理的相关政策； 2. 所评价区域的政府是否制定了促进标准实施的相关措施
标准衍生物状况	是否有与标准实施相关的指南、手册、软件、图集等标准衍生物在评价区域内销售

注：* 理论销售量应根据标准的类别、性质，结合评价区域内使用标准的专业技术人员的数量估算得出。

5.2.3 推广标准状况各项指标的评价结果应按表 5.2.3-1 和表 5.2.3-2 的规定确定。

表 5.2.3-1 推广标准状况指标评价结果划分标准

指　标	评价结果	划 分 标 准
标准发布状况	甲	1. 在住房和城乡建设部标准公告发布一个月之内，在多个媒体（3个以上）面向社会刊登了标准发布的信息； 2. 在标准实施日期前，采取多种形式对标准实施进行宣传
	乙	1. 在住房和城乡建设部标准公告发布一个月之内，在相关媒体面向社会刊登了标准发布的信息； 2. 开展了标准宣传工作
	丙	在住房和城乡建设部标准公告发布一个月之内，在相关媒体面向社会发布了标准发布的信息
	丁	达不到"丙"的要求
标准发行状况	甲	标准发行量比率达到 90%
	乙	标准发行量比率达到 80%
	丙	标准发行量比率达到 60%
	丁	标准发行量比率在 60%以下
标准宣贯培训状况	甲	1. 所评价区域的工程建设标准化管理机构开展了标准宣贯活动，参加宣贯活动的单位数量达到使用所评价标准的单位数量的 80%以上； 2. 社会培训机构开展了以所评价的标准为主要内容的培训活动，参加培训的单位数量达到使用所评价标准的单位数量的 60%以上
	乙	1. 所评价区域的工程建设标准化管理机构开展了标准宣贯活动，参加宣贯活动的单位数量达到使用所评价标准的单位数量的 50%～80%之间； 2. 社会培训机构开展了以所评价的标准为主要内容的培训活动，参加培训的单位数量为使用所评价标准的单位数量的 30%以下
	丙	所评价区域的工程建设标准化管理机构开展了标准宣贯活动，参加宣贯活动的单位数量为使用所评价标准的单位数量的 50%以下
	丁	达不到"丙"的规定

表 5.2.3-2 推广标准状况指标评价结果确定标准

指标	评价结果	确定标准
管理制度要求	有	所评价的区域政府制定了以标准为基础加强某方面管理的相关政策，或制定了促进标准实施的相关措施
	无	所评价的区域政府没有制定以标准为基础加强某方面管理的相关政策，同时也没有制定促进标准实施的相关措施
标准衍生物状况	有	有与标准实施相关的指南、手册、软件、图集等标准衍生物在评价区域内销售，并有一定的销售量
	无	没有与标准实施相关的指南、手册、软件、图集等标准衍生物在评价区域内销售

5.3 执行标准状况评价

5.3.1 执行标准状况应采用单位应用状况、工程应用状况、技术人员掌握标准状况等三项指标进行评价。

5.3.2 应用状况评价应按表 5.3.2 规定的评价内容进行。

表 5.3.2 应用状况的评价内容

标准应用状况	评价内容
单位应用状况	1. 是否将所评价的标准纳入到单位的质量管理体系中； 2. 所评价的标准在质量管理体系中是否“受控”； 3. 是否开展了相关的宣贯、培训工作
工程应用状况	1. 执行率*； 2. 在工程中是否能准确、有效应用
技术人员掌握标准状况	1. 技术人员是否掌握了所评价标准的内容； 2. 技术人员是否能准确应用所评价的标准

注：* 执行率是指被调查单位自所评价的标准实施之后所承担的项目中，应用了所评价的标准的项目数量与所评价标准适用的项目数量的比值。

5.3.3 各项指标的评价结果应按表 5.3.3 的规定确定。

表 5.3.3 应用状况指标评价结果划分标准

标准应用状况	评价结果	划分标准
单位应用状况	甲	1. 所评价的标准已纳入单位的质量管理体系当中，并处于“受控”状态； 2. 单位采取多种措施积极宣传所评价的标准，并组织全部有关技术人员参加培训
	乙	1. 所评价的标准已纳入单位的质量管理体系当中，并处于“受控”状态； 2. 单位组织部分有关技术人员参加培训
	丙	1. 所评价的标准已纳入单位的质量管理体系当中，所评价的标准在质量管理体系中处于“受控”状态； 2. 单位未组织有关技术人员参加培训
	丁	达不到“丙”的要求
工程应用状况*	甲	1. 非强制性标准在项目中执行率达到90%以上，强制性标准达到100%； 2. 在工程中能准确、有效使用
	乙	1. 非强制性标准在项目中执行率达到80%以上，强制性标准达到100%； 2. 在工程中能准确、有效使用
	丙	1. 非强制性标准在项目中执行率达到60%以上，强制性标准达到100%； 2. 在工程中能够应用
	丁	达不到“丙”的要求
技术人员掌握标准状况	甲	相关技术人员熟练掌握了标准的内容；并能够准确应用
	乙	相关技术人员掌握了标准的内容，并能够应用
	丙	相关技术人员基本掌握了标准的内容，但不能够应用
	丁	达不到“丙”的要求

注：* 对于有政策要求在工程中必须严格执行的工程建设标准，无论强制性还是非强制性执行率均应达到100%方能评为“丙”及以上等级。对此类标准实施率达到100%并在工程中能准确、有效使用评为“甲”。

5.4 实施状况评价

5.4.1 各项指标评价结果的分值应按表 5.4.1-1 的规定确定。

表 5.4.1-1 指标评价结果对应分值表

评价结果	甲	乙	丙	丁
分值	9～10	7～8	6～7	0～3

管理制度要求和标准衍生物状况评价结论的分值应按表 5.4.1-2 的规定确定。

表 5.4.1-2 指标评价结论对应分值表

评价结论	有	无
分值	0.5	0

5.4.2 标准实施状况值宜按下式计算：

$$Q_s = \sum_{i=1}^{n} \alpha_i S_i + A + B \qquad (5.4.2)$$

式中：Q_s——标准实施状况分值；

α_i——各类状况在标准实施状况中的权重系数（按表5.4.2确定）；

S_i——推广标准状况和执行标准状况各指标评价结果对应的分值；

A——管理制度要求评价结果对应的分值；

B——标准衍生物状况评价结果对应的分值。

表 5.4.2 权重系数 α 取值表

标准实施状况 / 标准类别	标准发布状况	标准发行状况	标准宣贯培训状况	单位应用标准状况	标准在工程中应用状况	技术人员掌握标准状况
基础类	0.2	0.2	—	0.2	0.2	0.2
综合类	0.1	0.05	0.15	0.2	0.25	0.25
单项类	0.1	0.05	0.15	0.2	0.25	0.25

5.4.3 标准实施状况的评价等级应按表5.4.3的规定确定。

表 5.4.3 标准实施状况评价等级分值表

Q_s 值区间	9～11	7～9	6～7	0～6
评价等级	优	良	中	差

注：各区间分值不包括下限，Q_s 的分值取整数，小数部分四舍五入。

6 标准实施效果评价

6.0.1 实施效果评价应按本规范第4.0.3条的规定，采用相应的评价指标进行评价。综合类标准宜将所涉及每个环节的经济效果、社会效果、环境效果分别进行评价，再综合确定所评价标准的实施效果。

6.0.2 实施效果评价应按表6.0.2规定的评价内容进行。

表 6.0.2 实施效果的评价内容

指　标	评 价 内 容
经济效果	1. 是否有利于节约材料； 2. 是否有利于提高生产效率； 3. 是否有利于降低成本
社会效果	1. 是否对工程质量和安全产生影响； 2. 是否对施工过程安全生产产生影响； 3. 是否对技术进步产生影响； 4. 是否对人身健康产生影响； 5. 是否对公众利益产生影响
环境效果	1. 是否有利于能源资源节约； 2. 是否有利于能源资源合理利用； 3. 是否有利于生态环境保护

6.0.3 实施效果各项指标的评价结果应按表6.0.3的规定确定。

表 6.0.3 标准实施效果指标评价结果划分标准

指标	评价结果	划 分 标 准
经济效果	甲	标准实施后对于节约材料、提高生产效率、降低成本至少两项产生有利的影响，没有不利影响
	乙	标准实施后对于节约材料、提高生产效率、降低成本其中一项产生有利的影响，其他没有不利影响
	丙	标准实施后对于节约材料、提高生产效率、降低成本没有不利影响
	丁	标准实施后造成了浪费材料、降低生产效率及提高成本等不利后果
社会效果	甲	标准实施后对于保证工程质量和结构安全、安全生产、技术进步、人身健康及公众利益等至少三项产生有利的影响，其他项目没有不利影响；或者对其中二项产生较大的有利影响，其他项目没有不利影响
	乙	标准实施后对于保证工程质量和结构安全、安全生产、技术进步、人身健康及公众利益等至少两项产生有利的影响，其他项目没有不利影响；或者对其中一项产生较大的积极影响，其他项目没有不利影响
	丙	标准实施后对于保证工程质量和结构安全、安全生产、技术进步、人身健康及公众利益没有不利影响
	丁	标准实施后对于保证工程质量和结构安全、安全生产、技术进步、人身健康及公众利益产生负面影响
环境效果	甲	标准实施后对于能源资源节约、能源资源合理利用和生态环境保护等其中至少两项产生有利的影响，没有不利影响
	乙	标准实施后对于能源资源节约、能源资源合理利用和生态环境保护等其中一项产生有利的影响，没有不利影响
	丙	标准实施后对于能源资源节约、能源资源合理利用和生态环境保护没有不利影响
	丁	标准实施后产生了能源资源浪费、破坏生态环境等影响

6.0.4 各项指标评价结果对应分值应按表6.0.4的规定确定。

表 6.0.4 指标评价结果对应分值表

评价结果	甲	乙	丙	丁
分值	9～10	7～8	6～7	0～3

6.0.5 标准实施效果分值宜按下式计算：

$$Q_x = \sum_{i=1}^{n} \alpha_i S_i \qquad (6.0.5)$$

式中：Q_x——标准实施效果分值；

α_i——经济效果、社会效果、环境效果在标准实施效果中的权重系数应按表6.0.5确定；

S_i——经济效果、社会效果、环境效果评价等级对应的分值。

计算综合类标准的实施效果分值时，应将综合类标准所涉及的规划、勘察、设计、施工、质量验收、管理、检验、鉴定、评价和运营维护维修等各环节的经济效果、社会效果、环境效果的评价结果的分值对应进行算术平均后，采用公式（6.0.5）进行计算。

表 6.0.5　权重系数 α 取值表

评价指标 / 标准类别	经济效果	社会效果	环境效果
综合类	0.3	0.4	0.3
专项类	0.3	0.4	0.3

6.0.6　标准实施效果的评价等级应按表 6.0.6 的规定确定。

表 6.0.6　标准实施效果评价等级分值表

Q_x 值区间	9～10	7～9	6～7	0～6
评价等级	优	良	中	差

注：各区间分值不包括下限，Q_x 的分值取整数，小数部分四舍五入。

7　标准科学性评价

7.0.1　综合类标准和单项类标准的科学性应按本规范第 4.0.3 条的规定，采用相应的评价指标进行评价。综合类标准宜将所涉及每个环节的可操作性、协调性、先进性分别进行评价，再综合确定所评价标准的科学性。

7.0.2　基础类标准的科学性评价应按表 7.0.2 规定的评价内容进行。

表 7.0.2　基础类标准科学性评价内容

	评价内容
科学性	1. 标准内容是否得到行业的广泛认同、达成共识； 2. 标准是否满足其他标准和相关使用的需求； 3. 标准内容是否清晰合理、条文严谨准确、简练易懂； 4. 标准是否与其他基础类标准相协调

7.0.3　单项类和综合类标准的科学性评价应按表 7.0.3 规定的评价内容进行。

表 7.0.3　单项类和综合类标准科学性评价内容

指　标	评价内容
可操作性	1. 标准中规定的指标和方法是否科学合理 2. 标准条文是否严谨、准确、容易把握 3. 标准在工程中应用是否方便、可行

续表 7.0.3

指　标	评价内容
协调性	1. 标准内容是否符合国家政策的规定 2. 标准内容是否与同级标准不协调 3. 行业标准、地方标准是否与上级标准不协调
先进性	1. 是否符合国家的技术经济政策 2. 标准是否采用了可靠的先进技术或适用科研成果 3. 与国际标准或国外先进标准相比是否达到先进的水平

7.0.4　基础类标准科学性评价等级应按表 7.0.4 的规定确定。

表 7.0.4　基础类标准科学性评价等级划分标准

	评价等级	划分标准
科学性	优	标准内容清晰合理，条文严谨准确、简练易懂，能够满足其他标准和相关使用的需求，同时得到行业的广泛认同、达成共识，与其他基础类标准相协调
	良	标准内容清晰合理，条文严谨准确、简练易懂，能够满足使用的需求，同时基本得到行业认同、达成共识，与其他基础类标准相协调
	中	标准内容基本合理，能够满足使用的要求，同时基本得到行业认同、达成共识，与其他基础类标准相协调
	差	达不到“中”的要求

7.0.5　单项类和综合类标准科学性的指标评价结果应按表 7.0.5 的规定确定。

表 7.0.5　单项类和综合类标准科学性指标评价结果划分标准

指　标	评价结果	划分标准
可操作性	甲	标准中规定的指标和方法科学合理，标准条文严谨、准确、容易把握，标准在工程中应用方便、可行
	乙	标准中规定的指标和方法基本合理，标准条文严谨、准确，在工程中应用可行
	丙	标准中规定的指标和方法基本合理，在工程中应用可行
	丁	达不到“丙”的要求

续表 7.0.5

指　标	评价结果	划 分 标 准
协调性	甲	标准内容能够有利促进国家相关政策的实施，符合法律法规的规定，并与相关标准（同级）相协调（行业标准、地方标准还要与上级相关标准相协调）
	乙	标准内容符合国家相关政策的规定，并与相关标准（同级）相协调（行业标准、地方标准还要与上级相关标准相协调）
	丙	标准内容符合国家相关政策的规定，与相关标准不相协调，但没有不利影响
	丁	达不到“丙”的要求
先进性	甲	标准符合国家技术经济政策，采用了先进技术或适用科研成果，达到国际先进水平
	乙	标准符合国家技术经济政策，并采用了先进技术或适用科研成果
	丙	标准符合国家技术经济政策，所应用的理论和技术不落后
	丁	达不到“丙”的要求

7.0.6 单项类和综合类标准科学性指标评价结果对应分值应按表 7.0.6 的规定确定。

表 7.0.6 单项类和综合类标准科学性指标评价结果对应分值表

评价结果	甲	乙	丙	丁
分值	9～10	7～8	6～7	0～3

7.0.7 标准科学性分值宜按下式计算：

$$Q_y = \sum_{i=1}^{n} \alpha_i S_i \tag{7.0.7}$$

式中：Q_y ——标准科学性分值；

α_i ——可操作性、协调性、先进性在科学性中的权重系数应按表 7.0.7 确定；

S_i ——可操作性、协调性、先进性评价等级对应的分值。

计算综合类标准的分值时，应将综合类标准所涉及的规划、勘察、设计、施工、质量验收、管理、检验、鉴定、评价和运营维护维修等各环节的可操作性、协调性、先进性评价等级的分值分别对应进行算术平均后采用公式（7.0.7）进行计算。

7.0.8 标准科学性评价等级应按表 7.0.8 的规定确定。

表 7.0.7 权重系数 α 取值表

标准科学性 / 标准类别	可操作性	协调性	先进性
综合类	0.4	0.3	0.3
专项类	0.4	0.3	0.3

表 7.0.8 标准科学性评价等级分值表

Q_y 值区间	9～10	7～9	6～7	0～6
评价等级	优	良	中	差

注：各区间分值不包括下限，Q_y 的分值取整数，小数部分四舍五入。

8 综 合 分 析

8.0.1 综合分析应在实施状况评价、实施效果评价、科学性评价得出结论的基础上，分类进行全面剖析、总结、评价，指出存在的问题，提出实施改进措施。

8.0.2 进行两类及以上评价宜按下式计算综合分值，并按表 8.0.2-2 确定综合评价等级。

$$T = \alpha_s Q_s + \alpha_x Q_x + \alpha_y Q_y \tag{8.0.2}$$

式中：T——综合分值；

α_s、α_x、α_y——实施状况、实施效果、科学性权重系数，按表 8.0.2-1 确定；

Q_s、Q_x、Q_y——标准实施状况、标准实施效果、标准科学性分值。

表 8.0.2-1 权重系数 α 取值表

评价指标情况	实施状况	实施效果	科学性
涉及实施状况、实施效果和科学性	0.3	0.3	0.4
涉及实施状况和实施效果	0.5	0.5	—
涉及实施状况和科学性	0.45	—	0.55
涉及实施效果和科学性	—	0.45	0.55

表 8.0.2-2 综合评价等级分值表

T 值区间	9～10	7～9	6～7	0～6
综合评价等级	优	良	中	差

8.0.3 应对各评价类别分别按下列规定进行专项分析：

1 对于评价等级为“优”的评价类别，要总结经验，当有个别指标未达到“甲”的要求，应分析其原因；

2 对于评价等级为“良”的评价类别，要全面分析，提出推动标准实施工作中注意的问题，以及需保持的经验做法，对未达到“乙”的个别指标，应分析原因；

3 对于评价等级为“中”的评价类别，要逐指标分析原因及各指标间的关联影响，提出改进措施；

4 对于评价等级为“差”的评价类别，要逐指标分析原因，要结合评价区域的经济、自然条件和建设工程管理制度等，分析标准实施存在的问题，提出改进措施。

8.0.4 当进行了两个及以上类别评价时，在完成第8.0.3条规定的专项分析后，按下列规定进行综合分析：

1 综合评价等级为“优”，进行全面总结；

2 综合评价等级为“良”，在分析所评价的类别之间存在的关联影响的基础上，提出应注意的问题；

3 综合评价等级为“中”，在分析所评价的类别之间存在的关联影响的基础上，提出改进的具体措施；

4 综合评价等级为“差”，要分析其他因素对标准实施的影响，提出改进的具体措施。

8.0.5 评价工作报告应包括下列主要内容：

1 所评价标准概况；

2 评价工作组组成及工作情况；

3 调查方式的确定及调查情况；

4 评价过程及结论；

5 专项分析结果；

6 综合分析结果。

本规范用词说明

1 为了便于在执行本规范条文时区别对待，对要求严格程度不同的用词说明如下：

1）表示很严格，非这样做不可的：
正面词采用“必须”，反面词采用“严禁”；

2）表示严格，在正常情况下均应这样做的：
正面词采用“应”，反面词采用“不应”或“不得”；

3）表示允许稍有选择，在条件许可时首先应这样做的：
正面词采用“宜”，反面词采用“不宜”；

4）表示有选择，在一定条件下可以这样做的，采用“可”。

2 条文中指明应按照其他有关标准执行的写法为：“应符合……的规定”或“应按……执行”。

中华人民共和国国家标准

工程建设标准实施评价规范

GB/T 50844—2013

条 文 说 明

制 订 说 明

《工程建设标准实施评价规范》GB/T 50844-2013，经由住房和城乡建设部2012年12月25日以第1583号公告批准、发布。

本规范编制过程中，编制组进行了广泛深入的调查研究，总结了我国工程建设标准实施管理的实践经验，同时参考了国外技术评价方法，通过问卷调查、专家座谈以及统计分析等方法，取得了评价指标权重系数的值。

为便于有关人员在使用本规范时能正确理解和执行条文规定，《工程建设标准实施评价规范》编制组按章、节、条顺序编制了本标准的条文说明，对条文规定的目的、依据以及执行中需注意的有关事项进行了说明。但是，本条文说明不具备与标准正文同等的法律效力，仅供使用者作为理解和把握标准规定的参考。

目　次

1 总　　则

1.0.1 《中华人民共和国标准化法》规定：标准化工作的任务是制定标准、组织实施标准和对标准的实施进行监督。制定标准，解决标准的有无问题和标准水平的高低问题，是标准化工作的重要前提和基础，实施标准则是标准化工作的目的。标准得不到实施，标准确定的目标就不可能在工程建设活动中得到实现，标准化的作用就没有了发挥的可能。

新中国成立以来，我国工程建设标准化工作取得了巨大的发展，对于经济社会发展起到了巨大的促进作用。随着社会主义市场经济体制的建立，工程建设标准在经济建设和社会发展中的地位和作用日益凸现，国家对于工程建设标准化工作也给予了高度重视，在强化工程建设标准化工作过程中，批准发布了大量的标准规范，但在实际工作中发现，一项标准有没有实施、怎样实施、实施总体效果如何、对经济与社会产生什么样的影响、标准中还有什么问题需要改进等问题，还没有一个科学合理和有效的评判依据。因此，制定《工程建设标准实施评价规范》，规范标准实施的评价行为，对于加强和改进标准化工作，更好地发挥标准化对工程建设的引导和约束作用，推进标准化工作的快速、持续、健康发展具有重要意义。

1.0.2 工程建设标准是我国国家标准体系的重要组成部分，工程建设的特性决定了工程建设标准存在有别于其他标准的特点，首先，工程建设标准涉及面广，涉及了房屋、铁路、公路、水利、石化等多种类型工程，同时为保证工程整体效果还涉及了规划、设计勘察、施工等多个环节；其次，工程建设标准综合性强，标准中各项规定即要考虑技术水平，也要考虑经济条件和管理能力；第三，工程建设标准政策性强，直接涉及了资源、环境、公众利益等，对我国经济社会发展有深远影响；第四，工程建设标准受自然环境影响大，要考虑我国幅员辽阔、自然环境差别大的特点。另外，从实施评价的角度看，工程建设标准与其他标准（包括产品标准）相比，在标准内容、标准化对象、标准实施等方面有一定的差别，这就决定了对工程建设标准的实施状况和实施效果的评价方法，与对其他类别标准实施状况和实施效果的评价方法也存在一定的差别。因此，在本规范从工程建设标准自身特点出发制定的，适用范围仅仅是对各类工程建设标准的实施进行评价，包括了工程建设国家标准、行业标准和地方标准。

1.0.3 遵循客观、全面、公正的原则，是保证评价结果正确性的重要条件，这是一般开展评价工作应遵循的基本原则，对工程建设标准实施评价工作而言同样需要坚持。

2 术　　语

2.0.3～2.0.5 我国工程建设标准分类有一套成熟的方法，本规范的分类是从方便实施评价工作开展的角度进行的，这种分类保证对每一类工程建设标准进行评价所采用的评价方法和评价内容是相同的。

工程建设活动由多个环节的工作组成，一般包括规划、勘察、设计、施工、质量验收、检验、鉴定评价及运营维护维修等，不同环节的工作内容存在一定的差异，而工程建设标准的制定也是针对各环节的工作，各环节之间不同的工作内容和技术要求体现在工程建设标准的内容当中。因此，在进行标准类别划分时，更主要地关注了该项标准的内容构成及适用范围，并据此进行了分类，主要在于：一项工程建设标准，其内容构成及适用范围都明确了其会涉及的工程建设活动中某一或某些环节，并通过实施阶段在这一或这些环节中发挥相应的作用，达到相应的标准化效果；要实现对一项标准实施阶段的全面评价，所采取的评价方法及规则必然应涵盖并紧紧围绕标准实施阶段其发生作用的各环节。由此，标准的内容构成及适用范围、标准实施阶段所涉及环节、评价方法及规则之间建立起了相应的关联关系，并以此为基础，构建评价活动的总体思路和技术路线，针对性地明确相应的规则。

另外，各行业、各部门、各专业领域的工程建设标准体系中，均包含有此三类标准，且仅包括此三类，亦即所有工程建设标准，无论其处于或归属哪个行业、哪个领域或部门，均可归并至此三类中的一类。如此分类，不仅可以涵盖所有工程建设标准，确保评价的普遍适用性，并针对性地按类别分别设定相应评价方法和规则；同时也因对同类标准采用同一的方法和规则，从而使不同行业、部门或领域的同类标准的实施评价结果间能够更加客观地相互类比。

现行的工程建设标准体系中将工程建设标准划分为综合标准、基础标准、通用标准和专用标准，其中，综合标准、基础标准与本规范对工程建设标准的划分在名称上相同，但综合标准的内涵有很大的区别，基础标准的内涵基本一致。工程建设标准体系中确定的综合标准是指涉及质量、安全、卫生、环保和公众利益等方面的目标要求或为达到这些目标而必需的技术要求及管理要求，而本规范中确定的综合类标准是指内容及适用范围涉及多个工程建设环节的标准。

3 基 本 规 定

3.0.1 本条规定了工程建设标准实施评价主要工作内容，也反映了评价思路和方法。针对一项标准，评价方法会有很多种，这与评价目的是紧密结合的。本规范在起草过程中，编制组开展了广泛的调研，对各种评价方法进行了全面分析，最终确定以促进工程建设标准有效实施作为工程建设标准实施评价的主要目的，同时将对工程建设标准有效实施会产生影响的标准实施效果和标准科学性也作为评价的重要内容。在方法上，以评价指标的量化分析为基础，通过综合分析全面反映所评价标准的实施情况。

本条规定的工作内容正是基于评价目的和评价方法的选择确定的，也是评价过程中的四个关键环节，相互衔接、缺一不可，是保证工程建设标准实施评价准确性的必要工作过程。确定评价类别和评价指标要根据评价的目的，按本规范第四章的要求选择评价类别和指标，在评价过程中，要评价针对类别设定的全部指标。

3.0.2 本规范将工程建设标准实施评价分为标准实施状况、标准实施效果和标准科学性三类，其中，又将标准实施状况再分为推广标准状况和标准应用状况两类。进行评价类别划分主要考虑到评价的内容和通过评价反映出的问题存在着差别，开展标准实施状况评价，主要针对标准化管理机构和标准应用单位推动标准实施所开展的各项工作，目的是通过评价改进推动标准实施工作；开展标准实施效果评价，主要针对标准在工程建设中应用所取得的效果，为改进工程建设标准工作提供支撑；开展标准科学性评价主要针对标准内容的科学合理性，反映标准的质量和水平。

3.0.3 开展工程建设标准实施评价工作，目的是要改进工程建设标准化工作，本规范规定的三类评价，是为从不同方面反映工程建设标准化工作的情况划分的，可结合工作需要，选择一类进行评价或选择多个类别进行评价。

工程建设包括房屋、铁路、公路、水利、纺织、航天、石油化工、冶金、煤炭等类型的工程，这就决定了，工程建设标准化涉及面广泛，拥有十分庞大的体系。在这个体系中，按照工程建设的程序，又可分为规划、勘察、设计、施工、验收、运行维护、加固等多项环节。针对每一项环节制定相应的技术标准时，其标准的内容有一定的差别，标准应用的主体有所不同，促进标准实施的方式方法不同，以及体现标准实施效果的指标也会一定的差别，因此，评价工作必须考虑所评价的工程建设标准的特点。

其次，评价应结合工程建设标准化管理工作需要，评价的目的就是要加强和改进工程建设标准化管理工作，促进工程建设标准的实施，因此，评价工作必须要突出目的性，评价的结论要与工程建设标准化管理工作有机结合，根据需要来开展评价工作，另外，进行单项评价还是进行综合评价也要根据工作的需要来进行选择，单项评价是指对工程建设标准的实施状况、实施效果和科学性中的一项进行评价，综合评价是指在工程建设标准的实施状况、实施效果和科学性分别进行评价的基础上，综合其评价结果，得出工程建设标准实施评价的综合结论。

3.0.4 本条作出被评价标准实施时间的规定，目的是要使开展评价工作时推动工程建设标准实施的各项工作能够完成，工程建设标准的实施效果和科学性通过一段时间的应用能够充分显现，确保评价结论的真实、客观，对工程建设标准化工作具有指导意义。

规定评价标准实施状况的时间，主要考虑到标准批准发布之后，开展推动标准实施的各项工作需要一定的时间，包括标准出版、发行，标准宣贯，开展标准宣贯以及标准应用单位开展推动标准应用的各项工作。按照以往的经验，这些工作一般会在标准实施日期前完成，但有的可能滞后，比如标准的衍生物、社会机构开展标准培训、政府出台的一些管理措施等，还有的评价内容需要在标准实施后才能体现，如标准在所评价单位的应用情况、技术人员掌握标准的情况，因此综合考虑这些因素，本规范规定，若评价标准实施状况，被评价标准实施时间为1年以上。

规定评价标准的实施效果和科学性的时间，主要考虑到工程项目建设周期，工程建设标准在工程中应用，在建设过程中标准实施效果体现得不一定明显，特别是一些社会效果和环境效果的指标，只有在工程竣工后方能较为全面客观地评价标准实施效果。而标准的科学性，在标准的应用过程中就能够体现，只要能够调查标准在一定数量的项目中应用的情况，可以准确判定标准的科学性。目前，一般项目的建设周期在（2～3）年之间，因此，本规范将评价标准的实施效果和标准的科学性的被评价标准实施时间定为3年和2年。

3.0.5 评价工作组是具体承担工程建设标准实施评价的临时性机构，是评价工作顺利开展、确保评价结论准确性的关键，具有重要的作用，因此，本规范规定开展工程建设标准实施评价工作应组建评价工作组。评价工作组人员构成要包括技术人员和辅助工作人员，人数要结合标准应用的范围、评价类别、评价工作所涉及的范围和时间要求等因素确定，即要保证评价工作质量，又要按期完成。

3.0.6 标准的实施涉及面广，获取某一项标准全部的实施状况、实施效果和标准的科学性信息和资料有一定困难，故条文规定采用抽样调查法，选择有代表性的企业、单位或工程项目进行调查，但有些情况的调查由于调查对象明确，数量少应该全数调查，比如，推广标准状况的调查。同时，本条还对问卷调查、专家调查及实地调研等三种调查方式提出了具体要求。

问卷调查是目前较为常用的调查方式，设计问卷是调查的关键，一般问卷要包括标题、问卷说明、主体问题和调查对象的基本情况等内容。在编制问卷时，标题要简明扼要，概括地说明调查主题，使被访者对所要回答的问题有一个大致的了解。问卷说明言简意赅，说明调查的意义、内容和选择方式等；对于需要被调查者自己填写的问题，应说明如何填写问卷。调查的主体问题要按照评价的指标拟定调研问题，所列问题应简单明确，同类问题排列一起，不带倾向性，主体问题主要适用选择性问题。调查对象的基本情况要根据需要列出调查内容。

抽样问卷调查主要适用于标准实施状况、标准实施效果和标准科学性等各类别的评价，在评价实施效果和科学性时，还应进行专家调查或实地调查，相结合进行评价。关键是合理“抽样”确定调查对象，以及回收的问卷应保证评价结论的准确性。进行抽样调查首先是确定目标群体，就是评价结论的代表范围，要根据评价类别在所评价标准实施所涉及的全部单位、个人和工程项目中确定。例如，评价《混凝土结构设计规范》的应用状况，目标群体是所评价地区的主要从事混凝土结构设计的设计单位和结构设计人员，其他一些管理机构、监理单位、项目建设单位等也用到该标准，但不是主要的，可不作为目标群体。

本条规定的分板块抽样方法，是要先将目标群体分成几个板块，其后在各个板块进行简单随机抽样，每个板块的抽样数量不一定一致，但总体数量应能保证评价结论的准确性。板块应结合评价类别进行划分，例如，评价《混凝土结构设计规范》的应用状况，可将标准应用单位按照资质等级、专业（指建筑设计院、市政设计院、工业设计院等）、所在区域（省内各市、县）等划分板块。评价《混凝土结构设计规范》的实施效果和科学性，目标群体是所有混凝土结构工程，可按照混凝土结构工程的用途、所在区域等划分板块。

在问卷调查工作中，要加强与被调查单位的联系和沟通，提高问卷回收率，按照抽样调查的理论，回收率如果仅有30%左右，资料只能作参考；50%以上，可以采纳建议；当回收率达到70%～75%以上时，方可作为研究结论的依据。因此，问卷的回收率一般不应少于70%，如果问卷回收率过低，需进行补充调查。

专家调查法是以专家作为索取信息的对象，依靠专家的知识和经验，由专家对问题作出判断、评估和预测的一种方法。适用于研究资料少、数据缺乏以及主要靠主观判断的问题，主要用于对标准实施效果和标准科学性评价。进行专家调查可采取发函征询意见和会议征询意见的方式。在实际开展工程建设标准实施评价过程中，采用专家调查法可参考德尔斐法的调查程序和专家人数要求。德尔斐调查法一般经过（3～4）轮反馈，第一轮，提供给专家一个或几个调查主题，专家围绕主题提出应调查的具体问题，组织者筛选整理，归纳合并，形成一个问题一览表；第二轮，把一览表再发给每位专家，要求专家作出判断，并阐明理由，组织者对专家的意见进行统计处理；第三轮，把统计结果作为反馈材料发给每位专家，要求专家在参考第二轮统计结果基础上重新作出判断；第四轮过程和第三轮过程相同。专家的人数一般在（10～50）人之间，选择的专家要熟悉所评价的标准，有丰富的工程经验。

实地调查法是一种深入现场，直接与被调查进行交流、沟通的调查方法。通过实地调查收集较真实可靠的材料，适用于不宜简单定量的研究问题，是目前较为常用的调查方法之一。主要用于标准应用状况评价和标准实施效果评价，所选择的企业和工程项目要具有代表性，数量上要确保调研的结果能反映总体的状况。为了提高实地调查的效率，一般在深入现场调查之前拟订调查大纲，在大纲中明确调查的目的，初步确定所要收集的资料和信息以及实地调查的方式方法，对于所要收集的资料和信息，可列出资料和信息的名称及具体要求，在调查时提供给被调查单位及人员。实地调查的方式方法，可采取资料查阅和与相关人员座谈等多种形式。

除此之外其他调查方法也可以采用，但要由评价工作进行充分论证，包括可行性、实施方法、调查对象等等，还要制订调查大纲和调查方案。

3.0.8 对各项指标进行评价的依据是通过调查收集的评价资料，本条所规定的“评价资料难以全面、客观反映所评价的工程建设标准的实施状况”，是指收集的评价资料较少，不能得出指标的评价结论，比如，问卷调查返回的问卷少，不合格的问卷较多，进行专家调查时，专家对于所调查的内容没有得出明确的结论，进行实地调查时，所调查的企业或工程项目不能准确反映所调查的内容等情况，必须进行补充调查，否则评价结论不准确，失去了评价的意义。

3.0.9 类别评价结果是在指标评价结果的基础上得出的，将指标评价的结果按本规范的规定折算成对应的分值，再将类别中各项指标的分值进行加权计算，得出评价类别的分值，根据分值确定类别评价结果。

3.0.10 作出本条规定目的是保证评价结果适用于现行工程建设标准。不论评价工作进展到的什么程度，当所评价的标准进行了修订或局部修订，均应对修订或局部修订的内容进行分析，再进一步分析对评价结果的影响，当确定对评价结果会产生影响时，要根据评价工作进展情况作出调整。如已经完成调查问卷和调查大纲的编制，要根据标准修订或局部修订的情况进行调整。当已经完成实施情况调查时，要进行补充调查，补充调查可仅针对修订或局部修订的内容进行，通过调查之后，再重新评价各项指标的结果。

4 分类与指标

4.0.2 基础类标准具有特殊性，其一般不会产生直接的经济效益、社会效益和环境效益。对实施状况、科学性进行评价，基本能反映这类标准实施的基本情况。

4.0.3 此条旨在明确各类标准的评价类别及指标。对单项类标准，针对单项类标准适用范围所涉及的工程建设环节，根据后续各章的规定，在表中相应环节，选定单项类标准的评价类别与指标；同样，对综合类标准，也将针对综合类标准适用范围所涉及的工程建设环节，根据后续各章的规定在表中选定相应的类别与指标。

本条规定对于涉及质量验收和检验、鉴定、评价的工程建设标准或内容不评价经济效果，主要考虑到这两类标准实施过程中不能产生经济效果或产生的经济效果较小。经济效果是指投入和产出的比值，包括了物质的消耗和产出及劳动力的消耗，而质量验收和检验、鉴定、评价等类标准的主要内容是规定相关程序和指标，例如，《混凝土结构工程施工质量验收规范》GB 50204－2002，规定了混凝土结构工程施工质量验收的程序和方法以及反映混凝土结构实体质量的各项指标。实施这类标准，不会产生物质的消耗和产出，对于劳动力的消耗，只要开展质量验收和检验、鉴定、评价等项工作，劳动力消耗总是存在的，不会产生大的变化，在劳动力消耗方面也就不会产生经济效果，或者产生的经济效果很小。

本条还规定了对质量验收、管理和检验、鉴定、评价以及运营维护、维修等类工程建设标准或内容不评价环境效果，主要考虑这几类标准及相关标准对此规定的内容主要是规定程序、方法和相关指标，例如，《生活垃圾焚烧厂运行维护与安全技术规程》CJJ 128－2009 规定了各设备、设施、环境检测等的运行管理、维护保养、安全操作的要求。不会产生物质消耗，也不会产生对环境产生影响的各种污染物，因此，对这类标准本规范规定不评价其环境效果。

5 标准实施状况评价

5.1 一 般 规 定

5.1.1 将标准实施状况划分为推广标准状况和执行标准状况，是考虑到在标准实施过程中，不同主体对标准实施的任务不同，工作性质有很大差别，为便于评价进行了划分。

为便于评价，本规范第四章将工程建设标准进行了分类，并明确了不同类别的工程建设标准的评价类别与评价指标。在对工程建设标准进行评价时，根据第4章规定的标准分类，明确标准的类别，选择评价指标进行评价。

5.2 推广标准状况评价

5.2.1 本条规定了推广标准状况评价的指标。根据工程建设标准化工作的相关规定，标准批准发布公告发布后，主管部门要通过网络、杂志等有关媒体及时向社会发布，各级住房城乡建设行政主管部门的标准化管理机构有计划地组织标准的宣贯和培训活动。同时，对于一些重要的标准，地方住房城乡建设行政主管部门根据管理的需要制定以标准为基础的管理措施，相关管理机构组织编写培训教材、宣贯材料，社会机构编写在工程中使用的手册、指南、软件、图集等将标准的要求纳入其中，这些措施将会有力推动标准的实施。因此，本规范将这些推动标准实施的措施作为推广状况评价的指标。

现行工程建设标准中，基础类标准大部分是术语、符号、制图、代码和分类等标准，通过标准发布状况和标准发行状况的评价即可反映标准的推广状况。对于单项类和综合类标准，评价推广标准状况时，要综合评价各项推广措施，设置了标准发布状况、标准发行状况、标准宣贯培训状况、管理制度要求、标准衍生物状况等五项指标，对推广状况进行评价。

5.2.2 本条针对各项指标，确定了评价内容，是制定评价工作方案、编制调查问卷和开展专家调查、实地调查的依据。

评价标准发布状况是要评价工程建设标准化管理机构在有关媒体发布的标准批准发布的信息的情况，评价的内容包括，工程建设国家标准、行业标准发布后，各省、自治区、直辖市住房城乡建设主管部门是否及时在有关媒体转发标准发布公告，以及采取其他方法发布信息。及时发布的时限不能超过标准实施的时间。

在管理制度要求中规定的“以标准为基础”是指，在所评价区域政府为加强某方面管理制定的政策、制度中，明确规定将相关单项标准或一组标准的作为履行职责或加强监督检查的依据。

在估算理论销售量时，评价区域内使用标准的专业技术人员的数量要主要以住房和城乡建设主管部门统计的数量为依据，根据标准的类别、性质进行折减，作为理论销售量，一般将折减系数确定为，基础标准 0.2，通用标准 0.8，专用标准 0.6。统计实际销售量时，需调查所辖区域的全部标准销售书店，汇总各书店的销售数量，作为实际销售量。或者在收集评价资料时，通过调查取得数据。例如，评价某一设计规范，可以采用住房和城乡建设主管部门发布的相关专业技术人员的数量为基准，乘以折减系数定为理论销售量。当缺乏相关统计数据时，需选择典型单位进行专项调查，将所调查单位的相关专业技术人员的全部数量乘以折减系数作为理论销售量，所调查单位拥有的所评价标准的全部数量作为实际销售量。

5.2.3 标准发布状况、标准发行状况及标准宣贯培训状况根据推广标准所开展的各项工作确定了“甲、乙、丙、丁”四类评价结果，应按划分标准的规定确定评价结果。管理制度要求和标准衍生物要求仅需确定评价结果，为“有”或“无”，其中管理制度要求是指省级建设行政管理部门，为加强建设工程的管理，制定的管理制度中要求以某项标准为基础，一般以省级建设行政管理部门印发的文件为准。

5.3 执行标准状况评价

5.3.2 单位应用标准状况中，“质量管理体系”泛指企业的各项技术、质量管理制度、措施的集合。进行单位应用标准状况评价时，要求标准作为单位管理制度、措施的一项内容，或者相关管理制度、措施明确保障该项标准的有效实施。“受控”是指单位通过ISO 9000质量管理体系认证，所评价的标准是受控文件。标准的宣贯、培训包括了被评价单位派技术人员参加主管部门和社会培训机构开展的宣贯培训、继续教育培训和本单位组织开展的相关培训。

评价工程应用状况，首先要判定所评价标准的适用范围。其次，梳理被调查的单位应使用所评价标准开展的工程设计、施工、监理项目及相关管理工作范围，然后按本规范规定的抽样调查、实地调查的方法对该指标进行调查、评价。

标准执行率指所调查的适用所评价标准的项目中，应用了所评价标准的项目所占的比率。例如，评价《混凝土结构设计规范》时，统计被调查单位所承担的项目中适用《混凝土结构设计规范》的项目总数量，作为基数，再分别统计所适用的项目中全面执行了《混凝土结构设计规范》中强制性条文的项目总数量，和全面执行了非强制性条文的项目总数量，与项目总数量的比值作为执行率。

5.3.3 评价在工程中准确、有效使用可根据施工图审查的结果、工程质量检查结果以及实地调查的情况得出结论。

评价技术人员掌握标准内容的情况，可从技术人员参加相关培训、继续教育及工作成果的质量情况(包括施工图审查、质量安全检查）等方面，针对被评价单位全体技术人员得出综合评价结论。

5.4 实施状况评价

5.4.1 本条规定了个评价结果对应的分值，分值采用了10分制，具体得分由评价工作组根据评价的实际情况给出。分值可精确到小数后一位。

5.4.2 设定权重主要是考虑到各项指标对于评价标准实施的影响不同，为使评价准确反映标准实施的状况，设定了权重系数。本条规定的权重值是通过评价指标重要性问卷调查以及专家座谈讨论后，利用统计分析得出的数值。共发放问卷200余份，回收65份，有效问卷35份，问卷范围涉及了标准管理机构、设计单位、施工单位、监理单位和建设主管部门。

为较为准确地确定权重，采用指标之间“两两”对比的方式编制问卷，由被调查者根据自己的经验判定哪一项指标较为重要及重要的程度。在确定标准实施状况各项指标权重时，编制问卷时将每一项指标与其他5项指标相对比，并将重要程度分四档，用不同的数值表示，供被调查者选择，例如，比较标准发布状况和标准在工程中应用两项指标重要程度，在问卷中列出“标准发布状况 9 7 5 3 1 3 5 7 9 标准在工程中应用状况”，“1”代表同等重要，“3 5 7 9”分别代表重要程度，由被调查者在数值上打“√”。将调查的结果运用统计学方法测算出每一项指标的权重。

当对标准实施状况仅进行部分指标评价时，权重取值可参考本条规定的指标权重值在全部指标中所占的比重，根据评价指标的数量重新确定权重值。

5.4.3 在确定标准实施状况等级时，按照公式(5.4.2）计算分值，在对照表5.4.3所给出的区间确定评价等级。

6 标准实施效果评价

6.0.1 工程建设标准化的目的是促进最佳社会效益、经济效益、环境效益和获得最佳资源、能源使用效率，因此，本规范设置经济效果、社会效果、环境效果等三个指标评价标准实施效果，使得标准的实施效果体现在具体某一（经济效果、社会效果、环境效果）因素的控制上。评价结果一般是可量化的，能用数据的方式表达的，也可以是对实施自身、现状等进行比较，即也可以是不可量化的效果。

评价综合类标准实施效果时，要考虑标准实施后对规划、勘察、设计、施工、运行等工程建设全过程各个环节的影响，分别进行分析，综合评估标准的实施效果。

6.0.2 在评价实施效果的各项指标时，可采用对比的方式进行评价，首先要详细分析所评价标准中规定的各项技术方法和指标，再针对本条规定各项评价内容，将标准实施后的效果与实施前进行对比分析，确定所取得的效果，其中，新制定的标准，要分析标准“有”和“无”两种情况对比所取得的效果，经过修订的标准，要分析标准修订前后对比所取得的效果。

6.0.3 工程建设标准作为工程建设活动的技术依据，规定了工程建设的技术方法和保证建设工程可靠性的各项指标要求，是技术、经济、管理水平的综合体现。由于一项标准仅仅规定了工程建设过程中部分环节的技术要求，实施后所产生的效果有一定的局限性，同时，标准也是一把“双刃剑”，方法和指标规定的不合理，会造成浪费、增加成本、影响环境，因此，本标准在确定评价结果中，考虑了单项标准的局限性和标准的“双刃剑”作用，以没有产生不利影响为基准，规定了实施效果的评价结果。评价时要按照

第6.0.2条的规定，以工程实例为基础，辅助进行相关效果测算，确定其“有利”或“不利”影响效果，在单项内容评价的基础上，再综合确定经济效果、社会效果和环境效果。

6.0.4 本条规定了个评价结果对应的分值，分值采用了10分制，具体得分由评价工作组根据评价的实际情况给出。分值可精确到小数后一位。

6.0.5 本条规定的权重系数，是本规范编制组采用调查的方式确定的，详细说明见本规范第5.4.2条文说明。

综合类标准要按照本规范第4.0.3条的规定确定标准涉及的环节，再分别评价标准对各环节的经济效果、社会效果和环境效果，在此基础上，综合形成所评价标准的实施效果。

当对标准实施效果仅进行部分指标评价时，权重取值可参考本条规定的指标权重值在全部指标中所占的比重，根据评价指标的数量重新确定权重值。

7 标准科学性评价

7.0.1 标准的科学性是衡量标准满足工程建设技术需求程度，首先应包括标准对国家法律、法规、政策的适合性，在纯技术层面还包括标准的可操作性、与相关标准的协调性和标准本身的技术先进性。

建设工程关系到社会生产经营活动的正常运行，也关系到人民生命财产安全。建设工程要消耗大量的资源，直接影响到环境保护、生态平衡和国民经济的可持续发展。建设工程中要使用大量的产品作为建设的原材料、构件及设备等，工程建设标准必须对它们的性能、质量作出规定，以满足建设工程的规划、设计、建造和使用的要求；同时，建设工程在规划、设计、建造、维护过程中也需要应用大量的设计技术、建造技术、施工工艺、维护技术等，工程建设标准也需要对这些技术的应用提出要求或作出规定，保证这些技术的合理应用。

工程建设标准的科学性评价就是要在以上这些方面进行衡量。在国家政策层面，对社会公共安全、人民生命安全与身体健康、生态环境保护、节能与节约资源等方面都有相应要求，标准的规定应适合这些要求。

为使建设工程满足国家政策要求，满足社会生产、服务、经营以及生活的需要，工程建设标准的规定应该是明确的，能够在工程中得到具体、有效的执行落实，同时也符合我国的实际情况，所提出的指导性原则、技术方法等应该是经过实践证明可行的。

每一项工程建设标准都在标准体系中占有一定的地位，起着一定的作用，一般都是需要有相关标准配合使用或者是其他标准实施的相关支持性标准。因此，标准都不是独立的，而是相互关联的，标准之间需要协调。

由于社会在进步、技术在不断发展、产品在不断更新，建设工程随着发展也需要实现更高的目标、更高的要求、达到更好的效果，更节约资源、降低造价，这样就需要成熟的先进技术、先进的工艺、性能良好的产品应用到工程建设中，标准需要及时地做出调整。所以，标准需要适应新的需求，能够应用新技术、新产品、新工艺。同时，标准的体系、每一项标准的框架也需要实时进行调整，满足不断变化的工程需求。

评价综合类标准科学性时，要考虑标准实施后对规划、勘察、设计、施工、运行等工程建设全过程各个环节的影响，分别进行分析，综合评估标准的科学性，目的是做到评价全面、结果准确。

7.0.2 工程建设标准体系中，基础类标准主要规定术语、符号、制图等方面的要求，对基础类标准要求协调、统一，并得到广泛的认同，条文要简练、严谨，满足使用要求，因此，评价基础类标准的科学性，要突出标准的特点，评价时对各项规定要逐一进行评价。

7.0.3 进行标准科学性评价时，要广泛调查国家相关法律法规、政策和标准，要将所评价标准的各项指标要求和技术规定按照评价内容的要求逐一分析，再综合分析结果，对照划分标准确定评价结果。

7.0.6 本条规定了个评价结果对应的分值，分值采用了10分制，具体得分由评价工作组根据评价的实际情况给出。分值可精确到小数后一位。

7.0.7 本条规定的权重系数，是本规范编制组采用调查的方式确定的，详细说明见本规范第5.4.2条文说明。

综合类标准要按照本规范第4.0.3条的规定确定标准涉及的环节，再分别评价标准对各环节规定的可操作性、协调性和先进性，在此基础上，综合形成所评价标准的科学性。

当对标准科学性仅进行部分指标评价时，权重取值可参考本条规定的指标权重值在全部指标中所占的比重，重新确定评价指标权重值。

8 综 合 分 析

8.0.1 按照本规范第5、6、7章的规定进行评价，结果仅仅是反映实施情况优、良、中、差的等级，对于改进工程建设标准化工作，推动工程建设标准全面、准确实施，还需进行分析，指出工程建设标准实施工作中存在的问题，提出推动工程建设标准实施的改进措施。因此，本标准规定在指标、类别评价得出结果的基础上，进行综合分析，目的是通过综合分析，为推动工程建设标准实施工作总结经验、提出改进措施。综合分析分为两部分，第一部分针对评价的类别分析，既针对实施状况、实施效果和科学性的分析；第二部分以评价类别之间关联关系分析为主的综合分析。例如，评价了一项标准的实施状况和科学性，进行综合分析时，首先做好实施状况的分析和科学性分析，完成后进行综合分析，综合分析重点分析实施状况和科学性之间关联关系和相互影响。

8.0.2 本条规定的权重系数，是本规范编制组采用调查的方式确定的，详细说明见本规范第 5.4.2 条文说明。

8.0.3 专项分析应针对单一评价类别，如进行了两项及以上类别评价，应分别针对各评价类别进行专项分析。进行专项分析要注意，一是要以收集的评价资料为基础进行分析，回答为什么类别的评价等级是优、良、中或差。二是要对评价指标之间的关联影响进行分析，分析那些指标存在关联关系，影响有多大。三是要分析是否存在其他因素对评价结论产生影响，包括经济、自然环境、制度等。四是要以改进工程建设标准化工作为目标，肯定好的经验做法，指出存在的问题，提出改进的措施。

8.0.4 进行综合分析要注意，一是要在类别分析的基础上进行综合分析。二是关联关系要分析评价指标对其他评价类别的关联影响。三是要以关联关系分析为基础，综合提出相关措施建议。

中华人民共和国行业标准

工程网络计划技术规程

Technical specification for engineering network planning and scheduling

JGJ/T 121—2015

批准部门：中华人民共和国住房和城乡建设部
施行日期：2 0 1 5 年 1 1 月 1 日

中华人民共和国住房和城乡建设部
公　　告

第766号

住房城乡建设部关于发布行业标准《工程网络计划技术规程》的公告

现批准《工程网络计划技术规程》为行业标准，编号为JGJ/T 121-2015，自2015年11月1日起实施。原《工程网络计划技术规程》JGJ/T 121-99同时废止。

本规程由我部标准定额研究所组织中国建筑工业出版社出版发行。

中华人民共和国住房和城乡建设部

2015年3月13日

前　　言

根据住房和城乡建设部《关于印发〈2009年工程建设标准规范制订、修订计划〉的通知》（建标[2009] 88号）的要求，编制组经广泛调查研究，认真总结实践经验，参考了有关国际标准和国外先进标准，并在广泛征求意见的基础上，修订了《工程网络计划技术规程》JGJ/T 121-99。

本规程的主要技术内容是：1. 总则；2. 术语和符号；3. 工程网络计划技术应用程序；4. 双代号网络计划；5. 单代号网络计划；6. 网络计划优化；7. 网络计划实施与控制；8. 工程网络计划的计算机应用。

本规程修订的主要技术内容是：1. 增加了“工程网络计划技术应用程序”和“工程网络计划的计算机应用”；2. 将原来的第3章“双代号网络计划”和第5章“双代号时标网络计划”合并成一章“双代号网络计划”；3. 将原来的第4章“单代号网络计划”和第6章“单代号搭接网络计划”合并成“单代号网络计划”。

本规程由住房和城乡建设部负责管理，由江苏中南建筑产业集团有限责任公司负责具体技术内容的解释。执行过程中如有意见或建议，请寄送江苏中南建筑产业集团有限责任公司（地址：江苏省海门市上海路899号中南集团1204技术中心，邮政编码：226100）。

本规程主编单位：江苏中南建筑产业集团有限责任公司
东南大学

本规程参编单位：中国建筑科学研究院
重庆大学
湖南大学
上海宝冶集团有限公司
北京建筑大学
北京工程管理科学学会

本规程主要起草人员：董年才　陆惠民　张　军　陈耀钢　陆建忠　侯海泉　丛培经　郭春雨　惠跃荣　曹小琳　潘晓丽　陈大川　胡英明　赵世强　袁秦标　钱益锋　顾春明　徐鹤松　张　雷　陈洪杰　晏金洲　王欧南　王玉恒　董廷旗　裴敬友

本规程主要审查人员：张晋勋　丰景春　王桂玲　霍瑞琴　朱建君　陈　贵　常利传　余湘乐　刘　旭　陈为民　何明星

目　次

Contents

1 总 则

1.0.1 为规范网络计划技术在工程建设计划管理中的应用，统一工程网络计划的计算规则和表达方式，制定本规程。

1.0.2 本规程适用于采用肯定型网络计划技术进行进度计划管理的城乡建设工程。

1.0.3 工程网络计划应在确定技术方案与组织方案、工作分解、明确工作之间逻辑关系及各工作持续时间后进行编制。

1.0.4 工程网络计划编制应用除应符合本规程外，尚应符合国家现行有关标准的规定。

2 术语和符号

2.1 术 语

2.1.1 工程网络计划 engineering network planning and scheduling

以工程项目为对象编制的网络计划。

2.1.2 工程网络计划技术 engineering network planning and scheduling techniques

工程网络计划的编制、计算、应用等全过程的理论、方法和实践活动的总称。

2.1.3 工作 activity

计划任务按需要粗细程度划分而成的、消耗时间或资源的一个子项目或子任务。

2.1.4 虚工作 dummy activity

既不耗用时间，也不耗用资源的虚拟的工作。双代号网络计划中，表示前后工作之间的逻辑关系；单代号网络计划中，表示虚拟的起始工作或结束工作。

2.1.5 箭线 arrow

网络图中一端带箭头的实线。双代号网络计划中，箭线表示一项工作；在单代号网络计划中，箭线表示工作之间的逻辑关系。

2.1.6 虚箭线 dummy arrow

网络图中一端带箭头的虚线。双代号网络计划中，表示虚工作；单代号搭接网络计划中，根据时间参数计算需要而设置。

2.1.7 节点 node

网络图中箭线端部的圆圈或其他形状的封闭图形。在双代号网络计划中，表示工作开始或完成的时刻；在单代号网络计划中，表示一项工作或虚工作。

2.1.8 虚拟节点 dummy node

在单代号网络图中，当有多项起始工作或多项结束工作时，为便于计算而虚设的起点节点或终点节点的统称。

2.1.9 网络图 network diagram

由箭线和节点组成的，用来表示工作流程的有向、有序网状图形。

2.1.10 双代号网络图 activity-on-arrow network

以箭线及其两端节点的编号表示工作的网络图。

2.1.11 单代号网络图 activity-on-node network

以节点及该节点的编号表示工作，以箭线表示工作之间逻辑关系的网络图。

2.1.12 网络计划 network planning and scheduling

在网络图上加注工作的时间参数而编成的进度计划。

2.1.13 单代号搭接网络计划 multi-dependency network

单代号网络计划中，前后工作之间可能有多种时距关系的肯定型网络计划。

2.1.14 双代号时标网络计划 time-scaled network

以时间坐标单位为尺度，表示箭线长度的双代号网络计划。

2.1.15 紧前工作 predecessor activity

紧排在本工作之前的工作。

2.1.16 紧后工作 successor activity

紧排在本工作之后的工作。

2.1.17 起点节点 start node

网络图的第一个节点，表示一项任务的开始。

2.1.18 终点节点 end node

网络图的最后一个节点，表示一项任务的完成。

2.1.19 线路 path

网络图中从起点节点开始，沿箭线方向连续通过一系列箭线（或虚箭线）与节点，最后达到终点节点所经过的通路。

2.1.20 回路 logical loop

从一个节点出发沿箭线方向又回到该节点的线路。

2.1.21 工作持续时间 duration

一项工作从开始到完成的时间。

2.1.22 最早开始时间 early start time

在紧前工作和有关时限约束下，工作有可能开始的最早时刻。

2.1.23 最早完成时间 early finish time

在紧前工作和有关时限约束下，工作有可能完成的最早时刻。

2.1.24 最迟开始时间 late start time

在不影响任务按期完成和有关时限约束下，工作最迟必须开始的时刻。

2.1.25 最迟完成时间 late finish time

在不影响任务按期完成和有关时限约束下，工作最迟必须完成的时刻。

2.1.26 节点最早时间 early event time

双代号网络计划中，以该节点为开始节点的各项工作的最早开始时间。

2.1.27 节点最迟时间 late event time

双代号网络计划中，以该节点为完成节点的各项工作的最迟完成时间。

2.1.28 时距 time difference

单代号搭接网络计划中，工作之间不同顺序关系所决定的各种时间差值。

2.1.29 计算工期 calculated project duration

根据网络计划时间参数计算所得到的工期。

2.1.30 要求工期 specified project duration

任务委托人所提出的指令性工期。

2.1.31 计划工期 planned project duration

在要求工期和计算工期的基础上综合考虑需要和可能而确定的工期。

2.1.32 自由时差 free float

在不影响其紧后工作最早开始和有关时限的前提下，一项工作可以利用的机动时间。

2.1.33 总时差 total float

在不影响工期和有关时限的前提下，一项工作可以利用的机动时间。

2.1.34 关键工作 critical activity

网络计划中机动时间最少的工作。

2.1.35 关键线路 critical path

双代号网络计划中，由关键工作组成的线路或总持续时间最长的线路；单代号网络计划中，由关键工作组成，且关键工作之间的间隔时间为零的线路或总持续时间最长的线路。

2.1.36 资源需用量 resource requirement

网络计划中各项工作在某一单位时间内所需某种资源数量之和。

2.1.37 资源限量 resource availability

单位时间内可供使用的某种资源的最大数量。

2.1.38 直接费用率 direct cost slope

为缩短每一单位工作持续时间所需增加的直接费。

2.1.39 实际进度前锋线 practical progress vanguard line

在时标网络计划图上，将检查时刻各项工作的实际进度所达到的前锋点连接而成的折线。

2.2 符 号

2.2.1 通用指标

C_i——第 i 次工期缩短增加的总费用；

R_t——第 t 个时间单位资源需用量；

R_a——资源限量；

T_p——网络计划的计划工期；

T_c——网络计划的计算工期；

T_r——网络计划的要求工期；

T_h——资源需用量高峰期的最后时刻。

2.2.2 双代号网络计划

CC_{i-j}——工作 $i-j$ 的持续时间缩短为最短持续时间后，完成该工作所需的直接费用；

CN_{i-j}——在正常条件下，完成工作 $i-j$ 所需直接费用；

D_{i-j}——工作 $i-j$ 的持续时间；

DC_{i-j}——工作 $i-j$ 的最短持续时间；

DN_{i-j}——工作 $i-j$ 的正常持续时间；

ES_{i-j}——工作 $i-j$ 的最早开始时间；

EF_{i-j}——工作 $i-j$ 的最早完成时间；

ET_i——节点 i 的最早时间；

FF_{i-j}——工作 $i-j$ 的自由时差；

LS_{i-j}——在计划工期已经确定的情况下，工作 $i-j$ 的最迟开始时间；

LF_{i-j}——在计划工期已经确定的情况下，工作 $i-j$ 的最迟完成时间；

LT_i——节点 i 的最迟时间；

TF_{i-j}——工作 $i-j$ 的总时差；

ΔC_{i-j}——工作 $i-j$ 的直接费用率；

$\Delta T_{m-n,i-j}$——工作 $i-j$ 安排在工作 $m-n$ 之后进行，工期所延长的时间；

$\Delta T_{m'-n',i'-j'}$——最佳工作顺序安排所对应的工期延长时间的最小值；

ΔT_{i-j}——工作 $i-j$ 的时间差值。

2.2.3 单代号网络计划

CC_i——工作 i 的持续时间缩短为最短持续时间后，完成该工作所需直接费用；

CN_i——在正常条件下完成工作 i 所需直接费用；

D_i——工作 i 的持续时间；

DC_i——工作 i 的最短持续时间；

DN_i——工作 i 的正常持续时间；

EF_i——工作 i 的最早完成时间；

ES_i——工作 i 的最早开始时间；

$LAG_{i,j}$——工作 i 和工作 j 之间的间隔时间；

LF_i——在计划工期已确定的情况下，工作 i 的最迟完成时间；

LS_i——在计划工期已确定的情况下，工作 i 的最迟开始时间；

FF_i——工作 i 的自由时差；

TF_i——工作 i 的总时差；

$FTF_{i,j}$——从工作 i 完成到工作 j 完成的时距；

$FTS_{i,j}$——从工作 i 完成到工作 j 开始的时距；

$STF_{i,j}$——从工作 i 开始到工作 j 完成的时距；

$STS_{i,j}$——从工作 i 开始到工作 j 开始的时距；

ΔC_i——工作 i 的直接费用率；

$\Delta T_{m,i}$——工作 i 安排在工作 m 之后进行，工期所延长的时间；

$\Delta T_{m',i'}$——最佳工作顺序安排所对应的工期延长时间的最小值；

ΔT_i ——工作 i 的时间差值。

3 工程网络计划技术应用程序

3.1 一般规定

3.1.1 应用工程网络计划技术时，应将工程项目及其相关要素作为一个系统来考虑。

3.1.2 在工程项目计划实施过程中，工程网络计划应作为一个动态过程进行检查与调整。

3.2 应用程序

3.2.1 工程网络计划技术应用程序宜符合表 3.2.1 的规定。

表 3.2.1 工程网络计划技术应用程序

序号	阶段	主要工作内容
1	准备	确定网络计划目标
		调查研究
2	工程项目工作结构分解	工作分解结构（WBS）
		编制工程实施方案
		编制工作明细表
3	编制初步网络计划	分析确定逻辑关系
		绘制初步网络图
		确定工作持续时间
		确定资源需求
		计算时间参数
		确定关键线路和关键工作
		形成初步网络计划
4	编制正式网络计划	检查与修正
		网络计划优化
		确定正式网络计划
5	网络计划实施与控制	执行
		检查
		调整
6	收尾	分析
		总结

3.2.2 网络计划目标应依据下列内容确定：

1 工程项目范围说明书：详细说明工程项目的可交付成果、为提交这些成果而必须开展的工作、工程项目的主要目标；

2 环境因素：组织文化，组织结构，资源，相关标准、制度等。

3.2.3 网络计划目标应包括下列内容：

1 时间目标；

2 时间-资源目标；

3 时间-费用目标。

3.2.4 调查研究应包括下列内容：

1 工程项目有关的工作任务、实施条件、设计数据等资料；

2 有关的标准、定额、制度等；

3 资源需求和供应情况；

4 资金需求和供应情况；

5 有关的工程建设经验、统计资料及历史资料；

6 其他有关的工程技术经济资料。

3.2.5 调查研究可采用下列方法：

1 实际观察、测量与询问；

2 会议调查；

3 阅读资料；

4 计算机检索；

5 预测与分析等。

3.2.6 工程项目工作结构分解应符合下列规定：

1 应根据工程项目管理和网络计划的要求，依据工程项目范围，将工程项目分解为较小的、易于管理的基本单元。

2 工作结构分解的层次和范围，应根据工程项目的具体情况来决定。

3 工程项目结构分解的成果可用工作分解结构图或表及分解说明书表达。

3.2.7 工程实施方案或施工方案应依据工程项目工作结构分解的成果进行编制，并应包括下列主要内容：

1 确定工作顺序；

2 确定工作方法；

3 选择需要的资源；

4 确定重要的工作管理组织；

5 确定重要的工作保证措施；

6 确定采用的网络图类型。

3.2.8 逻辑关系类型应包括工艺关系和组织关系。

3.2.9 网络计划逻辑关系应依据下列内容确定：

1 已编制的工程实施方案；

2 项目已分解的工作；

3 收集到的有关工程信息；

4 编制计划人员的专业工作经验和管理工作经验等。

3.2.10 逻辑关系分析宜按下列工作步骤进行：

1 确定每项工作的紧前工作或紧后工作及搭接关系；

2 按表 3.2.10 的规定进行逻辑关系分析。

表 3.2.10 工作逻辑关系分析表

工作编码	工作名称	逻辑关系			工作持续时间			
		紧前工作或紧后工作	搭接		三时估计法			持续时间 D
			相关关系	时距	最短估计时间 a	最长估计时间 b	最可能估计时间 m	
1101	C	A	—	—	5	10	6	6.5

注：1101—工作编码；A，C—工作；5，10，6—工作最短、最长、最可能估计时间；6.5—三时估计法计算得到的工作持续时间。

3.2.11 初步网络图的绘制应符合下列规定：

1 应依据本规程表3.2.10中的工作名称、逻辑关系、已选定的网络图类型和本规程第4章、第5章的相关规定，绘制网络图。

2 绘制的网络图应方便使用，方便工作的组合、分图与并图。

3.2.12 确定工作持续时间应依据下列内容：

1 工作的任务量；

2 资源供应能力；

3 工作组织方式；

4 工作能力及生产效率；

5 选择的计算方法。

3.2.13 确定工作持续时间可采用下列方法：

1 参照以往工程实践经验估算；

2 经过试验推算；

3 按定额计算，计算公式为：

$$D=\frac{Q}{R\cdot S} \tag{3.2.13-1}$$

式中：D——工作持续时间；

Q——工作任务总量；

R——资源数量；

S——工效定额。

4 采用“三时估计法”，计算公式为：

$$D=\frac{a+4m+b}{6} \tag{3.2.13-2}$$

式中：D——期望持续时间估计值；

a——最短估计时间；

b——最长估计时间；

m——最可能估计时间。

3.2.14 网络计划时间参数计算应符合下列规定：

1 网络计划时间参数应包括：工作的最早开始时间、最早完成时间、最迟开始时间、最迟完成时间、总时差、自由时差；节点最早时间、节点最迟时间；间隔时间；计算工期、要求工期、计划工期；

2 网络计划时间参数宜采用计算机软件进行计算。

3.2.15 网络计划的关键线路应按本规程第4.5节和第5.5节的规定确定。

3.2.16 初步网络计划的检查与修正应符合下列规定：

1 对初步网络计划的检查应包括下列内容：

1）计算工期与要求工期；

2）资源需用量与资源限量；

3）费用支出计划。

2 初步网络计划的修正可采用下列方法：

1）当计算工期不能满足预定的时间目标要求时，可适当压缩关键工作的持续时间、改变工作实施方案；

2）当资源需用量超过供应限制时，可延长非关键工作持续时间，使资源需用量降低；在总时差允许范围内和其他条件允许的前提下，可灵活安排非关键工作的起止时间，使资源需用量降低。

3.2.17 正式网络计划的确定应符合下列规定：

1 网络计划说明书应包括下列内容：

1）编制说明；

2）主要计划指标一览表；

3）执行计划的关键说明；

4）需要解决的问题及主要措施；

5）说明工作时差分配范围；

6）其他需要说明的问题。

2 应依据网络计划的优化结果，制定拟付诸实施的正式网络计划，并应报请审批。

3.2.18 网络计划任务完成后，应进行分析。分析应包括下列内容：

1 各项目标的完成情况；

2 计划与控制工作中的问题及其原因；

3 计划与控制中的经验；

4 提高计划与控制工作水平的措施。

3.2.19 计划与控制工作的总结应符合下列规定：

1 总结报告应以书面形式提交；

2 总结报告应进行归档。

4 双代号网络计划

4.1 一般规定

4.1.1 双代号网络图中，工作应以箭线表示（图4.1.1）。箭线应画成水平直线、垂直直线或折线，水平直线投影的方向应自左向右。

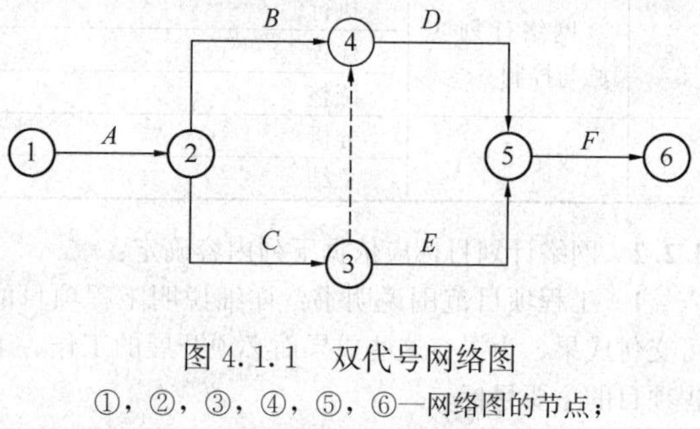

图4.1.1 双代号网络图

①，②，③，④，⑤，⑥—网络图的节点；

A，B，C，D，E，F—工作

4.1.2 双代号网络图的节点应用圆圈表示，并应在圆圈内编号。节点编号顺序应从左至右、从小到大，可不连续，但严禁重复。

4.1.3 双代号网络图中，一项工作应只有唯一的一条箭线和相应的一对节点编号，箭尾的节点编号应小于箭头的节点编号。

4.1.4 双代号网络图中，虚工作应以虚箭线表示。

4.1.5 双代号网络计划中，工作名称应标注在箭线上方，持续时间应标注在箭线下方（图 4.1.5）。

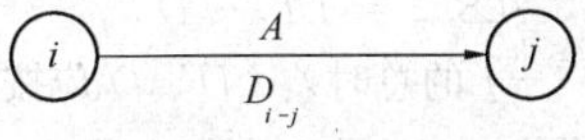

图 4.1.5 双代号网络图工作表示方法

A—工作；D_{i-j}—持续时间

4.2 绘 图 规 则

4.2.1 双代号网络图应正确表达工作之间已定的逻辑关系。

4.2.2 双代号网络图中，不得出现回路。

4.2.3 双代号网络图中，不得出现带双向箭头或无箭头的连线。

4.2.4 双代号网络图中，不得出现没有箭头节点或没有箭尾节点的箭线。

4.2.5 当双代号网络图的起点节点有多条外向箭线或终点节点有多条内向箭线时，对起点节点和终点节点可使用母线法绘图。

4.2.6 绘制网络图时，箭线不宜交叉；当交叉不可避免时，可用过桥法、断线法或指向法。

4.2.7 双代号网络图中应只有一个起点节点；在不分期完成任务的网络图中，应只有一个终点节点；其他所有节点均应是中间节点。

4.3 时间参数计算

4.3.1 按工作计算法计算时间参数应符合下列规定：

1 计算工作时间参数应在确定各项工作的持续时间之后进行。虚工作可视同工作进行计算，其持续时间应为零。

2 工作时间参数的计算结果应分别标注（图 4.3.1）。

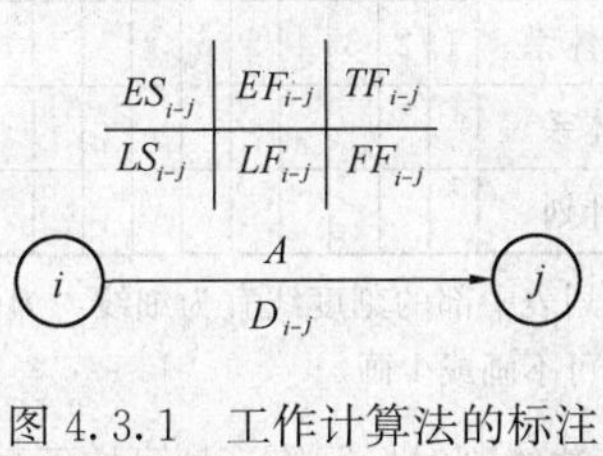

图 4.3.1 工作计算法的标注

ES_{i-j}—工作最早开始时间；EF_{i-j}—工作最早完成时间；LS_{i-j}—工作最迟开始时间；LF_{i-j}—工作最迟完成时间；TF_{i-j}—总时差；FF_{i-j}—自由时差；A—工作；D_{i-j}—持续时间

3 工作最早开始时间的计算应符合下列规定：

1）工作 $i-j$ 的最早开始时间（ES_{i-j}）应从网络计划的起点节点开始顺着箭线方向依次逐项计算。

2）以起点节点 i 为箭尾节点的工作 $i-j$，当未规定其最早开始时间时应按下式计算：

$$ES_{i-j}=0 \quad (4.3.1\text{-}1)$$

式中：ES_{i-j}——工作 $i-j$ 的最早开始时间。

3）其他工作的最早开始时间（ES_{i-j}）应按下式计算：

$$ES_{i-j}=\max\{ES_{h-i}+D_{h-i}\} \quad (4.3.1\text{-}2)$$

式中：D_{h-i}——工作 $i-j$ 的各项紧前工作 $h-i$ 的持续时间；

ES_{h-i}——工作 $i-j$ 的各项紧前工作 $h-i$ 的最早开始时间。

4 工作 $i-j$ 的最早完成时间（EF_{i-j}）应按下式计算：

$$EF_{i-j}=ES_{i-j}+D_{i-j} \quad (4.3.1\text{-}3)$$

5 网络计划的计算工期（T_c）应按下式计算：

$$T_c=\max\{EF_{i-n}\} \quad (4.3.1\text{-}4)$$

式中：EF_{i-n}——以终点节点（$j=n$）为箭头节点的工作 $i-n$ 的最早完成时间。

6 网络计划的计划工期（T_p）应按下列情况确定：

1）当已规定要求工期（T_r）时：

$$T_p\leqslant T_r \quad (4.3.1\text{-}5)$$

2）当未规定要求工期（T_r）时：

$$T_p=T_c \quad (4.3.1\text{-}6)$$

7 工作最迟完成时间的计算应符合下列规定：

1）工作 $i-j$ 的最迟完成时间（LF_{i-j}）应从网络计划的终点节点开始，逆着箭线方向依次逐项计算；

2）以终点节点（$j=n$）为箭头节点的工作，最迟完成时间（LF_{i-n}），应按下式计算：

$$LF_{i-n}=T_p \quad (4.3.1\text{-}7)$$

3）其他工作的最迟完成时间（LF_{i-j}）应按下式计算：

$$LF_{i-j}=\min\{LF_{j-k}-D_{j-k}\} \quad (4.3.1\text{-}8)$$

式中：LF_{j-k}——工作 $i-j$ 的各项紧后工作 $j-k$ 的最迟完成时间；

D_{j-k}——工作 $i-j$ 的各项紧后工作 $j-k$ 的持续时间。

8 工作 $i-j$ 的最迟开始时间（LS_{i-j}）应按下式计算：

$$LS_{i-j}=LF_{i-j}-D_{i-j} \quad (4.3.1\text{-}9)$$

9 工作 $i-j$ 的总时差（TF_{i-j}）应按下列公式计算：

$$TF_{i-j}=LS_{i-j}-ES_{i-j} \quad (4.3.1\text{-}10)$$

或

$$TF_{i-j}=LF_{i-j}-EF_{i-j} \quad (4.3.1\text{-}11)$$

10 工作 $i-j$ 的自由时差（FF_{i-j}）的计算应符合下列规定：

1）当工作 $i-j$ 有紧后工作 $j-k$ 时，其自由时差应按下式计算：

$$FF_{i-j}=\min\{ES_{j-k}\}-EF_{i-j} \quad (4.3.1\text{-}12)$$

式中：ES_{j-k}——工作 $i-j$ 的紧后工作 $j-k$ 的最早开始时间。

2）以终点节点（$j=n$）为箭头节点的工作，其自由时差应按下式计算：

$$FF_{i-n}=T_{\mathrm{p}}-EF_{i-n} \quad (4.3.1\text{-}13)$$

4.3.2 按节点计算法计算时间参数应符合下列规定：

1 节点时间参数计算结果应分别标注（图4.3.2）。

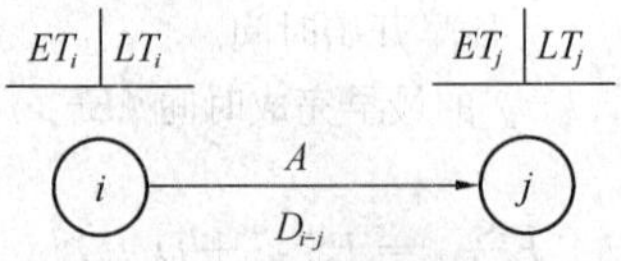

图 4.3.2 节点计算法的标注

ET_i—节点 i 最早时间；LT_i—节点 i 最迟时间；
ET_j—节点 j 最早时间；LT_j—节点 j 最迟时间；
A—工作；D_{i-j}—持续时间

2 节点最早时间的计算应符合下列规定：

1）节点 i 的最早时间（ET_i），应从网络计划的起点节点开始，顺着箭线方向依次逐项计算；

2）起点节点 i 的最早时间，当未规定最早时间时，应按下式计算：

$$ET_i=0\ (i=1) \quad (4.3.2\text{-}1)$$

3）其他节点 j 的最早时间（ET_j）应按下式计算：

$$ET_j=\max\{ET_i+D_{i-j}\} \quad (4.3.2\text{-}2)$$

式中：D_{i-j}——工作 $i-j$ 的持续时间。

3 网络计划的计算工期（T_c）应按下式计算：

$$T_c=ET_n \quad (4.3.2\text{-}3)$$

式中：ET_n——终点节点 n 的最早时间。

4 节点最迟时间的计算应符合下列规定：

1）节点 i 的最迟时间（LT_i）应从网络计划的终点节点开始，逆着箭线方向依次逐项计算；

2）终点节点 n 的最迟时间（LT_n）应按下式计算：

$$LT_n=T_{\mathrm{p}} \quad (4.3.2\text{-}4)$$

3）其他节点的最迟时间（LT_i）应按下式计算：

$$LT_i=\min\{LT_j-D_{i-j}\} \quad (4.3.2\text{-}5)$$

式中：LT_j——工作 $i-j$ 的箭头节点 j 的最迟时间。

5 工作 $i-j$ 的最早开始时间（ES_{i-j}）应按下式计算：

$$ES_{i-j}=ET_i \quad (4.3.2\text{-}6)$$

6 工作 $i-j$ 的最早完成时间（EF_{i-j}）应按下式计算：

$$EF_{i-j}=ET_i+D_{i-j} \quad (4.3.2\text{-}7)$$

7 工作 $i-j$ 的最迟完成时间（LF_{i-j}）应按下式计算：

$$LF_{i-j}=LT_j \quad (4.3.2\text{-}8)$$

8 工作 $i-j$ 的最迟开始时间（LS_{i-j}）应按下式计算：

$$LS_{i-j}=LT_j-D_{i-j} \quad (4.3.2\text{-}9)$$

9 工作 $i-j$ 的总时差（TF_{i-j}）应按下式计算：

$$TF_{i-j}=LT_j-ET_i-D_{i-j} \quad (4.3.2\text{-}10)$$

10 工作 $i-j$ 的自由时差（FF_{i-j}）应按下式计算：

$$FF_{i-j}=ET_j-ET_i-D_{i-j} \quad (4.3.2\text{-}11)$$

4.4 双代号时标网络计划

4.4.1 双代号时标网络计划应符合下列规定：

1 双代号时标网络计划应以水平时间坐标为尺度表示工作时间，时标的时间单位应根据需要在编制网络计划之前确定，可为小时、天、周、旬、月、季或年。

2 双代号时标网络计划应以实箭线表示工作，以虚箭线表示虚工作，以波形线表示工作的自由时差。

3 双代号时标网络计划中所有符号在时间坐标上的水平投影位置，都必须与其时间参数相对应。节点中心必须对准相应的时标位置。虚工作必须以垂直方向的虚箭线表示，有自由时差时应用波形线表示。

4.4.2 双代号时标网络计划的编制应符合下列规定：

1 双代号时标网络计划宜按最早时间编制。

2 编制双代号时标网络计划之前，应先按已确定的时间单位绘出时标计划表。时标可标注在时标计划表的顶部或底部。时标的长度单位必须注明。可在顶部时标之上或底部时标之下加注日历的对应时间。时标计划表格式宜符合表4.4.2的规定。

表 4.4.2 时标计划表

计算坐标体系	0 1	2	3	4	5		…					n
工作日坐标体系	1	2	3	4	5	6						n
日历坐标体系												
时标网络计划												

注：时标计划表中部的刻度线宜为细线。为使图面清晰，此线也可不画或少画。

3 间接法绘制时标网络计划可按下列步骤进行：

1）绘制出无时标网络计划；

2）计算各节点的最早时间；

3）根据节点最早时间在时标计划表上确定节点的位置；

4）按要求连线，某些工作箭线长度不足以达到该工作的完成节点时，用波形线补足。

4 直接法绘制时标网络计划可按下列步骤进行：

1）将起点节点定位在时标计划表的起始刻度线上；

2）按工作持续时间在时标计划表上绘制起点

节点的外向箭线；

3）其他工作的开始节点必须在所有紧前工作都绘出以后，定位在这些紧前工作最早完成时间最大值的时间刻度上；某些工作的箭线长度不足以到达该节点时，用波形线补足；箭头画在波形线与节点连接处；

4）从左至右依次确定其他节点位置，直至网络计划终点节点，绘图完成。

4.4.3 双代号时标网络计划时间参数的确定应符合下列规定：

1 双代号时标网络计划的计算工期，应为计算坐标体系中终点节点与起点节点所在位置的时标值之差。

2 按最早时间绘制的双代号时标网络计划，箭尾节点中心所对应的时标值为工作的最早开始时间；当箭线不存在波形线时，箭头节点中心所对应的时标值为工作的最早完成时间；当箭线存在波形线时，箭线实线部分的右端点所对应的时标值为工作的最早完成时间。

3 工作的自由时差应为工作的箭线中波形线部分在坐标轴上的水平投影长度。

4 双代号时标网络计划工作总时差的计算应自右向左进行，并应符合下列规定：

1）以终点节点（$j=n$）为箭头节点的工作，总时差（TF_{i-j}）应按下式计算：

$$TF_{i-n}=T_p-EF_{i-n} \quad (4.4.3\text{-}1)$$

2）其他工作 $i-j$ 的总时差应按下式计算：

$$TF_{i-j}=\min\{TF_{j-k}+FF_{i-j}\} \quad (4.4.3\text{-}2)$$

式中：TF_{j-k}——工作 $i-j$ 的紧后工作 $j-k$ 的总时差。

5 双代号时标网络计划中工作的最迟开始时间和最迟完成时间，应按下列公式计算：

$$LS_{i-j}=ES_{i-j}+TF_{i-j} \quad (4.4.3\text{-}3)$$

$$LF_{i-j}=EF_{i-j}+TF_{i-j} \quad (4.4.3\text{-}4)$$

4.5 关键工作和关键线路

4.5.1 关键工作和关键线路的确定应符合下列规定：

1 总时差最少的工作应为关键工作。

2 自始至终全部由关键工作组成的线路或线路上各工作持续时间之和最长的线路应为关键线路，并宜用粗线、双线或彩色线标注。

3 当不需要计算各项工作的时间参数，只确定网络计划的计算工期或关键线路时，可采用节点标号法，计算出各节点的最早时间，从而快速确定计算工期和关键线路：

1）按本规程第 4.3.2 条第 2 款计算各节点的最早时间（ET_j），即节点标号值。

2）用节点标号值及其源节点对节点进行双标号；当有多个源节点时，应将所有源节点标注出来。

3）网络计划的计算工期（T_c）即为网络计划终点节点的标号值，并可按下式计算：

$$T_c=ET_n \quad (4.5.1)$$

式中：ET_n——终点节点 n 的最早时间。

4）按已标注出的各节点标号值的来源，从终点节点向起点节点逆向搜索，标号值最大的节点相连，即可确定关键线路。

4.5.2 双代号时标网络计划中，自起点节点至终点节点不出现波形线的线路，应确定为关键线路。关键线路上的工作即为关键工作。

5 单代号网络计划

5.1 一般规定

5.1.1 单代号网络图中，工作之间的逻辑关系应以箭线表示（图 5.1.1）。箭线应画成水平直线、折线或斜线。箭线水平投影的方向应自左向右。

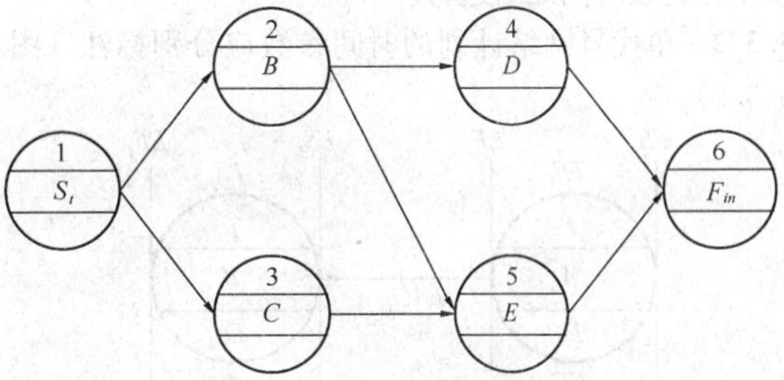

图 5.1.1 单代号网络图

1，2，3，4，5，6—节点编号；B，C，D，E—工作；S_t—虚拟起点节点；F_{in}—虚拟终点节点

5.1.2 单代号网络图中，工作应以圆圈或矩形表示。

5.1.3 单代号网络图的节点应编号。编号应标注在节点内，其号码可间断，但不得重复。箭线的箭尾节点编号应小于箭头节点编号。一项工作应有唯一的一个编号。

5.1.4 单代号网络计划中，一项工作应包括节点编号、工作名称、持续时间（图 5.1.4）。

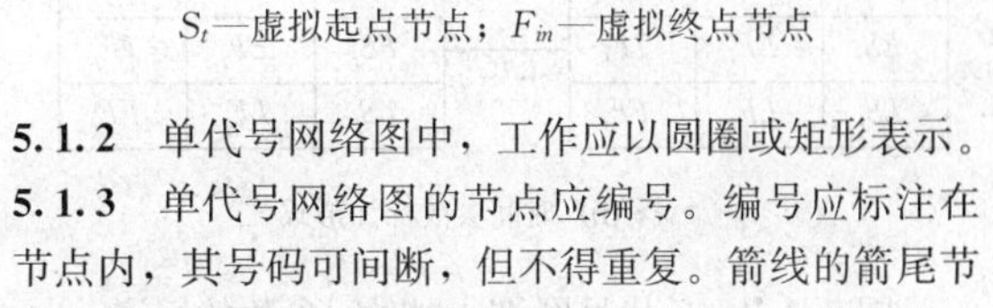

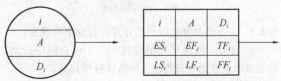

(a) 圆节点表示方法 (b) 矩形节点表示方法

图 5.1.4 单代号网络图工作的表示方法

i—节点编号；A—工作；D_i—持续时间；ES_i—最早开始时间；EF_i—最早完成时间；LS_i—最迟开始时间；LF_i—最迟完成时间；TF_i—总时差；FF_i—自由时差

5.1.5 工作之间的逻辑关系应包括工艺关系和组织关系，在网络图中均应表现为工作之间的先后顺序。

5.2 绘 图 规 则

5.2.1 单代号网络图应正确表达已定的逻辑关系。

5.2.2 单代号网络图中，不得出现回路。

5.2.3 单代号网络图中，不得出现双向箭头或无箭头的连线。

5.2.4 单代号网络图中，不得出现没有箭尾节点的箭线和没有箭头节点的箭线。

5.2.5 绘制网络图时，箭线不宜交叉。当交叉不可避免时，可采用过桥法或指向法绘制。

5.2.6 单代号网络图应只有一个起点节点和一个终点节点；当网络图中有多项起点节点或多项终点节点时，应在网络图的两端分别设置一项虚拟节点，作为该网络图的起点节点（S_t）和终点节点（F_{in}）。

5.3 时间参数计算

5.3.1 单代号网络计划的时间参数计算应在确定各项工作持续时间之后进行。

5.3.2 单代号网络计划的时间参数应分别标注（图5.3.2）。

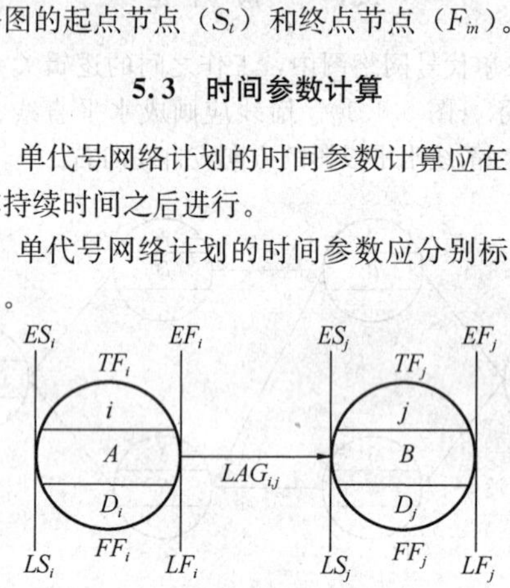

(a) 时间参数标注形式一

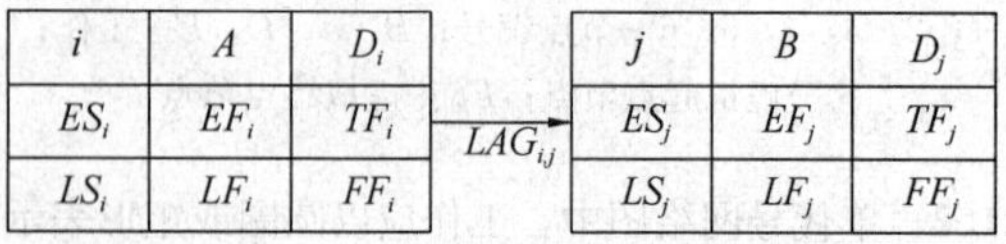

(b) 时间参数标注形式二

图 5.3.2 单代号网络计划时间参数的标注

i，j—节点编号；A，B—工作；D_i，D_j—持续时间；ES_i，ES_j—最早开始时间；EF_i，EF_j—最早完成时间；LS_i，LS_j—最迟开始时间；LF_i，LF_j—最迟完成时间；TF_i，TF_j—总时差；FF_i，FF_j—自由时差；$LAG_{i,j}$—间隔时间

5.3.3 工作最早开始时间的计算应符合下列规定：

1 工作 i 的最早开始时间（ES_i）应从网络计划的起点节点开始顺着箭线方向依次逐项计算；

2 当起点节点 i 的最早开始时间（ES_i）无规定时，应按下式计算：

$$ES_i = 0 \qquad (5.3.3\text{-}1)$$

3 其他工作 i 的最早开始时间（ES_i）应按下式计算：

$$ES_i = \max\{ES_h + D_h\} = \max\{EF_h\} \qquad (5.3.3\text{-}2)$$

式中：ES_h——工作 i 的各项紧前工作 h 的最早开始时间；

D_h——工作 i 的各项紧前工作 h 的持续时间；

EF_h——工作 i 的各项紧前工作 h 的最早完成时间。

5.3.4 工作最早完成时间（EF_i）应按下式计算：

$$EF_i = ES_i + D_i \qquad (5.3.4)$$

5.3.5 网络计划计算工期（T_c）应按下式计算：

$$T_c = EF_n \qquad (5.3.5)$$

式中：EF_n——终点节点 n 的最早完成时间。

5.3.6 网络计划的计划工期（T_p），应按下列情况确定：

1 当已规定要求工期（T_r）时：

$$T_p \leqslant T_r \qquad (5.3.6\text{-}1)$$

2 当未规定要求工期（T_r）时：

$$T_p = T_c \qquad (5.3.6\text{-}2)$$

5.3.7 相邻两项工作 i 和 j 之间的间隔时间（$LAG_{i,j}$）的计算应符合下列规定：

1 当终点节点为虚拟节点时，其间隔时间应按下式计算：

$$LAG_{i,n} = T_p - EF_i \qquad (5.3.7\text{-}1)$$

2 其他节点之间的间隔时间应按下式计算：

$$LAG_{i,j} = ES_j - EF_i \qquad (5.3.7\text{-}2)$$

5.3.8 工作总时差的计算应符合下列规定：

1 工作 i 的总时差（TF_i）应从网络计划的终点节点开始，逆着箭线方向依次逐项计算；

2 终点节点所代表工作 n 的总时差（TF_n）应按下式计算：

$$TF_n = T_p - EF_n \qquad (5.3.8\text{-}1)$$

3 其他工作 i 的总时差（TF_i）应按下式计算：

$$TF_i = \min\{TF_j + LAG_{i,j}\} \qquad (5.3.8\text{-}2)$$

5.3.9 工作自由时差的计算应符合下列规定：

1 终点节点所代表的工作 n 的自由时差（FF_n）应按下式计算：

$$FF_n = T_p - EF_n \qquad (5.3.9\text{-}1)$$

2 其他工作 i 的自由时差（FF_i）应按下式计算：

$$FF_i = \min\{LAG_{i,j}\} \qquad (5.3.9\text{-}2)$$

5.3.10 工作最迟完成时间的计算应符合下列规定：

1 终点节点所代表的工作 n 的最迟完成时间（LF_n）应按下式计算：

$$LF_n = T_p \qquad (5.3.10\text{-}1)$$

2 其他工作 i 的最迟完成时间（LF_i）应按下列公式计算：

$$LF_i = \min\{LS_j\} \quad (5.3.10\text{-}2)$$

或

$$LF_i = EF_i + TF_i \quad (5.3.10\text{-}3)$$

式中：LS_j——工作 i 的各项紧后工作 j 的最迟开始时间。

5.3.11 工作 i 的最迟开始时间（LS_i）应按下列公式计算：

$$LS_i = LF_i - D_i \quad (5.3.11\text{-}1)$$

或

$$LS_i = ES_i + TF_i \quad (5.3.11\text{-}2)$$

5.4 单代号搭接网络计划

5.4.1 单代号搭接网络计划中，工作的时距应标注在箭线旁（图5.4.1），节点的标注应与单代号网络图相同。

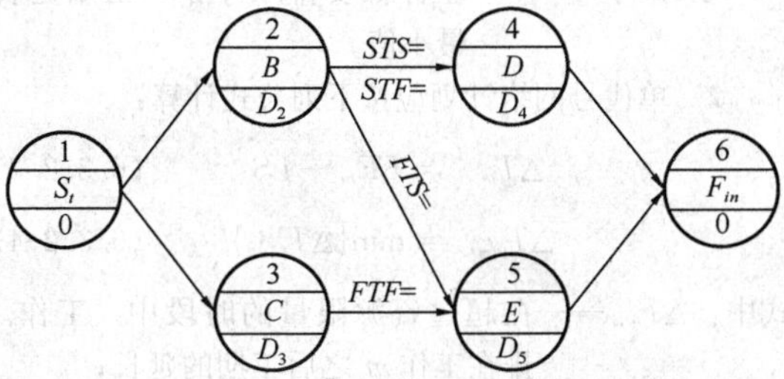

图 5.4.1 单代号搭接网络计划

1，2，3，4，5，6—节点编号；B，C，D，E—工作；S_t—虚拟起点节点；F_{in}—虚拟终点节点；D_2，D_3，D_4，D_5—持续时间；STS—开始到开始时距；STF—开始到完成时距；FTS—完成到开始时距；FTF—完成到完成时距

5.4.2 单代号搭接网络图的绘制应符合本规程第5.1节和第5.2节的规定，应以时距表示搭接关系。

5.4.3 单代号搭接网络计划时间参数计算，应在确定工作持续时间和工作之间的时距之后进行。

5.4.4 单代号搭接网络计划中的时间参数应分别标注（图5.4.4）。

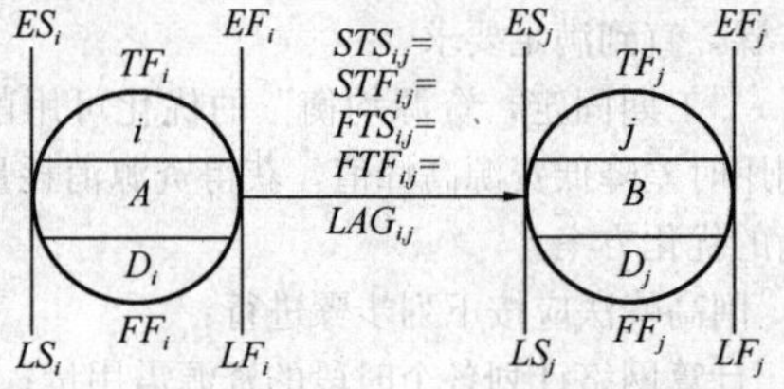

图 5.4.4 单代号搭接网络计划时间参数标注形式

i，j—节点编号；A，B—工作；D_i，D_j—持续时间；ES_i，ES_j—最早开始时间；EF_i，EF_j—最早完成时间；LS_i，LS_j—最迟开始时间；LF_i，LF_j—最迟完成时间；TF_i，TF_j—总时差；FF_i，FF_j—自由时差；$LAG_{i,j}$—间隔时间；$STS_{i,j}$—开始到开始时距；$STF_{i,j}$—开始到完成时距；$FTS_{i,j}$—完成到开始时距；$FTF_{i,j}$—完成到完成时距

5.4.5 工作最早开始时间的计算应符合下列规定：

1 计算工作最早开始时间应从起点节点开始依次进行，只有紧前工作计算完毕，才能计算本工作；

2 计算工作最早开始时间应按下列步骤进行：

1）凡与起点节点相连的工作，最早开始时间应按下式计算：

$$ES_i = 0 \quad (5.4.5\text{-}1)$$

2）其他工作 j 的最早开始时间，应根据时距按下列公式计算：

i，j 两项工作的时距为 $STS_{i,j}$ 时

$$ES_j = ES_i + STS_{i,j} \quad (5.4.5\text{-}2)$$

i，j 两项工作的时距为 $FTF_{i,j}$ 时

$$ES_j = ES_i + D_i + FTF_{i,j} - D_j = EF_i + FTF_{i,j} - D_j \quad (5.4.5\text{-}3)$$

i，j 两项工作的时距为 $STF_{i,j}$ 时

$$ES_j = ES_i + STF_{i,j} - D_j \quad (5.4.5\text{-}4)$$

i，j 两项工作的时距为 $FTS_{i,j}$ 时

$$ES_j = ES_i + D_i + FTS_{i,j} = EF_i + FTS_{i,j} \quad (5.4.5\text{-}5)$$

式中：ES_j——工作 i 的紧后工作的最早开始时间；

D_i、D_j——i、j 两项工作的持续时间；

$STS_{i,j}$——i、j 两项工作开始到开始时距；

$FTF_{i,j}$——i、j 两项工作完成到完成时距；

$STF_{i,j}$——i、j 两项工作开始到完成时距；

$FTS_{i,j}$——i、j 两项工作完成到开始时距。

3 当最早开始时间为负值时，应将该工作与起点节点用虚箭线相连接，并取其时距（STS）为零。

4 工作 j 的最早完成时间（EF_j）应按下式计算：

$$EF_j = ES_j + D_j \quad (5.4.5\text{-}6)$$

5.4.6 当有两项或两项以上紧前工作时，应按本规程第5.4.5条分别计算其最早开始时间，并取最大值。

5.4.7 当中间工作的最早完成时间大于终点节点的最早完成时间时，应将该工作与终点节点用虚箭线相连接，并取其时距（FTF）为零。

5.4.8 搭接网络计划计算工期（T_c）应为终点节点的最早完成时间。

5.4.9 相邻两项工作 i 和 j 之间在满足时距外，间隔时间（$LAG_{i,j}$）应按下列公式计算：

i，j 两项工作的时距为 $STS_{i,j}$ 时

$$LAG_{i,j} = ES_j - ES_i - STS_{i,j} \quad (5.4.9\text{-}1)$$

i，j 两项工作的时距为 $FTF_{i,j}$ 时

$$LAG_{i,j} = EF_j - EF_i - FTF_{i,j} \quad (5.4.9\text{-}2)$$

i，j 两项工作的时距为 $STF_{i,j}$ 时

$$LAG_{i,j} = EF_j - ES_i - STF_{i,j} \quad (5.4.9\text{-}3)$$

i，j 两项工作的时距为 $FTS_{i,j}$ 时

$$LAG_{i,j} = ES_j - EF_i - FTS_{i,j} \quad (5.4.9\text{-}4)$$

当相邻两项工作之间存在两种时距及以上的搭接关系时，应分别计算出间隔时间并取最小值。

5.4.10 当某项工作的最迟完成时间大于计划工期时，应将该工作与终点节点用虚箭线相连，并重新计算其最迟完成时间。

5.5 关键工作和关键线路

5.5.1 总时差最小的工作应确定为关键工作。

5.5.2 自始至终全部由关键工作组成且关键工作间的间隔时间为零的线路或总持续时间最长的线路确定为关键线路，并宜用粗线、双线或彩色线标注。

6 网络计划优化

6.1 一 般 规 定

6.1.1 网络计划的优化目标应包括工期目标、费用目标和资源目标。优化目标应按计划项目的需要和条件选定。

6.1.2 网络计划的优化应按选定目标，在满足既定约束条件下，通过不断改进网络计划，寻求满意方案。

6.1.3 编制完成的网络计划应满足预定的目标要求，否则应做出调整。当经多次修改方案和调整计划均不能达到预定目标时，对预定目标应重新审定。

6.1.4 网络计划的优化不得影响工程的质量和安全。

6.2 工 期 优 化

6.2.1 当计算工期超过要求工期时，可通过压缩关键工作的持续时间来满足工期要求。

6.2.2 工期优化的计算，应按下列步骤进行：

1 计算并找出初始网络计划的计算工期、关键工作及关键线路；

2 按要求工期计算应缩短的时间；

3 确定各关键工作能缩短的持续时间；

4 按本规程第6.2.3条规定选择关键工作，压缩持续时间，并重新计算网络计划的计算工期。当被压缩的关键工作变成了非关键工作，则应延长其持续时间，使之仍为关键工作；

5 当计算工期仍超过要求工期时，则重复本条（1～4）款的步骤，直到满足工期要求或工期已不能再缩短为止；

6 当所有关键工作的持续时间都已达到其能缩短的极限而工期仍不能满足要求时，应符合本规程第1.0.3条的规定对计划的技术方案、组织方案进行调整或对要求工期重新审定。

6.2.3 选择缩短持续时间的关键工作，应优先考虑有作业空间、充足备用资源和增加费用最小的工作。

6.3 资 源 优 化

6.3.1 网络计划宜按“资源有限，工期最短”和“工期固定，资源均衡”进行资源优化。

6.3.2 “资源有限，工期最短”的优化，宜逐个检查各个时段的资源需用量，当出现资源需用量（R_t）大于资源限量（R_a）时，应进行计划调整。

调整计划时，应对超过资源限量时段内的工作做新的顺序安排，并计算工期的变化。工期变化的计算应符合下列规定：

1 双代号网络计划应按下列公式计算：

$$\Delta T_{m-n,i-j} = EF_{m-n} - LS_{i-j} \quad (6.3.2\text{-}1)$$

$$\Delta T_{m'-n',i'-j'} = \min\{\Delta T_{m-n,i-j}\} \quad (6.3.2\text{-}2)$$

式中：$\Delta T_{m-n,i-j}$——在超过资源限量的时段中，工作 $i-j$ 排在工作 $m-n$ 之后工期的延长；

$\Delta T_{m'-n',i'-j'}$——在各种安排顺序中，工期延长最小值。

2 单代号网络计划应按下列公式计算：

$$\Delta T_{m,i} = EF_m - LS_i \quad (6.3.2\text{-}3)$$

$$\Delta T_{m',i'} = \min\{\Delta T_{m,i}\} \quad (6.3.2\text{-}4)$$

式中：$\Delta T_{m,i}$——在超过资源限量的时段中，工作 i 排在工作 m 之后工期的延长；

$\Delta T_{m'-i'}$——在各种顺序安排中，工期延长最小值。

6.3.3 “资源有限，工期最短”的优化，应按下列步骤调整工作的最早开始时间。

1 计算网络计划各个时段的资源需用量；

2 从计划开始日期起，逐个检查各个时段资源需用量，当计划工期内各个时段的资源需用量均能满足资源限量的要求，网络计划优化即完成，否则必须进行计划调整；

3 超过资源限量的时段，按式（6.3.2-1）计算 $\Delta T_{m'-n',i'-j'}$，或按式（6.3.2-3）计算 $\Delta T_{m',i'}$ 值，并确定新的顺序；

4 绘制调整后的网络计划，重复本条（1～3）款的步骤，直到满足要求。

6.3.4 “工期固定，资源均衡”的优化可用削高峰法，利用时差降低资源高峰值，获得资源消耗量尽可能均衡的优化方案。

6.3.5 削高峰法应按下列步骤进行：

1 计算网络计划各个时段的资源需用量；

2 确定削高峰目标，其值等于各个时段资源需用量的最大值减去一个单位资源量；

3 找出高峰时段的最后时间（T_h）及相关工作的最早开始时间（ES_{i-j} 或 ES_i）和总时差（TF_{i-j} 或 TF_i）；

4 按下列公式计算有关工作的时间差值（ΔT_{i-j} 或 ΔT_i）：

1）双代号网络计划：

$$\Delta T_{i-j}=TF_{i-j}-(T_h-ES_{i-j}) \quad (6.3.5\text{-}1)$$

2）单代号网络计划：

$$\Delta T_i=TF_i-(T_h-ES_i) \quad (6.3.5\text{-}2)$$

应优先以时间差值最大的工作（$i'-j'$ 或 i'）为调整对象，令

$$ES_{i'-j'}=T_h \quad (6.3.5\text{-}3)$$

或

$$ES_{i'}=T_h \quad (6.3.5\text{-}4)$$

5 当峰值不能再减少时，即得到优化方案。否则，重复本条（1～4）款的步骤。

6.4 工期-费用优化

6.4.1 工期-费用优化，应计算出到不同工期下的直接费用，并考虑相应的间接费用的影响，通过迭加求出工程总费用最低时的工期。

6.4.2 工期-费用优化应按下列步骤进行：

1 按工作的正常持续时间确定关键工作、关键线路和计算工期；

2 各项工作的直接费用率应按下列公式计算：

1）对双代号网络计划：

$$\Delta C_{i-j}=\frac{CC_{i-j}-CN_{i-j}}{DN_{i-j}-DC_{i-j}} \quad (6.4.2\text{-}1)$$

式中：ΔC_{i-j}——工作 $i-j$ 的直接费用率；

CC_{i-j}——工作 $i-j$ 的持续时间缩短为最短持续时间后，完成该工作所需的直接费用；

CN_{i-j}——在正常条件下，完成工作 $i-j$ 所需直接费用；

DC_{i-j}——工作 $i-j$ 的最短持续时间；

DN_{i-j}——工作 $i-j$ 的正常持续时间。

2）对单代号网络计划：

$$\Delta C_i=\frac{CC_i-CN_i}{DN_i-DC_i} \quad (6.4.2\text{-}2)$$

式中：ΔC_i——工作 i 的直接费用率；

CC_i——将工作 i 持续时间缩短为最短持续时间后，完成该工作所需的直接费用；

CN_i——在正常条件下完成工作 i 所需的直接费用；

DN_i——工作 i 的正常持续时间；

DC_i——工作 i 的最短持续时间。

3 找出直接费用率最低的一项或一组关键工作，作为缩短持续时间的对象；

4 缩短找出的一项或一组关键工作的持续时间，缩短值必须符合不能压缩成非关键工作和缩短后持续时间不小于最短持续时间的原则；

5 计算相应增加的直接费用；

6 根据间接费的变化，计算工程总费用（C_t）；

7 重复本条（3～6）款的步骤，计算到工程总费用（C_t）最低为止。

7 网络计划实施与控制

7.1 一 般 规 定

7.1.1 对网络计划的实施应进行定期检查。检查周期的长短应根据计划工期的长短和管理的需要由项目经理决定。

7.1.2 当网络计划检查结果与计划发生偏差，应采取相应措施进行纠偏，使计划得以实现。采取措施仍不能纠偏时，应对网络计划进行调整。调整后应形成新的网络计划，并应按新计划执行。

7.2 网络计划检查

7.2.1 检查网络计划应收集网络计划的实际执行情况，并应按下列方法进行记录。

1 当采用时标网络计划时，绘制实际进度前锋线记录计划的实际执行情况。前锋线可用特别线型标画；不同检查时刻绘制的相邻前锋线可采用点划线或不同颜色标画。

2 当采用非时标网络计划时，宜在网络图上直接用文字、数字，或列表记录计划的实际执行情况。

7.2.2 网络计划的检查宜包括下列主要内容：

1 关键工作进度；

2 非关键工作进度及尚可利用的时差；

3 关键线路的变化。

7.2.3 对网络计划执行情况的检查结果，应进行下列分析判断：

1 计划进度与实际进度严重不符时，应对网络计划进行调整。

2 对时标网络计划，利用已画出的实际进度前锋线，分析计划执行情况及其变化趋势，对未来的进度作出预测判断，找出偏离计划目标的原因。

3 对非时标网络计划，按表 7.2.3 的规定记录计划的实施情况，并对计划中的未完工作进行计算判断。

表 7.2.3 网络计划检查结果分析表

工作编号	工作名称	检查时尚需作业时间	按计划最迟完成前尚需时间	总时差		自由时差		情况分析
				原有	目前尚有	原有	目前尚有	
6—8	H	3	4	2	1	2	1	拖后1周，但不影响工期

7.2.4 网络计划执行情况的检查与分析，可采用进

度偏差（SV）和进度绩效指数（SPI）。

$$SV = BCWP - BCWS \quad (7.2.4\text{-}1)$$

式中：SV——进度偏差；

BCWP——已完工作预算费用；

BCWS——计划工作预算费用。

当进度偏差（SV）为负值时，进度延误；当进度偏差（SV）为正值时，进度提前。

$$SPI = \frac{BCWP}{BCWS} \quad (7.2.4\text{-}2)$$

式中：SPI——进度绩效指数。

当进度绩效指数（SPI）小于1时，进度延误；当进度绩效指数（SPI）大于1时，进度提前。

7.3 网络计划调整

7.3.1 网络计划调整可包括下列内容：

1 调整关键线路；

2 利用时差调整非关键工作的开始时间、完成时间或工作持续时间；

3 增减工作项目；

4 调整逻辑关系；

5 重新估计某些工作的持续时间；

6 调整资源投入。

7.3.2 调整关键线路时，可选用下列方法：

1 实际进度比计划进度提前，当不需要提前工期时，应选择资源占用量大或直接费用率高的后续关键工作，适当延长其持续时间，以降低其资源强度或费用；当需要提前工期时，应将计划的未完成部分作为一个新计划，重新计算时间参数并确定关键工作，按新计划实施；

2 实际进度比计划进度延误，当工期允许延长时，应将计划的未完成部分作为一个新计划，重新计算时间参数并确定关键工作，按新计划实施；当工期不允许延长时，应在未完成的关键工作中，选择资源强度小或直接费用率低的，缩短其持续时间，并把计划的未完成部分作为一个新计划，按工期优化方法进行调整。

7.3.3 非关键工作的调整应在其时差范围内进行，每次调整后应计算时间参数，判断调整对计划的影响。进行调整可采用下列方法：

1 将工作在最早开始时间与最迟完成时间范围内移动；

2 延长工作持续时间；

3 缩短工作持续时间。

7.3.4 增、减工作项目时，应对局部逻辑关系进行调整，并重新计算时间参数，判断对原网络计划的影响。当对工期有影响时，应采取措施，保证计划工期不变。

7.3.5 当改变施工方法或组织方法时，应调整逻辑关系，并应避免影响原定计划工期和其他工作。

7.3.6 当发现某些工作的原持续时间有误或实现条件不充分时，应重新估算其持续时间，并应重新计算时间参数。

7.3.7 当资源供应发生异常时，应采用资源优化方法对计划进行调整或采取应急措施，使其对工期影响最小。

8 工程网络计划的计算机应用

8.1 一般规定

8.1.1 工程网络计划的编制、检查、调整宜采用计算机软件进行。

8.1.2 工程网络计划的计算机应用应符合国家现行标准《信息技术 元数据注册系统（MDR）》GB/T 18391.1～18391.6、《建筑施工企业管理基础数据标准》JGJ/T 204的有关规定。

8.2 计算机软件的基本要求

8.2.1 计算机软件应具有各种网络计划的编制、绘图、计算、优化、检查、调整、分析、总结和输出打印功能。

8.2.2 计算机软件应实时计算时间参数，并以适当的形式展示时间信息。

8.2.3 计算机软件宜具有单代号网络计划、双代号网络计划、时标网络计划图形相互转化的功能，将网络计划转化成按最早时间或最迟时间绘制的横道图计划。

8.2.4 计算机软件在横道图、单代号网络图与双代号网络图中计算的时间参数应一致。

8.2.5 计算机软件宜有绘制实际进度前锋线功能以及实际时间、计划时间比较功能。

8.2.6 计算机软件宜有在工作上指定资源，并计算、统计、输出资源需要量计划的功能。

8.2.7 计算机软件宜具有与其他软件进行数据交换的接口。

8.2.8 软件实现的网络计划图宜用不同的线型（粗细、颜色、形状等）表示不同的工作。

8.2.9 软件宜保存网络计划的修改变更痕迹，记录变更的原因，实现与以前的对比或溯源。

本规程用词说明

1 为便于在执行本规程条文时区别对待，对要求严格程度不同的用词说明如下：

1）表示很严格，非这样做不可的：

正面词采用"必须"，反面词采用"严禁"；

2）表示严格，在正常情况下均应这样做的：

正面词采用"应"，反面词采用"不应"或

"不得"；

3）表示允许稍有选择，在条件许可时首先应这样做的：

正面词采用"宜"，反面词采用"不宜"；

4）表示有选择，在一定条件下可以这样做的，采用"可"。

2 条文中指明应按其他有关标准执行的写法为："应符合……的规定"或"应按……执行"。

引用标准名录

1 《信息技术　元数据注册系统（MDR）》GB/T 18391.1～18391.6

2 《建筑施工企业管理基础数据标准》JGJ/T 204

中华人民共和国行业标准

工程网络计划技术规程

JGJ/T 121—2015

条　文　说　明

修 订 说 明

《工程网络计划技术规程》JGJ/T 121－2015经住房和城乡建设部2015年3月13日以第766号公告批准、发布。

本规程是在《工程网络计划技术规程》JGJ/T 121－99的基础上修订而成的，上一版的主编单位是中国建筑学会建筑统筹管理分会，参编单位是北京统筹与管理科学学会、北京建筑工程学院、重庆建筑大学、湖南大学、上海宝钢冶金建设公司、北京中建建筑科学研究院、苏州市建筑科学研究院和中国水利学会施工专业委员会系统工程专门委员会，主要起草人员是杨劲、崔起鸾、丛培经、魏绥臣、王堪之、李庆华、冯桂煊、詹锡奇。

本规程修订的主要内容是：为使工程网络计划的编制更具有规范性及可操作性，以及考虑到计算机技术在工程管理及网络计划编制中的普遍应用，增加了“工程网络计划技术应用程序”和“工程网络计划的计算机应用”；考虑到上一版《工程网络计划技术规程》JGJ/T 121－99中的第3章“双代号网络计划”和第5章“双代号时标网络计划”，以及第4章“单代号网络计划”和第6章“单代号搭接网络计划”除了在图形表达方式上有所不同，其他内容基本类似，为了使新规程的表达更具整体性以及章节更为精简。将原规程第3章和第5单章内容合并成第4章“双代号网络计划”，将原规程第4章和第6章合并成第5章“单代号网络计划”。

本规程修订过程中，修订组进行了广泛的调查研究，总结了我国工程建设的实践经验，同时参考了国外先进技术法规、技术标准，许多单位和学者进行了卓有成效的研究，为本次修订提供了极有价值的参考资料。

为便于广大设计、施工、科研、学校等单位有关人员在使用本规程时能正确理解和执行条文规定，《工程网络计划技术规程》修订组按章、节、条顺序编制了本规程的条文说明，对条文规定的目的、依据以及执行中需要注意的有关事项进行了说明，但是条文说明不具备与规程正文同等的效力，仅供使用者作为理解和把握规程规定的参考。

目　次

3 工程网络计划技术应用程序

3.1 一 般 规 定

3.1.1、3.1.2 这两条明确了编制"工程网络计划技术应用程序"一般原则。工程项目管理是以工程项目为对象，依据其特点和规律，对工程项目的运作进行计划、组织、控制和协调管理，以实现工程项目目标的过程。编制"工程网络计划技术应用程序"就是为了更好地进行工程项目管理；网络计划技术是项目管理中最关键的技术方法，其应用程序的标准化可以大大提高应用的可操作性以及应用效果。

3.2 应 用 程 序

3.2.1 本条将工程网络计划技术应用的一般程序划分为6个阶段20个步骤，工程网络计划应用程序的阶段划分有利于强化工程项目管理。

3.2.6 本条阐述了工程项目工作结构分解（WBS）的有关规定。

WBS要根据工程项目管理和网络计划的要求，并视工程项目的具体情况决定分解的层次和任务范围。WBS的成果可用工作分解结构图（图1）或表及分解说明表达。

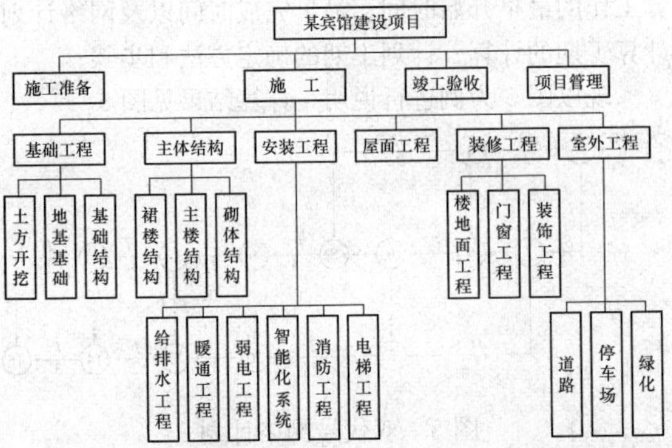

图1 某工程项目的工作结构分解图

3.2.8～3.2.10 本条阐述了网络计划中逻辑关系的类型、确定逻辑关系的依据以及工作逻辑关系分析表的格式。

工作间的逻辑关系包括工艺关系和组织关系。生产性工作之间由工艺过程决定的、非生产性工作之间由工作程序决定的先后顺序关系称为工艺关系。工作之间由于组织安排需要或资源（劳动力、原材料、施工机具等）调配需要而规定的先后顺序关系称为组织关系。

3.2.11 本条明确了编制初步网络图的过程及要求。

绘制初步网络计划图，首先应选择进度计划的表达形式。目前，用来表达工程进度计划的网络图有双代号网络图和单代号网络图。

3.2.14、3.2.15 双代号网络计划的时间参数既可以按工作计算，也可以按节点计算。单代号网络计划时间参数通常按工作计算。对于大型网络计划的时间参数计算宜用计算机软件进行计算。根据网络计划时间参数计算的结果，找出计划中的关键工作和关键线路。

3.2.16 编制网络计划一般要经过多次调整或修正，才能满足工期目标和费用目标；对于最终达到目标要求的网络计划，应确定为正式网络计划。

初步编制的网络进度计划往往存在这样那样的不足，如资源分布不太均衡，某一段时间的资源消耗超过了资源最大限值等等。这样就有必要对网络计划进行一定的优化调整即网络优计划化。

3.2.17、3.2.18 网络计划优化，就是在既定条件下，按照某一衡量指标（工期、资源、成本），利用时差调整来不断改善网络计划的最初方案，寻求最优方案的过程。根据衡量指标的不同，网络计划优化可以分为工期优化、资源有限优化、资源均衡优化、工期—成本优化。网络计划优化可以有效缩短工期，减少费用，均衡资源分布。因此工程网络计划优化非常重要。但是，工程网络计划优化通常要经过多次反复试算，计算量非常大，靠人工计算是不现实的。因此，用计算机进行工程网络计划优化将成为发展的趋势。

依据网络计划的优化结果制定拟付诸实施的正式网络计划。

3.2.19 网络计划实施与控制

工程网络计划实施过程是一个动态的过程，检查、调整会按照一定的周期滚动进行，一直到工程项目实施完成，只有这样实施中持续检查、控制和调整，才能实现事中控制，真正使计划与实际比较吻合，并最终实现计划的目标。

4 双代号网络计划

4.1 一 般 规 定

4.1.1～4.1.3 双代号网络图的基本符号是圆圈、箭线及编号。圆圈表示节点，圆圈内的数字表示节点编号，节点表示某项工作开始或结束的瞬间。箭线表示一项工作，箭线下方的数字表示某项工作的持续时间。箭线的箭尾节点表示该工作的开始，箭线的箭头节点表示该工作的结束。箭线长度并不表示该工作所占用时间的长短。箭线可以画成直线、折线和斜线。必要时，也可以画成曲线。但应以水平直线为主。箭线水平投影的方向应自左向右，表示工作进行的方向。因此，除了虚工作，一般箭线均不宜画成垂直线。节点编号的顺序是：箭尾节点编号在前，箭头节点编号在后；凡是箭尾节点未编号，箭头节点不能编号。

4.1.4、4.1.5 双代号网络图中，虚箭线的唯一功能是用以正确表达相关工作的逻辑关系。它不消耗资源，持续时间为零，所以又称为虚工作。例如，从一个节点开始到另一个节点结束的若干项平行的工作，就需要用增加虚箭线的办法［图 2（a）和图 2（b）]。又如，有四项工作，A、B 同时开始，D 在 A、B 均完成后才进行，C 仅在 A 后进行，增加一个虚箭线就能正确表达相关工作的逻辑关系［图 2（c）]。在这个例子中，虚箭线联系 A 和 D，隔断 B 和 C。为使网络图简洁，网络图中不宜有多余的虚箭线。

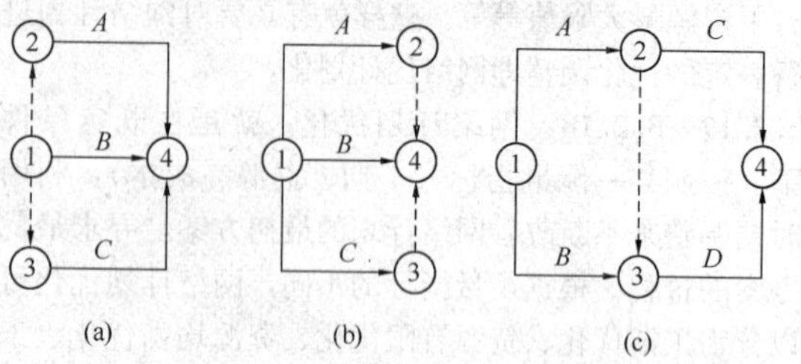

图 2　双代号网络图中虚箭线的应用示意图

4.2 绘 图 规 则

4.2.1～4.2.5 双代号网络图必须正确表达已定的逻辑关系，也就是工作计划的图像化与施工方案的实践性是一致的。这五条绘图规则就是保证网络图有向、有序，定义具有唯一性。如循环回路则会使计划工作无结果；两个节点间的连线出现双箭头或无箭头则工作顺序不明确；反之，任何箭线缺少一个节点，在网络图中都没有实际意义；在网络图中可采用母线法进行绘制。母线法即是经一条共用的垂直线段，将多条箭线引入或引出同一个节点，使图形简洁的绘图方法，母线法的应用（图 3）。

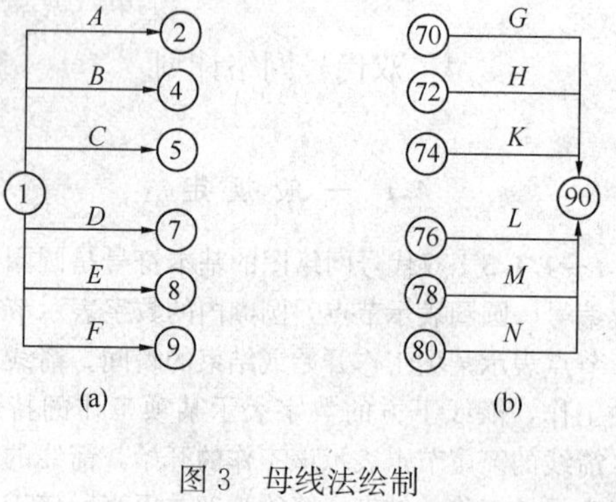

图 3　母线法绘制

4.2.6 绘制网络图时，尽可能在构图时避免交叉。当交叉不可避免且交叉少时，宜采用过桥法进行绘制。过桥法即是用过桥符号表示箭线交叉，避免引起混乱的绘图方法；当箭线交叉过多时宜使用指向法（图 4）。采用指向法时应注意节点编号指向的大小关系，保持箭尾节点的编号小于箭头节点的编号。为了避免出现箭尾节点的编号大于箭头节点的编号的情况，指向法一般只在网络图已编号后才用。

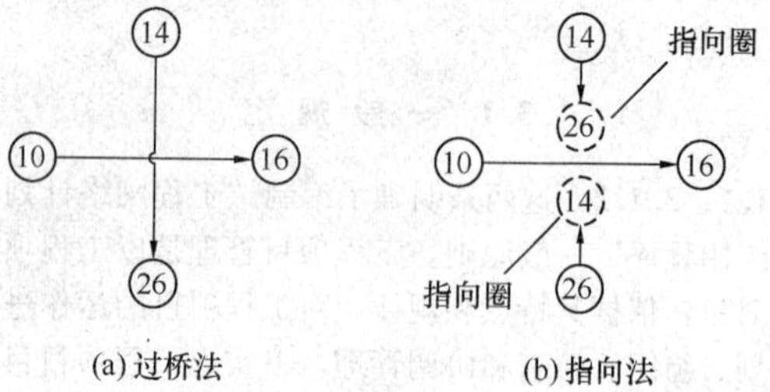

图 4　箭线交叉的表示方法

4.2.7 双代号网络图是由许多条线路组成的、环环相套的封闭的图形。只允许有一个起点节点，该节点只有外向箭线，外向箭线即是从某个节点引出的箭线；只允许有一个终点节点，该节点只有内向箭线，内向箭线即是指向某个节点的箭线；而其他所有节点均是中间节点（既有内向箭线又有外向箭的节点）。双代号网络图必须严格遵守这一条。

4.3 时间参数计算

4.3.1 按工作计算法计算时间参数

工作计算法是指在双代号网络计划中直接计算各项工作时间参数的方法。

1～6 主要规定双代号网络计划按工作计算法计算工作的最早开始时间、最早完成时间以及网络计划计算工期的计算、计划工期的确定方法和步骤。

现以图 5 为例进行说明，计算结果见图 6。

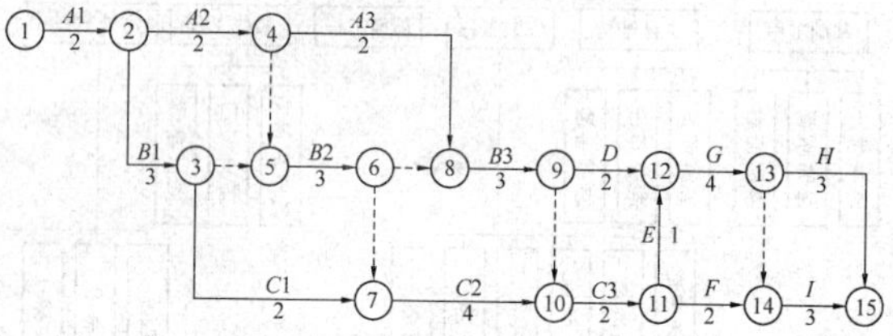

图 5　双代号网络计划

1） 工作 1-2 的最早开始时间（ES_{1-2}）从网络计划的起点节点开始，顺着箭线方向依次逐项计算；因未规定其最早开始时间（ES_{1-2}），故按公式（4.3.1-1）确定：

$$ES_{1-2}=0$$

其他工作的最早开始时间（ES_{i-j}）按公式（4.3.1-2）计算：

$$ES_{2-3}=ES_{1-2}+D_{1-2}=0+2=2$$

$$ES_{2-4}=ES_{1-2}+D_{1-2}=0+2=2$$

$$ES_{3-5}=ES_{2-3}+D_{2-3}=2+3=5$$

$$ES_{4-5}=ES_{2-4}+D_{2-4}=2+2=4$$

$$ES_{5-6}=\max\{ES_{3-5}+D_{3-5},ES_{4-5}+D_{4-5}\}$$

$$=\max\{5+0,4+0\}=\max\{5,4\}=5$$

……

依次类推，算出其他工作的最早开始时间。

2）工作的最早完成时间就是本工作的最早开始时间（ES_{i-j}）与本工作的持续时（D_{i-j}）之和。按公式（4.3.1-3）计算：

$$EF_{1-2} = ES_{1-2} + D_{1-2} = 0 + 2 = 2$$
$$EF_{2-3} = ES_{2-3} + D_{2-3} = 2 + 3 = 5$$
$$EF_{2-4} = ES_{2-4} + D_{2-4} = 2 + 2 = 4$$
$$EF_{3-5} = ES_{3-5} + D_{3-5} = 5 + 0 = 5$$
$$EF_{4-5} = ES_{4-5} + D_{4-5} = 4 + 0 = 4$$
$$EF_{5-6} = ES_{5-6} + D_{5-6} = 5 + 3 = 8$$

……

依次类推，算出其他工作的最早完成时间。

3）网络计划的计算工期（T_c）取以终节点15为箭头节点的工作13－15和工作14－15的最早完成时间的最大值，按公式（4.3.1-4）计算：

$$T_c = \max\{EF_{13-15}, EF_{14-15}\} = \max\{22, 22\} = 22$$

4）网络计划计算未规定要求工期，故其计划工期（T_p）按公式（4.3.1-6）取其计算工期：

$$T_p = T_c = 22$$

7、8 规定了双代号网络计划按工作计算法计算工作的最迟完成时间和最迟开始时间的方法。现仍以图5为例说明。

1）网络计划结束工作 $i-j$ 的最迟完成时间按公式（4.3.1-7）计算：

$$LF_{13-15} = T_p = 22$$
$$LF_{14-15} = T_p = 22$$

2）网络计划其他工作 $i-j$ 的最迟完成时间均按公式（4.3.1-8）计算：

$$LF_{13-14} = \min\{LF_{14-15} - D_{14-15}\} = 22 - 3 = 19$$
$$LF_{12-13} = \min\{LF_{13-15} - D_{13-15}, LF_{13-14} - D_{13-14}\}$$
$$= \min\{22 - 3, 19 - 0\} = 19$$

……

依次类推，算出其他工作的最迟完成时间。

3）网络计划所有工作 $i-j$ 的最迟开始时间均按公式（4.3.1-9）计算：

$$LS_{14-15} = LF_{14-15} - D_{14-15} = 22 - 3 = 19$$
$$LS_{13-15} = LF_{13-15} - D_{13-15} = 22 - 3 = 19$$

……

依次类推，算出其他工作的最迟开始时间。

9、10 规定了双代号网络图按工作计算法计算工作的总时差和自由时差的方法。现仍以图5为例说明。

1）网络所有工作 $i-j$ 的总时差可按公式（4.3.1-10）或公式（4.3.1-11）计算：

$$TF_{1-2} = LS_{1-2} - ES_{1-2} = 0 - 0 = 0$$
$$TF_{2-3} = LS_{2-3} - ES_{2-3} = 2 - 2 = 0$$

……

依次类推，算出其他工作的总时差。

2）网络中工作 $i-j$ 的自由时差可按公式（4.3.1-12）、公式（4.3.1-13）计算：

$$FF_{1-2} = ES_{2-3} - EF_{1-2} = 2 - 2 = 0$$
$$FF_{2-3} = ES_{3-5} - EF_{2-3} = 5 - 5 = 0$$

……

依次类推，算出其他工作的自由时差。

在上述计算中，虚箭线中的自由时差归其紧前工作所有。

3）网络计划中的结束工作 $i-j$ 的自由时差按公式（4.3.1-14）或公式（4.3.1-15）计算。

$$FF_{13-15} = T_p - EF_{13-15} = 22 - 22 = 0$$
$$FF_{14-15} = T_p - EF_{14-15} = 22 - 22 = 0$$

计算结果见图6。

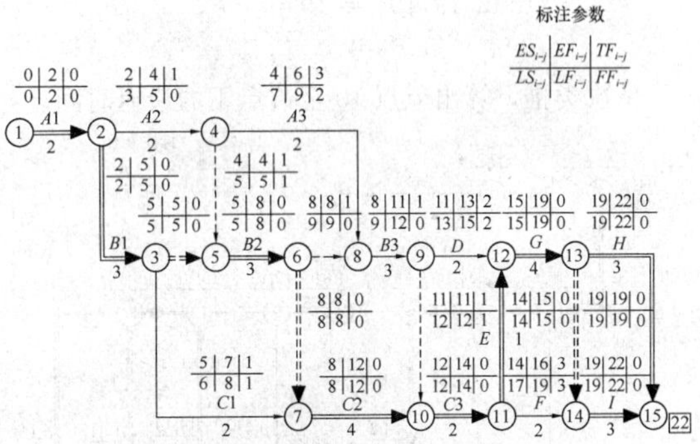

图6　工作计算法计算结果

4.3.2 按节点计算法计算时间参数

节点计算法是指在双代号网络计划中先计算节点时间参数，再计算各项工作时间参数的方法。

1～5 主要规定双代号网络图按节点计算法计算节点的最早时间、最迟时间以及网络计划计算工期的计算、计划工期的确定方法和步骤。现仍以图5为例进行说明，计算结果见图7。

1）节点1的最早时间（ET_1）因未规定其最早时间，故按公式（4.3.2-1），其最早开始时间（ET_1）等于零，即：

$$ET_1 = 0$$

2）其他节点的最早时间（ET_j）按公式（4.2.2-2）计算：

$$ET_2 = ET_1 + D_{1-2} = 0 + 2 = 2$$
$$ET_3 = ET_2 + D_{2-3} = 2 + 3 = 5$$
$$ET_4 = ET_2 + D_{2-4} = 2 + 2 = 4$$
$$ET_5 = \max\{ET_2 + D_{2-3}, ET_2 + D_{2-4}\}$$
$$= \max\{5, 4\} = 5$$

……

依次类推，算出节点6至15节点的最早时间。

3）网络计划的计算工期（T_c）的计算按公式（4.2.2-3）计算：

$$T_c = ET_{15} = 22$$

网络计划的计划工期（T_p）按第 4.3.1 条第 6 款的规定：

$$T_p = T_c = 22$$

4） 节点最迟时间从网络计划的终点节点开始，逆着箭线的方向依次逐项计算。节点 15 为终点节点，因未规定计划工期，故其最迟时间（LT_{15}）等于网络计划的计划工期（T_p）：

$$LT_{15} = T_p = 22$$

其他节点最迟时间（LT_i）按公式（4.3.2-5）计算：

$$LT_{14} = LT_{15} - D_{14-15} = 22 - 3 = 19$$

$$\begin{aligned} LT_{13} &= \min\{LT_{14} - D_{13-14}, LT_{15} - D_{13-15}\} \\ &= \min\{19 - 0, 22 - 3\} \\ &= \min\{19, 19\} = 19 \end{aligned}$$

……

依次类推，算出节点 10 至节点 1 的最迟时间。

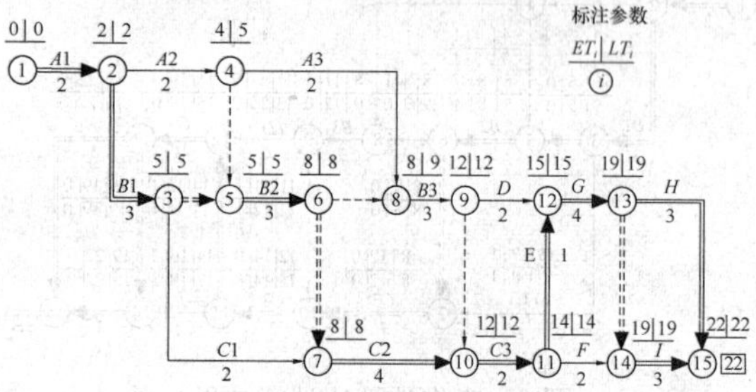

图 7　节点计算法计算结果

6～11　主要规定双代号网络计划在计算节点时间参数后，计算工作的最早开始时间、最早完成时间、最迟完成时间、最迟开始时间以及工作的总时差和自由时差。

网络计划中各工作的最早开始时间和最早完成时间，最迟开始时间和最迟完成时间，总时差和自由时差以及节点最早时间和最迟时间之间的关系，可用图 8 加以说明。

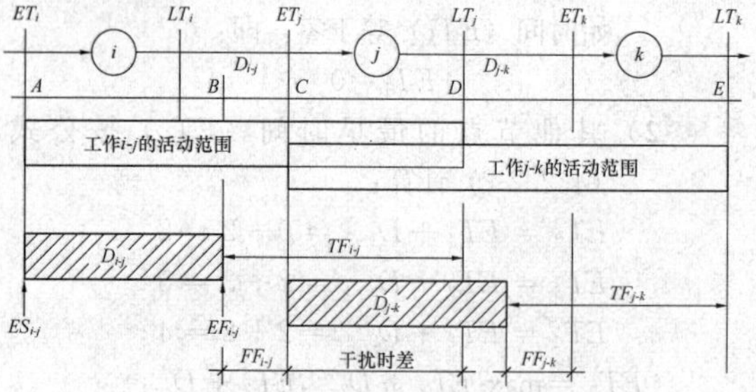

图 8　网络计划各时间参数间关系示意图

图 8 中，每个节点都标出最早时间和最迟时间。工作 $i-j$ 可动用的时间范围应该从这一工作箭尾节点的最早时间 ET_i 一直到该工作箭头节点的最迟时间 LT_j；如图中的 AD 时间段。在这段时间内，扣除工作的持续时间 D_{i-j}，余下的时间就是该工作的总时差 TF_{i-j}，图中 BD 时间段就是工作 $i-j$ 的总时差。如果动用了工作 $i-j$ 的全部总时差，紧后工作 $j-k$ 就不可能在最早时间 ES_{j-k} 进行了，因而影响紧后工作的最早开始时间。但是紧后工作 $j-k$ 的总时差的计算方法与工作 $i-j$ 的总时差的计算方法相同，即从时间段 CE 中扣除工作 $j-k$ 的持续时间 D_{j-k}，这样势必有一时间段是重复的，如图 8 所示中的 CD 时间段。这一时间段称为“松弛时间”或“干扰时差”。这一时间段既可作为紧前工作的总时差，也可作为紧后工作的总时差。如果紧前工作动用了总时差，紧后工作的总时差必须重新分配。当然，紧前工作的总时差也可以传给其后续工作利用。

自由时差是箭头节点的最早时间（即紧后工作的最早开始时间）与该工作最早完成时间之差，如图 8 所示中的 BC 时间段。因而不会出现重复的时间段，也就不会影响紧后工作的最早开始时间，也不会影响总工期。但是，一项工作的自由时差只能由本工作利用，不能传给后续工作利用。

4.4　双代号时标网络计划

4.4.1　双代号时标网络计划的有关规定

1　双代号时标网络计划是以水平时间坐标为尺度表示工作时间的网络计划，这种网络计划图简称为时标图。时间坐标即是按一定时间单位表示工作进度时间的坐标轴，它的时间单位是根据该网络计划的需要而确定的。由于时标图兼有横道图的直观性和网络图的逻辑性，在工程实践中应用比较普遍。在编制实施网络计划时，其应用面甚至大于无时标网络计划，因此，其编制方法和使用方法受到应用者的普遍重视。

学术界曾存在着用双代号网络计划还是用单代号网络计划、按最早时间还是按最迟时间绘制时标网络计划的争论。在实践中，由于使用双代号网络计划编制时标网络计划为多数，所以在本规程中只对双代号时标网络计划作出了规定。

在双代号时标网络计划中，“水平时间坐标”即横坐标，时标单位是指横坐标上的刻度代表的时间量。一个刻度可以是等于或多于 1 个时间单位的整倍数，但不应小于 1 个时间单位。

2～3　是根据在我国多年来使用时标网络计划中所采用符号的主流规定的。有时虚箭线中有自由时差，亦应用波形线表示。无论哪一种箭线，均应在其末端绘出箭头。工作有自由时差时，按图 9 所示的方式表达，波形线紧接在实箭线的末端；虚工作中有时差时，按图 10 所示方式表达，不得在波形线之后画实线。

在图画上，节点无论大小均应看成一个点，其中心必须对准相应的时标位置，它在时间坐标上的水平投影长度应看成为零。

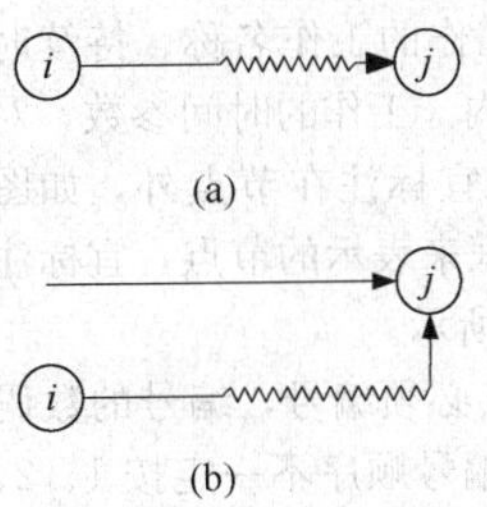

图 9　工作有自由时差时波形线画法

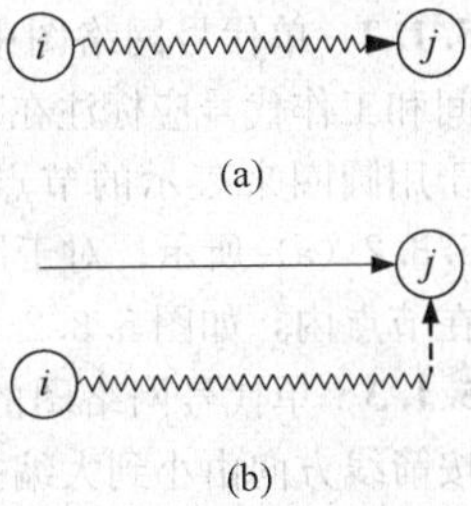

图 10　虚工作有自由时差时波形线画法

4.4.2　双代号时标网络计划的编制

1　本条是从实际应用的角度作出的规定。按最早时间编制双代号时标网络计划，其时差位于各项工作的最早完成时间之后，这就给时差的应用带来了灵活性，并使时差有实际应用的价值。如果按最迟时间绘制时标网络计划，其时差出现在各项工作的最迟开始时间之前，这种情况下，如果把时差利用了再去完成工作，则工作便再没有利用时差的可能性，使一项本来有时差的工作，因时差用尽、拖到最迟必须开始时才开始，而变成了“关键工作”。所以按最迟时间编制时标网络计划的做法不宜使用，在本规程中不提倡按最迟时间编制双代号时标网络计划。

2　本条规定了时标计划表的标准格式。时标计划表格式规范化，有利于使用单位统一印制以节省工作时间，也有利于图面清晰、表达准确和识图。日历中还可标注月历。时标一般标注在时标表的顶部或底部，为清楚起见，有时也可在时标表的上下同时标注。

3　编制双代号时标网络计划宜先绘制无时标网络计划草图，然后按以下两种方法之一进行：

1）先计算网络计划的时间参数，再根据时间参数按草图在时标计划表上进行绘制；

2）不计算网络计划的时间参数，直接按草图在时标计划表上绘制。

4　用先计算后绘制的方法时，应先将所有节点按其最早时间定位在时标计划表上，再用规定线型绘出工作及其自由时差，形成时标网络计划图。

5　不经计算直接按草图绘制时标网络计划，应按下列方法逐步进行：

1）将起点节点定位在时标计划表的起始刻度线上；

2）按工作持续时间在时标计划表上绘制起点节点的外向箭线；

3）除起点节点以外的其他节点必须在其所有内向箭线绘出以后，定位在这些内向箭线中最早完成时间最大处的箭线末端。其他内向箭线长度不足以到达该节点时，应用波形线补足；

4）用上述方法自左至右依次确定其他节点位置，直至终点节点定位绘完。

双代号时标网络计划是先按草图计算时间参数后再绘制，还是直接按草图在时标表上绘制，由编制者按自己的习惯选择。前一种方法的优点是，编制时标网络计划后可以与草图的计算结果进行对比校核；后一种方法的优点是省去计算，节省计算的时间。结合这两种方法，可采用仅计算节点最早时间而快速地确定关键线路的“标号法”，然后将各节点按照最早时间和草图的布局定位在网络图的相应位置上，再按照规定线形连接各节点即可准确地绘出时标网络计划。这既不需要计算各项工作的时间参数，节省了大量时间，又避免了直接绘制的盲目性。

4.4.3　双代号时标网络计划参数的确定

1　本条规定了时标网络计划计算工期的确定方法。计算工期应是其终点节点与起点节点所在位置（计算坐标体系）的时标值之差。

2　本条规定了判定工作的最早开始时间与最早完成时间的方法。按最早时间绘制的双代号时标网络计划，每一项工作都按最早开始时间确定其箭尾位置。起点节点定位在时标表的起始刻度线上，表示每一项工作的箭线在时间坐标上的水平投影长度都与其持续时间相对应，因此代表该工作的实线右端（当有自由时差时）或箭头（当无自由时差时）对应的时标值就是该工作的最早完成时间，终点节点表示所有工作全部完成，它所对应的时标值也就是该网络计划的总工期。

3　本条规定了判定自由时差的方法。在双代号时标网络计划中，波形线的右端节点所对应的时标值，是波形线所在工作的紧后工作的最早开始时间，波形线的起点对应的时标值是本工作的最早完成时间。因此，按照自由时差的定义，“波形线在坐标轴上的水平投影长度”就是本工作的自由时差。

4　由于工作总时差受计算工期制约，因此它应当自右向左推算，工作的总时差只有在其所有紧后工作的总时差被判定后才能判定。

5　本条的计算公式（4.4.3-3）和公式（4.4.3-4）是用总时差的计算公式（4.3.1-10）和公式（4.3.1-11）推导出来的，故在计算完总时差后，即可计算其最迟开始时间（LS_{i-j}）和最迟完成时间（LF_{i-j}）。

4.5　关键工作和关键线路

4.5.1　双代号网络计划中，总时差最小的工作是关键工作。关键工作组成的线路或线路上各工作持续时间之和最长的线路就是关键线路。

本条第 3 款新增内容：“标号法”快速确定关键线路的方法。以图 5 为例，说明用标号法确定计算工期和关键线路的过程。

1）网络计划起点节点的标号值为零，按公式

（4.3.2-1）计算节点①的标号值为：

$$b_1 = 0$$

2）其他节点的标号值应根据公式（4.3.2-2）按节点编号从小到大的顺序逐个计算：

$$b_j = ET_j = \max\{ET_i + D_{i-j}\}$$

式中：b_j——工作 $i-j$ 的完成节点的标号值。

本例中，节点②、节点③、节点④、节点⑤的标号值分别为：

$$b_2 = b_1 + D_{1-2} = 0 + 2 = 2$$

$$b_3 = b_2 + D_{2-3} = 2 + 3 = 5$$

$$b_4 = b_2 + D_{2-4} = 2 + 2 = 4$$

$$b_5 = \max\{b_3 + D_{3-5}, b_4 + D_{4-5}\} = \max\{5 + 0, 4 + 0\} = 5$$

当计算出节点的标号后，用其标号值及其源节点对该节点进行双标号。所谓源节点，就是用来确定本节点标号值的节点。例如在本例中，节点⑤的标号值是由节点③所确定，故节点⑤的源节点就是节点③。如果源节点有多个，应将所有源节点标出。

3）网络计划的计算工期就是网络计划终点节点的标号值。例如本例中，其计算工期就等于终点节点⑮的标号值 22。

4）根据线路应从网络计划的终点节点开始，逆箭线方向按源节点确定。例如在本例中，从终点节点⑮开始，逆箭线方向按源节点可以找出关键线路为①—②—③—⑤—⑥—⑦—⑩—⑪—⑫—⑬—⑮和①—②—③—⑤—⑥—⑦—⑩—⑪—⑫—⑬—⑭—⑮。

网络计划关键线路见图 11。

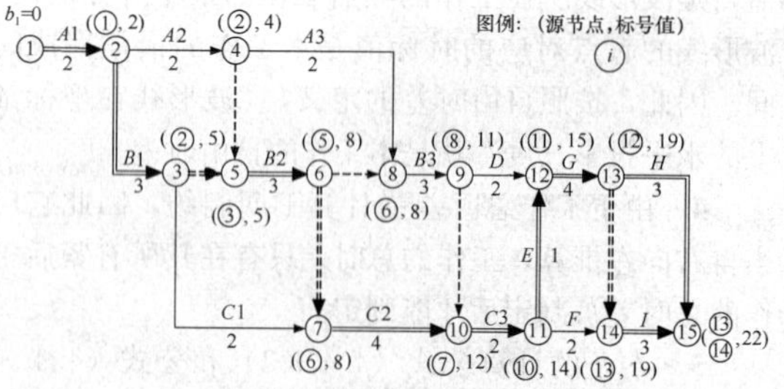

图 11　标号法确定关键工作和关键线路

5　单代号网络计划

5.1　一 般 规 定

5.1.1　本条文规定的箭线画法，是为了便于在节点上标注时间参数，如图 5.3.2（a）所示的时间参数标注形式，若有竖向箭线，就会影响 TF_i 和 FF_i 的标注。但如用图 5.3.2（b）所示的标注形式则可用竖向箭线。

5.1.2　单代号网络图中，工作的工作名称、持续时间和工作代号应标注在节点内。工作的时间参数，对于用圆圈来表示的节点，则宜标注在节点外，如图 5.3.2（a）所示；对于用方框来表示的节点，宜标注在节点内，如图 5.3.2（b）所示。

5.1.3　单代号网络图的节点必须编号，编号的数码按箭线方向由小到大编排，编号顺序不一定按 1、2、3、4……的自然数列，中间可以间断，如可按 0、5、10、15……的顺序编号。网络图第一个节点的编号不一定是 0，也可用 1、5、10、100 等数码。

5.1.5　工作之间的工艺关系是指生产工艺上客观存在的先后顺序，如只有支好模板，绑好钢筋后才能浇混凝土，反之则不符合生产规律。组织关系是根据施工组织方案，人为安排的先后工作顺序，如组织流水施工时，工作队则按顺序由一个施工段转移到另一个施工段去工作，这就是组织上的逻辑关系。

5.2　绘 图 规 则

5.2.1～5.2.4　单代号网络图是有向有序图，要严格按照各项工作之间的逻辑关系来绘制，这 4 条绘图规则是保证网络图按既定的工作顺序来排列。双向箭头或无箭头连线无法判断工作进行方向；没有箭尾节点的节点不知紧前工作，没有箭头节点的节点则不知紧后工作。

5.2.5　本规程中的指向法，一般用于交叉箭线较多、两相邻工作在网络图平面布置上相距又较远的情况下。如采用过桥法能较好地处理交叉箭线，则尽量不用指向法。

5.2.6　在单代号网络图中增设虚拟的起点节点和终点节点，这是为了使整个图形封闭，并有利于计算时间参数。若单代号网络图中只有一项无内向箭线的工作，就不必增设虚拟的起点节点；若只有一项无外向箭线的工作，就不必增设虚拟的终点节点。

5.3　时间参数计算

5.3.1　各项工作的持续时间是计算网络计划时间参数的基础，没有各项工作的持续时间，就无法计算网络计划的其他时间参数。

5.3.2　单代号网络计划中时间参数标注方法以往各不相同。为统一起见，本条规定了以圆圈为节点的和以方框为节点的两种时间参数的标注方式。

5.3.3～5.3.11　这几条中，主要规定单代号网络计划计算时间参数的方法。具体的计算步骤有两种。

第一种步骤是：先计算各项工作的最早开始时间和最早完成时间，再计算相邻工作的间隔时间，根据间隔时间计算各项工作的自由时差和总时差，再根据总时差计算各项工作的最迟开始时间和最迟完成时间。

第二种步骤是：先计算各项工作的最早开始时间

和最早完成时间，再计算各项工作的最迟完成和最迟开始时间，再计算总时差和自由时差。

5.4 单代号搭接网络计划

5.4.1、5.4.2 单代号搭接网络中，节点的标注与单代号网络相同，只是增加了相关工作之间的时距。时距是搭接网络计划中相邻工作的时间差值，由于相邻工作各有开始和结束时间，故基本时距有四种情况：即结束到开始时距（*FTS*）；开始到开始时距（*STS*）；结束到结束时距（*FTF*）；开始到结束时距（*STF*）。

要注意的是，搭接网络计划的工期不一定取决于与终点相联系的工作的完成时间，而可能取决于中间工作的完成时间。

5.4.3 只有确定了各项工作的持续时间和各项工作之间的时距以后，才能够进行单代号搭接网络计划的时间参数计算。

5.4.5～5.4.10 这几条规定了单代号搭接网络计划时间参数计算方法。在时间参数计算过程中，要特别注意：

1 在计算工作的最早开始时间和最早完成时间时，如出现工作的最早开始时间为负值，则应将该工作与起点联系起来。如果中间工作的最早完成时间大于最后工作的最早完成时间，必须把该工作与终点节点联系起来。

2 在计算工作的最迟开始时间和最迟结束时间时，如出现中间工作的最迟完成时间大于总工期时，则应用虚箭线将其与终点节点联系起来。

5.5 关键工作和关键线路

5.5.1、5.5.2 单代号网络计划中，总时差最小的工作是关键工作。关键线路应是从起点节点到终点节点均为关键工作，且所有相邻两关键工作之间的间隔时间均为零。

6 网络计划优化

6.2 工 期 优 化

6.2.1 网络计划编制后，常遇到的问题是计算工期大于要求工期。出现这种情况时，可通过压缩关键工作的持续时间来满足工期要求。

6.2.2、6.2.3 工期优化方法能帮助项目管理者有目的地去压缩那些能缩短工期的工作的持续时间，解决此类问题的方法有：顺序法、加权平均法和选择法。本规程采用的是“选择法”进行工期优化。

6.3 资 源 优 化

6.3.2、6.3.3 “资源有限，工期最短”是指由于某种资源的供应受到限制，致使工程施工无法按原计划实施，甚至会使工期超过计划工期，在此情况下应尽可能使工期最短来进行优化调整。

“资源有限，工期最短”的优化一般可按下列步骤进行：

1 根据初始网络计划，绘制早时标网络计划或横道图计划，并计算出网络计划在实施过程中每个时间单位的资源需用量。

2 从计划开始日期起，逐个检查每个时段（资源需用量相同的时间段）资源需用量是否超过所供应的资源限量，如果在整个工期范围内每个时段的资源需用量均能满足资源限量的要求，则就可得到可行优化方案；否则，必须转入下一步进行网络计划的调整。

3 分析超过资源限量的时段，如果在该时段内有几项工作平行作业，则采取将一项工作安排在与平行的另一项工作之后进行的方法，以降低该时段的资源需用量。

对于两项平行作业的工作 m 和工作 n 来说，为了降低相应的资源需用量，现将工作 n 安排在工作 m 之后进行，如图 12 所示。

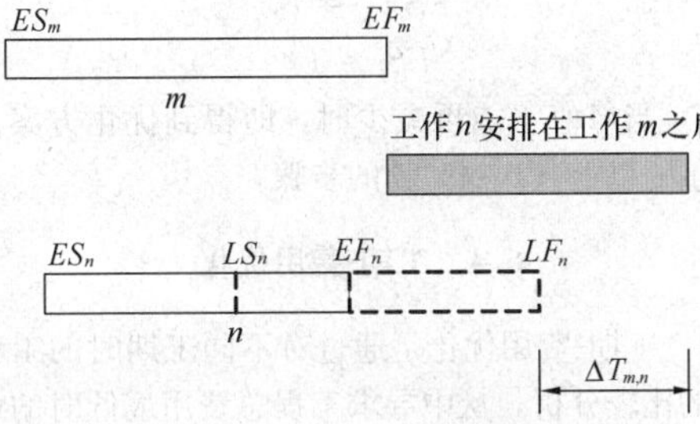

图 12 m，n 两项工作的排序

此时，网络计划的工期延长值按公式（6.3.1-3）计算，即：

$$\Delta T_{m,n} = EF_m + D_n - LF_n = EF_m - (LF_n - D_n) = EF_m - LS_n$$

式中：$\Delta T_{m,n}$——将工作 n 安排在工作 m 之后进行，网络计划的工期延长值；

EF_m——工作 m 的最早完成时间；

LF_n——工作 n 的最迟完成时间；

LS_n——工作 n 的最迟开始时间。

这样，在有资源冲突的时段中，对平行作业的工作进行两两排序，即可得出若干个 $\Delta T_{m,n}$，选择其中最小的 $\Delta T_{m,n}$，将相应的工作 n 安排在工作 m 之后进行，既可降低该时段的资源需用量，又使网络计划的工期延长时间最短。

4 对调整后的网络计划重新计算每个时间单位的资源需用量。

5 重复上述 2～4，直至网络计划整个工期范围内每个时间单位的资源需用量均满足资源限量为止。

6.3.4、6.3.5 “工期固定，资源均衡”的优化是在保持工期不变的情况下，使资源分布尽量均衡，即在资源需用量的动态曲线上，尽可能不出现短时期的高峰和低谷，力求每个时段的资源需用量接近于平均值。

“削高峰法”进行“工期固定，资源均衡”优化的方法与步骤如下：

1 计算网络计划每个“时间单位”资源需用量；

2 确定削高峰目标，其值等于每个“时间单位”资源需用量的最大值减一个单位资源量；

3 找出高峰时段的最后时间（T_h）及有关工作的最早开始时间（ES_{i-j}或ES_i）和总时差（TF_{i-j}或TF_i）；

4 按下列公式计算有关工作的时间差值（ΔT_{i-j}或$\Delta T)_i$：

1）对双代号网络计划：

$$\Delta T_{i-j}=TF_{i-j}-(T_h-ES_{i-j})$$

2）对单代号网络计划：

$$\Delta T_i=TF_i-(T_h-ES_i)$$

应优先以时间差值最大的工作（i' - j'或i'）为调整对象，令

$$ES_{i'-j'}=T_h$$

或 $$ES_{i'}=T_h$$

5 当峰值不能再减少时，即得到优化方案。否则，重复以上（1～4）款的步骤。

6.4 工期-费用优化

6.4.1 工期-费用优化是通过对不同工期时的工程总费用的比较分析，从中寻求工程总费用最低时的最优工期。

6.4.2 工期-费用优化

1 当网络计划中只有一条关键线路时，找出直接费用率最小的一项关键工作，作为缩短持续时间的对象；当有多条关键线路时，找出组合直接费用率最小的一组关键工作，作为缩短持续时间的对象。

2 对选定的压缩对象（一项关键工作或一组关键工作），比较其直接费用率或组合直接费用率与工程间接费用率的大小：

1）如果被压缩对象的直接费用率或组合直接费用率小于工程间接费用率，说明压缩关键工作的持续时间会使工程总费用减少，故应缩短关键工作的持续时间。

2）如果被压缩对象的直接费用率或组合直接费用率等于工程间接费用率，说明压缩关键工作的持续时间不会使工程总费用增加，故应缩短关键工作的持续时间。

3）如果被压缩对象的直接费用率或组合直接费用率大于工程间接费用率，说明压缩关键工作的持续时间会使工程总费用增加，此时应停止缩短关键工作的持续时间，在此之前的方案即为优化方案。

3 当需要缩短关键工作的持续时间，其缩短值的确定必须符合下列两条原则：

1）缩短后工作的持续时间不能小于其最短持续时间；

2）缩短持续时间的关键工作不能变成非关键工作。

4 计算关键工作持续时间缩短后相应增加的总费用。

5 重复本条（3～6）款的步骤，直到计算工期满足要求工期或被压缩对象的直接费用率或组合直接费用率大于工程间接费用率为止。

7 网络计划实施与控制

7.2 网络计划检查

7.2.1 检查网络计划首先要收集反映网络计划实际执行情况的有关信息，按照一定的方法进行记录。按本条规定，记录方法有以下几种：

1 用实际进度前锋线记录计划执行情况

在时标网络计划图上标画前锋线的关键是标定工作的实际进度前锋的位置。其标定方法有两种：

1）按已完成的工作实物量的比例来标定。时标图上箭线的长度与相应工作的持续时间对应，也与其工程实物量的多少成正比。检查计划时某工作的工程实物量完成了几分之几，其前锋线就从表示该工作的箭线起点自左至右标在箭线长度几分之几的位置。

2）按尚需时间来标定。有些工作的持续时间是难以按工程实物量来计算的，只能根据经验用其他办法估算出来。要标定检查时间时的实际进度前锋线位置，可采用原来的估计办法，估算出从该时刻起到该工作全部完成尚需要的时间，从表示该工作的箭线末端反过来自右至左标出前锋位置。

图13是一份时标网络计划用前锋线进行检查记

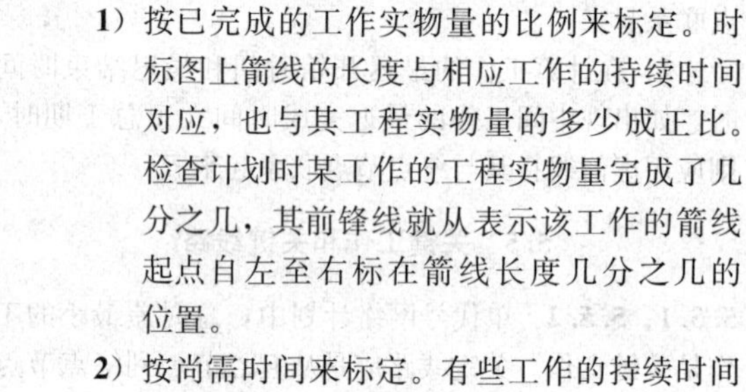

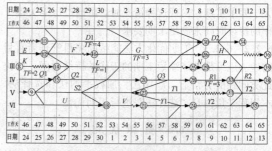

图13 实际进度前锋线示例

录的实例。该图有4条前锋线分别记录了6月25日、6月30日、7月5日和7月10日的4次检查结果。

2 在图上用文字或适当的符号记录

当采用无时标网络计划时，可采用直接在图上用文字或适当符号记录、列表记录等记录方式。图14是双代号网络计划的检查实例，检查第5天的计划执行情况，虚线代表其实际进度。

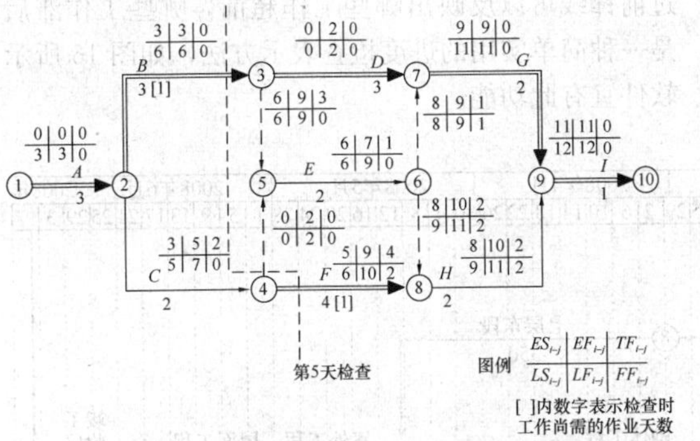

图14 双代号网络计划实施检查实例

7.2.2、7.2.3 规定了对网络计划检查结果分析、判断的内容，即对工作的实际进度作出正常、提前或延误的判断；对未来进度状况进行预测，作出网络计划的计划工期可按期实现、提前实现或拖期的判断。

7.3 网络计划调整

7.3.1 本条规定了对网络计划的调整内容。

网络计划的调整是在其检查分析发现矛盾之后进行的。通过调整，解决矛盾，有什么矛盾就调整什么。可以只调整文中6项内容之一项，也可以同时调整多项，还可以将几项结合起来进行调整，例如将工期与资源、工期与成本、工期资源及成本结合起来调整，以求综合效益最佳。只要能达到预期目标，调整越少越好。

7.3.2 本条规规定了对关键线路进行调整的方法。针对实际进度提前或落后两种情况作了规定。

1 当关键线路的实际进度比计划进度提前时，首先要确定是否对原计划工期予以缩短。如果不拟缩短，则可利用这个机会降低资源强度或费用，方法是选择后续关键工作中资源占用量大的或直接费用高的予以适当延长，延长的时间不应超过已完成的关键工作提前的时间量；如果要使提前完成的关键线路的效果变成整个计划工期的提前完成，则应将计划的未完成部分作为一个新计划，重新进行计算与调整，按新的计划执行，并保证新的关键工作按新计算的时间完成。

2 当关键线路的实际进度比计划进度落后时，计划调整的任务是采取措施把落后的时间抢回来。于是应在未完成的关键线路中选择资源强度小的予以缩短，重新计算未完成部分的时间参数，按新参数执行。这样做有利于减少赶工费用。

7.3.3 本条对非关键工作的时差调整作了规定。

1 时差调整的目的是充分利用资源，降低成本、满足施工需要；

2 时差调整不得超出总时差值；

3 每次调整均需进行时间参数计算，从而观察每次调整对计划全局的影响。

调整的方法共三种：即在总时差范围内移动工作、延长非关键工作的持续时间及缩短工作持续时间。三种方法的前提均是降低资源强度。

7.3.4 本条对增减工作项目作了规定。

1 增减工作项目均不应打乱原网络计划总的逻辑关系，以便使原计划得以实施。因此，由于增减工作项目，只能改变局部的逻辑关系，此局部改变不影响总的逻辑关系。增加工作项目，只是对原遗漏或不具体的逻辑关系进行补充，减少工作项目，只是对提前完成了的工作项目或原不应设置而设置了的工作项目予以消除。只有这样，才是真正的调整，而不是重编计划。

2 增减工作项目之后，应重新计划时间参数，以分析此调整是否对原网络计划工期有影响，如有影响，应采取措施使之保持不变。

7.3.5 本条对网络计划逻辑关系的调整作了规定。

逻辑关系改变的原因必须是施工方法或组织方法改变。但一般说来，只能调整组织关系，而工艺关系不宜进行调整，以免打乱原计划，调整逻辑关系是以不影响原定计划工期和其他工作的顺序为前提的。调整的结果绝对不应形成对原计划的否定。

7.3.6 本条对工作持续时间的调整作了规定。调整的原因是原计划有误或实现条件不充分。调整的方法是重新估算。调整后应对网络计划的时间参数重新计算，观察对总工期的影响。

7.3.7 本条规定资源调整应在资源供应发生异常时进行。所谓发生异常，即因供应满足不了需要（中断或强度降低），影响到计划工期的实现。资源调整的前提是保证工期或使用工期适当，故应进行工期规定资源有限或资源强度降低工期适当的优化，从而达到使调整取得好的效果的目的。

8 工程网络计划的计算机应用

8.1 一 般 规 定

8.1.1、8.1.2 工程网络计划计算机软件作为编制网络计划的辅助工具，首先应符合本标准前面章节的有关规定，还要符合其他相关国家、行业标准；经过国家权威部门鉴定的软件才能保证可靠性、正确性。

8.2 计算机软件的基本要求

8.2.1 工程网络计划计算机软件应该尽量满足工程

人员的实际需要，实现本规程的主要功能要求，包括网络计划的编制、绘图、计算、优化、检查、调整、分析、总结等功能。

8.2.2 计算机软件的优点在于速度快，用户在输入或修改工作信息的同时，计算机就在实时计算、绘图，这样方便检查修改。在修正初步网络计划时，只有实时计算，才能随时掌握整个工程的工期是否满足工期目标。

8.2.3、8.2.4 单代号网络图、双代号网络图、横道图都是计划的表现形式，包含的核心信息是工作以及工作之间的搭接关系。因此，它们之间是可以转化的。各计划图表中同一个工作的时间参数必须一致。

对工期较长，工序持续时间的差别较大的时标网络图，可以采用不均匀时间标尺，如图15所示；不均匀时间标尺的时间刻度、单位可以不同。这样就避免了较短的工作挤成一个节点的情况。

8.2.5 由于前锋线对实际进度作了形象的记录，通过前锋线可以反映出哪些工作超前，哪些工作滞后，是一种简单实用的进度检查表示方法，如图16所示。软件宜有此功能。

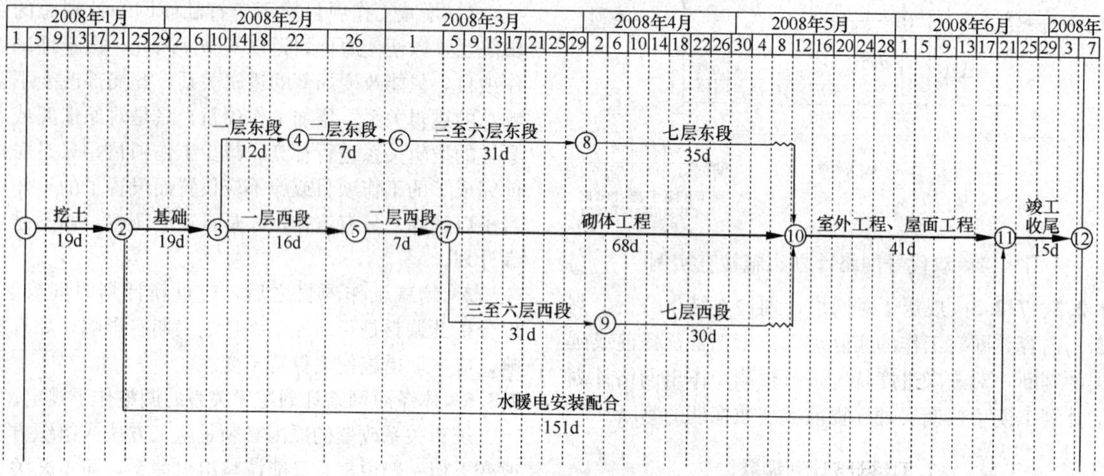

图15 时标网络计划不均匀时间标尺应用示意图

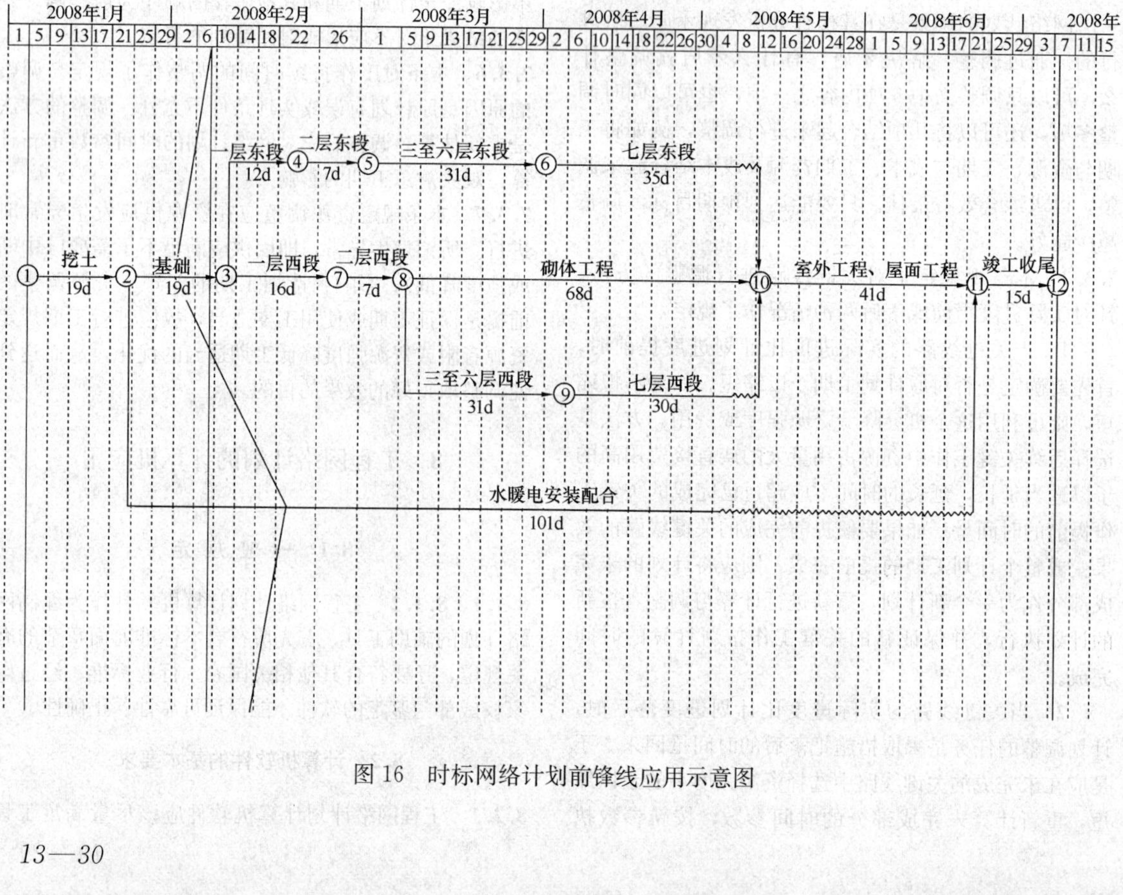

图16 时标网络计划前锋线应用示意图

实际时间、计划时间比较功能是进度管理中常用的手段之一，通过比较图可以直观的了解当前进度执行情况，如图 17 所示。软件宜有此功能。

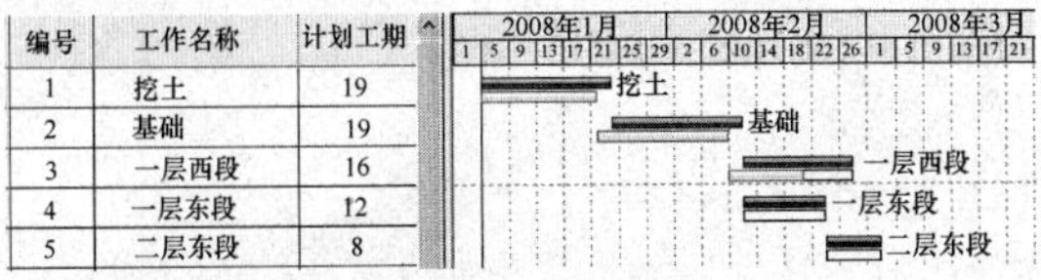

图 17　实际进度与计划进度比较示意图

8.2.6　各项资源需要量计划可用来确定资金的筹集、并按计划供应材料、构件、调配劳动力和施工机械，按计划控制各项资源的使用量，以保证施工顺利进行。在编制了网络计划，并为每一工作分配了资源后，计算机就可以计算出每个时间单位每种资源的需要量，据此可以编制各项资源的需要量计划。

8.2.7　软件为了有更广的适应性，应能够与 Project、P3 等项目管理软件有良好的数据交换接口。

中华人民共和国行业标准

建设工程施工现场环境与卫生标准

Standard for environment and sanitation of construction site

JGJ 146—2013

批准部门：中华人民共和国住房和城乡建设部
施行日期：2 0 1 4 年 6 月 1 日

中华人民共和国住房和城乡建设部
公　　告

第216号

住房城乡建设部关于发布行业标准《建设工程施工现场环境与卫生标准》的公告

现批准《建设工程施工现场环境与卫生标准》为行业标准，编号为JGJ 146－2013，自2014年6月1日起实施。其中，第4.2.1、4.2.5、4.2.6、5.1.6条为强制性条文，必须严格执行。原《建筑施工现场环境与卫生标准》JGJ 146－2004同时废止。

本规程由我部标准定额研究所组织中国建筑工业出版社出版发行。

中华人民共和国住房和城乡建设部

2013年11月8日

前　　言

根据住房城乡建设部《关于印发〈2013年工程建设标准规范制订、修订计划〉的通知》（建标［2012］6号）的要求，标准编制组经深入调查研究，认真总结实践经验，参考有关国际先进标准，并在广泛征求意见的基础上，修订本标准。

本标准的主要技术内容是：1. 总则；2. 术语；3. 基本规定；4. 绿色施工；5. 环境卫生。

本标准修订的主要技术内容是：1. 增设“术语”章节；2. “基本规定”中增加关于职业健康的要求；3. “绿色施工”一章中增设“节约能源资源”章节，增加关于绿色施工的要求；4. “环境卫生”一章增加食品卫生相关要求。

本标准以黑体字标志的条文为强制性条文，必须严格执行。

本标准由住房城乡建设部负责管理和对强制性条文的解释，由北京建工一建工程建设有限公司负责具体技术内容的解释。在执行过程中如有意见或建议，请寄送给北京建工一建工程建设有限公司（地址：北京市西城区右安门内大街75号，邮政编码：100054）。

本标准主编单位：北京建工一建工程建设有限公司
北京市第三建筑工程有限公司

本标准参编单位：中国建筑业协会建筑安全分会
北京建工集团有限责任公司
北京市建设工程安全质量监督总站
上海市建设工程安全质量监督总站
陕西省建设工程质量安全监督总站
成都市建设工程施工安全监督站
北京城建集团有限责任公司
天津市建工集团（控股）有限责任公司
广州建筑股份有限公司
上海建工集团股份有限公司

本标准主要起草人员：杨崇俭　孙宗辅　徐敬贤　王华军　孙京燕　周长青　孙海东　邹爱华　姚永辉　张世功　曹　勤　沙秀花　宋铁柱　王兰英　耿洁明　杨纯仪　蔡崇民　王俊川　徐冬艳　解金箭　高俊岳　毕炤伯

本标准主要审查人员：杨嗣信　应惠清　魏吉祥　徐克诚　卓　新　葛兴杰　闫　琪　任兆祥　寇德全　严洪丽　陈　红

目　次

Contents

1 总 则

1.0.1 为节约能源资源，保护环境，创建整洁文明的施工现场，保障施工人员的身体健康和生命安全，改善建设工程施工现场的工作环境与生活条件，制定本标准。

1.0.2 本标准适用于新建、扩建、改建的房屋建筑与市政基础设施工程的施工现场环境与卫生的管理。

1.0.3 建设工程施工现场环境与卫生管理除应符合本标准的规定外，尚应符合国家现行有关标准的规定。

2 术 语

2.0.1 环境保护 environmental conservation

为解决现实的或潜在的环境问题，协调人类与环境的关系，保障经济社会的健康持续发展而采取的各种活动的总称。

2.0.2 环境卫生 environmental sanitation

指施工现场生产、生活环境的卫生，包括食品卫生、饮水卫生、废污处理、卫生防疫等。

2.0.3 绿色施工 green construction

是工程建设中实现环境保护的一种手段，在保证质量、安全等基本要求的前提下，通过科学管理和技术进步，最大限度地节约资源与减少对环境负面影响的施工活动，实现节能、节地、节水、节材和环境保护。

2.0.4 临时设施 temporary facilities

施工期间临时搭建、租赁及使用的各种建筑物、构筑物。

2.0.5 施工人员 site personnel

在施工现场从事施工活动的管理人员和作业人员，包括建设、施工、监理等各方参建人员。

2.0.6 建筑垃圾 construction trash

在新建、扩建、改建各类房屋建筑与市政基础设施工程施工过程中产生的弃土、弃料及其他废弃物。

3 基本规定

3.0.1 建设工程施工总承包单位应对施工现场的环境与卫生负总责，分包单位应服从总承包单位的管理。参建单位及现场人员应有维护施工现场环境与卫生的责任和义务。

3.0.2 建设工程的环境与卫生管理应纳入施工组织设计或编制专项方案，应明确环境与卫生管理的目标和措施。

3.0.3 施工现场应建立环境与卫生管理制度，落实管理责任，应定期检查并记录。

3.0.4 建设工程的参建单位应根据法律法规的规定，针对可能发生的环境、卫生等突发事件建立应急管理体系，制定相应的应急预案并组织演练。

3.0.5 当施工现场发生有关环境、卫生等突发事件时，应按相关规定及时向施工现场所在地建设行政主管部门和相关部门报告，并应配合调查处置。

3.0.6 施工人员的教育培训、考核应包括环境与卫生等有关内容。

3.0.7 施工现场临时设施、临时道路的设置应科学合理，并应符合安全、消防、节能、环保等有关规定。施工区、材料加工及存放区应与办公区、生活区划分清晰，并应采取相应的隔离措施。

3.0.8 施工现场应实行封闭管理，并应采用硬质围挡。市区主要路段的施工现场围挡高度不应低于2.5m，一般路段围挡高度不应低于1.8m。围挡应牢固、稳定、整洁。距离交通路口20m范围内占据道路施工设置的围挡，其0.8m以上部分应采用通透性围挡，并应采取交通疏导和警示措施。

3.0.9 施工现场出入口应标有企业名称或企业标识。主要出入口明显处应设置工程概况牌，施工现场大门内应有施工现场总平面图和安全管理、环境保护与绿色施工、消防保卫等制度牌和宣传栏。

3.0.10 施工单位应采取有效的安全防护措施。参建单位必须为施工人员提供必备的劳动防护用品，施工人员应正确使用劳动防护用品。劳动防护用品应符合现行行业标准《建筑施工作业劳动防护用品配备及使用标准》JGJ 184的规定。

3.0.11 有毒有害作业场所应在醒目位置设置安全警示标识，并应符合现行国家标准《工作场所职业病危害警示标识》GBZ 158的规定。施工单位应依据有关规定对从事有职业病危害作业的人员定期进行体检和培训。

3.0.12 施工单位应根据季节气候特点，做好施工人员的饮食卫生和防暑降温、防寒保暖、防中毒、卫生防疫等工作。

4 绿色施工

4.1 节约能源资源

4.1.1 施工总平面布置、临时设施的布局设计及材料选用应科学合理，节约能源。临时用电设备及器具应选用节能型产品。施工现场宜利用新能源和可再生资源。

4.1.2 施工现场宜利用拟建道路路基作为临时道路路基。临时设施应利用既有建筑物、构筑物和设施。土方施工应优化施工方案，减少土方开挖和回填量。

4.1.3 施工现场周转材料宜选择金属、化学合成材料等可回收再利用产品代替，并应加强保养维护，提高周转率。

4.1.4 施工现场应合理安排材料进场计划，减少二次搬运，并应实行限额领料。

4.1.5 施工现场办公应利用信息化管理，减少办公用品的使用及消耗。

4.1.6 施工现场生产生活用水用电等资源能源的消耗应实行计量管理。

4.1.7 施工现场应保护地下水资源。采取施工降水时应执行国家及当地有关水资源保护的规定，并应综合利用抽排出的地下水。

4.1.8 施工现场应采用节水器具，并应设置节水标识。

4.1.9 施工现场宜设置废水回收、循环再利用设施，宜对雨水进行收集利用。

4.1.10 施工现场应对可回收再利用物资及时分拣、回收、再利用。

4.2 大气污染防治

4.2.1 施工现场的主要道路应进行硬化处理。裸露的场地和堆放的土方应采取覆盖、固化或绿化等措施。

4.2.2 施工现场土方作业应采取防止扬尘措施，主要道路应定期清扫、洒水。

4.2.3 拆除建筑物或构筑物时，应采用隔离、洒水等降噪、降尘措施，并应及时清理废弃物。

4.2.4 土方和建筑垃圾的运输必须采用封闭式运输车辆或采取覆盖措施。施工现场出口处应设置车辆冲洗设施，并应对驶出车辆进行清洗。

4.2.5 建筑物内垃圾应采用容器或搭设专用封闭式垃圾道的方式清运，严禁凌空抛掷。

4.2.6 施工现场严禁焚烧各类废弃物。

4.2.7 在规定区域内的施工现场应使用预拌混凝土及预拌砂浆。采用现场搅拌混凝土或砂浆的场所应采取封闭、降尘、降噪措施。水泥和其他易飞扬的细颗粒建筑材料应密闭存放或采取覆盖等措施。

4.2.8 当市政道路施工进行铣刨、切割等作业时，应采取有效防扬尘措施。灰土和无机料应采用预拌进场，碾压过程中应洒水降尘。

4.2.9 城镇、旅游景点、重点文物保护区及人口密集区的施工现场应使用清洁能源。

4.2.10 施工现场的机械设备、车辆的尾气排放应符合国家环保排放标准。

4.2.11 当环境空气质量指数达到中度及以上污染时，施工现场应增加洒水频次，加强覆盖措施，减少易造成大气污染的施工作业。

4.3 水土污染防治

4.3.1 施工现场应设置排水沟及沉淀池，施工污水应经沉淀处理达到排放标准后，方可排入市政污水管网。

4.3.2 废弃的降水井应及时回填，并应封闭井口，防止污染地下水。

4.3.3 施工现场临时厕所的化粪池应进行防渗漏处理。

4.3.4 施工现场存放的油料和化学溶剂等物品应设置专用库房，地面应进行防渗漏处理。

4.3.5 施工现场的危险废物应按国家有关规定处理，严禁填埋。

4.4 施工噪声及光污染防治

4.4.1 施工现场场界噪声排放应符合现行国家标准《建筑施工场界环境噪声排放标准》GB 12523 的规定。施工现场应对场界噪声排放进行监测、记录和控制，并应采取降低噪声的措施。

4.4.2 施工现场宜选用低噪声、低振动的设备，强噪声设备宜设置在远离居民区的一侧，并应采用隔声、吸声材料搭设防护棚或屏障。

4.4.3 进入施工现场的车辆严禁鸣笛。装卸材料应轻拿轻放。

4.4.4 因生产工艺要求或其他特殊需要，确需进行夜间施工的，施工单位应加强噪声控制，并应减少人为噪声。

4.4.5 施工现场应对强光作业和照明灯具采取遮挡措施，减少对周边居民和环境的影响。

5 环 境 卫 生

5.1 临 时 设 施

5.1.1 施工现场应设置办公室、宿舍、食堂、厕所、盥洗设施、淋浴房、开水间、文体活动室、职工夜校等临时设施。文体活动室应配备文体活动设施和用品。尚未竣工的建筑物内严禁设置宿舍。

5.1.2 生活区、办公区的通道、楼梯处应设置应急疏散、逃生指示标识和应急照明灯。宿舍内宜设置烟感报警装置。

5.1.3 施工现场应设置封闭式建筑垃圾站。办公区和生活区应设置封闭式垃圾容器。生活垃圾应分类存放，并应及时清运、消纳。

5.1.4 施工现场应配备常用药及绷带、止血带、担架等急救器材。

5.1.5 宿舍内应保证必要的生活空间，室内净高不得小于 2.5m，通道宽度不得小于 0.9m，住宿人员人均面积不得小于 2.5m^2，每间宿舍居住人员不得超过 16 人。宿舍应有专人负责管理，床头宜设置姓名卡。

5.1.6 施工现场生活区宿舍、休息室必须设置可开启式外窗，床铺不应超过 2 层，不得使用通铺。

5.1.7 施工现场宜采用集中供暖，使用炉火取暖时应采取防止一氧化碳中毒的措施。彩钢板活动房严禁使用炉火或明火取暖。

5.1.8 宿舍内应有防暑降温措施。宿舍应设置生活用品专柜、鞋柜或鞋架、垃圾桶等生活设施。生活区应提供晾晒衣物的场所和晾衣架。

5.1.9 宿舍照明电源宜选用安全电压，采用强电照明的宜使用限流器。生活区宜单独设置手机充电柜或充电房间。

5.1.10 食堂应设置在远离厕所、垃圾站、有毒有害场所等有污染源的地方。

5.1.11 食堂应设置隔油池，并应定期清理。

5.1.12 食堂应设置独立的制作间、储藏间，门扇下方应设不低于0.2m的防鼠挡板。制作间灶台及其周边应采取易清洁、耐擦洗措施，墙面处理高度应大于1.5m，地面应做硬化和防滑处理，并应保持墙面、地面整洁。

5.1.13 食堂应配备必要的排风和冷藏设施，宜设置通风天窗和油烟净化装置，油烟净化装置应定期清洗。

5.1.14 食堂宜使用电炊具。使用燃气的食堂，燃气罐应单独设置存放间并应加装燃气报警装置，存放间应通风良好并严禁存放其他物品。供气单位资质应齐全，气源应有可追溯性。

5.1.15 食堂制作间的炊具宜存放在封闭的橱柜内，刀、盆、案板等炊具应生熟分开。

5.1.16 食堂制作间、锅炉房、可燃材料库房及易燃易爆危险品库房等应采用单层建筑，应与宿舍和办公用房分别设置，并应按相关规定保持安全距离。临时用房内设置的食堂、库房和会议室应设在首层。

5.1.17 易燃易爆危险品库房应使用不燃材料搭建，面积不应超过200m^2。

5.1.18 施工现场应设置水冲式或移动式厕所，厕所地面应硬化，门窗应齐全并通风良好。厕位宜设置门及隔板，高度不应小于0.9m。

5.1.19 厕所面积应根据施工人员数量设置。厕所应设专人负责，定期清扫、消毒，化粪池应及时清掏。高层建筑施工超过8层时，宜每隔4层设置临时厕所。

5.1.20 淋浴间内应设置满足需要的淋浴喷头，并应设置储衣柜或挂衣架。

5.1.21 施工现场应设置满足施工人员使用的盥洗设施。盥洗设施的下水管口应设置过滤网，并应与市政污水管线连接，排水应通畅。

5.1.22 生活区应设置开水炉、电热水器或保温水桶，施工区应配备流动保温水桶。开水炉、电热水器、保温水桶应上锁由专人负责管理。

5.1.23 未经施工总承包单位批准，施工现场和生活区不得使用电热器具。

5.2 卫 生 防 疫

5.2.1 办公区和生活区应设专职或兼职保洁员，并应采取灭鼠、灭蚊蝇、灭蟑螂等措施。

5.2.2 食堂应取得相关部门颁发的许可证，并应悬挂在制作间醒目位置。炊事人员必须经体检合格并持证上岗。

5.2.3 炊事人员上岗应穿戴洁净的工作服、工作帽和口罩，并应保持个人卫生。非炊事人员不得随意进入食堂制作间。

5.2.4 食堂的炊具、餐具和公用饮水器具应及时清洗定期消毒。

5.2.5 施工现场应加强食品、原料的进货管理，建立食品、原料采购台账，保存原始采购单据。严禁购买无照、无证商贩的食品和原料。食堂应按许可范围经营，严禁制售易导致食物中毒食品和变质食品。

5.2.6 生熟食品应分开加工和保管，存放成品或半成品的器皿应有耐冲洗的生熟标识。成品或半成品应遮盖，遮盖物品应有正反面标识。各种佐料和副食应存放在密闭器皿内，并应有标识。

5.2.7 存放食品原料的储藏间或库房应有通风、防潮、防虫、防鼠等措施，库房不得兼作他用。粮食存放台距墙和地面应大于0.2m。

5.2.8 当施工现场遇突发疫情时，应及时上报，并应按卫生防疫部门相关规定进行处理。

本标准用词说明

1 为便于在执行本标准条文时区别对待，对要求严格程度不同的用词说明如下：

1）表示很严格，非这样做不可的：
正面词采用“必须”，反面词采用“严禁”；

2）表示严格，在正常情况下均应这样做的：
正面词采用“应”，反面词采用“不应”或“不得”；

3）表示允许稍有选择，在条件许可时首先应这样做的：
正面词采用“宜”，反面词采用“不宜”；

4）表示有选择，在一定条件下可以这样做的，采用“可”。

2 条文中指明应按其他有关标准执行的，写法为“应符合……的规定”或“应按……执行”。

引用标准名录

1 《建筑施工场界环境噪声排放标准》GB 12523

2 《工作场所职业病危害警示标识》GBZ 158

3 《建筑施工作业劳动防护用品配备及使用标准》JGJ 184

中华人民共和国行业标准

建设工程施工现场环境与卫生标准

JGJ 146—2013

条 文 说 明

修 订 说 明

《建设工程施工现场环境与卫生标准》JGJ 146-2013，经住房城乡建设部2013年11月8日以第216号公告批准、发布。

本标准是在《建筑施工现场环境与卫生标准》JGJ 146-2004的基础上修订而成，上一版的主编单位是北京市建设委员会，参编单位是上海市建设工程安全质量监督总站、陕西省建设工程质量安全监督总站、成都市建设工程施工安全监督站、青岛市建筑工程管理局、北京城建集团、上海建工集团、天津市建工集团、广州建工集团，主要起草人是刘照源、阮景云、顾美丽、杨纯怡、李生贵、蔡崇民、张佳、边尔伦、孙维民、许月根、戴贞洁、高俊岳。本次修订的主要技术内容是：1. 增设“术语”章节；2. “基本规定”中增加关于职业健康的要求；3. “绿色施工”一章中增设“节约能源资源”章节，增加关于绿色施工的要求；4. “环境卫生”一章增加食品卫生相关要求。

为便于广大设计、施工、科研、学校等单位有关人员在使用本标准时能正确理解和执行条文规定，《建设工程施工现场环境与卫生标准》编制组按章、节、条顺序编制了本标准的条文说明，对条文规定的目的、依据以及执行中需注意的有关事项进行了说明，还着重对强制性条文的强制性理由作了解释。但是，本条文说明不具备与标准正文同等的法律效力，仅供使用者作为理解和把握标准规定的参考。

目　次

1 总 则

1.0.1 制定本标准的目的。
1.0.2 规定了本标准的适用范围。
1.0.3 说明本标准与其他相关标准的关系。

3 基本规定

3.0.5 施工现场环境突发事件是指在施工现场发生的，造成或可能造成环境状况、生命健康、财产严重损害，危及环境公共安全的一种紧急事件。

施工现场卫生突发事件是指在施工现场已经发生或者可能发生的、对公众健康造成或者可能造成重大损失的传染病疫情和不明原因的群体性疫病，以及食物中毒和职业中毒等突发事件。

法定传染病的识别以《中华人民共和国传染病防治法》和国务院卫生行政部门的规定为准。

3.0.8 市区主要路段、一般路段由当地行政主管部门划分。施工现场设置封闭围挡的目的是防止人员随意出入，减少施工作业影响周围环境。交通路口占路施工设置的围挡会遮挡视线，造成交通安全隐患，容易诱发交通安全事故，所以距离交通路口 20m 范围内 0.8m 以上部分的围挡采用通透性围挡。硬质围挡是指采用砌体、金属板材等材料设置的围挡。通透性围挡是指采用金属网等可透视材料设置的围挡。交通路口包括环岛、十字路口、丁字路口、直角路口和单独设置的人行横道。

3.0.9 工程概况牌内容一般有工程名称、面积、层数、建设单位、设计单位、施工单位、监理单位、监督单位、开竣工日期、项目经理以及联系电话等。

3.0.10 劳动防护用品是指施工人员在生产过程中使用的减少职业危害和意外伤害、保护人身安全与健康的防护用品。

4 绿色施工

4.1 节约能源资源

4.1.2 利用拟建道路路基、既有建筑物、构筑物和设施，减少土方开挖和回填量，可以节约资源减少浪费，保护环境。

4.1.7 抽排出的地下水可用于混凝土的养护、降尘、冲厕、车辆洗刷等方面，减少水资源浪费。

4.2 大气污染防治

4.2.1 本条为强制性条文。施工现场的主要道路是指机动车行驶的道路。硬化处理指采取铺设混凝土、碎石等方法，并根据气候条件定期洒水，防止扬尘污染。

4.2.4 使用封闭式车辆或采取覆盖措施是为了防止车辆在运输过程中造成遗撒。车辆冲洗设施应设在施工现场车辆出口处。对车辆进行冲洗是为了防止车轮等部位将泥沙带出施工现场，造成扬尘污染。

4.2.5 本条为强制性条文。使用容器运输或搭设专用封闭式垃圾道清运垃圾可有效避免高空坠物及扬尘污染。高空坠物和凌空抛掷极易造成人身伤害。

4.2.6 本条为强制性条文。施工现场焚烧废弃物容易引发火灾，燃烧过程中会产生有毒有害气体造成环境污染。

4.2.7 使用预拌混凝土及预拌砂浆的规定区域，应依据《关于限期禁止在城市城区现场搅拌混凝土的通知》（商改发［2003］341 号）和《关于在部分城市限期禁止现场搅拌砂浆工作的通知》（商改发［2007］205 号）及当地政府相关部门的规定执行。

4.2.9 清洁能源指燃气、燃油、电能、太阳能等。

4.2.11 现行行业标准《环境空气质量指数（AQI）技术规定（试行）》HJ 633 规定，AQI 指数在 151 到 200 之间为中度污染。当环境空气质量指数达到中度及以上污染时，施工现场应在原有大气污染防治措施基础上，加大控制力度，并按当地政府相关部门的规定暂停易造成大气污染的施工作业。

4.3 水土污染防治

4.3.1 根据现行行业标准《污水排入城镇下水道水质标准》CJ 343的规定，施工污水的水质监测由城镇排水监测部门负责。

4.3.5 危险废物以环境保护部令第 1 号《国家危险废物名录》为准。施工现场常见的危险废物包括废弃油料、化学溶剂包装桶、色带、硒鼓、含油棉丝、石棉、电池等。

4.4 施工噪声及光污染防治

4.4.1 根据《建筑施工场界环境噪声排放标准》GB 12523 的规定，建筑施工现场噪声排放限值昼间 75dB，夜间 55dB。“昼间”是指 6：00 至 22：00 之间的时段，“夜间”是指 22：00 至次日 6：00 之间的时段。夜间噪声最大声级超过限值的幅度不得高于 15dB。

5 环境卫生

5.1 临时设施

5.1.6 本条为强制性条文。宿舍条件对居住人员身心健康有重大影响。可开启式外窗是指可以打开通风采光的外窗，并作为应急逃生通道。床铺超过 2 层，人员上下存在安全隐患，个人空间受限。通铺不能保证私人空间，容易造成传染病，且不利于应急逃生。

5.1.7 彩钢板活动房是一种以型钢为骨架，以夹芯板为墙板材料的经济型临建房屋。彩钢板活动房内使用炉火取暖容易引发火灾。

5.1.11 隔油池是指在生活用水排入市政管道前设置的隔离漂浮油污进入市政管道的池子。

5.1.12 防鼠挡板是采用金属材料或金属材料包裹，防止鼠类啃咬的挡板。

5.1.13 油烟净化装置是利用物理或化学方法对油烟进行收集、分离的净化处理设备。

5.1.16 食堂、库房和会议室设在首层是为了便于应急疏散，并防止使用荷载超限。

5.1.17 不燃材料指现行国家标准《建筑材料及制品燃烧性能分级》GB 8624 中的 A 级材料。

5.1.19 临时厕所是指便于清运和方便使用的如厕设施。

5.2 卫生防疫

5.2.2 依据《中华人民共和国食品卫生法》的规定，食品生产经营人员必须体检合格取得健康证后方可参加工作。

依据《餐饮服务许可管理办法》的规定，餐饮服务提供者应取得餐饮服务许可证并在就餐场所醒目位置悬挂或者摆放。

食堂取得餐饮服务许可证、炊事人员取得健康证是为了保证就餐人员的食品卫生安全的基本条件，悬挂于醒目位置是为了便于监督检查。

5.2.5 根据《中华人民共和国食品安全法》的有关规定，施工现场保留食品、原料采购台账和原始单据，达到可追溯性要求。

中华人民共和国行业标准

建筑施工作业劳动防护用品配备及使用标准

Standard for outfit and used of labour protection articles on construction site

JGJ 184—2009

批准部门：中华人民共和国住房和城乡建设部

施行日期：2 0 1 0 年 6 月 1 日

中华人民共和国住房和城乡建设部
公　　告

第439号

关于发布行业标准《建筑施工作业劳动防护用品配备及使用标准》的公告

现批准《建筑施工作业劳动防护用品配备及使用标准》为行业标准，编号为JGJ 184－2009，自2010年6月1日起实施。其中，第2.0.4、3.0.1、3.0.2、3.0.3、3.0.4、3.0.5、3.0.6、3.0.10、3.0.14、3.0.17、3.0.19条为强制性条文，必须严格执行。

本标准由我部标准定额研究所组织中国建筑工业出版社出版发行。

中华人民共和国住房和城乡建设部

2009年11月16日

前　　言

根据原建设部《关于印发〈2002～2003年度工程建设城建、建工行业标准制订、修订计划〉的通知》（建标［2003］104号）文件的要求，标准编制组在广泛深入调查研究，认真总结实践经验，并广泛征求意见的基础上，制定本标准。

本标准的主要内容是：劳动防护用品的配备及基本规定；劳动防护用品使用及管理。

本标准中以黑体字标志的条文为强制性条文，必须严格执行。

本标准由住房和城乡建设部负责管理和对强制性条文的解释，由北京建工集团有限责任公司负责具体技术内容的解释。执行过程中如有意见和建议，请寄送至北京建工集团有限责任公司安全监管部（地址：北京市宣武区广莲路1号2009室，邮政编码：100055）。

本标准主编单位：北京建工集团有限责任公司
北京六建集团公司

本标准参编单位：中国建筑业协会建筑安全分会
北京市住房和城乡建设委员会
天津市建工集团（控股）有限公司
河南省建设安全监督总站
山东省建筑安全监督站
北京建工一建工程建设有限公司

本标准主要起草人：张立元　丁传波　陈卫东
阮景云　秦春芳　陈晓峰
王维瑞　唐　伟　孙宗辅
戴贞洁　牛福增　马志远
李　印　魏　鹏　胡　鹏
杨　楠　金雅静　冯世基
李　岱　张广宇　李宗亮
孙京燕　魏铁山　李云祥
王颖群　赵京生　孟樊军

本标准主要审查人员：魏吉祥　胡　军　姜　华
解金箭　朱恒武　张　佳
张志成　翟家常　高秋利
潘国钿　张晓飞

目　次

Contents

1 总 则

1.0.1 为贯彻“安全第一、预防为主、综合治理”的安全生产方针，规范建筑施工现场作业的安全防护用品的配备、使用和管理，保障从业人员在施工生产作业中的安全和健康，制定本标准。

1.0.2 本标准适用于建筑施工企业和建筑工程施工现场作业的劳动防护用品的配备、使用及管理。

1.0.3 从事新建、改建、扩建和拆除等有关建筑活动的施工企业，应依据本标准为从业人员配备相应的劳动防护用品，使其免遭或减轻事故伤害和职业危害。

1.0.4 进入施工现场的施工人员和其他人员，应依据本标准正确佩戴相应的劳动防护用品，以确保施工过程中的安全和健康。

1.0.5 本标准规定了建筑施工作业劳动防护用品配备、使用及管理的基本技术要求。当本标准与国家法律、行政法规的规定相抵触时，应按国家法律、行政法规的规定执行。

1.0.6 建筑施工作业劳动防护用品配备、使用及管理，除应符合本标准以外，尚应符合国家现行有关标准的规定。

2 基 本 规 定

2.0.1 本标准所列劳动防护用品为从事建筑施工作业的人员和进入施工现场的其他人员配备的个人防护装备。

2.0.2 从事施工作业人员必须配备符合国家现行有关标准的劳动防护用品，并应按规定正确使用。

2.0.3 劳动防护用品的配备，应按照“谁用工，谁负责”的原则，由用人单位为作业人员按作业工种配备。

2.0.4 进入施工现场人员必须佩戴安全帽。作业人员必须戴安全帽、穿工作鞋和工作服；应按作业要求正确使用劳动防护用品。在2m及以上的无可靠安全防护设施的高处、悬崖和陡坡作业时，必须系挂安全带。

2.0.5 从事机械作业的女工及长发者应配备工作帽等个人防护用品。

2.0.6 从事登高架设作业、起重吊装作业的施工人员应配备防止滑落的劳动防护用品，应为从事自然强光环境下作业的施工人员配备防止强光伤害的劳动防护用品。

2.0.7 从事施工现场临时用电工程作业的施工人员应配备防止触电的劳动防护用品。

2.0.8 从事焊接作业的施工人员应配备防止触电、灼伤、强光伤害的劳动防护用品。

2.0.9 从事锅炉、压力容器、管道安装作业的施工人员应配备防止触电、强光伤害的劳动防护用品。

2.0.10 从事防水、防腐和油漆作业的施工人员应配备防止触电、中毒、灼伤的劳动防护用品。

2.0.11 从事基础施工、主体结构、屋面施工、装饰装修作业人员应配备防止身体、手足、眼部等受到伤害的劳动防护用品。

2.0.12 冬期施工期间或作业环境温度较低的，应为作业人员配备防寒类防护用品。

2.0.13 雨期施工期间应为室外作业人员配备雨衣、雨鞋等个人防护用品。对环境潮湿及水中作业的人员应配备相应的劳动防护用品。

3 劳动防护用品的配备

3.0.1 架子工、起重吊装工、信号指挥工的劳动防护用品配备应符合下列规定：

1 架子工、塔式起重机操作人员、起重吊装工应配备灵便紧口的工作服、系带防滑鞋和工作手套。

2 信号指挥工应配备专用标志服装。在自然强光环境条件作业时，应配备有色防护眼镜。

3.0.2 电工的劳动防护用品配备应符合下列规定：

1 维修电工应配备绝缘鞋、绝缘手套和灵便紧口的工作服。

2 安装电工应配备手套和防护眼镜。

3 高压电气作业时，应配备相应等级的绝缘鞋、绝缘手套和有色防护眼镜。

3.0.3 电焊工、气割工的劳动防护用品配备应符合下列规定：

1 电焊工、气割工应配备阻燃防护服、绝缘鞋、鞋盖、电焊手套和焊接防护面罩。在高处作业时，应配备安全帽与面罩连接式焊接防护面罩和阻燃安全带。

2 从事清除焊渣作业时，应配备防护眼镜。

3 从事磨削钨极作业时，应配备手套、防尘口罩和防护眼镜。

4 从事酸碱等腐蚀性作业时，应配备防腐蚀性工作服、耐酸碱胶鞋，戴耐酸碱手套、防护口罩和防护眼镜。

5 在密闭环境或通风不良的情况下，应配备送风式防护面罩。

3.0.4 锅炉、压力容器及管道安装工的劳动防护用品配备应符合下列规定：

1 锅炉及压力容器安装工、管道安装工应配备紧口工作服和保护足趾安全鞋。在强光环境条件作业时，应配备有色防护眼镜。

2 在地下或潮湿场所，应配备紧口工作服、绝缘鞋和绝缘手套。

3.0.5 油漆工在从事涂刷、喷漆作业时，应配备防静电工作服、防静电鞋、防静电手套、防毒口罩和防护眼镜；从事砂纸打磨作业时，应配备防尘口罩和密闭式防护眼镜。

3.0.6 普通工从事淋灰、筛灰作业时，应配备高腰工作鞋、鞋盖、手套和防尘口罩，应配备防护眼镜；从事抬、扛物料作业时，应配备垫肩；从事人工挖扩桩孔孔井下作业时，应配备雨靴、手套和安全绳；从事拆除工程作业时，应配备保护足趾安全鞋、手套。

3.0.7 混凝土工应配备工作服、系带高腰防滑鞋、鞋盖、防尘口罩和手套，宜配备防护眼镜；从事混凝土浇筑作业时，应配备胶鞋和手套；从事混凝土振捣作业时，应配备绝缘胶靴、绝缘手套。

3.0.8 瓦工、砌筑工应配备保护足趾安全鞋、胶面手套和普通工作服。

3.0.9 抹灰工应配备高腰布面胶底防滑鞋和手套，宜配备防护眼镜。

3.0.10 磨石工应配备紧口工作服、绝缘胶靴、绝缘手套和防尘口罩。

3.0.11 石工应配备紧口工作服、保护足趾安全鞋、手套和防尘口罩，宜配备防护眼镜。

3.0.12 木工从事机械作业时，应配备紧口工作服、防噪声耳罩和防尘口罩，宜配备防护眼镜。

3.0.13 钢筋工应配备紧口工作服、保护足趾安全鞋和手套。从事钢筋除锈作业时，应配备防尘口罩，宜配备防护眼镜。

3.0.14 防水工的劳动防护用品配备应符合下列规定：

1 从事涂刷作业时，应配备防静电工作服、防静电鞋和鞋盖、防护手套、防毒口罩和防护眼镜。

2 从事沥青熔化、运送作业时，应配备防烫工作服、高腰布面胶底防滑鞋和鞋盖、工作帽、耐高温长手套、防毒口罩和防护眼镜。

3.0.15 玻璃工应配备工作服和防切割手套；从事打磨玻璃作业时，应配备防尘口罩，宜配备防护眼镜。

3.0.16 司炉工应配备耐高温工作服、保护足趾安全鞋、工作帽、防护手套和防尘口罩，宜配备防护眼镜；从事添加燃料作业时，应配备有色防冲击眼镜。

3.0.17 钳工、铆工、通风工的劳动防护用品配备应符合下列规定：

1 从事使用锉刀、刮刀、錾子、扁铲等工具作业时，应配备紧口工作服和防护眼镜。

2 从事剔凿作业时，应配备手套和防护眼镜；从事搬抬作业时，应配备保护足趾安全鞋和手套。

3 从事石棉、玻璃棉等含尘毒材料作业时，操作人员应配备防异物工作服、防尘口罩、风帽、风镜和薄膜手套。

3.0.18 筑炉工从事磨砖、切砖作业时，应配备紧口工作服、保护足趾安全鞋、手套和防尘口罩，宜配备防护眼镜。

3.0.19 电梯安装工、起重机械安装拆卸工从事安装、拆卸和维修作业时，应配备紧口工作服、保护足趾安全鞋和手套。

3.0.20 其他人员的劳动防护用品配备应符合下列规定：

1 从事电钻、砂轮等手持电动工具作业时，应配备绝缘鞋、绝缘手套和防护眼镜。

2 从事蛙式夯实机、振动冲击夯作业时，应配备具有绝缘功能的保护足趾安全鞋、绝缘手套和防噪声耳塞（耳罩）。

3 从事可能飞溅渣屑的机械设备作业时，应配备防护眼镜。

4 从事地下管道检修作业时，应配备防毒面罩、防滑鞋（靴）和工作手套。

4 劳动防护用品使用及管理

4.0.1 建筑施工企业应选定劳动防护用品的合格供货方，为作业人员配备的劳动防护用品必须符合国家有关标准，应具备生产许可证、产品合格证等相关资料。经本单位安全生产管理部门审查合格后方可使用。

建筑施工企业不得采购和使用无厂家名称、无产品合格证、无安全标志的劳动防护用品。

4.0.2 劳动防护用品的使用年限应按国家现行相关标准执行。劳动防护用品达到使用年限或报废标准的应由建筑施工企业统一收回报废，并应为作业人员配备新的劳动防护用品。劳动防护用品有定期检测要求的应按照其产品的检测周期进行检测。

4.0.3 建筑施工企业应建立健全劳动防护用品购买、验收、保管、发放、使用、更换、报废管理制度。在劳动防护用品使用前，应对其防护功能进行必要的检查。

4.0.4 建筑施工企业应教育从业人员按照劳动防护用品使用规定和防护要求，正确使用劳动防护用品。

4.0.5 建设单位应按国家有关法律和行政法规的规定，支付建筑工程的施工安全措施费用。建筑施工企业应严格执行国家有关法规和标准，使用合格的劳动防护用品。

4.0.6 建筑施工企业应对危险性较大的施工作业场所及具有尘毒危害的作业环境设置安全警示标识及应使用的安全防护用品标识牌。

本标准用词说明

1 为便于在执行本标准条文时区别对待，对要求严格程度不同的用词说明如下：

1）表示很严格，非这样做不可的：

正面词采用“必须”，反面词采用“严禁”；

2）表示严格，在正常情况下均应这样做的：
正面词采用“应”，反面词采用“不应”或“不得”；

3）表示允许稍有选择，在条件许可时首先应这样做的：
正面词采用“宜”，反面词采用“不宜”；

4）表示有选择，在一定条件下可以这样做的，采用“可”。

2 条文中指明应按其他有关标准执行的写法为“应符合……的规定”或“应按……执行”。

中华人民共和国行业标准

建筑施工作业劳动防护用品配备及使用标准

JGJ 184—2009

条 文 说 明

制 定 说 明

《建筑施工作业劳动防护用品配备及使用标准》JGJ 184－2009，经住房和城乡建设部 2009 年 11 月 16 日以第 439 号公告批准发布。

本标准制订过程中，编制组进行了广泛深入的调查研究，总结了我国建筑施工作业劳动防护用品配备、使用及管理的多年实践经验，同时参考了国外先进的现行标准。

为便于广大设计、施工、科研、学校等单位有关人员在使用本标准时能正确理解和执行条文规定，《建筑施工作业劳动防护用品配备及使用标准》编写组按章、节、条顺序编制了本标准的条文说明，对条文规定的目的、依据以及执行中需注意的有关事项进行了说明，但是，本条文说明不具备与标准正文同等的法律效力，仅供使用者作为理解和把握标准规定的参考。

目　　次

1 总 则

1.0.1 本条规定了制定本标准的目的。

1.0.2 本条规定了本标准的适用范围。

1.0.3 本标准规定的从业人员是指从事施工生产活动的所有人员。本条规定了标准的使用范围。

本条规定的劳动防护用品是指：

（1）头部防护类：安全帽、工作帽；

（2）眼、面部防护类：护目镜、防护罩（分防冲击型、防腐蚀型、防辐射型等）；

（3）听觉、耳部防护类：耳塞、耳罩、防噪声帽等；

（4）手部防护类：防腐蚀、防化学药品手套，绝缘手套，搬运手套，防火防烫手套等；

（5）足部防护类：绝缘鞋、保护足趾安全鞋、防滑鞋、防油鞋、防静电鞋等；

（6）呼吸器官防护类：防尘口罩、防毒面具等；

（7）防护服类：防火服、防烫服、防静电服、防酸碱服等；

（8）防坠落类：安全带、安全绳等；

（9）防雨、防寒服装及专用标志服装、一般工作服装。

2 基 本 规 定

2.0.1 本条定义了标准中所指的劳动防护用品。

2.0.2 本条规定了从业人员正确使用劳动防护用品的义务。

2.0.3 本条规定参照《中华人民共和国安全生产法》第三十七条制定。

2.0.4 本条所规定安全带的使用以《建筑施工高处作业安全技术规范》JGJ 80 为依据。本条规定的陡坡是指大于25°的坡度。

3 劳动防护用品的配备

3.0.1 本条规定的信号指挥工是指垂直运输机械的专职指挥人员。自然强光环境条件作业是指人员在面向太阳光直接照射的环境条件下，有可能影响视觉和操作准确性的作业。

3.0.2 本条规定的高压电气作业是指高压电气设备的维修、调试、值班。

3.0.4 本条规定的从事管道作业应配备绝缘手套是指从事电焊或使用手持电动工具作业时，避免人身触电事故发生。

3.0.6 本条规定的淋灰、筛灰作业产生粉尘，污染环境。为保护操作人员身体健康应穿戴相应的劳动防护用品。

普通工从事其他工种作业时，应按实际情况配备相应的劳动防护用品。

本条规定的安全绳是指其抗拉力不低于1000N的锦纶绳。

3.0.7 本条规定的浇筑混凝土作业是指混凝土振捣器操作及现场泵送混凝土的泵管安装、维护作业。

3.0.8 本条规定的砌筑工是指从事墙体砌筑和石材安装的工种。

3.0.9 本条规定的抹灰工是指从事地面、墙面和屋顶进行细石混凝土、水泥砂浆、白灰砂浆摊铺、抹面等的工种。

3.0.12 本条规定的操作人员必须戴防噪声耳罩，应按照《工业企业噪声卫生标准》配备。

3.0.13 本条规定的钢筋工是指钢筋搬运、加工、绑扎的工种。

3.0.16 本条规定不包括使用清洁燃料的锅炉及茶炉的操作人员。

3.0.17 本条规定的防异物工作服应是“三紧”（衣领、袖口、裤脚）。

3.0.20 本条规定手持电动工具的使用以《施工现场临时用电安全技术规范》JGJ 46－2005中第9.6节手持式电动工具为依据。

本条规定的操作人员是指扶夯和整理电源线的人员。蛙式夯实机、振动冲击夯的使用以《施工现场临时用电安全技术规范》JGJ 46－2005中第9.4节夯土机械为依据。

本条规定的防护眼镜是指对眼睛有伤害的危险工种作业人员所使用的劳动防护用品。防护眼镜的类型分为防冲击型、防腐蚀型、防辐射型。因本人视力缺陷自配的眼镜，可作为一般防护眼镜使用。

4 劳动防护用品使用及管理

4.0.1 本条规定参照《建设工程安全生产管理条例》第三十四条制定。

本条规定的相关资料是指生产劳动防护用品的企业，应有工商行政管理部门核发的营业执照、生产厂家合格证、产品标准和相关技术文件；使用的劳动防护用品属于国家实施工业产品生产许可证管理的，生产厂家必须有生产许可证及相关资料。其产品应有劳动防护用品安全标志和检测、检验合格证。由购置单位的相关管理部门存档备查。

4.0.2 本条规定了劳动防护用品的使用年限应按其产品的国家标准或行业标准，按照地区实际情况，由地市级以上建设行政部门负责。防寒服装的使用年限不应超过6年；一般工作服装的使用年限不应超过3年。

4.0.3 本条规定了建筑施工企业应通过建立劳动防护用品购买、验收、保管、发放、使用、更换、报废管理制度，确保劳动防护用品的使用质量，达到保护劳动者人身安全与健康的目的。对于在易燃、易爆、烧灼及静电场所的作业人员，禁止发放和使用化纤材质的劳动防护用品。

4.0.4 本条规定了建筑施工企业应教育从业人员正确使用劳动防护用品。

中华人民共和国行业标准

建筑工程资料管理规程

Specification for building engineering document management

JGJ/T 185—2009

批准部门：中华人民共和国住房和城乡建设部
施行日期：2 0 1 0 年 7 月 1 日

中华人民共和国住房和城乡建设部
公　告

第419号

关于发布行业标准《建筑工程资料管理规程》的公告

现批准《建筑工程资料管理规程》为行业标准，编号为JGJ/T 185－2009，自2010年7月1日起实施。

本规程由我部标准定额研究所组织中国建筑工业出版社出版发行。

中华人民共和国住房和城乡建设部

2009年10月30日

前　言

根据住房和城乡建设部《关于印发〈2008年工程建设标准规范制订、修订计划（第一批）〉的通知》（建标［2008］102号）的要求，规程编制组经广泛调查研究，认真总结实践经验，参考有关国际标准和国外先进标准，并在广泛征求意见的基础上，制定本规程。

本规程的主要技术内容是：总则、术语、基本规定、工程资料管理及相关附录。

本规程由住房和城乡建设部负责管理，中建一局集团建设发展有限公司负责具体技术内容的解释。执行过程中如有意见或建议，请寄送中建一局集团建设发展有限公司（地址：北京市朝阳区望花路西里17号楼，邮政编码：100102）。

本规程主编单位：中建一局集团建设发展有限公司
苏州第一建筑集团有限公司

本规程参编单位：北京建工京精大房工程建设监理公司
中国建筑一局（集团）有限公司
上海建工（集团）总公司
中建电子工程有限责任公司
北京市第三建筑工程有限公司
北京市城建档案馆
哈尔滨市城建档案馆
珠海市建设工程质量监督检测站
宁夏回族自治区建设工程质量监督总站
太原市建设工程质量监督站
湖北省建设工程质量安全监督总站

本规程参加单位：湖南省建设工程质量安全监督管理总站
四川省建设工程质量安全监督总站

本规程主要起草人员：冯世伟　戚森伟　高俊峰　张惠丽　郝伶俐　胡耀辉　韩光瑾　龚　剑　苗　地　向　阳　李向红　杨辉萍　林奕禧　常福荣　韩　伟　高彩琼　侯本才　杨焕宝　唐川华　陶亚南　杨晓毅　常　军　樊日广　董文斌

本规程主要审查人员：杨嗣信　吴松勤　张元勃　艾永祥　徐　良　郑德金　马伟民　林　寿　姜中桥　胡耀林

目　次

Contents

1 总　　则

1.0.1 为提高建筑工程管理水平，规范建筑工程资料管理，制定本规程。

1.0.2 本规程适用于新建、改建、扩建建筑工程的资料管理。

1.0.3 本规程规定了建筑工程资料管理的基本要求。当规程与国家法律、行政法规相抵触时，应按国家法律、行政法规的规定执行。

1.0.4 建筑工程资料管理除应符合本规程规定外，尚应符合国家现行有关标准的规定。

2 术　　语

2.0.1 建筑工程资料　engineering document

建筑工程在建设过程中形成的各种形式信息记录的统称，简称工程资料。

2.0.2 建筑工程资料管理　engineering document management

建筑工程资料的填写、编制、审核、审批、收集、整理、组卷、移交及归档等工作的统称，简称工程资料管理。

2.0.3 工程准备阶段文件　engineering preparatory stage document

建筑工程开工前，在立项、审批、征地、拆迁、勘察、设计、招投标等工程准备阶段形成的文件。

2.0.4 监理资料　supervision document

建筑工程在工程建设监理过程中形成的资料。

2.0.5 施工资料　construction document

建筑工程在工程施工过程中形成的资料。

2.0.6 竣工图　as-built drawings

建筑工程竣工验收后，反映建筑工程施工结果的图纸。

2.0.7 工程竣工文件　engineering completion document

建筑工程竣工验收、备案和移交等活动中形成的文件。

2.0.8 工程档案　engineering files

建筑工程在建设过程中形成的具有归档保存价值的工程资料。

2.0.9 组卷　filing

按照一定的原则和方法，将有保存价值的工程资料分类整理成案卷的过程，亦称立卷。

2.0.10 归档　archiving

工程资料整理组卷并按规定移交相关档案管理部门的工作。

3 基本规定

3.0.1 工程资料应与建筑工程建设过程同步形成，并应真实反映建筑工程的建设情况和实体质量。

3.0.2 工程资料的管理应符合下列规定：

1 工程资料管理应制度健全、岗位责任明确，并应纳入工程建设管理的各个环节和各级相关人员的职责范围；

2 工程资料的套数、费用、移交时间应在合同中明确；

3 工程资料的收集、整理、组卷、移交及归档应及时。

3.0.3 工程资料的形成应符合下列规定：

1 工程资料形成单位应对资料内容的真实性、完整性、有效性负责；由多方形成的资料，应各负其责；

2 工程资料的填写、编制、审核、审批、签认应及时进行，其内容应符合相关规定；

3 工程资料不得随意修改；当需修改时，应实行划改，并由划改人签署；

4 工程资料的文字、图表、印章应清晰。

3.0.4 工程资料应为原件；当为复印件时，提供单位应在复印件上加盖单位印章，并应有经办人签字及日期。提供单位应对资料的真实性负责。

3.0.5 工程资料应内容完整、结论明确、签认手续齐全。

3.0.6 工程资料宜按本规程附录A图A.1.1中主要步骤形成。

3.0.7 工程资料宜采用信息化技术进行辅助管理。

4 工程资料管理

4.1 工程资料分类

4.1.1 工程资料可分为工程准备阶段文件、监理资料、施工资料、竣工图和工程竣工文件5类。

4.1.2 工程准备阶段文件可分为决策立项文件、建设用地文件、勘察设计文件、招投标及合同文件、开工文件、商务文件6类。

4.1.3 监理资料可分为监理管理资料、进度控制资料、质量控制资料、造价控制资料、合同管理资料和竣工验收资料6类。

4.1.4 施工资料可分为施工管理资料、施工技术资料、施工进度及造价资料、施工物资资料、施工记录、施工试验记录及检测报告、施工质量验收记录、竣工验收资料8类。

4.1.5 工程竣工文件可分为竣工验收文件、竣工决算文件、竣工交档文件、竣工总结文件4类。

4.2 工程资料填写、编制、审核及审批

4.2.1 工程准备阶段文件和工程竣工文件的填写、编制、审核及审批应符合国家现行有关标准的规定。

4.2.2 监理资料的填写、编制、审核及审批应符合现行国家标准《建设工程监理规范》GB 50319的有关规定；监理资料用表宜符合本规程附录B的规定；附录B未规定的，可自行确定。

4.2.3 施工资料的填写、编制、审核及审批应符合国家现行有关标准的规定；施工资料用表宜符合本规程附录C的规定；附录C未规定的，可自行确定。

4.2.4 竣工图的编制及审核应符合下列规定：

1 新建、改建、扩建的建筑工程均应编制竣工图；竣工图应真实反映竣工工程的实际情况。

2 竣工图的专业类别应与施工图对应。

3 竣工图应依据施工图、图纸会审记录、设计变更通知单、工程洽商记录（包括技术核定单）等绘制。

4 当施工图没有变更时，可直接在施工图上加盖竣工图章形成竣工图。

5 竣工图的绘制应符合国家现行有关标准的规定。

6 竣工图应有竣工图章及相关责任人签字。

7 竣工图应按本规程附录D的方法绘制，并应按本规程附录E的方法折叠。

4.3 工程资料编号

4.3.1 工程准备阶段文件、工程竣工文件宜按本规程附录A表A.2.1中规定的类别和形成时间顺序编号。

4.3.2 监理资料宜按本规程附录A表A.2.1中规定的类别和形成时间顺序编号。

4.3.3 施工资料编号宜符合下列规定：

1 施工资料编号可由分部、子分部、分类、顺序号4组代号组成，组与组之间应用横线隔开（图4.3.3-1）；

××－××－××－×××

①　　②　　③　　④

图4.3.3-1 施工资料编号

①为分部工程代号，可按本规程附录A.3.1的规定执行。
②为子分部工程代号，可按本规程附录A.3.1的规定执行。
③为资料的类别编号，可按本规程附录A.2.1的规定执行。
④为顺序号，可根据相同表格、相同检查项目，按形成时间顺序填写。

2 属于单位工程整体管理内容的资料，编号中的分部、子分部工程代号可用“00”代替；

3 同一厂家、同一品种、同一批次的施工物资用在两个分部、子分部工程中时，资料编号中的分部、子分部工程代号可按主要使用部位填写。

4.3.4 竣工图宜按本规程附录A表A.2.1中规定的类别和形成时间顺序编号。

4.3.5 工程资料的编号应及时填写，专用表格的编号应填写在表格右上角的编号栏中；非专用表格应在资料右上角的适当位置注明资料编号。

4.4 工程资料收集、整理与组卷

4.4.1 工程资料的收集、整理与组卷应符合下列规定：

1 工程准备阶段文件和工程竣工文件应由建设单位负责收集、整理与组卷。

2 监理资料应由监理单位负责收集、整理与组卷。

3 施工资料应由施工单位负责收集、整理与组卷。

4 竣工图应由建设单位负责组织，也可委托其他单位。

4.4.2 工程资料的组卷除应执行本规程第4.4.1条的规定外，还应符合下列规定：

1 工程资料组卷应遵循自然形成规律，保持卷内文件、资料内在联系。工程资料可根据数量多少组成一卷或多卷。

2 工程准备阶段文件和工程竣工文件可按建设项目或单位工程进行组卷。

3 监理资料应按单位工程进行组卷。

4 施工资料应按单位工程组卷，并应符合下列规定：

1）专业承包工程形成的施工资料应由专业承包单位负责，并应单独组卷；
2）电梯应按不同型号每台电梯单独组卷；
3）室外工程应按室外建筑环境、室外安装工程单独组卷；
4）当施工资料中部分内容不能按一个单位工程分类组卷时，可按建设项目组卷；
5）施工资料目录应与其对应的施工资料一起组卷。

5 竣工图应按专业分类组卷。

6 工程资料组卷内容宜符合本规程附录A中表A.2.1的规定。

7 工程资料组卷应编制封面、卷内目录及备考表，其格式及填写要求可按现行国家标准《建设工程文件归档整理规范》GB/T 50328的有关规定执行。

4.5 工程资料移交与归档

4.5.1 工程资料移交归档应符合国家现行有关法规和标准的规定；当无规定时，应按合同约定移交归档。

4.5.2 工程资料移交应符合下列规定：

1 施工单位应向建设单位移交施工资料。

2 实行施工总承包的，各专业承包单位应向施工总承包单位移交施工资料。

3 监理单位应向建设单位移交监理资料。

4 工程资料移交时应及时办理相关移交手续，填写工程资料移交书、移交目录。

5 建设单位应按国家有关法规和标准的规定向城建档案管理部门移交工程档案，并办理相关手续。有条件时，向城建档案管理部门移交的工程档案应为原件。

4.5.3 工程资料归档应符合下列规定：

1 工程参建各方宜按本规程附录A中表A.2.1规定的内容将工程资料归档保存。

2 归档保存的工程资料，其保存期限应符合下列规定：

1）工程资料归档保存期限应符合国家现行有关标准的规定；当无规定时，不宜少于5年。

2）建设单位工程资料归档保存期限应满足工程维护、修缮、改造、加固的需要。

3）施工单位工程资料归档保存期限应满足工程质量保修及质量追溯的需要。

附录A 工程资料形成、类别、来源、保存及代号索引

A.1 工程资料形成

A.1.1 工程资料形成宜符合图A.1.1的步骤。

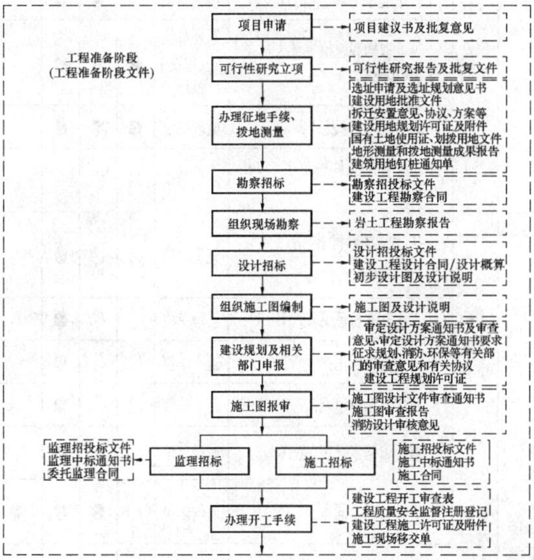

图A.1.1 工程资料形成

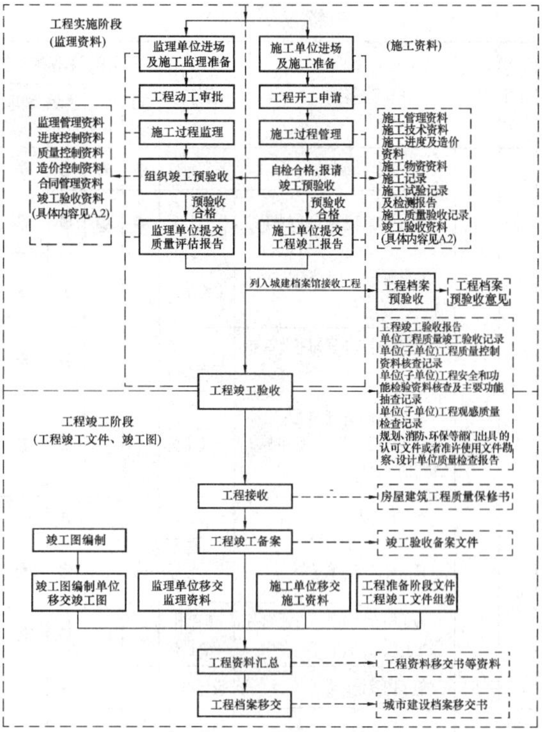

续图A.1.1

A.2 工程资料类别、来源及保存要求

A.2.1 工程资料类别、来源及保存宜符合表A.2.1的规定。

表A.2.1 工程资料类别、来源及保存

工程资料类别	工程资料名称		工程资料来源	工程资料保存			
				施工单位	监理单位	建设单位	城建档案馆
A类	工程准备阶段文件						
A1类	决策立项文件	项目建议书	建设单位			●	●
		项目建议书的批复文件	建设行政管理部门			●	●
		可行性研究报告及附件	建设单位			●	●
		可行性研究报告的批复文件	建设行政管理部门			●	●
		关于立项的会议纪要、领导批示	建设单位			●	●
		工程立项的专家建议资料	建设单位			●	●
		项目评估研究资料	建设单位			●	●
A2类	建设用地文件	选址申请及选址规划意见通知书	建设单位规划部门			●	●
		建设用地批准文件	土地行政管理部门			●	●
		拆迁安置意见、协议、方案等	建设单位			●	●
		建设用地规划许可证及其附件	规划行政管理部门			●	●
		国有土地使用证	土地行政管理部门			●	●
		划拨建设用地文件	土地行政管理部门			●	●

续表 A.2.1

工程资料类别		工程资料名称	工程资料来源	工程资料保存			
				施工单位	监理单位	建设单位	城建档案馆
A3类	勘察设计文件	岩土工程勘察报告	勘察单位	●	●	●	●
		建设用地钉桩通知单(书)	规划行政管理部门	●	●	●	●
		地形测量和拨地测量成果报告	测绘单位			●	●
		审定设计方案通知书及审查意见	规划行政管理部门			●	●
		审定设计方案通知书要求征求有关部门的审查意见和要求取得的有关协议	有关部门			●	●
		初步设计图及设计说明	设计单位			●	
		消防设计审核意见	公安机关消防机构	○	○	●	●
		施工图设计文件审查通知书及审查报告	施工图审查机构	○	○	●	●
		施工图及设计说明	设计单位	○	○	●	
A4类	招投标及合同文件	勘察招投标文件	建设单位 勘察单位			●	
		勘察合同*	建设单位 勘察单位			●	●
		设计招投标文件	建设单位 设计单位			●	
		设计合同*	建设单位 设计单位			●	●
		监理招投标文件	建设单位 监理单位		●	●	
		委托监理合同*	建设单位 监理单位		●	●	●
		施工招投标文件	建设单位 施工单位	●	○	●	
		施工合同*	建设单位 施工单位	●	○	●	●
A5类	开工文件	建设项目列入年度计划的申报文件	建设单位			●	●
		建设项目列入年度计划的批复文件或年度计划项目表	建设行政管理部门			●	●
		规划审批申报表及报送的文件和图纸	建设单位 设计单位			●	
		建设工程规划许可证及其附件	规划部门			●	●
		建设工程施工许可证及其附件	建设行政管理部门	●	●	●	●
		工程质量安全监督注册登记	质量监督机构	○	○	●	●
		工程开工前的原貌影像资料	建设单位	●	●	●	●
		施工现场移交单	建设单位	○	○	○	

续表 A.2.1

工程资料类别		工程资料名称	工程资料来源	工程资料保存			
				施工单位	监理单位	建设单位	城建档案馆
A6类	商务文件	工程投资估算资料	建设单位			●	
		工程设计概算资料	建设单位			●	
		工程施工图预算资料	建设单位			●	
A类其他资料							
B类	监理资料						
B1类	监理管理资料	监理规划	监理单位		●	●	●
		监理实施细则	监理单位	○	●	●	●
		监理月报	监理单位		●	●	
		监理会议纪要	监理单位	○	●	●	
		监理工作日志	监理单位		●		
		监理工作总结	监理单位		●	●	●
B1类	监理管理资料	工作联系单(表B.1.1)	监理单位 施工单位	○	○		
		监理工程师通知(表B.1.2)	监理单位	○	○		
		监理工程师通知回复单*(表C.1.7)	施工单位	○	○		
		工程暂停令(表B.1.3)	监理单位	○	○	○	●
		工程复工报审表*(表C.3.2)	施工单位	●	●	●	●
B2类	进度控制资料	工程开工报审表*(表C.3.1)	施工单位	●	●	●	●
		施工进度计划报审表*(表C.3.3)	施工单位	○	○		
B3类	质量控制资料	质量事故报告及处理资料	施工单位	●	●	●	●
		旁站监理记录*(表B.3.1)	监理单位	○	●	●	
		见证取样和送检见证人员备案表(表B.3.2)	监理单位或建设单位	●	●	●	
		见证记录*(表B.3.3)	监理单位	●	●	●	
		工程技术文件报审表*(表C.2.1)	施工单位	○	○		
B4类	造价控制资料	工程款支付申请表(表C.3.6)	施工单位	○	○	●	
		工程款支付证书(表B.4.1)	监理单位	○	○	●	
		工程变更费用报审表*	施工单位	○	○	●	
		费用索赔申请表	施工单位	○	○	●	
		费用索赔审批表(表B.4.2)	监理单位	○	○	●	
B5类	合同管理资料	委托监理合同*	监理单位		●	●	●
		工程延期申请表(表C.3.5)	施工单位	●	●	●	●

续表 A.2.1

工程资料类别		工程资料名称	工程资料来源	工程资料保存			
				施工单位	监理单位	建设单位	城建档案馆
B5类	合同管理资料	工程延期审批表(表B.5.1)	监理单位	●	●	●	●
		分包单位资质报审表*(表C.1.3)	施工单位	●	●	●	
B6类	竣工验收资料	单位(子单位)工程竣工预验收报验表*	施工单位	●	●	●	
		单位(子单位)工程质量竣工验收记录**	施工单位	●	●	●	●
		单位(子单位)工程质量控制资料核查记录*	施工单位	●	●	●	●
		单位(子单位)工程安全和功能检验资料核查及主要功能抽查记录*	施工单位	●	●	●	●
		单位(子单位)工程观感质量检查记录*	施工单位	●	●	●	●
		工程质量评估报告	监理单位	●	●	●	●
		监理费用决算资料	监理单位		○	●	
		监理资料移交书	监理单位		●	●	
	B类其他资料						
C类	施工资料						
C1类	施工管理资料	工程概况表(表C.1.1)	施工单位	●	●	●	●
		施工现场质量管理检查记录*(表C.1.2)	施工单位	○	○		
		企业资质证书及相关专业人员岗位证书	施工单位	○	○		
		分包单位资质报审表*(表C.1.3)	施工单位	●	●	●	
		建设工程质量事故调查、勘查记录(表C.1.4)	调查单位	●	●	●	●
		建设工程质量事故报告书	调查单位	●	●	●	●
		施工检测计划	施工单位	○	○		
C1类	施工管理资料	见证记录*	监理单位	●	●	●	
		见证试验检测汇总表(表C.1.5)	施工单位	●	●		
		施工日志(表C.1.6)	施工单位	●			
		监理工程师通知回复单*(表C.1.7)	施工单位	○	○		
C2类	施工技术资料	工程技术文件报审表*(表C.2.1)	施工单位	○	○		
		施工组织设计及施工方案	施工单位	○	○		
		危险性较大分部分项工程施工方案专家论证表(表C.2.2)	施工单位	○	○		
		技术交底记录(表C.2.3)	施工单位	○			
		图纸会审记录**(表C.2.4)	施工单位	●	●	●	●
		设计变更通知单**(表C.2.5)	设计单位	●	●	●	●
		工程洽商记录(技术核定单)**(表C.2.6)	施工单位	●	●	●	●

续表 A.2.1

工程资料类别		工程资料名称	工程资料来源	工程资料保存			
				施工单位	监理单位	建设单位	城建档案馆
C3类	进度造价资料	工程开工报审表*(表C.3.1)	施工单位	●	●	●	●
		工程复工报审表*(表C.3.2)	施工单位	●	●	●	●
		施工进度计划报审表*(表C.3.3)	施工单位	○	○		
		施工进度计划	施工单位	○	○		
		人、机、料动态表(表C.3.4)	施工单位	○	○		
		工程延期申请表(表C.3.5)	施工单位	●	●	●	●
		工程款支付申请表(表C.3.6)	施工单位	○	○	●	
		工程变更费用报审表*(表C.3.7)	施工单位	○	○	●	
		费用索赔申请表*(表C.3.8)	施工单位	○	○	●	
C4类	施工物资资料	出厂质量证明文件及检测报告					
		砂、石、砖、水泥、钢筋、隔热保温、防腐材料、轻集料出厂质量证明文件	施工单位	●	●	●	●
		其他物资出厂合格证、质量保证书、检测报告和报关单或商检证等	施工单位	●	○	○	
		材料、设备的相关检验报告、型式检测报告、3C强制认证合格证书或3C标志	采购单位	●	○	○	
		主要设备、器具的安装使用说明书	采购单位	●	○	○	
		进口的主要材料设备的商检证明文件	采购单位	●	○	●	●
		涉及消防、安全、卫生、环保、节能的材料、设备的检测报告或法定机构出具的有效证明文件	采购单位	●	●	●	
		进场检验通用表格					
		材料、构配件进场检验记录*(表C.4.1)	施工单位	○	○		
		设备开箱检验记录*(表C.4.2)	施工单位	○	○		
		设备及管道附件试验记录*(表C.4.3)	施工单位	●	○	●	
		进场复试报告					
		钢材试验报告	检测单位	●	●	●	●
		水泥试验报告	检测单位	●	●	●	●
		砂试验报告	检测单位	●	●	●	●
		碎(卵)石试验报告	检测单位	●	●	●	●
		外加剂试验报告	检测单位	●	●	○	●
		防水涂料试验报告	检测单位	●	○	●	
		防水卷材试验报告	检测单位	●	○	●	

续表 A.2.1

工程资料类别		工程资料名称	工程资料来源	工程资料保存			
				施工单位	监理单位	建设单位	城建档案馆
C4类	施工物资资料	砖(砌块)试验报告	检测单位	●	●	●	●
		预应力筋复试报告	检测单位	●	●	●	●
		预应力锚具、夹具和连接器复试报告	检测单位	●	●	●	●
		装饰装修用门窗复试报告	检测单位	●	○	●	
		装饰装修用人造木板复试报告	检测单位	●	○	●	
		装饰装修用花岗石复试报告	检测单位	●	○	●	
		装饰装修用安全玻璃复试报告	检测单位	●	○	●	
		装饰装修用外墙面砖复试报告	检测单位	●	○	●	
		钢结构用钢材复试报告	检测单位	●	●	●	●
		钢结构用防火涂料复试报告	检测单位	●	●	●	●
		钢结构用焊接材料复试报告	检测单位	●	●	●	●
		钢结构用高强度大六角头螺栓连接副复试报告	检测单位	●	●	●	●
		钢结构用扭剪型高强螺栓连接副复试报告	检测单位	●	●	●	●
		幕墙用铝塑板、石材、玻璃、结构胶复试报告	检测单位	●	●	●	●
		散热器、采暖系统保温材料、通风与空调工程绝热材料、风机盘管机组、低压配电系统电缆的见证取样复试报告	检测单位	●	○	●	
		节能工程材料复试报告	检测单位	●	●	●	
C5类	施工记录	通用表格					
		隐蔽工程验收记录*(表C.5.1)	施工单位	●	●	●	●
		施工检查记录(表C.5.2)	施工单位	○			
		交接检查记录(表C.5.3)	施工单位	○			
		专用表格					
		工程定位测量记录*(表C.5.4)	施工单位	●	●	●	●
		基槽验线记录	施工单位	●	●	●	●
		楼层平面放线记录	施工单位	○	○		
		楼层标高抄测记录	施工单位	○	○		
		建筑物垂直度、标高观测记录*(表C.5.5)	施工单位	●	○	●	
		沉降观测记录	建设单位委托测量单位提供	●	○	●	●

续表 A.2.1

工程资料类别		工程资料名称	工程资料来源	工程资料保存			
				施工单位	监理单位	建设单位	城建档案馆
C5类	施工记录	基坑支护水平位移监测记录	施工单位	○	○		
		桩基、支护测量放线记录	施工单位	○	○		
		地基验槽记录**(表C.5.6)	施工单位	●	●	●	●
		地基钎探记录	施工单位	○	○	●	●
		混凝土浇灌申请书	施工单位	○	○		
		预拌混凝土运输单	施工单位	○			
		混凝土开盘鉴定	施工单位	○	○		
		混凝土拆模申请单	施工单位	○	○		
		混凝土预拌测温记录	施工单位	○			
		混凝土养护测温记录	施工单位	○			
		大体积混凝土养护测温记录	施工单位	○			
		大型构件吊装记录	施工单位	○	○	●	●
		焊接材料烘焙记录	施工单位	○			
		地下工程防水效果检查记录*(表C.5.7)	施工单位	○	○	●	
		防水工程试水检查记录*(表C.5.8)	施工单位	○	○	●	
		通风(烟)道、垃圾道检查记录*(表C.5.9)	施工单位	○	○	●	
		预应力筋张拉记录	施工单位	●	○	●	●
		有粘结预应力结构灌浆记录	施工单位	●	○	●	●
		钢结构施工记录	施工单位	●	○	●	
		网架(索膜)施工记录	施工单位	●	○	●	●
		木结构施工记录	施工单位	●	○	●	
		幕墙注胶检查记录	施工单位	●	○	●	
		自动扶梯、自动人行道的相邻区域检查记录	施工单位	●	○	●	
		电梯电气装置安装检查记录	施工单位	●	○	●	
		自动扶梯、自动人行道电气装置检查记录	施工单位	●	○	●	
		自动扶梯、自动人行道整机安装质量检查记录	施工单位	●	○	●	
C6类	施工试验记录及检测报告	通用表格					
		设备单机试运转记录*(表C.6.1)	施工单位	●	○	●	●
		系统试运转调试记录*(表C.6.2)	施工单位	●	○	●	●
		接地电阻测试记录*(表C.6.3)	施工单位	●	○	●	●
		绝缘电阻测试记录*(表C.6.4)	施工单位	●	○	●	
		专用表格					
		建筑与结构工程					

续表 A.2.1

工程资料类别		工程资料名称	工程资料来源	工程资料保存			
				施工单位	监理单位	建设单位	城建档案馆
C6类	施工试验记录及检测报告	锚杆试验报告	检测单位	●	○	●	●
		地基承载力检验报告	检测单位	●	○	●	●
		桩基检测报告	检测单位	●	○	●	●
		土工击实试验报告	检测单位	●	○	●	●
		回填土试验报告(应附图)	检测单位	●	○	●	●
		钢筋机械连接试验报告	检测单位	●	○	●	●
		钢筋焊接连接试验报告	检测单位	●	○	●	●
		砂浆配合比申请单、通知单	施工单位	○	○		
		砂浆抗压强度试验报告	检测单位	●	○	●	●
		砌筑砂浆试块强度统计、评定记录(表C.6.5)	施工单位	●		●	●
		混凝土配合比申请单、通知单	施工单位	○	○		
		混凝土抗压强度试验报告	检测单位	●	○	●	●
		混凝土试块强度统计、评定记录(表C.6.6)	施工单位	●		●	●
		混凝土抗渗试验报告	检测单位	●	○	●	●
		砂、石、水泥放射性指标报告	施工单位	●	○	●	●
		混凝土碱总量计算书	施工单位	●	○	●	●
		外墙饰面砖样板粘结强度试验报告	检测单位	●	○	●	●
		后置埋件抗拔试验报告	检测单位	●	○	●	●
		超声波探伤报告、探伤记录	检测单位	●	○	●	●
		钢构件射线探伤报告	检测单位	●	○	●	●
		磁粉探伤报告	检测单位	●	○	●	●
		高强度螺栓抗滑移系数检测报告	检测单位	●	○	●	●
		钢结构焊接工艺评定	检测单位	○	○		
		网架节点承载力试验报告	检测单位	●	○	●	●
		钢结构防腐、防火涂料厚度检测报告	检测单位	●	○	●	●
		木结构胶缝试验报告	检测单位	●	○	●	
		木结构构件力学性能试验报告	检测单位	●	○	●	●
		木结构防护剂试验报告	检测单位	●	○	●	●
		幕墙双组分硅酮结构密封胶混匀性及拉断试验报告	检测单位	●	○	●	●
		幕墙的抗风压性能、空气渗透性能、雨水渗透性能及平面内变形性能检测报告	检测单位	●	○	●	●
		外门窗的抗风压性能、空气渗透性能和雨水渗透性能检测报告	检测单位	●	○	●	●
		墙体节能工程保温板材与基层粘结强度现场拉拔试验	检测单位	●	○	●	●
		外墙保温浆料同条件养护试件试验报告	检测单位	●	○	●	●
		结构实体混凝土强度检验记录*(表C.6.7)	施工单位	●	○	●	●
		结构实体钢筋保护层厚度检验记录*(表C.6.8)	施工单位	●	○	●	●

续表 A.2.1

工程资料类别		工程资料名称	工程资料来源	工程资料保存			
				施工单位	监理单位	建设单位	城建档案馆
C6类	施工试验记录及检测报告	围护结构现场实体检验	检测单位	●	○	●	
		室内环境检测报告	检测单位	●	○	●	
		节能性能检测报告	检测单位	●	○	●	●
		给排水及采暖工程					
		灌(满)水试验记录*(表C.6.9)	施工单位	○	○	●	
		强度严密性试验记录*(表C.6.10)	施工单位	●	○	●	●
		通水试验记录*(表C.6.11)	施工单位	○	○	●	
		冲(吹)洗试验记录*(表C.6.12)	施工单位	●	○	●	
		通球试验记录	施工单位	○	○	●	
		补偿器安装记录	施工单位	○	○		
		消火栓试射记录	施工单位	●	○	●	
		安全附件安装检查记录	施工单位	●	○		
		锅炉烘炉试验记录	施工单位	●	○		
		锅炉煮炉试验记录	施工单位	●	○		
		锅炉试运行记录	施工单位	●	○	●	
		安全阀定压合格证书	检测单位	●	○	●	
		自动喷水灭火系统联动试验记录	施工单位	●	○	●	●
		建筑电气工程					
		电气接地装置平面示意图表	施工单位	●	○	●	●
		电气器具通电安全检查记录	施工单位	○	○	●	
		电气设备空载试运行记录*(表C.6.13)	施工单位	●	○	●	●
		建筑物照明通电试运行记录	施工单位	●	○	●	●
		大型照明灯具承载试验记录*(表C.6.14)	施工单位	●	○	●	
		漏电开关模拟试验记录	施工单位	●	○	●	
		大容量电气线路结点测温记录	施工单位	●	○	●	
		低压配电电源质量测试记录	施工单位	●	○	●	
		建筑物照明系统照度测试记录	施工单位	○	○	●	
		智能建筑工程					
		综合布线测试记录*	施工单位	●	○	●	●
		光纤损耗测试记录*	施工单位	●	○	●	●
		视频系统末端测试记录*	施工单位	●	○	●	●
		子系统检测记录*(表C.6.15)	施工单位	●	○	●	●
		系统试运行记录*	施工单位	●	○	●	●
		通风与空调工程					

续表 A.2.1

工程资料类别		工程资料名称	工程资料来源	工程资料保存			
				施工单位	监理单位	建设单位	城建档案馆
C6类	施工试验记录及检测报告	风管漏光检测记录*（表C.6.16）	施工单位	○	○	●	
		风管漏风检测记录*（表C.6.17）	施工单位	●	○	●	
		现场组装除尘器、空调机漏风检测记录	施工单位	○	○		
		各房间室内风量测量记录	施工单位	●	○	●	
		管网风量平衡记录	施工单位	●	○	●	
		空调系统试运转调试记录	施工单位	●	○	●	●
		空调水系统试运转调试记录	施工单位	●	○	●	●
		制冷系统气密性试验记录	施工单位	●	○	●	●
		净化空调系统检测记录	施工单位	●	○	●	●
		防排烟系统联合试运行记录	施工单位	●	○	●	●
		电梯工程					
		轿厢平层准确度测量记录	施工单位	○	○	●	
		电梯层门安全装置检测记录	施工单位	●	○	●	
		电梯电气安全装置检测记录	施工单位	●	○	●	
		电梯整机功能检测记录	施工单位	●	○	●	
		电梯主要功能检测记录	施工单位	●	○	●	
		电梯负荷运行试验记录	施工单位	●	○	●	●
		电梯负荷运行试验曲线图表	施工单位	●	○	●	
		电梯噪声测试记录	施工单位	○	○	○	
		自动扶梯、自动人行道安全装置检测记录	施工单位	●	○	●	
		自动扶梯、自动人行道整机性能、运行试验记录	施工单位	●	○	●	●
C7类	施工质量验收记录	检验批质量验收记录*（表C.7.1）	施工单位	○	○	●	
		分项工程质量验收记录*（表C.7.2）	施工单位	●	●	●	
		分部(子分部)工程质量验收记录**（表C.7.3）	施工单位	●	●	●	●
		建筑节能分部工程质量验收记录**（表C.7.4）	施工单位	●	●	●	●
		自动喷水系统验收缺陷项目划分记录	施工单位	●	○	○	
		程控电话交换系统分项工程质量验收记录	施工单位	●	○	●	
		会议电视系统分项工程质量验收记录	施工单位	●	○	●	
		卫星数字电视系统分项工程质量验收记录	施工单位	●	○	●	
		有线电视系统分项工程质量验收记录	施工单位	●	○	●	

续表 A.2.1

工程资料类别		工程资料名称	工程资料来源	工程资料保存			
				施工单位	监理单位	建设单位	城建档案馆
C7类	施工质量验收记录	公共广播与紧急广播系统分项工程质量验收记录	施工单位	●	○	●	
		计算机网络系统分项工程质量验收记录	施工单位	●	○	●	
		应用软件系统分项工程质量验收记录	施工单位	●	○	●	
		网络安全系统分项工程质量验收记录	施工单位	●	○	●	
		空调与通风系统分项工程质量验收记录	施工单位	●	○	●	
		变配电系统分项工程质量验收记录	施工单位	●	○	●	
		公共照明系统分项工程质量验收记录	施工单位	●	○	●	
		给排水系统分项工程质量验收记录	施工单位	●	○	●	
		热源和热交换系统分项工程质量验收记录	施工单位	●	○	●	
		冷冻和冷却水系统分项工程质量验收记录	施工单位	●	○	●	
		电梯和自动扶梯系统分项工程质量验收记录	施工单位	●	○	●	
		数据通信接口分项工程质量验收记录	施工单位	●	○	●	
		中央管理工作站及操作分站分项工程质量验收记录	施工单位	●	○	●	
		系统实时性、可维护性、可靠性分项工程质量验收记录	施工单位	●	○	●	
		现场设备安装及检测分项工程质量验收记录	施工单位	●	○	●	
		火灾自动报警及消防联动系统分项工程质量验收记录	施工单位	●	○	●	
		综合防范功能分项工程质量验收记录	施工单位	●	○	●	
		视频安防监控系统分项工程质量验收记录	施工单位	●	○	●	
		入侵报警系统分项工程质量验收记录	施工单位	●	○	●	
		出入口控制(门禁)系统分项工程质量验收记录	施工单位	●	○	●	
		巡更管理系统分项工程质量验收记录	施工单位	●	○	●	

续表 A.2.1

工程资料类别			工程资料名称	工程资料来源	工程资料保存：施工单位	监理单位	建设单位	城建档案馆
C7类	施工质量验收记录		停车场(库)管理系统分项工程质量验收记录	施工单位	●	○	●	
C7类	施工质量验收记录		安全防范综合管理系统分项工程质量验收记录	施工单位	●	○	●	
C7类	施工质量验收记录		综合布线系统安装分项工程质量验收记录	施工单位	●	○	●	
C7类	施工质量验收记录		综合布线系统性能检测分项工程质量验收记录	施工单位	●	○	●	
C7类	施工质量验收记录		系统集成网络连接分项工程质量验收记录	施工单位	●	○	●	
C7类	施工质量验收记录		系统数据集成分项工程质量验收记录	施工单位	●	○	●	
C7类	施工质量验收记录		系统集成整体协调分项工程质量验收记录	施工单位	●	○	●	
C7类	施工质量验收记录		系统集成综合管理及冗余功能分项工程质量验收记录	施工单位	●	○	●	
C7类	施工质量验收记录		系统集成可维护性和安全性分项工程质量验收记录	施工单位	●	○	●	
C7类	施工质量验收记录		电源系统分项工程质量验收记录	施工单位	●	○	●	
C8类	竣工验收资料		工程竣工报告	施工单位	●	●	●	●
C8类	竣工验收资料		单位(子单位)工程竣工预验收报验表*(表C.8.1)	施工单位	●	●	●	
C8类	竣工验收资料		单位(子单位)工程质量竣工验收记录**(表C.8.2-1)	施工单位	●	●	●	●
C8类	竣工验收资料		单位(子单位)工程质量控制资料核查记录*(表C.8.2-2)	施工单位	●	●	●	●
C8类	竣工验收资料		单位(子单位)工程安全和功能检验资料核查及主要功能抽查记录*(表C.8.2-3)	施工单位	●	●	●	●
C8类	竣工验收资料		单位(子单位)工程观感质量检查记录**表C.8.2-4)	施工单位	●	●	●	●
C8类	竣工验收资料		施工决算资料	施工单位	○	○	●	
C8类	竣工验收资料		施工资料移交书	施工单位	●		●	
C8类	竣工验收资料		房屋建筑工程质量保修书	施工单位	●	●	●	
	C类其他资料							
D类	竣工图							
D类	竣工图	建筑与结构竣工图	建筑竣工图	编制单位	●		●	●
D类	竣工图	建筑与结构竣工图	结构竣工图	编制单位	●		●	●
D类	竣工图	建筑与结构竣工图	钢结构竣工图	编制单位	●		●	●
D类	竣工图	建筑装饰与装修竣工图	幕墙竣工图	编制单位	●		●	●
D类	竣工图	建筑装饰与装修竣工图	室内装饰竣工图	编制单位	●		●	
D类	竣工图		建筑给水、排水与采暖竣工图	编制单位	●		●	●
D类	竣工图		建筑电气竣工图	编制单位	●		●	●

续表 A.2.1

工程资料类别			工程资料名称	工程资料来源	工程资料保存：施工单位	监理单位	建设单位	城建档案馆
D类	竣工图		智能建筑竣工图	编制单位	●		●	●
D类	竣工图		通风与空调竣工图	编制单位	●		●	●
D类	竣工图	室外工程竣工图	室外给水、排水、供热、供电、照明管线等竣工图	编制单位	●		●	●
D类	竣工图	室外工程竣工图	室外道路、园林绿化、花坛、喷泉等竣工图	编制单位	●		●	●
	D类其他资料							
E类	工程竣工文件							
E1类	竣工验收文件		单位(子单位)工程质量竣工验收记录**	施工单位	●	●	●	●
E1类	竣工验收文件		勘察单位工程质量检查报告	勘察单位	○	○	●	●
E1类	竣工验收文件		设计单位工程质量检查报告	设计单位	○	○	●	●
E1类	竣工验收文件		工程竣工验收报告	建设单位	●	●	●	●
E1类	竣工验收文件		规划、消防、环保等部门出具的认可文件或准许使用文件	政府主管部门	●	●	●	●
E1类	竣工验收文件		房屋建筑工程质量保修书	施工单位	●	●	●	
E1类	竣工验收文件		住宅质量保证书、住宅使用说明书	建设单位			●	
E1类	竣工验收文件		建设工程竣工验收备案表	建设单位	●	●	●	●
E2类	竣工决算文件		施工决算资料*	施工单位	○	○	●	
E2类	竣工决算文件		监理费用决算资料*	监理单位		○	●	
E3类	竣工交档文件		工程竣工档案预验收意见	城建档案管理部门			●	●
E3类	竣工交档文件		施工资料移交书*	施工单位	●		●	
E3类	竣工交档文件		监理资料移交书*	监理单位		●	●	
E3类	竣工交档文件		城市建设档案移交书	建设单位			●	
E4类	竣工总结文件		工程竣工总结	建设单位			●	●
E4类	竣工总结文件		竣工新貌影像资料	建设单位	●		●	●
	E类其他资料							

注：1 表中工程资料名称与资料保存单位所对应的栏中"●"表示"归档保存"；"○"表示"过程保存"，是否归档保存可自行确定。

2 表中注明"*"的表，宜由施工单位和监理或建设单位共同形成；表中注明"**"的表，宜由建设、设计、监理、施工等多方共同形成。

3 勘察单位保存资料内容应包括工程地质勘察报告、勘察招投标文件、勘察合同、勘察单位工程质量检查报告以及勘察单位签署的有关质量验收记录等。

4 设计单位保存资料内容应包括审定设计方案通知书及审查意见、审定设计方案通知书要求征求有关部门的审查意见和要求取得的有关协议、初步设计图及设计说明、施工图及设计说明、消防设计审核意见、施工图设计文件审查通知书及审查报告、设计招投标文件、设计合同、图纸会审记录、设计变更通知单、设计单位签署意见的工程洽商记录(包括技术核定单)、设计单位工程质量检查报告以及设计单位签署的有关质量验收记录。

A.3 分部（子分部）工程代号索引

A.3.1 施工资料编制时，分部（子分部）工程代号应按表 A.3.1 填写，表中未明确的分部（子分部）工程代号可依据相关标准自行确定。

表 A.3.1 分部（子分部）工程代号索引表

分部工程代号	分部工程名称	子分部工程代号	子分部工程名称	分项工程名称	备注
01	地基与基础	01	无支护土方	土方开挖、土方回填	
		02	有支护土方	排桩，降水、排水、地下连续墙、锚杆、土钉墙、水泥土桩、沉井与沉箱，钢及混凝土支撑	单独组卷
		03	地基及基础处理	灰土地基、砂和砂石地基、碎砖三合土地基，土工合成材料地基，粉煤灰地基，重锤夯实地基，强夯地基，振冲地基，砂桩地基，预压地基，高压喷射注浆地基，土和灰土挤密桩地基，注浆地基，水泥粉煤灰碎石桩地基，夯实水泥土桩地基	复合地基单独组卷
		04	桩基	锚杆静压桩及静力压桩，预应力离心管桩，钢筋混凝土预制桩，钢桩，混凝土灌注桩（成孔、钢筋笼、清孔、水下混凝土灌注）	单独组卷
		05	地下防水	防水混凝土，水泥砂浆防水层，卷材防水层，涂料防水层，金属板防水层，塑料板防水层，细部构造，喷锚支护，复合式衬砌、地下连续墙，盾构法隧道；渗排水、盲沟排水，隧道、坑道排水；预注浆、后注浆，衬砌裂缝注浆	
		06	混凝土基础	模板、钢筋、混凝土，后浇带混凝土，混凝土结构缝处理	
		07	砌体基础	砖砌体，混凝土砌块砌体，配筋砌体，石砌体	
		08	劲钢（管）混凝土	劲钢（管）焊接，劲钢（管）与钢筋的连接，混凝土	
		09	钢结构	焊接钢结构、栓接钢结构，钢结构制作，钢结构安装，钢结构涂装	单独组卷
02	主体结构	01	混凝土结构	模板，钢筋，混凝土，预应力、现浇结构、装配式结构	
		02	劲钢（管）混凝土结构	劲钢（管）焊接，螺栓连接，劲钢（管）与钢筋的连接，劲钢（管）制作、安装，混凝土	
		03	砌体结构	砖砌体，混凝土小型空心砌块砌体，石砌体，填充墙砌体，配筋砖砌体	
		04	钢结构	钢结构焊接，紧固件连接，钢零部件加工，单层钢结构安装，多层及高层钢结构安装，钢结构涂装、钢构件组装，钢构件预拼装，钢网架结构安装，压型金属板	单独组卷
		05	木结构	方木和原木结构、胶合木结构、轻型木结构、木构件防护	单独组卷
		06	网架和索膜结构	网架制作，网架安装，索膜安装，网架防火，防腐涂料	单独组卷

续表 A.3.1

分部工程代号	分部工程名称	子分部工程代号	子分部工程名称	分项工程名称	备注
03	建筑装饰装修	01	地面	整体面层：基层，水泥混凝土面层，水泥砂浆面层，水磨石面层，防油渗面层，水泥钢（铁）屑面层，不发火（防爆的）面层；板块面层：基层，砖面层（陶瓷锦砖、缸砖、陶瓷地砖和水泥花砖面层），大理石面层和花岗石面层，预制板块面层（预制水泥混凝土、水磨石板块面层），料石面层（条石、块石面层），塑料板面层，活动地板面层，地毯面层；木竹面层：基层，实木地板面层（条材、块材面层），实木复合地板面层（条材、块材面层），中密度（强化）复合地板面层（条材面层），竹地板面层	
		02	抹灰	一般抹灰，装饰抹灰，清水砌体勾缝	
		03	门窗	木门窗制作与安装，金属门窗安装，塑料门窗安装，特种门安装，门窗玻璃安装	
		04	吊顶	暗龙骨吊顶，明龙骨吊顶	
		05	轻质隔墙	板材隔墙，骨架隔墙，活动隔墙，玻璃隔墙	
		06	饰面板（砖）	饰面板安装，饰面砖粘贴	
		07	幕墙	玻璃幕墙，金属幕墙，石材幕墙	单独组卷
		08	涂饰	水性涂料涂饰，溶剂型涂料涂饰，美术涂饰	
		09	裱糊与软包	裱糊、软包	
		10	细部	橱柜制作与安装，窗帘盒、窗台板和暖气罩制作与安装，门窗套制作与安装，护栏和扶手制作与安装，花饰制作与安装	
04	建筑屋面	01	卷材防水屋面	保温层，找平层，卷材防水层，细部构造	
		02	涂膜防水屋面	保温层，找平层，涂膜防水层，细部构造	
		03	刚性防水屋面	细石混凝土防水，密封材料嵌缝，细部构造	
		04	瓦屋面	平瓦屋面，油毡瓦屋面，金属板屋面，细部构造	
		05	隔热屋面	架空屋面，蓄水屋面，种植屋面	

续表 A.3.1

分部工程代号	分部工程名称	子分部工程代号	子分部工程名称	分项工程名称	备注
05	建筑给水排水及采暖	01	室内给水系统	给水管道及配件安装，室内消火栓系统安装，给水设备安装，管道防腐，绝热	
		02	室内排水系统	排水管道及配件安装、雨水管道及配件安装	
		03	室内热水供应系统	管道及配件安装，辅助设备安装，防腐，绝热	
		04	卫生器具安装	卫生器具安装，卫生器具给水配件安装，卫生器具排水管道安装	
		05	室内采暖系统	管道及配件安装，辅助设备及散热器安装，金属辐射板安装，低温热水地板辐射采暖系统安装，系统水压试验及调试，防腐，绝热	
		06	室外给水管网	给水管道安装，消防水泵接合器及室外消火栓安装，管沟及井室	
		07	室外排水管网	排水管道安装，排水管沟与井池	
		08	室外供热管网	管道及配件安装，系统水压试验及调试，防腐，绝热	
		09	建筑中水系统及游泳池系统	建筑中水系统管道及辅助设备安装，游泳池水系统安装	
		10	供热锅炉及辅助设备安装	锅炉安装，辅助设备及管道安装，安全附件安装，烘炉、煮炉和试运行，换热站安装，防腐，绝热	单独组卷
		11	自动喷水灭火系统	消防水泵和稳压泵安装，消防水箱安装和消防水池施工，消防气压给水设备安装，消防水泵接合器安装，管网安装，喷头安装，报警阀组安装，其他组件安装，系统水压试验，气压试验，冲洗，水源测试，消防水泵调试，稳压泵调试，报警阀组调试，排水装置调试，联动试验	单独组卷
		12	气体灭火系统	灭火剂储存装置的安装、选择阀及信号反馈装置安装、阀驱动装置安装、灭火剂输送管道安装、喷嘴安装、预制灭火系统安装、控制组件安装、系统调试	单独组卷
		13	泡沫灭火系统	消防泵的安装、泡沫液储罐的安装、泡沫比例混合器的安装、管道阀门和泡沫消火栓的安装、泡沫产生装置的安装、系统调试	单独组卷
		14	固定水炮灭火系统	管道及配件安装、设备安装、系统水压试验、系统调试	单独组卷

续表 A.3.1

分部工程代号	分部工程名称	子分部工程代号	子分部工程名称	分项工程名称	备注
06	建筑电气	01	室外电气	架空线路及杆上电气设备安装，变压器、箱式变电所安装，成套配电柜、控制柜（屏、台）和动力、照明配电箱（盘）及控制柜安装，电线、电缆导管和线槽敷设，电线、电缆穿管和线槽敷设，电缆头制作、导线连接和线路电气试验，建筑物外部装饰灯具、航空障碍标志灯和庭院路灯安装，建筑照明通电试运行，接地装置安装	
		02	变配电室	变压器、箱式变电所安装，成套配电柜、控制柜（屏、台）和动力、照明配电箱（盘）安装，裸母线、封闭母线、插接式母线安装，电缆沟内和电缆竖井内电缆敷设，电缆头制作、导线连接和线路电气试验，接地装置安装，避雷引下线和变配电室接地干线敷设	单独组卷
		03	供电干线	裸母线、封闭母线、插接式母线安装，桥架安装和桥架内电缆敷设，电缆沟内和电缆竖井内电缆敷设，电线、电缆导管和线槽敷设，电线、电缆穿管和线槽敷线，电缆头制作、导线连接和线路电气试验	
		04	电气动力	成套配电柜、控制柜（屏、台）和动力、照明配电箱（盘）及安装，低压电动机、电加热器及电动执行机构检查、接线，低压电气动力设备检测、试验和空载试运行，桥架安装和桥架内电缆敷设，电线、电缆导管和线槽敷设，电线、电缆穿管和线槽敷线，电缆头制作、导线连接和线路电气试验，插座、开关、风扇安装	
		05	电气照明安装	成套配电柜、控制柜（屏、台）和动力、照明配电箱（盘）安装，电线、电缆导管和线槽敷设，电线、电缆导管和线槽敷线，槽板配线，钢索配线，电缆头制作、导线连接和线路电气试验，普通灯具安装，专用灯具安装，插座、开关、风扇安装，建筑照明通电试运行	
		06	备用和不间断电源安装	成套配电柜、控制柜（屏、台）和动力、照明配电箱（盘）安装，柴油发电机组安装，不间断电源的其他功能单元安装，裸母线、封闭母线、插接式母线安装，电线、电缆导管和线槽敷设，电线、电缆导管和线槽敷线，电缆头制作、导线连接和线路电气试验，接地装置安装	
		07	防雷及接地安装	接地装置安装，避雷引下线和变配电室接地干线敷设，建筑物等电位连接，接闪器安装	

续表 A.3.1

分部工程代号	分部工程名称	子分部工程代号	子分部工程名称	分项工程名称	备注
07	智能建筑	01	通信网络系统	通信系统，卫星及有线电视系统，公共广播系统	单独组卷
		02	办公自动化系统	计算机网络系统，信息平台及办公自动化应用软件，网络安全系统	单独组卷
		03	建筑设备监控系统	空调与通风系统、变配电系统、照明系统，给排水系统，热源和热交换系统，冷冻和冷却系统，电梯和自动扶梯系统，中央管理工作站与操作分站，子系统通信接口	单独组卷
		04	火灾报警及消防联动系统	火灾和可燃气体探测与火灾报警控制系统，消防联动系统	单独组卷
		05	安全防范系统	电视监控系统，人侵报警系统，巡更系统，出入口控制（门禁）系统，停车管理系统	按分项单独组卷
		06	综合布线系统	综合布线系统	单独组卷
		07	智能化集成系统	集成系统网络，实时数据库，智能化集成系统与功能接口，信息安全	
		08	电源与接地	机房，智能建筑电源，防雷及接地	
		09	环境	空间环境，室内空调环境，视觉照明环境，电磁环境	单独组卷
		10	住宅（小区）智能化系统	火灾自动报警及消防联动系统，安全防范系统（含电视监控系统、人侵报警系统、巡更系统、门禁系统、楼宇对讲系统、住户对讲呼救系统、停车管理系统），物业管理系统（多表现场计量及与远程传输系统、建筑设备监控系统、公共广播系统、小区网络及信息服务系统、物业办公自动化系统），智能家庭信息平台	单独组卷
08	通风与空调	01	送排风系统	风管与配件制作，部件制作，风管系统安装，空气处理设备安装，消声设备制作与安装，风管与设备防腐，风机安装，系统调试	
		02	防排烟系统	风管与配件制作，部件制作，风管系统安装，防排烟风口、常闭正压风口与设备安装，风管与设备防腐，风机安装，系统调试	
		03	除尘系统	风管与配件制作，部件制作，风管系统安装，除尘器与排污设备安装，风管与设备防腐，风机安装，系统调试	
		04	空调风系统	风管与配件制作，部件制作，风管系统安装，空气处理设备安装，消声设备制作与安装，风管与设备防腐，风机安装，风管与设备绝热，系统调试	

续表 A.3.1

分部工程代号	分部工程名称	子分部工程代号	子分部工程名称	分项工程名称	备注
08	通风与空调	05	净化空调系统	风管与配件制作，部件制作，风管系统安装，空气处理设备安装，消声设备制作与安装，风管与设备防腐，风机安装，风管与设备绝热，系统调试	
		06	制冷设备系统	制冷机组安装，制冷剂管道及配件安装，制冷附属设备安装，管道及设备的防腐与绝热，系统调试	
		07	空调水系统	管道冷热（媒）水系统安装，冷却水系统安装，冷凝水系统安装，阀门及部件安装，冷却塔安装，水泵及附属设备安装，管道与设备的防腐与绝热，系统调试	
09	电梯	01	电力驱动的曳引式或强制式电梯安装	设备进场验收，土建交接检验，驱动主机，导轨，门系统，轿厢，对重（平衡重），安全部件，悬挂装置，随行电缆，补偿装置，电气装置，整机安装验收	单独组卷
		02	液压电梯安装	设备进场验收，土建交接检验，液压系统，导轨，门系统，轿厢，平衡重，安全部件，悬挂装置，随行电缆，电气装置，整机安装验收	单独组卷
		03	自动扶梯、自动人行道安装	设备进场验收，土建交接检验，整机安装验收	单独组卷

附录 B 监理资料用表

B.1 监理管理资料用表

B.1.1 监理单位和其他参建单位传递意见、建议、决定、通知等的工作联系单时可采用表 B.1.1 的格式。当不需回复时应有签收记录，并应注明收件人的姓名、单位和收件日期，并由有关单位各保存一份。

表 B.1.1 工作联系单

工程名称		编号	
致＿＿＿＿＿＿＿＿＿＿（单位） 事由： 内容 单　位＿＿＿＿＿＿ 负责人＿＿＿＿＿＿ 日　期＿＿＿＿＿＿			

B.1.2 监理工程师通知单应符合现行国家标准《建设工程监理规范》GB 50319 的有关规定。监理单位填写的监理工程师通知单应一式两份，并应由监理单位、施工单位各保存一份。监理工程师通知单宜采用表 B.1.2 的格式。

表 B.1.2 监理工程师通知

工程名称		编 号	
致__________(施工总承包单位/专业承包单位) 事由：关于__________ 内容： 附件：			
监 理 单 位__________ 总/专业监理工程师__________ 日 期__________			

B.1.3 工程暂停令应符合现行国家标准《建设工程监理规范》GB 50319 的有关规定。监理单位签发的工程暂停令应一式三份，并应由建设单位、监理单位、施工单位各保存一份。工程暂停令宜采用表 B.1.3 的格式。

表 B.1.3 工程暂停令

工程名称		编 号	
致__________(施工总承包单位/专业承包单位) 由于__________，__________原因，现通知你方必须于____年____月____日____时起，对本工程的__________部位（工序）实施暂停施工，并按要求做好下述各项工作： 监 理 单 位__________ 总监理工程师__________ 日 期__________			

B.2 进度控制资料用表

B.2.1 工程开工报审表、施工进度计划报审表内容应符合现行国家标准《建设工程监理规范》GB 50319 的有关规定。

B.3 质量控制资料用表

B.3.1 旁站监理记录应符合现行国家标准《建设工程监理规范》GB 50319 的有关规定。监理单位填写的旁站监理记录应一式三份，并应由建设单位、监理单位、施工单位各保存一份。旁站监理记录宜采用表 B.3.1 的格式。

表 B.3.1 旁站监理记录

工程名称				编 号	
开始时间		结束时间		日期及天气	
监理的部位或工序：					
施工情况：					
监理情况：					
发现问题：					
处理结果：					
备注：					
监理单位名称： 旁站监理人员（签字）：______			施工单位名称：______ 质检员（签字）：______		

B.3.2 监理单位填写的见证取样和送检见证人员备案表应一式五份，质量监督站、检测单位、建设单位、监理单位、施工单位各保存一份。见证取样和送检见证人员备案表宜采用表 B.3.2 的格式。

表 B.3.2 见证取样和送检见证人员备案表

工程名称			编 号	
质量监督站			日 期	
检测单位				
施工总承包单位				
专业承包单位				
见证人员签字		见证取样和送检印章		
建设单位（章）			监理单位（章）	

B.3.3 监理单位填写的见证记录应一式三份，并应由建设单位、监理单位、施工单位各保存一份。见证记录宜采用表B.3.3的格式。

表B.3.3 见证记录

工程名称			编 号		
样品名称		试件编号		取样数量	
取样部位/地点			取样日期		
见证取样说明					
见证取样和送检印章					
签字栏	取样人员		见证人员		

B.4 造价控制资料用表

B.4.1 工程款支付证书应符合现行国家标准《建设工程监理规范》GB 50319的有关规定。监理单位填写的工程款支付证书应一式三份，建设单位、监理单位、施工单位各保存一份。工程款支付证书宜采用表B.4.1的格式。

表B.4.1 工程款支付证书

工程名称		编 号	
致________（建设单位） 根据施工合同___条___款的约定，经审核施工单位的支付申请及附件，并扣除有关款项，同意本期支付工程款共（大写）________（小写：________）。请按合同约定及时支付。 其中： 1. 施工单位申报款为：________ 2. 经审核施工单位应得款为：________ 3. 本期应扣款为：________ 4. 本期应付款为：________ 附件： 1. 施工单位的工程支付申请表及附件； 2. 项目监理机构审查记录。 监 理 单 位________ 总监理工程师________ 日　　期________			

B.4.2 费用索赔审批表应符合现行国家标准《建设工程监理规范》GB 50319的有关规定。监理单位填写的费用索赔审批表应一式三份，并应由建设单位、监理单位、施工单位各保存一份。费用索赔审批表宜采用表B.4.2的格式。

表B.4.2 费用索赔审批表

工程名称		编 号	
致________（施工总承包/专业承包单位） 根据施工合同___条___款的约定，你方提出的________费用索赔申请（第___号），索赔（大写）________元，经我方审核评估： □ 不同意此项索赔。 □ 同意此项索赔，金额为（大写）_____元。 同意/不同意索赔的理由： 索赔金额的计算： 监 理 单 位________ 总监理工程师________ 日　　期________			

B.5 合同管理资料用表

B.5.1 工程延期审批表应符合现行国家标准《建设工程监理规范》GB 50319的有关规定。监理单位填写的工程延期审批表应一式四份，并应由建设单位、监理单位、施工单位、城建档案馆各保存一份。工程延期审批表宜采用表B.5.1的格式。

表B.5.1 工程延期审批表

工程名称		编 号	
致________（施工总承包/专业承包单位） 根据施工合同___条___款的约定，我方对你方提出的________工程延期申请（第___号）要求延长工期___日历天的要求，经过审核评估： □ 同意工期延长___日历天。使竣工日期（包括已指令延长的工期）从原来的____年___月___日延迟到____年___月___日。请你方执行。 □ 不同意延长工期，请按约定竣工日期组织施工。 说明： 监 理 单 位________ 总监理工程师________ 日　　期________			

附录C　施工资料用表

C.1　施工管理资料用表

C.1.1　施工单位填写的工程概况表应一式四份，并应由建设单位、监理单位、施工单位、城建档案馆各保存一份。工程概况表可采用表C.1.1的格式。

表C.1.1　工程概况表

工程名称			编　号	
一般情况	建设单位			
	建设用途		设计单位	
	建设地点		勘察单位	
	建筑面积		监理单位	
	工　期		施工单位	
	计划开工日期		计划竣工日期	
	结构类型		基础类型	
	层　次		建筑檐高	
	地上面积		地下面积	
	人防等级		抗震等级	
构造特征	地基与基础			
	柱、内外墙			
	梁、板、楼盖			
	外墙装饰			
	内墙装饰			
	楼地面装饰			
	屋面构造			
	防火设备			
机电系统名称				
其　他				

C.1.2　施工现场质量管理检查记录应符合《建筑工程施工质量验收统一标准》GB 50300的有关规定；施工单位填写的施工现场质量管理检查记录应一式两份，并应由监理单位、施工单位各保存一份。施工现场质量管理检查记录宜采用表C.1.2的格式。

表C.1.2　施工现场质量管理检查记录

工程名称		施工许可证（开工证）		编号	
建设单位		项目负责人			
设计单位		项目负责人			
勘察单位		项目负责人			
监理单位		总监理工程师			
施工单位		项目经理		项目技术负责人	

序号	项　目	内　容
1	现场质量管理制度	
2	质量责任制	

续表C.1.2

序号	项　目	内　容
3	主要专业工种操作上岗证书	
4	专业承包单位资质管理制度	
5	施工图审查情况	
6	地质勘察资料	
7	施工组织设计编制及审批	
8	施工技术标准	
9	工程质量检验制度	
10	混凝土搅拌站及计量设置	
11	现场材料、设备存放与管理制度	
12		
检查结论： 总监理工程师（建设单位项目负责人）　　　　年　月　日		

C.1.3　分包单位资质报审表应符合现行国家标准《建设工程监理规范》GB 50319的有关规定。施工总承包单位填报的分包单位资质报审表应一式三份，并应由建设单位、监理单位、施工总承包单位各保存一份。分包单位资质报审表宜采用表C.1.3的格式。

表C.1.3　分包单位资质报审表

工程名称		施工编号	
		监理编号	
		日　期	

致＿＿＿＿＿＿（监理单位）

经考察，我方认为拟选择的＿＿＿＿（专业承包单位）具有承担下列工程的施工资质和施工能力，可以保证本工程项目按合同的约定进行施工。分包后，我方仍然承担总包单位的责任。请予以审查和批准。

附：1. □分包单位资质材料

2. □分包单位业绩材料

3. □中标通知书

分包工程名称（部位）	工程量	分包工程合同额	备注
合　计			

施工总承包单位（章）＿＿＿＿＿＿

项目经理＿＿＿＿＿＿

专业监理工程师审查意见：

专业监理工程师＿＿＿＿＿＿

日　期＿＿＿＿＿＿

总监理工程师审核意见：

监理单位＿＿＿＿＿＿

总监理工程师＿＿＿＿＿＿

日　期＿＿＿＿＿＿

C.1.4 调查单位填写的建设工程质量事故调查、勘查记录应一式五份，并应由调查单位、建设单位、监理单位、施工单位、城建档案馆各保存一份。建设工程质量事故调查、勘查记录宜采用表 C.1.4 的格式。

表 C.1.4 建设工程质量事故调查、勘查记录

工程名称		编 号		
		日 期		
调(勘)查时间	年 月 日 时 分至 时 分			
调(勘)查地点				
参加人员	单 位	姓 名	职 务	电 话
被调查人				
陪同调(勘)查人员				
调(勘)查笔录				
现场证物照片	□有 □无 共 张 共 页			
事故证据资料	□有 □无 共 条 共 页			
被调查人签字		调(勘)查人签字		

C.1.5 施工单位填写的见证试验检测汇总表应一式两份，并应由监理单位、施工单位各保存一份。见证试验检测汇总表宜采用表 C.1.5 的格式。

表 C.1.5 见证试验检测汇总表

工程名称			编 号	
			填表日期	
建设单位			检测单位	
监理单位			见证人员	
施工单位			取样人员	
试验项目	应试验组/次数	见证试验组/次数	不合格次数	备注
制表人(签字)				

C.1.6 施工单位填写的施工日志应一式一份，并应自行保存。施工日志宜采用表 C.1.6 的格式。

表 C.1.6 施工日志

工程名称		编号	
		日期	
施工单位			
天气状况	风力	最高/最低温度	
施工情况记录：(施工部位、施工内容、机械使用情况、劳动力情况，施工中存在问题等)			
技术、质量、安全工作记录：(技术、质量安全活动、检查验收、技术质量安全问题等)			
记录人(签字)			

C.1.7 施工单位填报的监理工程师通知回复单应一式两份，并应由监理单位、施工单位各保存一份。监理工程师通知回复单宜采用表 C.1.7 的格式。

表 C.1.7 监理工程师通知回复单

工程名称		施工编号	
		监理编号	
		日 期	

致：________________(监理单位)

我方接到编号为________的监理工程师通知后，已按要求完成了____工作，现报上，请予以复查。

详细内容：

专业承包单位____________ 项目经理/责任人____________

施工总承包单位____________ 项目经理/责任人____________

复查意见：

监 理 单 位____________

总/专业监理工程师____________

日 期____________

C.2 施工技术资料用表

C.2.1 施工单位填报的工程技术文件报审表应一式两份，并应由监理单位、施工单位各保存一份。工程技术文件报审表宜采用表C.2.1的格式。

表C.2.1 工程技术文件报审表

工程名称		施工编号	
		监理编号	
		日　　期	
致________（监理单位） 我方已编制完成了________技术文件，并经相关技术负责人审查批准，请予以审定。 附：技术文件__页__册 施工总承包单位________ 项目经理/责任人________ 专业承包单位________ 项目经理/责任人________			
专业监理工程师审查意见： 专业监理工程师________ 日　期________			
总监理工程师审批意见： 审定结论：　□同意　□修改后再报　□重新编制 监理单位________ 总监理工程师________ 日　期________			

C.2.2 施工单位填报危险性较大分部分项工程施工方案专家论证表应一式两份，并应由监理单位、施工单位各保存一份。危险性较大分部分项工程施工方案专家论证表可采用表C.2.2的格式。

表C.2.2 危险性较大分部分项工程施工方案专家论证表

工程名称			编　号			
施工总承包单位			项目负责人			
专业承包单位			项目负责人			
分项工程名称						
专家一览表						
姓名	性别	年龄	工作单位	职务	职称	专业
专家论证意见： 年　月　日						
签字栏	组长： 专家：					

C.2.3 施工单位填写的技术交底记录应一式一份，并由施工单位自行保存。技术交底记录宜采用表C.2.3的格式。

表C.2.3 技术交底记录

工程名称		编　号	
		交底日期	
施工单位		分项工程名称	
交底摘要		页　数	共　页，第　页
交底内容：			
签字栏	交底人	审核人	
	接受交底人		

C.2.4 施工单位整理汇总的图纸会审记录应一式五份，并应由建设单位、设计单位、监理单位、施工单位、城建档案馆各保存一份。图纸会审记录宜采用表C.2.4的格式。表中设计单位签字栏应为项目专业设计负责人的签字，建设单位、监理单位、施工单位签字栏应为项目技术负责人或相关专业负责人的签字。

表 C.2.4　图纸会审记录

工程名称			编　号	
			日　期	
设计单位			专业名称	
地　点			页　数	共　页，第　页
序　号	图　号	图纸问题	答复意见	
签字栏	建设单位	监理单位	设计单位	施工单位

C.2.5 设计单位签发的设计变更通知单应一式五份，并应由建设单位、设计单位、监理单位、施工单位、城建档案馆各保存一份。设计变更通知单宜采用表C.2.5的格式。

表 C.2.5　设计变更通知单

工程名称			编　号	
			日　期	
设计单位			专业名称	
变更摘要			页　数	共　页，第　页
序　号	图　号	变　更　内　容		
签字栏	建设单位	设计单位	监理单位	施工单位

C.2.6 工程洽商提出单位填写的工程洽商记录应一式五份，并应由建设单位、设计单位、监理单位、施工单位、城建档案馆各保存一份。工程洽商记录宜采用表C.2.6的格式。

表 C.2.6　工程洽商记录（技术核定单）

工程名称			编　号	
			日　期	
提出单位			专业名称	
洽商摘要			页　数	共　页，第　页
序　号	图　号	洽　商　内　容		
签字栏	建设单位	设计单位	监理单位	施工单位

C.3　进度造价资料用表

C.3.1 工程开工报审表应符合现行国家标准《建设工程监理规范》GB 50319的有关规定。施工单位填报的工程开工报审表应一式四份，并应由建设单位、监理单位、施工单位、城建档案馆各保存一份。工程开工报审表宜采用表C.3.1的格式。

表 C.3.1　工程开工报审表

工程名称		施工编号	
		监理编号	
		日　期	
致＿＿＿＿＿＿（监理单位） 我方承担的＿＿＿＿＿＿工程，已完成了以下各项工作，具备了开工条件，特此申请施工，请核查并签发开工指令。 附件： 施工总承包单位（章）＿＿＿＿＿＿ 项目经理＿＿＿＿＿＿			
审查意见： 监理单位＿＿＿＿＿＿ 总监理工程师＿＿＿＿＿＿ 日　期			

C.3.2 复工报审表应符合现行国家标准《建设工程监理规范》GB50319的有关规定。施工单位填报的工

程复工报审表应一式四份，并应由建设单位、监理单位、施工单位、城建档案馆各保存一份。工程复工报审表宜采用表 C. 3. 2 的格式。

表 C. 3. 2　工程复工报审表

工程名称		施工编号	
		监理编号	
		日　期	
致____________（监理单位） 根据____号《工程暂停令》，我方已按照要求完成了以下各项工作，具备了复工条件，特此申请，请核查并签发复工指令。 附：具备复工条件的说明或证明 专业承包单位________　项目经理/责任人________ 施工总承包单位________　项目经理/责任人________			
审查意见： 监理单位________ 专业监理工程师________ 总监理工程师________ 日　期________			

C. 3. 3　施工单位填报施工进度计划报审表应一式三份，并应由建设单位、监理单位、施工单位各保存一份。施工进度计划报审表宜采用表 C. 3. 3 的格式。

表 C. 3. 3　施工进度计划报审表

工程名称		施工编号	
		监理编号	
		日　期	
致____________（监理单位） 我方已根据施工合同的有关约定完成了_____工程总/年第_季度_月份工程施工进度计划的编制，请予以审查。 附：施工进度计划及说明 施工总承包单位（章）________　项目经理________			
专业监理工程师审查意见： 专业监理工程师________ 日　期________			
总监理工程师审核意见： 监理单位________ 总监理工程师________ 日　期________			

C. 3. 4　施工单位填报的____年__月人、机、料动态表应一式两份，监理单位、施工单位各保存一份。月度人、机、料动态表宜采用表 C. 3. 4 的格式。

表 C. 3. 4　____年__月人、机、料动态表

工程名称				编号			
				日期			
致__________（监理单位） 根据___年_月施工进度情况，我方现报上___年_月人、机、料统计表。							
劳动力	工种						合计
	人数						
	持证人数						
主要机械	机械名称		生产厂家	规格、型号	数量		
主要材料	名称	单位	上月库存量	本月进场量	本月消耗量	本月库存量	
附件： 施工单位________ 项目经理________							

C. 3. 5　施工单位填报的工程延期申请表应一式三份，并应由建设单位、监理单位、施工单位各保存一份。工程延期申请表宜采用表 C. 3. 5 的格式。

表 C. 3. 5　工程延期申请表

工程名称		编号	
		日期	
致__________（监理单位） 根据施工合同___条___款的约定，由于________的原因，我方申请工程延期，请予以批准。 附件： 1. 工程延期的依据及工期计算 合同竣工日期： 申请延长竣工日期： 2. 证明材料 专业承包单位________　项目经理/责任人________ 施工总承包单位________　项目经理/责任人________			

C.3.6 工程款支付申请表应符合现行国家标准《建设工程监理规范》GB 50319 的有关规定。施工单位填报的工程款支付申请表应一式三份，并应由建设单位、监理单位、施工单位各保存一份。工程款支付申请表宜采用表 C.3.6 的格式。

表 C.3.6 工程款支付申请表

工程名称		编号	
		日期	
致＿＿＿＿＿（监理单位） 我方已完成了＿＿＿＿＿工作，按照施工合同＿条＿款的约定，建设单位应在＿＿年＿月＿日前支付该项工程款共（大写）＿＿＿＿（小写：＿＿），现报上＿＿＿＿工程付款申请表，请予以审查并开具工程款支付证书。 附件： 1. 工程量清单； 2. 计算方法。 施工总承包单位（章）＿＿＿＿＿ 项目经理＿＿＿＿＿			

C.3.7 施工单位填报的工程变更费用报审表应一式三份，并应由建设单位、监理单位、施工单位各保存一份。工程变更费用报审表宜采用表 C.3.7 的格式。

表 C.3.7 工程变更费用报审表

工程名称		施工编号	
		监理编号	
		日　期	
致＿＿＿＿＿（监理单位） 兹申报第＿号工程变更单，申请费用见附表，请予以审核。 附件：工程变更费用计算书 专业承包单位＿＿＿＿＿ 项目经理/责任人＿＿＿＿＿ 施工总承包单位＿＿＿＿＿ 项目经理/责任人＿＿＿＿＿			
监理工程师审核意见： 监理工程师＿＿＿＿＿ 日　期＿＿＿＿＿			
总监理工程师审查意见： 监理单位＿＿＿＿＿ 总监理工程师＿＿＿＿＿ 日　期＿＿＿＿＿			

C.3.8 费用索赔申请表应符合现行国家标准《建设工程监理规范》GB 50319 的有关规定。施工单位填报的费用索赔申请表应一式三份，并由建设单位、监理单位、施工单位各保存一份。费用索赔申请表宜采用表 C.3.8 的格式。

表 C.3.8 费用索赔申请表

工程名称		编号	
		日期	
致＿＿＿＿＿（监理单位） 根据施工合同＿条＿款的约定，由于＿＿＿＿＿＿的原因，我方要求索赔金额（大写）＿＿＿元，请予以批准。 附件： 1. 索赔的详细理由及经过 2. 索赔金额的计算 3. 证明材料 专业承包单位＿＿＿＿＿ 项目经理/责任人＿＿＿＿＿ 施工总承包单位＿＿＿＿＿ 项目经理/责任人＿＿＿＿＿			

C.4 施工物资资料用表

C.4.1 材料、构配件进场检验记录应符合国家现行有关标准的规定。施工单位填写的材料、构配件进场检验记录应一式两份，并应由监理单位、施工单位各保存一份。材料、构配件进场检验记录宜采用表 C.4.1 的格式。

表 C.4.1 材料、构配件进场检验记录

工程名称					编　号		
					检验日期		
序号	名称	规格型号	进场数量	生产厂家 质量证明书编号	外观检验项目 检验结果	试件编号 复验结果	备注
1							
2							
3							
4							
5							
检查意见（施工单位）： 附件：共＿页							
验收意见（监理/建设单位） □同意 □重新检验 □退场 验收日期：							
签字栏	施工单位				专业质检员	专业工长	检验员
	监理或建设单位					专业工程师	

C.4.2 施工单位填写的设备开箱检验记录应一式两份，并应由监理单位、施工单位各保存一份。设备开

箱检验记录宜采用表 C.4.2 的格式。

表 C.4.2　设备开箱检验记录

工程名称		编　号			
		检验日期			
设备名称		规格型号			
生产厂家		产品合格证编号			
总数量		检验数量			
进场检验记录					
包装情况					
随机文件					
备件与附件					
外观情况					
测试情况					
缺、损附备件明细					
序号	附备件名称	规格	单位	数量	备注
检查意见（施工单位）： 附件：共_页					
验收意见（监理/建设单位）： ☐同意　☐重新检验　☐退场　验收日期：					
签字栏	供应单位		责任人		
	施工单位		专业工长		
	监理或建设单位		专业工程师		

C.4.3　设备、阀门、闭式喷头、密闭水箱或水罐、风机盘管、成组散热器及其他散热设备等在安装前按规定进行试验时，均应填写设备及管道附件试验记录，并应由建设单位、监理单位、施工单位各保存一份。设备及管道附件试验记录宜采用表 C.4.3 的格式。

表 C.4.3　设备及管道附件试验记录

工程名称				编　号	
使用部位				试验日期	
试验要求					
设备/管道附件名称					
材质、型号					
规格					
试验数量					
试验介质					
公称或工作压力（MPa）					
强度试验	试验压力（MPa）				
	试验持续时间（s）				
	试验压力降(MPa)				
	渗漏情况				
	试验结论				
严密性试验	试验压力（MPa）				
	试验持续时间（s）				
	试验压力降(MPa)				
	渗漏情况				
	试验结论				
签字栏	施工单位		专业技术负责人	专业质检员	专业工长
	监理或建设单位			专业工程师	

C.5　施工记录用表

C.5.1　隐蔽工程验收记录应符合国家相关标准的规定。施工单位填写的隐蔽工程验收记录应一式四份，并应由建设单位、监理单位、施工单位、城建档案馆各保存一份。隐蔽工程验收记录宜采用表 C.5.1 的格式。

表 C.5.1　隐蔽工程验收记录（通用）

工程名称		编　号		
隐检项目		隐检日期		
隐检部位	层	轴线	标高	
隐检依据：施工图号______，设计变更/洽商/技术核定单（编号______）及有关国家现行标准等。 主要材料名称及规格/型号：______________				
隐检内容：				
检查结论： ☐同意隐蔽　☐不同意隐蔽，修改后复查				
复查结论： 复查人：　复查日期：				
签字栏	施工单位	专业技术负责人	专业质检员	专业工长
	监理或建设单位		专业工程师	

C.5.2　施工单位填写的施工检查记录应一式一份，并由施工单位自行保存。施工检查记录宜采用表 C.5.2 的格式。

表 C.5.2　施工检查记录（通用）

工程名称		编　号	
		检查日期	
检查部位		检查项目	
检查依据：			
检查内容：			
检查结论：			
复查结论： 复查人：　复查日期：			
签字栏	施工单位		
	专业技术负责人	专业质检员	专业工长

C.5.3 交接双方共同填写的交接检查记录应一式三份，并应由移交单位、接收单位和见证单位各保存一份。交接检查记录宜采用表C.5.3的格式。

表C.5.3 交接检查记录（通用）

工程名称		编　号	
		检查日期	
移交单位		见证单位	
交接部位		接收单位	
交接内容：			
检查结论：			
复查结论（由接收单位填写）： 复查人：　　复查日期：			
见证单位意见：			

签字栏	移交单位	接收单位	见证单位

C.5.4 施工单位填写的工程定位测量记录应一式四份，并应由建设单位、监理单位、施工单位、城建档案馆各保存一份。工程定位测量记录宜采用表C.5.4的格式。

表C.5.4 工程定位测量记录

工程名称		编　号	
		图纸编号	
委托单位		施测日期	
复测日期		平面坐标依据	
高程依据		使用仪器	
允许误差		仪器校验日期	
定位抄测示意图：			
复测结果：			

签字栏					
	施工单位		测量人员岗位证书号	专业技术负责人	
	施工测量负责人		复测人	施测人	
	监理或建设单位			专业工程师	

C.5.5 施工单位填写的建筑物垂直度、标高观测记录应一式三份，并应由建设单位、监理单位、施工单位各保存一份。建筑物垂直度、标高观测记录宜采用表C.5.5的格式。

表C.5.5 建筑物垂直度、标高观测记录

工程名称		编　号	
施工阶段		观测日期	
观测说明（附观测示意图）：			
垂直度测量（全高）		标高测量（全高）	
观测部位	实测偏差（mm）	观测部位	实测偏差（mm）
结论：			

签字栏					
	施工单位		专业技术负责人	专业质检员	施测人
	监理或建设单位			专业工程师	

C.5.6 地基验槽记录应符合现行国家标准《建筑地基基础工程施工质量验收规范》GB 50202的有关规定。施工单位填写的地基验槽记录应一式六份，并应由建设单位、监理单位、勘察单位、设计单位、施工单位、城建档案馆各保存一份。地基验槽记录宜采用表C.5.6的格式。

表C.5.6 地基验槽记录

工程名称		编　号	
验槽部位		验槽日期	
依据：施工图号＿＿＿＿＿＿＿＿、 设计变更/洽商/技术核定编号＿＿＿＿及有关规范、规程。			
验槽内容： 1. 基槽开挖至勘探报告第＿＿＿层，持力层为＿＿＿＿层。 2. 土质情况＿＿＿＿＿＿＿＿＿＿＿＿＿＿＿。 3. 基坑位置、平面尺寸＿＿＿＿＿＿＿＿＿＿＿＿。 4. 基底绝对高程和相对标高＿＿＿＿＿＿＿＿＿＿。 申报人：			
检查结论： □无异常，可进行下道工序　□需要地基处理			

签字公章栏	施工单位	勘察单位	设计单位	监理单位	建设单位

C.5.7 地下工程防水效果检查记录应符合现行国家标准《地下防水工程质量验收规范》GB 50208 的有关规定。由施工单位填写的地下工程防水效果检查记录应一式三份，并应由建设单位、监理单位、施工单位各保存一份。地下工程防水效果检查记录宜采用表 C.5.7 的格式。

表 C.5.7 地下工程防水效果检查记录

工程名称			编　号		
检查部位			检查日期		
检查方法及内容：					
检查结论：					
复查结论： 复查人：　　　　复查日期：					
签字栏	施工单位		专业技术负责人	专业质检员	专业工长
	监理或建设单位			专业工程师	

C.5.8 防水工程试水检查记录应符合现行国家标准《建筑地面工程施工质量验收规范》GB 50209、《屋面工程质量验收规范》GB 50207 的有关规定。由施工单位填写的防水工程试水检查记录应一式三份，并由建设单位、监理单位、施工单位各保存一份。防水工程试水检查记录宜采用表 C.5.8 的格式。

表 C.5.8 防水工程试水检查记录

工程名称			编　号		
检查部位			检查日期		
检查方式	□第一次蓄水	□第二次蓄水	蓄水时间	从_年_月_日_时 至_年_月_日_时	
	□淋水	□雨期观察			
检查方法及内容：					
检查结论：					
复查结论： 复查人：　　　　复查日期：					
签字栏	施工单位		专业技术负责人	专业质检员	专业工长
	监理或建设单位			专业工程师	

C.5.9 由施工单位填写的通风道、烟道、垃圾道检查记录应一式三份，并应由建设单位、监理单位、施工单位各保存一份。通风道、烟道、垃圾道检查记录宜采用表 C.5.9 的格式。

表 C.5.9 通风道、烟道、垃圾道检查记录

工程名称					编　号		
					检查日期		
检查部位和检查结果						检查人	复检人
检查部位	主烟（风）道		副烟（风）道		垃圾道		
	烟道	风道	烟道	风道			
签字栏	施工单位						
	专业技术负责人		专业质检员		专业工长		

C.6 施工试验记录与检测报告用表

C.6.1 设备单机试运转记录应符合现行国家标准《建筑给水排水及采暖工程施工质量验收规范》GB 50242、《通风与空调工程施工质量验收规范》GB 50243、《建筑节能工程施工质量验收规范》GB 50411 的有关规定。施工单位填写的设备单机试运转记录应一式四份，并应由建设单位、监理单位、施工单位、城建档案馆各保存一份。设备单机试运转记录宜采用表 C.6.1 的格式。

表 C.6.1 设备单机试运转记录（通用）

工程名称			编　号		
			试运转时间		
设备名称			设备编号		
规格型号			额定数据		
生产厂家			设备所在系统		
序号	试验项目		试验记录	试验结论	
1					
2					
3					
4					
5					
6					
7					
8					
试运转结论：					
签字栏	施工单位		专业技术负责人	专业质检员	专业工长
	监理或建设单位			专业工程师	

C.6.2 系统试运转调试记录应符合现行国家标准《建筑给水排水及采暖工程施工质量验收规范》GB 50242、《通风与空调工程施工质量验收规范》GB 50243、《建筑节能工程施工质量验收规范》GB 50411的有关规定。施工单位填写的系统试运转调试记录应一式四份，并应由建设单位、监理单位、施工单位及城建档案馆各保存一份。系统试运转调试记录宜采用表 C.6.2 的格式。

表 C.6.2 系统试运转调试记录（通用）

工程名称			编　号		
			试运转调试时间		
试运转调试项目			试运转调试部位		
试运转调试内容：					
试运转调试结论：					
签字栏	施工单位		专业技术负责人	专业质检员	专业工长
	监理或建设单位			专业工程师	

C.6.3 接地电阻测试记录应符合现行国家标准《建筑电气工程施工质量验收规范》GB 50303、《智能建筑工程质量验收规范》GB 50339、《电梯工程施工质量验收规范》GB 50310 的有关规定。施工单位填写的接地电阻测试记录应一式四份，并应由建设单位、监理单位、施工单位、城建档案馆各保存一份。接地电阻测试记录宜采用表 C.6.3 的格式。

表 C.6.3 接地电阻测试记录（通用）

工程名称			编　号		
			测试日期		
仪表型号		天气情况		气温（℃）	
接地类型	□防雷接地　□计算机接地　□工作接地 □保护接地　□防静电接地　□逻辑接地 □重复接地　□综合接地　□医疗设备接地				
设计要求	□≤10Ω　□≤4Ω　□≤1Ω □≤0.1Ω　□≤ Ω　□				
测试部位：					
测试结论：					
签字栏	施工单位				
	专业技术负责人	专业质检员	专业工长	专业测试人	
	监理或建设单位			专业工程师	

C.6.4 绝缘电阻测试记录应符合现行国家标准《建筑电气工程施工质量验收规范》GB 50303、《智能建筑工程质量验收规范》GB 50339、《电梯工程施工质量验收规范》GB 50310 的有关规定。施工单位填写的绝缘电阻测试记录应一式三份，并应由建设单位、监理单位、施工单位各保存一份。绝缘电阻测试记录宜采用表 C.6.4 的格式。

表 C.6.4　绝缘电阻测试记录（通用）

工程名称						编　号						
						测试日期	年　月　日					
计量单位						天气情况						
仪表型号			电压				环境温度					
层数	箱盘编号	回路号	相间			相对零			相对地			零对地
			L_1-L_2	L_2-L_3	L_3-L_1	L_1-N	L_2-N	L_3-N	L_1-PE	L_2-PE	L_3-PE	$N-PE$
测试结论：												

签字栏	施工单位			
	专业技术负责人	专业质检员	专业工长	测试人
	监理或建设单位		专业工程师	

C.6.5　施工单位填写的砌筑砂浆试块强度统计、评定记录应一式三份，并应由建设单位、施工单位、城建档案馆各保存一份。砌筑砂浆试块强度统计、评定记录宜采用表C.6.5的格式。

表 C.6.5　砌筑砂浆试块强度统计、评定记录

工程名称										
							编　号			
							强度等级			
施工单位							养护方法			
统计期	年　月　日至　年　月　日						结构部位			
试块组数 n	强度标准值 f_2 (MPa)		平均值 $f_{2,m}$ (MPa)				最小值 $f_{2,min}$ (MPa)		$0.75f_2$	
每组强度值 (MPa)										
判定式	$f_{2,m} \geqslant f_2$					$f_{2,min} \geqslant 0.75f_2$				
结果										
结论：										

签字栏	批　准	审　核	统　计
	报告日期		

C.6.6　施工单位填写的混凝土试块强度统计、评定记录应一式三份，并应由建设单位、施工单位、城建档案馆各保存一份。混凝土试块强度统计、评定记录宜采用表C.6.6的格式。

表 C.6.6　混凝土试块强度统计、评定记录

工程名称							编　号			
							强度等级			
施工单位							养护方法			
统计期	年　月　日至 年　月　日						结构部位			
试块组 n	强度标准 $f_{cu,k}$ (MPa)		平均值 m_{fcu} (MPa)		标准差 S_{fcu} (MPa)		最小值 $f_{cu,min}$ (MPa)		合格判定系数	
									λ_1	λ_2
每组强度值 (MPa)										
评定界限	□统计方法（二）						□非统计方法			
	$0.90f_{cu,k}$		$m_{fcu}-\lambda_1 \times S_{fcu}$		$\lambda_2 \times f_{cu,k}$		$1.15f_{cu,k}$		$0.95f_{cu,k}$	
判定式	$m_{fcu}-\lambda_1 \times S_{fcu} \geqslant 0.90f_{cu,k}$			$f_{cu,min} \geqslant \lambda_2 \times f_{cu,k}$			$m_{fcu} \geqslant 1.15f_{cu,k}$		$f_{cu,min} \geqslant 0.95f_{cu,k}$	
结果										
结论：										

签字栏	批　准	审　核	统　计
	报告日期		

C.6.7　结构实体混凝土强度检验记录应符合现行国家标准《混凝土结构工程施工质量验收规范》GB 50204的有关规定。施工单位填写的结构实体混凝土强度检验记录应一式四份，建设单位、监理单位、施工单位、城建档案馆各保存一份。结构实体混凝土强度检验记录宜采用表C.6.7的格式。

表 C.6.7 结构实体混凝土强度检验记录

工程名称											编号	
											结构类型	
施工单位											验收日期	
强度等级	试件强度代表值（MPa）										强度评定结果	监理/建设单位验收结果
结论：												
签字栏	项目专业技术负责人						专业监理工程师或建设单位项目专业技术负责人					

C.6.8 结构实体钢筋保护层厚度检验记录应符合现行国家标准《混凝土结构工程施工质量验收规范》GB 50204 的有关规定。结构实体钢筋保护层厚度检验记录应一式四份，并应由建设单位、监理单位、施工单位、城建档案馆各保存一份。结构实体钢筋保护层厚度检验记录宜采用表 C.6.8 的格式。

表 C.6.8 结构实体钢筋保护层厚度检验记录

工程名称									编号		
									结构类型		
施工单位									验收日期		
构件类别	钢筋保护层厚度（mm）								合格点率	评定结果	监理/建设单位验收结果
	序号	设计值	实测值								
梁											
板											
结论：											
签字栏	项目专业技术负责人					专业监理工程师或建设单位项目专业技术负责人					

C.6.9 非承压管道系统和设备，在安装完毕后，以及暗装、埋地、有绝热层的室内外排水管道进行隐蔽前，应进行灌水、满水试验。施工单位填写的灌水、满水试验记录应一式三份，并应由建设单位、监理单位、施工单位各保存一份。灌水、满水试验记录宜采用表 C.6.9 的格式。

表 C.6.9 灌水、满水试验记录

工程名称			编号	
			试验日期	
分项工程名称			材质、规格	
试验标准及要求：				
试验部位	灌（满）水情况	灌（满）水持续时间（min）	液面检查情况	渗漏检查情况
试验结论：				
签字栏	施工单位	专业技术负责人	专业质检员	专业工长
	监理或建设单位		专业工程师	

C.6.10 强度严密性试验记录应符合现行国家标准《建筑给水排水及采暖工程施工质量验收规范》GB 50242、《通风与空调工程施工质量验收规范》GB 50243 的有关规定。室内外输送各种介质的承压管道、承压设备在安装完毕后，进行隐蔽之前，应进行强度严密性试验。施工单位填写的强度严密性试验记录应一式四份，并应由建设单位、监理单位、施工单位、城建档案馆各保存一份。强度严密性试验记录宜采用表 C.6.10 的格式。

表 C.6.10　强度严密性试验记录

<table>
<tr><td rowspan="2">工程名称</td><td rowspan="2" colspan="3"></td><td>编　号</td><td></td></tr>
<tr><td>试验日期</td><td></td></tr>
<tr><td>分项工程名称</td><td colspan="3"></td><td>试验部位</td><td></td></tr>
<tr><td>材质、规格</td><td colspan="3"></td><td>压力表编号</td><td></td></tr>
<tr><td colspan="6">试验要求：</td></tr>
<tr><td rowspan="10">试验记录</td><td colspan="3">试验介质</td><td colspan="2"></td></tr>
<tr><td colspan="3">试验压力表设置位置</td><td colspan="2"></td></tr>
<tr><td rowspan="4">强度试验</td><td colspan="2">试验压力（MPa）</td><td colspan="2"></td></tr>
<tr><td colspan="2">试验持续时间（min）</td><td colspan="2"></td></tr>
<tr><td colspan="2">试验压力降（MPa）</td><td colspan="2"></td></tr>
<tr><td colspan="2">渗漏情况</td><td colspan="2"></td></tr>
<tr><td rowspan="4">严密性试验</td><td colspan="2">试验压力（MPa）</td><td colspan="2"></td></tr>
<tr><td colspan="2">试验持续时间（min）</td><td colspan="2"></td></tr>
<tr><td colspan="2">试验压力降（MPa）</td><td colspan="2"></td></tr>
<tr><td colspan="2">渗漏情况</td><td colspan="2"></td></tr>
<tr><td colspan="6">试验结论：</td></tr>
<tr><td rowspan="3">签字栏</td><td rowspan="2">施工单位</td><td></td><td>专业技术负责人</td><td>专业质检员</td><td>专业工长</td></tr>
<tr><td></td><td></td><td></td><td></td></tr>
<tr><td>监理或建设单位</td><td colspan="2"></td><td>专业工程师</td><td></td></tr>
</table>

C.6.11　通水试验记录应符合现行国家标准《建筑给水排水及采暖工程施工质量验收规范》GB 50242 的有关规定。室内外给水、中水及游泳池水系统、卫生洁具、地漏及地面清扫口及室内外排水系统在安装完毕后，应进行通水试验。施工单位填写的通水试验记录应一式三份，并应由建设单位、监理单位、施工单位各保存一份。通水试验记录宜采用表 C.6.11 的格式。

表 C.6.11　通 水 试 验 记 录

<table>
<tr><td rowspan="2">工程名称</td><td rowspan="2"></td><td>编　号</td><td></td></tr>
<tr><td>试验日期</td><td></td></tr>
<tr><td>分项工程名称</td><td></td><td>试验部位</td><td></td></tr>
<tr><td colspan="4">试验系统简述：</td></tr>
<tr><td colspan="4">试验要求：</td></tr>
<tr><td colspan="4">试验记录：</td></tr>
<tr><td colspan="4">试验结论：</td></tr>
</table>

<table>
<tr><td rowspan="3">签字栏</td><td rowspan="2">施工单位</td><td></td><td>专业技术负责人</td><td>专业质检员</td><td>专业工长</td></tr>
<tr><td></td><td></td><td></td><td></td></tr>
<tr><td>监理或建设单位</td><td colspan="2"></td><td>专业工程师</td><td></td></tr>
</table>

C.6.12　冲洗、吹洗试验记录应符合现行国家标准《建筑给水排水及采暖工程施工质量验收规范》GB 50242、《通风与空调工程施工质量验收规范》GB 50243 的有关规定。室内外给水、中水及游泳池水系统、采暖、空调水、消火栓、自动喷水等系统管道，以及设计有要求的管道在使用前做冲洗试验及介质为气体的管道系统做吹洗试验时，应填写冲洗、吹洗试验记录。施工单位填写的冲洗、吹洗试验记录应一式三份，并应由建设单位、监理单位、施工单位各保存一份。冲洗、吹洗试验记录宜采用表 C.6.12 的格式。

表 C.6.12　冲洗、吹洗试验记录

工程名称		编　号			
		试验日期			
分项工程名称		试验部位			
试验要求：					
试验记录：					
试验结论：					
签字栏	施工单位		专业技术负责人	专业质检员	专业工长
	监理或建设单位			专业工程师	

C.6.13　施工单位填写的电气设备空载试运行记录应一式四份，并应由建设单位、监理单位、施工单位、城建档案馆各保存一份。电气设备空载试运行记录宜采用表 C.6.13 的格式。

表 C.6.13　电气设备空载试运行记录

工程名称				编　号				
设备名称		设备型号			设计编号			
额定电流		额定电压			填写日期		年 月 日	
试运时间	由　日　时　分开始 至　日　时　分结束							
运行负荷记录	运行时间	运行电压（V）			运行电流（A）			温度（℃）
		L_1-N (L_1-L_2)	L_2-N (L_2-L_3)	L_3-N (L_3-L_1)	L_1 相	L_2 相	L_3 相	
试运行情况记录：								
签字栏	施工单位			专业技术负责人	专业质检员	专业工长		
	监理或建设单位				专业工程师			

C.6.14　大型照明灯具承载试验记录应符合现行国家标准《建筑电气工程施工质量验收规范》GB 50303 的有关规定。施工单位填写的大型照明灯具承载试验记录应一式三份，并应由建设单位、监理单位、施工单位各保存一份。大型照明灯具承载试验记录宜采用表 C.6.14 的格式。

表 C.6.14　大型照明灯具承载试验记录

工程名称			编　号		
楼层部位			试验日期		
灯具名称	安装部位	数量	灯具自重（kg）	试验载重（kg）	
检查结论：					
签字栏	施工单位		专业技术负责人	专业质检员	专业工长
	监理或建设单位			专业工程师	

C.6.15　智能建筑工程子系统检测记录应符合现行国家标准《智能建筑工程施工质量验收规范》GB 50339 的有关规定。施工单位填写的智能建筑工程子系统检测记录应一式四份，并应由建设单位、监理单位、施工单位、城建档案馆各保存一份。智能建筑工程子系统检测记录宜采用表 C.6.15 的格式。

表 C.6.15　智能建筑工程子系统检测记录

系统名称		子系统名称		序号	检测部位	
施工总承包单位					项目经理	
执行标准名称及编号						
专业承包单位					项目经理	
主控项目	系统检测内容	检测规范的规定	系统检测评定记录	检测结果		备　注
				合　格	不合格	
一般项目						
强制性条文						
检测机构的检测结论： 检测负责人　　年　月　日						
注：1. 在检测结果栏，左列打"√"视为合格，右列打"√"视为不合格。 2. 备注栏内填写检测时出现的问题。						

C.6.16 风管漏光检测记录应符合现行国家标准《通风与空调工程施工质量验收规范》GB 50243 的有关规定。施工单位填写的风管漏光检测记录应一式三份，并应由建设单位、监理单位、施工单位各保存一份。风管漏光检测记录宜采用表 C.6.16 的格式。

表 C.6.16 风管漏光检测记录

<table>
<tr><td rowspan="2">工程名称</td><td rowspan="2"></td><td>编　号</td><td></td></tr>
<tr><td>试验日期</td><td></td></tr>
<tr><td>系统名称</td><td></td><td>工作压力（Pa）</td><td></td></tr>
<tr><td>系统接缝总长度(m)</td><td></td><td>每10m接缝为一检测段的分段数</td><td></td></tr>
<tr><td>检测光源</td><td colspan="3"></td></tr>
<tr><td>分段序号</td><td>实测漏光点数（个）</td><td>每10m接缝的允许漏光点数（个/10m）</td><td>结　论</td></tr>
<tr><td>1</td><td></td><td></td><td></td></tr>
<tr><td>2</td><td></td><td></td><td></td></tr>
<tr><td>3</td><td></td><td></td><td></td></tr>
<tr><td>4</td><td></td><td></td><td></td></tr>
<tr><td>5</td><td></td><td></td><td></td></tr>
<tr><td>6</td><td></td><td></td><td></td></tr>
<tr><td>7</td><td></td><td></td><td></td></tr>
<tr><td>8</td><td></td><td></td><td></td></tr>
<tr><td rowspan="2">合　计</td><td>总漏光点数（个）</td><td>每100m接缝的允许漏光点数（个/100m）</td><td>结　论</td></tr>
<tr><td></td><td></td><td></td></tr>
<tr><td colspan="4">检测结论：</td></tr>
</table>

<table>
<tr><td rowspan="3">签字栏</td><td rowspan="2">施工单位</td><td rowspan="2"></td><td>专业技术负责人</td><td>专业质检员</td><td>专业工长</td></tr>
<tr><td></td><td></td><td></td></tr>
<tr><td>监理或建设单位</td><td colspan="2"></td><td>专业工程师</td><td></td></tr>
</table>

C.6.17 风管漏风检测记录应符合现行国家标准《通风与空调工程施工质量验收规范》GB 50243 的有关规定。施工单位填写的风管漏风检测记录应一式三份，并应由建设单位、监理单位、施工单位各保存一份。风管漏风检测记录宜采用表 C.6.17 的格式。

表 C.6.17 风管漏风检测记录

<table>
<tr><td rowspan="2">工程名称</td><td rowspan="2" colspan="2"></td><td colspan="2">编　号</td><td></td></tr>
<tr><td colspan="2">试验日期</td><td></td></tr>
<tr><td>系统名称</td><td colspan="2"></td><td colspan="2">工作压力（Pa）</td><td></td></tr>
<tr><td>系统总面积（m²）</td><td colspan="2"></td><td colspan="2">试验压力（Pa）</td><td></td></tr>
<tr><td>试验总面积（m²）</td><td colspan="2"></td><td colspan="2">系统检测分段数</td><td></td></tr>
<tr><td rowspan="10" colspan="2">检测区段图示：</td><td colspan="4">分段实测数值</td></tr>
<tr><td>序号</td><td>分段表面积（m²）</td><td>试验压力（Pa）</td><td>实际漏风量（m³/h）</td></tr>
<tr><td>1</td><td></td><td></td><td></td></tr>
<tr><td>2</td><td></td><td></td><td></td></tr>
<tr><td>3</td><td></td><td></td><td></td></tr>
<tr><td>4</td><td></td><td></td><td></td></tr>
<tr><td>5</td><td></td><td></td><td></td></tr>
<tr><td>6</td><td></td><td></td><td></td></tr>
<tr><td>7</td><td></td><td></td><td></td></tr>
<tr><td>8</td><td></td><td></td><td></td></tr>
<tr><td>系统允许漏风量［m³/(m²·h)］</td><td colspan="2"></td><td colspan="2">实测系统漏风量［m³/(m²·h)］</td><td></td></tr>
<tr><td colspan="6">检测结论：</td></tr>
</table>

<table>
<tr><td rowspan="3">签字栏</td><td rowspan="2">施工单位</td><td rowspan="2"></td><td>专业技术负责人</td><td>专业质检员</td><td>专业工长</td></tr>
<tr><td></td><td></td><td></td></tr>
<tr><td>监理或建设单位</td><td colspan="2"></td><td>专业工程师</td><td></td></tr>
</table>

C.7 施工质量验收记录用表

C.7.1 检验批质量验收记录应符合现行国家标准《建筑工程施工质量验收统一标准》GB 50300 的有关规定。施工单位填写的检验批质量验收记录应一式三份，并应由建设单位、监理单位、施工单位各保存一份。检验批质量验收记录宜采用表 C.7.1 的格式。

表 C.7.1 ______检验批质量验收记录

<table>
<tr><td colspan="2">工程名称</td><td colspan="4"></td></tr>
<tr><td colspan="2">分项工程名称</td><td colspan="2"></td><td>验收部位</td><td></td></tr>
<tr><td colspan="2">施工总承包单位</td><td></td><td>项目经理</td><td>专业工长</td><td></td></tr>
<tr><td colspan="2">专业承包单位</td><td></td><td>项目经理</td><td>施工班组长</td><td></td></tr>
<tr><td colspan="2">施工执行标准名称及编号</td><td colspan="4"></td></tr>
<tr><td colspan="2">施工质量验收规范的规定</td><td colspan="2">施工单位检查评定记录</td><td colspan="2">监理/建设单位验收记录</td></tr>
<tr><td>主控项目</td><td></td><td colspan="2"></td><td colspan="2"></td></tr>
<tr><td>一般项目</td><td></td><td colspan="2"></td><td colspan="2"></td></tr>
<tr><td colspan="6">施工单位检查评定结果：
质量检查员　　年　月　日</td></tr>
<tr><td colspan="6">监理或建设单位验收结论：
监理工程师或建设单位项目专业技术负责人　　年　月　日</td></tr>
</table>

C.7.2 分项工程质量验收记录应符合现行国家标准《建筑工程施工质量验收统一标准》GB 50300 的有关规定。施工单位填写的分项工程质量验收记录应一式三份，并应由建设单位、监理单位、施工单位各保存一份。分项工程质量验收记录宜采用表 C.7.2 的格式。

表 C.7.2 ______分项工程质量验收记录

工程名称		结构类型		检验批数	
施工总承包单位		项目经理		项目技术负责人	
专业承包单位		单位负责人		项目经理	

序号	检验批名称及部位、区段	施工单位检查评定结果	监理或建设单位验收意见
说明：			

检查结论	项目专业技术负责人 年　月　日	验收结论	监理工程师或 建设单位项目专业技术负责人 年　月　日

C.7.3 分部（子分部）工程质量验收记录应符合现行国家标准《建筑工程施工质量验收统一标准》GB 50300 的有关规定。施工单位填写的分部（子分部）工程质量验收记录应一式四份，并应由建设单位、监理单位、施工单位、城建档案馆各保存一份。分部（子分部）工程质量验收记录宜采用表 C.7.3 的格式。

C.7.4 建筑节能分部工程质量验收记录应符合现行国家标准《建筑节能工程施工质量验收规范》GB 50411 的有关规定。施工单位填写的建筑节能分部工程质量验收记录应一式五份，并应由建设单位、监理单位、设计单位、施工单位、城建档案馆各保存一份。建筑节能分部工程质量验收记录宜采用表 C.7.4 的格式。

表 C.7.3 ______分部（子分部）工程质量验收记录

工程名称		结构类型		层数	
施工总承包单位		技术部门负责人		质量部门负责人	
专业承包单位		专业承包单位负责人		专业承包单位技术负责人	

序号	分项工程名称	（检验批）数	施工单位检查评定	验收意见
质量控制资料				
安全和功能检验（检测）报告				
观感质量验收				

验收单位		
验收单位	专业承包单位	项目经理　年　月　日
	施工总承包单位	项目经理　年　月　日
	勘察单位	项目负责人　年　月　日
	设计单位	项目负责人　年　月　日
	监理单位或建设单位	总监理工程师或建设单位项目专业负责人 年　月　日

表 C.7.4 建筑节能分部工程质量验收记录表

单位工程名称			结构类型及层数	
施工总承包单位		技术部门负责人	质量部门负责人	
专业承包单位		专业承包单位负责人	专业承包单位技术负责人	

序号	分项工程名称	验收结论	监理工程师签字	备注
1	墙体节能工程			
2	幕墙节能工程			
3	门窗节能工程			
4	屋面节能工程			
5	地面节能工程			
6	采暖节能工程			
7	通风与空气调节节能工程			
8	空调与采暖系统的冷热源及管网节能工程			
9	配电与照明节能工程			
10	监测与控制节能工程			
质量控制资料				
外墙节能构造现场实体检验				
外窗气密性现场实体检验				
系统节能性能检测				
验收结论：				
其他参加验收人员：				

验收单位	专业承包单位	施工总承包单位	设计单位	监理或建设单位
	项目经理 年　月　日	项目经理 年　月　日	项目负责人 年　月　日	总监理工程师或建设单位项目负责人 年　月　日

C.8 竣工验收资料用表

C.8.1 单位（子单位）工程竣工预验收报验表应符合现行国家标准《建设工程监理规范》GB 50319 的有关规定。施工单位填写的单位（子单位）工程竣工预验收报验表应一式四份，并应由建设单位、监理单位、施工单位、城建档案馆各保存一份。单位（子单位）工程竣工预验收报验表宜采用表 C.8.1 的格式。

表 C.8.1 单位（子单位）工程竣工预验收报验表

工程名称		编　号	
致________（监理单位） 我方已按合同要求完成了________工程，经自检合格，请予以检查和验收。 附件： 施工总承包单位（章）________ 项目经理________ 日期________			
审查意见： 经预验收，该工程 1. 符合/不符合我国现行法律、法规要求； 2. 符合/不符合我国现行工程建设标准； 3. 符合/不符合设计文件要求； 4. 符合/不符合施工合同要求。 综上所述，该工程预验收合格/不合格，可以/不可以组织正式验收。 监理单位________ 总监理工程师________ 日期________			

C.8.2 单位（子单位）工程质量竣工验收记录、单位（子单位）工程质量控制资料核查记录、单位（子单位）工程安全和功能检验资料核查及主要功能抽查记录、单位（子单位）工程观感质量检查记录应符合现行国家标准《建筑工程施工质量验收统一标准》GB 50300 的有关规定。表格填写应符合下列规定：

1 施工单位填写的单位（子单位）工程质量竣工验收记录应一式五份，并应由建设单位、监理单位、施工单位、设计单位、城建档案馆各保存一份。单位（子单位）工程质量竣工验收记录宜采用表 C.8.2-1 的格式。

2 施工单位填写的单位（子单位）工程质量控制资料核查记录应一式四份，并应由建设单位、监理单位、施工单位、城建档案馆各保存一份。单位（子单位）工程质量控制资料核查记录宜采用表 C.8.2-2 的格式。

表 C.8.2-1 单位（子单位）工程质量竣工验收记录

工程名称		结构类型		层数/建筑面积	
施工单位		技术负责人		开工日期	
项目经理		项目技术负责人		竣工日期	

序号	项目	验收记录	验收结论
1	分部工程	共　分部，经查　分部 符合标准及设计要求　分部	
2	质量控制资料核查	共　项，经核定符合规范要求　项 经核定不符合规范要求　项	
3	安全和主要使用功能核查及抽查结果	共核查　项，符合要求　项 共抽查　项，符合要求　项 经返工处理符合要求　项	
4	观感质量验收	共抽查　项，符合要求　项 不符合要求　项	
5	综合验收结论		

参加验收单位	建设单位	监理单位	施工单位	设计单位
	（公章） 单位(项目)负责人 年　月　日	（公章） 总监理工程师 年　月　日	（公章） 单位负责人 年　月　日	（公章） 单位(项目)负责人 年　月　日

表 C.8.2-2 单位(子单位)工程质量控制资料核查记录

工程名称		施工单位			
序号	项目	资料名称	份数	核查意见	核查人
1	建筑与结构	图纸会审记录、设计变更通知单、工程洽商记录（技术核定单）			
2		工程定位测量、放线记录			
3		原材料出厂合格证书及进场检（试）验报告			
4		施工试验报告及见证检测报告			
5		隐蔽工程验收记录			
6		施工记录			
7		预制构件、预拌混凝土合格证			
8		地基、基础、主体结构检验及抽样检测资料			
9		分项、分部工程质量验收记录			
10		工程质量事故及事故调查处理资料			
11		新材料、新工艺施工记录			
12					
1	给排水与采暖	图纸会审记录、设计变更通知单、工程洽商记录（技术核定单）			
2		材料、配件出厂合格证书及进场检（试）验报告			
3		管道、设备强度试验、严密性试验记录			
4		隐蔽工程验收记录			
5		系统清洗、灌水、通水、通球试验记录			
6		施工记录			
7		分项、分部工程质量验收记录			
8					

续表 C.8.2-2

工程名称			施工单位		
序号	项目	资料名称	份数	核查意见	核查人
1	建筑电气	图纸会审记录、设计变更通知单、工程洽商记录（技术核定单）			
2		材料、设备出厂合格证书及进场检（试）验报告			
3		设备调试记录			
4		接地、绝缘电阻测试记录			
5		隐蔽工程验收记录			
6		施工记录			
7		分项、分部工程质量验收记录			
8					
1	通风与空调	图纸会审记录、设计变更通知单、工程洽商记录（技术核定单）			
2		材料、设备出厂合格证书及进场检（试）验报告			
3		制冷、空调、水管道强度试验、严密性试验记录			
4		隐蔽工程验收记录			
5		制冷设备运行调试记录			
6		通风、空调系统调试记录			
7		施工记录			
8		分项、分部工程质量验收记录			
9					
1	电梯	图纸会审记录、设计变更通知单、工程洽商记录（技术核定单）			
2		设备出厂合格证书及开箱检验记录			
3		隐蔽工程验收记录			
4		施工记录			
5		接地、绝缘电阻测试记录			
6		负荷试验、安全装置检查记录			
7		分项、分部工程质量验收记录			
8					
1	智能建筑	图纸会审、设计变更、工程洽商记录（技术核定单）、竣工图及设计说明			
2		材料、设备出厂合格证书及技术文件及进场检（试）验报告			
3		隐蔽工程验收记录			
4		系统功能测定及设备调试记录			
5		系统技术、操作和维护手册			
6		系统管理、操作人员培训记录			
7		系统检测报告			
8		分项、分部工程质量验收记录			

结论：

施工总承包单位项目经理　　　　总监理工程师或建设单位项目负责人

年　月　日　　　　年　月　日

3 施工单位填写的单位（子单位）工程安全和功能检验资料核查及主要功能抽查记录应一式四份，并应由建设单位、监理单位、施工单位、城建档案馆各保存一份。单位（子单位）工程安全和功能检验资料核查及主要功能抽查记录宜采用表 C.8.2-3 的格式。

表 C.8.2-3　单位（子单位）工程安全和功能检验资料核查及主要功能抽查记录

工程名称			施工单位			
序号	项目	安全和功能检查项目	份数	核查意见	抽查结果	核查（抽查）人
1	建筑与结构	屋面淋水试验记录				
2		地下室防水效果检查记录				
3		有防水要求的地面蓄水试验记录				
4		建筑物垂直度、标高、全高测量记录				
5		抽气（风）道检查记录				
6		幕墙及外窗气密性、水密性、耐风压检测报告				
7		建筑物沉降观测测量记录				
8		节能、保温测试记录				
9		室内环境检测报告				
10						
1	给排水与采暖	给水管道通水试验记录				
2		暖气管道、散热器压力试验记录				
3		卫生器具满水试验记录				
4		消防管道、燃气管道压力试验记录				
5		排水干管通球试验记录				
6						
1	电气	照明全负荷试验记录				
2		大型灯具牢固性试验记录				
3		避雷接地电阻测试记录				
4		线路、插座、开关接地检验记录				
5						
1	通风与空调	通风、空调系统试运行记录				
2		风量、温度测试记录				
3		洁净室洁净度测试记录				
4		制冷机组试运行调试记录				
5						
1	电梯	电梯运行记录				
2		电梯安全装置检测报告				
1	智能建筑	系统试运行记录				
2		系统电源及接地检测报告				
3						

结论：

施工总承包单位项目经理　　　　总监理工程师或建设单位项目负责人

年　月　日　　　　年　月　日

4 施工单位填写的单位（子单位）工程观感质量检查记录应一式四份，并应由建设单位、监理单位、施工单位、城建档案馆各保存一份。单位（子单位）工程观感质量检查记录宜采用表 C.8.2-4 的格式。

表 C.8.2-4 单位（子单位）工程观感质量检查记录

工程名称			施工单位			
序号	项目		抽查质量状况	质量评价		
				好	一般	差
1	建筑与结构	室外墙面				
2		变形缝				
3		水落管、屋面				
4		室内墙面				
5		室内顶棚				
6		室内地面				
7		楼梯、踏步、护栏				
8		门窗				
1	给排水与采暖	管道接口、坡度、支架				
2		卫生器具、支架、阀门				
3		检查口、扫除口、地漏				
4		散热器、支架				
1	建筑电气	配电箱、盘、板、接线盒				
2		设备器具、开关、插座				
3		防雷、接地				
1	通风与空调	风管、支架				
2		风口、风阀				
3		风机、空调设备				
4		阀门、支架				
5		水泵、冷却塔				
6		绝热				
1	电梯	运行、平层、开关门				
2		层门、信号系统				
3		机房				
1	智能建筑	机房设备安装及布局				
2		现场设备安装				
3						
观感质量综合评价						
检查结论	施工总承包单位项目经理 年 月 日		总监理工程师或建设单位项目负责人 年 月 日			

附录 D 竣工图绘制

D.0.1 竣工图按绘制方法不同可分为以下几种形式：利用电子版施工图改绘的竣工图、利用施工蓝图改绘的竣工图、利用翻晒硫酸纸底图改绘的竣工图、重新绘制的竣工图。

D.0.2 编制单位应根据各地区、各工程的具体情况，采用相应的绘制方法。

D.0.3 利用电子版施工图改绘的竣工图应符合下列规定：

1 将图纸变更结果直接改绘到电子版施工图中，用云线圈出修改部位，按表 D.0.3 的形式做修改内容备注表；

表 D.0.3 修改内容备注表

设计变更、洽商编号	简要变更内容

2 竣工图的比例应与原施工图一致；

3 设计图签中应有原设计单位人员签字；

4 委托本工程设计单位编制竣工图时，应直接在设计图签中注明“竣工阶段”，并应有绘图人、审核人的签字；

5 竣工图章可直接绘制成电子版竣工图签，出图后应有相关责任人的签字。

D.0.4 利用施工图蓝图改绘的竣工图应符合下列规定：

1 应采用杠（划）改或叉改法进行绘制；

2 应使用新晒制的蓝图，不得使用复印图纸。

D.0.5 利用翻晒硫酸纸图改绘的竣工图应符合下列规定：

1 应使用刀片将需更改部位刮掉，再将变更内容标注在修改部位，在空白处做修改内容备注表；修改内容备注表样式可按表 D.0.3 执行；

2 宜晒制成蓝图后，再加盖竣工图章。

D.0.6 当图纸变更内容较多时，应重新绘制竣工图。重新绘制的竣工图应符合本规程第 4.2.4 条第 5 款、D.0.3 条第 2 款、第 3 款的规定。

附录 E 竣工图图纸折叠方法

E.0.1 图纸折叠应符合下列规定：

1 图纸折叠前应按图 E.0.1 所示的裁图线裁剪整齐，图纸幅面应符合表 E.0.1 的规定；

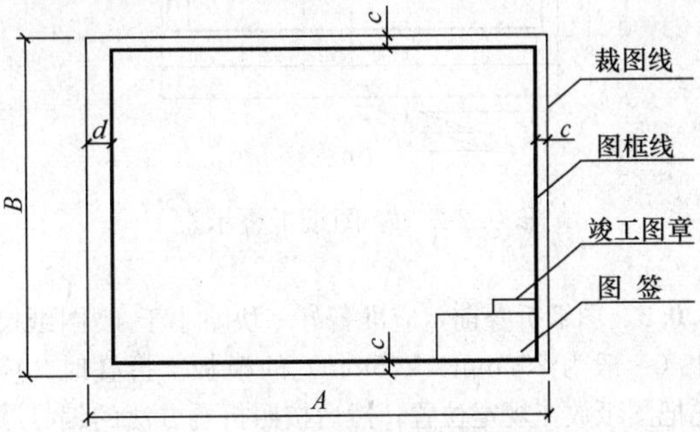

图 E.0.1 图框及图纸边线尺寸示意

表 E.0.1 图幅代号及图幅尺寸

基本图幅代号	0#	1#	2#	3#	4#
B (mm) ×A (mm)	841×1189	594×841	420×594	297×420	297×210
c (mm)	10			5	
d (mm)	25				

2 折叠时图面应折向内侧成手风琴风箱式；

3 折叠后幅面尺寸应以 4# 图为标准；

4 图签及竣工图章应露在外面；

5 3# ～0# 图纸应在装订边 297mm 处折一三角或剪一缺口，并折进装订边。

E.0.2 3# ～0# 图不同图签位的图纸，可分别按图 E.0.2-1、图 E.0.2-2、图 E.0.2-3、图 E.0.2-4 所示方法折叠。

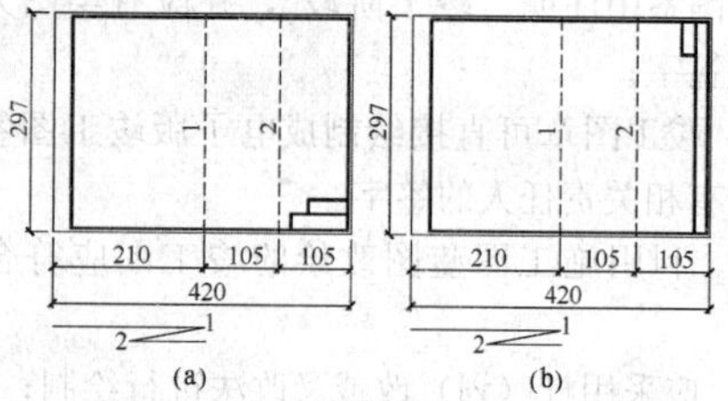

E.0.2-1 3# 图纸折叠示意

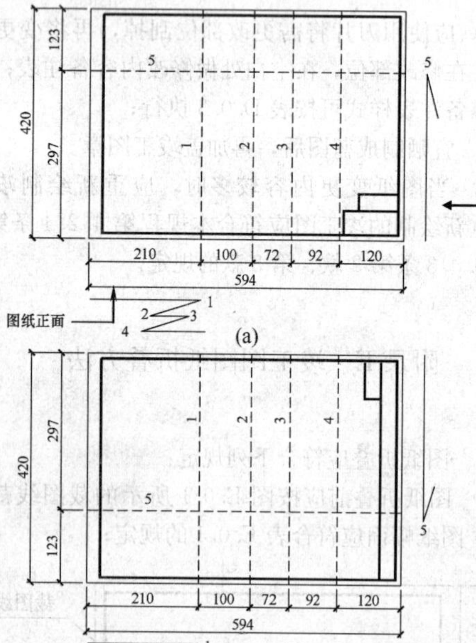

E.0.2-2 2# 图纸折叠示意

E.0.3 图纸折叠前，应准备好一块略小于 4# 图纸尺寸（一般为 292mm×205mm）的模板。折叠时，应先把图纸放在规定位置，然后按照折叠方法的编号顺序依次折叠。

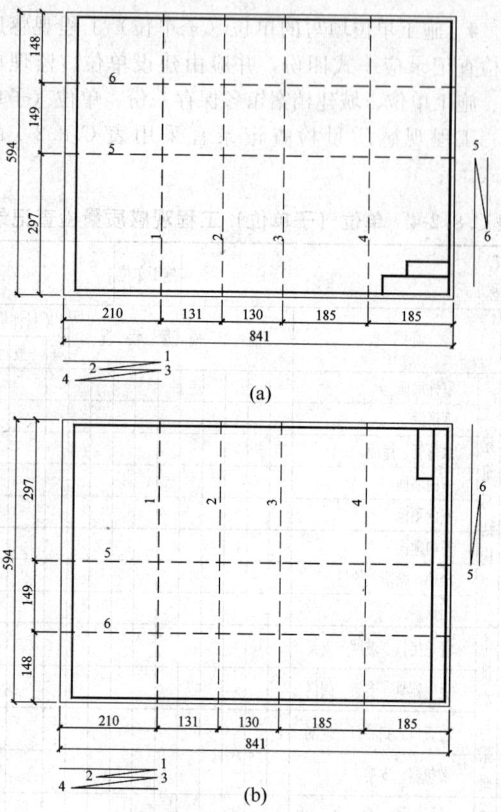

E.0.2-3 1# 图纸折叠示意

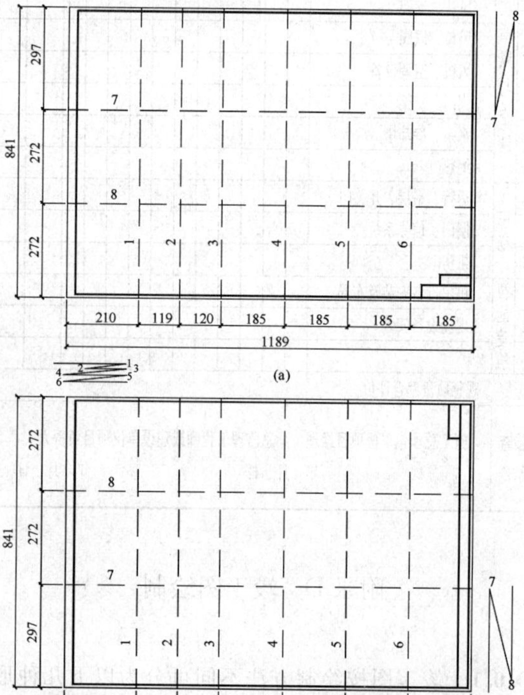

E.0.2-4 0# 图纸折叠示意

本规程用词说明

1 为便于在执行本规程条文时区别对待，对要求严格程度不同的用词说明如下：

1） 表示很严格，非这样做不可的：
正面词采用“必须”；反面词采用“严禁”。

2） 表示严格，在正常情况下均应这样做的：
正面词采用“应”；反面词采用“不应”或“不得”。

3） 表示允许稍有选择，在条件许可时首先应这样做的：
正面词采用“宜”；反面词采用“不宜”。

4） 表示有选择，在一定条件下可以这样做的，采用“可”。

2 条文中指明应按其他有关标准执行的写法为：“应符合……规定”或“应按……执行”。

引用标准名录

1 《建筑地基基础工程施工质量验收规范》GB 50202

2 《混凝土结构工程施工质量验收规范》GB 50204

3 《屋面工程质量验收规范》GB 50207

4 《地下防水工程质量验收规范》GB 50208

5 《建筑地面工程施工质量验收规范》GB 50209

6 《建筑给水排水及采暖工程施工质量验收规范》GB 50242

7 《通风与空调工程施工质量验收规范》GB 50243

8 《建筑工程施工质量验收统一标准》GB 50300

9 《建筑电气工程施工质量验收规范》GB 50303

10 《电梯工程施工质量验收规范》GB 50310

11 《建设工程监理规范》GB 50319

12 《建设工程文件归档整理规范》GB/T 50328

13 《智能建筑工程质量验收规范》GB 50339

14 《建筑节能工程质量验收规范》GB 50411

中华人民共和国行业标准

建筑工程资料管理规程

JGJ/T 185—2009

条 文 说 明

制 订 说 明

《建筑工程资料管理规程》JGJ/T 185-2009 经住房和城乡建设部 2009 年 10 月 30 日以第 419 号公告批准、发布。

本规程制订过程中，编制组对国内建筑工程资料管理情况进行了广泛的调查研究，总结了我国建筑工程资料管理的实践经验，对工程全过程的资料管理作出了规定，明确了工程准备阶段文件、监理资料、施工资料、竣工图、工程竣工文件管理的责任主体，文件（资料）形成主要步骤及文件（资料）主要管理要求。

为便于广大建设、监理、施工等单位有关人员在使用本规程时能够正确理解和执行条文规定，《建筑工程资料管理规程》编制组按章、节、条顺序编制了本规程的条文说明，对条文规定的目的、依据以及执行中需要注意的有关事项进行了说明。但是，本条文说明不具备与标准正文同等的法律效力，仅供使用者作为理解和把握标准规定的参考。

目　次

1 总 则

1.0.2 本规程工程资料管理包含了工程进度控制、质量控制、造价管理等内容。由于施工安全资料仅针对施工过程中的安全控制与管理，不需要长期保存，且已有专门的法规和标准规范其要求，故本规程所定义的工程资料不包括施工安全资料。

本规程涵盖整个工程建设项目管理全过程，明确规定了建筑工程资料质量控制的各主要环节，适用于参与建筑工程建设的建设、勘察、设计、监理、施工、检测、供应等单位的工程资料管理，也适用于各级建设行政主管部门、工程质量监督机构、城建档案管理部门监督管理和检查。

勘察、设计资料是工程资料的一部分，考虑到其内容另有专门规定，故本规程仅将其纳入，未列出对其形成、管理的具体要求。

1.0.4 执行本规程时，除应与相关规范协调、配套使用外，尚应注意本规程附表依据专业规范要求制定，因此当相关专业规范修订时，应注意涉及工程资料的规定有无改变，必要时应进行相应修改，使其协调一致。

2 术 语

2.0.1～2.0.7 《建设工程文件归档管理规范》GB/T 50328从档案管理的角度，将工程文件划分为工程准备阶段文件、监理文件、施工文件、竣工图、竣工验收文件等五类。本规程侧重工程资料的过程管理与应用，因此在保持与《建设工程文件归档管理规范》GB/T 50328协调的同时，根据目前国内工程资料管理的现状，对术语进行了适当调整。其中："监理资料"即《建设工程文件归档管理规范》GB/T 50328中的"监理文件"；"施工资料"即《建设工程文件归档管理地规范》GB/T 50328中的"施工文件"；"工程竣工文件"包括《建设工程文件归档整理规范》GB/T 50328提出的"竣工验收文件"，还包括"竣工决算文件、竣工交档文件、竣工总结文件"等内容。

2.0.10 各地对于档案部门的用语不够统一，本规程将其表述为"档案管理部门"，包含了城建档案管理部门和企业档案管理部门两层含义。

3 基 本 规 定

3.0.1 工程资料与工程建设同步是保证工程资料真实性的必要手段。"同步"的含义，是"共同推进"或"及时跟进"，即工程建设进展到哪个环节，工程资料的形成与管理就应当跟进到哪个环节。只有这样，才能够使资料的真实性得到基本保证，发挥资料在工程建设过程中的作用，起到提高建筑工程管理水平，规范建筑工程资料管理，从而保证工程质量的目的。

另外，"同步"与"同时"有所区别，本条所要求的"同步"，并不是非常严格的"同时"，而是要求工程资料与工程进度应基本保持对应、及时形成。

3.0.3 工程资料的形成情况比较复杂，造成工程资料管理的责任划分也比较复杂，本条给出了工程资料形成过程中责任划分和对资料质量的基本要求：

1 针对资料形成单位规定了"各负其责"的原则，即：由一方单独形成的资料，由形成单位自己负责；由两方以上形成的资料，按照"谁形成谁负责"的原则，由各方对自己签署内容的真实性、完整性、有效性负责。

2 在工程资料管理过程中，有时存在资料提交或签署不及时的现象，影响工程进度。本条规定工程资料的"填写、编制、审核、审批及签认"等"应及时进行"，其含义为"当有合同约定时，应执行合同约定；当合同未约定时，应以不影响工程进度为前提"。

3 "工程资料不得随意修改"是指原则上工程资料不应进行修改，以保证工程资料的真实性。但有时由于笔误等原因需要对资料的个别内容进行更正，本款规定此时应执行划改（也称"杠改"），划改人应签署并承担责任。

3.0.4 原件是原始记录，能够真实反映资料的原始内容，使资料的真实性得到有效保证。但是工程施工过程中，原件数量往往难以满足对资料份数的需求，因此在工程资料中，允许采用复印件。本条规定了对复印件的基本要求，并明确规定"提供单位应对资料的真实性负责"，旨在保持复印件便利性的前提下，最大程度地提高复印件的可靠性。

3.0.5 本条对工程资料的内容、结论、签认手续等提出要求。这些要求关系到资料的合法性、有效性和责任追溯，十分重要，是对于工程资料的最基本要求。

工程资料应内容完整，是要求资料中对其有效性有决定性影响的项目和内容应填写齐全，不应空缺。

工程资料应结论明确，是指当资料中需要给出结论时，例如某些检验报告中的"试验结果"或验收记录中的"验收意见"，应当按照相关设计或标准的要求给出明确结论，不应填写成"基本合格"，"已验收"，"未发现异常"等不确切词语。

工程资料应签认手续齐全，是指应该在资料上签字、审核、批准、盖章等的相关人员和单位应当及时签认，不应出现空缺、代签、补签或代章等。

4 工程资料管理

4.1 工程资料分类

本节依据工程资料管理责任及工程建设阶段，将工程资料划分为工程准备阶段文件、监理资料、施工资料、竣工图、工程竣工文件等五类；在每一大类中，又依据资料的属性和特点，将其划分为若干小类。

4.2 工程资料填写、编制、审核及审批

4.2.4 竣工图编制及审核：

第1款 竣工图是建筑工程资料和竣工档案重要的组成部分，是对工程进行维护、管理、灾后鉴定、灾后重建、改建、扩建的主要依据。因此不仅新建工程要编制竣工图，改建、扩建的工程也要编制竣工图。竣工图必须真实，才有利用价值。特别是已经隐蔽的地基基础、结构工程、地下管线等部位的竣工图，如果与工程实体不一致，将会给工程使用单位造成很大的困难和损失。

第3款 工程洽商记录（技术核定单）中涉及图纸内容改变的这些洽商（技术核定单）内容要改绘到施工图上；与图纸内容改变无关的洽商如：商务洽商等，不必反映到施工图上。

4.3 工程资料编号

4.3.3 施工资料有多种来源且种类繁多，对其进行科学、规范的编号，其目的是便于整理、组卷、查找、利用，尤其是采用计算机管理时更为便利。

1 施工资料采用四组代码进行编号。

举例如下：

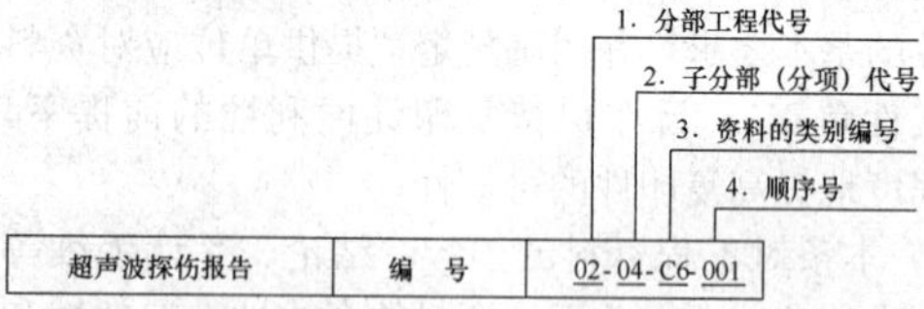

2 单位工程施工组织设计、施工方案、图纸会审、设计变更、洽商记录、施工日志、工程竣工验收资料等类资料的内容适用于整个单位工程，难以划分到某个分部（子分部）中，因此组合编号中分部、子分部工程代号可用“00”代替。

3 同一材料用于多个分部工程时，产品合格证、检测报告、复验报告编号可选用主要分部代号。但为了方便对用于其他部位的材料进行追溯、查找，宜在复验报告空白处或编目时记录具体使用部位。

4.4 工程资料收集、整理与组卷

4.4.1 本条第1款明确了工程准备阶段文件和工程竣工文件收集、整理与组卷的责任人是建设单位。在工程建设过程中，建设单位是组织者，勘察、设计、监理、施工单位与建设单位是合同关系，为建设单位提供服务，就工程整体而言，他们提供的只是一部分服务。在工程准备阶段，建设单位办理各项工程建设前期手续，并进行监理、设计、施工招标等工作，形成工程准备阶段文件。工程竣工后，建设单位组织竣工验收，办理工程整体资料的备案、交档手续，形成工程竣工文件。因此，只有建设单位能够进行工程准备阶段文件、工程竣工文件的收集、整理与组卷。

4.4.2 本条第1款中组卷时应“保证卷内文件、资料内在联系”的含意是：例如：工程资料中同一事项的请示与批复，应组合在一起，按批复在前、请示在后排列。施工资料中的设计变更、洽商记录中有正文及附图，应组合在一起，按正文在前、附图在后顺序排列。同一厂家、同一产品质量合格证与检测报告，应组合在一起，按合格证在前、检测报告在后顺序排列。

本条第4款中规定施工资料应按单位工程组卷。由专业承包单位独立施工的应单独组卷，每一专业、系统再按照资料类别从C1～C8。当相关标准或合同要求单独组卷时，要进行单独组卷。

第4款第4）项主要是指：一个建设项目，有多个单体工程共用施工组织设计，图纸会审记录、设计变更、产品质量证明文件时，可按建设项目组卷。

第4款第5）项本款中目录属于施工资料过程管理必不可缺少的内容，组卷时与内容同等重要。

4.5 工程资料移交与归档

4.5.2 本条第4款规定了工程资料移交手续必须齐全，这是明确各方资料责任的必要手段。在移交时，接收单位应按照移交目录对移交的资料内容进行核对，无误后双方应在移交书上签字盖章。

本条第5款所称“有条件时”是指当工程资料中有原件时，应优先考虑将原件移交城建档案管理部门；但是当工程资料中的原件同时有正本和副本时，宜将副本原件移交城建档案管理部门，而将正本原件留在建设单位归档保存。

4.5.3 本条第2款从质量责任追溯的角度对工程资料的保存期限作出了规定。

第2款第1）项在《建设工程文件归档整理规范》GB/T 50328中，对于归档资料的保存期限给出了规定，其中保管期限分为永久、长期、短期三种期限。其中永久是指工程档案需要永久保存；长期是指工程档案的保存期限等于该工程的使用寿命。短期是指工程档案保存20年以下。对于一些保存期限少于20年的工程资料没有作出规定。

本规程在此基础上，为适应施工过程中对资料使用和保存的要求，提出了“过程保存”的概念。所谓“过程保存”是指某些重要的工程资料，如由监理批准的施工方案等技术资料，反映了施工的方法手段，并可追溯施工过程中的责任，但这些资料的价值主要体现在施工过程中，竣工后不需要长期保存，因此本规程将其定义为应当在施工过程中保存，简称“过程保存”。

第2款第3）项依据《建设工程质量管理条例》第四十条编写，原文如下：

“第四十条　在正常使用条件下，建设工程的最低保修期限为：

（一）基础设施工程、房屋建筑的地基基础工程和主体结构工程，为设计文件规定的该工程的合理使用年限；

（二）屋面防水工程、有防水要求的卫生间、房间和外墙面的防渗漏，为5年；

（三）供热与供冷系统，为2个采暖期、供冷期；

（四）电气管线、给排水管道、设备安装和装修工程，为2年。

其他项目的保修期限由发包方与承包方约定。

建设工程的保修期，自竣工验收合格之日起计算。”

因此该部分资料的保存期限应满足以上期限的需要。

附录A　工程资料形成、类别、来源、保存及代号索引

A.1　工程资料形成

依据工程建设的特征，将工程资料形成划分为三个阶段：

第一阶段为工程准备阶段，从项目申请开始，到办完开工手续为止；在这个阶段建设单位应负责形成工程准备阶段文件。

第二阶段为工程实施阶段，从监理单位、施工单位进场开始，到完成竣工验收为止；在这个阶段，监理单位履行各项监理职责，形成监理资料；施工单位按合同施工，形成施工资料。

第三阶段为工程竣工阶段，从工程竣工验收开始，到工程档案移交为止；在此阶段，形成工程竣工文件和竣工图。

对于工程准备阶段文件的要求，系依据以下规定编写：

1　关于征地手续的办理：依据《中华人民共和国城乡规划法》第三十六、三十七、三十八条编写。

2　关于建设规划申报：依据《中华人民共和国城乡规划法》第四十条编写。关于消防内容审查，依据《建设工程消防监督管理规定》和《城市消防规划建设管理规定》编写。关于环保部门审查意见，依据《建设项目环境保护管理条例》编写。

3　关于施工图报审，依据《建设工程质量管理条例》第二章 第十一条和《建筑工程施工图设计文件审查暂行办法》第六条编写。

4　关于施工许可证的办理：依据《建筑法》第二章 第七条、第八条编写。

对于工程竣工文件的要求，系依据以下规定编写：

1　关于规划验收：依据《中华人民共和国城乡规划法》第四十五条编写。

2　关于消防验收：依据《建设工程消防监督管理规定》编写。

3　关于竣工验收应具备的资料，依据《房屋建筑工程和市政基础设施工程竣工验收暂行规定》第五条编写。

4　工程竣工验收步骤包含了单位（子）单位工程质量竣工验收和专项验收两部分内容。其中专项验收包括规划、消防、环保等验收。

图A.1.1规定了工程资料形成过程中的关键步骤和应形成的主要文件，体现了各个关键步骤之间的逻辑关系。在实施中，可根据各地具体情况进行适当调整。当相关法规修订时，应注意涉及工程资料的规定有无改变，必要时应进行相应调整，使其协调一致。

A.2　工程资料类别、来源及保存要求

本附录中给出了每个小类所包含的具体内容，体现了工程参建各方在资料管理过程中具体负责的内容。

A.3　分部（子分部）工程代号索引

表A.3.1是在《建筑工程施工质量验收统一标准》附录B的基础上，赋予分部、子分部工程代号，以便于进行施工资料编号及管理。

附录B　监理资料用表

本规程中所列出的监理资料用表只是整个监理资料用表中最基本的一部分。主要依据《建设工程监理规范》GB 50319中的B类表设置，根据工程实践经验进行了适当调整；并依据《房屋建筑工程施工旁站管理办法》（试行）增加了《旁站监理记录》；依据《房屋建筑工程和市政基础设施工程实行见证取样和送检的规定》（建建［2000］211号）设置了《见证取样和送检见证人备案表》和《见证记录》。

附录C　施工资料用表

本规程所给出的施工资料用表，是根据《建筑工程施工质量验收统一标准》GB 50300和专业验收规范的要求，并结合各地目前实际使用的表格形式确定。本规程只给出了整个施工资料用表中最基本的一部分，其他可由各地根据实际需要确定。

其中《施工现场质量管理检查记录》引用了《建筑工程施工质量验收统一标准》GB 50300 附录 A 中的表。《分包单位资质报审表》、《监理工程师通知回复单》、《工程技术文件报审表》、《工程开工报审表》、《工程复工报审表》、《施工进度计划报审表》、《工程延期申请表》、《工程款支付申请表》、《工程变更费用报审表》、《费用索赔申请表》依据《建设工程监理规范》GB 50319 表格设置；《检验批质量验收记录》、《分项工程质量验收记录》、《分部（子分部）工程质量验收记录》、《建筑节能分部工程质量验收记录》引用了《建筑工程施工质量验收统一标准》中附录 D、E、F 的表，并进行了适当调整。《单位工程竣工预验收报验表》依据《建设工程监理规范》GB 50319 第 5.7.1 条设置，监理单位完成竣工资料审查、工程质量预验收后签署此表格，向建设单位提请竣工验收。竣工验收资料用表引用了《建筑工程施工质量验收统一标准》GB 50300 附录 G 中的表 G.0.1-1～4，并根据本规程需要，进行了适当调整。其余表格依据专业验收规范的要求设置。

在使用本规程给出的样表时，可根据各地情况进行调整，但不应缺少本规程所给样表的主要内容。当相关专业规范改变要求时，应相应地调整，以保持协调。

附录 D　竣工图绘制

D.0.1　“利用电子版施工图改绘竣工图”是指利用计算机绘图软件，将图纸会审记录、设计变更通知单、工程洽商记录（技术核定单）的内容改绘到设计单位提供的电子版施工图上，然后用绘图仪等电子输出设备打印出图的方法。

D.0.4　“采用杠（划）改或叉改法进行绘制”是指在要修改的内容上划斜杠或划叉，并将修改后的内容标注在旁边，划索引线至图纸空白处，注明更改依据。

中华人民共和国行业标准

建筑工程检测试验技术管理规范

Code for technical management of building engineering inspection and testing

JGJ 190—2010

批准部门：中华人民共和国住房和城乡建设部
施行日期：2 0 1 0 年 7 月 1 日

中华人民共和国住房和城乡建设部
公　　告

第477号

关于发布行业标准《建筑工程检测试验技术管理规范》的公告

现批准《建筑工程检测试验技术管理规范》为行业标准，编号为JGJ 190-2010，自2010年7月1日起实施。其中，第3.0.4、3.0.6、3.0.8、5.4.1、5.4.2、5.7.4条为强制性条文，必须严格执行。

本规范由我部标准定额研究所组织中国建筑工业出版社出版发行。

中华人民共和国住房和城乡建设部

2010年1月8日

前　　言

根据住房和城乡建设部《关于印发〈2008年工程建设标准规范制订、修订计划（第一批）〉的通知》（建标［2008］102号）的要求，规范编制组经广泛调查研究，认真总结实践经验，参考有关国际标准和国外先进标准，并在广泛征求意见的基础上，制定本规范。

本规范的主要技术内容是：1. 总则；2. 术语；3. 基本规定；4. 检测试验项目；5. 管理要求。

本规范中以黑体字标志的条文为强制性条文，必须严格执行。

本规范由住房和城乡建设部负责管理和对强制性条文解释，由中国建筑一局（集团）有限公司负责具体技术内容的解释。执行过程中如有意见或建议，请寄送中国建筑一局（集团）有限公司（地址：北京市西四环南路52号中建一局大厦1311室，邮编：100161）。

本规范主编单位：中国建筑一局（集团）有限公司
浙江勤业建工集团有限公司

本规范参编单位：昆山市建设工程质量检测中心
宁波三江检测有限公司
中建一局集团第二建筑有限公司
中建一局集团第三建筑有限公司
中建一局集团第五建筑有限公司
中建一局华江建设有限公司
上海中益建筑工程有限公司
北京四环恒信建设工程检测有限公司
中建钢构江苏有限公司

本规范主要起草人员：吴月华　邵东升　陈　红　李　钟　张俊生　马洪晔　刘　源　安红印　杨晓毅　薛　刚　陈振明　熊爱华　李松岷　张培建　陈　娣　张月钢　蒋屹军　金　元　冯定军　左旭平　杨焕宝　张　军　曹安民

本规范主要审查人员：杨嗣信　高小旺　林松涛　张元勃　林　寿　龚　剑　黄伟江　胡耀林　张丙吉

目 次

Contents

1 总 则

1.0.1 为规范建筑工程施工现场检测试验技术管理方法，提高建筑工程施工现场检测试验技术管理水平，制定本规范。

1.0.2 本规范适用于建筑工程施工现场检测试验的技术管理。

1.0.3 本规范规定了建筑工程施工现场检测试验技术管理的基本要求。当本规范与国家法律、行政法规的规定相抵触时，应按国家法律、行政法规的规定执行。

1.0.4 建筑工程施工现场检测试验技术管理除应执行本规范外，尚应符合国家现行有关标准的规定。

2 术 语

2.0.1 检测试验 inspection and testing

依据国家有关标准和设计文件对建筑工程的材料和设备性能、施工质量及使用功能等进行测试，并出具检测试验报告的过程。

2.0.2 检测机构 inspection and testing organ

为建筑工程提供检测服务并具备相应资质的社会中介机构，其出具的报告为检测报告。

2.0.3 企业试验室 in-house testing laboratory

施工企业内部设置的为控制施工质量而开展试验工作的部门，其出具的报告为试验报告。

2.0.4 现场试验站 testing station at construction site

施工单位根据工程需要在施工现场设置的主要从事试样制取、养护、送检以及对部分检测试验项目进行试验的部门。

3 基本规定

3.0.1 建筑工程施工现场检测试验技术管理应按以下程序进行：

1 制订检测试验计划；

2 制取试样；

3 登记台账；

4 送检；

5 检测试验；

6 检测试验报告管理。

3.0.2 建筑工程施工现场应配备满足检测试验需要的试验人员、仪器设备、设施及相关标准。

3.0.3 建筑工程施工现场检测试验的组织管理和实施应由施工单位负责。当建筑工程实行施工总承包时，可由总承包单位负责整体组织管理和实施，分包单位按合同确定的施工范围各负其责。

3.0.4 施工单位及其取样、送检人员必须确保提供的检测试样具有真实性和代表性。

3.0.5 承担建筑工程施工检测试验任务的检测单位应符合下列规定：

1 当行政法规、国家现行标准或合同对检测单位的资质有要求时，应遵守其规定；当没有要求时，可由施工单位的企业试验室试验，也可委托具备相应资质的检测机构检测；

2 对检测试验结果有争议时，应委托共同认可的具备相应资质的检测机构重新检测；

3 检测单位的检测试验能力应与其所承接检测试验项目相适应。

3.0.6 见证人员必须对见证取样和送检的过程进行见证，且必须确保见证取样和送检过程的真实性。

3.0.7 检测方法应符合国家现行相关标准的规定。当国家现行标准未规定检测方法时，检测机构应制定相应的检测方案并经相关各方认可，必要时应进行论证或验证。

3.0.8 检测机构应确保检测数据和检测报告的真实性和准确性。

3.0.9 建筑工程施工检测试验中产生的废弃物、噪声、振动和有害物质等的处理、处置，应符合国家现行标准的相关规定。

4 检测试验项目

4.1 材料、设备进场检测

4.1.1 材料、设备的进场检测内容应包括材料性能复试和设备性能测试。

4.1.2 进场材料性能复试与设备性能测试的项目和主要检测参数，应依据国家现行相关标准、设计文件和合同要求确定。常用建筑材料进场复试项目、主要检测参数和取样依据可按本规范附录A的规定确定。

4.1.3 对不能在施工现场制取试样或不适于送检的大型构配件及设备等，可由监理单位与施工单位等协商在供货方提供的检测场所进行检测。

4.2 施工过程质量检测试验

4.2.1 施工过程质量检测试验项目和主要检测试验参数应依据国家现行相关标准、设计文件、合同要求和施工质量控制的需要确定。

4.2.2 施工过程质量检测试验的主要内容应包括：土方回填、地基与基础、基坑支护、结构工程、装饰装修等5类。施工过程质量检测试验项目、主要检测试验参数和取样依据可按表4.2.2的规定确定。

表 4.2.2 施工过程质量检测试验项目、主要检测试验参数和取样依据

序号	类别	检测试验项目	主要检测试验参数	取样依据	备注
1	土方回填	土工击实	最大干密度	《土工试验方法标准》GB/T 50123	
			最优含水率		
		压实程度	压实系数*	《建筑地基基础设计规范》GB 50007	
2	地基与基础	换填地基	压实系数*或承载力	《建筑地基处理技术规范》JGJ 79 《建筑地基基础工程施工质量验收规范》GB 50202	
		加固地基、复合地基	承载力		
		桩基	承载力	《建筑基桩检测技术规范》JGJ 106	
			桩身完整性		钢桩除外
3	基坑支护	土钉墙	土钉抗拔力	《建筑基坑支护技术规程》JGJ 120	
		水泥土墙	墙身完整性		
			墙体强度		设计有要求时
		锚杆、锚索	锁定力		
4	结构工程 钢筋连接	机械连接工艺检验*	抗拉强度	《钢筋机械连接通用技术规程》JGJ 107	
		机械连接现场检验			
		钢筋焊接工艺检验*	抗拉强度	《钢筋焊接及验收规程》JGJ 18	
			弯曲		适用于闪光对焊、气压焊接头
		闪光对焊	抗拉强度		
			弯曲		
		气压焊	抗拉强度		
			弯曲		适用于水平连接筋
		电弧焊、电渣压力焊、预埋件钢筋T形接头	抗拉强度		
		网片焊接	抗剪力		热轧带肋钢筋
			抗拉强度		冷扎带肋钢筋
			抗剪力		
	结构工程 混凝土	混凝土配合比设计	工作性	《普通混凝土配合比设计规程》JGJ 55	指工作度、坍落度和坍落扩展度等
			强度等级		
		混凝土性能	标准养护试件强度	《混凝土结构工程施工质量验收规范》GB 50204 《混凝土外加剂应用技术规范》GB 50119 《建筑工程冬期施工规程》JGJ 104	
			同条件试件强度*（受冻临界、拆模、张拉、放张和临时负荷等）		同条件养护28d转标准养护28d试件强度和受冻临界强度试件按冬期施工相关要求增设，其他同条件试件根据施工需要留置
			同条件养护28d转标准养护28d试件强度		
			抗渗性能	《地下防水工程质量验收规范》GB 50208 《混凝土结构工程施工质量验收规范》GB 50204	有抗渗要求时

续表 4.2.2

序号	类别	检测试验项目		主要检测试验参数	取样依据	备 注
4	结构工程	砌筑砂浆	砂浆配合比设计	强度等级	《砌筑砂浆配合比设计规程》JGJ 98	
				稠度		
			砂浆力学性能	标准养护试件强度	《砌体工程施工质量验收规范》GB 50203	
				同条件养护试件强度		冬期施工时增设
		钢结构	网架结构焊接球节点、螺栓球节点	承载力	《钢结构工程施工质量验收规范》GB 50205	安全等级一级、$L \geqslant 40$m 且设计有要求时
			焊缝质量	焊缝探伤		
		后锚固（植筋、锚栓）		抗拔承载力	《混凝土结构后锚固技术规程》JGJ 145	
5	装饰装修	饰面砖粘贴		粘结强度	《建筑工程饰面砖粘结强度检验标准》JGJ 110	

注：带有"*"标志的检测试验项目或检测试验参数可由企业试验室试验，其他检测试验项目或检测试验参数的检测应符合相关规定。

4.2.3 施工工艺参数检测试验项目应由施工单位根据工艺特点及现场施工条件确定，检测试验任务可由企业试验室承担。

4.3 工程实体质量与使用功能检测

4.3.1 工程实体质量与使用功能检测项目应依据国家现行相关标准、设计文件及合同要求确定。

4.3.2 工程实体质量与使用功能检测的主要内容应包括实体质量及使用功能等2类。工程实体质量与使用功能检测项目、主要检测参数和取样依据可按表4.3.2的规定确定。

表 4.3.2 工程实体质量与使用功能检测项目、主要检测参数和取样依据

序号	类别	检测项目	主要检测参数	取样依据
1	实体质量	混凝土结构	钢筋保护层厚度	《混凝土结构工程施工质量验收规范》GB 50204
			结构实体检验用同条件养护试件强度	
		围护结构	外窗气密性能（适用于严寒、寒冷、夏热冬冷地区）	《建筑节能工程施工质量验收规范》GB 50411
			外墙节能构造	

续表 4.3.2

序号	类别	检测项目	主要检测参数	取样依据
2	使用功能	室内环境污染物	氡	《民用建筑工程室内环境污染控制规范》GB 50325
			甲醛	
			苯	
			氨	
			TVOC	
		系统节能性能	室内温度	《建筑节能工程施工质量验收规范》GB 50411
			供热系统室外管网的水力平衡度	
			供热系统的补水率	
			室外管网的热输送效率	
			各风口的风量	
			通风与空调系统的总风量	
			空调机组的水流量	
			空调系统冷热水、冷却水总流量	
			平均照度与照明功率密度	

5 管理要求

5.1 管理制度

5.1.1 施工现场应建立健全检测试验管理制度，施工项目技术负责人应组织检查检测试验管理制度的执行情况。

5.1.2 检测试验管理制度应包括以下内容：

1 岗位职责；

2 现场试样制取及养护管理制度；

3 仪器设备管理制度；

4 现场检测试验安全管理制度；

5 检测试验报告管理制度。

5.2 人员、设备、环境及设施

5.2.1 现场试验人员应掌握相关标准，并经过技术培训、考核。

5.2.2 施工现场配置的仪器、设备应建立管理台账，按有关规定进行计量检定或校准，并保持状态完好。

5.2.3 施工现场试验环境及设施应满足检测试验工作的要求。

5.2.4 单位工程建筑面积超过 10000m^2 或造价超过 1000 万元人民币时，可设立现场试验站。现场试验站的基本条件应符合表 5.2.4 的规定。

表 5.2.4 现场试验站基本条件

项 目	基 本 条 件
现场试验人员	根据工程规模和试验工作的需要配备，宜为 1 至 3 人
仪器设备	根据试验项目确定。一般应配备：天平、台（案）秤、温度计、湿度计、混凝土振动台、试模、坍落度筒、砂浆稠度仪、钢直（卷）尺、环刀、烘箱等
设施	工作间（操作间）面积不宜小于 15m^2，温、湿度应满足有关规定
	对混凝土结构工程，宜设标准养护室，不具备条件时可采用养护箱或养护池。温、湿度应符合有关规定

5.3 施工检测试验计划

5.3.1 施工检测试验计划应在工程施工前由施工项目技术负责人组织有关人员编制，并应报送监理单位进行审查和监督实施。

5.3.2 根据施工检测试验计划，应制订相应的见证取样和送检计划。

5.3.3 施工检测试验计划应按检测试验项目分别编制，并应包括以下内容：

1 检测试验项目名称；

2 检测试验参数；

3 试样规格；

4 代表批量；

5 施工部位；

6 计划检测试验时间。

5.3.4 施工检测试验计划编制应依据国家有关标准的规定和施工质量控制的需要，并应符合以下规定：

1 材料和设备的检测试验应依据预算量、进场计划及相关标准规定的抽检率确定抽检频次；

2 施工过程质量检测试验应依据施工流水段划分、工程量、施工环境及质量控制的需要确定抽检频次；

3 工程实体质量与使用功能检测应按照相关标准的要求确定检测频次；

4 计划检测试验时间应根据工程施工进度计划确定。

5.3.5 发生下列情况之一并影响施工检测试验计划实施时，应及时调整施工检测试验计划：

1 设计变更；

2 施工工艺改变；

3 施工进度调整；

4 材料和设备的规格、型号或数量变化。

5.3.6 调整后的检测试验计划应按照本规范第 5.3.1 条的规定重新进行审查。

5.4 试样与标识

5.4.1 进场材料的检测试样，必须从施工现场随机抽取，严禁在现场外制取。

5.4.2 施工过程质量检测试样，除确定工艺参数可制作模拟试样外，必须从现场相应的施工部位制取。

5.4.3 工程实体质量与使用功能检测应依据相关标准抽取检测试样或确定检测部位。

5.4.4 试样应有唯一性标识，并应符合下列规定：

1 试样应按照取样时间顺序连续编号，不得空号、重号；

2 试样标识的内容应根据试样的特性确定，宜包括：名称、规格（或强度等级）、制取日期等信息；

3 试样标识应字迹清晰、附着牢固。

5.4.5 试样的存放、搬运应符合相关标准的规定。

5.4.6 试样交接时，应对试样的外观、数量等进行检查确认。

5.5 试样台账

5.5.1 施工现场应按照单位工程分别建立下列试样台账：

1 钢筋试样台账；

2 钢筋连接接头试样台账；

3 混凝土试件台账；

4　砂浆试件台账；

5　需要建立的其他试样台账。

5.5.2　现场试验人员制取试样并做出标识后，应按试样编号顺序登记试样台账。

5.5.3　检测试验结果为不合格或不符合要求时，应在试样台账中注明处置情况。

5.5.4　试样台账应作为施工资料保存。

5.5.5　试样台账的格式可按本规范附录B执行。通用试样台账的格式可按本规范附录B中表B-1执行，钢筋试样台账的格式可按本规范附录B中表B-2执行，钢筋连接接头试样台账的格式可按本规范附录B中表B-3执行，混凝土试件台账的格式可按本规范附录B中表B-4执行，砂浆试件台账的格式可按本规范附录B中表B-5执行。

5.6　试样送检

5.6.1　现场试验人员应根据施工需要及有关标准的规定，将标识后的试样及时送至检测单位进行检测试验。

5.6.2　现场试验人员应正确填写委托单，有特殊要求时应注明。

5.6.3　办理委托后，现场试验人员应将检测单位给定的委托编号在试样台账上登记。

5.7　检测试验报告

5.7.1　现场试验人员应及时获取检测试验报告，核查报告内容。当检测试验结果为不合格或不符合要求时，应及时报告施工项目技术负责人、监理单位及有关单位的相关人员。

5.7.2　检测试验报告的编号和检测试验结果应在试样台账上登记。

5.7.3　现场试验人员应将登记后的检测试验报告移交有关人员。

5.7.4　对检测试验结果不合格的报告严禁抽撤、替换或修改。

5.7.5　检测试验报告中的送检信息需要修改时，应由现场试验人员提出申请，写明原因，并经施工项目技术负责人批准。涉及见证检测报告送检信息修改时，尚应经见证人员同意并签字。

5.7.6　对检测试验结果不合格的材料、设备和工程实体等质量问题，施工单位应依据相关标准的规定进行处理，监理单位应对质量问题的处理情况进行监督。

5.8　见证管理

5.8.1　见证检测的检测项目应按国家有关行政法规及标准的要求确定。

5.8.2　见证人员应由具有建筑施工检测试验知识的专业技术人员担任。

5.8.3　见证人员发生变化时，监理单位应通知相关单位，办理书面变更手续。

5.8.4　需要见证检测的检测项目，施工单位应在取样及送检前通知见证人员。

5.8.5　见证人员应对见证取样和送检的全过程进行见证并填写见证记录。

5.8.6　检测机构接收试样时应核实见证人员及见证记录，见证人员与备案见证人员不符或见证记录无备案见证人员签字时不得接收试样。

5.8.7　见证人员应核查见证检测的检测项目、数量和比例是否满足有关规定。

附录A　常用建筑材料进场复试项目、主要检测参数和取样依据

表A　常用建筑材料进场复试项目、主要检测参数和取样依据

序号	类别	名　称（复试项目）	主要检测参数	取样依据
1	混凝土组成材料	通用硅酸盐水泥	胶砂强度	《通用硅酸盐水泥》GB 175
			安定性	
			凝结时间	
		砌筑水泥	安定性	《砌筑水泥》GB/T 3183
			强度	
		天然砂	筛分析	《普通混凝土用砂、石质量及检验方法标准》JGJ 52 《建筑用砂》GB/T 14684
			含泥量	
			泥块含量	
		人工砂	筛分析	
			石粉含量（含亚甲蓝试验）	

续表 A

序号	类别	名称（复试项目）	主要检测参数	取样依据
1	混凝土组成材料	石	筛分析	《普通混凝土用砂、石质量及检验方法标准》JGJ 52
			含泥量	
			泥块含量	
		轻集料	颗粒级配（筛分析）	《轻集料及其试验方法　第1部分：轻集料》GB/T 17431.1 《轻集料及其试验方法　第2部分：轻集料试验方法》GB/T 17431.2
			堆积密度	
			筒压强度（或强度标号）	
			吸水率	
		粉煤灰	细度	《粉煤灰混凝土应用技术规范》GBJ 146
			烧失量	
			需水量比（同一供灰单位，一次/月）	
			三氧化硫含量（同一供灰单位，一次/季）	
		普通减水剂 高效减水剂	pH 值	《混凝土外加剂》GB 8076
			密度（或细度）	
			减水率	
		早强减水剂	密度（或细度）	《混凝土外加剂》GB 8076
			钢筋锈蚀	
			减水率	
			1d 和 3d 抗压强度	
		缓凝减水剂 缓凝高效减水剂	pH 值	《混凝土外加剂》GB 8076
			密度（或细度）	
			混凝土凝结时间	
			减水率	
		引气减水剂	pH 值	《混凝土外加剂》GB 8076
			密度（或细度）	
			减水率	
			含气量	
		早强剂	钢筋锈蚀	《混凝土外加剂》GB 8076
			密度（或细度）	
			1d 和 3d 抗压强度比	
		缓凝剂	pH 值	《混凝土外加剂》GB 8076
			密度（或细度）	
			混凝土凝结时间	
		泵送剂	pH 值	《混凝土泵送剂》JC 473
			密度（或细度）	
			坍落度增加值	
			坍落度保留值	
		防冻剂	钢筋锈蚀	《混凝土防冻剂》JC 475
			密度（或细度）	
			R_{-7} 和 R_{+28} 抗压强度比	

续表 A

序号	类别	名称（复试项目）	主要检测参数		取样依据
1	混凝土组成材料	膨胀剂	限制膨胀率		《混凝土膨胀剂》GB 23439
		引气剂	pH 值		《混凝土外加剂》GB 8076
			密度（或细度）		
			含气量		
		防水剂	pH 值		《砂浆、混凝土防水剂》JC 474
			钢筋锈蚀		
			密度（或细度）		
		速凝剂	密度（或细度）		《喷射混凝土用速凝剂》JC 477
			1d 抗压强度		
			凝结时间		
2	钢材	热轧光圆钢筋	拉伸（屈服强度、抗拉强度、断后伸长率）		《钢筋混凝土用钢　第 1 部分：热轧光圆钢筋》GB 1499.1
			弯曲性能		
		热轧带肋钢筋	拉伸（屈服强度、抗拉强度、断后伸长率）		《钢筋混凝土用钢　第 2 部分：热轧带肋钢筋》GB 1499.2
			弯曲性能		
		碳素结构钢低合金高强度结构钢	拉伸（屈服强度、抗拉强度、断后伸长率）	复试条件：《钢结构工程施工质量验收规范》GB 50205 相关规定	《钢及钢产品　力学性能试验取样位置及试样制备》GB/T 2975 《碳素结构钢》GB/T 700 《低合金高强度结构钢》GB/T 1591
			弯曲		
			冲击		
		钢筋混凝土用余热处理钢筋	拉伸（屈服强度、抗拉强度、伸长率）		《钢筋混凝土用余热处理钢筋》GB 13014
			冷弯		
		冷轧带肋钢筋	拉伸（抗拉强度、伸长率）		《冷轧带肋钢筋混凝土结构技术规程》JGJ 95
			弯曲或反复弯曲		
		冷轧扭钢筋	拉伸（抗拉强度、延伸率）		《冷轧扭钢筋混凝土构件技术规程》JGJ 115
			冷弯		
		预应力混凝土用钢绞线	最大力		《预应力混凝土用钢绞线》GB/T 5224
			规定非比例延伸力		
			最大力总伸长率		

续表 A

序号	类别	名 称（复试项目）	主要检测参数	取样依据
3	钢结构连接件及防火涂料	扭剪型高强度螺栓连接副	预拉力	《钢结构工程施工质量验收规范》GB 50205 《钢结构用扭剪型高强度螺栓连接副》GB/T 3632
		高强度大六角头螺栓连接副	扭矩系数	《钢结构工程施工质量验收规范》GB 50205 《钢结构用高强度大六角头螺栓、大六角螺母、垫圈技术条件》GB/T 1231
		螺栓球节点钢网架高强度螺栓	拉力载荷	《钢结构工程施工质量验收规范》GB 50205
		高强度螺栓连接摩擦面	抗滑移系数	《钢结构工程施工质量验收规范》GB 50205
		防火涂料	粘结强度	《钢结构工程施工质量验收规范》GB 50205
			抗压强度	
4	防水材料	铝箔面石油沥青防水卷材	拉力	《铝箔面石油沥青防水卷材》JC/T 504
			柔度	
			耐热度	
		改性沥青聚乙烯胎防水卷材	拉力	《改性沥青聚乙烯胎防水卷材》GB 18967
			断裂延伸率	
			低温柔度	
			耐热度（地下工程除外）	
			不透水性	
		弹性体改性沥青防水卷材	拉力	《弹性体改性沥青防水卷材》GB 18242
			延伸率（G 类除外）	
			低温柔性	
			不透水性	
			耐热性（地下工程除外）	
		塑性体改性沥青防水卷材	拉力	《塑性体改性沥青防水卷材》GB 18243
			延伸率（G 类除外）	
			低温柔性	
			不透水性	
			耐热性（地下工程除外）	
		自粘聚合物改性沥青防水卷材	拉力	《自粘聚合物改性沥青防水卷材》GB 23441
			最大拉力时延伸率	
			沥青断裂延伸率（适用于 N 类）	
			低温柔性	
			耐热度（地下工程除外）	
			不透水性	
		高分子防水片材	断裂拉伸强度	《高分子防水材料　第 1 部分：片材》GB 18173.1
			扯断伸长率	
			不透水性	
			低温弯折	

续表 A

序号	类别	名 称（复试项目）	主要检测参数	取样依据
4	防水材料	聚氯乙烯防水卷材	拉力（适合于L、W类）	《聚氯乙烯防水卷材》GB 12952
			拉伸强度（适合于N类）	
			断裂伸长率	
			不透水性	
			低温弯折性	
		氯化聚乙烯防水卷材	拉力（适合于L、W类）	《氯化聚乙烯防水卷材》GB 12953
			拉伸强度（适合于N类）	
			断裂伸长率	
			不透水性	
			低温弯折性	
		氯化聚乙烯-橡胶共混防水卷材	拉伸强度	《氯化聚乙烯-橡胶共混防水卷材》JC/T 684
			断裂伸长率	
			不透水性	
			脆性温度	
		水乳型沥青防水涂料	固体含量	《水乳型沥青防水涂料》JC/T 408
			不透水性	
			低温柔度	
			耐热度	
			断裂伸长率	
		聚氨酯防水涂料	固体含量	《聚氨酯防水涂料》GB/T 19250
			断裂伸长率	
			拉伸强度	
			低温弯折性	
			不透水性	
		聚合物乳液建筑防水涂料	固体含量	《聚合物乳液建筑防水涂料》JC/T 864
			断裂延伸率	
			拉伸强度	
			不透水性	
			低温柔性	
		聚合物水泥防水涂料	固体含量	《聚合物水泥防水涂料》GB/T 23445
			断裂伸长率（无处理）	
			拉伸强度（无处理）	
			低温柔性（适用于Ⅰ型）	
			不透水性	
		止水带	拉伸强度	《高分子防水材料　第二部分　止水带》GB 18173.2
			扯断伸长率	
			撕裂强度	
		制品型膨胀橡胶	拉伸强度	《高分子防水材料　第3部分　遇水膨胀橡胶》GB/T 18173.3
			扯断伸长率	
			体积膨胀倍率	
		腻子型膨胀橡胶	高温流淌性	《高分子防水材料　第3部分　遇水膨胀橡胶》GB/T 18173.3
			低温试验	
			体积膨胀倍率	
		聚硫建筑密封胶	拉伸粘结性	《聚硫建筑密封胶》JC/T 483
			低温柔性	
			施工度	
			耐热度（地下工程除外）	

续表A

序号	类别	名 称 （复试项目）	主要检测参数	取样依据
4	防水材料	聚氨酯建筑密封胶	拉伸粘结性	《聚氨酯建筑密封胶》JC/T 482
			低温柔性	
			施工度	
			耐热度（地下工程除外）	
		丙烯酸酯建筑密封胶	拉伸粘结性	《丙烯酸酯建筑密封胶》JC/T 484
			低温柔性	
			施工度	
			耐热度（地下工程除外）	
		建筑用硅酮结构密封胶	拉伸粘结性	《建筑用硅酮结构密封胶》GB 16776
		水泥基渗透结晶型防水材料	抗折强度	《水泥基渗透结晶型防水材料》GB 18445
			湿基面粘结强度	
			抗渗压力	
5	砖及砌块	烧结普通砖	抗压强度	《烧结普通砖》GB 5101
		烧结多孔砖		《烧结多孔砖》GB 13544
		烧结空心砖和空心砌块	抗压强度	《烧结空心砖和空心砌块》GB 13545
		蒸压灰砂空心砖		《蒸压灰砂空心砖》JC/T 637
		粉煤灰砖	抗压强度 抗折强度	《粉煤灰砖》JC 239
		蒸压灰砂砖		《蒸压灰砂砖》GB 11945
		粉煤灰砌块	抗压强度	《粉煤灰砌块》JC 238
		普通混凝土小型空心砌块		《普通混凝土小型空心砌块》GB 8239
		轻集料混凝土小型空心砌块	强度等级	《轻集料混凝土小型空心砌块》GB/T 15229
			密度等级	
		蒸压加气混凝土砌块	立方体抗压强度	《蒸压加气混凝土砌块》GB 11968
			干密度	
6	装饰装修材料	人造木板、饰面人造木板	游离甲醛释放量或游离甲醛含量	《室内装饰装修材料　人造板及其制品中甲醛释放限量》GB 18580
		室内用花岗石	放射性	《天然花岗石建筑板材》GB/T 18601
		外墙陶瓷面砖	吸水率	《陶瓷砖》GB/T 4100
			抗冻性（适用于寒冷地区）	
7	幕墙材料	石材	弯曲强度	《建筑装饰装修工程质量验收规范》GB 50210
			冻融循环后压缩强度（适用于寒冷地区）	
		铝塑复合板	180°剥离强度	《建筑幕墙用铝塑复合板》GB/T 17748
		玻璃	传热系数	《建筑节能工程施工质量验收规范》GB 50411
			遮阳系数	
			可见光透射比	
			中空玻璃露点	

续表 A

序号	类别	名称（复试项目）	主要检测参数	取样依据
7	幕墙材料	双组分硅酮结构胶	相容性	《建筑装饰装修工程质量验收规范》GB 50210
			拉伸粘结性（标准条件下）	
		幕墙样板	气密性能（当幕墙面积大于 3000m² 或建筑外墙面积的 50%时，应制作幕墙样板）	《建筑节能工程施工质量验收规范》GB 50411
			水密性能	
			抗风压性能	
		隔热型材	抗拉强度	《建筑节能工程施工质量验收规范》GB 50411
			抗剪强度	
8	节能材料	建筑外门窗	气密性能	《建筑装饰装修工程质量验收规范》GB 50210 《建筑节能工程施工质量验收规范》GB 50411
			水密性能	
			抗风压性能	
			传热系数（适用于严寒、寒冷和夏热冬冷地区）	
			中空玻璃露点	
			玻璃遮阳系数（适用于夏热冬冷和夏热冬暖地区）	
			可见光透射比（适用于夏热冬冷和夏热冬暖地区）	
		绝热用模塑聚苯乙烯泡沫塑料（适用墙体及屋面）	表观密度	《建筑节能工程施工质量验收规范》GB 50411
			压缩强度	
			导热系数	
		绝热用挤塑聚苯乙烯泡沫塑料（适用墙体及屋面）	压缩强度	《建筑节能工程施工质量验收规范》GB 50411
			导热系数	
		胶粉聚苯颗粒（适用墙体及屋面）	导热系数	《建筑节能工程施工质量验收规范》GB 50411
			干表观密度	
			抗压强度	
		胶粘材料（适用墙体）	拉伸粘结强度	《建筑节能工程施工质量验收规范》GB 50411 《外墙外保温工程技术规程》JGJ 144
		瓷砖胶粘剂（适用墙体）	拉伸胶粘强度	《建筑节能工程施工质量验收规范》GB 50411 《陶瓷墙地砖胶粘剂》JC/T 547
		耐碱型玻纤网格布（适用墙体）	断裂强力（经向、纬向）	《建筑节能工程施工质量验收规范》GB 50411 《外墙外保温工程技术规程》JGJ 144
			耐碱强力保留率（经向、纬向）	
		保温板钢丝网架（适用墙体）	焊点抗拉力	《建筑节能工程施工质量验收规范》GB 50411
			抗腐蚀性能（镀锌层质量或镀锌层均匀性）	
		保温砂浆（适用屋面、地面）	导热系数	《建筑节能工程施工质量验收规范》GB 50411 《建筑保温砂浆》GB/T 20473
			干密度	
			抗压强度	

续表 A

序号	类别	名称（复试项目）	主要检测参数	取样依据
8	节能材料	抹面胶浆、抗裂砂浆（适用抹面）	拉伸粘结强度	《建筑节能工程施工质量验收规范》GB 50411 《外墙外保温工程技术规程》JGJ 144
		岩棉、矿渣棉、玻璃棉、橡塑材料（适用采暖）	导热系数	《建筑节能工程施工质量验收规范》GB 50411
			密度	
			吸水率	
		散热器	单位散热量	《建筑节能工程施工质量验收规范》GB 50411
			金属热强度	
		风机盘管机组	供冷量	《建筑节能工程施工质量验收规范》GB 50411
			供热量	
			风量	
			出口静压	
			噪声	
			功率	
		电线、电缆（适用低压配电系统）	截面	《建筑节能工程施工质量验收规范》GB 50411
			每芯导体电阻值	

附录B 试样台账

表 B-1 通用试样台账

检测试验项目：

试样编号	品种/种类	规格/等级	产地/厂别	代表数量	其他参数		是否见证	取样人	取样日期	送检日期	委托编号	报告编号	检测试验结果	备注

表 B-2　钢筋试样台账

试样编号	种类	规格（mm）	牌号（级别）	厂别	代表数量（t）	炉罐号	是否见证	取样人	取样日期	送检日期	委托编号	报告编号	检测试验结果	备注

表 B-3　钢筋连接接头试样台账

试样编号	接头类型	接头等级	代表数量	原材试样编号	公称直径（mm）	是否见证	取样人	取样日期	送检日期	委托编号	报告编号	检测试验结果	备注

表 B-4　混凝土试件台账

试件编号	浇筑部位	强度、抗渗等级	配合比编号	成型日期	试件类型	养护方式	是否见证	制作人	送检日期	委托编号	报告编号	检测试验结果	备注

注：1　试件类型是指抗压强度试件和抗渗试件；2　养护方式包括：标准养护、同条件养护或同条件养护 28d 转标准养护 28d。

表 B-5　砂浆试件台账

试件编号	砌筑部位	强度等级	砂浆种类	配合比编号	成型时间	养护方式	是否见证	制作人	送检日期	委托编号	报告编号	检测试验结果	备注

注：1　砂浆种类是指水泥砂浆或混合砂浆；2　养护方式：标准养护或同条件养护。

本规范用词说明

1 为便于在执行本规范条文时区别对待，对要求严格程度不同的用词说明如下：

1） 表示很严格，非这样做不可的用词：
正面词采用"必须"，反面词采用"严禁"；

2） 表示严格，在正常情况均应这样做的用词：
正面词采用"应"，反面词采用"不应"或"不得"；

3） 表示允许稍有选择，在条件许可时首先应这样做的用词：
正面词采用"宜"，反面词采用"不宜"；

4） 表示有选择，在一定条件下可以这样做的用词，采用"可"。

2 条文中指明应按其他有关标准、规范执行的写法为"应符合……的规定"或"应按……执行"。

引用标准名录

1《建筑地基基础设计规范》GB 50007

2《混凝土外加剂应用技术规范》GB 50119

3《土工试验方法标准》GB/T 50123

4《粉煤灰混凝土应用技术规范》GBJ 146

5《建筑地基基础工程施工质量验收规范》GB 50202

6《砌体工程施工质量验收规范》GB 50203

7《混凝土结构工程施工质量验收规范》GB 50204

8《钢结构工程施工质量验收规范》GB 50205

9《地下防水工程质量验收规范》GB 50208

10《建筑装饰装修工程质量验收规范》GB 50210

11《民用建筑工程室内环境污染控制规范》GB 50325

12《建筑节能工程施工质量验收规范》GB 50411

13《通用硅酸盐水泥》GB 175

14《碳素结构钢》GB/T 700

15《钢结构用高强度大六角头螺栓、大六角螺母、垫圈技术条件》GB/T 1231

16《钢筋混凝土用钢　第1部分：热轧光圆钢筋》GB 1499.1

17《钢筋混凝土用钢　第2部分：热轧带肋钢筋》GB 1499.2

18《低合金高强度结构钢》GB/T 1591

19《钢及钢产品　力学性能试验取样位置及试样制备》GB/T 2975

20《砌筑水泥》GB/T 3183

21《钢结构用扭剪型高强度螺栓连接副》GB/T 3632

22《陶瓷砖》GB/T 4100

23《烧结普通砖》GB 5101

24《预应力混凝土用钢绞线》GB/T 5224

25《混凝土外加剂》GB 8076

26《普通混凝土小型空心砌块》GB 8239

27《蒸压灰砂砖》GB 11945

28《蒸压加气混凝土砌块》GB 11968

29《聚氯乙烯防水卷材》GB 12952

30《氯化聚乙烯防水卷材》GB 12953

31《钢筋混凝土用余热处理钢筋》GB 13014

32《烧结多孔砖》GB 13544

33《烧结空心砖和空心砌块》GB 13545

34《建筑用砂》GB/T 14684

35《轻集料混凝土小型空心砌块》GB/T 15229

36《建筑用硅酮结构密封胶》GB 16776

37《轻集料及其试验方法　第1部分：轻集料》GB/T 17431.1

38《轻集料及其试验方法　第2部分：轻集料试验方法》GB/T 17431.2

39《建筑幕墙用铝塑复合板》GB/T 17748

40《高分子防水材料　第1部分：片材》GB 18173.1

41《高分子防水材料　第二部分　止水带》GB 18173.2

42《高分子防水材料　第3部分　遇水膨胀橡胶》GB/T 18173.3

43《弹性体改性沥青防水卷材》GB 18242

44《塑性体改性沥青防水卷材》GB 18243

45《水泥基渗透结晶型防水材料》GB 18445

46《室内装饰装修材料　人造板及其制品中甲醛释放限量》GB 18580

47《天然花岗石建筑板材》GB/T 18601

48《改性沥青聚乙烯胎防水卷材》GB 18967

49《聚氨酯防水涂料》GB/T 19250

50《建筑保温砂浆》GB/T 20473

51《混凝土膨胀剂》GB 23439

52《自粘聚合物改性沥青防水卷材》GB 23441

53《聚合物水泥防水涂料》GB/T 23445

54《钢筋焊接及验收规程》JGJ 18

55《普通混凝土用砂、石质量及检验方法标准》JGJ 52

56《普通混凝土配合比设计规程》JGJ 55

57《建筑地基处理技术规范》JGJ 79

58《冷轧带肋钢筋混凝土结构技术规程》JGJ 95

59《砌筑砂浆配合比设计规程》JGJ 98

60 《建筑工程冬期施工规程》JGJ 104

61 《建筑基桩检测技术规范》JGJ 106

62 《钢筋机械连接通用技术规程》JGJ 107

63 《建筑工程饰面砖粘结强度检验标准》JGJ 110

64 《冷轧扭钢筋混凝土构件技术规程》JGJ 115

65 《建筑基坑支护技术规程》JGJ 120

66 《外墙外保温工程技术规程》JGJ 144

67 《混凝土结构后锚固技术规程》JGJ 145

68 《粉煤灰砌块》JC 238

69 《粉煤灰砖》JC 239

70 《水乳型沥青防水涂料》JC/T 408

71 《混凝土泵送剂》JC 473

72 《砂浆、混凝土防水剂》JC 474

73 《混凝土防冻剂》JC 475

74 《喷射混凝土用速凝剂》JC 477

75 《聚氨酯建筑密封胶》JC/T 482

76 《聚硫建筑密封胶》JC/T 483

77 《丙烯酸酯建筑密封胶》JC/T 484

78 《铝箔面石油沥青防水卷材》JC/T 504

79 《陶瓷墙地砖胶粘剂》JC/T 547

80 《蒸压灰砂空心砖》JC/T 637

81 《氯化聚乙烯-橡胶共混防水卷材》JC/T 684

82 《聚合物乳液建筑防水涂料》JC/T 864

中华人民共和国行业标准

建筑工程检测试验技术管理规范

JGJ 190—2010

条 文 说 明

制 订 说 明

《建筑工程检测试验技术管理规范》JGJ 190 - 2010，经住房和城乡建设部2010年1月8日以第477号公告批准、发布。

本规范制订过程中，编制组进行了建筑工程施工现场检测管理工作的调查研究，总结了我国建筑工程施工现场检测试验技术管理的实践经验，并与国内相关标准进行了协调。

为便于广大设计、施工、科研、学校等单位有关人员在使用本规范时能正确理解和执行条文规定，编制组按章、节、条顺序编制了本规范的条文说明。对条文规定的目的、依据以及执行中需注意的有关事项进行了说明，还着重对强制性条文的强制性理由作了解释。但是，本条文说明不具备与标准正文同等的法律效力，仅供使用者作为理解和把握规范规定的参考。在使用过程中如果发现本条文说明有不妥之处，请将意见函寄中国建筑一局(集团)有限公司。

目　次

1 总 则

1.0.2 本规范的适用范围为“建筑工程施工现场检测试验”，其含义是指在施工现场制取试样、按有关规定送检并由检测机构或企业试验室出具检测试验报告的施工检测试验活动。施工过程中进行的其他各种检验、检查及测试等活动均不属于本规范“建筑工程检测试验技术管理”的范畴。

2 术 语

术语是在本规范中出现的，其含义需要加以界定、说明或解释的重要词汇。尽管在确定和解释术语时尽可能考虑了习惯性和通用性，但理论上术语只在本规范中有效，列出的目的主要是避免理解错误。当本规范列出的术语在本规范以外使用时，应注意其可能含有与本规范不同的含义。

3 基 本 规 定

3.0.2 本条主要针对目前部分施工现场未能配备满足建筑工程施工现场检测试验工作需要的现场试验人员、仪器设备、设施或相关标准，将出现严重影响施工质量的情况而制订的。本条依据科学管理方法，从人、机、料、法、环五个方面提出了现场开展检测试验工作应具备的基本条件，这是保证建筑施工质量的重要前提，必须给予足够的重视。

3.0.4 检测试样的真实性和代表性对工程质量的判定至关重要，必须明确责任，因此本条列为强制性条文。

本条所指检测试样的“真实性”，是指该试样应当是按照有关规定真实制取，而非造假、替换或采用其他方式形成的假试样；而“代表性”则是指该试样的取样方法、取样数量(抽样率)、制取部位等符合有关标准的规定，能够代表受检对象的实际质量状况。

由于取样和送检人员均隶属于施工单位，故本条规定施工单位应对所提供的检测试样的真实性和代表性承担法律责任，而取样或试样送检工作是由取样或送检人员负责具体实施的，故相应人员也应对所提供试样的真实性、代表性承担相应的法律责任。

3.0.5 本规范中的检测单位指检测机构和企业试验室的统称。检测单位的确定，目前国家尚无统一规定，部分地区提出了地方性要求。本规范根据现行有关行政法规和各地实际情况提出了确定检测机构的基本原则，即：当行政法规和现行标准要求由具备资质的检测机构检测时，应遵守其规定；没有要求时，可由承担施工任务的施工企业内部试验室承担。

为确保检测试验工作质量，检测单位应具备与承接的检测试验项目相适应的检测试验能力。

3.0.6 本条系依据行政法规和住房和城乡建设部的相关规章作出的规定，其目的是通过“见证”来保证取样和送检“过程”的真实性。因此本条列为强制性条文。

本条明确规定监理单位及其见证人员应对“过程”的真实性承担法律责任，是对行政法规、规章作出的进一步阐释，使其责任更加明确，更具有可操作性。依据本条规定，监理单位及其派出的见证人员应通过到现场观察，对取样、送检过程的真实性予以证实，并应当对“过程”的真实性负责。对“过程”真实性的观察要素应包括：取样地点或部位、取样时间、取样方法、试样数量(抽样率)、试样标识、存放及送检等。

3.0.8 检测数据和检测报告是判定工程质量是否满足现行国家标准及设计要求的最重要的依据，为了真实反映工程质量状况，检测数据必须准确、可靠；检测报告必须真实、有效。检测机构是检测数据和检测报告的提供者，应当依法承担上述责任，故将本条列为强制性条文。

3.0.9 建筑工程施工检测试验过程中，可能会产生废弃物、噪声等污染，各种污染的处置方法不同，本规范未作出统一要求，本条仅给出了处理或处置原则，具体处理方法应符合安全、环保等相关规定。

4 检测试验项目

4.2 施工过程质量检测试验

4.2.3 正确确定施工工艺参数对于保证施工质量具有重要意义，但由于各项施工工艺参数的确定比较复杂，难以具体给出，故本条给出三项原则性规定：

1 施工工艺参数检测试验项目，应由施工单位根据工艺特点及现场施工条件确定；

2 检测方法及检测要求应执行相应的标准规定；

3 施工工艺参数检测试验由于其仅涉及施工工艺，并不反映工程的实际质量，故检测试验任务可由企业试验室承担。

4.3 工程实体质量与使用功能检测

4.3.1、4.3.2 工程实体质量检测项目仅列出《混凝土结构工程施工质量验收规范》GB 50204 和《建筑节能工程施工质量验收规范》GB 50411 中规定的实体检测项目。

使用功能检测项目仅指《建筑节能工程施工质量验收规范》GB 50411 中的系统节能性能检测和《民用建筑工程室内环境污染控制规范》GB 50325 中的室内环境污染物检测。

在施工过程中，当合同有约定或相关行政法规及标准有要求时，应遵循其规定。

5 管理要求

5.2 人员、设备、环境及设施

5.2.1～5.2.4 为了使施工现场检测试验管理工作具有较好的可操作性，在对全国各地施工现场检测试验管理情况调查研究的基础上，本节提出了现场试验资源配备的基本要求。

对现场试验站的要求，是依据大多数施工现场的试验需求，并考虑到实施成本等因素确定的。由于工程规模不同，各地管理要求也不尽相同，故本规范仅列出了应当设立现场试验站的最低条件(面积或造价)和试验站的基本配置要求。当单位工程建筑面积或造价未达到本规范规定时，也可根据具体情况设立现场试验站。现场试验站配备的试验人员、设备、环境及设施，可根据工程的具体情况、专业要求和当地管理部门的规定加以调整。在大型或特殊工程施工现场设置的检测机构(包括分支机构)或企业试验室不在本条规定范围内。

5.3 施工检测试验计划

5.3.1～5.3.4 编制检测试验计划是做好施工质量控制的重要环节，属于质量控制中的预控措施。有了计划，才能合理配置、利用检测试验资源，使施工检测试验工作做到有的放矢，规范有序，避免漏检错检。本节对检测试验计划的内容、编制依据、编制要求及调整作出了具体规定，可方便施工现场有关人员具体实施。由于检测试验计划是依据预算量、材料进场计划和流水段划分等确定的，故在施工过程中情况发生变化并影响检测试验计划实施时，应根据实际情况及时加以调整。

本条要求监理单位审查施工单位制定的施工检测试验计划，主要是通过审查这一控制手段，防止施工检测试验项目的漏做、少做，同时也避免盲目多做。因此监理单位应当了解检测试验计划的内容，并提出修改建议。

各省、市对见证取样的检测项目及比例规定有所不同，一些标准对某些检测项目也有见证的要求。为做好见证取样和送检工作，保证见证检测项目及其抽检比例符合规定，监理单位应根据施工检测试验计划制订相应的见证取样和送检计划。

监理单位对检测试验计划的实施进行监督是保证施工单位检测试验活动按计划进行的必要手段。

5.4 试样与标识

5.4.1、5.4.2 此两条均为强制性条文，是针对进场材料和施工过程质量检测试验试样制取作出的严格规定。只有在施工现场随机抽取或在相应施工部位制取的试样，才是对工程实体质量的真实反映。故这两条特别强调除确定工艺参数可制作模拟试样外，其他试样均应在现场内制取。

上述规定还可进一步理解为：检测试验试样既不得在现场以外的任何其他地点制作，也不得由生产厂家或供应商直接向检测单位提供。

5.4.4 试样的标识不仅能够方便检测试验工作中的试样管理，也是试样身份的证明。本条要求试样标识具有唯一性且试样应连续编号，既保证检测试验工作有序进行，还可以在一定程度上防止出现假试样或“备用”试样，避免出现补做或替换试样等违规现象。

5.5 试样台账

5.5.1 建筑工程的施工周期一般比较长，为确保检测试验工作按照检测试验计划和施工进度顺利实施，做到不漏检、不错检，并保证检测试验工作的可追溯性，对检测频次较高的检测试验项目应建立试样台账，以便管理。

5.5.3、5.5.4 检测试验结果是施工质量控制情况的真实反映，将不合格或不符合要求的检测试验结果及处置情况在台账中注明，并将台账作为资料保存，不仅能真实反映施工质量的控制过程，还能为检测试验工作的追溯提供依据。

5.7 检测试验报告

5.7.4 检测试验报告应真实反映工程质量，当出现检测试验结果不合格时，其检测试验报告的意义更为重要。但部分施工人员出于种种原因，特别担心工程质量不合格会受到处罚或影响工程验收等，采取了抽撤、替换或修改不合格检测试验报告的违规做法，掩盖了工程质量的真实情况，后果极其严重，必须加以制止，故本规范将本条列为强制性条文。

5.7.5 检测试验报告的数据和结论由检测单位给出，检测单位对其真实性和准确性承担法律责任，因此不得进行修改。但检测试验报告中的送检信息则是由现场试验人员提供，由于施工单位管理水平的差异和个人工作能力的不同，当检测试验报告中的送检信息填写不全或出现错误时，允许对其进行修改，但应当按照规定的程序经过审批后实施。本条是结合施工现场的实际情况，对检测试验报告中送检信息不全或出现错误时，对检测试验报告进行修改而提出的具体要求。

中华人民共和国行业标准

施工企业工程建设技术标准化管理规范

Code for management of technical standardization of project construction of construction enterprises

JGJ/T 198—2010

批准部门：中华人民共和国住房和城乡建设部
施行日期：2 0 1 0 年 1 0 月 1 日

中华人民共和国住房和城乡建设部
公　告

第 153 号

关于发布行业标准《施工企业工程建设技术标准化管理规范》的公告

现批准《施工企业工程建设技术标准化管理规范》为行业标准，编号为 JGJ/T 198－2010，自 2010 年 10 月 1 日起实施。

本规范由我部标准定额研究所组织中国建筑工业出版社出版发行。

中华人民共和国住房和城乡建设部

2010 年 3 月 15 日

前　言

本规范是根据原建设部《关于印发〈2006 年工程建设标准规范制订、修订计划〉（第一批）的通知》（建标［2006］77 号）的要求，由中国工程建设标准化协会建筑施工专业委员会和中天建设集团有限公司会同有关单位共同编制而成。

本规范共分 7 章和 3 个附录。主要内容包括：总则、术语、基本规定、工程建设标准化工作体系、工程建设标准实施、工程建设标准实施的监督检查和施工企业技术标准编制等。

本规范由住房和城乡建设部负责管理，由中国工程建设标准化协会建筑施工专业委员会负责具体技术内容的解释。请各单位在执行本规范的过程中，随时将有关意见和建议寄中国工程建设标准化协会建筑施工专业委员会（地址：北京市海淀区三里河路 9 号，邮编：100835，E-mail：sgbz@fyi.net.cn），以供今后修订时参考。

本规范主编单位、参编单位、主要起草人和主要审查人员名单：

主 编 单 位：中国工程建设标准化协会建筑施工专业委员会
中天建设集团有限公司

参 编 单 位：北京建工集团有限责任公司
上海建工（集团）总公司
北京城建集团有限责任公司
宁波建工集团有限公司
中国第一冶金建设有限公司
浙江大东吴集团建设有限公司
河北建设集团有限公司
福建省九龙建设集团有限公司
歌山建设集团有限公司
中国建筑业协会工程建设质量监督分会

主要起草人员：金德钧　吴松勤　楼永良
艾永祥　范庆国　徐贱云
乌家瑜　武钢平　江遐龄
罗　劲　张岩玉　吴仲清
高秋利　张党生　蒋金生
姚晓东　张益堂　曹建华
蒋伟平　陈　川　杨玉江
潘如莉　李水明　姚新良

主要审查人员：杨嗣信　高本礼　杨建康
贾　洪　韩乾龙　李秀堂
李水欣　李世永　赵宏彦

目　次

Contents

1 总 则

1.0.1 为加强施工企业工程建设技术标准化工作，规范企业标准化工作的管理，提高科学管理水平，制定本规范。

1.0.2 本规范适用于施工企业开展工程建设技术标准化的管理活动。

1.0.3 国家鼓励施工企业技术创新，不断提高工程建设技术标准及工程建设标准化工作水平。

1.0.4 施工企业工程建设技术标准化工作的活动，除应符合本规范外，尚应符合国家现行有关法律、法规和标准的规定。

2 术 语

2.0.1 施工工艺标准 process standards

为有序完成工程的施工任务，并满足安全和规定的质量要求，工程项目施工作业层需要统一的操作程序、方法、要求和工具等事项所制定的方法标准。

2.0.2 施工操作规程 operation specifications

对施工过程中为满足安全和质量要求需要统一的技术实施程序、技能要求等事项所制定的有关操作要求。

2.0.3 施工企业工程建设技术标准化管理 management of technical standardization of project construction of construction enterprises

施工企业贯彻有关工程建设标准，建立企业工程建设标准体系，制定和实施企业标准，以及对其实施进行监督检查等有关技术管理的活动。

3 基本规定

3.0.1 施工企业工程建设技术标准化工作的基本任务应是贯彻执行国家现行有关标准；建立和实施企业工程建设标准体系表；编制和实施企业标准；对标准的实施进行监督检查。

3.0.2 施工企业工程建设技术标准化管理，应以提高企业技术创新和竞争能力，建立企业施工技术管理的最佳秩序，获得好的质量、安全和经济效益为目的。

3.0.3 施工企业应设置工程建设技术标准化工作领导机构和工作管理部门，领导协调本企业的工程建设标准化工作。企业各职能部门和工程项目经理部应确定负责标准化工作的人员。

3.0.4 施工企业应依据国家现行有关法律法规，制定与本企业发展相适应的工程建设技术标准化工作长远规划，并纳入企业总体发展规划。企业工程建设标准化工作应与企业发展相协调。

3.0.5 施工企业应在年度财务预算中设立专项资金，支持企业工程建设标准化工作和相关科研工作的开展。

3.0.6 施工企业工程建设技术标准化体系的建立应与企业的工程技术管理体系、企业技术研发中心、企业的质量保证体系相协调。

3.0.7 施工企业工程建设技术标准化工作管理应与企业科研和技术创新相结合，并应及时将科技创新成果转化为企业技术标准。

3.0.8 施工企业应制定工程建设标准化工作教育计划，对企业职工开展标准化工作的培训，形成一支技术水平高的标准化工作队伍，提高企业标准化水平，提高执行国家标准、行业标准和地方标准的能力和自觉性。

3.0.9 施工企业在开展工程建设技术标准化工作过程中，应加强自身的监督检查和定期总结工作，发现不足，及时改进，增强企业自身纠错能力和持续改进能力。

3.0.10 施工企业应根据本企业施工范围建立和实施企业工程建设技术标准体系表。施工企业工程建设技术标准体系表应包括所贯彻和采用的国家标准、行业标准、地方标准和本企业的企业技术标准，并应及时更新，动态管理。

3.0.11 施工企业应建立完善的检查制度和管理办法，保证国家标准、行业标准和地方标准的有效执行。

3.0.12 施工企业应鼓励技术人员、操作人员参加企业工程建设标准化工作，宜奖励在企业标准化工作中有贡献的部门和人员。

4 工程建设标准化工作体系

4.1 工 作 机 构

4.1.1 施工企业应建立工程建设标准化委员会，主任委员应由本企业的法定代表人或授权的管理者担任。

4.1.2 施工企业工程建设标准化委员会的主要职责应符合下列要求：

1 统一领导和协调企业的工程建设标准化工作；贯彻执行国家现行有关标准化法律、法规和规范性文件，以及工程建设标准；

2 确定与本企业方针目标相适应的工程建设标准化工作任务和目标；

3 审批企业工程建设标准化工作的长远规划、年度计划和标准化活动经费；

4 审批工程建设标准体系表和企业技术标准；

5 确定企业工程建设标准化工作管理部门、人员及其职责；

6　审批企业工程建设标准化工作的管理制度和奖惩办法；

7　负责国家标准、行业标准、地方标准和企业技术标准的实施，以及企业技术标准化工作的监督检查。

4.1.3　施工企业应设置工程建设标准化工作管理部门。主要职责应符合下列要求：

1　贯彻执行国家现行有关标准化法律、法规和规范性文件，以及工程建设标准；

2　组织制订和落实企业工程建设标准化工作任务和目标；

3　组织编制和执行企业工程建设标准化工作长远规划、年度计划和标准化工作活动经费计划等；

4　组织编制和执行企业工程建设标准体系表，负责企业技术标准的编制及管理；

5　负责组织协调本企业工程建设标准化工作，以及专、兼职标准化工作人员的业务管理；

6　组织编制企业工程建设标准化工作管理制度和奖惩办法，并贯彻执行；

7　负责组织国家标准、行业标准、地方标准和企业技术标准执行情况的监督检查；

8　贯彻落实企业工程建设标准化委员会对工程建设标准化工作的决定；

9　参加国家、行业有关标准化工作活动等。

4.1.4　施工企业工程建设标准化委员会和标准化工作管理部门应配备相应的专（兼）职工作人员。工作人员应具备工程建设标准化知识和相应的专业技术知识。

4.1.5　各职能部门的标准化职责应符合下列要求：

1　组织实施企业标准化工作管理部门下达的标准化工作任务；

2　组织实施与本部门相关的技术标准；

3　确定本部门负责标准化工作的人员；

4　按技术标准化工作要求对员工进行培训、考核和奖惩。

4.1.6　各工程项目经理部应配置专（兼）职标准员负责标准的具体实施工作。

4.2　企业工程建设标准体系表

4.2.1　施工企业应建立本企业工程建设标准体系表。

4.2.2　施工企业工程建设标准体系表应符合企业方针目标，并应贯彻国家现行有关标准化法律、法规和企业标准化规定。

4.2.3　施工企业工程建设标准体系表的层次结构通用图，宜符合本规范第A.0.1条的规定。

施工企业工程建设技术标准体系表层次结构基本图，宜符合本规范A.0.2条的规定。

施工企业应将本企业工程建设技术标准体系表层次结构基本图中每个方框中技术标准列出明细表，明细表宜符合本规范A.0.3条的规定。

4.2.4　施工企业工程建设标准体系表应编制标准编码，编码规则可结合企业标准体系中标准种类、数量等情况确定，并应在本企业内统一。

4.2.5　施工企业建立的工程建设标准体系表应进行标准的符合性和有效性评价。评价应分为自我评价和水平确认。

4.2.6　施工企业工程建设标准体系表的编制应符合下列要求：

1　施工企业工程建设标准体系表的组成应包括企业所贯彻和采用的国家标准、行业标准和地方标准，以及本企业的企业技术标准。所有标准都应为现行有效版本；

2　施工企业应积极补充完善国家标准、行业标准和地方标准的相关内容；

3　施工企业编制工程建设标准体系表应符合质量管理体系GB/T 19001等的要求；

4　施工企业工程建设标准体系表，宜与企业所涉及范围的其他标准相互配套；

5　施工企业工程建设标准体系表应动态管理，及时将新发布的工程建设国家标准、行业标准和地方标准列入体系表内。

4.3　组织管理工作

4.3.1　施工企业工程建设标准化工作管理部门应根据本企业的发展方针目标，提出本企业工程建设标准化工作的长远规划。长远规划应包括下列主要内容：

1　本企业标准化工作任务目标；

2　标准化工作领导机构和管理部门的不断健全完善；

3　标准化工作人员的配置；

4　标准体系表的完善；

5　标准化工作经费的保证；

6　贯彻落实国家标准、行业标准和地方标准的措施、细则的不断改进和完善；

7　企业技术标准的编制、实施；

8　国家标准、行业标准、地方标准和企业技术标准实施情况的监督检查等。

4.3.2　施工企业工程建设标准化工作管理部门应根据本企业工程建设标准化工作长远规划制定工程建设标准化工作的年度工作计划、人员培训计划、企业技术标准编制计划、经费计划，以及年度和阶段技术标准实施的监督检查计划等，并应组织实施和落实。

4.3.3　施工企业工程建设标准化工作年度计划应包括长远规划中的有关工作项目分解到本年度实施的各项工作。

4.3.4　施工企业工程建设标准化工作年度企业人员培训计划，应包括不同岗位人员培训的目标、培训学时数量、培训内容、培训方式等。

4.3.5 施工企业工程建设标准化工作年度企业技术标准编制计划，应包括企业技术标准的名称、编制技术要求、负责编制部门、编制组组成、开编及完成时间以及经费保证等。

4.3.6 施工企业工程建设标准化工作年度及阶段技术标准实施监督检查计划，应包括检查的重点标准、重点问题，检查要达到的目的，以及检查的组织、参加人员、检查的时间、次数等。每次检查应写出检查总结。

4.3.7 施工企业工程建设标准化工作应明确标准化工作管理部门、工程项目经理部和企业内各职能部门的工作关系，以及有关人员的工作内容、要求、职责，并应符合下列要求：

1 标准化工作管理部门和企业各职能部门及有关人员的工作内容和职责应是本规范第4.1.3条各项内容的细化。并采取措施保证国家标准、行业标准和地方标准在本部门贯彻落实。

2 施工企业内部各职能部门应将有关标准化工作内容、要求落实到有关人员。

3 施工企业内部各职能部门、工程项目经理部和人员，应接受标准化工作管理部门对标准化工作的组织与协调。

4.3.8 施工企业工程建设标准化工作管理部门，应负责本企业有关人员日常标准化工作的指导。在实施标准的过程和日常业务工作中，应及时为有关人员提供标准化工作方面的服务。

4.3.9 施工企业应建立工程建设标准化工作人员考核制度，对每项标准的落实执行情况和每个工作岗位工作完成情况进行考核。

4.3.10 施工企业工程建设标准化委员会，应对企业工程建设标准化工作管理部门的工作进行监督检查。

4.4 信息和档案管理

4.4.1 施工企业工程建设标准化信息和档案，应由企业工程建设标准化工作管理部门或资料管理部门负责收集、整理、登记和保管，并应达到技术标准档案完整、准确和系统，以及有效利用。

4.4.2 施工企业工程建设标准化信息资料分类整理后，应加盖资料专用章、编目建卡，并方便借阅。资料应为纸质文档和电子文档，并应逐步向电子文档发展。有条件的宜建立企业网站、企业标准资料库。

4.4.3 施工企业工程建设标准化工作开展情况的信息，应按时向企业主管领导报告，重要情况或重大问题应向当地住房和城乡建设主管部门报告。

4.4.4 施工企业工程建设标准化信息应包括下列内容：

1 国家现行有关标准化法律、法规和规范性文件，以及工程建设标准的信息；

2 本企业技术标准化工作任务和目标，技术标准化工作长远规划，以及年度工作计划等；

3 本企业工程建设标准化组织机构、管理体系和有关工作管理制度及奖惩办法等；

4 国家标准、行业标准和地方标准现行标准目录、发布信息及有关标准；

5 国家现行有关标准化法律、法规和规范性文件执行情况；

6 本企业工程建设标准化体系表及执行情况；

7 国家标准、行业标准和地方标准执行情况；

8 本企业技术标准编制及实施情况；

9 企业工程建设技术标准化工作评价情况；

10 主要经验及存在问题等。

4.5 工 作 评 价

4.5.1 施工企业应每年进行一次工程建设标准化工作的评价，不断改进标准化工作，并应根据评价绩效进行奖惩。对在企业标准化工作中成绩突出的部门和人员应给予表扬或奖励；对贯彻标准不力或造成不良后果的应进行批评教育，对造成事故的应按规定进行处理。

4.5.2 施工企业工程建设标准化工作评价宜符合本规范附录B的规定。

4.5.3 企业标准属科技成果，施工企业可将具有显著经济效益、社会效益、环境效益的企业标准作为科技成果申报相应的科技奖励。

5 工程建设标准实施

5.1 国家标准、行业标准和地方标准的实施管理

5.1.1 施工企业工程建设标准化工作应以贯彻落实国家标准、行业标准和地方标准为主要任务。

5.1.2 施工企业应将从事工程项目范围内的相关技术标准，都列入企业工程建设标准体系表进行系统管理。施工企业应有计划、有组织地贯彻落实国家标准、行业标准和地方标准。并应符合下列要求：

1 施工企业应对新发布的工程建设标准开展宣贯学习，了解和掌握新标准的内容，并对标准中技术要点进行深入研究；

2 施工企业在工程项目施工前应制定每一项技术标准的落实措施或实施细则；并应将相关技术标准的要求落实到工程项目的施工组织设计、施工技术方案及各工序质量控制中；

3 施工企业工程项目技术负责人应结合工程项目的要求，在工程项目施工前对贯彻落实标准的控制重点向有关技术管理人员进行技术交底；

4 施工企业工程项目技术管理人员在每个工序施工前，应对该工序使用的技术标准向操作人员进行

操作技术交底，说明控制的重点和保证工程质量及安全的措施；

5 施工企业应经常组织开展对技术标准执行情况及技术交底有效性的研究，以便不断改进执行技术标准的效果。

5.1.3 施工企业工程建设标准化工作管理部门应将有关的技术标准逐项落实到相关部门、工程项目经理部，明确任务、内容和完成时间，并督促各相关部门制定落实措施。

5.1.4 施工企业工程建设标准化工作管理部门，应组织对新颁布的技术标准的落实措施和实施细则进行检查，并应对首次首道工序执行的情况进行检查；当工程质量达到标准要求后，在其后的工序应按首道工序执行的措施和细则进行。

5.1.5 施工企业工程建设标准的贯彻落实应以工程项目为载体，充分发挥工程项目管理的作用。

5.2 工程建设强制性标准的实施管理

5.2.1 施工企业应对有关国家标准、行业标准和地方标准中的强制性条文和全文强制性标准进行重点管理，在标准宣贯学习中，应组织有关技术人员制定落实措施文件。施工组织设计、施工技术方案审查批准和技术交底的内容应包括落实措施文件。

5.2.2 施工企业对国家标准、行业标准和地方标准中的强制性条文和全文强制性标准应落实到每个相关部门和工程项目经理部。项目经理、项目技术负责人及有关人员都应掌握相关强制性条文和全文强制性标准的技术要求，并应掌握控制的措施、工程质量指标和判定工程质量的方法。

5.3 施工企业技术标准的实施管理

5.3.1 施工企业技术标准的实施管理应与国家标准、行业标准和地方标准的实施管理协调一致。企业技术标准的编制应与标准的实施协调一致。

5.3.2 施工企业技术标准从编制开始就应在各方面考虑为标准的实施创造条件。

5.3.3 施工企业技术标准批准后，属施工技术标准的，应由参与该标准编制的主要技术人员演示其技术要点，并应达到企业有关技术人员能掌握该项技术标准；属施工工艺标准或操作规程的，应由参与编制的主要技术人员或技师演示该项技术，并应达到操作人员能执行该标准。

6 工程建设标准实施的监督检查

6.0.1 施工企业对国家标准、行业标准和地方标准实施情况的监督检查，应分层次进行，由工程项目经理部组织现场的有关人员以工程项目为对象进行检查；由企业工程建设标准化工作管理部门组织企业内部有关职能部门以工程项目和技术标准为对象进行检查。

6.0.2 施工企业工程建设标准实施监督检查，应以贯彻技术标准的控制措施和技术标准实施结果为检查重点。在工程施工前，应检查相关工程技术标准的配备和落实措施或实施细则等落实技术标准措施文件的编制情况；在施工过程中，应检查有关落实技术标准及措施文件的执行情况；在每道工序及工程项目完工后，应检查有关技术标准的实施结果情况。

6.0.3 施工企业工程建设标准的监督检查应符合下列要求：

1 每项国家标准、行业标准和地方标准颁布后，对在企业工程项目上首次首道工序上执行时，应由企业工程建设标准化工作管理部门组织企业内部有关职能部门重点检查；

2 在正常情况下每道工序完工后，操作者应自我检查，然后由企业质量部门检验评定；在每项工程项目完工后，由企业质量部门组织系统检查；

3 施工企业对每项技术标准执行情况，可由企业工程建设标准化工作管理部门组织按年度或阶段计划进行全面检查；

4 施工企业工程建设标准化工作管理部门，还可以对工程项目和技术标准随时组织抽查。

6.0.4 施工企业工程建设标准监督检查，宜以工程项目为基础进行。每个工程项目应统计各工序技术标准落实的有效性和标准覆盖率，并应对工程项目开展工程建设标准化工作情况进行评估；

施工企业应统计所有工程项目技术标准执行的有效性和标准覆盖率，并应对企业开展工程建设标准化工作情况进行评估。

6.0.5 施工企业工程建设标准监督检查发现的问题，应及时向企业工程建设标准化工作管理部门报告，并应督促相关部门和项目经理部及时提出改进措施。

7 施工企业技术标准编制

7.1 基 本 要 求

7.1.1 施工企业应将下列内容制定为企业技术标准：

1 补充或细化国家标准、行业标准和地方标准未覆盖的，企业又需要的一些技术要求；

2 企业自主创新成果；

3 有条件的施工企业为更好地贯彻落实国家标准、行业标准和地方标准，也可将其制定成严于该标准的企业施工工艺标准、施工操作规程等企业技术标准。

7.1.2 施工企业技术标准编制应贯彻执行国家现行有关标准化法律、法规，符合国家有关技术标准的要求。

7.1.3 施工企业技术标准编制应积极采用新技术、新工艺、新设备、新材料，合理利用资源、节约能源，符合环境保护政策的要求；纳入标准的技术应成熟、先进，并且针对性强、有可操作性。

7.1.4 施工企业技术标准编制应符合工程建设标准编写的有关规定。

7.2 标准编制

7.2.1 施工企业应根据企业工程建设标准体系表编制企业的技术标准制（修）订年度计划，提出企业技术标准制（修）订项目。

7.2.2 施工企业每项企业技术标准编制时，编制组首先应组织学习工程建设标准编写的有关规定，遵循编写程序，保证编写质量。施工企业技术标准编写程序应符合本规范附录C的规定。

7.2.3 企业技术标准编制组的人员应由了解有关标准化法律、法规，掌握和精通该项工程技术、经过培训的人员组成，包括工程技术人员、操作层的操作人员。

7.2.4 施工总承包企业和专业承包企业编制的企业技术标准除应符合本规范第7.1.1条规定外，还应以企业所涉及的主要施工技术范围编制企业技术标准。包括企业施工技术标准、施工工艺标准或施工操作规程及相应的工程质量检验评定标准。

总承包企业编制的企业技术标准除了满足指导本企业施工外，还应对相应专业分包施工单位的施工具有可控制性和指导性。

7.3 审批与发布

7.3.1 施工企业技术标准编制要突出标准的针对性、可操作性和实施效果，必要时应在工程上进行试用，并写出试用报告，这些应作为企业技术标准审批的首要条件。

7.3.2 施工企业技术标准应由企业工程建设标准化工作管理部门审查，企业工程建设标准化委员会主任批准，企业工程建设标准化工作管理部门统一编号印刷，发布实施。

7.3.3 施工企业技术标准批准发布实施后，企业工程建设标准化工作管理部门应按有关规定到当地住房和城乡建设主管部门备案。

备案材料应包括备案申报文件、标准批准文件、标准文本及编制说明等。

7.4 复审与修订

7.4.1 施工企业技术标准实施后应由企业工程建设标准化工作管理部门跟踪检查应用效果，并结合企业技术发展和工程建设需要，以及国家科学技术发展要求，由企业工程建设标准化工作管理部门适时组织有关职能部门，对企业技术标准进行复审。复审可采取会议审查或函审的方式，复审应3～5年进行一次，必要时可以随时复审。

7.4.2 施工企业技术标准复审后，企业工程建设标准化工作管理部门应当提出继续有效或者予以修订、废止的意见，报企业工程建设标准化委员会批准。

7.4.3 对确认继续有效的企业技术标准，当再版时应在其封面或扉页上的标准编号下方增加“××××年××月××日确认继续有效”。

对确认有效和予以废止的企业技术标准应由企业发文公布。

对需要修订的企业技术标准，应列入标准制（修）订计划按程序进行修订。

附录A 施工企业工程建设标准体系表

A.0.1 施工企业工程建设标准体系表层次结构通用图宜符合图A.0.1的规定。

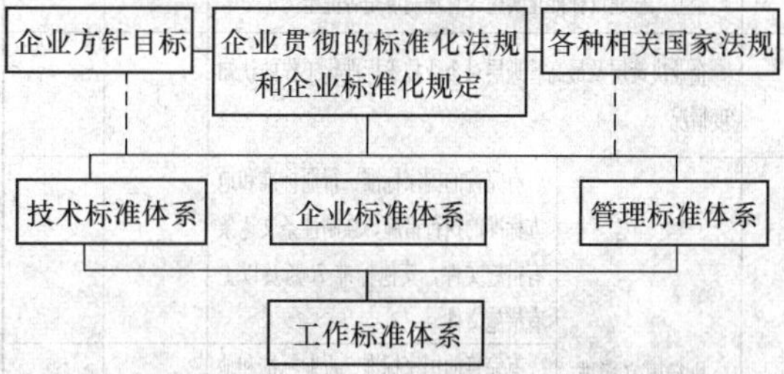

图A.0.1 施工企业工程建设标准体系表层次结构通用图

A.0.2 施工企业工程建设技术标准体系表层次结构基本图宜符合图A.0.2的规定。

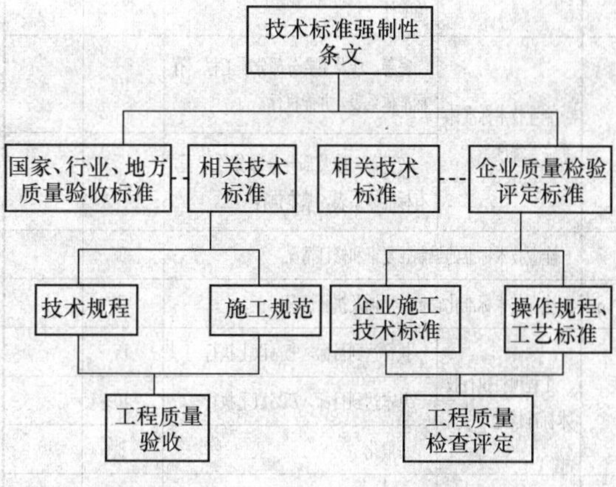

图A.0.2 施工企业工程建设技术标准体系表层次结构基本图

A.0.3 施工企业工程建设技术标准体系表层次结构基本图中每个方框中的技术标准宜符合表A.0.3的规定。

表 A.0.3　××层次工程建设技术标准名称表

序号	编码	标准代号和编号		标准名称	实施日期	被代替标准号	备注
		国标、行标、地标	企标				

附录 B　施工企业工程建设技术标准化工作评价表

表 B　施工企业工程建设技术标准化工作评价表

序号	评价标准		分值	实得分
1	企业工程建设标准化领导机构是否健全		5	
2	企业工程建设标准化工作管理部门是否健全		5	
3	企业工程建设标准化实施等管理制度是否健全		5	
4	企业决策层及最高管理层对企业技术标准化工作的认知度情况		5	
5	执行国家标准、行业标准和地方标准情况	有完善的国家标准、行业标准和地方标准的执行措施，强制性条文逐条有措施文件，其他标准70%及以上有措施文件	20	
		有完善的国家标准、行业标准和地方标准的执行措施，强制性条文有措施文件，其他标准50%以上有措施文件	15	
		有基本的国家标准、行业标准和地方标准的执行措施，强制性条文有措施文件	10	
6	企业技术标准体系完善程度	完善，涉及主要分部分项工程，有标准体系表，并能执行	10	
		较完善，涉及部分分部分项工程，有标准体系表，基本执行	8	
7	企业技术标准的编制、复审和修订情况		5	
8	企业技术标准化宣传、培训及执行情况		5	
9	工程项目执行技术标准情况	执行达到目标，95%以上执行	15	
		基本达到目标，75%以上执行	10	
		一般化	8	
10	工程建设标准资料档案管理情况	较好，有制度能执行	5	
		一般，无制度或有制度执行不好	2	
11	工程建设标准化的奖罚情况	设立奖励基金，制定奖罚办法并运行良好	5	
		有奖罚措施，运行一般	2	

续表 B

序号	评价标准		分值	实得分
12	对工程建设标准化工作投入资金情况	能满足企业技术标准化工作需要	10	
		基本满足企业技术标准化工作需要	5	
13	标准化工作绩效管理评价	有制度定期进行绩效评价	5	
综合得分		优秀	95及以上	
		良好	85及以上	
		合格	75及以上	
		不合格	75以下	

注：特级施工企业应有自己独立的企业技术标准体系；一级施工企业应有自己的企业技术标准（可以是自己独立、也可以是自己所打品牌的企业技术标准）。

附录 C　施工企业技术标准编制程序

C.0.1　施工企业技术标准的编制应按准备阶段、征求意见阶段、审查阶段和报批阶段的程序进行。

C.0.2　准备阶段应符合下列规定：

1　施工企业工程建设标准化工作管理部门应根据企业年度技术标准制（修）订计划，进行技术标准编制的调查和筹备工作，协调企业技术标准主编部门（职能部门、工程项目经理部）和有关部门组成编制组，协助编制组提出编写提纲和进度计划。

2　企业工程建设标准化工作管理部门组织召开编制组工作会议。会议应安排学习相关标准化法律法规、工程建设标准编写规定等，宣布编制组成员，讨论编写提纲、进度计划、编写分工等，并形成会议纪要。

3　编制组的工作应由企业工程建设标准化工作管理部门领导，并在管理部门的组织下开展有关编制工作。

C.0.3　征求意见阶段应符合下列规定：

1　编制组根据编制组工作会议纪要及分工，按企业技术标准编写提纲开展工作，需调研的项目调查对象应具有代表性，调研工作结束后，应及时提出调研报告。原始调查记录和收集到的国内外有关资料由企业工程建设标准化工作管理部门统一归档。

2　企业工程建设标准化工作管理部门对需要测试验证的工作应统一组织进行，落实负责单位、制定测试验证方案。测试验证结果应组织有关专家进行鉴定。

3　企业工程建设标准化工作管理部门对所编制的企业技术标准中的重大问题或有分歧的问题，应当根据需要召开专题会议。专题会议应邀请企业内有关部门和有经验的专家参加，并应当形成会议纪要。

4　编制组在做好上述各项工作的基础上，编写企业技术标准的初稿、讨论稿及征求意见稿。

5 编制组对征求意见稿进行自审。自审应包括下列内容：

1）标准适用范围应与技术内容协调一致；

2）技术内容应体现国家的技术经济政策；

3）企业技术标准应准确反映操作、施工的实践经验和代表企业的实际技术水平；

4）标准的技术数据和参数有可靠的依据，并与相关标准相协调；

5）编写格式应符合工程建设标准编写的规定。

6 征求意见稿应由企业工程建设标准化工作管理部门印发企业工程建设标准化委员会主任委员、企业相关职能部门、相关工程项目经理部和相关人员征求意见，也可召开征求意见会议。征求意见的期限通常不应少于30天，必要时，对其中的重要问题，可以采取走访或召开专题会议的形式征求意见。

7 编制组应将征求意见阶段收集到的意见，逐条归纳整理，在分析研究的基础上提出处理意见，逐条修改标准的征求意见稿，形成施工企业技术标准送审稿。

C.0.4 审查阶段应符合下列规定：

1 编制组应将企业技术标准送审文件报送企业工程建设标准化工作管理部门。

2 施工企业技术标准送审文件应包括下列内容：

1）送审报告；

2）企业技术标准送审稿及条文说明；

3）主要问题的专题报告；

4）征求意见汇总和采用处理情况表。

3 送审报告应包括下列内容：

1）施工企业技术标准任务的来源；

2）编制标准过程中所作的主要工作；

3）标准中重点内容确定的依据及其技术成熟程度；

4）与国内外相关技术标准水平的对比；

5）预计标准实施后的经济效益和社会效益以及对标准的初步评价；

6）标准中尚存在的主要问题和今后需要进行的主要工作等。

4 施工企业技术标准送审文件应经企业工程建设标准化工作管理部门审查符合要求后，发出召开审查会议的通知，在开会之前30天将企业技术标准送审稿发至企业工程建设标准化委员会主任委员、参加审查会议的相关职能部门、相关工程项目经理部和相关人员。

5 施工企业工程建设标准化工作管理部门主持召开审查会。参加会议的代表应包括企业相关职能部门、相关工程项目经理部和相关有经验的专家代表或企业外部聘请的专家代表等。审查会议必要时可以成立会议领导小组，负责研究解决会议中提出的问题，对有争议的问题应当进行充分讨论和协商，集中代表的意见，对一些问题不能取得一致意见时，应当提出倾向性审查意见，审查会议应当形成会议纪要。

6 会议纪要应包括下列内容：

1）审查会议概况；

2）标准送审稿中的重点内容及有争议问题的审查意见；

3）对技术标准送审稿的评价；

4）会议代表和领导小组成员名单等。

7 审查会议的程序应符合下列规定：

1）审查会议开始；

2）施工企业工程建设标准化工作管理部门领导宣布审查组人员名单，有领导小组的还应宣布领导小组名单；

3）审查组组长主持会议；

4）编制组汇报编制情况；

5）逐条审查条文；

6）形成审查会议纪要；

7）审查整改意见汇总表；

8）会议人员名单。

C.0.5 报批阶段应符合下列规定：

1 施工企业技术标准编制组应根据审查会议的意见，对标准送审稿逐条进行修改，形成标准报批稿，将报批文件报企业工程建设标准化工作管理部门。由企业工程建设标准化工作管理部门审核，并报企业工程建设标准化委员会主任委员批准。

2 报批文件应包括下列内容：

1）报批报告；

2）企业技术标准报批稿及条文说明；

3）审查会议纪要；

4）主要问题的专题报告；

5）试施工或生产试用报告等。

3 施工企业技术标准报批审核应符合下列要求：

1）标准的水平是否适合企业的技术发展，标准是否具有可操作性；

2）与国家标准、行业标准、地方标准是否协调；

3）重点内容确定依据及技术成熟程度；

4）标准实施后的经济效益和社会效益情况；

5）主要问题的处理情况等。

本规范用词说明

1 为便于在执行本规范条文时区别对待，对要求严格程度不同的用词说明如下：

1）表示很严格，非这样做不可的用词：
正面词采用“必须”；反面词采用“严禁”。

2）表示严格，在正常情况下均应这样做的用词：

正面词采用"应"；反面词采用"不应"或"不得"。

3）表示允许稍有选择，在条件许可时首先这样做的词：

正面词采用"宜"；反面词采用"不宜"。

4）表示有选择，在一定条件下可以这样做的，采用"可"。

2 本规范中指明应按其他有关标准执行的写法为："应符合……的规定"或"应按……执行"。

中华人民共和国行业标准

施工企业工程建设技术标准化管理规范

JGJ/T 198—2010

条 文 说 明

制 订 说 明

本规范是从施工企业工程建设技术标准化管理方面着手来改进和提高企业技术管理水平，从工程建设标准化工作的基本任务来看主要是五个方面：一是执行国家现行有关标准化法律法规和规范性文件，以及工程建设技术标准；二是实施国家标准、行业标准和地方标准；三是建立和实施企业工程建设技术标准体系表；四是制订和实施企业技术标准；五是对国家标准、行业标准、地方标准和企业技术标准实施的监督检查。

根据当前施工企业对上述标准化工作的贯彻落实情况，本规范从五个方面作出规定，以促进施工企业标准化工作的进一步开展。

1 在第三章中规定了施工企业技术标准化工作的作用、任务和与企业有关技术工作的协调发展；

2 建立施工企业技术标准化体系。从五个方面来建立有关组织和管理工作：一是建立领导和日常工作管理机构，解决工作的组织机构，包括人员、经费及与各部门协调等，这是开展标准化工作的基础；二是建立企业工程建设技术标准体系表，将企业应贯彻执行的有关技术标准列成表，包括国家标准、行业标准和地方标准以及企业技术标准，使贯彻标准制度化，方便技术标准的贯彻落实；三是开展标准化管理工作，包括计划工作、管理工作、标准化培训、评价等；四是对技术标准的实施进行监督检查；五是信息和档案管理等；

3 工程建设技术标准实施管理，从三个方面来进行落实。一是对国家标准、行业标准和地方标准实施步骤提出了要求；二是对强制性标准条文和全文强制性标准实施进行重点管理；三是对企业标准实施提出补充要求；

4 对技术标准实施的监督检查做出具体要求；

5 规定了施工企业技术标准编制管理工作；从基本要求、编制、审批与发布、复审与修订等过程做了规定，并附录了编制程序；

6 附录中提出了《施工企业工程建设技术标准化工作评价表》，基本上包括了施工企业工程建设标准化的主要工作内容，便于检查施工企业工程建设技术标准化工作的开展情况和成效。

本条文说明不具备与标准正文同等的法律效力，仅供使用者作为理解和把握标准规定的参考。

目　录

1 总 则

1.0.1 规定了本规范编制的宗旨，根据目前施工企业技术管理方面的情况，目的是要从技术标准化方面来加强企业的施工技术管理，提高企业的科学技术管理水平，首先从技术标准化方面做起。这是企业改进管理，提高综合技术水平，确保工程质量和安全管理的重要途径。

1.0.2 规定了本规范的适用范围。本条规定既是对施工企业工程建设标准化工作的指导，也便于行业管理部门检查施工企业工程建设标准化工作，促进其落实。

1.0.3 规定了施工企业工程建设标准化工作是动态发展的，要随着科学进步，不断发展和改进。鼓励企业编制自己的企业技术标准和施工工艺标准、施工操作规程等，并不断创新提高。既能保证工程质量安全，又促进企业技术管理水平不断提高，并形成协调发展的良性循环机制。

1.0.4 规定了施工企业工程建设标准化工作主要依据本规范开展，同时，除了本规范外，还应符合国家现行有关标准化法律法规和标准规范的要求。

2 术 语

本章规定了 3 个术语，这些术语只适用于本规范，在其他地方使用，仅供参考。

3 基 本 规 定

本章是本规范承上启下的一章，是将本规范的主要内容、原则、程序，标准的实施，以及一些共性的要求，作一个总体的说明，以加强本规范的整体有机联系，说明本规范的作用及重要性。

3.0.1 规定了工程建设标准化工作的基本任务是：执行国家现行有关标准化法律法规；实施国家标准、行业标准和地方标准；建立企业工程建设技术标准体系表；编制和实施企业技术标准；对标准的实施进行监督检查。企业标准化工作是落实有关标准化法律法规的具体措施，也是贯彻落实国家标准、行业标准和地方标准的有力措施。

3.0.2 规定了施工企业工程建设标准化工作是企业取得最佳技术管理秩序的重要手段，以获得好的质量、安全和经济效益。是企业科学管理的重要内容，是企业的一项基础性工作，它是以有效贯彻落实有关国家标准、行业标准和地方标准为主线，以及用企业技术标准来提升企业的技术管理水平，增强企业的技术创新能力和市场竞争能力。

3.0.3 规定了施工企业工程建设标准化工作的开展必须有强有力的领导，建立领导机构和工作管理机构，领导协调和组织本企业的工程建设标准化工作，是搞好工程建设标准工作的首要条件。

施工企业工程建设标准化工作机构应与企业内部各职能部门和工程项目经理部的标准化工作人员建立紧密的联系，组成企业工程建设标准化工作的队伍。

3.0.4 规定了施工企业应该依据国家现行有关标准化法律法规制订企业技术标准化工作的长远规划，作为企业发展规划的重要内容，使企业技术标准化工作与企业的发展协调发展。

3.0.5 规定了施工企业工程建设标准化工作的开展应有必要的条件，其中必要的经费投入是保证工作开展的基本条件。在企业年度财务预算中应设立专项资金，来支持和保证技术标准化工作及相关科研工作的正常开展。

3.0.6 规定了施工企业工程建设技术标准化体系的建立，是企业技术管理的一项中心工作。但企业的技术工作面是较宽的，不能一项工作设一个机构，应该将企业的工程技术管理、工程质量保证体系和企业技术研发中心等有关机构协调起来，互相协调分工，互相促进。

3.0.7 规定了施工企业工程建设标准化工作要与企业的科研、技术创新协调互补，相互促进。以技术标准化工作促进科研和创新工作，又以企业的科研和创新成果支持技术标准化工作，及时将其转化为企业的技术标准，转化为生产力，为企业增强技术力量。提高企业的技术水平，增加企业经济效益。这样企业的技术标准化工作就能体现企业的技术创新、技术管理和工程质量的水平。

3.0.8 规定了施工企业工程建设标准化工作是施工企业全体人员的事情，企业工程建设标准化工作管理机构应鼓励全体职工参加到标准化工作中来。企业的标准化教育十分重要，是动员、发挥企业职工做好标准化工作的基础，是落实企业标准化工作的重要措施。

通过企业标准化工作培训来提高企业领导对标准化工作的认知度及提高企业人员标准化知识和执行标准的自觉性。

3.0.9 规定了施工企业工程建设标准化工作在贯彻各项技术标准时，应加强自身的监督检查。施工企业工程建设技术标准化工作的关键是落实。对国家标准、行业标准和地方标准凡是采用的必须落实。有条件的企业在编制企业技术标准时，不在制定了多少项，而是制定一项落实一项，制定了就要执行，这才是技术标准化工作的关键。企业技术标准制定一定要考虑技术标准的贯彻落实，这是企业技术标准化工作的中心工作。同时，在执行过程中，要及时发现不足，及时得到改进，这是企业自身纠错能力、持续改进能力和创新能力等技术水平的体现。

3.0.10 规定了施工企业工程建设标准化工作应建立企业的工程建设技术标准体系表，将采用和贯彻的国家标准、行业标准和地方标准，以及企业技术标准都列入标准体系表。根据体系表来全面贯彻落实国家标准、行业标准和地方标准，编制和实施企业技术标准。监督检查技术标准的执行情况，是企业技术标准化工作的一项中心工作，也是发展、补充和完善国家标准、行业标准和地方标准的基础。体系表的管理要动态管理，及时更新技术标准，使体系表中的各项技术标准都应是现行有效版本。

3.0.11 规定了施工企业应有完善的检查制度和管理办法，在贯彻落实国家标准、行业标准和地方标准时，可制订有关落实措施和实施细则直接执行，并应有完善有效的检查制度，以保证这些标准的有效执行。

3.0.12 规定了施工企业工程建设标准化工作是企业全体职工的事，只有全体人员积极参加，技术标准化工作才能做好，企业为了鼓励职工积极参加企业技术标准化工作，宜适时奖励对企业标准化工作作出贡献的部门和有关人员。

4 工程建设标准化工作体系

4.1 工作机构

4.1.1 规定了施工企业应建立本企业工程建设标准化工作的领导机构。建立企业工程建设标准化委员会负责领导工作，其主任委员应由企业法定代表人或授权的管理者担任，以便于此工作的开展，这是企业工程建设标准化工作体系的重点，没有领导的支持和重视，标准化工作就不能很好地开展起来。

4.1.2 规定了施工企业工程建设标准化委员会的主要工作职责，概括为七个方面。

这些内容实际上是全部企业工程建设标准化工作，抓住技术标准化工作就抓住了施工企业的主要技术工作，抓住了企业技术工作的系统化、标准化的管理。

4.1.3 规定了施工企业应设置工程建设标准化工作管理部门，负责企业标准化工作的日常管理工作，这是落实标准化工作的关键。管理部门的设置应与企业整体的组织结构相适应，与工程技术管理、质量保证体系等相协调。这个管理部门是工程建设标准化工作的具体组织、落实和执行部门。通常一些企业是以原技术部门为主，组成标准化工作管理部门，将其他相关部门的负责人也组织进来，便于开展工作。目前一些大型施工企业都在组建企业技术研发中心，也应协调起来。规定了管理部门的主要职责，概括为九个方面。这些内容实际上是管理部门对施工企业技术工作系统化、规范化管理。

4.1.4 规定了施工企业应配备与企业工程建设标准化工作相适应的专兼职工作人员，确保施工企业工程建设标准化工作各项具体业务顺利开展。标准化工作人员的素质是标准化工作成败的关键，没有高素质、热爱此项工作的标准化工作人员就做不好标准化工作。提出了标准化工作人员的条件，要有专业知识、标准化知识和热心此项工作的人员，而且还要进行培训和考核，使这项工作更好的开展起来。企业标准化工作人员应具备的能力和知识：

1 企业标准化管理人员应具备与所从事标准化工作相适应的专业知识、标准化知识和工作技能，经过培训取得标准化管理的上岗资格；

2 熟悉并执行国家有关标准化的法律法规和技术标准；

3 熟悉本企业生产、技术、经营及管理状况，具备一定的企业管理知识；

4 具备一定的组织协调能力、计算机应用及文字表达能力。

4.1.5 规定了施工企业内各职能部门的标准化职责，企业工程建设标准化工作是全企业的事情，要求各职能部门的配合，因为企业标准化工作是全企业的工作，应由各部门分工协作完成。并规定了各职能部门的具体工作。

4.1.6 本条规定了工程项目部标准化机构的要求，配置人员落实工作。

4.2 企业工程建设标准体系表

4.2.1 规定了施工企业工程建设标准体系表是企业开展标准化工作的基础。企业技术标准体系表是企业技术标准体系的一种表现形式，体系表是企业所涉及技术标准按一定形式排列起来的图表。企业开展技术标准化管理就必须建立企业技术标准体系表，建立企业技术标准体系应首先研究和编制企业技术标准体系表。体系表的编制应符合国家有关规定，主要是GB/T 13016、GB/T 13017等的要求。

4.2.2 规定了施工企业工程建设标准体系表是在企业方针目标和企业贯彻国家现行有关标准化法律法规和企业标准化规定的基础上建立的，以及企业适用的法律法规的指导下形成的，是体现施工企业工程建设标准化工作水平的形式。

4.2.3 施工企业工程建设标准体系表应包括企业贯彻和采用的上层标准，即国家标准、行业标准和地方标准。企业工程建设标准体系表层次结构通用图，其组成形式通常如图 A.0.1。标准体系表应包括技术标准、管理标准和工作标准等。这是各施工企业都可适用的通用的层次结构图。此图表明了技术标准体系是企业标准体系中的一部分。

施工企业工程标准体系包括技术标准体系、管理标准体系和工作标准体系。

图中的技术标准和管理标准两个分体系间的连线表示两者之间的相互制约作用。

图中的工作标准必须同时实施技术标准和管理标准中的相应规定，是技术标准和管理标准共同指导制约下的下层次标准。

图中技术标准方框的标准将单列为一个层次结构基本图。本规范重点讨论技术标准体系部分。

施工企业工程建设技术标准体系表层次结构基本图，如图 A. 0. 2。这是一个基本图式，各企业可根据实际情况具体展开。

技术标准体系表基本图中各方格的技术标准可用明细表的形式列出，并给出层次编号，每个层次编号可列为一张表。其表格及内容如表 A. 0. 3。

4. 2. 4 规定了施工企业工程建设技术标准体系中标准编码的编码规则可结合企业标准体系标准种类和数量的多少而定，但应在企业内统一。一般情况下可用4～5 位编码。前两位层次编码第一位可为 0～9；第二位可为 1～9，后二位的顺序号可为 01～99。如果标准种类较多，可用5位编码，第三位也可为 1～9。

4. 2. 5 规定了施工企业工程建设技术标准体系表编制以后，应对标准体系表的符合性和有效性进行评价，以便不断改进企业技术标准体系。

评价分为自我评价和水平确认两个阶段。

自我评价是企业内部评价，主要目的是：企业为确定其建立和实施技术标准体系所涉及的各项技术标准，以及相关联的各种标准化工作是否达到规定目标，能否满足企业工程建设中各工种都能做到有标施工。同时其能否达到适用性、充分性和有效性，并应不断研究改进，不断完善。

水平确认由相关机构评价即社会确认，可由专门机构或协会来确认，目的是：判定企业建立和实施的技术标准体系，以及相关联的标准化工作是否满足企业预定要求，是否满足标准化有关规定，对企业开展技术标准化工作的发挥程度等。

评价的原则、依据，评审的条件、方法和程序，评价的内容和要求及评价后的改进等，应符合《企业标准体系评价与改进》GB/T 19273 的规定，并应形成评价文件。

4. 2. 6 规定了施工企业工程建设技术标准体系表编制的要求，应符合国家有关规定和企业的实际情况。国家规定主要是 GB/T 13016 和 GB/T 13017 的规定。具体要求有：

1 施工企业工程建设标准体系表的组成应包括企业所贯彻和采用的国家标准、行业标准和地方标准，以及本企业的技术标准，所有标准都应是现行有效版本；

2 施工企业积极补充和完善国家标准、行业标准和地方标准的相关内容，补充和发展技术标准体系表，以消除企业无标施工的情况；

3 施工企业编制企业工程建设技术标准体系表应符合《质量管理体系要求》GB/T 19001 等标准的要求；

4 施工企业工程建设技术标准体系表，应与企业所涉及工程范围的标准互相配套，用表的形式列出；

5 施工企业工程建设技术标准体系表应动态管理，及时更新，及时将新发布的国家标准、行业标准和地方标准列入体系表内。

4.3 组织管理工作

4. 3. 1 规定了施工企业开展工程建设标准化工作应制定企业技术标准化工作长远规划，并纳入企业发展规划。同时提出了技术标准化工作长远规划的主要内容。

4. 3. 2 规定了施工企业工程建设标准化工作管理部门应根据企业标准化工作长远规划制定企业的各项年度工作计划，做到系统管理。年度计划包括企业工程建设标准化工作年度工作计划、年度人员培训计划、企业技术标准编制计划、经费计划，以及年度、阶段各项技术标准实施监督检查计划等。

4. 3. 3 施工企业工程建设标准化工作的年度计划是长远规划的落实，长远规划的全部内容在本年度来完成的工作就是本年度计划，并进行细化。计划还包括提出落实措施和标准化工作经费的具体落实，检查计划完成和执行情况的效果等。

4. 3. 4 施工企业工程建设标准化工作培训计划包括企业所有相关人员，包括领导及全体员工。施工企业人员标准化知识的多少、企业领导对技术标准化工作的认知程度、相关人员技术标准化工作知识了解的程度，决定了企业标准化工作开展的水平。对企业人员标准化知识的培训是标准化工作的重点，应编制专门的培训计划。包括针对不同对象提出培训学时、培训内容、培训方式、要求达到的目标等。人员培训和落实监督检查是保证技术标准化工作落实的重要措施。

4. 3. 5 施工企业工程建设标准化工作年度企业技术标准编制计划，是指导企业标准化工作的一个方面，应包括全年编制技术标准的数量、名称、编制要求、负责编制部门、编制人员、完成时间以及经费保证等。

4. 3. 6 规定了施工企业工程建设标准化工作年度及阶段技术标准实施监督检查计划。技术标准实施情况的检查，是企业技术标准化工作的一项重点工作。对检查计划的内容也提出了要求，并要求每次检查应写出检查总结。

4. 3. 7 规定了施工企业工程建设标准化工作管理部门和企业内各职能部门的工作关系。工作内容是本规范第 4. 1. 3 条内容的细化和落实，重点是保证国家标准、行业标准和地方标准的贯彻落实；企业内各职能部门应将承担的标准化工作及时落实到相关人员，并保证完成。

4.3.8 规定了施工企业工程建设标准化工作管理部门负责本企业有关人员的标准化工作的培训和日常工作中标准化工作的指导。标准化工作的指导是在实施各项技术标准的过程中和日常标准化业务工作中，为企业各职能部门和项目经理部及有关人员提供帮助，协助解决执行中遇到的问题。如创造工作条件、资金的催办落实、互相之间的协调、人员的到位、工作深度的解释，以及资料供应、信息联系等。

4.3.9 规定了施工企业工程建设标准化工作管理部门人员及企业内部参加标准化工作的全部人员的工作职责和考核制度。这是企业内部技术标准化工作开展的基础，明确每个工作岗位的职责、工作内容、程序及要求，并对完成工作情况进行考核，只有这些人员按规定工作到位，企业技术标准体系表才能落实，国家标准、行业标准和地方标准的执行才能落实，企业的标准化工作才能正常有序的开展起来。

4.3.10 施工企业工程建设标准化委员会是企业标准化工作的最高领导，应对企业的标准化工作全面负责，其主要工作就是经常监督检查企业标准化工作管理部门的工作，对他们的职责和相应的权限落实情况进行监督检查。这是企业标准化工作的龙头。只有他们按计划做好有关工作，企业的标准化工作才能有保证。

4.4 信息和档案管理

4.4.1 规定了施工企业工程建设技术标准化信息的作用，是企业工程建设标准化工作的重要成果，是不断改进企业标准化工作的一项重要手段，做好标准化工作，系统完善的信息是必不可少的。信息包括有关标准化法律法规及规范性文件、各类标准、刊物、宣贯资料、工法、论文、标准化图册等，应分别收集、整理、登记管理。因为技术标准化工作是一个连续性很强的工作，没有很好的信息资料的收集整理、分析改进，很难保证标准化工作快速发展。这些资料也是企业发展的展现。应重视其收集、整理、登记保管，并保证其完整、准确和系统，目的是使技术标准档案达到有效利用。这些工作由施工企业工程建设标准化管理部门协调管理。

4.4.2 规定了施工企业工程建设技术标准化工作资料整理的要求，有关技术标准资料要分别整理，加盖资料专用章、登记、编目建卡。每个企业都应有自己资料档案的管理规定，按其规定进行资料管理，以便查找和供借阅等。

资料有纸质文档和电子文档，国家提倡逐步向电子文档发展。有条件的单位应建立标准资料库及企业内部网站。

4.4.3 规定了施工企业工程建设标准化工作开展情况的信息，应及时向企业主管领导报告。重要情况或重大问题应向当地住房和城乡建设主管部门报告，以便沟通情况，取得企业领导及当地住房和城乡建设主管部门对本企业技术标准化工作的指导。

4.4.4 规定了企业工程建设技术标准化信息的主要内容。

4.5 工作评价

4.5.1 规定了施工企业应定期或不定期进行企业工程建设标准化工作绩效评价，以检查企业工程建设技术标准化工作的绩效。为了统一内容便于比较，推荐了一个“施工企业工程建设技术标准化工作评价表”(附录B)。这个表是基本内容，可以反映一个施工企业工程建设技术标准化工作的开展情况和施工技术管理水平情况。通过评价找出不足及时改进，促进企业工程建设技术标准化水平不断提高。把评价根据得分分为优秀、良好、合格、不合格四个档次，不足75分为不合格，75分及以上为合格，85分及以上为良好，95分及以上为优秀。可以用数据来描述施工企业工程建设技术标准化工作的开展情况。

评价方法是用表列出评价项目，形成以定量为主的指标来进行评价。首先企业应定期自行检查评价，同时也可委托工程建设管理协会等有关机构来评价。

4.5.2 规定了施工企业工程建设标准化工作实施中，为了能达到应有的效果，应明确各部门的权限及职责，每年应对各单位及有关人员进行一次评价，形成一种制度。企业及上级部门也可根据评价绩效情况进行奖励和惩处。对企业标准化工作中有贡献的单位和个人进行奖励。

同时，对使用限制和禁用的技术、或违反技术标准化工作管理规定造成事故的有关人员进行处罚。

4.5.3 规定了施工企业技术标准属科技成果，施工企业应将取得显著经济效益、社会效益和环境效益的企业标准作为科技成果申报国家和地方的有关科技进步奖项。

5 工程建设标准实施

5.1 国家标准、行业标准和地方标准的实施管理

5.1.1 规定了施工企业工程建设标准化工作的主要任务是贯彻落实国家标准、行业标准和地方标准，这是施工企业技术标准化工作必须做的。

5.1.2 规定了施工企业贯彻落实国家标准、行业标准和地方标准应有计划、有组织地进行。其方法是：凡在施工企业从事工程业务范围内的有关技术标准，包括国家标准、行业标准和地方标准，以及企业技术标准等，都应列入本企业的技术标准体系表，进行系统管理。主要措施有：

1 学习标准。凡是企业从事的业务范围内的每项国家标准、行业标准和地方标准颁布施行后，企业都应组织有关人员全面学习、了解和掌握标准的内容，对关键技术和控制重点还应列出专题研究。

2 应用标准。施工企业在每项标准应用到工程上时，要组织技术人员研究技术标准的关键技术和工程实际的结合，针对各项技术标准规定和工程实际质量要求及设计要求，编制落实措施文件或实施细则，并将标准落实到工程项目的施工组织设计或施工技术方案中去，落实到各项技术措施和实施细则。施工组织设计、施工技术方案应经过企业技术负责人审查批准，其审查的重点就是各项标准的落实措施、实施细则的针对性和可操作性。

3 工程项目技术交底。施工企业工程项目技术负责人要结合工程实际，将技术标准的规定，施工组织设计、施工技术方案的要求，以及针对其制定的技术措施或实施细则，工程施工中控制的重点向参与工程项目的有关技术管理人员进行技术交底，将技术标准的执行落实到管理层。

4 施工操作技术交底。施工企业负责工程项目的有关技术人员，在每个工序（工种）施工前应将施工程序、技术要求、施工过程的注意事项、工序工程的质量要求、技术标准规定、控制的重点和保证质量的措施、技术安全操作要点向操作人员进行操作技术交底，将技术标准的执行落实到操作层。

5 不断完善落实标准的措施。施工企业还应将有关培训的资料、施工组织设计、施工技术方案资料、技术交底的资料做到全面整理和保存。在每项工程完工后，应评估技术标准的落实效果，并分析这些措施的有效性，作为不断改进施工技术标准管理的基础。

上述是从标准实施的程序步骤上进行落实管理。

5.1.3 规定了施工企业工程建设技术标准化工作管理部门应将年度计划中列入重点落实的技术标准，逐项落实到相关部门、项目经理部。明确落实标准的任务、内容和完成时间，督促其制订落实措施，落实完成任务的组织及负责人。本条是从标准实施落实到有关部门和岗位。

5.1.4 规定了施工企业执行技术标准过程中，工程建设技术标准化工作管理部门应组织对新颁布的技术标准，在第一个工程第一个工序上执行时的情况进行检查，以验证所制订措施、细则的有效性，有效性差的应改进。第一个工程第一个工序质量达到标准要求后，再按其落实措施大面积施工，这样就保证了标准贯彻落实的有效性。

5.1.5 规定了施工企业在贯彻落实工程建设技术标准时，要充分发挥工程项目经理部的作用。这样具有周期短，可操作性强，容易落实责任的优点。并可短期见到技术标准落实效果。

5.2 工程建设强制性标准的实施管理

本节规定了工程建设强制性标准的实施管理。工程建设强制性标准是指直接涉及工程质量、安全、卫生及环境保护等方面的工程建设强制性标准条文和全文强制性标准。5.1节的规定都适用强制性条文和全文强制性标准。强制性条文和全文强制性标准除了按5.1节实施管理外，还应重点进行管理。我国的强制性条文和全文强制性标准相当于国外的技术法规，是高于技术标准的，贯彻落实技术标准，首先应落实好有关强制性条文和全文强制性标准。这些要求都应落实到施工组织设计、施工技术方案中。作为审查施工组织设计、施工技术方案和技术交底文件的主要内容。

5.2.1 规定了施工企业对有关国家标准、行业标准和地方标准实施管理的要求，其中应重点突出对强制性条文和全文强制性标准的管理。

第一，在学习有关标准过程中，对其中的强制性条文和全文强制性标准要逐条编制系统的落实文件，这些文件比落实措施具体全面。一般包括下列内容：

1 掌握强制性条文及全文强制性标准的含义，领会其要领；

2 制订系统的控制措施文件；

3 列出条文中含有的检查项目及质量要求，这些是必须达到的质量要求；措施要针对这些内容；

4 明确检查方法和检查时间；

5 规定判定合格的条件；这样就把落实措施细化了。

第二，强制性条文和全文强制性标准的控制措施文件是施工组织设计、施工技术方案审批检查的主要内容，也是技术交底的主要内容。

5.2.2 规定了强制性条文和全文强制性标准的贯彻落实应逐级落实到实处，企业标准化工作管理部门应将其要求进行分解落实，分别将责任落实到企业内的各职能部门，如材料、构配件、设备的质量应落实到材料供应部门；技术措施制订落实到技术部门；质量验收落实到质量检查部门等。同时，最终责任必须落实到每个项目经理部，项目经理及项目技术负责人。项目经理部的有关人员应把好质量关，不合格的材料不能用于工程，上道工序质量达不到设计要求，不得进入下道工序施工。所以，项目经理部的有关职能部门和人员应了解强制性条文和全文强制性标准的要求，掌握其控制措施并进行落实，掌握质量指标和判定质量方法等。

5.3 施工企业技术标准的实施管理

5.3.1 规定了施工企业企业技术标准的实施管理，除与国家标准、行业标准和地方标准的实施管理相协调一致外，还应在技术标准编制开始时就考虑标准实施的问题，编制组应有熟悉该项技术的技术人员和操作人员参加，为该标准的实施打下基础。通常企业标准应是补充、完善国家标准、行业标准和地方标准，是贯彻相关标准的技术措施。

5.3.2 规定了在企业技术标准审批时，为便于技术标准批准后能迅速投入使用，应重视企业技术标准的针对性、可操作性，特别是试用效果，试用能达到使用效果要求，再批准。这也是编制标准的目的。

5.3.3 规定了企业技术标准批准实施后，属施工技术标准的可由参加该标准编制的技术人员演示其技术要求，培训有关技术人员迅速掌握该标准。属于施工工艺或操作规程的，可由参加该标准编制的技术人员或技师演示该项标准，并能带领班组人员执行该标准。这条是企业标准贯彻的有利条件，要充分利用起来。这也是企业技术标准与国家标准、行业标准和地方标准贯彻执行不同的主要地方。

6 工程建设标准实施的监督检查

6.0.1 规定了施工企业工程建设标准化工作管理部门对国家标准、行业标准和地方标准实施情况的监督检查，为达到有效全面突出重点，应分层次进行。工程项目经理部以工程项目为重点检查；企业工程建设标准化管理部门组织有关职能部门以工程项目和技术标准为重点进行检查，这样比较全面又能达到落实责任。

6.0.2 规定了施工企业对技术标准实施检查应以控制措施和实施结果为重点。工程质量的特点是过程性，过程控制是检查的重点之一。在施工前应检查措施、细则的编制情况及其可操作性、针对性等；施工过程中检查其落实情况；每道工序完工后，检查其实施结果情况。控制和结果检查，二者都不能少。通常工程质量出了问题，一定是控制措施出了问题，或有措施而不认真执行。必须对控制措施和措施的执行情况进行检查。对实施结果的检查也是通过实施结果达到的程度，来验证措施的有效性和执行情况。

6.0.3 规定了施工企业工程建设技术标准实施监督检查应分层次进行。这样监督检查更落实更有效。

1 每项国家标准、行业标准和地方标准颁发后，在企业工程项目上第一次第一个工序上执行时，企业的工程建设标准化工作管理部门应组织有关职能部门进行重点检查。主要检查企业制订的技术落实措施、实施细则的针对性、有效性和质量达到标准的情况。完全符合标准后，才能按首道工序使用的实施细则大面积施工。

2 正常情况下每道工序完工后，先由操作者自我检查合格，质量检查人员检验评定合格；然后由企业组织抽查。主要检查质量检查人员检验评定掌握标准的正确情况。在每个工程项目完工后，由项目经理部对整个工程进行系统检查，企业也可组织抽查。了解工程项目技术标准落实的情况。

3 企业每年应按标准化工作年度计划，按年度和阶段对技术标准执行情况进行全面检查，掌握企业技术标准实施结果的情况。

4 企业工程建设标准化工作管理部门随时了解技术标准执行情况及采取的措施。

6.0.4 规定了施工企业进行技术标准监督检查宜以工程项目为基础进行，这样可操作性强，各项技术标准的落实宜落到实处。其好处是：

1 按工程项目来统计各工序技术标准落实措施情况，包括措施的针对性及有效性；

2 按工程项目来落实标准的覆盖率，检查工程施工中有没有无标准施工的工序，以标准覆盖率说明工程项目标准化开展的水平。

施工企业以全企业的工程项目技术标准执行的有效性和标准的覆盖率，说明企业标准化开展的水平。

以标准的有效性和标准覆盖率来说明工程项目执行标准的评价，综合施工企业的所有工程项目的评估情况，就能知道企业工程建设标准化工作的有关情况了。

6.0.5 规定了施工企业在技术标准实施监督检查后，应定期进行总结分析，检查工作情况应及时向企业标准化委员会报告，对发现的问题除报告外，还应督促相关部门和项目经理部提出改进措施。

7 施工企业技术标准编制

7.1 基本要求

7.1.1 规定了施工企业技术标准编制的内容首先应是补充或细化国家标准、行业标准和地方标准没有覆盖到的企业施工又需要的技术项目，以杜绝企业无标准施工的现象；企业自己的一些科研成果，为更好地发挥作用，取得效益，也应及时转化为企业技术标准。

其次是有条件的施工企业，为了更好地贯彻落实国家标准、行业标准和地方标准，可将这些标准转化为严于该标准的企业施工工艺标准、施工操作规程等企业技术标准。这样做的重点也是为了细化国家标准、行业标准和地方标准。特别是制订操作规程方面的标准，用操作质量来保证工程质量。

7.1.2 规定了施工企业技术标准的编制，应贯彻执行国家有关标准化法律法规和有关技术标准的要求；符合国家、行业有关技术基础标准；有关质量技术标准的内容和要求应满足质量管理体系 GB/T 19001 对技术文件的要求；有关职业健康安全和环境管理的内容和要求应满足《职业健康安全管理体系规范》GB/T 28001 和《环境管理体系要求及使用指南》

GB/T 24001 的要求。

施工企业技术标准编制要针对性强，有可操作性，能很好的结合实际，方便使用。

7.1.3 规定了施工企业应将新技术、新工艺、新材料等及时编制成企业技术标准；将一些合理利用资源、节约能源、符合环保政策的技术编制成企业技术标准；这些新技术一定要经过地市级以上专业部门评定认可，是成熟的先进的。

7.1.4 规定了施工企业企业技术标准编制应遵守的一些基本规则，应符合工程建设标准编写的有关规定，其深度、体例、术语、符号、计量单位应符合有关规定，标准用词应统一。

7.2 标 准 编 制

7.2.1 规定了施工企业应按照企业的工程建设技术标准体系表编制年度的企业技术标准制（修）订项目，来建立和完善企业技术标准体系。年度计划要量力而行，结合企业实际，要有完成计划的措施，包括人员、技术条件、经费等。

7.2.2 规定了施工企业技术标准编制中，企业工程建设技术标准化工作管理部门的组织、安排、指导等很重要，是标准编制的保证条件。组织符合要求的编制组，将编制程序等要求进行详细交底，以保证编制效果和技术标准编制质量。企业技术标准的编制阶段程序，本规范附录C给出了规定。

7.2.3 规定了施工企业技术标准编制组的组成人员素质，包括技术人员和操作层人员，对编好标准非常重要，并直接涉及标准的贯彻落实。施工企业应有一批技术标准化的骨干队伍，来保证企业技术标准的编制和贯彻落实，来推动企业技术标准化工作的更好发展。不少施工企业都成立了技术研发中心，企业应充分发挥这些技术部门或技术研发中心的力量来做好这项工作。

7.2.4 规定了施工总承包企业和专业承包企业各自编制企业技术标准的范围和要求，是该企业涉及的施工技术范围内相关的技术标准。企业技术标准主要包括：企业施工技术标准、工艺标准或操作规程和相应的质量检验评定标准。而总承包企业编制的企业技术标准，还应对相应的分包单位具有可控性和指导性。

7.3 审批与发布

7.3.1 规定了施工企业审查技术标准时应重点审查标准的针对性、可操作性和实施效果，经过试用的应写出试用报告，达到编制目的，方便使用的才批准。

7.3.2 规定了施工企业技术标准编制完成后，由企业工程建设标准化工作管理部门审查，然后提出审查意见。由企业工程建设标准委员会主任批准。由企业工程建设标准化工作管理部门统一编号印刷，发布实施。由企业内各部门贯彻执行。

7.3.3 规定了施工企业技术标准批准发布实施后，企业工程建设标准化工作管理部门应按相关规定到当地住房和城乡建设主管部门备案。

备案文件包括申报文件、标准批准文件、标准文本及条文说明等。

7.4 复审与修订

7.4.1 规定了施工企业技术标准实施后应跟踪检查标准的应用效果，根据企业技术发展和工程建设的需要，以及国家科学技术发展的要求，组织有关人员定期进行复审，复审一般应 3～5 年进行一次，或必要时可随时进行。复审可召开会议审查也可函审。由参加过本标准审查的人员、对此标准熟悉的人员、也可请企业外的有关人员参加。复审要给出是否修订或继续使用的结论。

7.4.2 规定了施工企业企业技术标准复审后，企业工程建设标准化工作管理部门要提出标准是继续有效使用或者修订、废止的意见，报企业工程建设标准化委员会批准。

7.4.3 规定了对批准复审继续使用的标准，再版时应在封面或扉页上的标准编号下注明“××××年××月××日确认继续有效”。对确认有效和予以废止的企业技术标准应由企业发文公布；对需修订的标准，按修订程序进行修订。一般有下列情况之一的企业技术标准应当进行修订：

1 国家标准、行业标准和地方标准进行重大变更的；

2 企业技术标准的部分规定已制约了企业科学技术的发展和新成果的推广应用的；

3 企业技术标准的部分规定经修订后可取得明显的经济效益、社会效益和环境效益的；

4 企业技术标准的部分规定有明显缺陷或与相关的国家标准相抵触的；

5 企业技术标准需要做补充的。

中华人民共和国行业标准

建筑施工企业管理基础数据标准

Standard for basic data of construction enterprise management

JGJ/T 204—2010

批准部门：中华人民共和国住房和城乡建设部

施行日期：2 0 1 0 年 0 7 月 0 1 日

中华人民共和国住房和城乡建设部
公　　告

第478号

关于发布行业标准《建筑施工企业管理基础数据标准》的公告

现批准《建筑施工企业管理基础数据标准》为行业标准，编号为JGJ/T 204－2010，自2010年7月1日起实施。

本标准由我部标准定额研究所组织中国建筑工业出版社出版发行。

中华人民共和国住房和城乡建设部

2010年1月8日

前　　言

根据住房和城乡建设部《关于印发〈2009年工程建设标准规范制订、修订计划〉的通知》（建标[2009]88号）的要求，标准编制组通过广泛调查和研究，认真总结实践经验，参考国内外有关的先进标准，并在广泛征求意见的基础上，制定本标准。

本标准主要技术内容是：1. 总则；2. 术语；3. 数据元分类；4. 数据元描述；5. 数据元标识符；6. 数据元集。

本标准由住房和城乡建设部负责管理，由中国建筑第七工程局有限公司负责具体技术内容的解释。执行过程中如有意见或建议，请寄送中国建筑第七工程局有限公司（地址：河南省郑州市城东路116号，邮编：450004）。

本标准主编单位：中国建筑第七工程局有限公司

本标准参编单位：中国建筑股份有限公司
易建科技（北京）有限公司
广东同望科技股份有限公司
中国建筑第五工程局有限公司
建研科技股份有限公司
梦龙科技有限公司

本标准主要起草人员：焦安亮　黄延铮　张立强　吴耀清　黄如福　江　雄　鞠成立　刘洪舟　谭　青　毛振华

本标准主要审查人员：叶可明　方天培　倪江波　马智亮　蒋学红　戴建中　谢东晓　蔡魁元　史亚雄　李存斌

目　次

Contents

1 总 则

1.0.1 为实现建筑施工企业管理基础数据的标准化和规范化，便于建筑施工企业管理基础信息交换和资源共享，制定本标准。

1.0.2 本标准适用于建筑施工企业在管理过程中的基础数据标识、分类、编码、存储、检索、交换、共享和集成等数据处理工作。

1.0.3 基础数据的管理应遵循系统性、实用性、可扩展性和科学性的原则。

1.0.4 基础数据宜采用数据元描述。

1.0.5 数据元的注册应符合现行国家标准《信息技术 数据元的规范与标准化》GB/T 18391 的规定。

1.0.6 本标准规定了建筑施工企业管理基础数据的基本技术要求。当本标准与国家法律、行政法规的规定相抵触时，应按国家法律、行政法规的规定执行。

1.0.7 建筑施工企业管理基础数据除应按本标准执行外，尚应符合国家现行有关标准的规定。

2 术 语

2.0.1 建筑施工企业管理基础数据 basic data code of construction enterprise management

建筑施工企业管理中需要交换和共享的基本的数据，简称基础数据。

2.0.2 数据元 data element

用一组属性描述其定义、标识、表示和允许值的数据单元。

2.0.3 数据元名称 name of data element

用于标识数据元的主要手段，由一个或多个词构成的命名。

2.0.4 属性 attribute

某个对象或实体的一种特性。

2.0.5 数据类型 data type

由数据元操作决定的用于采集字母、数字和符号的格式，以描述数据元的值。

2.0.6 数据元值的表示格式 representational format of data element value

用字符串表现数据元值的格式，简称表示格式。

2.0.7 值域 value domain

允许值的集合。

2.0.8 内部标识符 internal identifier

分配给数据元唯一的标识符。

3 数据元分类

3.0.1 数据元类目的设置应遵循保证性、稳定性、发展性和均衡性原则。

3.0.2 数据元的分类应以建筑施工企业管理业务现状及发展需求为基础，且应以国家现行有关标准为依据。

3.0.3 数据元分类代码及分类名称应符合表 3.0.3 规定。

表 3.0.3 数据元分类代码及分类名称

分类代码	分类名称
01	企业基本信息
02	工程施工招投标管理
03	建设工程合同管理
04	施工进度管理
05	建筑施工科学技术管理
06	施工质量管理
07	施工安全管理
08	建筑材料管理
09	建筑机械设备管理
10	建筑施工节能环保管理
11	人力资源管理
12	财务管理
13	资金管理
14	风险管理
15	档案管理
16	企业文化管理
99	其他信息
—	—

4 数据元描述

4.0.1 数据元的描述内容应包括内部标识符、名称、中文全拼、定义、数据类型、表示格式、值域、计量单位、版本标识符等属性。

4.0.2 数据元的内部标识符、名称和定义应保持唯一性。

4.0.3 数据元的内部标识符应以数据元分类代码和数据元在该分类内的编号组成（图 4.0.3）。

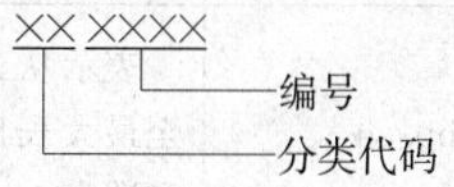

图 4.0.3 数据元内部标识符组合方式

4.0.4 数据元的编号宜由 4 位自然数组成，且宜从 0001 开始按顺序由小到大连续编号。

4.0.5 数据元命名规则宜按现行国家标准《电子政务数据元》GB/T 19488 的规定执行。

4.0.6 数据元的定义应符合下列规定：

1 应保证描述的确定性；

2 应用描述性的短语或句子阐述；

3 当需要使用缩略语时，应采用人们普遍理解的缩略语；

4 表述中不应加入不同的数据元定义或引用下层概念。

4.0.7 数据元的中文全拼应由该数据元名称中每个汉字的拼音全拼组成，并应在每个汉字的拼音全拼之间用连字符“-”连接。拼音字母宜全部使用小写。

4.0.8 数据类型应为字符型、数字型、日期型、日期时间型、布尔型、二进制型等六种类型之一，且各种数据类型的可能取值应符合表 4.0.8 的规定。

表 4.0.8 数据类型的可能取值

数据类型	可能取值
字符型	通过字符形式表达的值
数字型	通过从“0”到“9”数字形式表达的值
日期型	符合现行国家标准《数据元和交换格式 信息交换 日期和时间表示法》GB/T 7408 的规定，并通过 YYYYMMDD 形式表达的值
日期时间型	符合现行国家标准《数据元和交换格式 信息交换 日期和时间表示法》GB/T 7408 的规定，并通过 YYYYMMDDhhmmss 形式表达的值
布尔型	两个且只有两个表明条件的值
二进制型	上述无法表示的其他数据类型

4.0.9 数据元值的表示格式及含义应符合表 4.0.9 的规定。

表 4.0.9 数据元值的表示格式及含义

数据类型	表示格式	含义
字符型	am	表示确定 m 个字数的字符
	ap..q	表示从最小长度为 p 位至最大长度为 q 位的字符
	a..ul	表示不确定字数的字符
	anp..q	表示从最小长度为 p 位至最大长度为 q 位的字符和数字
	anm	表示确定 m 个字数的字符和数字
	an..ul	表示不确定字数的字符和数字

续表 4.0.9

数据类型	表示格式	含义
数字型	nm	表示确定 m 个长度的数字
	n..ul	表示不确定长度的数字
	np..q，s	表示从最小长度为 p 位至最大长度为 q 位、小数点后为 s 位的数字
	np..q	表示从最小长度为 p 位至最大长度为 q 位的数字
日期型	YYYYMMDD	表示年月日的格式
日期时间型	YYYYMMDDhhmmss	表示年月日时分秒的格式
布尔型	true/false	表示真/假、是/否、正/负、男/女等一一对应的两组数据
二进制型	文本格式、音像格式等	表示 txt、bmp、mpeg、dwg 等二进制型的具体格式

注：1 表中 a 表示字符，符合现行国家标准《信息交换用汉字编码字符集 基本集》GB 2312；

2 表中 n 表示数字；

3 表中 p..q 表示从最小长度为 p 位到最大长度为 q 位。当 p 省略不写时，代表可允许取的最小长度位数；

4 表中 ..ul 表示位数长度不确定；

5 表中 m、p、q、s 为自然数，且 p 不大于 q。

4.0.10 数据元值域的给出宜符合以下规定：

1 宜由国家现行有关标准规定的值域注册机构给出；

2 当值域注册机构没有给出时，宜通过国家现行有关标准规定的规则间接给出。

4.0.11 数据元版本标识符的编写格式及版本改变规则宜按下列规定执行：

1 数据元版本标识符宜由一个小数点字符和至少两个自然数组成，且宜用小数点字符前的自然数表示主版本号、用小数点字符后的自然数表示次版本号。

2 数据元初始注册时，代表主版本号的自然数宜为“1”、代表次版本号的自然数宜为“0”。

3 当一个数据元的某些属性发生了变化时，该数据元的版本标识符应进行相应改变。

4 数据元的版本标识符改变规则宜按现行国家标准《电子政务数据元》GB/T 19488 的有关规定执行。

4.0.12 本标准所列的数据元版本标识符为“1.0”。

5 数据元标识符

5.0.1 建筑施工企业管理需要交换的数据应采用本标准规定的数据元标识符编制规则。

5.0.2 数据元标识符的编制格式（图 5.0.2）应由内部标识符和行业标识符组成。

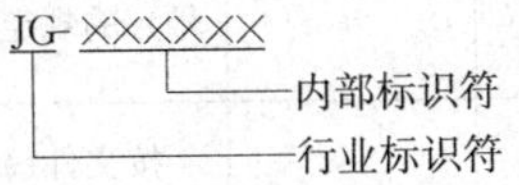

图 5.0.2 数据元标识符的编制格式

5.0.3 建筑施工企业管理数据元的行业标识符宜统一采用“JG”两个大写字母。

6 数 据 元 集

6.1 企业基本信息

6.1.1 企业基本信息应包括建筑施工企业管理过程中需要在施工企业之间或与行业主管部门之间交换和共享的基本信息数据元。

6.1.2 企业基本信息数据元宜包含表 6.1.2 中的内容。

表 6.1.2 企业基本信息数据元

内部标识符	数据元名称	中文全拼	定 义	数据类型	表示格式	值 域	计量单位
010001	组织机构代码	zu-zhi-ji-gou-dai-ma	由组织机构代码登记主管部门给每个企业、事业单位、机关、社会团体和民办非企业单位颁发的在全国范围内唯一的、始终不变的法定代码	字符型	an9	按现行国家标准《全国组织机构代码编制规则》GB/T 11714 的规定执行	
010002	单位名称	dan-wei-ming-cheng	经有关部门批准正式使用的单位全称	字符型	an..255		
010003	法定代表人姓名	fa-ding-dai-biao-ren-xing-ming	依照法律或者法人组织章程规定，代表法人行使职权的负责人姓名	字符型	an..255		
010004	单位所在地	dan-wei-suo-zai-di	企业法人营业执照中注册的营业地点	字符型	an..255		
010005	单位联系电话号码	dan-wei-lian-xi-dian-hua-hao-ma	单位对外公布的用于联系的电话号码	字符型	an..255		
010006	行业类别	hang-ye-lei-bie	根据从事的社会经济活动性质对各类单位进行的分类	字符型	an10	按现行国家标准《国民经济行业分类》GB/T 4754 的规定执行	
010007	登记注册机关名称	deng-ji-zhu-ce-ji-guan-ming-cheng	企业办理登记注册手续的机关名称	字符型	an..255		
010008	登记注册号	deng-ji-zhu-ce-hao	工商、编制和民政部门办理审批、登记注册的号码	字符型	an15		

续表 6.1.2

内部标识符	数据元名称	中文全拼	定 义	数据类型	表示格式	值 域	计量单位
010009	企业登记注册类型代码	qi-ye-deng-ji-zhu-ce-lei-xing-dai-ma	企业在工商行政管理机关登记注册类型对应的代码	字符型	an3	按文件《关于划分企业登记注册类型的规定》（国统字［1998］200号）的规定确定	
010010	企业经济组织类型代码	qi-ye-jing-ji-zu-zhi-lei-xing-dai-ma	企业的经济所有制构成类型对应的代码	数字型	n2	按文件《关于统计上划分经济成分的规定》（国统字［1998］204号）的规定确定	
010011	隶属关系代码	li-shu-guan-xi-dai-ma	单位隶属于哪一级行政单位的管理关系对应的代码	数字型	n2	按现行国家标准《单位隶属关系代码》GB/T 12404的规定执行	
010012	开业时间	kai-ye-shi-jian	领取营业执照或批准成立的日期	日期型	YYYYMMDD		
010013	营业状态代码	ying-ye-zhuang-tai-dai-ma	单位的生产经营状态对应的代码	数字型	n1	按本标准第A.0.1条的规定采用	
010014	执行会计制度类别代码	zhi-xing-kuai-ji-zhi-du-lei-bie-dai-ma	法人单位执行的会计制度类别的代码	数字型	n1	按本标准第A.0.2条的规定采用	
010015	年末从业人员数量	nian-mo-cong-ye-ren-yuan-shu-liang	在本单位工作并取得劳动报酬或收入的年末实有人员数量	数字型	n..10		人
010016	企业资质等级代码	qi-ye-zi-zhi-deng-ji-dai-ma	根据《建筑业企业资质等级标准》核定的企业等级对应的代码	字符型	an4	按《建筑业企业资质等级编码》的规定执行	
010017	企业信用等级	qi-ye-xin-yong-deng-ji	基于评估企业信用、品质、偿债能力以及资本等的指标级别	字符型	a..3	按现行国家标准《企业信用等级表示方法》GB/T 22116的规定执行	
010018	建筑业企业资质证书编号	jian-zhu-ye-qi-ye-zi-zhi-zheng-shu-bian-hao	住房和城乡建设部颁发的企业资质证书编号	字符型	an16		
010019	经营范围	jing-ying-fan-wei	国家允许企业法人生产和经营的商品类别、品种及服务项目	字符型	an..ul		

注：凡表内值域栏空格者，均表示该数据元有不可穷举的值域。

元。

6.2 工程施工招投标管理

6.2.1 工程施工招投标管理信息应包括建筑施工在企业招标、投标管理过程中需要交换与共享的数据元。

6.2.2 工程施工招投标管理数据元宜包含表6.2.2的内容。

表6.2.2 工程施工招投标管理数据元

内部标识符	数据元名称	中文全拼	定义	数据类型	表示格式	值域	计量单位
020001	招标人名称	zhao-biao-ren-ming-cheng	对依法确定的建设工程项目进行招标的法人或者其他组织名称	字符型	an..255		
020002	投标人名称	tou-biao-ren-ming-cheng	响应招标、参加投标竞争的法人或者其他组织名称	字符型	an..ul		
020003	授权代理人姓名	shou-quan-dai-li-ren-xing-ming	由法定代表人授权委托代理投标事宜的人员姓名	字符型	an..255		
020004	招标方式代码	zhao-biao-fang-shi-dai-ma	招标人使用的招标方式对应的代码	数字型	n1	按本标准第A.0.3条的规定采用	
020005	资金来源	zi-jin-lai-yuan	招标人用于投资项目资金的来源	字符型	an..ul		
020006	招标范围	zhao-biao-fan-wei	招标文件中所列招标的对象	字符型	an..ul		
020007	评标方式代码	ping-biao-fang-shi-dai-ma	对投标文件的评审和比较的方式所对应的代码	数字型	n1	按本标准第A.0.4条的规定采用	
020008	开标时间	kai-biao-shi-jian	公开开启标书的具体时间	日期时间型	YYYY MMDD hhmmss		
020009	开标地点	kai-biao-di-dian	公开开启标书的具体地点	字符型	an..255		
020010	中标日期	zhong-biao-ri-qi	中标通知书签发的日期	日期型	YYYY MMDD		
020011	中标金额	zhong-biao-jin-e	中标通知书上注明的完成中标内容所需的金额	数字型	n..20,2		元
020012	中标内容	zhong-biao-nei-rong	中标通知书中所列中标的内容	字符型	an..ul		

注：凡表内值域栏空格者，均表示该数据元有不可穷举的值域。

6.3 建设工程合同管理

6.3.1 建设工程合同管理信息应包括建筑施工企业在供应商分类管理、合同谈判、合同履行、合同备案过程中需要交换与共享的数据元。

6.3.2 建设工程合同管理数据元宜包含表6.3.2的内容。

表 6.3.2 建设工程合同管理数据元

内部标识符	数据元名称	中文全拼	定 义	数据类型	表示格式	值 域	计量单位
030001	合同当事人名称	he-tong-dang-shi-ren-ming-cheng	发包人和承包人的单位名称或人员姓名	字符型	an..255		
030002	发包人名称	fa-bao-ren-ming-cheng	具有工程发包主体资格和支付工程价款能力的当事人以及取得该当事人资格的合法继承人名称	字符型	an..255		
030003	承包人名称	cheng-bao-ren-ming-cheng	与发包人签订承包合同协议书的单位名称或人员姓名	字符型	an..255		
030004	承包人项目经理姓名	cheng-bao-ren-xiang-mu-jing-li-xing-ming	受承包人的法定代表人委托对工程项目施工过程全面负责的项目管理者姓名	字符型	an..255		
030005	分包人名称	fen-bao-ren-ming-cheng	从承包人处分包合同中某一部分工程，并与其签订分包合同的单位名称	字符型	an..255		
030006	总监理工程师姓名	zong-jian-li-gong-cheng-shi-xing-ming	由监理人委派常驻施工场地对合同履行实施管理的全权负责人姓名	字符型	an..255		
030007	监理人名称	jian-li-ren-ming-cheng	在专用合同条款中指明的，受发包人委托对合同履行实施管理的法人或其他组织名称	字符型	an..255		
030008	合同开工日期	he-tong-kai-gong-ri-qi	合同中写明的工程开工日期	日期型	YYYYMMDD		
030009	合同工期	he-tong-gong-qi	承发包双方在承包合同中确认的建设工期	数字型	n..4		天
030010	合同竣工日期	he-tong-jun-gong-ri-qi	合同约定工期届满时的日期	日期型	YYYYMMDD		
030011	签约合同价	qian-yue-he-tong-jia	签定合同时合同协议书中写明的合同总金额	数字型	n..20，2		元
030012	工程费用	gong-cheng-fei-yong	为履行合同所发生的或将要发生的所有合理开支	数字型	n..20，2		元
030013	暂列金额	zan-lie-jin-e	已标价工程量清单中所列的用于在签订协议书时尚未确定或不可预见变更的施工及其所需材料、工程设备、服务等的金额	数字型	n..20，2		元

续表 6.3.2

内部标识符	数据元名称	中文全拼	定义	数据类型	表示格式	值域	计量单位
030014	质量保证金	zhi-liang-bao-zheng-jin	约定用于保证在质量缺陷责任期内履行缺陷修复义务的金额	数字型	n..20，2		元
030015	暂估价	zan-gu-jia	发包人在工程量清单中给定的用于支付必然发生但暂时不能确定价格的材料、设备以及专业工程的金额	数字型	n..20，2		元
030016	合同业务类别	he-tong-ye-wu-lei-bie	按合同标的物业务类型划分的类别	字符型	an..255		
030017	合同编号	he-tong-bian-hao	为区别不同合同按一定规则组成的一组编号	字符型	an..255		
030018	合同签定日期	he-tong-qian-ding-ri-qi	合同中双方法定代表人或其委托代理人签字生效的日期	日期型	YYYYMMDD		
030019	合同签订地点	he-tong-qian-ding-di-dian	合同中注明的双方法定代表人或其委托代理人签字的地点	字符型	an..255		
030020	合同备案单位名称	he-tong-bei-an-dan-wei-ming-cheng	对合同实施备案的单位名称	字符型	an..255		
030021	合同备案日期	he-tong-bei-an-ri-qi	合同备案时批准备案的日期	日期型	YYYYMMDD		

注：凡表内值域栏空格者，均表示该数据元有不可穷举的值域。

6.4 施工进度管理

6.4.1 施工进度管理信息应包括建筑施工企业在工程项目进度计划、工期履约方面需要交换与共享的数据元。

6.4.2 施工进度管理数据元宜包含表 6.4.2 的内容。

表 6.4.2 施工进度管理数据元

内部标识符	数据元名称	中文全拼	定义	数据类型	表示格式	值域	计量单位
040001	进度计划名称	jin-du-ji-hua-ming-cheng	为实现某项工作任务所编制的进度计划的名称	字符型	an..255		
040002	进度计划起始日期	jin-du-ji-hua-qi-shi-ri-qi	进度计划对应工作的开始日期	日期型	YYYYMMDD		
040003	进度计划结束日期	jin-du-ji-hua-jie-shu-ri-qi	进度计划对应工作的结束日期	日期型	YYYYMMDD		
040004	进度计划编制日期	jin-du-ji-hua-bian-zhi-ri-qi	进度计划编制完成的日期	日期型	YYYYMMDD		

续表 6.4.2

内部标识符	数据元名称	中文全拼	定　义	数据类型	表示格式	值　域	计量单位
040005	进度计划编制人姓名	jin-du-ji-hua-bian-zhi-ren-xing-ming	编制进度计划的人员姓名	字符型	an..255		
040006	进度计划编制单位名称	jin-du-ji-hua-bian-zhi-dan-wei-ming-cheng	编制进度计划的单位名称	字符型	an..255		
040007	进度计划报审日期	jin-du-ji-hua-bao-shen-ri-qi	进度计划申请审核的日期	日期型	YYYYMMDD		
040008	进度计划监理单位审查意见	jin-du-ji-hua-jian-li-dan-wei-shen-cha-yi-jian	监理单位对进度计划审查后形成的结论和建议	字符型	an..ul		
040009	进度计划监理单位审查日期	jin-du-ji-hua-jian-li-dan-wei-shen-cha-ri-qi	监理单位审核批准进度计划的日期	日期型	YYYYMMDD		
040010	进度计划建设单位审查意见	jin-du-ji-hua-jian-she-dan-wei-shen-cha-yi-jian	建设单位对进度计划审查后形成的结论和建议	字符型	an..ul		
040011	进度计划建设单位审查日期	jin-du-ji-hua-jian-she-dan-wei-shen-cha-ri-qi	建设单位审核批准进度计划的日期	日期型	YYYYMMDD		
040012	进度检查单位名称	jin-du-jian-cha-dan-wei-ming-cheng	对进度实施情况进行检查的单位名称	字符型	an..255		
040013	进度检查人员姓名	jin-du-jian-cha-ren-yuan-xing-ming	对进度实施情况进行检查的人员姓名	字符型	an..255		
040014	进度检查日期	jin-du-jian-cha-ri-qi	对进度实施情况进行检查的日期	日期型	YYYYMMDD		
040015	进度检查记录编号	jin-du-jian-cha-ji-lu-bian-hao	对进度实施情况进行检查形成的记录的编号	字符型	an..255		
040016	进度纠偏措施	jin-du-jiu-pian-cuo-shi	为了纠正进度偏差所采取的措施	字符型	an..ul		

续表 6.4.2

内部标识符	数据元名称	中文全拼	定　　义	数据类型	表示格式	值　域	计量单位
040017	进度纠偏结果	jin-du-jiu-pian-jie-guo	对进度偏差进行纠正所产生的结果	字符型	an..ul		
040018	进度纠偏负责人姓名	jin-du-jiu-pian-fu-ze-ren-xing-ming	对进度纠偏的过程及结果负责的人员姓名	字符型	an..255		
040019	进度纠偏复查日期	jin-du-jiu-pian-fu-cha-ri-qi	对进度纠偏结果进行复查的日期	日期型	YYYY MMDD		
040020	进度纠偏复查人姓名	jin-du-jiu-pian-fu-cha-ren-xing-ming	对进度纠偏情况进行复查的人员名称	字符型	an..255		
040021	进度记录人姓名	jin-du-ji-lu-ren-xing-ming	记录进度情况的人员姓名	字符型	an..255		

注：凡表内值域栏空格者，均表示该数据元有不可穷举的值域。

6.5 建筑施工科学技术管理

6.5.1 建筑施工科学技术管理信息应包括建筑施工企业在施工科学研究、新技术推广应用、培育科技成果过程中需要交换与共享的数据元。

6.5.2 建筑施工科学技术管理数据元宜包含表6.5.2的内容。

表 6.5.2 建筑施工科学技术管理数据元

内部标识符	数据元名称	中文全拼	定　　义	数据类型	表示格式	值　域	计量单位
050001	新产品产值	xin-chan-pin-chan-zhi	报告期内企业生产的新产品的价值	数字型	n..25，2		元
050002	新产品销售收入金额	xin-chan-pin-xiao-shou-shou-ru-jin-e	报告期内企业销售新产品实现的销售收入	数字型	n..25，2		元
050003	新产品销售利润金额	xin-chan-pin-xiao-shou-li-run-jin-e	报告期内企业销售新产品实现的利润	数字型	n..25,2		元
050004	科技活动类型	ke-ji-huo-dong-lei-xing	在科学技术领域，为增加知识总量，以及运用这些知识去创造新的应用而进行的系统的、创造性的活动所属类型	字符型	an..255		
050005	科技投入比例	ke-ji-tou-ru-bi-li	以百分比表示的企业报告期内科技活动经费占报告期内营业额比例	数字型	n..5，2		%

续表 6.5.2

内部标识符	数据元名称	中文全拼	定义	数据类型	表示格式	值域	计量单位
050006	工法名称	gong-fa-ming-cheng	用于概括性描述工法主要内容的名称	字符型	an..255		
050007	工法级别代码	gong-fa-ji-bie-dai-ma	工法按审定机构划分的级别对应的代码	字符型	n1	按本标准第A.0.5条的规定采用	
050008	工法编号	gong-fa-bian-hao	工法审定机构公布的工法的编号	字符型	an..255		
050009	工法完成单位名称	gong-fa-wan-cheng-dan-wei-ming-cheng	完成工法编写工作的单位名称	字符型	an..255		
050010	工法完成人姓名	gong-fa-wan-cheng-ren-xing-ming	完成工法编写工作的人员姓名	字符型	an..255		
050011	工法审定机构名称	gong-fa-shen-ding-ji-gou-ming-cheng	审定并公布工法的机构的名称	字符型	an..255		
050012	工法审定日期	gong-fa-shen-ding-ri-qi	审定机构公布工法的日期	日期型	YYYYMMDD		
050013	专利名称	zhuan-li-ming-cheng	申请或授权专利的名称	字符型	an..255		
050014	专利类型代码	zhuan-li-lei-xing-dai-ma	按内容划分的专利种类名称对应的代码	数字型	n1	按本标准第A.0.6条的规定采用	
050015	专利申请号	zhuan-li-shen-qing-hao	国家知识产权局在专利申请受理通知书中给出的申请号	字符型	an12		
050016	专利申请人名称	zhuan-li-shen-qing-ren-ming-cheng	专利申请书中填写的申请人的人员姓名或单位名称	字符型	an..255		
050017	专利申请日	zhuan-li-shen-qing-ri	向国家知识产权局提出专利权申请的日期	日期型	YYYYMMDD		
050018	授权专利号	shou-quan-zhuan-li-hao	国家知识产权局在授予专利权时给出的编号	字符型	an14		
050019	专利发明人姓名	zhuan-li-fa-ming-ren-xing-ming	研发专利的人员姓名	字符型	an..255		
050020	专利权人名称	zhuan-li-quan-ren-ming-cheng	国家知识产权局授予的拥有专利权的单位名称或人员姓名	字符型	an..255		

续表 6.5.2

内部标识符	数据元名称	中文全拼	定　义	数据类型	表示格式	值　域	计量单位
050021	专利授权日期	zhuan-li-shou-quan-ri-qi	国家知识产权局进行专利授权的日期	日期型	YYYY MMDD		
050022	科学技术奖名称	ke-xue-ji-shu-jiang-ming-cheng	科学技术奖奖项的名称	字符型	an..255		
050023	科学技术奖获奖项目名称	ke-xue-ji-shu-jiang-huo-jiang-xiang-mu-ming-cheng	获得科学技术奖的项目的名称	字符型	an..255		
050024	奖励级别代码	jiang-li-ji-bie-dai-ma	按颁奖机构行政级别区分的奖项级别所对应的代码	数字型	n2	按本标准第A.0.7条的规定采用	
050025	奖励等级代码	jiang-li-deng-ji-dai-ma	同一个奖励级别中不同奖励等级所对应的代码	数字型	n1	按本标准第A.0.8条的规定采用	
050026	科学技术奖颁奖机构名称	ke-xue-ji-shu-jiang-ban-jiang-ji-gou-ming-cheng	颁发科学技术奖证书的机构名称	字符型	an..255		
050027	科学技术奖颁奖日期	ke-xue-ji-shu-jiang-ban-jiang-ri-qi	颁发科学技术奖证书的日期	日期型	YYYY MMDD		
050028	科学技术奖获奖单位名称	ke-xue-ji-shu-jiang-huo-jiang-dan-wei-ming-cheng	获得科学技术奖称号的单位名称	字符型	an..ul		
050029	技术标准名称	ji-shu-biao-zhun-ming-cheng	批准发布的国际标准、国家标准、行业标准、地方标准或企业标准的名称	字符型	an..255		
050030	技术标准编号	ji-shu-biao-zhun-bian-hao	由标准代号、发布顺序号和发布年号按规定的格式组成，标识技术标准身份的一组符号	字符型	an..255		
050031	技术标准类别代码	ji-shu-biao-zhun-lei-bie-dai-ma	按制定、批准机构划分的技术标准类别所对应的代码	数字型	n1	按本标准第A.0.9条的规定采用	
050032	技术标准发布机构名称	ji-shu-biao-zhun-fa-bu-ji-gou-ming-cheng	批准技术标准发布的机构名称	字符型	an..255		

续表 6.5.2

内部标识符	数据元名称	中文全拼	定义	数据类型	表示格式	值域	计量单位
050033	技术标准发布日期	ji-shu-biao-zhun-fa-bu-ri-qi	发布技术标准公告的日期	日期型	YYYYMMDD		
050034	技术标准实施日期	ji-shu-biao-zhun-shi-shi-ri-qi	标准发布公告中规定的实施日期	日期型	YYYYMMDD		
050035	技术标准主编单位名称	ji-shu-biao-zhun-zhu-bian-dan-wei-ming-cheng	主要承担标准编写任务的单位名称	字符型	an..255		
050036	技术标准参编单位名称	ji-shu-biao-zhun-can-bian-dan-wei-ming-cheng	参与承担标准编写任务的单位名称	字符型	an..ul		
050037	施工组织设计名称	shi-gong-zu-zhi-she-ji-ming-cheng	用于概括性描述施工组织设计主要内容的名称	字符型	an..255		
050038	施工组织设计批准人姓名	shi-gong-zu-zhi-she-ji-pi-zhun-ren-xing-ming	批准施工组织设计的人员姓名	字符型	an..255		
050039	施工组织设计审核人姓名	shi-gong-zu-zhi-she-ji-shen-he-ren-xing-ming	审核施工组织设计的人员姓名	字符型	an..255		
050040	施工组织设计编制人姓名	shi-gong-zu-zhi-she-ji-bian-zhi-ren-xing-ming	编制施工组织设计的人员姓名	字符型	an..255		

注：凡表内值域栏空格者，均表示该数据元有不可穷举的值域。

6.6 施工质量管理

6.6.1 施工质量管理信息应包括建筑施工企业在质量策划、保证措施、监督检查、问题处理、奖优罚劣等工程质量管理过程中需要交换与共享的数据元。

6.6.2 施工质量管理数据元宜包含表 6.6.2 的内容。

表 6.6.2 施工质量管理数据元

内部标识符	数据元名称	中文全拼	定义	数据类型	表示格式	值域	计量单位
060001	质量目标	zhi-liang-mu-biao	工程质量预期达到的目标	字符型	an..ul		
060002	优质工程获奖项目名称	you-zhi-gong-cheng-huo-jiang-xiang-mu-ming-cheng	获得优质工程称号的项目名称	字符型	an..255		
060003	优质工程获奖日期	you-zhi-gong-cheng-huo-jiang-ri-qi	获得优质工程称号的日期	日期型	YYYYMMDD		

续表 6.6.2

内部标识符	数据元名称	中文全拼	定　　义	数据类型	表示格式	值　域	计量单位
060004	自年初累计验收鉴定的单位工程个数	zi-nian-chu-lei-ji-yan-shou-jian-ding-de-dan-wei-gong-cheng-ge-shu	从年初到统计截止日已验收鉴定的单位工程数量	数字型	n..20		个
060005	自年初累计验收鉴定的房屋建筑竣工面积数量	zi-nian-chu-lei-ji-yan-shou-jian-ding-de-fang-wu-jian-zhu-jun-gong-mian-ji-shu-liang	从年初到统计截止日已验收鉴定的房屋建筑竣工面积的数量	数字型	n..20		m^2
060006	自年初累计验收鉴定优良的单位工程个数	zi-nian-chu-lei-ji-yan-shou-jian-ding-you-liang-de-dan-wei-gong-cheng-ge-shu	从年初到统计截止日已验收鉴定为优良质量等级的单位工程数量	数字型	n..20		
060007	自年初累计验收鉴定优良的房屋建筑竣工面积数量	zi-nian-chu-lei-ji-yan-shou-jian-ding-you-liang-de-fang-wu-jian-zhu-jun-gong-mian-ji-shu-liang	从年初到统计截止日已验收鉴定为优良质量等级的房屋建筑竣工面积的数量	数字型	n..20		m^2
060008	按单位工程个数计算优良品率	an-dan-wei-gong-cheng-ge-shu-ji-suan-you-liang-pin-lü	已验收鉴定为优良质量等级的工程个数占全部已验收单位工程的百分比	数字型	n..5，2		%
060009	按竣工房屋建筑面积计算优良品率	an-jun-gong-fang-wu-jian-zhu-mian-ji-ji-suan-you-liang-pin-lü	已验收鉴定为优良质量等级的房屋建筑面积占全部已验收房屋建筑面积的百分比	数字型	n..5，2		%
060010	本季合计质量事故次数	ben-ji-he-ji-zhi-liang-shi-gu-ci-shu	统计期所在季度发生的质量事故次数	数字型	n..10		次
060011	本季重大质量事故次数	ben-ji-zhong-da-zhi-liang-shi-gu-ci-shu	统计期所在季度发生的重大质量事故次数	数字型	n..10		次
060012	自年初累计质量事故次数	zi-nian-chu-lei-ji-zhi-liang-shi-gu-ci-shu	从年初到统计截止日已发生的质量事故次数	数字型	n..10		次

续表 6.6.2

内部标识符	数据元名称	中文全拼	定义	数据类型	表示格式	值域	计量单位
060013	自年初累计重大质量事故次数	zi-nian-chu-lei-ji-zhong-da-zhi-liang-shi-gu-ci-shu	从年初到统计截止日已发生的重大质量事故次数	数字型	n..10		次
060014	本季合计质量事故损失金额	ben-ji-he-ji-zhi-liang-shi-gu-sun-shi-jin-e	统计期所在季度因质量事故造成的损失金额	数字型	n..20		万元
060015	本季合计重大质量事故损失金额	ben-ji-he-ji-zhong-da-zhi-liang-shi-gu-sun-shi-jin-e	统计期所在季度因重大质量事故造成的损失金额	数字型	n..20		万元
060016	自年初累计质量事故损失金额	zi-nian-chu-lei-ji-zhi-liang-shi-gu-sun-shi-jin-e	从年初到统计截止日因发生质量事故造成的损失金额	数字型	n..20		万元
060017	自年初累计重大质量事故损失金额	zi-nian-chu-lei-ji-zhong-da-zhi-liang-shi-gu-sun-shi-jin-e	从年初到统计截止日因发生重大质量事故造成的损失金额	数字型	n..20		万元
060018	按单位工程计算一次交验优良品率	an-dan-wei-gong-cheng-ji-suan-yi-ci-jiao-yan-you-liang-pin-lü	一次交验评定为优良质量等级的单位工程占已验收工程的百分比	数字型	n..5，2		%
060019	按竣工房屋建筑面积计算一次交验优良品率	an-jun-gong-fang-wu-jian-zhu-mian-ji-ji-suan-yi-ci-jiao-yan-you-liang-pin-lü	一次交验评定为优良质量等级的房屋建筑面积占已验收房屋建筑面积的百分比	数字型	n..5，2		%
060020	试验项目名称	shi-yan-xiang-mu-ming-cheng	试验检测机构对样品进行某项试验的名称	字符型	an..255		
060021	样品编号	yang-pin-bian-hao	试验检测机构对送检样品的统一编号	字符型	an..255		
060022	样品名称	yang-pin-ming-cheng	送检或提取的样品的名称	字符型	an..255		
060023	样品属性	yang-pin-shu-xing	送检或提取的样品的相关属性	字符型	an..255		
060024	样品数量	yang-pin-shu-liang	送检或提取的样品的数量	数字型	n..10		个

续表 6.6.2

内部标识符	数据元名称	中文全拼	定义	数据类型	表示格式	值域	计量单位
060025	取样送检方式	qu-yang-song-jian-fang-shi	样品提取及送检的方式	字符型	an..255		
060026	取样见证人编号	qu-yang-jian-zheng-ren-bian-hao	样品取样见证人的上岗证编号	字符型	an..255		
060027	取样见证人姓名	qu-yang-jian-zheng-ren-xing-ming	样品取样见证人的姓名	字符型	an..255		
060028	质量监督员编号	zhi-liang-jian-du-yuan-bian-hao	质量监督人员的上岗证编号	字符型	an..255		
060029	质量监督员姓名	zhi-liang-jian-du-yuan-xing-ming	质量监督人员的姓名	字符型	an..255		
060030	试验委托单位名称	shi-yan-wei-tuo-dan-wei-ming-cheng	委托进行试验检测的委托方名称	字符型	an..255		
060031	检测单位名称	jian-ce-dan-wei-ming-cheng	对样品进行试验检测的单位名称	字符型	an..255		
060032	见证单位名称	jian-zheng-dan-wei-ming-cheng	对取样和送检进行见证的单位名称	字符型	an..255		
060033	收样日期	shou-yang-ri-qi	检测单位收取样品的日期	日期型	YYYYMMDD		
060034	检测日期	jian-ce-ri-qi	试验检测单位对样品进行试验检测的日期	日期型	YYYYMMDD		
060035	报告日期	bao-gao-ri-qi	试验检测报告发出的日期	日期型	YYYYMMDD		
060036	质量检查人姓名	zhi-liang-jian-cha-ren-xing-ming	检查质量的人员姓名	字符型	an..255		
060037	质量检查单位名称	zhi-liang-jian-cha-dan-wei-ming-cheng	进行质量检查的单位名称	字符型	an..255		
060038	质量检查日期	zhi-liang-jian-cha-ri-qi	进行质量检查的日期	日期型	YYYYMMDD		

续表 6.6.2

内部标识符	数据元名称	中文全拼	定　义	数据类型	表示格式	值　域	计量单位
060039	质量检查结果	zhi-liang-jian-cha-jie-guo	通过质量检查所得到的结果	字符型	an..ul		
060040	质量检查依据	zhi-liang-jian-cha-yi-ju	进行质量检查时所依据的标准或规定	字符型	an..ul		
060041	质量问题描述	zhi-liang-wen-ti-miao-shu	检查发现的质量问题的描述	字符型	an..ul		
060042	质量问题发现日期	zhi-liang-wen-ti-fa-xian-ri-qi	发现质量问题的日期	日期型	YYYYMMDD		

注：凡表内值域栏空格者，均表示该数据元有不可穷举的值域。

6.7　施工安全管理

6.7.1　施工安全管理信息应包括建筑施工企业在安全策划、制度措施、监督管控等安全生产管理过程中需要交换与共享的数据元。

6.7.2　施工安全管理数据元宜包含表 6.7.2 的内容。

表 6.7.2　施工安全管理数据元

内部标识符	数据元名称	中文全拼	定　义	数据类型	表示格式	值　域	计量单位
070001	安全管理目标	an-quan-guan-li-mu-biao	预期达到的安全生产目标	字符型	an..ul		
070002	安全生产许可证编号	an-quan-sheng-chan-xu-ke-zheng-bian-hao	安全生产许可证上由发证机关赋予的编号	字符型	an..255		
070003	安全生产许可范围	an-quan-sheng-chan-xu-ke-fan-wei	安全生产许可证上所列的许可范围	字符型	an..ul		
070004	安全生产许可证有效期	an-quan-sheng-chan-xu-ke-zheng-you-xiao-qi	安全生产许可证上所列的证件生效起止日期	字符型	an..255		
070005	安全生产许可证发证机关名称	an-quan-sheng-chan-xu-ke-zheng-fa-zheng-ji-guan-ming-cheng	颁发安全生产许可证的机关全称	字符型	an..255		
070006	安全生产许可证发证日期	an-quan-sheng-chan-xu-ke-zheng-fa-zheng-ri-qi	颁发安全生产许可证的日期	日期型	YYYYMMDD		
070007	安全生产许可证延期核准有效期	an-quan-sheng-chan-xu-ke-zheng-yan-qi-he-zhun-you-xiao-qi	核准安全生产许可证继续有效的起止日期	字符型	an..255		

续表 6.7.2

内部标识符	数据元名称	中文全拼	定义	数据类型	表示格式	值域	计量单位
070008	安全生产许可证延期核准机关名称	an-quan-sheng-chan-xu-ke-zheng-yan-qi-he-zhun-ji-guan-ming-cheng	核准安全生产许可证延长有效期的机关名称	字符型	an..255		
070009	安全生产许可证延期核准日期	an-quan-sheng-chan-xu-ke-zheng-yan-qi-he-zhun-ri-qi	安全生产许可证上延期核准机关的盖章日期	日期型	YYYYMMDD		
070010	安全事故名称	an-quan-shi-gu-ming-cheng	发生生产安全事故的名称	字符型	an..255		
070011	安全事故等级代码	an-quan-shi-gu-deng-ji-dai-ma	依据《生产安全事故报告和调查处理条例》判定的事故等级所对应的代码	数字型	n1	按本标准第A.0.10条的规定采用	
070012	安全事故发生时间	an-quan-shi-gu-fa-sheng-shi-jian	发生生产安全事故的具体时间	日期时间型	YYYYMMDDhhmmss		
070013	安全事故发生地点	an-quan-shi-gu-fa-sheng-di-dian	发生生产安全事故的具体地点	字符型	an..255		
070014	安全事故发生地域类型代码	an-quan-shi-gu-fa-sheng-di-yu-lei-xing-dai-ma	生产安全事故发生地域的城市或乡村类别所对应的代码	数字型	n1	按本标准第A.0.11条的规定采用	
070015	安全事故发生区域类型代码	an-quan-shi-gu-fa-sheng-qu-yu-lei-xing-dai-ma	生产安全事故发生区域的园区类别所对应的代码	数字型	n1	按本标准第A.0.12条的规定采用	
070016	安全事故发生部位代码	an-quan-shi-gu-fa-sheng-bu-wei-dai-ma	发生生产安全事故的具体部位所对应的代码	数字型	n2	按本标准第A.0.13条的规定采用	
070017	安全事故类型代码	an-quan-shi-gu-lei-xing-dai-ma	以生产安全事故发生的要因来区分的事故分类名称所对应的代码	数字型	n2	按本标准第A.0.14条的规定采用	
070018	事故简要经过	shi-gu-jian-yao-jing-guo	事故发生过程的简要描述	字符型	an..ul		

续表 6.7.2

内部标识符	数据元名称	中文全拼	定义	数据类型	表示格式	值域	计量单位
070019	事故原因分析	shi-gu-yuan-yin-fen-xi	可能造成事故发生的原因进行分析的内容	字符型	an..ul		
070020	基本建设程序履行情况	ji-ben-jian-she-cheng-xu-lü-xing-qing-kuang	已办理的行政许可手续情况的描述	字符型	an..ul		
070021	安全生产监管单位名称	an-quan-sheng-chan-jian-guan-dan-wei-ming-cheng	对工程实施安全生产监督管理的单位名称	字符型	an..255		
070022	安全检查单位名称	an-quan-jian-cha-dan-wei-ming-cheng	实施安全检查的单位名称	字符型	an..255		
070023	安全受检单位名称	an-quan-shou-jian-dan-wei-ming-cheng	接受安全检查的单位名称	字符型	an..255		
070024	事故死亡人数	shi-gu-si-wang-ren-shu	事故造成的死亡人数	数字型	n..10		人
070025	事故重伤人数	shi-gu-zhong-shang-ren-shu	事故造成的重伤人数	数字型	n..10		人
070026	事故直接经济损失金额	shi-gu-zhi-jie-jing-ji-sun-shi-jin-e	事故造成可直接计算的损失金额	数字型	n..20		万元
070027	事故报告单位名称	shi-gu-bao-gao-dan-wei-ming-cheng	报告事故发生情况的单位全称	字符型	an..255		
070028	事故报告人姓名	shi-gu-bao-gao-ren-xing-ming	报告事故发生情况的人员姓名	字符型	an..255		
070029	职工平均人数	zhi-gong-ping-jun-ren-shu	报告期内平均的人数	数字型	n..10		人
070030	伤亡事故件数	shang-wang-shi-gu-jian-shu	报告期内发生伤亡事故的数量	数字型	n..10		件
070031	本月死亡人数	ben-yue-si-wang-ren-shu	报告期所在月份因事故死亡的人员数量	数字型	n..10		人
070032	自年初累计死亡人数	zi-nian-chu-lei-ji-si-wang-ren-shu	从年初至统计截止日因事故死亡的人员数量	数字型	n..10		人

续表 6.7.2

内部标识符	数据元名称	中文全拼	定　义	数据类型	表示格式	值　域	计量单位
070033	本月重伤人数	ben-yue-zhong-shang-ren-shu	报告期所在月份因事故受重伤的人员数量	数字型	n..10		人
070034	自年初累计重伤人数	zi-nian-chu-lei-ji-zhong-shang-ren-shu	从年初至统计截止日因事故受重伤的人员数量	数字型	n..10		人
070035	受伤害人损失工作日天数	shou-shang-hai-ren-sun-shi-gong-zuo-ri-tian-shu	事故受害人不能参加工作的天数	数字型	n..10		天
070036	本月直接经济损失金额	ben-yue-zhi-jie-jing-ji-sun-shi-jin-e	报告期所在月份因事故造成可直接计算的损失金额	数字型	n..20		万元
070037	自年初累计直接经济损失金额	zi-nian-chu-lei-ji-zhi-jie-jing-ji-sun-shi-jin-e	从年初至统计截止日因事故造成的可直接计算的损失金额	数字型	n..20		万元

注：凡表内值域栏空格者，均表示该数据元有不可穷举的值域。

6.8 建筑材料管理

6.8.1 建筑材料管理信息应包括建筑施工企业在采购与运输、计量与验收、进出库与保管等材料管理过程中需要交换和共享的数据元。

6.8.2 建筑材料管理数据元宜包含表 6.8.2 的内容。

表 6.8.2 建筑材料管理数据元

内部标识符	数据元名称	中文全拼	定　义	数据类型	表示格式	值　域	计量单位
080001	材料名称	cai-liao-ming-cheng	建筑材料的名称	字符型	an..255		
080002	材料规格型号	cai-liao-gui-ge-xing-hao	建筑材料的规格和型号	字符型	an..255		
080003	材料计量单位名称	cai-liao-ji-liang-dan-wei-ming-cheng	用以计量建筑材料的单位的名称	字符型	an..20		
080004	材料数量	cai-liao-shu-liang	建筑材料的数量	数字型	n..10，2		
080005	材料单价	cai-liao-dan-jia	用金额表示单个材料的价格	数字型	n..10，2		元
080006	材料总价	cai-liao-zong-jia	用金额表示的指定材料的合计价格	数字型	n..20，2		元

续表 6.8.2

内部标识符	数据元名称	中文全拼	定　义	数据类型	表示格式	值　域	计量单位
080007	混凝土强度等级代码	hun-ning-tu-qiang-du-deng-ji-dai-ma	根据混凝土标准试件用标准试验方法测得的抗压强度平均值划分的强度级别所对应的代码	数字型	n1	按本标准第A.0.15条的规定采用	
080008	砌筑砂浆强度等级代码	qi-zhu-sha-jiang-qiang-du-deng-ji-dai-ma	根据砌筑砂浆标准试件用标准试验方法测得的抗压强度平均值划分的强度级别所对应的代码	数字型	n1	按本标准第A.0.16条的规定采用	
080009	材料分类编码	cai-liao-fen-lei-bian-ma	标识建筑材料所属的分类对应的代码	数字型	n8	按现行国家标准《全国主要产品分类与代码》GB/T 7635的规定执行	
080010	材料入库单编号	cai-liao-ru-ku-dan-bian-hao	与入库材料相对应的入库单编号	字符型	an..255		
080011	材料仓库名称	cai-liao-cang-ku-ming-cheng	储存建筑材料的仓库名称	字符型	an..255		
080012	入库材料名称	ru-ku-cai-liao-ming-cheng	放进仓库或库房贮存的材料名称	字符型	an..255		
080013	材料入库数量	cai-liao-ru-ku-shu-liang	放进仓库的材料数量	数字型	n..10，2		
080014	材料入库日期	cai-liao-ru-ku-ri-qi	材料放进仓库的日期	日期型	YYYYMMDD		
080015	材料出库单编号	cai-liao-chu-ku-dan-bian-hao	与出库材料对应的出库单编号	字符型	an..255		
080016	出库材料名称	chu-ku-cai-liao-ming-cheng	从仓库或库房取出的材料名称	字符型	an..255		
080017	材料出库数量	cai-liao-chu-ku-shu-liang	从仓库或库房取出的材料数量	数字型	n..10，2		
080018	材料出库日期	cai-liao-chu-ku-ri-qi	从仓库或库房取出材料的日期	日期型	YYYYMMDD		

注：凡表内值域栏空格者，均表示该数据元有不可穷举的值域。

6.9 建筑机械设备管理

6.9.1 建筑机械设备管理信息应包括建筑施工企业在采购与使用、统计与备案等机械设备管理过程中需要交换和共享的数据元。

6.9.2 建筑机械设备管理数据元宜包含表6.9.2的内容。

表 6.9.2 建筑机械设备管理数据元

内部标识符	数据元名称	中文全拼	定义	数据类型	表示格式	值域	计量单位
090001	机械设备总台数	ji-xie-she-bei-zong-tai-shu	施工机械、生产设备、运输设备以及其他设备的数量总数	数字型	n..20		台
090002	自有机械设备年末总功率	zi-you-ji-xie-she-bei-nian-mo-zong-gong-lü	企业自有施工机械、生产设备、运输设备以及其他设备等列为在册固定资产的生产性机械设备年末总功率	数字型	n..20		kW
090003	机械设备原值	ji-xie-she-bei-yuan-zhi	企业自有施工机械、生产设备、运输设备以及其他设备等列为在册固定资产的生产性机械设备原有价值	数字型	n..20，2		元
090004	机械设备净值	ji-xie-she-bei-jing-zhi	企业自有施工机械、生产设备、运输设备以及其他设备等经过使用、磨损后实际存在的价值，即原值减去折旧后的净额	数字型	n..20，2		元
090005	动力装备率	dong-li-zhuang-bei-lü	建筑业企业自有机械设备总功率与全部员工人数的比值	数字型	n..10，2		kW/人
090006	技术装备率	ji-shu-zhuang-bei-lü	企业自有机械设备净值与全部员工人数的比值	数字型	n..10，2		元/人
090007	机械设备名称	ji-xie-she-bei-ming-cheng	施工机械、生产设备、运输设备以及其他设备的名称	字符型	an..255		
090008	机械设备规格型号	ji-xie-she-bei-gui-ge-xing-hao	施工机械、生产设备、运输设备以及其他设备的规格和型号	字符型	an..255		
090009	机械设备生产厂家名称	ji-xie-she-bei-sheng-chan-chang-jia-ming-cheng	生产该机械设备的厂家的名称	字符型	an..255		
090010	机械设备出厂年月	ji-xie-she-bei-chu-chang-nian-yue	机械设备的出厂年份和月份	日期型	YYYYMM		
090011	机械设备出厂号	ji-xie-she-bei-chu-chang-hao	机械设备生产厂家为所出厂的机械设备标识的统一编号	字符型	an..255		
090012	机械设备调入年月	ji-xie-she-bei-diao-ru-nian-yue	调入机械设备的年份和月份	日期型	YYYYMM		

续表 6.9.2

内部标识符	数据元名称	中文全拼	定　义	数据类型	表示格式	值　域	计量单位
090013	机械设备技术状况	ji-xie-she-bei-ji-shu-zhuang-kuang	机械设备的技术性能现状描述	字符型	an..255		
090014	动力设备名称	dong-li-she-bei-ming-cheng	为生产活动提供动力的设备名称	字符型	an..255		
090015	动力设备功率	dong-li-she-bei-gong-lü	为生产活动提供动力的设备的额定功率	数字型	n..10		kW
090016	动力设备出厂号	dong-li-she-bei-chu-chang-hao	动力设备生产厂家为所出厂的动力设备标识的统一编号	字符型	an..255		

注：凡表内值域栏空格者，均表示该数据元有不可穷举的值域。

6.10 建筑施工节能环保管理

6.10.1 建筑施工节能环保管理信息应包括企业在工程建设实施阶段采取的节水、节地、节能、节材及环境保护等管理活动中需要交换与共享的数据元。

6.10.2 建筑施工节能环保管理数据元宜包含表6.10.2的内容。

表 6.10.2 建筑施工节能环保管理数据元

内部标识符	数据元名称	中文全拼	定　义	数据类型	表示格式	值　域	计量单位
100001	能源名称	neng-yuan-ming-cheng	提供能量的物质资源的名称	字符型	an..255		
100002	能源消耗量	neng-yuan-xiao-hao-liang	所消耗的提供能量的物质资源数量	数字型	n..20，2		万吨标煤
100003	空气质量类别代码	kong-qi-zhi-liang-lei-bie-dai-ma	按空气污染程度划分的类别所对应的代码	数字型	n1	按本标准第A.0.17条的规定采用	
100004	空气污染物浓度	kong-qi-wu-ran-wu-nong-du	统计期平均每立方米空气中污染物的含量	数字型	n..6，4		mg/m^3
100005	污水排放达标率	wu-shui-pai-fang-da-biao-lü	符合污水排放标准的排放量占污水总排放量的百分比	数字型	n..5，2		%
100006	室内环境污染物质名称	shi-nei-huan-jing-wu-ran-wu-zhi-ming-cheng	污染室内环境的物质名称	字符型	an..255		
100007	室内空气质量参数名称	shi-nei-kong-qi-zhi-liang-can-shu-ming-cheng	室内空气中与人体健康有关的物理、化学、生物和放射性参数的名称	字符型	an..255	按现行国家标准《室内空气质量标准》GB/T 18883的规定执行	

续表 6.10.2

内部标识符	数据元名称	中文全拼	定　义	数据类型	表示格式	值　域	计量单位
100008	地下水质量分类代码	di-xia-shui-zhi-liang-fen-lei-dai-ma	依据地下水水质现状、人体健康基准值及地下水质量保护目标，将地下水质量划分的分类代码	字符型	n1	按本标准第A.0.18条的规定采用	
100009	地表水水域功能分类代码	di-biao-shui-shui-yu-gong-neng-fen-lei-dai-ma	依据地表水水域环境功能和保护目标依次划分的分类代码	字符型	n1	按本标准第A.0.19条的规定采用	
100010	土地利用率	tu-di-li-yong-lü	已利用的土地面积占土地总面积的百分比	数字型	n..5，2		%
100011	建筑垃圾数量	jian-zhu-la-ji-shu-liang	施工过程产生建筑垃圾的数量	数字型	n..20，2		t
100012	建筑垃圾回收利用率	jian-zhu-la-ji-hui-shou-li-yong-lü	回收利用的建筑垃圾占建筑垃圾总数的百分比	数字型	n..5，2		%
100013	施工噪声值	shi-gong-zao-sheng-zhi	施工产生噪声的测量结果	数字型	n..3		dB
100014	钢材消耗量	gang-cai-xiao-hao-liang	统计期内所消耗钢材的数量	数字型	n..20，2		t
100015	木材消耗量	mu-cai-xiao-hao-liang	统计期内所消耗木材的数量	数字型	n..20，2		m^3
100016	水泥消耗量	shui-ni-xiao-hao-liang	统计期内所消耗水泥的数量	数字型	n..20，2		t
100017	平板玻璃消耗量	ping-ban-bo-li-xiao-hao-liang	统计期内所消耗平板玻璃的数量	数字型	n..20，2		重量箱
100018	铝材消耗量	lü-cai-xiao-hao-liang	统计期内所消耗铝材的数量	数字型	n..20，2		t
100019	煤炭消耗量	mei-tan-xiao-hao-liang	统计期内所消耗煤炭的数量	数字型	n..20，2		t
100020	汽油消耗量	qi-you-xiao-hao-liang	统计期内所消耗汽油的数量	数字型	n..20，2		t
100021	柴油消耗量	chai-you-xiao-hao-liang	统计期内所消耗柴油的数量	数字型	n..20，2		t

续表 6.10.2

内部标识符	数据元名称	中文全拼	定义	数据类型	表示格式	值域	计量单位
100022	电力消耗量	dian-li-xiao-hao-liang	统计期内所消耗电力的数量	数字型	n..20，2		kWh
100023	水资源消耗量	shui-zi-yuan-xiao-hao-liang	统计期内所消耗水资源的数量	数字型	n..20，2		m^3

注：凡表内值域栏空格者，均表示该数据元有不可穷举的值域。

6.11 人力资源管理

6.11.1 人力资源管理信息应包括建筑施工企业在人力资源战略规划、岗位分析与岗位评价、招聘培训、绩效考核、薪酬管理、人事管理、员工健康与安全等管理过程中需要交换和共享的数据元。

6.11.2 人力资源管理数据元宜包含表 6.11.2 的内容。

表 6.11.2 人力资源管理数据元

内部标识符	数据元名称	中文全拼	定义	数据类型	表示格式	值域	计量单位
110001	人员类别	ren-yuan-lei-bie	人员的角色类别	数字型	n1	按现行国家标准《全国干部、人事管理信息系统数据结构》GB/T 17538 的规定执行	
110002	人员姓名	ren-yuan-xing-ming	人员的姓氏和名字	字符型	an..255		
110003	性别代码	xing-bie-dai-ma	人员性别所对应的代码	数字型	n1	按现行国家标准《个人基本信息与分类代码》GB/T 2261 的规定执行	
110004	身份证号码	shen-fen-zheng-hao-ma	公安机关颁发的人员身份证件号码	字符型	an18	按现行国家标准《公民身份证号码》GB 11643 的规定执行	
110005	证件代码	zheng-jian-dai-ma	证明人员身份的证件所对应的代码	数字型	n1	按现行行业标准《常用证件代码》GA/T 517 的规定执行	
110006	证件号码	zheng-jian-hao-ma	按一定规则统一登记和编写的人员证件的号码	字符型	an..255		
110007	人员籍贯代码	ren-yuan-ji-guan-dai-ma	人员籍贯所属行政区划所对应的代码	字符型	a6	按现行国家标准《中华人民共和国行政区划代码》GB/T 2260 的规定执行	

续表 6.11.2

内部标识符	数据元名称	中文全拼	定义	数据类型	表示格式	值域	计量单位
110008	人员出生地代码	ren-yuan-chu-sheng-di-dai-ma	人员出生地所属行政区划所对应的代码	字符型	a6	按现行国家标准《中华人民共和国行政区划代码》GB/T 2260的规定执行	
110009	工种类别	gong-zhong-lei-bie	人员从事的工作种类	字符型	an..255		
110010	语种名称代码	yu-zhong-ming-cheng-dai-ma	使用语言种类的名称所对应的代码	字符型	an2	按现行国家标准《语种名称代码》GB/T 4880的规定执行	
110011	婚姻状况代码	hun-yin-zhuang-kuang-dai-ma	人员婚姻状况所对应的代码	数字型	n2	按现行国家标准《个人基本信息分类代码》GB/T 2261的规定执行	
110012	国籍代码	guo-ji-dai-ma	世界各国和地区的名称所对应的代码	字符型	an3	按现行国家标准《世界各国和地区名称代码》GB/T 2659的规定执行	
110013	联系地址	lian-xi-di-zhi	可以联系到指定人员或组织的具体地址	字符型	an..255		
110014	招聘职位名称	zhao-pin-zhi-wei-ming-cheng	招聘职位的具体名称	字符型	an..255		
110015	招聘人数	zhao-pin-ren-shu	招聘的人员数量	数字型	n..10		人
110016	招聘时间	zhao-pin-shi-jian	进行招聘的具体时间	日期时间型	YYYYMMDD hhmmss		
110017	招聘条件	zhao-pin-tiao-jian	应聘指定职位所需具备的条件	字符型	an..ul		
110018	招聘地点	zhao-pin-di-dian	进行招聘活动的具体地点	字符型	an..255		
110019	招聘者联系方式	zhao-pin-zhe-lian-xi-fang-shi	组织招聘的单位或人员的联系方式	字符型	an..255		
110020	招聘者名称	zhao-pin-zhe-ming-cheng	组织招聘的单位名称或人员姓名	字符型	an..255		

续表 6.11.2

内部标识符	数据元名称	中文全拼	定义	数据类型	表示格式	值域	计量单位
110021	绩效考核时间	ji-xiao-kao-he-shi-jian	对业绩进行考核的具体时间	日期时间型	YYYYMMDD hhmmss		
110022	绩效考核内容	ji-xiao-kao-he-nei-rong	对业绩进行考核的具体内容	字符型	an..ul		
110023	绩效考核结果	ji-xiao-kao-he-jie-guo	对绩效考核项目进行考核的结果	字符型	an..ul		
110024	绩效考核对象名称	ji-xiao-kao-he-dui-xiang-ming-cheng	接受绩效考核的单位名称或人员姓名	字符型	an..255		
110025	绩效考核组织者名称	ji-xiao-kao-he-zu-zhi-zhe-ming-cheng	组织实施绩效考核的单位名称或人员姓名	字符型	an..255		
110026	工资发放日期	gong-zi-fa-fang-ri-qi	单位向所属员工发放劳动工资的日期	日期型	YYYY MMDD		
110027	企业工资总额	qi-ye-gong-zi-zong-e	企业在报告期内发放的工资金额的总数	数字型	n..20，2		千元
110028	奖励时间	jiang-li-shi-jian	评奖机构颁发奖励的日期	日期型	YYYYMMDD		
110029	奖励原因	jiang-li-yuan-yin	受到奖励的原因	字符型	an..ul		
110030	奖励内容	jiang-li-nei-rong	受到奖励的具体内容	字符型	an..ul		
110031	奖励经办人	jiang-li-jing-ban-ren	颁发奖励的经办人员姓名	字符型	an..255		
110032	处罚时间	chu-fa-shi-jian	发布处罚通知的日期	日期型	YYYYMMDD		
110033	处罚原因	chu-fa-yuan-yin	受到处罚的原因	字符型	an..ul		
110034	处罚措施	chu-fa-cuo-shi	受到处罚的具体措施	字符型	an..ul		
110035	处罚经办人姓名	chu-fa-jing-ban-ren-xing-ming	具体办理处罚事项的当事人姓名	字符型	an..255		

续表 6.11.2

内部标识符	数据元名称	中文全拼	定义	数据类型	表示格式	值域	计量单位
110036	培训机构代码	pei-xun-ji-gou-dai-ma	组织机构代码注册机构分配给培训机构的标识代码	字符型	an9	按现行国家标准《全国组织机构代码编制规则》GB/T 11714 的规定执行	
110037	培训管理机构代码	pei-xun-guan-li-ji-gou-dai-ma	组织机构代码注册机构分配给对培训机构负有管理责任的管理机构的标识代码	字符型	an9	按现行国家标准《全国组织机构代码编制规则》GB/T 11714 的规定执行	
110038	培训地点	pei-xun-di-dian	实施培训的具体地点	字符型	an..255		
110039	培训机构地址	pei-xun-ji-gou-di-zhi	培训机构的注册地址	字符型	an..255		

注：凡表内值域栏空格者，均表示该数据元有不可穷举的值域。

6.12 财务管理

6.12.1 财务管理信息应包括建筑施工企业在财务核算、资产统计、成本管理、利润分配等管理过程中需要交换和共享的数据元。

6.12.2 财务管理数据元宜包含表 6.12.2 的内容。

表 6.12.2 财务管理数据元

内部标识符	数据元名称	中文全拼	定义	数据类型	表示格式	值域	计量单位
120001	存货金额	cun-huo-jin-e	企业在生产经营过程中为销售或耗用而储备的各种资产金额	数字型	n..20		千元
120002	资产总计	zi-chan-zong-ji	企业拥有或控制的能以货币计量的经济资源金额	数字型	n..20		千元
120003	流动资产合计	liu-dong-zi-chan-he-ji	可以在一年或者超过一年的一个营业周期内变现或者耗用的资产金额	数字型	n..20		千元
120004	长期投资金额	chang-qi-tou-zi-jin-e	企业直接向其他单位投资的回收期限在一年以上的现金、实物和无形资产以及购入的不准备在一年内变现的股票和债券金额	数字型	n..20		千元
120005	固定资产合计	gu-ding-zi-chan-he-ji	使用期超过一年的房屋及建筑物、机器、机械、运输工具以及其他与生产经营有关的设备、器具、工具等以货币计量的金额	数字型	n..20		千元

续表 6.12.2

内部标识符	数据元名称	中文全拼	定义	数据类型	表示格式	值域	计量单位
120006	固定资产原价	gu-ding-zi-chan-yuan-jia	企业在建造、购置、安装、改建、扩建、技术改造某项固定资产时所支出的全部货币总额	数字型	n..20		千元
120007	生产经营用固定资产金额	sheng-chan-jing-ying-yong-gu-ding-zi-chan-jin-e	参加企业生产经营过程或直接服务于企业生产经营过程的各种固定资产金额	数字型	n..20		千元
120008	累计折旧金额	lei-ji-zhe-jiu-jin-e	企业从固定资产投入使用月份的次月起，按月计提的固定资产折旧费累计金额	数字型	n..20		千元
120009	本年折旧金额	ben-nian-zhe-jiu-jin-e	反映企业年度内累计提取的折旧费金额	数字型	n..20		千元
120010	无形资产金额	wu-xing-zi-chan-jin-e	企业长期使用但没有实物形态的资产金额	数字型	n..20		千元
120011	递延资产金额	di-yan-zi-chan-jin-e	不能全部计入当年损益、应当在以后各年度内分期摊销的各项费用金额	数字型	n..20		千元
120012	负债合计	fu-zhai-he-ji	企业所承担的能以货币计量、将以资产或劳务偿付的债务	数字型	n..20		千元
120013	流动负债合计	liu-dong-fu-zhai-he-ji	将在一年或者超过一年的一个营业周期内偿还的债务金额	数字型	n..20		千元
120014	实收资本金额	shi-shou-zi-ben-jin-e	企业实际收到的投资人投入的资本金额	数字型	n..20		千元
120015	主营业务收入	zhu-ying-ye-wu-shou-ru	本企业承包工程实现的工程价款结算收入以及向发包单位收取的除工程价款以外按规定列作营业收入的各种款项金额	数字型	n..20		千元
120016	主营业务成本	zhu-ying-ye-wu-cheng-ben	在报告期内与发包单位办理工程价款结算的已完工程实际成本	数字型	n..20		千元
120017	工程结算税金及附加金额	gong-cheng-jie-suan-shui-jin-ji-fu-jia-jin-e	因从事建筑业生产活动，取得工程价款结算收入而按规定应该交纳的营业税、城市维护建设税等以及随同营业税金一并计算交纳的教育费附加等金额	数字型	n..20		千元

续表 6.12.2

内部标识符	数据元名称	中文全拼	定　义	数据类型	表示格式	值　域	计量单位
120018	工程结算利润	gong-cheng-jie-suan-li-run	已结算工程实现的利润金额	数字型	n..20		千元
120019	营业收入	ying-ye-shou-ru	与企业生产经营直接有关的各项收入	数字型	n..20		千元
120020	经营费用	jing-ying-fei-yong	企业从事施工生产活动过程中发生的各项费用	数字型	n..20		千元
120021	管理费用	guan-li-fei-yong	企业行政管理部门为组织和管理生产经营活动而发生的各项费用	数字型	n..20		千元
120022	财务费用	cai-wu-fei-yong	企业为筹集生产经营所需资金而发生的费用	数字型	n..20		千元
120023	营业利润	ying-ye-li-run	企业生产经营活动所实现的利润	数字型	n..20		千元
120024	营业外收入	ying-ye-wai-shou-ru	企业经营业务以外的收入金额	数字型	n..20		千元
120025	营业外支出	ying-ye-wai-zhi-chu	企业经营业务以外的支出金额	数字型	n..20		千元
120026	利润总额	li-run-zong-e	企业在报告期实现的利润合计金额	数字型	n..20		千元
120027	劳动失业保险费	lao-dong-shi-ye-bao-xian-fei	企业向社会保障部门和保险公司为本单位职工支付的劳动保险、失业保险的费用	数字型	n..20		千元
120028	本年应付工资总额	ben-nian-ying-fu-gong-zi-zong-e	企业在报告期内支付给本单位职工的全部工资总额	数字型	n..20		千元
120029	本年应付福利费总额	ben-nian-ying-fu-fu-li-fei-zong-e	企业报告期内提取的福利费金额	数字型	n..20		千元
120030	应收工程款	ying-shou-gong-cheng-kuan	建筑业企业在报告期末应向发包单位收取而未收取的工程款	数字型	n..20		千元
120031	劳务收入	lao-wu-shou-ru	劳务分包人与承包人签定劳务分包合同后，按照合同规定应收取的各项收入	数字型	n..20		千元
120032	从业人员劳动报酬金额	cong-ye-ren-yuan-lao-dong-bao-chou-jin-e	在报告期内支付给本单位从业人员的全部劳动报酬金额	数字型	n..20		千元

续表 6.12.2

内部标识符	数据元名称	中文全拼	定义	数据类型	表示格式	值域	计量单位
120033	概预算额	gai-yu-suan-e	在工程建设过程中，根据不同设计阶段的设计文件的具体内容和有关定额、指标及取费标准，预先计算和确定建设项目的全部工程费用	数字型	n..20，2		元
120034	决算额	jue-suan-e	预算执行的金额总数	数字型	n..20，2		元
120035	计划成本	ji-hua-cheng-ben	根据计划期内的各种消耗定额和费用预算以及有关资料预先计算的成本	数字型	n..20，2		元
120036	实际成本	shi-ji-cheng-ben	取得或制造某项财产物资时所实际支付的现金或其他等价物金额	数字型	n..20，2		元
120037	预算成本	yu-suan-cheng-ben	企业按照预算期的特殊生产和经营情况所编制的预定成本	数字型	n..20，2		元
120038	计划成本降低额	ji-hua-cheng-ben-jiang-di-e	预算成本与计划成本的差额	数字型	n..20，2		元
120039	计划成本降低率	ji-hua-cheng-ben-jiang-di-lü	计划成本降低额与预算成本的百分比	数字型	n..5，2		%
120040	人工费	ren-gong-fei	列入概算定额的直接从事建筑安装工程施工的生产工人和附属辅助生产单位的工人开支的各项费用	数字型	n..20，2		元
120041	材料费	cai-liao-fei	在施工过程中耗用的构成工程实体的原材料、辅助材料、构配件、零件、半成品的费用和周转使用材料的摊销（或租赁）费用	数字型	n..20，2		元
120042	机械费	ji-xie-fei	施工过程中使用的各种施工机械发生的中小型维修费、机械租赁费、大型机械进退场费、燃料费以及机械操作人员工资	数字型	n..20，2		元
120043	施工措施费	shi-gong-cuo-shi-fei	在施工中发生的不构成工程实体的部分的直接费	数字型	n..20，2		元
120044	间接费	jian-jie-fei	由规费和企业管理费组成的费用	数字型	n..20,2		元

续表 6.12.2

内部标识符	数据元名称	中文全拼	定义	数据类型	表示格式	值域	计量单位
120045	规费	gui-fei	政府和有关权力部门规定必须缴纳的费用	数字型	n..20,2		元
120046	企业管理费	qi-ye-guan-li-fei	建筑安装企业组织施工生产和经营管理所需费用	数字型	n..20，2		元
120047	现场经费	xian-chang-jing-fei	为施工准备、组织施工生产和管理所需的费用	数字型	n..20，2		元
120048	临时设施费	lin-shi-she-shi-fei	施工企业为进行建筑安装工程施工所必需的生活和生产用的临时建筑物、构筑物和其他临时设施费用	数字型	n..20，2		元
120049	管理人员工资	guan-li-ren-yuan-gong-zi	由管理人员的基本工资、工资性补贴、职工福利费、劳动保护费等构成的费用	数字型	n..20，2		元
120050	办公费	ban-gong-fei	现场管理办公用的文具、纸张、账表、印刷、邮电、书报、会议、水、电、烧水和集体取暖用煤等费用	数字型	n..20，2		元
120051	差旅交通费	chai-lü-jiao-tong-fei	职工因公出差期间的旅费、住勤补助费，市内交通费和误餐补助费，职工探亲路费，劳动力招募费，职工离退休、退职一次性路费，工伤人员就医路费，工地转移费以及现场管理使用的交通工具的油料、燃料、养路费及牌照费等费用	数字型	n..20，2		元
120052	固定资产使用费	gu-ding-zi-chan-shi-yong-fei	现场管理及试验部门使用的属于固定资产的设备、仪器等的折旧、大修理、维修费或租赁费等费用	数字型	n..20，2		元
120053	工具用具使用费	gong-ju-yong-ju-shi-yong-fei	现场管理使用的不属于固定资产的工具、器具、家具、交通工具和检验、试验、测绘、消防用具等的购置、维修和摊销费等费用	数字型	n..20，2		元
120054	保险费	bao-xian-fei	施工管理用财产、车辆保险，高空、井下、海上作业等特殊工种安全保险等费用	数字型	n..20，2		元

续表 6.12.2

内部标识符	数据元名称	中文全拼	定义	数据类型	表示格式	值域	计量单位
120055	工程保修费	gong-cheng-bao-xiu-fei	工程竣工交付使用后，在规定保修期以内的修理费用	数字型	n..20，2		元
120056	工程排污费	gong-cheng-pai-wu-fei	工程项目按规定交纳的排污费用	数字型	n..20，2		元

注：凡表内值域栏空格者，均表示该数据元有不可穷举的值域。

6.13 资金管理

6.13.1 资金管理信息应包括建筑施工企业在筹资管理、投资管理、资金运营等资金管理过程中需要交换与共享的数据元。

6.13.2 资金管理数据元宜包含表 6.13.2 的内容。

表 6.13.2 资金管理数据元

内部标识符	数据元名称	中文全拼	定义	数据类型	表示格式	值域	计量单位
130001	银行账户名称	yin-hang-zhang-hu-ming-cheng	企业在银行开立的户头名称	字符型	an..255		
130002	银行账号	yin-hang-zhang-hao	企业在银行开立户头，银行所给予的具有唯一性的户头号码	字符型	an..255		
130003	开户银行名称	kai-hu-yin-hang-ming-cheng	企业在银行开立账户的所在银行名称	字符型	an..255		
130004	开户日期	kai-hu-ri-qi	企业在银行开立账户成功的当时日期	日期型	YYYYMMDD		
130005	账户余额	zhang-hu-yu-e	企业在银行开立的账户的昨日、当日或即时可用余额	数字型	n..20，2		元
130006	银行对账日期	yin-hang-dui-zhang-ri-qi	企业每月的银行存款日记账和银行对账单核对，并勾销已达账，生成银行存款余额调节表的日期	日期型	YYYYMMDD		
130007	贷款银行名称	dai-kuan-yin-hang-ming-cheng	提供贷款的银行名称	字符型	an..255		
130008	贷款金额	dai-kuan-jin-e	获得贷款的金额	数字型	n..20，2		元
130009	贷款日期	dai-kuan-ri-qi	获得贷款的日期	日期型	YYYYMMDD		
130010	借款金额	jie-kuan-jin-e	获得的借款的金额	数字型	n..20，2		元

续表 6.13.2

内部标识符	数据元名称	中文全拼	定义	数据类型	表示格式	值域	计量单位
130011	借款利率	jie-kuan-li-lü	借款时确定的利率	数字型	n..5，2		%
130012	借款期限	jie-kuan-qi-xian	借款生效的起止日期	字符型	an..255		
130013	借款单位名称	jie-kuan-dan-wei-ming-cheng	申请借款的单位名称	字符型	an..255		
130014	当期余额	dang-qi-yu-e	截止日期的余额	数字型	n..20，2		元
130015	承兑汇票出票银行名称	cheng-dui-hui-piao-chu-piao-yin-hang-ming-cheng	承兑汇票的出票银行名称	字符型	an..255		
130016	承兑汇票票面金额	cheng-dui-hui-piao-piao-mian-jin-e	承兑汇票到期需承兑的金额	数字型	n..20，2		元
130017	承兑协议编号	cheng-dui-xie-yi-bian-hao	办理承兑时的协议编号	字符型	an..255		
130018	承兑汇票起始日期	cheng-dui-hui-piao-qi-shi-ri-qi	承兑汇票出票日	日期型	YYYYMMDD		
130019	承兑汇票结束日期	cheng-dui-hui-piao-jie-shu-ri-qi	承兑汇票到期日	日期型	YYYYMMDD		

注：凡表内值域栏空格者，均表示该数据元有不可穷举的值域。

6.14 风 险 管 理

6.14.1 风险管理信息应包括建筑施工企业在风险识别、分级管控和控制效果中需要交换与共享的数据元。

6.14.2 风险管理数据元宜包含表 6.14.2 的内容。

表 6.14.2 风险管理数据元

内部标识符	数据元名称	中文全拼	定义	数据类型	表示格式	值域	计量单位
140001	风险管理目标	feng-xian-guan-li-mu-biao	对风险进行管理后预期达到的目标	字符型	an..ul		
140002	风险评估文件名称	feng-xian-ping-gu-wen-jian-ming-cheng	记录风险评估过程和结果的文件的名称	字符型	an..255		

续表 6.14.2

内部标识符	数据元名称	中文全拼	定　义	数据类型	表示格式	值　域	计量单位
140003	风险评估单位名称	feng-xian-ping-gu-dan-wei-ming-cheng	实施风险评估的单位名称	字符型	an..255		
140004	风险名称	feng-xian-ming-cheng	根据风险产生的原因、部位、范围等因素对风险的命名	字符型	an..255		
140005	风险来源	feng-xian-lai-yuan	可能发生风险的原因、部位、范围的描述	字符型	an..ul		
140006	风险状态	feng-xian-zhuang-tai	风险所处的状态描述	字符型	an..ul		
140007	风险类别	feng-xian-lei-bie	根据风险产生的原因、部位、范围等因素进行的分类所属的类别	字符型	an..255		
140008	风险等级代码	feng-xian-deng-ji-dai-ma	根据风险对工程或合同主体产生影响的大小进行分级的代码	字符型	an..255	按本标准第A.0.20条的规定采用	
140009	风险发生概率	feng-xian-fa-sheng-gai-lü	可能发生风险的概率	数字型	n..5，2		%
140010	风险处理措施	feng-xian-chu-li-cuo-shi	应对风险所采取的措施	字符型	an..ul		
140011	风险处理效果	feng-xian-chu-li-xiao-guo	风险处理后产生的效果或影响	字符型	an..ul		

注：凡表内值域栏空格者，均表示该数据元有不可穷举的值域。

6.15 档 案 管 理

6.15.1 档案管理信息应包括建筑施工企业在工程资料、文书资料立卷和归档管理过程中需要交换和共享的数据元。

6.15.2 档案管理数据元宜包含表 6.15.2 的内容。

表 6.15.2 档案管理数据元

内部标识符	数据元名称	中文全拼	定　义	数据类型	表示格式	值　域	计量单位
150001	档案馆代号	dang-an-guan-dai-hao	国家给定的档案馆的编号	字符型	an..255	按文件《编制全国档案馆名称代码实施细则》（国档发［1987］4号）的规定执行	
150002	文件编号	wen-jian-bian-hao	文件的文号或图号	字符型	an..255		
150003	文件题名	wen-jian-ti-ming	文件标题的全称	字符型	an..255		

续表 6.15.2

内部标识符	数据元名称	中文全拼	定义	数据类型	表示格式	值域	计量单位
150004	档号	dang-hao	由分类号、项目号和案卷号组成一组符号表示的档案编号	字符型	an..255		
150005	归档文件页数	gui-dang-wen-jian-ye-shu	每一件归档文件的页码总数	数字型	n..10		
150006	文件页次	wen-jian-ye-ci	文件在卷内所排的起止页号	字符型	an..255		
150007	档案保管期限代码	dang-an-bao-guan-qi-xian-dai-ma	按保管对象的价值划定的存留年限对应的代码	数字型	n1	按本标准第A.0.21条的规定采用	
150008	档案密级代码	dang-an-mi-ji-dai-ma	保管对象保密程度的等级对应的代码	数字型	n1	按本标准第A.0.22条的规定采用	
150009	文件载体名称	wen-jian-zai-ti-ming-cheng	记录文件的载体名称	字符型	an..255		
150010	归档日期	gui-dang-ri-qi	文件立卷归档的日期	日期型	YYYYMMDD		
150011	备注内容	bei-zhu-nei-rong	注释文件需说明情况的内容	字符型	an..ul		
150012	工程名称	gong-cheng-ming-cheng	单项工程或单位工程的全称	字符型	an..255		
150013	工程地点	gong-cheng-di-dian	工程所处的具体位置	字符型	an..255		
150014	结构类型	jie-gou-lei-xing	工程按主要结构材料和结构受力方式分类所属的类型	字符型	an..255		
150015	建筑面积	jian-zhu-mian-ji	按《建筑工程建筑面积计算规范》规定的规则计算得出的面积	数字型	n..20		m^2
150016	工程造价	gong-cheng-zao-jia	进行某项工程建设所花费的全部费用	数字型	n..20，2		元
150017	建设工程规划许可证号	jian-she-gong-cheng-gui-hua-xu-ke-zheng-hao	由建设主管部门颁发的建设工程规划许可证的编号	字符型	an..255		
150018	建设工程施工许可证号	jian-she-gong-cheng-shi-gong-xu-ke-zheng-hao	由建设主管部门颁发的建设工程施工许可证的编号	字符型	an..255		

续表 6.15.2

内部标识符	数据元名称	中文全拼	定义	数据类型	表示格式	值域	计量单位
150019	建设工程项目名称	jian-she-gong-cheng-xiang-mu-ming-cheng	经批准按照一个总体设计进行施工，实行统一核算，行政上具有独立组织形式，实行统一管理的工程基本建设单位的名称	字符型	an..255		
150020	单项工程名称	dan-xiang-gong-cheng-ming-cheng	在一个建设项目中，具有独立的设计文件，能够独立组织施工，竣工后可以独立发挥生产能力或效益的工程名称	字符型	an..255		
150021	单位工程名称	dan-wei-gong-cheng- ming-cheng	具有独立的设计文件，竣工后可以发挥生产能力或效益的工程，并构成建设工程项目的组成部分的工程名称	字符型	an..255		
150022	分部工程名称	fen-bu-gong-cheng-ming-cheng	单位工程中可以独立组织施工的工程名称	字符型	an..255	按现行国家标准《建筑工程施工质量验收统一标准》GB 50300 和《建筑节能工程施工质量验收规范》GB 50411 的规定执行	
150023	分项工程名称	fen-xiang-gong-cheng-ming-cheng	分部工程的组成部分，施工图预算中最基本的计算单位的名称	字符型	an..255	按现行国家标准《建筑工程施工质量验收统一标准》GB 50300 和《建筑节能工程施工质量验收规范》GB 50411 的规定执行	
150024	建设单位名称	jian-she-dan-wei-ming-cheng	建设工程项目投资主体的单位全称	字符型	an..255		
150025	施工单位名称	shi-gong-dan-wei-ming-cheng	承担建设工程项目施工任务的单位全称	字符型	an..255		
150026	勘察单位名称	kan-cha-dan-wei-ming-cheng	承担建设工程项目勘察任务的单位全称	字符型	an..255		
150027	设计单位名称	she-ji-dan-wei-ming-cheng	承担建设工程项目设计任务的单位全称	字符型	an..255		
150028	监理单位名称	jian-li-dan-wei-ming-cheng	承担建设工程项目监理任务的单位全称	字符型	an..255		

续表 6.15.2

内部标识符	数据元名称	中文全拼	定　　义	数据类型	表示格式	值　域	计量单位
150029	城建档案管理机构名称	cheng-jian-dang-an-guan-li-ji-gou-ming-cheng	负责本行政区城市建设档案管理的机构名称	字符型	an..255		

注：凡表内值域栏空格者，均表示该数据元有不可穷举的值域。

6.16 企业文化管理

6.16.1 企业文化管理信息应包括建筑施工企业在职工的价值观念、道德规范、思想意识和工作态度培育过程中需要交换和共享的数据元。

6.16.2 企业文化管理数据元宜包含表 6.16.2 的内容。

表 6.16.2 企业文化管理数据元

内部标识符	数据元名称	中文全拼	定　　义	数据类型	表示格式	值　域	计量单位
160001	企业宗旨	qi-ye-zong-zhi	关于企业存在的目的或对社会发展的某一方面应作出贡献的陈述	字符型	an..ul		
160002	企业价值观	qi-ye-jia-zhi-guan	企业及其员工的价值取向	字符型	an..ul		
160003	企业营销理念	qi-ye-ying-xiao-li-nian	企业根据产品生命周期的不同阶段采取不同的营销指导思想	字符型	an..ul		
160004	企业经营理念	qi-ye-jing-ying-li-nian	企业基本设想与科技优势、发展方向、共同信念和企业追求的经营目标	字符型	an..ul		
160005	企业发展理念	qi-ye-fa-zhan-li-nian	企业不断谋求壮大、寻求发展的思想观念	字符型	an..ul		
160006	企业人才理念	qi-ye-ren-cai-li-nian	企业对人才的指导思想和价值观念	字符型	an..ul		
160007	企业科技理念	qi-ye-ke-ji-li-nian	企业科技发展的思想观念	字符型	an..ul		
160008	企业质量方针	qi-ye-zhi-liang-fang-zhen	企业管理者对质量的指导思想和承诺	字符型	an..ul		
160009	企业安全理念	qi-ye-an-quan-li-nian	企业寻求安全发展、科学防范机制和措施的系统性理论和观念	字符型	an..ul		

续表 6.16.2

内部标识符	数据元名称	中文全拼	定　义	数据类型	表示格式	值　域	计量单位
160010	企业作风	qi-ye-zuo-feng	企业员工在核心价值观的指导下，在实现企业目标过程中通过工作态度和行为方式所表现出来的一贯风格	字符型	an..ul		
160011	企业发展战略	qi-ye-fa-zhan-zhan-lüe	对企业发展整体性、长期性、基本性的发展谋略	字符型	an..ul		
160012	企业发展目标	qi-ye-fa-zhan-mu-biao	企业在某一经营时段内要达到的目标	字符型	an..ul		
160013	企业员工行为规范	qi-ye-yuan-gong-xing-wei-gui-fan	员工在职业活动过程中，为了实现企业目标、维护企业利益、履行企业职责、严守职业道德，从思想认识到日常行为应遵守的职业纪律	字符型	an..ul		

注：凡表内值域栏空格者，均表示该数据元有不可穷举的值域。

附录A　数据元值域取值代码集

A.0.1　营业状态代码宜符合表 A.0.1 规定。

表 A.0.1　营业状态代码

代　码	营业状态	代　码	营业状态
1	营业	4	当年关闭
2	停业	5	当年破产
3	筹建	6	其他

A.0.2　执行会计制度类别代码宜符合表 A.0.2 规定。

表 A.0.2　执行会计制度类别代码

代　码	执行会计制度类别	代　码	执行会计制度类别
1	企业会计制度	3	行政单位会计制度
2	事业单位会计制度	—	—

A.0.3　招标方式代码宜符合表 A.0.3 规定。

表 A.0.3　招标方式代码

代　码	招标方式	代　码	招标方式
1	公开招标	3	其他招标方式
2	邀请招标	—	—

A.0.4　评标方式代码宜符合表 A.0.4 规定。

表 A.0.4　评标方式代码

代　码	评标方式	代　码	评标方式
1	最低投标价法	3	其他评标方式
2	综合评估法	—	—

A.0.5　工法级别代码宜符合表 A.0.5 规定。

表 A.0.5　工法级别代码

代　码	工法级别	代　码	工法级别
1	国家级	3	企业级
2	省部级	—	—

A.0.6　专利类型代码宜符合表 A.0.6 规定。

表 A.0.6　专利类型代码

代　码	专利类型	代　码	专利类型
1	发明专利	3	外观设计专利
2	实用新型专利	—	—

A.0.7　奖励级别代码宜符合表 A.0.7 规定。

表 A.0.7　奖励级别代码

代　码	奖励级别	代　码	奖励级别
10	国家级	30	地（市、州）级
20	省（直辖市）部级	40	企业级

A.0.8 奖励等级代码宜符合表A.0.8规定。

表A.0.8 奖励等级代码

代　码	奖励等级	代　码	奖励等级
0	未评等级	4	三等奖
1	特等奖	5	四等奖
2	一等奖	6	其他
3	二等奖	—	—

A.0.9 技术标准类别代码宜符合表A.0.9规定。

表A.0.9 技术标准类别代码

代　码	标准类别	代　码	标准类别
1	国家标准	4	企业标准
2	行业标准	5	国际标准
3	地方标准	6	国外标准

A.0.10 安全事故等级代码宜符合表A.0.10规定。

表A.0.10 安全事故等级代码

代　码	安全事故等级	代　码	安全事故等级
1	特别重大事故	3	较大事故
2	重大事故	4	一般事故

A.0.11 安全事故发生地域类型代码宜符合表A.0.11规定。

表A.0.11 安全事故发生地域类型代码

代　码	事故发生地域类型	代　码	事故发生地域类型
1	直辖市（计划单列市）及省会城市	3	县级城市（含县城关镇）
2	地级城市	4	村镇（指村庄和集镇）

A.0.12 安全事故发生区域类型代码宜符合表A.0.12规定。

表A.0.12 安全事故发生区域类型代码

代　码	事故发生区域类型	代　码	事故发生区域类型
1	高校园区	3	经济开发区
2	工业科技园区	4	非园区

A.0.13 安全事故发生部位代码宜符合表A.0.13规定。

表A.0.13 安全事故发生部位代码

代　码	事故发生部位	代　码	事故发生部位
01	土石方工程	08	外用电梯
02	基坑	09	施工机具
03	模板	10	现场临时用电线路
04	脚手架	11	外电线路
05	洞口和临边	12	墙板结构
06	井架及龙门架	13	临时设施
07	塔吊	99	其他

A.0.14 安全事故类型代码宜符合表A.0.14规定。

表A.0.14 安全事故类型代码

代　码	事故类型	代　码	事故类型
01	物体打击	07	坍塌
02	车辆伤害	08	中毒和窒息
03	机具伤害	09	火灾和爆炸
04	起重伤害	10	淹溺
05	触电	99	其他
06	高处坠落	—	—

A.0.15 混凝土强度等级代码宜符合表A.0.15规定。

表A.0.15 混凝土强度等级代码

代　码	混凝土强度等级	代　码	混凝土强度等级
01	C15	08	C50
02	C20	09	C55
03	C25	10	C60
04	C30	11	C65
05	C35	12	C70
06	C40	13	C75
07	C45	14	C80

A.0.16 砌筑砂浆强度等级代码宜符合表A.0.16规定。

表A.0.16 砌筑砂浆强度等级代码

代　码	砌筑砂浆强度等级	代　码	砌筑砂浆强度等级
1	M2.5	4	M10
2	M5	5	M15
3	M7.5	6	M20

A.0.17 空气质量类别代码宜符合表 A.0.17 规定。

表 A.0.17 空气质量类别代码

代码	空气质量类别	代码	空气质量类别
1	优	5	中度污染
2	良	6	中度重污染
3	轻微污染	7	重污染
4	轻度污染	—	—

A.0.18 地下水质量分类代码宜符合表 A.0.18 规定。

表 A.0.18 地下水质量分类代码

代码	地下水质量分类	代码	地下水质量分类
1	Ⅰ类	4	Ⅳ类
2	Ⅱ类	5	Ⅴ类
3	Ⅲ类	—	—

A.0.19 地表水水域功能分类代码宜符合表 A.0.19 规定。

表 A.0.19 地表水水域功能分类代码

代码	地表水水域功能分类	代码	地表水水域功能分类
1	Ⅰ类	4	Ⅳ类
2	Ⅱ类	5	Ⅴ类
3	Ⅲ类	—	—

A.0.20 风险等级代码宜符合表 A.0.20 规定。

表 A.0.20 风险等级代码

代码	风险等级	代码	风险等级
1	很大	4	较小
2	较大	5	很小
3	一般	—	—

A.0.21 档案保管期限代码宜符合表 A.0.21 规定。

表 A.0.21 档案保管期限代码

代码	档案保管期限	代码	档案保管期限
1	永久	3	短期
2	长期	—	—

A.0.22 档案密级代码宜符合表 A.0.22 规定。

表 A.0.22 档案密级代码

代码	档案密级	代码	档案密级
1	绝密	4	内部
2	机密	5	公开
3	秘密	—	—

本标准用词说明

1 为便于在执行本标准条文时区别对待，对要求严格程度不同的用词说明如下：

1） 表示严格，非这样做不可的：
正面词采用“必须”，反面词采用“严禁”；

2） 表示严格，在正常情况下均应这样做的：
正面词采用“应”，反面词采用“不应”或“不得”；

3） 表示允许稍有选择，在条件许可时首先应这样做的：
正面词采用“宜”，反面词采用“不宜”；

4） 表示有选择，在条件下可以这样做的，采用“可”。

2 条文中指明必须按其他标准、规范执行的写法为“应按……执行”或“应符合……的规定。”

引用标准名录

1 《建筑工程施工质量验收统一标准》GB 50300

2 《建筑节能工程施工质量验收规范》GB 50411

3 《中华人民共和国行政区划代码》GB/T 2260

4 《个人基本信息与分类代码》GB/T 2261

5 《信息交换用汉字编码字符集 基本集》GB 2312

6 《世界各国和地区名称代码》GB/T 2659

7 《国民经济行业分类》GB/T 4754

8 《语种名称代码》GB/T 4880

9 《数据元和交换格式 信息交换 日期和时间表示法》GB/T 7408

10 《全国主要产品分类与代码》GB/T 7635

11 《公民身份证号码》GB 11643

12 《全国组织机构代码编制规则》GB/T 11714

13 《经济类型分类与代码》GB/T 12402

14 《单位隶属关系代码》GB/T 12404

15 《全国干部、人事管理信息系统数据结构》GB/T 17538

16 《信息技术 数据元的规范与标准化》GB/T 18391

17 《室内空气质量标准》GB/T 18883

18 《电子政务数据元》GB/T 19488

19 《企业信用等级表示方法》GB/T 22116

20 《常用证件代码》GA/T 517

21 《建筑工程建筑面积计算规范》GB/T 50353

22 《建筑工程项目管理规范》GB/T 50326

中华人民共和国行业标准

建筑施工企业管理基础数据标准

JGJ/T 204—2010

条 文 说 明

制 订 说 明

《建筑施工企业管理基础数据标准》(JGJ/T 204-2010)，经住房和城乡建设部2010年01月08日以第478号公告批准发布。

本标准编制过程中，编制组对建筑施工企业管理基础数据使用情况进行了调查研究，总结了建筑施工企业管理信息交流经验，同时参考了国外先进技术法规、技术标准。

为便于广大施工、科研、学校等单位有关人员在使用本标准时能正确理解和执行条文规定，《建筑施工企业管理基础数据标准》编制组按章、节、条顺序编制了本规范的条文说明，对条文规定的目的、依据以及执行中需注意的有关事项进行了说明。但是，本条文说明不具备与标准正文同等的法律效力，仅供使用者作为理解和把握标准规定的参考。

目　次

1 总　　则

1.0.1 随着国家和建筑行业信息化建设的不断推进，城乡建设的迅猛发展，建筑行业管理科学化、信息化的需求日益增长，建筑行业在信息资源开发利用过程中，越来越需要统一的数据标准，以提高数据的规范化程度，构筑数据共享的基础，实现多元信息的集成整合与深度开发。因此，本标准的编制目的，是为了实现建筑施工企业管理基础数据的标准化和规范化。

1.0.3 系统性、实用性、可扩展性和科学性的含义：

系统性：是指建筑施工企业管理基础数据应覆盖建筑施工企业管理的全部内容，且应自成体系。

实用性：是指对建筑施工企业管理基础数据实施标准化和规范化管理后，应取得减少沟通的误差、提高数据的共享性、提高管理效率等效果。

可扩展性：是指对基础数据的管理应预留一定的可扩展空间。包括可根据建筑行业信息资源的变化及时添加数据元、为数据元表示格式预留合适的字段长度、注册版本信息可根据数据元属性的改变进行更新等。

科学性：是指根据建筑行业管理的需求，对基础数据制定了统一的分类与编码规则，建立了建筑施工企业相对独立的基础数据体系，可以实现数据共享和交换的目的。

1.0.4 数据元是组织和管理数据的基本单元，通过对数据元的描述可以对基础数据进行本质上的以及形式上的规范化，并对基础数据进行全面、完整、唯一性的定义，为数据交换提供一个统一的可以共同遵守的数据交换规范，真正使信息资源达到互通、互连的要求，所以建筑施工企业管理基础数据宜以数据元来描述。

3 数据元分类

3.0.1 保证性原则、稳定性原则、发展性原则和均衡性原则的含义：

1 保证性原则

每个类目所代表的事物必须是客观存在的，同时还必须保证设置的每个类目有一定数量的属于该类目的数据元。例如：人力资源管理、建筑施工科学技术管理等，其类目中均包含一定数量的数据元。

2 稳定性原则

为了保证类目的稳定性，分类时应尽量使用稳定的因素作为类目划分的标准。稳定因素包括行业内或社会上一致认同的类目名称，例如：财务管理、档案管理等。

3 发展性原则

类目的设置不仅要考虑当前的实际，而且还要有一定的预见性，充分参考建筑行业一些新学科的发展趋势以及由此产生的信息，为某些新事物编列必要的类目，或留出发展余地。

4 均衡性原则

在分类中应充分考虑到类目之间的均衡性，使分类长度不至于相差悬殊，防止某些局部过于概括或过于详细，以方便使用。

3.0.3 本标准数据元分类的主要依据：

依据《中华人民共和国招标投标法》的有关规定设置了工程施工招投标管理的类别；依据《中华人民共和国合同法》的有关规定设置了合同管理的类别；依据《建设工程项目管理规范》GB/T 50326 的有关规定设置了施工进度管理的类别；依据《中华人民共和国科学技术进步法》的有关规定设置了建筑施工科学技术管理的类别；依据《中华人民共和国建筑法》、《建设工程质量管理条例》、《建设工程安全生产管理条例》的有关规定设置了施工质量管理、施工安全管理、建筑材料管理、建筑机械设备管理的类别；依据《中华人民共和国环境保护法》的有关规定设置了建筑施工节能环保管理类别；依据《中华人民共和国劳动法》的有关规定设置了人力资源管理类别；依据《中华人民共和国公司法》的有关规定设置了财务管理类别；依据财政部《企业国有资本与财务管理暂行办法》的有关规定设置了资金管理类别；依据国资委《中央企业全面风险管理指引》的有关规定设置了风险管理类别；依据《中华人民共和国档案法》的有关规定设置了档案管理类别；依据国务院国有资产监督管理委员会文件《关于加强中央企业企业文化建设的指导意见》的有关规定设置了企业文化管理类别。

4 数据元描述

4.0.1 本标准数据元描述方法依据现行国家标准《信息技术　数据元的规范与标准化》GB/T 18391 确定。《信息技术　数据元的规范与标准化》规定数据元的基本属性中，本标准采用其中的 9 个，即每个数据元包括内部标识符、中文名称、中文全拼、定义、数据类型、表示格式、值域、计量单位、版本标识符等属性内容。数据元属性描述的选择，应根据实际需要进行，数据元名称、中文全拼、定义、数据类型、表示格式、版本标识符为必选属性描述，计量单位为备选属性描述，只有在需要时才对数据元的计量单位属性赋值。

4.0.2 保持唯一性是指任意两个数据元之间，不能有相同的内部标识符、名称和定义。

4.0.3 数据元内部标识符由分类代码和数据元在该分类中的编号共 6 位数字代码组成，以保证数据元内部标识符的唯一性。

4.0.4 编号统一规定为 4 位数字码，一是为了保持数据元内部标识符长度的一致；二是考虑了发展的需要，为今后可能增加的数据元预留一部分编号空间。编号从0001开始递增可使数据元内部标识符的编码具有一定的规律性，可充分利用编号空间且避免会出现重号。

4.0.6 数据元定义的有关规定含义如下：

1 描述的确定性指编写定义时，要阐述其概念是什么，而不是仅阐述其概念不是什么。因为，仅阐述其概念不是什么并不能对概念作出唯一的定义。

2 用描述性的短语或句子阐述是指用短语来形成包含概念基本特性的准确定义。不能简单地陈述一个或几个同义词，也不能以不同的顺序简单地重复这些名称词。

3 缩略语通常受到特定环境的限制，环境不同，同一缩写语也许会引起误解或混淆。因此，在特定语境下使用缩略语不能保证人们普遍理解和一致认同时，为了避免词义不清，应使用全称。

4 表述中不应加入不同的数据元定义或引用下层概念，是指在主要数据元定义中不应出现次要的数据元定义。

4.0.7 数据元的中文全拼用小写字母表示，是为了格式统一且符合人们阅读习惯。

4.0.9 为便于对表示格式的理解，举例说明如下：

例1：an3　表示定长3个字母数字字符。如：数据C20、MU5的表示格式均为an3；

例2：n3，2　表示最大长度为3位数字，其中小数点后有两位。如：数据2.98、5.47、6.23的表示格式均为n3，2；

例3：n..3　表示最小长度为1，最大长度为3的不定长的数字，其值为0～999之间的任意一个数，如：数据168、26、8均可用n..3的表示格式。

4.0.10 数据元值是指允许值集合中的一个值，是值域中的一个元素。值域可分为两种方式：非穷举域和穷举域。

1 非穷举域

比如数据元"新产品销售收入"的值域是一个数字型表达的有效值集。这是一个非穷举域的集合。例如：2008559.90、2990335.54、6342123.52、……

2 穷举域

如国籍代码这个数据元中，值域为《世界各国和地区名称代码》GB/T 2659－1994，其中穷举域为"中国、巴西、美国……"，在此，每个数据值可以有一个他们的唯一的代码（如：CHN代表中国、BRA代表巴西、USA代表美国……）。这种代码的用处在于为与数据实例相关的名称在各种语言系统和不同系统之间交换提供可能。

4.0.11 原数据元和更新后的数据元之间可以进行有效的数据交换时，宜保持数据元的主版本号不变、次版本号为自然数递增。

原数据元和更新后的数据元之间无法进行有效的数据交换时，宜同时改变数据元的主版本号和次版本号，且主版本号宜为自然数递增，次版本号同时改为"0"。

5 数据元标识符

5.0.2 本条规定了数据元标识符应包含的内容及其格式。对数据元标识符的举例说明如下：

数据元"组织机构代码"的行业标识符为"JG"，其内部标识符为"010001"，则"组织机构代码"的数据元标识符为"JG－010001"。

5.0.3 "JG"是建筑行业数据元区别于其他行业数据元的标识符。

6 数 据 元 集

本章所列的数据元主要依据国家法律、法规及国家现行有关标准提取。

中华人民共和国行业标准

建筑与市政工程施工现场专业人员职业标准

Occupational standards for construction site technician of building and municipal engineering

JGJ/T 250—2011

批准部门：中华人民共和国住房和城乡建设部

施行日期：2 0 1 2 年 1 月 1 日

中华人民共和国住房和城乡建设部
公　　告

第 1059 号

关于发布行业标准《建筑与市政工程施工现场专业人员职业标准》的公告

现批准《建筑与市政工程施工现场专业人员职业标准》为行业标准，编号为 JGJ/T 250－2011，自 2012 年 1 月 1 日起实施。

本标准由我部标准定额研究所组织中国建筑工业出版社出版发行。

中华人民共和国住房和城乡建设部

2011 年 7 月 13 日

前　　言

根据住房和城乡建设部《关于印发〈2009 年工程建设标准规范制订、修订计划〉的通知》（建标［2009］88 号）的要求，标准编制组经广泛调查研究，认真总结实践经验，参考有关国际标准和国外先进标准，并在广泛征求意见的基础上，制定本标准。

本标准的主要技术内容是：1. 总则；2. 术语；3. 职业能力标准；4. 职业能力评价。

本标准由住房和城乡建设部负责管理，中国建设教育协会负责具体技术内容的解释。执行过程中如有意见或建议，请寄送中国建设教育协会（地址：北京市海淀区三里河路九号，邮编：100835）。

本标准主编单位：中国建设教育协会
苏州二建建筑集团有限公司

本标准参编单位：住房和城乡建设部标准定额研究所
中国市政工程协会
四川省建设系统岗位培训与建设执业资格注册中心
青岛市建筑工程管理局
中国建筑业协会机械管理与租赁分会
中国建筑一局（集团）有限公司
山西建筑工程（集团）总公司
湖南省建筑工程集团总公司
青建集团股份公司
四川建筑职业技术学院
黑龙江建筑职业技术学院
徐州建筑职业技术学院
湖北城市建设职业技术学院
成都航空职业技术学院

本标准主要起草人员：李竹成　李建华　胡兴福　熊君放　于周军　尤　完　危道军　任卫华　吴明军　李　健　冯光灿　李大伟　卫顺学　刘周学　高本礼　赵　研　吴文钢　齐书俊　沈　汛　张国京　邵　华

本标准主要审查人员：张兴野　刘晓初　杜学伦　丁传波　商丽萍　龚　毅　刘哲生　俞　敏　林　华　吴松勤　符里刚　钱大治　程华安

目　次

Contents

1 总 则

1.0.1 为了加强建筑与市政工程施工现场专业人员队伍建设，规范专业人员的职业能力评价，指导专业人员的使用与教育培训，促进科学施工，确保工程质量和安全生产，制定本标准。

1.0.2 本标准适用于建筑业企业、教育培训机构、行业组织、行业主管部门进行人才队伍规划、教育培训、评价、使用等。

1.0.3 建筑与市政工程施工现场专业人员应包括施工员、质量员、安全员、标准员、材料员、机械员、劳务员、资料员。其中，施工员、质量员可分为土建施工、装饰装修、设备安装和市政工程四个子专业。

1.0.4 本标准为建筑与市政工程施工现场相关专业人员规定了所应履行的职责，所需的专业知识和专业技能的基本要求。有关地区和企业可根据自身实际，对本地区及企业的相关专业人员提出更高的要求。

1.0.5 建筑与市政工程施工现场专业人员的岗位设置、工作职责确定、教育培训和职业能力评价，除应符合本标准外，尚应符合国家现行有关标准的规定。

2 术 语

2.0.1 职业标准 occupational standards

在职业岗位分类的基础上，对从业人员应履行的工作职责、所需专业知识和专业技能，及其考核评价的方式、方法的规范性要求。

2.0.2 工作职责 roles

职业岗位的工作范围和责任。

2.0.3 专业技能 technical skills

通过学习训练掌握的，运用相关知识完成专业工作任务的能力。

2.0.4 专业知识 technical knowledge

完成专业工作应具备的通用知识、基础知识和岗位知识。

2.0.5 通用知识 general knowledge

在建筑与市政工程施工现场从事专业技术管理工作，应具备的相关法律法规及专业技术与管理知识。

2.0.6 基础知识 basic knowledge

与职业岗位工作相关的专业基础理论和技术知识。

2.0.7 岗位知识 job knowledge

与职业岗位工作相关的专业标准、工作程序、工作方法和岗位要求。

2.0.8 职业能力评价 competency assessment guidelines

通过考试、考核、鉴定等方式，对专业人员职业能力水平进行测试和判断。

2.0.9 施工现场专业人员 site technician

在建筑与市政工程施工现场从事技术与管理工作的人员。

2.0.10 施工员 foreman

在建筑与市政工程施工现场，从事施工组织策划、施工技术与管理，以及施工进度、成本、质量和安全控制等工作的专业人员。

2.0.11 质量员 quality controller

在建筑与市政工程施工现场，从事施工质量策划、过程控制、检查、监督、验收等工作的专业人员。

2.0.12 安全员 safety supervisor

在建筑与市政工程施工现场，从事施工安全策划、检查、监督等工作的专业人员。

2.0.13 标准员 standardization supervisor

在建筑与市政工程施工现场，从事工程建设标准实施组织、监督、效果评价等工作的专业人员。

2.0.14 材料员 materialman

在建筑与市政工程施工现场，从事施工材料计划、采购、检查、统计、核算等工作的专业人员。

2.0.15 机械员 machinery supervisor

在建筑与市政工程施工现场，从事施工机械的计划、安全使用监督检查、成本统计核算等工作的专业人员。

2.0.16 劳务员 labourer supervisor

在建筑与市政工程施工现场，从事劳务管理计划、劳务人员资格审查与培训、劳动合同与工资管理、劳务纠纷处理等工作的专业人员。

2.0.17 资料员 data processor

在建筑与市政工程施工现场，从事施工信息资料的收集、整理、保管、归档、移交等工作的专业人员。

3 职业能力标准

3.1 一 般 规 定

3.1.1 建筑与市政工程施工现场专业人员应具有中等职业（高中）教育及以上学历，并具有一定实际工作经验，身心健康。

3.1.2 建筑与市政工程施工现场专业人员应具备必要的表达、计算、计算机应用能力。

3.1.3 建筑与市政工程施工现场专业人员应具备下列职业素养：

1 具有社会责任感和良好的职业操守，诚实守信，严谨务实，爱岗敬业，团结协作；

2 遵守相关法律法规、标准和管理规定；

3 树立安全至上、质量第一的理念，坚持安全生产、文明施工；

4　具有节约资料、保护环境的意识；

5　具有终生学习理念，不断学习新知识、新技能。

3.1.4　建筑与市政工程施工现场专业人员工作责任，可按下列规定分为“负责”、“参与”两个层次。

1　“负责”表示行为实施主体是工作任务的责任人和主要承担人。

2　“参与”表示行为实施主体是工作任务的次要承担人。

3.1.5　建筑与市政工程施工现场专业人员教育培训的目标要求，专业知识的认知目标要求可按下列规定分为“了解”、“熟悉”、“掌握”三个层次。

1　“掌握”是最高水平要求，包括能记忆所列知识，并能对所列知识加以叙述和概括，同时能运用知识分析和解决实际问题。

2　“熟悉”是次高水平要求，包括能记忆所列知识，并能对所列知识加以叙述和概括。

3　“了解”是最低水平要求，其内涵是对所列知识有一定的认识和记忆。

3.2　施　工　员

3.2.1　施工员的工作职责宜符合表3.2.1的规定。

表3.2.1　施工员的工作职责

项次	分类	主要工作职责
1	施工组织策划	（1）参与施工组织管理策划。 （2）参与制定管理制度。
2	施工技术管理	（3）参与图纸会审、技术核定。 （4）负责施工作业班组的技术交底。 （5）负责组织测量放线、参与技术复核。
3	施工进度成本控制	（6）参与制定并调整施工进度计划、施工资源需求计划，编制施工作业计划。 （7）参与做好施工现场组织协调工作，合理调配生产资源；落实施工作业计划。 （8）参与现场经济技术签证、成本控制及成本核算。 （9）负责施工平面布置的动态管理。
4	质量安全环境管理	（10）参与质量、环境与职业健康安全的预控。 （11）负责施工作业的质量、环境与职业健康安全过程控制，参与隐蔽、分项、分部和单位工程的质量验收。 （12）参与质量、环境与职业健康安全问题的调查，提出整改措施并监督落实。

续表3.2.1

项次	分类	主要工作职责
5	施工信息资料管理	（13）负责编写施工日志、施工记录等相关施工资料。 （14）负责汇总、整理和移交施工资料。

3.2.2　施工员应具备表3.2.2规定的专业技能。

表3.2.2　施工员应具备的专业技能

项次	分类	专业技能
1	施工组织策划	（1）能够参与编制施工组织设计和专项施工方案。
2	施工技术管理	（2）能够识读施工图和其他工程设计、施工等文件。 （3）能够编写技术交底文件，并实施技术交底。 （4）能够正确使用测量仪器，进行施工测量。
3	施工进度成本控制	（5）能够正确划分施工区段，合理确定施工顺序。 （6）能够进行资源平衡计算，参与编制施工进度计划及资源需求计划，控制调整计划。 （7）能够进行工程量计算及初步的工程计价。
4	质量安全环境管理	（8）能够确定施工质量控制点，参与编制质量控制文件、实施质量交底。 （9）能够确定施工安全防范重点，参与编制职业健康安全与环境技术文件、实施安全和环境交底。 （10）能够识别、分析、处理施工质量缺陷和危险源。 （11）能够参与施工质量、职业健康安全与环境问题的调查分析。
5	施工信息资料管理	（12）能够记录施工情况，编制相关工程技术资料。 （13）能够利用专业软件对工程信息资料进行处理。

3.2.3　施工员应具备表3.2.3规定的专业知识。

表3.2.3　施工员应具备的专业知识

项次	分类	专业知识
1	通用知识	（1）熟悉国家工程建设相关法律法规。 （2）熟悉工程材料的基本知识。 （3）掌握施工图识读、绘制的基本知识。 （4）熟悉工程施工工艺和方法。 （5）熟悉工程项目管理的基本知识。

续表 3.2.3

项次	分类	专业知识
2	基础知识	（6）熟悉相关专业的力学知识。 （7）熟悉建筑构造、建筑结构和建筑设备的基本知识。 （8）熟悉工程预算的基本知识。 （9）掌握计算机和相关资料信息管理软件的应用知识。 （10）熟悉施工测量的基本知识。
3	岗位知识	（11）熟悉与本岗位相关的标准和管理规定。 （12）掌握施工组织设计及专项施工方案的内容和编制方法。 （13）掌握施工进度计划的编制方法。 （14）熟悉环境与职业健康安全管理的基本知识。 （15）熟悉工程质量管理的基本知识。 （16）熟悉工程成本管理的基本知识。 （17）了解常用施工机械机具的性能。

3.3 质 量 员

3.3.1 质量员的工作职责宜符合表 3.3.1 的规定。

表 3.3.1 质量员的工作职责

项次	分类	主要工作职责
1	质量计划准备	（1）参与进行施工质量策划。 （2）参与制定质量管理制度。
2	材料质量控制	（3）参与材料、设备的采购。 （4）负责核查进场材料、设备的质量保证资料，监督进场材料的抽样复验。 （5）负责监督、跟踪施工试验，负责计量器具的符合性审查。
3	工序质量控制	（6）参与施工图会审和施工方案审查。 （7）参与制定工序质量控制措施。 （8）负责工序质量检查和关键工序、特殊工序的旁站检查，参与交接检验、隐蔽验收、技术复核。 （9）负责检验批和分项工程的质量验收、评定，参与分部工程和单位工程的质量验收、评定。
4	质量问题处置	（10）参与制定质量通病预防和纠正措施。 （11）负责监督质量缺陷的处理。 （12）参与质量事故的调查、分析和处理。
5	质量资料管理	（13）负责质量检查的记录，编制质量资料。 （14）负责汇总、整理、移交质量资料。

3.3.2 质量员应具备表 3.3.2 规定的专业技能。

表 3.3.2 质量员应具备的专业技能

项次	分类	专业技能
1	质量计划准备	（1）能够参与编制施工项目质量计划。
2	材料质量控制	（2）能够评价材料、设备质量。 （3）能够判断施工试验结果。
3	工序质量控制	（4）能够识读施工图。 （5）能够确定施工质量控制点。 （6）能够参与编写质量控制措施等质量控制文件，实施质量交底。 （7）能够进行工程质量检查、验收、评定。
4	质量问题处置	（8）能够识别质量缺陷，并进行分析和处理。 （9）能够参与调查、分析质量事故，提出处理意见。
5	质量资料管理	（10）能够编制、收集、整理质量资料。

3.3.3 质量员应具备表 3.3.3 规定的专业知识。

表 3.3.3 质量员应具备的专业知识

项次	分类	专业知识
1	通用知识	（1）熟悉国家工程建设相关法律法规。 （2）熟悉工程材料的基本知识。 （3）掌握施工图识读、绘制的基本知识。 （4）熟悉工程施工工艺和方法。 （5）熟悉工程项目管理的基本知识。
2	基础知识	（6）熟悉相关专业力学知识。 （7）熟悉建筑构造、建筑结构和建筑设备的基本知识。 （8）熟悉施工测量的基本知识。 （9）掌握抽样统计分析的基本知识。
3	岗位知识	（10）熟悉与本岗位相关的标准和管理规定。 （11）掌握工程质量管理的基本知识。 （12）掌握施工质量计划的内容和编制方法。 （13）熟悉工程质量控制的方法。 （14）了解施工试验的内容、方法和判定标准。 （15）掌握工程质量问题的分析、预防及处理方法。

3.4 安 全 员

3.4.1 安全员的工作职责宜符合表 3.4.1 的规定。

表 3.4.1 安全员的工作职责

项次	分类	主要工作职责
1	项目安全策划	(1) 参与制定施工项目安全生产管理计划。 (2) 参与建立安全生产责任制度。 (3) 参与制定施工现场安全事故应急救援预案。
2	资源环境安全检查	(4) 参与开工前安全条件检查。 (5) 参与施工机械、临时用电、消防设施等的安全检查。 (6) 负责防护用品和劳保用品的符合性审查。 (7) 负责作业人员的安全教育培训和特种作业人员资格审查。
3	作业安全管理	(8) 参与编制危险性较大的分部、分项工程专项施工方案。 (9) 参与施工安全技术交底。 (10) 负责施工作业安全及消防安全的检查和危险源的识别，对违章作业和安全隐患进行处置。 (11) 参与施工现场环境监督管理。
4	安全事故处理	(12) 参与组织安全事故应急救援演练，参与组织安全事故救援。 (13) 参与安全事故的调查、分析。
5	安全资料管理	(14) 负责安全生产的记录、安全资料的编制。 (15) 负责汇总、整理、移交安全资料。

3.4.2 安全员应具备表 3.4.2 规定的专业技能。

表 3.4.2 安全员应具备的专业技能

项次	分类	专 业 技 能
1	项目安全策划	(1) 能够参与编制项目安全生产管理计划。 (2) 能够参与编制安全事故应急救援预案。
2	资源环境安全检查	(3) 能够参与对施工机械、临时用电、消防设施进行安全检查，对防护用品与劳保用品进行符合性审查。 (4) 能够组织实施项目作业人员的安全教育培训。

续表 3.4.2

项次	分类	专 业 技 能
3	作业安全管理	(5) 能够参与编制安全专项施工方案。 (6) 能够参与编制安全技术交底文件，实施安全技术交底。 (7) 能够识别施工现场危险源，并对安全隐患和违章作业提出处置建议。 (8) 能够参与项目文明工地、绿色施工管理。
4	安全事故处理	(9) 能够参与安全事故的救援处理、调查分析。
5	安全资料管理	(10) 能够编制、收集、整理施工安全资料。

3.4.3 安全员应具备表 3.4.3 规定的专业知识。

表 3.4.3 安全员应具备的专业知识

项次	分类	专 业 知 识
1	通用知识	(1) 熟悉国家工程建设相关法律法规。 (2) 熟悉工程材料的基本知识。 (3) 熟悉施工图识读的基本知识。 (4) 了解工程施工工艺和方法。 (5) 熟悉工程项目管理的基本知识。
2	基础知识	(6) 了解建筑力学的基本知识。 (7) 熟悉建筑构造、建筑结构和建筑设备的基本知识。 (8) 掌握环境与职业健康管理的基本知识。
3	岗位知识	(9) 熟悉与本岗位相关的标准和管理规定。 (10) 掌握施工现场安全管理知识。 (11) 熟悉施工项目安全生产管理计划的内容和编制方法。 (12) 熟悉安全专项施工方案的内容和编制方法。 (13) 掌握施工现场安全事故的防范知识。 (14) 掌握安全事故救援处理知识。

3.5 标 准 员

3.5.1 标准员的工作职责宜符合表 3.5.1 的规定。

表 3.5.1 标准员的工作职责

项次	分类	主要工作职责
1	标准实施计划	(1) 参与企业标准体系表的编制。 (2) 负责确定工程项目应执行的工程建设标准，编列标准强制性条文，并配置标准有效版本。 (3) 参与制定质量安全技术标准落实措施及管理制度。
2	施工前期标准实施	(4) 负责组织工程建设标准的宣贯和培训。 (5) 参与施工图会审，确认执行标准的有效性。 (6) 参与编制施工组织设计、专项施工方案、施工质量计划、职业健康安全与环境计划，确认执行标准的有效性。
3	施工过程标准实施	(7) 负责建设标准实施交底。 (8) 负责跟踪、验证施工过程标准执行情况，纠正执行标准中的偏差，重大问题提交企业标准化委员会。 (9) 参与工程质量、安全事故调查，分析标准执行中的问题。
4	标准实施评价	(10) 负责汇总标准执行确认资料、记录工程项目执行标准的情况，并进行评价。 (11) 负责收集对工程建设标准的意见、建议，并提交企业标准化委员会。
5	标准信息管理	(12) 负责工程建设标准实施的信息管理。

3.5.2 标准员应具备表 3.5.2 规定的专业技能。

表 3.5.2 标准员应具备的专业技能

项次	分类	专业技能
1	标准实施计划	(1) 能够组织确定工程项目应执行的工程建设标准及强制性条文。 (2) 能够参与制定工程建设标准贯彻落实的计划方案。
2	施工前期标准实施	(3) 能够组织施工现场工程建设标准的宣贯和培训。 (4) 能够识读施工图。
3	施工过程标准实施	(5) 能够对不符合工程建设标准的施工作业提出改进措施。 (6) 能够处理施工作业过程中工程建设标准实施的信息。 (7) 能够根据质量、安全事故原因，参与分析标准执行中的问题。

续表 3.5.2

项次	分类	专业技能
4	标准实施评价	(8) 能够记录和分析工程建设标准实施情况。 (9) 能够对工程建设标准实施情况进行评价。 (10) 能够收集、整理、分析对工程建设标准的意见，并提出建议。
5	标准信息管理	(11) 能够使用工程建设标准实施信息系统。

3.5.3 标准员应具备表 3.5.3 规定的专业知识。

表 3.5.3 标准员应具备的专业知识

项次	分类	专业知识
1	通用知识	(1) 熟悉国家工程建设相关法律法规。 (2) 熟悉工程材料的基本知识。 (3) 掌握施工图绘制、识读的基本知识。 (4) 熟悉工程施工工艺和方法。 (5) 了解工程项目管理的基本知识。
2	基础知识	(6) 掌握建筑结构、建筑构造、建筑设备的基本知识。 (7) 熟悉工程质量控制、检测分析的基本知识。 (8) 熟悉工程建设标准体系的基本内容和国家、行业工程建设标准化管理体制。 (9) 了解施工方案、质量目标和质量保证措施编制及实施基本知识。
3	岗位知识	(10) 掌握与本岗位相关的标准和管理规定。 (11) 了解企业标准体系表的编制方法。 (12) 熟悉对工程建设标准实施进行监督检查和工程检测的基本知识。 (13) 掌握标准实施执行情况记录及分析评价的方法。

3.6 材料员

3.6.1 材料员的工作职责宜符合表 3.6.1 的规定。

表 3.6.1 材料员的工作职责

项次	分类	主要工作职责
1	材料管理计划	(1) 参与编制材料、设备配置计划。 (2) 参与建立材料、设备管理制度。

续表 3.6.1

项次	分类	主要工作职责
2	材料采购验收	(3) 负责收集材料、设备的价格信息，参与供应单位的评价、选择。 (4) 负责材料、设备的选购，参与采购合同的管理。 (5) 负责进场材料、设备的验收和抽样复检。
3	材料使用存储	(6) 负责材料、设备进场后的接收、发放、储存管理。 (7) 负责监督、检查材料、设备的合理使用。 (8) 参与回收和处置剩余及不合格材料、设备。
4	材料统计核算	(9) 负责建立材料、设备管理台账。 (10) 负责材料、设备的盘点、统计。 (11) 参与材料、设备的成本核算。
5	材料资料管理	(12) 负责材料、设备资料的编制。 (13) 负责汇总、整理、移交材料和设备资料。

3.6.2 材料员应具备表 3.6.2 规定的专业技能。

表 3.6.2 材料员应具备的专业技能

项次	分类	专业技能
1	材料管理计划	(1) 能够参与编制材料、设备配置管理计划。
2	材料采购验收	(2) 能够分析建筑材料市场信息，并进行材料、设备的计划与采购。 (3) 能够对进场材料、设备进行符合性判断。
3	材料使用存储	(4) 能够组织保管、发放施工材料、设备。 (5) 能够对危险物品进行安全管理。 (6) 能够参与对施工余料、废弃物进行处置或再利用。
4	材料统计核算	(7) 能够建立材料、设备的统计台账。 (8) 能够参与材料、设备的成本核算。
5	材料资料管理	(9) 能够编制、收集、整理施工材料、设备资料。

3.6.3 材料员应具备表 3.6.3 规定的专业知识。

表 3.6.3 材料员应具备的专业知识

项次	分类	专业知识
1	通用知识	(1) 熟悉国家工程建设相关法律法规。 (2) 掌握工程材料的基本知识。 (3) 了解施工图识读的基本知识。 (4) 了解工程施工工艺和方法。 (5) 熟悉工程项目管理的基本知识。
2	基础知识	(6) 了解建筑力学的基本知识。 (7) 熟悉工程预算的基本知识 (8) 掌握物资管理的基本知识。 (9) 熟悉抽样统计分析的基本知识。
3	岗位知识	(10) 熟悉与本岗位相关的标准和管理规定。 (11) 熟悉建筑材料市场调查分析的内容和方法。 (12) 熟悉工程招投标和合同管理的基本知识。 (13) 掌握建筑材料验收、存储、供应的基本知识。 (14) 掌握建筑材料成本核算的内容和方法。

3.7 机械员

3.7.1 机械员的工作职责宜符合表 3.7.1 的规定。

表 3.7.1 机械员的工作职责

项次	分类	主要工作职责
1	机械管理计划	(1) 参与制定施工机械设备使用计划，负责制定维护保养计划。 (2) 参与制定施工机械设备管理制度。
2	机械前期准备	(3) 参与施工总平面布置及机械设备的采购或租赁。 (4) 参与审查特种设备安装、拆卸单位资质和安全事故应急救援预案、专项施工方案。 (5) 参与特种设备安装、拆卸的安全管理和监督检查。 (6) 参与施工机械设备的检查验收和安全技术交底，负责特种设备使用备案、登记。
3	机械安全使用	(7) 参与组织施工机械设备操作人员的教育培训和资格证书查验，建立机械特种作业人员档案。 (8) 负责监督检查施工机械设备的使用和维护保养，检查特种设备安全使用状况。 (9) 负责落实施工机械设备安全防护和环境保护措施。 (10) 参与施工机械设备事故调查、分析和处理。

续表 3.7.1

项次	分类	主要工作职责
4	机械成本核算	（11）参与施工机械设备定额的编制，负责机械设备台账的建立。 （12）负责施工机械设备常规维护保养支出的统计、核算、报批。 （13）参与施工机械设备租赁结算。
5	机械资料管理	（14）负责编制施工机械设备安全、技术管理资料。 （15）负责汇总、整理、移交机械设备资料。

3.7.2 机械员应具备表 3.7.2 规定的专业技能。

表 3.7.2 机械员应具备的专业技能

项次	分类	专业技能
1	机械管理计划	（1）能够参与编制施工机械设备管理计划。
2	机械前期准备	（2）能够参与施工机械设备的选型和配置。 （3）能够参与核查特种设备安装、拆卸专项施工方案。 （4）能够参与组织进行特种设备安全技术交底。
3	机械安全使用	（5）能够参与组织施工机械设备操作人员的安全教育培训。 （6）能够对特种设备安全运行状况进行评价。 （7）能够识别、处理施工机械设备的安全隐患。
4	机械成本核算	（8）能够建立施工机械设备的统计台账。 （9）能够进行施工机械设备成本核算。
5	机械资料管理	（10）能够编制、收集、整理施工机械设备资料。

3.7.3 机械员应具备表 3.7.3 规定的专业知识。

表 3.7.3 机械员应具备的专业知识

项次	分类	专业知识
1	通用知识	（1）熟悉国家工程建设相关法律法规。 （2）了解工程材料的基本知识。 （3）了解施工图识读的基本知识。 （4）了解工程施工工艺和方法。 （5）熟悉工程项目管理的基本知识。

续表 3.7.3

项次	分类	专业知识
2	基础知识	（6）了解工程力学的基本知识。 （7）了解工程预算的基本知识。 （8）掌握机械制图和识图的基本知识。 （9）掌握施工机械设备的工作原理、类型、构造及技术性能的基本知识。
3	岗位知识	（10）熟悉与本岗位相关的标准和管理规定。 （11）熟悉施工机械设备的购置、租赁知识。 （12）掌握施工机械设备安全运行、维护保养的基本知识。 （13）熟悉施工机械设备常见故障、事故原因和排除方法。 （14）掌握施工机械设备的成本核算方法。 （15）掌握施工临时用电技术规程和机械设备用电知识。

3.8 劳务员

3.8.1 劳务员的工作职责宜符合表 3.8.1 的规定。

表 3.8.1 劳务员的工作职责

项次	分类	主要工作职责
1	劳务管理计划	（1）参与制定劳务管理计划。 （2）参与组建项目劳务管理机构和制定劳务管理制度。
2	资格审查培训	（3）负责验证劳务分包队伍资质，办理登记备案；参与劳务分包合同签订，对劳务队伍现场施工管理情况进行考核评价。 （4）负责审核劳务人员身份、资格，办理登记备案。 （5）参与组织劳务人员培训。
3	劳动合同管理	（6）参与或监督劳务人员劳动合同的签订、变更、解除、终止及参加社会保险等工作。 （7）负责或监督劳务人员进出场及用工管理。 （8）负责劳务结算资料的收集整理，参与劳务费的结算。 （9）参与或监督劳务人员工资支付、负责劳务人员工资公示及台账的建立。
4	劳务纠纷处理	（10）参与编制、实施劳务纠纷应急预案。 （11）参与调解、处理劳务纠纷和工伤事故的善后工作。

续表 3.8.1

项次	分类	主要工作职责
5	劳务资料管理	(12) 负责编制劳务队伍和劳务人员管理资料。 (13) 负责汇总、整理、移交劳务管理资料。

3.8.2 劳务员应具备表 3.8.2 规定的专业技能。

表 3.8.2 劳务员应具备的专业技能

项次	分类	专 业 技 能
1	劳务管理计划	(1) 能够参与编制劳务需求及培训计划。
2	资格审查培训	(2) 能够验证劳务队伍资质。 (3) 能够审验劳务人员身份、职业资格。 (4) 能够对劳务分包合同进行评审，对劳务队伍进行综合评价。
3	劳动合同管理	(5) 能够对劳动合同进行规范性审查。 (6) 能够核实劳务分包款、劳务人员工资。 (7) 能够建立劳务人员个人工资台账。
4	劳务纠纷处理	(8) 能够参与编制劳务人员工资纠纷应急预案，并组织实施。 (9) 能够参与调解、处理劳资纠纷和工伤事故的善后工作。
5	劳务资料管理	(10) 能够编制、收集、整理劳务管理资料。

3.8.3 劳务员应具备表 3.8.3 规定的专业知识。

表 3.8.3 劳务员应具备的专业知识

项次	分类	专 业 知 识
1	通用知识	(1) 熟悉国家工程建设相关法律法规。 (2) 了解工程材料的基本知识。 (3) 了解施工图识读的基本知识。 (4) 了解工程施工工艺和方法。 (5) 熟悉工程项目管理的基本知识。
2	基础知识	(6) 熟悉流动人口管理和劳动保护的相关规定。 (7) 掌握信访工作的基本知识。 (8) 了解人力资源开发及管理的基本知识。 (9) 了解财务管理的基本知识。

续表 3.8.3

项次	分类	专 业 知 识
3	岗位知识	(10) 熟悉与本岗位相关的标准和管理规定。 (11) 熟悉劳务需求的统计计算方法和劳动定额的基本知识。 (12) 掌握建筑劳务分包管理、劳动合同、工资支付和权益保护的基本知识。 (13) 掌握劳务纠纷常见形式、调解程序和方法。 (14) 了解社会保险的基本知识。

3.9 资 料 员

3.9.1 资料员的工作职责宜符合表 3.9.1 的规定。

表 3.9.1 资料员的工作职责

项次	分类	主要工作职责
1	资料计划管理	(1) 参与制定施工资料管理计划。 (2) 参与建立施工资料管理规章制度。
2	资料收集整理	(3) 负责建立施工资料台账，进行施工资料交底。 (4) 负责施工资料的收集、审查及整理。
3	资料使用保管	(5) 负责施工资料的往来传递、追溯及借阅管理。 (6) 负责提供管理数据、信息资料。
4	资料归档移交	(7) 负责施工资料的立卷、归档。 (8) 负责施工资料的封存和安全保密工作。 (9) 负责施工资料的验收与移交。
5	资料信息系统管理	(10) 参与建立施工资料管理系统。 (11) 负责施工资料管理系统的运用、服务和管理。

3.9.2 资料员应具备表 3.9.2 规定的专业技能。

表 3.9.2 资料员应具备的专业技能

项次	分类	专 业 技 能
1	资料计划管理	(1) 能够参与编制施工资料管理计划。
2	资料收集整理	(2) 能够建立施工资料台账。 (3) 能够进行施工资料交底。 (4) 能够收集、审查、整理施工资料。
3	资料使用保管	(5) 能够检索、处理、存储、传递、追溯、应用施工资料。 (6) 能够安全保管施工资料。

续表 3.9.2

项次	分类	专业技能
4	资料归档移交	（7）能够对施工资料立卷、归档、验收、移交。
5	资料信息系统管理	（8）能够参与建立施工资料计算机辅助管理平台。 （9）能够应用专业软件进行施工资料的处理。

3.9.3 资料员应具备表 3.9.3 规定的专业知识。

表 3.9.3 资料员应具备的专业知识

项次	分类	专业知识
1	通用知识	（1）熟悉国家工程建设相关法律法规。 （2）了解工程材料的基本知识。 （3）熟悉施工图绘制、识读的基本知识。 （4）了解工程施工工艺和方法。 （5）熟悉工程项目管理的基本知识。
2	基础知识	（6）了解建筑构造、建筑设备及工程预算的基本知识。 （7）掌握计算机和相关资料管理软件的应用知识。 （8）掌握文秘、公文写作基本知识。
3	岗位知识	（9）熟悉与本岗位相关的标准和管理规定。 （10）熟悉工程竣工验收备案管理知识。 （11）掌握城建档案管理、施工资料管理及建筑业统计的基础知识。 （12）掌握资料安全管理知识。

4 职业能力评价

4.1 一般要求

4.1.1 建筑与市政工程施工现场专业人员的职业能力评价，可采取专业学历、职业经历和专业能力评价相结合的综合评价方法。其中专业能力评价应采用专业能力测试方法。

4.1.2 专业能力测试包括专业知识和专业技能测试，应重点考查运用相关专业知识和专业技能解决工程实际问题的能力。

4.1.3 建筑与市政工程施工现场专业人员参加职业能力评价，其施工现场职业实践年限应符合表 4.1.3 的规定。

表 4.1.3 施工现场职业实践最少年限（年）

岗位名称	土建类本专业专科及以上学历	土建类相关专业专科及以上学历	土建类本专业中职学历	土建类相关专业中职学历	非土建类中职及以上学历
施工员、质量员、安全员、标准员、机械员	1	2	3	4	—
材料员、劳务员、资料员	1	2	3	4	4

4.1.4 建筑与市政工程施工现场专业人员专业能力测试的内容，应符合本标准第 3 章相关规定。

4.1.5 建筑与市政工程施工现场专业人员专业能力测试，专业知识部分应采取闭卷笔试方式；专业技能部分应以闭卷笔试方式为主，具备条件的可部分采用现场实操测试。专业知识考试时间宜为 2h，专业技能考试时间宜为 2.5h。

4.1.6 建筑与市政工程施工现场专业人员专业能力测试，专业知识和专业技能考试均采取百分制。专业知识和专业技能考试成绩同时合格，方为专业能力测试合格。

4.1.7 已通过施工员、质量员职业能力评价的专业人员，参加其他岗位的职业能力评价，可免试部分专业知识。

4.1.8 建筑与市政工程施工现场专业人员的职业能力评价，应由省级住房和城乡建设行政主管部门统一组织实施。

4.1.9 对专业能力测试合格，且专业学历和职业经历符合规定的建筑与市政工程施工现场专业人员，颁发职业能力评价合格证书。

4.2 专业能力测试权重

4.2.1 施工员专业能力测试权重应符合表 4.2.1 的规定。

表 4.2.1 施工员专业能力测试权重

项次	分类	评价权重
专业技能	施工组织策划	0.10
	施工技术管理	0.30
	施工进度成本控制	0.30
	质量安全环境管理	0.20
	施工信息资料管理	0.10
	小计	1.00

续表 4.2.1

项　　次	分　　类	评价权重
专业知识	通用知识	0.20
	基础知识	0.40
	岗位知识	0.40
	小计	1.00

4.2.2 质量员专业能力测试权重应符合表 4.2.2 的规定。

表 4.2.2　质量员专业能力测试权重

项　　次	分　　类	评价权重
专业技能	质量计划准备	0.10
	材料质量控制	0.20
	工序质量控制	0.40
	质量问题处置	0.20
	质量资料管理	0.10
	小计	1.00
专业知识	通用知识	0.20
	基础知识	0.40
	岗位知识	0.40
	小计	1.00

4.2.3 安全员专业能力测试权重应符合表 4.2.3 的规定。

表 4.2.3　安全员专业能力测试权重

项　　次	分　　类	评价权重
专业技能	项目安全策划	0.20
	资源环境安全检查	0.20
	作业安全管理	0.40
	安全事故处理	0.10
	安全资料管理	0.10
	小计	1.00
专业知识	通用知识	0.20
	基础知识	0.40
	岗位知识	0.40
	小计	1.00

4.2.4 标准员专业能力测试权重应符合表 4.2.4 的规定。

表 4.2.4　标准员专业能力测试权重

项　　次	分　　类	评价权重值
专业技能	标准实施计划	0.20
	施工前期标准实施	0.30
	施工过程标准实施	0.30
	标准实施评价	0.10
	标准信息管理	0.10
	小计	1.00
专业知识	通用知识	0.20
	基础知识	0.40
	岗位知识	0.40
	小计	1.00

4.2.5 材料员专业能力测试权重应符合表 4.2.5 的规定。

表 4.2.5　材料员专业能力测试权重

项　　次	分　　类	评价权重
专业技能	材料管理计划	0.10
	材料采购验收	0.20
	材料使用存储	0.40
	材料统计核算	0.20
	材料资料管理	0.10
	小计	1.00
专业知识	通用知识	0.20
	基础知识	0.40
	岗位知识	0.40
	小计	1.00

4.2.6 机械员专业能力测试权重应符合表 4.2.6 的规定。

表 4.2.6　机械员专业能力测试权重

项　　次	分　　类	评价权重
专业技能	机械管理计划	0.10
	机械前期准备	0.20
	机械安全使用	0.40
	机械成本核算	0.20
	机械资料管理	0.10
	小计	1.00
专业知识	通用知识	0.20
	基础知识	0.40
	岗位知识	0.40
	小计	1.00

4.2.7 劳务员专业能力测试权重应符合表 4.2.7 的规定。

表 4.2.7 劳务员专业能力测试权重

项　　次	分　　类	评价权重
专业技能	劳务管理计划	0.10
	资格审查培训	0.20
	劳动合同管理	0.40
	劳务纠纷处理	0.20
	劳务资料管理	0.10
	小计	1.00
专业知识	通用知识	0.20
	基础知识	0.40
	岗位知识	0.40
	小计	1.00

4.2.8 资料员专业能力测试权重应符合表 4.2.8 的规定。

表 4.2.8 资料员专业能力测试权重

项　　次	分　　类	评价权重
专业技能	资料计划管理	0.10
	资料收集管理	0.30
	资料使用保管	0.20
	资料归档移交	0.20
	资料信息系统管理	0.20
	小计	1.00

续表 4.2.8

项　　次	分　　类	评价权重
专业知识	通用知识	0.20
	基础知识	0.40
	岗位知识	0.40
	小计	1.00

本标准用词说明

1 为了便于在执行本标准条文时区别对待，对要求严格程度不同的用词说明如下：

1） 表示很严格，非这样做不可的：
正面词采用“必须”，反面词采用“严禁”；

2） 表示严格，在正常情况下均应这样做的：
正面词采用“应”，反面词采用“不应”或“不得”；

3） 表示允许稍有选择，在条件许可时首先应这样做的：
正面词采用“宜”，反面词采用“不宜”；

4） 表示有选择，在一定条件下可以这样做的，采用“可”。

2 条文中指明应按其他有关标准执行的写法为：“应符合……的规定”或“应按……执行”。

中华人民共和国行业标准

建筑与市政工程施工现场专业人员职业标准

JGJ/T 250—2011

条 文 说 明

制 定 说 明

《建筑与市政工程施工现场专业人员职业标准》JGJ/T 250－2011，经住房和城乡建设部2011年7月13日以第1059号公告批准、发布。

本标准制定过程中，编制组进行了广泛深入的调查研究，总结分析了我国建设行业企事业单位基层专业管理人员岗位培训、考核评价的实践经验，同时参考了国外建设行业专业人员职业标准体系框架，编制了本标准。

为了方便有关人员正确理解和执行条文规定，《建筑与市政工程施工现场专业人员职业标准》编制组按章、节、条、款顺序编制了本标准的条文说明，对条文规定的目的、依据以及执行中需注意的有关事项进行了说明。但是，本条文说明不具备与正文同等的法律效力，仅供使用者作为理解和把握标准规定的参考。

目　次

1 总 则

1.0.1 建筑与市政工程施工现场专业人员队伍素质是影响工程质量和安全的关键因素。我国从20世纪80年代开始，在建设行业开展关键岗位培训考核和持证上岗工作，对于提高从业人员的专业技术水平和职业素养，促进施工现场规范化管理，保证工程质量和安全，推动行业发展和进步发挥了重要作用。本标准的核心是建立新的职业能力评价制度。该制度是关键岗位培训考核工作的延续和深化。实施本标准的根本目的是，提高建筑与市政工程施工现场专业人员队伍素质，确保施工质量和安全生产。

1.0.2 本标准适用范围是：（1）建筑业企业聘任、使用、评价施工现场专业人员；（2）建筑业企业、教育培训机构、行业组织开展教育培训；（3）行业主管部门、行业组织开展施工现场专业人员职业能力评价；（4）行业主管部门、建筑业企业制定人才队伍建设规划。

1.0.3 目前，各地建筑与市政工程施工现场专业人员的岗位名称、工作职责不尽一致，给职业培训考核的统一、规范造成了困难，制定、施行本标准的目的之一，就是引导这类人员的名称逐步统一、规范。经过广泛调研和科学论证，并兼顾传统习惯，本标准将建筑与市政工程施工现场专业人员岗位名称确定为施工员、质量员、安全员、标准员、材料员、机械员、劳务员、资料员等。本标准不作为岗位设置的依据，工程项目经理部可根据实际需要设置职业岗位，不排除一岗多人和一人多岗的设置方式。

根据量大面广，通用性、专业性强，技能要求高的原则，现编制施工员等8个职业岗位的职业标准，其他职业岗位的职业标准逐步编制开发。鉴于土建施工、装饰装修、设备安装、市政工程专业的施工员、质量员工作差异较为明显，本标准将其分为土建施工、装饰装修、设备安装和市政工程四个子专业。有关单位可在本标准基础上，分类编写施工员、质量员相应的教育培训及考核评价大纲。

在本标准所列8个职业岗位中，标准员是新设的岗位。鉴于工程建设标准是工程建设的重要技术依据，能否严格执行工程建设标准直接影响到工程质量、安全及人身健康，《中华人民共和国建筑法》、《建设工程质量管理条例》、《建设工程安全生产管理条例》等法律法规对执行标准都作出了明确的规定。施工现场专业人员是建设工程施工阶段的直接管理者，设置标准员岗位，可以促进标准实施，保障工程质量和安全，同时强化工程建设标准化工作。

2 术 语

2.0.1 国家对职业标准尚无统一的定义和统一的编写体例。本标准从建筑与市政工程项目经理部各职业岗位专业人员的工作职责、专业知识、专业技能和职业能力评价方式方法等方面，提出规范性要求。

2.0.3 专业技能是通过专门训练才能掌握的技能，不包括诸如表达能力等一般技能。

2.0.4～2.0.7 专业知识是完成专业工作应具备的专门知识。本标准将其分为通用知识、基础知识和岗位知识。通用知识是建筑与市政工程施工现场专业人员应具备的共性知识，基础知识、岗位知识是与本岗位工作相关的知识。

2.0.9 建筑与市政工程施工现场专业人员特指建筑与市政工程项目经理部内从事专业技术与管理工作的专职人员，如施工员、质量员、安全员、标准员、材料员、机械员、劳务员、资料员等，不包括项目经理、副经理、项目总工程师等管理人员，也不包括技术工人和一般行政、后勤人员。

2.0.10～2.0.17 施工员、质量员、安全员、标准员、材料员、机械员、劳务员、资料员特指建筑与市政工程项目经理部内从事该项工作的专职人员，是项目经理部的组成人员。

3 职业能力标准

3.1 一 般 规 定

3.1.1 本条规定中等职业教育学历是申请参加职业能力评价人员的最低学历要求，各岗位对学历可以有不同要求。

本条不作为对施工现场从业人员的学历限制。

3.1.2 本条规定了建筑与市政工程施工现场专业人员的基本能力结构，但不作为职业能力评价中的测试内容。

3.1.3 本条规定了建筑与市政工程施工现场专业人员的基本职业素养，但不作为职业能力评价中的测试内容。

3.2 施 工 员

3.2.1 本条明确了施工员的主要职责，即主要负责施工进度协调，参与施工技术、质量、安全和成本等管理。

“施工员”岗位，不论是名称还是工作职责，全国各地都有较大不同。一些地方“施工员”与“技术员”的职责没有明确的界限，只设“施工员”或“技术员”岗位。而另一些地方则有“施工员”和“技术员”两个岗位，“技术员”主要从事技术管理等工作，“施工员”主要负责进度协调等工作，但各地一般都设置“技术负责人”（即“项目总工程师”）。编制组在调研的基础上，确定本标准不设“技术员”这一岗位，施工员在技术负责人的主持下参与技术管理等工作。

1　施工组织管理策划主要指施工组织管理实施规划（施工组织设计）的编制，由项目经理负责组织，技术负责人实施，施工员参与。编制完成后应经企业技术部门及技术负责人审批后，报总监理工程师批准后实施。

2　图纸会审、技术核定、技术交底、技术复核等工作由项目技术负责人负责，施工员等参与。

施工员组织测量放线，有两方面的工作职责，一是要为测量员具体进行测量工作时提供支持和便利，二是在测量员测量工作完成后组织技术、质量等有关人员进行“验线”。

技术核定是项目技术负责人针对某个施工环节，提出具体的方案、方法、工艺、措施等建议，经发包方和有关单位共同核定并确认的一项技术管理工作。

技术交底由项目技术负责人负责实施。技术交底必须包括施工作业条件、工艺要求、质量标准、安全及环境注意事项等内容，交底对象为项目部相关管理人员和施工作业班组长等。对施工作业班组的技术交底工作应由施工员负责实施。重要或关键分项工程可由技术负责人分别进行质量、安全和环境交底，质量员、安全员协助参与。

技术复核是指技术人员对工程的重要施工环节进行检查、验收、确认的过程。主要包括工程定位放线，轴线、标高的检查与复核，混凝土与砂浆配合比的检查与复核等工作。

3　施工员协助项目经理和技术负责人制定并调整施工进度计划，负责编制作业性进度计划，协助项目经理协调施工现场组织协调工作，落实作业计划。

施工平面布置的动态管理是指建设规模较大的项目，随着工程的进展，施工现场的面貌将不断改变。在这种情况下，应按不同阶段分别绘制不同的施工总平面图，并付诸实施，或根据工地的实际变化情况，及时对施工总平面图进行调整和修正，以便适应不同时期的需要。

4　施工员协助技术负责人做好质量、安全与环境管理的预控工作，参与安全员或质量员的安全检查和质量检查工作，并落实预控措施和检查后提出的整改措施。

3.2.2　施工员可分为土建施工、装饰装修、设备安装、市政工程四个子专业，表3.2.2所列专业技能均为针对本专业的要求。例如，编制施工组织设计，土建施工专业主要为土建工程施工组织设计，装饰装修专业主要为装饰装修工程施工组织设计，设备安装专业主要为设备安装工程施工组织设计，市政工程专业主要为市政工程施工组织设计。

质量控制点是指施工过程中需要对质量进行重点控制的对象或实体。

3.2.3　施工员的专业知识，应按土建施工、装饰装修、设备安装、市政工程四个子专业突出本专业的要求。

1　通用知识包括法律法规、工程材料、工程识图、施工工艺、项目管理五个方面的内容，是建筑与市政工程施工现场各岗位专业人员应具备的共性知识，但对其深度和广度的要求各岗位可以有所不同。

2　土建施工、装饰装修、设备安装、市政工程四个子专业的施工员，对力学知识的要求是不一样的，应根据专业实际提出相应要求。

对于建筑与市政构造、结构以及建筑设备的基本知识，土建施工、装饰装修专业应以建筑构造、建筑结构知识为重点，市政工程专业应以市政构造、结构知识为重点，设备安装专业应以建筑设备知识为主。

3.3　质　量　员

3.3.1　本条明确了质量员的主要职责，即质量计划准备、材料质量控制、工序质量控制、质量问题处置和质量资料管理。

1　施工质量策划是质量管理的一部分，是指制定质量目标并规定必要的运行过程和相关资源的活动。质量策划由项目经理主持，质量员参与。

2　材料和设备的采购由材料员负责。质量员参与采购，主要是参与材料和设备的质量控制，以及材料供应商的考核。这里材料指工程材料，不包括周转材料；设备指建筑设备，不包括施工机械。

进场材料的抽样复验由材料员负责，质量员监督实施。进场材料和设备的质量保证资料包括：

1）产品清单（规格、产地、型号等）；

2）产品合格证、质保书、准用证等；

3）检验报告、复检报告；

4）生产厂家的资信证明；

5）国家和地方规定的其他质量保证资料。

施工试验由施工员负责，质量员进行监督、跟踪。施工试验包括：

1）砂浆、混凝土的配合比，试块的强度、抗渗、抗冻试验；

2）钢筋（材）的强度、疲劳试验、焊接（机械连接）接头试验、焊缝强度检验等；

3）土工试验；

4）桩基检测试验；

5）结构、设备系统的功能性试验；

6）国家和地方规定需要进行试验的其他项目。

计量器具符合性审查主要包括：计量器具是否按照规定进行送检、标定；检测单位的资质是否符合要求；受检器具是否进行有效标识等。

3　工序质量是指每道工序完成后的工程产品质量。工序质量控制措施由项目技术负责人主持制定，质量员参与。

关键工序指施工过程中对工程主要使用功能、安全状况有重要影响的工序。特殊工序指施工过程中对工程主要使用功能不能由后续的检测手段和评价方法加以验证的工序。

检验批、分项分部工程和单位工程的划分见《建筑工程施工质量验收统一标准》GB 50300。

4 本标准将质量通病、质量缺陷和质量事故统称为质量问题。质量通病是建筑与市政工程中经常发生的、普遍存在的一些工程质量问题，质量缺陷是施工过程中出现的较轻微的、可以修复的质量问题，质量事故则是造成较大经济损失甚至一定人员伤亡的质量问题。

质量通病预防和纠正措施由项目技术负责人主持制定，质量员参与。

质量缺陷的处理由施工员负责，质量员进行监督、跟踪。

对于质量事故，应根据其损失的严重程度，由相应级别住房和城乡建设行政主管部门牵头调查处理，质量员应按要求参与。

5 质量员在资料管理中的职责是：

1）进行或组织进行质量检查的记录；

2）负责编制或组织编制本岗位相关技术资料；

3）汇总、整理本岗位相关技术资料，并向资料员移交。

3.3.2 质量员的专业技能，应按土建施工、装饰装修、设备安装、市政工程四个子专业突出本专业的要求。

1 质量计划是针对特定的产品、项目或合同规定专门的质量措施、资源和活动顺序的文件。质量计划通常是质量策划的一个结果。

2 要求质量员能够根据质量保证资料和进场复验资料，对材料和设备质量进行评价；能够根据施工试验资料，判断相关指标是否符合设计和有关技术标准要求。

3.3.3 质量员的专业知识，应按土建施工、装饰装修、设备安装、市政工程四个子专业突出本专业的要求，具体说明同本标准第3.2.3条条文说明。

3.4 安 全 员

3.4.1 本条明确了安全员的主要职责，即项目安全策划、资源环境安全检查、作业安全管理、安全事故处理、安全资料管理。

1 项目安全策划是制定工程项目施工现场安全生产管理计划的一系列活动。

施工项目安全生产管理计划包括安全控制目标、控制程序、组织结构、职责权限、规章制度、资源配置、安全措施、检查评价和奖惩制度以及对分包的安全管理；复杂或专业性项目的总体安全措施、单位工程安全措施及分部分项工程安全措施；非常规作业的单项安全技术措施和预防措施等。同时，对项目现场，尚应按照《环境管理体系　要求及使用指南》GB/T 24001的要求，建立并持续改进环境管理体系，以促进安全生产、文明施工并防止污染环境。

施工项目安全生产管理计划及安全生产责任制度均由施工单位组织编制，项目经理负责，安全员参与。

施工现场安全事故应急救援预案，应包括建立应急救援组织、配备必要的应急救援器材、设备，其编制由施工单位组织，项目经理负责，安全员应参与。

2 开工前安全条件审查是建设行政主管部门负责进行的工作，现场监理人员和现场安全员主要参与现场安全防护、消防、围挡、职工生活设施、施工材料、施工机具、施工设备安装、作业人员许可证、作业人员保险手续、项目安全教育计划、现场地下管线资料、文明施工设施等项目的检查。

施工防护用品和劳保用品的符合性审查是指对于施工防护用品和劳保用品的安全性能是否达到或符合施工安全要求的检查与审验。

3 危险性较大的分部、分项工程专项施工方案由总承包单位或专业承包单位组织编制，安全员要参与审核，因方案涉及施工安全保证措施，安全员一般应参与专项施工方案的编制。

安全技术交底是由项目技术负责人负责实施。安全技术交底必须包括安全技术、安全程序、施工工艺和工种操作等方面内容，交底对象为项目部相关管理人员和施工作业班组长等。对施工作业班组的安全技术交底工作应由施工员负责实施，安全员协助、参与。

施工作业安全检查包括日常作业安全检查、季节性安全检查、专项安全检查等，检查内容按《建筑施工安全检查标准》JGJ 59的要求执行。

施工现场环境监督管理是施工生产管理的重要环节，由项目经理负责，主要目标是保持现场良好的作业环境、卫生条件和工作秩序，做到污染预防，并预防可能出现的安全隐患，确保项目文明施工；有效实施现场管理，保护地下管线、发现文物古迹或爆炸物时及时报告，切实控制污水、废气、噪声、固体废弃物、建筑垃圾和渣土，正确处理有毒有害物质。这一工作中，安全员参与涉及安全施工和环境安全的工作，包括污染预防、报告发现的爆炸物、控制污水废气和噪声、处理有毒有害物质等。

4 项目安全生产事故应急救援演练是项目部根据项目应急救援预案进行的定期专项应急演练，由项目经理负责。安全员监督演练的定期实施、协助演练的组织工作。当安全生产事故发生后，项目经理负责组织、指挥救援工作，安全员参与组织救援。

安全生产事故发生后，施工单位要及时如实报告、采取措施防止事故扩大、保护事故现场。安全生产事故主要由政府组织调查。项目部的职责主要是协助调查。因此，安全员的职责就是协助调查人员对安全事故的调查、分析。

3.5 标 准 员

3.5.1 本条规定了标准员的主要工作职责，即标准实施计划、施工前期标准实施、施工过程标准实施、标准实施评价、标准信息管理。

1 工程建设标准包括工程建设国家标准、行业标准、地方标准和企业标准。标准员确定工程项目应执行的工程建设标准，是指从现行的标准里，根据所承建的工程项目类别、结构形式、地域特点等确定应执行的工程建设标准。标准有效版本，一是指经法定程序批准发布、备案，并由指定出版机构正式出版的标准；二是指所选用的标准文本应在有效期内。工程建设标准一般实施一段时间后进行修订，颁布新的版本，标准员应关注工程建设标准制修订动态，掌握最新版本。

工程建设标准是编制施工组织设计、专项施工方案、质量计划和安全生产管理计划的重要依据，工程建设标准中所规定的技术要求也是方案、计划编制的重要目标之一，如何落实工程建设标准的要求是制定方案和计划的重要内容之一，特别是质量验收标准、安全标准、施工技术标准等。标准员参与制定主要工程建设标准贯彻落实的计划方案及管理制度，是指协助各项方案、计划编制的负责人，提出主要标准贯彻落实的技术管理措施及管理制度，确保工程项目建设达到工程建设标准的各项技术要求。

2 标准员参与编制施工组织设计、专项施工方案等，是指对于涉及工程建设标准相关内容的编制提供支持。

工程建设标准实施交底是指标准员向施工现场的其他专业人员就标准实施事项进行的交底，对象为施工员、质量员、安全员、材料员、机械员等，交底的内容是所承建的工程项目应执行工程建设标准的主要技术要求。

3 工程建设标准实施的信息管理，是指标准员利用信息化手段对工程建设标准实施情况进行监管。

对工程项目执行标准的情况进行评价，是指按照分部工程的划分，对不同分部工程施工过程中执行标准的情况分别进行评价，得出各分部施工是否符合标准要求的结论，对于没有达到标准的要求，要分析原因。

3.5.3 工程建设标准体系是某一工程建设领域的所有工程建设标准，按其客观存在的联系，相互依存，相互衔接，相互补充，相互制约，构成的一个科学有机整体。

3.6 材 料 员

3.6.1 本条明确了材料员的主要职责，即材料管理计划、材料采购验收、材料使用存储、材料统计核算和材料资料管理。

1 材料管理计划的制定一般由工程项目部项目经理组织，项目技术负责人负责，材料员等参与编制。

材料、设备配置计划是指为了实现建筑与市政工程项目施工的目标，根据工程施工任务、进度，对材料、设备的使用作出具体安排和搭配方案途径。

本节所提到的材料包括工程材料和周转材料；设备指建筑设备、小型施工设备和工器具，不包括大中型施工机械设备。

2 材料采购验收工作一般包括材料采购与验收两大部分工作。材料采购工作中对供应单位的评价、选择及材料采购合同签订、管理一般由项目经理负责，材料员与其他相关人员参与。

3 剩余材料、设备回收和处置，及不合格材料、设备处置由工程项目部负责，材料员参与。

4 材料成本核算由工程项目部主管经济负责人组织，材料员参与。

3.7 机 械 员

3.7.1 本条明确了机械员的主要工作职责，即机械管理计划、机械前期准备、机械安全使用、机械成本核算和机械资料管理。

1 机械管理计划，包括施工机械的采购和租赁、使用、维修保养、装卸等计划，机械员主要参与使用计划和维修保养计划的制定。使用计划和机械设备管理制度由机械管理部门组织制定，机械员参与，以便充分了解项目施工过程中机械设备使用的整体需要和管理要求；维护保养计划是在使用计划的基础上，由机械员负责制定。

2 机械前期准备，是项目施工前的一项重要工作，一般由项目经理负责，技术负责人具体安排指导，机械员根据需要参与相关工作，但向建设主管部门备案、登记使用特种设备的工作，由机械员负责。

"特种设备"是指涉及生命安全、危险性较大的锅炉、压力容器（含气瓶）、压力管道、电梯、起重机械、客运索道、大型游乐设施和场（厂）内专用机动车辆及其所用的材料、附属的安全附件、安全保护装置和与安全保护装置相关的设施。

协助特种设备安装、拆卸的安全管理和监督检查，是指机械员在机械设备安装及拆卸单位作业时，在安装及拆卸现场进行巡视，协助项目安全负责人监督、检查。

参与施工机械设备的检查验收，是指对新购置、租赁、安装、改造的机械设备的产品质量、安全控制可靠性、调试试运行等进行全面检查验收，机械员须在场参与工作。

施工机械设备的安全技术交底，一般与分部、分项安全技术交底同步并逐级进行。项目技术负责人对机械员交底，机械员对机械作业班组作业人员进行交底。安全技术交底主要内容包括：工程项目和分部、分项工程的概况；工程项目和分部、分项工程的危险部位；针对危险部位采取的具体预防措施；作业中应注意的安全事项；作业人员应遵守的安全操作规范和规程；作业人员发现事故隐患应采取的措施和发生事故后应及时采取的躲避和急救措施。

3 施工机械设备安全使用需要重点控制的环节是：加强操作人员的培训，把好特种机械设备作业人员的就业准入关；加强施工机械设备的维护和保养，保证机械设备的规范操作；确保施工机械设备安全防护装置、安全警告标识的设置到位。

重大机械设备事故一般由各级建设主管部门根据事故等级进行分级调查、分析和处理，机械员按要求协助。

4 机械成本管理中定额的编制，一般由项目财务部门负责，机械员参与。施工机械设备台账是企业为了加强机械设备的管理、更加详细地了解机械设备方面的信息而设置的一种辅助账本。施工机械设备租赁结算，一般由财务部门负责结算，机械员参与。

5 施工机械设备资料，一般包括机械设备的数据报表、监测、检查、维修记录等。

3.8 劳 务 员

3.8.1 本条明确了劳务员的主要职责，即劳务管理计划、资格审查培训、劳动合同管理、劳务纠纷处理、劳务资料管理。

1 劳务管理计划的制定、组建项目劳务管理机构、制定劳务管理制度等工作，一般由项目经理组织，劳务员等各有关管理人员参与。

2 劳务资格审查主要包括劳务企业资质审查和劳务人员职业资格审查。审查具体要求参见住房和城乡建设部的有关规定。具体工作一般由项目经理主持，劳务员等各有关管理人员参与。

3 劳动合同管理在工程项目上有两种情况：对劳务分包队伍的管理和对自有劳务人员的管理。因此对本款（6）、（7）、（9）项中的职责，对劳务分包队伍行使“监督”职责，对自有劳务人员则直接负责。劳务费的结算分劳务分包费结算和劳务工人工资结算两种情况。一般由项目经理组织，劳务员等各有关管理人员参与。

4 劳务纠纷处理有两项主要工作：一是制定劳务纠纷应急预案，一般由企业相关部门编制总纲要，项目经理组织对预案进行细化和责任分工，并组织实施；二是调解、处理劳务纠纷和工伤事故的善后工作，根据情况的严重程度由企业或项目经理组织有关人员处理，劳务员协助进行。

3.9 资 料 员

3.9.1 本条明确了资料员的主要职责，即资料计划管理、资料收集整理、资料使用保管、资料归档移交、资料信息系统管理。

1 资料员应协助项目经理或技术负责人制定施工资料管理计划，建立施工资料管理规章制度。施工资料是建筑与市政工程在施工过程中形成的资料，包括施工管理资料、施工技术资料、施工进度及造价资料、施工物资资料、施工记录、施工试验记录及检测报告、施工质量验收记录、竣工验收资料等。施工资料管理计划的内容包括资料台账，资料管理流程，资料管理制度以及资料的来源、内容、标准、时间要求、传递途径、反馈的范围、人员及职责和工作程序等。

2～4 项次资料员应收集、审查施工员、质量员等项目部其他专业人员，以及相关单位移交的施工资料，并整理、组卷，向企业相关部门和建设单位移交归档。

施工资料交底的内容包括资料目录，资料编制、审核及审批规定，资料整理归档要求，移交的时间和途径，人员及职责等。

5 资料员应协助企业相关部门建立施工资料管理系统。施工资料管理系统包括资料的准备、收集、标识、分类、分发、编目、更新、归档和检索等。

3.9.2 安全保管施工资料包括严格遵守国家和地方的有关法律、法规和规定，建立完善的资料管理制度和安全责任制度，坚持全过程安全管理，采取必要的安全保密措施，包括资料的分级、分类管理方式，确保施工资料安全、合理、有效使用。

4 职业能力评价

4.1 一 般 要 求

4.1.1 职业能力评价采取综合评价方式进行，由专业学历、职业经历和专业能力评价三部分组成。专业学历以文化程度为评价指标，职业经历以施工现场职业实践年限为评价指标，专业能力以专业能力测试成绩为评价指标。

4.1.2 建筑与市政工程施工现场专业人员专业能力测试不同于学历教育的学业考核，不应过分强调基本概念、基本原理的考查，而应重点考查运用相关专业知识和专业技能解决工程实际问题的能力。实际操作中，宜采用诸如工程案例等形式的测试题目。

4.1.3 依据国务院学位委员会《学位授予和人才培养学科目录（1997年）》和教育部《普通高等学校本科专业目录（1998年）》、《普通高等学校高职高专教育指导性专业目录（2004年）》、《中等职业学校专业目录（2010年修订）》，各职业岗位对应的土建类本专业、相关专业见表1。

表1　各职业岗位的土建类本专业、相关专业对应表

序号	学历层次	施工员、质量员、标准员、安全员、机械员	材料员、劳务员、资料员
1	土建类研究生本专业	土木工程（一级学科）、建筑与土木工程（工程硕士）	土木工程（一级学科）、管理科学与工程、建筑与土木工程（工程硕士）
2	土建类本科本专业	土木工程、建筑环境与设备工程、给水排水工程、工程管理	土木工程、建筑环境与设备工程、给水排水工程、工程管理
3	土建类专科本专业	建筑设计类、土建施工类、建筑设备类、工程管理类、市政工程类	建筑设计类、土建施工类、建筑设备类、工程管理类、市政工程类、房地产类
4	土建类研究生相关专业	建筑学（一级学科）、管理科学与工程	建筑学（一级学科）
5	土建类本科相关专业	建筑学、城市规划	建筑学、城市规划、电气工程及其自动化
6	土建类专科相关专业	城镇规划与管理类、房地产类、公路监理、道路桥梁工程技术、高速铁道技术、电气化铁道技术、铁道工程技术、城市轨道交通工程技术、港口工程技术、管道工程技术、管道工程施工、水利工程与管理类	城镇规划与管理类、房地产类、公路监理、道路桥梁工程技术、高速铁道技术、电气化铁道技术、铁道工程技术、城市轨道交通工程技术、港口工程技术、管道工程技术、管道工程施工、水利工程与管理类
7	土建类中职本专业	建筑工程施工、建筑装饰、古建筑修缮与仿建、土建工程检测、建筑设备安装、供热通风与空调施工运行、给排水工程施工与运行、楼宇智能化设备安装与运行	建筑工程施工、建筑装饰、城镇建设、工程造价、古建筑修缮与仿建、土建工程检测、建筑设备安装、供热通风与空调施工运行、给排水工程施工与运行、工程施工机械运用与维修

续表1

序号	学历层次	施工员、质量员、标准员、安全员、机械员	材料员、劳务员、资料员
8	土建类中职相关专业	城镇建设、道路与桥梁工程施工、市政工程施工、铁道施工与养护、水电工程建筑施工	道路与桥梁工程施工、铁道施工与养护、水电工程建筑施工、市政工程施工、物业管理、房地产营销与管理

4.1.4　本标准第3章规定了建筑与市政工程施工现场专业人员专业能力测试的框架性内容。为了保证本标准的可操作性，还将编制与本标准配套的考试大纲。

4.1.5　现场实操是最能反映专业技能测试真实水平的形式。但是，建筑与市政工程施工现场专业人员职业能力评价是一项量大面广的工作，专业技能测试全部采用现场实操不现实。因此，本标准规定专业技能测试以闭卷笔试方式为主，但鼓励具备条件的地区部分采用现场实操测试。

4.1.6　建筑与市政工程施工现场专业人员专业能力测试成绩不实行滚动制，只有在同一次测试中，专业知识和专业技能都合格，方为专业能力测试合格。

4.1.7　在本标准所列职业岗位中，施工员、质量员所涉及的专业知识面相对较宽，要求也相对较高。为了减轻参加职业能力评价人员不必要的学习负担，本标准规定，凡通过施工员或质量员职业能力评价的专业人员，参加其他岗位的职业能力评价，可以免试部分专业知识。

4.1.8　建筑与市政工程施工现场专业人员职业能力评价，是一项事关施工现场专业人员队伍建设的重要制度，涉及面广，政策性强，该工作应在住房和城乡建设部统一领导下，由省级住房和城乡建设行政主管部门统一组织实施。

中华人民共和国行业标准

建筑施工企业信息化评价标准

Standard for evaluating the informatization of construction enterprises

JGJ/T 272—2012

批准部门：中华人民共和国住房和城乡建设部
施行日期：2 0 1 2 年 5 月 1 日

中华人民共和国住房和城乡建设部
公　告

第1226号

关于发布行业标准《建筑施工企业信息化评价标准》的公告

现批准《建筑施工企业信息化评价标准》为行业标准，编号为JGJ/T 272-2012，自2012年5月1日起实施。

本标准由我部标准定额研究所组织中国建筑工业出版社出版发行。

中华人民共和国住房和城乡建设部

2011年12月26日

前　言

根据原建设部《关于印发〈2007年工程建设标准规范制订、修订计划（第一批）〉的通知》（建标[2007] 125号）的要求，标准编制组经过深入的调查研究，认真分析和总结国内外建筑施工企业信息化成果，结合实践经验，并在广泛征求意见的基础上，编制了本标准。

本标准的主要技术内容是：总则、术语和符号、基本规定、评价指标与评分、评价规则。

本标准由住房和城乡建设部负责管理，由中国建筑业协会负责具体技术内容的解释。执行过程中如有意见和建议，请寄中国建筑业协会（邮编：100081；地址：北京市中关村南大街48号九龙商务中心A座7层）。

本标准主编单位：中国建筑业协会
中建国际建设有限公司

本标准参编单位：中国建筑科学研究院
清华大学
中国建筑工程总公司
中国铁路工程总公司
哈尔滨工业大学
中国交通建设集团有限公司
中国建筑一局（集团）有限公司
中博建设集团有限公司
北京广联达梦龙软件有限公司
易建科技有限公司
广联达软件股份有限公司
广东同望科技股份有限公司
金蝶软件（中国）有限公司

本标准主要起草人员：吴　涛　黄如福　王小莹　马智亮　崔惠钦　李　虎　高　峰　常戌一　邓小姝　江　雄　鞠成立　王要武　王爱华　景　万　刘宇林　李孝文　陈岱林　许海民　井振威　李洪东　张铁城　王　建　彭书凝　陈于玲　安维红　黄　昀

本标准主要审查人员：崔俊芝　王　毅　符　建　丘亮新　陈小平　刘长滨　戴建中　许海涛　李东风　王文天　骆汉宾　雪明锁　郑晓生

目　次

Contents

1 总　　则

1.0.1 为引导建筑施工企业科学、合理、有效地进行信息化建设，提高建筑施工企业信息化水平，制定本标准。

1.0.2 本标准适用于建筑施工企业信息化水平的综合评价。

1.0.3 建筑施工企业信息化水平的综合评价除应符合本标准外，尚应符合国家现行有关标准的规定。

2 术语和符号

2.1 术　　语

2.1.1 企业信息化　enterprise informatization

企业利用现代信息技术，通过深入开发和广泛利用信息资源，不断提高企业的生产、经营、协同管理、决策的效率和水平，提高企业工作效率和管理效益，提升企业竞争力的过程，也是企业利用信息技术改进企业经营管理方式的过程。

2.1.2 应用系统　application system

直接应用于企业生产和管理的应用软件及硬件系统。

2.1.3 应用集成　integration of applications

将服务于企业的相互独立的应用软件整合为一个统一协调的应用系统。

2.1.4 数据集成　data integration

指实现应用系统之间共享数据，并且当应用系统中某些数据发生改变时，所有与这些数据有关的数据，会即时、准确、一致地随之变化。

2.1.5 数据管理　data management

指利用计算机及其相关技术进行数据收集、传输、处理和存储等。

2.1.6 企业门户　enterprise portal

企业为其员工、业主、客户、供应商、承包商和监理单位等在因特网上访问本企业各种信息资源提供的单一的入口。

2.1.7 灾难恢复系统　disaster recovery system

用于防灾备份、灾后恢复信息系统的软件和硬件系统。

2.1.8 安全认证系统　security authentication system

用于保证系统的用户按所拥有的权限安全、正确地访问信息系统的软件和硬件系统。

2.1.9 防病毒系统　virus protection system

用于监控识别、扫描和清除电脑病毒、特洛伊木马和恶意软件等的软件系统。

2.1.10 入侵检测系统　intrusion detection system

是一种对网络传输进行即时监视，在发现可疑传输时发出警报或者采取主动反应措施的网络安全设备。

2.1.11 安全审计系统　safety audit system

主要用于监视、记录用户对网络系统的各类操作，并通过分析记录数据，实现对用户操作行为的监控和审计，最大限度地保障企业信息系统安全运行。

2.1.12 CAD(计算机辅助设计)　computer aided design

工程技术人员以计算机为工具，对产品和工程开展设计、绘图、造型、分析和编写技术文档等设计活动的总称。

2.2 符　　号

2.2.1 各评价指标的评价及评价结果的计算符号：

F——企业信息化水平的综合评价得分；

K_1——信息化应用范围系数；

K_2——信息化应用成效系数；

s_{ij}——第 i 方面的第 j 个评价指标的得分；

α——信息化水平评价总得分；

α_i——第 i 个评价者给出的信息化水平评价总得分。

3 基 本 规 定

3.0.1 参评企业应满足下列条件：

1 具有法人资格；

2 企业的主要应用系统连续使用 6 个月以上；

3 已形成本标准第 5.2.2 条规定的相关资料。

3.0.2 建筑施工企业信息化水平应对参评企业业务、技术、保障、应用、成效等 5 个方面的指标进行评价。

表 3.0.2　建筑施工企业信息化水平评价指标

方面序号	方面	指标序号	指　标
1	业务	1	经营性业务信息化程度
		2	生产性业务信息化程度
		3	综合性业务信息化程度
2	技术	1	数据管理水平
		2	数据集成水平
		3	应用集成水平
3	保障	1	信息化建设投入程度
		2	信息化建设规划编制与实施状况
		3	信息化制度制定与执行状况
		4	信息化组织健全度
		5	信息化安全保障度
4	应用	1	信息化应用范围
5	成效	1	管理标准化程度
		2	管理创新程度
		3	总体应用效果

3.0.3 建筑施工企业信息化水平等级应依据综合评价得分按表3.0.3确定。

表3.0.3 建筑施工企业信息化水平等级标准

序号	信息化水平等级	企业信息化水平的综合评价得分（F）范围
1	A级	$90 \leqslant F \leqslant 100$
2	B级	$80 \leqslant F < 90$
3	C级	$65 \leqslant F < 80$
4	D级	$50 \leqslant F < 65$
5	E级	$30 \leqslant F < 50$

4 评价指标与评分

4.1 一般规定

4.1.1 应根据参评企业提交的相关资料，核查企业的实际情况，按本标准规定的方法，使用本标准附录A提供的评价用表，对信息化水平评价指标逐一进行评价。

4.1.2 应在对各评价指标进行评分的基础上，计算出信息化水平评价总得分。

4.2 业务方面

4.2.1 业务方面应包括经营性业务信息化程度、生产性业务信息化程度、综合性业务信息化程度3个评价指标。

4.2.2 经营性业务信息化程度应按表4.2.2评分，本评价指标得分应为各评价点得分之和。

表4.2.2 经营性业务信息化程度（s_{11}）的评分标准

序号	评价点	要点	评分范围
1	市场经营管理	市场信息管理、客户关系管理、工程项目资信管理、雇主信用管理、竞争对手管理、市场营销绩效管理、统计分析等	0～27
2	全面预算管理	业务预算、财务预算、资本预算和筹资预算	0～7
3	财务会计管理	科目配置、制单记账（录入记账凭证的内容、制单、审核、记账）、账簿管理（自动生成所有账簿）、编制财务报表（含企业各级组织）等	0～26
4	资金管理	资金计划与支付监控、资金成本管理、资金上划、下拨及存款管理、网银系统等	0～26

续表4.2.2

序号	评价点	要点	评分范围
5	固定资产管理	固定资产购置、日常管理、折旧管理、重点资产管理、报表统计等	0～7
6	电子商务	供需方数据交换、电子采购、网上结算等	0～7

4.2.3 生产性业务信息化程度应按表4.2.3评分，本评价指标得分应为各评价点得分之和。

表4.2.3 生产性业务信息化程度（s_{12}）的评分标准

序号	评价点	要点	评分范围
1	投标管理	投标资料管理、投标评审管理等	0～7
2	招标管理	招标计划管理、分包商管理、招标文件管理、招标评审管理、中标资料管理等	0～5
3	成本管理	责任成本、目标成本、计划成本、实际成本、成本分析等	0～17
4	合约管理	合同台账、变更、索赔、结算、收支、统计分析等	0～17
5	进度管理	总进度计划（总进度计划分解为分进度计划）、分进度计划（分进度计划汇总为总进度计划）、进度对比分析等	0～7
6	物料管理	需求计划、采购计划、招标采购（询价、比价）、日常业务管理、供应商管理、统计分析、库存管理、网上封样等	0～5
7	设备管理	需求计划、供应计划、采购租赁管理、供应商管理、合同管理、台账管理、使用管理、维修保养管理、报废管理、成本核算分析等	0～5
8	质量管理	质量目标计划、质量台账（重大质量安全事故、竣工工程质量记录）、工程质量检查评价、统计分析等	0～5
9	安全职业健康管理	安全目标计划、安全投入管理、安全台账、安全质量检查评价、统计分析等	0～5

续表 4.2.3

序号	评价点	要　点	评分范围
10	协同管理	信息收集、管理、查询等	0～5
11	工程资料管理	资料分类、数据采集整理编目、收发、归档、借阅、审批、跟踪、检索查询等	0～5
12	科技与试验管理	施工组织设计及技术方案、设计变更与技术复核、项目技术研发管理、检验与试验、工程测量等	0～5
13	辅助设计、施工技术应用	从下列应用系统中任选5个：设计施工管理集成应用、虚拟施工系统、远程视频监控系统、远程视频会议和教学系统、施工安全设计、工程量计算、工程计算机辅助设计（CAD）系统、企业定额管理等	0～12

4.2.4 综合性业务信息化程度应按表 4.2.4 评分，本评价指标得分应为各评价点得分之和。

表 4.2.4 综合性业务信息化程度（s_{13}）的评分标准

序号	评价点	要　点	评分范围
1	风险管理	企业经营的风险识别、风险分析、风险防范与对策、风险管理决策等	0～8
2	人力资源管理	人事管理、合约管理、薪资管理、人力资源计划管理、培训管理、绩效管理等	0～30
3	办公管理	收发文管理、会议管理、邮件管理、公文流转管理、工作计划管理、任务管理、企业制度管理、行业动态、发布信息等	0～30
4	网站及企业内网门户	宣传和沟通信息等	0～7
5	档案资料管理	档案分类目录、文档资料录入、档案资料归档、查询、借阅管理等	0～7

续表 4.2.4

序号	评价点	要　点	评分范围
6	企业知识管理	施工组织设计数据库、市场信息数据库、质量安全知识数据库、施工常用技术规范工法数据库、工程项目竣工结算数据库等	0～7
7	综合报表管理	包括企业生产经营管理的：信息采集、分类汇总、制表、统计分析、查询等	0～11

4.3 技 术 方 面

4.3.1 技术方面应包括数据管理水平、数据集成水平和应用集成水平3个评价指标。

4.3.2 数据管理水平应按表 4.3.2 评分。

表 4.3.2 数据管理水平（s_{21}）的评分标准

层次	特　征	评分取值范围
1	企业数据经过系统规划、设计，实现数据集中管理	$80 \leqslant s_{21} \leqslant 100$
2	企业数据经过系统规划、设计，部分实现数据集中管理	$60 \leqslant s_{21} < 80$
3	企业数据经过系统规划、设计，未实现数据集中管理	$50 \leqslant s_{21} < 60$
4	企业部分数据经过系统规划、设计，未实现数据集中管理	$30 \leqslant s_{21} < 50$
5	只是基于应用系统实现了企业数据的封装管理	$0 \leqslant s_{21} < 30$

4.3.3 数据集成水平应按表 4.3.3 评分，本评价指标得分应为各评价点得分之和。

表 4.3.3 数据集成水平（s_{22}）的评分标准

序号	评价点	层次	特征	评分取值范围
1	信息化标准	1	建立了较完整的企业信息分类与编码标准体系	30～50
		2	部分业务建立了企业信息分类与编码标准体系	20～29
		3	部分业务遵循了已有的信息分类与编码标准	0～19

续表 4.3.3

序号	评价点	层次	特征	评分取值范围
2	集成方式	1	实现了实时的数据集中管理	40～50
		2	以汇集数据的方式实现了数据集中管理	30～39
		3	实现了点对点数据交换	10～29
		4	以电子介质、电子邮件等实现数据上报	0～9

注：企业信息分类与编码标准包括企业人、财、物、合同、组织机构等的编码。

4.3.4 应用集成水平应按表 4.3.4 评分。

表 4.3.4 应用集成水平（s_{23}）的评分标准

层次	特征	评分取值范围
1	实现了针对合约管理、成本管理、办公管理、资金管理、市场营销管理、财务会计管理、人力资源管理等业务的应用集成	$95 \leqslant s_{23} \leqslant 100$
2	实现了针对合约管理、成本管理、办公管理、资金管理、市场营销管理、财务会计管理、人力资源管理中 6 项业务的应用集成	$85 \leqslant s_{23} < 95$
3	实现了针对合约管理、成本管理、办公管理、资金管理、市场营销管理、财务会计管理、人力资源管理中 5 项业务的应用集成	$80 \leqslant s_{23} < 85$
4	实现了针对合约管理、成本管理、办公管理、资金管理、市场营销管理、财务会计管理、人力资源管理中 4 项业务的应用集成	$70 \leqslant s_{23} < 80$
5	实现了针对合约管理、成本管理、办公管理、资金管理、市场营销管理、财务会计管理、人力资源管理中 3 项业务的应用集成	$50 \leqslant s_{23} < 70$
6	实现了针对合约管理、成本管理、办公管理、资金管理、市场营销管理、财务会计管理、人力资源管理中 2 项业务的应用集成	$30 \leqslant s_{23} < 50$
7	其他任意两个或两个以上应用的集成	$0 \leqslant s_{23} < 30$

4.4 保障方面

4.4.1 保障方面应包括信息化建设投入程度、信息化建设规划编制与实施状况、信息化制度制定与执行状况、信息化组织健全度和信息化安全保障度 5 个评价指标。

4.4.2 信息化建设投入程度应按表 4.4.2 评分，其中，信息化建设投入率应按下式计算：

$$\mu = \frac{\sum_{i=1}^{5} q_i}{\sum_{i=1}^{5} t_i} \times 100\% \qquad (4.4.2)$$

式中：μ——信息化建设投入率；

q_i——第 i 年的企业信息化建设投入（万元），包括：公司、直属分公司、事业部及其项目部的信息化基础设施和系统软件购置、应用系统建设、信息化工作人员工资和用于办公场地、员工信息化培训、信息化咨询以及信息系统日常运行与维护等费用；

t_i——第 i 年企业营业收入额（万元）；

i——年份：$i=1$ 代表企业申请信息化评价的上一年，$i=2$ 代表上上一年，以此类推最近 5 年。

表 4.4.2 信息化建设投入程度（s_{31}）的评分标准

层次	特征（信息化建设投入率 μ 的取值）	评分取值范围
1	$0.1\% \leqslant \mu \leqslant 0.3\%$	$80 \leqslant s_{31} \leqslant 100$
2	$0.07\% \leqslant \mu < 0.1\%$	$60 \leqslant s_{31} < 80$
3	$0.04\% \leqslant \mu < 0.07\%$	$30 \leqslant s_{31} < 60$
4	$0.01\% \leqslant \mu < 0.04\%$	$10 \leqslant s_{31} < 30$
5	$0 \leqslant \mu < 0.01\%$	$0 \leqslant s_{31} < 10$

注：信息化建设投入率 μ 大于 0.3%时取 100 分。

4.4.3 信息化建设规划编制与实施状况应按表 4.4.3 评分。

表 4.4.3 信息化建设规划编制与实施状况（s_{32}）的评分标准

层次	特　征	评分取值范围
1	编制了信息化建设规划，且实施情况良好	$75 \leqslant s_{32} \leqslant 100$
2	编制了信息化建设规划，且实施情况较好	$50 \leqslant s_{32} < 75$
3	编制了信息化建设规划，且部分得到实施	$25 \leqslant s_{32} < 50$
4	编制了信息化建设规划，且少数得到实施	$10 \leqslant s_{32} < 25$
5	无信息化建设规划	$0 \leqslant s_{32} < 10$

4.4.4 信息化制度制定与执行状况应按表 4.4.4 对每一评价点评分，本评价指标得分应为各评价点得分之和。

表 4.4.4 信息化制度制定与执行状况（s_{33}）的评分标准

序号	评　价　点	评分取值范围
1	机房及设备管理制度制定与执行	0～10
2	信息系统安全管理制度制定与执行	0～10
3	运行维护管理制度制定与执行	0～10
4	信息化组织管理制度制定与执行	0～10
5	信息化采购管理制度制定与执行	0～10

续表 4.4.4

序号	评 价 点	评分取值范围
6	信息化培训管理制度制定与执行	0～10
7	信息化建设管理制度制定与执行	0～10
8	数据采集管理制度制定与执行	0～10
9	应用与绩效管理制度制定与执行	0～10
10	信息化相关技术资料管理制度制定与执行	0～10

4.4.5 信息化组织健全度应按表 4.4.5 对每一评价点评分，本评价指标得分应为各评价点得分之和。

表 4.4.5 信息化组织健全度（s_{34}）的评分标准

序号	评 价 点	评分取值范围
1	设有企业信息化领导小组和企业首席信息官（CIO）或类似岗位	0～20
2	设有独立的信息化管理职能部门	0～20
3	设有明确的信息化管理岗位	0～20
4	接受过信息化培训人员达企业管理和技术人员之和的 80%以上	0～20
5	80%以上项目部有明确的信息管理工作责任人	0～20

4.4.6 信息化安全保障度应按表 4.4.6 对每一评价点评分，本评价指标得分应为各评价点得分之和。

表 4.4.6 信息化安全保障度（s_{35}）的评分标准

序号	评 价 点	评分取值范围
1	具备灾难恢复系统	0～30
2	具备安全认证系统	0～20
3	具备防病毒系统	0～15
4	具备入侵检测系统	0～15
5	具备安全审计系统	0～20

4.5 应 用 方 面

4.5.1 应用方面应包括信息化应用范围 1 个评价指标。

4.5.2 信息化应用范围（s_{41}）的得分应按下式计算：

$$s_{41}=\frac{\sum_{i=1}^{3}X_i}{\sum_{i=1}^{3}Y_i}\times 100 \qquad (4.5.2)$$

式中：X_1——公司总部部门信息化覆盖数；

X_2——公司直属分公司、事业部信息化覆盖数；

X_3——评价时开工已超过 6 个月公司在建工程项目信息化覆盖数；

Y_1——公司部门实设总数；

Y_2——公司直属分公司、事业部实设总数；

Y_3——评价时开工已超过 6 个月公司在建工程项目实设总数。

4.6 成 效 方 面

4.6.1 成效方面应包括管理标准化程度、管理创新程度和总体应用效果 3 个评价指标。

4.6.2 管理标准化程度应按表 4.6.2 对每一评价点评分，本评价指标得分应为各评价点得分之和。

表 4.6.2 管理标准化程度（s_{51}）的评分标准

序号	评 价 点	评分取值范围
1	信息化业务流程的标准化程度	0～35
2	信息化业务流程支持企业发展战略及核心管理业务程度	0～35
3	与信息化业务流程相配套的管理制度标准化程度	0～30

4.6.3 管理创新程度应按表 4.6.3 对每一评价点评分，本评价指标得分应为各评价点得分之和。

表 4.6.3 管理创新程度（s_{52}）的评分标准

序号	评 价 点	评分取值范围
1	管理模式优化程度	0～35
2	业务模式优化程度	0～35
3	技术应用优化程度	0～30

4.6.4 总体应用效果应按表 4.6.4 对每一评价点评分，本评价指标得分应为各评价点得分之和。

表 4.6.4 总体应用效果（s_{53}）的评分标准

序号	评 价 点	评分取值范围
1	信息化产生的企业竞争力	0～35
2	信息化产生的企业经济效益	0～35
3	信息化产生的企业社会效益	0～30

4.7 信息化水平评价总得分计算方法

4.7.1 信息化水平评价总得分应按下列公式计算：

$$\alpha=K_1\cdot K_2\cdot[0.5s_1'+0.3(0.3s_{21}+0.3s_{22}+0.4s_{23})+0.2(0.3s_{31}+0.1s_{32}+0.2s_{33}+0.1s_{34}+0.3s_{35})] \qquad (4.7.1\text{-}1)$$

$$K_1=s_{41}/100 \qquad (4.7.1\text{-}2)$$

$$K_2=(0.4s_{51}+0.3s_{52}+0.3s_{53})/100 \qquad (4.7.1\text{-}3)$$

$$s_1'=\begin{cases}100 & \text{当 } s_1>56 \text{ 且 } K_2>0.90 \text{ 且 } s_1+400(K_2-0.9)>100\\ s_1+400\cdot(K_2-0.9) & \text{当 } s_1>56 \text{ 且 } K_2>0.90 \text{ 且 } s_1+400(K_2-0.9)\leqslant 100\\ s_1 & \text{当 } s_1\leqslant 56 \text{ 或 } K_2\leqslant 0.90\end{cases} \qquad (4.7.1\text{-}4)$$

$$s_1 = 0.35s_{11} + 0.4s_{12} + 0.25s_{13} \quad (4.7.1\text{-}5)$$

式中：α——信息化水平评价总得分；

K_1——信息化应用范围系数；

K_2——信息化应用成效系数；

s_{21}——数据管理水平得分；

s_{22}——数据集成水平得分；

s_{23}——应用集成水平得分；

s_{31}——信息化建设投入程度得分；

s_{32}——信息化建设规划编制与实施状况得分；

s_{33}——信息化制度制定与执行状况得分；

s_{34}——信息化组织健全度得分；

s_{35}——信息化安全保障度得分；

s_{41}——信息化应用范围得分；

s_{51}——管理标准化程度得分；

s_{52}——管理创新程度得分；

s_{53}——总体应用效果得分；

s_1——调整前企业业务信息化程度得分；

s'_1——调整后企业业务信息化程度得分；

s_{11}——经营性业务信息化程度得分；

s_{12}——生产性业务信息化程度得分；

s_{13}——综合性业务信息化程度得分。

5 评价规则

5.1 评价方式

5.1.1 建筑施工企业信息化水平的综合评价可分为企业自我评价及第三方评价两种方式。

5.1.2 当企业进行自我评价时，应组建由企业最高管理者代表参加的信息化评价小组，成员包括企业相关业务部门的负责人和技术骨干，必要时也可聘请外部专家，并从成员中确定一名组长和一名副组长。

5.1.3 当采取第三方评价方式时，应组建不少于5人的信息化评价小组。该小组成员应具有相关专业及信息化知识，熟悉建筑施工企业业务过程。应从信息化评价小组成员中选举产生组长和副组长各一名，并确定采用记名评价或无记名评价。

5.1.4 评价时，信息化评价小组每一位成员应对每一评价指标、评价点进行打分并应符合本标准附录A的要求。当出现未填写或未评价项或违反本标准的评分原则时，则该评价者的评价应视为无效评价。

5.1.5 第三方评价宜采用现场评价形式，条件具备时可采用远程评价形式。

5.1.6 当采用现场评价时，评价前评价者应阅读参评资料，并应到参评企业现场进行调查和访谈，观看企业信息系统应用演示。

5.1.7 当采用远程评价时，应远程操作企业的应用系统。

5.2 评价程序及综合评价得分

5.2.1 企业信息化水平综合评价，应遵循下列程序：

1 参评企业准备并提交相关资料；

2 成立信息化评价小组；

3 参评企业针对参评资料进行口头汇报；

4 信息化评价小组针对参评资料进行核查；

5 信息化评价小组实施评价；

6 信息化评价小组撰写评价报告。

5.2.2 参评企业应准备并提交下列资料：

1 企业组织结构情况，宜按本标准附录B表B.0.1-1准备；

2 企业应用系统的建设及应用情况，宜按本标准附录B表B.0.1-2准备；

3 企业工程项目信息系统的建设及其在在建项目中的应用情况，宜按本标准附录B表B.0.1-3准备；

4 对应于不同业务的企业数据的集成情况，宜按本标准附录B表B.0.1-4准备；

5 企业信息化建设投入情况，宜按本标准附录B表B.0.1-5准备；

6 企业信息化规划编制情况，宜按本标准附录B表B.0.1-6准备；

7 企业信息化管理制度建设情况，宜按本标准附录B表B.0.1-7准备；

8 企业信息化组织建设情况，宜按本标准附录B表B.0.1-8准备；

9 企业信息化安全措施情况，宜按本标准附录B表B.0.1-9准备；

10 企业信息化标准及规范的编制及使用情况，宜按本标准附录B表B.0.1-10准备；

11 企业实施信息化过程中梳理业务流程情况，宜按本标准附录B表B.0.1-11准备；

12 信息化推动企业管理创新的情况，宜按本标准附录B表B.0.1-12准备；

13 信息化产生企业核心竞争力的情况，宜按本标准附录B表B.0.1-13准备；

14 信息化产生企业经济效益的情况，宜按本标准附录B表B.0.1-14准备；

15 信息化产生企业社会效益的情况，宜按本标准附录B表B.0.1-15准备；

16 评价组织单位规定需要提供的其他资料。

5.2.3 企业信息化水平的综合评价得分应按下式计算：

$$F = \frac{1}{n} \cdot \sum_{i=1}^{n} \alpha_i \quad (5.2.3)$$

式中：F——企业信息化水平的综合评价得分；

α_i——第i个评价者给出的信息化水平评价总得分；

n——信息化评价小组中的评价者数。

附录A 评价用表

表A 评价用表

评价指标	评价点	评分范围	得分
经营性业务信息化程度 s_{11}	市场经营管理	0～27	
	全面预算管理	0～7	
	财务会计管理	0～26	
	资金管理	0～26	
	固定资产管理	0～7	
	电子商务	0～7	
生产性业务信息化程度 s_{12}	投标管理	0～7	
	招标管理	0～5	
	成本管理	0～17	
	合约管理	0～17	
	进度管理	0～7	
	物料管理	0～5	
	设备管理	0～5	
	质量管理	0～5	
	安全职业健康管理	0～5	
	协同管理	0～5	
	工程资料管理	0～5	
	科技与试验管理	0～5	
	辅助设计、施工技术应用	0～12	
综合性业务信息化程度 s_{13}	风险管理	0～8	
	人力资源管理	0～30	
	办公管理	0～30	
	网站及企业内网门户	0～7	
	档案资料管理	0～7	
参评企业			

评价指标	评价点			评分范围	得分
综合性业务信息化程度 s_{13}	企业知识管理			0～7	
	综合报表管理			0～11	
数据管理水平 s_{21}				0～100	
数据集成水平 s_{22}	信息化标准			0～50	
	集成方式			0～50	
应用集成水平 s_{23}				0～100	
信息化建设投入程度 s_{31}	t_1		q_1		
	t_2		q_2		
	t_3		q_3		
	t_4		q_4		
	t_5		q_5		
信息化建设规划编制与实施状况 s_{32}				0～100	
信息化制度制定与执行状况 s_{33}	机房及设备管理制度制定与执行			0～10	
	信息系统安全管理制度制定与执行			0～10	
	运行维护管理制度制定与执行			0～10	
	信息化组织管理制度制定与执行			0～10	
	信息化采购管理制度制定与执行			0～10	
	信息化培训管理制度制定与执行			0～10	
	信息化建设管理制度制定与执行			0～10	
	数据采集管理制度制定与执行			0～10	
	应用与绩效管理制度制定与执行			0～10	
	信息化相关技术资料管理制度制定与执行			0～10	
评价人签名					

评价指标	评价点			评分范围	得分
信息化组织健全度 s_{34}	设有企业信息化领导小组和企业首席信息官(CIO)或类似岗位			0～20	
	设有独立信息化管理职能部门			0～20	
	设有明确的信息化管理岗位			0～20	
	接受过信息化培训人员达企业管理和技术人员之和的80%以上			0～20	
	80%以上项目部有明确的信息管理工作责任人			0～20	
信息化安全保障度 s_{35}	具备灾难恢复系统			0～30	
	具备安全认证系统			0～20	
	具备防病毒系统			0～15	
	具备入侵检测系统			0～15	
	具备安全审计系统			0～20	
信息化应用范围 s_{41}	X_1		Y_1		
	X_2		Y_2		
	X_3		Y_3		
管理标准化程度 s_{51}	信息化业务流程的标准化程度			0～35	
	信息化业务流程支持企业发展战略及核心管理业务程度			0～35	
	与信息化业务流程相配套的管理制度标准化程度			0～30	
管理创新程度 s_{52}	管理模式优化程度			0～35	
	业务模式优化程度			0～35	
	技术应用优化程度			0～30	
总体应用效果 s_{53}	信息化产生的企业竞争力			0～35	
	信息化产生的企业经济效益			0～30	
	信息化产生的企业社会效益			0～35	
评价日期	年 月 日				

附录 B 参评企业应提交资料格式

B.0.1 参评企业应提交资料格式见表 B.0.1-1～表 B.0.1-15。

表 B.0.1-1 企业组织结构情况

公司总部部门、直属分公司和事业部总数：

单位	序号	单位名称	负责人
公司总部部门	1		
	2		
	3		
公司直属分公司	4		
	5		
公司直属事业部	6		
	7		

注：可根据需要加行。

表 B.0.1-2 企业应用系统的建设及应用情况

序号	信息化主要应用系统	应用情况	启用时间	企业职能部门、分公司及事业部名称	系统负责人
1		□经常使用 □基本不用			
2		□经常使用 □基本不用			
3		□经常使用 □基本不用			
4		□经常使用 □基本不用			

注：可根据需要加行。

表 B.0.1-3 企业工程项目信息系统的建设及其在在建项目中的应用情况

公司直属项目部以及分公司（含事业部）所属项目部总数

上级管理单位	序号	在建项目部名称	负责人	是否应用了信息系统
公司总部	1			□是 □否
	2			□是 □否
	3			□是 □否
以下按分公司、事业部列出在建项目部名称				
	4			□是 □否
	5			□是 □否
	6			□是 □否
	7			□是 □否
	8			□是 □否
	9			□是 □否

注：可根据需要加行。

表 B.0.1-4 对应于不同业务的企业数据的集成情况

序号	被集成的业务名称	集成方式	集成时间	应用情况
1		□数据集中管理 □汇集数据 □点对点数据交换		□经常使用 □不常使用 □基本不用
2		□数据集中管理 □汇集数据 □点对点数据交换		□经常使用 □不常使用 □基本不用
3		□数据集中管理 □汇集数据 □点对点数据交换		□经常使用 □不常使用 □基本不用
4		□数据集中管理 □汇集数据 □点对点数据交换		□经常使用 □不常使用 □基本不用

注：可根据需要加行。

表 B.0.1-5 企业信息化建设投入情况

年份	信息化建设投入（万元）	企业营业额（万元）	证明文件编号

注：企业信息化建设投入包括：公司、直属分公司、事业部及其项目部的信息化基础设施和系统软件购置、应用系统建设、信息化工作人员工资和用于办公场地、员工信息化培训、信息化咨询以及信息系统日常运行与维护等费用。

表 B.0.1-6 企业信息化规划编制情况

序号	信息化规划	企业信息化规划名称	编制年月	签发、监督部门	执行情况说明
1	总体规划				
2	实施规划				
3					

注：可根据需要加行。

表 B.0.1-7 企业信息化管理制度建设情况

序号	信息化制度	企业信息化制度名称	编制年月	签发、监督部门	执行情况说明
1	机房及设备管理制度制定与执行				
2	信息系统安全管理制度制定与执行				
3	运行维护管理制度制定与执行				

续表 B.0.1-7

序号	信息化制度	企业信息化制度名称	编制年月	签发、监督部门	执行情况说明
4	信息化组织管理制度制定与执行				
5	信息化采购管理制度制定与执行				
6	信息化培训管理制度制定与执行				
7	信息化建设管理制度制定与执行				
8	数据采集管理制度制定与执行				
9	应用与绩效管理制度制定与执行				
10	信息化相关技术资料管理制度制定与执行				

注：可根据需要加行。

表 B.0.1-8　企业信息化组织建设情况

序号	组织建设事项		证明文件编号
1	企业信息化领导小组成立时间		
2	设立企业首席信息官或信息主管时间		
3	建立企业信息化管理职能部门的时间		
4	企业拥有专职信息化人员数		
5	企业拥有兼职信息化人员数		
6	已参加信息化培训员工数量		
7	企业管理和技术人员总数		
8	拥有明确的信息管理责任人的项目部总数		

表 B.0.1-9　企业信息化安全措施情况

序号	措施	主要功能、技术指标简介	应用情况	证明材料编号
1	灾难恢复			
2	安全认证系统			
3	防病毒系统			
4	入侵检测系统			
5	安全审计系统			

表 B.0.1-10　企业信息化标准及规范的编制及使用情况

序号	信息化标准及规范名称	应用系统名称	标准类别	证明材料编号
1			□国家标准 □行业标准 □企业标准	
2			□国家标准 □行业标准 □企业标准	

续表 B.0.1-10

序号	信息化标准及规范名称	应用系统名称	标准类别	证明材料编号
3			□国家标准 □行业标准 □企业标准	
4			□国家标准 □行业标准 □企业标准	

注：可根据需要加行。

表 B.0.1-11　企业实施信息化过程中梳理业务流程情况

序号	梳理的流程		处理流程的信息系统名称	信息系统上线时间	应用情况	配套管理制度	
	名称	是否核心业务				名称	编制时间
1		□是 □否			□经常使用 □基本不用		
2		□是 □否			□经常使用 □基本不用		
3		□是 □否			□经常使用 □基本不用		
4		□是 □否			□经常使用 □基本不用		
5		□是 □否			□经常使用 □基本不用		
6		□是 □否			□经常使用 □基本不用		

注：可根据需要加行。

表 B.0.1-12　信息化推动企业管理创新的情况

序号	改进项目	创新点		
		编目号	名　称	摘要说明
1	管理模式优化程度	一		
		二		
		三		
2	业务模式优化程度	四		
		五		
		六		
3	技术应用优化程度	七		
		八		
		九		
创新点说明：（按编目号、名称顺序说明）				

注：可根据需要加行。

表 B.0.1-13　信息化产生企业核心竞争力的情况

序号	评　价　点	效　　果
1	企业信息化得到企业领导、员工的认同和支持	□85%以上支持　□基本支持　□不太支持
2	企业高层领导能随时获得企业的财务、人力资源和经营等信息	□能　□基本上能　□不能
3	支持企业组织变革管理（例如企业快速复制）	□能　□基本上能　□不能
4	支持员工学习	□能　□基本上能　□不能
效果说明：		

注：可根据需要加行。

表 B.0.1-14　信息化产生企业经济效益的情况

序号	评　价　点	效果说明
1	提高合同风险管控能力，企业营业额、利润率稳定或持续增长	
2	提高现金管控能力，统一会计政策、会计科目、信息标准、成本标准、组织体系，实现了会计集中核算、资金集中管理、资本集中运作、预算集约调控、风险在线监控	
3	提高企业资源（人、财、机、物资、信息）快速协调应用能力	
4	同一工作，单位工作时间是否缩短；同一业务，处理周期是否缩短，即是否提高了工作效率	

续表 B.0.1-14

序号	评　价　点	效果说明
5	企业的销售成本、管理成本、沟通成本、办公成本、生产成本、库存成本等是否降低，即是否降低了成本	
6	增加企业知识积累，提高企业业务工作依赖信息化程度	
7	市场响应速度加快，市场经营活动更加规范	

表 B.0.1-15　信息化产生企业社会效益的情况

序号	评　价　点	效果说明
1	提高了企业知名度和企业形象	
2	具有稳定的合作关系（稳定上下游企业，即供应商和分包商）	

本标准用词说明

1　为便于在执行本标准条文时区别对待，对于要求严格程度不同的用词说明如下：

1）表示很严格，非这样做不可的：
正面词采用“必须”；反面词采用“严禁”；

2）表示严格，在正常情况下均应这样做的：
正面词采用“应”；反面词采用“不应”或“不得”；

3）表示允许稍有选择，在条件许可时首先应这样做的：
正面词采用“宜”；反面词采用“不宜”；

4）表示有选择，在一定条件下可以这样做的，采用“可”。

2　条文中指明应按其他有关标准执行的写法为“应按……执行”或“应符合……的规定”。

中华人民共和国行业标准

建筑施工企业信息化评价标准

JGJ/T 272—2012

条 文 说 明

制 定 说 明

《建筑施工企业信息化评价标准》JGJ/T 272-2012，经住房和城乡建设部2011年12月26日以第1226号公告批准、发布。

本标准制定过程中，编制组经过深入调查研究，结合实践经验，认真分析和总结了国内外建筑施工企业信息化水平评价成果。

为了便于施工企业和第三方评价时，正确理解和执行条文规定，《建筑施工企业信息化评价标准》编制组按章、节、条顺序，编制了本标准的条文说明。但是，本条文说明不具备与标准正文同等的法律效力，仅供使用者作为理解和把握标准规定的参考。

目　次

1 总　　则

1.0.1 信息化对切实增强建筑施工企业的市场竞争能力和可持续发展能力，提高行业的整体素质，推动行业发展和进步具有重要作用。规范建筑施工企业信息化水平评价，对指导建筑施工企业建设有效益的信息化，提高企业信息化水平，具有重要意义。

2 术语和符号

2.1 术　　语

2.1.1 企业信息化是企业利用现代信息技术，通过深入开发和广泛利用信息资源，不断提高企业的生产、经营、管理、决策的效率和水平，提高企业工作效率和管理效益，提升企业竞争力的过程，也是企业利用信息技术改造传统的经营管理方式的过程。企业信息化有很多不同的定义，以上是对它比较一致的看法。

2.1.11 安全审计系统能够针对网络中的访问与操作行为制定一定的行为策略与约束条件，以关注重要的网络操作行为风险。安全审计系统一般包括采集各种操作系统的日志、日志管理、日志查询、入侵检测、自动生成安全分析报告、网络状态实时监视、事件响应机制等功能。作为一个独立的软件，它和其他的安全产品（如防病毒系统、入侵检测系统等）在功能上互相独立，但是同时又能互相协调、补充，保护网络的整体安全。

2.1.12 CAD 即计算机辅助设计，是一种人与计算机结合的技术。它让人与计算机紧密配合，发挥各自所长，从而使其工作优于每一方。目前，最普遍的应用是，工程技术人员以计算机为工具，对产品和工程开展设计、绘图、造型、分析和编写技术文档等设计活动。

3 基 本 规 定

3.0.1 企业完成一个信息化建设目标后，信息系统本身需要一个稳定应用时期，其成效也需要经过实践才能得到检验。因此，企业主要信息系统至少应连续投入使用 6 个月以上才能参评。

参加建筑施工企业信息化评价的企业应具备法人资格，在信息化水平评价时，应提交信息化评价相关资料，供评价者核查。

3.0.2 为了简化企业信息化评价指标，在综合评价建筑施工企业信息化水平时，对企业信息化的基础设施（包括计算机硬件、网络等）不作专门评价。一般来说，如果一个企业的信息化建设达到了一定的高度，必定会具备相应的基础设施。反之，如果企业具备较高的基础设施水平，而信息化水平和成效不高，那么，对这样的基础设施也没有评价的价值。因此，本标准主要是从业务、技术、保障、应用及成效 5 个方面综合评价企业信息化水平。

3.0.3 我国施工企业众多，信息化建设水平参差不齐，为了能够较好地区分我国建筑施工企业信息化水平，将建筑施工企业信息化水平分为 5 个等级，即 A 级、B 级、C 级、D 级和 E 级，其中 A 级为最高级别。

4 评价指标与评分

4.1 一 般 规 定

4.1.2 信息化水平评价总得分是评价小组的任意一位评价者按本标准对企业信息化水平综合评价得出的总分值；综合评价得分是汇总评价小组每一位评价者的信息化水平评价总得分后的平均值。

4.3 技 术 方 面

4.3.1 数据管理水平表示企业管理数据实现管理集中化的水平，数据集成水平表示企业管理数据实现标准化及集成化的水平，应用集成水平表示企业主要业务的集成水平。

建筑施工企业实施信息化的关键是实现企业数据的有效采集、快速加工处理和传输应用。因此，本标准用企业的数据管理、数据集成和应用集成水平来表示企业信息化的技术水平。

4.3.3 数据集成是实现企业协同管理的关键，而数据的标准化是数据集成的基础。因此，在实现企业数据集成的过程中，有条件的企业应建立自己的信息分类与编码标准，否则，也应遵循国家或行业信息分类与编码标准，从而实现数据管理与应用的标准化。

在数据集成方式上，应采用数据集中管理的方式，否则，也应采用汇集数据的方式，对原有的少数系统也可以采用点对点数据交换方式。其中，数据集中管理表示被集成的业务的相关数据经过统一设计，按照系统规划存储，并由集成应用系统统一调度、加工处理和管理；汇集数据表示集成系统中某一业务系统，需要用到另一业务系统的数据时，应先将所需数据汇集到本地，然后再进行加工处理和管理；点对点数据交换方式表示业务系统相互提供接口，以此交换数据，实现数据集成。

4.3.4 以合约管理为主线、以成本管理为核心是现代建筑施工企业管理的重要特征，因此，合约管理和成本管理的信息化最为重要。建筑施工企业实施企业信息化时，一般是在实现合约管理和成本管理信息化的基础上，逐步集成其他业务（例如办公管理、资金管理、市场营销管理、财务会计管理、人力资源管理等)，形成企业集成应用信息系统。

因此，对该评价指标的评价是，被集成的业务越多，得分越高。

4.4 保障方面

4.4.2 对企业信息化建设投入，既要考虑均衡投入，也要考虑一次性投入。因此，信息化建设投入率应按企业近5年（信息化评价那一年的最近前5年）信息化总投入额（包括人、财、物的投入）与公司近5年经营总收入之比算出。

4.4.3 企业信息化建设规划应是结合企业发展战略、企业需求以及企业资源制定出的企业信息化建设大纲，是企业信息化建设的指导性文件。该文件应包括：信息化建设总体目标、建设内容、阶段目标和内容、建设方法、组织措施以及投入计划。企业信息化建设规划制定完成后，还应根据企业内外部环境和企业发展情况，对信息化建设规划适时作出调整。信息化建设规划的正式调整方案是信息化建设规划的组成部分。

4.4.4 企业信息化基本管理制度应包括机房及设备管理制度（如果外包，应提供委托管理合同)、信息系统安全管理制度、运行维护管理制度、信息化组织管理制度、信息化采购管理制度、信息化培训管理制度、信息化建设管理制度、数据采集管理制度、应用与绩效管理制度、信息化相关技术资料管理制度。在相关制度存在的前提下，制度越完善、严谨，评价得分应越高。

4.4.5 企业应根据企业信息化建设和运行的需要，建立相应的管理组织，包括：建立信息化领导小组，指定信息化主管领导，条件成熟时应成立独立的信息化管理职能部门，项目部应有明确的信息化管理责任人，明确企业各信息化管理人员的工作岗位和责任，组织企业员工进行信息化知识培训。

4.4.6 企业应根据信息化建设的需要采取必要的安全措施。原则上，信息技术应用系统规模越大，覆盖的业务和组织越多，安全措施应越完备。安全措施主要包括建立防病毒体系、灾难恢复系统、安全认证系统、入侵检测系统和安全审计系统。

4.5 应用方面

4.5.2 信息化应用范围用于反映企业应用了信息系统的组织个数与企业实际设置的组织个数之比，企业实设组织包括公司、分公司、事业部及其工程项目部（信息化评价时开工超过6个月在建工程项目)；企业应用了信息系统的组织，指的是企业某一组织应用了本标准表4.2.2～表4.2.4中的某一业务信息系统。

4.6 成效方面

4.6.1 管理标准化和管理创新是企业信息化最直接的成果。因此，管理标准化程度、管理创新程度以及总体应用效果是评价企业信息化水平的重要评价指标。

4.6.2 管理标准化程度表示企业在实施信息化过程中，对业务流程实现规范化管理的程度。为实现业务流程的规范化管理，企业首先应梳理企业业务流程，尤其是支持企业发展战略的核心业务流程。另外，一旦针对流程实施信息化后，一定要有制度保证，即建立与流程相配套的企业管理制度。

4.6.3 管理创新程度主要通过企业应用信息化改进企业管理模式、业务模式以及技术应用方面的程度来反映。具体可从如下几方面进行说明和评价。

1 在管理模式改进方面的要点包括：一是，企业在信息化过程中，是否明晰了自身的管理模式（如，财务管控模式、战略管控模式、经营管控模式或混合管控模式)，且这一管理思想在企业信息化中实施情况如何；二是，企业信息化是否支持企业供需链管理或是否建立了虚拟企业；三是，是否梳理出了清晰的管理流程，设置了相应的工作岗位，明确了工作职责，提高了企业总部的监督能力，分公司和事业部的服务、控制能力以及基层组织的执行力。

2 在业务模式改进方面的要点包括：企业在信息、资金、采购、合同等管理方面是否有所改进，并支持企业集约化管理。

3 在技术应用改进方面的要点包括：是否建设了虚拟施工系统、远程视频监控系统、远程视频会议和教学系统、施工安全设计、工程量计算、工程CAD、企业定额管理等工具软件，改进了企业生产手段，提高了企业生产效率。

4.6.4 总体应用效果包括提升企业的核心竞争力的效果、提升企业经济效益的效果以及提升社会效益的效果。

1 对于提升企业核心竞争力的效果，可从以下几方面进行评价：

1）企业信息化建设是否得到企业领导、员工的认同和支持；

2）通过信息化建设，企业高层领导是否能随时获得企业的财务、人力资源和经营等信息；

3）信息化建设是否能够支持企业组织变革管理（如，企业快速复制)；

4）信息化建设是否支持员工学习。

评价时，企业应按表B.0.1-13提供提升企业核心竞争力说明材料。

2 对于信息化提升企业经济效益的成果，可从以下几方面进行评价：

1）提高合同风险管控能力，企业营业额、利润率稳定或持续增长；

2）提高现金管控能力，统一会计政策、会计科目、信息标准、成本标准、组织体系，实现了会计集中核算、资金集中管理、资本集中运作、预算集约调控、风险在线监控；

3）提高企业资源（人、财、机、物资、信息）快速协调应用能力；

4）同一工作，单位工作时间是否缩短；同一业务，处理周期是否缩短，即是否提高了工作效率；

5）企业的销售成本、管理成本、沟通成本、办公成本、生产成本、库存成本等是否降低，即是否降低了成本；

6）增加企业知识积累，提高企业业务工作依赖信息化程度；

7）提高市场响应速度加快，市场经营活动更加规范。

3 对于信息化建设提升企业社会效益的效果，可从以下几方面进行评价：

1）企业知名度和企业形象是否提高；

2）企业是否具有稳定的合作伙伴关系（稳定的上下游企业，即供应商和分包商）。

4.7 信息化水平评价总得分计算方法

4.7.1 各评价指标的权重系数是在专家评判的基础上，利用模糊数学方法计算得到的。确定各指标的权重系数的原则是，对于那些能够量化、相对能够客观评价的定性指标以及明显重要的指标，权重稍高一些；对于那些人为影响因素较大且不影响全局的评价指标，权重稍低一些。

信息化应用范围和成效的评价结果均采用系数方式表达，即，企业信息化水平评价总得分等于“基本分×信息化应用范围系数×信息化应用成效系数”，其中基本分等于加权后业务、技术和保障方面得分之和。这样评价的结果可以对企业信息化水平做出立体式的反映，而不是只反映一个点或一个面。

5 评价规则

5.1 评价方式

5.1.1 企业可根据信息化建设和管理工作需要自行决定企业信息化评价方式。无论采取哪种方式，原则上均应参照本标准组织实施评价。

5.1.2 自我评价是企业全面系统地调查、分析本企业信息化建设程度、建设水平以及存在的问题或需要改进的地方的一种评价方式。

5.1.3 第三方评价是企业通过第三方，组织参评企业以外的专家，全面系统地分析参评企业信息化的建设程度、建设水平以及存在的问题或需要改进的地方的一种评价方式。

中华人民共和国行业标准

建筑工程施工现场视频监控技术规范

Technical code for video surveillance on construction site

JGJ/T 292—2012

批准部门：中华人民共和国住房和城乡建设部
施行日期：2 0 1 3 年 3 月 1 日

中华人民共和国住房和城乡建设部
公　　告

第1503号

住房城乡建设部关于发布行业标准《建筑工程施工现场视频监控技术规范》的公告

现批准《建筑工程施工现场视频监控技术规范》为行业标准，编号为JGJ/T 292－2012，自2013年3月1日起实施。

本规范由我部标准定额研究所组织中国建筑工业出版社出版发行。

中华人民共和国住房和城乡建设部

2012年10月29日

前　　言

根据住房和城乡建设部《关于印发〈2010年工程建设标准规范制订、修订计划〉的通知》（建标［2010］43号）的要求，规范编制组经过广泛调查研究，认真总结实践经验，参考有关国际标准和国外先进标准，并在广泛征求意见的基础上，编制本规范。

本规范的主要技术内容是：1. 总则；2. 术语和缩略语；3. 基本规定；4. 捕影要求；5. 传输要求；6. 显示要求；7. 系统验收；8. 系统维护保养。

本规范由住房和城乡建设部负责管理，由南通建筑工程总承包有限公司负责具体技术内容的解释。执行过程中如有意见或建议，请寄送南通建筑工程总承包有限公司（地址：江苏南通海门常乐镇中南大厦，邮编：226124）。

本规范主编单位：南通建筑工程总承包有限公司

本规范参编单位：中国建筑一局（集团）有限公司
路桥集团国际建设股份有限公司
北京建科研软件技术有限公司
广联达软件股份有限公司
神州数码网络（北京）有限公司

本规范参加单位：中国建筑科学研究院
北京华建互联科技发展有限公司
温州建设集团有限公司
上海源和系统集成有限公司

本规范主要起草人员：陈小平　张亦华　曹仕雄　高小俊　任红武　王雪莉　王玉恒　房　华　陈国增　张志峰

本规范主要审查人员：杨富春　张春晖　蒋景曈　李洪鹏　邓小姝　蒋学红　王文天　杨士元　毕咏力　郭晓川

目 次

Contents

1 总　　则

1.0.1 为规范建筑工程施工现场视频监控系统的设计、安装、验收和维护保养，加强对建筑工程施工现场的监管，规范施工现场的作业行为，促进文明施工，提高管理水平，制定本规范。

1.0.2 本规范适用于建筑工程施工现场视频监控系统的设计、安装、验收及维护保养。

1.0.3 建筑工程施工现场视频监控系统的设计、安装、验收及维护保养，除应符合本规范外，尚应符合国家现行有关标准的规定。

2 术语和缩略语

2.1 术　　语

2.1.1 视频服务器　video server

一种对视音频数据进行压缩、存储及处理的专用嵌入式设备。视频服务器采用 MPEG4 或 MPEG2 等压缩格式，在满足技术指标的前提下对视音频数据进行压缩编码，以满足存储和传输的要求。

2.1.2 带宽　band width

在固定的时间内可传输的数据量，即在传输管道中可以传输数据的能力。

2.1.3 网络延时　network latency

报文在传输介质中传输所用的时间，即从报文开始进入网络到它开始离开网络之间的时间。

2.1.4 球机　spherical video camera

一种组合了一体化摄像机、电动云台、球罩和解码器的摄像设备，可以在控制端发送控制信号实现摄像机上下左右转动和镜头缩放。

2.1.5 模拟摄像机　analog video camera

一种可以将视频信号采集元件采集的模拟视频信号转换成数字信号进行信号传输显示，并可通过编码器进行压缩编码和图像信号存储的摄像机。

2.1.6 网络摄像机　IP video camera

一种将传送来视频信号数字化后由高效压缩芯片压缩，网络用户可以使用监控软件观看远程视频图像，或根据授权控制摄像机云台镜头操作的摄像机。

2.1.7 硬盘录像机　digital video recorder

利用标准接口的数字存储介质，采用数字压缩算法，实现视音频信息的数字记录、监视与回放的视频设备。

2.1.8 网络视频录像机　network video recorder

一种对网络摄像机采集、压缩编码后传输的视频信号进行管理和存储的网络硬盘录像机。

2.1.9 路由器　router

连接因特网中各局域网、广域网的设备，它会根据信道的情况自动选择和设定路由，以最佳路径，按前后顺序发送信号。

2.1.10 防火墙　firewall

用来分割网域、过滤传送和接收资料，防止外网用户以非法手段进入内网、访问内网资源，保护内网操作环境的网络设备。

2.1.11 交换机　switch

一种基于硬件/网卡地址识别，能完成封装转发数据包功能的交换级、控制和信令以及其他功能单元的网络设备。

2.1.12 视频显示设备　video display unit

能够将视频信号展示在显示载体上的设备。

2.1.13 图像控制器　graphic controller

可以处理控制室中的所有可显示数据信号源，并将这些信号源处理成可在任意阵列的物理显示单元组成的单一逻辑显示墙上，并以任意开窗的方式移动、放大、缩小，预置显示方式及位置的专用设备。

2.1.14 视频矩阵切换器　video matrix switch

通过阵列切换的方法将 m 路视频信号任意输出至 n 路监看设备上的电子装置。

2.1.15 数字解码器　digital decoder

能够对按照特定格式压缩的数字信号进行解压缩的解码设备。

2.1.16 流明　lumen

光通量的单位。即发光强度为 1 坎德拉（cd）的点光源，在单位立体角（1 球面度）内发出的光通量为“1 流明”，英文缩写为 lm。

2.1.17 信噪比　signal to noise ratio

在规定的条件下，传输信道特定点上的有用功率与和它同时存在的噪声功率之比，通常以分贝表示。

2.2 缩　略　语

3G——第三代移动通信技术　Third Generation;

ADSL——非对称数字用户环路　Asymmetric Digital Subscriber Line;

AP——访问接入点　Access Point;

ARP——地址解析协议　Address Resolution Protocol;

BNC——刺刀螺母连接器　Bayonet Nut Connector;

CIF——标准化图像格式　Common Intermediate Format;

CPU——中央处理器　Central Processing Unit;

DDR——双倍速率同步动态随机存储器　Double Data Rate;

DDoS——分布式拒绝服务　Distributed Denial of Service;

DLP——数字光处理　Digital Light Procession;

DoS——拒绝服务　Denial of Service;

DRAM——动态随机存储器 Dynamic Random Access Memory；

DVI——数字视频接口 Digital Visual Interface；

HDMI——高清晰度多媒体接口 High Definition Multimedia Interface；

HTTP——超文本传输协议 Hyper Text Transfer Protocol；

HTTPS——以安全为目标的超文本传输协议通道 Hypertext Transfer Protocol over Secure Socket Layer；

IEEE——美国电气及电子工程师协会 Institute of Electrical and Electronics Engineers；

IP——因特网互联协议 Internet Protocol；

IPSec——互联网协议安全性 Internet Protocol Security；

IR——红外线 Infrared Ray；

L2TP——第二次隧道协议 Layer 2 Tunneling Protocol；

M-JPEG——运动静止图像（或逐帧）压缩技术 Motion-Join Photographic Experts Group；

MPEG-4——动态图像专家组标准 Moving Pictures Experts Group-4 Standard；

MTBF——平均无故障时间 Mean Time Between Failure；

NAT——网络地址转换 Network Address Translation；

NTSC——国家电视标准委员会 National Television System Committee；

PAL——逐行倒相 Phase Alternating Line；

POE——基于局域网的供电 Power Over Ethernet；

QCIF——四分之一通用中间格式 Quarter Common Intermediate Format；

QOS——服务质量 Quality of Service；

RADIUS——远程用户拨号认证系统 Remote Authentication Dial In User Service；

RAID——独立磁盘冗余阵列（磁盘阵列） Redundant Array of Inexpensive Disks；

SATA——串行高级技术附件 Serial Advanced Technology Attachment；

SDH——同步数字体系 Synchronous Digital Hierarchy；

SDK——软件开发工具包 Software Development Kit；

SNMP——简单网络管理协议 Simple Network Management Protocol；

TCP——传输控制协议 Transmission Control Protocol；

TMDS——最小化差分信号传输 Transition Minimized Differential Signaling；

UDP——用户数据包协议 User Datagram Protocol；

UPS——不间断电源 Uninterruptible Power System；

VGA——视频图形阵列 Video Graphics Array；

VPN——虚拟专用网络 Virtual Private Network；

WEP——有线等效保密 Wired Equivalent Privacy；

WPA——网络安全存取 Wi-Fi Protected Access。

3 基本规定

3.1 系统架构

3.1.1 建筑工程施工现场视频监控系统应由捕影部分、传输部分和显示部分构成。

3.1.2 捕影部分应通过摄像机获取施工现场的视频信号。模拟摄像机采集的视频信号通过有线传输方式传输给视频服务器或硬盘录像机，由视频服务器或硬盘录像机对视频信号进行压缩与编码；网络摄像机采集的视频信号可通过有线或无线传输方式传输到网络视频录像机进行存储和管理。

3.1.3 传输部分应通过网络连接施工现场显示部分或异地的监控中心，监控中心应能访问和管理位于施工现场的视频服务器、硬盘录像机或网络视频录像机。

3.1.4 显示部分应通过视频解码软件或数字解码器将位于施工现场的视频服务器、硬盘录像机或网络视频录像机上的各种视频信号、数字信号进行处理并展示在视频显示设备上；施工指挥场所也可通过网络视频录像机或硬盘录像机的视频输出端口，将视频信号输出到监视器、电视墙等显示设备。

3.2 系统要求

3.2.1 视频信号应采用分布式存储方式，当位于异地的监控中心需要调看施工现场的历史视频信号时，可通过连接到视频服务器、硬盘录像机或网络视频录像机的网络远程访问，进行视频录像回放。

3.2.2 系统应具有良好的兼容性和可扩充性。

3.2.3 系统应提供与视频会议系统、办公自动化系统以及与远程语音对讲系统的接口。

3.2.4 使用权限应统一管理，用户权限管理应在监控中心由系统管理员统一分配。权限设定应分为监控点图像和全项目图像浏览权和控制权。

3.2.5 系统应具有远程管理功能。

3.2.6 在建设捕影部分系统时，应实现设备的可移位和再利用，应合理选择捕影部分的视频信号传输方式。

3.2.7 在选择传输部分的网络时，应根据施工现场所在地已有的网络资源情况，合理选择通信运营商。

3.2.8 显示部分宜选择设备供应商提供的视频解码软件。

3.2.9 视频监控系统验收所用的仪器应有计量检测合格证书。

4 捕影要求

4.1 一般规定

4.1.1 施工现场视频监控捕影部分应由图像采集传输单元和图像压缩存储单元组成。

4.1.2 图像采集传输单元的信号传输方式可分为有线传输与无线传输方式。对易发生变化的监控点位置，宜采用无线传输方式传输视频信号；对不易发生变化的监控点位置，宜采用有线传输方式传输视频信号。

4.1.3 施工现场视频监控捕影部分可分为有线信号传输和无线信号传输，并应符合下列规定：

1 有线信号传输的主要设备可包括摄像机、云台、球罩、视频服务器或硬盘录像机。常用的传输介质可包括视频线、光纤和双绞线。

2 无线传输方式采用的设备应遵循 IEEE 802.11a/b/g/n 标准协议，可选用下列两种设备组合方式之一：

1）模拟摄像机、视频服务器或硬盘录像机、无线 AP、交换机；

2）网络摄像机、无线 AP、交换机。

4.2 主要设备的技术指标

4.2.1 模拟摄像机可分为枪式摄像机和一体化摄像机，并应符合下列规定：

1 枪式摄像机应具有下列功能：

1）具有彩色黑白自动转换功能；

2）镜头采用红外齐焦镜头，具有夜间焦点不偏移功能；

3）全黑环境设计，具有自动感应红外线功能；

4）配备防护罩的摄像机具备防水、防尘功能，达到 IP65 防护等级；

5）室内枪机平均无故障时间（MTBF）不应小于 10000h，室外枪机平均无故障时间（MTBF）不应小于 20000h。

2 一体化摄像机应具有下列功能：

1）具有彩色黑白自动转换功能；

2）具有内置预置位、巡视组，可以存储多个预置点的功能；

3）支持两点扫描、360°扫描、扇形扫描、看守位、90°自动翻转功能；

4）具有自动光圈，自动聚焦，自动白平衡功能；

5）室内一体机平均无故障时间(MTBF)不应小于10000h，室外一体机平均无故障时间(MTBF)不应小于 20000h。

4.2.2 网络摄像机应符合本规范第 4.2.1 条的要求，同时应具备压缩编码模拟视频信号，并具备通过 RJ45 或 3G 接口进行网络传输的功能。

4.2.3 视频服务器应由视频压缩编码器、网络接口、视频接口、RS422/RS485 串行接口、RS232 串行接口构成，应具有多协议支持功能，可与计算机设备进行连接和通信。视频服务器应符合下列规定：

1 视频压缩编码器时延不应超过 300ms；

2 视频压缩标准：MPEG4/H.264；

3 分辨率：所有通道支持 CIF 352×288，部分通道支持 D1 720×576；

4 视频输入：BNC 接口，NTSC，PAL 制式自动识别；

5 音频输入：线性音频输入接口；

6 视频帧率 PAL：25 帧/秒/路图像，NTSC：30 帧/秒/路图像；

7 占用带宽 64k～2Mbps/路图像；

8 报警输入：报警输入及报警输出端口；

9 本地录像：SATA 接口。

4.2.4 无线 AP 应符合下列规定：

1 具备防水、防雷、防尘功能，达到 IP65 防护等级；

2 支持 IEEE802.11a/b/g/n 标准；

3 支持无线信号的桥接及覆盖模式；

4 支持 WEP、WPA、WPA2 数据加密；支持内建防火墙，可防止拒绝服务（DoS）攻击；支持病毒自动隔离；

5 支持服务质量（QoS）安全机制、基于局域网的供电（POE）；天线可拆接；

6 工作温度应在－40℃～60℃之间；

7 工作的相对湿度应在 5%～95%之间。

4.2.5 视频分配器应具有阻抗匹配、视频增益的功能。

4.2.6 视频放大器应具有增强视频的亮度、色度和同步信号的功能。

4.2.7 云台应选用匀速云台，并应具有密封性能好、防水、防尘的性能。

4.3 技术要求

4.3.1 摄像机应具有下列功能：

1 摄像机应具备在低照度环境下捕影的功能；

2 摄像机应根据环境条件，增加防雨、防水、防雷、防高温、红外灯等辅助功能；

3 摄像机应加装防护罩，保证摄像机在高温、多尘、潮湿的条件下正常工作；

4 摄像机宜配备云台，保证摄像机水平及垂直运动；

5 主出入口处的摄像机捕影的图像分辨率应达到 D1 格式标准；宜具有对车牌、人物相貌、运动物体的捕影功能；

6 摄像机的自动光圈调节应提供视频驱动或直流驱动模式；光圈自动调节后应保证画面的亮度等级不小于 10 级，灰度等级不小于 10 级；

7 摄像机的聚焦功能包括手动聚焦和自动聚焦；自动聚焦功能的摄像机的聚焦过程不应大于 2 次，聚焦后画面清晰度不应小于 480 线；

8 一体化摄像机的变倍倍率应满足 10×/18×/26×/27×/36×等倍率等级；

9 标清图像的垂直分辨率不应小于 576 像素；高清图像的垂直分辨率不应小于 720 像素；

10 标清图像的水平分辨率不应小于 704 像素；高清图像的水平分辨率不应小于 1280 像素。

4.3.2 云台应具有下列功能：

1 云台水平方向应具有 360°连续旋转功能，可以全范围监控无死角；

2 云台垂直方向应具有 90°可翻转功能，可以连续追踪监控对象。

4.3.3 视频服务器或硬盘录像机应具有下列功能：

1 应采用 M-JPEG、MPEG4、H.264 编码技术以及 MPEG4 压缩格式的视频服务器；

2 视频服务器或硬盘录像机应具有 RJ45 接口，能实现 IP 组网及采用 TCP/IP 协议实现数据传输和控制管理；

3 视频服务器或硬盘录像机应具有 RS422/RS485 串形接口，方便外接云台、快球等各种摄像设备；

4 视频服务器或硬盘录像机应配备计算机控制与监视软件；

5 视频服务器或硬盘录像机应具有多通道、录像与回放等功能，录像功能应支持定时录像、报警录像、手动录像等录像模式；定时录像应该能够设置录像模板管理；报警录像应该支持视频移动报警、端口报警等报警类型；

6 视频服务器或硬盘录像机的存储空间应保证录制施工现场的视频信号时长不应少于 7d；

7 视频服务器或硬盘录像机应具有用户管理功能。

4.3.4 在模拟视频信号分配给多个接收源的情况下，应加装视频分配器。

4.3.5 在视频信号传输距离超过 300m 的情况下，应采用更高性能的传输介质或加装视频放大器，链路中串联的视频放大器不宜超过 2 台。

4.4 施工现场的部署要求

4.4.1 施工现场摄像机的部署应符合下列规定：

1 在施工现场的作业面、料场、出入口、仓库、围墙或塔吊等重点部位应安装监控点，监控部位应无监控盲区；

2 在需要监控固定场景（如出入口、仓库等）的位置，宜安装固定式枪机；

3 在需要监控大范围场景（如作业面、料场等）的位置，宜安装匀速球机；

4 施工现场的重点监控部位如需要在低照度环境下采集视频信号，应采用红外摄像机、低照度摄像机或配备人造光源，人造光源的最低照度不应低于 100lx；

5 工作温度应在－30℃～65℃之间；

6 工作相对湿度应在 5%～95%之间。

4.4.2 施工现场视频服务器或硬盘录像机的部署应符合下列规定：

1 宜安装在建筑工程施工现场办公室内；

2 安装部位应满足责任管理的要求；

3 工作温度应在 0℃～40℃之间；

4 工作相对湿度应在 5%～95%之间；

5 视频服务器或硬盘录像机应配置一台 UPS 电源，断电后 UPS 供电时间不应少于 20min；

6 安装在室外的视频服务器或硬盘录像机，应放置于防水等级不低于 IP65 的箱体内。

4.4.3 施工现场监控点数量部署应符合下列规定：

1 建筑面积在 $5\times10^4m^2$ 以下的项目，监控点位数量不应少于 3 个；

2 建筑面积在 $5\times10^4m^2$～$10\times10^4m^2$ 的项目，监控点位数量不应少于 5 个；

3 建筑面积在 $10\times10^4m^2$ 以上的项目，监控点位数量不应少于 8 个。

4.4.4 施工现场不同监控点传输方式选择应符合下列规定：

1 在安装位置不易发生变化的监控点（如出入口、仓库等），宜采用有线线缆进行信号的传输；

2 在安装位置易发生变化的监控点（如塔吊、围墙等），宜采用以下两种设备组合的方式：网络摄像机，通过无线 AP 进行视频信号的传输；普通模拟摄像机，结合视频服务器或硬盘录像机，通过无线 AP 进行信号传输。

4.4.5 施工现场视频监控应符合下列规定：

1 需远程传输视频信号的施工现场接入的互联网，网络带宽不宜小于 2M；

2 摄像头应设置在专用线杆或施工期间永久建筑物上；

3 视频传输线宜采取地面敷设方式；

4 摄像头供电方式应采用集中供电，当与主机距离超过 300m 时，可选择就近供电，但应保证供电稳定。

5 传输要求

5.1 一般规定

5.1.1 施工现场视频监控传输部分应将捕影部分输出的数字信号通过无线信号或有线信号方式传输到显示部分。对具备有线网络接入或存在严重无线信号干扰的施工现场，宜采用有线信号传输方式；在偏远区域且有线网络不能到达或者有线传输成本过高的施工现场宜采用无线信号传输方式。

5.1.2 施工现场视频监控传输部分由有线网络设备或无线网络设备以及通信运营商提供的网络组成。

5.2 有线信号传输

5.2.1 有线信号传输方式宜采用互联网或 SDH 专线进行传输。

5.2.2 有线信号传输方式的主要设备有路由器、防火墙和交换机。

5.2.3 有线信号传输方式的网络应符合下列规定：

1 捕影现场的网络带宽不应小于允许并发接入的视频信号路数乘以单路视频信号的带宽；

2 总部监控中心的网络带宽不应小于并发显示视频信号路数乘以单路视频信号的带宽；

3 传输的视频信号和视频显示图像分辨率不应低于 CIF 显示格式的分辨率；

4 传输单路 CIF 格式的图像所需要的视频信号网络带宽不应小于 128kbps，传输单路 4CIF 分辨率的图像所需要的视频信号网络带宽不应小于 512kbps；

5 当信息经由数据网络传输时，端到端的信息延迟时间（双向）不应大于 3s，对多级监控中心的系统，每一级转达延时不应大于 100ms：包括发送端信息采集、编码、网络传输、信息接收端解码、显示等过程所经历的时间；

6 传输网络端到端丢包率：采用 TCP 传输协议的丢包率不应大于 3/100，采用 UDP 传输协议的丢包率不应大于 3/1000；

7 当采用互联网传输时，应保证数据传输的安全性。

5.2.4 有线信号传输方式采用的路由器应具有下列功能：

1 CPU 主频不应低于 150MHz；包转发率不应低于 90kbps；

2 支持拥塞管理、流量分类、拥塞避免策略；

3 支持 L2TP、IPSec VPN；

4 支持 ARP 攻击及病毒防范；

5 支持基于源地址、目的地址和时间段的过滤访问控制列表；

6 支持 NAT、端口映射、上网行为管理。

5.2.5 有线信号传输方式采用的防火墙应具有下列功能：

1 支持透明模式、L2/L3 混合模式接入；

2 支持网络层攻击防护：DoS 和 DDoS 防护、端口扫描防护；

3 支持安全管理接入、接入控制列表、接入方式控制、集中式验证、Radius 接入认证；

4 支持 Telnet、HTTP、HTTPS、SNMP 多种管理方式；

5 支持双链路或多链路接入。

5.2.6 系统线缆敷设应符合现行国家标准《综合布线系统工程设计规范》GB 50311 的有关规定。

5.3 无线信号传输

5.3.1 无线信号传输方式宜采用 3G 的无线传输方式。

5.3.2 无线信号传输方式采用的 3G 路由器应具有下列功能：

1 支持 IPSec VPN；

2 支持防 ARP 攻击及防病毒功能；

3 具有支持访问控制列表，基于源地址、目的地址和时间段的过滤功能；

4 支持 NAT 和端口映射；

5 具有上网行为管理功能。

6 显示要求

6.1 一般规定

6.1.1 施工现场视频监控显示部分可分为单路和多路两种显示方式。单路显示方式可采用单个视频显示设备显示单路或多路视频信号；多路显示方式可采用多个视频显示设备显示单路或多路视频信号。

6.1.2 单路显示方式的视频显示设备宜有监视器电脑屏幕、投影仪或移动终端等。

6.1.3 多路显示方式的视频显示设备宜有拼接大屏、电视墙或投影机组合等。

6.1.4 多路显示方式的视频显示设备应符合下列规定：

1 视频显示设备的要求：应具有高分辨率、高亮度、高对比度，色彩还原真实，图像失真小，亮度均匀，显示清晰，整屏图像均匀性不应小于 95%，对比度不应小于 1400：1，亮度不应小于 750lm，并应具有良好的可视角度；

2　多个视频显示设备的整合要求：每一个视频窗可独立控制色调、亮度、对比度及饱和度；图像输出分辨率不应小于1600×1200，刷新率不应小于60Hz；视频传输的图像与视频图像显示设备数量的比例不宜低于16∶1；DLP大屏之间的拼接缝不宜大于1mm，等离子和液晶大屏之间的拼接缝不宜大于10mm。

6.2　多路显示方式的组成

6.2.1　多路显示方式应由监控管理平台、图像处理、监控软件、数据存储、VGA矩阵、数字解码器、视频矩阵切换器、AV矩阵、图像控制器和视频显示设备组成。

6.2.2　显示部分监控中心设计应符合下列规定：

1　设备应安装在空间较为宽敞的监控中心大厅内，应装设在固定机架上，机架背面和侧面与墙面的净距不应小于0.8m，安装在机架内的设备应采取适当的通风散热措施，设备垂直偏差不应超过1%；

2　屏幕的安装位置应避免日光或人工光直射影响，屏幕表面背景光照度不应高于400lx；

3　设备应做好防雷接地措施，宜采用一点接地方式，接地电阻不应大于1Ω；

4　监控中心应有稳定的电力供应，宜采用在线式UPS供电；环境温度应保持在16℃～28℃，相对湿度应控制在50%～70%；应安装烟感和温感自动报警和气体灭火系统，消防措施应达到一级防火等级。

6.3　多路信息显示的要求

6.3.1　多路信息显示应由图像控制、监控软件和数据存储构成。

6.3.2　多路信息显示的主要设备应包括图像控制器、视频矩阵切换器、VGA矩阵切换器、数字解码器、软件系统服务器和数据存储服务器。

6.3.3　图像处理的设备参数应符合下列规定：

1　图像控制器基本配置参数应符合表6.3.3-1的规定；

表6.3.3-1　图像控制器基本配置参数

设备名称	配置参数要求
CPU	Intel Pentium 4 2.8G以上
内存	1G DDR DRAM及以上
专用板卡	支持4路以上图像输出，4路以上复合视频输入，2路RGB输入

2　视频矩阵切换器基本配置参数应符合表6.3.3-2的规定；

3　VGA矩阵切换器基本配置参数应符合表6.3.3-3的规定；

表6.3.3-2　视频矩阵切换器基本配置参数

参数名称	参数值要求
带宽	350M（−3dB），满载
串扰	−50dB@10MHz
输入/出信号类型	RGBHV、复合视频、S-视频、分量视频
连接器	BNC插座
串口控制	RS-232或RS-422
串口连接器	9针D形插座

表6.3.3-3　VGA矩阵切换器基本配置参数

参数名称	参数值要求
信号类型	数字VGA，数字TMDS
支持分辨率	高清480i～1080p/640×480～1600×1200（60Hz）
输入输出接口	HD15PIN（VGA）
控制方式	RS-232、红外、键盘面板

4　数字解码器基本配置参数应符合表6.3.3-4的规定。

表6.3.3-4　数字解码器基本配置参数

参数名称	参数值要求
视频解码	MPEG4/H.264/1080p/720p/D1/CIF
音频解码	G.711/G.726/G.729
网络协议	TCP/IP、UDP/IP、HTTP
内嵌	多媒体网关；Web Server；PPPoE
网络接口	Ethernet LAN interface；RJ45（10M/100M自适应）
解码通道	1路
解码输出	AV/BNC/VGA/HDM

6.3.4　监控软件系统可由软件和软件系统服务器组成，软件应具有下列功能：

1　应具备预置点的定时录像功能；

2　应具备视频图像、声音和文字相结合的提示功能；

3　宜具备远程管理功能，具备对云台、镜头等捕影设备的预置和遥控功能；

4　应具备对视频图像的切换、处理、存储、检索和回放的功能；

5　宜具备施工现场视频录像的快照、检索和回放功能；

6　宜具备数据的导入、导出功能，并开放接口；

7　宜具备对图像的亮度、对比度和清晰度的调整功能；

8　应具备设备的IO报警和移动侦测报警功能；

9　服务器视频转发速度不应大于0.3s，控制信令的响应速度不应大于0.1s；

10 宜支持手机浏览方式，将监控视频图像发给指定用户的手机，满足移动监控的需要；

11 宜支持通过AV矩阵或图像控制器，可将多路视频信号同时显示在多路显示设备上的多画面显示模式；画面显示模式应支持1、4、9、16、25、36等画面分割显示，应支持单屏画面切换，视频群组切换等功能，应可以设置切换序列、切换时间、开始、结束切换功能；

12 应具备多级权限管理，可以增加、删除、编辑用户，可以精确到某个用户对某个设备的权限设置，每个用户的权限设置不少于5个；用户登录系统后，应根据用户权限自动屏蔽用户不具有权限的操作，并在窗口上显示出来，避免非法用户的误操作；

13 应具备管理设备的名称、网络参数、视频参数、镜头参数、音频参数、485参数、232参数和存储参数的功能；

14 应具备日志查询功能，可以在指定的时间内查询用户信息、设备状态、报警信息和服务器信息等。

6.3.5 数据存储由存储软件和数据存储服务器组成，应具有下列功能：

1 应具备断电数据备份和灾备恢复机制；

2 应具备重要视频数据归档和迁移管理功能；

3 数据存储系统宜具备容量扩展功能；

4 在进行海量视频数据存储和处理时，应支持对施工现场视频数据的调取和阶段性保存；

5 系统应具有RAID 0/1/5/6等数据冗余保护功能，集中存储系统应采用开放的网络协议，支持多种品牌的网络摄像机接入，支持视频转发功能，支持多用户的录像文件回放功能，支持视频录像不少于4种倍率的播放。

7 系统验收

7.0.1 施工现场设备的部署，应符合本规范第4.4.1～4.4.5条的规定。

7.0.2 视频监控系统的图像质量可按表7.0.2进行五级损伤制评级，图像质量不应低于4级。

表7.0.2 五级损伤制评级

图像质量损伤的主观评价	评分分级
图像上不觉察有损伤或干扰存在	5
图像上稍有可觉察的损伤或干扰，但可令人接受	4
图像上有明显的损伤或干扰，令人较难接受	3
图像上损伤或干扰较严重，令人难以接受	2
图像上损伤或干扰极严重，不能观看	1

7.0.3 视频监控系统的图像质量的主观评价项目可按表7.0.3进行评定。

表7.0.3 主观评价项目

项目	损伤的主观评价现象
随机信噪比	噪波，即雪花干扰
同频干扰	图像中纵、斜、人字形或波浪状的条文，即网纹
电源干扰	图像中上下移动的黑白间置的水平横条，即黑白滚条
脉冲干扰	图像中不规则的闪烁、黑白麻点或跳动

7.0.4 视频监控系统捕影部分功能应符合本规范第4.3.1～4.3.3条的规定；传输部分功能应符合本规范第5.2.3条的规定；显示部分应符合本规范第6.3.4、6.3.5条的规定，各部分功能可按表7.0.4进行验收。

表7.0.4 系统功能验收表

分类	项目	设计要求	设备序号				
			1	2	3	4	5
捕影部分	云台水平转动						
	云台垂直转动						
	自动光圈调节						
	调焦功能						
	变倍功能						
	红外功能						
	切换功能						
	录像功能						
	垂直分辨率						
	水平分辨率						
捕影部分结论							
传输部分	网络带宽						
	网络延时						
	网络丢包率						
传输部分结论							
显示部分	权限管理						
	视频监控功能						
	系统控制功能						
	设备管理功能						
	日志查询功能						
	集中存储功能						
	接口要求						
	系统服务器响应速度						
显示部分结论							
其他							
最终结论							

8 系统维护保养

8.0.1 施工现场应对视频监控捕影部分、传输部分和显示部分所涉及的设备、网络和软件部分进行维护保养。

8.0.2 维护保养的设备应包括捕影部分的摄像头、云台球罩、视频服务器、硬盘录像机或网络视频录像机，传输部分的路由器、防火墙和无线 AP，显示部分的视频显示设备、图像控制器、视频矩阵切换器、VGA 矩阵切换器和数字解码器。

8.0.3 在维护保养过程中，摄像头、视频服务器、硬盘录像机、网络视频录像机、无线 AP、路由器、防火墙和视频显示设备等关键设备如指标不达标，处理机制应符合下列规定：

1 当摄像机直连监视器的图像质量低于本规范表 7.0.2 中的 4 级时，应及时维修或更换；

2 视频服务器、硬盘录像机和网络视频录像机的视频压缩编码器时延超过 300ms，应及时维修或更换；

3 路由器、防火墙和无线 AP 任一接口故障或不能正常工作，应及时维修或更换；

4 视频显示设备如出现不能正常开机、分辨率下降、图像显示不稳定、有持续干扰信号等故障，应及时检查、维修或更换。

8.0.4 维护保养应分常规巡检、季度检查和年度检查，并应符合下列规定：

1 常规巡检应检查设备的运行状态及对近期维修过的设备进行复检；对网络线路进行检查与测试；

2 季度检查除包含常规巡检内容外，还应进行各类设备内外部的清洁工作，清洁工作宜为每季度一次；

3 年度检查除包含季巡检内容外，还应进行设备盘点、固定资产登记、设备与软件运行情况的评估及下一年度系统升级的合理化建议。

本规范用词说明

1 为便于在执行本规范条文时区别对待，对要求严格程度不同的用词说明如下：

1）表示很严格，非这样做不可的：
正面词采用“必须”，反面词采用“严禁”；

2）表示严格，在正常情况下均应这样做的：
正面词采用“应”，反面词采用“不应”或“不得”；

3）表示允许稍有选择，在条件许可时首先应这样做的：
正面词采用“宜”，反面词采用“不宜”；

4）表示有选择，在一定条件下可以这样做的，采用“可”。

2 条文中指明应按其他有关标准执行的写法为：“应符合……的规定”或“应按……执行”。

引用标准名录

1 《综合布线系统工程设计规范》GB 50311

中华人民共和国行业标准

建筑工程施工现场视频监控技术规范

JGJ/T 292—2012

条 文 说 明

制 订 说 明

《建筑工程施工现场视频监控技术规范》JGJ/T 292-2012经住房和城乡建设部2012年10月29日以第1503号公告批准、发布。

本规范制订过程中，编制组进行了深入的调查研究，总结了我国建筑工程施工现场视频监控的实际经验，同时参考了现行国家标准《安全防范工程技术规范》GB 50348，重点对系统的捕影部分、传输部分、显示部分的系统架构、设备组成、技术参数等方面作出了具体规定。

为便于广大设计、施工、科研、学校等单位有关人员在使用本规范时能正确理解和执行条文规定。《建筑工程施工现场视频监控技术规范》编制组按章、节、条顺序编制了本规范的条文说明，对条文规定的目的、依据以及执行中需要注意的有关事项进行了说明。但是，本条文说明不具备与规范正文同等的法律效力，仅供使用者作为理解和把握规范规定的参考。

目　次

1 总　　则

1.0.1 建筑工程施工现场由于存在施工地点分散、人员流动频繁、各级管理人员经常移动办公等特点，因此要求可以在任意时间和地点随时打开任意前端的实时视频图像，以便及时掌控施工现场的施工进度、安全管理和施工工艺等现场情况。对施工过程中的重要施工流程、操作工艺、各类安全保卫工作以及文明安全施工都要求监控系统必须具备本地录像、检索回放功能。利用视频服务器和IP网络架构进行视频信号传输的监控系统能够很好地满足这样的需求。

为监督各施工操作流程是否符合各项技术规范，加强施工企业对建筑工程施工现场的监管，规范施工现场的作业行为、促进文明施工，提高安全和管理水平，需要根据监控对象和监控目的的不同，选择合适的前端捕影设备。

为实现在远程监控中心实时监控项目施工现场并对视频信号进行相应的处理和存储的功能，需要选择施工现场到监控中心的网络传输方式。

本规范针对建筑行业工程项目管理的特点以及对监控信息的需求，设计了适用于建筑工程施工现场的视频监控系统，并对系统的捕影部分、传输部分、显示部分的设计、安装、验收和维护保养进行了规范。建筑工程施工现场视频监控系统以网络为基础，采用先进的视频压缩技术和网络传输技术，使监控系统实现了信息的数字化、系统的网络化、应用的多媒体化、管理的智能化，对基于IP网络的多媒体信息（视频/音频/数据）提供一个综合、完备的管理控制平台。

2 术语和缩略语

2.1 术　　语

2.1.3 影响网络延时的主要因素是路由的跳数和网络的流量。

2.1.11 交换机可以“学习”硬件/网卡地址，并把其存放在内部地址表中，通过在数据帧的始发者和目的接受者之间建立临时的交换路径，使数据帧直接由源地址到达目的地址。

3 基 本 规 定

3.1 系 统 架 构

3.1.3 建筑工程施工现场视频监控系统架构示意图见图1，其中传输部分采用的网络主要包括各通信运营商的光纤网络、SDH电路、3G网络。通过上述网络，使得监控中心能够访问、配置、管理位于异地施工现场的视频服务器或硬盘录像机，进行数据的读取和视频信息的显示。

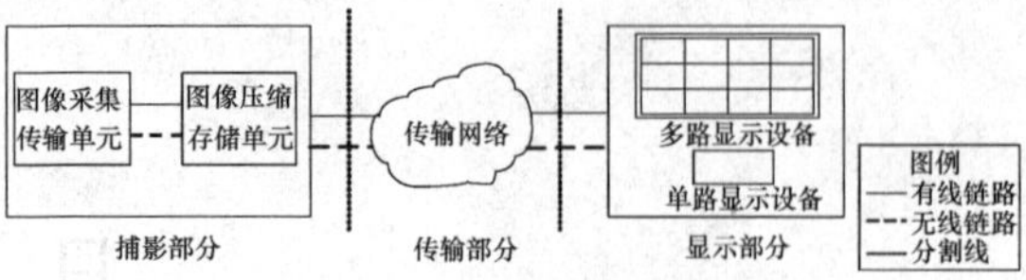

图1　系统架构示意图

3.2 系 统 要 求

3.2.1 视频信号的分布式存储方式指：把视频信号存储在位于建筑工程施工现场的视频服务器或硬盘录像机内。

3.2.2 系统良好的兼容性指：保证捕影、传输和显示设备都能够在系统中正常运行；系统良好的可扩充性指：整个系统在不影响现有的系统架构和业务应用的前提下，能够增加视频监控点的数量和系统提升的能力。

3.2.3 为更好地利用建筑工程施工现场的视频信号信息，保证今后系统进一步的提升，视频监控系统应具备与视频会议系统、办公自动化系统以及与远程语音对讲系统的接口。

3.2.4 视频图像的浏览权限指：按照分配的权限浏览监控点的视频图像；视频图像的控制权指：对云台、照明联动以及图像自动轮巡的控制，内容包括存储格式、保存时间、图像查询、图像回放、图像导出、音视频参数的设置。

3.2.5 系统的远程管理功能指：具备规定权限的账号使用人，可以远程管理位于建筑工程施工现场的摄像头、云台、视频服务器或硬盘录像机。

3.2.6 根据建筑工程施工现场的特点，在建设捕影部分时，应按照施工工况、施工进度布设监控点，做好设备的安装、调试、检查、拆除、保管和再利用，实现设备资源的最优化利用。根据施工现场的实际情况，合理选择捕影部分的有线、无线或无线有线相结合的视频信号传输方式。

3.2.8 具有SDK包的监控软件可以保证建筑工程施工现场视频监控信号能进行后续处理，是进行应用软件开发的必要条件；并能保证系统的良好的可扩充性和兼容性，具备能够与视频会议系统、办公自动化系统对接的能力。

4 捕 影 要 求

4.1 一 般 规 定

4.1.1 施工现场视频监控捕影部分系统架构示意图见图2。

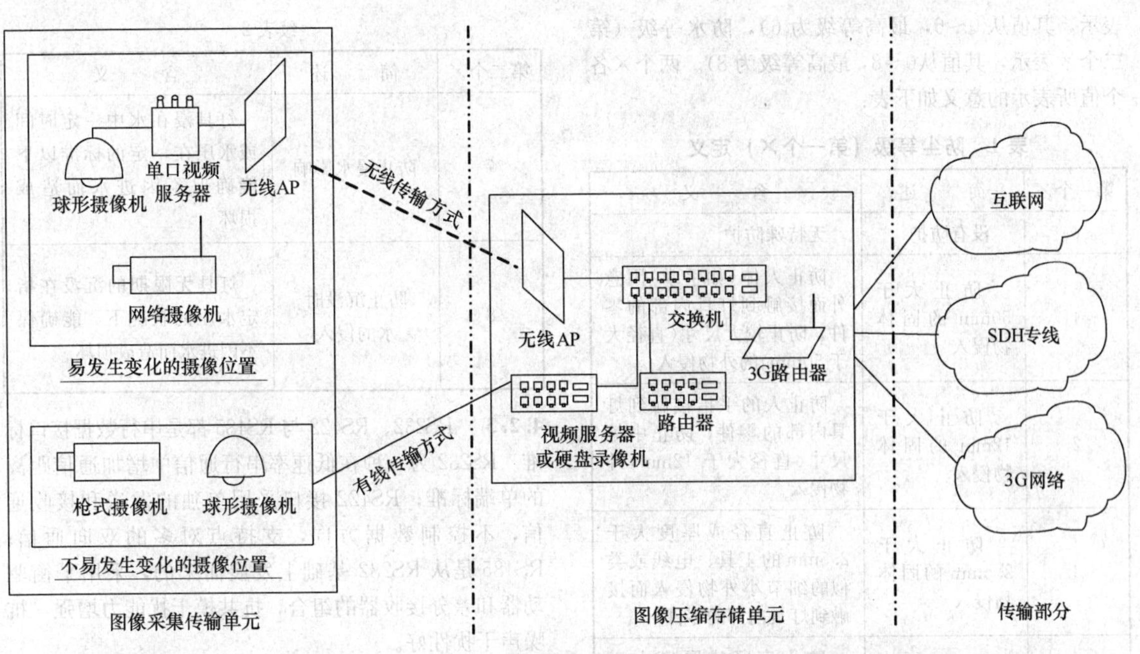

图 2　捕影部分系统架构示意图

图像采集传输单元，由安装在建筑工程施工现场的摄像头及传输视频信号的无线 AP 等设备组成。摄像头采集的图像信息，通过有线或无线的传输方式，将视频信号传输到图像压缩存储单元。

图像压缩存储单元，由一台或多台视频服务器或硬盘录像机组成。将上一单元采集到的模拟视频信号进行编码压缩并转换为数字信号；视频服务器或硬盘录像机根据预先设定的存储格式、存储时长等参数，将采集到的视频信号存储到自带的存储介质（硬盘或 SD 卡）中。

4.1.2　建筑工程施工现场监控点不易发生变化的情况是指：在监控点位置选定并安装结束后至施工结束，该监控点位置无需发生变化或极少发生变化，如：出入口、仓库等位置；监控点易发生变化的情况是指：在监控点位置选定并安装结束后至施工结束，监控点的安装位置需要经常随着工程的进度而发生变化，如塔吊、料场等位置。

对于监控点位置易发生变化的部位宜使用无线 AP 传输视频信号；对于监控点位置相对固定，不易发生变化的部位宜采用有线信号传输方式。在易发生变化的位置采用无线 AP 信号传输方式，可以避免由于施工工况发生变化而带来有线传输方式的高维护成本。

4.1.3　捕影部分的设备主要包括用于视频信号采集的摄像机、用于传输无线信号的无线 AP 和用于视频信号压缩编码及存储的视频服务器或硬盘录像机。摄像机分为模拟摄像机和网络摄像机，配合摄像机的设备还包括云台、防护罩、支架等。捕影部分各个设备的工作过程为：由摄像机采集视频信号，通过有线网络或无线信号发射，传输到施工现场的视频服务器或硬盘录像机，再由视频服务器或硬盘录像机对视频信号进行压缩解码和信号存储。

IEEE 802.11a 标准是 802.11b 无线联网标准的后续标准。它工作在 5GHzU-NII 频带，物理层速率可达 54Mbps，传输层可达 25Mbps。

IEEE802.11b 标准采用 2.4GHz 直接序列扩频，最大数据传输速率为 11Mbps，无须直线传播。动态速率转换当射频情况变差时，可将数据传输速率降低为 5.5Mbps、2Mbps 和 1Mbps。

IEEE802.11g 标准是 IEEE 为了解决 802.11a 与 802.11b 的互通而出台的一个标准，它是 802.11b 的延续，两者同样使用 2.4GHz 通用频段，互通性高，速率上限已经由 11Mbps 提升至 54Mbps，它同时与 802.11a 和 802.11b 兼容，802.11g 产品可以在与 802.11b 网络兼容的情况下，最高提供与 802.11a 标准相同的 54Mbps 连接速率。

IEEE802.11n 标准是 802.11a/b/g 的后续无线传输标准，该标准可将无线局域网的传输速率由目前 802.11a 及 802.11g 提供的 54Mbps，提高至 300Mbps 甚至高达 600Mbps。

无线 AP 信号传输方式的两种组合方式的工作原理：组合方式 1 是将视频服务器前置，即：模拟摄像机采集并输出模拟视频信号至视频服务器，由视频服务器压缩编码并转换成数字信号，由发射端的无线 AP 进行信号发射，由接收端无线 AP 接收信号后传输到交换机。组合方式 2 由网络摄像机代替了组合方式 1 中的模拟摄像机和视频服务器。

4.2　主要设备的技术指标

4.2.1　IP×× 防尘防水等级，防尘等级（第一个×

表示，其值从 0～6，最高等级为 6)，防水等级（第二个×表示，其值从0～8，最高等级为 8)。两个×各个值所表示的意义如下表：

表 1　防尘等级（第一个×）定义

第一个×	简　述	含　义
0	没有防护	无特殊防护
1	防止大于 50mm 的固体物侵入	防止人体（如手掌）因意外而接触到灯具内部的零件。防止较大尺寸（直径大于 50mm）的外物侵入
2	防止大于 12mm 的固体物侵入	防止人的手指接触到灯具内部的零件，防止中等尺寸（直径大于 12mm）外物侵入
3	防止大于 2.5mm 的固体物侵入	防止直径或厚度大于 2.5mm 的工具、电线或类似的细节小外物侵入而接触到灯具内部的零件
4	防止大于 1.0mm 的固体物侵入	防止直径或厚度大于 1.0mm 的工具、电线或类似的细节小外物侵入而接触到灯具内部的零件
5	防尘	完全防止外物侵入，虽不能完全防止灰尘进入，但侵入的灰尘量并不会影响灯具的正常工作
6	尘密	完全防止外物侵入，且可完全防止灰尘进入

表 2　防水等级(第二个×)定义

第二个×	简　述	含　义
0	无防护	没有防护
1	防止滴水侵入	垂直滴下的水滴（如凝结水）对灯具不会造成有害影响
2	倾斜 15°时仍可防止滴水侵入	当灯具由垂直倾斜至 15°时，滴水对灯具不会造成有害影响
3	防止喷洒的水侵入	防雨或防止与垂直的夹角小于 60°的方向所喷洒的水进入灯具造成损害
4	防止飞溅的水侵入	防止各方向飞溅而来的水进入灯具造成损害
5	防止喷射的水侵入	防止来自各方向喷嘴射出的水进入灯具内造成损害
6	防止海浪	承受猛烈的海浪冲击或强烈喷水时，电器的进水量应不致达到有害的影响
7	防止浸水影响	灯具浸在水中一定时间或水压在一定的标准以下能确保不因进水而造成损坏
8	防止沉没时水的侵入	灯具无限期的沉没在指定水压的状况下，能确保不因进水而造成损坏

4.2.3　RS232、RS422 与 RS485 都是串行数据接口标准。RS232 为一种在低速率串行通信中增加通信距离的单端标准；RS422 接口采用单独的发送和接收通信，不控制数据方向，支持点对多的双向通信；RS485 是从 RS232 基础上发展而来的，采用平衡驱动器和差分接收器的组合，抗共模干扰能力增强，抗噪声干扰性好。

H.264 是一种高性能的视频编解码技术。

5　传 输 要 求

5.1　一 般 规 定

5.1.1　施工现场视频监控传输部分的主要功能，将捕影部分输出的数字信号通过无线网络或有线网络传输到显示部分。传输部分应根据建筑工程施工现场网络的实际情况，确定传输方式、合理选择电信运营商提供的传输网络，传输部分系统架构示意图见图 3。

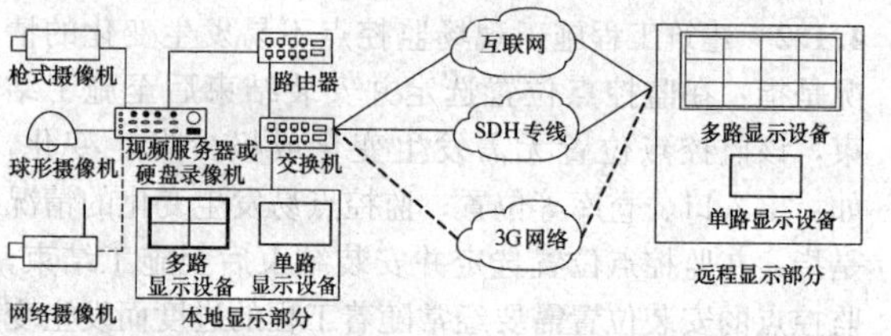

图 3　传输部分系统架构示意图

为保证信号传输的稳定性和较高的带宽，宜采用有线网络进行传输。当建筑工程施工现场存在大功率的干扰源，如电视发射塔、大功率的无线发射站、产生无线干扰的厂矿生产设备等，必须采用有线网络传输，以保证信号传输的稳定和保真。特殊地区，如城郊野外、戈壁沙漠等偏远地区，在施工现场无有线网络接入的情况下，必须采用无线传输方式，如 3G 网络传输或卫星信号传输。

在使用有线网络传输时，应考虑南北电信的互联互通。由于国内目前存在南北电信互联互通网络带宽互通瓶颈的问题，在建筑工程施工现场与监控中心之间，宜使用同一网络运营商的网络，以保证信号传输的通畅。

5.1.2 有线网络设备指：交换机、路由器、防火墙；无线网络设备指：交换机、3G路由器；网络运营商提供的网络指：互联网、SDH专线网络、3G网络。

5.2 有线信号传输

5.2.3 施工现场的网络带宽应按以下方式计算：施工现场有 n 个监控点，需要同时并发传输 n 路CIF格式的图像，施工现场和总部监控中心的网络带宽均不应小于 $n\times128k$，如需要传输4CIF格式的图像，施工现场和总部监控中心的网络带宽均不应小于 $n\times512k$ 。

6 显示要求

6.1 一般规定

6.1.3 电视墙是由多台监视器安装在同一机架拼接而成的电视墙体，可以同时显示多路视频信号，但一般不能跨屏显示同一路视频信号。相比其他几种多路显示设备造价较低。

投影仪组合是利用2台或2台以上的投影仪，通过拼接融合技术显示多路或单路视频信号的设备组合。一般用在展示厅，监控中心采用较少。

6.2 多路显示方式的组成

6.2.1 显示部分系统架构示意图见图4。

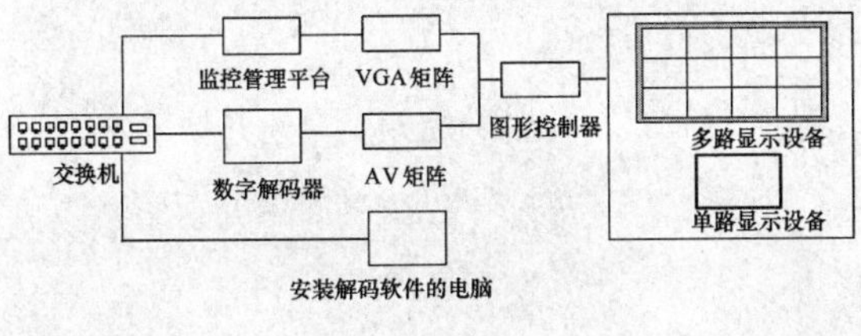

图4 显示部分系统架构示意图

多路显示方式视频显示设备的拼接大屏有液晶显示单元拼接屏、DLP投影单元拼接屏、LED拼接屏以及等离子显示单元拼接屏，优缺点见表3。

建筑工程施工单位可根据自身实际需求和以上设备的优缺点选择多路显示方式的视频显示设备。

表3 四种拼接屏优缺点对比表

	LCD液晶拼接屏	DLP(数码微镜)拼接屏	LED全彩拼接屏	等离子拼接屏
图像分辨率	高清	高清	标清	高清
画面细腻度	很高	较差	较差	很高
可视角度	178°	120°～160°	160°	160°
灼屏问题	极轻微	无	无	严重
安装体积	轻薄	厚重	厚重	轻薄
整机功耗	低	高	低	高
维护成本	低	高	较高	高

6.3 多路信息显示的要求

6.3.2 图像控制器、视频矩阵切换器、VGA矩阵切换器和数字解码器，主要是将接收到的视频信号进行解码、切换和拼接。监控软件安装在软件系统服务器上，主要对图像处理后的视频信号进行控制。数据存储通过存储服务器对图像处理后的视频信号进行存储。

6.3.3 RJ45接口通常用于数据传输，最常见的应用为网卡接口。

6.3.4 远程管理功能是指：通过软件远程登录到视频服务器上，配置各项参数、对视频服务器进行远程升级和重启等功能。

7 系统验收

7.0.1 由于建筑工程施工现场的环境一般比较复杂，变化较快(如挖基坑、回填土、道路变化等)，为保证现场监控能够持续有效运行，尽量降低故障率，延长使用寿命，需要在安全保护方面做出充分准备工作。同时监控设备的安装要建立在保证施工现场的正常生产和人员安全的前提下，只有以上各方面都能兼顾到，才能达到施工现场监控安全保护方面的验收要求。

7.0.2 图像质量是指图像信息的完整性，包括图像帧内对原始信息记录的完整性和图像帧连续关联的完整性，它通常按照如下指标进行描述：像素构成、分辨率、信噪比、原始完整性等。

8 系统维护保养

8.0.1 维护保养的网络包括捕影部分的局域网络和传输部分的公用网络。维护保养的软件指显示部分的监控软件。

8.0.4 常规巡检工作内容：

1 检查摄像头、云台、视频服务器或硬盘录像机等捕影部分设备的工作状态；

2 检查网络和交换机、路由器、防火墙、无线

AP 等网络设备的工作状态；

3 检查监控中心数字解码器、AV 矩阵、图像控制器等设备的工作状态；

4 检查监控中心视频显示拼接墙、监视器等显示设备的工作状态；

5 对近期维修过的设备进行复检。

季度巡检工作内容：除包含常规巡检内容，此外还应对各类设备进行每季度一次的内外部清洁工作。

年度巡检工作内容，除包含季度巡检内容，此外还应进行：

1 全面检查摄像头、云台、视频服务器或硬盘录像机等捕影部分设备；网络及交换机、路由器、防火墙、无线 AP 等网络设备；监控中心视频显示拼接墙、监视器等显示设备的工作状态；

2 盘点系统的设备清单，做好固定资产登记工作；

3 对系统运行情况的评估报告和合理化建议；

4 准备下一年度设备的更新升级等。

中华人民共和国行业标准

预拌混凝土绿色生产及管理技术规程

Technical specification for green production and management of ready-mixed concrete

JGJ/T 328 — 2014

批准部门：中华人民共和国住房和城乡建设部
施行日期：2 0 1 4 年 1 0 月 1 日

中华人民共和国住房和城乡建设部
公　　告

第382号

住房城乡建设部关于发布行业标准《预拌混凝土绿色生产及管理技术规程》的公告

现批准《预拌混凝土绿色生产及管理技术规程》为行业标准，编号为JGJ/T 328－2014，自2014年10月1日起实施。

本规程由我部标准定额研究所组织中国建筑工业出版社出版发行。

中华人民共和国住房和城乡建设部

2014年4月16日

前　言

根据住房和城乡建设部《关于印发2012年工程建设标准规范制订修订计划的通知》（建标［2012］5号）的要求，编制组经广泛调查研究，认真总结实践经验，参考有关国际标准和国外先进标准，并在广泛征求意见的基础上，编制本规程。

本规程的主要技术内容是：1 总则；2 术语；3厂址选择和厂区要求；4 设备设施；5 控制要求；6 监测控制；7 绿色生产评价。

本规程由住房和城乡建设部负责管理，由中国建筑科学研究院负责具体技术内容的解释。执行过程中如有意见和建议，请寄送至中国建筑科学研究院（地址：北京市北三环东路30号，邮政编码：100013）。

本规程主编单位：中国建筑科学研究院
博坤建设集团公司

本规程参编单位：江苏大自然新材料有限公司
上海城建物资有限公司
中建商品混凝土有限公司
河北建设集团有限公司混凝土分公司
江苏苏博特新材料股份有限公司
江苏铸本混凝土工程有限公司
北京金隅混凝土有限公司
广东省建筑科学研究院
新疆西部建设股份有限公司
深圳市为海建材有限公司
上海建工材料工程有限公司
深圳市安托山混凝土有限公司
华新水泥股份有限公司
辽宁省建设科学研究院
北京天恒泓混凝土有限公司
天津港保税区航保商品砼供应有限公司
天津市澳川混凝土科技有限公司
浙江省台州四强新型建材有限公司
舟山市金土木混凝土技术开发有限公司
浙江建工检测科技有限公司

本规程主要起草人员：韦庆东　周永祥　丁　威
冷发光　仇心金　徐亚玲
吴文贵　刘加平　刘永奎
余尧天　龙　宇　陈旭峰
王新祥　孙　俊　朱炎宁
杨根宏　吴德龙　梁锡武
齐广华　王　元　高金枝

王利凤　戴会生　郭　杰
周岳年　吴国峰　杨晓华
纪宪坤　张　磊　徐　莹
何更新

本规程主要审查人员：杨再富　郝挺宇　闻德荣
蒋勤俭　兰明章　尚百雨
李景芳　蔡亚宁　施钟毅
沈　骥

目　次

Contents

1 总 则

1.0.1 为规范预拌混凝土绿色生产及管理技术，保证混凝土质量，满足节地、节能、节材、节水和环境保护要求，做到技术先进、经济合理、安全适用，制定本规程。

1.0.2 本规程适用于预拌混凝土绿色生产、管理及评价。

1.0.3 专项试验室宜具备监测噪声和生产性粉尘的能力。

1.0.4 在绿色生产过程中，不得向厂界以外直接排放生产废水和废弃混凝土。

1.0.5 预拌混凝土绿色生产、管理及评价除应符合本规程外，尚应符合国家现行有关标准的规定。

2 术 语

2.0.1 废浆 industrial waste nud

清洗混凝土搅拌设备、运输设备和搅拌站（楼）出料位置地面所形成的含有较多固体颗粒物的液体。

2.0.2 生产废水处置系统 treatment system of industrial waste water

对生产废水、废浆进行回收和循环利用的设备设施的总称。

2.0.3 砂石分离机 separator

将废弃的新拌混凝土分离处理成可再利用砂、石的设备。

2.0.4 厂界 boundary

以法律文书确定的业主拥有使用权或所有权的场所或建筑物的边界。

2.0.5 生产性粉尘 industrial dust

预拌混凝土生产过程中产生的总悬浮颗粒物、可吸入颗粒物和细颗粒物的总称。

2.0.6 无组织排放 unorganized emission

未经专用排放设备进行的、无规则的大气污染物排放。

2.0.7 总悬浮颗粒物 total suspended particle

环境空气中空气动力学当量直径不大于 100μm 的颗粒物。

2.0.8 可吸入颗粒物 particulate matter under 10 microns

环境空气中空气动力学当量直径不大于 10μm 的颗粒物。

2.0.9 细颗粒物 particulate matter under 2.5microns

环境空气中空气动力学当量直径不大于 2.5μm 的颗粒物。

3 厂址选择和厂区要求

3.1 厂 址 选 择

3.1.1 搅拌站（楼）厂址应符合规划、建设和环境保护的要求。

3.1.2 搅拌站（楼）厂址宜满足生产过程中合理利用地方资源和方便供应产品的要求。

3.2 厂 区 要 求

3.2.1 厂区内的生产区、办公区和生活区宜分区布置，可采取下列隔离措施降低生产区对生活区和办公区环境的影响：

1 可设置围墙和声屏障，或种植乔木和灌木来减弱或阻止粉尘和噪声传播；

2 可设置绿化带来规范引导人员和车辆流动。

3.2.2 厂区内道路应硬化，功能应满足生产和运输要求。

3.2.3 厂区内未硬化的空地应进行绿化或采取其他防止扬尘措施，且应保持卫生清洁。

3.2.4 生产区内应设置生产废弃物存放处。生产废弃物应分类存放、集中处理。

3.2.5 厂区内应配备生产废水处置系统。宜建立雨水收集系统并有效利用。

3.2.6 厂区门前道路和环境应符合环境卫生、绿化和社会秩序的要求。

4 设 备 设 施

4.0.1 预拌混凝土绿色生产宜选用技术先进、低噪声、低能耗、低排放的搅拌、运输和试验设备。设备应符合国家现行标准《混凝土搅拌站（楼）》GB/T 10171、《混凝土搅拌机》GB/T 9142 和《混凝土搅拌运输车》GB/T 26408 等的相应规定。

4.0.2 搅拌站（楼）宜采用整体封闭方式。

4.0.3 搅拌站（楼）应安装除尘装置，并应保持正常使用。

4.0.4 搅拌站（楼）的搅拌层和称量层宜设置水冲洗装置，冲洗产生的废水宜通过专用管道进入生产废水处置系统。

4.0.5 搅拌主机卸料口应设置防喷溅设施。装料区域的地面和墙壁应保持清洁卫生。

4.0.6 粉料仓应标识清晰并配备料位控制系统，料位控制系统应定期检查维护。

4.0.7 骨料堆场应符合下列规定：

1 地面应硬化并确保排水通畅；

2 粗、细骨料应分隔堆放；

3 骨料堆场宜建成封闭式堆场，宜安装喷淋抑尘装置。

4.0.8 配料地仓宜与骨料仓一起封闭，配料用皮带输送机宜侧面封闭且上部加盖。

4.0.9 粗、细骨料装卸作业宜采用布料机。

4.0.10 处理废弃新拌混凝土的设备设施宜符合下列规定：

1 当废弃新拌混凝土用于成型小型预制构件时，应具有小型预制构件成型设备；

2 当采用砂石分离机处置废弃新拌混凝土时，砂石分离机应状态良好且运行正常；

3 可配备压滤机等处理设备；

4 废弃新拌混凝土处理过程中产生的废水和废浆应通过专用管道进入生产废水和废浆处置系统。

4.0.11 预拌混凝土绿色生产应配备运输车清洗装置，冲洗产生的废水应通过专用管道进入生产废水处置系统。

4.0.12 搅拌站（楼）宜在皮带传输机、搅拌主机和卸料口等部位安装实时监控系统。

5 控制要求

5.1 原材料

5.1.1 原材料的运输、装卸和存放应采取降低噪声和粉尘的措施。

5.1.2 预拌混凝土生产用大宗粉料不宜使用袋装方式。

5.1.3 当掺加纤维等特殊原材料时，应安排专人负责技术操作和环境安全。

5.2 生产废水和废浆

5.2.1 预拌混凝土绿色生产应配备完善的生产废水处置系统，可包括排水沟系统、多级沉淀池系统和管道系统。排水沟系统应覆盖连通搅拌站（楼）装车层、骨料堆场、砂石分离机和车辆清洗场等区域，并与多级沉淀池连接；管道系统可连通多级沉淀池和搅拌主机。

5.2.2 当采用压滤机对废浆进行处理时，压滤后的废水应通过专用管道进入生产废水回收利用装置，压滤后的固体应做无害化处理。

5.2.3 经沉淀或压滤处理的生产废水用作混凝土拌合用水时，应符合下列规定：

1 与取代的其他混凝土拌合用水按实际生产用比例混合后，水质应符合现行行业标准《混凝土用水标准》JGJ 63 的规定，掺量应通过混凝土试配确定。

2 生产废水应经专用管道和计量装置输入搅拌主机。

5.2.4 废浆用于预拌混凝土生产时，应符合下列规定：

1 取废浆静置沉淀 24h 后的澄清水与取代的其他混凝土拌合用水按实际生产用比例混合后，水质应符合现行行业标准《混凝土用水标准》JGJ 63 的规定；

2 在混凝土用水中可掺入适当比例的废浆，配合比设计时可将废浆中的水计入混凝土用水量，固体颗粒量计入胶凝材料用量，废浆用量应通过混凝土试配确定；

3 掺用废浆前，应采用均化装置将废浆中固体颗粒分散均匀；

4 每生产班检测废浆中固体颗粒含量不应少于1次；

5 废浆应经专用管道和计量装置输入搅拌主机。

5.2.5 生产废水、废浆不宜用于制备预应力混凝土、装饰混凝土、高强混凝土和暴露于腐蚀环境的混凝土；不得用于制备使用碱活性或潜在碱活性骨料的混凝土。

5.2.6 经沉淀或压滤处理的生产废水也可用于硬化地面降尘和生产设备冲洗。

5.3 废弃混凝土

5.3.1 废弃新拌混凝土可用于成型小型预制构件，也可采用砂石分离机进行处置。分离后的砂石应及时清理、分类使用。

5.3.2 废弃硬化混凝土可生产再生骨料和粉料由预拌混凝土生产企业消纳利用，也可由其他固体废弃物再生利用机构消纳利用。

5.4 噪声

5.4.1 预拌混凝土绿色生产应根据现行国家标准《声环境质量标准》GB 3096 和《工业企业厂界环境噪声排放标准》GB 12348 的规定以及规划，确定厂界和厂区声环境功能区类别，制定噪声区域控制方案和绘制噪声区划图，建立环境噪声监测网络与制度，评价和控制声环境质量。

5.4.2 搅拌站（楼）的厂界声环境功能区类别划分和环境噪声最大限值应符合表 5.4.2 的规定。

表 5.4.2 搅拌站（楼）的厂界声环境功能区类别划分和环境噪声最大限值（dB（A））

声环境功能区域	时段	
	昼间	夜间
以居民住宅、医疗卫生、文化教育、科研设计、行政办公为主要功能，需要保持安静的区域	55	45
以商业金融、集市贸易为主要功能，或者居住、商业、工业混杂，需要维护住宅安静的区域	60	50

续表 5.4.2

声环境功能区域	时段	
	昼间	夜间
以工业生产、仓储物流为主要功能，需要防止工业噪声对周围环境产生严重影响的区域	65	55
高速公路、一级公路、二级公路、城市快速路、城市主干路、城市次干路、城市轨道交通地面段、内河航道两侧区域，需要防止交通噪声对周围环境产生严重影响的区域	70	55
铁路干线两侧区域，需要防止交通噪声对周围环境产生严重影响的区域	70	60

注：环境噪声限值是指等效声级。

5.4.3 对产生噪声的主要设备设施应进行降噪处理。

5.4.4 搅拌站（楼）临近居民区时，应在对应厂界安装隔声装置。

5.5 生产性粉尘

5.5.1 预拌混凝土绿色生产应根据现行国家标准《环境空气质量标准》GB 3095 和《水泥工业大气污染物排放标准》GB 4915 的规定以及环境保护要求，确定厂界和厂区内环境空气功能区类别，制定厂区生产性粉尘监测点平面图，建立环境空气监测网络与制度，评价和控制厂区和厂界的环境空气质量。

5.5.2 搅拌站（楼）厂界环境空气功能区类别划分和环境空气污染物中的总悬浮颗粒物、可吸入颗粒物和细颗粒物的浓度控制要求应符合表 5.5.2 的规定。厂界平均浓度差值应符合下列规定：

1 厂界平均浓度差值应是在厂界处测试 1h 颗粒物平均浓度与当地发布的当日 24h 颗粒物平均浓度的差值。

2 当地不发布或发布值不符合混凝土站（楼）所处实际环境时，厂界平均浓度差值应采用在厂界处测试 1h 颗粒物平均浓度与参照点当日 24h 颗粒物平均浓度的差值。

表 5.5.2 总悬浮颗粒物、可吸入颗粒物和细颗粒物的浓度控制要求

污染物项目	测试时间	厂界平均浓度差值最大限值（$\mu g/m^3$）	
		自然保护区、风景名胜区和其他需要特殊保护的区域	居住区、商业交通居民混合区、文化区、工业区和农村地区
总悬浮颗粒物	1h	120	300
可吸入颗粒物	1h	50	150
细颗粒物	1h	35	75

5.5.3 厂区内生产时段无组织排放总悬浮颗粒物的 1h 平均浓度应符合下列规定：

1 混凝土搅拌站（楼）的计量层和搅拌层不应大于 $1000\mu g/m^3$；

2 骨料堆场不应大于 $800\mu g/m^3$；

3 搅拌站（楼）的操作间、办公区和生活区不应大于 $400\mu g/m^3$。

5.5.4 预拌混凝土绿色生产宜采取下列防尘技术措施：

1 对产生粉尘排放的设备设施或场所进行封闭处理或安装除尘装置；

2 采用低粉尘排放量的生产、运输和检测设备；

3 利用喷淋装置对砂石进行预湿处理。

5.6 运输管理

5.6.1 运输车应达到当地机动车污染物排放标准要求，并应定期保养。

5.6.2 原材料和产品运输过程应保持清洁卫生，符合环境卫生要求。

5.6.3 预拌混凝土绿色生产应制定运输管理制度，并应合理指挥调度车辆，且宜采用定位系统监控车辆运行。

5.6.4 冲洗运输车辆宜使用循环水，冲洗运输车产生的废水可进入废水回收利用设施。

5.7 职业健康安全

5.7.1 预拌混凝土绿色生产除应符合现行国家标准《职业健康安全管理体系 要求》GB/T 28001 的规定外，尚应符合下列规定：

1 应设置安全生产管理小组和专业安全工作人员，制定安全生产管理制度和安全事故应急预案，每年度组织不少于一次的全员安全培训；

2 在生产区内噪声、粉尘污染较重的场所，工作人员应佩戴相应的防护器具；

3 工作人员应定期进行体检。

5.7.2 生产区的危险设备和地段应设置醒目安全标识，安全标识的设定应符合现行国家标准《安全标志及其使用导则》GB 2894 的规定。

6 监 测 控 制

6.0.1 绿色生产监测控制对象应包括生产性粉尘和噪声。当生产废水和废浆用于制备混凝土时，监测控制对象尚应包括生产废水和废浆。预拌混凝土绿色生产应编制监测控制方案，并针对监测控制对象定期组织第三方监测和自我监测。废浆、生产废水、噪声和生产性粉尘的监测时间应选择满负荷生产时段，监测频率最小限值应符合表 6.0.1 的规定，检测结果应符合本规程第 5 章的规定。

表 6.0.1 废浆、生产废水、生产性粉尘和噪声的监测频率最小限值

监测对象	监测频率（次/年）		
	第三方监测	自我监测	总计
废浆	1	—	1
生产废水	1	—	1
噪声	1	2	3
生产性粉尘	1	—	2

6.0.2 生产废水的检测方法应符合现行行业标准《混凝土用水标准》JGJ 63 的规定。废浆的固体颗粒含量检测方法可按现行国家标准《混凝土外加剂匀质性试验方法》GB/T 8077 的规定执行。

6.0.3 环境噪声的测点分布和监测方法除应符合现行国家标准《声环境质量标准》GB 3096 和《工业企业厂界环境噪声排放标准》GB 12348 的规定外，尚应符合下列规定：

1 当监测厂界环境噪声时，应在厂界均匀设置四个以上监控点，并应包括受被测声源影响大的位置；

2 当监测厂区内环境噪声时，应在厂区的骨料堆场、搅拌站（楼）控制室、食堂、办公室和宿舍等区域设置监控点，并应包括噪声敏感建筑物的受噪声影响方向；

3 各监控点应分别监测昼间和夜间环境噪声，并应单独评价。

6.0.4 生产性粉尘排放的测点分布和监测方法除应符合国家现行标准《大气污染物无组织排放监测技术导则》HJ/T 55、《环境空气 总悬浮颗粒物的测定 重量法》GB/T 15432 和《环境空气 PM_{10} 和 $PM_{2.5}$ 的测定 重量法》HJ 618 的规定外，尚应符合下列规定：

1 当监测厂界生产性粉尘排放时，应在厂界外 20m 处、下风口方向均匀设置二个以上监控点，并应包括受被测粉尘源影响大的位置，各监控点应分别监测 1h 平均值，并应单独评价；

2 当监测厂区内生产性粉尘排放时，当日 24h 细颗粒物平均浓度值不应大于 75$\mu g/m^3$，应在厂区的骨料堆场、搅拌站（楼）的搅拌层、称量层、办公和生活等区域设置监控点，各监控点应分别监测 1h 平均值，并应单独评价；

3 当监测参照点大气污染物浓度时，应在上风口方向且距离厂界 50m 位置均匀设置二个以上参照点，各参照点应分别监测 24h 平均值，取算术平均值作为参照点当日 24h 颗粒物平均浓度。

6.0.5 预拌混凝土绿色生产应定期检查和维护除尘、降噪和废水处理等环保设施，并应记录运行情况。

7 绿色生产评价

7.0.1 预拌混凝土绿色生产评价指标体系可由厂址选择和厂区要求、设备设施、控制要求和监测控制四类指标组成。每类指标应包括控制项和一般项。当控制项不合格时，绿色生产评价结果应为不通过。

7.0.2 绿色生产评价等级应划分为一星级、二星级和三星级。绿色生产评价等级、总分和评价指标要求应符合表 7.0.2 的规定。

表 7.0.2 绿色生产评价等级、总分和评价指标要求

等级	总分	厂区要求			设备设施			控制要求			监测控制		
		控制项	一般项	分值	控制项	一般项	分值	控制项	一般项	分值	控制项	一般项	分值
★	100	1	5	10	2	10	50	1	7	30	1	3	10
★★	130	1	5	10	12	0	50	4	12	60	1	3	10
★★★	160	1	5	10	12	0	50	7	15	90	1	3	10

7.0.3 一星级绿色生产评价应按本规程附录 A 的规定进行评价。当评价总分不低于 80 分时，评价结果应为通过。

7.0.4 二星级绿色生产评价应符合下列规定：

1 应按本规程附录 A 和附录 B 分别评价，并累计评价总分；

2 按本规程附录 A 进行评价，评价总分不应低于 85 分，且设备设施评价应得满分；按本规程附录 B 进行评价，评价总分不应低于 20 分；

3 当累计评价总分不低于 110 分时，评价结果应为通过。

7.0.5 三星级绿色生产评价宜符合下列规定：

1 应按本规程附录 A、附录 B 和附录 C 分别评价，并累计评价总分；

2 按本规程附录 A 进行评价，评价总分不应低于 90 分，且设备设施评价应得满分；按本规程附录 B 进行评价，评价总分不应低于 25 分；按本规程附录 C 进行评价，评价总分不应低于 20 分；

3 当累计评价总分不低于 140 分时，评价结果应为通过。

附录A　绿色生产评价通用要求

表A　绿色生产评价通用要求

评价指标	指标类型	分值	分项评价内容	分项分值	评价要素
厂区要求	控制项	4	道路硬化及质量	4	道路硬化率达到100%，得2分；硬化道路质量良好、无明显破损，得2分
	一般项	6	功能分区	1	厂区内的生产区、办公区和生活区采用分区布置，得1分
			未硬化空地的绿化	1	厂区内未硬化空地的绿化率达到80%以上，得1分
			绿化面积	1	厂区整体绿化面积达10%以上，得1分
			生产废弃物存放处的设置	1	生产区内设置生产废弃物存放处，得0.5分；生产废弃物分类存放、集中处理，得0.5分
			整体清洁卫生	2	厂区门前道路、环境按门前三包要求进行管理，并符合要求，得1分；厂区内保持卫生清洁，得1分
设备设施	控制项	14	除尘装置	7	粉料筒仓顶部、粉料贮料斗、搅拌机进料口或骨料贮料斗的进料口均安装除尘装置，除尘装置状态和功能完好，运转正常，得7分
			生产废水、废浆处置系统	7	生产废水、废浆处置系统包括排水沟系统、多级沉淀池系统和管道系统且正常运转，得4分；排水沟系统覆盖连通装车层、骨料堆场和废弃新拌混凝土处置设备设施，并与多级沉淀池连接，得1分。当生产废水和废浆用作混凝土拌合用水时，管道系统连通多级沉淀池和搅拌主机，得1分，沉淀池设有均化装置，得1分；当经沉淀或压滤处理的生产废水用于硬化地面降尘、生产设备和运输车辆冲洗时，得2分
	一般项	36	监测设备	3	拥有经校准合格的噪声测试仪，得1分；拥有经校准合格的粉尘检测仪，得2分
			清洗装置	4	预拌混凝土绿色生产配备运输车清洗装置，得2分；搅拌站（楼）的搅拌层和称量层设置水冲洗装置，冲洗废水通过专用管道进入生产废水处置系统，得2分
			防喷溅设施	2	搅拌主机卸料口设下料软管等防喷溅设施，得2分
			配料地仓、皮带输送机	6	配料地仓与骨料仓一起封闭，得2分；当采用高塔式骨料仓时，配料地仓单独封闭得2分。骨料用皮带输送机侧面封闭且上部加盖，得4分
			废弃新拌混凝土处置设备设施	4	采用砂石分离机时，砂石分离机的状态和功能良好，运行正常，得4分；利用废弃新拌混凝土成型小型预制构件时，小型预制构件成型设备的状态和功能良好，运行正常，得4分；采用其他先进设备设施处理废弃新拌混凝土并实现砂、石和水的循环利用时，得4分
			粉料仓标识和料位控制系统	3	水泥、粉煤灰矿粉等粉料仓标识清晰，得1分；粉料仓均配备料位控制系统，得2分
			雨水收集系统	2	设有雨水收集系统并有效利用，得2分
			骨料堆场或高塔式骨料仓	5	当采用高塔式骨料仓时，得5分。当采用骨料堆场时：地面硬化率100%，并排水通畅，得1分；采用有顶盖无围墙的简易封闭骨料堆场，得2分，噪声和生产性粉尘排放满足本规程5.4节和5.5节要求，得2分；采用有三面以上围墙的封闭式堆场，得3分，噪声和生产性粉尘排放满足本规程5.4节和5.5节要求，得1分；采用有三面以上围墙且安装喷淋抑尘装置的封闭式堆场，得4分

续表 A

评价指标	指标类型	分值	分项评价内容	分项分值	评价要素
设备设施	一般项	36	整体封闭的搅拌站（楼）	5	当搅拌站（楼）四周封闭时，得 4 分，噪声和生产性粉尘排放满足本规程 5.4 节和 5.5 节要求，得 1 分；当搅拌站（楼）四周及顶部同时封闭时，得 5 分；当搅拌站不封闭并满足本规程第 5.4 节和第 5.5 节要求时，得 5 分
			隔声装置	2	搅拌站（楼）临近居民区时，在厂界安装隔声装置，得 2 分；搅拌站（楼）厂界与居民区最近距离大于 50m 时，不安装隔声装置，得 2 分
控制要求	控制项	5	废弃物排放	5	不向厂区以外直接排放生产废水、废浆和废弃混凝土，得 5 分
	一般项	25	环境噪声控制	5	第三方监测的厂界声环境噪声限值符合本规程表 5.4.2 的规定，得 5 分
			生产性粉尘控制	7	第三方监测的厂界环境空气污染物中的总悬浮颗粒物、可吸入颗粒物和细颗粒物的浓度符合本规程表 5.5.2 中浓度限值的规定，得 4 分；厂区无组织排放总悬浮颗粒物的 1h 平均浓度限值符合本规程第 5.5.3 条规定，得 3 分
			生产废水利用	3	沉淀或压滤处理的生产废水用作混凝土拌合用水并符合本规程第 5.2.3 条的规定，得 3 分；沉淀或压滤处理的生产废水完全循环用于硬化地面降尘、生产设备和运输车辆冲洗时，得 3 分
			废浆处置和利用	2	利用压滤机处置废浆并做无害化处理，且有应用证明，得 2 分；或者废浆直接用于预拌混凝土生产并符合本规程第 5.2.4 条的规定，得 2 分
			废弃混凝土利用	2	利用废弃新拌混凝土成型小型预制构件且利用率不低于 90%，得 1 分；或者废弃新拌混凝土经砂石分离机分离生产砂石且砂石利用率不低于 90%，得 1 分；当循环利用硬化混凝土时：由固体废弃物再生利用机构消纳利用并有相关证明材料，得 1 分；由混凝土生产商自己生产再生骨料和粉料消纳利用，得 1 分
			运输管理	3	采用定位系统监控车辆运行，得 1 分；运输车达到当地机动车污染物排放标准要求并定期保养，得 2 分
			职业健康安全管理	3	每年度组织不少于一次的全员安全培训，得 1 分；在生产区内噪声、粉尘污染较重的场所，工作人员佩戴相应的防护器具，得 1 分；工作人员定期进行体检，得 1 分
监测控制	控制项	5	监测资料	5	具有第三方监测结果报告，得 2 分；具有生产废水和废浆处置或循环利用记录，得 1 分；具有除尘、降噪和废水处理等环保设施检查或维护记录，得 1 分；具有料位控制系统定期检查记录，得 1 分
	一般项	5	生产性粉尘的监测	2	生产性粉尘的监测符合本规程第 6.0.4 条的规定，监测频率符合本规程表 6.0.1 的规定，具有监测结果报告，得 2 分
			生产废水和废浆的监测	2	生产废水和废浆用于制备混凝土时，监测符合本规程第 6.0.2 条的规定，监测频率符合本规程表 6.0.1 的规定，具有监测结果报告，得 2 分；生产废水完全循环用于硬化地面降尘、生产设备和运输车辆冲洗时，不需要监测，得 2 分
			环境噪声的监测	1	环境噪声的监测符合本规程第 6.0.3 条的规定，监测频率符合本规程表 6.0.1 的规定，具有监测结果报告，得 1 分

附录B 二星级及以上绿色生产评价专项要求

表B 二星级及以上绿色生产评价专项要求

评价指标	指标类型	分值	分项评价内容	分项分值	评价要素
控制技术	控制项	12	生产废水控制	4	全年的生产废水消纳利用率或循环利用率达到100%，并有相关证明材料
			厂界生产性粉尘控制	5	厂区位于住区、商业交通居民混合区、文化区、工业区和农村地区时，总悬浮颗粒物、可吸入颗粒物和细颗粒物的厂界浓度差值最大限值分别为250μg/m³、120μg/m³和55μg/m³
			厂界噪声控制	3	比本规程第5.4节规定的所属声环境昼间噪声限值低5dB（A）以上，或最大噪声限值55dB（A）
	一般项	18	废浆和废弃混凝土控制	4	废浆和废弃混凝土的回收利用率或集中消纳利用率均达到90%以上
			厂区内生产性粉尘控制	4	厂区内无组织排放总悬浮颗粒物的1h平均浓度限值符合下列规定：混凝土搅拌站（楼）的计量层和搅拌层不应大于800μg/m³；骨料堆场不应大于600μg/m³
			厂区内噪声控制	3	厂区内噪声敏感建筑物的环境噪声最大限值（dB（A））符合下列规定：昼间生活区55，办公区60；夜间生活区45，办公区50
			环境管理	4	应符合现行国家标准《环境管理体系　要求及使用指南》GB/T 24001规定
			质量管理	3	应符合现行国家标准《质量管理体系　要求》GB/T 19001规定

附录C 三星级绿色生产评价专项要求

表C 三星级绿色生产评价专项要求

评价指标	指标类型	分值	分项评价内容	分项分值	评价要素
控制技术	控制项	18	生产废弃物	6	全年的生产废弃物的消纳利用率或循环利用率达到100%，达到零排放
			厂界生产性粉尘控制	6	厂区位于住区、商业交通居民混合区、文化区、工业区和农村地区时，总悬浮颗粒物、可吸入颗粒物和细颗粒物的厂界浓度差值最大限值分别为200μg/m³、80μg/m³和35μg/m³
			厂界噪声控制	6	比本规程第5.4节规定的所属声环境昼间噪声限值低10dB（A）以上，或最大噪声限值55dB（A）
	一般项	12	厂区内生产性粉尘控制	5	厂区内无组织排放总悬浮颗粒物的1h平均浓度限值符合下列规定：混凝土搅拌站（楼）的计量层和搅拌层不应大于600μg/m³；骨料堆场不应大于400μg/m³
			厂区内噪声控制	5	厂区内噪声敏感建筑物的环境噪声最大限值（dB（A））符合下列规定：昼间办公区55；夜间办公区45
			职业健康安全管理	2	应符合现行国家标准《职业健康安全管理体系　要求》GB/T 28001规定

本规程用词说明

1　为便于在执行本规程条文时区别对待，对要求严格程度不同的用词说明如下：

1）表示很严格，非这样做不可的：

正面词采用“必须”，反面词采用“严禁”；

2）表示严格，在正常情况下均应这样做的：

正面词采用“应”，反面词采用“不应”或“不得”；

3）表示允许稍有选择，在条件许可时，首先应这样做的：

正面词采用“宜”，反面词采用“不宜”；

4）表示有选择，在一定条件下可以这样做的，采用“可”。

2　条文中指明应按其他有关标准执行的写法为：“应符合……的规定”或“应按……执行”。

引用标准名录

1　《安全标志及其使用导则》GB 2894

2　《环境空气质量标准》GB 3095

3　《声环境质量标准》GB 3096

4　《水泥工业大气污染物排放标准》GB 4915

5　《混凝土外加剂匀质性试验方法》GB/T 8077

6　《混凝土搅拌机》GB/T 9142

7　《混凝土搅拌站(楼)》GB/T 10171

8　《工业企业厂界环境噪声排放标准》GB 12348

9　《环境空气　总悬浮颗粒物的测定　重量法》GB/T 15432

10　《质量管理体系　要求》GB/T 19001

11　《环境管理体系　要求及使用指南》GB/T 24001

12　《混凝土搅拌运输车》GB/T 26408

13　《职业健康安全管理体系　要求》GB/T 28001

14　《混凝土用水标准》JGJ 63

15　《大气污染物无组织排放监测技术导则》HJ/T 55

16　《环境空气　PM_{10}和$PM_{2.5}$的测定　重量法》HJ 618

中华人民共和国行业标准

预拌混凝土绿色生产及管理技术规程

JGJ/T 328—2014

条 文 说 明

修 订 说 明

《预拌混凝土绿色生产及管理技术规程》JGJ/T 328—2014，经住房和城乡建设部2014年4月16日以第382号公告批准、发布。

本规程编制过程中，编制组进行了广泛而深入的调查研究，总结了我国预拌混凝土绿色生产及管理的实践经验，同时参考了国外先进技术法规、技术标准，通过试验和监测取得了绿色生产的相关重要技术参数。

为便于广大设计、施工、科研、学校等单位有关人员在使用本规程时能正确理解和执行条文规定，《预拌混凝土绿色生产及管理技术规程》编制组按章、节、条顺序编制了本规程的条文说明，供使用者参考。但是，本条文说明不具备与规程正文同等的法律效力，仅供使用者作为理解和把握规程规定的参考。

目　次

1 总 则

1.0.1 我国预拌混凝土通常在预拌混凝土搅拌站（楼）、预制混凝土构件厂及施工现场搅拌楼进行集中搅拌生产。采用绿色生产及管理技术，保证混凝土质量并满足节地、节能、节材、节水和保护环境，对于我国混凝土行业健康发展具有重要意义。

1.0.2 本条规定了本规程的适用范围。

1.0.3 实施绿色生产时，必须严格控制粉尘和噪声排放并实现动态管理，并须具备及时发现问题和解决问题的能力。因此，在绿色生产过程中除第三方检测外，专项试验室尚需要自身具备检测噪声和生产性粉尘的能力，以加强过程监控力度，特别是二星级及以上绿色生产必须具备噪声和粉尘检测设备。

1.0.4 预拌混凝土生产废水含有较多的固体，直接排放到厂界外面的河道或市政管道会造成河床污染或管道堵塞，并对环境产生较大的负面影响。直接排放废弃混凝土不仅给环境带来压力，也造成材料浪费。废弃混凝土应按本规程第5章的规定循环利用，以达到节材目标。

1.0.5 预拌混凝土绿色生产、管理和评价涉及不同标准和管理制度规定内容，在使用中除应执行本规程外，尚应符合国家现行有关标准规范的规定。

2 术 语

2.0.1 本条文明确了废浆的主要来源及组分。含泥量较高的废浆不宜回收利用。

2.0.2 本条文定义的生产废水处置系统包括用于回收目的的收集管道系统和用于沉淀的多级沉淀池系统。当生产废水和废浆用于制备混凝土时，还应包括用于循环利用的计量和均匀搅拌系统，应当注意，使用萘系外加剂生产混凝土形成的生产废水不得和使用聚羧酸系外加剂生产混凝土形成的生产废水相混合使用。当生产废水完全用于循环冲洗或除尘，生产废水处置系统则不包括搅拌系统。

2.0.3 砂石分离机通常包括进料槽、搅拌分离机、供水系统和筛分系统，有滚筒式分离机和螺旋式分离机等产品类型。其工作原理是废弃新拌混凝土在水流冲击下通过进料槽进入搅拌分离机，利用离心原理和筛分系统，分离并生产出砂石，伴随产生生产废水。分离出的砂石可部分替代生产用骨料用于生产混凝土。

2.0.4 厂界是由法律文书确定的业主所拥有使用权或所有权的场所或建筑物的边界。现行国家标准《工业企业厂界环境噪声排放标准》GB 12348 规定了"厂界"术语，本规程基本等同采用。

2.0.5 根据现行国家职业卫生标准《工作场所职业病危害作业分级 第1部分：生产性粉尘》GBZ/T 229.1 规定，生产性粉尘分为无机粉尘、有机粉尘和混合性粉尘。预拌混凝土生产过程主要产生无机粉尘，本规程是指总悬浮颗粒物、可吸入颗粒物和细颗粒物的总称。

2.0.6 搅拌站（楼）的大气污染物排放方式主要是无组织排放。

2.0.7 总悬浮颗粒物又称 TSP。现行国家标准《环境空气质量标准》GB 3095 规定了"总悬浮颗粒物"术语，本规程等同采用。

2.0.8 可吸入颗粒物又称 PM_{10}。现行国家标准《环境空气质量标准》GB 3095 规定了"可吸入颗粒物"术语，本规程等同采用。

2.0.9 细颗粒物又称 $PM_{2.5}$。现行国家标准《环境空气质量标准》GB 3095 规定了"细颗粒物"术语，本规程等同采用。

3 厂址选择和厂区要求

3.1 厂 址 选 择

3.1.1 搅拌站（楼）新建、改建或扩建时，应向所在区（市）规划和建设主管部门提出相关申请和材料，并符合所在区域环境保护要求。具体选址时，宜注意自身对环境和交通可能造成的负面影响。

3.1.2 厂址选择时应考虑原材料及产品运输距离对成本的影响。减少运输过程的碳排放并降低运输成本。

3.2 厂 区 要 求

3.2.1 绿色生产时应将厂区划分为办公区、生活区和生产区，应采用有效措施降低生产过程产生的噪声和粉尘对生活和办公活动的影响。其中设置围墙或声屏障，或种植乔木和灌木均可降低粉尘和噪声传播。利用绿化带来规范引导人员和车辆流动也是有效措施之一。

3.2.2 厂区道路硬化是控制道路扬尘的基本要求，也是保持环境卫生的重要手段。应根据厂区道路荷载要求，按照相关标准进行道路混凝土配合比设计及施工。

3.2.3 厂区内绿化除了保持生态平衡和保持环境作用外，还可以利用高大乔木类植物达到降低噪声和减少粉尘排放的目的。对不宜绿化的空地，应做好防尘措施。

3.2.4 生产废弃物包括混凝土生产过程中直接或间接产生的各种废弃物，对其分类存放、集中处理有利于提高其消纳利用率。

3.2.5 配备生产废水处置系统是实现生产废水有效利用的基本条件。实现雨污分流并建立雨水收集系统可以达到利用雨水以达到节水目的。从实际应用情况来看，当厂区设计排水沟系统时，生产废水处置系统和雨水收集系统可以合并使用，即雨水通过排水沟收集并进入生产废水处置系统，从而实现有效利用。

3.2.6 本条规定了预拌混凝土生产时在门前责任区内应承担的市容环境责任，即“一包”清扫保洁；“二包”秩序良好；“三包”设施、设备和绿地整洁等。

4 设备设施

4.0.1 国家现行标准《混凝土搅拌站（楼）》GB/T 10171、《混凝土搅拌机》GB/T 9142 和《混凝土搅拌运输车》GB/T 26408 详细规定了混凝土搅拌机、运输车和搅拌站（楼）配套主机、供料系统、储料仓、配料装置、混凝土贮斗、电气系统、气路系统、液压系统、润滑系统、安全环保等技术要求。噪声和粉尘排放，以及碳排放与设备密切相关，因此绿色生产应优先采购技术先进、节能、绿色环保的各种设备。

4.0.2 生产性粉尘和噪声排放达到标准要求是搅拌站（楼）绿色生产主要控制目标，搅拌站（楼）可以采用开放式或整体封闭式生产方式，开放式生产必须采用加装吸尘装置、降低生产噪声等各种综合技术措施，要求均高。当开放式生产不能满足标准要求时，则应采用整体封闭式。

4.0.3 对粉料筒仓顶部、粉料贮料斗、搅拌机进料口安装除尘装置可以避免粉尘的外泄，滤芯等易损装置应定期保养或更换。胶凝材料粉尘收集后可作为矿物掺合料使用，通过管道和计量装置进入搅拌主机。当矿粉与粉煤灰共用收尘器时，收集后粉尘可作为粉煤灰计量并循环使用。

4.0.4 一般来说，搅拌站（楼）的搅拌层和称量层是生产性粉尘较多区域，因此对于开放或封闭搅拌站（楼）来说，均应配置水冲洗设施，及时清除粉尘并保持搅拌层和称量层卫生。当搅拌层和称量层地面存有油污时，应先清除油污，避免油污进入冲洗废水中。冲洗废水应进入生产废水处置系统实现循环利用。

4.0.5 可通过加长搅拌机下料软管等方式防止混凝土喷溅。对于喷溅混凝土应及时清除以保持卫生。保持装车层的地面和墙壁卫生是绿色生产的考核指标之一。

4.0.6 粉料仓是指存储水泥和矿物掺合料的各种筒仓，标识清楚方可避免材料误用。配备料位控制系统并进行定期维护有利于原材料管理。

4.0.7 建成封闭式骨料堆场的目的是控制骨料含水率稳定性，并减少生产性粉尘排放，对于绿色生产和控制混凝土质量均具有重要意义。因此，当不封闭骨料堆场也能达到上述目的时，预拌混凝土绿色生产可采用其他灵活方式。

4.0.8 本条规定的技术措施主要是避免配料地仓和配料用皮带输送机造成的生产性粉尘外排。

4.0.9 采用布料机进行砂石装卸作业更有利于噪声控制，但是初次投入成本较高，后期用电成本较低。

4.0.10 利用废弃新拌混凝土成型小型构件可取得了较好的经济效益。利用砂石分离机可及时实现新拌混凝土的砂石分离，并循环利用。利用压滤机处置废浆也是常见技术手段。也可利用其他有效技术措施，实现废弃混凝土的循环利用。

4.0.11 绿色生产时应设计运输车清洗装置，并可以实现运输车辆的自动清洗，以达到车辆外观清洁卫生的目标，确保运输车出入厂区时外观清洁。冲洗用水可采用自来水或沉淀后的生产废水。当搅拌车表面存有油污时，应先清除油污，避免油污、草酸和洗涤剂等进入冲洗废水中，冲洗废水应进入生产废水处置系统实现循环利用。

4.0.12 利用实时监控系统有利于专业技术人员和管理人员全面掌握生产原材料进场、混凝土生产、混凝土出厂以及过程质量控制等信息，并能及时作出相关处理。

5 控制要求

5.1 原 材 料

5.1.1 容易扬尘或遗洒的原材料在运输过程中应采用封闭或遮盖措施。声环境要求较高时，砂石装卸作业宜采用低噪声装载机。

5.1.2 预拌混凝土生产用粉料宜采用散装水泥等材料。使用袋装粉料不仅提高了生产成本、降低了生产效率，同时不利于控制混凝土质量和生产性粉尘排放。

5.1.3 对于掺加纤维等特殊材料时，通过专人负责计量方式可控制生产质量并提高管理水平。

5.2 生产废水和废浆

5.2.1 本条规定了生产废水处置设备设施的一般性构成，其主要包括排水沟、各种管道和沉淀池，其中排水沟系统不仅起到引导生产废水作用，还有助于保护良好的环境卫生。当生产废水和废浆用于制备混凝土时，还应包括均化装置和计量装置等。

5.2.2 利用压滤机处置生产废浆，将产生的废水回收利用，将压滤后的固体进行无害化处理也是有效的处置办法。利用压滤后的固体做道路地基材料或回填材料也是循环利用的有效途径之一。

5.2.3 本条规定了沉淀或压滤处理后的生产废水用作混凝土拌合用水时的质量要求及使用方法。

5.2.4 本条规定了废浆直接使用时的应用要求，包括检测指标、检测频率、配合比设计及控制技术指标。废浆中含有胶凝材料和外加剂等组分，硬化及未硬化颗粒具有微填充作用，可以改善混凝土拌合物性能，因此可以计入胶凝材料总量之中。但是由于废浆中同样会存在一定量的泥，会对混凝土性能产生负面作用。所以废浆的实际用量必须经过试验来确定。

5.2.5 由于生产废水和废浆的碱含量较高，因此不得用于使用碱活性或潜在碱活性骨料的混凝土和高强混凝土。此外，使用生产废水和废浆对预应力混凝土、装饰混凝土和暴露于腐蚀环境的混凝土性能也有负面影响。

5.2.6 生产废水处置系统产生的生产废水，可完全用于循环冲洗或除尘，从而大幅提高节水效果，此时，生产废水不宜用作混凝土拌合用水，也不需要监测其水质变化。即，经沉淀或压滤处理的生产废水可直接用于硬化地面喷淋降尘，用于冲洗搅拌主机、装车层地面和冲洗装置。

5.3 废弃混凝土

5.3.1 利用废弃新拌混凝土成型小型预制构件是普遍采取的处理方式。预拌混凝土资质管理规定可生产"市政工程方砖、道牙、隔离墩、地面砖、花饰、植草砖等小型预制构件"。另外，采用砂石分离机对新拌混凝土处置，并及时对分离后的砂石进行清理和使用也是绿色生产的主要技术手段。传统砂石分离机分离的砂石在机身同一个侧面，容易形成混料。应安排专人对分离后的砂石及时清理，并分类使用。

5.3.2 自身配置简易破碎机对废弃硬化混凝土处置，在控制再生骨料质量的前提下，通过与天然骨料复配使用方式，可实现再生骨料的消纳并保证混凝土质量。利用各地区已有的建筑垃圾固体废弃物再生利用专业机构集中消纳利用废弃混凝土也是有效措施之一。不得直接用作垃圾填埋。

5.4 噪　声

5.4.1 现行国家标准《声环境质量标准》GB 3096和《工业企业厂界环境噪声排放标准》GB 12348均详细规定了噪声要求。对噪声进行有效控制并达到相关标准要求，是绿色生产核心内容之一。应根据厂界的声环境功能区类别以及厂区内不同区域要求，建立监测网络和制度，因地制宜地针对厂区内不同区域进行差异性控制，最终达到整体、有效控制噪声的目的。

5.4.2 本规程等同采用现行国家标准《声环境质量标准》GB 3096规定的声环境功能区类别及环境噪声限值。

5.4.3 环境噪声限值不符合本规程规定时，对搅拌主机等主要设备进行降噪隔声处理是有效技术措施。

5.4.4 混凝土站（楼）临近居民区且环境噪声限值不符合本规程规定的情况，应采取安装隔声装置的措施。

5.5 生产性粉尘

5.5.1 现行国家标准《环境空气质量标准》GB 3095和《水泥工业大气污染物排放标准》GB 4915均详细规定了粉尘排放要求。对生产性粉尘进行有效控制并达到相关标准要求，也是绿色生产核心内容之一。应根据厂界和厂区的环境空气功能区类别，建立监测网络和制度，因地制宜地针对厂区内不同粉尘来源进行差异性控制，最终达到整体、有效控制生产性粉尘的目的。

5.5.2 对于生产性粉尘控制而言，现行国家标准《水泥工业大气污染物排放标准》GB 4915规定混凝土企业的厂界无组织排放总悬浮颗粒物的1h平均浓度不应大于500$\mu g/m^3$，而现行国家标准《环境空气质量标准》GB 3095规定控制项目包括总悬浮颗粒物、可吸入颗粒物和细颗粒物，且控制技术指标更严格。考虑我国混凝土行业整体技术水平和混凝土生产特点可知，利用《环境空气质量标准》GB 3095控制混凝土绿色生产要求偏严，而利用《水泥工业大气污染物排放标准》GB 4915控制则要求偏松。因此，为确保混凝土绿色生产满足生产和环保要求，本规程分别提出厂界和厂区内粉尘控制指标，且厂界控制项目包括总悬浮颗粒物、可吸入颗粒物和细颗粒物。此外，监测浓度规定为1h颗粒物平均浓度，限制并可避免某时间粉尘集中排放现象的产生，浓度限值修改为平均浓度差值则合理降低了控制指标，避免上风口监测的大气污染物对混凝土生产性粉尘排放的干扰。本条根据搅拌站（楼）厂界环境空气功能区类别划分，给出环境空气污染物中的总悬浮颗粒物、可吸入颗粒物和细颗粒物的浓度控制指标，即厂界平均浓度差值。该指标系指在厂界处测试1h颗粒物平均浓度与当地发布的当日24h颗粒物平均浓度的差值。本条同时给出当地不发布当日24h颗粒物平均浓度或发布数据不符合混凝土站（楼）所处实际环境时的空气质量控制指标。

5.5.3 现行国家标准《水泥工业大气污染物排放标准》GB 4915没有规定厂区内无组织排放总悬浮颗粒物的1h平均浓度限值。一般而言，搅拌站（楼）粉尘排放最严重区域为计量层和搅拌层，因此本规程规定其1h平均浓度限值不应大于1000$\mu g/m^3$。骨料堆场也是粉尘排放的重点区域，但是通过骨料预湿或喷淋方法可以有效降低粉尘排放，因此规定其不应大于800$\mu g/m^3$。操作间和办公区和生活区是人员密集区，不应大于400$\mu g/m^3$，以保证身体健康。通过控制厂区内总悬浮颗粒物浓度限值，确保厂界生产性粉尘排放浓度限值达到本规程规定。

5.5.4 本条针对生产粉尘排放不符合本规程规定的

情况，提出控制粉尘排放的具体技术措施。

5.6 运输管理

5.6.1 车辆尾气显著影响空气质量。运输车污染物排放应满足各地要求。对车辆定期保养有利于延长车辆寿命和保证交通安全。

5.6.2 原材料和产品运输过程清洁卫生，也是绿色生产的重要内容。

5.6.3 本条主要规定车辆运输管理要求，提高车辆利用率并节能减排。中国建设的北斗卫星导航系统BDS可提供开放服务和授权服务（属于第二代系统）两种服务方式。目前“北斗”终端价格已经趋于全球定位系统GPS终端价格。采用BDS或GPS可避免交通拥挤，降低运输成本。

5.6.4 利用生产废水循环冲洗运输车辆有利于节水。将冲洗运输车产生的废水进行回收利用时，应避免混入油污。

5.7 职业健康安全

5.7.1 职业健康和安全生产是绿色生产的基石。现行国家标准《职业健康安全管理体系　要求》GB/T 28001对职业健康和安全生产管理提出具体要求。在噪声、粉尘污染较重的场所从业人员应通过佩戴防护器具，保护身体健康。而定期进行体检可及时了解长久面临粉尘和噪声的从业人员的身体健康情况，并体现人文关怀。

5.7.2 对生产区的危险设备和地段设置安全标志，可提高安全生产水平。

6 监测控制

6.0.1 预拌混凝土绿色生产时可利用自我检测结果加强内部控制，可利用第三方监测结果进行绿色生产等级评价。二星级及以上绿色生产等级应具备生产性粉尘和噪声自我监测能力。未达到绿色生产等级或一星级绿色生产等级也可委托法定检测机构监测来替代自我监测。应当强调的是，生产废水和废浆用于制备混凝土时，方需要进行监测。生产废水完全循环用于路面除尘、生产和运输设备清洗时，则不需要监测。废浆不用于制备混凝土时，也不需要监测，但是其作为固体废弃物被处置时，必须有处置记录。由于混凝土生产规模的不同，会影响生产废水、废浆、生产性粉尘和噪声的指标，一般来说，连续生产时粉尘和噪声指标会偏高。因此，监测时间应选择满负荷生产期。预拌混凝土绿色生产的废弃物监测控制方案应包括监测对象、控制目标、监测方法、监测结果记录和应急预案等内容。

6.0.2 本条规定了生产废水的检测方法，以及废浆的固体颗粒含量检测方法。

6.0.3 本条针对噪声提出具体的测点分布和监测方法。当第三方检测机构出具噪声检测报告时，应注明当天混凝土实际生产量和气象条件。

6.0.4 针对生产性粉尘提出具体的测点分布和监测方法。当第三方检测机构出具粉尘检测报告时，应注明当天混凝土实际生产量和气象条件。

6.0.5 本条规定了除尘、降噪和废水处理环保设施的日常管理。

7 绿色生产评价

7.0.1 本条规定了预拌混凝土绿色生产评价指标体系组成，即由厂址选择和厂区要求、设备设施、控制要求和监测控制四类指标组成。控制项应为绿色生产的必备条件，一般项为划分绿色生产等级的可选条件。一般项的单项可不合格。

7.0.2 本条规定了绿色生产评价等级划分，及其对应不同评价指标的控制项、一般项和分值规定，用以评价和表征不同混凝土企业的绿色生产及管理技术水平。

7.0.3 本条规定了一星级绿色生产的评价标准，一星级绿色生产是绿色生产的初级，重点关注设备设施的硬件要求以及关键控制技术。

7.0.4 本条规定了二星级绿色生产的评价标准。混凝土绿色生产达到二星级绿色生产等级时，应完全满足绿色生产所需设备设施要求，并显著提升废弃物利用、厂界噪声和厂区内总悬浮颗粒物控制水平。含职工宿舍的生活区和含食堂的办公区噪声不宜过高，以保障职工生活舒适性和身心健康。因此，本规程参照现行国家标准《声环境质量标准》GB 3096给出了生活区和办公区的噪声控制要求。二星级绿色生产累计评价总分是指按本规程附录A表A得到的评价总分与按本规程附录B表B得到的评价总分之和。

7.0.5 本条规定了三星级绿色生产的具体要求。混凝土绿色生产达到三星级绿色生产等级时，同样应完全满足设备设施要求，并具有更高绿色生产水平。具体表现为：混凝土生产过程的厂界和厂区噪声、粉尘排放均能得到有效控制，并与周边环境和谐共处；生产过程产生的生产废水、废浆和废弃混凝土100%回收利用或消纳。三星级绿色生产累计评价总分是指按本规程附录A表A得到的评价总分、按本规程附录B表B得到的评价总分和按本规程附录C表C得到的评价总分三者之和。

附录A　绿色生产评价通用要求

绿色生产评价通用要求包括厂址选择和厂区要求、设备设施、控制要求和监测控制四类指标，突出设备设施和关键控制技术指标，共包括5个控制项和25个一般项。本规程针对不同绿色生产评价等级，提出了不同评分要求，用以表征不同混凝土企业的绿色生产及管理技术水平。绿色生产评价达到二星级和三星级等级时，必须具备通用要求所规定的设备设施，即设备设施评价应得满分。

附录B 二星级及以上绿色生产评价专项要求

二星级绿色生产等级代表预拌混凝土绿色生产及管理更高水平。申请二星级绿色生产评价时，应完全满足设备设施要求，具有较高的废弃物利用、噪声和生产性粉尘控制水平，并可通过环境管理体系认证和质量管理体系认证。因此，二星级及以上绿色生产评价专项要求重点针对上述内容提出详细要求，共包括3个控制项和5个一般项。此外，申请三星级绿色生产评价时，应基本满足二星级及以上绿色生产评价专项要求。

附录C 三星级绿色生产评价专项要求

三星级绿色生产等级代表预拌混凝土绿色生产及管理最高水平。申请三星级绿色生产评价时，同样应完全满足设备设施要求，具有更高的废弃物利用、噪声和生产性粉尘控制水平，并可通过职业健康安全管理体系认证。因此，三星级绿色生产评价专项要求重点针对上述内容提出详细要求，共包括3个控制项和3个一般项。

中华人民共和国行业标准

建筑工程施工现场标志设置技术规程

Technical specification for signs layout of construction site

JGJ 348－2014

批准部门：中华人民共和国住房和城乡建设部
施行日期：2 0 1 5 年 5 月 1 日

中华人民共和国住房和城乡建设部
公　　告

第598号

住房城乡建设部关于发布行业标准《建筑工程施工现场标志设置技术规程》的公告

现批准《建筑工程施工现场标志设置技术规程》为行业标准，编号为JGJ 348－2014，自2015年5月1日起实施。其中，第3.0.2条为强制性条文，必须严格执行。

本规程由我部标准定额研究所组织中国建筑工业出版社出版发行。

中华人民共和国住房和城乡建设部

2014年10月20日

前　　言

根据住房和城乡建设部《关于印发〈2013年工程建设标准规范制订、修订计划〉的通知》(建标[2013]6号)的要求，规程编制组经广泛调查研究，认真总结实践经验，参考有关国际标准和国外先进标准，并在广泛征求意见的基础上，编制本规程。

本规程的主要技术内容是：1. 总则；2. 术语；3. 基本规定；4. 安全标志；5. 专用标志；6. 标志设置；7. 维护与管理。

本规程中以黑体字标志的条文为强制性条文，必须严格执行。

本规程由住房和城乡建设部负责管理和对强制性条文的解释，由杭州天和建设集团有限公司负责具体技术内容的解释。执行过程中如有意见或建议，请寄送杭州天和建设集团有限公司（地址：浙江省杭州市长滨路78号，邮编：310015）。

本规程主编单位：杭州天和建设集团有限公司
重庆建工第三建设有限责任公司

本规程参编单位：河北省建筑科学研究院
湖南省建筑工程集团总公司
杭州市建设工程质量安全监督总站
浙江省建筑设计研究院
江苏南通六建建设集团有限公司
远扬控股集团股份有限公司
大立建设集团有限公司
东方建设集团有限公司
浙江通达建设集团有限公司
浙江省东海建设有限公司
北城致远集团有限公司
浙江华铁建筑安全科技股份有限公司
大元建业集团股份有限公司
江苏省苏中建设集团股份有限公司
浙江明德建设有限公司
中城建第八工程局有限公司
浙江稠城建筑工程有限公司
中国新兴建设集团有限公司
中国建设教育协会建设机械职业教育专业委员会

本规程主要起草人员：钱爱军　蒋红庆　强万明
刘兴旺　史文杰　杨玉宝
骆祥平　袁国民　杨向东
梁耀哲　李钊林　王承翼
叶东杰　苏天成　张伦华
石坚冰　蒋培毅　袁　勇

胡丹锋　葛　峰　金立新
刘　敏　张振拴　邹科华
江明山　杨　遒　李　煜
杨　杰　吴益强　熊　炜
陈剑波　夏妙水　陈　朝
李　奇　鲁卫涛　陈飞龙
邹　红　邓铭庭　林作贤

本规程主要审查人员：钱力航　陈春雷　潘延平
朱沈阳　戴宝荣　孙宗辅
白永强　卓　新　陈旭伟
朱　军　陈建平　金　健
陈春来

目　　次

Contents

标志。

1 总　　则

1.0.1 为预防施工安全事故，保障人身和财产安全，规范建筑工程施工现场标志的设置、维护和管理，制定本规程。

1.0.2 本规程适用于建筑工程施工现场及相关区域标志的设置、维护和管理。

1.0.3 建筑工程施工现场标志的设置、维护和管理，除应符合本规程外，尚应符合国家现行有关标准的规定。

2 术　语

2.0.1 标志　sign

表明特征的记号。

2.0.2 安全标志　safe sign

表达特定安全信息的标志，由图形符号、安全色、几何形状（边框）或文字构成。安全标志分为禁止标志、警告标志、指令标志和提示标志。

2.0.3 专用标志　special sign

表达建筑工程施工现场特定信息的标志，由图形、几何形状（边框）或文字构成。专用标志分为名称标志、导向标志、制度标志和标线。

2.0.4 危险源　hazard

可能导致死亡、伤害、职业病、财产损失、工作环境破坏或这些情况组合的根源或状态。

2.0.5 禁止标志　prohibition sign

禁止人员不安全行为的安全标志。

2.0.6 警告标志　warning sign

提醒人员对周围环境引起注意，以避免可能发生危险的安全标志。

2.0.7 指令标志　direction sign

强制人员做出某种动作或采用防范措施的安全标志。

2.0.8 提示标志　information sign

提供某种信息的安全标志。

2.0.9 名称标志　designation sign

提供对特定事物专门称呼信息的专用标志。

2.0.10 导向标志　direction guide sign

用于引导车辆、人员行进方向的专用标志。

2.0.11 制度标志　system class sign

提供规范和约束行为信息的专用标志。

2.0.12 标线　marking

提供引导或警示信息的线形专用标志。

3 基 本 规 定

3.0.1 建筑工程施工现场应设置安全标志和专用标志。

3.0.2 建筑工程施工现场的下列危险部位和场所应设置安全标志：

1 通道口、楼梯口、电梯口和孔洞口；

2 基坑和基槽外围、管沟和水池边沿；

3 高差超过1.5m的临边部位；

4 爆破、起重、拆除和其他各种危险作业场所；

5 爆破物、易燃物、危险气体、危险液体和其他有毒有害危险品存放处；

6 临时用电设施；

7 施工现场其他可能导致人身伤害的危险部位或场所。

3.0.3 应绘制安全标志和专用标志平面布置图，并宜根据施工进度和危险源的变化适时更新。

3.0.4 建筑工程施工现场应在临近危险源的位置设置安全标志。

3.0.5 建筑工程施工现场作业条件及工作环境发生显著变化时，应及时增减和调换标志。

3.0.6 建筑工程施工现场标志应保持清晰、醒目、准确和完好。施工现场标志设置应与实际情况相符。不得遮挡和随意挪动施工现场标志。

3.0.7 标志的设置、维护与管理应明确责任人。

3.0.8 建筑工程施工现场的重点消防防火区域，应设置消防安全标志。消防安全标志的设置应符合现行国家标准《消防安全标志》GB 13495和《消防安全标志设置要求》GB 15630的有关规定。

3.0.9 标志颜色的选用应符合现行国家标准《安全色》GB 2893的有关规定。

4 安 全 标 志

4.1 禁 止 标 志

4.1.1 禁止标志的基本形状（图4.1.1）应为带斜杠的圆边框，文字辅写框应在其正下方。禁止标志的颜色应为白底、红圈、红斜杠、黑图形符号；文字辅助标志应为红底白字。

4.1.2 禁止标志的基本尺寸宜根据最大设置观察点的距离确定，并宜符合表4.1.2的规定。

表4.1.2 禁止标志尺寸与最大观察距离的关系

观察距离（m）		10	15	20
标志尺寸（mm）	外径及文字辅助标志宽 d_1	250	375	500
	内径 d_2	200	300	400
标志尺寸（mm）	文字辅助标志宽 b	75	115	150
	斜杠宽度 c	20	30	40
	间隙宽度 e	5	10	10

4.1.3 建筑工程施工现场禁止标志的名称、图形符

图 4.1.1　禁止标志的基本形式

号、设置范围和地点应符合表 4.1.3 的规定。

表 4.1.3　禁止标志

序号	名称	图形符号	设置范围和地点
1	禁止通行		封闭施工区域和有潜在危险的区域
2	禁止停留		存在对人体有危害因素的作业场所
3	禁止跨越		施工沟槽等禁止跨越的场所

续表 4.1.3

序号	名称	图形符号	设置范围和地点
4	禁止跳下		脚手架等禁止跳下的场所
5	禁止入内		禁止非工作人员入内和易造成事故或对人员产生伤害的场所
6	禁止吊物下通行		有吊物或吊装操作的场所
7	禁止攀登		禁止攀登的桩机、变压器等危险场所
8	禁止靠近		禁止靠近的变压器等危险区域

续表 4.1.3

序号	名称	图形符号	设置范围和地点
9	禁止乘人		禁止乘人的货物提升设备
10	禁止踩踏		禁止踩踏的现浇混凝土等区域
11	禁止吸烟		禁止吸烟的木工加工场等场所
12	禁止烟火		禁止烟火的油罐、木工加工场等场所
13	禁止放易燃物		禁止放易燃物的场所

续表 4.1.3

序号	名称	图形符号	设置范围和地点
14	禁止用水灭火		禁止用水灭火的发电机、配电房等场所
15	禁止启闭		禁止启闭的电器设备处
16	禁止合闸		禁止电气设备及移动电源开关处
17	禁止转动		检修或专人操作的设备附近
18	禁止触摸		禁止触摸的设备或物体附近

续表 4.1.3

序号	名称	图形符号	设置范围和地点
19	禁止戴手套		戴手套易造成手部伤害的作业地点
20	禁止堆放		堆放物资影响安全的场所
21	禁止碰撞		易有燃气积聚，设备碰撞发生火花易发生危险的场所
22	禁止挂重物		挂重物易发生危险的场所
23	禁止挖掘		地下设施等禁止挖掘的区域

4.2 警告标志

4.2.1 警告标志的基本形状（图 4.2.1）应为等边三角形，顶角朝上，文字辅助标志应在其正下方。其颜色应为黄底、黑边、黑图形符号；文字辅助标志应为白底黑字。

图 4.2.1　警告标志的基本形式

4.2.2 警告标志的基本尺寸宜根据最大观察距离确定，并应符合表 4.2.2 的规定。

表 4.2.2　警告标志尺寸与最大观察距离的关系

观察距离（m）		10	15	20
标志尺寸（mm）	三角形外边长及文字辅助标志长 a_1	340	510	680
	三角形内边长 a_2	240	360	480
	文字辅助标志宽 b	100	150	200
	黑边圆角半径 R	20	30	40
	黄色衬边宽度 e	10	15	15

4.2.3 建筑工程施工现场警告标志的名称、图形符号、设置范围和地点应符合表 4.2.3 的规定。

表 4.2.3　警告标志

序号	名称	图形符号	设置范围和地点
1	注意安全		易造成人员伤害的场所

续表 4.2.3

序号	名称	图形符号	设置范围和地点
2	当心爆炸		易发生爆炸危险的场所
3	当心火灾		易发生火灾的危险场所
4	当心触电		有可能发生触电危险的场所
5	注意避雷		易发生雷电电击区域
6	当心电缆		电缆埋设处的施工区域
7	当心坠落		易发生坠落事故的作业场所

续表 4.2.3

序号	名称	图形符号	设置范围和地点
8	当心碰头		易碰头的施工区域
9	当心绊倒		地面高低不平易绊倒的场所
10	当心障碍物		地面有障碍物并易造成人的伤害的场所
11	当心跌落		建筑物边沿、基坑边沿等易跌落场所
12	当心滑倒		易滑倒场所
13	当心坑洞		有坑洞易造成伤害的作业场所

续表 4.2.3

序号	名称	图形符号	设置范围和地点
14	当心塌方		有塌方危险区域
15	当心冒顶		有冒顶危险的作业场所
16	当心吊物		有吊物作业的场所
17	当心伤手		易造成手部伤害的场所
18	当心机械伤人		易发生机械卷入、轧压、碾压、剪切等机械伤害的作业场所
19	当心扎脚		易造成足部伤害的场所

续表 4.2.3

序号	名称	图形符号	设置范围和地点
20	当心落物		易发生落物危险的区域
21	当心车辆		人、车混合行走的区域
22	当心噪声		噪声较大易对人体造成伤害的场所
23	注意通风		通风不良的有限空间
24	当心飞溅		有飞溅物质的场所
25	当心自动启动		配有自动启动装置的设备处

4.3 指 令 标 志

4.3.1 指令标志的基本形状（图 4.3.1）应为圆形，文字辅助标志应在其正下方。其颜色应为蓝底、白图形符号；文字辅助标志应为蓝底白字。

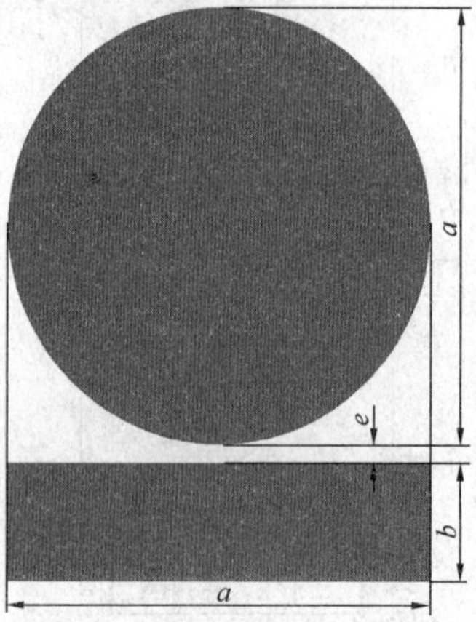

图 4.3.1 指令标志的基本形式

4.3.2 指令标志的基本尺寸宜根据最大观察距离确定，并应符合表 4.3.2 的规定。

表 4.3.2 指令标志尺寸与最大观察距离的关系

观察距离（m）		10	15	20
标志尺寸（mm）	标志外径及文字辅助标志长 a	250	375	500
	文字辅助标志宽 b	75	115	150
	间隙宽度 e	5	10	10

4.3.3 建筑工程施工现场指令标志的名称、图形符号、设置范围和地点应符合表 4.3.3 的规定。

表 4.3.3 指 令 标 志

序号	名称	图 形 符 号	设置范围和地点
1	必须戴防毒面具		有毒挥发气体且通风不良的有限空间

续表 4.3.3

序号	名称	图 形 符 号	设置范围和地点
2	必须戴防护面罩		有飞溅物质等对面部有伤害的场所
3	必须戴防护耳罩		噪声较大易对人体造成伤害的场所
4	必须戴防护眼镜		有强光等对眼睛有伤害的场所
5	必须戴安全帽		施工现场

续表 4.3.3

序号	名称	图形符号	设置范围和地点
6	必须戴防护手套		具有腐蚀、灼烫、触电、刺伤等易伤害手部的场所
7	必须穿防护鞋		具有腐蚀、灼烫、触电、刺伤、砸伤等易伤害脚部的场所
8	必须系安全带		高处作业的场所
9	必须消除静电		有静电火花会导致灾害的场所
10	必须用防爆工具		会导致爆炸的场所

4.4 提示标志

4.4.1 提示标志的基本形状（图 4.4.1）应为正方形，文字辅助标志应在其正下方。其颜色应为绿底、白图案、白字；文字辅助标志应为绿底白字。

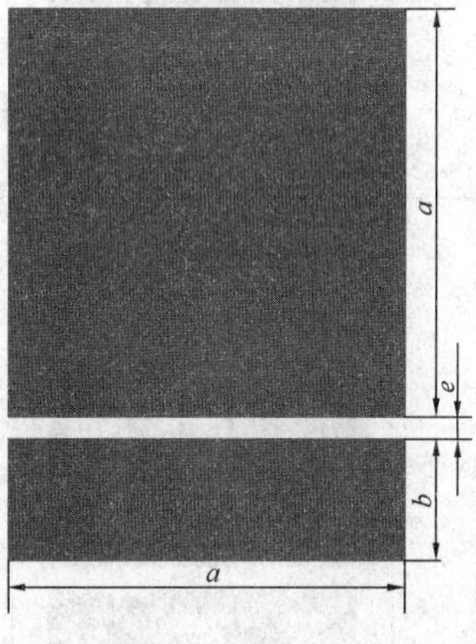

图 4.4.1 提示标志的基本形式

4.4.2 提示标志的基本尺寸宜根据最大观察距离确定，并应符合表 4.4.2 的规定。

表 4.4.2 提示标志尺寸与最大观察距离的关系

观察距离（m）		10	15	20
标志尺寸（mm）	正方形边长及文字辅助标志长 a	250	375	500
	文字辅助标志宽 b	75	110	150
	间隙宽度 e	5	10	15

4.4.3 建筑工程施工现场提示标志的名称、图形符号、设置范围和地点应符合表 4.4.3 的规定。

表 4.4.3 提 示 标 志

序号	名称	图 形 符 号	设置范围和地点
1	动火区域		施工现场划定的可使用明火的场所
2	应急避难场所		容纳危险区域内疏散人员的场所
3	避险处		躲避危险的场所
4	紧急出口		用于安全疏散的紧急出口处，与方向箭头结合设在通向紧急出口的通道处

4.4.4 提示标志指示目标的位置时应加方向辅助标志，并应按实际需要指示方向。辅助标志应放在图形标的相应方向（图 4.4.4）。

图 4.4.4 辅助标志应用方向示例

5 专用标志

5.1 名称标志

5.1.1 施工区域、办公区域和生活区域应设置名称标志。

5.1.2 名称标志颜色应醒目，宜符合表 5.1.2 的规定。

表 5.1.2 名称标志颜色要求

类型	背 景 颜 色	文字颜色	文字字体
名称标志	蓝色或其他颜色（主要信息）	白色	黑体
	灰色（次要信息）	黑色	仿宋体
	黄色（提示信息）	黑色	仿宋体

5.1.3 名称标志的基本形状应为长方形，其基本尺寸宜根据最大观察距离确定，并应符合表 5.1.3 的规定。

表 5.1.3 名称标志尺寸与最大观察距离的关系

观察距离（m）			10	15	20
标志尺寸（mm）	施工区域	长度	250	375	500
		宽度	200	300	400
	生活区域	长度	200	300	400
		宽度	150	225	300
	办公区域	长度	150	225	300
		宽度	100	150	200

5.2 导 向 标 志

5.2.1 导向标志可分为指示标志、禁令标志和交通警告标志。

5.2.2 指示标志颜色可为蓝底、白图案，形状可为圆形、长方形和正方形。禁令标志颜色可为白底、蓝底或红底，对应黑图案、红图案或白图案，形状可为倒三角形和圆形。交通警告标志颜色可为黄底、白图案，形状宜为三角形。

5.2.3 导向标志的基本尺寸应符合表 5.2.3 的规定。

表 5.2.3 导向标志尺寸

导 向 标 志		尺寸
指示标志	圆形标志外径（mm）	600
	正方形标志边长（mm）	600
	单行线标志边长（mm×mm）	600×300
禁令标志	圆形标志外径（mm）	600
	三角形标志边长（mm）	700
交通警告标志	三角形边长（mm）	700

5.2.4 建筑工程施工现场导向标志的名称、图形符号、设置范围和地点应符合表 5.2.4 的规定。

表 5.2.4 导 向 标 志

序号		图形符号	名称	设置范围和地点
1	指示标志		直行	道路边
			向右转弯	道路交叉口前
			向左转弯	道路交叉口前
			靠左侧道路行驶	需靠左行驶前

续表 5.2.4

序号		图形符号	名称	设置范围和地点
1	指示标志		靠右侧道路行驶	需靠右行驶前
			单行路（按箭头方向向左或向右）	道路交叉口前
			单行路（直行）	允许单行路前
			人行横道	人穿过道路前
			停车位	停车场前
2	禁令标志		减速让行	道路交叉口前
			禁止驶入	禁止驶入路段入口处前

续表 5.2.4

序号		图形符号	名称	设置范围和地点
2	禁令标志		禁止停车	施工现场禁止停车区域
			禁止鸣喇叭	施工现场禁止鸣喇叭区域
			限制速度	施工现场出入口等需限速处
			限制宽度	道路宽度受限处
			限制高度	道路、门框等高度受限处
			限制质量	道路、便桥等限制质量地点前
			停车检查	施工车辆出入口处

续表 5.2.4

序号		图形符号	名称	设置范围和地点
3	交通警告标志		慢行	施工现场出入口、转弯处等
			向左急转弯	施工区域急向左转弯处
			向右急转弯	施工区域急向右转弯处
			上陡坡	施工区域陡坡处、基坑施工处
			下陡坡	施工区域陡坡处、基坑施工处
			注意行人	施工区域与生活区域交叉处

5.3 制度标志

5.3.1 制度标志的基本形状应为长方形，其颜色宜为白底、黑字、红边框，标志右下角可标注企业符号和名称。

5.3.2 制度标志的基本尺寸宜根据最大观察距离确

定，并应符合表5.3.2的规定。

表5.3.2　制度标志尺寸与最大观察距离的关系

观察距离（m）		5	10	15
标志尺寸（mm）	长度	750	1250	1950
	宽度	450	750	1250

5.3.3　建筑工程施工现场制度标志的名称、设置范围和地点宜符合表5.3.3的规定。

表5.3.3　制度标志

序号	名　称		设置范围和地点
1	管理制度标志	工程概况标志牌	施工现场大门入口处和相应办公场所
		主要人员及联系电话标志牌	
		安全生产制度标志牌	
		环境保护制度标志牌	
		文明施工制度标志牌	
		消防保卫制度标志牌	
		卫生防疫制度标志牌	
		门卫管理制度标志牌	
		安全管理目标标志牌	
		施工现场平面图标志牌	
		重大危险源识别标志牌	
		材料、工具管理制度标志牌	仓库、堆场等处
		施工现场组织机构标志牌	办公室、会议室等处
		应急预案分工图标志牌	
		施工现场责任表标志牌	
		施工现场安全管理网络图标志牌	
		生活区管理制度标志牌	生活区
2	操作规程标志	施工机械安全操作规程标志牌	施工机械附近
		主要工种安全操作标志牌	各工种人员操作机械附件和工种人员办公室
3	岗位职责标志	各岗位人员职责标志牌	各岗位人员办公和操作场所

5.4　标　　线

5.4.1　标线可由黄黑、红黄、红白相间斜线组成，也可由红白相间的直线组成，或由黄色直线组成。标线的线段宽度可根据现场需要确定，但不应少于15mm。

5.4.2　当标线为警示带时，可均匀印有安全标志和警示语。警示标线带可张拉固定或粘贴固定。

5.4.3　当标线附在其他设施或地面时，宜采用涂料标出，涂料应有良好的耐磨性能，宜具有反射性能。

5.4.4　建筑工程施工现场标线的图形、名称、设置范围和地点宜符合表5.4.4的规定。

表5.4.4　标　　线

序号	图　形	名　称	设置范围和地点
1		禁止跨越标线	危险区域的地面
2		警告标线（斜线倾角为45°）	易发生危险或可能存在危险的区域，设在固定设施或建（构）筑物上
3		警告标线（斜线倾角为45°）	
4		警告标线（斜线倾角为45°）	
5		警告标线	易发生危险或可能存在危险的区域，设在移动设施上
6		警示带	危险区域

6　标志设置

6.1　一般规定

6.1.1　标志的设置不得影响建筑工程施工，通行安全和紧急疏散。

6.1.2　标志不应与广告及其他图形和文字混合设置。

6.1.3　标志在露天设置时，应防止日照、风、雨、雹等自然因素对标志的破坏和影响。

6.1.4　标志材料应采用坚固、安全、环保、耐用、不褪色的材料制作，不宜使用易变形、易变质或易燃的材料。有触电危险的作业场所应使用绝缘材料。

6.1.5　施工现场涉及紧急电话、消防设备、疏散等标志应采用主动发光或照明式标志，其他标志宜采用主动发光或照明式标志。

6.1.6　标志设置应便于回收和重复使用。

6.2　载体与版面布置

6.2.1　标志的载体可根据标志的种类选用，形式应符合下列规定：

1　用牌、板、带作为载体的，应将信息镶嵌、粘贴在平面上，可固定在多种场所；

2　用灯箱作为载体的，应在箱体内部安装照明灯具，通过内部光线的透射显示箱体表面的信息，宜用于安全标志和导向标志；

3　用电子显示器（屏）作为载体的，应利用电子设备，滚动标志发布信息，宜用于名称标志；

4 用涂料作为载体的，应将信息用涂料直接喷涂在地面或其他表面，宜用于标线。

6.2.2 标志载体的尺寸规格应根据施工现场和标志的功能确定。尺寸规格不宜繁多。

6.2.3 标志的版面布置应简洁美观、导向明确、无歧义。

6.2.4 同类标志宜采用同一类型的标志版面。设置同一支撑结构上的同类标志应采用同一高度和边框尺寸。

6.3 设置位置

6.3.1 安全标志应设在与安全有关的醒目位置，且应使进入现场的人员有足够的时间注视其所表示的内容。

6.3.2 标志牌不宜设在门、窗、架等可移动的物体上，标志牌前不得放置妨碍认读的障碍物。

6.3.3 安全标志设置的高度，宜与人眼的视线高度相一致；专用标志的设置高度应视现场情况确定，但不宜低于人眼的视线高度。采用悬挂式和柱式的标志的下缘距地面的高度不宜小于2m。

6.3.4 标志的平面与视线夹角宜接近90°角，当观察者位于最大观察距离时，最小夹角不宜小于75°。

6.3.5 施工现场安全标志的类型、数量应根据危险部位的性质，分别设置不同的安全标志。

6.3.6 当多个安全标志在同一处设置时，应按禁止、警告、指令、提示类型的顺序，先左后右，先上后下地排列。

6.4 固定方式

6.4.1 标志宜采用下列方式固定：

1 悬挂（吸顶）：通过拉杆、吊杠等将标志上方与建筑物或其他结构物连接的设置方式。

2 落地：将标志固定在地面或建筑物上面的设置方式。

3 附着：采用钉挂、焊接、镶嵌、粘贴、喷涂等方法直接将标志的一面或几面固定在侧墙、物体、地面的设置方式。

4 摆放：将标志直接放置在使用处的设置方式。

6.4.2 标志的固定应牢固可靠。

7 维护与管理

7.0.1 施工现场标志应保持颜色鲜明、清晰、持久，对于缺失、破损、变形、褪色和图形符号脱落等标志，应及时修整或更换。

7.0.2 施工现场安全标志不得擅自拆除。

7.0.3 对使用的标志应进行分类编号并登记归档。

本规程用词说明

1 为便于在执行本规程条文时区别对待，对于条文要求严格程度不同的用词说明如下：

1）表示很严格，非这样做不可的：
正面词采用“必须”，反面词采用“严禁”；

2）表示严格，在正常情况下均应这样做的：
正面词采用“应”，反面词采用“不应”或“不得”；

3）表示允许稍有选择，在条件许可时首先应这样做的：
正面词采用“宜”，反面词采用“不宜”；

4）表示有选择，在一定条件下可以这样做的用词，采用“可”。

2 条文中指明应按其他有关标准执行的写法为：“应符合……的规定”或“应按……执行”。

引用标准名录

1 《安全色》GB 2893

2 《消防安全标志》GB 13495

3 《消防安全标志设置要求》GB 15630

中华人民共和国行业标准

建筑工程施工现场标志设置技术规程

JGJ 348—2014

条 文 说 明

制 订 说 明

《建筑工程施工现场标志设置技术规程》JGJ 348－2014，经住房和城乡建设部2014年10月20日以第598号公告批准、发布。

本规程编制过程中，编制组进行了广泛的调查研究，总结了我国建筑工程施工现场标志的实践经验，同时参考了国外先进技术法规、技术标准。

为便于广大设计、施工、科研、学校等单位有关人员在使用本规程时能正确理解和执行条文规定，《建筑工程施工现场标志设置技术规程》编制组按章、节、条顺序编制了本规程的条文说明，对条文规定的目的、依据以及执行中需注意的有关事项进行了说明，还着重对强制性条文的强制性理由做了解释。但是，本条文说明不具备与规程正文同等的法律效力，仅供使用者作为理解和把握规程规定的参考。

目　次

1 总　　则

1.0.1 本条明确了制定本规程的目的。近几年，在建筑工程施工现场因未对存在的危险因素进行分析设置标志或标志不明显，引起人身伤亡、财产损失的事例时有出现。相对而言建筑施工现场存在的危险因素更多更复杂更为多变，标志设置和使用混乱，未充分发挥其作用。究其主要原因是：1）标志的使用、设置不当，不能清晰地传递信息。2）不能正确处理防护设施和标志两者的关系，导致有防护设施而无标志的设置。

标志设置的主要通病有：1）不设安全标志。工期短的工程、规模小的工程、维修工程、室内装修工程、边远乡镇的工程经常不设置安全标志。2）安全标志设置不全面。生活区、办公区等常常漏设。3）标志设置不当。如安全标志集中挂设在施工通道口等显眼的地方，而存在危险因素的施工区域、地点和有关设施、设备上，却没有设置安全标志。4）标志使用效果差。标志的材质、尺寸、图案等没有统一的规定等。

因此，本规程的制定，有助于建筑工程施工现场安全、文明、规范的发展，规范建筑工程施工现场现有的标志的制作、使用等，建立统一的标志，充分发挥标志的安全警示、提示作用。

1.0.2 本条明确了本规程的适用范围。本规程的适用范围特定于建筑工程施工现场及相关区域（如生活区、办公区），对象为标志的制作、使用、维护和管理。

1.0.3 本条明确了本规程在应用中与其他标准、规范的关系及衔接原则。如现行国家标准《安全标志及其使用导则》GB 2894 与本规程密切相关，在执行本规程的同时，尚应遵守该标准的要求。

3 基 本 规 定

3.0.1 安全标志是指在操作中容易产生错误，有可能造成事故危险的场所，为了确保安全，所采取的一种标示。此标示由安全色、几何图形符号构成，是用以表达特定安全信息的特殊标示，设置安全标志的目的，是为了引起人们对不安全因素的注意，预防事故发生。

1 禁止标志：是不准或制止人的某种行为（图形为黑色，禁止符号与文字底色为红色）。

2 警告标志：是使人注意可能发生的危险（图形警告符号及字体为黑色，图形底色为黄色）。

3 指令标志：是告诉人必须遵守的意思（图形为白色，指令标志底色均为蓝色）。

4 提示标志：是向人提示目标的方向。

安全色是表达信息含义的颜色，用来表示禁止、警告、指令、提示等，其作用在于使人能迅速发现或分辨安全标志，提醒人员注意，预防事故发生。

1 红色：表示禁止、停止、消防和危险的意思。

2 蓝色：表示指令，必须遵守的规定。

3 黄色：表示通行、安全和提供信息的意思。

专用标志是结合建筑工程施工现场特点，总结施工现场标志设置的共性所提炼的。专用标志的内容应简单、易懂、易识别，要让从事建筑工程施工的从业人员都准确无误的识别，所传达的信息独一无二，不能产生歧义。其设置的目的是引起人们对不安全因素的注意和规范施工现场标志的设置，达到施工现场安全文明。专用标志可分为名称标志、导向标志、制度类标志和标线 4 种类型。

3.0.2 本条为强制性条文。根据现行《建设工程安全生产管理条例》的规定，施工单位应当在施工现场入口处、施工起重机械、临时用电设施、脚手架、出入通道口、楼梯口、电梯井口、孔洞口、桥梁口、隧道口、基坑边沿、爆破物及有害危险气体和液体存放处等危险部位，设置明显的安全警示标志。本条按照《建设工程安全生产管理条例》的相关条款进行规定，目的是强化危险部位和场所安全标志的设置。

3.0.3 根据施工现场要求绘制安全标志和专用标志布置总平面图，按图进行布置，如布置的点位发生变化，应及时保持更新。

3.0.4 现行国家标准《施工企业安全生产管理规范》GB 50656 规定：建筑施工企业安全技术管理应包括危险源识别，安全技术措施和专项方案的编制、审核、交底、过程监督、验收、检查、改进等工作内容。

建筑工地危险源主要有：高处坠落、坍塌、物体打击、起重伤害、触电、机械伤害、中毒窒息、火灾、爆炸和其他伤害等。

危险源的控制措施有以下 3 种：

1 消除风险。若可能则完全消除危险源，如淘汰不安全的工具等。

2 降低风险。采取技术和管理措施，努力降低安全风险，如基坑支护及降水工程作业时，按要求做好临边防护及隔离措施，定期对支护、边坡变形进行监测等。

3 个体防护。使用个人防护用品，如模板支撑、拆除时，操作人员穿戴好安全带、安全帽、工作鞋等。

在临近危险源的位置，设置明显的安全标志，目的就是加强对危险源的控制。

4 安 全 标 志

4.1 禁 止 标 志

4.1.1 禁止标志是用来禁止人们不安全行为的图形

标志。

4.1.2 禁止、警告、指令、提示标志的基本形状依据现行国家标准《安全标志及其使用导则》GB 2894规定的尺寸要求并将文字辅助标志列于图形下方提出的。为方便使用，本条款根据现行国家标准《安全标志及其使用导则》GB 2894中提供的标志尺寸与观察距离的计算公式给出标志尺寸与最大观察距离的关系表格。

4.1.3 建筑工程施工现场禁止标志设置地点举例见表1。

表1 禁止标志设置地点举例

序号	名 称	设 置 地 点
1	禁止通行	临时封闭施工的通行道路及便道、井架吊篮下等
2	禁止停留	变配电所、有飞溅物的机械加工处
3	禁止跨越	施工沟槽、坑、提升卷扬机地面钢丝绳旁等地点
4	禁止跳下	施工沟槽、脚手架、高处平台等场所
5	禁止入内	基坑、泥浆池、水上平台、挖孔桩施工现场、路基边坡开挖现场、爆破现场、配电房、炸药库、油库、施工现场入口等
6	禁止吊物下通行	井架吊篮下等
7	禁止攀登	有坍塌危险的建（构）筑物、龙门吊、桩机、支架、变压器等
8	禁止靠近	高压线、临时输变电设备附近等
9	禁止乘人	物料提升机、货用垂直升降机等
10	禁止踩踏	现浇混凝土地面、非承重板等
11	禁止吸烟	木工棚、材料库房、易燃易爆场所等
12	禁止烟火	配电房、电气设备开关处、发电机、变压器、炸药库、油库、油罐、隧道口、木工加工场地等
13	禁止放易燃物	明火、大型空压机、炸药库、油库、油罐、电焊、气割等地点
14	禁止用水灭火	配电房、电气设备开关处、发电机、变压器、油库、图档资料室、计算机房等

续表1

序号	名 称	设 置 地 点
15	禁止启闭	阀门电动开关等地点
16	禁止合闸	检修、清理搅拌系统、龙门吊、桩机等机械设备
17	禁止转动	检修或专人操作的设备
18	禁止触摸	传动部位等
19	禁止戴手套	旋转的机械设备
20	禁止堆放	消防器材存放处、消防通道、施工通道、基坑支撑杆上等
21	禁止碰撞	液化气灌瓶区等地点
22	禁止挂重物	临时支撑、电线等
23	禁止挖掘	埋地管道、阀井等地点

4.2 警 告 标 志

4.2.1 警告标志是用来提醒人们对周围环境引起注意，以避免发生危险的图形标志。基本形式是黑色正三角形边框，图形是黑色，背景为黄色。

4.2.2 根据现行国家标准《安全标志及其使用导则》GB 2894的规定，警告标志的基本尺寸宜根据观察距离确定。

4.2.3 建筑工程施工现场警告标志设置地点举例见表2。

表2 警告标志设置地点举例

序号	名 称	设 置 地 点
1	注意安全	基坑、泥浆池、水上平台、桩基施工现场、路基边坡开挖现场、爆破现场、配电房、炸药库、油库、便桥、临时码头、拌和楼、龙门吊、桩机、支架、变压器、拆除工程现场、地锚、缆绳通过区域等
2	当心爆炸	带气作业施工现场等地点
3	当心火灾	房屋外立面保温材料的施工处
4	当心触电	输配电线路、龙门吊、配电房、电气设备开关处、发电机、变压器、桩机等
5	注意避雷	有避雷装置的场所
6	当心电缆	暴露的电缆或地面下有电缆处施工的地点
7	当心坠落	脚手架、高处平台等
8	当心碰头	易碰头的楼梯底部、建筑物的门等
9	当心绊倒	地面有电缆、电线等高低不平易绊倒的场所

续表 2

序号	名 称	设 置 地 点
10	当心障碍物	有障碍物并易造成人的伤害的场所
11	当心跌落	建筑物边沿、基坑边沿、楼梯口、通道口等场所
12	当心滑倒	光滑、有积水、下坡等地点
13	当心坑洞	有坑洞易造成伤害的作业场所
14	当心塌方	易发生地质灾害的部位、边坡开挖等
15	当心冒顶	地下通道施工处
16	当心吊物	起重机吊物
17	当心伤手	钢筋加工
18	当心机械伤人	桩机、架桥机、大型空压机、钢筋加工场地、模板加工场地
19	当心扎脚	模板施工处
20	当心落物	边坡开挖、拆除现场、支架、高处作业场所
21	当心车辆	施工现场与道路的交叉口
22	当心噪声	切割作业等地点
23	注意通风	阀井等处
24	当心飞溅	电焊、检修设备操作地点等处
25	当心自动启动	配有自动启动装置的设备处

4.3 指 令 标 志

4.3.1 指令标志是强制人们必须作出某种动作或采用防范措施的图形标志。

4.3.2 根据现行国家标准《安全标志及其使用导则》GB 2894 的规定，指令标志的基本尺寸根据最大观察距离确定。

4.3.3 建筑工程施工现场指令标志设置地点举例见表 3。

表 3 指令标志设置地点举例

序号	名 称	设 置 地 点
1	必须戴防毒面具	下井作业等
2	必须戴防护面罩	电焊、检修设备操作地点等
3	必须戴防护耳罩	切割作业等
4	必须戴防护眼镜	电焊、检修设备操作地点等
5	必须戴安全帽	施工现场进出口、桩基施工现场、路基边坡开挖现场、爆破现场、张拉作业区、梁场入口、钢筋加工场地、拆除现场等

续表 3

序号	名 称	设 置 地 点
6	必须戴防护手套	设备检修、电气倒闸操作等
7	必须穿防护鞋	设备检修、电气倒闸操作等
8	必须系安全带	下井检修操作及登高作业等
9	必须消除静电	带气施工作业区及其他场所等
10	必须用防爆工具	带气施工作业区及其他场所等

4.4 提 示 标 志

4.4.1 提示标志是用来向人们提供目标所有位置与方向信息的图形标志。基本形式是矩形边框，图形文字是白色，背景是所提供的标志，为绿色。消防设备提示标志用红色。

4.4.2 根据现行国家标准《安全标志及其使用导则》GB 2894 的规定，提示标志的基本尺寸宜根据最大观察距离确定。

5 专 用 标 志

5.1 名 称 标 志

5.1.1 名称标志是用来表示场所的名称，告诉人们地点的标志，如施工区域的钢筋加工区、电焊区等。

5.1.2 名称标志的颜色要求如图 1 所示。

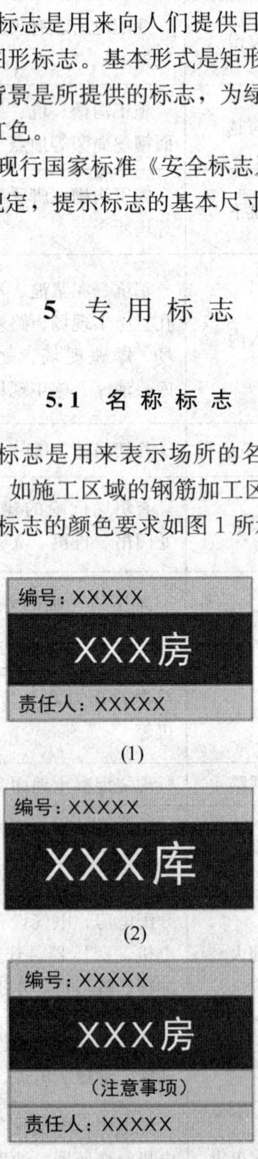

图 1 名称标志颜色示例

5.2 导向标志

根据现行国家标准《道路交通标志和标线 第2部分：道路交通标志》GB 5768.2、《安全标志及其使用导则》GB 2894 的有关规定，结合建筑工程施工现场实际，选择了代表性的导向标志应用于施工现场。对规范施工现场安全文明施工具有指导意义。

5.3 制度标志

5.3.1 制度标志是将建筑工程现场用于规范管理、操作等规章制度牌加以分类，统一版式，达到美观、规范的作用。

5.3.3 根据现行行业标准《建筑施工安全检查标准》JGJ 59 的有关规定，制度标志应设置，其作用在告知相关的管理制度、操作规程和岗位职责。其中管理制度可根据具体建筑工程要求设置，但不应少于表中的规定数量。操作规程则应将涉及的机具操作规程及主要工种的安全操作规程列举，岗位职责主要是指各岗位人员的职责。将上述管理制度等以标志牌的形式固定在施工现场对促进安全文明施工有一定的作用。

5.4 标 线

5.4.3 标线附在其他设施上的示意如图2所示。

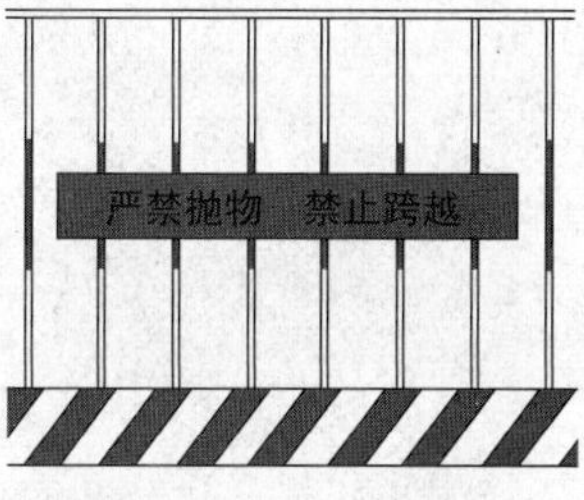

临边防护示意图（标志附在地面和防护栏上）

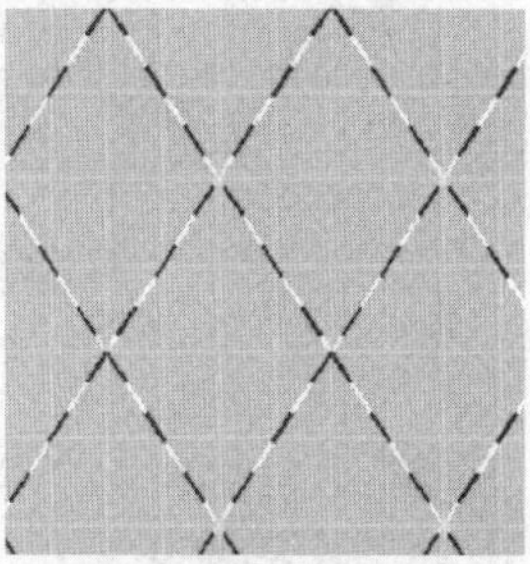

脚手架剪刀撑示意图（标线附在剪刀撑上）

电梯井立面防护示意图（标线附在防护栏上）

图2 标线示意图

6 标志设置

6.1 一般规定

6.1.1 对标志的设置地点提出了要求。标志应设置在易于发现的地方，但不得影响正常的施工、安全通行等。

6.1.5 根据现行国家标准《消防应急照明和疏散指示标志》GB 17945 的有关规定，本条规定的标志应采用主动发光或照明式标志。

6.2 载体与版面布置

6.2.1 标志的载体材料应安全、环保和耐用。

6.2.3 标志的版面布置应简洁美观、导向明确、无歧义，并可参照现行国家标准《道路交通标志和标线 第2部分：道路交通标志》GB 5768.2 和《城市道路交通设施设计规范》GB 50688 的有关规定布置。

6.2.4 设置于同一门架式、悬臂式等悬空结构的各标志宜统一高度和边框规格。

6.3 设置位置

6.3.2 标志牌设在门、窗、架等可移动的物体上，当这些物体位置移动后，易看不见安全标志。标志的正面不得有妨碍人们视读的固定障碍物，并避免被其他临时性物体所遮挡。

6.3.4 根据现行国家标准《安全标志及其使用导则》GB 2894 的规定，安全标志的平面与视线夹角应接近90°，观察者位于最大观察距离时，最小夹角不低于75°。

6.3.5 根据工程特点及施工的不同阶段，在危险部位有针对性地设置、悬挂明显的安全标志。安全标志的类型、数量应当根据危险部位的性质不同，设置不同的安全标志。

6.3.6 在需要强调安全的区域入口处，可将该区域涉及的多个安全标志组合使用，并应按照禁止、警告、指令、提示的顺序，先左后右、先上后下地排列在组合标志牌上，标志牌上可配以必要的说明性文字。

6.4 固定方式

6.4.2 标志牌的固定方式分悬挂、落地、附着和摆放等。悬挂式和附着式的固定应稳固不倾斜。

7 维护与管理

7.0.2 施工现场内的各种安全设施、设备、标志等，任何人不得擅自移动、拆除。因施工需要必须移动或拆除时，应经项目经理同意后并办理有关手续，方可实施。

中华人民共和国行业标准

建设电子文件与电子档案管理规范

Code for management of electronic construction records and archives

CJJ/T 117—2007

J 725—2007

批准部门：中华人民共和国建设部

施行日期：2 0 0 8 年 1 月 1 日

中华人民共和国建设部
公　告

第712号

建设部关于发布行业标准《建设电子文件与电子档案管理规范》的公告

现批准《建设电子文件与电子档案管理规范》为行业标准，编号为CJJ/T 117-2007，自2008年1月1日起实施。

本规范由建设部标准定额研究所组织中国建筑工业出版社出版发行。

中华人民共和国建设部

2007年9月5日

前　言

本规范是根据建设部“关于印发《二〇〇二至二〇〇三年度工程建设国家标准制订、修订计划》的通知”（建标［2003］102号）的要求，由广州市城建档案馆和建设部城建档案工作办公室会同有关单位编制而成的。

在标准编制过程中，编制组开展了专题研究，进行了深入的调查研究，总结了近几年来建设电子文件与电子档案管理的经验，参考借鉴了国家档案局制定的电子文件归档与管理的有关标准，并以多种方式广泛征求了全国有关单位的意见，对主要问题进行了反复修改，最后经有关专家审查定稿。

本规范主要内容包括：电子文件的代码标识、格式与载体，建设电子文件的收集与积累，建设电子文件的整理、鉴定与归档，建设电子档案的验收与移交，建设电子档案的管理。

本规范由建设部负责管理，由建设部城建档案工作办公室负责具体技术内容的解释。

本规范在执行过程中，请各单位注意总结经验，积累资料，将有关意见和建议反馈给建设部城建档案工作办公室（地址：北京市海淀区三里河路9号，邮政编码：100835），以供今后修订时参考。

本规范主编单位、参编单位和主要起草人：

主 编 单 位：广州市城建档案馆
建设部城建档案工作办公室

参 编 单 位：北京市城建档案馆
南京市城建档案馆
杭州市城建档案馆
珠海市城建档案馆

主要起草人：郑向阳　姜中桥　张　华　刘志清
周健民　赵立芳　黄伟明　肖　妍

目　次

1 总　　则

1.0.1　为加强建设电子文件的归档与管理，建立真实、准确、完整、有效的建设电子档案，保障建设电子文件和电子档案的安全保管与有效开发利用，制定本规范。

1.0.2　本规范适用于建设系统业务管理电子文件和建设工程电子文件的归档和管理。

1.0.3　建设电子文件归档与电子档案管理除执行本规范外，尚应执行国家现行有关标准的规定。

2 术　　语

2.0.1　建设电子文件　electronic construction records

在城乡规划、建设及其管理活动中通过数字设备及环境生成，以数码形式存储于磁带、磁盘或光盘等载体，依赖计算机等数字设备阅读、处理，并可在通信网络上传送的文件。主要包括建设系统业务管理电子文件和建设工程电子文件两大类。

2.0.2　建设系统业务管理电子文件　electronic records of construction professional administration

建设系统各行业、专业管理部门（包括城乡规划、城市建设、村镇建设、建筑业、住宅房地产业、勘察设计咨询业、市政公用事业等行政管理部门，以及供水、排水、燃气、热力、园林、绿化、市政、公用、市容、环卫、公共客运、规划、勘察、设计、抗震、人防等专业管理单位）在业务管理和业务技术活动中通过数字设备及环境生成的，以数码形式存储于磁带、磁盘或光盘等载体，依赖计算机等数字设备阅读、处理，并可在通信网络上传送的业务及技术文件。

2.0.3　建设工程电子文件　electronic records of construction engineering

在工程建设过程中通过数字设备及环境生成，以数码形式存储于磁带、磁盘或光盘等载体，依赖计算机等数字设备阅读、处理，并可在通信网络上传送的文件。建设工程电子文件主要包括工程准备阶段电子文件、监理电子文件、施工电子文件、竣工图电子文件和竣工验收电子文件。建设工程电子文件可简称为工程电子文件。

2.0.4　建设电子档案　electronic construction archives

具有参考和利用价值并作为档案保存的建设电子文件及相应的支持软件、参数和其他相关数据。主要包括建设系统业务管理电子档案和建设工程电子档案。

2.0.5　真实性　authenticity

电子文件的内容、结构和背景信息等与形成时的原始状况一致。

2.0.6　完整性　integrity

电子文件的内容、结构、背景信息、元数据等无缺损。

2.0.7　有效性　utility

电子文件的可理解性和可被利用性，包括信息的可识别性、存储系统的可靠性、载体的完好性和兼容性等。

2.0.8　元数据　metadata

描述电子文件的背景、内容、结构及其整个管理过程的数据。

2.0.9　在线式归档　on-line filing

通过计算机网络，将电子文件及相关数据向档案部门移交的过程。

2.0.10　离线式归档　off-line filing

将应归档的电子文件及相关数据存储到可脱机存储的载体上向档案部门移交的过程。

2.0.11　固化　fixing

为避免电子文件因动态因素造成信息缺损的现象，而将其转换为一种相对稳定的通用文件格式的过程。

2.0.12　迁移　migration

将原系统中的电子文件向目标系统进行转移存储的方法与过程。

2.0.13　建设电子文件归档与管理系统　filing and management system of electronic construction records

对建设电子文件进行整理归档及管理的信息系统，具有确定归档范围与保管期限、登记、分类、著录、存储、保管、利用及数据交换等功能。该系统包括两个类型，即建设系统业务管理电子文件归档与管理系统和建设工程电子文件归档与管理系统。

3 基 本 规 定

3.0.1　建设系统业务管理电子文件形成单位和建设工程电子文件形成单位应加强对电子文件归档的管理，将电子文件的形成、收集、积累、整理和归档纳入文件管理工作程序，明确责任岗位，指定专人管理。

3.0.2　建设系统业务管理电子文件形成单位的档案部门应负责监督和指导本单位建设系统业务管理电子文件的收集、整理和归档，并定期向当地城建档案馆（室）移交建设系统业务管理电子档案。

3.0.3　在建设工程电子文件的整理归档与电子档案的验收移交中，建设单位的工作应符合下列规定：

1　在建设工程招标及与勘察、设计、施工、监理等单位签订协议、合同时，对工程电子文件的套数、质量、移交时间等提出明确要求；

2　收集和积累工程准备阶段、竣工验收阶段形成的电子文件，并进行整理归档；

3 组织、监督和检查勘察、设计、施工、监理等单位工程电子文件的形成、积累和整理归档工作；

4 收集和汇总勘察、设计、施工、监理等单位形成的工程电子档案；

5 在组织工程竣工验收前，提请当地建设（城建）档案管理机构对工程纸质档案进行预验收时，应同时提请对工程电子档案进行预验收；

6 对列入城建档案馆（室）接收范围的工程，按规定向当地城建档案馆（室）移交工程电子档案。

3.0.4 勘察、设计、施工、监理及测量等单位应将本单位形成的工程电子文件整理归档后向建设单位移交。建设（城建）档案管理机构应对建设工程电子文件的整理归档工作进行监督、检查、指导和预验收。

3.0.5 对具有永久保存价值的可输出打印型电子文件，建设电子文件形成单位必须将其制成纸质文件或缩微品等。归档时，应同时保存文件的电子版本、纸质版本或缩微品，并在内容、格式、相关说明及描述上保持一致，且二者之间必须建立关联。

3.0.6 建设电子文件形成单位应建立建设电子文件归档与管理系统，实现建设电子文件自形成到归档、保管、利用过程中电子文件及其著录数据、元数据的连续管理。

3.0.7 建设电子文件形成单位和建设电子档案保管单位应采取措施，保证建设电子文件的真实性、完整性、有效性和安全性，并应符合下列规定：

1 应建立规范的制度和工作程序并结合相应的技术措施，从建设电子文件形成开始不间断地对有关处理操作进行管理登记，保证建设电子文件的产生、处理过程符合规范。

2 应采取安全防护技术措施，保证建设电子文件的真实性。

3 应建立建设电子文件完整性管理制度并采取相应的技术措施采集背景信息和元数据。

4 应建立建设电子文件有效性管理制度并采取相应的技术保证措施。

5 建设电子文件的处理和保存应符合国家的安全保密规定，针对自然灾害、非法访问、非法操作、病毒等采取与系统安全和保密等级要求相符的防范对策。

3.0.8 建设电子文件形成单位与建设（城建）档案管理机构应对建设电子文件加强前端控制，实行全过程的管理与监控，保证管理工作的连续性。

3.0.9 建设（城建）档案管理机构应根据建设行业信息化现状，及时提出建设电子文件归档的技术性指导意见。建设电子文件形成单位据此明确规定各类建设电子文件归档的具体要求，保证归档质量。

4 电子文件的代码标识、格式与载体

4.0.1 电子文件的代码应包括稿本代码和类别代码，并应符合下列规定：

1 稿本代码应按表 4.0.1-1 标识。

表 4.0.1-1 稿本代码

稿 本	代 码
草稿性电子文件	M
非正式电子文件	U
正式电子文件	F

2 类别代码应按表 4.0.1-2 标识。

表 4.0.1-2 类别代码

文件类别	代 码
文本文件（Text）	T
图像文件（Image）	I
图形文件（Graphics）	G
影像文件（Video）	V
声音文件（Audio）	A
程序文件（Program）	P
数据文件（Data）	D

4.0.2 各种不同类别电子文件的存储应采用通用格式。通用格式应符合表 4.0.2 的规定。

表 4.0.2 各类电子文件的通用格式

文件类别	通用格式
文本文件	XML、DOC、TXT、RTF
表格文件	XLS、ET
图像文件	JPEG、TIFF
图形文件	DWG
影像文件	MPEG、AVI
声音文件	WAV、MP3

4.0.3 各种不同类别电子文件的存储亦可采用国务院建设行政主管部门和信息化主管部门认可的，能兼容各种电子文件的通用文档格式。

4.0.4 脱机存储电子档案的载体应采用一次写光盘、磁带、可擦写光盘、硬磁盘等。移动硬盘、优盘、软磁盘等不宜作为电子档案长期保存的载体。

5 建设电子文件的收集与积累

5.1 收集积累的范围

5.1.1 凡是在城乡规划、建设及其管理等活动中形

成的具有重要凭证、依据和参考价值的电子文件和数据等都应属于建设系统业务管理电子文件的收集范围。

5.1.2 凡是记录与工程建设有关的重要活动，记载工程建设主要过程和现状的具有重要凭证、依据和参考价值的电子文件和相关数据等都应属于建设工程电子文件的收集范围。各类建设工程电子文件的具体收集范围应符合现行国家标准《建设工程文件归档整理规范》GB/T 50328的有关规定。

5.2 收集积累的要求

5.2.1 建设电子文件形成单位必须做好电子文件的收集积累工作。

5.2.2 建设电子文件的内容必须真实、准确。工程电子文件内容必须与工程实际相符合，且内容及其深度必须符合国家有关工程勘察、设计、施工、监理、测量等方面的技术规范、标准和规程。

5.2.3 记录了重要文件的主要修改过程和办理情况，有参考价值的建设电子文件的不同稿本均应保留。

5.2.4 凡是属于收集积累范围的建设电子文件，收集积累时均应进行登记。登记时应按照本规范附录A、附录B的要求，填写建设电子文件（档案）的案卷级和文件级登记表。

5.2.5 应采取严密的安全措施，保证建设电子文件在形成和处理过程中不被非正常改动。积累过程中更改建设系统业务管理电子文件或建设工程电子文件应按本规范附录C的要求，填写《建设电子文件更改记录表》。

5.2.6 应定期备份建设电子文件，并应存储于能够脱机保存的载体上。对于多年才能完成的项目，应实行分段积累，宜一年拷贝一次。

5.2.7 对通用软件产生的建设电子文件，应同时收集其软件型号、名称、版本号和相关参数手册、说明资料等。专用软件产生的建设电子文件应转换成通用型建设电子文件。

5.2.8 对内容信息是由多个子电子文件或数据链接组合而成的建设电子文件，链接的电子文件或数据应一并归档，并保证其可准确还原；当难以保证归档建设电子文件的完整性与稳定性时，可采取固化的方式将其转换为一种相对稳定的通用文件格式。

5.2.9 与建设电子文件的真实性、完整性、有效性、安全性等有关的管理控制信息（如电子签章等）必须与建设电子文件一同收集。

5.2.10 对采用统一套用格式的建设电子文件，在保证能恢复原格式形态的情况下，其内容信息可不按原格式存储。

5.2.11 计算机系统运行和信息处理等过程中涉及与建设电子文件处理有关的著录数据、元数据等必须与建设电子文件一同收集。

5.3 收集积累的程序

5.3.1 收集积累建设电子文件，均应进行登记，并应符合下列规定：

1 工作人员应按本单位文件归档和保管期限的规定，从电子文件生成起对需归档的电子文件性质、类别、期限等进行标记。

2 应运用建设电子文件归档与管理系统对每份建设电子文件进行登记，电子文件登记表应与电子文件同时保存。

5.3.2 对已登记的建设电子文件必须进行初步鉴定，并将鉴定结果录入建设电子文件归档与管理系统。

5.3.3 对经过初步鉴定的建设电子文件应进行著录，并将结果录入建设电子文件归档与管理系统。

5.3.4 对已收集积累的建设电子文件，应按业务案件或工程项目来组织存储。

5.3.5 对存储的建设电子文件的命名，宜由三位阿拉伯数字或三位阿拉伯数字加汉字组成，数字是本文件保管单元内电子文件编排顺序号，汉字部分则体现本电子文件的内容及特征或图纸的专业名称和编号。建设电子文件保管单元的命名规则可按照建设电子文件的命名规则进行。

5.3.6 建设电子文件与相应的纸质文件应建立关联，在内容、相关说明及描述上应保持一致。

6 建设电子文件的整理、鉴定与归档

6.1 整 理

6.1.1 建设电子文件的形成单位应做好电子文件的整理工作。

6.1.2 对于建设系统业务管理电子文件或建设工程电子文件，业务案件办理完结或工程项目完成后，应在收集积累的基础上，对该案件或项目的电子文件进行整理。

6.1.3 整理应遵循建设系统业务管理电子文件或建设工程电子文件的自然形成规律，保持案件或项目内建设电子文件间的有机联系，便于建设电子档案的保管和利用。

6.1.4 同一个保管单元内建设电子文件的组织和排序可按相应的建设纸质文件整理要求进行。

6.1.5 建设电子文件的分类应按照《城建档案分类大纲》进行。

6.1.6 建设电子文件的著录应按照现行国家标准《城建档案著录规范》GB/T 50323进行，同时应按照保证其真实性、完整性、有效性的要求补充建设电子文件特有的著录项目和其他标识信息与数据。

6.2 鉴 定

6.2.1 鉴定工作应贯穿于建设电子文件归档与电子

档案管理的全过程。电子文件的鉴定工作，应包括对电子文件的真实性、完整性、有效性的鉴定及确定归档范围和划定保管期限。

6.2.2 归档前，建设电子文件形成单位应按照规定的项目，对建设电子文件的真实性、完整性和有效性进行鉴定。

6.2.3 建设电子文件的归档范围、保管期限应按照国家关于建设纸质文件材料归档范围、保管期限的有关规定执行。建设电子文件元数据的保管期限应与内容信息的保管期限一致。

6.3 归　档

6.3.1 建设电子文件形成单位应定期把经过鉴定合格的电子文件向本单位档案部门归档移交。

6.3.2 归档的建设电子文件应符合下列要求：

1 已按电子档案管理要求的格式将其存储到符合保管要求的脱机载体上。

2 必须完整、准确、系统，能够反映建设活动的全过程。

6.3.3 建设电子文件的归档方式包括在线式归档和离线式归档。可根据实际情况选择其中的一种或两种方式进行电子文件的归档。

6.3.4 建设系统业务管理电子文件的在线式归档可实时进行；离线式归档应与相应的建设系统业务管理纸质或其他载体形式文件归档同时进行。工程电子文件应与相应的工程纸质或其他载体形式的文件同时归档。

6.3.5 建设电子文件形成单位在实施在线式归档时，应将建设电子文件的管理权从网络上转移至本单位档案部门，并将建设电子文件及其元数据等通过网络提交给档案部门。

6.3.6 建设电子文件形成单位在实施离线式归档时，应按下列步骤进行：

1 将已整理好的建设电子文件及其著录数据、元数据、各种管理登记数据等分案件（或项目）按要求从原系统中导出。

2 将导出的建设电子文件及其著录数据、元数据、各种管理登记数据等按照要求存储到耐久性好的载体上，同一案件（或项目）的电子文件及其著录数据、元数据、各种管理登记数据等必须存储在同一载体上。

3 对存储的建设电子文件进行检验。

4 在存储建设电子文件的载体或装具上编制封面。封面内容的填写应符合本规范附录 D 的要求，同时存储载体应设置成禁止写操作的状态。

5 将存储建设电子文件并贴好封面的载体移交给本单位档案部门。

6 归档移交时，交接双方必须办理归档移交手续。档案部门必须对归档的建设电子文件进行检验，并按照本规范附录 E 的要求，填写《建设电子档案移交、接收登记表》。交接双方负责人必须签署审核意见。当文件形成单位采用了某些技术方法保证电子文件的真实性、完整性和有效性时，则应把其技术方法和相关软件一同移交给接收单位。

6.4 检　验

6.4.1 建设系统业务管理电子文件形成部门在向本单位档案部门移交电子文件之前，以及本单位档案部门在接收电子文件之前，均应对移交的载体及其技术环境进行检验，检验合格后方可进行交接。

6.4.2 勘察、设计、施工、监理、测量等单位形成的工程电子档案应由建设单位进行检验。检验审查合格后向建设单位移交。

6.4.3 在对建设电子档案进行检验时，应重点检查以下内容：

1 建设电子档案的真实性、完整性、有效性；

2 建设电子档案与纸质档案是否一致、是否已建立关联；

3 载体有无病毒、有无划痕；

4 登记表、著录数据、软件、说明资料等是否齐全。

6.5 汇　总

6.5.1 建设单位应将勘察、设计、施工、监理、测量等单位移交的工程电子档案及相关数据与本单位形成的工程前期电子档案及验收电子档案一起按项目进行汇总，并对汇总后的工程电子档案按本规范 6.4.3 条的要求进行检验。

7 建设电子档案的验收与移交

7.1 建设系统业务管理电子档案的移交

7.1.1 建设系统业务管理电子档案形成单位应按照有关规定，定期向城建档案馆（室）移交已归档的建设系统业务管理电子档案。移交方式包括在线式和离线式。

7.1.2 凡已向城建档案馆（室）移交建设系统业务管理电子档案的单位，如工作中确实需要继续保存纸质档案的，可适当延缓向城建档案馆（室）移交纸质档案的时间。

7.2 建设工程电子档案的验收与移交

7.2.1 建设单位在组织工程竣工验收前，提请当地建设（城建）档案管理机构对工程纸质档案进行预验收时，应同时提请对工程电子档案进行预验收。

7.2.2 列入城建档案馆（室）接收范围的建设工程，建设单位向城建档案馆（室）移交工程纸质档案时，应当同时移交一套工程电子档案。

7.2.3 停建、缓建建设工程的电子档案，暂由建设单位保管。

7.2.4 对改建、扩建和维修工程，建设单位应当组织设计、施工单位据实修改、补充、完善原工程电子档案。对改变的部位，应当重新编制工程电子档案，并和重新编制的工程纸质档案一起向城建档案馆（室）移交。

7.3 办理移交手续

7.3.1 城建档案馆（室）接收建设电子档案时，应按照本规范 6.4.3 条的要求对电子档案再次检验，检验合格后，将检验结果按照本规范附录 E 的要求，填入《建设电子档案移交、接收登记表》，交接双方签字、盖章。

7.3.2 登记表应一式两份，移交和接收单位各存一份。

8 建设电子档案的管理

8.1 脱机保管

8.1.1 建设电子档案的保管单位应配备必要的计算机及软、硬件系统，实现建设电子档案的在线管理与集成管理。并将建设电子档案的转存和迁移结合起来，定期将在线建设电子档案按要求转存为一套脱机保管的建设电子档案，以保障建设电子档案的安全保存。

8.1.2 脱机建设电子档案（载体）应在符合保管条件的环境中存放，一式三套，一套封存保管，一套异地保存，一套提供利用。

8.1.3 脱机建设电子档案的保管，应符合下列条件：

1 归档载体应做防写处理，不得擦、划、触摸记录涂层；

2 环境温度应保持在 17～20℃之间，相对湿度应保持在 35%～45%之间；

3 存放时应注意远离强磁场，并与有害气体隔离；

4 存放地点必须做到防火、防虫、防鼠、防盗、防尘、防湿、防高温、防光；

5 单片载体应装盒，竖立存放，且避免挤压。

8.1.4 建设电子档案在形成单位的保管，应按照本规范 8.1.3 条的要求执行。

8.2 有效存储

8.2.1 建设电子档案保管单位应每年对电子档案读取、处理设备的更新情况进行一次检查登记。设备环境更新时应确认库存载体与新设备的兼容性，如不兼容，必须进行载体转换。

8.2.2 对所保存的电子档案载体，必须进行定期检测及抽样机读检验，如发现问题应及时采取恢复措施。

8.2.3 应根据载体的寿命，定期对磁性载体、光盘载体等载体的建设电子档案进行转存。转存时必须进行登记，登记内容应按本规范附录 F 的要求填写。

8.2.4 在采取各种有效存储措施后，原载体必须保留三个月以上。

8.3 迁移

8.3.1 建设电子档案保管单位必须在计算机软、硬件系统更新前或电子文件格式淘汰前，将建设电子档案迁移到新的系统中或进行格式转换，保证其在新环境中完全兼容。

8.3.2 建设电子档案迁移时必须进行数据校验，保证迁移前后数据的完全一致。

8.3.3 建设电子档案迁移时必须进行迁移登记，登记内容应按本规范附录 G 的要求填写。

8.3.4 建设电子档案迁移后，原格式电子档案必须同时保留的时间不少于 3 年，但对于一些较为特殊必须以原始格式进行还原显示的电子档案，可采用保存原始档案的电子图像的方式。

8.4 利用

8.4.1 建设电子档案保管单位应编制各种检索工具，提供在线利用和信息服务。

8.4.2 利用时必须严格遵守国家保密法规和规定。凡利用互联网发布或在线利用建设电子档案时，应报请有关部门审核批准。

8.4.3 对具有保密要求的建设电子档案采用联网的方式利用时，必须按照国家、地方及部门有关计算机和网络保密安全管理的规定，采取必要的安全保密措施，报经国家或地方保密管理部门审批，确保国家利益和国家安全。

8.4.4 利用时应采取在线利用或使用拷贝件，电子档案的封存载体不得外借。脱机建设电子档案（载体）不得外借，未经批准，任何单位或人员不得擅自复制、拷贝、修改、转送他人。

8.4.5 利用者对电子档案的使用应在权限规定范围之内。

8.5 鉴定销毁

8.5.1 建设电子档案的鉴定销毁，应按照国家关于档案鉴定销毁的有关规定执行。销毁建设电子档案必须在办理审批手续后实施，并按本规范附录 H 的要求，填写《建设电子档案销毁登记表》。

8.6 统计

8.6.1 建设电子档案保管单位应及时按年度对建设电子档案的接收、保管、利用及鉴定销毁等情况进行统计。

附录A　建设电子文件（档案）案卷（或项目）级登记表

<table>
<tr><td rowspan="6">文件特征</td><td>内容</td><td colspan="7"></td></tr>
<tr><td>工程地点</td><td colspan="7"></td></tr>
<tr><td rowspan="2">单　位</td><td>名　　称</td><td colspan="6"></td></tr>
<tr><td>联系方式</td><td colspan="6"></td></tr>
<tr><td>归档时间</td><td colspan="7"></td></tr>
<tr><td>载体类型</td><td colspan="2"></td><td>载体编号</td><td colspan="4"></td></tr>
<tr><td rowspan="4">设备环境特征</td><td>硬件环境（主机、网络服务器型号、制造厂商等）</td><td colspan="7"></td></tr>
<tr><td rowspan="3">软件环境（型号、版本等）</td><td colspan="2">操作系统</td><td colspan="5"></td></tr>
<tr><td colspan="2">数据库系统</td><td colspan="5"></td></tr>
<tr><td colspan="2">相关软件（文字处理工具、浏览器、压缩或解密软件等）</td><td colspan="5"></td></tr>
<tr><td rowspan="4">文件记录特征</td><td rowspan="2">记录结构（物理、逻辑）</td><td rowspan="2" colspan="2"></td><td rowspan="2">记录类型</td><td rowspan="2">□定长
□可变长
□其他</td><td>记录总数</td><td colspan="2"></td></tr>
<tr><td>总字节数</td><td colspan="2"></td></tr>
<tr><td>记录字符、图形、音频、视频文件格式</td><td colspan="7"></td></tr>
<tr><td>文件载体</td><td colspan="2">型号：
数量：
备份数：</td><td colspan="5">□一件一盘　□多件一盘
□一件多盘　□多件多盘</td></tr>
<tr><td rowspan="2">制表审核</td><td colspan="8">填表人（签名）

年　月　日</td></tr>
<tr><td colspan="8">审核人（签名）

年　月　日</td></tr>
</table>

附录 B　建设电子文件（档案）文件级登记表

文件编号	文件名	文件稿本代码	文件类别代码	形成时间	载体编号	保管期限	备注

附录 C　建设电子文件更改记录表

序号	电子文件名	更改单号	更改者	更改日期	备注

附录D　建设电子文件（档案）载体封面

载体编号：________________　　类别：________________

档　　号：________________　　套别：________________

内　　容：____

地　　址：____

编制单位：________________　　编制日期：________________

保管期限：________________　　密级：________________

文件格式：____________________________

软硬件平台说明：________________________

____

附录E　建设电子档案移交、接收登记表

<table>
<tr><td>载体编号</td><td colspan="2"></td><td>载体标识</td><td colspan="2"></td></tr>
<tr><td>载体类型</td><td colspan="2"></td><td>载体数量</td><td colspan="2"></td></tr>
<tr><td>载体外观检查</td><td>有无划伤</td><td colspan="2"></td><td>是否清洁</td><td></td></tr>
<tr><td rowspan="2">病毒检查</td><td>杀毒软件名称</td><td colspan="2"></td><td>版本</td><td></td></tr>
<tr><td colspan="5">病毒检查结果报告：</td></tr>
<tr><td rowspan="2">载体存储电子
文件检验项目</td><td>载体存储电子文件总数</td><td colspan="2"></td><td>文件夹数</td><td></td></tr>
<tr><td>已用存储空间</td><td colspan="4">字节</td></tr>
<tr><td rowspan="3">载体存储信息
读取检验项目</td><td>编制说明文件中相关
内容记录是否完整</td><td colspan="4"></td></tr>
<tr><td>是否存有电子
文件目录文件</td><td colspan="4"></td></tr>
<tr><td>载体存储信息
能否正常读取</td><td colspan="4"></td></tr>
<tr><td colspan="3">移交人（签名）

年　月　日</td><td colspan="3">接收人（签名）

年　月　日</td></tr>
<tr><td colspan="3">移交单位审核人（签名）

年　月　日</td><td colspan="3">接收单位审核人（签名）

年　月　日</td></tr>
<tr><td colspan="3">移交单位（印章）

年　月　日</td><td colspan="3">接收单位（印章）

年　月　日</td></tr>
</table>

附录F 建设电子档案转存登记表

<table>
<tr><td>存储设备更新
与兼容性检验
情况登记</td><td colspan="2"></td></tr>
<tr><td>光盘载体
转存登记</td><td colspan="2"></td></tr>
<tr><td>磁性载体
转存登记</td><td colspan="2"></td></tr>
<tr><td>填表人（签名）：

年　月　日</td><td>审核人（签名）：

年　月　日</td><td>单位（盖章）：

年　月　日</td></tr>
</table>

附录G 建设电子档案迁移登记表

<table>
<tr><td>原系统
设备情况</td><td colspan="2">硬件系统：
系统软件：
应用软件：
存储设备：</td></tr>
<tr><td>目标系统
设备情况</td><td colspan="2">硬件系统：
系统软件：
应用软件：
存储设备：</td></tr>
<tr><td>被迁移归档
电子文件情况</td><td colspan="2">原文件格式：
目标文件格式：
迁移文件数：
迁移时间：</td></tr>
<tr><td>迁移检验情况</td><td colspan="2">硬件系统校验：
系统软件校验：
应用软件校验：
存储载体校验：
电子文件内容校验：
电子文件形态校验：</td></tr>
<tr><td>迁移操作者（签名）：

年　月　日</td><td>迁移校验者（签名）：

年　月　日</td><td>单位（盖章）：

年　月　日</td></tr>
</table>

附录H 建设电子档案销毁登记表

序号	文件名称	文件字号	归档日期	页次	销毁原因	销毁人签字	备注

本规范用词说明

1 为了便于在执行本规范条文时区别对待，对要求严格程度不同的用词，说明如下：

1） 表示很严格，非这样做不可的用词：
正面词采用“必须”；
反面词采用“禁止”。

2） 表示严格，在正常情况下均应这样做的用词：
正面词采用“应”；
反面词采用“不应”或“不得”。

3） 表示允许稍有选择，在条件许可时，首先应这样做的用词：
正面词采用“宜”；
反面词采用“不宜”；
表示有选择，在一定条件下可以这样做，采用“可”。

2 条文中指定按其他有关标准、规范执行时，写法为：“应符合……的规定”或“应按……执行”。

中华人民共和国行业标准

建设电子文件与电子档案管理规范

CJJ/T 117—2007

条 文 说 明

目　次

1 总　　则

1.0.1 “加强建设电子文件的归档与管理，建立真实、准确、完整、有效的建设电子档案，保障建设电子文件和电子档案的安全保管与有效开发利用”，既是制定本规范的目的，也是制定本规范的指导思想。

真实、准确、完整、有效是尊重和保持建设电子档案历史原貌的科学要求。保障建设电子文件和电子档案的安全保管与有效开发利用是档案归档与管理的目的。

1.0.2 本规范对从事城乡规划、建设及其管理活动的部门与机构产生的建设系统业务管理电子文件和建设工程电子文件的归档和管理具有普遍的适用性。

1.0.3 建设电子文件归档与电子档案管理除执行本规范外，尚应执行现行《CAD电子文件光盘存储、归档与档案管理要求 第一部分：电子文件归档与档案管理》GB/T 17678.1、《电子文件归档与管理规范》GB/T 18894、《城建档案分类大纲》、《城建档案密级与保管期限表》等规范或文件的规定。

2 术　　语

2.0.1 建设电子文件主要包括建设系统业务管理电子文件和建设工程电子文件两大类。其中建设系统业务管理电子文件主要产生于建设系统各行业、专业管理部门（包括城乡规划、城市建设、村镇建设、建筑业、住宅房地产业、勘察设计咨询业、市政公用事业等行政管理部门，以及供水、排水、燃气、热力、园林、绿化、市政、公用、市容、环卫、公共客运、规划、勘察、设计、抗震、人防等专业管理单位）；建设工程电子文件产生于工程建设活动中，主要包括工程准备阶段电子文件、监理电子文件、施工电子文件、竣工图电子文件和竣工验收电子文件。

2.0.7 有效性，也可以称作可用性，可用的文件指文件可以查找、检索、呈现或理解，能够表明文件与形成它的业务活动和事件过程的直接关系。

2.0.8 元数据被称作数据之数据，它主要描述电子文件的数据属性。它是一种信息资源组织和管理工具，可以对文件进行详细、全面、规范的描述，保证电子文件能够被准确理解与有效检索，支持电子文件的管理、利用和长期存取，也是检验电子文件真实性、完整性和有效性的依据之一。

2.0.9 运用计算机技术和网络通信技术将电子文件及相关数据进行远程的传递和移交，这种在线式归档，是随着电子文件的产生而产生的新的档案工作方式，它有别于传统的文件、档案的传递和移交。

2.0.10 离线式归档是通过中间载体的转存，来达到将应归档的电子文件及相关数据从原电子文件管理、应用或存储设备传递到档案部门的电子文件管理、应用或存储设备中。

2.0.11 固化是指针对内容信息是由多个电子文件或数据链接组合而成的城建电子文件，为避免其因动态因素造成信息缺损的现象，而将其转换为一种相对稳定的通用文件格式的过程。另外，针对同一保管单元内的各种不同格式的建设电子档案，由于格式复杂多样性给今后电子档案的保管和迁移带来很大的难度和工作量，因此，也可考虑采用信息固化的方式将其转换为一种相对稳定的通用格式。

2.0.13 建设电子文件归档与管理系统是对建设电子文件进行整理归档及管理的信息系统。对建设电子文件的管理，不同于传统的纸质文件，从其形成到利用，都必须依靠一定的技术设备，包括硬件设备和管理软件。功能齐全合理的建设电子文件归档与管理系统能使管理人员对建设电子文件主动管理，保证电子文件归档、检测、安全保管和有效利用。

3 基 本 规 定

3.0.3 建设（城建）档案管理机构是城乡建设（或规划）行政主管部门设置的负责全市城建档案管理工作的机构，或者是受城乡建设（或规划）行政主管部门委托负责全市城建档案管理工作的城建档案馆（室）。

3.0.5 建设电子文件形成单位是指产生建设电子文件的单位，如城乡规划、建设、房地产、市政公用、园林绿化、市容环卫、水务、交通等建设系统行政管理部门，供水、排水、燃气、热力、园林绿化、风景名胜等专业管理单位，以及建设、设计、施工、监理、测量等参与工程建设的单位。

3.0.7 建设电子文件的安全技术措施主要有：网络设备安全保证；数据安全保证；操作安全保证；身份识别方法等。具体应该包括以下方面：

1）建立对电子文件的操作者可靠的身份识别与权限控制。

2）设置符合安全要求的操作日志，随时自动记录实施操作的人员、时间、设备、项目、内容等。

3）对电子文件采用防错漏和防调换的标记。

4）对电子印章、数字签署等采取防止非法使用的措施。

4 电子文件的代码标识、格式与载体

4.0.4 适用于脱机存储电子档案的载体，按照保存寿命的长短和可靠程度的强弱，依次为：一次写光盘、磁带、可擦写光盘、硬磁盘等。

5 建设电子文件的收集与积累

5.2.4 各类建设系统业务管理（或建设工程）电子文件管理登记表（见附录A、附录B）是建设电子文件归档与管理过程中的业务用表。在建设系统各专业业务部门，该表是建设系统业务管理电子文件管理登记表；在参与工程建设的各建设、设计、施工、监理、测量等单位，该表是建设工程电子文件管理登记表。

5.2.9 “电子签章”的含义是，泛指所有以电子形式存在，依附在电子文件并与其逻辑关联，可用以辨识电子文件签署者身份，保证文件的完整性，并表示签署者同意电子文件所陈述事实的内容。目前，最成熟的电子签章技术就是“数字签章”，它是以公钥及密钥的“非对称型”密码技术制作的电子签章。

6 建设电子文件的整理、鉴定与归档

6.1.5 《城建档案分类大纲》是由建设部办公厅1993年8月7日以“建办档［1993］103号”印发的文件。

7 建设电子档案的验收与移交

7.2.2 建设单位向城建档案馆（室）移交建设工程电子档案光盘时可只移交一套，城建档案馆在接受该建设工程电子档案后，应将其导入档案管理系统，补充有关著录数据，并及时刻录光盘三套。

8 建设电子档案的管理

8.2.2 对电子档案载体的定期检测及抽样机读检验应制定详细的计划和严格的制度，一般而言，磁性载体每满2年、光盘每满4年须进行一次抽样机读检验，抽样率不低于10%。

8.2.3，8.3.1 转存和迁移都是保证电子档案永久保存的技术手段。在实际工作中，应将二者有机结合起来，以减少工作量，提高工作效率。

附　　录

附录A、附录B、附录C、附录D、附录E、附录F、附录G、附录H的表格名称中，“建设电子文件（档案）”可根据文件（档案）的内容确定是“建设系统业务管理电子文件”还是“建设工程电子文件（档案）”。如：附录C“建设电子文件更改记录表”在针对建设系统业务管理电子文件时，表格名称可确定为“建设系统业务管理电子文件更改记录表”，在针对建设工程电子文件时，表格名称可确定为“建设工程电子文件（档案）更改记录表”。

附录A在针对建设系统业务管理电子文件时，该表是“案卷级登记表”；在针对建设工程电子文件时，该表是“项目级登记表”。